苏雪痕　主审

中国景观植物应用大全

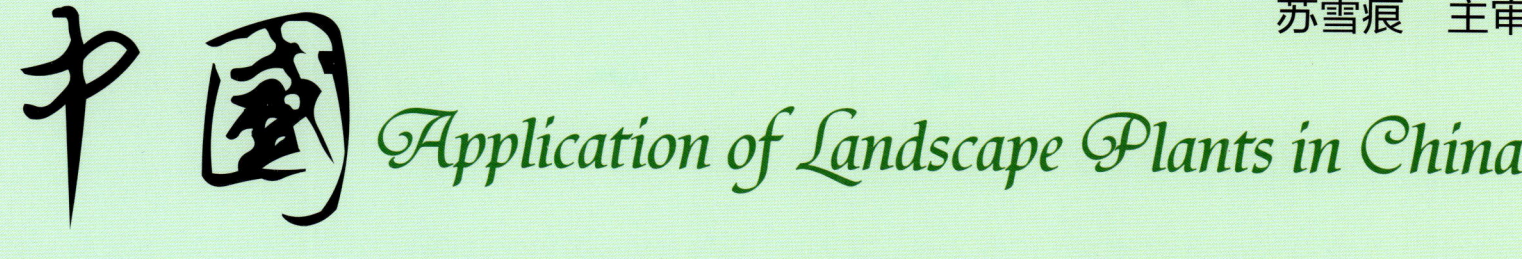

（木本卷）

The Woody Plants Volume

臧德奎　徐晔春　主编

中国林业出版社

图书在版编目（CIP）数据

中国景观植物应用大全.木本卷/臧德奎，徐晔春主编.— 北京：中国林业出版社，2014.9
ISBN 978-7-5038-7638-7

Ⅰ.①中… Ⅱ.①臧…②徐… Ⅲ.①木本植物–园林设计–景观设计 Ⅳ.①TU986.2

中国版本图书馆 CIP 数据核字（2014）第 207078 号

《中国景观植物应用大全（木本卷）》编委会

主　编：臧德奎　徐晔春
副主编：金荷仙　陆哲明　杨　霞　贺　燕
编委（按姓氏笔划）：
于晓艳　马　燕　王　真　王延玲　王贤荣　王富献　史佑海　邢树堂
刘龙昌　刘金艳　刘济祥　闫双喜　李俊俊　杨庆华　张馨文　陈　林
陈　昕　欧　静　欧阳锋　易咏梅　季春峰　周　繇　郝日明　胡绍庆
南程慧　袁　涛　高　英　梁瑞龙　喻勋林

中国林业出版社·建筑与家居分社

责任编辑：李　顺　唐　杨
出版咨询：（010）83223051

出　版：中国林业出版社（100009 北京西城区德内大街刘海胡同 7 号）
网　站：http://lycb.forestry.gov.cn/
印　刷：北京卡乐富印刷有限公司
发　行：中国林业出版社发行中心
电　话：（010）83224477
版　次：2015 年 1 月第 1 版
印　次：2015 年 1 月第 1 次
开　本：889mm×1194mm 1/12
印　张：54.25
字　数：550 千字
定　价：798.00 元

版权所有　侵权必究
法律顾问：华泰律师事务所　王海东律师　邮箱：prewang@163.com

序 一

  我国国土辽阔，地形地貌复杂，具有热带、亚热带、温带等丰富的气候带。在不同气候带中都有独特的植被类型、植物种类，并在众多变化无穷的自然生态环境中生长着大量中国特有的植物种质资源。由于我国山脉走向多样，海拔差异极大，山川形成的各种小环境保护了很多植物免受冰川时期危害，保留了很多孑遗植物。原产我国的观赏植物数量也是世界之最，仅乔灌木就有近 8000 种，加上其他具有各种用途的植物种类近 30000 种，位于马来西亚、巴西之后的第三位。

  种类丰富的观赏植物及经济植物早就引起国外植物学家关注，16 世纪葡萄牙人首先从海上进入中国引走了甜橙。专业引种始于 19 世纪，英国的罗夫船长引走了云南山茶及紫藤，这株紫藤于 1818 年栽在花园中作为垂直绿化，到 1839 年枝蔓覆盖墙面 167 平方米，一次开花 67.5 万朵，被认为是世界上观赏植物中的一个奇迹。由英国皇家园艺协会派遣的罗伯特·福琼（Robert Fortune）在 1839—1860 年曾四次来华，1851 年 2 月他通过海运运走 2000 株茶树小苗，1.7 万粒茶树发芽的种子，同时带走 6 名制茶专家到印度的加尔各答，使得目前印度和斯里兰卡茶叶生产兴旺发达。享利·威尔逊（E.H.Wilson）在 1899—1918 年五次来华，引走了大量杜鹃、百合、报春等观赏植物，1929 年他在美国出版的《中国——花园之母》'China, Mather of Garden' 的序言中说："中国确是花园之母，因为我们所有的花园都深深受惠于她所提供的优秀植物，从早春开花的连翘、玉兰；夏季的牡丹、蔷薇；秋天的菊花，显然都是中国贡献给世界园林的珍贵资源。"遗憾的是我们守着这么丰富多彩的观赏植物却很少用在园林建设中，这也让国外同行感到迷惑不解。细想起来，一来是我国很多城市生境条件较差，尤其不宜原产高海拔植物生长，二来是对我国乡土观赏植物的研究、引种缺乏和不足。当前一些同行宁愿直接从国外引种，其中不乏原产中国，在国外经培育后形成的新优栽培品种，如牡丹原种均产于我国，被国外引走后，现在日本、美国、德国都培育了不少新品种返销中国。可喜的是近年来的很多园林、园艺、植物以及林业工作者都积极调查我国的观赏植物种质资源，撰写了大量有关"野生花卉""景观植物""森林植物图谱"等书籍，进而不少植物园、私人企业开始引种、区域化试种至应用于园林建设中去，北京奥运公园的植物景观中就用了如黄香草木樨等乡土野生花卉，价廉物美、生长健壮、富具地方特色。

内容涉及4000种的《中国景观植物应用大全》分成木本卷和草本卷两卷，内容丰富、翔实、图文并茂，融科学性、文化性、实用性于一体。反映植物进化，书中蕨类植物按秦仁昌系统、裸子植物按郑万钧系统、被子植物按最宜表现园林外貌设计的美国克朗奎斯特系统进行科、属、种排列。

文化性上体现了古为今用，传承了古人赏花时诗词歌赋、情景交融的情怀，如赏析凤仙花时，介绍了宋·杨万里《凤仙花》"细看金凤小花丛，费尽司花染作工。雪色白边袍色紫、更饶深浅四般红"。尤其是宋·周敦颐《爱莲说》中赞荷花"出淤泥而不染，濯清涟而不妖"的品格。唐·白居易《采莲曲》中"菱叶萦波荷飐风，荷花深处小船通。逢郎欲语低头笑，碧玉搔头落水中。"形容了青年男女在荷塘中浪漫的爱恋情景。"风过荷举，莲障千重"更是荷塘中美景。玫瑰茄在园林中应用并不普遍，但介绍也很详细，从鉴赏、配置到作为插花材料、制作果酱、果汁及植物色素均有涉及。

我从事园林教学50余年，也一直致力于植物景观规划设计的研究，现在有关景观植物书籍撰写的能人不断为此添砖加瓦，甚感欣慰。相信这套《中国景观植物应用大全》对于园林教学、园林设计工作者以及广大园林植物爱好者来说都是一本很珍贵、很有价值的参考书。在本书即将出版之际，思绪欣然，以此为序。

苏雪痕

2014年11月于北京

序 二

　　与臧德奎和徐晔春两位先生可谓素不相识，却有一些缘分，今年9月去江浙考察绿化苗木，在南京林业大学拜见了我国植物分类学权威，国际花卉木犀属品种登录权威，臧先生的导师，我们湖南老乡向其柏教授，臧先生可谓师出名门哦！与徐先生虽然不相识，但在互联网上中国植物图像库，早就熟悉了他发表的植物图片，在个人图库搜索栏中，输入作者徐晔春，就会出来共133182条植物图片信息，足见徐先生公益之心，敬业之精神，令人钦佩！

　　近日，中国林业出版社编辑送来上述两位作者厚厚的书稿，请我审核，并写一序，实不敢当，在此，只谈个人一些读后粗浅的感想；初翻书稿，体量较大，两位作者长期从事园林植物及造景研究，在各自领域都有非常不错的成绩和影响。

　　植物是园林景观设计中具有生命的要素。随着近年来园林景观行业的不断发展，植物配置及造景愈来愈受到设计行业人员的重视，很多设计单位都设立了专门的植物景观设计部门；这是园林景观行业成熟发展的必然趋势。

　　植物也是自然生态系统恢复的基本要素。随着全球自然生态系统严重退化和人类生存环境的恶化，人类不再自认为是自然的主宰，而是把自己看做是自然界的一员。这一观念的转变，是现代园林景观设计思想发生巨大变化的根本原因。

　　仔细阅读本书，其有别于一般的植物识别类图册；作者不局限于对植物识别进行介绍，而是识别与应用两者兼顾，有非常好的借鉴性。且种类介绍中有许多其它类似著作中不易找到。本人从业教学多年，也多次指导实践设计项目，深深感觉到对于植物形态特征、产地及习性、观赏特点及应用的熟练把控，是做好植物景观设计的基础；我国气候带类型多样，植物种类丰富，植物景观设计师要想掌握所有的植物种类，几乎是不可能的，因此，需要一些观赏植物种类比较齐全，内容介绍合符植物景观设计需求的观赏植物图鉴，作为景观设计的工具书，便于设计运用查对；相信这套书的出版能很好地满足这一需求。

　　两位作者以其对植物的热爱、多年的收集积累，及从业经验编撰出如此宏大的工具图册，是我们植物景观设计行业的幸事；而植物应用的领域其学问之深又不仅限于此。吾衷心期盼此套书的出版，能成为我国广大园林工作者的良师益友，园林景观设计不可或缺的工具书。如此，就是莫大之功了。

2014年10月22日于汇贤居

前　言

植物是园林景观构成的基本要素之一，也是景观设计中最广泛、最不可或缺的材料。中国是世界园林植物重要发源地之一，资源丰富、类型多样，被西方称为"世界园林之母"。只有正确地识别种类繁多的园林景观植物，很好地掌握其观赏特点、生态习性，才能在景观设计中正确地运用他们，以发挥其最大的美化功能和生态功能。

《景观植物应用大全（木本卷、草本卷）》共两卷，融科学性和艺术性为一体，系统介绍了4000种（含亚种、变种、变型和部分品种）常见景观植物及应用前景广阔的野生植物。本书内容翔实、图文并茂，每种植物包括科属、别名、形态特征、产地与习性、观赏评价与应用、同属种类等内容，对部分重要种类的栽培历史和文化内涵也作了介绍；精选精美图片1.2万幅，涵盖了植物关键特征特写、整体景观，以及大量植物造景中的配置应用实景。

书中各科的排列顺序，蕨类植物按秦仁昌（1978）系统、裸子植物按郑万钧（1978）系统、被子植物按克朗奎斯特（1980）系统，科内的属种按照学名顺序排列。《草本卷》收录145科763属1760种，其中苔藓类1科1属1种，蕨类28科34属58种，被子植物116科728属1700余种。因克朗奎斯特系统将石蒜科归为百合科，为了方便读者使用，本书将石蒜科从百合科单列；《木本卷》收录155科776属2240种，其中蕨类植物1科2属2种，裸子植物13科46属165种，被子植物141科728属2073种。

本书同时集专业性和科普性于一体，读者一册在手，既能轻松地学会鉴别植物，又能全面了解每种植物的历史与文化；既能了解每种植物的观赏价值，又能掌握其园林景观配植和应用形式。适合广大园林工作者、设计师和高等学校园林、风景园林和景观艺术设计等专业的师生使用，也适合植物爱好者阅读。

本书在编写过程中参考了大量文献及相关资料，力求内容的科学性和准确性。由于编者水平有限，书中难免存在疏漏之处，敬请读者批评指正。

臧德奎　徐晔春

2014年5月

目录 CONTENTS

一、桫椤科 Cyatheaceae
- 桫椤 *Alsophila spinulosa* ·················· 001
- 笔筒树 *Sphaeropteris lepifera* ·················· 001

二、苏铁科 Cycadaceae
- 苏铁 *Cycas revoluta* ·················· 002
- 拳叶苏铁 *Cycas circinalis* ·················· 002
- 德保苏铁 *Cycas debaoensis* ·················· 002
- 越南篦齿苏铁 *Cycas elongata* ·················· 003
- 海南苏铁 *Cycas hainanensis* ·················· 003
- 叉叶苏铁 *Cycas micholitzii* ·················· 004
- 石山苏铁 *Cycas miquelii* ·················· 004
- 攀枝花苏铁 *Cycas panzhihuaensis* ·················· 004
- 篦齿苏铁 *Cycas pectinata* ·················· 005
- 华南苏铁 *Cycas rumphii* ·················· 005
- 叉孢苏铁 *Cycas segmentifida* ·················· 005
- 四川苏铁 *Cycas szechuanensis* ·················· 006
- 台湾苏铁 *Cycas taiwaniana* ·················· 006

三、波温苏铁科 Boweniaceae
- 波温苏铁 *Bowenia spectabilis* ·················· 007

四、泽米铁科 Zamiaceae
- 刺叶双子铁 *Dioon spinulosum* ·················· 008
- 刺叶非洲铁 *Encephalartos ferox* ·················· 008
- 休得布朗大头苏铁 *Encephalartos hildebrandtii* ·················· 008
- 长籽苏铁 *Encephalartos manikensis* ·················· 009
- 鳞秕泽米铁 *Zamia furfuracea* ·················· 009

五、银杏科 Ginkgoaceae
- 银杏 *Ginkgo biloba* ·················· 010

六、南洋杉科 Araucariaceae
- 贝壳杉 *Agathis dammara* ·················· 011
- 昆士兰贝壳杉 *Agathis robusta* ·················· 011
- 南洋杉 *Araucaria cunninghamii* ·················· 011
- 智利南洋杉 *Araucaria araucana* ·················· 012
- 大叶南洋杉 *Araucaria bidwillii* ·················· 012
- 异叶南洋杉 *Araucaria heterophylla* ·················· 013

七、松科 Pinaceae
- 冷杉 *Abies fabri* ·················· 014
- 苍山冷杉 *Abies delavayi* ·················· 014
- 巴山冷杉 *Abies fargesii* ·················· 014
- 日本冷杉 *Abies firma* ·················· 015
- 辽东冷杉 *Abies holophylla* ·················· 015
- 朝鲜冷杉 *Abies koreana* ·················· 016
- 臭冷杉 *Abies nephrolepis* ·················· 016
- 银杉 *Cathaya argyrophylla* ·················· 017
- 雪松 *Cedrus deodara* ·················· 017
- 北非雪松 *Cedrus atlantica* ·················· 018
- 油杉 *Keteleeria fortunei* ·················· 018
- 铁坚油杉 *Keteleeria davidiana* ·················· 018
- 黄枝油杉 *Keteleeria davidiana* var. *calcarea* ·················· 019
- 云南油杉 *Keteleeria evelyniana* ·················· 019
- 江南油杉 *Keteleeria fortunei* var. *cyclolepis* ·················· 019
- 海南油杉 *Keteleeria hainanensis* ·················· 020
- 柔毛油杉 *Keteleeria pubescens* ·················· 020
- 落叶松 *Larix gmelinii* ·················· 020
- 欧洲落叶松 *Larix decidua* ·················· 021
- 日本落叶松 *Larix kaempferi* ·················· 021
- 云杉 *Picea asperata* ·················· 021
- 欧洲云杉 *Picea abies* ·················· 022
- 麦吊云杉 *Picea brachytyla* ·················· 022
- 青海云杉 *Picea crassifolia* ·················· 022
- 红皮云杉 *Picea koraiensis* ·················· 022
- 丽江云杉 *Picea likiangensis* ·················· 023
- 白杆 *Picea meyeri* ·················· 023
- 雪岭云杉 *Picea schrenkiana* ·················· 024
- 长叶云杉 *Picea smithiana* ·················· 024
- 日本云杉 *Picea torano* ·················· 024
- 青杆 *Picea wilsonii* ·················· 024
- 华山松 *Pinus armandii* ·················· 025
- 北美短叶松 *Pinus banksiana* ·················· 025
- 白皮松 *Pinus bungeana* ·················· 026
- 赤松 *Pinus densiflora* ·················· 026
- 湿地松 *Pinus elliottii* ·················· 027
- 红松 *Pinus koraiensis* ·················· 027

马尾松 Pinus massoniana ················· 027
长叶松 Pinus palustris ···················· 028
日本五针松 Pinus parviflora ············· 028
偃松 Pinus pumila ························· 028
樟子松 Pinus sylvestris var. mongolica ··· 029
美人松 Pinus sylvestris var. sylvestriformis ··· 029
油松 Pinus tabuliformis ··················· 029
火炬松 Pinus taeda ························ 030
黄山松 Pinus taiwanensis ················· 030
黑松 Pinus thunbergii ····················· 031
乔松 Pinus wallichiana ···················· 031
云南松 Pinus yunnanensis ················ 032
金钱松 Pseudolarix amabilis ············· 032
黄杉 Pseudotsuga sinensis ················ 032
铁杉 Tsuga chinensis ······················ 033
长苞铁杉 Tsuga longibracteata ·········· 033

八、杉科 Taxodiaceae

柳杉 Cryptomeria japonica var. sinensis ··· 034
日本柳杉 Cryptomeria japonica ·········· 034
杉木 Cunninghamia lanceolata ··········· 034
水松 Glyptostrobus pensilis ··············· 035
水杉 Metasequoia glyptostroboides ······ 035
日本金松 Sciadopitys verticillata ········ 036
北美红杉 Sequoia sempervirens ·········· 036
巨杉 Sequoiadendron giganteum ········· 036
台湾杉 Taiwania cryptomerioides ········ 037
落羽杉 Taxodium distichum ·············· 037
池杉 Taxodium distichum var. imbricatum ··· 038
墨西哥落羽杉 Taxodium mucronatum ··· 038

九、柏科 Cupressaceae

翠柏 Calocedrus macrolepis ·············· 039
红桧 Chamaecyparis formosensis ········ 039
美国扁柏 Chamaecyparis lawsoniana ··· 039
日本扁柏 Chamaecyparis obtusa ········· 040
日本花柏 Chamaecyparis pisifera ········ 040
柏木 Cupressus funebris ·················· 040
绿干柏 Cupressus arizonica ·············· 041
西藏柏木 Cupressus torulosa ············· 041
巨柏 Cupressus torulosa var. gigantea ··· 042
福建柏 Fokienia hodginsii ················ 042
圆柏 Juniperus chinensis ·················· 042
刺柏 Juniperus formosana ················ 043
昆明柏 Juniperus gaussenii ··············· 043
铺地柏 Juniperus procumbens ············ 044
小果垂枝柏 Juniperus recurva var. coxii ··· 044
杜松 Juniperus rigida ····················· 044
砂地柏 Juniperus sabina ·················· 044
高山柏 Juniperus squamata ··············· 045
铅笔柏 Juniperus virginiana ·············· 045
侧柏 Platycladus orientalis ··············· 046
北美香柏 Thuja occidentalis ············· 046
朝鲜崖柏 Thuja koraiensis ················ 047
罗汉柏 Thujopsis dolabrata ··············· 047

十、罗汉松科 Podocarpaceae

鸡毛松 Dacrycarpus imbricatus var. patulus ··· 048
陆均松 Dacrydium pectinatum ··········· 048
长叶竹柏 Nageia fleuryi ·················· 049
竹柏 Nageia nagi ·························· 049
罗汉松 Podocarpus macrophyllus ········ 049
兰屿罗汉松 Podocarpus costalis ········· 050
大理罗汉松 Podocarpus forrestii ········· 050
长叶罗汉松 Podocarpus neriifolius ······ 050

十一、三尖杉科 Cephalotaxaceae

三尖杉 Cephalotaxus fortunei ············ 051
海南粗榧 Cephalotaxus mannii ·········· 051
粗榧 Cephalotaxus sinensis ··············· 051

十二、红豆杉科 Taxaceae

穗花杉 Amentotaxus argotaenia ········· 052
白豆杉 Pseudotaxus chienii ··············· 052
欧洲红豆杉 Taxus baccata ················ 052
紫杉 Taxus cuspidata ······················ 053
曼地亚红豆杉 Taxus × media ············ 053
红豆杉 Taxus wallichiana var. chinensis ··· 053
南方红豆杉 Taxus wallichiana var. mairei ··· 054
榧树 Torreya grandis ······················ 054
长叶榧 Torreya jackii ····················· 055
日本榧树 Torreya nucifera ··············· 055

十三、麻黄科 Ephedraceae

木贼麻黄 Ephedra equisetina ············ 056
中麻黄 Ephedra intermedia ··············· 056
草麻黄 Ephedra sinica ···················· 056

十四、买麻藤科 Gnetaceae

买麻藤 Gnetum montanum ················ 057
罗浮买麻藤 Gnetum lofuense ············· 057
小叶买麻藤 Gnetum parvifolium ········· 057

十五、木兰科 Magnoliaceae

厚朴 Houpoëa officinalis ················· 058
日本厚朴 Houpoëa obovata ··············· 058
山玉兰 Lirianthe delavayi ················ 059
绢毛木兰 Lirianthe albosericea ·········· 059
香港木兰 Lirianthe championii ·········· 060
夜香木兰 Lirianthe coco ·················· 060
鹅掌楸 Liriodendron chinense ············ 060
亚美鹅掌楸 Liriodendron sinoamericanum ··· 061
美国鹅掌楸 Liriodendron tulipifera ····· 061
广玉兰 Magnolia grandiflora ············· 061
木莲 Manglietia fordiana ················· 062
香木莲 Manglietia aromatica ············· 062
桂南木莲 Manglietia conifera ············ 063
落叶木莲 Manglietia decidua ············· 063
灰木莲 Manglietia glauca ················· 063
红花木莲 Manglietia insignis ············· 064

毛桃木莲 Manglietia kwangtungensis ······064
亮叶木莲 Manglietia lucida ······064
厚叶木莲 Manglietia pachyphylla ······065
含笑 Michelia figo ······065
白兰花 Michelia×alba ······066
合果木 Michelia baillonii ······066
平伐含笑 Michelia cavaleriei ······066
阔瓣含笑 Michelia cavaleriei var. platypetala ······067
黄兰 Michelia champaca ······067
乐昌含笑 Michelia chapensis ······068
紫花含笑 Michelia crassipes ······068
金叶含笑 Michelia foveolata ······069
壮丽含笑 Michelia lacei ······069
黄心夜合 Michelia martini ······069
深山含笑 Michelia maudiae ······070
观光木 Michelia odora ······070
石碌含笑 Michelia shiluensis ······070
云南含笑 Michelia yunnanensis ······071
天女花 Oyama sieboldii ······071
西康玉兰 Oyama wilsonii ······071
华盖木 Pachylarnax sinica ······072
乐东拟单性木兰 Parakmeria lotungensis ······072
峨眉拟单性木兰 Parakmeria omeiensis ······072
云南拟单性木兰 Parakmeria yunnanensis ······073
焕镛木 Woonyoungia septentrionalis ······073
白玉兰 Yulania denudata ······073
黄瓜木兰 Yulania acuminata ······074
天目木兰 Yulania amoena ······074
望春玉兰 Yulania biondii ······074
紫玉兰 Yulania liliiflora ······075
二乔玉兰 Yulania × soulangeana ······075
星花玉兰 Yulania stellata ······076
宝华玉兰 Yulania zenii ······076

十六、番荔枝科 Annonaceae
番荔枝 Annona squamosa ······077
刺果番荔枝 Annona muricata ······077
牛心梨 Annona reticulata ······077
鹰爪花 Artabotrys hexapetalus ······078
香港鹰爪花 Artabotrys hongkongensis ······078
依兰 Cananga odorata ······078
假鹰爪 Desmos chinensis ······079
瓜馥木 Fissistigma oldhamii ······079
银钩花 Mitrephora tomentosa ······079
长叶暗罗 Polyalthia longifolia ······080
陵水暗罗 Polyalthia nemoralis ······080
暗罗 Polyalthia suberosa ······081
大花紫玉盘 Uvaria grandiflora ······081
紫玉盘 Uvaria macrophylla ······081

十七、蜡梅科 Calycanthaceae
夏蜡梅 Calycanthus chinensis ······082
美国蜡梅 Calycanthus floridus ······082
蜡梅 Chimonanthus praecox ······082
突托蜡梅 Chimonanthus gramatus ······083
浙江蜡梅 Chimonanthus zhejiangensis ······083

十八、樟科 Lauraceae
毛黄肉楠 Actinodaphne pilosa ······084
柳叶黄肉楠 Actinodaphne lecomtei ······084
峨眉黄肉楠 Actinodaphne omeiensis ······084
樟树 Cinnamomum camphora ······085
猴樟 Cinnamomum bodinieri ······085
阴香 Cinnamomum burmanii ······085
浙江樟 Cinnamomum chekiangense ······086
天竺桂 Cinnamomum japonicum ······086
兰屿肉桂 Cinnamomum kotoense ······086
钝叶樟 Cinnamomum bejolghota ······087
大叶樟 Cinnamomum parthenoxylon ······087
少花桂 Cinnamomum pauciflorum ······087
银木 Cinnamomum septentrionale ······087
香桂 Cinnamomum subavenium ······088
黄果厚壳桂 Cryptocarya concinna ······088
月桂 Laurus nobilis ······088
山胡椒 Lindera glauca ······089
乌药 Lindera aggregata ······089
狭叶山胡椒 Lindera angustifolia ······090
江浙山胡椒 Lindera chienii ······090
香叶树 Lindera communis ······090
红果山胡椒 Lindera erythrocarpa ······090
小叶香叶树 Lindera fragrans ······091
黑壳楠 Lindera megaphylla ······091
绒毛山胡椒 Lindera nacusua ······091
绿叶甘姜 Lindera neesiana ······091
三桠乌药 Lindera obtusiloba ······092
川钓樟 Lindera pulcherrima var. hemsleyana ······092
红脉钓樟 Lindera rubronervia ······092
天目木姜子 Litsea auriculata ······092
豹皮樟 Litsea coreana var. sinensis ······093
山鸡椒 Litsea cubeba ······093
黄丹木姜子 Litsea elongata ······093
潺槁木姜子 Litsea glutinosa ······093
杨叶木姜子 Litsea populifolia ······094
短序润楠 Machilus breviflora ······094
浙江润楠 Machilus chekiangensis ······094
华润楠 Machilus chinensis ······095
黄毛润楠 Machilus chrysotricha ······095
黄绒润楠 Machilus grijsii ······095
宜昌润楠 Machilus ichangensis ······095
薄叶润楠 Machilus leptophylla ······096
刨花楠 Machilus pauhoi ······096
梨润楠 Machilus pomifera ······096
柳叶润楠 Machilus salicina ······097
红楠 Machilus thunbergii ······097
绒毛润楠 Machilus velutina ······097
滇润楠 Machilus yunnanensis ······097

新樟 *Neocinnamomum delavayi* ·········· 098
舟山新木姜子 *Neolitsea sericea* ·········· 098
浙江新木姜子 *Neolitsea aurata* var. *chekiangensis* ·········· 098
鸭公树 *Neolitsea chuii* ·········· 099
簇叶新木姜子 *Neolitsea confertifolia* ·········· 099
南亚新木姜子 *Neolitsea zeylanica* ·········· 099
鳄梨 *Persea americana* ·········· 100
闽楠 *Phoebe bournei* ·········· 100
浙江楠 *Phoebe chekiangensis* ·········· 100
竹叶楠 *Phoebe faberi* ·········· 101
红毛山楠 *Phoebe hungmaoensis* ·········· 101
白楠 *Phoebe neurantha* ·········· 101
紫楠 *Phoebe sheareri* ·········· 102
桢楠 *Phoebe zhenna* ·········· 102
檫木 *Sassafras tzumu* ·········· 102

十九、金粟兰科 Chloranthaceae
金粟兰 *Chloranthus spicatus* ·········· 103
草珊瑚 *Sarcandra glabra* ·········· 103

二十、胡椒科 Piperaceae
树胡椒 *Piper aduncum* ·········· 104
海风藤 *Piper hancei* ·········· 104
胡椒 *Piper nigrum* ·········· 104

二十一、马兜铃科 Aristolochiaceae
绵毛马兜铃 *Aristolochia mollissima* ·········· 105
木本马兜铃 *Aristolochia arborea* ·········· 105
巨花马兜铃 *Aristolochia gigantea* ·········· 105
广西马兜铃 *Aristolochia kwangsiensis* ·········· 106
木通马兜铃 *Aristolochia mandshurensis* ·········· 106

二十二、八角科 Illiciaceae
红茴香 *Illicium henryi* ·········· 107
红花八角 *Illicium dunnianum* ·········· 107
莽草 *Illicium lanceolatum* ·········· 108
八角 *Illicium verum* ·········· 108

二十三、五味子科 Schisandraceae
南五味子 *Kadsura longipedunculata* ·········· 109
黑老虎 *Kadsura coccinea* ·········· 109
五味子 *Schisandra chinensis* ·········· 110
华中五味子 *Schisandra sphenanthera* ·········· 110

二十四、毛茛科 Ranunculaceae
铁线莲 *Clematis florida* ·········· 111
威灵仙 *Clematis chinensis* ·········· 111
厚叶铁线莲 *Clematis crassifolia* ·········· 111
山木通 *Clematis finetiana* ·········· 112
大叶铁线莲 *Clematis heracleifolia* ·········· 112
太行铁线莲 *Clematis kirilowii* ·········· 112
长瓣铁线莲 *Clematis macropetala* ·········· 113
绣球藤 *Clematis montana* ·········· 113
转子莲 *Clematis patens* ·········· 114
齿叶铁线莲 *Clematis serratifolia* ·········· 114
西藏铁线莲 *Clematis tenuifolia* ·········· 114

二十五、小檗科 Berberidaceae
小檗 *Berberis thunbergii* ·········· 115
黄芦木 *Berberis amurensis* ·········· 115
豪猪刺 *Berberis julianae* ·········· 115
掌刺小檗 *Berberis koreana* ·········· 116
长柱小檗 *Berberis lempergiana* ·········· 116
刺黑珠 *Berberis sargentiana* ·········· 116
假豪猪刺 *Berberis soulieana* ·········· 117
川西小檗 *Berberis tischleri* ·········· 117
庐山小檗 *Berberis virgetorum* ·········· 117
十大功劳 *Mahonia fortunei* ·········· 117
阔叶十大功劳 *Mahonia bealei* ·········· 118
小果十大功劳 *Mahonia bodinieri* ·········· 118
宽苞十大功劳 *Mahonia eurybracteata* ·········· 118
阿里山十大功劳 *Mahonia oiwakensis* ·········· 119
南天竹 *Nandina domestica* ·········· 119

二十六、大血藤科 Sargentodoxaceae
大血藤 *Sargentodoxa cuneata* ·········· 120

二十七、木通科 Lardizabalaceae
木通 *Akebia quinata* ·········· 121
三叶木通 *Akebia trifoliata* ·········· 121
猫儿屎 *Decaisnea insignis* ·········· 121
五月瓜藤 *Holboellia angustifolia* ·········· 122
鹰爪枫 *Holboellia coriacea* ·········· 122
大花牛姆瓜 *Holboellia grandiflora* ·········· 122

二十八、防己科 Menispermaceae
木防己 *Cocculus orbiculatus* ·········· 123
蝙蝠葛 *Menispermum dauricum* ·········· 123

二十九、马桑科 Coriariaceae
马桑 *Coriaria nepalensis* ·········· 124

三十、清风藤科 Sabiaceae
细花泡花树 *Meliosma parviflora* ·········· 125
香皮树 *Meliosma fordii* ·········· 125
多花泡花树 *Meliosma myriantha* ·········· 126
羽叶泡花树 *Meliosma oldhamii* ·········· 126
暖木 *Meliosma veitchiorum* ·········· 126
清风藤 *Sabia japonica* ·········· 127
灰背清风藤 *Sabia discolor* ·········· 127

三十一、水青树科 Tetracentraceae
水青树 *Tetracentron sinense* ·········· 128

三十二、连香树科 Cercidiphyllaceae
连香树 *Cercidiphyllum japonicum* ·········· 129

三十三、领春木科 Eupteleaceae
领春木 *Euptelea pleiosperma* ·········· 130

三十四、悬铃木科 Platanaceae
二球悬铃木 *Platanus acerifolia* ·········· 131
一球悬铃木 *Platanus occidentalis* ·········· 131
三球悬铃木 *Platanus orientalis* ·········· 131

三十五、金缕梅科 Hamamelidaceae
蕈树 *Altingia chinensis* ·········· 132
细柄蕈树 *Altingia gracilipes* ·········· 132
海南蕈树 *Altingia obovata* ·········· 132
蜡瓣花 *Corylopsis sinensis* ·········· 133

瑞木 *Corylopsis multiflora* ... 133
长柄双花木 *Disanthus cercidifolius* var. *longipes* ... 133
蚊母树 *Distylium racemosum* ... 134
小叶蚊母树 *Distylium buxifolium* ... 134
中华蚊母树 *Distylium chinense* ... 134
杨梅叶蚊母树 *Distylium myricoides* ... 135
马蹄荷 *Exbucklandia populnea* ... 135
大果马蹄荷 *Exbucklandia tonkinensis* ... 135
牛鼻栓 *Fortunearia sinensis* ... 135
金缕梅 *Hamamelis mollis* ... 136
枫香 *Liquidambar formosana* ... 136
北美枫香 *Liquidambar styraciflua* ... 137
檵木 *Loropetalum chinense* ... 137
红花檵木 *Loropetalum chinense* var. *rubrum* ... 137
壳菜果 *Mytilaria laosesis* ... 138
银缕梅 *Parrotia subaequalis* ... 138
红花荷 *Rhodoleia championii* ... 138
半枫荷 *Semiliquidambar cathayensis* ... 139
山白树 *Sinowilsonia henryi* ... 139
水丝梨 *Sycopsis sinensis* ... 139

三十六、交让木科 Daphniphyllaceae
交让木 *Daphniphyllum macropodum* ... 140
牛耳枫 *Daphniphyllum calycinum* ... 140
虎皮楠 *Daphniphyllum oldhamii* ... 140

三十七、杜仲科 Eucommiaceae
杜仲 *Eucommia ulmoides* ... 141

三十八、榆科 Ulmaceae
糙叶树 *Aphananthe aspera* ... 142
朴树 *Celtis sinensis* ... 142
紫弹朴 *Celtis biondii* ... 143
小叶朴 *Celtis bungeana* ... 143
珊瑚朴 *Celtis julianae* ... 143
大叶朴 *Celtis koraiensis* ... 143
刺榆 *Hemiptelea davidii* ... 144
青檀 *Pteroceltis tatarinowii* ... 144
狭叶山黄麻 *Trema angustifolia* ... 144
山油麻 *Trema cannabina* var. *dielsiana* ... 145
山黄麻 *Trema tomentosa* ... 145
白榆 *Ulmus pumila* ... 145
美国榆 *Ulmus americana* ... 146
琅琊榆 *Ulmus chenmoui* ... 146
黑榆 *Ulmus davidiana* ... 146
圆冠榆 *Ulmus densa* ... 147
醉翁榆 *Ulmus gaussenii* ... 147
旱榆 *Ulmus glaucescens* ... 148
裂叶榆 *Ulmus laciniata* ... 148
欧洲白榆 *Ulmus laevis* ... 148
大果榆 *Ulmus macrocarpa* ... 149
榔榆 *Ulmus parvifolia* ... 149
红果榆 *Ulmus szechuanica* ... 149
榉树 *Zelkova serrata* ... 150
大叶榉 *Zelkova schneideriana* ... 150
大果榉 *Zelkova sinica* ... 150

三十九、桑科 Moraceae
见血封喉 *Antiaris toxicaria* ... 151
波罗蜜 *Artocarpus heterophyllus* ... 151
尖蜜拉 *Artocarpus champeden* ... 152
面包树 *Artocarpus communis* ... 152
野波罗蜜 *Artocarpus lakoocha* ... 152
桂木 *Artocarpus nitidus* subsp. *lingnanensis* ... 152
胭脂 *Artocarpus tonkinensis* ... 153
构树 *Broussonetia papyrifera* ... 153
藤构 *Broussonetia kaempferi* var. *australis* ... 153
小构树 *Broussonetia kazinoki* ... 154
榕树 *Ficus microcarpa* ... 154
高山榕 *Ficus altissima* ... 155
环纹榕 *Ficus annulata* ... 155
木瓜榕 *Ficus auriculata* ... 155
垂叶榕 *Ficus benjamina* ... 156
亚里长叶榕 *Ficus binnendijkii* 'Alii' ... 156
无花果 *Ficus carica* ... 156
雅榕 *Ficus concinna* ... 157
钝叶榕 *Ficus curtipes* ... 157
印度橡皮树 *Ficus elastica* ... 157
天仙果 *Ficus erecta* ... 158
黄毛榕 *Ficus esquiroliana* ... 158
水同木 *Ficus fistulosa* ... 158
大叶水榕 *Ficus glaberrima* ... 158
藤榕 *Ficus hederacea* ... 159
对叶榕 *Ficus hispida* ... 159
大琴叶榕 *Ficus lyrata* ... 159
苹果榕 *Ficus oligodon* ... 160
琴叶榕 *Ficus pandurata* ... 160
薜荔 *Ficus pumila* ... 160
菩提树 *Ficus religiosa* ... 161
珍珠莲 *Ficus sarmentosa* var. *henryi* ... 161
棱果榕 *Ficus septica* ... 161
竹叶榕 *Ficus stenophylla* ... 162
笔管榕 *Ficus subpisocarpa* ... 162
地石榴 *Ficus tikoua* ... 162
三角榕 *Ficus triangularis* ... 163
黄葛树 *Ficus virens* ... 163
柘 *Maclura tricuspidata* ... 163
构棘 *Maclura cochinchinensis* ... 164
桑树 *Morus alba* ... 164
鸡桑 *Morus australis* ... 164
蒙桑 *Morus mongolica* ... 165
假鹊肾树 *Streblus indicus* ... 165

四十、伞树科(号角树科) Cecropiaceae
号角树 *Cecropia peltata* ... 166

四十一、荨麻科 Urticaceae
苎麻 Boehmeria nivea ········· 167
水麻 Debregeasia orientalis ········· 167
咬人狗 Dendrocnide meyeniana ········· 168
蔓赤车 Pellionia scabra ········· 168

四十二、马尾树科 Rhoipteleaceae
马尾树 Rhoiptelea chiliantha ········· 169

四十三、胡桃科 Juglandaceae
山核桃 Carya cathayensis ········· 170
薄壳山核桃 Carya illinoensis ········· 170
青钱柳 Cyclocarya paliurus ········· 170
黄杞 Engelhardia roxburghiana ········· 171
胡桃 Juglans regia ········· 171
野核桃 Juglans cathayensis ········· 172
胡桃楸 Juglans mandshurica ········· 172
美国黑核桃 Juglans nigra ········· 172
化香树 Platycarya strobilacea ········· 173
枫杨 Pterocarya stenoptera ········· 173
湖北枫杨 Pterocarya hupehensis ········· 173

四十四、杨梅科 Myricaceae
杨梅 Myrica rubra ········· 174
青杨梅 Myrica adenophora ········· 174

四十五、壳斗科(山毛榉科) Fagaceae
板栗 Castanea mollissima ········· 175
锥栗 Castanea henryi ········· 175
茅栗 Castanea seguinii ········· 175
苦槠 Castanopsis sclerophylla ········· 176
甜槠 Castanopsis eyrei ········· 176
栲树 Castanopsis fargesii ········· 176
黎蒴锥 Castanopsis fissa ········· 177
元江栲 Castanopsis orthacantha ········· 177
钩栲 Castanopsis tibetana ········· 177
青冈栎 Cyclobalanopsis glauca ········· 178
饭甑青冈 Cyclobalanopsis fleuryi ········· 178
滇青冈 Cyclobalanopsis glaucoides ········· 178
褐叶青冈 Cyclobalanopsis stewardiana ········· 179
欧洲山毛榉 Fagus sylvatica ········· 179
水青冈 Fagus longipetiolata ········· 179
石栎 Lithocarpus glaber ········· 180
东南石栎 Lithocarpus harlandii ········· 180
绵石栎 Lithocarpus henryi ········· 180
麻栎 Quercus acutissima ········· 181
槲栎 Quercus aliena ········· 181
槲树 Quercus dentata ········· 182
白栎 Quercus fabri ········· 182
锥连栎 Quercus franchetii ········· 182
蒙古栎 Quercus mongolica ········· 183
沼生栎 Quercus palustris ········· 183
乌冈栎 Quercus phillyreoides ········· 183
夏栎 Quercus robur ········· 184
柳栎 Quercus phellos ········· 184
高山栎 Quercus semecarpifolia ········· 184
灰背栎 Quercus senescens ········· 185
枹栎 Quercus serrata ········· 185
刺叶栎 Quercus spinosa ········· 185
栓皮栎 Quercus variabilis ········· 186
辽东栎 Quercus wutaishanica ········· 186
三棱栎 Trigonobalanus doichangensis ········· 186

四十六、桦木科 Betulaceae
桤木 Alnus cremastogyne ········· 187
辽东桤木 Alnus hirsuta ········· 187
日本桤木 Alnus japonica ········· 187
江南桤木 Alnus trabeculosa ········· 188
红桦 Betula albosinensis ········· 188
坚桦 Betula chinensis ········· 188
黑桦 Betula dahurica ········· 189
岳桦 Betula ermanii ········· 189
亮叶桦 Betula luminifera ········· 189
白桦 Betula platyphylla ········· 190
天山桦 Betula tianschanica ········· 190
鹅耳枥 Carpinus turczaninowii ········· 190
欧洲鹅耳枥 Carpinus betulus ········· 191
千金榆 Carpinus cordata ········· 191
榛子 Corylus heterophylla ········· 191
华榛 Corylus chinensis ········· 192
毛榛 Corylus mandshurica ········· 192
虎榛子 Ostryopsis davidiana ········· 192

四十七、木麻黄科 Casuariaceae
木麻黄 Casuarina equisetifolia ········· 193
千头木麻黄 Casuarina nana ········· 193

四十八、紫茉莉科 Nyctaginaceae
叶子花 Bougainvillea spectabilis ········· 194
光叶子花 Bougainvillea glabra ········· 194
胶果木 Pisonia umbellifera ········· 194

四十九、龙树科(刺戟科) Didiereaceae
直立亚龙木 Alluaudia ascendens ········· 195
亚龙木 Alluaudia procera ········· 195

五十、仙人掌科 Cactaceae
仙人掌 Opuntia dillenii ········· 196
梨果仙人掌 Opuntia ficus-indica ········· 196
单刺仙人掌 Opuntia monacantha ········· 197
木麒麟 Pereskia aculeata ········· 197

五十一、藜科 Chenopodiaceae
梭梭 Haloxylon ammodendron ········· 198

五十二、蓼科 Polygonaceae
沙拐枣 Calligonum mongolicum ········· 199
泡果沙拐枣 Calligonum calliphysa ········· 199
淡枝沙拐枣 Calligonum leucocladum ········· 199
红果沙拐枣 Calligonum rubicundum ········· 199
海葡萄 Coccoloba uvifera ········· 200
木藤蓼 Fallopia aubertii ········· 200
竹节蓼 Homalocladium platycladum ········· 200

五十三、白花丹科(蓝雪科) Plumbaginaceae
蓝花丹 *Plumbago auriculata* ·················201
白花丹 *Plumbago zeylanica* ·················201

五十四、五桠果科 Dilleniaceae
五桠果 *Dillenia indica* ·················202
大花五桠果 *Dillenia turbinata* ·················202
束蕊花 *Hibbertia scandens* ·················203
锡叶藤 *Tetracera sarmentosa* ·················203

五十五、芍药科 Paeoniaceae
牡丹 *Paeonia suffruticosa* ·················204
滇牡丹 *Paeonia delavayi* ·················204
大花黄牡丹 *Paeonia ludlowii* ·················205
杨山牡丹 *Paeonia ostii* ·················205
紫斑牡丹 *Paeonia rockii* ·················205

五十六、金莲木科 Ochnaceae
金莲木 *Ochna integerrima* ·················206

五十七、龙脑香科 Dipterocarpaceae
竭布罗香 *Dipterocarpus turbinatus* ·················207
坡垒 *Hopea hainanensis* ·················207
狭叶坡垒 *Hopea chinensis* ·················208
望天树 *Parashorea chinensis* ·················208
青梅 *Vatica mangachapoi* ·················208

五十八、山茶科 Theaceae
杨桐 *Adinandra millettii* ·················209
茶梨 *Anneslea fragrans* ·················209
山茶 *Camellia japonica* ·················210
越南抱茎茶 *Camellia amplexicaulis* ·················210
安龙瘤果茶 *Camellia anlungensis* ·················210
杜鹃红山茶 *Camellia azalea* ·················210
浙江山茶 *Camellia chekiangoleosa* ·················211
贵州连蕊茶 *Camellia costei* ·················211
红皮糙果茶 *Camellia crapnelliana* ·················211
越南油茶 *Camellia drupifera* ·················212
显脉金花茶 *Camellia euphlebia* ·················212
柃叶连蕊茶 *Camellia euryoides* ·················212
淡黄金花茶 *Camellia flavida* ·················212
毛花连蕊茶 *Camellia fraterna* ·················213
长瓣短柱茶 *Camellia grijsii* ·················213
凹脉金花茶 *Camellia impressinervis* ·················213
油茶 *Camellia oleifera* ·················213
金花茶 *Camellia petelotii* ·················214
西南山茶 *Camellia pitardii* ·················214
多齿红山茶 *Camellia polyodonta* ·················214
红花瘤果茶 *Camellia pyxidiacea* var. *rubituberculata* ·················215
云南山茶 *Camellia reticulata* ·················215
茶梅 *Camellia sasanqua* ·················215
茶 *Camellia sinensis* ·················216
南山茶 *Camellia semiserrata* ·················216
红淡比 *Cleyera japonica* ·················217
厚叶红淡比 *Cleyera pachyphylla* ·················217
翅柃 *Eurya alata* ·················217
米碎花 *Eurya chinensis* ·················218
滨柃 *Eurya emarginata* ·················218
格药柃 *Eurya muricata* ·················218
窄叶柃 *Eurya stenophylla* ·················218
大头茶 *Polyspora axillaris* ·················219
石笔木 *Pyrenaria spectabilis* ·················219
小果石笔木 *Pyrenaria microcarpa* ·················219
银木荷 *Schima argentea* ·················219
木荷 *Schima superba* ·················220
紫茎 *Stewartia sinensis* ·················220
圆萼折柄茶 *Stewartia crassifolia* ·················221
厚皮香 *Ternstroemia gymnanthera* ·················221
日本厚皮香 *Ternstroemia japonica* ·················222
华南厚皮香 *Ternstroemia kwangtungensis* ·················222

五十九、猕猴桃科 Actinidiaceae
中华猕猴桃 *Actinidia chinensis* ·················223
软枣猕猴桃 *Actinidia arguta* ·················223
毛花猕猴桃 *Actinidia eriantha* ·················223
黄毛猕猴桃 *Actinidia fulvicoma* ·················224
狗枣猕猴桃 *Actinidia kolomikta* ·················224
小叶猕猴桃 *Actinidia lanceolata* ·················224
多果猕猴桃 *Actinidia latifolia* ·················225
梅叶猕猴桃 *Actinidia macrosperma* ·················225
美丽猕猴桃 *Actinidia melliana* ·················225
葛枣猕猴桃 *Actinidia polygama* ·················226
对萼猕猴桃 *Actinidia valvata* ·················226
水东哥 *Saurauia tristyla* ·················227
尼泊尔水东哥 *Saurauia napaulensis* ·················227

六十、五列木科 Pentaphylacaceae
五列木 *Pentaphylax euryoides* ·················228

六十一、藤黄科 Clusiaceae（Guttiferae）
红厚壳 *Calophyllum inophyllum* ·················229
黄牛木 *Cratoxylum cochinchinense* ·················229
越南黄牛木 *Cratoxylum formosum* ·················230
莽吉柿 *Garcinia mangostana* ·················230
多花山竹子 *Garcinia multiflora* ·················230
金丝李 *Garcinia paucinervis* ·················231
菲岛福木 *Garcinia subelliptica* ·················231
大叶藤黄 *Garcinia xanthochymus* ·················231
版纳藤黄 *Garcinia xishuanbannaensis* ·················232
金丝桃 *Hypericum monogynum* ·················232
金丝梅 *Hypericum patulum* ·················232
铁力木 *Mesua ferrea* ·················233

六十二、杜英科 Elaeocarpaceae
杜英 *Elaeocarpus decipiens* ·················234
中华杜英 *Elaeocarpus chinensis* ·················234
冬桃 *Elaeocarpus duclouxii* ·················234
秃瓣杜英 *Elaeocarpus glabripetalus* ·················235
水石榕 *Elaeocarpus hainanensis* ·················235
尖叶杜英 *Elaeocarpus rugosus* ·················235
锡兰橄榄 *Elaeocarpus serratus* ·················236
文定果 *Muntingia calabura* ·················236

猴欢喜 *Sloanea sinensis* ··· 237

六十三、椴树科 Tiliaceae

海南椴 *Diplodiscus trichospermus* ··· 238
蚬木 *Excentrodendron tonkinense* ··· 238
扁担杆 *Grewia biloba* ··· 238
水莲木 *Grewia occidentalis* ··· 239
破布叶 *Microcos paniculata* ··· 239
紫椴 *Tilia amurensis* ··· 240
糯米椴 *Tilia henryana* var. *subglabra* ··· 240
华东椴 *Tilia japonica* ··· 240
糠椴 *Tilia mandshurica* ··· 241
南京椴 *Tilia miqueliana* ··· 241
蒙古椴 *Tilia mongolica* ··· 241
欧椴 *Tilia platyphyllos* ··· 242
泰山椴 *Tilia taishanensis* ··· 242

六十四、梧桐科 Sterculiaceae

澳洲火焰木 *Brachychiton acerifolius* ··· 243
昆士兰瓶子树 *Brachychiton rupestris* ··· 243
非洲芙蓉 *Dombeya wallichii* ··· 244
梧桐 *Firmiana simplex* ··· 244
云南梧桐 *Firmiana major* ··· 244
火索麻 *Helicteres isora* ··· 245
雁婆麻 *Helicteres hirsuta* ··· 245
银叶树 *Heritiera littoralis* ··· 246
长柄银叶树 *Heritiera angustata* ··· 246
鹧鸪麻 *Kleinhovia hospita* ··· 246
翅子树 *Pterospermum acerifolium* ··· 247
翻白叶树 *Pterospermum heterophyllum* ··· 247
梭罗 *Reevesia pubescens* ··· 248
两广梭罗树 *Reevesia thyrsoidea* ··· 249
苹婆 *Sterculia monosperma* ··· 249
掌叶苹婆 *Sterculia foetida* ··· 250
海南苹婆 *Sterculia hainanensis* ··· 250
假苹婆 *Sterculia lanceolata* ··· 250
可可 *Theobroma cacao* ··· 251

六十五、木棉科 Bombacaceae

猴面包树 *Adansonia digitata* ··· 252
木棉 *Bombax ceiba* ··· 252
吉贝 *Ceiba pentandra* ··· 253
美丽异木棉 *Ceiba speciosa* ··· 253
榴莲 *Durio zibethinus* ··· 254
轻木 *Ochroma pyramidale* ··· 254
瓜栗 *Pachira aquatica* ··· 254
发财树 *Pachira glabra* ··· 255

六十六、锦葵科 Malvaceae

金铃花 *Abutilon pictum* ··· 256
红萼苘麻 *Abutilon megapotamicum* ··· 256
木槿 *Hibiscus syriacus* ··· 257
红叶槿 *Hibiscus acetosella* ··· 257
高红槿 *Hibiscus elatus* ··· 258
海滨木槿 *Hibiscus hamabo* ··· 258
木芙蓉 *Hibiscus mutabilis* ··· 258
扶桑 *Hibiscus rosa-sinensis* ··· 259
吊灯花 *Hibiscus schizopetalus* ··· 259
黄槿 *Hibiscus tiliaceus* ··· 260
垂花悬铃花 *Malvaviscus penduliflorus* ··· 261
小悬铃花 *Malvaviscus arboreus* ··· 261
多花孔雀葵 *Pavonia × intermedia* ··· 261

六十七、玉蕊科 Lecythidaceae

梭果玉蕊 *Barringtonia fusicarpa* ··· 262
滨玉蕊 *Barringtonia asiatica* ··· 262
玉蕊 *Barringtonia racemosa* ··· 262
红花玉蕊 *Barringtonia reticulata* ··· 263

六十八、大风子科 Flacourtiaceae

锯齿阿查拉 *Azara serrata* ··· 264
红花天料木 *Homalium ceylanicum* ··· 264
天料木 *Homalium cochinchinense* ··· 264
海南大风子 *Hydnocarpus hainanensis* ··· 265
山桐子 *Idesia polycarpa* ··· 265
栀子皮 *Itoa orientalis* ··· 266
山拐枣 *Poliothyrsis sinensis* ··· 266
黄杨叶箣柊 *Scolopia buxifolia* ··· 267
柞木 *Xylosma congesta* ··· 267
南岭柞木 *Xylosma controversum* ··· 268
长叶柞木 *Xylosma longifolium* ··· 268

六十九、红木科 Bixaceae

红木 *Bixa orellana* ··· 269
弯子木 *Cochlospermum vitifolium* ··· 269

七十、旌节花科 Stachyuraceae

旌节花 *Stachyurus chinensis* ··· 270

七十一、堇菜科 Violaceae

三角车 *Rinorea bengalensis* ··· 271

七十二、柽柳科 Tamaricaceae

柽柳 *Tamarix chinensis* ··· 272
多花柽柳 *Tamarix hohenackeri* ··· 272
多枝柽柳 *Tamarix ramosissima* ··· 273

七十三、番木瓜科 Caricaceae

番木瓜 *Carica papaya* ··· 274

七十四、葫芦科 Cucurbitaceae

木鳖子 *Momordica cochinchinensis* ··· 275

七十五、杨柳科 Salicaceae

钻天柳 *Chosenia arbutifolia* ··· 276
毛白杨 *Populus tomentosa* ··· 276
银白杨 *Populus alba* ··· 276
新疆杨 *Populus alba* var. *pyramidalis* ··· 277
加拿大杨 *Populus × canadensis* ··· 277
山杨 *Populus davidiana* ··· 278
胡杨 *Populus euphratica* ··· 279
河北杨 *Populus × hopeiensis* ··· 279
箭杆杨 *Populus nigra* var. *thevestina* ··· 279
小叶杨 *Populus simonii* ··· 280
小钻杨 *Populus × xiaozhuanica* ··· 281

垂柳 *Salix babylonica* ⋯⋯281
白柳 *Salix alba* ⋯⋯282
河柳 *Salix chaenomeloides* ⋯⋯282
细柱柳 *Salix gracilistyla* ⋯⋯283
杞柳 *Salix integra* ⋯⋯283
银芽柳 *Salix × leucopithecia* ⋯⋯283
筐柳 *Salix linearistipularis* ⋯⋯284
旱柳 *Salix matsudana* ⋯⋯284
多腺柳 *Salix nummularia* ⋯⋯285
泰山柳 *Salix taishanensis* ⋯⋯285
金丝垂柳 *Salix* 'Tristis' ⋯⋯286

七十六、山柑科（白花菜科）Capparaceae
野香橼花 *Capparis bodinieri* ⋯⋯287
老鼠瓜 *Capparis himalayensis* ⋯⋯287
海南槌果藤 *Capparis micracantha* ⋯⋯288
鱼木 *Crateva religiosa* ⋯⋯288
台湾鱼木 *Crateva formosensis* ⋯⋯288
树头菜 *Crateva unilocularis* ⋯⋯289

七十七、辣木科 Moringaceae
象腿辣木 *Moringa drouhardii* ⋯⋯290
辣木 *Moringa oleifera* ⋯⋯290

七十八、桤叶树科（山柳科）Clethraceae
华东山柳 *Clethra barbinervis* ⋯⋯291

七十九、杜鹃花科 Ericaceae
深红树萝卜 *Agapetes lacei* ⋯⋯292
缅甸树萝卜 *Agapetes burmanica* ⋯⋯292
毛花树萝卜 *Agapetes pubiflora* ⋯⋯292
五翅莓 *Agapetes serpens* ⋯⋯293
岩须 *Cassiope selaginoides* ⋯⋯293
吊钟花 *Enkianthus quinqueflorus* ⋯⋯294
灯笼花 *Enkianthus chinensis* ⋯⋯294
毛叶吊钟花 *Enkianthus deflexus* ⋯⋯294
红粉白珠 *Gaultheria hookeri* ⋯⋯294
满山香 *Gaultheria leucocarpa* var. *crenulata* ⋯⋯295
珍珠花 *Lyonia ovalifolia* ⋯⋯295
马醉木 *Pieris japonica* ⋯⋯295
美丽马醉木 *Pieris formosa* ⋯⋯296
长萼马醉木 *Pieris swinhoei* ⋯⋯296
杜鹃花 *Rhododendron simsii* ⋯⋯296
窄叶杜鹃 *Rhododendron araiophyllum* ⋯⋯297
银叶杜鹃 *Rhododendron argyrophyllum* ⋯⋯297
张口杜鹃 *Rhododendon augustinii* subsp. *chasmanthum* ⋯⋯297
牛皮杜鹃 *Rhododendron aureum* ⋯⋯298
腺萼马银花 *Rhododendron bachii* ⋯⋯298
锈红杜鹃 *Rhododendron bureavii* ⋯⋯299
弯柱杜鹃 *Rhododendron campylogynum* ⋯⋯299
刺毛杜鹃 *Rhododendron championiae* ⋯⋯299
大白花杜鹃 *Rhododendron decorum* ⋯⋯300
马缨杜鹃 *Rhododendron delavayi* ⋯⋯300
粉红爆杖花 *Rhododendron × duclouxii* ⋯⋯301
密枝杜鹃 *Rhododendron fastigiatum* ⋯⋯301
云锦杜鹃 *Rhododendron fortunei* ⋯⋯301
弯蒴杜鹃 *Rhododendron henryi* ⋯⋯302
皋月杜鹃 *Rhododendron indicum* ⋯⋯302
露珠杜鹃 *Rhododendron irroratum* ⋯⋯302
独龙杜鹃 *Rhododendron keleticum* ⋯⋯303
鹿角杜鹃 *Rhododendron latoucheae* ⋯⋯303
满山红 *Rhododendron mariesii* ⋯⋯303
照山白 *Rhododendron micranthum* ⋯⋯304
亮毛杜鹃 *Rhododendron microphyton* ⋯⋯304
羊踯躅 *Rhododendron molle* ⋯⋯304
丝线吊芙蓉 *Rhododendron moulmainense* ⋯⋯305
毛白杜鹃 *Rhododendron mucronatum* ⋯⋯305
迎红杜鹃 *Rhododendron mucronulatum* ⋯⋯306
石岩杜鹃 *Rhododendron obtusum* ⋯⋯306
团叶杜鹃 *Rhododendron orbiculare* ⋯⋯306
马银花 *Rhododendron ovatum* ⋯⋯306
柔毛杜鹃 *Rhododendron pubescens* ⋯⋯307
锦绣杜鹃 *Rhododendron × pulchrum* ⋯⋯307
云间杜鹃 *Rhododendron redowskianum* ⋯⋯307
大字杜鹃 *Rhododendron schlippenbachii* ⋯⋯308
锈叶杜鹃 *Rhododendron siderophyllum* ⋯⋯308
猴头杜鹃 *Rhododendron simiarum* ⋯⋯308
爆仗杜鹃 *Rhododendron spinuliferum* ⋯⋯309
草原杜鹃 *Rhododendron telmateium* ⋯⋯309
毛嘴杜鹃 *Rhododendron trichostomum* ⋯⋯310
毛柱杜鹃 *Rhododendron venator* ⋯⋯310
越橘 *Vaccinium vitis-idaea* ⋯⋯310
腺齿越橘 *Vaccinium oldhamii* ⋯⋯311
笃斯越橘 *Vaccinium uliginosum* ⋯⋯311

八十、山榄科 Sapotaceae
金星果 *Chrysophyllum cainito* ⋯⋯312
人心果 *Manilkara zapota* ⋯⋯312
台湾胶木 *Palaquium formosanum* ⋯⋯313
蛋黄果 *Pouteria campechiana* ⋯⋯313
神秘果 *Synsepalum dulcificum* ⋯⋯314
滇刺榄 *Xantolis stenosepala* ⋯⋯314

八十一、柿树科 Ebenaceae
柿树 *Diospyros kaki* ⋯⋯315
瓶兰花 *Diospyros armata* ⋯⋯315
乌柿 *Diospyros cathayensis* ⋯⋯316
浙江柿 *Diospyros japonica* ⋯⋯316
君迁子 *Diospyros lotus* ⋯⋯316
罗浮柿 *Diospyros morrisiana* ⋯⋯317
油柿 *Diospyros oleifera* ⋯⋯317
异色柿 *Diospyros philippensis* ⋯⋯318
老鸦柿 *Diospyros rhombifolia* ⋯⋯318

八十二、野茉莉科（安息香科）Styracaceae
赤杨叶 *Alniphyllum fortunei* ⋯⋯319
银钟花 *Halesia macgregorii* ⋯⋯319
北美银钟花 *Halesia tetraptera* ⋯⋯319
陀螺果 *Melliodendron xylocarpum* ⋯⋯320

小叶白辛树 *Pterostyrax corymbosus* 320
白辛树 *Pterostyrax psilophyllus* 321
秤锤树 *Sinojackia xylocarpa* 321
长果秤锤树 *Sinojackia dolichocarpa* 322
江西秤锤树 *Sinojackia rehderiana* 322
野茉莉 *Styrax japonicus* 322
中华安息香 *Styrax chinensis* 322
白花龙 *Styrax faberi* 323
玉铃花 *Styrax obassis* 323
栓叶安息香 *Styrax suberifolius* 323

八十三、山矾科 Symplocaceae
山矾 *Symplocos sumuntia* 324
棱枝山矾 *Symplocos lucida* 324
华山矾 *Symplocos chinensis* 325
白檀 *Symplocos paniculata* 325
老鼠矢 *Symplocos stellaris* 325

八十四、紫金牛科 Myrsinaceae
桐花树 *Aegiceras corniculatum* 326
紫金牛 *Ardisia japonica* 326
朱砂根 *Ardisia crenata* 327
百两金 *Ardisia crispa* 327
密鳞紫金牛 *Ardisia densilepidotula* 327
东方紫金牛 *Ardisia elliptica* 328
矮紫金牛 *Ardisia humilis* 328
斑叶朱砂根 *Ardisia lindleyana* 329
虎舌红 *Ardisia mamillata* 329
铜盆花 *Ardisia obtusa* 329
杜茎山 *Maesa japonica* 330
包疮叶 *Maesa indica* 330
金珠柳 *Maesa montana* 331
鲫鱼胆 *Maesa perlarius* 331
柳叶杜茎山 *Maesa salicifolia* 331

八十五、牛栓藤科 Connaraceae
云南牛栓藤 *Connarus yunnanensis* 332

八十六、海桐花科 Pittosporaceae
海桐 *Pittosporum tobira* 333
光叶海桐 *Pittosporum glabratum* 333
海金子 *Pittosporum illicioides* 334
圆锥海桐 *Pittosporum paniculiferum* 334

八十七、绣球科 Hydrangeaceae
溲疏 *Deutzia crenata* 335
钩齿溲疏 *Deutzia baroniana* 335
大萼溲疏 *Deutzia calycosa* 336
异色溲疏 *Deutzia discolor* 336
光萼溲疏 *Deutzia glabrata* 336
黄山溲疏 *Deutzia glauca* 336
球花溲疏 *Deutzia glomeruliflora* 337
大花溲疏 *Deutzia grandiflora* 337
长叶溲疏 *Deutzia longifolia* 338
小花溲疏 *Deutzia parviflora* 338
紫花溲疏 *Deutzia purpurascens* 338
常山 *Dichroa febrifuga* 339
绣球 *Hydrangea macrophylla* 339
中国绣球 *Hydrangea chinensis* 339
圆锥绣球 *Hydrangea paniculata* 340
乐思绣球 *Hydrangea robusta* 340
腊莲绣球 *Hydrangea strigosa* 340
山梅花 *Philadelphus incanus* 341
西洋山梅花 *Philadelphus coronarius* 341
太平花 *Philadelphus pekinensis* 342
紫萼山梅花 *Philadelphus purpurascens* 342
东北山梅花 *Philadelphus schrenkii* 342
星毛冠盖藤 *Pileostegia tomentella* 343
钻地风 *Schizophragma integrifolium* 343

八十八、茶藨子科 Grossulariaceae
伯力木 *Brexia madagascariensis* 344
矩叶鼠刺 *Itea omeiensis* 344
鼠刺 *Itea chinensis* 344
北美鼠刺 *Itea virginica* 345
阳春鼠刺 *Itea yangchunensis* 345
香茶藨子 *Ribes odoratum* 346
长刺茶藨子 *Ribes alpestre* 346
刺果茶藨子 *Ribes burejense* 346
华茶藨 *Ribes fasciculatum* var. *chinense* 347
糖茶藨子 *Ribes himalense* 347
长白茶藨子 *Ribes komarovii* 347
东北茶藨子 *Ribes mandshuricum* 348

八十九、蔷薇科 Rosaceae
唐棣 *Amelanchier sinica* 349
桃 *Amygdalus persica* 349
扁桃 *Amygdalus communis* 350
山桃 *Amygdalus davidiana* 350
榆叶梅 *Amygdalus triloba* 351
杏 *Armeniaca vulgaris* 351
梅 *Armeniaca mume* 352
美人梅 *Armeniaca mume* × *Prunus cerasifera* f. *atropurpurea* 352
西伯利亚杏 *Armeniaca sibirica* 353
欧洲甜樱桃 *Cerasus avium* 353
钟花樱 *Cerasus campanulata* 354
红花高盆樱 *Cerasus cerasoides* var. *rubea* 354
迎春樱 *Cerasus discoidea* 354
麦李 *Cerasus glandulosa* 355
欧李 *Cerasus humilis* 355
郁李 *Cerasus japonica* 356
樱桃 *Cerasus pseudocerasus* 356
山樱花 *Cerasus serrulata* 356
日本晚樱 *Cerasus serrulata* var. *lannesiana* 357
大叶早樱 *Cerasus subhirtella* 357
毛樱桃 *Cerasus tomentosa* 358
日本樱花 *Cerasus yedoensis* 358
木瓜 *Chaenomeles sinensis* 358

中文名 学名	页码
木瓜海棠 Chaenomeles cathayensis	359
日本木瓜 Chaenomeles japonica	360
贴梗海棠 Chaenomeles speciosa	360
匍匐栒子 Cotoneaster adpressus	360
大果栒子 Cotoneaster conspicuus	361
矮生栒子 Cotoneaster dammeri	361
西南栒子 Cotoneaster franchetii	361
平枝栒子 Cotoneaster horizontalis	362
小叶栒子 Cotoneaster microphyllus	362
水栒子 Cotoneaster multiflorus	363
柳叶栒子 Cotoneaster salicifolius	363
山东栒子 Cotoneaster schantungensis	364
西北栒子 Cotoneaster zabelii	364
山楂 Crataegus pinnatifida	364
甘肃山楂 Crataegus kansuensis	364
毛山楂 Crataegus maximowiczii	365
辽宁山楂 Crataegus sanguinea	365
榅桲 Cydonia oblonga	366
牛筋条 Dichotomanthes tristaniicarpa	366
云南移㭴 Docynia delavayi	367
东亚仙女木 Dryas octopetala var. asiatica	367
枇杷 Eriobotrya japonica	367
白鹃梅 Exochorda racemosa	368
红柄白鹃梅 Exochorda giraldii	368
齿叶白鹃梅 Exochorda serratifolia	368
棣棠 Kerria japonica	369
大叶桂樱 Laurocerasus zippeliana	369
毛背桂樱 Laurocerasus hypotricha	370
尖叶桂樱 Laurocerasus undulata	370
苹果 Malus pumila	370
花红 Malus asiatica	371
山荆子 Malus baccata	371
垂丝海棠 Malus halliana	372
湖北海棠 Malus hupehensis	372
陇东海棠 Malus kansuensis	373
毛山荆子 Malus mandshurica	373
西府海棠 Malus micromalus	374
海棠果 Malus prunifolia	374
三叶海棠 Malus sieboldii	374
海棠花 Malus spectabilis	375
变叶海棠 Malus toringoides	375
欧楂 Mespilus germanica	375
华西小石积 Osteomeles schwerinae	376
稠李 Padus avium	376
短梗稠李 Padus brachypoda	377
紫叶稠李 Padus virginiana 'Canada Red'	377
绢毛稠李 Padus wilsonii	377
石楠 Photinia serratifolia	378
中华石楠 Photinia beauverdiana	378
椤木石楠 Photinia bodinieri	379
红叶石楠 Photinia × fraseri	379
光叶石楠 Photinia glabra	380
桃叶石楠 Photinia prunifolia	380
毛叶石楠 Photinia villosa	380
风箱果 Physocarpus amurensis	380
无毛风箱果 Physocarpus opulifolium	381
金露梅 Potentilla fruticosa	381
银露梅 Potentilla glabra	382
东北扁核木 Prinsepia sinensis	382
蕤核 Prinsepia uniflora	382
李 Prunus salicina	383
紫叶李 Prunus cerasifera f. atropurpurea	383
紫叶矮樱 Prunus × cistena	384
欧洲李 Prunus domestica	384
火棘 Pyracantha fortuneana	384
窄叶火棘 Pyracantha angustifolia	385
小丑火棘 Pyracantha coccinea 'Harlequin'	385
细圆齿火棘 Pyracantha crenulata	385
杜梨 Pyrus betulaefolia	386
白梨 Pyrus bretschneideri	386
豆梨 Pyrus calleryana	387
西洋梨 Pyrus communis var. sativa	387
河北梨 Pyrus hopeiensis	387
褐梨 Pyrus phaeocarpa	388
沙梨 Pyrus pyrifolia	388
崂山梨 Pyrus trilocularis	388
秋子梨 Pyrus ussuriensis	389
石斑木 Rhaphiolepis indica	389
厚叶石斑木 Rhaphiolepis umbellata	390
鸡麻 Rhodotypos scandens	390
蔷薇 Rosa multiflora	390
木香花 Rosa banksiae	391
硕苞蔷薇 Rosa bracteata	391
月季花 Rosa hybrida	392
刺玫蔷薇 Rosa davurica	392
长白蔷薇 Rosa koreana	393
金樱子 Rosa laevigata	393
缫丝花 Rosa roxburghii	394
玫瑰 Rosa rugosa	394
绢毛蔷薇 Rosa sericea	394
黄刺玫 Rosa xanthina	395
空心泡 Rubus rosifolius	395
竹叶鸡爪茶 Rubus bambusarum	395
山莓 Rubus corchorifolius	396
牛叠肚 Rubus crataegifolius	396
覆盆子 Rubus idaeus	397
绢毛悬钩子 Rubus lineatus	397
茅莓 Rubus parvifolius	397
多腺悬钩子 Rubus phoenicolasius	397
单茎悬钩子 Rubus simplex	398
华北珍珠梅 Sorbaria kirilowii	398
东北珍珠梅 Sorbaria sorbifolia	398

花楸 *Sorbus pohuashanensis* ……399
水榆花楸 *Sorbus alnifolia* ……399
北京花楸 *Sorbus discolor* ……400
石灰花楸 *Sorbus folgneri* ……400
湖北花楸 *Sorbus hupehensis* ……401
巨叶花楸 *Sorbus insignis* ……401
陕甘花楸 *Sorbus koehneana* ……401
褐毛花楸 *Sorbus ochracea* ……402
台湾花楸 *Sorbus randaiensis* ……402
麻叶绣球 *Spiraea cantoniensis* ……402
绣球绣线菊 *Spiraea blumei* ……403
金山绣线菊 *Spiraea* × *bumalda* 'Gold Mound' ……403
华北绣线菊 *Spiraea fritschiana* ……404
粉花绣线菊 *Spiraea japonica* ……404
欧亚绣线菊 *Spiraea media* ……404
笑靥花 *Spiraea prunifolia* ……405
土庄绣线菊 *Spiraea pubescens* ……405
柳叶绣线菊 *Spiraea salicifolia* ……405
珍珠绣线菊 *Spiraea thunbergii* ……406
三桠绣线菊 *Spiraea trilobata* ……406
小米空木 *Stephanandra incisa* ……407
华空木 *Stephanandra chinensis* ……407
红果树 *Stranvaesia davidiana* ……407

九十、含羞草科 Mimosaceae

台湾相思 *Acacia confusa* ……408
大叶相思 *Acacia auriculiformis* ……408
儿茶 *Acacia catechu* ……409
银荆树 *Acacia dealbata* ……409
金合欢 *Acacia farnesiana* ……410
马占相思 *Acacia mangium* ……410
黑荆 *Acacia mearnsii* ……411
珍珠相思 *Acacia podalyriifolia* ……411
海红豆 *Adenanthera microsperma* ……411
合欢 *Albizia julibrissin* ……412
楹树 *Albizia chinensis* ……412
山合欢 *Albizia kalkora* ……413
朱缨花 *Calliandra haematocephala* ……413
红粉扑花 *Calliandra emarginata* ……414
粉扑花 *Calliandra riparia* ……414
苏里南朱缨花 *Calliandra surinamensis* ……414
象耳豆 *Enterolobium cyclocarpum* ……415
南洋楹 *Falcataria moluccana* ……415
银合欢 *Leucaena leucocephala* ……415
含羞草 *Mimosa pudica* ……416
巴西含羞草 *Mimosa diplotricha* ……416
光荚含羞草 *Mimosa bimucronata* ……417
西非白球花 *Parkia biglandulosa* ……417
牛蹄豆 *Pithecellobium dulce* ……417
雨树 *Samanea saman* ……418

九十一、云实科 Caesalpiniaceae

缅茄 *Afzelia xylocarpa* ……419
羊蹄甲 *Bauhinia purpurea* ……419
白花羊蹄甲 *Bauhinia acuminata* ……420
阔裂叶羊蹄甲 *Bauhinia apertilobata* ……420
红花羊蹄甲 *Bauhinia* × *blakeana* ……420
鞍叶羊蹄甲 *Bauhinia brachycarpa* ……420
龙须藤 *Bauhinia championii* ……421
首冠藤 *Bauhinia corymbosa* ……421
李叶羊蹄甲 *Bauhinia didyma* ……422
嘉氏羊蹄甲 *Bauhinia galpinii* ……422
粉叶羊蹄甲 *Bauhinia glauca* ……422
黄花羊蹄甲 *Bauhinia tomentosa* ……423
洋紫荆 *Bauhinia variegata* ……423
云南羊蹄甲 *Bauhinia yunnanensis* ……423
云实 *Caesalpinia decapetala* ……424
小叶云实 *Caesalpinia millettii* ……424
南蛇簕 *Caesalpinia minax* ……424
洋金凤 *Caesalpinia pulcherrima* ……424
苏木 *Caesalpinia sappan* ……425
春云实 *Caesalpinia vernalis* ……425
腊肠树 *Cassia fistula* ……426
绒果决明 *Cassia bakeriana* ……426
爪哇决明 *Cassia javanica* ……426
紫荆 *Cercis chinensis* ……427
加拿大紫荆 *Cercis canadensis* ……427
黄山紫荆 *Cercis chingii* ……427
巨紫荆 *Cercis gigantean* ……428
凤凰木 *Delonix regia* ……428
格木 *Erythrophleum fordii* ……428
几内亚格木 *Erythrophleum guineese* ……429
皂荚 *Gleditsia sinensis* ……429
山皂荚 *Gleditsia japonica* ……429
野皂荚 *Gleditsia microphylla* ……430
美国皂荚 *Gleditsia triacanthos* ……430
肥皂荚 *Gymnocladus chinensis* ……430
北美肥皂荚 *Gymnocladus dioicus* ……431
仪花 *Lysidice rhodostegia* ……431
扁轴木 *Parkinsonia aculeata* ……432
老虎刺 *Pterolobium punctatum* ……432
无忧花 *Saraca dives* ……432
印度无忧花 *Saraca indica* ……433
黏叶豆 *Schizolobium parahyba* ……433
翅荚决明 *Senna alata* ……434
双荚决明 *Senna bicapsularis* ……434
伞房决明 *Senna corymbosa* ……434
长穗决明 *Senna didymobotrya* ……435
铁刀木 *Senna siamea* ……435
美丽山扁豆 *Senna spectabilis* ……436
黄槐决明 *Senna surattensis* ……436
油楠 *Sindora glabra* ……436
东京油楠 *Sindora tonkinensis* ……437
酸豆 *Tamarindus indica* ……437
任豆 *Zenia insignis* ……438

九十二、蝶形花科 Fabaceae

相思子 *Abrus precatorius* ··········439
骆驼刺 *Alhagi sparsifolia* ··········439
沙冬青 *Ammopiptanthus mongolicus* ··········440
紫穗槐 *Amorpha fruticosa* ··········440
紫矿 *Butea monosperma* ··········440
木豆 *Cajanus cajan* ··········441
香花鸡血藤 *Callerya dielsiana* ··········441
绿花鸡血藤 *Callerya championii* ··········442
亮叶鸡血藤 *Callerya nitida* ··········442
海南崖豆藤 *Callerya pachyloba* ··········443
美丽鸡血藤 *Callerya speciosa* ··········443
杭子梢 *Campylotropis macrocarpa* ··········443
锦鸡儿 *Caragana sinica* ··········444
树锦鸡儿 *Caragana arborescens* ··········444
柠条锦鸡儿 *Caragana korshinskii* ··········445
毛掌叶锦鸡儿 *Caragana leveillei* ··········445
小叶锦鸡儿 *Caragana microphylla* ··········445
红花锦鸡儿 *Caragana rosea* ··········446
栗豆树 *Castanospermum australe* ··········446
舞草 *Codariocalyx motorius* ··········447
鱼鳔槐 *Colutea arborescens* ··········447
杂种鱼鳔槐 *Colutea* × *media* ··········447
金雀儿 *Cytisus scoparius* ··········448
毛果金雀儿 *Cytisus striatus* ··········448
黄檀 *Dalbergia hupeana* ··········448
南岭黄檀 *Dalbergia assamica* ··········449
藤黄檀 *Dalbergia hancei* ··········449
降香黄檀 *Dalbergia odorifera* ··········449
印度黄檀 *Dalbergia sissoo* ··········450
假地豆 *Desmodium heterocarpon* ··········450
刺桐 *Erythrina variegata* ··········451
南非刺桐 *Erythrina caffra* ··········451
龙牙花 *Erythrina corallodendron* ··········451
鸡冠刺桐 *Erythrina crista-galli* ··········452
纳塔尔刺桐 *Erythrina humeana* ··········452
劲直刺桐 *Erythrina strica* ··········453
染料木 *Genista tinctoria* ··········453
西班牙染料木 *Genista hispanica* ··········453
葡匐金雀花 *Genista pilosa* ··········454
铃铛刺 *Halimodendron halodendron* ··········454
花木蓝 *Indigofera kirilowii* ··········454
多花木蓝 *Indigofera amblyantha* ··········455
丽江木蓝 *Indigofera balfouriana* ··········455
河北木蓝 *Indigofera bungeana* ··········455
椭圆叶木蓝 *Indigofera cassoides* ··········456
宜昌木蓝 *Indigofera decora* var. *ichangensis* ··········456
木蓝 *Indigofera tinctoria* ··········456
金链花 *Laburnum anagyroides* ··········457
胡枝子 *Lespedeza bicolor* ··········457
长叶胡枝子 *Lespedeza caraganae* ··········458
截叶胡枝子 *Lespedeza cuneata* ··········458
多花胡枝子 *Lespedeza floribunda* ··········458
美丽胡枝子 *Lespedeza thunbergii* subsp. *formosa* ··········459
绒毛胡枝子 *Lespedeza tomentosa* ··········459
朝鲜槐 *Maackia amurensis* ··········460
印度崖豆 *Millettia pulchra* ··········460
厚果崖豆藤 *Millettia pachycarpa* ··········460
白花油麻藤 *Mucuna birdwoodiana* ··········461
宁油麻藤 *Mucuna lamellata* ··········461
大果油麻藤 *Mucuna macrocarpa* ··········462
常春油麻藤 *Mucuna sempervirens* ··········462
红豆树 *Ormosia hosiei* ··········463
花榈木 *Ormosia henryi* ··········463
海南红豆 *Ormosia pinnata* ··········464
木荚红豆 *Ormosia xylocarpa* ··········464
黄花木 *Piptanthus nepalensis* ··········464
水黄皮 *Pongamia pinnata* ··········465
紫檀 *Pterocarpus indicus* ··········465
葛藤 *Pueraria montana* var. *lobata* ··········466
刺槐 *Robinia pseudoacacia* ··········466
毛刺槐 *Robinia hispida* ··········467
大花田菁 *Sesbania grandiflora* ··········467
白刺花 *Sophora davidii* ··········467
苦参 *Sophora flavescens* ··········468
国槐 *Sophora japonica* ··········468
龙爪槐 *Sophora japonica* f. *pendula* ··········469
鹰爪豆 *Spartium junceum* ··········469
枭眼豆 *Swainsona formosa* ··········470
紫藤 *Wisteria sinensis* ··········470
多花紫藤 *Wisteria floribunda* ··········470

九十三、胡颓子科 Elaeagnaceae

沙枣 *Elaeagnus angustifolia* ··········471
佘山胡颓子 *Elaeagnus argyi* ··········471
长叶胡颓子 *Elaeagnus bockii* ··········471
密花胡颓子 *Elaeagnus conferta* ··········472
蔓胡颓子 *Elaeagnus glabra* ··········472
大叶胡颓子 *Elaeagnus macrophylla* ··········472
银果牛奶子 *Elaeagnus magna* ··········473
胡颓子 *Elaeagnus pungens* ··········473
香港胡颓子 *Elaeagnus tutcheri* ··········474
牛奶子 *Elaeagnus umbellata* ··········474
绿叶胡颓子 *Elaeagnus viridis* ··········474
沙棘 *Hippophae rhamnoides* subsp. *sinensis* ··········475

九十四、山龙眼科 Proteaceae

银桦 *Grevillea robusta* ··········476
红花银桦 *Grevillea banksii* ··········476
铺枝银桦 *Grevillea baueri* 'Dwarf' ··········477
澳洲坚果 *Macadamia ternifolia* ··········477

九十五、海桑科 Sonneratiaceae

八宝树 *Duabanga grandiflora* ··········478
海桑 *Sonneratia caseolaris* ··········478

无瓣海桑 *Sonneratia apetala* ... 479

九十六、千屈菜科 Lythraceae
细叶萼距花 *Cuphea hyssopifolia* ... 480
火红萼距花 *Cuphea platycentra* ... 480
黄薇 *Heimia myrtifolia* ... 480
紫薇 *Lagerstroemia indica* ... 481
福氏紫薇 *Lagerstroemia fauriei* ... 482
福建紫薇 *Lagerstroemia limii* ... 482
多花紫薇 *Lagerstroemia siamica* ... 482
大花紫薇 *Lagerstroemia speciosa* ... 483
南紫薇 *Lagerstroemia subcostata* ... 483
散沫花 *Lawsonia inermis* ... 484
虾子花 *Woodfordia fruticosa* ... 484

九十七、瑞香科 Thymelaeaceae
土沉香 *Aquilaria sinensis* ... 485
瑞香 *Daphne odora* ... 485
橙花瑞香 *Daphne aurantiaca* ... 485
玫瑰瑞香 *Daphne cneorum* ... 486
芫花 *Daphne genkwa* ... 486
唐古特瑞香 *Daphne tangutica* ... 486
结香 *Edgeworthia chrysantha* ... 487
了哥王 *Wikstroemia indica* ... 487
河朔荛花 *Wikstroemia chamaedaphne* ... 488
北江荛花 *Wikstroemia monnula* ... 488

九十八、桃金娘科 Myrtaceae
岗松 *Baeckea frutescens* ... 489
红千层 *Callistemon linearis* ... 489
美花红千层 *Callistemon citrinus* ... 489
克里夫红千层 *Callistemon comboynensis* ... 490
皇帝红千层 *Callistemon* 'King's Park Special' ... 490
岩生红千层 *Callistemon pearsonii* 'Rocky Rambler' ... 490
柳叶红千层 *Callistemon salignus* ... 491
垂枝红千层 *Callistemon viminalis* ... 491
柠檬桉 *Eucalyptus citriodora* ... 492
窿缘桉 *Eucalyptus exserta* ... 492
蓝桉 *Eucalyptus globulus* ... 493
毛叶桉 *Eucalyptus torelliana* ... 493
红果仔 *Eugenia uniflora* ... 493
南美稔 *Feijoa sellowiana* ... 494
红胶木 *Lophostemon confertus* ... 494
白千层 *Melaleuca cajuputi* subsp. *cumingiana* ... 494
千层金 *Melaleuca bracteata* 'Revolution Gold' ... 495
细叶白千层 *Melaleuca parviflora* ... 495
众香 *Pimenta racemosa* ... 496
番石榴 *Psidium guajava* ... 496
草莓番石榴 *Psidium littorale* ... 497
桃金娘 *Rhodomyrtus tomentosa* ... 497
肖蒲桃 *Syzygium acuminatissimum* ... 498
黑嘴蒲桃 *Syzygium bullockii* ... 498
赤楠 *Syzygium buxifolium* ... 498
乌墨 *Syzygium cumini* ... 499
水竹蒲桃 *Syzygium fluviatile* ... 499
短药蒲桃 *Syzygium globiflorum* ... 500
轮叶赤楠 *Syzygium grijsii* ... 500
红鳞蒲桃 *Syzygium hancei* ... 500
蒲桃 *Syzygium jambos* ... 501
马来蒲桃 *Syzygium malaccense* ... 501
阔叶蒲桃 *Syzygium megacarpum* ... 501
钟花蒲桃 *Syzygium myrtifolium* ... 502
水翁 *Syzygium nervosum* ... 502
洋蒲桃 *Syzygium samarangense* ... 503
金蒲桃 *Xanthostemon chrysanthus* ... 503
舞女蒲桃 *Xanthostemon verticillatus* 'Cream Dancer' ... 503
扬格金蒲桃 *Xanthostemon youngii* ... 504

九十九、石榴科 Punicaceae
石榴 *Punica granatum* ... 505

一百、柳叶菜科 Onagraceae
倒挂金钟 *Fuchsia × hybrida* ... 506
短筒倒挂金钟 *Fuchsia magellanica* ... 506

一百零一、野牡丹科 Melastomataceae
线萼金花树 *Blastus apricus* ... 507
台湾酸脚杆 *Medinilla formosana* ... 507
宝莲灯 *Medinilla magnifica* ... 507
野牡丹 *Melastoma malabathricum* ... 508
地菍 *Melastoma dodecandrum* ... 508
细叶野牡丹 *Melastoma intermedium* ... 508
毛菍 *Melastoma sanguineum* ... 509
巴西野牡丹 *Tibouchina semidecandra* ... 509
银毛野牡丹 *Tibouchina aspera* var. *asperrima* ... 510
角茎野牡丹 *Tibouchina granulosa* ... 510

一百零二、使君子科 Combretaceae
风车子 *Combretum alfredii* ... 511
使君子 *Quisqualis indica* ... 511
榄仁树 *Terminalia catappa* ... 512
阿江榄仁 *Terminalia arjuna* ... 512
诃梨勒 *Terminalia chebula* ... 513
莫氏榄仁 *Terminalia muelleri* ... 513
千果榄仁 *Terminalia myriocarpa* ... 514
小叶榄仁 *Terminalia neotaliala* ... 514

一百零三、红树科 Rhizophoraceae
木榄 *Bruguiera gymnorrhiza* ... 515
竹节树 *Carallia brachiata* ... 515
锯叶竹节树 *Carallia diphopetala* ... 516
秋茄 *Kandelia obovata* ... 516
山红树 *Pellacalyx yunnanensis* ... 516
红海榄 *Rhizophora stylosa* ... 517

一百零四、八角枫科 Alangiaceae
八角枫 *Alangium chinense* ... 518
三裂瓜木 *Alangium platanifolium* var. *trilobum* ... 518

一百零五、蓝果树科 Nyssaceae
喜树 *Camptotheca acuminata* ... 519
珙桐 *Davidia involucrata* ... 519

蓝果树 *Nyssa sinensis* ······520
酸紫树 *Nyssa ogeche* ······520

一百零六、山茱萸科（四照花科）Cornaceae
洒金东瀛珊瑚 *Aucuba japonica* 'Variegata' ······521
桃叶珊瑚 *Aucuba chinensis* ······521
灯台树 *Bothrocaryum controversum* ······521
山茱萸 *Cornus officinalis* ······522
四照花 *Dendrobenthamia japonica* ······522
头状四照花 *Dendrobenthamia capitata* ······523
秀丽四照花 *Dendrobenthamia hongkongensis* subsp. *elegans* ······523
青荚叶 *Helwingia japonica* ······524
中华青荚叶 *Helwingia chinensis* ······524
西域青荚叶 *Helwingia himalaica* ······524
红瑞木 *Swida alba* ······524
沙梾 *Swida bretschneideri* ······525
欧洲红瑞木 *Swida sanguinea* ······525
毛梾 *Swida walteri* ······525
光皮梾木 *Swida wilsoniana* ······526
有齿鞘柄木 *Toricellia angulata* var. *intermedia* ······526

一百零七、铁青树科 Olacaceae
蒜头果 *Malania oleifera* ······527
青皮木 *Schoepfia jasminodora* ······527

一百零八、檀香科 Santalaceae
檀梨 *Pyrularia edulis* ······528

一百零九、卫矛科 Celastraceae
南蛇藤 *Celastrus orbiculatus* ······529
苦皮藤 *Celastrus angulatus* ······529
大芽南蛇藤 *Celastrus gemmatus* ······529
粉背南蛇藤 *Celastrus hypoleucus* ······530
卫矛 *Euonymus alatus* ······530
刺果卫矛 *Euonymus acanthocarpus* ······531
扶芳藤 *Euonymus fortunei* ······531
大花卫矛 *Euonymus grandiflorus* ······531
大叶黄杨 *Euonymus japonicus* ······532
丝棉木 *Euonymus maackii* ······532
中华卫矛 *Euonymus nitidus* ······533
垂丝卫矛 *Euonymus oxyphyllus* ······533
陕西卫矛 *Euonymus schensiana* ······533
刺茶裸实 *Gymnosporia variabilis* ······534
美登木 *Maytenus hookeri* ······534
滇南美登木 *Maytenus austroyunnanensis* ······534
密花美登木 *Maytenus confertiflorus* ······535
雷公藤 *Tripterygium wilfordii* ······535

一百一十、冬青科 Aquifoliaceae
冬青 *Ilex chinensis* ······536
梅叶冬青 *Ilex asprella* ······536
华中刺叶冬青 *Ilex centrochinensis* ······536
凹叶冬青 *Ilex championii* ······537
枸骨 *Ilex cornuta* ······537
钝齿冬青 *Ilex crenata* ······538
金毛冬青 *Ilex dasyphylla* ······538
厚叶冬青 *Ilex elmerrilliana* ······538
光枝刺缘冬青 *Ilex hylonoma* var. *glabra* ······539
大叶冬青 *Ilex latifolia* ······539
大果冬青 *Ilex macrocarpa* ······539
猫儿刺 *Ilex pernyi* ······540
铁冬青 *Ilex rotunda* ······540
尾叶冬青 *Ilex wilsonii* ······540

一百一十一、黄杨科 Buxaceae
黄杨 *Buxus sinica* ······541
雀舌黄杨 *Buxus bodinieri* ······541
锦熟黄杨 *Buxus sempervirens* ······542
富贵草 *Pachysandra terminalis* ······542
板凳果 *Pachysandra axillaris* ······542
野扇花 *Sarcococca ruscifolia* ······543
双蕊野扇花 *Sarcococca hookeriana* var. *digyna* ······543
东方野扇花 *Sarcococca longipetiolata* ······543

一百一十二、大戟科 Euphorbiaceae
红桑 *Acalypha wilkesiana* ······544
红尾铁苋 *Acalypha chamaedrifolia* ······544
红穗铁苋菜 *Acalypha hispida* ······545
山麻杆 *Alchornea davidii* ······545
红背山麻杆 *Alchornea trewioides* ······545
石栗 *Aleurites moluccanus* ······546
五月茶 *Antidesma bunius* ······546
黄毛五月茶 *Antidesma fordii* ······547
方叶五月茶 *Antidesma ghaesembilla* ······547
木奶果 *Baccaurea ramiflora* ······547
重阳木 *Bischofia polycarpa* ······548
秋枫 *Bischofia javanica* ······548
雪花木 *Breynia disticha* f. *nivosa* ······549
黑面神 *Breynia fruticosa* ······549
小叶黑面神 *Breynia vitis-idaea* ······549
土蜜树 *Bridelia tomentosa* ······550
蝴蝶果 *Cleidiocarpon cavaleriei* ······550
变叶木 *Codiaeum variegatum* ······550
紫锦木 *Euphorbia cotinifolia* subsp. *cotinoides* ······551
虎刺梅 *Euphorbia milii* ······552
一品红 *Euphorbia pulcherrima* ······552
光棍树 *Euphorbia tirucalli* ······552
红背桂 *Excoecaria cochinchinensis* ······553
一叶萩 *Flueggea suffruticosa* ······553
算盘子 *Glochidion puberum* ······554
橡胶树 *Hevea brasiliensis* ······554
麻风树 *Jatropha curcas* ······555
棉叶珊瑚花 *Jatropha gossypiifolia* ······555
琴叶珊瑚 *Jatropha integerrima* ······556
细裂麻风树 *Jatropha multifida* ······556
佛肚树 *Jatropha podagrica* ······556
雀儿舌头 *Leptopus chinensis* ······557
血桐 *Macaranga tanarius* var. *tomentosa* ······557
中平树 *Macaranga denticulata* ······557

白背叶野桐 *Mallotus apelta* ·········· 558
花叶木薯 *Manihot esculenta* 'Variegata' ·········· 558
白木乌桕 *Neoshirakia japonica* ·········· 559
西印度醋栗 *Phyllanthus acidus* ·········· 559
余甘子 *Phyllanthus emblica* ·········· 559
青灰叶下珠 *Phyllanthus glaucus* ·········· 560
锡兰叶下珠 *Phyllanthus myrtifolius* ·········· 560
守宫木 *Sauropus androgynus* ·········· 560
龙脷叶 *Sauropus spatulifolius* ·········· 561
乌桕 *Triadica sebifera* ·········· 561
油桐 *Vernicia fordii* ·········· 562
木油树 *Vernicia montana* ·········· 562

一百一十三、鼠李科 Rhamnaceae
勾儿茶 *Berchemia sinica* ·········· 563
多花勾儿茶 *Berchemia floribunda* ·········· 563
铁包金 *Berchemia lineata* ·········· 563
枳椇 *Hovenia acerba* ·········· 564
北枳椇 *Hovenia dulcis* ·········· 564
马甲子 *Paliurus ramosissimus* ·········· 564
铜钱树 *Paliurus hemsleyanus* ·········· 565
猫乳 *Rhamnella franguloides* ·········· 565
锐齿鼠李 *Rhamnus arguta* ·········· 556
圆叶鼠李 *Rhamnus globosa* ·········· 556
朝鲜鼠李 *Rhamnus koraiensis* ·········· 556
冻绿 *Rhamnus utilis* ·········· 557
雀梅藤 *Sageretia thea* ·········· 557
钩刺雀梅藤 *Sageretia hamosa* ·········· 557
枣树 *Ziziphus jujuba* ·········· 558
滇刺枣 *Ziziphus mauritiana* ·········· 558

一百一十四、葡萄科 Vitaceae
蓇叶蛇葡萄 *Ampelopsis humulifolia* ·········· 559
乌头叶蛇葡萄 *Ampelopsis aconitifolia* ·········· 559
三裂蛇葡萄 *Ampelopsis delavayana* ·········· 570
大叶蛇葡萄 *Ampelopsis megalophylla* ·········· 570
爬山虎 *Parthenocissus tricuspidata* ·········· 570
异叶爬山虎 *Parthenocissus dalzielii* ·········· 571
五叶地锦 *Parthenocissus quinquefolia* ·········· 571
扁担藤 *Tetrastigma planicaule* ·········· 572
茎花崖爬藤 *Tetrastigma cauliflorum* ·········· 572
葡萄 *Vitis vinifera* ·········· 572
山葡萄 *Vitis amurensis* ·········· 573
蘡薁 *Vitis bryoniifolia* ·········· 574
葛藟葡萄 *Vitis flexuosa* ·········· 574
毛葡萄 *Vitis heyneana* ·········· 574

一百一十五、古柯科 Erythroxylaceae
古柯 *Erythroxylum novogranatense* ·········· 575
东方古柯 *Erythroxylum sinense* ·········· 575

一百一十六、亚麻科 Linaceae
石海椒 *Reinwardtia indica* ·········· 576
青篱柴 *Tirpitzia sinensis* ·········· 576

一百一十七、金虎尾科 Malpighiaceae
杏黄林咖啡 *Bunchosia armeniaca* ·········· 577
狭叶异翅藤 *Heteropterys glabra* ·········· 577
风筝果 *Hiptage benghalensis* ·········· 577
小叶黄褥花 *Malpighia glabra* 'Fairchild' ·········· 578
金英 *Thryallis gracilis* ·········· 578
星果藤 *Tristellateia australasiae* ·········· 578

一百一十八、远志科 Polygalaceae
黄花远志 *Polygala arillata* ·········· 579
黄花倒水莲 *Polygala fallax* ·········· 579

一百一十九、省沽油科 Staphyleaceae
野鸦椿 *Euscaphis japonica* ·········· 580
省沽油 *Staphylea bumalda* ·········· 580
银鹊树 *Tapiscia sinensis* ·········· 581

一百二十、伯乐树科 Bretschneideraceae
伯乐树 *Bretschneidera sinensis* ·········· 582

一百二十一、无患子科 Sapindaceae
异木患 *Allophylus viridis* ·········· 583
滨木患 *Arytera littoralis* ·········· 583
龙眼 *Dimocarpus longan* ·········· 583
车桑子 *Dodonaea viscosa* ·········· 584
伞花木 *Eurycorymbus cavaleriei* ·········· 584
掌叶木 *Handeliodendron bodinieri* ·········· 585
假山罗 *Harpullia cupanioides* ·········· 585
栾树 *Koelreuteria paniculata* ·········· 586
复羽叶栾树 *Koelreuteria bipinnata* ·········· 586
台湾栾树 *Koelreuteria elegans* subsp. *formosana* ·········· 587
荔枝 *Litchi chinensis* ·········· 587
红毛丹 *Nephelium lappaceum* ·········· 588
韶子 *Nephelium chryseum* ·········· 588
番龙眼 *Pometia pinnata* ·········· 588
无患子 *Sapindus saponaria* ·········· 589
蕨叶罗望子 *Sarcotoechia serrata* ·········· 589
文冠果 *Xanthoceras sorbifolium* ·········· 590

一百二十二、七叶树科 Hippocastanaceae
七叶树 *Aesculus chinensis* ·········· 591
普罗提七叶树 *Aesculus* × *carnea* 'Briotii' ·········· 591
欧洲七叶树 *Aesculus hippocastanum* ·········· 592
红花七叶树 *Aesculus pavia* ·········· 592

一百二十三、槭树科 Aceraceae
三角枫 *Acer buergerianum* ·········· 593
太白槭 *Acer caesium* subsp. *giraldii* ·········· 593
青皮槭 *Acer cappadocicum* ·········· 594
紫果槭 *Acer cordatum* ·········· 594
樟叶槭 *Acer coriaceifolium* ·········· 594
青榕槭 *Acer davidii* ·········· 595
葛萝槭 *Acer davidii* subsp. *grosseri* ·········· 595
秀丽槭 *Acer elegantulum* ·········· 595
罗浮枫 *Acer fabri* ·········· 596
扇叶槭 *Acer flabellatum* ·········· 596
丽江槭 *Acer forrestii* ·········· 596

血皮槭 *Acer griseum* ················ 596
建始槭 *Acer henryi* ················ 597
羽扇枫 *Acer japonicum* ············· 597
复叶槭 *Acer negundo* ·············· 598
飞蛾槭 *Acer oblongum* ············· 599
鸡爪槭 *Acer palmatum* ············· 599
色木槭 *Acer pictum* subsp. *mono* ···· 600
细裂槭 *Acer pilosum* var. *stenolobum* ··· 600
红花槭 *Acer rubrum* ··············· 600
中华槭 *Acer sinense* ··············· 601
茶条槭 *Acer tataricum* subsp. *ginnala* ··· 601
青楷槭 *Acer tegmentosum* ··········· 602
桦叶四蕊槭 *Acer stachyophyllum* subsp. *betulifolium* ···· 602
元宝枫 *Acer truncatum* ············ 602
岭南槭 *Acer tutcheri* ··············· 603
金钱槭 *Dipteronia sinensis* ········· 603

一百二十四、橄榄科 Burseraceae
橄榄 *Canarium album* ·············· 604

一百二十五、漆树科 Anacardiaceae
腰果 *Anacardium occidentale* ········ 605
南酸枣 *Choerospondias axillaris* ····· 605
黄栌 *Cotinus coggygria* ············ 606
四川黄栌 *Cotinus szechuanensis* ····· 606
人面子 *Dracontomelon duperreanum* ··· 607
杧果 *Mangifera indica* ············· 607
天桃木 *Mangifera persiciforma* ······ 608
黄连木 *Pistacia chinensis* ·········· 608
清香木 *Pistacia weinmanniifolia* ····· 608
盐肤木 *Rhus chinensis* ············· 609
火炬树 *Rhus typhina* ·············· 609
槟榔青 *Spondias pinnata* ··········· 610
漆树 *Toxicodendron vernicifluum* ···· 610
野漆树 *Toxicodendron succedaneum* ·· 611

一百二十六、苦木科 Simaroubaceae
臭椿 *Ailanthus altissima* ············ 612
苦木 *Picrasma quassioides* ·········· 612

一百二十七、楝科 Meliaceae
米仔兰 *Aglaia odorata* ············· 613
山楝 *Aphanamixis polystachya* ······· 613
麻楝 *Chukrasia tabularis* ··········· 614
浆果楝 *Cipadessa baccifera* ········· 614
茎花葱臭木 *Dysoxylum cauliflorum* ··· 614
鹧鸪花 *Heynea trijuga* ············· 615
非洲楝 *Khaya senegalensis* ·········· 615
楝树 *Melia azedarach* ·············· 616
桃花心木 *Swietenia mahagoni* ······· 617
大叶桃花心木 *Swietenia macrophylla* ··· 617
红椿 *Toona ciliata* ················ 618
香椿 *Toona sinensis* ··············· 618

一百二十八、芸香科 Rutaceae
山油柑 *Acronychia pedunculata* ······ 619

酒饼叶 *Atalantia buxifolia* ·········· 619
柑橘 *Citrus reticulata* ············· 620
代代花 *Citrus × aurantium* var. *amara* ··· 620
柠檬 *Citrus limon* ················ 621
柚 *Citrus maxima* ················ 621
香橼 *Citrus medica* ··············· 621
黄皮 *Clausena lansium* ············ 622
齿叶黄皮 *Clausena dunniana* ······· 622
金橘 *Fortunella japonica* ··········· 622
山橘 *Fortunella hindsii* ············ 623
小花山小橘 *Glycosmis parviflora* ···· 623
三桠苦 *Melicope pteleifolia* ········· 624
九里香 *Murraya paniculata* ········· 624
调料九里香 *Murraya koenigii* ······· 624
臭常山 *Orixa japonica* ············· 625
黄檗 *Phellodendron amurense* ······· 625
川黄檗 *Phellodendron chinense* ······ 626
枸橘 *Poncirus trifoliata* ············ 626
榆橘 *Ptelea trifoliata* ·············· 626
日本茵芋 *Skimmia japonica* ········ 627
臭檀 *Tetradium daniellii* ··········· 627
吴茱萸 *Tetradium ruticarpum* ······· 627
飞龙掌血 *Toddalia asiatica* ········· 628
花椒 *Zanthoxylum bungeanum* ······ 628
椿叶花椒 *Zanthoxylum ailanthoides* ·· 628
竹叶椒 *Zanthoxylum armatum* ······ 629
胡椒木 *Zanthoxylum piperitum* ····· 629
香椒子 *Zanthoxylum schinifolium* ··· 630
野花椒 *Zanthoxylum simulans* ······ 630

一百二十九、蒺藜科 Zygophyllaceae
小果白刺 *Nitraria sibirica* ·········· 631
霸王 *Zygophyllum xanthoxylon* ····· 631

一百三十、酢浆草科 Oxalidaceae
杨桃 *Averrhoa carambola* ·········· 632

一百三十一、五加科 Araliaceae
辽东楤木 *Aralia elata* var. *glabrescens* ··· 633
长刺楤木 *Aralia spinifolia* ·········· 633
掌裂柏那参 *Brassaiopsis hainla* ····· 633
树参 *Dendropanax dentiger* ········ 634
五加 *Eleutherococcus nodiflorus* ····· 634
刺五加 *Eleutherococcus senticosus* ··· 634
无梗五加 *Eleutherococcus sessiliflorus* ·· 635
狭叶五加 *Eleutherococcus wilsonii* ··· 635
熊掌木 *Fatshedera lizei* ············ 635
八角金盘 *Fatsia japonica* ··········· 636
吴茱萸五加 *Gamblea ciliata* var. *evodiifolia* ···· 636
洋常春藤 *Hedera helix* ············ 637
中华常春藤 *Hedera nepalensis* var. *sinensis* ··· 637
菱叶常春藤 *Hedera rhombea* ······· 638
幌伞枫 *Heteropanax fragrans* ······· 638
刺楸 *Kalopanax septemlobus* ······· 638

中文名 学名	页码
梁王茶 *Metapanax delavayi*	639
五爪木 *Osmoxylon lineare*	640
圆叶南洋参 *Polyscias scutellaria*	640
南洋参 *Polyscias fruticosa*	640
鹅掌藤 *Schefflera arboricola*	641
辐叶鹅掌柴 *Schefflera acutinophylla*	641
短序鹅掌柴 *Schefflera bodinieri*	642
穗序鹅掌柴 *Schefflera delavayi*	642
孔雀木 *Schefflera elegantissima*	642
鹅掌柴 *Schefflera heptaphylla*	643
通脱木 *Tetrapanax papyriferus*	643
刺通草 *Trevesia palmata*	643

一百三十二、马钱科 Loganiaceae

灰莉 *Fagraea ceilanica*	644
钩吻 *Gelsemium elegans*	645
马钱 *Strychnos nux-vomica*	645

一百三十三、夹竹桃科 Apocynaceae

沙漠玫瑰 *Adenium obesum*	646
黄蝉 *Allamanda schottii*	646
紫蝉 *Allamanda blanchetii*	647
软枝黄蝉 *Allamanda cathartica*	647
鸡骨常山 *Alstonia yunnanensis*	647
糖胶树 *Alstonia scholaris*	648
清明花 *Beaumontia grandiflora*	648
长春花 *Catharanthus roseus*	648
海杧果 *Cerbera manghas*	649
止泻木 *Holarrhena pubescens*	649
蕊木 *Kopsia arborea*	650
红文藤 *Mandevilla × amabilis*	650
山橙 *Melodinus suaveolens*	651
尖山橙 *Melodinus fusiformis*	651
夹竹桃 *Nerium oleander*	651
古城玫瑰树 *Ochrosia elliptica*	652
非洲霸王树 *Pachypodium lamerei*	652
金香藤 *Pentalinon luteum*	653
鸡蛋花 *Plumeria rubra* 'Acutifolia'	653
钝叶鸡蛋花 *Plumeria obtusa*	654
红鸡蛋花 *Plumeria rubra*	654
萝芙木 *Rauvolfia verticillata*	654
蛇根木 *Rauvolfia serpentina*	654
羊角拗 *Strophanthus divaricatus*	655
毛旋花 *Strophanthus gratus*	655
狗牙花 *Tabernaemontana divaricata*	656
黄花夹竹桃 *Thevetia peruviana*	656
络石 *Trachelospermum jasminoides*	656
亚洲络石 *Trachelospermum asiaticum*	657
贵州络石 *Trachelospermum bodinieri*	658
酸叶胶藤 *Urceola rosea*	658
非洲马铃果 *Voacanga africana*	658
倒吊笔 *Wrightia pubescens*	658
蓝树 *Wrightia laevis*	659
无冠倒吊笔 *Wrightia religiosa*	659

一百三十四、萝藦科 Asclepiadaceae

橡胶紫茉莉 *Cryptostegia grandiflora*	660
钝钉头果 *Gomphocarpus physocarpus*	660
球兰 *Hoya carnosa*	661
蜂出巢 *Hoya multiflora*	661
贝拉球兰 *Hoya lanceolata* subsp. *bella*	661
杠柳 *Periploca sepium*	661
夜来香 *Telosma cordata*	662

一百三十五、茄科 Solanaceae

木本曼陀罗 *Brugmansia arborea*	663
巴西曼陀罗 *Brugmansia suaveolens*	663
鸳鸯茉莉 *Brunfelsia brasiliensis*	664
大花鸳鸯茉莉 *Brunfelsia pauciflora*	664
夜香树 *Cestrum nocturnum*	665
黄瓶子花 *Cestrum aurantiacum*	665
紫瓶子花 *Cestrum elegans*	665
树番茄 *Cyphomandra betacea*	666
枸杞 *Lycium chinense*	666
宁夏枸杞 *Lycium barbarum*	667
金杯藤 *Solandra maxima*	667
珊瑚豆 *Solanum pseudocapsicum* var. *diflorum*	667
假烟叶树 *Solanum erianthum*	668
南青杞 *Solanum seaforthianum*	668
旋花茄 *Solanum spirale*	668
大花茄 *Solanum wrightii*	668

一百三十六、旋花科 Convolvulaceae

白鹤藤 *Argyreia acuta*	669
锈毛丁公藤 *Erycibe expansa*	669
丁公藤 *Erycibe obtusifolia*	670
光叶丁公藤 *Erycibe schmidtii*	670
金钟藤 *Merremia boisiana*	670

一百三十七、紫草科 Boraginaceae

基及树 *Carmona microphylla*	671
破布木 *Cordia dichotoma*	671
毛叶破布木 *Cordia myxa*	672
厚壳树 *Ehretia acuminata*	672
粗糠树 *Ehretia dicksonii*	673
银毛树 *Tournefortia argentea*	673
紫丹 *Tournefortia montana*	673

一百三十八、马鞭草科 Verbenaceae

海榄雌 *Avicennia marina*	674
白棠子树 *Callicarpa dichotoma*	674
杜虹花 *Callicarpa formosana*	675
老鸦糊 *Callicarpa giraldii*	675
枇杷叶紫珠 *Callicarpa kochiana*	675
红紫珠 *Callicarpa rubella*	675
金叶莸 *Caryopteris × clandonensis* 'Worcester Gold'	676
兰香草 *Caryopteris incana*	676
光果莸 *Caryopteris tangutica*	676
臭牡丹 *Clerodendrum bungei*	677

重瓣臭茉莉 *Clerodendrum chinense* ······ 677
腺茉莉 *Clerodendrum colebrookianum* ······ 678
鬼灯笼 *Clerodendrum fortunatum* ······ 678
海南赪桐 *Clerodendrum hainanense* ······ 678
许树 *Clerodendrum inerme* ······ 678
赪桐 *Clerodendrum japonicum* ······ 679
烟火木 *Clerodendrum quadriloculare* ······ 679
三台花 *Clerodendrum serratum* var. *amplexifolium* ······ 680
爪哇赪桐 *Clerodendrum speciosissimum* ······ 680
红萼龙吐珠 *Clerodendrum speciosum* ······ 680
美丽赪桐 *Clerodendrum splendens* ······ 680
龙吐珠 *Clerodendrum thomsoniae* ······ 681
海州常山 *Clerodendrum trichotomum* ······ 681
蓝蝴蝶 *Clerodendrum ugandense* ······ 682
垂茉莉 *Clerodendrum wallichii* ······ 682
绒苞藤 *Congea tomentosa* ······ 683
假连翘 *Duranta erecta* ······ 683
亚洲石梓 *Gmelina asiatica* ······ 683
云南石梓 *Gmelina arborea* ······ 684
海南石梓 *Gmelina hainanensis* ······ 684
菲律宾石梓 *Gmelina philippensis* ······ 684
冬红 *Holmskioldia sanguinea* ······ 685
马缨丹 *Lantana camara* ······ 685
蔓马缨丹 *Lantana montevidensis* ······ 686
蓝花藤 *Petrea volubilis* ······ 686
臭娘子 *Premna serratifolia* ······ 686
豆腐柴 *Premna microphylla* ······ 687
柚木 *Tectona grandis* ······ 687
黄荆 *Vitex negundo* ······ 687
山牡荆 *Vitex quinata* ······ 688
单叶蔓荆 *Vitex rotundifolia* ······ 688

一百三十九、唇形科 Lamiaceae
羽萼木 *Colebrookea oppositifolia* ······ 689
火把花 *Colquhounia coccinea* ······ 689
木香薷 *Elsholtzia stauntoni* ······ 689
迷迭香 *Rosmarinus officinalis* ······ 690
水果蓝 *Teucrium fruitcans* ······ 690
异株百里香 *Thymus marschallianus* ······ 690

一百四十、醉鱼草科 Buddlejaceae
醉鱼草 *Buddleja lindleyana* ······ 691
巴东醉鱼草 *Buddleja albiflora* ······ 691
互叶醉鱼草 *Buddleja alternifolia* ······ 692
大叶醉鱼草 *Buddleja davidii* ······ 692
瑞丽醉鱼草 *Buddleja forrestii* ······ 692
智利醉鱼草 *Buddleja globosa* ······ 693
密蒙花 *Buddleja officinalis* ······ 693

一百四十一、木犀科 Oleaceae
流苏树 *Chionanthus retusus* ······ 694
雪柳 *Fontanesia philliraeoides* subsp. *fortunei* ······ 694
连翘 *Forsythia suspensa* ······ 694
金钟花 *Forsythia viridissima* ······ 695
白蜡 *Fraxinus chinensis* ······ 695
美国白蜡 *Fraxinus americana* ······ 696
花曲柳 *Fraxinus chinensis* subsp. *rhynchophylla* ······ 696
欧洲白蜡 *Fraxinus excelsior* ······ 696
对节白蜡 *Fraxinus hupehensis* ······ 697
水曲柳 *Fraxinus mandshurica* ······ 697
花梣 *Fraxinus ornus* ······ 698
洋白蜡 *Fraxinus pennsylvanica* ······ 698
天山梣 *Fraxinus sogdiana* ······ 698
绒毛白蜡 *Fraxinus velutina* ······ 699
迎春花 *Jasminum nudiflorum* ······ 699
樟叶素馨 *Jasminum cinnamomifolium* ······ 700
扭肚藤 *Jasminum elongatum* ······ 700
探春花 *Jasminum floridum* ······ 700
矮探春 *Jasminum humile* ······ 701
云南黄馨 *Jasminum mesnyi* ······ 701
毛茉莉 *Jasminum multiflorum* ······ 701
素方花 *Jasminum officinale* ······ 702
厚叶素馨 *Jasminum pentaneurum* ······ 702
多花素馨 *Jasminum polyanthum* ······ 702
茉莉 *Jasminum sambac* ······ 703
滇素馨 *Jasminum subhumile* ······ 703
女贞 *Ligustrum lucidum* ······ 703
日本女贞 *Ligustrum japonicum* ······ 704
水蜡树 *Ligustrum obtusifolium* subsp. *suave* ······ 704
柠檬黄卵叶女贞 *Ligustrum ovalifolium* 'Lemon and Line' ······ 704
小叶女贞 *Ligustrum quihoui* ······ 705
小蜡 *Ligustrum sinense* ······ 705
金叶女贞 *Ligustrum* × *vicary* ······ 706
油橄榄 *Olea europaea* ······ 706
尖叶木犀榄 *Olea europaea* subsp. *cuspidata* ······ 706
桂花 *Osmanthus fragrans* ······ 707
红柄木犀 *Osmanthus armatus* ······ 707
华东木犀 *Osmanthus cooperi* ······ 708
美丽木犀 *Osmanthus decorus* ······ 708
山桂花 *Osmanthus delavayi* ······ 708
齿叶木犀 *Osmanthus fortunei* ······ 708
柊树 *Osmanthus heterophyllus* ······ 709
牛矢果 *Osmanthus matsumuranus* ······ 709
短丝木犀 *Osmanthus serrulatus* ······ 709
云南桂花 *Osmanthus yunnanensis* ······ 710
紫丁香 *Syringa oblata* ······ 710
蓝丁香 *Syringa meyeri* ······ 710
花叶丁香 *Syringa* × *persica* ······ 710
巧玲花 *Syringa pubescens* ······ 711
暴马丁香 *Syringa reticulata* subsp. *amurensis* ······ 711
北京丁香 *Syringa reticulata* subsp. *pekinensis* ······ 711
毛丁香 *Syringa tomentella* ······ 712
红丁香 *Syringa villosa* ······ 712
欧洲丁香 *Syringa vulgaris* ······ 712

一百四十二、玄参科 Scrophulariaceae
- 红花玉芙蓉 *Leucophyllum frutescens* ········· 713
- 毛泡桐 *Paulownia tomentosa* ············· 713
- 楸叶泡桐 *Paulownia catalpifolia* ············ 714
- 兰考泡桐 *Paulownia elongata* ············· 714
- 白花泡桐 *Paulownia fortunei* ············· 715
- 炮仗竹 *Russelia equisetiformis* ············ 715

一百四十三、爵床科 Acanthaceae
- 老鼠簕 *Acanthus ilicifolius* ············· 716
- 虾蟆花 *Acanthus mollis* ··············· 716
- 珊瑚塔 *Aphelandra sinclairiana* ············ 717
- 银脉单药花 *Aphelandra squarrosa* 'Louisea' ······ 717
- 假杜鹃 *Barleria cristata* ··············· 717
- 黄花假杜鹃 *Barleria prionitis* ············· 718
- 鸟尾花 *Crossandra infundibuliformis* ········· 718
- 可爱花 *Eranthemum pulchellum* ············ 718
- 彩叶木 *Graptophyllum pictum* ············ 719
- 虾衣花 *Justicia brandegeana* ············· 719
- 珊瑚花 *Justicia carnea* ··············· 719
- 小驳骨 *Justicia gendarussa* ·············· 720
- 鸡冠爵床 *Odontonema tubaeforme* ··········· 720
- 金苞花 *Pachystachys lutea* ·············· 720
- 紫云杜鹃 *Pseuderanthemum laxiflorum* ········ 721
- 金脉爵床 *Sanchezia oblonga* ············· 721
- 叉花草 *Strobilanthes hamiltoniana* ··········· 721
- 山牵牛 *Thunbergia grandiflora* ············ 722
- 直立山牵牛 *Thunbergia erecta* ············ 722
- 樟叶山牵牛 *Thunbergia laurifolia* ··········· 723
- 黄花老鸦嘴 *Thunbergia mysorensis* ·········· 723

一百四十四、紫葳科 Bignoniaceae
- 凌霄 *Campsis grandiflora* ·············· 724
- 美国凌霄 *Campsis radicans* ············· 724
- 楸树 *Catalpa bungei* ················ 725
- 灰楸 *Catalpa fargesii* ················ 725
- 梓树 *Catalpa ovata* ················· 725
- 黄金树 *Catalpa speciosa* ··············· 726
- 连理藤 *Clytostoma callistegioides* ··········· 726
- 十字架树 *Crescentia alata* ·············· 726
- 炮弹果 *Crescentia cujete* ··············· 727
- 黄花风铃木 *Handroanthus chrysanthus* ········ 727
- 粉花风铃木 *Handroanthus impetiginosus* ······· 728
- 蓝花楹 *Jacaranda mimosifolia* ············ 728
- 吊瓜树 *Kigelia africana* ··············· 728
- 猫爪藤 *Macfadyena unguis-cati* ············ 728
- 蒜香藤 *Mansoa alliacea* ··············· 729
- 猫尾木 *Markhamia stipulata* var. *kerrii* ······· 729
- 火烧花 *Mayodendron igneum* ············ 730
- 粉花凌霄 *Pandorea jasminoides* ············ 730
- 非洲凌霄 *Podranea ricasoliana* ············ 731
- 炮仗花 *Pyrostegia venusta* ·············· 731
- 菜豆树 *Radermachera sinica* ············· 732
- 海南菜豆树 *Radermachera hainanensis* ········ 732
- 紫铃藤 *Saritaea magnifica* ·············· 732
- 火焰树 *Spathodea campanulata* ············ 733
- 黄钟花 *Tecoma stans* ················ 733
- 银铃木 *Tabebuia aurea* ··············· 733
- 硬骨凌霄 *Tecomaria capensis* ············· 734

一百四十五、茜草科 Rubiaceae
- 水杨梅 *Adina rubella* ················ 735
- 山石榴 *Catunaregam spinosa* ············· 735
- 金鸡纳树 *Cinchona calisaya* ············· 736
- 小粒咖啡 *Coffea arabica* ··············· 736
- 中粒咖啡 *Coffea canephora* ·············· 736
- 大粒咖啡 *Coffea liberica* ··············· 737
- 虎刺 *Damnacanthus indicus* ············· 737
- 香果树 *Emmenopterys henryi* ············ 737
- 栀子 *Gardenia jasminoides* ············· 738
- 粗栀子 *Gardenia scabrella* ·············· 738
- 狭叶栀子 *Gardenia stenophylla* ············ 738
- 希美丽 *Hamelia patens* ··············· 738
- 毛土连翘 *Hymenodictyon orixense* ·········· 739
- 龙船花 *Ixora chinensis* ················ 739
- 抱茎龙船花 *Ixora amplexicaulis* ············ 740
- 大王龙船花 *Ixora casei* 'Super King' ········· 740
- 薄皮木 *Leptodermis oblonga* ············· 740
- 滇丁香 *Luculia pinceana* ··············· 740
- 海巴戟天 *Morinda citrifolia* ············· 741
- 巴戟天 *Morinda officinalis* ·············· 741
- 百眼藤 *Morinda parvifolia* ·············· 741
- 玉叶金花 *Mussaenda pubescens* ············ 742
- 粉萼花 *Mussaenda* 'Alicia' ············· 742
- 楠藤 *Mussaenda erosa* ··············· 743
- 红纸扇 *Mussaenda erythrophylla* ··········· 743
- 菲岛玉叶金花 *Mussaenda philippica* ········· 743
- 团花 *Neolamarckia cadamba* ············· 744
- 香港大沙叶 *Pavetta hongkongensis* ·········· 744
- 五星花 *Pentas lanceolata* ··············· 744
- 蔓九节 *Psychotria serpens* ·············· 745
- 郎德木 *Rondeletia odorata* ·············· 745
- 六月雪 *Serissa japonica* ··············· 745
- 白马骨 *Serissa serissoides* ··············· 746
- 鸡仔木 *Sinoadina racemosa* ·············· 746
- 钩藤 *Uncaria rhynchophylla* ············· 747
- 大叶钩藤 *Uncaria macrophylla* ············ 747

一百四十六、忍冬科 Caprifoliaceae
- 糯米条 *Abelia chinensis* ··············· 748
- 大花六道木 *Abelia grandiflora* ············ 748
- 温州双六道木 *Diabelia spathulata* ··········· 748
- 云南双盾木 *Dipelta yunnanensis* ··········· 749
- 七子花 *Heptacodium miconioides* ··········· 749
- 猬实 *Kolkwitzia amabilis* ·············· 750
- 鬼吹箫 *Leycesteria formosa* ············· 750

金银花 Lonicera japonica ····· 750
垂红忍冬 Lonicera brownii 'Dropmore Scarlet' ····· 751
蓝靛果 Lonicera caerulea var. edulis ····· 751
葱皮忍冬 Lonicera ferdinandi ····· 751
郁香忍冬 Lonicera fragrantissima ····· 752
金焰忍冬 Lonicera heckrottii 'Gold Flame' ····· 752
蓝叶忍冬 Lonicera korolkowii ····· 752
亮叶忍冬 Lonicera ligustrina var. yunnanensis ····· 753
金银木 Lonicera maackii ····· 753
紫花忍冬 Lonicera maximowiczii ····· 753
淡黄新疆忍冬 Lonicera tatarica var. morrowii ····· 754
盘叶忍冬 Lonicera tragophylla ····· 754
接骨木 Sambucus williamsii ····· 754
西洋接骨木 Sambucus nigra ····· 754
荚蒾 Viburnum dilatatum ····· 755
桦叶荚蒾 Viburnum betulifolium ····· 755
修枝荚蒾 Viburnum burejaeticum ····· 755
红蕾荚蒾 Viburnum carlesii ····· 756
水红木 Viburnum cylindricum ····· 756
川西荚蒾 Viburnum davidii ····· 756
宜昌荚蒾 Viburnum erosum ····· 757
香荚蒾 Viburnum farreri ····· 757
南方荚蒾 Viburnum fordiae ····· 757
吕宋荚蒾 Viburnum luzonicum ····· 758
木绣球 Viburnum macrocephalum ····· 758
珊瑚树 Viburnum odoratissimum var. awabuki ····· 759
欧洲荚蒾 Viburnum opulus ····· 759
天目琼花 Viburnum opulus subsp. calvescens ····· 759
雪球荚蒾 Viburnum plicatum ····· 760
皱叶荚蒾 Viburnum rhytidophyllum ····· 760
陕西荚蒾 Viburnum schensianum ····· 761
合轴荚蒾 Viburnum sympodiale ····· 761
地中海荚蒾 Viburnum tinus ····· 761
烟管荚蒾 Viburnum utile ····· 762
锦带花 Weigela florida ····· 762
海仙花 Weigela coraeensis ····· 762
六道木 Zabelia biflora ····· 763
南方六道木 Zabelia dielsii ····· 763

一百四十七、菊科 Asteraceae (Compositae)

芙蓉菊 Crossostephium chinense ····· 764
蚂蚱腿子 Myripnois dioica ····· 764
澳洲米花 Ozothamnus diosmifolius ····· 765
滇南斑鸠菊 Vernonia volkameriaefolia ····· 765

一百四十八、棕榈科 Arecaceae (Palmae)

湿地棕 Acoelorraphe wrightii ····· 766
假槟榔 Archontophoenix alexandrae ····· 766
槟榔 Areca catechu ····· 767
三药槟榔 Areca triandra ····· 767
沙糖椰子 Arenga pinnata ····· 768
山棕 Arenga engleri ····· 768
鱼骨葵 Arenga tremula ····· 768
桄榔 Arenga westerhoutii ····· 769
大果直叶椰 Attalea butyracea ····· 769
霸王棕 Bismarckia nobilis ····· 770
垂列棕 Borassodendron machadonis ····· 770
糖棕 Borassus flabellifer ····· 770
布迪椰子 Butia capitata ····· 771
鱼尾葵 Caryota maxima ····· 771
短穗鱼尾葵 Caryota mitis ····· 772
单穗鱼尾葵 Caryota monostachya ····· 772
董棕 Caryota obtusa ····· 772
欧洲棕 Chamaerops humilis ····· 773
袖珍椰子 Chamaedorea elegans ····· 773
竹椰子 Chamaedorea seifrizii ····· 774
大果茶梅椰 Chambeyronia macrocarpa ····· 774
琼棕 Chuniophoenix hainanensis ····· 774
矮琼棕 Chuniophoenix humilis ····· 775
椰子 Cocos nucifera ····· 775
贝叶棕 Corypha umbraculifera ····· 776
根刺棕 Cryosophila albida ····· 776
瓦斯根刺棕 Cryosophila warscewiczii ····· 777
飓风椰子 Dictyosperma album ····· 777
三角椰子 Dypsis decaryi ····· 777
散尾葵 Dypsis lutescens ····· 778
马达加斯加棕 Dypsis madagascariensis ····· 779
油棕 Elaeis guineensis ····· 779
平叶棕 Howea forsteriana ····· 779
酒瓶椰子 Hyophorbe lagenicaulis ····· 780
棍棒椰子 Hyophorbe verschaffeltii ····· 780
菱叶棕 Johannesteijsmannia altifrons ····· 781
银叶菱叶棕 Johannesteijsmannia magnifica ····· 781
红脉葵 Latania lontaroides ····· 781
蓝脉葵 Latania loddigesii ····· 782
黄脉葵 Latania verschaffeltii ····· 782
苏玛旺氏轴榈 Licuala peltata var. sumawongii ····· 782
毛花轴榈 Licuala dasyantha ····· 782
海南轴榈 Licuala hainanensis ····· 783
蒲葵 Livistona chinensis ····· 783
裂叶蒲葵 Livistona decora ····· 784
美丽蒲葵 Livistona jenkinsiana ····· 784
大蒲葵 Livistona saribus ····· 784
黑榈 Normanbya normanbyi ····· 784
加那利海枣 Phoenix canariensis ····· 785
海枣 Phoenix dactylifera ····· 786
刺葵 Phoenix loureiroi ····· 786
非洲刺葵 Phoenix reclinata ····· 786
软叶刺葵 Phoenix roebelenii ····· 786
银海枣 Phoenix sylvestris ····· 787
巴提青棕 Ptychosperma burretianum ····· 787
酒椰 Raphia vinifera ····· 788
国王椰子 Ravenea rivularis ····· 788
棕竹 Rhapis excelsa ····· 789

细棕竹 *Rhapis gracilis*	789
矮棕竹 *Rhapis humilis*	789
多裂棕竹 *Rhapis multifida*	790
菜王棕 *Roystonea oleracea*	790
大王椰子 *Roystonea regia*	790
小箬棕 *Sabal minor*	791
牙买加箬棕 *Sabal maritima*	791
箬棕 *Sabal palmetto*	792
蛇皮果 *Salacca zalacca*	792
滇西蛇皮果 *Salacca griffithii*	792
金山葵 *Syagrus romanzoffiana*	793
南美狐尾棕 *Syagrus sancona*	793
棕榈 *Trachycarpus fortunei*	793
阿根廷长刺棕 *Trithrinax campestris*	794
琴叶瓦理棕 *Wallichia caryotoides*	794
二列瓦理棕 *Wallichia disticha*	795
瓦理棕 *Wallichia gracilis*	795
密花瓦理棕 *Wallichia densiflora*	795
丝葵 *Washingtonia filifera*	796
大丝葵 *Washingtonia robusta*	796
狐尾椰子 *Wodyetia bifurcata*	796

一百四十九、露兜树科 Pandanaceae

露兜树 *Pandanus tectorius*	797
分叉露兜 *Pandanus urophyllus*	797
红刺露兜 *Pandanus utilis*	797

一百五十、天南星科 Araceae

绿萝 *Epipremnum aureum*	798
麒麟叶 *Epipremnum pinnatum*	798
龟背竹 *Monstera deliciosa*	799
石柑子 *Pothos chinensis*	799

一百五十一、禾本科 Poaceae

孝顺竹 *Bambusa multiplex*	800
粉箪竹 *Bambusa chungii*	800
慈竹 *Bambusa emeiensis*	801
小簕竹 *Bambusa flexuosa*	801
花撑篙竹 *Bambusa pervariabilis* var. *viridi-striata*	802
青皮竹 *Bambusa textilis*	802
吊丝单竹 *Bambusa variostriata*	802
佛肚竹 *Bambusa ventricosa*	803
龙头竹 *Bambusa vulgaris*	803
方竹 *Chimonobambusa quadrangularis*	803
刺黑竹 *Chimonobambusa purpurea*	804
筇竹 *Chimonobambusa tumidissinoda*	804
麻竹 *Dendrocalamus latiflorus*	805
小叶龙竹 *Dendrocalamus barbatus*	805
吊丝竹 *Dendrocalamus minor*	805
野龙竹 *Dendrocalamus semiscandens*	806
巨龙竹 *Dendrocalamus sinicus*	806
华西箭竹 *Fargesia nitida*	806
花巨竹 *Gigantochloa verticillata*	807
黑毛巨竹 *Gigantochloa nigrociliata*	807
阔叶箬竹 *Indocalamus latifolius*	808
毛鞘箬竹 *Indocalamus hirtivaginatus*	808
箬竹 *Indocalamus tessellatus*	809
梨竹 *Melocanna baccifera*	809
刚竹 *Phyllostachys sulphurea* var. *viridis*	809
罗汉竹 *Phyllostachys aurea*	810
黄槽竹 *Phyllostachys aureosulcata*	810
毛竹 *Phyllostachys edulis*	810
淡竹 *Phyllostachys glauca*	811
红哺鸡竹 *Phyllostachys iridescens*	811
紫竹 *Phyllostachys nigra*	812
灰竹 *Phyllostachys nuda*	812
高节竹 *Phyllostachys prominens*	813
早园竹 *Phyllostachys propinqua*	813
桂竹 *Phyllostachys reticulata*	813
乌哺鸡竹 *Phyllostachys vivax*	814
苦竹 *Pleioblastus amarus*	814
菲白竹 *Pleioblastus fortunei*	814
大明竹 *Pleioblastus gramineus*	815
茶秆竹 *Pseudosasa amabilis*	815
鹅毛竹 *Shibataea chinensis*	815
南平倭竹 *Shibataea nanpingensis*	816
唐竹 *Sinobambusa tootsik*	816
泰竹 *Thyrsostachys siamensis*	816

一百五十二、百合科 Liliaceae

假叶树 *Ruscus aculeata*	817

一百五十三、龙舌兰科 Agavaceae

酒瓶兰 *Beaucarnea recurvata*	818
朱蕉 *Cordyline fruticosa*	818
海南龙血树 *Dracaena cambodiana*	819
剑叶龙血树 *Dracaena cochinchinensis*	819
细枝龙血树 *Dracaena elliptica*	819
千年木 *Dracaena marginata*	819
金边百合竹 *Dracaena reflexa* 'Variegata'	820
凤尾兰 *Yucca gloriosa*	820
象腿丝兰 *Yucca elephantipes*	821
丝兰 *Yucca smalliana*	821

一百五十四、黄脂木科（根旱生草科）Xanthorrhoeaceae

黑仔树 *Xanthorrhoea australis*	822

一百五十五、菝葜科 Smilacaceae

菝葜 *Smilax china*	823

参考文献 ··· 824

索引 ··· 825

一、桫椤科 Cyatheaceae

桫椤
Alsophila spinulosa

【形态特征】树形蕨类，高1~6m，偶达9~12m，上部有残存的叶柄。叶螺旋状排列于茎顶端，拳卷叶密被暗棕色鳞片和糠秕状鳞毛；叶柄连同叶轴和羽轴有刺状突起。叶片长1~2m，宽0.4~0.5（1）m，3回羽状深裂；羽片17~20对，长矩圆形；小羽片18~20对，披针形，中部的长9~12cm，宽1.2~1.6cm；裂片18~20对，镰状披针形，长约7mm，宽约4mm。孢子囊群生于侧脉分叉处，靠近中脉；囊群盖球形，膜质。

【产地及习性】福建、台湾、广东、海南、广西、云南、四川、贵州、重庆、湖南、西藏等地均产，但数量不多，已知分布北界为四川邻水县。生于山沟潮湿坡地和溪边，常成丛。也分布于热带亚洲。喜热带、亚热带温暖湿润的季风气候，不耐空气干燥；喜肥沃湿润的酸性土。

【观赏评价与应用】桫椤是地球上最古老的植物之一，中生代在地球上曾经广泛分布，现存种类分布区缩小。桫椤主干直立，叶片大型，鲜绿色，集生干顶呈放射状斜展，极具潇洒之姿，树姿优美、独特，富热带特色，是珍贵的观赏树种，宜植于庭园水边、林下等阴湿环境，以丛植为宜。看到那婆娑巨大的羽叶随风摇荡，使人思绪万千，记忆仿佛穿越历史时空的隧道，回到了远古的侏罗纪。

【同属种类】桫椤属共有230种，分布于世界热带和亚热带地区。我国约产12种，主要分布于华南和西南地区。

笔筒树
Sphaeropteris lepifera

【别名】多鳞白桫椤、蛇木

【形态特征】树形蕨类，高达6m，径约15cm。叶柄长16cm，下面淡紫色，鳞片苍白色，质薄，长达4cm；最长羽片达80cm，下部羽片略缩短；最大的小羽片长10~15cm，宽1.5~2.2cm，基部少数裂片分离，其余的几乎裂至小羽轴；侧脉10~12对，2~3叉；羽轴下面被灰白色鳞片，边缘具棕色刚毛；小羽轴及主脉下面具灰白色卵形至长卵形小鳞片和灰白色粗长毛。孢子囊群近主脉着生，无囊群盖。

【产地及习性】产台湾、海南、广西、云南，成片生林缘、路边或山坡向阳地段。新几内亚、菲律宾北部、日本琉球群岛也有分布。厦门、广州、深圳、香港有栽培。

【观赏评价与应用】笔筒树是著名的树蕨，树干修长，叶痕大而密，形似蛇身，笔直而上，具有特殊的观赏价值，异常美观，园林中宜丛植观赏，适于林缘和疏林下应用，在长江流域和北方也常用于大型展览温室栽培。

【同属种类】白桫椤属共约120种，产泛热带，但非洲不产，主要分布于马来亚。我国2种，分布于华南和西南地区。

二、苏铁科 Cycadaceae

苏铁
Cycas revoluta

【别名】铁树、凤尾蕉、凤尾松

【形态特征】常绿乔木，常不分枝，高达8~15m。羽状叶长0.7~2.0m，革质而坚硬，螺旋状着生；羽片110~140对，条形，长8~18cm，宽4~6mm，边缘显著反卷。雄球花长圆柱状，长30~70cm，径8~15cm；小孢子叶木质，密生黄褐色绒毛。雌球花扁球形，松散；大孢子叶宽卵形，长14~22cm，密生淡黄色宿存绒毛，羽状分裂，下部两侧着生(2) 4~6枚裸露的直生胚珠。种子卵形而微扁，长2~4cm，红褐色或橘红色。花期6~8月；种子10月成熟。

【产地及习性】产我国东南沿海和日本，福建有分布。华南和西南地区常见栽植，长江流域和华北多盆栽。喜光，喜温暖湿润气候，不耐寒。喜肥沃湿润的酸性沙壤土，不耐积水，若土壤含碱或黏重则叶片发黄。生长缓慢，寿命长。

【观赏评价与应用】苏铁树干圆柱状，干皮斑驳如苍龙鳞甲，大型羽叶簇生干顶，叶色浓绿，是名贵的庭园观赏树木，用于装点园林，不但具有南国热带风光，而且显得典雅、庄严和华贵。苏铁的种子橘红色而光亮美观，古籍中称为"凤凰蛋"。苏铁树形特殊，不易与其他树种调和，常植为花坛中心树，也极适于建筑附近或草地孤植或丛植，也可植为园路树。在北方，苏铁是著名的大型盆栽植物，常用于布置大型建筑物的厅堂。

【同属种类】苏铁属约60种，分布于亚洲东部和南部、非洲东部、澳大利亚北部和太平洋岛屿。我国约16种，主要分布于西南地区。长期以来，由于苏铁原生环境的破坏和人们对野生苏铁的肆意盗挖，使得苏铁资源锐减，有些种类已在野外灭绝，大部分种类濒临灭绝。

苏铁

拳叶苏铁
Cycas circinalis

【别名】旋叶苏铁

常绿灌木。羽叶弯曲，叶柄基部有下弯的短刺；羽片质地较柔软。大孢子叶长

拳叶苏铁

拳叶苏铁

15~30cm，上部顶片菱形，边缘有刺状齿；小孢子叶长3.8~5.1cm，先端形成长约2.5cm的刺。

原产菲律宾、爪哇、印度和热带非洲，我国台湾及华南有栽培。

德保苏铁
Cycas debaoensis

【形态特征】常绿灌木，树干近地下生长，地上部分高40~70cm，径25~40cm，有时丛生。叶5~11片，3回羽状全裂，末级羽状裂片3~5，线状，长10~22cm，宽0.8~1.5cm，厚纸状，光滑，中脉在两面凸起，

苏铁

苏铁科　Cycadaceae

德保苏铁

德保苏铁

德保苏铁

基部下延，叶轴具刺。雄球花密被褐色绒毛，后无毛，纺锤形柱状；大孢子叶30～50，松散聚生为扁球形，密被黄褐色绒毛。花期3～4月；种子成熟期11月。

【产地及习性】仅产于广西西北部德保县海拔700～1000m石灰岩山地，生于低矮的疏林中。

【观赏评价与应用】德保苏铁分布区狭窄，是我国一级保护物种。株型和叶片奇特，具极高的研究与观赏价值。野生资源应严加保护，人工扩大繁殖后，园林中可丛植观赏，适于林下、林缘、草地、山石边等处。

越南篦齿苏铁
Cycas elongata

常绿乔木，与篦齿苏铁（*Cycas pectinata*）

越南篦齿苏铁

越南篦齿苏铁

相似，但树干基部膨大，树皮纵裂。羽叶平展或略上翘，叶柄下部密生灰色短柔毛；大孢子叶顶片之侧裂片较少。

原产越南中部，华南有栽培。树干粗壮苍劲，树皮龟裂如龙鳞，上部常分叉呈丛，株型美观，是美丽的庭院观赏树种，深圳仙湖植物园有大量栽培。

海南苏铁
Cycas hainanensis

【别名】刺柄苏铁

【形态特征】常绿灌木或乔木，高1.5～2.5m。叶较小，叶柄两侧密生刺；羽状裂片疏生，基部下侧下延生长，条形，革质，中部长约15～30cm，宽约6～9mm，两面光滑无毛，中脉在上面显著隆起。大孢子叶幼时被褐色绒毛；胚珠无毛。种子宽倒卵圆形，表面有不规则的皱纹。花期3～5月；种子成熟期9～10月。

【产地及习性】产于海南岛万宁及海口等地雨林及疏林灌丛中。喜光，稍耐半阴。喜温暖，不甚耐寒，喜肥沃湿润和微酸性的土壤，也耐干旱。生长缓慢，10年以上的植株可开花。

【观赏评价与应用】海南苏铁株型较为低矮，颇宜萌蘖常呈丛生状，适于草地、庭院角隅、路旁丛植观赏。广州等地栽培。已被列入国家一级保护野生植物名录，并被国际自然与自然资源保护联合会（IUCN）列为濒危植物。

海南苏铁

海南苏铁

海南苏铁

叉叶苏铁
Cycas micholitzii

【别名】龙口苏铁、叉叶凤尾草

【形态特征】常绿灌木,树干矮小,圆柱形,地上部分高达60cm,径达20cm。叶呈叉状2回羽状深裂,长2～3m,叶柄两侧具宽短的尖刺;羽片叉状分裂;裂片条状披针形,长20～30cm,宽2～2.5cm,幼时被白粉。雄球花圆柱形,长15～18cm,径约4cm;大孢子叶橘黄色,长约8cm,胚珠被绒毛。种子成熟后变黄,长约2.5cm。花期4～5月;种子成熟期10～11月。

【产地及习性】分布于广西西南部、云南东南部及越南河内低海拔季雨林下。喜钙,常生长在石灰岩低峰丛石山中下部,土壤为石灰岩土,中性至微碱性反应,较肥沃湿润。

【观赏评价与应用】叉叶苏铁属于濒危植物,羽片分叉,叶形潇洒秀丽,常栽培观赏。广西桂林雁山植物园栽培的叉叶苏铁生长良好,连年不断开花,曾一株开出16枚雄球花,极为壮观。叉叶苏铁奇特的叶形也是苏铁属植物中比较罕见的,对保护物种和研究苏铁属分类有一定的科研意义。

石山苏铁
Cycas miquelii
【*Cycas sexseminifera*】

【别名】山菠萝、少刺苏铁、神仙米

常绿灌木,树干有时膨大呈葫芦状或纺锤状、盘状,或圆柱形,高达60cm,径达20cm,无茎顶绒毛。羽叶长50～100cm;羽片60～100对,整齐水平展开,条形,中部羽片长13～13cm,宽1.4～1.8cm,背面幼时有红褐色绒毛,基部下延,边缘微反卷。雄球花卵状纺锤形,长20～30cm;大孢子叶排列紧密,幼时被黄褐色绒毛,胚珠2～3对。种子卵形,黄色。花期3～4月;种子8～10月成熟。

分布于广西西部石灰岩山地阔叶林下,多生于北坡。常生长于石灰岩缝隙里,呈团状或小片状分布。越南北部也产。株型低矮,树干奇特,叶短小碧绿,适应性强,是优良的庭院和盆栽观赏植物。

攀枝花苏铁
Cycas panzhihuaensis

【形态特征】常绿灌木,高2～3m,径约25～30cm。叶片长0.7～1.3m,宽18～25cm,羽片70～120对,条形,长12～20cm,宽6～7mm,叶柄有短刺。雄球花纺锤状圆柱形,长25～45cm,径8～12cm。雌球花球形或半球形,紧密,大孢子叶30枚以上,上部宽菱状卵形,密被黄褐色绒毛,篦齿状分裂。花期4～5月;种子成熟期9～10月。

【产地及习性】分布于四川西南部与云南北部,生于稀树灌丛中,适应干旱河谷的特殊生境。喜光,耐旱性耐瘠薄。

【观赏评价与应用】攀枝花苏铁为我国特有的古老残遗种,它的发现把苏铁属植物分布的北界推移到北纬27°11′,对研究植物区系地理、古气候、古地理有重要意义。攀枝花苏铁生长良好的雄株可年年开花,雌株亦可两年开花一次,观赏价值高,是优美的庭院观赏植物。

叉叶苏铁

叉叶苏铁

叉叶苏铁

石山苏铁

石山苏铁

攀枝花苏铁

攀枝花苏铁

攀枝花苏铁

篦齿苏铁
Cycas pectinata

【形态特征】常绿乔木，高达16m，树干上部常2叉分枝，树皮光滑。羽状叶长0.7～1.2m，羽片50～100对，长9～20cm，宽5～7mm，边缘稍反曲；大孢子叶顶片卵圆形至三角状卵形，胚珠2～4枚。种子卵圆形，长4.5～6cm，红褐色。花期6～7月；种子成熟期翌年2～3月。

【产地及习性】产热带亚洲，为广布种，我国云南西南部有分布。喜光，慢生，不耐寒。

【观赏评价与应用】篦齿苏铁为高大乔木，树形优美，华南和云南南部地区常植为庭园观赏树，丛植、列植、群植均可。

叉孢苏铁
Cycas segmentifida

常绿灌木，地上部分高及直径达50～70cm。叶长2～3.3m，宽45～60cm，当年叶柄蓝色，近圆柱形，有刺。羽片55～110对，长21～40cm，宽1.2～1.8cm，中脉两面隆起。雄球花狭圆柱形，黄色，长30～60cm；大孢子叶紧密，不育顶片卵圆形，被脱落性棕色绒毛，边缘篦齿状深裂，先端芒状，常2裂，有时重复分叉，顶裂片钻形至菱状披针形，胚珠无毛，扁球形。花期5～6月；种子11～12月成熟。

分布于贵州、广西、云南海拔600～900m阔叶林下荫处，生于砂岩发育的砖红壤

华南苏铁
Cycas rumphii

【别名】刺叶苏铁

【形态特征】常绿乔木，树干圆柱形，高4～8m，上部有残存叶柄，分枝或否。叶长1.5～2.5m，羽片52～75对，条形，微弯或镰刀状，中部者长25～37cm，宽1.4～1.8cm。雄球花椭圆状矩圆形，长12～25cm，径5～7cm；大孢子叶狭窄，长20～35cm，上部的顶片窄匙形或披针状，先端有钻状尖头，成熟后下垂。

【产地及习性】产巴布亚新几内亚、印度尼西亚和斐济，我国华南植物园、深圳仙湖植物园等地有栽培。

【观赏评价与应用】华南苏铁株丛自然，羽叶先端常柔垂，姿态优美，常栽培供观赏。幼叶可食，髓部含淀粉，可供食用。

苏铁科 Cycadaceae

上。树干低矮、近地下生长，地上部分常成丛生长，叶片大型，株型自然，适于草地丛植。华南植物园有栽培。

四川苏铁
Cycas szechuanensis
【*Cycas guizhouensis*】

【别名】南盘江苏铁、贵州苏铁

【形态特征】常绿灌木或小乔木，高2～5m；树干圆柱形，直或弯曲。羽状叶长1～2.5m，羽状裂片厚革质，条形或披针状条形，长18～34cm，宽1.2～1.4cm，边缘微卷曲，两侧不对称，下侧较宽、下延生长，两面中脉隆起。大孢子叶扁平，长19～23cm，

四川苏铁

边缘篦齿状分裂。胚珠通常3～4对，无毛，上部的1～3枚胚珠的外侧常有钻形裂片生出。花期4～6月；种子10～11月成熟。

【产地及习性】产广西、贵州、云南，南盘江海拔400～1300m干热河谷疏林或密林中有天然分布。四川、贵州、云南、福建、广西等地栽培。

【观赏评价与应用】四川苏铁植株较为低矮，叶片较苏铁大，为优美的庭园观赏树种。广西贺州梵安寺则有植于北宋宣和年间，距今已历近900年的古老四川苏铁，茎干卧地而生，势若苍龙，由于叶片似传说中凤凰的尾羽，在当地被称为"千年凤尾草"。

台湾苏铁
Cycas taiwaniana

【别名】广东苏铁

【形态特征】常绿灌木，高达3.5m，径20～35cm；树干圆柱形，有残存的叶柄。羽状叶长达1.5～3m，宽40～60cm，叶柄长40～120cm，横切面倒卵圆形，两侧有刺；羽状裂片70～150对，条形，革质，长18～35cm，宽11～14mm。雄球花近圆柱形，长约30～50cm，径8～10cm；大孢子叶30枚以上，紧密，密生淡褐色绒毛，胚珠光滑无毛。花期4～5月；种子9～11月成熟

【产地及习性】零星分布于广东、广西东部、湖南西南部、云南东南部，生于海拔400～1100m草地或疏林中。

【观赏评价与应用】台湾苏铁株型优美，在华南地区具有悠久栽培历史，我国台湾各地庭园和厦门及广州、汕头等地常栽培。

台湾苏铁

台湾苏铁

四川苏铁

四川苏铁

台湾苏铁

三、波温苏铁科 Boweniaceae

波温苏铁
Bowenia spectabilis

【别名】美丽苏铁、全缘莲铁、莲铁

【形态特征】常绿灌木，茎卵状至球状，粗达12cm，具有1～7枚羽状分支的叶和球果枝。新叶单生（每次抽1枚新叶）；小羽片无中脉，全缘，两侧多少偏斜，矩圆状卵形至披针形。小孢子叶球卵状，小孢子叶螺旋状排列，顶部盾状，不刺化。大孢子叶球卵状至球状，大孢子叶约成8列排列，上部加宽呈盾状。种子长圆状，长约3cm，径约2cm，直生于加厚的大孢子叶近轴面。

【产地及习性】澳大利亚特有种，仅分布于澳大利亚昆士兰州，生长于温暖及潮湿的热带雨林，近河流及低地。喜高温高湿的热带气候。

【观赏评价与应用】波温苏铁株型优美，叶色光亮，是优美的观叶植物，华南南部可用于园林造景，适于丛植于草地、林缘丛植。株型低矮，也是优良的盆栽观赏植物。

【同属种类】波温苏铁属共2种，分布于澳大利亚东北部。我国引入栽培1种。

波温苏铁

四、泽米铁科 Zamiaceae

刺叶双子铁
Dioon spinulosum

【别名】刺叶铁

【形态特征】常绿乔木或灌木，可高达12m，庭园栽培一般高1.5～4m。羽状叶革质，光亮，长1.5～2.1m，螺旋状着生，羽片多达120～240枚，扁平，边缘有小刺齿，先端尖。球果大型，长达50～80cm，直径20～30cm，重达15kg，每片大孢子叶内有2粒种子。

【产地及习性】特产于墨西哥东部，多生于石灰岩山地和多石山区常绿林和雨林中。喜半阴环境，要求排水良好的土壤，生长速度较快。

【观赏评价与应用】刺叶双子铁株型优美，叶片亮绿色，球果大型，是美洲最高大的苏铁类植物，优良的庭园植物，常用于园林造景，也可室内盆栽。

【同属种类】双子铁属约11种，分布于墨西哥、洪都拉斯和尼加拉瓜。

刺叶双子铁

刺叶双子铁

刺叶非洲铁
Encephalartos ferox

【形态特征】常绿灌木，树干通常半地下生长，地上部分粗短，高达1m，径达35cm。羽状叶可长达2m，硬革质，深绿色至铜棕色，幼时有毛；羽片多数，长达15cm，宽3.5～5cm，扁平或扭曲，常浅裂状，裂片顶端有硬刺齿。雄球花圆柱形，长约40～50cm，径约7～10cm，具长约2～3cm的梗；雌球花长约25～50cm，径约20～25cm，无梗，深橙红色。种子长约4.5～5cm，宽1.5～2cm，红色，狭矩圆形，有光泽。

【产地及习性】分布于非洲东南部沿海地区。喜湿润环境，但不耐积水。生长速度较快。

【观赏评价与应用】刺叶非洲铁是非洲最美丽的苏铁类植物之一，叶片光亮，球果红艳，普遍栽培，供观赏或取其树干内的淀粉。华南有引种栽培。

【同属种类】非洲苏铁属约60种，分布于非洲南部、中部和东部。

刺叶非洲铁

刺叶非洲铁

休得布朗大头苏铁
Encephalartos hildebrandtii

【别名】蒙巴萨岛苏铁

常绿乔木，树干高达6m，径达25cm。羽状叶长达3m，光亮，坚硬；羽片内折呈龙骨状，每边常有3枚以上的刺齿，先端具2～3枚刺齿。

原产肯尼亚和坦桑尼亚，生于石质山地或平原。新叶美丽，橘红色至橄榄绿色，后变深绿色。适应性强，全光（湿润环境）及半阴环境均可。华南有栽培。

休得布朗大头苏铁

休得布朗大头苏铁

长籽苏铁
Encephalartos manikensis

常绿灌木，树干粗壮，高达1.5m，径达30cm。羽状叶轮廓狭卵状披针形至矩圆形，长约100～190cm；羽片约60对，下部羽片退化成刺，最大的羽片长约12～15cm，宽约2～2.5cm，条状披针形，先端有直伸的刺，叶缘常有1～2刺齿。雄球花1～4枚聚生，

长籽苏铁

长籽苏铁

长籽苏铁

长约25～60cm，有长约5～15cm的柄；雌球花长约30～45cm，径约20～25cm，疏被长毛。种子卵圆形，长约2.5～3.5cm。

分布于津巴布韦和莫桑比克。华南有引种栽培。

鳞秕泽米铁
Zamia furfuracea

【别名】鳞秕泽米铁、南美苏铁、美叶凤尾铁、墨西哥苏铁

【形态特征】常绿灌木，高30～60cm，多单干，少分枝。干圆柱形，表面密布暗褐色叶痕，干基常生幼小萌蘖。羽状叶丛生于茎顶，长60～120cm，厚革质；叶柄长15～20cm；羽片长圆形至倒卵状长圆形，翠绿而光亮，两侧不等，下部全缘，上部密生钝锯齿，无中脉，背面密被鳞秕，可见明显突起的平行脉。雌雄异株，球花圆柱形。种子卵形，红色。花期6～7月。

【产地及习性】原产墨西哥东部，世界各地广泛栽培。我国广东、广西、海南等地均有引种，北方温室也常见栽培。喜温暖，稍耐寒，5℃以下时叶片变黄，低于0℃叶片易受寒枯死，翌年春天仍能萌生新叶。喜光；喜疏松、排水良好的微酸性土壤。根系肉质，较耐旱。

【观赏评价与应用】鳞秕泽米铁株形优美，终年翠绿，其叶片、叶质、株型与常见的苏铁属植物不同，是美丽的观叶植物，即可用于草地、庭院丛植，也是重要的室内盆栽植物。

【同属种类】泽米铁属约55种，主产南美洲和北美洲。我国引入栽培2种，其中本种栽培普遍。

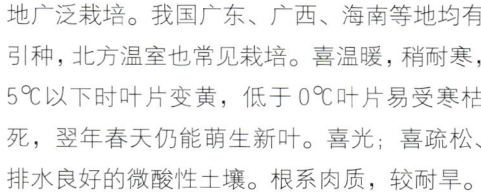
鳞秕泽米铁

鳞秕泽米铁

鳞秕泽米铁

鳞秕泽米铁

五、银杏科 Ginkgoaceae

银杏
Ginkgo biloba

【别名】公孙树、白果树

【形态特征】落叶大乔木，高达40m；树冠幼时为圆锥形，老后多呈广卵形。主枝斜出，近于轮生，枝有长短枝之分。叶扇形，顶端常2裂，基部楔形，有长柄，叶脉二叉状；在长枝上互生，在短枝上簇生。雌雄异株，球花生于短枝顶端的叶腋或苞腋；雄球花呈柔荑花序状，雌球花有长梗，顶端有1～2个盘状珠座，内生1枚胚珠。种子呈核果状，椭圆形，径2cm，熟时呈黄色，有白粉。花期4～5月；种子成熟期9～10月。

【产地及习性】我国特产，浙江天目山可能有野生分布，沈阳以南、广州以北各地广为栽培。日本、朝鲜和欧美各国均有引种。适应性强。阳性树；对土壤要求不严，在pH值4.5～8的酸性土至钙质土中均可生长，以中性土或微酸性土最为适宜；较耐旱，不耐积水；对大气污染有一定抗性。深根性，抗风，抗火；寿命极长。

【观赏评价与应用】银杏树姿优美，冠大荫浓，秋叶金黄，而且叶形奇特，"高林似吴鸭，满树蹼铺铺"，随风摇曳，别有一番情趣，是优良的庭荫树、园景树和行道树。我国习惯，常好于寺庙、墓地种植银杏，与圆柏、侧柏等树形端庄的常绿树一起，列植或对植，象征森严。在公园草坪、广场等开旷环境中，银杏适于孤植或丛植；在大型公园中，则可数十株丛植或群植成林，每到秋日，黄叶似锦。若与枫香、槭树等秋季变红的色叶树种混植，每到深秋，红叶和黄叶交织似锦，景色优美。

【同属种类】银杏属仅此1种，为我国特产，现世界各地栽培。

银杏

银杏

银杏

银杏

六、南洋杉科 Araucariaceae

贝壳杉
Agathis dammara

【形态特征】常绿乔木，高达38m，径达45cm；树冠圆锥形。幼树枝条轮生，成年树上则不规则着生；枝条微下垂，幼枝淡绿色，冬芽具数枚紧贴鳞片。叶深绿色，革质，矩圆状披针形或椭圆形，长5～12cm，宽1.2～5cm（果枝上的叶较小），并列细脉多数，边缘反曲或微反曲，先端常钝圆；叶柄长3～8mm。雄球花圆柱形，长5～7.5cm，径1.8～2.5cm。球果近圆球形，长达10cm；苞鳞宽2.5～3cm，先端增厚而反曲；种子倒卵圆形，长约1.2cm，径约7mm，一侧有翅。

【产地及习性】原产马来半岛和菲律宾等地。我国厦门、福州等地引种栽培，作庭园树。幼树及苗期喜半阴，大树喜光；喜排水良好的酸性土，不耐寒。

贝壳杉

贝壳杉

【观赏评价与应用】贝壳杉为常绿大乔木，叶片宽阔，在裸子植物中较为特别，是优美的庭院观赏树种。华南南部可用于园林造景，常丛植、群植，也可做行道树。

【同属种类】贝壳杉属约20余种，分布于菲律宾、越南南部、马来半岛和大洋洲。我国引入2种，作庭园树。

昆士兰贝壳杉
Agathis robusta

常绿大乔木，高达20～30m。树皮厚，含有树脂，嫩枝灰白色；叶片窄披针形，长2.5～8cm 宽0.5～1cm，老树的叶片较小，革质、灰绿色；雄花序长2.5～4cm；球果卵圆形或圆形，宽5～8cm，鳞片宽0.8cm；种子具有一较大的翅。

原产澳大利亚。华南地区栽培供观赏。

昆士兰贝壳杉

昆士兰贝壳杉

南洋杉
Araucaria cunninghamii

【别名】肯氏南洋杉

【形态特征】常绿大乔木，在原产地高达70m；幼树树冠呈整齐的尖塔形，老树呈平顶状。主枝轮生，平展或斜展，侧生小枝密集下垂。幼树及侧枝上的叶排列疏松，开展，锥形、针形、镰形或三角形，较软，长0.7～1.7cm，微具四棱；大树和花枝之叶排列紧密，前伸，上下扁，卵形、三角状卵形或三角形，长0.6～1.0cm。雌雄异株，雄球花生于枝顶。球果卵圆形或椭圆形，长6～10cm；种子两侧有翅。

【产地及习性】原产大洋洲东南沿海地区，我国广东、广西、福建、云南、海南等地均有露地栽培，长江流域及其以北地区常见盆栽。性喜暖热湿润的热带气候，耐0℃低温和轻微霜冻，在广西桂林可以长成乔木，在江西赣州小气候条件下也可露地越冬。

南洋杉科 Araucariaceae

【观赏评价与应用】南洋杉树体高大雄伟，枝条轮生并水平开展，树形端庄，姿态优美，枝叶层次感好，是世界五大公园树之一，可形成别具特色的热带风光，我国已有100多年的引种历史，目前福州仍有百余年生大树。园林中最宜作园景树孤植，以突出表现其个体美，配以简单的背景如白色建筑墙面等，观赏效果更佳。也可丛植于草坪、建筑周围以资点缀，并可列植为行道树。

【同属种类】南洋杉属约18种，分布于大洋洲、南美洲及太平洋岛屿。我国引入约有7种，主要见于华南及西南地区。

智利南洋杉
Araucaria araucana

【别名】猴爪杉

【形态特征】常绿大乔木，高达40m，径达2m。树冠为规整的圆锥形，侧枝轮状密生，水平方向伸展，小枝对生。叶片长卵状、披针形至披针状三角形，幼树营养枝上的叶片较大，长3～4cm，基部阔1～3cm。球果直径12～20cm。

【产地及习性】原产于智利中部及阿根廷中西部。性喜暖热气候而空气湿润处，不耐干燥及寒冷，喜生于肥沃土壤，较耐风。生长较慢，寿命长。

【观赏评价与应用】智利南洋杉是智利的国树。叶片宽大而茂密，可存活10年以上；树体高大，树形特别规整，极适于大型建筑周围及道路、广场列植，也是适于的孤植树。我国广州、厦门、西双版纳、海南等地均有露地栽培。

大叶南洋杉
Araucaria bidwillii

【别名】洋刺杉、澳洲南洋杉、披针叶南洋杉

【形态特征】常绿大乔木，在原产地高达50m，径达1m；树皮成薄条片脱落。树冠塔形，大枝平展，侧生小枝密生、下垂。叶辐射伸展，卵状披针形、披针形或三角状卵形，扁平或微内曲，具多数并列细脉。幼树及营养枝之叶较长，排列较疏，长达2.5～6.5cm，花果枝和老树的叶长0.7～2.8cm。雄球花单生于叶腋，圆柱形。球果宽椭圆形，长达30cm，径22cm；苞鳞先端三角状急尖，尖头外曲。种子无翅。花期6月；球果第3年秋后成熟。

【产地及习性】原产澳大利亚东北部沿海

南洋杉科　Araucariaceae

大叶南洋杉

大叶南洋杉

异叶南洋杉

0.6～1.2cm，通常两侧扁，3～4棱；大树和花枝之叶排列较密，宽卵形或三角状卵形，长0.5～0.9cm。球果近球形，长8～12cm，宽7～11cm；苞鳞先端具上弯的三角状尖头。

【产地及习性】原产澳大利亚诺福克岛。华南各地引种栽培，广州华南植物园有异叶南洋杉栽植成林，厦门万石植物园有南洋杉草坪中种植异叶南洋杉，亦见于其他绿化场地。

【观赏评价与应用】异叶南洋杉树形高大，大枝轮生，树姿粗犷有力，是良好的绿化树种。常见丛植、列植于路边、草坪等处形成高大的"绿墙"，也可种植于庭园供观赏，还适合植为其他色彩艳丽植物的背景。北方常盆栽观赏，常用于布置会场、厅堂和大型建筑物的门厅。

地区。我国福州、广州等南亚热带和热带地区常栽培。喜温暖湿润，不耐寒。

【观赏评价与应用】大叶南洋杉叶片宽阔，树体高大、树形壮观，树姿雄浑壮丽，成年树列植具有震撼的观赏效果，适合在面积较大的景区中使用。华南地区及云南等地常栽培做庭院树，生长良好。

异叶南洋杉
Araucaria heterophylla

【别名】诺福克南洋杉

【形态特征】常绿乔木，树冠狭塔形，小枝平展或下垂，侧枝常呈羽状排列。幼树和侧生小枝之叶排列疏松，钻形，上弯，长

异叶南洋杉

七、松科 Pinaceae

冷杉
Abies fabri

【别名】塔杉

【形态特征】常绿乔木,高达40m;大枝斜上伸展。叶扁平条形,长1.5～3.0cm,宽2.0～2.5mm,先端微凹或钝,叶缘反卷,下面有2条白色气孔带,叶内树脂道2,边生。球果卵状圆柱形,长6～11cm,有短梗,熟时暗蓝黑色,略被白粉。花期4～5月;球果10月成熟。

【产地及习性】为我国特有树种,分布于四川西部大渡河流域、青衣江流域、乌边河流域、金沙江下游、安宁河上游及都江堰等地,生于中高海拔山地。喜气候温凉、湿润,空气湿度大、排水良好、腐殖质丰富的酸性棕色森林土,常组成大面积纯林。

【观赏评价与应用】冷杉树形壮观,在山地风景区宜大面积成林,尤以纯林的景观效果最佳,如峨眉山风景区高海拔地区有大片冷杉林。江西庐山有栽培。

【同属种类】冷杉属约50种,分布于亚洲、欧洲、中北美及非洲北部高山地区。我国22种,产于东北、华北、西北、西南以及广西、浙江及台湾的高山地带,常组成大面积纯林。

苍山冷杉
Abies delavayi

【别名】高山枞

常绿乔木,高达25m;大枝平展,树冠尖塔形;小枝无毛;冬芽圆球形,有树脂。叶密生,辐射伸展,或枝条下面之叶排列成2列,叶条形,常微镰状,边缘向下反卷,先端有凹缺。球果圆柱形或卵状圆柱形,熟时黑色,被白粉。花期5月;球果10月成熟。

产于云南西北部及西藏东南部海拔3300～4000m高山地带,多成纯林。为我国特有树种,树冠尖圆形,青翠秀丽,是良好的园林绿化树种。江西庐山有栽培。

巴山冷杉
Abies fargesii

【别名】鄂西冷杉、太白冷杉、华枞

常绿乔木,高达30m。叶排列较密,条形,叶长2～3cm,宽2～4mm,先端凹缺,下面有2条白色气孔带。球果卵状圆柱形,长5～8cm,径3～4cm,黑紫色或红褐色;中部种鳞肾形或扇状肾形,苞鳞露出,上部宽大,边缘有不规则缺齿,先端为突尖。

冷杉

苍山冷杉

巴山冷杉

分布于甘肃南部、陕西南部、四川东北部、湖北西部；常生长于高山地带。是我国西部和西北部地区重要的山地风景林树种，目前园林中栽培较少。

日本冷杉
Abies firma

【形态特征】常绿乔木，原产地高达50m，径达2m；大枝平展，树冠塔形。1年生枝淡黄灰色，凹槽中有细毛。叶条形，直或微弯，长2.5～3.5cm，幼树之叶在枝上成2列，先端2叉状，树脂道常2个边生；壮龄树及果枝叶先端钝或微凹，树脂道4，中生2，边生2。球果直立，长12～15cm，熟时黄褐色或灰褐色，种鳞自中轴脱落；苞鳞长于种鳞，明显外露。种子具较长的翅。花期4～5月；球果10月成熟。

【产地及习性】原产日本，我国辽宁旅顺、山东青岛、江苏南京、浙江莫干山、江西庐

山及台湾等地种栽培。喜冷凉而湿润的气候，耐荫性强，耐寒。生长速度中等，寿命长。

【观赏评价与应用】日本冷杉树形端庄，树姿优美，四季常绿，树冠塔形，易形成庄严、肃穆的气氛，适于陵园、公园、广场或建筑附近应用，宜对植、列植，也适于大面积成林。华东地区常见栽培，如庐山植物园内高大的日本冷杉扶疏成荫，蔚然可爱，南京中山陵和雨花台、青岛八大关洋式建筑附近和崂山太清宫也多配植日本冷杉。

辽东冷杉
Abies holophylla

【别名】杉松、白松

【形态特征】常绿乔木，高达30m，径达1m。枝条平展；冬芽卵圆形，有树脂。叶条形，在营养枝上排成2列，长2～4cm，宽

松科 Pinaceae

1.5～2.5mm，先端急尖或渐尖，无凹缺，下面有2条白色气孔带，果枝上的叶上面也有2～5条不明显的气孔带。球果直立，圆柱形，长6～14cm，径3.5～4cm，苞鳞长不及种鳞之半，绝不露出。花期4～5月；球果10月成熟。

【产地及习性】分布于东北，常组成针叶林或针叶树与阔叶树混交林。俄罗斯和朝鲜也有分布。耐荫性强，喜冷湿气候和深厚、湿润、排水良好的酸性暗棕色森林土；不耐高温及干燥，浅根性；抗烟尘能力较差；不耐修剪。

【观赏评价与应用】辽东冷杉树冠尖塔形，树姿优美，秀丽挺拔，是优美的庭园观赏树种和山地风景林树种，园林中宜对植、列植。

朝鲜冷杉
Abies koreana

常绿乔木，高10～18m，径达70cm，树冠圆锥形。树皮平滑，灰褐色。叶条形，螺旋状排列，基部扭曲，长1～2cm，宽2～2.5mm，上面深绿色，下面有白粉带显著。球果圆柱形，长4～7cm，径约1.5～2cm，成熟前深紫蓝色，苞鳞长而外露，先端下弯。

分布于朝鲜半岛，韩国高山地区及济州岛常见。喜凉爽湿润气候，耐荫性强，适生于土层深厚肥沃及含沙质的壤土。著名的观赏植物，欧洲早有引种，国内偶有栽培。

臭冷杉
Abies nephrolepis

【别名】臭松、白松、臭枞、华北冷杉

常绿乔木，高达30m，径达50cm，树冠尖塔形至圆锥形。1年生枝密生褐色短柔毛。叶条形，长1～3cm，上面亮绿色；营养枝之叶端有凹缺或2裂。球果卵状圆柱形或圆柱形，长4.5～9.5cm，熟时紫黑色或紫褐色。花期4～5月；球果9～10月成熟。

产东北和河北、山西等地；俄罗斯远东及朝鲜也产。喜冷湿气候及深厚湿润的酸性土壤。是我国东北和华北北部地区重要的用材树种，也是优良庭园观赏树种，沈阳、北京等地有栽培。

朝鲜冷杉

朝鲜冷杉

朝鲜冷杉

臭冷杉

臭冷杉

松科 Pinaceae

银杉
Cathaya argyrophylla

【形态特征】常绿乔木，高达20m。树皮不规则薄片状开裂。大枝平伸，侧生小枝生长缓慢，因早期顶芽死亡而成距状；叶枕稍隆起。1年生枝黄褐色，密生短柔毛。叶镰状条形，在长枝上螺旋状排列，在短枝上簇生；叶上面中脉凹下，下面有2条白色气孔带；长枝叶长4～5cm，短枝叶长不足2.5cm。雌雄同株。雄球花单生于2年生枝叶腋；雌球花单生新枝下部叶腋。球果卵圆形，长3～6cm，当年成熟；种鳞熟时张开，蚌壳状，宿存；种子有翅。

【产地及习性】分布于广西、重庆、湖南、贵州等地，但数量稀少，多生于针阔混交林中或山脊。喜冬无严寒、夏无酷暑、降水丰富、空气潮湿的温暖气候和酸性土壤。幼树耐荫，成树趋于喜光，忌炎热气候。较耐干旱，忌积水。根系发达，抗风。生长缓慢。

【观赏评价与应用】银杉是我国特产的珍贵稀有树种，国家一级保护植物，有树中"大熊猫"之称，被称为"活化石植物"。银杉树体挺拔秀丽，姿态优美、枝叶茂密，树冠塔形，分枝平展，树姿俊俏优美，碧绿的线形叶背面有两条银白色的气孔带，宛如碧玉片上镶嵌的银色花边，每当微风吹拂，银光闪闪，美丽动人。适于孤植于大型建筑前庭或群植于大草坪中，也可列植，中幼龄树还适于盆栽，可供博物馆、高级宾馆等处陈列装点。

【同属种类】银杉属仅此1种，我国特产。

银杉

银杉

银杉

雪松
Cedrus deodara

【形态特征】常绿乔木，在原产地高达50～75m，径达4m，国内栽培的高达25m；树冠尖塔形。大枝轮生，平展；小枝细长，微下垂。叶针形，长2.5～5cm，灰绿色，在长枝上螺旋状互生，在短枝上簇生。雌雄异株，球花生于短枝顶端；雄球花椭圆状卵形，长2～3cm，雌球花卵圆形。球果椭圆状卵形，长7～12cm，径5～9cm，熟时呈褐色或栗褐色。种子三角形，种翅宽大。花期10～11月；球果翌年9～10月成熟。

【产地及习性】原产于喜马拉雅山西部及喀喇昆仑山海拔1200～3300m地带，常组成纯林或混交林，我国西藏西南部有天然林。喜温和湿润气候，亦颇耐寒，阳性树，苗期及幼树有一定的耐荫能力；喜土层深厚而排水良好的微酸性土，忌盐碱；耐旱力强，忌积水；性畏烟。浅根性，大树易遭风害。

【观赏品种】垂枝雪松（'Pendula'），大枝散展而下垂。南京等地有栽培。

【观赏评价与应用】雪松是世界五大公园树种之一，树体高大，树形优美，大枝平展自然，常贴近地面，显得整齐美观。每当冬季，洁白的雪花覆盖着翠绿的枝叶，更为引人入胜。我国栽培雪松已经有百年历史，各地园林中均常见。南京是引种雪松较早的城市之一，并将雪松选为市树。最适宜孤植于草坪中央、建筑前庭中心、大型花坛中心、广场中心；或对植于建筑物两旁或园门入口处，周围环境宜空旷，以显雪松的雄伟壮丽；也可几株丛植于草坪一隅，并于周围配植其他低矮花木，以形成小树丛。成片种植时，雪松可作为大型雕塑或秋色叶树种的背景。由于树形独特，下部侧枝发达，一般不宜和其它树种混交或混植，也不宜用于污染严重地区。

【同属种类】雪松属共有4种，分布于北非、小亚细亚至喜马拉雅山区。我国1种，另引入栽培1种。

雪松

雪松

雪松

北非雪松
Cedrus atlantica

【别名】大西洋雪松

常绿乔木，在原产地高达30m，径达1.5m，树冠幼时尖塔形。枝平展或斜展，小枝不等长，排成二列，常不下垂，大枝顶部通常硬，向上伸展。1年生长枝淡黄褐色，被短柔毛。叶在长枝上辐射伸展，短枝之叶成簇生状，针形，长仅1.5～3.5cm。雄球花生于5～7年生短枝上，圆柱形，长2.5～4cm；雌球花阔卵圆状，受精前带紫色。球果翌年成熟，长约5～7cm，径约4cm。

产非洲西北部的阿特拉斯山海拔1300～2300m林中。雌球花呈紫色，针叶更细短紧密，也是优良的园林观赏树种，应用方式可参考雪松。我国南京等地引种栽培。

北非雪松

北非雪松

油杉

油杉

油杉

油杉
Keteleeria fortunei

【别名】松梧、杜松

【形态特征】常绿乔木，高达30m，径达1m。树冠塔形；树皮暗灰色，纵裂。1年生小枝橘红色或淡粉红色，2～3年生小枝淡灰黄色。叶条形，排成2列，表面亮绿色，背面淡绿色；长1.2～3cm，宽2～4mm，先端圆或钝，幼树或萌芽枝密生毛，叶长达4cm，先端具刺尖头，上面无气孔线，下面中脉两侧各有12～17条气孔线。球果圆柱形，长6～18cm，径5～6.5cm，中部种鳞宽圆形。花期3～4月；球果10月成熟。

【产地及习性】分布于福建、广东、广西、浙江等南亚热带和中亚热带南部地区，常生于海拔400～1200m地带。阳性树，喜温暖湿润气候，在酸性红壤和黄壤中生长良好，在石灰性土壤也能生长；耐干旱瘠薄。萌芽力弱。深根性。

【观赏评价与应用】油杉为我国特有的古老残遗植物，树体高大挺拔，大枝水平开展，树形美观，常为塔形，是优良的风景树，适于开阔的广场或草坪区列植，也适于孤植、丛植。也是重要的山地风景林造林树种。

【同属种类】油杉属共有5种，产中国、老挝、越南。我国5种均产，分布于长江流域及其以南地区，为重要用材和园林绿化树种。

铁坚油杉
Keteleeria davidiana

【别名】铁坚杉

常绿乔木，高达50m，径达2.5m，树冠广圆形。冬芽卵圆形，先端微尖。叶条形，长2～5cm，宽3～4.5mm，先端圆钝或微凹，幼树或萌芽枝之叶具刺状尖头，上面无气孔线，下面沿中脉两侧各有气孔线10～16条。种鳞卵形或近斜方状卵形，边缘反曲，有细齿。花期4月；种子10月成熟。

产于秦岭、大巴山以南至华中，常散生于砂岩、页岩或石灰岩山地，生长速度快。树

铁坚油杉

铁坚油杉

铁坚油杉

干挺拔，树形优美，四季枝繁叶茂，是优良的庭园造景材料。耐寒性较强，是油杉属中最耐寒的一种，在南京等长江中下游地区表现良好。

黄枝油杉
Keteleeria davidiana var. *calcarea*
【*Keteleeria calcarea*】

常绿乔木，高达20m，径达80cm；树皮黑褐色或灰色，片状剥落。1年生枝黄色；冬芽圆球形。叶条形，在侧枝上排列成两列，长2～3.5cm，宽3.5～4.5mm，稀长达4.5cm，宽5mm，先端钝或微凹，基部楔形，有短柄，上面光绿色，下面沿中脉两侧各有18～21条气孔线，有白粉。球果圆柱形，长11～14cm，径4～5.5cm，种鳞斜方状圆形或斜方形，鳞背露出部分有密生短毛。种子10～11月成熟。

我国特有树种，产于广西北部及贵州南部，多生于石灰岩山地。

黄枝油杉

黄枝油杉

云南油杉
Keteleeria evelyniana

【别名】杉松、云南杉松

【形态特征】常绿乔木，高达40m，径达60cm。1年生枝干后红褐色或淡紫褐色，多

云南油杉

云南油杉

少有毛，2～3年生枝淡黄褐色；冬芽球形或卵圆形。叶条形，窄长，长2～6.5cm，宽2～3.5mm，先端微凹或钝，上面中脉两侧各有2～10条，下面有14～19条气孔线。球果圆柱形，长9～20cm，径4～6.5cm；种

鳞宽卵形或斜方状宽卵形，上部圆，边缘外曲，背部露出部分被短毛。球果10月成熟。

【产地及习性】产云南、贵州、四川等地，常生于山地、河谷。老挝、越南也有分布。喜光，喜温暖湿润气候，耐寒耐旱能力较差。对土壤要求较高，在腐殖质含量低、土壤板结黏重、肥力低的地方生长不良。

【观赏评价与应用】云南油杉树形壮观，是优良的园林风景树，大型公园和风景区适于形成片林，一般公园中适于草地、建筑附近列植，也可丛植。品种蓑衣油杉柔条下垂，似彝族少女披散的长发，青丝万缕，扶风弄影、轻盈飘逸，充满诗情画意，观赏价值尤高。

江南油杉
Keteleeria fortunei var. *cyclolepis*
【*Keteleeria cyclolepis*】

【别名】浙江油杉

常绿乔木，高达20m，径达60cm；冬芽圆球形或卵圆形。叶条形，较薄，长1.5～4cm，宽2～4mm，先端圆钝或凹，上面常无气孔线，稀沿中脉两侧每边有1～5条气孔线，或仅中上部有少数气孔线，下面沿中脉两侧每边有气孔线10～20条；幼树及萌生枝密

江南油杉

江南油杉

江南油杉

毛，叶较长，宽达4.5mm，先端刺尖。球果长7～15cm，径3.5～6cm，种鳞菱形、菱状圆形，先端圆。

为我国特有树种，产于云南东南部、贵州、广西西北部及东部、广东北部、湖南南部、江西西南部、浙江西南部。

海南油杉
Keteleeria hainanensis

常绿乔木，高达30m；冬芽卵圆形。叶较长，大树之叶长5～8cm，宽3～4mm，上面沿中脉两侧各有4～8条气孔线；幼树及萌生枝的叶长达14cm，宽达9mm，上面无气孔线。球果圆柱形，长14～18cm，径约7cm；中部种鳞斜方形或斜方状卵形，长约4cm，宽2.5～3cm，鳞背露出部分无毛。

海南油杉

特产于海南岛霸王岭。阳性树，喜温暖，耐寒性较差，分布区土壤为山地黄壤。树形优雅美观，叶长而垂，可作庭园绿化树种。华南有少量栽培。

柔毛油杉
Keteleeria pubescens

【别名】老鼠杉

常绿乔木，1～2年生枝绿色，密生短柔毛色。叶条形，先端钝或微尖，长1.5～3cm，宽3～4mm，下面沿中脉两侧各有23～35条气孔线。球果短圆柱形或椭圆状圆柱形，长7～11cm，径3～3.5cm；中部种鳞近五角状圆形，长约2cm，宽与长相等，苞鳞长约为种鳞的2/3。

我国特有树种，分布于广西北部、贵州南部，生于气候温暖、土层深厚湿润的山地。

柔毛油杉

柔毛油杉

柔毛油杉

落叶松
Larix gmelinii

【别名】兴安落叶松、意气松

【形态特征】落叶乔木，高达30m；树皮暗灰色或灰褐色。1年生枝较细，径约1mm，淡黄色，基部常有长毛；短枝径2～3mm。叶倒披针状条形，长1.5～3cm，宽不足1mm，先端钝尖，上面平。球果幼时紫红色，成熟前卵圆形或椭圆形，长1.5～2.5cm，径1～2cm，熟时上端种鳞张开，边缘不反曲；苞鳞先端长尖，不露出。花期5～6月；球果9月成熟。

【产地及习性】分布于东北大兴安岭、小兴安岭及内蒙古东部至俄国叶尼塞河东部，常组成大面积纯林。极喜光，耐寒，忌夏季高温干燥，对水分要求较高，以生于土层深厚、肥润、排水良好的北向缓坡及丘陵地带生长旺盛。寿命长，根系发达。

【观赏评价与应用】落叶松为树冠整齐，树形壮丽挺拔，叶轻柔而潇洒，喜高寒气候，为我国东北林区的主要森林树种，现人工林遍及东北和华北山区。是重要的山地风景林树种，适于中高海拔地区应用，北方园林中也常栽培观赏。

【同属种类】落叶松属共约16种，分布北半球寒冷地区，常形成广袤的森林。我国10种，产东北、华北、西北、西南等地，另引进2种。

落叶松

落叶松

落叶松

欧洲落叶松
Larix decidua

【形态特征】落叶乔木，在原产地高达35m。枝平展，树冠呈金字塔形或不规则塔形，小枝细弱下垂；1年生枝无毛，淡黄色或淡灰黄色，短枝顶端叶枕间有密生黄色柔毛。叶倒披针状条形，长2~3cm，宽约1mm。球果大小、形状变异较大，常呈卵圆形或卵状圆柱形，长2~4cm，径1.5~2.5cm，种鳞宿存。

【产地及习性】原产北欧和中欧。喜光、耐寒，喜肥沃深厚而湿润的酸性土壤。我国江西庐山、辽宁沈阳及熊岳引种栽培，生长一般。

【观赏评价与应用】欧洲落叶松秋叶黄色，树冠常呈塔形，是寒温带和温带优良的庭院绿化树种。宜群植，也可于日照充分、风害较少处孤植、丛植。也是风景林和荒山造林优良树种。我国可供东北及华北北部、西北东部地区应用。

欧洲落叶松

日本落叶松
Larix kaempferi

【形态特征】落叶乔木，高达35m，径达1m。树皮暗灰褐色。1年生枝紫褐色，有白粉，幼时被褐色毛，径约1.5mm。叶长2~3cm，宽约1mm。球果广卵圆形或圆柱状卵形，长2~3.5cm，径1.8~2.8cm；种鳞卵状长方形或卵状方形，紧密，边缘波状，显著外曲；苞鳞不露出。花期4~5月；球果10月成熟。

【产地及习性】原产日本，我国东北、华北、西北、西南等地引种，生长良好。喜光树种，在自然分布区内呈纯林或在混交林中呈优势木居第一层。最适土壤为灰化的火山堆积土，石灰质土壤和砂壤上也能生长良好。

【观赏评价与应用】日本落叶松树干端直，树冠整齐，姿态优美，叶色翠绿，秋叶金黄，可形成优美的风景林，在东部地区一般海拔800m以上即生长良好，如山东泰山上部引种栽培的日本落叶松已经蔚然成林。也是优良的园林树种，但夏季高温干旱地区不宜应用。

日本落叶松

日本落叶松

日本落叶松

云杉
Picea asperata

【别名】大果云杉、白松

【形态特征】常绿乔木，高达45m，径达1m；树皮淡灰褐色；树冠尖塔形。1年生枝褐黄色，疏生或密生短柔毛，稀无毛。冬芽有树脂，宿存芽鳞反曲。叶四棱状条形，长1~2cm，先端尖，四面有气孔线。球果近圆柱形，长8~12cm，熟时栗褐色；种鳞倒卵形，先端圆或圆截形，全缘，鳞背露出部分具明显纵纹；种子倒卵形。花期4~5月；球果9~10月成熟。

【产地及习性】我国特有树种，产四川、陕西、甘肃等省。稍耐荫，喜冷凉、湿润气候，耐干燥及寒冷，浅根性。生长较快。

【观赏评价与应用】云杉枝叶茂密，苍翠壮丽，下枝能长期存在，园林中宜孤植、群植或作风景林栽植。1910年引入美国。

【同属种类】云杉属约35种，产北半球，组成大面积森林。我国16种，分布于东北、华北、西北、西南和台湾的高山地带，另引入栽培2种。

云杉

云杉

欧洲云杉
Picea abies

【别名】挪威云杉

【形态特征】常绿乔木，在原产地高达60m，径达4～6m；幼树树皮薄，老树树皮厚，裂成小块薄片。大枝斜展，小枝常下垂，幼枝淡红褐色或橘红色。冬芽圆锥形，先端尖，上部芽鳞反卷。叶四棱状条形，直或弯曲，长1.2～2.5cm，横切面斜方形，四边有气孔线。球果圆柱形，长10～15cm；种鳞较薄，斜方状倒卵形，边缘有细缺齿。

【产地及习性】原产欧洲北部及中部，为北欧主要造林树种之一。抗寒性强，耐-30℃低温，但嫩枝抗霜性较差；耐荫能力较强。在气候温和而湿润条件下，在酸性至微酸性的棕色森林土或褐棕土生长甚好。

【观赏评价与应用】欧洲云杉树形美观，成年大树树冠尖塔形，枝条浓密，针叶鲜绿色，新叶黄绿色，是优美的庭园树种，常栽培观赏，并有众多品种。除作园景树外，欧洲常植为绿篱。我国江西庐山及山东青岛引种，生长良好。

欧洲云杉

麦吊云杉
Picea brachytyla

【别名】麦吊杉、垂枝云杉

常绿乔木，高达30m，径达1m；树皮裂成不规则鳞状厚片固着于树干上。侧枝细而下垂；1年生枝基部宿存芽鳞紧贴小枝，不反曲。叶扁平条形，长1～2.2cm，宽1～1.5mm，先端钝或尖，上面有2条白粉气孔带，下面无气孔线。球果圆柱形，长6～12cm，直径2.5～3.5cm。花期4～5月；球果9～10月成熟。

产河南西部、湖北西部、陕西南部、甘肃南部、青海东南部和四川。小枝下垂，姿态优美，是分布区内重要风景林树种，宜选作森林更新或荒山造林树种，也栽培观赏，江西庐山、甘肃兰州等地有栽培。

麦吊云杉

青海云杉
Picea crassifolia

【别名】泡松

常绿乔木，高达20m，径达30～60cm。1年生嫩枝淡绿黄色，2年生枝粉红色或淡褐黄色，稀呈黄色，常被白粉；冬芽圆锥形，淡褐色。小枝基部宿存芽鳞先端开展或反曲。叶较粗，四棱状锥形，近辐射伸展，长1.2～3.5cm，宽2～3mm，先端钝。球果圆柱形，长7～11cm，径2～3.5cm，中部种鳞倒卵形；幼时紫红色，熟时褐色。花期4～5月；球果9～10月成熟。

产甘肃、青海、宁夏及内蒙古，于山地阴坡或山谷形成纯林。生长缓慢，适应性强，耐-30℃低温。抗旱性较强，为西北地区重要森林更新树种和荒山造林树种，亦可作为庭园观赏树种，适于在园林中孤植、群植，可作为庭荫树、园景树。北京、银川、兰州等地有栽培。

青海云杉

青海云杉

红皮云杉
Picea koraiensis

【别名】红皮臭、虎皮松

【形态特征】常绿乔木，高达30m；树冠尖塔形，树皮裂缝常为红褐色。大枝近轮生，平展或斜伸；小枝上有明显的木针状叶枕；1年生枝黄褐色，无毛或有疏毛，无白粉；宿存芽鳞反曲。叶锥状四棱形，长1.2～2.2cm，宽约1.5mm，先端尖，在长枝上螺旋状互生，辐射伸展，横切面菱形。雄球花单生叶腋，雌球花单生枝顶。球果下垂，卵状圆柱形，长5～8cm，熟时呈黄褐色或绿褐色；种鳞宿存，露出部分较平滑。种子三角状倒卵形，上端有膜质长翅。花期5～6月；球果9～10月成熟。

【产地及习性】分布于东北及内蒙古，常组成混交林；华北和东北常见栽培。朝鲜北部和俄罗斯远东也产。喜冷凉气候，耐寒，夏季高温干燥对生长不利；耐荫，喜湿润，也较耐干旱，不耐过度水湿；喜微酸性深厚土壤。生长缓慢，寿命长。根系较浅，根部易暴露而枯死，平时管理中应注意及时壅土。

【观赏评价与应用】红皮云杉树体高大，

松科 Pinaceae

红皮云杉

红皮云杉

红皮云杉

冬季积雪、酸性山地棕色森林土高山地带，组成单纯林或与其他针叶树组成混交林。

树姿优美，苍翠壮丽，是著名的园林树种，最适于规则式园林中应用，造景中最宜对植或列植，但孤植、丛植或群植成林也极为壮观，叶四面有白色气孔线，更显得苍翠。东北、华北地区园林中普遍栽培。因其耐荫性强，可用于建筑的背面。

丽江云杉
Picea likiangensis

【别名】丽江杉

【形态特征】常绿乔木，高达50m，径达2.6m；枝条平展，树冠塔形，小枝常有疏生短柔毛，1年生枝淡黄色；小枝基部宿存芽鳞先端不反卷或微开展。叶棱状条形或扁四棱形，直或微弯，长0.6～1.5cm，宽1～1.5mm，先端尖或钝尖。球果圆柱形，红褐或黑紫色，长7～12cm，径3.5～5cm。

【产地及习性】产于云南西北部、四川西南部，在海拔2500～3800m、气候温暖湿润、

丽江云杉

丽江云杉

丽江云杉

【观赏评价与应用】丽江云杉生长较快，是西南高山重要风景林和森林更新树种。树姿雄伟，也适于园林观赏，目前栽培较少。

白杆
Picea meyeri

【别名】钝叶杉、毛枝云杉

【形态特征】常绿乔木，高达30m，树冠塔形，小枝黄褐色或红褐色，常有短柔毛，宿存芽鳞反曲。叶四棱状条形，长1.3～3cm，宽约2mm，四面有白色气孔带，呈粉状青绿色，先端微钝。球果长6～9cm，径2.5～3.5cm，鳞背露出部分有条纹。花期4月，球果9月下旬至10月上旬成熟。

白杆

白杆

白杆

【产地及习性】我国特有树种,产于山西、河北、内蒙古,在海拔 1600~2700m、气温较低、雨量及湿度较平原为高、土壤为灰色棕色森林土或棕色森林地带,常组成以白扦为主的针叶树阔叶树混交林。

【观赏评价与应用】白杆枝叶苍翠,为华北高海拔山区的主要树种之一,也是优良的庭园观赏树种,北京、山东、辽宁、河北、河南等地常栽培观赏,生长很慢。

雪岭云杉
Picea schrenkiana

【别名】雪岭杉

【形态特征】常绿乔木,高达 35~40m,径达 70~100cm;大枝近平展,树冠圆柱形或窄尖塔形;小枝下垂,小枝基部宿存芽鳞排列较松,先端向上伸展。叶辐射斜上伸展,四棱状条形,长 2~3.5cm,宽约 1.5mm,四面有气孔线。球果圆柱形,长 8~10cm,径 2.5~3.5cm。花期 5~6 月;球果 9~10 月成熟。

【产地及习性】广泛分布于新疆天山地区,为当地主要森林及用材树种。俄罗斯也有分布。对水分要求较高,抗旱性不强。

【观赏评价与应用】雪岭云杉苍劲挺拔、四季青翠,在天山地区形成大面积森林,是重要的风景资源。

长叶云杉
Picea smithiana

【形态特征】常绿乔木,高达 60m;大枝平展,小枝下垂,树冠窄。小枝基部宿存芽鳞先端多少向外开展。叶辐射斜上伸展,四棱状条形,细长,长 3~5cm,先端尖,每边具 2~5 条气孔线。球果圆柱形,长 12~18cm,径约 5cm,成熟前绿色,熟时褐色,有光泽;种鳞宽倒卵形,长约 3cm,宽约 2.4cm;苞鳞短小。

【产地及习性】分布于西藏南部吉隆等地,生于海拔 2400~3200m 地带。自尼泊尔向西至阿富汗也有分布。根系发达,耐寒、耐旱,抗强风,也具有较强的耐荫性。

【观赏评价与应用】长叶云杉为喜马拉雅地区特有树种,我国野生资源数量极少,应严加保护。叶远较同属的其他种类细长,而且小枝下垂,树形优美壮观,是产地优良的园林造景材料,也可作西藏南部山区造林树种。

日本云杉
Picea torano

【形态特征】常绿乔木,高达 40m,大枝平展,树冠尖塔形。冬芽长卵状或卵状圆锥形,先端钝尖;芽鳞不反卷,宿存芽鳞排列紧密,多年不脱落。幼枝淡黄色或淡褐黄色,无毛。叶四棱状条形,微扁,粗硬,常弯曲,长 1.5~2cm,先端锐尖。球果无梗,熟时淡红褐色,长 7.5~12.5cm,径约 3.5cm。

【产地及习性】原产日本。喜阳光充足环境,稍耐荫,耐寒性强,较耐旱,对土壤要求不严。

【观赏评价与应用】日本云杉株型美观,是优良园林绿化树种,可孤植、列植、片植于草坪、建筑物旁,应用效果较好。我国北京、山东青岛、浙江杭州等地引种栽培,生长良好。

日本云杉

雪岭云杉

雪岭云杉

长叶云杉

长叶云杉

日本云杉

青杆
Picea wilsonii

【别名】方叶杉、细叶云杉、华北云杉

【形态特征】常绿乔木,树冠圆锥形,1 年生枝淡灰白色或淡黄灰白色,无毛。冬芽卵圆形,无树脂,宿存芽鳞紧贴小枝,不反曲。叶横断面菱形或扁菱形,较细密,长 0.8~1.3(1.8)cm,宽 1.2~1.7mm,先端尖,气孔带不明显，四面均为绿色。球果长 5～8cm，熟时黄褐色或淡褐色；种鳞先端圆或急尖，鳞背露出部分较平滑。花期 4 月；球果 10 月成熟。

【产地及习性】我国特产，分布于华北、西北至华中，生于海拔 1400～2800m 的山地，形成纯林或针阔混交林。北京、山东等地常见栽培。耐荫、耐寒、耐干冷气候，在深厚、湿润、排水良好的中性或微酸性土壤上生长良好。也能在微碱性土壤中生长。生长缓慢，寿命长。

【观赏评价与应用】青杆树姿优美，树形整齐，适于规则式园林中应用，可在花坛中心、草地、门前、公园、绿地栽植。叶细密，较之红皮云杉、白杆质感略显细腻，更适合空间较为狭窄的区域使用。

华山松

青杆

青杆

青杆

华山松

华山松
Pinus armandii

【形态特征】常绿乔木，高达 30m，树皮灰绿色；枝平展，树冠广圆锥形。小枝平滑无毛，冬芽小，栗褐色。叶针形，5 针一束，细柔，长 8～15cm，径约 1～1.5mm，内有 3 个中生或边生树脂道；叶鞘脱落。球果大，圆锥状长卵形，长 10～20cm，径约 5～8cm，柄长 2～5cm，熟时种鳞张开。种子长 1～1.5cm，无翅或近无翅。花期 4～5 月；球果翌年 9～10 月成熟。

【产地及习性】分布于我国中部、西南及台湾，各地栽培。性喜温和凉爽、湿润的气候，耐寒力强，耐 -31℃低温，但不耐炎热；弱阳性树；适于多种土壤，最宜深厚、湿润、疏松的中性或微酸性壤土，在钙质土上也能生长，不耐盐碱，耐瘠薄能力不如油松和白皮松。

【观赏评价与应用】华山松高大挺拔，针叶苍翠，冠形优美，是优良的庭园绿化树种，孤植、丛植、列植或群植均可，用作园景树、行道树或庭荫树。有一定的耐荫性，可用于建筑的阴面。唐朝李贺《五粒小松歌》"蛇子蛇孙鳞蜿蜿，新香几粒洪崖饭；绿波浸叶满浓光，细束龙髯铰刀剪"，指的可能是华山松。

【同属种类】松属约 110 种，广布于北半球，北至北极圈，南达北非、中美、马来西亚和苏门答腊。我国 23 种，分布几遍全国，另从国外引入栽培 16 种。

北美短叶松
Pinus banksiana

【别名】短叶松、班克松

【形态特征】常绿乔木，高达 25m，有时呈灌木状。枝近平展，每年生长 2～3 轮。针叶 2 针一束，粗短，常扭曲，长 2～4cm，径约 2mm，先端钝尖；树脂道 2，中生；叶鞘褐色，宿存 2～3 年后脱落或与叶同时脱落。球果近无梗，窄圆锥状椭圆形，通常向内侧弯曲，长 3～5cm，径 2～3cm，宿存树上多年。我国华北、华东等地引种。

【产地及习性】原产北美东北部。生长缓慢。

【观赏评价与应用】北美短叶松树冠塔形，

北美短叶松

北美短叶松

生长较缓慢，针叶宽短，既可作山地造林树种，也栽培供观赏。我国辽宁熊岳、抚顺，北京，山东青岛、蒙山、塔山，江苏南京，江西庐山及河南鸡公山，以及台湾等地均已引种。

白皮松
Pinus bungeana

【别名】虎皮松、白松

【形态特征】常绿乔木，高达 30m，树皮粉白色或淡灰绿色，呈不规则鳞片状剥落；主干明显，树冠阔圆锥形，或从距地面 0.5～1m 处分为数干，枝条疏生而斜展，形成伞形树冠。小枝平滑无毛，灰绿色；冬芽卵形，赤褐色。叶针形，3 针一束，长 5～10cm，径 1.5～2mm，树脂道边生；叶鞘脱落。球果圆锥状卵形，长 5～7cm，熟时淡黄褐色。种子大，卵形，褐色；种翅长 0.6cm。花期 4～5 月；球果翌年 9～11 月成熟。

【产地及习性】我国特产，分布于陕西、山西、河南、甘肃南部、四川北部和湖北西部；在辽宁以南至长江流域各地广为栽培。适应性强，耐旱，耐 -30℃ 低温，但不耐湿热，在江南远不如华北、西北生长好；对土壤要求不严，在中性、酸性和石灰性土壤中均可生长，耐旱力强。阳性树，幼树略耐半荫。抗污染。

【观赏评价与应用】白皮松是珍贵的观赏树种，树干呈斑驳的乳白色，极为醒目，衬以青翠的树冠，独具奇观，诗人张著的《白松》有"叶坠银钗细，花飞香粉干；寺门烟雨里，混作白龙看"，乃白皮松姿态的真实写照。白皮松既可与假山、岩洞、竹类植物配植，使苍松、翠竹、奇石相映成趣，所谓"松骨苍，宜高山，宜幽洞，宜怪石一片，宜修竹万秆，宜曲涧粼粼，宜寒烟漠漠"，又可孤植、丛植、群植于山坡草地，或列植成行、对植房前。《长物志》云："取栝子松（即白皮松）植堂前、广庭，或广台之上，不妨对偶，斋中宜植一株。下用文石为台，太湖石为栏，俱可。水仙、兰蕙、萱草之属，杂莳其下。"此乃苏州古典园林中白皮松的配植手法，仍值得我们在庭院造景中参考。

赤松
Pinus densiflora

【别名】红松

【形态特征】常绿乔木，高达 30m；大枝平展，树冠圆锥形或扁平伞形；树皮橙红色，呈不规则薄片剥落。1 年生枝橙黄色，略有白粉，无毛。冬芽长圆状卵形，暗红褐色。针叶细柔，2 针一束，长 8～12cm，径约 1mm，有细锯齿，树脂道 4～6（9）个，边生。球果卵状圆锥形，长 3～5.5cm，径约 2.5～4.0cm，有短柄；种子倒卵状椭圆形或卵圆形，长 4～7mm，连翅长 1.5～2mm。花期 4 月；球果翌年 9～10 月成熟。

【产地及习性】分布于我国北部沿海至长白山和黑龙江东部，日本和朝鲜也产，在海拔 1000m 以下常组成纯林；我国各地常见栽培。适应性强，耐 -30℃ 低温；强阳性树，不耐庇荫；对土壤要求不严，但喜生于微酸性至中性土中，在黏重土壤中生长不良，不耐盐碱；耐干旱瘠薄，忌水涝。深根性树种，抗风力强。生长速度较快。

【观赏品种】千头赤松（'Umbraculifera'），又名平头赤松、伞形赤松。丛生大灌木，高可达 5m，下部多分枝，无明显主干，树冠呈圆顶伞形，枝叶茂密、翠绿。产日本，华东常见栽培。

【观赏评价与应用】赤松树皮橙红，斑驳可爱，幼时树形整齐，老时虬枝蜿垂，是园林中不可缺少的优良观赏树木。适于正门附近对植或草坪中孤植、丛植，也适于与假山、岩洞、山石相配，均疏影翠冷、萧瑟宜人。品种千头赤松、垂枝赤松树形优美，最适于台坡、草坪、园路及雕塑周围的列植、丛植，南京中山陵和南京情侣园均有应用。

白皮松

白皮松

赤松

赤松

白皮松

赤松

湿地松
Pinus elliottii

【形态特征】常绿乔木，在原产地高达30m，径达90cm。树皮灰褐色或暗红褐色；枝条每年生长3～4轮，小枝粗壮，鳞叶干枯后宿存数年不落，故小枝粗糙。叶2针、3针一束并存，粗硬，长18～30cm，径达2mm，刚硬；树脂道2～9，多内生，叶鞘长1.2cm。球果圆锥形或窄卵圆形，长6.5～13cm，径3～5cm，种鳞张开后径5～7cm，柄可长达3cm；鳞盾近斜方形，肥厚，有锐横脊，鳞脐瘤状。

【产地及习性】原产美国东南部暖带潮湿的低海拔地区。极喜光；耐40℃的极端高温和 -20℃的极端低温；既耐水湿，亦耐干瘠。

【观赏评价与应用】湿地松适应性强，耐水湿，是我国东部地区优良的绿化和造林树种。园林中宜配植山间坡地、溪边池畔，可成丛成片栽植，亦适于庭园、草地孤植、丛植作庇荫树及背景树。我国30年代开始引种，长江流域至东南沿海地区均有栽培。适生于低山丘陵地带，生长势常比同地区的马尾松或黑松为好，也适于低洼沼泽地以及华东沿海海岸造林，生长表现均佳，但长期积水生长不良。山东南部有冻害现象。

红松
Pinus koraiensis

【别名】海松、果松、朝鲜松

【形态特征】常绿乔木，高达50m；树冠卵状圆锥形；树皮灰褐色，内皮红褐色，鳞片状脱落。1年生枝密生锈褐色绒毛。叶5针一束，长6～12cm；叶鞘早落；树脂道3，中生。球果长9～14cm；熟时种鳞不张开，种鳞先端向外反曲，鳞脐顶生；种子大，倒卵形，无翅，长1.5cm，宽约1.0cm。花期5～6月；球果翌年9～11月成熟。

【产地及习性】产东北长白山及小兴安岭；俄罗斯、朝鲜和日本北部也有分布。幼树稍耐荫，成年后喜光；耐寒性强，适于冷凉湿润气候，不耐热；喜生于深厚肥沃、排水良好、适当湿润的微酸性土。浅根性，水平根发达。生长速度中等偏慢。

【观赏评价与应用】红松树形雄伟高大，是东北地区森林风景区重要造林树种，也常植于庭园观赏，适于东北及华北北部地区应用，在华东低海拔地区生长不良。

马尾松
Pinus massoniana

【形态特征】常绿乔木，高达40m；树皮红褐色至灰褐色；壮年期树冠狭圆锥形，老年期则开张如伞。1年生小枝淡黄褐色，无白粉；冬芽圆柱形，先端褐色。针叶2针一束，少3针一束，长12～20cm，径约1mm，质地柔软，叶缘有细锯齿；树脂道4～7，边生。球果卵圆形或圆锥状卵形，长4～7cm，径约2.5～4cm。花期4月；球果翌年10～12月成熟。

【产地及习性】马尾松为我国江南地区常见的针叶树种，多分布于海拔800m以下，在四川等西部地区可分布到海拔1200m。强阳性树，幼苗也不耐荫；喜温暖湿润气候，冬季耐 -18℃短时低温；喜酸性黏质土壤，耐干旱瘠薄，不耐水涝和盐碱；生长速度较快。

【观赏评价与应用】马尾松树体高大雄伟，在江南常组成大面积森林，是重要的风景区资源，也是优良的园林造景材料，最适于群植成林。在湖北，九宫山以奇松怪石闻名，其中著名的"卧龙松"为马尾松，树龄约600年，堪称天然大盆景，而海拔较高的"怪松坡"则生长着数百棵怪枝奇干的黄山松。

湿地松

湿地松

红松

红松

红松

马尾松

马尾松

马尾松

长叶松
Pinus palustris

【别名】大王松

常绿乔木,在原产地高达 45m,径达 1.2m;树冠宽圆锥形或近伞形;树皮裂成鳞状薄块片脱落;小枝粗壮,橙褐色;冬芽粗大,银白色。针叶 3 针一束,长 20～45cm,径约 2mm,刚硬;叶鞘长约 2.5cm。球果窄卵状圆柱形,长 15～25cm;种鳞的鳞盾肥厚、显著隆起,具尖刺。

原产美国东南沿海及亚热带南部,喜湿热海洋性气候环境。可作东南沿海各省的园林观赏树种和造林树种。我国南京、无锡、上海、杭州、绍兴、福州、闽侯、庐山、青岛等地引种栽培作庭园观赏树,生长良好。

日本五针松
Pinus parviflora

【形态特征】常绿乔木,在原产地高可达 25m,我国常见栽培的一般高 15m 以下;树冠圆锥形。树皮暗灰色,裂成鳞片状脱落。小枝密生淡黄色柔毛。冬褐色,无树脂。叶针形,蓝绿色,5 针一束,较短细,长 3.5～5.5cm,径不及 1mm;横切面三角形,有 2 个边生树脂道;叶鞘早落。球果卵形或卵状椭圆形。花期 4～5 月;球果翌年 9～10 月成熟。

【产地及习性】原产日本,我国长江流域各地和山东等地常见栽培,在青岛,有高达 15m 的大树,非常珍贵。耐荫性较强,对土壤要求不严,但喜深厚湿润而排水良好的酸性土。生长缓慢。

【观赏评价与应用】日本五针松树姿优美,枝叶密集,针叶细短而呈蓝绿色,望之如层云簇拥。以其树体较小,尤适于小型庭院与山石、厅堂配植,常丛植。适宜与日本五针松配植的树种有杜鹃、牡丹、梅花、罗汉松等。在日本,本种则是小巧玲珑的"茶庭"中常用的植物材料。此外,日本五针松也是著名的盆景材料,尤其是短叶和矮生等品种,更是盆景材料之珍品。

偃松
Pinus pumila

【别名】爬松、矮松、干叠松

常绿灌木,高达 3～6m,树干常伏卧状;1 年生枝密被柔毛。针叶 5 针一束,长 4～6cm,径约 1mm,树脂道常 2 个;叶鞘早落。雄球花椭圆形,长约 1cm;雌球花及小球果单生或 2～3 个集生,卵圆形,紫色或红紫色。球果圆锥状卵圆形,长 3～4.5cm,径 2.5～3cm。花期 6～7 月;球果翌年 9 月成熟。

产于黑龙江、吉林、内蒙古等地,生于土层浅薄、气候寒冷的高山上部之阴湿地带。俄罗斯东部、蒙古、朝鲜、日本也有分布。常

长叶松

日本五针松

日本五针松

偃松

长叶松

日本五针松

松科 Pinaceae

生于山脊或山顶，形成茂密的矮林，对保持水土有积极的作用。树干矮小，可作庭园或盆栽观赏树种。

樟子松
Pinus sylvestris var. **mongolica**

【别名】海拉尔松

【形态特征】常绿乔木，高达30m。老树皮下部黑褐色，上部黄褐色，鳞片状开裂；1年生枝淡黄褐色，无毛。冬芽褐色或淡黄褐色。叶2针一束，粗硬，常扭转，长4～9cm，径约1.5～2mm；树脂道6～11，边生。球果长卵形，长3～6cm，淡褐灰色，鳞盾长菱形，鳞脊呈4条放射线，肥厚，特别隆起，向后反曲，鳞脐疣状凸起，具易脱落短刺。花期5～6月；球果翌年9～10月成熟。

【产地及习性】产黑龙江大兴安岭、海拉尔以西和以南沙丘地带。蒙古和俄罗斯东部也有分布。极喜光，适应严寒气候，耐-40～-50℃低温和干旱，为我国松属中最耐寒者。喜酸性土，在干燥瘠薄、岩石裸露、沙地、陡坡均可生长良好，忌盐碱土和排水不良的黏重土壤。深根性，抗风沙。

【观赏评价与应用】樟子松树干端直高大，枝条开展，枝叶四季常青，为优良的庭园观赏绿化树种，也是东北地区用材林、防护林和"四旁"绿化的理想树种，防风固沙效果显著。

樟子松

美人松
Pinus sylvestris var. **sylvestriformis**

【别名】长白松、长白赤松

常绿乔木，高20～30m，径达25～40cm；树干通直，中下部以上树皮棕黄色至金黄色，裂成鳞状薄片剥落；冬芽卵圆形，芽鳞红褐色。1年生枝无白粉。针叶2枚一束，长5～8cm，径1～1.5mm，横切面扁半圆形，树脂道4～8个，边生。1年生小球果近球形，弯曲下垂，种鳞具短刺；成熟球果卵状圆锥形，种鳞张开后为椭圆状卵圆形或长卵圆形，长4～5cm，径3～4.5cm，种鳞背部深紫褐色，鳞盾强隆起，鳞脐呈瘤状突起，具易脱落的短刺。

产于吉林长白山北坡海拔800～1600m，在二道白河以上林中组成小片纯林；在海拔1600m林中则与红松、长白鱼鳞云杉等混生。是优美的观赏树木。

美人松

美人松

油松
Pinus tabuliformis

【别名】短叶马尾松

【形态特征】常绿乔木，高达20m；树冠壮年期为塔形或广卵形，老年期呈盘状或伞形。冬芽棕褐色。叶针形，2针一束，长10～15cm，径约1.5mm，内有5～8个边生树脂道；针叶束基部的叶鞘宿存。雄球花橙黄色，雌球花绿紫色，当年小球果的种鳞顶端有刺。球果卵形，长4～9cm，可在树上宿存数年之久。种子卵形，淡褐色，有斑纹，长6～8mm，种翅长约1cm，黄白色。花期4～5月；球果翌年9～10月成熟。

【产地及习性】分布于华北，也产于东北南部至西北。内蒙古鄂尔多斯高原东部仍残存高达25m，主干直径1.34m的"油松王"。适应性强，耐-25℃低温；强阳性树，不耐庇荫；对土壤要求不严，但喜生于微酸性至中性土中，不耐盐碱；耐干旱瘠薄，是松属中耐旱性最强的种类之一，忌水涝。深根性树种，抗风力强。

【观赏评价与应用】油松树干挺拔苍劲，盘根樛枝，皮粗厚而望之如龙鳞，且年龄愈老愈奇，四季常绿，不畏风雪严寒。每当微风吹拂，有如大海波涛之声，俗称"松涛"。在现代园林中，油松既可孤植、丛植、对植，也可群植成林。在小型庭院中，多丛植，并配以山石，所谓"墙内有松，松欲古，松底有石，石欲怪"；孤植于草坪、建筑周围、亭廊之侧亦均古韵盎然，形成"秋风清，秋月明，竹叶松边，秋景如画"的意境。在华北地区，油松可以与黄栌、元宝枫等其他乡土树种配植成树丛，形成地方特色。在大型风景区内，油松是重要的造林树种，泰山风景区中油松是主要风景树种之一，而且有不少古树名木，其中"望人松"已经成为泰山的标志性景点。

油松

油松

油松

火炬松
Pinus taeda

【别名】火把松

【形态特征】常绿乔木，在原产地高54m，径达2m；树皮暗灰色或黄褐色，裂成鳞状块片脱落。枝条每年生长数轮，小枝黄褐色或淡红褐色，幼时微被白粉；冬芽光褐色。针叶3针一束，稀2针并存，长12～25cm，径约1.5mm，树脂道通常2，中生。球果卵状长圆形或圆锥状卵形，长7.5～15（20）cm，熟时暗红褐色；鳞盾沿横脊显著隆起，鳞脐延伸成尖刺；种子卵圆形，翅长2.5cm。

【产地及习性】原产北美东南部，我国长江流域以南各地引种栽培，北至河南、山东，南达华南。最喜光，喜温暖湿润气候，适生于中性或酸性黄褐土、黄壤、红壤，耐瘠薄、

火炬松

火炬松

荒山地生长表现较好，肥沃土壤可速生。我国自30年代即有引种，干形好，生长迅速，抗松毛虫能力较强，系我国引种北美种中较成功的例证。

【观赏评价与应用】火炬松树姿挺拔，针叶浓密，生长速度快，容易成景。宜配植于山间坡地、溪边等处，一般丛植，也可于庭院之建筑一侧、草地中孤植，并适合营造大面积风景林。

黄山松
Pinus taiwanensis

【别名】台湾松

【形态特征】常绿乔木，树皮深灰褐色，老树树冠伞形；1年生枝淡黄褐色。冬芽深褐色，卵圆形。叶2针一束，长5～13cm，多为7～10cm，较马尾松粗硬；树脂道3～7（9），中生。球果卵圆形，长3～5cm，径3～4cm，鳞盾扁菱形稍肥厚而隆起，横脊显著，鳞脐具短刺。花期4～5月；果翌年10月成熟。

【产地及习性】我国特产，主产华东和台湾等地，广西、贵州、湖北、云南等地也有分布，在华东多生于海拔800m以上山地。喜凉爽湿润的高山气候，耐-22℃低温，不耐高温，喜排水良好的酸性黄壤，生长速度较马尾松慢。

【观赏评价与应用】黄山松树姿优美，生于岩石间者常树干弯曲，树冠偃盖如画，是

松科 Pinaceae

黄山松

黄山松

黄山松

长江流域自然风景区中、高山地的重要森林组成树种，如安徽黄山、湖北九宫山、江西庐山、浙江天目山海拔 800m 以上，均由黄山松组成风景林，著名的黄山"迎客松"就是黄山松。

黄山松也是制作桩景的优良材料，是盆景植物中的"七贤"之一。《黄山志》云："黄山松小者虽数十年百年，其长不过三四尺，餐云吸雾，天然盘屈，每一株成一形，无有重复者，仅足供盆盎中赏玩。"

黑松
Pinus thunbergii

【别名】 日本黑松、白芽松

【形态特征】 常绿乔木，高达 30m；幼时树冠狭圆锥形，老年期呈扁平伞状。冬芽银白色，圆柱状椭圆形。针叶粗硬，2 针一束，长 6～12cm，径约 1.5mm，树脂道 6～11 个，中生。球果圆锥状卵形或卵圆形，长 4～6cm；鳞盾隆起，横脊显著，种脐微凹，有短刺。种子倒卵状椭圆形。花期 4～5 月；球果翌年 10 月成熟。

【产地及习性】 原产日本及朝鲜，我国东部各地栽培。适应性强，耐寒；阳性树种，幼树稍耐荫；对土壤、要求不严，并较耐碱，在 pH 值 8 的土壤上仍能生长；耐干旱瘠薄，忌水涝。深根性树种，抗风力强。耐海潮风和海雾，在我国东部生长比赤松好。

【观赏品种】 锦松（'Conticosa'），枝干上的树皮厚而呈翅状突起，是制作桩景的优良材料，华东常见栽培。花叶黑松（'Aurea'），灌木，针叶中部以下有一段呈黄色，其余深绿色。

【观赏评价与应用】 黑松树形高大美观，树冠葱郁，干枝苍劲，冬芽银白色，在冬季极为醒目，在华北和华东地区应用广泛，其造景形式可参考油松。另外黑松耐海潮风，为著名的海岸绿化树种，是我国东部和北部沿海地区优良的防风、防潮和防沙树。也用于厂矿地区绿化。

黑松

黑松

黑松

乔松
Pinus wallichiana
【*Pinus griffithii*】

【形态特征】 常绿乔木，高达 70m，径达 1m；枝条广展，树冠宽塔形。1 年生枝绿色，微被白粉。针叶 5 针一束，细柔下垂，长 10～20cm，径约 1mm；树脂道 3 个，边生。球果圆柱形，下垂，长 15～25cm，果梗长 2.5～4cm，种鳞张开后径 5～9cm；中部种

乔松

乔松

鳞长 3～5cm，宽 2～3cm，鳞盾菱形，常有白粉，鳞脐微隆起。花期 4～5 月；球果翌年秋季成熟。

【产地及习性】产于西藏南部海拔 2500～3300m 地带及东南部、云南西北部海拔 1600～2600m 地带；生于针叶树阔叶树混交林中。缅甸、尼泊尔、印度等地也有分布。

【观赏评价与应用】乔松树干高大挺直，树形端庄，针叶细长而下垂，非常优美，是珍贵的庭院观赏树种，适于孤植、丛植，也可群植成林。北京、山东等地栽培。生长快，可选作产区的主要造林树种。

云南松
Pinus yunnanensis

【形态特征】常绿乔木，高达 30m。1 年生枝粗壮，淡红褐色。冬芽红褐色，粗大。叶常 3 针一束，间或 2 针一束，常在枝上宿存三年，长 10～30cm，径约 1～1.2mm，常下垂；树脂道 4～5，边生或中生；叶鞘宿存。球果圆锥状卵形，长 5～11cm，径 3.5～7cm；鳞脐微凹或微隆起，有短刺。花期 4～5 月；球果翌年 10 月成熟。

【产地及习性】产西南地区，云南、四川、广西、贵州、西藏等地均有分布，多组成大面积纯林或与其它树种混交。最喜光，适应冬春干旱无严寒、夏秋多雨无酷热、干湿季分明的印度洋季风型气候。在酸性土及石灰岩土上均能生长；深根性，耐干旱瘠薄。

【观赏评价与应用】云南松树形高大，针叶细长而下垂，是西南地区重要的园林造景树种，也是产区重要的用材树种。园林应用方式可参考油松、马尾松等。

云南松

云南松

金钱松
Pseudolarix amabilis

【别名】金松

【形态特征】落叶乔木，高达 40m；树冠阔圆锥形，大枝不规则轮生；1 年生枝黄褐色或赤褐色。冬芽卵形，锐尖，芽鳞先端尖。叶条形，在长枝上互生，在短枝上 15～30 枚呈轮状簇生，长 2～5.5cm，宽 1.5～4mm。雄球花簇生，雌球花单生，均生于短枝顶端。球果卵形，长 6～7.5cm，径约 4～5cm，熟时种鳞脱落。花期 4～5 月；球果 10～11 月成熟。

【产地及习性】为我国特产，分布于长江中下游地区，散生于针阔混交林中。喜光，幼时也不耐荫；喜温暖湿润气候，也较耐寒，可耐短期 −20℃低温，山东栽培生长良好。适于中性至酸性土壤，忌石灰质土壤，不耐干旱和积水。生长速度中等偏快。

【观赏评价与应用】金钱松树干通直挺拔，枝条轮生平展，树冠广圆锥形，新春、深秋叶片呈现金黄色，短枝上的叶簇生如金钱状，故有"金钱松"之称，是世界五大公园树种之一。园林中适于配植在池畔、溪旁、瀑口、草坪一隅，孤植或丛植，以资点缀；也可作行道树或与其他常绿树混植，饶有幽趣；至若大大面积景区，则宜将金钱松群植成林，以观其壮丽秋景。唐朝李德裕有《金松》诗："台岭生奇树，佳名世未知，纤纤疑大菊，落落是松枝，照日含金晰，笼烟淡翠滋，勿言人去晚，犹有岁寒期。"疑指金钱松。

【同属种类】金钱松属仅此 1 种。我国特产，孑遗植物。

金钱松

金钱松

金钱松

黄杉
Pseudotsuga sinensis
【Pseudotsuga gaussenii】

【别名】华东黄杉

【形态特征】常绿乔木，高达 50m，径达 1m；幼树树皮浅灰色，老则灰色或深灰色。1 年生枝淡黄色。叶条形，长 2～2.5cm，宽 1.5～2mm，先端凹缺；树脂道 2，边生。雄球花单生叶腋；雌球花单生枝顶。球果下垂，椭圆状卵形，长 5.5～8cm，径 3.5～4.5cm；种鳞近扇形，两侧有凹缺，露出部分密生褐色毛；苞鳞露出部分向后反曲。花期 4 月；球果 10～11 月成熟。

【产地及习性】产安徽南部、浙江西北及

松科 Pinaceae

黄杉

铁杉

铁杉

长苞铁杉

长苞铁杉

南部、湖北和湖南西部、四川东部、贵州、云南，常在山脊薄层黄壤形成小片纯林，或散生阔叶林中。幼树稍耐荫，喜温凉湿润气候，对土壤要求不严。

【观赏评价与应用】黄杉适生于山地环境，为良好的水源涵养林营造树种。树体高大，树形优美，也可供城市园林造景应用，适于孤植、列植。

【同属种类】黄杉属约6种，分布亚洲东部（中国、日本）及北美洲西部。我国3种，产长江流域至西南、台湾等地，另引入栽培2种。

铁杉
Tsuga chinensis

【别名】刺柏、展栂

【形态特征】常绿乔木，高达50m，径达1.6m；树皮纵裂成块状脱落；树冠塔型。1年生枝淡黄色或淡黄灰色，凹槽内有短毛。叶排成不规则2列，长1.2～2.7cm，宽2～3mm，先端凹缺，全缘，幼树之叶缘有锯齿，仅下面有气孔带，灰绿色，初被白粉，后脱落。球果卵形，长1.5～2.7cm，径1.2～1.6cm；种鳞五边状卵形、正方形或近圆形，边缘微内曲；种子连翅长7～9mm。花期4月；球果10月成熟。

【产地及习性】产甘肃和陕西南部、河南和湖北西部、四川、贵州、湖南等地，常形成纯林。喜生于气候温凉湿润、空气相对湿度大、酸性而排水良好的山地棕色森林土地带。耐荫性强，生长缓慢。

【观赏评价与应用】铁杉树形壮丽，是优良的山地风景林树种，并可栽培供庭园观赏，适于坡地、水边丛植，西安植物园内栽培观赏，生长良好。也可作分布区内高山地带森林更新及造林树种。

【同属种类】铁杉属约10种，分布亚洲东部及北美洲。我国4种，产秦岭及长江以南各省区，以西南地区较多。喜凉润多雨的酸性土环境。

长苞铁杉
Tsuga longibracteata

【别名】贵州杉、铁油杉

【形态特征】常绿乔木，高达30m；树皮暗褐色，纵裂。叶辐射状伸展，条形，长约2(1.1～2.4)cm，宽约2(1～2.5)mm，先端尖或微钝，中脉上面平或基部微凹，两面均有气孔线。球果直立，圆柱形，长2～5.8cm，径1.2～2.5cm；中部种鳞近斜方形，先端圆或宽圆，熟时深红褐色；苞鳞长匙形，先端尖，微露出；种子三角状扁卵圆形，长4～8mm，种翅较种子长，先端宽圆。花期3月下旬至4月中旬；球果10月成熟。

【产地及习性】分布于贵州东北部、湖南南部、广东北部、广西东北部及江西、福建南部山区，生于海拔300～2300m气候温暖湿润、云雾多的地带，喜酸性红壤、黄壤。

【观赏评价与应用】长苞铁杉为我国特有的珍贵树种，树形美观，树势挺拔，四季常青，是很好的观赏树种。在福建西部清流县沿江山坡，有人工栽植的纯林。

长苞铁杉

八、杉科 Taxodiaceae

柳杉
Cryptomeria japonica var. *sinensis*
【*Cryptomeria fortunei*】

【别名】长叶孔雀松

【形态特征】常绿乔木，高达40m；树冠狭圆锥形或圆锥形。树皮红褐色，长条片状脱落；大枝近轮生，小枝常下垂。叶钻形，螺旋状略成5行排列，基部下延，先端微内曲，长1～1.5cm，幼树及萌枝之叶长达2.4cm。雄球花单生叶腋，多数密集成穗状；雌球花单生枝顶，珠鳞与苞鳞仅先端分离。球果球形，径1.2～2cm。种鳞约20枚，上部3～7裂齿。发育种鳞常具2粒种子。花期4月；球果10月成熟。

【产地及习性】柳杉为我国特有树种，产福建、江西、四川、云南和浙江西北部，长江流域及其以南地区广泛栽培，北达河南和山东。中等喜光；喜温暖湿润、云雾弥漫、夏季较凉爽的山区气候；喜深厚肥沃的沙质壤土，忌积水。浅根性，侧根发达，主根不明显。抗污染。

【观赏评价与应用】柳杉树形圆整高大，树姿雄伟，大枝开展、小枝下垂、叶形优美、叶色翠绿，在云南成为"孔雀杉"，是优良的绿化美化树种。最适于列植、对植，或于风景区内大面积群植成林。浙江天目山天然分布着古柳杉林，胸径在1m以上的就有近400株。在一般庭院和公园中，柳杉可于前庭、花坛中孤植或草地中丛植。柳杉枝叶密集，性又耐荫，也是适宜的高篱材料，可供隐蔽和防风之用。此外，在江南，柳杉自古以来常用为墓道树。

【同属种类】柳杉属仅1种1变种，产中国和日本。

柳杉

柳杉

日本柳杉
Cryptomeria japonica

【别名】孔雀松

【形态特征】常绿乔木，在原产地高达40m，径达2m；树皮红褐色，条片状落脱。小枝下垂。叶钻形，先端通常不内曲，长0.4～2cm。雄球花长椭圆形或圆柱形，球果近球形，径1.5～2.5cm，稀达3.5cm；种鳞20～30枚，上部裂齿较长，能育种鳞有2～5粒种子。花期4月；球果10月成熟。

【产地及习性】原产日本，为日本的重要造林树种。我国东部各地普遍引种栽培，作庭园观赏树。庐山芦林引种的日本柳杉已经成林。

【观赏品种】短叶柳杉（'Araucarioides'），叶较硬且长短不等，长叶和短叶在小枝上交错成段。千头柳杉（'Vilmoriniana'），灌木，树冠球形或卵圆形，小枝密集，叶长3～5mm，排列紧密。

【观赏评价与应用】同柳杉。日本柳杉的观赏品种株型低矮、枝叶茂密，更适于丛植、群植，常用于道路、林缘、草地等处。

日本柳杉

千头柳杉

杉木
Cunninghamia lanceolata

【形态特征】常绿乔木，高达30m；幼树树冠尖塔形，老时广圆锥形。叶条状披针形，螺旋状着生，在小枝上扭转成2列状，叶基下延，叶缘有细锯齿，长2～6cm，宽3～5mm，下面沿中脉两侧各有1条白色气孔带。雄球花簇生；雌球花1～3个集生，苞鳞与珠鳞合生，苞鳞扁平革质，边缘有不规则细锯齿，珠鳞小。球果卵球形，长2.5～4.5cm，径约2.5～4cm，熟时黄棕色；每种鳞腹面3枚种子。花期3～4月；球果10～11月成熟。

【产地及习性】我国广布，北至淮河、秦岭南麓，东自台湾、福建和浙江沿海，南至广东、海南，西至云南、四川的广大区域内均有分布和栽培。喜光，幼年稍耐荫；喜温暖湿润气候，不耐寒冷和干旱，但在湿度适宜的情况下可耐短期-17℃低温；喜排水良好的酸性土壤，不耐盐碱。浅根性；生长速度较快，8年生植株可高达10～15m。萌芽、萌蘖力强。

杉科　Taxodiaceae

杉木

杉木

杉木

水松

水松

对有毒气体有一定抗性。

【观赏评价与应用】杉木是中国特有树种，约有1000多年的栽培历史，为南方重要速生用材树种。于1804年和1844年引入英国，在英国南方生长良好，被视为珍贵的观赏树，欧美其他国家植物园中也见栽培。杉木树干通直，树形美观，终年郁郁葱葱，是美丽的园林造景材料，适于群植成林，可用于大型绿地中作为背景，也可列植，用于道路绿化，风景区内则可大面积造林。萌芽力和萌蘖力均强，基部常易发生萌蘖，宜及时清除，以防火灾和保持景观。

【同属种类】杉木属共有1种1变种，产我国、老挝和越南北部。

水松
Glyptostrobus pensilis

【别名】广东杉

【形态特征】落叶或半常绿乔木，高8～10m，稀达25m；树冠圆锥形。生于潮湿土壤者树干基部常膨大，并有呼吸根伸出土面。小枝绿色。叶互生，3型：鳞形叶长约2mm，宿存，螺旋状贴生于1～3年生主枝上；条形叶长1～3cm，宽1.5～4mm，扁平而薄，生于幼树1年生枝和大树萌生枝上，排成2列；条状钻形叶长4～11mm，生于大树1年生短枝上，辐射伸展成3列。后两种叶冬季与小枝同落。雌雄同株，球花单生于具鳞叶的小枝顶端。球果倒卵球形，长2～2.5cm；种鳞木质而扁平，倒卵形；发育种鳞具2粒种子。花期1～2月；球果10～11月成熟。

【产地及习性】华南和西南部分地区零星分布，多生于河流沿岸，主产区是广东珠江三角洲和福建闽江下游各地。自20世纪30年代，长江流域多有引种栽培。强阳性树种，喜温暖湿润气候；喜中性和微碱性土壤（pH值7～8），在酸性土上生长一般，不耐盐碱；耐水湿；主根和侧根都发达。

【观赏评价与应用】水松为著名的古生树种，曾在白垩纪和新生代广布于北半球，第四纪冰川后，在欧美和日本等地灭绝，仅存我国。水松树形美观，春叶鲜绿色，秋叶红褐色，并常有奇特的呼吸根，是优良的防风固堤、水湿地绿化树种，可成片植于水榭、池畔、湖边、河流沿岸、水田隙地，景观别具一格。

【同属种类】水松属仅此1种，我国特产，为第四纪冰川期后的孑遗植物。

水杉
Metasequoia glyptostroboides

【形态特征】落叶大乔木，高达40m；幼时树冠为尖塔形，后变为圆锥形，老时呈广圆形；树干基部常膨大。大枝近轮生，小枝对生。叶交互对生，叶基扭转排成2列，条形，长0.8～3.5cm，冬季与无芽小枝一同脱落。雄球花单生于去年生枝侧排成圆锥花序状；雌球花单生于去年生枝侧或近枝顶。球果近球形，径约2～2.5cm；种鳞盾状，有种子5～9粒，种子有狭翅。花期2～3月；种子成熟期10～11月。

【产地及习性】水杉为我国特产，分布于湖北、重庆、湖南交界处；现世界各地广植。由于水杉分布的地史原因，具有较广的分布潜力，现辽宁南部以南，南达广州，东起沿海，西至成都均有栽培。现世界各地广泛引种栽培。阳性树，喜温暖湿润气候，抗寒性颇强，

水杉

水杉

水杉

东北南部可露地越冬。喜深厚肥沃的酸性土或微酸性土，在中性至微碱性土上亦可生长；耐旱性一般，稍耐水湿，但不耐积水。生长迅速。

【观赏评价与应用】水杉是著名的孑遗植物、活化石树种，树干通直圆满，基部常膨大，姿态优美，枝叶细密，侧枝开展，幼树树冠尖塔形，老年时渐呈广圆形；春季叶色翠绿，入秋变为红褐色或古铜色，颇为美观，为著名的庭院观赏树。在园林中最适于列植成行，也可丛植、成片林植，用于水边造景。于堤岸、湖滨、洼地、涧旁、河边、湿地、池畔等近水之处列植、丛植，均可构成园林佳景，并兼有固堤护岸、防风效果，若在林下配以常绿的地被植物如麦冬、扶芳藤等常绿地被植物，更能相映成趣。在湖中小岛点缀数株，亦亭亭玉立，颇能入画。大型公园内可群植，若以常绿树为背景，景色相得益彰，倍觉宜人。也是长江流域水网地区重要的农田防护、道路绿化的理想树种。

【同属种类】水杉属仅此 1 种，我国特产，有活化石之称，第四纪冰川期后的孑遗植物。

日本金松
Sciadopitys verticillata

【别名】金松

【形态特征】常绿乔木，在原产地高达 40m，径达 3m；树冠塔形，枝条轮生。叶 2 型：鳞叶三角形，长 3～6mm，基部绿色，上部红褐色，螺旋状排列；条形叶长 5～15cm，宽 2.5～3mm，由二叶合生而成，扁平，两面中央各有一条纵槽，生于鳞叶腋部不发育的短枝顶端，辐射开展。雄球花簇生枝顶，雌球花单生枝顶。球果卵状长圆形，长 6～10cm，

日本金松

日本金松

径 3.5～5cm。

【产地及习性】分布于日本。我国华东地区如青岛、庐山、南京、上海等地栽培。喜空气和土壤湿润，耐荫性强，适于肥沃、深厚而排水良好的土壤。

【观赏评价与应用】日本金松是世界著名的庭园观赏树种，树形壮观，叶片于短枝上辐射伸展，被誉为五大公园树或三大园景树之一。我国栽培中常易形成丛生灌木状，应注意管理。

【同属种类】金松属仅此 1 种，日本特产。

北美红杉
Sequoia sempervirens

【别名】红杉、长叶世界爷

【形态特征】常绿乔木，在原产地高达 110m，径达 8m；树冠圆锥形或尖塔形，枝条水平开展；树皮红褐色，厚达 15～25cm。叶 2 型：鳞形叶长约 6mm，螺旋状排列，贴生于小枝或微展开；条形叶长 0.8～2cm，排成 2 列，下面有白色气孔带。雄球花单生枝顶或叶腋，雌球花单生于短枝顶端，珠鳞 15～20，胚珠 3～7。球果下垂，卵状椭圆形或卵球形，长 2～2.5cm，径 1.2～1.5cm，褐色；种子椭圆状长圆形，两侧有翅。

【产地及习性】特产于美国西部加利福尼亚沿海地区。我国台湾、福建、广西、云南、江西、浙江、江苏等地栽培。喜空气和土壤湿润，耐荫，不耐干燥。根际萌芽性强，易于萌芽更新。

【观赏评价与应用】1971 年，美国总统尼克松先生访问我国时曾经赠送红杉树苗 1

日本金松

北美红杉

北美红杉

北美红杉

株、巨杉树苗 3 株，栽植于杭州西湖风景区，红杉已大量繁殖，常见栽培，生长良好。红杉是世界上最高大的树种，树形壮丽，枝叶密生，适于池畔、水边、草坪孤植或群植，也适于宽阔道路两旁列植。除了杭州、上海、南京等华东地区外，昆明等地栽培较多。

【同属种类】北美红杉属仅 1 种，特产于北美洲。我国引入栽培。

巨杉
Sequoiadendron giganteum

【别名】世界爷、北美巨杉

【形态特征】常绿大乔木，在原产地高达 100m，径达 10m。树皮褐色，深纵裂，厚达 20～25cm。冬芽小，无芽鳞。小枝绿色，后成淡褐色。叶鳞状钻形，螺旋状着生，下部

杉科 Taxodiaceae

巨杉

巨杉

巨杉

贴生小枝，上部分离，分离部分长 3～6mm，先端锐尖，两面有气孔线。雌雄同株，雄球花单生短枝枝顶，无梗；雌球花顶生，珠鳞 25～40，每珠鳞有 3～12 枚直立胚珠。球果椭圆状，下垂，长 5～8cm，径 4～5.5cm，翌年成熟，宿存树上多年；种鳞木质，盾形，高约 2.5cm，发育种鳞有 3～9 粒种子，种子两侧有宽翅。

【产地及习性】原产美国加利福尼亚洲内华达山脉的西坡。美国东部、欧洲、澳大利亚、新西兰及南美的智利与阿根廷的部分地区均有引种栽培。

【观赏评价与应用】巨杉是世界上最高大的树之一，生长较快而树龄极长。我国杭州等地引种栽培，可作园景树应用。

【同属种类】巨杉属仅 1 种，特产于北美洲。我国引入栽培。

台湾杉

台湾杉
Taiwania cryptomerioides
【Taiwania flousiana】

【别名】秃杉

【形态特征】常绿大乔木，高达 75m，径达 3.5m。树冠圆锥形，树皮灰黑色，不规则条状剥落，内皮红褐色。大枝平展，小枝细长下垂。叶厚革质，螺旋状排列，2 型：大树之叶鳞形，长 2～5 (9)mm；幼树及萌枝之叶钻形，长 1～2.5cm，宽 1.2～2mm。雄球花 2～7 个簇生于枝顶；雌球花单生枝顶。球果圆柱形，长 1.5～2.2cm；种鳞革质，宿存，扁平，发育种鳞具 2 粒种子，种子两侧具窄翅。花期 4～5 月；球果 10～11 月成熟。

【产地及习性】产台湾、云南、贵州、四川、湖北等地，常散生于针叶林针阔叶树混交林中。缅甸北部亦产。喜光，适生于温凉和夏秋多雨、冬春干燥的气候，喜排水良好的红壤、山地黄壤或棕色森林土，浅根性。

【观赏评价与应用】台湾杉树体高大，姿态雄伟，大枝平展，小枝婉柔下垂，叶色浓绿，为优良风景林树种，孤植、群植景观效果宜佳。昆明、上海、杭州、南京等地有栽培。也是适生区理想的生态公益林、水源涵养林和防护林树种。野生资源濒危，已列为国家一级保护植物。

【同属种类】台湾杉属仅 1 种，星散分布于台湾、湖北、贵州、云南等省，缅甸北部也有分布。

台湾杉

落羽杉
Taxodium distichum

【别名】落羽松

【形态特征】落叶乔木，原产地高达 50m；树冠在幼年期呈圆锥形，老年期则开展如伞。树干基部常膨大而有屈膝状呼吸根。1 年生小枝褐色；生叶片的侧生小枝排成 2 列，冬季与叶俱落。叶条形，长 1.0～1.5cm，螺旋状着生，基部扭转成羽状，排列较疏。雄球花多数，集生枝梢；雌球花单生。球果圆球形，径约 2.5cm。花期 3 月；球果 10 月成熟。

【产地及习性】原产北美东南部，生于亚热带排水不良的沼泽地区。我国黄河流域以南各地引种栽培。强阳性，不耐庇荫；喜温暖湿润气候，耐寒性不如水杉；极耐水湿，能生长于短期积水地区。喜富含腐殖质的酸性土壤。主根发达而侧根稀少。生长速度较快。

【观赏评价与应用】落羽杉于 20 世纪初引入口国，现广泛栽培，树形壮丽，性好水

杉科 Taxodiaceae

落羽杉

池杉

落羽杉

池杉

墨西哥落羽杉
Taxodium mucronatum

【别名】墨杉、墨西哥落羽松

【形态特征】半常绿或常绿大乔木，在原产地高达50m。枝条水平开展，形成宽圆锥形树冠。树干上有很多不定芽萌发的小枝。生叶的侧生小枝螺旋状散生，不呈2列。叶条形，扁平，长约1cm，宽1mm，排成较紧密的羽状2列，通常在一个平面上，向上逐渐变短。球果卵圆形。

【产地及习性】原产墨西哥及美国西南部，生于亚热带温暖地区，耐水湿，多生于排水不良的沼泽地上。适应性强，喜光，喜温暖湿润气候，耐湿、耐盐碱，也较耐干旱和瘠薄；深根性，主根发达，抗风力强。

【观赏评价与应用】墨西哥落羽杉树形高大美观，生长迅速，枝繁叶茂，我国东部栽培为半常绿，绿期长于落羽杉和池杉，是江南低湿地区优良的园林绿化和造林树种，可用于公园水边、河流沿岸等的绿化造景，也是海滩涂地、盐碱地的特宜树种。南京、武汉等地引种栽培均生长良好。

墨西哥落羽杉

墨西哥落羽杉

落羽杉

池杉

湿，新叶嫩绿，入秋变为红褐色，是世界著名的园林树种。园林中最适于水边、湿地造景，或列植、丛植，或群植成林，也是优良的公路树和城市街道的行道树，秋季红叶似火，落叶后则地面一片火红。用于庭院造景，则以几株丛植为宜，亭亭玉立，颇能入画。

【同属种类】落羽杉属共有2种，产美国、墨西哥及危地马拉。我国均有引种。

池杉
Taxodium distichum var. *imbricatum*
【*Taxodium ascendens*】

【别名】池柏

【形态特征】落叶乔木，在原产地高达25m；树干基部膨大，常有屈膝状的呼吸根（低湿地生长尤为显著）。树冠狭窄，呈尖塔形或近于柱状，大枝向上伸展；当年生小枝绿色，细长，常微下垂，2年生小枝褐红色。叶钻形或条形扁平，长4~10mm，略内曲，常在枝上螺旋状伸展，下部多贴近小枝。花期3~4月；球果10月成熟。

【产地及习性】原产北美东南部，耐水湿，生于沼泽地区及水湿地上。我国东部、中部常见栽培。喜光，极耐水湿，在水中淹浸80天仍能正常生长。

【观赏评价与应用】池杉在我国约有一百余年栽培历史，武汉大学校园内1930年栽植的池杉已高达35m，径达62cm。耐水湿，适于水边、湿地列植、丛植或群植，也是优良的公路树和城市街道的行道树，在沼泽和季节性积水区则可营造"水中森林"。树冠狭窄，在江南平原地区常作为农田林网树种。

墨西哥落羽杉

九、柏科 Cupressaceae

翠柏
Calocedrus macrolepis

【别名】大鳞肖楠

【形态特征】常绿乔木，高达 30～35m，径达 1～1.2m；幼树树冠尖塔形，老树呈广圆形；小枝 2 列状互生，生鳞叶的小枝直展、扁平、排成平面。鳞叶交叉对生，上下两面中央的鳞叶扁平，长 3～4mm，两侧之叶对折，小枝下面之叶微被白粉或无白粉。球果矩圆形或卵状圆柱形，长 1～2cm；种鳞木质、扁平，外部顶端之下有短尖头；种子上部有两个大小不等的膜质翅。

【产地及习性】产于云南、贵州、广西及广东、海南，分布区为亚热带中部和南部以及热带山地气候。越南、缅甸、泰国、印度也有分布。中性偏阳树种，幼年耐荫，后渐喜光；耐旱性、耐瘠薄性均较强。

【观赏评价与应用】翠柏生长快，是优美的城镇绿化与庭园观赏树种，可供孤植、丛植和列植。昆明等地栽培。可作产区内造林树种。

【同属种类】翠柏属共有 2 种，分布于北美及我国南部、西南部。我国 1 种。

红桧
Chamaecyparis formosensis

【别名】台湾扁柏

【形态特征】常绿大乔木，高达 57m，直径达 6.5m；树皮淡红褐色。生鳞叶的小枝扁平，排成一平面；鳞叶菱形，长 1～2mm，先端锐尖，背面有腺点；小枝上面之叶绿色，下面之叶有白粉。球果矩圆状卵圆形，长 10～12mm，径 6～9mm；种鳞 5～6 对；种子扁，倒卵圆形，两侧具窄翅，连翅长 2～2.2mm，宽 1.8～2mm。

【产地及习性】我国台湾特有树种，产于中央山脉、阿里山等地海拔 1000～2000m 气候温和湿润、雨量丰沛、酸性黄壤地带。喜光树种。

【观赏评价与应用】红桧为亚洲东部最大的树木，阿里山有两株大树，其中一株树高 57m，地上直径 6.5m，树龄约 2700 年。台湾主要用材树种之一，也供栽培观赏。

【同属种类】扁柏属共 6 种，分布于东亚和北美；我国台湾产 1 种 1 变种，为重要的用材树种。另引入栽培 4 种。

美国扁柏
Chamaecyparis lawsoniana

【别名】美国花柏、劳森花柏

【形态特征】常绿乔木，在原产地高达 60m，径达 2m；树皮红褐色，鳞状深裂；生鳞叶的小枝排成平面，扁平，下面之鳞叶微有白粉，部分近无白粉。鳞叶形小，排列紧密，先端钝尖或微钝，背部有腺点。雄球花深红色。球果圆球形，径约 8mm，红褐色，被白粉；种鳞 4 对，顶部凹槽内有一小尖头；发育种鳞具 2～4 粒种子。花期 4～5 月；果期 8～10 月成熟。

【产地及习性】原产美国。喜光，也稍耐荫，耐寒。喜排水良好的微酸性潮湿土壤。

【观赏评价与应用】美国扁柏树形整齐，是欧美地区园林中常用的树种，适于列植，也可丛植、孤植，栽培品种繁多，有些低矮品种适于岩石园应用。我国庐山、南京、杭州、昆明等地引种栽培，生长良好。

翠柏

翠柏

红桧

红桧

美国扁柏

美国扁柏

日本扁柏
Chamaecyparis obtusa

【别名】钝叶扁柏、扁柏

【形态特征】常绿乔木,在原产地高达40m。树冠尖塔形；树皮红褐色,成薄片状剥落。生鳞叶的小枝扁平,排成一个平面,背面有不明显白粉；鳞叶对生,长1~1.5mm,肥厚,先端钝,紧贴小枝。雌雄同株,球花单生枝顶。球果球形,径8~12mm,红褐色,种鳞4对,种子近圆形,两侧有窄翅。花期4月；球果10~11月成熟。

【产地及习性】原产日本。华东各城市均有栽培。中等喜光,喜温暖湿润气候,不耐干旱和水湿,浅根性。不耐严寒,但在黄河以南各地,尤其是华东地区均甚适宜。生长速度较慢。

【观赏品种】洒金云片柏('Breviramea Aurea'),生鳞叶的小枝规则地紧密排列,侧生小枝盖住顶生小枝而呈云片状,顶端鳞叶金黄色。凤尾柏('Filicoides'),丛生灌木,小枝短,在主枝上排列紧密,鳞叶小而厚,顶端钝,常有腺点,深亮绿色。孔雀柏('Tetragona'),灌木或小乔木,枝条近直展；生鳞叶的小枝辐射状排列,先端四棱形；鳞叶背部有纵脊,光绿色。金孔雀柏('Tetragona Aurea'),与孔雀柏相似,但鳞叶亮金黄色。

【观赏评价与应用】日本扁柏树形端庄,枝叶多姿,与日本花柏、罗汉柏、日本金松同为日本珍贵名木。园林中孤植、列植、丛植、群植均适宜,也可用于风景区造林,若经整形修剪,也是适宜的绿篱材料。品种甚多,形态各异,常修剪成球形等几何形体,尤适于草地、庭院内丛植,或台坡边缘、园路两侧列植,也是优美的盆栽材料。

日本花柏
Chamaecyparis pisifera

【别名】花柏、五彩松

【形态特征】常绿乔木,在原产地高达50m；树皮红褐色,裂成薄皮脱落；树冠尖塔形；生鳞叶小枝条扁平,排成一平面。鳞叶先端锐尖,侧面之叶较中间之叶稍长,小枝上面中央之叶深绿色,下面之叶有明显的白粉。球果较小,圆球形,径约6mm,熟时暗褐色；种鳞5~6对,顶部中央稍凹,有凸起的小尖头；种子两侧有宽翅,径约2~3mm。

【产地及习性】原产日本；华东各城市均有栽培。习性和用途可参考日本扁柏。

【观赏品种】线柏('Filifera'),灌木或小乔木,树冠球形,小枝线形,细长下垂,鳞叶先端长锐尖。金线柏('Filifera Aurea'),似线柏,但叶金黄色。绒柏('Squarrosa'),灌木或小乔木,树冠塔形；小枝不规则着生,不扁平而呈苔状；叶长6~8mm,为柔软的条状刺形,3~4枚轮生,下面中脉两侧有白色气孔带。

【观赏评价与应用】日本花柏树形端庄,园林中孤植、列植、丛植、群植均适宜,也可用于风景区造林。

柏木
Cupressus funebris

【别名】垂丝柏、璎珞柏

【形态特征】常绿乔木,高达35m；树冠圆锥形；树皮长条片状剥落。小枝细长下垂,生鳞叶的小枝扁平而排成一个平面,两面绿色。鳞叶长1~1.5mm,先端锐尖。雌雄同株,球花单生枝顶。雄球花长2.5~3mm,雄蕊6对；雌球花长3~6mm。球果圆球形,径0.8~1.2cm；种鳞4对,盾形,木质。花期3~5月；球果翌年5~6月成熟。

【产地及习性】我国特有树种,广布于长江流域及其以南各地,北达甘肃和陕西南部。四川、贵州、湖南、湖北为中心产区。阳性树,

柏科　Cupressaceae

柏木

柏木

柏木

略耐侧方荫蔽；喜温暖湿润，是亚热带石灰岩山地代表性针叶树；对土壤适应性强，以石灰质土壤最为适宜；耐干旱瘠薄，略耐水湿。浅根性，萌芽力强，耐修剪，抗有毒气体。生长速度中等。

【观赏评价与应用】柏木树冠整齐，小枝细长下垂、姿态潇洒宜人，《花镜》云："璎珞柏，枝叶俱垂下，宜栽庭际。"柏木在庭园中应用，适于孤植或株丛植，尤其在古建筑周围，可与建筑风格协调，相得益彰。旧时柏木常植于庙宇、陵墓，最宜群植成林以形成柏木森森的景色，或列植形成甬道，也具庄严肃穆气氛。四川武侯祠前的古柏在唐朝就已闻名，杜甫《古柏行》诗曰："孔明庙前有老柏，柯如青铜根如石。霜皮溜雨四十围，黛色参天二千尺。"1848年被引入英国。

【同属种类】柏木属约17种，分布于亚洲、北美洲、欧洲东南部和非洲北部。我国5种，引入栽培4种。

绿干柏
Cupressus arizonica

【别名】美洲柏木

常绿乔木，在原产地高达25m；树皮红褐色。生鳞叶的小枝近方形，末端鳞叶枝径1～2mm。鳞叶斜方状卵形，长1.5～2mm，蓝绿色，微被白粉，先端锐尖，背面具棱脊，中部具明显的圆形腺体。球果长1.5～3cm，种鳞3～4对，顶部五角形，中央具显著锐尖头；种子具不明显的棱角，上部微有窄翅。

原产美洲。耐寒性较强，我国南京及庐山等地引种栽培，生长良好。树体壮观，树姿优美，园林中适于列植或丛植。观赏品种蓝冰柏（var. *glabra* 'Blue Ice'）株型紧凑，整体呈狭圆锥形，枝叶霜蓝色，是欧美传统的彩叶观赏树种，华东地区有引种。

绿干柏

绿干柏

西藏柏木
Cupressus torulosa

【别名】喜马拉雅柏木、喜马拉雅柏

常绿乔木，高达20m；生鳞叶的枝圆柱形，不排成平面，末端常下垂。鳞叶紧密，近斜方形，长1.2～1.5mm，先端微钝，中部有短腺槽。球果生于长约4mm的短枝顶端，宽卵圆形或近球形，径12～16mm；种鳞5～6对，顶部五角形，有放射状条纹，能育种鳞有多数种子；种子具窄翅。

产于西藏东部及南部，生于石灰岩山地。印度、尼泊尔、不丹也有分布。

西藏柏木

西藏柏木

西藏柏木

巨柏
Cupressus torulosa var. *gigantea*
【*Cupressus gigantea*】

【别名】雅鲁藏布江柏木

【形态特征】常绿乔木，高 30～45m，径达 1～3m；树皮纵裂成条状；生鳞叶的枝常呈四棱形，粗壮、排列紧密，不排成平面，被蜡粉，末端枝不下垂。鳞叶斜方形，紧密排成整齐四列，具条槽。球果矩圆状球形，长 1.6～2cm，径 1.3～1.6cm；种鳞 6 对，木质，盾形，顶部平；种子具窄翅。

【产地及习性】产于西藏雅鲁藏布江流域的郎县、米林及林芝等地，甲格以西分布较多，常在海拔 3000～3400m 地带生于沿江地段漫滩和有灰石露头的阶地阳坡中下部，组成稀疏纯林。

【观赏评价与应用】巨柏是我国珍稀、特有树种，仅产于西藏雅鲁藏布江流域，树体高大，材质优良，能长成径达 6m 的大树，被当地人以"神树"之尊加以保护。可作雅鲁藏布江下游的造林树种和绿化树种。

巨柏

巨柏

巨柏

福建柏
Fokienia hodginsii

【别名】建柏、滇柏

【形态特征】常绿乔木，高达 20m。生鳞叶的小枝扁平，排成平面。鳞叶 2 型，小枝上下中央之叶较小，紧贴，两侧之叶较大，对折而互覆于中央之叶的侧边；下面的鳞叶有白色气孔带。鳞叶长 4～7mm，幼树及萌芽之叶可长达 10mm，先端尖或钝尖。雌雄同株，球花单生枝顶；雌球花具 6～8 对珠鳞，胚珠 2。种鳞木质，盾形，顶端中央微凹，熟时张开。花期 3～4 月　球果翌年 10～11 月成熟。

【产地及习性】分布于我国中亚热带至南亚热带。幼树耐荫，但成株喜光，母树林下可天然更新；适亚热带山地温暖多雨潮湿气候；立地土壤为薄层多腐殖质的黄棕壤，呈酸性，pH 值 5～6。浅根性，侧根发达。

福建柏

福建柏

【观赏评价与应用】福建柏是国家二级重点保护树种。挺拔雄伟，树姿优美，大枝平展，鳞叶扁宽，蓝白相间，奇特可爱，已引入园林中栽培，适于淮河流域及其以南地区应用。可于路旁列植、草坪内孤植、丛植，也可与阔叶树种混交。耐寒性强，山东崂山引种的福建柏已高达 15m，生长良好。

【同属种类】福建柏属仅此 1 种，主产我国，越南和老挝北部也有分布。

圆柏
Juniperus chinensis
【*Sabina chinensis*】

【别名】桧柏、桧

【形态特征】常绿乔木，高达 20m；树冠尖塔形或圆锥形，老树则成广卵形、球形或钟形。树皮灰褐色，呈浅纵条剥离，有时呈扭曲状。老枝常扭曲，小枝直立或斜生。叶二型：鳞叶交互对生，先端钝尖，生鳞叶的小枝径约 1mm；刺叶常 3 枚轮生，长 6～12mm。雌雄

圆柏

圆柏

圆柏

柏科 Cupressaceae

龙柏

龙柏

金龙柏

鹿角桧

异株，间有同株者。球果近球形，径 6～8mm，熟时暗褐色，被白粉。种子 2～4，卵圆形。花期 4 月；球果翌年 10～11 月成熟。

【产地及习性】我国广布，自内蒙古南部、华北各省，南达两广北部，西至四川、云南、贵州均有分布。朝鲜、日本、缅甸也有分布。喜光，幼龄耐庇荫，耐寒而且耐热；对土壤要求不严，能生于酸性土、中性土或石灰质土中，对土壤的干旱及潮湿均有一定抗性，耐轻度盐碱；抗污染，阻尘和隔音效果良好。

【变型】垂枝圆柏（f. pendula），枝条细长，小枝下垂，全为鳞叶。产甘肃东南部、陕西南部、北京等地栽培。

【观赏品种】龙柏（'Kaizuca'），树冠较狭窄，树干挺直，侧枝螺旋状向上抱合；鳞叶密生，无或偶有刺形叶。金龙柏（'Kaizuca Aurea'），与龙柏相近，但枝端之叶金黄色。匍地龙柏（'Kaizuca Procumbens'），无直立主干，大枝就地平展。由庐山植物园选育。塔柏（'Pyramidalis'），枝直展，密集，树冠圆柱状塔形；多为刺叶，间有鳞叶。鹿角桧（'Pfitzriana'），丛生灌木，主干不发育，大枝自地面向上伸展。龙角桧（'Ceratocaulis'），大型丛生灌木，植株比鹿角桧高大，高达 3m，冠幅达 10m 左右，雌雄同株。

【观赏评价与应用】圆柏是我国著名的园林绿化树种，早在秦汉时期就已栽培观赏。在公园、庭院中列植、丛植、群植均适，性耐修剪，还是著名的盆景材料。品种繁多，观赏特性各异，在造景中的应用方式也各不相同，如龙柏适于建筑旁或道路两旁列植、对植，也可作花坛的中心树，匍地龙柏、鹿角桧适于悬崖、池边、石隙、台坡栽植，或于草坪上成片种植。

【同属种类】刺柏属 约 60 种，分布于北半球各地。我国 23 种，广布于全国各地，多为重要的园林观赏树种。

刺柏
Juniperus formosana

【别名】刺松

【形态特征】常绿乔木，高 12m；树冠窄塔形或窄圆锥形；树皮褐色。冬芽显著。小枝下垂。叶条状刺形，3 枚轮生，不下延，长 1.2～2cm，宽 1～2mm，先端渐尖，具锐尖头；上面微凹，中脉隆起，两侧各有 1 条较绿色边缘宽的白色气孔带，在先端汇合；下面绿色，有光泽。雌雄异株或同株，球花单生叶腋；雌球花具 3 对珠鳞，胚珠 3，生于珠鳞之间。球果 2～3 年成熟，近球形，长 6～10mm，径 6～9mm，熟时淡红色或深红褐色，被白粉或白粉脱落，种鳞合生，肉质；种子半月形，具 3～4 棱脊。花期 3 月；球果翌年 10 月成熟。

【产地及习性】我国特产，分布广，主产长江流域至青藏高原东部，各地常栽培观赏。喜光，喜温暖湿润气候，适应性强，常生于石灰岩上或石灰质土壤中。

【观赏评价与应用】刺柏冠塔形或圆柱形，树形秀丽，树姿优美，枝条斜展，小枝下垂，

刺柏

刺柏

故有"垂柏"、"堕柏"之称。适于庭园和公园中对植、列植、孤植、群植，尤适山石旁、庭院角隅、草地、道路两旁种植。也可用于水土流失地、护坡工程地造林。耐干旱瘠薄，是优良的山地水土保持树种。

昆明柏
Juniperus gaussenii
【*Sabina gaussenii*】

【别名】滇刺柏

【形态特征】常绿小乔木，高约 8m，或为灌木；枝直伸或斜展，枝皮裂成薄片脱落；小枝直或稍弧曲。叶全为刺形，生于小枝下部的叶较短，对生或 3 叶轮生，长 2～4.5mm，先端锐尖，近基部有一斜方形或矩圆形的腺体；生于小枝上部的叶较长，3 叶交叉轮生，长 6～8mm，下面常沿中脉凹下成细纵槽。球果生于小枝顶端，卵圆形，长约 6mm，常被白粉，熟时蓝黑色；种子卵圆形，两端钝，或先端

昆明柏

尖基部圆，长约5mm，具少数浅树脂槽，上部有不明显的棱脊。

【产地及习性】我国特有树种，产于云南昆明、西畴等地，生于海拔1200～2000m地带。

【观赏评价与应用】昆明柏树形极为自然优美，且易于修剪整形，昆明等地常栽培为绿篱或观赏树，金殿有300年生古树。昆明植物园栽培的昆明柏生长良好。

铺地柏
Juniperus procumbens

【别名】匍地柏、矮桧、偃柏

【形态特征】常绿匍匐小灌木，高达75cm，冠幅2m以上；枝条沿地面伏生，枝梢向上斜展。叶全为刺叶，条状披针形，先端锐尖，长6～8mm，常3枚轮生；上面凹，有2条白色气孔带，气孔带常在上部汇合；下面蓝绿色；叶基下延生长。球果近球形，径8～9mm，熟时黑色，被白粉。种子2～3，有棱脊。

【产地及习性】原产日本。我国黄河流域至长江流域各地常见栽培。阳性树，耐旱性强，较耐寒，忌低湿。

【观赏评价与应用】铺地柏枝干匍匐，植株贴地而生，姿态蜿蜒匍匐，色彩苍翠葱茏，是理想的木本地被植物，可配植于草坪角隅、悬崖、池边、石隙、台坡、林缘等处，尤适于岩石园应用。还是著名的盆景材料，常用于制作悬崖式盆景。

小果垂枝柏
Juniperus recurva var. *coxii*
【*Sabina recurva* var. *coxii*】

【别名】醉柏

常绿灌木或小乔木，高达5m。树皮裂成薄片脱落。枝斜伸，枝梢与小枝弯曲而下垂，外貌俯垂；叶短刺形，3枚轮生，长6～10mm，宽约1mm，上面有两条绿白色气孔带，绿色中脉明显。球果卵圆形，长6～8mm，径约5～6mm，成熟后紫黑色。种子常成锥状卵圆形，长5～6mm，径3～4mm，常具3条纵脊。

产于云南西北部、西藏东南部。缅甸北部、不丹、印度也有分布。枝梢与小枝弯曲而下垂，外貌俯垂，树冠圆锥形或宽塔形，树形优美，适于园林草地孤植、丛植，或路边列植。昆明植物园有栽培。

杜松
Juniperus rigida

【别名】刚桧、软叶杜松

【形态特征】常绿小乔木，高达10m，常多干并生。枝近直展，树冠圆柱形、塔形或圆锥形。小枝下垂。刺叶坚硬，先端锐尖，长1.2～1.7cm，上面深凹成槽，槽内有1条窄的白粉带，背面有明显纵脊。球花单生叶腋，球果呈浆果状，种鳞肉质、合生。

【产地及习性】产东北、华北、西北等地，西至甘肃、宁夏，在小五台山可见灌木状天然纯林。朝鲜、日本也有分布。阳性树种，耐干旱寒冷气候。喜光，稍耐荫；耐寒冷气候。对土壤要求不严，耐干旱瘠薄，但在湿润排水良好的砾质粗沙土壤上生长最好。根系发达，生长较慢。

【观赏评价与应用】杜松树冠塔形或圆柱形，姿态优美，适于庭园和公园中对植、列植、丛植、群植。

杜松

铺地柏

小果垂枝柏

杜松

铺地柏

小果垂枝柏

铺地柏

砂地柏
Juniperus sabina
【*Sabina vulgaris*】

【别名】叉子圆柏、天山圆柏

【形态特征】常绿匍匐灌木，高不及1m，稀为直立灌木或小乔木。枝密生，斜上伸展。叶2型：刺叶出现在幼树上，稀在壮龄树上与鳞叶并存，枚轮生，长3~7mm，上面凹，下面拱形，中部有腺体；壮龄树几全为鳞叶，鳞叶斜方形或菱状卵形，长1~2.5mm，先端微钝或急尖，背面有明显腺体。雌雄异株，稀同株；雄球花椭圆形，长3~4mm；雌球花曲垂。球果生于下弯的小枝顶端，卵球形或球形，径5~9mm，熟时蓝黑色，有蜡粉；种子1~2粒。

【产地及习性】产西北和内蒙古至四川北部，欧洲南部和中亚、俄罗斯远东也有分布，华北各地常见栽培。阳性树，极耐干旱瘠薄，能在干燥的沙地和石山坡上生长良好，喜生于石灰质的肥沃土壤，忌低湿地。

【观赏评价与应用】砂地柏枝干匍匐，植株贴地而生，最适于岩石园应用，也可配植于草坪角隅、悬崖、池边、石隙、台坡、林缘等处，是优良的木本地被植物。极耐干旱瘠薄，可作为水土保持和固沙树种。

高山柏
Juniperus squamata
【*Sabina squamata*】

【别名】大香桧、山柏、团香

【形态特征】常绿灌木，高1~3m，或匍匐状，或为小乔木，高5~10m，稀达16m或更高。小枝直或弧状弯曲，下垂或直伸。叶全为刺形，3叶轮生，披针形或窄披针形，长5~10mm，宽1~1.3mm，先端具刺状尖头，上面微凹，具白粉带，下面拱凸，具钝纵脊。球果卵圆形或近球形，熟时黑色、蓝黑色，无白粉，内有1种子。

【产地及习性】分布于西部、南部至阿富汗、缅甸等国。喜光，耐寒，耐旱，幼树稍耐荫。喜湿润气候，怕渍水。不喜大肥，各种土壤均可生长，但在半沙质壤土上生长较好。

【观赏品种】翠柏（'Meyeri'），别名翠蓝松、粉柏。直立灌木，高1~3m，小枝密生，刺叶排列紧密，条状披针形，长6~10mm，3叶轮生，两面被白粉，呈翠绿色。各地常栽培观赏。

【观赏评价与应用】高山柏常为低矮灌木，枝条弯曲下垂，自然形态美观，造型容易；品种翠柏叶色翠蓝，是优良的庭园观赏树种和盆景材料。可用于作草地、庭院、大型建筑周围，常丛植，也可于干道两侧列植，还可作盆景观赏。

砂地柏

翠柏

高山柏

铅笔柏
Juniperus virginiana
【*Sabina virginiana*】

【别名】北美圆柏

常绿乔木，在原产地高达30m；树冠圆锥形或柱状圆锥形。小枝常下垂。叶2型：鳞叶先端急尖或渐尖，刺叶交互对生，长5~6mm。球果近球形，比圆柏的小，长5~6mm，当年成熟，蓝绿色，被白粉，有1~2粒种子。花期3月；球果10月成熟。

原产北美；华东和华北常见栽培。适应性强，耐干旱瘠薄，并耐盐碱，生长速度较圆柏为快；抗污染。树形挺拔，枝叶清秀，为优良绿化树种。

砂地柏

柏科 Cupressaceae

侧柏
Platycladus orientalis

【别名】扁柏、扁松、扁桧、香柏。

【形态特征】常绿乔木，高达 20m；幼树树冠尖塔形，老树为圆锥形或扁圆球形。老树干多扭转，树皮淡褐色，细条状纵裂。大枝斜出，小枝直展，扁平，排成一平面，两面同形。叶鳞形，交互对生，灰绿色，长 1～3mm，先端微钝。雌雄同株，球花单生于小枝顶端。雌球花具 4 对珠鳞，仅中间 2 对珠鳞各有 1～2 胚珠。球果卵形，长 1.5～2.5cm，熟前绿色，肉质，背部中央有一反曲的钩状尖头；熟后变木质，开裂，红褐色。种子长卵圆形，无翅。花期 3～4 月；球果 9～10 月成熟。

【产地及习性】产东北、华北，经陕、甘，西南达川、黔、滇，现栽培几遍全国。侧柏适生范围极广，喜温暖湿润气候，但也耐寒，可耐 -35℃低温；喜光，但也有一定的耐荫能力；对土壤要求不严，无论酸性土、中性土或碱性土上均可生长，耐瘠薄，并耐轻度盐碱，可生长在含盐量 0.2% 的地区；耐旱力强，忌积水。萌芽力强 耐修剪；生长速度中等偏慢。抗污染。

【观赏品种】千头柏（'Sieboldii'），丛生灌木，无明显主干，枝密生，树冠呈紧密的卵圆形至扁球形。金黄球柏（'Semperaurescens'），又名金叶千头柏，矮型紧密灌木，树冠近于球形，枝端之叶金黄色。金塔柏（'Beverleyensis'），树冠塔形，叶金黄色。

【观赏评价与应用】侧柏树姿优美，幼树树冠呈卵状尖塔形，老树则呈广圆锥形，耸干参差，恍若翠旌，枝叶低垂，宛如碧盖，每当微风吹动，大有层云浮动之态。在庭院和城市公共绿地中，侧柏孤植、丛植或列植均可；也可作绿篱，是北方重要的绿篱树种之一。侧柏也是北方重要的山地造林树种，在山地风景区，既可营造纯林，也可与油松、黑松、黄栌等营造混交林。

【同属种类】侧柏属仅此 1 种，分布于中国、朝鲜和俄罗斯东部。

北美香柏
Thuja occidentalis

【别名】香柏、美国侧柏

【形态特征】常绿乔木，高达 20m；树冠狭圆锥形或塔形；树皮红褐色。叶鳞形，长 1.5～3mm，生鳞叶的小枝扁平，排成一个平面，上面深绿色，背面淡黄绿色；中生鳞叶尖头下方有圆形透明腺点，芳香。雌雄同株，球花生于枝顶。球果长椭圆形，长 8～13mm，径约 6～10mm，种鳞扁平，革质，较薄；种子扁平，椭圆形，两侧有翅。

【产地及习性】原产北美洲，常生于含石灰质的湿润地区。我国长江流域及淮河流域各地均有引种栽培。阳性树，也有一定的耐荫能力；较耐寒，在北京可露地越冬；不择土壤，耐瘠薄，能生长于潮湿的碱性土壤。抗烟尘和有毒气体。耐修剪。

【观赏评价与应用】北美香柏树形端庄，树冠呈圆锥形，给人以庄重之感，适于规则式园林应用，可沿道路、建筑等处列植，也可丛植和群植；如修剪成灌木状，可植于疏林下、植为绿篱或用作基础种植材料。

【同属种类】崖柏属共有 5 种，分布于东

柏科　Cupressaceae

北美香柏

北美香柏

亚和北美。我国2种，另引入栽培3种。

朝鲜崖柏
Thuja koraiensis

【别名】长白侧柏、朝鲜柏

【形态特征】常绿乔木，高达10m，径达30~75cm；幼树树皮红褐色，平滑。当年生枝绿色，2年生枝红褐色。鳞叶长1~2mm，先端钝，背部有腺点，下面的鳞叶有白粉；鳞叶揉碎时无香气。球果椭圆状球形，长9~10mm，径6~8mm；种鳞4对。种子椭圆形，长约4mm，种翅宽1.5mm。

【产地及习性】产吉林延吉和长白山等地海拔700~1400m山地。朝鲜也有分布。浅根系树种，耐荫，喜生于湿润、土壤富有腐殖质的山谷地区。

【观赏评价与应用】朝鲜崖柏枝条平展或下垂，树冠圆锥形，树形优美，可作为风景树供园林观赏，东北各地园林有栽培。枝叶供药用，叶可提取芳香油或为制线香的原料。资源较少，被列为国家保护植物。

朝鲜崖柏

朝鲜崖柏

罗汉柏
Thujopsis dolabrata

【别名】蜈蚣柏

【形态特征】常绿乔木，高达15m，栽培中或为灌木状。生鳞叶的小枝平展，鳞叶质地较厚，两侧之叶卵状披针形，长4~7mm，宽1.5~2.2mm，先端较钝，微内曲，下侧面具一条较宽的粉白色气孔带；中央之叶稍短于两侧之叶，先端钝圆或近三角状，下面中央之叶具两条明显的粉白色气孔带。球果近圆球形，长1.2~1.5cm；种鳞木质，顶端的下方具一短尖头。

【产地及习性】原产日本。我国东部各地常栽培。耐荫性强，喜冷凉湿润的气候，生长较慢，耐修剪。

【观赏评价与应用】罗汉柏鳞叶绿白相间，且树形优美，适于丛植、列植。青岛、庐山、井冈山、南京、上海、杭州、福州、武汉等地均引种栽培作庭园观赏树，生长良好。也是优良的绿篱材料。

【同属种类】罗汉柏属仅1种，日本特产。我国东部引入栽培。

罗汉柏

罗汉柏

十、罗汉松科 Podocarpaceae

鸡毛松
Dacrycarpus imbricatus var. patulus
【*Podocarpus imbricatus*】

【别名】爪哇罗汉松、爪哇松

【形态特征】乔木，高达30m，径达2m。枝条开展或下垂；小枝密生，纤细，下垂或向上伸展。叶2型，下延生长；老枝或果枝之叶鳞片状，长2～3mm，先端内曲；生于幼树、萌生枝或小枝枝顶之叶线形，排成2列，形似羽毛，长6～12mm，两面有气孔线，先端微弯。雄球花穗状，生于小枝顶端，长约1cm；雌球花单生或成对生于小枝顶端。种子卵圆形，生于肉质种托上，熟时肉质假种皮红色。花期4月；种子10月成熟。

【产地及习性】产海南、广东、广西、云南等地；越南、菲律宾、印度尼西亚等地也有分布。喜光，也耐荫；喜温暖、湿润的环境；耐瘠薄，喜土层深厚、质地疏松且富含有机质的土壤。

【观赏评价与应用】鸡毛松树姿优美，叶形似鸡毛，叶簇朴雅，苍翠亮绿，为庭园美化的优良树种，枝条常下垂，最宜用于草地、山石边孤植或丛植。幼树可盆栽观赏。也是华南南部优良的山地的森林更新和荒山造林树种。

【同属种类】鸡毛松属约9种，广布缅甸至新西兰、斐济的许多地区。我国仅1种。

陆均松
Dacrydium pectinatum

【别名】泪柏、卧子松

【形态特征】常绿乔木，高30～40m，径达1.5m；幼树皮灰白色或淡褐色，老则灰褐色或红褐色，戋裂。大枝轮生，小枝下垂，绿色。叶二型，螺旋状排列，幼树、萌芽枝或营养枝之叶镰状锥形，长1.5～2cm，老树及果枝之叶较短，锥形或鳞形，长3～5mm，上弯。雄球花穗状，1～3生于近枝顶的叶腋，雌球花生于枝顶或近枝顶，单生或成穗状，于最上部的苞腋内着生1倒生胚珠，稀2苞腋各生1胚珠。种子坚果状，卵圆形，横生于杯状假种皮中，栗色，假种皮熟时红色或暗红色，无梗。花期3月；种子10～11月成熟。

【产地及习性】产于海南中部和南部海拔500～1600m山地。越南、柬埔寨、泰国、老挝也有分布。幼时耐荫，大树喜光，宜生于酸性黄红壤。

【观赏评价与应用】陆均松为海南岛高山中上部天然林中的主要乔木树种，也是海南岛高山中上部森林更新和荒山造林的重要树种。叶片青翠碧绿，与海南当地常见的陆均鸟羽毛相似，故名。树体高大、树姿优美，树皮呈块状剥落，斑驳若悬铃木，生长颇速，是热带地区美丽的庭园观赏树种。树干、枝条受伤后流出棕黄色树脂，仿佛在哭泣，因此也有"会流泪的杉"之名。

【同属种类】陆均松属共约21种，分布于我国和缅甸至斐济群岛、新西兰热带地区，多产于南半球。我国仅1种，产于海南。

长叶竹柏
Nageia fleuryi
【*Podocarpus fleuryi*】

【别名】桐木树

【形态特征】常绿乔木；树干通直，树冠塔形；树皮褐色，薄片状剥落，侧枝常下垂。叶交叉对生，宽披针形，厚革质，长8～18cm，宽2.2～5cm，上部渐窄，全缘，有多数并列的细脉，无中脉。雄球花穗腋生，常3～6个簇生于总梗上。种子圆球形，熟时假种皮蓝紫色，径1.5～1.8cm，梗长约2cm。

【产地及习性】产于广东、海南、广西、云南、台湾等省区；常散生于常绿阔叶树林中。越南、柬埔寨也有分布。耐荫树种，喜温暖湿润气候，肥沃疏松深厚的沙质酸性土壤，需排水良好。

【观赏评价与应用】长叶竹柏树形直立高耸，四季常绿，小枝下垂，叶形奇特。树形较为美观，适合作为庭园绿化树种或点缀在混生林中观树形，也可植于遮荫较好的道路两旁作为行道树。

【同属种类】竹柏属约有5～7种，广布于东南亚、印度东北部、新圭亚那、新额里多尼亚和新不列颠等西太平洋岛上。我国产3种。

竹柏
Nageia nagi
【*Podocarpus nagi*】

【别名】椤树、山杉、铁甲树

【形态特征】常绿乔木，高达20m，树冠广圆锥形。叶对生或近对生，较宽阔，长卵形、卵状披针形或披针状椭圆形，长3.5～9cm，宽1.5～2.5cm；无中脉，叶脉细密，多数并列，酷似竹叶；表面深绿色，有光泽，背面黄绿色。球花单生叶腋，雄球花穗状圆柱形。种子球形，径约1.2～1.5cm，熟时假种皮暗紫色，种托干瘦，不膨大。花期3～4月；种子9～10月成熟。

【产地及习性】原产我国中亚热带以南，生于常绿阔叶林中及灌丛、溪边，日本也产。耐荫性强，忌高温烈日；喜温暖湿润，可耐短期-7℃低温，在上海、杭州等地可安全越

冬；对土壤要求不严，喜生于肥沃的沙质壤土，忌干旱。生长速度中等。不耐修剪。

【观赏品种】黄纹竹柏（'Variegata'），叶面有黄色斑纹，偶见栽培。

【观赏评价与应用】竹柏至迟在宋朝已有栽培。宋祁《竹柏赞》曰："叶与竹类，致理如柏，以状得名，亭亭修直。"陈溟子在《花镜》中辨别柏类时说"……娥眉山有竹叶柏身者，名竹柏，禀坚凝之质，不与群卉同凋，其小者止一、二尺，可作盆玩。"竹柏树干修直，树皮平滑，具有阔叶树之外形，枝条开展，枝叶青翠而有光泽，叶茂荫浓，是一优美的庭园绿化树种，宜丛植、群植，也适于建筑前列植，或用作行道树，也常植为墓地树。经过矮化处理，也是优美的盆栽植物。

罗汉松
Podocarpus macrophyllus

【形态特征】常绿乔木，高达20m；树冠广卵形；树皮灰褐色，薄片状脱落，枝条短而

罗汉松科 Podocarpaceae

横斜密生。叶条形，螺旋状着生，长7～12cm，宽7～10mm，先端尖，两面中脉显著。雄球花3～5簇生叶腋，圆柱形，长3～5cm；雌球花单生叶腋。种子卵圆形，径约1cm，熟时假种皮紫黑色，外被白粉，着生于膨大的种托上，种托肉质，椭圆形，红色或紫红色。花期4～5月；种子8～10月成熟。

【产地及习性】罗汉松产于长江以南至华南、西南，日本也有分布。耐寒性较弱，但华北南部小气候条件下可露地越冬。较耐荫；喜排水良好而湿润的砂质壤土，耐海风海潮。抗污染。生长速度较慢，寿命长。

【观赏评价与应用】罗汉松树形优美，四季常青，种子形似头状，生于红紫色的种托上，似身披红色袈裟的罗汉，故有罗汉松之名，江南寺院和庭院中均常见栽培。庭园中孤植、对植、散植于厅堂之前均为适宜，与竹、石相配植形成小景亦颇雅致。枝叶密集，耐修剪，也是优良的绿篱材料，被誉为世界三大海岸绿篱树种之一，也可营造沿海防护林。

【同属种类】罗汉松属约100种，广布于热带和亚热带地区，也见于南半球温带。我国7种，主要分布于华南、西南和长江流域。

兰屿罗汉松
Podocarpus costalis

【形态特征】常绿小乔木；枝条平展。叶螺旋状着生，集生枝顶，革质，倒披针形或条状倒披针形，长5～7cm，宽8～12mm，先端圆钝，基部渐窄成短柄。雄球花单生，穗状圆柱形，长约3cm。种子椭圆形，假种皮深蓝色，长9～10mm，先端圆，有小尖头，种托肉质，圆柱形，长10～13mm。

【产地及习性】产于台湾兰屿岛沿岸，华南有栽培，供观赏。菲律宾也有分布。性喜高温、湿润和阳光充足的环境。耐寒性及耐荫性较差。

【观赏评价与应用】兰屿罗汉松枝叶密集，叶片较宽而阔，生长缓慢，是华南地区珍贵的园林观赏树种。除盆栽观赏外，也用于庭院、高档小区绿化，多丛植，亦可植为绿篱。耐盐，抗强风，可用于沿海地区。

大理罗汉松
Podocarpus forrestii

常绿灌木，高1～3m；小枝较粗。叶密生或疏生，窄矩圆形或矩圆状条形，质地厚，长5～8cm，宽9～13mm，先端钝或微圆，下面微具白粉，叶柄短，长约2mm。雄球花细而短，长约1.5～2cm，3个簇生。种子圆球形，被白粉，径7～8mm，种托肉质，圆柱形。

我国特有树种，产云南大理苍山海拔2500～3000m地带，喜生于阴湿处。观赏性状与兰屿罗汉松相近，耐寒性更强，是优良的观赏树种，可丛植，亦可作绿篱。昆明、大理、楚雄等地多栽植于庭园。

长叶罗汉松
Podocarpus neriifolius

【别名】百日青、竹叶松

【形态特征】常绿乔木，高达25m，径约50cm。叶螺旋状着生，披针形，厚革质，长7～15cm，宽9～13mm，先端长渐尖；幼树之叶可长达30cm，宽达2.5cm。雄球花单生或2～3个簇生，长2.5～5cm。种子卵圆形，长8～16mm，熟时肉质假种皮紫红色，种托肉质橙红色，梗长9～22mm。花期5月；种子10～11月成熟。

【产地及习性】产于华东、华南及西南地区，散生于低海拔常绿阔叶林中。热带亚洲也有分布。习性与罗汉松相似，但耐寒性较差。

【观赏评价与应用】长叶罗汉松叶片片狭长下垂，飘逸摇曳，种子奇特，观赏价值高，是优美的风景树，可与其他阔叶植物混植成林，或配置于离行人较近处便于近观其叶与种子。杭州、广州、厦门、昆明、成都等地均有栽培。

十一、三尖杉科 Cephalotaxaceae

三尖杉
Cephalotaxus fortunei

【形态特征】常绿乔木，高达20m；树冠广圆形。小枝基部有宿存芽鳞。叶螺旋状着生成2列状，条状披针形，长4～13cm，宽3～4.5mm，先端尖，背面有2条白色气孔带，比绿色边带宽3～5倍。雄球花8～10枚聚生成头状；雌球花生于枝基部的苞片腋下。种子卵状椭圆形，长约2.5cm，熟时紫色或紫红色，顶端有小尖头。花期4月；种熟期8～10月。

【产地及习性】中国特有树种，分布于伏牛山、大别山、秦岭以南，至华南北部、西南，常生于海拔1000m以下，在西南可达3000m。性较耐荫；喜温暖湿润气候，也有一定的耐寒性，在山东中部可露地越冬；喜湿润、肥沃而排水良好的砂壤土。

【观赏评价与应用】三尖杉为常绿乔木，栽培者一般高不及10m，小枝下垂，树姿优美，可植为庭院观赏树种，适于孤植和丛植，也可用作隐蔽树、背景树及绿篱树。为著名中药，对治疗白血病有一定疗效。

【同属种类】三尖杉属约8～11种，产亚洲东部和南部。我国6种，引入栽培1种。

三尖杉

三尖杉

海南粗榧
Cephalotaxus mannii
【*Cephalotaxus hainanensis*】

【别名】红壳松、薄叶篦子杉、西双版纳粗榧

常绿乔木，高10～20m，径30～50cm。叶条形至披针状条形，排成2列，质地较薄，向上微弯或直，边缘微向下反曲，基部近圆形，先端急尖；长2～4cm，宽2.5～4mm，下面常有2条白色气孔带。雄球花6～8聚生成头状。种子长约3cm，通常微扁，倒卵状椭圆形或倒卵圆形，成熟后假种皮呈红色。花期2～3月，种子8～10月成熟。

产于海南、广西、云南、西藏等地，散生于林中。树姿粗犷，枝叶密生而下垂，观赏效果特殊，广州、三亚等地栽培。

海南粗榧

海南粗榧

粗榧
Cephalotaxus sinensis

常绿灌木或小乔木；小枝常对生。叶条形，螺旋状着生，侧枝之叶基部扭转排成2列，长2～5cm，宽约3mm，通常直，叶基圆形或圆截形，下面有两条白粉气孔带，较绿色边带宽2～4倍。雄球花6～11聚生成头状。种子2～5生于总梗上端，卵圆形或近球形，长1.8～2.5cm，假种皮几乎全包种子。花期3～4月；种子10～11月成熟。

我国特产，产长江流域及其以南地区。喜温凉湿润气候及黄壤、黄棕壤、棕色森林土。枝干较低矮，树形不甚整齐，可成片配植于其他树群的边缘或沿草地、建筑周围丛植。耐寒性强，在北京选择适宜的小气候环境可露地越冬。

粗榧

粗榧

粗榧

十二、红豆杉科 Taxaceae

穗花杉
Amentotaxus argotaenia

【形态特征】常绿灌木或小乔木，高达7m；树皮片状脱落。叶基部扭转列成2列，条状披针形，直或微弯，长3～11cm，宽6～11mm，下面白色气孔带与绿色边带等宽或较窄，叶柄极短；萌生枝的叶较长，气孔带较窄。雄球花穗多2穗，长5～6.5cm，雄蕊常3花药。种子椭圆形，熟时假种皮鲜红色，长2～2.5cm，径约1.3cm，梗长约1.3cm。花期4月；种子10月成熟。

【产地及习性】零星分布于福建、江西、江苏、浙江、台湾、贵州、湖北、湖南、四川、西藏、甘肃、广西、广东等地，生于阴湿溪谷两旁或林内。越南北部也有。喜气候潮湿、雨量充沛环境，耐荫性强，喜散射光。

【观赏评价与应用】穗花杉为著名的珍稀濒危树种。树形秀丽，四季常绿，叶片细长，上面深绿色，下面有明显的白色气孔带，种子大，熟时假种皮鲜红，垂于绿叶之间，极美观，可作庭园树栽培。

【同属种类】穗花杉属共约5～6种，分布于我国及越南。我国3种，见于南部、中部、西部及台湾。

穗花杉

穗花杉

白豆杉
Pseudotaxus chienii

【别名】短水松

【形态特征】常绿灌木或小乔木，高达4m；树皮条片状脱落。小枝近对生或轮生，基部有宿存芽鳞。叶条形，螺旋状着生，基部扭转排成2列，直或微弯，长1.5～2.6cm，宽2.5～4.5mm，两面中脉隆起，下面有2条白色气孔带，较绿色边带为宽或等宽。雌雄异株，球花单生叶腋，无梗。种子卵圆形，长5～8mm，径4～5mm，熟时肉质杯状假种皮白色。花期3～5月；种子10月成熟。

【产地及习性】产于浙江南部、江西井冈山、湖南南部及西北部、广东北部、广西，生于常绿阔叶树林及落叶阔叶树林中。喜隐蔽环境和酸性黄壤。

【观赏评价与应用】白豆杉为中国特有的珍贵稀有树种，四季常绿，种子具奇特的白色肉质假种皮，颇为美观，为优美的庭园树种。杭州等地有少量栽培。

【同属种类】白豆杉属仅有1种，为我国特产。

白豆杉

白豆杉

白豆杉

欧洲红豆杉
Taxus baccata

【形态特征】常绿乔木，高达25m，分枝紧密；小枝基部有宿存芽鳞。叶扁条形，长达3cm，先端渐尖，表面暗绿而有光泽，背面苍白，排成较疏之二列状。假种皮近球形，红色，径达1.2cm。

【产地及习性】原产欧洲、北非及西亚。

【观赏评价与应用】欧洲红豆杉是欧洲

红豆杉科 Taxaceae

欧洲红豆杉

欧洲红豆杉

园林中常见的观赏树种，久经栽培，常用作园景树，也植为绿篱。观赏品种多，常见的有金叶（'Aurea'）、柱状（'Fastigiata'）、匍匐（'Repandens'）、垂枝（'Pendula'）等。我国庐山、南京等地有少量引种。

【同属种类】红豆杉属约有9种，分布于北半球温带至亚热带。中国3种，引入栽培1种。

紫杉
Taxus cuspidata

【别名】东北红豆杉、宽叶紫杉

【形态特征】常绿乔木，高达20m；树冠阔卵形或倒卵形。侧枝密生，小枝基部有宿存芽鳞。当年生小枝绿色，秋后淡红褐色。叶条形，直或微弯，长1～2.5cm，宽2.5～3mm，先端尖，下面有2条淡黄绿色气孔带，中脉上无乳头状突起；主枝上的叶螺旋状排列，侧枝上的叶排成不规则而端面近于V形的羽状。种子卵圆形，假种皮红色，杯状。花期5～6月；种子9～10月成熟。

矮紫杉

矮紫杉

矮紫杉

【产地及习性】分布于亚洲东北部，我国产于吉林和辽宁等地，常生于海拔500～1000m间。耐荫，喜寒冷而湿润环境，喜肥沃、湿润、疏松、排水良好的棕色森林土，在积水地、沼泽地、岩石裸露地生长不良。浅根性，耐寒性强，寿命长。

【变种】矮紫杉（var. *nana*），低矮灌木，树冠半球形，枝叶密生。原产日本，我国东部和北部常栽培观赏。

【观赏评价与应用】紫杉树形端庄，树冠阔卵形或倒卵形，雄株较狭而雌株较开展，枝叶浓密而色泽苍翠，园林中可孤植、丛植和群植。矮紫杉更适于草地丛植，或用于岩石园、高山植物园造景，也可修剪成型。由于耐荫性强，也适于用作树丛之下木。

曼地亚红豆杉
Taxus × media

常绿灌木，高达2m。叶条形，长约2.5cm。为一杂交种，母本为东北红豆杉，父本为欧洲红豆杉，在美国、加拿大生长发展已有近百年历史。

枝叶茂盛，萌发力强，耐低温。我国东部常有栽培。

曼地亚红豆杉

曼地亚红豆杉

红豆杉
Taxus wallichiana var. *chinensis*
【*Taxus chinensis*】

【别名】观音杉

【形态特征】常绿乔木，高达30m，或呈灌木状。叶螺旋状互生，基部扭转成2列，条形，略弯曲，长1～3.2（多为1.5～2.2）cm，宽2～4（多为3)mm，叶缘微反曲，背面有2条宽的黄绿色或灰绿色气孔带，绿色边带极狭窄；中脉上密生细小凸点。雌雄异株，球花单生叶腋。种子多呈卵圆形，有2棱，假种皮杯状，红色。

红豆杉科 Taxaceae

红豆杉

红豆杉

红豆杉

【产地及习性】为我国特有树种，产于甘肃南部、陕西南部、四川、云南东北部及东南部、贵州西部及东南部、湖北西部、湖南东北部、广西北部和安徽南部，生于海拔1500～2000m的山地，喜温暖湿润气候，多生于沟谷阴处。江西庐山有栽培。

【观赏评价与应用】红豆杉种子包以鲜红色的假种皮内，散布于枝上鲜艳夺目，是庭园中不可多得的观赏树种，耐荫性强，可配植于建筑附近、假山石旁和高大乔木组成的疏林下。含紫杉醇，是治疗癌症的主选药物。

南方红豆杉
Taxus wallichiana var. *mairei*
【*Taxusmairei*】

【别名】美丽红豆杉、海罗松、红叶水杉

【形态特征】常绿乔木或大灌木。与红豆杉相近，但叶较宽而长，多呈镰状，长2～3.5(4.5)cm，宽3～4(5)mm，叶缘不反卷，背面的绿色边带较宽，中脉上的凸点较大，呈片状分布。种子多呈倒卵圆形。

【产地及习性】产长江流域以南各省区及河南、陕西、甘肃等地。垂直分布一般较红豆杉低，在多数省区常生于海拔1000～1200m以下。印度北部、缅甸、越南也有分布。

【观赏评价与应用】南方红豆杉在华东地区常栽培观赏，树姿古朴端庄，树形优美，叶色深绿，种子假种皮鲜红色，是优良的庭园中观赏树种，应用方式同红豆杉。

南方红豆杉

南方红豆杉

南方红豆杉

榧树
Torreya grandis

【别名】香榧

【形态特征】常绿乔木，高达25m。大枝轮生；1年生枝绿色，2～3年生小枝黄绿色、淡褐黄色或暗绿黄色。叶条形，直伸，长1.1～2.5cm，宽2.5～3.5mm，先端尖，上面绿色而有光泽，中脉不明显，下面有2条黄白色气孔带。雌雄异株，雄球花单生叶腋。种子长圆形至倒卵形，长2～4.5cm，径1.5～2.5cm，假种皮淡紫褐色，被白粉。花期4～5月；种子翌年10月成熟。

【产地及习性】榧树为我国特产，分布于长江流域和东南沿海地区，以浙江诸暨栽培最多，多生于海拔1400m以下山地。性喜

榧树

榧树

榧树

光，幼树耐荫；喜温暖湿润气候，也较耐寒，可耐-15℃低温；喜酸性而深厚肥沃的黄壤、红壤和黄褐土，耐干旱，怕积水，抗烟尘。生长缓慢。

【观赏评价与应用】榧树为我国特有的著名干果树种和观赏树种，栽培历史悠久，浙江诸暨、绍兴等地是我国著名的香榧之乡。树姿优美，枝叶繁茂，挂果期长，往往一年果、两年果同时存在，素有"三代果"之称。是优良的园林和庭院绿化树种，可供门庭、前庭、中庭、门口孤植或对植，也适于草坪、山坡、路旁丛植。种子为著名干果。风景区内可结合生产，成片种植，同时也可作为秋色叶树种和早春花木的背景。

【同属种类】榧属共有6种，产中国、日本和北美洲。我国3种，另引入栽培1种。

长叶榧
Torreya jackii

【别名】浙榧

常绿乔木，高达12m，小枝平展或下垂，幼枝绿色，后变红褐色。叶条状披针形，长3.5~13cm，宽3~4mm，上面光绿色，下面有2条较绿色边带窄的灰白色气孔带。种子倒卵圆形，长2~3cm，熟时红黄色，被白粉。

我国特产，分布于浙江、福建、江西，常生于山势陡峭、峡谷深邃或多基岩裸露的陡峭阴坡或溪流两边的常绿阔叶林或次生灌丛中。较之常见的榧树，长叶榧的叶片更加细长光绿，因而姿态优美、潇洒，观赏价值尤高，园林中适于疏林下、林缘、山坡丛植。华东地区有少量栽培。

日本榧树
Torreya nucifera

常绿乔木，原产地高达25m；树冠卵形；树皮灰褐色或淡红褐色，幼树平滑，老则裂成鳞状薄片脱落。1年生小枝绿色，2年生枝绿色或淡红褐色，3~4年生枝条红褐色或微带紫色，有光泽。叶条形，交互对生，长2~3cm，宽2.5~3mm，先端有刺状长尖头，上面微拱圆，下面气孔带黄白色或淡褐黄色。种子椭圆状倒卵圆形，熟时假种皮紫褐色，长2.5~3.2cm，径1.3~1.7cm。花期4~5月；种子翌年10月成熟。

原产日本。青岛、南京、上海、杭州等地引种栽培。习性与榧树相似，但耐寒性更强，在山东东部生长良好。日本榧树株型优美、四季常绿，耐寒性强，常栽培供庭院观赏，可孤植、丛植和群植。亦是重要干果树种。

长叶榧

日本榧树

日本榧树

十三、麻黄科 Ephedraceae

木贼麻黄
Ephedra equisetina

【形态特征】矮小灌木，高约1m；茎直立或斜生。小枝细，对生或轮生，径约1mm；节间短，长约1.5～2.5cm，有不明显的纵槽，常被白粉而呈灰绿色或蓝绿色。叶膜质鞘状，略带紫红色，大部分合生，仅先端分离，裂片2，长约2mm。雄球花无梗，单生或3～4个集生；雌球花常2个对生于节上，熟时苞片变红色、肉质，呈长卵圆形，长约7mm。种子长圆形。花期5～7月；种子8～9月成熟。

【产地及习性】木贼麻黄分布于我国北部和西部，俄罗斯和蒙古也产，常生于干旱或半干旱地区的山顶、山脊以及多石山坡和荒漠。旱生植物，性强健，耐干冷，极耐干旱瘠薄，适生于灰棕色的荒漠土和栗钙土上。

【观赏评价与应用】木贼麻黄株形特别，与蕨类植物的木贼和被子植物的木麻黄相似，茎枝绿色，四季常青，雌球花熟时苞片呈红色而肉质，可栽培供园林观赏，用作地被或固沙植物,各地植物园中多有引种栽培。此外，麻黄类植物还是著名中药。

【同属种类】麻黄属约40种，广布于亚洲、美洲、欧洲东南部和非洲北部等干旱荒漠地区。我国14种，除长江下游和珠江流域外，各地均有分布，以西北地区和云南、

四川高山地带种类较多。

中麻黄
Ephedra intermedia

小灌木，高20～100cm。小枝具白粉。叶2裂或3裂，长1.5～2mm，下部2/3合生。雄球花宽卵形，长5mm；雌球花具苞片3～4对，珠被管螺旋状弯曲；种子2。花期6月；种子成熟期8月。

产东北南部、华北、西北；垂直分布海

拔1000～3000m，是本属中分布最广的一种，生于荒漠砾石阶地，冲积扇，石灰岩陡峭山坡。

草麻黄
Ephedra sinica

草本状灌木，高20～40cm，无明显的直立木质茎或木质茎横卧地面似根状茎。小枝直伸或略曲，节间长3～4cm，径约2mm。雄花序多呈穗状，常具总柄；雌球花单生。种子通常2，包于肉质红色的苞片内，黑红或灰褐色。花期5～6月；种子熟期6～9月。

产河南、河北、陕西、山西、内蒙古、辽宁、吉林等地。性强健，耐寒，适应性强，在山坡、平原、干燥荒地及草原均能生长，常形成大面积单纯群落。茎绿色，四季常青，可作地被植物和固沙保土植物。

十四、买麻藤科 Gnetaceae

买麻藤
Gnetum montanum

【别名】倪藤

【形态特征】常绿木质大藤本，小枝圆或扁圆。叶形多变，常呈矩圆形，长10～25cm，宽4～11cm。雄球花序1～2回3出分枝，排列疏松，长2.5～6cm，雄球花穗圆柱形；雌球花序侧生老枝上，单生或数序丛生，雌球花穗长2～3cm，径约4mm。种子熟时黄褐色或红褐色。

【产地及习性】产于云南南部及广西、广东、海南海拔1600～2000m地带森林中，缠绕于树上。印度、缅甸、泰国、老挝及越南也有分布。较耐荫。

【观赏评价与应用】买麻藤是裸子植物中少有的常绿大藤本，生长旺盛，为热带地区优良的攀缘绿化植物，可用于大型棚架绿化。

【同属种类】买麻藤属约40种，主要分布于亚洲热带和亚热带地区，少数种类产非洲西部和南美洲。我国9种。

罗浮买麻藤
Gnetum lofuense

常绿木质藤本；茎皮紫棕色，皮孔不显著。叶矩圆形或矩圆状卵形，长10～18cm，宽5～8cm，先端短渐尖，基部近圆形或宽楔形，侧脉9～11对，小脉网状，叶柄长8～10mm。成熟种子矩圆状椭圆形，长约2.5cm，径约1.5cm，基部宽圆，无柄。

产于广东、福建和江西。生于林中，缠绕于树上。叶片翠绿，种子具红色假种皮，园林中可栽培观赏，用于棚架绿化。

小叶买麻藤
Gnetum parvifolium

常绿木质藤本，缠绕性；茎枝圆形。叶革质，椭圆形、长椭圆形或长倒卵形，长4～10cm，宽2.5cm，侧脉细。雄球花序不分枝或1次分枝，总梗细弱，雄球花穗长1.2～2cm，径2～3.5mm，具5～10轮环状总苞，每轮总苞内具雄花40～70；雌球花序生老枝上，1次3出分枝，雌球花穗细长，每轮总苞内有雌花5～8。种子长椭圆形或倒卵圆形，长1.5～2cm，径约1cm，假种皮红色。

产于华南至福建、贵州湖南、江西等省区，以福建和广东最为常见，北界约在北纬26.6°之处（福建南平），为现知买麻藤属分布的最北界线。老挝和越南也有分布。用途同买麻藤。种子可食，亦可榨油供食用。

十五、木兰科 Magnoliaceae

厚朴
Houpoëa officinalis
【*Magnolia officinalis*】

【**形态特征**】落叶乔木，高达 20m。小枝粗壮；顶芽发达。叶集生枝顶，长圆状倒卵形，长 22～45cm，宽 10～24cm，先端圆钝，侧脉 20～30 对，下面被灰色柔毛和白粉；叶柄粗，托叶痕长为叶柄的 2/3。花白色，径 10～15cm，芳香；花被片 9～12 (17)，长 8～10cm，外轮淡绿色，其余白色。聚合果圆柱形，长 9～15cm，蓇葖发育整齐，先端具突起的喙。花期 5～6 月；果期 8～10 月。

【**产地及习性**】产于秦岭以南多数省区，多生于海拔 300～2000m 地带，以四川、湖北西部、贵州东部、湖南西部为主要栽培区。喜光，幼时耐荫，喜温和湿润气候和肥沃、疏松的酸性至中性土，不耐干旱和水涝。根系发达，萌芽力强。生长速度中等偏快，寿命可长达百余年。

【**亚种**】凹叶厚朴（subsp. *biloba*），叶先端凹缺成 2 个钝圆浅裂。通常叶较小，侧脉较少。

【**观赏评价与应用**】厚朴叶大荫浓，花大

凹叶厚朴

凹叶厚朴

厚朴

厚朴

凹叶厚朴

而洁白，干直枝疏，可用作行道树及园景树，在一般庭院中宜孤植。厚朴之名，本源于其木，《本草纲目》云："其木质朴而皮厚，味辛烈而色紫赤，故有厚朴、烈朴、赤朴诸名。"各地亦常栽培供药用。

【**同属种类**】厚朴属由木兰属（Magnolia）中分出，共有 9 种，分布于亚洲东南部和北美洲东部。我国 2 种，另引入栽培 1 种。

日本厚朴
Houpoëa obovata
【*Magnolia hypoleuca*】

落叶乔木，高达 30m，小枝初绿后变紫色，芽无毛。叶集聚于枝端，倒卵形，长 20～38 (45)cm，宽 12～18 (20)cm，下面苍白色，托叶痕为叶柄长之半或过半。花乳白色，杯状，香气浓，径 14～20cm，花被片 9～12，外轮 3 片黄绿色，背面染红色，内轮 6 或 9 片，倒卵形或椭圆状倒卵形，花丝紫红色。聚合果鲜红色，长 12～20cm，径 6cm。花期 6～7 月；果期 9～10 月。

原产日本千岛群岛以南。我国东北、青岛、北京及广州有栽培。叶片大型，花大而色香兼备，为著名庭园观赏树种。树皮药用，为厚朴代用品。

日本厚朴

日本厚朴

山玉兰
Lirianthe delavayi
【*Magnolia delavayi*】

【别名】优昙花

【形态特征】常绿乔木，高达12m。小枝暗绿色，被淡黄褐色平伏毛。叶片厚革质，卵形至卵状椭圆形，长10～32cm，宽5～20cm，下面幼时密被交织长绒毛及白粉，后仅脉上有毛，侧脉11～16对，网脉致密，干后两面突起；先端圆钝；托叶痕几达托叶全长。花朵大，乳白色，径约15～20cm。花期4～6月；果期8～10月。

【产地及习性】产西南地区，云南广为栽培。山玉兰产西南，云南广为栽培。喜温暖

山玉兰

山玉兰

山玉兰

山玉兰

湿润气候，在年均气温12.7～18℃，年降水量1000～1500mm的地区可正常生长，在富含有机质而排水良好pH值4.5～6.5的酸性黄壤和黄棕壤上生长最好。

【观赏评价与应用】山玉兰的花"青白无俗艳"被尊为"佛家花"，在西南的庙宇中广植，现昆明昙华寺、洱源标楞寺、丽江玉峰寺等庙宇中至今尚存数百年的古树，而昙华寺因该树而得名，其中的山玉兰（优昙花）乃明代所植。树冠婆娑，叶片大而光亮翠绿，花朵大而花姿秀美，园林中的应用方式与广玉兰相近，孤植、丛植于广场、草坪或作行道树均可。

【同属种类】长喙木兰属由木兰属（*Magnolia*）中分出，共约12种，产亚洲东南部。我国8种。

圆形，长18～30（40）cm，宽6～9（15）cm，下面苍白色；叶柄粗壮，托叶痕达叶柄顶端。花被片9，白色，外轮3片长圆形，内2轮倒卵形。花期4～5月；果期8～9月。

特产海南保亭吊罗山，生于海拔500～800m潮湿的山坡溪旁。花大而纯白色，傍晚盛放，呈浅碟状，极美观，且芳香宜人，为优美的庭园观赏树种。

绢毛木兰
Lirianthe albosericea
【*Magnolia albosericea*】

【别名】梭叶树

常绿小乔木，高达8m，树皮灰白色，幼嫩部分密被白色绢毛。叶椭圆形至倒披针状椭

绢毛木兰

绢毛木兰

香港木兰
Lirianthe championii
【*Magnolia championii*】

【别名】长叶木兰

常绿灌木或小乔木，高达11m；嫩枝、嫩叶下面、花梗及苞片被淡褐色毛。叶椭圆形、狭椭圆形或倒卵状披针形，长9～15（30）cm，宽2.5～4.5（6）cm。花极芳香；花被片9，外轮3片淡绿色，内2轮白色，倒卵形，长2～2.5cm，宽约1.5cm。聚合果长3～4cm。花期4～6月；果期9～10月。

产贵州、海南、广西、广东，生于海拔1000m沙土、花岗岩山坑及丘陵山坡溪旁，越南北部也有分布。花期较其他木兰科种类迟而长，为优良的庭园观赏树种，用于木兰专类园可延长花期。

夜香木兰
Lirianthe coco
【*Magnolia coco*】

【别名】夜合花

常绿灌木或小乔木，高2～4m，各部无毛。小枝绿色，平滑。叶椭圆形至倒卵状椭圆形，长7～14cm，宽2～4.5cm；偶可长达28cm，宽达9cm。侧脉8～10对。花梗下弯，花圆球形，径3～4cm，芳香，入夜香气更加浓郁；花被片9，外轮带绿色，其余纯白色。昼开夜合。花期6～7月，在广州几全年持续开花；果期秋季。

产浙江、福建、台湾、广东、广西和云南，现广植于亚洲东南部。耐荫，不耐寒。为著名香花植物，华南各地常见栽培，适于庭院、公园、机关、校园等处丛植观赏，也可配置于林下、林缘。长江流域多见盆栽。

鹅掌楸
Liriodendron chinense

【别名】马褂木

【形态特征】落叶大乔木，高达40m，径达1m；树冠圆锥形。叶形似马褂，长8～15cm，先端截形或微凹，每边1个裂片向中部缩入，先端2浅裂，老叶背面有乳头状白粉点。花单生枝顶，黄绿色，杯形，径5～6cm；花被片9，外轮3片绿色，萼片状，内两轮6片，花瓣状，长3～4cm，具黄色纵条纹，花药长10～16mm，花丝长5～6mm。聚合果长7～9cm，具翅的小坚果长约6mm。花期5～6月；果期10月。

【产地及习性】产华东、华中和西南地区，

香港木兰

香港木兰

香港木兰

夜香木兰

夜香木兰

夜香木兰

鹅掌楸

鹅掌楸

鹅掌楸

木兰科 Magnoliaceae

零星分布于安徽、浙江、福建、江西、湖北、陕西、湖南、广西、四川、贵州和云南等省区，生于海拔 900～1200m 林中，台湾有栽培。越南北部也产。喜光，喜温暖湿润气候，耐短期 -15℃低温。喜深厚肥沃、湿润而排水良好的酸性或弱酸性土壤(pH4.5～6.5)。不耐旱，也忌低湿水涝。

【观赏评价与应用】鹅掌楸为落叶大乔木，树干通直，树冠圆锥形，端庄雄伟，分枝匀称，而且叶形奇特、古雅，宛如中国旧式服装的马褂，入秋叶色金黄，花大而美丽，形如金杯，为世界珍贵园林树种。在大型庭园中，适于作绿荫树，一树参天，浓荫满庭，在广场或大片草坪中孤植或二三株丛植，在秋日蓝天碧草的映衬下蔚为壮观。也可列植于建筑物前、道路两侧。

【同属种类】鹅掌楸属共有 2 种 1 杂交种，间断分布于东亚和北美。我国 1 种，引入栽培 1 种。

亚美鹅掌楸
Liriodendron sinoamericanum

【别名】杂交马褂木、杂种马褂木

为鹅掌楸和美国鹅掌楸的杂交种，由南京林业大学林业育种学家叶培忠教授于 1963 年育成。落叶乔木，叶形变异较大，花黄白色。杂种优势明显，抗逆性与生长势超过亲本，10 年生植株高可达 18m，径达 25～30cm；耐寒性强，在北京可生长良好。喜深厚肥沃和排水良好之砂质壤土。

树姿雄伟，树干挺拔，树冠开阔，枝叶浓密，春天花大而美丽，入秋后叶色变黄，宜作庭园树和行道树，或栽植于草坪及建筑物前。

亚美鹅掌楸

亚美鹅掌楸

美国鹅掌楸
Liriodendron tulipifera

【别名】美国马褂木

【形态特征】落叶大乔木，原产地高达 60m，径达 3.5m，南京栽植高达 20m，径达 50cm。小枝褐色或紫褐色，常带白粉。叶片长 7～12cm，两侧各有 2～3 个裂片；老叶背面无白粉点。花杯状，花被片 9，外轮 3 片绿色，萼片状，内 2 轮 6 片灰绿色，花瓣状，长 4～6cm，近基部有黄色蜜腺；花药长 15～25mm，花丝长 10～15mm。花期 5 月；果期 9～10 月。

【产地及习性】原产北美东南部，我国南京、青岛、庐山、广州、昆明等地栽培。长势优于鹅掌楸，耐寒性更强。

北美鹅掌楸

金边鹅掌楸

美国鹅掌楸

【观赏评价与应用】美国鹅掌楸是优美的庭园树种，也是美国重要用材树种。在欧美普遍栽培，并有很多观赏品种，如金边鹅掌楸('Aureo-marginatum')叶片边缘金黄色，观赏价值更高。

广玉兰
Magnolia grandiflora

【别名】荷花玉兰、洋玉兰

【形态特征】常绿乔木，高达 30m；树冠阔圆锥形。小枝、芽和叶片下面均有锈色柔毛。叶倒卵状椭圆形，长 12～20cm，革质，表面有光泽，叶缘微波状。花杯形，白色，极大，径达 20～25cm，有芳香，花瓣 6～9 枚；萼片 3 枚；花丝紫色。聚合蓇葖果圆柱状卵形，长 7～10cm；种子红色。花期 5～8 月；果 10 月成熟。

【产地及习性】原产北美东部。喜温暖湿润气候，有一定的耐寒力，耐短期 -19℃低温；弱阳性树种，幼苗期耐荫；对土壤要求不严，但最适于肥沃湿润、富含腐殖质而排水良好的酸性土和中性土，在石灰性土壤和排水不良的黏性土或碱性土上生长不良；不耐干旱。

【观赏评价与应用】广玉兰树形端庄整齐，叶片大而亮绿，花乳白而芳香，宛如菡萏。

广玉兰

木莲

木莲

广玉兰

木莲

虽非我国原产，但已经成为长江流域至珠江流域最常见的风景树种之一，可孤植于草坪、水滨，列植于路旁或对植于门前；在开旷环境，也适宜丛植、群植。由于枝叶茂密，叶色浓绿，还是优良的背景树，可植为雕塑、铜像、红枫等色叶树种的背景。

【同属种类】木兰属共约20种，分布于中美洲和北美洲东部和南部。我国引入栽培1种。FOC将广义的木兰属（Magnolia）分为木兰属（Magnolia）、厚朴属（Houpoëa）、长喙木兰属（Lirianthe）、天女花属（Oyama）、玉兰属（Yulania），本书从之。

广玉兰

木莲
Manglietia fordiana
【*Manglietia yuyuanensis*】

【形态特征】常绿乔木，高达20m；嫩枝和芽有红褐色短毛，皮孔和环状托叶痕明显。叶厚革质，狭倒卵形至倒披针形，长8～17cm，宽2.5～5.5cm，先端尖，基部楔形，背面灰绿色，常有白粉；叶柄红褐色。花单生枝顶，纯白色；花被片9，外轮较大而薄，椭圆形，长6～7cm，宽3～4cm。聚合蓇葖果卵形，长4～5cm，蓇葖深红色。花期5月；果期10月。

【产地及习性】产华南、西南，常生于海拔1200m以下的花岗岩、砂岩山地丘陵。喜温暖湿润气候和排水良好的酸性土壤；不耐干热；幼年耐荫，后喜光。

【观赏评价与应用】唐朝白居易《木莲诗序》云："木莲树生巴峡山谷间，巴民亦呼为黄心树，大者高五丈，涉冬不凋，身如青杨有白文，叶如桂，厚大无脊，花如莲，香色艳腻皆同，独房蕊有异，四月初始开。"说明当时人们已经认识了木莲。树干通直圆满，树形美观，花朵艳丽而清香，是美丽的园林树木，应用方式与深山含笑和广玉兰等相似。

【同属种类】木莲属约40种，分布于亚洲热带和亚热带。我国29种，产长江流域以南，多为常绿阔叶林的主要组成树种。

香木莲
Manglietia aromatica

常绿乔木，高达35m；除芽被白色平伏毛外全株无毛，各部揉碎有芳香。叶倒披针状长圆形、倒披针形，长15～19cm，宽6～7cm，网脉稀疏。花梗粗壮，花被片11～12，白色，4轮排列，外轮近革质，内数轮厚肉质，倒卵状匙形，长9～11.5cm，宽4～5.5cm。聚合果鲜红色，近球形，直径7～8cm。花期5～6月；果期9～10月。

香木莲

木兰科　Magnoliaceae

产于云南东南部、广西西南部、贵州，生于海拔 900～1600m 的山地、丘陵常绿阔叶林中。树形壮观，全株都有香味，花大而纯白色，聚合果熟时鲜红夺目，是优良庭园观赏树种，可生于石灰岩山地。深圳、广州、昆明等地栽培。

桂南木莲
Manglietia conifera
【*Manglietia chingii*】

【别名】野厚朴、南方木莲

常绿乔木，高达 20m，芽、嫩枝有红褐色短毛。叶倒披针形或狭倒卵状椭圆形，长 12～15cm，宽 2～5cm。花梗细长下弯，长 4～7cm；花被片 9～11，外轮 3 片绿色，椭圆形，中轮倒卵状椭圆形，内轮 3～4 片，倒卵状匙形。聚合果卵圆形，长 4～5cm。花期 5～6月；果期 9～10月。

产于广东北部和西南部、云南、广西中部和东部、贵州东南部，生于海拔 700～1300m 的砂页岩山地、山谷潮湿处。越南北部也有分布。叶色亮绿，花朵优美、芳香，是优美的庭园观赏树种，可供华南和西南地区应用。树皮作厚朴代用品。

落叶木莲
Manglietia decidua

落叶乔木，高达 15m；树冠宽卵形，树干端直，枝条开展。叶纸质，狭倒卵形、狭椭圆形至椭圆形，长 14～20cm，宽 3.5～7cm，背面粉绿色。花淡黄色，花被片 15～16，披针形至狭倒卵形，螺旋状排列成 5～6 轮。花期 5～6月；果期 9～10月。

分布于江西宜春，生于海拔 400～700m 竹林中。花为淡黄色，在木兰科植物中少见，春花清香沁人，金秋硕果累累，聚合果红褐色，种子鲜红色，点缀于绿色树冠，是花果兼美、不可多得的庭园观赏树种。本种是木莲属惟一的落叶树种，被国家列为重点保护植物。

灰木莲
Manglietia glauca

常绿乔木，高达 30m；树皮灰白，平滑。单叶互生，薄革质，倒卵形、窄椭圆形或窄倒卵形，托叶痕极短。花顶生，花蕾长圆状

木兰科 Magnoliaceae

灰木莲

灰木莲

红花木莲

红花木莲

红花木莲

毛桃木莲

毛桃木莲

毛桃木莲

椭圆形，长5～6cm，花被9片，乳白色或乳黄色，肉质，稍厚。花期2～3月。

原产越南及印度尼西亚，适生于南亚热带，喜暖热气候，不耐干旱。树形整齐美观，树冠卵形，枝叶茂盛，可栽培观赏。我国广东、海南和广西有引种。

红花木莲
Manglietia insignis

常绿乔木，高达30m，径达40cm；小枝无毛或幼嫩时节上被锈褐色柔毛。叶倒披针形或长圆状椭圆形，长10～26cm，宽4～10cm，光绿色；侧脉12～24对。花芳香，花朵大，花被片9～12，外轮3片腹面染红色或紫红色，向外反曲，中内轮6～9片直立，乳白色染粉红色，倒卵状匙形，长5～7cm。果实紫红色，长7～12cm。花期5～6月；果期9～10月。

产湖南、广西、四川、贵州、云南、西藏等地，常散生于海拔900～1200m的常绿阔叶林中。耐荫，喜湿润、肥沃土壤。树形繁茂优美，花色艳丽芳香，为稀有名贵观赏树种，被列为国家保护植物。杭州、武汉、衡阳、昆明等地有少量栽培。

毛桃木莲
Manglietia kwangtungensis
【*Manglietiamoto*】

【别名】垂昊木莲

常绿乔木，高达20m。小枝、芽、幼叶、叶背面和果梗密生锈褐色绒毛。叶革质，倒卵状椭圆形至倒披针形，长12～25cm，宽4～8cm。花梗长6～12cm，花芳香，乳白色，外轮花被片近革质，长圆形，中轮厚肉质，倒卵形，内轮倒卵状匙形，雄蕊群红色。聚合果卵球形，长5～7cm，径3.5～6cm。花期5～6月；果期8～12月。

产湖南、福建、广东和广西，生于海拔400～1200m。喜温暖湿润，适宜于深厚、富含有机质、排水良好、pH值为5～6.5的山地黄壤和黄棕壤。花型奇特优美，乳白色而芳香，果实红色，是一美丽观赏树种，适于长江流域以南至华南各地栽培观赏，赣州、广州、长沙等地有栽培。

亮叶木莲
Manglietia lucida

常绿乔木，树干挺拔通直，高达20m，径达65cm。叶革质，长圆状倒卵形或长圆状椭圆形，托叶与叶柄离生。花被9～11片，排成2～3轮，外轮最大。果倒卵球形或椭圆球形。花期2～3月；果期7～8月。

分布于云南，产海拔1300～1500m山

木兰科 Magnoliaceae

亮叶木莲

厚叶木莲

厚叶木莲
Manglietia pachyphylla

常绿乔木，高达16m，树皮灰黑色；小枝粗壮，被白粉。叶厚革质，倒卵状椭圆形，长12～32cm，宽6～10cm，两面无毛，侧脉两面不显著，网脉不明显；叶柄粗壮。花梗粗壮，径约1cm；花芳香，白色，花被片9～10，倒卵形。聚合果椭圆形，长约7cm。花期5月；果期9～10月。

产于广东中南部，生于海拔800m林中。树形美观，叶片宽大、质硬，可作庭园绿化观赏树种。

含笑
Michelia figo

【形态特征】常绿灌木，一般高2～3m。芽、幼枝和叶柄均密被黄褐色绒毛。叶革质，肥厚，倒卵状椭圆形，长4～9cm，宽1.8～3.5cm，短钝尖，基部楔形，上面亮绿色，下面无毛；托叶痕达叶柄顶端。花梗长1～2cm，密被毛；花极香，淡黄色或乳白色，花被片6，边缘略呈紫红色，肉质，长1～2cm；雌蕊群无毛。

亮叶木莲

厚叶木莲

厚叶木莲

含笑

含笑

含笑

坡上部向阳沟谷，为上层乔木。喜光，喜湿润，不耐涝。亮叶木兰树冠宽广，根系发达，老树有板根，花色艳丽而芳香，是热带地区优良的观赏树种，可供华南和西南南部地区栽培供庭园观赏。

聚合果长 2～3.5cm；蓇葖扁圆。花期 4～6 月；果期 9 月。

【产地及习性】含笑原产华南，现长江以南各地广为栽培。喜温暖湿润，不耐寒；喜半荫环境，不耐烈日；不耐干旱瘠薄，要求排水良好、肥沃疏松的酸性壤土。对 Cl2 有较强的抗性。

【观赏评价与应用】含笑树形、叶形俱美，花朵香气浓郁，故有"只有此花偷不得，无人知处自然香"的诗句，是热带和亚热带地区园林中重要的花灌木，江南各地常见，可广泛用于庭院、公园、街道和风景区绿化，因性喜半荫，最宜配置于疏林下或建筑物阴面，多丛植。在长江以北地区是常见的盆栽花木，常用于布置厅堂。

【同属种类】含笑属约 70 种，分布于亚洲热带至亚热带。我国 39 种，主产西南部至东部，引入栽培数种。

白兰花
Michelia × alba

【别名】白兰、白玉兰

【形态特征】常绿乔木，高达 17m，树冠阔伞形。幼枝和芽绿色，密被淡黄白色微柔毛。叶薄革质，长椭圆形或披针状长椭圆形，长 10～27cm，宽 4～9.5cm，下面疏被短柔毛；托叶痕为叶柄长的 1/2 以下。花单生于叶腋，白色或略带黄色，极香；花被片 10～14，披针形，长 3～4cm，宽 3～5mm；雌蕊群有毛，部分心皮不发育。花期 4～10 月，通常不结实。

【产地及习性】原产印度尼西亚，现广植于东南亚。喜日照充足、暖热湿润和通风良好的环境，怕寒冷，冬季温度低于 5℃时易发

白兰花

生寒害。根系肉质而肥嫩，既不耐旱也不耐涝。喜富含腐殖质、排水良好、疏松肥沃的酸性沙质壤土。

【观赏评价与应用】白兰花叶片润滑、青翠碧绿，花色洁白、芳香而清雅若幽兰，花期长，是华南著名的园林树种，可用作行道树和庭园绿化。耐寒性差，在长江流域多盆栽。花朵可制作胸花、头饰，也可窨制茶叶；花浸膏供药用，叶可提取芳香油。

合果木
Michelia baillonii
【*Paramichelia baillonii*】

【别名】合果含笑、山桂花、山缅桂

【形态特征】常绿乔木，高可达 35m，嫩枝、叶柄、叶背被淡褐色平伏长毛。叶椭圆形、卵状椭圆形或披针形，长 6～22（25）cm，宽 4～7cm。花黄色，花被片 18～21，外 2 轮倒披针形，长 2.5～2.7cm，宽约 0.5cm，向内渐狭小，内轮披针形，长约 2cm，宽约 2mm。聚合果肉质，长 6～10cm，宽约 4cm，成熟心皮完全合生。花期 3～5 月；果期 8～10 月。

【产地及习性】产于云南（西双版纳、元江中游、思茅地区），生于海拔 500～1500m

白兰花

合果木

合果木

的山林中。喜温暖湿润气候，耐短期低温（-2℃）。

【观赏评价与应用】合果木树干通直，生长迅速，花朵黄色而芳香，花被片多达 21 枚，是一美丽的观赏树木。资源稀少，仅分布于云南南部至西部，应注意保护野生资源。

平伐含笑
Michelia cavaleriei
【*Michelia xinningia*】

常绿乔木，高达 10m。小枝深灰褐色；芽，嫩枝、叶柄、嫩叶下面、花梗、果梗均被银灰色或红褐色平伏柔毛。叶狭长圆形或狭倒披针状长圆形，长 10～20cm，宽 3.5～6.5cm，下面被银灰色或红褐色柔毛，叶柄无托叶痕。花白色，花被片约 12 片，外轮 3 片倒卵状椭圆形，长 2.5～4cm，向内渐狭小。聚合果长

木兰科　Magnoliaceae

平伐含笑

平伐含笑

平伐含笑

阔瓣含笑

阔瓣含笑

阔瓣含笑

5～10cm。花期3～4月；果期9～10月。

产于四川东南部、贵州东北部及南部、广西西北部、云南东南部、湖南西南部。花朵大而白色，芳香，枝叶繁茂，叶片大而光亮，适于庭园栽培观赏，孤植、丛植均可，也可作园路树。

阔瓣含笑
Michelia cavaleriei var. *platypetala*

【*Michelia platypetala*】

【**别名**】阔瓣白兰花、云山白兰花

【**形态特征**】常绿乔木，高达20m。嫩枝、芽、嫩叶均被红褐色绢毛。小枝径约2mm。叶薄革质，长圆形、椭圆状长圆形，长11～18cm，宽4～6cm，下面被灰白色或杂有红褐色平伏微柔毛；叶柄被红褐色平伏毛。花被片9，白色，外轮倒卵状椭圆形或椭圆形，长约5～7cm。花期3～4月；果期8～9月。

【**产地及习性**】产于湖北西部、湖南西南部、广东东部、广西东北部、贵州东部，生于海拔1200～1500m的密林中。

【**观赏评价与应用**】阔瓣含笑花朵大而洁白，着花繁密，花期满树如雪，叶片大而光亮，是优良的庭园观赏树种，华东地区常栽培观赏。

黄兰
Michelia champaca

【**别名**】缅桂花

【**形态特征**】常绿乔木，与白兰相似，但枝斜上展，树冠狭伞形，芽、嫩枝、嫩叶和叶柄均被淡黄色平伏毛，叶卵形至椭圆形，先端长渐尖，下面被平伏长绢毛；托叶痕长达叶柄的1/2以上；花被片15～20，倒披针形，乳黄色，极芳香。花期6～7月。聚合果长7～15cm，蓇葖倒卵状椭圆形，长1～1.5cm。花期6～7月；果期9～10月。

【**产地及习性**】分布于西藏东南部和云南南部及西南部；印度、缅甸、越南也产。阳

黄兰

黄兰

黄兰

性树，要求阳光充足，喜暖热湿润气候，宜排水良好、疏松肥沃的微酸性土，不耐碱，抗烟能力差。

【观赏评价与应用】黄兰树形婆娑美观，花黄色热芳香浓郁，为著名的观赏树种，是佛教"五树六花"之一。华南园林或庭园常栽培观赏，长江流域及其以北地区盆栽。花和叶是芳香油的原料。

乐昌含笑
Michelia chapensis

【形态特征】常绿乔木，高15～30m，树皮灰色至深褐色。叶薄革质，倒卵形、狭倒卵形或长圆状倒卵形，长6.5～15cm，宽3.5～6.5cm，上面深绿色。花梗长4～10mm；

乐昌含笑

乐昌含笑

花被片淡黄色，6片，芳香，外轮倒卵状椭圆形，长约3cm，宽约1.5cm；内轮较狭。聚合果长约10cm。花期3～4月；果期8～9月。

【产地及习性】产于广东、广西、湖南、江西、云南、贵州，生于海拔500～1500m的山地林间。越南也有分布。喜温暖湿润的气候，生长适温15～32℃，耐41℃高温，也较耐寒；喜光，苗期喜阴；喜疏松、深厚肥沃、排水良好的酸性至微碱性土壤。生长迅速。抗大气污染并能吸收有毒气体。

【观赏评价与应用】乐昌含笑花淡黄色、芳香，树干挺拔，树冠塔形，树荫浓郁，可孤植或丛植于园林中，亦可作行道树。长江流域及其以南地区普遍栽培。

紫花含笑
Michelia crassipes

【形态特征】常绿小乔木或灌木，高2～5m；芽、嫩枝、叶柄、花梗均密被红褐色或黄褐色长绒毛。叶革质，狭长圆形、倒卵形或狭倒卵形，长7～13cm，宽2.5～4cm。花梗长3～4mm，花极芳香；紫红色或深紫色，花被片6，长椭圆形，长18～20mm，宽6～8mm。聚合果长2.5～5cm。花期4～5月；果期8～9月。

【产地及习性】产广东北部、湖南南部、广西东北部、江西南部，生于海拔300～1000m的山谷密林中。较耐干旱，喜酸性土壤。

【观赏评价与应用】紫花含笑姿态与含笑相似，但花色艳丽，花朵紫红色而极芳香，花期长，是珍贵的香花植物，园林可植于庭院、草地、疏林下，并适合盆栽。陆游有《闻传氏庄紫含笑花开急棹小舟观之》诗，专门描写了紫含笑，诗曰："日长无奈清愁处，醉里来寻紫笑香。漫道闻人无人事，逢春也作蜜蜂忙。"疑指紫花含笑。

紫花含笑

紫花含笑

紫花含笑

乐昌含笑

木兰科 Magnoliaceae

金叶含笑
Michelia foveolata
【*Michelia fulgens*】

【别名】亮叶含笑

【形态特征】常绿乔木，高达30m，树干通直。芽、幼枝和新叶密被锈色绒毛。叶片厚革质，长圆状椭圆形、椭圆状卵形或宽披针形，长17～23cm，宽6～11cm，上面深绿色，有光泽。花单生叶腋，芳香，花被片9～12，乳白色并略带黄绿色，基部紫色，外轮长6～7cm。聚合蓇葖果长7～20cm，开裂后露出鲜红色的种子。花期3～5月；果期9～11月。

【产地及习性】分布于湖南、湖北西部、江西、浙江南部至华南、西南，多生于海拔500～1800m的阴湿山谷，为常绿阔叶林的重要组成树种。喜温暖湿润的中亚热带气候，但耐短期-10℃低温，惧夏季高温；喜光，也较耐荫；抗旱性较强，不耐涝。对土壤要求不严，酸性、中性和微碱性土壤均能适应；生长速度较快。

【观赏评价与应用】金叶含笑树体高大，芽苞、幼枝、新叶均密被锈色绒毛，在阳光照耀下熠熠生辉，远看一片金黄，尤其在微风吹拂下，更觉金光耀眼；花色美丽，生长较快。适于作行道树，也可用于公园、庭院中孤植或与其他常绿树种混植。昆明、杭州、赣州等地均有栽培。

金叶含笑

金叶含笑

壮丽含笑
Michelia lacei
【*Micheliamagnifica*】

常绿乔木，高15m；小枝粗壮，幼时散生淡褐色长柔毛。叶长圆状椭圆形或椭圆形，长14～17cm，宽6～8cm。花白色，花梗粗壮，长3～4cm，具佛焰苞状苞片5枚；花被片9，外轮3片倒卵状匙形，长约6cm，具爪，最内轮长3～5.5cm，宽约1cm。花期2月。

产于云南西南部，生于海拔1500m的林中。树形壮丽，花朵优美、芳香，花期早，可栽培作庭园绿化树种。昆明植物园、华南植物园等地有栽培。

壮丽含笑

黄心夜合
Michelia martini

【别名】黄心含笑

常绿乔木，高达20m。树皮灰色，平滑；嫩枝榄青色，无毛。芽卵形，密生灰黄色或红褐色直立长毛。叶倒披针形或倒卵状披针形，长12～18cm，宽3～5cm，两面无毛；叶柄长1.5～2cm，无托叶痕。花淡黄色，芳香，花被片6～8，外轮倒卵状长圆形，长4～4.5cm，宽2～2.4cm，内轮倒披针形，宽1～1.3cm。聚合果长9～15cm，扭曲。花期(12)2～3月；果期8～9月。

产于河南南部、湖北西部、四川中部和南部、贵州、云南东北部，生于海拔1000～2000m的林间。喜温暖阴湿环境，也较耐寒，要求土层深厚、排水良好而肥沃的酸性或微酸性土壤。树姿秀丽葱郁，花黄色，大而芳香，耐寒性强，适于作庭荫树、行道树或风景林树种，应用区域可北达淮河一线。花可提取芳香油。

黄心夜合

黄心夜合

木兰科 Magnoliaceae

深山含笑
Michelia maudiae

【形态特征】常绿乔木，高达20m。幼枝、芽和叶下面被白粉。叶革质，长圆状椭圆形或倒卵状椭圆形，长8~16cm，钝尖，侧脉7~12对，网脉在两面明显；叶柄长1~3cm，无托叶痕。花白色，芳香；花被片9，外轮倒卵形，长5~7cm，内两轮较狭窄。聚合果长10~12cm，蓇葖卵球形，先端具短尖头，果瓣有稀疏斑点。花期3~5月；果期9~10月。

【产地及习性】产长江流域至华南，生于海拔600~1500m常绿阔叶林中。喜温暖湿润气候；要求阳光充足的环境，但幼苗期需荫蔽。喜生于深厚、疏松、肥沃而湿润的酸性土中。根系发达，萌芽力强。

【观赏评价与应用】深山含笑树形端庄，枝叶光洁，花大而洁白，清香宜人，花期甚早，秋季果实开裂，种子鲜红，也艳丽夺目，是优良的园林造景树种，孤植、列植、群植均适宜，现华东地区园林中已常见应用，如南京情侣园中有成片栽培的深山含笑和阔瓣含笑，花期极为壮观。四川有花被片红色的变异类型。

深山含笑

深山含笑

深山含笑

观光木
Michelia odora
【*Tsoongiodendron odorum*】

【别名】香花木

【形态特征】常绿乔木，高达25m；小枝、芽、叶柄、叶面中脉、叶背和花梗均被黄棕色糙伏毛。叶片厚膜质，倒卵状椭圆形，长8~17cm，宽3.5~7cm，中脉、侧脉、网脉在叶面均凹陷；托叶痕达叶柄中部。花蕾的佛焰苞状苞片一侧开裂；花被片象牙黄色，有红色小斑点，狭倒卵状椭圆形，外轮最大，长17~20mm，宽6.5~7.5mm，内轮长15~16mm，宽5mm。聚合果长椭圆体形，长达13cm，径约9cm。花期3月；果期10~12月。

【产地及习性】产于华南及云南东南部，北达江西南部，生于海拔500~1000m的岩山地常绿阔叶林中。喜温暖湿润气候及深厚肥沃的酸性土壤；幼树耐荫，成年大树喜光，根系发达，萌芽力强。

【观赏评价与应用】观光木是中国特有的古老孑遗树种，树干挺直，树冠宽广，枝叶稠密，花虽小而多，花色美丽而极为芳香，我国中南部著名的园林绿化和香花植物，可供庭园观赏及行道树种。花可提取芳香油。

观光木

观光木

观光木

石碌含笑
Michelia shiluensis

常绿乔木，高达18m。顶芽被橙黄色或灰色有光泽的柔毛；小枝、叶无毛。叶革质，倒卵状长圆形，长8~14(20)cm，宽4~7(8)cm，先端圆钝，上面深绿色，下面粉绿色。花白色，花被片9枚，倒卵形，长3~4.5cm，花丝红色。聚合果长4~5cm，果梗长2~3cm；蓇葖有时仅数个发育，倒卵圆形或倒卵状椭圆体形。花期3~5月；果期6~8月。

特产于海南，生于海拔200~1500m的山沟、山坡、路旁、水边。华南、西南部分植物园有栽培。树冠广卵形，枝叶浓密，叶片短而厚，花洁白芳香，生势强健，可作道路和庭院绿化，也可作风景林或背景林。

石碌含笑

石碌含笑

石碌含笑

云南含笑
Michelia yunnanensis

【别名】皮袋香

【形态特征】常绿灌木,高达 4m;芽、嫩枝、嫩叶上面、叶柄、花梗密被深红色平伏毛。叶倒卵形、狭倒卵状椭圆形,长 4～10cm,宽 1.5～3.5cm,先端圆钝或短急尖,下面常残留平伏毛;托叶痕为叶柄长的 2/3 或达顶端。花梗粗短;花白色,极芳香,花被片 6～12 (17) 片,倒卵状椭圆形,长 3～3.5cm,宽 1～1.5cm,内轮的狭小。聚合果仅 5～9 个蓇葖发育,蓇葖扁球形。花期 3～4 月;果期 8～9 月。

【产地及习性】分布于云南中部和南部、西藏东南部、四川、贵州,生于海拔 1100～2300m 的山地灌丛中。昆明、丽江、广州等地栽培。喜光,耐半阴,喜温暖多湿气候,有一定耐寒力,喜微酸性土壤。

【观赏评价与应用】云南含笑为第四纪冰川后残留的中生代树种,有"活化石"之称,明代《徐霞客游记》记载的大理"十里香奇树"即为此种。清代檀萃所著《滇海虞衡志》载:"土名羊皮袋,花如山栀子,开时满树,香满一院,耐二月之久。"云南含笑枝叶繁茂,四季常绿,花多而香,香味清馥悠远,是具有极高观赏价值的优良园林树种,适于丛植,亦可修剪成球形。其矮壮枝密、古拙虬曲的桩头也可做盆景。

云南含笑

云南含笑

云南含笑

天女花
Oyama sieboldii
【*Magnolia sieboldii*】

【别名】小花木兰、天女木兰

【形态特征】落叶小乔木,高达 10m。小枝及芽有柔毛,托叶状芽鳞 1 片。叶宽倒卵形,长 9～13cm,宽 4～9cm,先端突尖,下面有短柔毛和白粉;叶柄长 1～4cm。花在新枝上与叶对生,径 7～10cm,花梗长而下垂;花被片 9,外轮淡粉红色,其余白色。聚合果狭椭圆形,长 5～7cm,熟时紫红色;蓇葖卵形,先端尖。花期 5～6 月;果期 8～9 月。

【产地及习性】星散分布于辽宁、吉林、河北、安徽、浙江、湖南、湖北、福建、江西、贵州、广西等地,常生于阴坡、半阴坡的沟谷边;日本和朝鲜亦产。为古生树种。喜庇荫,喜凉爽湿润的环境和深厚肥沃的酸性土壤,甚耐寒;不耐热,也不耐干旱和盐碱。

天女花

天女花

【观赏评价与应用】天女花株形美观,枝叶茂盛;花梗细长,花朵随风飘摆如天女散花,花色淡雅、芬芳扑鼻,为著名的园林观赏树种,有"高山仙女"之称。最适于山地风景区应用,也可丛植或孤植于庭院、草坪观赏。

【同属种类】天女花属由木兰属(*Magnolia*)中分出,共有 4 种,分布于亚洲东部和东南部。我国 4 种均产。

西康玉兰
Oyama wilsonii
【*Magnolia wilsonii*】

【别名】龙女花、西康天女花

【形态特征】落叶小乔木,高 5～8m,小枝紫红褐色。叶椭圆状卵形或长圆状卵形,长 15～20cm,宽 5～8cm,先端急尖或渐尖,基部圆或心形,下面密被银灰色平伏长柔毛,托叶痕为叶柄长的 4/5～5/6。花梗下垂,长 1.5～5cm;花芳香,与叶同放,初开杯状,

西康玉兰

西康玉兰

天女花

盛开时碟状，径 10～12cm，花色洁白；雄蕊紫红色。花期 5～6 月；果期 9～10 月。

【产地及习性】分布于云南、贵州和四川中西部，生于海拔 1900～3300m 山林间。喜疏松肥沃土壤，耐寒性强，喜湿润。

【观赏评价与应用】西康玉兰花朵下垂，花色美丽，可供庭园观赏，欧洲和北美洲早有引种栽培。云南大理称为龙女花，据《大理府志》记载，"龙女花"早在明朝已从点苍山引入大理古寺庙栽培，感通寺内曾有古树，现昆明园林科研所曾有引种。树皮药用，为厚朴代用品。

华盖木
Pachylarnax sinica
【Manglietiastrum sinicum】

【别名】缎子绿豆树

【形态特征】常绿大乔木，高达 40m，径达 1.2m；全株无毛。树皮灰白色，小枝深绿色。叶狭倒卵形或狭倒卵状椭圆形，长 15～26cm，宽 5～8cm，先端圆，基部渐狭楔形下延，上面光绿色，下面淡绿色，中脉两面凸起；托叶与叶柄离生。花单生枝顶；花被片 9，外轮长圆状匙形，中轮及内轮倒卵状匙形，较小；心皮 13～16 枚。聚合果绿色，椭圆状卵形或倒卵形，长 5～8.5cm，径 3.5～6.5cm；蓇葖厚木质，长 2.5～4cm。花期 4 月；果期 9～11 月。

【产地及习性】产云南东南部（西畴法斗），生于海拔 1300～1500m 山沟常绿阔叶林中。产地夏季温暖，冬无严寒，干湿季分明，土壤为山地黄壤或黄棕壤。喜湿润，忌水涝；有板根，根系发达，抗风力强。

【观赏评价与应用】华盖木是珍贵稀有树种，树形美观，枝繁叶茂，花色艳丽而芳香，是观花、观果、观树形的优良园林绿化树种，适用于庭园观赏，高档小区、私人别墅绿化。

【同属种类】厚壁木属共 3 种，产我国、印度、印度尼西亚和马来西亚、越南。我国 1 种。

乐东拟单性木兰
Parakmeria lotungensis

【形态特征】常绿乔木，高达 30m，当年生枝绿色。叶狭倒卵状椭圆形或狭椭圆形，长 6～11cm，宽 2～3.5（5）cm。花杂性，雄花花被片 9～14，外轮 3～4 片浅黄色，内 2～3 轮白色，花丝及药隔紫红色；两性花花被片较小，雄蕊 10～35 枚，雌蕊群卵圆形。聚合果卵状椭圆形，长 3～6cm；外种皮红色。花期 4～5 月；果期 8～9 月。

【产地及习性】产于华东南部、华南和贵州东南部，生于海拔 700～1400m 阔叶林中。生长迅速，适应性强。喜温暖湿润气候，也较耐寒；喜土层深厚、肥沃、排水良好的土壤，在酸性、中性和微碱性土壤中都能正常生长。喜光，苗期较喜荫。对有毒气体有较强抗性。

【观赏评价与应用】乐东拟单性木兰树干通直，叶厚革质，叶色亮绿，春天新叶深红色，初夏开白花清香远溢，秋季果实红艳夺目，是优良的绿化树种，无论孤植、丛植或作行道树均十分合适。

【同属种类】拟单性木兰属共有 5 种，分布于我国及缅甸北部。我国 5 种均产。是木兰科中从两性花退化为雄花及两性花异株的植物，对研究分类有一定的学术意义。

峨眉拟单性木兰
Parakmeria omeiensis

【别名】峨眉拟克株丽木

常绿乔木，高达 25m；树皮深灰色。叶革质，椭圆形、狭椭圆形或倒卵状椭圆形，长 8～12cm，宽 2.5～4.5cm，上面深绿色。雄花花被片 12，外轮 3 片浅黄色、较薄，长圆形，长 3～3.8cm，内 3 轮较狭小，乳白色，倒卵状匙形；两性花雄蕊 16～18 枚，雌蕊群椭

华盖木

乐东拟单性木兰

峨眉拟单性木兰

乐东拟单性木兰

华盖木

峨眉拟单性木兰

圆体形。聚合果倒卵圆形，长3～4cm，外种皮红褐色。花期5月；果期9月。

产于四川峨眉山，生于海拔1200～1300m林中。叶片苍翠亮绿，花朵乳白或乳黄色，芳香，是峨眉山特有的珍贵观赏树种。

云南拟单性木兰
Parakmeria yunnanensis

【别名】云南拟克林丽木

【形态特征】常绿乔木，高达30m，树皮灰白色。叶，卵状长圆形或卵状椭圆形、长6.5～15cm，宽2～5cm，网脉两面明显。雄花与两性花异株；雄花花被片12，外轮红色，倒卵形，内3轮白色，狭倒卵状匙形；雄蕊约30枚，红色；两性花雄蕊极少，雌蕊群卵圆形，绿色。聚合果长圆状卵圆形，长约6cm，蓇葖菱形，外种皮红色。花期5月；果期9～10月。

【产地及习性】产于云南、广西及贵州，生于海拔1200～1500m山谷密林中。两性花植株较少，有些产地仅见雄株。阳性树，幼苗及幼树喜半荫；喜温暖、湿润、多雨环境，适于黄壤或黄红壤，但在石灰岩山地亦能生长。

【观赏评价与应用】云南拟单性木兰树干通直，树形美观，嫩叶紫红色，花白色，大而芳香，枝叶繁茂，四季青翠，是重要的用材和园林绿化树种，适于作行道树或庭荫树。

焕镛木
Woonyoungia septentrionalis
【*Kmeria septentrionalis*】

【别名】单性木兰

【形态特征】常绿乔木，高达18m，径达40cm；树皮灰色；小枝绿色。叶椭圆状长圆形或倒卵状长圆形，长8～15cm，宽3.5～6cm，两面无毛，托叶痕几达叶柄先端。花单性异株。雄花花被片白带淡绿色，外轮倒卵形，长2～3cm，内轮椭圆形；雌花外轮花被片倒卵形，长2.5～3cm，内轮花被片线状披针形，长2～2.5cm。聚合果近球形，熟时红色，径3.5～4cm。花期5～6月；果期10～11月。

【产地及习性】产于广西北部、贵州东南部，生于海拔300～500m的石灰岩山地林中。阳性树种，幼树亦耐荫，不耐寒，耐干旱瘠薄。萌芽力强。

【观赏评价与应用】焕镛木为国家一级保护植物。树干通直，树姿美丽，花大而色美、芳香，为珍贵的用材树种和庭园绿化树种。花单性、雌雄异株，这在原始木兰科植物中是极为罕见的，具有重要的科研价值。深圳仙湖植物园木兰园中有栽培。

【同属种类】焕镛木属共有3种，分布于我国西南部、印度东北部、印度尼西亚、马来西亚和越南。我国1种。

白玉兰
Yulania denudata
【*Magnolia denudata*】

【别名】玉兰

【形态特征】落叶乔木，高达15m；树冠幼时狭卵形，成年则为宽卵形至球形。花芽大而显著，密毛。叶片倒卵状长椭圆形，长10～15cm，先端突尖。花单生枝顶，径12～15cm，纯白色，芳香，花萼、花瓣相似，9片，肉质。聚合蓇葖果圆柱形，长8～12cm。花期3～4月（黄河至长江流域），叶前开放；果9～10月成熟。

【产地及习性】原产我国中部，广为栽培。喜光，稍耐荫；喜温暖气候，但耐寒性颇强，可耐−20℃低温，在北京以南各地均可正常生长。喜肥沃、湿润而排水良好的弱酸性土壤，但也能生长于中性至微碱性土中（pH值7～8）。根肉质，不耐水淹，耐旱性也一般。

【观赏评价与应用】白玉兰花期早，在华北地区3月上旬即进入盛花期，是北方著名的

云南拟单性木兰

云南拟单性木兰

云南拟单性木兰

焕镛木

焕镛木

焕镛木

白玉兰

白玉兰

白玉兰

早春花木，由于开花时无叶，花感甚强。在古典园林中，常沿建筑前列植或在入口处对植，登楼俯视，令人意远，也常孤植、丛植于庭前、岩际、路旁、栏周、亭侧或常绿树前，或亭亭玉立，或玉圃琼林。清代皇家布置庭园极为重视白玉兰，颐和园等处常见应用，《御制玉兰》赞曰："琼姿本自江南种，移向春光上苑栽；试比群芳真皎洁，冰心一片晓风开。"

【同属种类】玉兰属由木兰属（Magnolia）中分出，约25种，分布于东南亚和北美洲亚热带和温带地区。我国18种，主产于长江以南各地。

黄瓜木兰
Yulania acuminata
【Magnolia acuminata】

【别名】黄瓜树兰

落叶乔木，高达15～20m。单叶互生，卵形至长圆形，长12～25cm，宽6～12cm，全缘，下面有柔毛，基部心形至楔形。花单生枝顶，黄绿色，花期4～7月。幼果绿色，形如黄瓜，熟时深红色，长6～8cm，径约4cm

原产美国东部和加拿大南部安大略。喜深厚肥沃而排水良好的微酸性土壤，也稍耐碱。是优良的庭荫树。

天目木兰
Yulania amoena
【Magnolia amoena】

落叶乔木，高达12m，树皮灰白色；嫩枝绿色。叶宽倒披针形、倒披针状椭圆形，长10～15cm，宽3.5～5cm，先端渐尖或骤狭尾状尖，下面幼嫩时叶脉及脉腋有白色弯曲长毛；侧脉10～13对，托叶痕为叶柄长的1/5～1/2。花先叶开放，红色或淡红色，芳香，径约6cm；佛焰苞状苞片紧接花被片；花被片9，倒披针形或匙形，长5～5.6cm。聚合果圆柱形，长4～10cm，由于部分心皮不育而弯曲。花期4～5月；果期9～10月。

产于华东，生于林中。是优美的庭园观赏树木。

望春玉兰
Yulania biondii
【Magnolia biondii】

【别名】望春花

【形态特征】落叶乔木，高6～12m。小枝灰绿色，无毛。叶多为长圆状披针形，长10～18cm，宽3.5～6cm，先端急尖，基部阔楔形。花先叶开放，花被片9，外轮3片紫红色，狭倒卵状条形，长约1cm；内两轮近匙形，白色，外面基部带紫红色，长4～5cm，宽1.3～2.5cm，内轮的较狭小。聚合蓇葖果圆柱形，长8～14cm，常因部分不育而扭曲。花期3月；果期9月。

【产地及习性】产甘肃、陕西、河南、湖北、湖南、四川等，山东等地栽培。生长快，适应性强，耐寒，不耐积水。

黄瓜木兰

黄瓜木兰

天目木兰

望春玉兰

黄瓜木兰

天目木兰

望春玉兰

天目木兰

望春玉兰

【观赏评价与应用】望春玉兰是优良园林绿化树种,树干光滑,枝叶茂密,树形优美,花期早,在山东中部3月上旬盛花,气味芳香,花色素雅,花瓣白色而外面基部紫红色,十分美观,仲秋时节聚合果由青变黄红,种子具红色假种皮也颇美观。可列植、群植,最适于道路、广场及大型建筑前应用。花可提取浸膏做香精。花蕾入药称"辛夷",据考证,本种是中药辛夷的正品。

紫玉兰
Yulania liliiflora
【*Magnolia liliflora*】

【别名】辛夷、木笔、木兰

【形态特征】落叶大灌木,高达3~5m。小枝紫褐色,无毛。叶片椭圆形或倒卵状长椭圆形,长10~18cm,先端渐尖,基部楔形,全缘。花大,单生枝顶,花瓣6,外面紫色,内面浅紫色或近于白色;花萼3,黄绿色,长约为花瓣的1/3,早落。花期3~4月,先叶开放;果9~10月成熟。

二乔玉兰

【产地及习性】紫玉兰原产我国中部,现各地广为栽培;星花木兰原产日本,南京、上海、杭州、大连等地有栽培。喜光,稍耐荫;较耐寒,在北京以南各地可露地越冬;对土壤要求不严,但在过于干燥的黏土和碱土上生长不良;忌积水。萌芽力强,耐修剪。

【观赏评价与应用】紫玉兰栽培历史悠久,我国古代常植于庭院,是早春著名花木,花瓣外紫内白,"外斓斓似凝紫,内英英而积雪",为庭园珍贵花木之一,北京潭柘寺毗卢阁前有三百多年生的古紫玉兰。紫玉兰株形低矮,特别适于庭院之窗前、草地边缘、池畔丛植、孤植赏花,可与翠竹青松配植,以取色彩调和之效。花蕾入药,商品名"辛夷"。

二乔玉兰
Yulania × soulangeana
【*Magnolia × soulangeana*】

落叶小乔木或大灌木,高6~10m。小枝无毛。叶片倒卵形,长6~15cm,宽4~7.5cm,先端短急尖,上面基部中脉常残存有毛,下面多少被柔毛。花先叶开放,径约

紫玉兰

紫玉兰

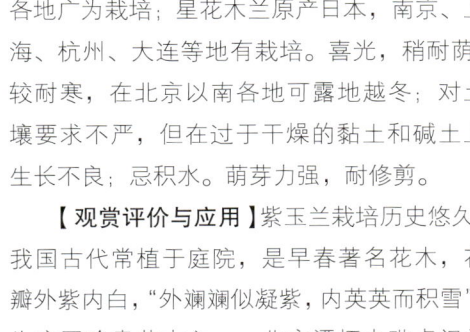

二乔玉兰

二乔玉兰

紫玉兰

10cm，芳香；花被片6～9，外轮小，呈花瓣状，长约为内轮长的1/2～2/3，先端钝圆或尖，基部较狭，外面基部为浅红色至深红色，上部及边缘多为白色，里面近白色。聚合蓇葖果圆筒形，长约8cm，径约3cm，种子深褐色，种子有红色假种皮。花期2～3月；果期9～10月。

是白玉兰和紫玉兰的杂交种。性喜光，喜温暖湿润气候，耐寒性强，在-20℃条件下可安全越冬。花朵优美，适应性强，是著名观赏树木，国内外庭园中均常见栽培。

星花玉兰
Yulania stellata
【Magnolia stellata】

【别名】日本毛木兰

落叶灌木，株形开展。枝繁密，小枝曲折；当年生小枝绿色，密被白色绢状毛。叶片倒卵形，有时倒披针形，长7～12cm，宽2.5～4cm。花初开时淡红色并渐变为近白色，径5～7cm，芳香；花被片12～18枚，狭窄、开展。聚合果长约5cm，仅部分心皮发育。花期2～4月。

原产日本岐阜县，久经栽培，品种多。性耐风、耐寒，能生于碱性土壤。株丛低矮，花色优美，为美丽的庭园观赏树种，适于庭院、居住区应用，宜丛植。华东地区常有栽培，在浙江景宁归化。

宝华玉兰
Yulania zenii
【Magnolia zenii】

落叶乔木，高达11m。嫩枝绿色，老枝紫色。叶倒卵状长圆形或长圆形，长7～16cm，宽3～7cm，托叶痕长为叶柄长的1/5～1/2。花先叶开放，芳香，径约12cm；花被片9，近匙形，长6.8～7.8cm，宽2.7～3.8cm，内轮较狭小，白色，背面中部以下淡紫红色，上部白色。聚合果柱形，长5～7cm。花期3～4月；果期8～9月。

产于江苏（句容宝华山），生于海拔约220m的丘陵地。花芳香艳丽，为优美的庭园观赏树种。宝华玉兰与白玉兰相近，但叶倒卵状长圆形，花被片匙形，外面中部以下紫色。花色优美，花期早，是优良的庭院观赏树种，江苏、湖北、山东等地栽培。

宝华玉兰

宝华玉兰

星花玉兰

星花玉兰

星花玉兰

宝华玉兰

十六、番荔枝科 Annonaceae

番荔枝
Annona squamosa

【形态特征】落叶或半常绿小乔木，高达5m，多分枝；树皮灰白色。叶互生，排成2列；叶片薄纸质，椭圆状披针形，长6～17.5cm，宽4.5～7.5cm，全缘，先端短尖至圆钝；侧脉8～15对，在上面平。花蕾披针形；花单生或2～4朵簇生，青黄色或绿色，下垂，长约2cm；花瓣6枚，外轮肉质，长圆形，内轮退化。聚合浆果肉质，球形，径5～10cm，有多数瘤状突起，外被白粉，熟时黄绿色。花期5～6月；果期6～11月。

【产地及习性】原产西印度群岛，现热带地区广植。最迟在17世纪末引入中国台湾，我国南部栽培。喜暖热湿润气候，不耐0℃以下低温，最适于年平均气温22℃以上、年降雨量1500～2500mm的地区；对土壤适应能力较强，但宜排水良好、土质肥沃。

【观赏评价与应用】番荔枝为小乔木，分枝多，枝条细软而下垂；果实具瘤状突起，颇似佛像头部之瘤，故有"佛头果"或"释迦头果"之称，味道甘美芳香，是热带佳果之一。园林中适于庭院孤植、丛植，大型公园或风景区则可结合生产大面积种植。

【同属种类】番荔枝属共有100余种，分布于美洲和非洲热带地区。我国引入栽培7种，见于东南部至西南部，果可食。

刺果番荔枝
Annona muricata

【别名】红毛榴莲

【形态特征】常绿小乔木，高达8m；树皮粗糙。叶倒卵状矩圆形至椭圆形，长5～18cm，宽2～7cm，两面无毛；侧脉两面略凸起。花蕾卵圆形；花淡黄色，径约4cm。萼片卵状椭圆形，外轮花瓣阔三角形，内面基部有红色凸点，内轮花瓣稍薄，卵状椭圆形，内面下半部覆盖雌雄蕊处密生小凸点；雄蕊长4mm，花丝肉质。果卵圆状，长10～35cm，径7～15cm，深绿色，幼时有下弯的刺。花期4～7月；果期7月至翌年3月。

【产地及习性】原产热带美洲，现亚洲热带地区也有栽培。

【观赏评价与应用】刺果番荔枝花朵淡黄色，果实硕大而有软刺，酸甜味，是著名的热带水果，园林中也可作观果树种栽培，适于庭院、公园各处应用。台湾、广东、广西和云南等华南、西南省区栽培。

牛心梨
Annona reticulata

【别名】牛心番荔枝

【形态特征】乔木，高约6m；枝条有瘤状凸起。叶长圆状披针形，长9～30cm，宽

番荔枝

番荔枝

刺果番荔枝

刺果番荔枝

牛心梨

牛心梨

刺果番荔枝

3.5～7cm，顶端渐尖，两面无毛；侧脉15对以上。总花梗与叶对生或互生，有花2～10朵；花蕾披针形，萼片卵圆形，外面被短柔毛；外轮花瓣长圆形，长2.5～3cm，肉质，黄色，基部紫色，内轮花瓣退化成鳞片状。聚合果近球状心形，长7～10cm，略平滑，熟时暗黄色。花期冬末至早春；果期翌年3～6月。

【产地及习性】原产热带美洲，现亚洲热带地区均有栽培。喜温暖潮湿的热带气候，不耐寒。

【观赏评价与应用】牛心梨是热带地区著名水果，冬季开花，花色优美，果实大型，园林中可结合生产栽培，适于群植，也可孤植于庭院房前、路边、建筑角隅。华南各地常见栽培。

鹰爪花
Artabotrys hexapetatus

【形态特征】常绿攀援灌木。叶纸质，长圆形或阔披针形，长6～16cm，宽2.5～6cm，先端渐尖，全缘。花1～2朵生于钩状总梗上，淡绿色或淡黄色，径约(2.5)4～6cm，芳香；花瓣6枚，长圆状披针形，长3～4.5cm。浆果卵圆形，长2.5～4cm，径约2.5cm。花期5～8(11)月；果期6～12月。

【产地及习性】产热带亚洲，我国分布于华南、西南、台湾等地，北达浙江南部，我国南部和南亚、东南亚地区均见栽培。幼龄喜荫蔽，成年趋于喜光；喜温暖湿润气候和疏松肥沃而排水良好的土壤，忌寒冷和干风，不耐积水。萌芽力强，耐修剪。

【观赏评价与应用】鹰爪花为常绿蔓性灌木，长达15m，是热带地区优良的藤本花木，园林中多植于墙边以资攀援，也适于花架、花棚的垂直绿化，或用于山石、林间点缀。还是著名的香料植物，我国南部和台湾妇女常簪于头上，以资装饰。

【同属种类】鹰爪花属共100余种，分布于热带和亚热带地区。我国8种，产西南、华南和至东南部。

香港鹰爪花
Artabotrys hongkongensis

【别名】港鹰爪、野鹰爪藤

常绿攀援灌木，长达6m。小枝被黄色粗毛。叶革质，椭圆形，长6～12cm，宽2.5～4cm，先端急尖或钝，基部近圆形或稍偏斜，两面无毛或下面中脉被疏柔毛；侧脉8～10对。花单生，花梗稍长于钩状总花梗；花瓣卵状披针形，长10～18mm，外轮花瓣密被丝质柔毛。果实椭圆形，长2～3.5cm，直径1.5～3cm。花期4～7月；果期5～12月。

分布于湖南、广东、广西、云南和贵州等省区，生于海拔300～1500m山地密林下或山谷荫湿处。越南也有分布。

依兰
Cananga odorata

【别名】伊兰、香水树、加拿楷

【形态特征】常绿大乔木，高达20m，径达60cm；树干通直。叶卵状长圆形或长椭圆形，长10～23cm，宽4～14cm；侧脉9～12对；叶柄长1～1.5cm。花序单生叶腋；花长约8cm，黄绿色，芳香；花梗长1～4cm；萼卵圆形，绿色；花瓣线形或线状披针形，长5～8cm，宽8～16mm，两面被短柔毛。浆果卵状，长约1.5cm，径约1cm。花期4～8月；果期12月至翌年3月。

【产地及习性】原产于缅甸、印度尼西亚、菲律宾和马来西亚；现世界各热带地区均有

鹰爪花

鹰爪花

鹰爪花

香港鹰爪花

香港鹰爪花

依兰

依兰

依兰

栽培。我国栽培于台湾、福建、广东、广西、云南和四川等省区。为热带海岛性阳性树种，喜高温潮湿环境。

【变种】小依兰（var. *fruticosa*），灌木，植株矮小，高1～2m；花的香气较淡。花期5～8月。原产于泰国、印度尼西亚和马来西亚。我国栽培于广东、云南。

【观赏评价与应用】依兰是优良的庭荫树，热带芳香植物中最重要的一种，常年开花，初开时青绿色，盛开时淡黄色，花香持久，有花中之王的称誉。花有浓郁的香气，可提制高级香精油。小依兰又名矮依兰，植株低矮，园林中更为常见，适于草地丛植。

【同属种类】依兰属共有2种，产热带亚洲和澳大利亚。我国引入栽培1种。

假鹰爪
Desmos chinensis

【别名】山指甲、狗牙花、鸡爪木、半夜兰、酒饼叶

【形态特征】直立或攀援灌木，除花外，全株无毛。叶长圆形或椭圆形，稀阔卵形，长4～13cm，宽2～5cm，下面粉绿色。花黄白色，与叶对生或互生；花梗长2～5.5cm；萼片卵圆形，长3～5mm；外轮花瓣长圆形或长圆状披针形，长达9cm，宽达2cm，顶端钝，内轮花瓣长圆状披针形。果念珠状，长2～5cm。花期夏至冬季；果期6月至翌年春季。

【产地及习性】产广东、广西、云南和贵州。生于丘陵山坡、林缘灌木丛中或低海拔旷地、荒野及山谷等地。印度、老挝、柬埔寨、越南和马来西亚、新加坡、菲律宾和印度尼西亚也有。

【观赏评价与应用】假鹰爪花花朵大而黄色，芳香，果实奇特而呈念珠状，是优良的庭园观赏植物，常栽培。海南民间有用其叶制酒饼，故有"酒饼叶"之称。

【同属种类】假鹰爪属约25～30种，分

布于亚洲热带、亚热带地区和大洋洲。我国产5种，产于我国南部和西南部。

瓜馥木
Fissistigma oldhamii

【别名】毛瓜馥木

【形态特征】常绿攀援灌木，长达8m；小枝被黄褐色柔毛。叶倒卵状椭圆形或长圆形，长6～12cm，宽2～5cm，顶端圆或微凹，基部阔楔形或圆形，上面无毛，下面被短柔毛；侧脉16～20对。花长约1.5cm，径1～1.7cm；萼片阔三角形，外轮花瓣卵状长圆形，内轮较窄；雄蕊长圆形；心皮被长绢质柔毛。果圆球状，径约1.8cm，密被黄棕色绒毛。花期4～9月；果期7月至翌年2月。

【产地及习性】产于浙江、江西、福建、台湾、湖南、广东、广西、云南。越南也有。喜阴湿环境，常生于山谷、溪边和疏林中。

【观赏评价与应用】瓜馥木花朵芳香、花期长，在园林可中植于墙篱边任其攀援，颇有野趣，亦可用于攀附棚架。花可提制瓜馥木花油或浸膏，果肉味甜、可食，根供药用。

【同属种类】瓜馥木属共约75种，分布于旧世界热带、亚热带。我国23种，主产华南、西南。

银钩花
Mitrephora tomentosa
【*Mitrephora thorelii*】

【别名】定春

【形态特征】常绿乔木，高达25m，径50cm。叶卵形或长圆状椭圆形，长达15cm，宽7～10cm，背面有锈色长柔毛。花淡黄色，径1～1.5cm，单生或数朵组成总状花序，腋生或与叶对生；总花梗、花梗、萼片、花瓣均密被锈色柔毛。果卵球状，熟时有环纹，长1.6～2cm，径1.4～1.6cm。花期3～4月；果期5～8月。

【产地及习性】产于海南、广西、贵州、云南，生于山地密林中。越南、老挝、柬埔寨、泰国等地也有。

【观赏评价与应用】银钩花树形优美，花

大黄色而芳香，花期早，是热带地区优美的庭园观赏树种，适于植为庭院风景树或行道树。

【同属种类】银钩花属约47种，分布于热带和亚热带地区。我国3种，分布于华南和西南。

银钩花

银钩花

银钩花

长叶暗罗
Polyalthia longifolia

【别名】印度塔树、鸡爪树、垂枝暗罗

【形态特征】常绿乔木，高达20m，主干挺直，侧枝纤细下垂。叶卵状长圆形至卵状披针形，下垂，长11～31cm，宽2.5～8cm，叶缘波状，光滑无毛；侧脉18～24对。花黄绿色，花瓣狭三角状披针形，长1.3～1.5cm，宽2～4mm。果卵形，紫色，长2～2.5cm，宽约1.5cm。花期5～6月；果期7～9月。

【产地及习性】原产印度和斯里兰卡等地。我国广东、海南、云南、广西、福建等地有栽培引种。性喜光，喜高温、高湿环境，耐干旱瘠薄，生长适温为22～32℃。生长较慢。

【观赏评价与应用】长叶暗罗树形优美，株型奇特，主干挺直高耸，分枝细柔、树叶密集，酷似佛教中的尖塔，故又称印度塔树。在佛教盛行的地方，被当成神圣的宗教植物，种于寺庙周围，寓意与世无争。印度阿育王为弘扬佛法在各地广建佛塔供养舍利，因亦被称为"阿育王树"，东南亚地区广为栽培。也适于庭院、公园、风景区等处孤植、列植、丛植或作行道树。

【同属种类】暗罗属约120种，分布于东半球的热带及亚热带地区，主产东南亚地区。我国16种，分布于台湾、广东、海南、广西、云南和西藏等省区，引入栽培1种。

长叶暗罗

长叶暗罗

长叶暗罗

陵水暗罗
Polyalthia nemoralis

常绿灌木或小乔木，高达5m。叶长圆形或长圆状披针形，长9～18cm，宽2～6cm，两面无毛，侧脉8～10对。花白色，单生，与叶对生，径1～2cm。果卵状椭圆形，长1～1.5cm，直径8～10mm，熟时红色。花期4～7月；果期7～12月。

分布于广东南部至海南岛。生于低海拔至中海拔山地林中荫湿处。越南也有。果实红艳，是优良的观叶和观果树种。

陵水暗罗

陵水暗罗

陵水暗罗

番荔枝科 Annonaceae

暗罗
Polyalthia suberosa

【别名】眉尾木

常绿小乔木，高达5m。叶椭圆状长圆形或倒披针状长圆形，长6～10cm，宽2～3.5cm，叶面无毛，叶背被疏柔毛，侧脉8～10对，纤细。花淡黄色，1～2朵与叶对生。果近球状，径4～5mm，熟时果红色。花期几乎全年；果期6月至翌年春季。

产于广东南部和广西南部，生于低海拔山地疏林中。印度、斯里兰卡、缅甸、泰国、越南、老挝、马来西亚、新加坡和菲律宾等也有。

大花紫玉盘
Uvaria grandiflora

【别名】山椒子、葡萄木

【形态特征】攀援灌木，全株密被黄褐色星状柔毛至绒毛。叶长圆状倒卵形，长7～30cm，宽3.5～12.5cm，侧脉10～17对，在叶面扁平。花单朵与叶对生，紫红色或深红色，直径达9～10cm。果长圆柱状，长4～6cm，直径1.5～2cm。花期3～11月；果期5～12月。

【产地及习性】产于广东、广西、海南，生于低海拔灌木丛中或丘陵山地疏林中。热带亚洲也有分布。喜光，耐旱，耐瘠薄。

【观赏评价与应用】大花紫玉盘花朵大而色彩艳丽，虽藏于叶背开放仍难掩其美丽，观赏价值高于紫玉盘，可植于庭院观赏或用于篱垣绿化。

【同属种类】紫玉盘属约150种，分布于东半球热带及亚热带地区。我国8种，分布于西南及华南地区。

紫玉盘
Uvaria macrophylla

直立灌木，高约2m；幼枝叶、花、果均被黄色星状柔毛。叶长倒卵形或长椭圆形，长10～23cm，宽5～11cm；侧脉在叶面凹陷。花1～2朵，与叶对生，暗紫红色或淡红褐色，径2.5～3.5cm；花瓣卵圆形，顶端圆钝。果卵圆形或短圆柱形，长1～2cm，暗紫褐色。花期3～8月；果期7月至翌年3月。

产于广西、广东和台湾，生于低海拔灌木丛中或丘陵山地疏林中。越南和老挝也有。花色美丽，果实紫色，花果期长达半年以上，适宜庭院栽培观赏，也可用于制作盆景。

十七、蜡梅科 Calycanthaceae

夏蜡梅
Calycanthus chinensis

【形态特征】落叶灌木，高达 3m。小枝对生；当年生枝黄褐色，有光泽。单叶对生，阔卵状椭圆形至卵圆形，长 13～29cm，宽 8～16cm。花单生枝顶，径 4.5～7cm，无香味；花被片 2 型：外围大而薄，白色，边缘具红晕，9～14 片；内面 9～12 片乳黄色，腹面基部散生淡紫色斑纹，呈副花冠状。果托钟形，瘦果褐色，基部密被灰白色绒毛。花期 5～6 月；果期 9～10 月。

【产地及习性】特产华东，分布于浙江和安徽，生于海拔 600～1000m 山地溪边。喜凉爽湿润气候和富含腐殖质的微酸性土壤，耐荫，不耐干旱瘠薄。

【观赏评价与应用】夏蜡梅花朵大而美丽，花型奇特，花色素雅，果实形似花瓶，是一美丽的夏季花木。杭州、南京、北京等地栽培，宜应用于林下、水边，也可于庭院之窗前屋后亭际丛植。

【同属种类】夏蜡梅属共有 3 种，产东亚和北美。我国产 1 种，引入栽培 2 种。

美国蜡梅
Calycanthus floridus

落叶灌木，高 1～4m。柄下芽或近柄下芽。叶椭圆形或卵圆形，长 5～15cm，宽 2～6cm。花生于短侧枝顶端，直径 4～7cm，有香气。花被片 15～30，线形至椭圆形，褐紫色至红褐色。原产地花期 5～7 月；果期 9～10 月。

原产北美洲，我国南京、杭州、庐山等地有栽培。花色美丽且有芳香，是优良的花灌木，常用于庭园观赏。

夏蜡梅

美国蜡梅

美国蜡梅

蜡梅
Chimonanthus praecox

【别名】腊梅

【形态特征】落叶大灌木，高达 4m。小枝淡灰色。单叶对生，椭圆状卵形至卵状披针形，长 7～15cm，宽 2～8cm，全缘，上面粗糙，有硬毛。冬春先叶开花，花单生，鲜黄色，芳香，径 1.5～2.5cm，内层花被片有紫褐色条纹。花托壶形。聚合瘦果长，果托壶形。花期 (12) 1～3 月，先叶开放；果 9～10 月成熟。

【产地及习性】产我国中部，湖北、湖南等省仍有野生，普遍栽培，以河南鄢陵最为著名。喜光，稍耐荫；耐寒。喜深厚而排水良好的轻壤土，在黏性土和盐碱地生长不良。耐干旱，忌水湿。萌芽力强，耐修剪。

【变种】素心蜡梅（var. *concolor*），花被片全部黄色，无紫斑。罄口蜡梅（var. *grandiflora*），叶长可达 20cm，花径达 3～3.5cm，外轮花被片淡黄色，内轮花被片有红紫色条纹，花期长，香味最浓。

【观赏评价与应用】蜡梅是我国特有的珍贵花木，花开于隆冬，凌寒怒放，清香四溢，是冬季重要的观花佳品，也是黄河中下游地区仅有的冬季花木。最适于孤植或丛植于窗前、

夏蜡梅

蜡梅科　Calycanthaceae

突托蜡梅

突托蜡梅

突托蜡梅

浙江蜡梅

浙江蜡梅

墙角、阶下、山坡等处，可与苍松翠柏相配植，也可布置于入口的花台、花池中，配以吉祥草、沿阶草和山石。也常盆栽观赏，并于造型，民间传统的蜡梅桩景有"疙瘩梅"、"悬枝梅"以及屏扇形、龙游形等。

【同属种类】蜡梅属共有6种，我国特产。

突托蜡梅
Chimonanthus gramatus

常绿灌木，小枝无毛。叶宽卵状椭圆形，长9～16cm，基部楔形，稍下延。花被片25～27枚，淡黄色，外花被卵状椭圆形，中层花被条形，内花被片窄披针形。雄蕊6～8，不育雄蕊4～16。果托钟形，外壁具显著突起的粗网纹。花期10～12月；果期翌年6月。

分布于江西。叶形优美，花黄色而有浓香，果型奇特，是优良的庭园观赏花木。

浙江蜡梅
Chimonanthus zhejiangensis

常绿灌木，枝叶有香气。叶革质，卵状椭圆形或椭圆形，长3～11cm，宽2～6cm，上面深绿色，光亮，下面粉绿色，无白粉。花径约1.6～2.7cm，花被片16～20，淡黄色。果脐周围领状隆起。花期10～12月。

产于浙江和福建等地。全株有香气，是优良的芳香植物，杭州、上海等地栽培观赏。

浙江蜡梅

十八、樟科 Lauraceae

毛黄肉楠
Actinodaphne pilosa

【别名】胶木

【形态特征】常绿乔木或灌木，高4～12m，径达60cm。小枝粗壮，幼时密被锈色绒毛。顶芽大，卵圆形。叶互生或3～5片簇生，倒卵形或有时椭圆形，长12～24cm，宽5～12cm，先端突尖，基部楔形，幼时两面及边缘密生锈色绒毛；羽状脉，侧脉5～7对。花序腋生或枝侧生，由伞形花序组成圆锥状，密被锈色绒毛；花被片椭圆形，能育雄蕊9。果球形，径4～6mm。花期8～12月；果期翌年2～3月。

【产地及习性】产广东、广西，常生于海拔500m以下的旷野丛林或混交林中。越南、老挝也有。喜光，也可忍耐轻度庇荫，具有一定的耐盐能力，不耐寒。

【观赏评价与应用】毛黄肉楠树形整齐、枝叶茂密、叶色浓绿、叶姿优雅，花果俱佳，是观形和观花果兼备的园林树木。可作风景林、防护林、行道树、孤植树和滨海绿化用。

【同属种类】黄肉楠属约100种，分布亚洲热带、亚热带地区。我国17种，产西南、南部至东部。

毛黄肉楠

毛黄肉楠

柳叶黄肉楠
Actinodaphne lecomtei

常绿乔木或小乔木，高达10m，径达20cm。小枝褐色，幼时被灰黄色短柔毛。叶近轮生或互生，披针形至条状披针形，长10～20cm，宽1.5～3cm，基部楔形，上面深绿色，无毛或幼时沿中脉有微柔毛，下面灰绿色；侧脉多而细密，常达30～40对。伞形花序常2～5个簇生于叶腋或枝侧，无总梗，花梗与花被筒密被黄褐色长柔毛。果倒卵形，长约1cm，宽8mm，无毛。花期8～9月；果期10～11月。

分布于四川、贵州、广东，生于海拔650～1800m山地、路旁、溪旁及杂木林中。

柳叶黄肉楠

柳叶黄肉楠

峨眉黄肉楠
Actinodaphne omeiensis

常绿灌木或小乔木，高3～5m；树皮灰褐色。小枝紫褐色，粗壮，幼时被灰黄色长柔毛，老时无毛。叶披针形至椭圆形，常4～6片簇生于枝端或分枝处成轮生状，长12～27cm，宽2.1～6cm，先端渐尖，基部楔形，嫩叶刚发出时有灰色柔毛，旋即脱落无毛；侧脉纤细，12～15对。伞形花序单生或2个簇生于枝侧或叶腋，无总梗；花被片阔卵形或椭圆形，淡黄色至黄绿色。果近球形，径达2cm。花期2～3月；果期8～9月。

产四川、贵州，常生于海拔500～1700m山谷、路旁灌丛及杂木林中。

毛黄肉楠

峨眉黄肉楠

樟树
Cinnamomum camphora

【别名】香樟

【形态特征】常绿乔木，高达30m；树冠广卵形或球形；树皮灰黄褐色，纵裂。叶互生，近革质，卵形或卵状椭圆形，长6～12cm，宽2.5～5.5cm，边缘波状，下面微有白粉，脉腋有腺窝；离基3出脉。圆锥花序腋生，长3.5～7cm，花绿色或带黄绿色。果近球形，径6～8mm，紫黑色；果托盘状。花期4～5月；果期8～11月。

【产地及习性】分布于长江以南各地；日本和朝鲜也产。较喜光，孤立木树冠发达，主干较矮。喜温暖湿润气候和深厚肥沃的酸性或中性沙壤土，稍耐盐碱；较耐水湿，不耐干旱瘠薄。寿命长，可达千年以上。生长速度较快，在广东乐昌，5年生树高约5m，径达12cm。有一定抗海潮风、耐烟尘和有毒气体能力。

【观赏评价与应用】樟树是我国珍贵用材、特用经济和园林绿化树种，栽培历史悠久，各地常见千年古木。树体高大雄伟，树姿婆娑美丽，枝叶幢幢，浓荫遍地，四季常绿，而且新叶优美，每年春季三四月间，新芽萌发，幼叶初展，或红似丹枫，或黄若金菊，色彩艳丽，如满树繁花，是江南最为常见的园林树种之一。适于作庭荫树，常配植于池畔、山坡、高大建筑物旁或宽广的草地间，或孤植或丛植。很多城市宜植物行道树，也可用于营造风景林和防护林。

【同属种类】樟属约250种，分布于亚洲热带和亚热带地区、澳大利亚和太平洋岛屿。我国49种，主产于长江以南各地。

樟树

樟树

猴樟
Cinnamomum bodinieri

【别名】香树、楠木、大胡椒树

常绿乔木，高达16m。小枝紫褐色，无毛，嫩时具棱角。叶互生，叶卵形或椭圆状卵形，长8～17cm，宽3～10cm，下面苍白色，密生绢状微柔毛；侧脉4～6对，网脉两面不明显。花序长10～15cm，多分枝，无毛。花绿白色，长约2.5mm。果球形，直径7～8mm，绿色，果托浅杯状。花期5～6月；果期7～8月。

产华中至西南地区，生于路旁、沟边、疏林或灌丛中。树形高大繁茂，是优良的行道树和庭荫树，华中地区有栽培。枝叶含芳香油。

猴樟

阴香
Cinnamomum burmanii

【别名】山肉桂、山玉桂、假桂树、山桂、香桂

【形态特征】常绿乔木，高达20m，径达80cm。树皮光滑，有近似肉桂的香味。叶近对生，卵形或长椭圆形，长5～10cm，宽2～4.5cm，两面无毛，离基3出脉，脉腋无腺体，叶上面常有虫瘿。花序长3～5cm，花序轴和分枝密被灰白柔毛，花被裂片内外被柔毛。果长卵形，长8mm，果托杯状，6齿裂。花期秋、冬季；果期冬末及春季。

【产地及习性】分布于华南和云南；印度、缅甸、越南、印度尼西亚和菲律宾也产。在南亚热带常绿阔叶林和季雨林中分布普遍。耐荫，喜温热多雨气候，不耐寒。

【观赏评价与应用】阴香树冠浓荫，叶色光绿，为南亚热带地区优良的行道树和庭园绿化树种。树皮、树叶、树根均含芳香油，杀菌能力强。

樟树

阴香

阴香

阴香

浙江樟
Cinnamomum chekiangense

【别名】浙江桂、普陀樟

【形态特征】常绿乔木，高达20m；树冠卵状圆锥形；树皮光滑或片状剥落。叶互生或近对生，卵形至长圆状广披针形，长5~11cm，宽3.5~4cm，背面有白粉及细毛；离基3出脉近平行，脉腋无腺体。花序无毛，花黄绿色。核果卵形至长卵形，熟时蓝黑色，微被白粉。花期5月；果期10~11月。

【产地及习性】产华东，多生于海拔600m以下阴湿的山谷杂木林中，浙江是其主产地之一。耐荫，喜温暖湿润。

【观赏评价与应用】浙江樟树形挺拔，枝叶浓密、芳香，是优良的绿化观赏树种，可作行道树，也可用于营造风景林。FOC将本种并入"天竺桂"中。

天竺桂
Cinnamomum japonicum

【形态特征】常绿乔木，高达10~15m；树冠卵状圆锥形；树皮光滑，不开裂。小枝较细弱，红色或红褐色，光滑无毛。叶近对生或上部互生，革质，卵状矩圆形或矩圆状披针形，长7~10cm，宽3~3.5cm，两面无毛；离基3出脉近于平行；脉腋无腺体；叶柄粗壮，红褐色。花序腋生，无毛，长3~4.5(10)cm；花黄绿色，径约4.5mm。果实椭圆形，长约7mm，径约5mm。花期4~5月；果期7~9月。

【产地及习性】产江苏、浙江、安徽、江西、福建及台湾，多生于海拔1000m以下常绿阔叶林或山谷杂木林中。日本和朝鲜也有分布。中性树。幼年期耐荫；喜温暖湿润气候和排水良好的酸性及中性土；忌积水。

【观赏评价与应用】天竺桂树干通直，树姿优美，四季常绿，是优良的园林造景树种，可供行道树和园景树之用，孤植、列植、丛植均宜。其枝叶茂密，抗污染，隔音效果好，可作工矿区绿化和防护林带材料。枝叶及树皮可提取芳香油，供制各种香精及香料的原料。

兰屿肉桂
Cinnamomum kotoense

常绿乔木，高约15m。小枝褐色，圆柱形，无毛。叶对生或近对生，卵圆形至长圆状卵圆形，长8~14cm，宽4~9cm，上面鲜绿色，光亮，下面近晦暗，两面无毛；离基3出脉。花序短小。果卵球形，长约14mm，宽10mm。果期8~9月。

产我国台湾南部（兰屿），生于林中。我国广东及台湾有栽培，北方温室亦常见栽培。树皮及枝、叶均含芳香油。

兰屿肉桂

浙江樟

天竺桂

兰屿肉桂

浙江樟

天竺桂

浙江樟

天竺桂

兰屿肉桂

樟科 Lauraceae

钝叶樟
Cinnamomum bejolghota

【别名】山桂

【形态特征】常绿乔木，高5～25m，径达30cm；树皮青绿色。枝常对生，粗壮，圆柱形或钝四棱形。叶近对生，椭圆状长圆形，长12～30cm，宽4～9cm，上面亮绿色，两面无毛，3出脉或离基3出脉。圆锥花序腋生，长13～16cm，多分枝、多花密集，花黄色，长达6mm。果椭圆形，长1.3cm，宽8mm，果梗紫色。花期3～4月；果期5～7月。

【产地及习性】产云南、广东，生山坡、沟谷的疏林或密林中。印度、孟加拉、缅甸、老挝、越南也有。

【观赏评价与应用】钝叶樟树形美观，枝叶青翠，叶片疏密有致，是优良的观叶树种。适于庭院孤植、丛植，也可植为行道树。

钝叶樟

钝叶樟

大叶樟
Cinnamomum parthenoxylon

【别名】黄樟

常绿乔木，高10～20m，或灌木状。枝条粗壮，小枝具棱角，无毛。叶椭圆状卵形或长椭圆状卵形，长6～12cm，宽3～6cm，在花枝上的稍小。圆锥花序长4.5～8cm，无毛。花小，长约3mm，黄绿色；花梗纤细。果球形，直径6～8mm，黑色；果托狭长倒锥形。花期3～5月；果期4～10月。

产华东南部、华南、西南，生于海拔1500m以下常绿阔叶林或灌木丛中。热带亚洲也产。是优良的庭荫树、行道树和风景林树种，耐寒性较强，上海栽培生长良好。

大叶樟

大叶樟

大叶樟

少花桂
Cinnamomum pauciflorum

【别名】岩桂

常绿乔木，高3～14m；树皮黄褐色。叶卵圆形或卵状披针形，长6.5～10.5cm，宽2.5～5cm，下面幼时被灰白短丝毛，3出脉或离基3出脉。圆锥花序伞房状，腋生，长2.5～6.5cm，3～5（7）花，花黄白色，长4～5mm。果椭圆形，长11mm，径5～5.5mm，熟时紫黑色。花期3～8月；果期9～10月。

产湖南、湖北、四川、云南、贵州、广西及广东。生于石灰岩或砂岩山地或山谷疏林或密林中。印度也有分布。枝叶含芳香油。

少花桂

少花桂

银木
Cinnamomum septentrionale

【别名】香樟、土沉香

常绿乔木，高达16～25m；树皮灰色，光滑。小枝较粗，具棱脊。小枝、叶下面、花序均被白色绢毛。叶互生，椭圆形或椭圆状倒披针形，长10～15cm，宽5～7cm，侧脉约4对，弧曲。花序长达15cm，多花密集，分枝细弱。果球形，径不及1cm，果托先端增大成

樟科 Lauraceae

银木

银木

银木

香桂

香桂

盘状。花期5~6月；果期7~9月。

产四川及陕西和甘肃南部。喜温暖气候，喜光，稍耐荫，深根性，萌芽性强。树姿雄伟、四季常青，宜植为行道树和庭荫树，在成都平原常见栽培，生于山谷或山坡上。

香桂
Cinnamomum subavenium

【别名】细叶香桂

常绿乔木，高达20m，树皮平滑。小枝、叶柄、花梗及幼叶均密被黄色平伏绢状短柔毛。叶在幼枝上近对生，在老枝上互生，椭圆形、卵状椭圆形至披针形，长4~13.5cm，宽2~6cm，3出脉或近离基3出脉。花淡黄色，花被两面密被短柔毛。果椭圆形，长约7mm，宽5mm，熟时蓝黑色。花期6~7月；果期8~10月。

产长江流域至西南、华南，生于常绿阔叶林中。热带亚洲也有。喜温暖湿润气候，要求肥沃深厚，排水良好的酸性土。枝叶浓密，可做行道树、庭荫树，也可做背景树，或作厂矿区绿化树种，常栽培。

黄果厚壳桂
Cryptocarya concinna

【别名】生虫树、香港厚壳桂、黄果桂

【形态特征】常绿乔木，高达18m，径达35cm。枝条常有棱角，幼枝被黄褐色短绒毛。叶互生，椭圆状长圆形或长圆形，长5~10cm，宽2~3cm，基部楔形，两侧常不相等，上面无毛，下面略被短柔毛；侧脉4~7对。圆锥花序长4~8cm，被短柔毛；花被两面被短柔毛，能育雄蕊9。果长椭圆形，长1.5~2cm，径约8mm，有纵棱12条，熟时蓝黑色。花期3~5月；果期6~12月。

【产地及习性】产广东、广西、江西及台湾，生于海拔600m以下谷地或缓坡常绿阔叶林中。越南北部也有。

【观赏评价与应用】黄果厚壳桂叶色优美，果实较大而蓝黑色，可栽培观赏，作庭荫树或风景林。

【同属种类】厚壳桂属约200~250种，分布于热带亚热带地区，但主产马来西亚。我国21种，产于东南部、南部及西南部。

黄果厚壳桂

黄果厚壳桂

月桂
Laurus nobilis

【形态特征】常绿乔木，高达12m，易生根蘖而常呈灌木状；树冠长卵形。叶长圆形或长圆状披针形，长5~12cm，宽1.8~3.2cm，叶缘波状，网脉明显。雌雄异株；伞形花序腋生，开花前呈球形；苞片4枚，近圆形，外面无毛，内面被绢毛；花被裂片4，黄色。果实卵形，暗紫色。花期3~5月；果期8~9月。

【产地及习性】月桂原产地中海沿岸各国；我国华东、台湾、四川、云南等地栽培，北方温室也常见盆栽。喜光，稍耐荫；喜温暖湿润气候和疏松肥沃土壤，在酸性、中性和微碱性土壤上均能生长良好，也较耐寒，可耐短－期8℃低温；耐干旱；萌芽力强

【观赏评价与应用】月桂为著名的芳香油树种，其树形整齐而狭长、枝叶茂密，四季常青，芳香宜人，也是优美的观叶树种，而且春季黄花满树也甚可观，适于庭院、草地造景，既可对植、丛植，也可列植于建筑

樟科 Lauraceae

前作高篱以防护或分隔空间，还可修剪成球体、长方体等几何形体用于草地、公园、街头绿地的点缀。

【同属种类】月桂属共有2种，产地中海沿岸至大西洋加拿利群岛。我国引入栽培1种。

山胡椒
Lindera glauca

【别名】牛筋树、假死柴

【形态特征】落叶灌木或小乔木，高达8m。小枝灰白色，幼时被毛。叶全缘，互生或近对生，宽椭圆形或倒卵形，长4~9cm，宽2~4cm，下面苍白色，有灰色柔毛，羽状脉。雌雄异株；伞形花序腋生，苞片4；花被片椭圆形或倒卵形；花药2室。浆果球形，径约7mm。花期3~4月；果期7~9月。

【产地及习性】广泛分布于长江流域及以南地区，也产于甘肃南部、陕西、山西、河南、山东等地，生于山坡灌丛、林缘或疏林中。中南半岛、朝鲜、日本也有分布。喜光，耐干旱瘠薄，对土壤适应性广。深根性。

【观赏评价与应用】山胡椒全株有香气，花朵黄色，可栽培观赏，适于公园和风景区丛植。叶、花、果含芳香油。

【同属种类】山胡椒属约100种，分布于亚洲和北美洲热带、亚热带地区，少数种类分布于温带，以亚洲为分布中心。我国38种，主产于长江流域及其以南地区，1种分布北达辽东半岛。

乌药
Lindera aggregata

【别名】铜钱树、斑皮柴、细叶樟、香叶子

【形态特征】常绿灌木，高1.5~5m；根有纺锤形或结节状膨大。叶互生，薄革质，卵圆形或椭圆形，长3~5cm，宽1.5~4cm，长渐尖或尾尖，基部圆形，上面亮绿色，下面苍白色，密生灰黄色柔毛，3出脉。伞形花序无总梗，6~8簇生于短枝上，花梗长4mm。果实椭圆形，长约9mm，径约6mm。花期3~4月；果期6~9月。

【产地及习性】产于秦岭以南，南至华南北部，东至台湾，生于海拔100~1000m。越南、菲律宾也产。喜光，也颇耐荫，对土壤要求不严，荒坡瘠地均可生长。萌芽力强，耐修剪。

【观赏品种】斑叶乌药（'Variegata'），叶面大部分为黄色，仅中脉附近绿色。

【观赏评价与应用】乌药株型丰满、自然开张，新叶黄色，密生黄色柔毛，阳光下熠熠生辉，花朵细小密集，也颇美观，是优良的庭园观赏植物，适于庭院、公园林间空地、林缘、草坪、坡地散植，也可植为绿篱。

狭叶山胡椒
Lindera angustifolia

落叶灌木或小乔木,高2~8m。冬芽为叶芽而非混合芽,芽鳞具脊,外面芽鳞无毛,内面芽鳞背面被绢质柔毛;幼枝黄绿色。叶较长,椭圆状披针形,长6~14cm,宽1.5~3.5cm。伞形花序2~3生于冬芽基部。果球形,径约8mm,熟时黑色。花期3~4月;果期9~10月。

产长江流域至华南,北达山东、河南、陕西,生于山坡灌丛或疏林中。朝鲜也有分布。叶片狭长、美观,枝叶芳香,秋叶红褐色,经冬不凋,可栽培观赏,适于风景区,也可散植于林缘。叶可提取芳香油,用于配制化妆品及皂用香精。

狭叶山胡椒

狭叶山胡椒

狭叶山胡椒

江浙山胡椒
Lindera chienii

【别名】江浙钓樟、钱氏钓樟

落叶灌木或小乔木,高达5m;枝有纵条纹,密被白色柔毛,后渐脱落。顶芽长卵形。叶倒披针形或倒卵形,长6~10cm,宽2.5~4cm,下面淡绿色,脉上被白柔毛,羽状脉,侧脉5~7条。伞形花序通常着生于腋芽两侧各1;花被片椭圆形,等长。果近圆球形,直径10~11mm,熟时红色,果托扩大,直径7mm。花期3~4月;果期9~10月。

产华东,河南等省也有分布,生于路旁、山坡或丛林中。

江浙山胡椒

江浙山胡椒

香叶树
Lindera communis

【别名】香叶子、大香叶

【形态特征】常绿灌木或小乔木,高3~10m。当年生枝纤细,绿色,基部有密集芽鳞痕。叶革质,椭圆形或卵状长椭圆形,长6~8cm,全缘,羽状脉,上面有光泽,下面被黄褐色柔毛。雄花黄色,直径达4mm,雌花黄色或黄白色。果实近球形,径约8~10mm,熟时深红色。花期3~4月;果期9~10月。

【产地及习性】产华中、华南及西南各省区,多生于低山丘陵的疏林中。适应性强,耐荫;喜温暖气候和湿润的酸性土。萌芽力强,耐修剪。

【观赏评价与应用】香叶树枝叶扶疏,果实红艳,园林中可栽培观赏,适于疏林下、林间、路边、草地丛植。叶片和果实可提取芳香油;种子含油率50%以上,可榨油供食用或工业用。

香叶树

香叶树

红果山胡椒
Lindera erythrocarpa

【别名】红果钓樟

落叶灌木或小乔木,高可5m;幼枝常灰白或灰黄色,木栓质突起致皮甚粗糙。叶倒披针形,偶倒卵形,常下延,长9~12cm,宽4~5cm,羽状脉,侧脉4~5对。伞形花序着生于腋芽两侧各1。花被片黄绿色,椭圆形。果球形,直径7~8mm,熟时红色;果梗长1.5~1.8cm,向先端渐增粗至果托。花期4月;果期9~10月。

广布于长江流域至华南,北达陕西、山东,西南至四川,生于海拔1000m以下山坡、山

红果山胡椒

红果山胡椒

红果山胡椒

谷、溪边、林下等处。朝鲜、日本也有分布。

小叶香叶树
Lindera fragrans

【别名】香叶子

常绿小乔木，高达5m；树皮黄褐色。幼枝青绿或棕黄色，纤细、光滑，无毛或被白色柔毛。叶互生，披针形至长狭卵形，上面绿色，无毛，下面带苍白色，无毛或被白色微柔毛；3出脉，第一对侧脉紧沿叶缘上伸；叶柄长5～8mm。伞形花序腋生；总苞片4，有花2～4朵。花黄色，有香味，花被片外面密被黄褐色短柔毛，雄蕊9。果长卵形，长1cm，熟时紫黑色。

产陕西、湖北、四川、贵州、广西等省区，生于海拔700～2030m的沟边、山坡灌丛中。

小叶香叶树

小叶香叶树

黑壳楠

黑壳楠

黑壳楠

黑壳楠
Lindera megaphylla

【别名】楠木、猪屎楠、枇杷楠

【形态特征】常绿乔木，高3～15m。枝条粗壮，有木栓质凸起近圆形皮孔。顶芽卵形，长1.5cm。叶倒披针形至倒卵状长圆形，长10～23cm；羽状脉，侧脉15～21对。伞形花序常生于短枝上，总梗密被黄褐色或锈色微柔毛。花黄绿色，雄花花被片椭圆形，雌花花被片线状匙形。果椭卵形，长约1.8cm，宽约1.3cm，熟时紫黑色。花期2～4月；果期9～12月。

【产地及习性】分布于长江流域至华南、西南，北达陕西、甘肃，生于山坡、谷地湿润常绿阔叶林或灌丛中。

【观赏评价与应用】黑壳楠树形自然，枝叶茂密，是优良的观叶植物，园林中可孤植、丛植于草地、林缘、建筑周围，也可用于营造风景林。

绒毛山胡椒
Lindera nacusua

【别名】绒钓樟、大石楠树

常绿灌木或小乔木，高2～10m，径10～15cm。枝条具纵细纹，幼时密被黄褐色长柔毛。叶宽卵形至长圆形，长6～11cm，宽3.5～6cm，两侧常不等，下面密被黄褐色长柔毛。伞形花序单生或2～4簇生叶腋，花黄色，花被片卵形。果球形，熟时红色，果梗粗壮。花期5～6月；果期7～10月。

产广东、广西、福建、江西、四川、云南及西藏东南部，生于谷地或山坡的常绿阔叶林中。尼泊尔、印度、缅甸及越南也有分布。树形自然，果实红艳，可栽培观赏。

绒毛山胡椒

绒毛山胡椒

绿叶甘姜
Lindera neesiana
【Lindera fruticosa】

落叶灌木或小乔木，高达6m；树皮绿或绿褐色。幼枝青绿色，光滑。冬芽卵形，具约1mm长的短柄，基部着生2个花序。叶卵形至宽卵形，长5～14cm，宽2.5～8cm，3出脉或离基3出脉。伞形花序具长约4mm的总梗。花被片绿黄色或黄色。果近球形，直径6～8mm；果梗长4～7mm。花期4月；果期9月。

产长江流域至西南，河南、陕西也有分布，生于海拔2300m以下山坡、路旁、林下及林缘。

绿叶甘姜

绿叶甘姜

三桠乌药
Lindera obtusiloba

【别名】红叶甘檀、甘檀、山姜、崂山棍

【形态特征】落叶灌木或小乔木,高3~10m;树皮黑棕色。小枝黄绿色。叶近圆形或扁圆形,长宽均约5~11cm,3裂或全缘,基部圆形或心形,下面被棕黄色绢毛或近无毛,3出脉;叶柄被黄白色柔毛。伞形花序5~6个生于总苞内,无总梗,苞片4,外被长柔毛;花黄色,花被裂片外被长柔毛。果近球形,长8mm,暗红色或紫黑色。花期3~4月;果期8~9月。

【产地及习性】产于辽宁南部、山东、河南、陕西、江苏、安徽、甘肃、浙江、江西、湖南、湖北、四川、西藏等地,生于海拔500~3000m山坡林内或灌丛中。朝鲜、日本也有分布。

【观赏评价与应用】三桠乌药树形自然,春天黄花满树,秋叶亮黄色也颇美丽,可植于庭园观赏,适于林下、林缘、水边应用。

川钓樟
Lindera pulcherrima var. *hemsleyana*

【别名】山香桂、皮桂、香叶子、长叶乌药

常绿乔木,高达10m;枝条绿色,平滑,幼时被白色柔毛。叶互生,椭圆形,先端急尖,基部宽楔形,或叶长圆形,先端尾状渐尖,基部宽楔形,少有近圆形;3出脉。伞形花序无总梗或具极短总梗,雄花花被片6,椭圆形,能育雄蕊9,退化雌蕊子房无毛。果椭圆形。

产陕西、四川、湖北、湖南、广西、贵州、云南等省区,生于海拔2000m左右的山坡、灌丛中或林缘。

红脉钓樟
Lindera rubronervia

【别名】红脉干姜

落叶灌木或小乔木,高达5m;冬芽长角锥形,无毛。叶卵形、狭卵形,有时披针形,长6~8cm,宽3~4cm,上面沿中脉疏被短柔毛,下面被柔毛,离基3出脉,脉和叶柄秋后变为红色。伞形花序腋生,通常2个花序着生于叶芽二侧;花被片黄绿色,椭圆形。果近球形,直径1cm;果梗长1~1.5cm,熟后弯曲。花期3~4月;果期8~9月。

产华东,生于山坡林下、溪边或山谷中。叶及果皮可提取芳香油。

天目木姜子
Litsea auriculata

【形态特征】落叶乔木,高达25m,径40~60cm;树皮灰白色,鳞片状剥落。小枝紫褐色。叶互生,常聚生新枝顶端,倒卵状椭圆形、近心形或倒卵形,长9.5~23cm,宽5.5~13.5cm,先端钝圆,基部耳形或阔楔形,全缘;羽状脉。花单性,5~8朵排成伞形;雄花先叶开放,雌花与叶同放;花被片6,有时8,黄色。果椭圆形,紫黑色,长13~17mm,径11~13mm,果梗粗壮。花期

三桠乌药

三桠乌药

三桠乌药

川钓樟

川钓樟

红脉钓樟

红脉钓樟

天目木姜子

樟科 Lauraceae

3~4月；果期7~8月。

【产地及习性】零星分布于浙江、安徽、河南、江西等地，生于海拔800~1100m山坡谷地落叶阔叶林或针阔混交林中。喜土层深厚、肥沃、有侧方遮荫环境。

【观赏评价与应用】天目木姜子树体壮观，叶片大，树皮片状脱落后呈鹿斑状，非常美丽。是优良的园林绿化树种，可孤植、丛植为遮荫树，也可植为行道树。

【同属种类】木姜子属约200种，分布于亚洲热带和亚热带，以至北美和亚热带的南美洲。我国约74种，分布广泛，自海南岛北纬18°至河南省北纬34°均有分布，但主产南方和西南温暖地区，为森林中习见树木。

豹皮樟
Litsea coreana var. *sinensis*

【别名】扬子黄肉楠

常绿乔木，高8~15m；树皮呈小鳞片状剥落，脱落后呈鹿皮斑痕。幼枝红褐色，无毛。叶片长圆形或披针形，先端多急尖，上面较光亮，幼时基部沿中脉有柔毛，叶柄上面有柔毛，下面无毛。伞形花序腋生，有花3~4朵；花梗粗短，密被长柔毛。果近球形，径7~8mm，宿存有6裂花被裂片；果梗粗壮。花期8~9月；果期翌年夏季。

产浙江、江苏、安徽、河南、湖北、江西、福建，生于山地杂木林中，海拔900m以下。

山鸡椒

豹皮樟

豹皮樟

豹皮樟

山鸡椒
Litsea cubeba

【别名】山苍子

落叶小乔木，高10m，幼树树皮黄绿色，光滑。小枝绿色。叶披针形或长卵状披针形，长4~11cm，宽1.1~2.4cm，下面粉绿色。伞形花序单生或簇生，总梗长0.6~1cm，花4~6朵，花被裂片宽卵形。果近球形，径约5mm，熟时黑色；果梗长2~4mm，先端稍增粗。花期2~3月；果期7~8月。

广布于华东、华南、西南，生于向阳的山地、灌丛、疏林或林中路旁、水边。东南亚各国也有分布。

山鸡椒

黄丹木姜子
Litsea elongata

【别名】毛丹、长叶木姜子

常绿乔木，高达12m；树皮灰黄色或褐色。小枝密被褐色绒毛。顶芽卵圆形。叶长圆形、长圆状披针形至倒披针形，长6~22cm，宽2~6cm，羽状脉。萌生枝的叶片可条状披针形或长披针形，长达27cm，

黄丹木姜子

黄丹木姜子

宽1~3cm，叶脉多而密。伞形花序单生，花4~5朵；花被裂片卵形。果长圆形，长11~13mm，径7~8mm，熟时黑紫色。花期5~11月；果期2~6月。

产长江流域至华南、西南，生于海拔500~2000m山坡路旁、溪旁、杂木林下。尼泊尔、印度也有分布。

潺槁木姜子
Litsea glutinosa

【别名】潺槁树

常绿乔木，高3~15m；树皮灰色或灰褐色，内皮有黏质。幼枝有灰黄色绒

潺槁木姜子

潺槁木姜子

潺槁木姜子

毛。叶互生，倒卵形或椭圆状披针形，长6.5～10(26)cm，宽5～11cm，先端钝圆，幼时两面有毛，侧脉8～12对。伞形花序生于小枝上部叶腋或短枝上；花序梗、花梗被灰黄色绒毛。果球形，径约7mm。花期5～6月；果期9～10月。

产广东、广西、福建及云南南部，生于山地林缘、溪旁、疏林或灌丛中，海拔500～1900m。越南、菲律宾、尼泊尔、印度也有分布。

杨叶木姜子
Litsea populifolia

【别名】老鸦皮

落叶小乔木，高3～5m；除花序外其余无毛。小枝绿色，有樟脑味。叶互生，常聚生于枝梢，圆形至宽倒卵形，长6～8cm，宽5～7cm，先端圆，嫩叶紫红色；侧脉5～6

杨叶木姜子

杨叶木姜子

对，两面突起。伞形花序生于枝梢，与叶同时开放。花梗细长，花黄色，能育雄蕊9。果球形，径5～6mm。花期4～5月；果期8～9月。

产四川、云南、西藏，生于山地阳坡或河谷两岸。花朵黄色，新叶紫红色，可栽培观赏。叶、果实可提芳香油，用于化妆品及皂用香精。

短序润楠
Machilus breviflora

【别名】短序桢楠、白皮槁

【形态特征】常绿乔木，高达10m。芽卵形，长约5mm。叶略聚生于小枝先端，倒卵形至倒卵状披针形，长4～5cm，稀达9cm，宽1.5～2cm，先端钝，两面无毛。圆锥花序3～5个呈复伞形花序状，长2～5cm；花绿白色，长7～9mm。果球形，径约8～10mm。花期7～8月；果期10～12月。

【产地及习性】产广东、海南、广西，生山地或山谷阔叶混交疏林中，或生于溪边。

【观赏评价与应用】短序润楠树形优美壮观，枝叶浓密，新叶深紫红色至红色，宛若红花，叶片较细小，是优良的风景树，适于水边造景。

【同属种类】润楠属约100种，分布于东南亚和东亚热带、亚热带地区。我国82种，主产于长江流域及其以南地区，北达山东、甘肃和陕西南部。

短序润楠

短序润楠

短序润楠

浙江润楠
Machilus chekiangensis

常绿乔木。枝散布纵裂的唇形皮孔，当年生和1～2年生枝基部有高3～4mm芽鳞痕。叶常聚生枝梢，倒披针形，长6.5～13cm，宽2～3.6cm，侧脉10～12对。果序生于当年生枝基部，梗纤细，长7～9cm，嫩果球形，绿色，径约6mm。果期6月。

产浙江、香港、福建、广东等地。树形优美，新叶红色，可栽培观赏。

浙江润楠

浙江润楠

浙江润楠

华润楠
Machilus chinensis

【别名】桢南

常绿乔木，高8~11m，无毛。叶倒卵状长椭圆形至长椭圆状倒披针形，长5~10cm，宽2~4cm，先端钝或短渐尖，基部狭，侧脉不明显，约8对。圆锥花序2~4个聚生枝顶，长约3.5cm，上部分枝；花白色，花被裂片长椭圆状披针形，外轮较短。果球形，径8~10mm；花被裂片脱落，间有宿存。花期11月；果期翌年2月。

产广东、广西。生于山坡阔叶混交疏林或矮林中。越南也有分布。

华润楠

华润楠

黄毛润楠

黄毛润楠

被金黄色小柔毛。花序多数，生于当年生无叶嫩枝上，长4~7cm，由1~3花的聚伞花序组成，分枝；花绿黄至白色，长达5.5mm。花期5~7月。

产云南中部至西北部，生于海拔约1900m混交林中。

黄毛润楠
Machilus chrysotricha

常绿乔木，高5~15m。幼枝略被金黄色小柔毛。叶长圆形至倒卵状长圆形，长9~13cm，宽3.2~4.5cm；叶柄长1.5~2cm，

黄毛润楠

黄绒润楠
Machilus grijsii

【别名】黄桢楠

常绿小乔木，高达5m。芽、小枝、叶柄、叶下面有黄褐色短绒毛。叶倒卵状长圆形，长8~18cm，宽4~7cm，基部圆形，上面无毛；侧脉8~11对，小脉纤细而不明显。花序短，丛生小枝枝梢，长约3cm，密被黄褐色短绒毛；花被裂片薄，长椭圆形，长约3.5mm，两面被绒毛。果球形，径约10mm。花期3月；果期4月。

产福建、广东、海南、江西、浙江，生于灌木丛中或密林中。

黄绒润楠

黄绒润楠

宜昌润楠
Machilus ichangensis

【别名】竹叶楠、大叶樟

常绿乔木，高7~15m，树冠卵形。小枝细短，无毛。叶集生枝顶，长圆状披针形至长圆状倒披针形，长约16cm，宽约4cm，下面粉白色；侧脉纤细，12~17对，叶柄纤细。圆锥花序长5~9cm，带紫红色；花白色，花被裂片长5~6mm。果球形，径约1cm，黑色。花期4月；果期8月。

产湖北、四川、陕西南部、甘肃西部，生于山坡或山谷的疏林内。

樟科 Lauraceae

宜昌润楠

薄叶润楠
Machilus leptophylla

【别名】华东楠、大叶楠

【形态特征】常绿乔木，高达28m。枝粗壮，无毛。顶芽大，近球形。叶集生枝顶呈轮生状，倒卵状长圆形，长14～24（32）cm，宽3.5～7（8）cm，幼时下面被平伏的银白色绢毛；侧脉14～24对。圆锥花序6～10个聚生嫩枝基部，长8～15cm；花白色，花被裂片有透明油腺。果球形，径约1cm，熟时红色并变黑色；果梗长5～10mm，鲜红色。

【产地及习性】产福建、浙江、江苏、湖南、广东、广西、贵州，生于海拔450～1200m阴坡谷地混交林中。耐荫性强，常生于海拔300～1200m的山地阴湿沟谷，喜肥沃湿润的酸性黄壤。

【观赏评价与应用】薄叶润楠树姿优美，枝叶茂密苍翠，新叶被银白色绢毛，换叶之时，新叶簇簇如花，是优良的庭园观赏树种。杭州等地栽培。

刨花楠
Machilus pauhoi

【形态特征】常绿乔木，高6～20m，径达30cm，树皮浅裂。小枝绿褐色，无毛。顶芽球形至近卵形，随新枝萌发渐呈竹笋形，鳞片密被棕黄色柔毛。叶集生枝端，椭圆形或狭椭圆形，间或倒披针形，长7～17cm，宽2～5cm，侧脉纤细，12～17对。花序生当年生枝下部，疏花，花梗纤细，花被裂片卵状披针形，长约6mm。果球形，径约1cm，熟时黑色。花期3～4月。

【产地及习性】产浙江、福建、江西、湖南、广东、广西等省区，生于土壤湿润肥沃的山坡灌丛或疏林中。喜湿耐荫，不耐干燥瘠薄，喜酸性红壤、黄壤，土壤pH值5～6.5为宜。

【观赏评价与应用】刨花楠生长迅速，树体高大挺拔，树冠浓郁优美，枝叶翠绿、清秀，分枝均匀，嫩枝、新叶粉红色或棕红色，花朵鲜艳、黄色，既是珍贵用材树种，又是优美的庭园观赏、绿化树种。刨花楠叶片革质，不易燃，是优良的防火树种，可用于防火林带建设。同时具有良好的防风和固土能力，也是丘陵低山区理想的生态公益林树种。

梨润楠
Machilus pomifera

【别名】梨桢楠

常绿乔木，高达20m，径达60cm。嫩枝有小绢毛。顶芽近球形，芽鳞有棕色绒毛。叶椭圆形、倒卵状椭圆形或倒披针形，长5～12cm，宽2～5cm，先端钝圆，两面无毛，下面带粉白色；侧脉约10对，纤细。圆锥花序近顶生，长达9cm，花长3～4mm，花被裂片卵形。果球形，直径达3cm，果梗略增粗，宿存花被开展或反曲。花期7～9月；果期9月至翌年2月。

产海南，生于常绿阔叶混交林中。枝叶茂密，是优美的庭园观赏树种，华南植物园栽培。

薄叶润楠

薄叶润楠

刨花楠

梨润楠

薄叶润楠

刨花楠

梨润楠

刨花楠

梨润楠

樟科　Lauraceae

柳叶润楠

柳叶润楠

柳叶润楠

柳叶润楠

柳叶润楠
Machilus salicina

【别名】柳叶桢楠

常绿灌木，高3～5m。叶常生于枝条梢端，线状披针形，长4～12（16）cm，宽1～2.5（3.2）cm，革质，侧脉纤细，常两面不明显。聚伞状圆锥花序多数，生于新枝上端；花黄色或淡黄色。果序疏松，在热带气候下新枝继续生长，开花期常抽出新叶，显出果序生于新枝下端。果球形，径约7～10mm，熟时紫黑色；果梗红色。花期2～3月；果期4～6月。

产广东、海南、广西、贵州南部、云南南部。常生于低海拔地区的溪畔河边，中南半岛亦有分布。枝茂叶密，叶片细长，适生水边，可供华南地区湖边、池畔绿化造景用，宜孤植、丛植，也可用作护岸防堤树种。

红楠
Machilus thunbergii

【别名】红润楠

【形态特征】常绿乔木，高10～15（20）m，径达1m，生于海边者常呈灌木状。小枝无毛。顶芽卵形或长卵形。叶倒卵形至倒卵状披针形，长5～13cm，宽3～6cm，先端钝或突尖，基部楔形，两面无毛，背面有白粉；侧脉7～12对。圆锥花序生于新枝基部，长5～12cm，花被片矩圆形，长约5mm。果扁球形，径0.8～1cm，熟时蓝黑色，果柄鲜红色。花期2～4月；果期7～8月。

【产地及习性】分布产东亚，我国自山东崂山以南至华东、华南、台湾均有分布，生于海拔800m以下山坡、沟谷阔叶林中。日本和朝鲜也产。较耐荫；喜温暖湿润气候，也颇耐寒，是该属耐寒性最强树种，抗海潮风；喜深厚肥沃的中性或酸性土。

【观赏评价与应用】红楠树形端庄，枝叶茂密，新叶鲜红、老叶浓绿，果梗鲜红色，生于海边者树冠层次特别分明，形若灯台，甚为美观，是优良的园林观赏树种，宜丛植于草地、山坡、水边，也可作海岸防风林带树种。杭州植物园和上海等地已在园林中应用。在东部和南部沿海、海岛可作海岸防风林带树种。

红楠

红楠

红楠

绒毛润楠
Machilus velutina

【别名】绒楠

常绿乔木，高达18m，径40cm。枝、芽、叶下面和花序均密被锈色绒毛。叶狭倒卵形、椭圆形或狭卵形，长5～18cm，宽2～5.5cm。花序单生或集生枝顶，分枝多而短；花黄绿色，有香味。果球形，径约4mm，紫红色。花期10～12月；果期翌年2～3月。

产广东、广西、福建、江西、浙江。中南半岛也有。花朵较大而芳香，可栽培观赏。也是优良的用材树种。

绒毛润楠

绒毛润楠

绒毛润楠

滇润楠
Machilus yunnanensis

【别名】滇楠、云南楠木

常绿乔木，高达30m。枝条具纵纹，幼时绿色。叶互生，疏离，倒卵形或倒卵状椭圆形，间或椭圆形，长7～9（12）cm，宽3.5～4（5）cm，两面无毛，边缘软骨质而背卷。花序长3.5～9cm，生于短枝下部。花淡黄绿色或黄白色，长4~5mm。果椭圆形，长约1.4cm，熟时黑蓝色，具白粉。花期4~5月；果期6~10月。

产云南中部、西部至西北部和四川西部，生于海拔1500~2000m的山地常绿阔叶林中，喜生于湿润和土壤肥沃的山坡。喜日照充足、冬季气温较高、夏季不甚炎热的环境，深根性树种。树体高大、壮丽，新叶紫红色，是西南地区优良的绿化树种，可作行道树和庭荫树，昆明等地栽培观赏。

滇润楠

滇润楠

新樟
Neocinnamomum delavayi

【别名】云南桂

【形态特征】常绿灌木或小乔木，高达10m，树皮黑褐色。幼枝被锈色或白色绢毛，后渐脱落。叶互生，近革质，椭圆状披针形、卵形或宽卵形，长4~11cm，宽2~6cm；上面亮绿色，下面灰白色，幼时两面有毛；3出脉；基部楔形，常不对称。团伞花序腋生，具花4~6(10)朵，密被锈色绢毛；

新樟

新樟

花梗长5~8mm，与花被裂片两面均被绢毛。果实卵形，长1~1.5cm，径0.7~1cm，红色；果托高脚杯状。花期4~9月；果期9月至翌年1月。

【产地及习性】分布于云南、四川、西藏东南部，生于海拔1100~2300m的河岸、沟边或石灰岩山地灌丛、林缘。

【观赏评价与应用】新樟树冠开展，团团如伞，枝叶自然离披下垂，树型幽雅美观，为极具开发潜力的园林绿化树种。

【同属种类】新樟属约7种，分布自尼泊尔、印度经缅甸及我国南部和西南部至越南及印度尼西亚的苏门答腊。我国5种，产华南及西南。

舟山新木姜子
Neolitsea sericea

【形态特征】常绿乔木，高达10m，径达30cm；树皮灰白色，平滑。嫩枝密被金色丝状柔毛。叶互生，椭圆形至披针状椭圆形，长6.6~20cm，宽3~4.5cm，幼叶两面密被金黄色绢毛，离基3出脉，侧脉4~5对。伞形花序簇生叶腋或枝侧；花梗密被长柔毛；花被裂片4，椭圆形，外面密被长柔毛，内面基部有长柔毛。果球形，径约1.3cm；果梗粗壮。花期9~10月；果期翌年1~2月。

舟山新木姜子

舟山新木姜子

舟山新木姜子

【产地及习性】产浙江舟山及上海，生于山坡林中。朝鲜、日本也有分布。耐荫，喜冬暖夏凉的海洋性气候，富含腐殖质的酸性土。根系发达，耐旱、抗风、耐盐碱。萌芽力较强。

【观赏评价与应用】舟山新木姜子树干通直，树姿美观，幼嫩枝叶密被金黄色绢状柔毛，在阳光照耀及微风的吹动下闪闪发光，俗称"佛光树"，冬季红果满枝与绿叶相映，十分艳丽，是不可多得的观叶兼观果树种，珍贵的庭园观赏树及行道树。

【同属种类】新木姜子属约85种，分布印度、马来西亚至日本。我国45种，产西南、南部至东部。多为灌木，少数为中乔木。

浙江新木姜子
Neolitsea aurata var. *chekiangensis*

【别名】假桂花、红皮树

常绿乔木，高达14m。幼枝有锈色短柔毛。叶互生或聚生枝顶，披针形或倒披针形，较狭窄，长8~14cm，宽0.9~2.4cm，下面薄被棕黄色丝状柔毛，毛易脱落，近于无毛，具白粉。伞形花序3~5个簇生于枝顶或

樟科　Lauraceae

浙江新木姜子

浙江新木姜子

浙江新木姜子

节间，花被片椭圆形。花期2~3月；果期9~10月。

产浙江、安徽、江苏、江西及福建，生于山地杂木林中。杭州等地有栽培。

鸭公树
Neolitsea chuii

【别名】青胶木、大叶樟

常绿乔木，高8~18m，达40cm。小枝绿黄色，除花序外其他各部无毛。叶互生或聚生枝顶呈轮生状，椭圆形至长圆状椭圆形或卵状椭圆形，长8~16cm，宽2.7~9cm，上面光绿色，下面粉绿色，离基3出脉，侧脉3~5对。伞形花序多个密集；花被裂片卵形或长圆形。果椭圆形或近球形，长约1cm，径约8mm。花期9~10月；果期12月。

产广东、广西、湖南、江西、福建、云南东南部。生于山谷或丘陵地的疏林中。

鸭公树

鸭公树

簇叶新木姜子
Neolitsea confertifolia

【别名】丛叶楠、密叶新木姜

常绿小乔木，高3~7m。小枝常轮生，嫩时有灰褐色短柔毛。顶芽数个聚生。叶密集呈轮生状，长圆形至狭披针形，长5~12cm，宽1.2~3.5cm，边缘微波状，下面绿白色；羽状脉或有时近离基3出脉，中脉、侧脉两面突起。伞形花序3~5个簇生，几无总梗；花被裂片黄色，宽卵形，能育雄蕊6。果卵形或椭圆形，长8~12mm，径5~6mm，熟时灰蓝黑色。花期4~5月；果期9~10月。

产广东北部、广西东北部、四川、贵州、陕西东南部、河南西南部、湖北、湖南南部、江西西部，生于山地、水旁、灌丛及

簇叶新木姜子

簇叶新木姜子

簇叶新木姜子

山谷密林中。

南亚新木姜子
Neolitsea zeylanica

常绿乔木，高达20m，径达36cm；树皮灰色。幼枝绿色，被黄色微柔毛。叶互生或聚生枝端，卵状长圆形或长圆形，长7~11cm，宽2.5~4cm，先端狭渐尖，基部楔形略下延，上面深绿色，下面粉绿色，幼时沿中脉有黄色短柔毛；离基3出脉，侧脉3~4对，

南亚新木姜子

樟科 Lauraceae

南亚新木姜子

南亚新木姜子

鳄梨

鳄梨

鳄梨

闽楠

闽楠

中脉、侧脉在叶两面突起。伞形花序生于叶腋，近无总梗；花被裂片卵形。果球形，径6~7mm。花期10~11月；果期10~12月。

产广西南部，生于海拔750~1000m林中或灌丛中。东南亚及大洋洲各国也有分布。

鳄梨
Persea americana

【别名】油梨、樟梨

【形态特征】常绿乔木，高约10m；树皮灰绿色，纵裂。叶互生，长椭圆形、卵形或倒卵形，长8~20cm，宽5~12cm，下面常苍白色，密被黄褐色短柔毛，侧脉5~7对。聚伞状圆锥花序长8~14cm，生于小枝下部。花淡绿带黄色，长5~6mm。花被裂片长圆形，长4~5mm。果常梨形，长8~18cm，黄绿色或红棕色。花期2~3月；果期8~9月。

【产地及习性】原产热带美洲；我国广东、海南、福建、台湾、云南及四川等地都有少量栽培。菲律宾和俄罗斯南部、欧洲中部等地亦有栽培。性喜土层深厚、排水良好、避风环境。根系浅，枝条较脆，不抗风。

【观赏评价与应用】鳄梨约在1918年传入广东，是一种营养价值很高的水果，含多种维生素、丰富的脂肪和蛋白质，除作生果食用外也可作菜肴和罐头；果仁含脂肪油，供食用、医药和化妆工业用。热带地区可结合生产在大型公园中成片种植，亦可丛植、群植观赏。

【同属种类】鳄梨属约50种，大部分产于南北美洲，少数种产于东南亚。我国栽培的仅此1种。

闽楠
Phoebe bournei

【别名】竹叶楠

【形态特征】常绿乔木，高达15~20m，树干通直，分枝少；老树皮灰白色，新的树皮带黄褐色。叶厚革质，披针形或倒披针形，长7~13cm，宽2~3cm，下面有短柔毛；侧脉10~14对，横脉及小脉多而密。花序生于新枝中下部，长3~10cm，常3~4个，为紧缩不开展的圆锥花序；花被片卵形，两面被柔毛。果椭圆形，长1.1~1.5cm，径6~7mm。花期4月；果期10~11月。

【产地及习性】产江西、福建、浙江、广东、广西、湖南、湖北、贵州，多见于山地沟谷阔叶林中，也有栽培。

【观赏评价与应用】闽楠树形高大，叶片细长而黄绿色，是优良的园林绿化树种，适于公园草地、水边、庭院等处应用，也可群植成林，还可作行道树。

【同属种类】楠木属约有100种以上，分布于亚洲热带和亚热带地区。我国35种，均产于长江流域及其以南地区。多为珍贵用材树种。

浙江楠
Phoebe chekiangensis

【形态特征】常绿乔木，高达20m。小枝有棱，密被黄褐色或灰黑色柔毛或绒毛。叶倒卵状椭圆形或倒卵状披针形，长8~13cm，宽3.5~5cm；侧脉8~10对。圆锥花序长5~10cm，密被黄褐色绒毛；花长约4mm，花被片卵形，两面被毛。果实椭圆状卵形，长1.2~1.5cm，被白粉；宿存花被片革质，紧贴。种子多胚性。花期4~5月；果期9~10月。

樟科 Lauraceae

浙江楠

浙江楠

浙江楠

【产地及习性】产浙江、福建北部和江西东部，生于山地阔叶林中。幼树耐荫，但成株要求光照；喜温暖湿润环境，土壤以湿润、深厚肥沃、排水良好的酸性至中性土为宜。深根性树种，抗风力强。

【观赏评价与应用】浙江楠是华东地区特产树种，在植物区系研究上有学术意义。树体高大雄伟，四季青翠，是优良的园林绿化树种。杭州、苏州、南京、武汉等地栽培，南京栽培幼树有冻害。

竹叶楠
Phoebe faberi

常绿乔木，高10～15m。小枝粗壮，无毛。叶长圆状披针形或椭圆形，长7～12（15）cm，宽2～4.5cm，基部常歪斜，下面常苍白色，侧脉12～15对，横脉及小脉两面不明显。花序生于新枝下部叶腋，长5～12cm；花多而细小，黄绿色，花被片卵圆形。果球形，径7～9mm；宿存花被片卵形，略紧贴或松散。花期4～5月；果期6～7月。

竹叶楠

竹叶楠

产陕西、四川、湖北西部、贵州及云南中至北部，多见于海拔800～1500m的阔叶林中。

红毛山楠
Phoebe hungmaoensis

【别名】毛丹

常绿乔木，高达25m，径达1m。小枝、嫩叶、叶柄及芽均被红褐色或锈色长柔毛，小枝粗壮。叶倒披针形或椭圆状倒披针形，长10～15cm，宽2～4.5cm，下面被柔毛，侧脉12～14对。圆锥花序生于当年生枝中下部，长8～18cm，被柔毛；花被片长圆形或椭圆状卵形，两面密被黄灰色短柔毛。果椭圆形，长约1cm，径5～6mm；宿存花被片紧贴。花期4月；果期8～9月。

红毛山楠

红毛山楠

产广东海南、广西南部及西南部，生于较荫蔽杂木林中。也分布于越南。华南地区有栽培，供观赏。与紫楠较近，但1年生枝极粗壮，叶较小，常为倒披针形。

白楠
Phoebe neurantha

常绿大灌木至乔木，高3～14m。小枝幼时被柔毛，后近无毛。叶狭披针形、披针形或倒披针形，长8～16cm，宽1.5～4cm，先端尾尖，基部渐狭下延，侧脉8～12对，横脉及小脉略明显。圆锥花序长4～12cm，近顶部分枝；花长4～5mm，花被片卵状长圆形，两面

白楠

白楠

白楠

被毛。果卵形，长约1cm，径约7mm；宿存花被片革质，松散。花期5月；果期8～10月。

产江西、湖北、湖南、广西、贵州、陕西、甘肃、四川、云南，生于山地密林中。

紫楠
Phoebe sheareri

【形态特征】常绿乔木，高20m，径达60cm。幼枝、叶下面、叶柄和花序密被黄褐色绒毛。叶倒卵形或倒卵状披针形，长8～22cm，宽3.5～9cm，侧脉9～13对，网脉致密，结成网格状；叶柄长1～2cm。花序长7～15cm，上部分枝；花被片两面被毛。果实卵形，长约1cm，宿存花被片松散，果梗上部肥大；种子单胚。花期5～6月；果期10～11月。

【产地及习性】广布于长江流域及其以南各省，为本属中分布最北的树种。中南半岛亦产。耐荫，喜温暖湿润气候及深厚、肥沃、湿润而排水良好的微酸性及中性土，在石灰岩山地也可生长。深根性，主根发达，侧根和须根稀少。萌芽性强。

【观赏评价与应用】紫楠树形端庄美观，叶大荫浓，是优良的庭园绿化树种，在草坪孤植、丛植或配植于建筑周围均适宜，也可作行道树；在山地风景区可营造大面积风景林，

或用作秋色林的背景树。华东地区园林中常见应用。木材

桢楠
Phoebe zhenna

【别名】楠木、雅楠

【形态特征】常绿乔木，高达30m，径达1.5m；树干通直。小枝较细，被灰黄色或灰褐色柔毛。叶薄革质，椭圆形至长椭圆形，稀披针形或倒披针形，长7～11cm，先端渐尖，基部楔形，背面密被柔毛，侧脉8～13对，横脉及小脉在背面不明显；叶柄长1.2～2cm。花序长7.5～12cm，被柔毛。果椭圆形，长1.1～1.4cm，紫黑色，宿存花被片革质。花期4～5月；果9～10月成熟。

【产地及习性】产于湖北西部、湖南西部、贵州及四川盆地，多生于海拔1500m以下阔叶林中，成都平原习见栽培。中性树，幼时耐荫，喜温暖湿润气候及肥沃、湿润而排水良好之中性或微酸性土壤。生长速度缓慢，寿命长。深根性，萌蘖力强。

【观赏评价与应用】桢楠树干高大端直，树冠雄伟，是优良的庭园绿化树种，在成都平原广为栽培。适合在草坪孤植、丛植或配植于建筑周围均适宜，翠影幢幢，尤为壮观，也可作行道树，在山地风景区适于营造大面积风景林。至今，在川渝一带仍然常可见到许多桢楠古木，如武侯祠内列植成行，老干参天、浓荫覆地。也是珍贵用材树种。

檫木
Sassafras tzumu

【别名】檫树

【形态特征】落叶乔木，高达35m，径达2.5m；树冠广卵形或椭球形。树皮幼时黄绿色，有光泽，不裂；老时深灰色，不规则纵裂。小枝绿色，无毛。叶互生并常集生枝顶，卵形，长8～20cm，全缘或2～3裂，背面有白粉；叶柄长2～7cm。花两性，黄色，有香气；花被片披针形，长约4mm。果实球形，径约8mm，熟时蓝黑色，外被白粉；果柄肥大，红色；果托浅碟状。花期2～3月，叶前开放；果期7～8月。

【产地及习性】分布于长江流域至华南及西南。阳性树，不耐庇荫，喜温暖湿润气候及深厚而排水良好之酸性土壤，在山东东南部能生长良好。不甚耐旱，忌水湿，在水湿及低湿地生长不良。气温高、阳光直射时树皮易遭日灼伤害。深根性，萌芽力强。生长速度较快。

【观赏评价与应用】檫木树干通直，枝条着生干端，叶片宽大奇特，姿态清幽，部分秋叶经霜变红，红绿相间，艳丽多彩，为世界观赏名木之一，为良好的观赏树和行道树。适于孤植或丛植于庭园建筑物前、台坡、草坪一角，也可用于山地风景区营造秋色林。我国南方红壤及黄壤山区主要速生用材造林树种。

【同属种类】檫木属共有3种，间断分布于东亚和北美。我国2种，产于长江以南和台湾。

十九、金粟兰科 Chloranthaceae

金粟兰
Chloranthus spicatus

【别名】珠兰

【形态特征】常绿亚灌木，丛生，高30～60cm；茎直立或披散，节部明显，宛如竹节，无毛。叶对生，椭圆形或倒卵状椭圆形，光亮，长5～11cm，宽2.5～5.5cm，叶缘有腺齿；侧脉6～8对；叶柄长8～18mm，基部多少合生。穗状花序排列成圆锥状，多顶生，少有腋生。花两性，无花被，黄绿色，香气浓烈，雄蕊3枚，子房倒卵形。花期4～7月；果期8～9月。

【产地及习性】长江流域以南各地常见，野生者较少，生于山坡、沟谷密林下，各地多为栽培，作观赏用。日本也有栽培。喜温暖湿润的阴湿环境，要求排水良好的富含腐殖质的酸性土壤，根系怕水淹。

【观赏评价与应用】金粟兰花若粟粒，初时色青、旋即变黄，故有"金粟兰"之名。金粟兰是我国传统花卉，枝叶茂盛，茎柔软而空间伸展方向自然，枝叶均鲜绿色，若有蜡质、闪闪发光，花黄绿色，成串着生，花期长、花香纯正，是一种优美的花卉，适于布置花境、花丛，也可于坡地、林下成片种植，能够很好地覆盖地面。著名的香料植物，常用于熏茶，花和根状茎可提取芳香油。

【同属种类】金粟兰属约有17种，分布于亚洲热带、亚热带和温带。我国13种，产西南至东北。多数种类的根、根状茎或全株可供药用，有些种类的根状茎可提取芳香油，有些种类为庭园观赏植物。

金粟兰

金粟兰

金粟兰

草珊瑚
Sarcandra glabra

【别名】满山香、观音茶、九节花、接骨木

【形态特征】常绿半灌木，高50～120cm；茎节膨大。叶椭圆形、卵形至卵状披针形，长6～17cm，宽2～6cm，边缘具粗锐锯齿，齿尖有腺体，两面无毛；叶柄基部合生成鞘状。穗状花序顶生，通常分枝，多少成圆锥花序状。花黄绿色；雄蕊1枚，肉质。核果球形，直径3～4mm，亮红色。花期6月；果期8～10月。

【产地及习性】产于华东、华南和西南，生于山坡、沟谷林下荫湿处。朝鲜、日本及东南亚也有。适宜温暖湿润气候，喜阴凉环境，忌强光直射和高温干燥；喜腐殖质层深厚、疏松肥沃、微酸性的砂壤土，忌贫瘠、板结、易积水的黏重土壤。

【观赏评价与应用】草珊瑚形态秀丽、四季馨香，具有极高的药用、食用及观赏价值。春夏时节，绿意盎然、花香不断的草珊瑚，给人以赏心悦目的自然美感，秋冬之际，草珊瑚红珠满树、吉祥富贵，草珊瑚适应性强，既可制作清雅小巧的盆栽，置于室内观赏，也可用于园林、庭院的绿化点缀。

【同属种类】草珊瑚属共有3种，分布于亚洲东部至印度。我国1种，产于西南部至东南部。

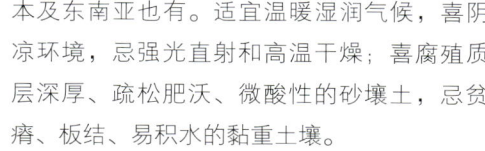

草珊瑚

草珊瑚

草珊瑚

金粟兰

二十、胡椒科 Piperaceae

树胡椒
Piper aduncum

【别名】竹胡椒

【形态特征】常绿小乔木或灌木状，高达3～7m。枝干分节明显，节膨大，带紫色。枝叶有香气。叶片大，互生，长椭圆形或椭圆状披针形，全缘，基部斜心形，不对称；羽状脉，侧脉在叶片上面下陷；托叶早落。穗状花序细长弯曲，与叶对生，白色，花小而密集。果穗细长，浆果具一粒种子。

【产地及习性】原产于墨西哥、加勒比海及南美洲热带地区及亚洲热带地区。热带亚洲常见栽培。西双版纳热带植物园最早于1979年从马来西亚引进。

【观赏评价与应用】树胡椒是胡椒科中少见的常绿乔木或大灌木，株丛自然优美，枝叶芳香，热带地区可用于公园草地、庭院等处孤植、丛植观赏。

【同属种类】胡椒属约1000～2000种，主产热带地区。我国有60余种，产台湾经东南至西南部各省区。多为香料和药用植物，有重要的经济和生态价值。

海风藤
Piper hancei

【别名】山蒟

【形态特征】攀援藤本，除花序轴和苞片柄外，余无毛；茎枝具细纵纹，节上生根。叶卵状披针形或椭圆形，稀披针形，长6～12cm，宽2.5～4.5cm，叶脉5～7条，最上1对互生，弯拱上升几达叶片顶部；叶柄长5～12mm；叶鞘长为叶柄之半。雌雄异株，穗状花序与叶对生。雄花序长6～10cm，径约2mm；雌花序长约3cm，果期延长。浆果球形，黄色，径2.5～3mm。花期3～8月。

【产地及习性】产于浙江、福建、江西南部、湖南南部、广东、广西、贵州南部及云南东南部。生于山地溪涧边、密林或疏林中，攀援于树上或石上。

【观赏评价与应用】海风藤花序细长下垂，果实黄色，散布于绿叶丛中非常优美，攀援能力强，是热带地区优良的垂直绿化植物，适于攀附树干、墙垣。

胡椒
Piper nigrum

【形态特征】木质攀援藤本；茎、枝无毛，节显著膨大。叶近革质，阔卵形至卵状长圆形，稀有近圆形，长10～15cm，宽5～9cm，顶端短尖，基部圆而稍偏斜，两面无毛；叶脉5～7条，稀9条，最上1对互生，网脉明显。花杂性，常雌雄同株；花序与叶对生，短于叶或与叶等长；总花梗与叶柄近等长；雄蕊2枚，子房球形，柱头3～4，稀5。浆果球形，径3～4mm，熟时红色，未熟时干后变黑色。花期6～10月。

【产地及习性】原产东南亚，现广植于热带地区。我国华东南部、华南及西南有栽培。喜湿热，耐修剪，较耐旱，不耐水涝，幼时喜荫，喜肥沃的砂质壤土。

【观赏评价与应用】胡椒是著名的香辛调料和药用植物，生长繁茂，攀援能力强，热带地区园林中可结合生产栽培观赏，最适于攀附篱架。

树胡椒

树胡椒

海风藤

胡椒

二十一、马兜铃科 Aristolochiaceae

绵毛马兜铃
Aristolochia mollissima

【别名】寻骨风、白毛藤、烟袋锅

【形态特征】落叶性木质藤本，全株密被黄白色绵毛。叶卵形、卵状心形，长3.5～10cm，宽2.5～8cm，基部两侧裂片广展，全缘，基出脉5～7条。花单生叶腋，花被管弯曲成烟斗形，淡黄色并有紫色网纹；子房密被白色长绵毛。蒴果长圆状或椭圆状倒卵形，长3～5cm，径1.5～2cm，具6条呈波状或扭曲的棱或翅。花期4～6月；果期8～10月。

【产地及习性】广布于长江流域，北达陕西、山西、山东、河南，生于海拔100～850m的山坡、草丛、沟边和路旁等处。耐荫，也耐强光，耐寒性强，生长迅速。

【观赏评价与应用】绵毛马兜铃适应性强，生长茂盛，全株有白色毛，在阳光下熠熠生辉，花朵及果实均奇特，园林中可作地被植物，适于黄河流域及其以南地区，可用于林下、空旷地、山石间。全株药用。

【同属种类】马兜铃属共有400多种，广布于旧世界热带至温带地区，多为草质或木质藤本，稀亚灌木或小乔木。我国45种，广布于南北各省区，但以西南和南部地区较多。

木本马兜铃
Aristolochia arborea

攀援灌木或呈小乔木状，高达5～6m。叶革质，互生，椭圆形，先端渐尖，基部圆形或略心形，侧脉5～8对，叶脉明显，叶柄极短。花密生于枝干底部，大而褐色，具网状脉纹，花被管弯曲，檐部展开，下部内面具白色大斑块。蒴果开裂，种子多数。花期常为4～7月。

原产中美洲。花朵奇异、密集，观赏价值高。华南有少量栽培。

巨花马兜铃
Aristolochia gigantea

【别名】大花马兜铃

【形态特征】常绿性大型木质藤本，长达10m。老茎粗糙，具棱；嫩茎枝光滑无毛。叶互生，卵状心形，全缘，顶端短锐尖，基部心形，

马兜铃科 Aristolochiaceae

巨花马兜铃

巨花马兜铃

广西马兜铃

具叶柄。单花腋生，花被1片，基部膨大如兜状物，其上有一缢缩的颈部，顶部扩大如旗状，布满紫褐色斑点或条纹，长约40cm、宽约25cm。花期6～11月。

【产地及习性】产巴西，我国广东、云南等地有栽培。性强健，喜温暖湿润环境，不耐寒；喜光，稍耐荫。

【观赏评价与应用】巨花马兜铃花朵大型、奇异，椭圆心形，花被褶折，紫红色、白色的斑纹交错，色彩艳丽而又略显神秘，在一片翠绿中像一只只紫色蝴蝶翩翩起舞，令其让人过目不忘，观赏价值高，是热带地区优良的棚架植物。也可于坡地、山石间成片种植。

广西马兜铃
Aristolochia kwangsiensis

【别名】大叶马兜铃

大型木质藤本，块根椭圆形或纺锤形；嫩枝有棱，密被污黄色硬毛。叶卵状心形或圆形，长11～25cm，宽9～22cm，全缘，两面被长硬毛；基出脉3～5条。总状花序腋生，花2～3朵；花梗弯垂；花被管中部弯曲，下部长2～3.5cm，檐部盘状，径3.5～4.5cm，上面兰紫色而有暗红色棘状突起，喉部黄色。蒴果长圆柱形，长8～10cm。花期4～5月；果期8～9月。

产广西、云南、四川、贵州、湖南、浙江、广东及福建，生山谷林中。花朵奇特，颜色鲜艳，果实亦大而奇特，观赏价值高，是华

广西马兜铃

南和西南地区优美的攀援绿化植物，可用于攀附棚架、墙垣、山石。

木通马兜铃
Aristolochia mandshurensis

【周老师】

【别名】关木通、东北木通

【形态特征】落叶木质大藤本，长达10m；嫩枝深紫色，密被白色柔毛。单叶互生，叶片心形至圆形，长15～29cm，宽13～28cm，全缘，下面白色长柔毛。花两性，单朵稀2朵聚生于叶腋，弯垂；花被管中部马蹄形弯曲，下部管状，长5～7cm，口部常3裂。蒴果圆柱形，6棱，长9～11cm。花期6～7月；果期8～9月。

【产地及习性】产东北及甘肃、陕西、山西、湖北、四川，常生长在低海拔山坡林下草丛中。喜荫，喜湿润气候，耐寒；喜深厚肥沃土壤，在微酸、多腐殖质的黄壤中生长良好，也能适应中性土壤。

【观赏评价与应用】木通马兜铃生长迅速，花果奇特，叶片大而浓荫，宜用作棚架绿化，可用于东北、华北至长江流域各地。干燥藤茎为著名中药。

木通马兜铃

木通马兜铃

木通马兜铃

二十二、八角科 Illiciaceae

红茴香
Illicium henryi

【形态特征】常绿小乔木，高3～8m；树皮灰白色。芽近卵形，叶片长披针形、倒披针形或倒卵状椭圆形，长10～15cm，宽2～4cm，先端长渐尖，基部楔形。花红色，单生或2～3朵簇生；花梗长1.5～4.5cm；花被片10～14，雄蕊11～14；心皮通常7～8。聚合果径约1.5～3cm，蓇葖整齐，先端长尖。花期4～5月；果期9～10月。

【产地及习性】产于秦岭、大别山以南至华南、西南，生于海拔300～2500m山谷湿润地区。耐荫，喜土层排水良好的酸性土，较耐寒，耐寒性强于八角。

【观赏评价与应用】红茴香树姿优美，枝叶茂盛，花朵红色，而且枝叶芳香，是一美丽的庭院观赏树种。上海、杭州、南京等华东地区园林中有少量应用，可于水边、石旁、路边、草地等处孤植、丛植均宜。叶、果实可提取芳香油。果实有毒。

【同属种类】八角属约40种，大多数分布在亚洲东部、东南部，少数分布在北美洲东南部和中南美洲。我国有27种，产西南部、南部至东部。不少种类叶绿花红，可作绿化观赏树种。除栽培的八角外，其他野生种类的果实多含有剧毒，切不可将野八角作八角使用。

红茴香

红茴香

红茴香

红花八角
Illicium dunnianum

【别名】野八角、山八角

常绿灌木，高1～2m，稀达10m。幼枝纤细，叶密集生近枝顶呈假轮生，狭披针形或狭倒披针形，长5～12cm，宽0.8～1.2 (2.7)cm。花单生或2～3朵簇生；花梗纤细，花被片12～20，粉红色至紫红色，雄蕊19～31；心皮8～13。果梗纤细，果较小，径1.5～3cm，蓇葖7～8枚，稀至13枚。花期3～7月；果期7～10月。

产于福建南部、广东、广西、湖南西部、贵州南部和西南部。生于河流沿岸、山谷水旁、山地林中、湿润山坡或岩石缝中。花色优美，花期长，一般春夏季开花，可延至10～11月。

红花八角

八角科 Illiciaceae

莽草
Illicium lanceolatum

【别名】 披针叶茴香、红毒茴

【形态特征】 常绿灌木或小乔木，高达10m；树皮和老枝灰褐色。叶互生，并常簇生于枝顶，倒披针形、披针形，或倒卵状椭圆形，长6～15cm，宽1.5～4.5cm，先端尾尖或渐尖，基部狭楔形。花红色或深红色，花被片10～15；雄蕊6～11；雌蕊10～14。蓇葖10～13，先端具细长（长3～7mm）而弯曲的尖头；种子褐色光亮。花期4～6月；果期8～10月。

【产地及习性】 主产华东，北达河南，西至湖北，生于海拔300～1500m阴湿沟谷。抗污染；耐荫性强。

【观赏评价与应用】 莽草全株有强烈香气，树姿优美，披针形叶片质厚翠绿，深红色花朵娇艳可爱，轮状排列的蓇葖果顶端有长而弯曲的尖头，十分奇特。可作城市园林绿化树种，以其喜阴，宜作为片林至下层以保持适当遮荫。果实和叶有强烈香气，可提取芳香油，根和果实有毒，种子有剧毒。

八角
Illicium verum

【别名】 八角茴香

【形态特征】 常绿乔木，高达15m。叶椭圆状长圆形或椭圆状倒卵形，长5～14cm，宽2～5cm，侧脉在两面不明显。花被片6～12，粉红色至深红色；雄蕊11～20；心皮常为8。聚合蓇葖果常为8，不整齐，红褐色，先端较钝，果梗长3～5cm。1年2次开花，以春季开花最多，秋季较少。2～3月开花，8～10月果熟；8～9月开花，翌年2～3月果熟。

【产地及习性】 主产于广西，华南地区普遍栽培，以广西南部为栽培中心。耐荫，尤其幼树需庇荫；喜温暖；要求土层深厚疏松、排水良好、腐殖质丰富的酸性沙质壤土，不适于干燥瘠薄、低洼积水处或石灰岩山地。枝条脆，根系浅，抗风力弱。

【观赏评价与应用】 八角树冠塔形，枝叶浓密，红花点点，颇为美观。在园林中可丛植或孤植，用于草地、疏林下、建筑物阴面的绿化。也是珍贵的经济树种。

二十三、五味子科 Schisandraceae

南五味子
Kadsura longipedunculata

南五味子

【形态特征】常绿藤本，茎枝长达 6m，全株无毛。叶长圆状披针形、倒卵状披针形或卵状长圆形，长 5～13cm，宽 2～6cm，先端渐尖，基部楔形，叶缘有疏锯齿；侧脉 5～7 对；叶柄长 0.6～2.5cm。雌雄异株，花单生叶腋，花梗细长。雄花花被片 8～17，椭圆形，白色或淡黄色，雄蕊群球形；雌花花被片与雄花相似，心皮多数。聚合浆果球形，径约 2～3.5cm，肉质，深红色。花期 6～8 月；果期 9～11 月。

【产地及习性】产长江流域以南各地，常生于海拔 1000m 以下山坡、山谷及溪边阔叶林和灌丛中。喜温暖湿润气候，不耐寒；适生于排水良好的酸性至中性土壤。

南五味子

【观赏评价与应用】南五味子叶片光绿，花朵芳香，果实艳丽，是花、果、叶兼供观赏的优良攀援植物，最适于攀附篱垣、花架和阴湿的岩石，也可用于缠绕松、枫等大树，以形成自然野趣，秋冬朱实离离，为山林增色。南京情侣园在弧形花垣上有栽培的南五味子。根、茎、种子供药用；茎、叶、果实可提取芳香油。

【同属种类】南五味子属共约 16 种，主产于亚洲东部和东南部。我国 8 种，产于东部至西南部。

黑老虎
Kadsura coccinea

【别名】臭饭团、过山龙藤

【形态特征】常绿藤本，全株无毛。叶长圆形至卵状披针形，长 7～18cm，宽 3～8cm，全缘，网脉不明显。花单生于叶腋，稀成对。花被片 8～16 (24)，白、红、紫红或偶黄色，雄蕊群椭圆形或近球形，雄蕊 10～50 枚，心皮 20～68 枚。聚合果近球形，红色或暗紫色，径 6～10cm 或更大。花期 4～7 月；果期 7～11 月。

【产地及习性】主产于华南、西南，北达江西、湖南，生于海拔 1500～2000m 林中。越南也有分布。

【观赏评价与应用】黑老虎四季常绿，花、果均较大而色泽优美，是良好的攀援绿化材料，应用方式同南五味子而观赏价值更高。

黑老虎

南五味子

黑老虎

五味子科 Schisandraceae

华中五味子
Schisandra sphenanthera

落叶木质藤本。冬芽、芽鳞具长缘毛。小枝红褐色。叶倒卵形或倒卵状长椭圆形，长5～11cm，宽3～7cm，上面深绿色，下面淡灰绿色；叶柄红色。花生于近基部叶腋，花梗纤细，长2～4.5cm；花朵橙黄色或橘红色，花被片5～9，雄蕊11～19枚。聚合果果托长6～17cm，小浆果红色，长8～12mm，宽6～9mm。花期4～7月；果期7～9月。

分布于长江流域至西南地区，北达秦岭和伏牛山一带，生于海拔600～3000m的湿润山坡边或灌丛中。耐寒性远较北五味子差。果供药用，为五味子代用品。

五味子
Schisandra chinensis

【别名】北五味子

【形态特征】落叶藤本，除幼叶下面被短柔毛外，余无毛。叶宽椭圆形、卵形或倒卵形，长5～10cm，宽3～5cm，疏生短腺齿，基部全缘；侧脉5～7对；叶柄长1～4cm。花白色或粉红色，花被片6～9，长圆形或椭圆状长圆形；雄蕊5；心皮17～40，柱头鸡冠状。聚合果长1.5～8.5cm；小浆果红色，近球形，径6～8mm。花期5～7月；果期7～10月。

【产地及习性】产东北亚地区，我国分布于东北、华北和西北，常生于海拔500～1800m的阴坡和林下、灌丛中。喜湿润蔽荫环境，耐荫性强，耐寒，喜肥沃湿润、排水良好的土壤。

【观赏评价与应用】五味子叶片秀丽，花朵淡雅而芳香，果实红艳，是优良的垂直绿化材料，可作篱垣、棚架、门亭绿化材料或缠绕大树、点缀山石。果实为著名药材"五味子"；茎可作调味品。

【同属种类】五味子属约22种，主产亚洲东南部，仅1种产于美国东南部。我国19种，产于东北至西南、东南各地。

二十四、毛茛科 Ranunculaceae

铁线莲
Clematis florida

【形态特征】落叶或半常绿木质藤本，长约4m；茎下部木质化。2回3出复叶对生，小叶卵形或卵状披针形，长2～5cm，宽1～2cm，顶端钝尖，基部圆形或阔楔形，全缘或有浅缺刻；网脉明显。花单生叶腋，径5～8cm；萼片6枚，白色，倒卵圆形或匙形，长达3cm，宽1.5cm；雄蕊多数，紫红色。瘦果倒卵形，扁平，宿存花柱伸长成喙状，下部有开展的短柔毛。

【产地及习性】产长江流域及其以南各地，生于低山丘陵灌丛中、山谷、路旁、溪边。喜光，但侧方庇荫生长更好；喜疏松而排水良好的石灰质土壤；耐寒性较差。

【观赏评价与应用】铁线莲花大而美丽，叶色油绿，而且花期长，是优美的垂直绿化材料，适于点缀园墙、棚架、凉亭、门廊、假山置石，均极为优雅别致。清朝叶申芗有《铁线莲》诗曰："叶纤剪翠，茎柔萦紫，娟娟可爱。圆苞浅碧宛如莲，偏宜傍珠钿戴。篱眼盘旋娇不碍，看倚风情态。花干虽久惜无香，但留得春常在。"

【同属种类】铁线莲属约300种，广布于全球，主产北半球。我国147种，广布全国，以西南地区最多，多数种类花朵和果实均美丽，可栽培观赏，部分种类供药用。

威灵仙
Clematis chinensis

【别名】铁脚威灵仙、青风藤

【形态特征】木质藤本。1回羽状复叶，小叶5，有时3或7，偶尔基部1～2对2～3裂至2～3小叶；小叶片卵形至卵状披针形，或线状披针形、卵圆形，长1.5～10cm，宽1～7cm，全缘。圆锥状聚伞花序多花，腋生或顶生；花径1～2cm；萼片4(5)，白色，长圆形，长0.5～1.5cm。瘦果卵形至宽椭圆形，长5～7mm，宿存花柱长2～5cm。花期6～9月；果期8～11月。

【产地及习性】分布于云南南部、贵州、四川、陕西南部、广西、广东、湖南、湖北、河南、福建、台湾、江西、浙江、江苏南部、安徽淮河以南。生山坡、山谷灌丛中或沟边、路旁草丛中。越南也有分布。

【观赏评价与应用】威灵仙生长旺盛，枝叶密生，小花白色而繁密，星布于绿叶丛中非常醒目，是优良的棚架、凉廊绿化材料。

厚叶铁线莲
Clematis crassifolia

【形态特征】常绿木质藤本。茎带紫红色，圆柱形，有纵条纹。3出复叶；小叶长椭圆形、椭圆形或卵形，长5～12cm，宽2.5～6.5cm，全缘。圆锥状聚伞花序腋生或顶生，长而疏展，多花；花径2.5～4cm；萼片4，开展，白色或带水红色，披针形或倒披针形，长1.2～2cm，边缘密生短绒毛；雄蕊无毛。瘦果镰刀状狭卵形，有柔毛，长4～6mm。花期12～1月；果期2月。

【产地及习性】分布于广西、广东、湖南南部、福建、台湾等地，生山地、山谷、平地、溪边、路旁的密林或疏林中。日本九州也有。

【观赏评价与应用】厚叶铁线莲枝条紫红色，幼叶带紫色，花朵洁白且冬季盛花，是优良的观花藤本，适于棚架和墙垣绿化造景。

厚叶铁线莲

厚叶铁线莲

厚叶铁线莲

山木通
Clematis finetiana

【别名】过山照、九里花、老虎须、雪球藤

木质藤本。无毛。3出复叶，基部有时为单叶；小叶卵状披针形、狭卵形至卵形，长3～9cm，宽1.5～3.5cm，全缘。花单生或1～3朵腋生或顶生；萼片4（6），白色，狭椭圆形或披针形，长1～1.8（2.5）cm。瘦果长约5mm，宿存花柱长达3cm。花期4～6月；果期7～11月。

分布于云南、四川、贵州、河南、湖北、湖南、广东、广西、福建、江西、浙江、江苏、安徽。生山坡疏林、溪边、路旁灌丛中及山谷石缝中。叶片厚而亮绿色，花大而白色，花姿优美，可栽培观赏，是优良的垂直绿化材料。

山木通

山木通

大叶铁线莲
Clematis heracleifolia

【别名】灌木铁线莲、木通花

【形态特征】落叶半灌木或草本，高达1m，有粗大的主根。茎粗壮，有明显的纵条纹，密生白色糙毛。3出复叶，小叶卵圆形至近圆形，长6～10cm，宽3～9cm，有不整齐粗锯齿，叶柄粗壮，长达15cm。聚伞花序顶生或腋生；花杂性，雄花与两性花异株；花径2～3cm，萼片4，蓝紫色。瘦果卵圆形，宿存花柱长达3cm，有白色长柔毛。花期6～8月；果期9～10月。

【产地及习性】分布于东北南部、华北、华东至陕西、湖北、湖南，常生于山坡沟谷。日本、朝鲜也有分布。

【观赏评价与应用】大叶铁线莲株型低矮，株丛自然，花朵蓝紫色，花开于少花的夏秋季，

大叶铁线莲

大叶铁线莲

大叶铁线莲

具有较高观赏价值，适于成片植为地被，适于坡地、水边、山石间，以其耐荫性强，也可用于疏林下。

太行铁线莲
Clematis kirilowii

【别名】黑老婆秧、黑狗筋

【形态特征】落叶木质藤本。叶革质，1～2羽状复叶，小叶5～11或更多，下部或顶生小叶常2～3浅裂、全裂至3小叶，中间小叶常2～3浅裂至深裂；裂片或小叶全缘，两面网脉突出。聚伞或圆锥花序，花径1.5～2.5cm；萼片4～6，白色。瘦果宿存花柱长约2.5cm。花期6～8月；果期8～9月。

分布于华北及华东北部，生山坡草地、丛林中或路旁。花开于盛夏，花型大型，花色洁白，是良好的垂直绿化材料，适于攀附树木、墙垣、篱架。变种狭裂太行铁线莲（var. *chanetii*），小叶片或裂片较狭长，线形、披针形至长椭圆形，基部常楔形。分布于河北、河南、山东等地。

太行铁线莲

毛茛科 Ranunculaceae

太行铁线莲

1～6朵簇生，径3～5cm；萼片4，白色或外面淡红色，长圆状倒卵形，长1.5～2.5cm，宽0.8～1.5cm。瘦果卵形，长4～5mm。花期4～6月；果期7～9月。

广布于西南、华南、长江流域至甘肃、宁夏、陕西、河南，生山坡灌丛或沟旁。从喜马拉雅山区西部到尼泊尔及印度北部也有分布。花大而美丽，可栽培观赏。

绣球藤

太行铁线莲

长瓣铁线莲

绣球藤

长瓣铁线莲
Clematis macropetala

【别名】大瓣铁线莲

【形态特征】落叶木质藤本。2回3出复叶；小叶片9，卵状披针形或菱状椭圆形，长2～4.5cm，宽1～2.5cm。花钟状，径3～6cm；萼片4，蓝色或淡紫色，狭卵形或卵状披针形，长3～4cm；退化雄蕊呈花瓣状，与萼片近等长。瘦果倒卵形，长5mm，宿存花柱长4～4.5cm，被灰白色长柔毛。花期7月；果期8月。

【产地及习性】产青海、甘肃、陕西、宁夏、山西、河北、辽宁等地，生于海拔1700～2000m地带。俄罗斯远东、西伯利亚和蒙古东部也有分布。性强健，对土壤要求不严，耐寒性强。

【观赏评价与应用】长瓣铁线莲适应性强，花朵大而蓝紫色，花期正值盛夏的少花季节，是优美的园林造景材料，适于点缀棚架、门廊、篱垣。

长瓣铁线莲

绣球藤
Clematis montana

【别名】三角枫、淮木通、柴木通

木质藤本，老枝外皮剥落。3出复叶，小叶卵形至椭圆形，长2～7cm，宽1～5cm，缺刻状锯齿多而锐至粗而钝，顶端常3裂。花

绣球藤

长瓣铁线莲

绣球藤

转子莲

转子莲
Clematis patens

【别名】大花铁线莲

落叶藤本，表面有纵纹，幼时被稀疏柔毛。羽状复叶，小叶3枚，稀5枚，卵圆形或卵状披针形，长4～7.5cm，宽3～5cm，全缘，基出脉3～5，小叶柄常扭曲。单花顶生，花大，径8～14cm；萼片约8枚，白色或淡黄色，倒卵圆形或匙形，长4～6cm，宽2～4cm。瘦果卵形，宿存花柱长3～3.5cm，被金黄色长柔毛。花期5～6月；果期6～7月。

产于山东东部、辽宁东部，生于海拔200～1000m间的山坡杂草丛中及灌丛中。日本、朝鲜也有分布。花朵大型，白色并渐变为淡黄色，攀援能力强，是非常美丽的垂直绿化植物，可引种栽培供观赏。

转子莲

转子莲

齿叶铁线莲
Clematis serratifolia

落叶木质藤本。2回3出复叶，小叶宽披针形、卵状披针形或卵状长圆形，长3～6(8)cm，宽1～2.5(3)cm，有不整齐锯齿，两面无毛。

齿叶铁线莲

齿叶铁线莲

齿叶铁线莲

聚伞花序腋生，3花，有时二侧花芽不发育而成单花；萼片4，黄色，卵状长圆形或椭圆状披针形，长1.2～2.5cm，宽0.6～1cm，顶端常钩状，花丝扁平。瘦果椭圆形，长约3mm，宿存花柱长约3cm。花期8月；果期9～10月。

分布于辽宁中部和东部、吉林东部，生海拔400m左右的山地林下、路旁干燥地以及河套卵石地。朝鲜、日本北海道、俄罗斯远东地区也有分布。适应性强，耐寒、耐旱、耐瘠薄，花朵较大而黄色，花果兼赏，适于东北、华北北部地区栽培观赏。

西藏铁线莲
Clematis tenuifolia

藤本。茎有纵棱，幼枝被疏柔毛。1～2回羽状复叶，小叶2～3全裂或深裂、浅裂，中裂片较大，宽卵状披针形、线状披针形，长(1.2)2.5～3.5(6)cm，宽0.2～1(1.5)cm，全缘或有数个牙齿，两侧裂片较小，下部2～3裂或不裂。花单生，稀为3花的聚伞花序；萼片4，黄色至红褐色，卵形或长圆形。瘦果长倒卵形，宿存花柱被长柔毛，长约5cm。花期5～7月；果期7～10月。

产西藏南部和东部、四川西南部，生海拔2210～4800m山坡、山谷草地或灌丛，或河滩、水沟边。喜马拉雅山区也有分布。花朵黄色，果实奇特，是西北地区优良的攀援绿化植物。

西藏铁线莲

西藏铁线莲

西藏铁线莲

二十五、小檗科 Berberidaceae

小檗
Berberis thunbergii

【别名】日本小檗

【形态特征】落叶灌木,高 2～3m。小枝红褐色,刺常不分叉。叶在长枝上互生,在短枝上簇生,倒卵形或匙形,长 1～2cm,宽 0.5～1.2cm,先端钝,全缘。花浅黄色,2～5 朵组成簇生状伞形花序。花梗长 5～10mm,外萼片卵状椭圆形,带红色,内萼片阔椭圆形,花瓣长圆状倒卵形,长 5.5～6mm,宽 3～4mm,先端微凹。浆果椭圆形,长约 1cm,熟时亮红色。花期 4～6 月;果期 7～10 月。

【产地及习性】原产日本,我国广泛栽培。喜光,略耐荫。喜温暖湿润气候,亦耐寒。对土壤要求不严,耐旱,喜深厚肥沃排水良好的土壤。萌蘖性强,耐修剪。

【观赏品种】紫叶小檗('Atropurpurea'),叶片在整个生长期内紫红色,栽培最为普遍。金叶小檗('Aurea'),叶金黄色。

【观赏评价与应用】小檗株型紧凑,枝细叶密,花黄果红,适于作花灌木丛植、孤植,常配置于山石边、坡地、林缘,也可作刺篱。紫叶小檗叶片紫红,远观效果甚佳,且萌芽力强,耐修剪,是优良的绿篱和地被材料。如不加修剪,自然生长的紫叶小檗株形优美,枝条扶疏,果实丽若丹霞,可孤植或丛植,布置于庭院、池畔或点缀于草地、假山石间。

【同属种类】小檗属约 500 种,广布于亚洲、欧洲、美洲和非洲北部。我国 215 种,南北皆产,以西部和西南为分布中心,许多种类是优美的观花和观果灌木。

黄芦木
Berberis amurensis

【别名】阿穆尔小檗、大叶小檗

【形态特征】落叶灌木,高达 3m。刺常 3 分叉,长 1～2cm。叶片椭圆形或倒卵形,长 3～8cm,宽 2.5～5cm,先端急尖或圆钝,基部渐狭,边缘有刺毛状细锯齿,背面网脉明显,常有白粉。花淡黄色,10～25 朵排成下垂的总状花序。果实椭圆形,长 6～10mm,亮红色,有白粉。花期 4～5 月;果期 8～9 月。

【产地及习性】产东北、华北至西北地区;俄罗斯、朝鲜、日本也有分布。适应性强,喜凉爽湿润环境,耐寒,较耐荫,常生于山坡沟边、干瘠处及荫湿林下;在肥沃湿润、排水良好的土壤生长良好。萌芽力强,耐修剪。

【观赏评价与应用】黄芦木花朵黄色而密集,秋果红艳,状如珊瑚,且挂果期长,可栽培观赏。宜丛植于草地、林缘,点缀池畔或配植于岩石园中,也适于自然风景区和森林公园内应用。以其枝叶密生,棘刺发达,也是优良的保护篱材料。

豪猪刺
Berberis julianae

【形态特征】常绿灌木,高 1～3m。刺 3 分叉,长达 4cm,坚硬。叶硬革质,卵状披针形或披针形,长 3～8cm,宽 1～2.5cm,

边缘有10~20刺状锯齿；叶柄长1~4mm。花黄色，15~30朵簇生，直径6~7mm；萼片6，花瓣状；花瓣长椭圆形，顶端微凹。浆果椭圆形，蓝黑色，长约8mm，径4~5mm。花期4月；果期9月。

【产地及习性】产广西、贵州、湖北、湖南、四川等地，生于山坡灌丛中。

【观赏评价与应用】豪猪刺四季常绿、叶丛美丽，花黄色繁密，果实蓝色而有白粉，是优美的庭园树种，适于草地、路边、林缘丛植，也是优良的绿篱材料。

掌刺小檗
Berberis koreana

【别名】朝鲜小檗

落叶灌木，高达1m。刺掌状3~7裂，长8~10mm。叶片椭圆形或倒卵状椭圆形，先端圆钝，基部楔形，边缘有齿状锯齿。总状花序长4~6cm，花瓣倒卵形；浆果球形，红色。花期4月；果期9月。

产华北。北京、河北保定、山东泰安等地有栽培。喜光，略耐荫；耐干旱瘠薄。分枝密，叶刺发达且呈掌状分裂，为观赏、水土保持良好树种。园林中可作绿篱，也可片植、列植于庭院、草坪上、山石间、路边。

长柱小檗
Berberis lempergiana

【别名】天台小檗

常绿灌木，高1~2m。刺2分叉，粗壮。叶长圆状椭圆形或披针形，长3.5~8cm，宽1~2.5cm，网脉不显，叶缘具5~12对细小刺齿。花3~7朵簇生，黄色，花瓣长圆状倒卵形。浆果椭圆形，长7~10mm，熟时深紫色，被白粉。花期4~5月；果期7~10月。

产浙江，生于海拔1200m林下、林缘、灌丛或沟谷溪边。适应性强，喜光，稍耐荫。花色鲜黄，枝条具粗壮叶刺，萌芽力强，耐修剪，园林中适于植为绿篱，也可整形修剪成球形等几何形体用于园林点缀。

刺黑珠
Berberis sargentiana

【形态特征】常绿灌木，高1~3m。刺3分叉，长1~4cm。叶厚革质，长圆状椭圆形，长4~15cm，宽1.5~6.5cm，上面亮深绿色，背面黄绿色，网脉显著，叶缘具15~25对刺齿。花4~10朵簇生，黄色，花瓣倒卵形。浆果长圆状椭圆形，黑色，长6~8mm，不被白粉。花期4~5月；果期6~11月。

【产地及习性】产于湖北、四川，生于山坡灌丛中、路边、岩缝、竹林中或山沟旁林下。

【观赏评价与应用】刺黑珠株型丰满，花色美丽，是优良的花灌木，适于丛植观赏。枝刺发达，也可作刺篱，还是优良的岩石园材料。适于华中至西南地区应用。

假豪猪刺
Berberis soulieana

【别名】刺黄柏

常绿灌木，高1~2m。刺粗状，3分叉，长1~2.5cm。叶坚硬，长圆形至长圆状倒卵形，长3.5~10cm，宽1~2.5cm，先端具1硬刺尖，两面侧脉和网脉不显，叶缘具5~18对刺齿。花7~20朵簇生，黄色，花瓣倒卵形。浆果倒卵状长圆形，长7~8mm，熟时红色，被白粉。花期3~4月；果期6~9月。

产于湖北、四川、陕西、甘肃，生于山沟河边、灌丛中、山坡、林中或林缘。假豪猪刺为常绿性，分枝密，刺发达，花黄果红，可栽培观赏，适于丛植或作刺篱。

川西小檗
Berberis tischleri

落叶灌木，高2~3m。刺3分叉，长1~2.5cm。叶薄纸质，长圆状到卵形或倒卵形，长1.5~4.5cm，宽0.8~2.4cm，先端圆钝，基部楔形，叶缘平展，全缘或具2~8对细小刺齿；叶柄长2~3mm。花序由4~15朵花组成松散伞形状总状花序，长4~10cm；花黄色，花瓣倒卵形，长约4mm，宽约2mm。浆果红色，卵状长圆形，长10~16mm，直径5~6mm。花期5~6月；果期7~9月。

产于四川、西藏，生于山坡灌丛中或林中。耐寒，耐干旱瘠薄。株型紧凑，花朵黄色而繁茂，是优美的花灌木，适于庭院、居住区栽培观赏，也可用于岩石园。国外早有引种栽培。

庐山小檗
Berberis virgetorum

落叶灌木，高1.5~2m。刺单生，偶3分叉，长1~4cm。叶长圆状菱形，长3.5~8cm，宽1.5~4cm，渐狭下延，全缘。总状花序具3~15朵花，长2~5cm。花梗细弱，花黄色，花瓣椭圆状倒卵形。浆果长圆状椭圆形，长8~12mm，红色。花期4~5月；果期6~10月。

产于江西、浙江、安徽、福建、湖北、湖南、广西、广东、陕西、贵州，生于山坡、山地灌丛中、河边、林中或村旁。适于丛植观赏。

十大功劳
Mahonia fortunei

【形态特征】常绿灌木，高达2m，全体无毛。羽状复叶，小叶5~9枚，侧生小叶狭披针形至披针形，长5~11cm，宽0.9~1.5cm，顶生小叶较大，长7~12cm，边缘每侧有刺齿5~10，侧生小叶近无柄。花黄色，总状花序长3~7cm，4~10条簇生，花梗长1~4mm，无花柱。果实卵形，熟时蓝黑色，外被白粉。花期7~9月；果期10~11月。

【产地及习性】产于长江以南地区，多生于海拔2000m以下的阴湿沟谷。日本、印度尼西亚、美国也有栽培。喜光，也耐半荫；喜温暖气候，较耐寒、耐旱；适生于肥沃、湿润而排水良好的土壤。萌蘖力强。

【观赏评价与应用】十大功劳枝干挺直，株形美观，叶形秀丽而奇特，花朵黄色，十分典雅，常植于庭院、林缘、草地边缘，也可点缀假山、岩石、花台、窗前，或作绿篱和基础种植材料。北方可盆栽观赏，用于布置会场、装点厅堂。根、茎和种子供药用。

小檗科 Berberidaceae

十大功劳

阔叶十大功劳

十大功劳

十大功劳

阔叶十大功劳

阔叶十大功劳

小果十大功劳

小果十大功劳

小果十大功劳

【同属种类】十大功劳属约60种，分布于亚洲东部和东南部、拉丁美洲和北美洲。我国31种，主产于西南各地。

阔叶十大功劳
Mahonia bealei

【形态特征】常绿灌木，高1.5～4m。小叶7～15，卵形至卵状椭圆形，长5～12cm，叶缘反卷，每侧有大刺齿2～5，侧生小叶无柄，顶生小叶柄长1.5～6cm。总状花序长5～13cm，6～9个簇生，花黄褐色，芳香；花梗长4～6mm；花瓣倒卵形，先端微凹，腺体明显。果实卵圆形，蓝黑色，被白粉，长约1cm，径约6mm。花期11月至翌年3月；果期4～8月。

【产地及习性】产于秦岭、大别山以南，长江流域各地园林中常见栽培。喜温暖湿润气候；耐半荫；不耐严寒；可在酸性土、中性土至弱碱性土中生长，但以排水良好的沙质壤土为宜。萌蘖力较强。

【观赏评价与应用】阔叶十大功劳四季常青，叶片奇特，秋叶红色，花黄色且开花于冬季，花、果、叶及株型兼供观赏，是优美的花灌木。可用于布置花坛、岩石园、庭院、水榭，常与山石配置，也可作境界绿篱树种，还也可作冬季切花材料。

小果十大功劳
Mahonia bodinieri

常绿灌木或小乔木，高0.5～4m。小叶8～13对，侧生小叶无柄，顶生小叶具柄；最下一对小叶近圆形，以上小叶长圆形至阔披针形，长5～17cm，宽2.5～5.5cm；叶缘具3～10对粗大刺锯齿。花序为5～11个总状花序簇生；花黄色，萼片卵形、椭圆形；花瓣长圆形，长4.5～5mm，宽2～2.4mm，先端凹。浆果球形，径4～6mm，紫黑色，被白霜。花期6～9月；果期8～12月。

产于贵州、四川、湖南、广东、广西、浙江。生于常绿阔叶林、常绿落叶阔叶混交林和针叶林下、灌丛中、林缘或溪旁。海拔100～1800m。

宽苞十大功劳
Mahonia eurybracteata
【*Mahonia confusa*】

【别名】湖北十大功劳

【形态特征】常绿灌木，高0.5～2m。小叶6～9对，椭圆状披针形至狭卵形，最下一对小叶长2～6cm，宽0.8～1.2cm，上部小

小檗科 Berberidaceae

宽苞十大功劳

宽苞十大功劳

宽苞十大功劳

阿里山十大功劳

阿里山十大功劳

叶长 4～10cm，宽 2～4cm，边缘具 3～9 对刺齿。总状花序 4～10 个簇生，长 5～10cm；花黄色，花瓣椭圆形。浆果倒卵状或长圆状，长 4～5mm，径 2～4mm，蓝色或淡红紫色，被白粉。花期 8～11 月；果期 11 月至翌年 5 月。

【产地及习性】产于贵州、四川、湖北、湖南、广西，生于常绿阔叶林、竹林、灌丛、林缘、草坡或向阳岩坡。

【观赏评价与应用】华南至华东地区有栽培，可作地被或用于草地、路边丛植观赏，也是优良的盆景材料。茎皮内含有小檗碱，可提取黄连素。

阿里山十大功劳
Mahonia oiwakensis

【别名】海岛十大功劳

常绿灌木，高 1～7m。小叶 12～20 对，无柄，最下部小叶卵形至近圆形，长 1.5～3cm，宽 1～1.5cm，其余小叶卵状披针形或披针形，长 2～10cm，宽 1～2.5cm，叶缘具 2～9 对刺锯齿。总状花序有时分枝，7～18 个簇生；花金黄色，花瓣长圆形，长 4.5～6.5mm，宽 2～2.7mm。浆果卵形，长 6～8mm，径 5～6mm，蓝黑色，被白粉。花期 8～11 月；果期 11 月至翌年 5 月。

产台湾、海南、贵州、四川、云南、西藏，生于阔叶林下、灌丛中、林缘或山坡。华南地区栽培观赏。

南天竹
Nandina domestica

【形态特征】常绿丛生灌木，高达 2m，全株无毛。2～3 回羽状复叶互生，小叶全缘，椭圆状披针形，长 3～10cm，革质，先端渐尖，基部楔形，两面无毛，表面有光泽。圆锥花序顶生，长 20～35cm；花白色，芳香，直径 6～7mm；萼多数，多轮；花瓣 6，无蜜腺；雄蕊 6，1 轮，与花瓣对生。浆果球形，径约 8mm，鲜红色，有 2 粒扁圆种子。花期 5～7 月；果期 9～10 月。

【产地及习性】分布于华东、华南至西南，北达河南、陕西。喜半荫，但在强光下也能生长；喜温暖气候和肥沃湿润而排水良好的土壤；对水分要求不严；耐寒性不强，在长江以北地区常盆栽。生长速度较慢。萌芽力强，萌蘖性强，寿命长。

【观赏品种】玉果南天竹（'Leucocarpa'），果实黄白色。锦叶南天竹（'Capillaris'），树形矮小，叶细裂如丝。紫果南天竹（'Prophyrocarpa'），果实成熟后呈淡紫色。

【观赏评价与应用】南天竹很早就植作观赏，《梦溪笔谈》有"叶微似楝而小，至秋则实赤如丹……南人多植于庭槛之间。"茎干丛生，枝叶扶疏，初夏繁花如雪，秋季果实累累、殷红璀璨，状如珊瑚，且经久不落，是赏叶观果佳品，适于庭院、草地、路旁、水际丛植及列植，在古典园林中，常植于阶前、花台，配以沿阶草、麦冬等常绿草本植物，红绿相映，景色宜人。以其耐荫，也常植于林下、建筑物阴面等蔽荫处。也可盆栽观赏。枝叶或果枝是良好的插花材料。

【同属种类】南天竹属仅此 1 种，产中国与日本。

南天竹

南天竹

南天竹

二十六、大血藤科 Sargentodoxaceae

大血藤
Sargentodoxa cuneata

【形态特征】落叶大藤本，长达7m，小枝光滑；茎折断常有红色汁液流出。3出复叶，顶生小叶菱状卵形，长7～12cm，宽3.5～7cm；侧生小叶斜卵形，较小。雌雄同株，总状花序腋生、下垂；花钟状，黄绿色，芳香，萼片和花瓣均6枚，花瓣呈蜜腺状；雄蕊6，与花瓣对生；心皮极多数，分离，螺旋状生于膨大花托上。聚合果由多个球形肉质小浆果生于一卵形花托上组成。花期5月；果期9～10月。

【产地及习性】产华中、华东、华南和西南各地，北达陕西。常生于海拔500m以上的阳坡疏林和灌丛中，或攀援于树木上。较喜光，喜湿润和富含腐殖质的酸性土壤。

【观赏评价与应用】大血藤叶形奇特，花朵黄色而芳香，花序大而密花，是优良的垂直绿化材料。园林中可用于缠绕花格、花架，南京情侣园中有应用。

【同属种类】大血藤属仅1种，主要分布于我国。老挝和越南北部也有分布。

二十七、木通科 Lardizabalaceae

木通
Akebia quinata

【别名】五叶木通、野木瓜

【形态特征】落叶或半常绿藤本，长达9m；全株无毛。掌状复叶互生，或簇生于短枝顶端；小叶5，偶3～7，倒卵形或倒卵状椭圆形，长2～5cm，宽1.5～2.5cm，全缘，先端钝或微凹。花单性同株，腋生总状花序长6～12cm，基部有雌花1～2朵，上部为雄花。花淡紫色，略芳香，雌花径2.5～3cm，雄花径1.2～1.6cm。蓇葖果常仅1个发育，长6～8cm，呈肉质浆果状，熟时紫色、开裂。花期4～5月；果期9～10月。

【产地及习性】产东亚，我国分布于黄河以南各省区，多生于山地疏林和沟谷灌丛中。喜光，稍耐荫；喜温暖湿润环境，但在北京以南可露地越冬；适生于肥沃湿润而排水良好的土壤。

【观赏评价与应用】木通叶片秀丽，花朵淡紫色而芳香，果实初为翠绿，后变紫红，观赏价值高，是垂直绿化的良好材料，可用于篱垣、花架、凉廊的绿化，或令其缠绕树木、点缀山石，亦叶蔓纷纷，野趣盎然。

【同属种类】木通属共有5种，分布于亚洲东部。我国4种，分布于黄河流域以南各地。

三叶木通
Akebia trifoliata

【别名】八月瓜、拿藤

【形态特征】落叶木质藤本。小叶3，卵圆形、宽卵圆形或长卵形，长4～7cm，宽2～6cm，基部圆形或宽楔形，边缘具明显波状浅圆齿或浅裂。总状花序自短枝上簇生叶中抽出，下部有1～2朵雌花，以上约有15～30朵雄花；雄花淡紫色，雌花红褐色，果实长达10cm，熟时略带紫色。花期4～5月；果期7～8月。

【产地及习性】产黄河以南至长江流域，常生长于低海拔山坡林下草丛中。喜阴湿，较耐寒，耐贫瘠。在微酸性、多腐殖质的黄壤中生长良好，也能适应中性土壤。耐寒性较强，为庭院和建筑物攀缘绿化的理想植物。亚种白木通（subsp. *australis*），小叶革质，通常全缘。产于长江流域各省区，向北分布至河南、山西和陕西。

猫儿屎
Decaisnea insignis
【*Decaisnea fargesii*】

【别名】矮杞树、猫儿子、猫屎瓜

【形态特征】落叶灌木，高达5m；枝粗而脆，易断，渐变黄色，有粗大的髓部。羽状复叶；小叶13～25片，卵形至卵状长圆形，长6～14cm，宽3～7cm。总状花序腋生或数个复合为疏松、下垂的圆锥花序。花杂性，萼片6，花瓣状，2轮，雄蕊6枚，合生为单体；心皮3，离生。肉质蓇葖果圆柱形，蓝色，长5～10cm，径约2cm。花期4～6月；果期7～8月。

【产地及习性】产于我国西南部至中部地区，生于海拔900～3600m山坡灌丛或沟谷杂木林下阴湿处。喜马拉雅山脉地区均有分布。

【观赏评价与应用】猫儿屎株型自然，粗枝大叶，花黄绿色，果实奇特，可栽培观赏，适于林下、水边自然丛植。果皮含橡胶，可制橡胶用品；果肉可食，亦可酿酒；根和果药用。

【同属种类】猫儿屎属仅1种，分布于我国西南部和中部；东喜马拉雅山脉地区的尼泊尔、不丹、印度东北部和缅甸北部也有分布。

五月瓜藤
Holboellia angustifolia
【*Holboellia fargesii*】

【别名】野人瓜、五月藤、紫花牛姆瓜

【形态特征】常绿木质藤本。茎枝圆柱形。掌状复叶，小叶5~7片，偶3或9，革质，线状长圆形、长圆状披针形至倒披针形，长5~9cm，宽1.2~2cm，先端渐尖或圆，有时凹入，边缘略背卷。雌雄同株，花紫红色、暗紫色或淡黄色至绿白色，伞房式短总状花序。果紫色，长圆形，长5~9cm。花期4~5月；果期7~8月。

【产地及习性】产于长江流域至西南、华南，生于海拔500~3000m的山坡杂木林及沟谷林中。喜温暖湿润，较耐荫。

【观赏评价与应用】五月瓜藤四季常绿，株型繁茂，花色优美，果实大而紫色，花、果、叶兼赏，是温暖地区优良的垂直绿化树种，可引种栽培，供攀援棚架、凉廊、山石、枯树。果可食，根药用。

【同属种类】八月瓜属约20种，分布于东南亚、中国至喜马拉雅。我国9，产秦岭以南各省区。

五月瓜藤

五月瓜藤

鹰爪枫
Holboellia coriacea

【别名】三月藤、破骨风

常绿木质藤本。小叶3，厚革质，椭圆形或卵状椭圆形，少为披针形或长圆形，长6~10cm，宽4~5cm，上面光绿色，下面粉绿色，基出3脉，侧脉4对。花白绿色或紫色。果长圆状柱形，长5~6cm，径约3cm，熟时紫色。花期4~5月；果期6~8月。

产于四川、陕西、湖北、贵州、湖南、江西、安徽、江苏和浙江，生于山地杂木林或路旁灌丛中。可作攀援绿化植物。果可食，亦可酿酒；根和茎皮药用。

鹰爪枫

鹰爪枫

鹰爪枫

大花牛姆瓜
Holboellia grandiflora

常绿木质大藤本。小叶3~7片，倒卵状长圆形或长圆形，有时披针形，长6~14cm，宽4~6cm，侧脉7~9对，与网脉均在上面不明显，在下面略凸起。花淡绿白色或淡紫色。果长圆形，常孪生，长6~9cm。花期4~5月；果期7~9月。

产四川、贵州和云南，生于海拔山地杂木林或沟边灌丛内。

大花牛姆瓜

大花牛姆瓜

大花牛姆瓜

二十八、防己科 Menispermaceae

木防己
Cocculus orbiculatus

【形态特征】落叶木质藤本；小枝被粗毛至柔毛。叶形变异极大，线状披针形、阔卵状近圆形、倒披针形至倒心形，全缘或3裂，偶5裂，长3~8cm，两面被密柔毛至疏柔毛。聚伞花序或圆锥状，顶生或腋生，长达10cm，花小，萼片、花瓣、雄蕊、心皮6。核果近球形，黑色至紫红色，径7~8mm。

【产地及习性】除西北和西藏外，我国大部分地区均有分布，长江流域中下游及其以南各省区常见，生于灌丛、村边、林缘等处。广布于亚洲东南部和东部以及夏威夷群岛。耐旱耐寒，耐贫瘠，适应性强。

【观赏评价与应用】木防己株丛茂盛，生长迅速，适应性强，园林中可成片种植为地被植物，也可用于攀附山石。

【同属种类】木防己属共约8种，广布于美洲中部和北部，非洲，亚洲东部、东南

木防己

木防己

部和南部以及太平洋的某些岛屿上。我国有2种，广布全国。

蝙蝠葛
Menispermum dauricum

【形态特征】落叶性缠绕藤本，茎蔓长达13m；根状茎细长，黄棕色。小枝绿色，老后变为紫红色。叶片互生，圆肾形或卵圆形，长宽均7~10cm，下面苍白色，两面光滑无毛；叶柄盾状着生。雌雄异株，圆锥花序腋生，花黄绿色，较小。果实圆肾形或近球形，径约1cm，初为绿色，熟时变为紫黑色。花期5~6月；果期7~9月。

【产地及习性】分布于东北亚，我国主产东北、华北、西北和华东，园林中偶见栽培。性强健，常攀援于灌丛和岩石上；耐寒；喜生于阴湿环境，也耐光。

【观赏评价与应用】蝙蝠葛叶片硕大，叶形奇特，在风中摇动，犹如展翅欲飞的蝙蝠，加之秋季果实累累，适应性强，是优良的垂直绿化植物，可用于墙垣、山石、栅栏和棚架的攀附，也可作地被植物，较为耐荫，可用于林下。

【同属种类】蝙蝠葛属共有3~4种，分布于东亚和北美。我国仅此1种。

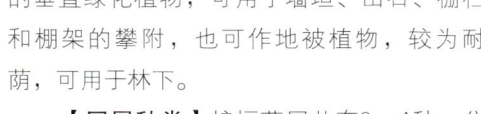
蝙蝠葛

蝙蝠葛

木防己

蝙蝠葛

二十九、马桑科 Coriariaceae

马桑
Coriaria nepalensis

【别名】千年红、水马桑、野马桑

【形态特征】落叶灌木或小乔木，高1.5～2.5m，偶达6m；小枝红褐色，有短硬毛。单叶对生，椭圆状卵形，长3～10cm，先端突尖，基部圆形，两面无毛或下面沿脉有短毛，3出脉，暗红色。总状花序1至数枚生于去年生枝上。花小，红色。雄花序先叶开放，长1.5～2.5cm，多花密集，苞片和小苞片半透明，雄蕊10。雌花序与叶同出，长4～6cm，苞片带紫色。聚合小瘦果，为增大的肉质花瓣所包被，熟时由红色变紫黑色，径4～6mm。

【产地及习性】产甘肃南部、陕西南部、河南至西南、广西，生于海拔400～2100m山地。喜光，耐干旱瘠薄，为荒山习见树种。萌芽力强。

【观赏评价与应用】马桑果实熟时呈红色或紫黑色，扁圆形，外形似桑椹，十分诱人，可作观果植物栽培观赏。但果有毒，特别是学龄儿童喜零食贪好吃而易引起伤害，应用中应注意。

【同属种类】马桑属约15种，分布于地中海区、新西兰、中南美洲、日本和我国。我国3种，分布于西北、西南及台湾。

马桑

马桑

马桑

三十、清风藤科 Sabiaceae

细花泡花树
Meliosma parviflora

【形态特征】落叶灌木或小乔木，高达10m，树皮鳞片状脱落。单叶，倒卵形，长6~11cm，宽3~7cm，先端圆或近平截，中部以下渐狭长而下延，上部边缘有疏离的浅波状小齿，侧脉8~15对。圆锥花序顶生，长9~30cm，宽10~20cm，具4次分枝，主轴圆柱形；花白色，径1.5~2mm，外面3片花瓣近圆形，内面2片花瓣2裂至中部。核果球形，径5~6mm，红色。花期夏季；果期9~10月。

【产地及习性】产四川西部至东部、湖北西部，江苏南部、浙江北部，生于海拔100~900m的溪边林中或丛林中。

【观赏评价与应用】细化泡花树树皮片状剥落，美丽斑驳，夏季开花，花朵白色细小，芳香，聚生成密集的圆锥花序，盛花时繁花满树，秋季果实红艳，是花、果、树皮兼赏的优良的庭园观赏树种。园林中适于片状丛植。果实为鸟类喜食用，可以吸引更多鸟类入园，促进生态环境和谐。

【同属种类】泡花树属约50种，分布于亚洲东南部和美洲中部及南部。我国29种，广布于西南部经中南部至东北部，但北部少见。

香皮树
Meliosma fordii
【*Meliosma hainanensis*；*Meliosma obtusa*】

【别名】过假麻、钝叶泡花树

落叶乔木，高达10m，树皮灰色，小枝、叶柄、叶背及花序被褐色平伏柔毛。单叶，倒披针形或披针形，长9~18cm，宽2.5~5cm，先端渐尖，基部狭楔形，下延，全缘或近顶部有数锯齿，侧脉11~20对。圆锥花序顶生或近顶生，3~5回分枝；外面3片花瓣近圆形。果近球形或扁球形，径3~5mm。花期5~7月；果期8~10月。

产云南、贵州、广西、广东、湖南南部、江西南部、福建。越南、老挝、柬埔寨及泰国也有分布。花序及叶俱美，新叶常红色，可栽培观赏，适宜公园、绿地孤植或群植。

细花泡花树

细花泡花树

香皮树

香皮树

清风藤科 Sabiaceae

多花泡花树
Meliosma myriantha

【别名】山东泡花树

【形态特征】落叶乔木,高达20m;树皮灰褐色,块状脱落。单叶,膜质或薄纸质,倒卵状椭圆形、倒卵状长圆形或长圆形,长8～30cm,宽3.5～12cm,有刺状锯齿;侧脉20～25(30)对,直达齿端。圆锥花序顶生,分枝细长;花径约3mm,萼片卵形或宽卵形,外面3片花瓣近圆形,内面2片花瓣披针形。核果倒卵形或球形,直径4～5mm。花期夏季;果期5～9月。

【产地及习性】产山东、江苏北部至长江流域、华南北部,生于海拔600m以下湿润山地落叶阔叶林中。朝鲜、日本也有分布。

【观赏评价与应用】多花泡花树树冠宽大,遮阴效果好,花朵虽小但花序硕大,白花繁密、芳香,秋季果实红色,可栽培观赏,适于庭院和公园作庭荫树,可孤植、丛植。

羽叶泡花树
Meliosma oldhamii

【别名】红枝柴

【形态特征】落叶乔木,高达20m。裸芽扁球形,密被淡褐色柔毛。奇数羽状复叶,小叶7～15片,卵状椭圆形至披针状椭圆形,长5～10cm,宽1.5～3cm,边缘具疏离的锐尖锯齿。叶轴、小叶柄及叶两面均被褐色柔毛;侧脉7～8对。圆锥花序具3次分枝,长和宽15～30cm;花白色,外面3片花瓣近圆形,内面2片花瓣2～3裂达中部,子房被黄色柔毛。核果球形,径4～5mm,熟时紫红色,后转黑色。花期5～6月;果期9～10月。

【产地及习性】产华东至华南,北达河南、陕西南部、山东东部,生于海拔300～1300m的湿润山坡、山谷林间。也分布于朝鲜和日本。喜温暖湿润气候环境及深厚肥沃的湿润土壤,喜光也耐荫,抗寒力较强。

【观赏评价与应用】羽叶泡花树树干端直,冠枝横展,花序宽大,花白果红,是良好的园林观赏和绿荫树种。

暖木
Meliosma veitchiorum

落叶乔木,高达20m,树皮灰色,不规则薄片状脱落;小枝粗壮。羽状复叶,小叶7～11片,卵形或卵状椭圆形,长7～15cm,宽4～8cm,基部圆钝、偏斜,两面脉上残留柔毛,脉腋无髯毛,全缘或有粗锯齿。圆锥花序顶生,长40～45cm,主轴及分枝密生粗大皮孔;花白色,外面3片花瓣倒心形,内面2片花瓣2裂达1/3。核果近球形,径约1cm。花期5月;果期8～9月。

清风藤科　Sabiaceae

产长江流域至西南，北达河南、陕西，生于海拔1000～3000m湿润的密林或疏林中。树冠开展，花序繁密，小花白色，秋季红果累累，叶柄红艳，是优良的庭荫树。国外早有引种栽培。

清风藤
Sabia japonica

【形态特征】落叶性缠绕藤本；嫩枝绿色，老枝紫褐色。单叶互生，纸质，卵状椭圆形或长卵形，长3.5～9cm，宽2～4.5cm，顶端短尖，全缘，两面近无毛，下面灰绿色；叶柄短，在秋季不与叶片同时脱落而成针状宿存。花单生于叶腋，黄绿色，径7～9mm；花瓣倒卵形或长圆状倒卵形。核果单生或双生，扁倒卵形，碧蓝色。花期2～3月；果期4～7月。

【产地及习性】清风藤产华东、华南，北达陕西，生于海拔800m以下的山谷、林缘灌木林中。日本也有分布。喜阴凉湿润气候，要求含腐殖质多而肥沃的砂质壤土，在雨量充沛、云雾多、土壤和空气湿度大的环境生长良好。

【观赏评价与应用】清风藤花朵黄绿色，下垂，先叶开放，果实碧蓝色，是一美丽的垂直绿化材料，可用于攀附篱架、大树。《花镜》云："清风藤一名青藤，出浙东台州天台山。其苗多蔓延乔木而上，四时常青，风吹飘扬有致，亦不可得者。"

【同属种类】清风藤属约30种，分布于亚洲南部及东南部。我国约有17种，大多数分布于西南部和东南部，西北部仅有少数。

灰背清风藤
Sabia discolor

常绿攀援木质藤本；嫩枝无毛，老枝具白蜡层。叶卵形、椭圆状卵形或椭圆形，长4～7cm，宽2～4cm，先端尖或钝，基部圆或阔楔形，两面无毛，叶背苍白色。聚伞花序呈伞状，有花4～5朵，长2～3cm；花瓣5，卵形或椭圆状卵形，长2～3mm。果红色，倒卵状圆形或倒卵形，长约5mm。花期3～4月；果期5～8月。

产浙江、福建、江西、广东、广西等省区，生于海拔1000m以下的山地灌木林间。四季常绿，花黄色，果实红色，观赏价值高。

三十一、水青树科 Tetracentraceae

水青树
Tetracentron sinense

【形态特征】落叶大乔木,高达40m;树皮灰褐色,老时片状剥落。长枝细长、下垂,幼时紫红色;短枝距状,侧生,有叠生环状的叶痕和芽鳞痕。芽鳞2。叶单生于短枝顶端,宽卵形或椭圆状卵形,长7~16cm,宽4~12cm基部心形,叶缘具腺齿,叶背微被白粉;叶脉掌状5~7出;叶柄长2~4cm。穗状花序长6~15cm,下垂;花小,黄绿色,径1~2mm。蒴果矩圆形,长3~5mm,棕色,种子4~6粒。花期6~7月;果期9~10月。

【产地及习性】产于甘肃东南部、陕西秦岭、河南西部、湖北、四川、贵州、湖南、云南、西藏东南部等地,多生于海拔1000~3500m山地林缘、溪边。印度、越南、缅甸北部和尼泊尔也有分布。喜光,幼树稍耐荫;喜凉爽湿润气候,适于湿润而排水良好、富含腐殖质的酸性或中性土壤。深根性。

【观赏评价与应用】水青树是古老的孑遗树种。树姿美观,幼叶红色,园林中可供草坪孤植或路旁列植,也适于庭院中植为庭荫树。分布区虽广,但数量较少,已列为国家重点保护树种。

【同属种类】水青树属仅此1种,产中国及东南亚等国。

水青树

水青树

水青树

三十二、连香树科 Cercidiphyllaceae

连香树
Cercidiphyllum japonicum

【形态特征】落叶乔木，高达25m，径达1m。小枝褐色，无毛，有长枝和距状短枝，后者在长枝上对生。叶在长枝上对生，在短枝上单生；卵圆形或近圆形，长4～7cm，宽3.5～6cm；先端圆或钝尖，基部心形，边缘具钝圆腺齿；掌状脉5～7条。叶柄紫红色，长1～2.5cm。花先叶开放或与叶同放，花柱残存。蓇葖果圆柱形，稍弯曲，幼时绿色，熟时紫黑色，微被白粉，长8～20cm，种子有翅，连翅长5～6mm。花期4月；果期9～10月。

【产地及习性】分布于山西、河南、陕西、甘肃、四川至华东、华中各地，多生山谷、沟旁、低湿地或山坡杂木林中，盛产于湖北西部和四川一带的溪边上。喜湿润气候，颇耐寒；较耐荫。深根性。萌蘖力强，树干基部常萌生许多新枝。生长速度中等偏慢。

【观赏品种】垂枝连香树（'Pendulum'），枝条下垂，树冠伞形，非常优美。

【观赏评价与应用】连香树为著名的孑遗树种，树体高大雄伟，叶形奇特，新叶亮紫色，秋叶黄色或红色，枝条微红，均极为悦目，是优良的山地风景树种。树姿古雅优美，也极适于庭院前庭、水滨、池畔及草坪中孤植或丛植，或作行道树。树皮耐火力强。

【同属种类】连香树属共有2种，分布于中国和日本，为古老的孑遗植物，化石可见于晚白垩纪。我国1种。

连香树

连香树

连香树

垂枝连香树

三十三、领春木科 Eupteleaceae

领春木
Euptelea pleiosperma

【别名】云叶

【形态特征】落叶乔木,高达15m,或灌木状;树皮小块状开裂。小枝基部具多数叠生环状芽鳞痕。芽卵形,为鞘状叶柄基部包被。叶卵形或近圆形,长5~16cm,宽3~15cm,疏生不规则锯齿,背面被白粉,脉腋具簇生毛;侧脉6~11对;叶柄长2~6cm。先叶开花,花6~12枚簇生,花梗细长,无花被,花药条形,红色,长于花丝;心皮6~12,子房偏斜。聚合翅果,小翅果长0.5~2cm,不规则倒卵形。花期4~5月;果期7~10月。

【产地及习性】产华北南部、长江流域至西南各地,北达陕西和甘肃南部,生于海拔900~3600m溪边或林缘。印度、不丹也有分布。喜湿润、凉爽气候,喜光照充足,也具有较强的耐荫能力。

【观赏评价与应用】领春木树姿优美清雅,叶形美观,果形奇特,是观赏价值很高的优良园林绿化树种,应用于水边可增添野趣,适宜与杜鹃花等配置作为上层植物。领春木为第三纪孑遗植物,是东亚成分的特征种,在植物的构造上表现出很多原始性状,对研究被子植物的系统演化具有重要科研价值。

【同属种类】领春木属共有2种,分布于东亚。我国二种。

领春木

领春木

领春木

领春木

三十四、悬铃木科 Platanaceae

二球悬铃木
Platanus acerifolia
【*Platanus hispanica*】

【别名】 英国梧桐、悬铃木

【形态特征】 落叶乔木,高达35m,树冠圆形或卵圆形;树皮灰绿色,片状剥落,内皮平滑,淡绿白色。嫩枝、叶密被褐黄色星状毛。叶片三角状宽卵形,掌状5裂,有时3或7裂;叶缘有不规则大尖齿,中裂片三角形,长宽近相等;叶基心形或截形。花4基数。果序常2个(偶1~3个)生于1个总果柄上;宿存花柱刺状,长2~3mm。花期4~5月;果期9~10月。

【产地及习性】 原产亚洲西南部和欧洲,为三球悬铃木与一球悬铃木的杂交种,性状介于二者之间。我国南自两广及东南沿海,西南至四川、云南,北至辽宁均有栽培,在哈尔滨生长不良,呈灌木状。喜光,耐寒、耐旱,也耐湿;对土壤要求不严,无论酸性、中性或碱性土均可生长,并耐盐碱。萌芽力强,耐修剪。

【观赏评价与应用】 悬铃木树形雄伟端庄,叶大荫浓,干皮光滑,适应性强,为世界著名行道树和庭园树,被誉为"行道树之王",世界各地广为栽培。适应性强,我国在黄河流域以南各地甚常见,东北南部也可应用,但在哈尔滨生长不良,呈灌木状。

【同属种类】 悬铃木属共约8~11种,分布于北美洲、亚洲西南部、欧洲东南部,1种分布于亚洲东南部(老挝和越南北部)。我国不产,引入栽培3种。

二球悬铃木

二球悬铃木

一球悬铃木
Platanus occidentalis

【别名】 美国梧桐

落叶乔木,高达40m。树皮常固着干上,不脱落。叶大、阔卵形,通常3浅裂,稀5浅裂,宽10~22cm,长度比宽度略小,中裂片阔三角形;托叶较大,长2~3cm,基部鞘状,上部扩大为喇叭状。花4~6基数,单性,聚成圆球形头状花序。果序通常单生,偶2个1串,径约3cm,果序表面较平滑,宿存花柱短。

原产北美东南部,现广泛被引种。生长迅速,耐修剪,抗烟尘,能吸收有害气体,适应性和抗逆性强。在我国北部、中部均有栽培,一般作行道树及观赏用。

三球悬铃木
Platanus orientalis

【别名】 法国梧桐

【形态特征】 落叶大乔木,高达20~30m;树冠阔钟形。树皮灰绿褐色至灰白色,呈薄片状剥落,露出洁白的内皮。叶片掌状5~7裂,裂深达中部,裂片长大于宽,叶基阔楔形或截形,边缘有不规则锯齿;叶脉掌状;托叶圆领状。头状花序,小花黄绿色。多数坚果聚合成球形,3~6个一串;宿存花柱长,呈刺毛状,果序梗长而下垂。花期4~5月;果期9~10月。

【产地及习性】 原产欧洲东南部和亚洲西南部,久经栽培。为温带树种,适应性强。喜光,耐寒、耐旱,也耐湿;对土壤要求不严,无论酸性、中性或碱性土均可生长,并耐盐碱。萌芽力强,耐修剪。

【观赏评价与应用】 我国引种三球悬铃木历史悠久,陕西户县鸠摩罗什庙有径达3m的古树,传为晋朝引入,新疆塔克拉玛干沙漠南缘的和墨玉县也有一株千年悬铃木(维语称为"其那树"),高达34.8m。树冠阔大,常栽培作行道树。

一球悬铃木

一球悬铃木

二球悬铃木

三球悬铃木

三球悬铃木

三十五、金缕梅科 Hamamelidaceae

蕈树
Altingia chinensis

【别名】阿丁枫

【形态特征】常绿乔木，高达20m。树皮灰色；当年生枝无毛。叶倒卵状矩圆形，长7～13cm，宽3～4.5cm，基部楔形；侧脉约7对，在两面均突起，上面网脉明显，边缘有钝锯齿，叶柄长约1cm。雄花序短穗状，长约1cm，多个组成圆锥状，苞片4～5，卵形或披针形，长约1.5cm；雌花序有花15～26朵，苞片卵形或披针形，长1～1.5cm，花序梗长2～4cm。头状果序近球形，径约1.7～2.8cm。花期3～6月；果期7～9月。

【产地及习性】分布于浙江、福建、江西、湖南、广东、广西、贵州、云南等地，生于海拔500～1000m山地常绿阔叶林中；越南北部也有分布。较喜光，幼苗耐荫。

【观赏评价与应用】蕈树干形通直，树冠圆锥形，枝繁叶茂，树形优美，是优良的园林绿化观赏树种，适于营造风景林，也可用于公园、庭园、居住区绿化。

【同属种类】蕈树属约11种，分布于华南、中南半岛、印度、马来西亚和印度尼西亚。我国8种。多数种类的树皮流出的树脂供药用，或者香料及定香之用。

蕈树

蕈树

细柄蕈树
Altingia gracilipes

【别名】细柄阿丁枫

【形态特征】常绿乔木，高20m；嫩枝和芽被柔毛。叶片卵状披针形，长4～7cm，先端尾尖，基部圆形，侧脉5～6对，网脉不显著，全缘；叶柄细，长2～3cm；无托叶。雄花序球形，径5～6mm，常多个组成圆锥状，长达6cm，苞片4～5，卵状披针形，长约8mm；雌花序梗长2cm。果序倒圆锥形，径1.5～2cm，有果5～6。

【产地及习性】产于广东东部、福建和浙江南部。喜温暖湿润环境，也较耐寒，幼树在南京略有冻害。

【观赏评价与应用】细柄蕈树树形优美自然，四季常绿，是优良的观赏树，可用于营造风景林，对于保持水土、涵养水源、美化环境有重要意义。树皮里流出的树脂含有芳香性挥发油，可供药用，及香料和定香之用。

细柄蕈树

海南蕈树
Altingia obovata

常绿乔木，高达30m，径达1m。叶倒卵形或长倒卵形，长5～11cm，宽2～4.5cm，边缘有小钝齿，先端圆钝，侧脉7～9对，网脉两面明显。雄花多个排成总状，雄蕊多数，花药红色。雌花头状花序常单生。头状果序

海南蕈树

蕈树

细柄蕈树

金缕梅科　Hamamelidaceae

海南蕈树

近圆球形，径 2cm。

海南岛特有，分布于海南岛中部及南部山地常绿林中。广州等地有栽培。与蕈树接近，但叶片先端圆形，树皮较厚呈暗褐色，在一些萌蘖枝上的幼态叶往往可找到尖锐的叶尖。

蜡瓣花
Corylopsis sinensis

【别名】中华蜡瓣花

【形态特征】落叶灌木或小乔木，高 2～5m。小枝及芽密被短柔毛。叶互生，薄革质，倒卵形至倒卵状椭圆形，长 5～9cm，宽 3～6cm，先端短尖或稍钝，基部歪心形，具锐尖齿，背面有星状毛。花黄色，芳香，花瓣匙形，长约 5～6mm，宽约 4mm；10～18 朵组成下垂的总状花序，长 3～4cm。退化雄蕊 2 裂，萼筒和子房被星状毛。果序长 4～6cm；蒴果卵球形，有褐色星状毛。花期 3～4 月，叶前开放；果期 9～10 月。

【产地及习性】产长江流域及其以南地区，常生于海拔 1000～1500m 左右的山地林中。性颇强健，喜光，耐半荫，喜温暖湿润气候

蜡瓣花

蜡瓣花

和肥沃、湿润而排水良好的酸性土壤，有一定的耐寒性，在华北南部可露地越冬。

【观赏评价与应用】蜡瓣花花期早而芳香，早春枝条上黄花成串，累累下垂，质若涂蜡，甚为秀丽，而且叶形秀丽雅致。适于丛植路边、林缘、草地，以常绿树或粉墙为背景效果较好，也可点缀于假山、岩石间、建筑周围或与紫荆、桃花、梅花等混植，颇具雅趣。《黄山志》云："蜡瓣花叶大于掌，花五出，长二寸许，枝枝下垂，深黄滑泽，如琢蜜蜡而成。"是也。

【同属种类】蜡瓣花属约 29 种，分布于东亚。我国 20 种，产西南部至东南部。

瑞木
Corylopsis multiflora

【别名】大果蜡瓣花

落叶或半常绿灌木或小乔木；嫩枝和芽有绒毛。叶倒卵形、倒卵状椭圆形或卵圆形，长 7～15cm，宽 4～8cm，下面灰白色；侧脉 7～9 对，边缘有锯齿，齿尖突出；托叶长 2cm。总状花序长 2～4cm，基部有 1～5 片叶；花黄色，花瓣倒披针形，长 4～5mm，雄蕊突出，退化雄蕊不分裂。蒴果硬木质，长 1.2～2cm。花期 3～4 月。

分布于福建、台湾、广东、广西、贵州、湖南、湖北及云南等省区，是本属当中分布最广的种类。花朵黄色，可作花灌木栽培，适于长江流域各地应用，可丛植路边、林缘、草地。

瑞木

瑞木

瑞木

长柄双花木
Disanthus cercidifolius var. *longipes*

【形态特征】落叶小灌木，高 2～4m；多分枝，小枝屈曲。单叶互生，叶片宽卵圆形或近圆形，长 5～8cm，宽 6～9cm；先端钝或圆，基部心形，全缘，下面无毛，常有粉白色蜡被；掌状脉 5～7；叶柄细长，长 3～5cm。花序腋生，柄长 1～1.5cm；花无柄，花瓣红色，狭长披针形，长约 7mm，在花芽时内卷。果实倒卵圆形，木质，长约 1.5cm，先端平截。花期 10～12 月。

【产地及习性】长柄双花木产于江西、湖南、浙江等地，一般生于海拔 600～1300m 处，稀少。喜温凉多雨、相对湿度高的气候，耐 -12℃低温；喜阴性环境。

【观赏评价与应用】长柄双花木冬季开花，花枝宿存去年果实，小枝屈曲多姿，而且秋叶红艳，是优良的园林造景材料，宜于树丛外围丛植观赏，也是优良的盆景材料。杭州植物园已引种。

【同属种类】双花木属仅 1 种，分布日本和中国，我国所产者为此变种。

长柄双花木

长柄双花木

蚊母树
Distylium racemosum

【形态特征】常绿乔木，高达15～25m，栽培者常呈灌木状，树冠开展呈球形。小枝和芽有盾状鳞片。叶厚革质，椭圆形至倒卵形，长3～7cm，宽1.5～3.5cm，先端钝或略尖，基部宽楔形，全缘。总状花序长约2cm，雄花位于下部，雌花位于上部；花无瓣；花药红色。果卵形，密生星状毛，花柱宿存。花期4～5月；果期9～10月。

【产地及习性】产我国东南沿海，多生于海拔800m以下的低山丘陵；日本和朝鲜也产。喜光，稍耐荫；喜温暖湿润气候，耐寒性不强；对土壤要求不严。萌芽力强，耐修剪。对烟尘和多种有毒气体有较强的抗性。

【观赏品种】彩叶蚊母树（'Variegatum'），叶片较阔，有黄白色斑块。

【观赏评价与应用】蚊母树枝叶密集，叶色浓绿，树形整齐美观，常修剪成球形，适于草坪、路旁孤植、丛植，或用于庭前、入口对植；也可植为雕塑或其他花木的背景。因其防尘、隔音效果好，亦适于作为防护绿篱材料或分隔空间用。

【同属种类】蚊母树属约有18种，分布于亚洲东部、南部和中美洲。我国12种，产长江流域以南。

小叶蚊母树
Distylium buxifolium

【形态特征】常绿灌木，高1～2m。枝纤细。叶薄革质，倒披针形或矩圆状倒披针形，长3～5cm，宽1～1.5cm，先端锐尖，基部狭窄下延，边缘仅在最尖端有由中肋突出的小尖突；侧脉4～6对；叶柄极短。雌花或两性花的穗状花序腋生，长1～3cm。蒴果卵圆形，长7～8mm，有褐色星状绒毛。花期花期2～5月；果期8～10月。

【产地及习性】分布于四川、湖北、湖南、福建、广东及广西等省区。常生于山溪旁或河边。较耐寒，耐荫，耐盐碱、耐瘠薄、耐水湿，易管理；根系发达，生长速度快，萌芽能力强。抗烟尘。

【观赏评价与应用】小叶蚊母树枝叶密生，叶小质厚，嫩梢及新发幼枝暗红色，花序密，花药、花丝红艳，具极好的观赏效果，适宜园林中林缘、坡地、溪边栽培，是优良的木本地被植物。耐修剪，也常用作绿篱和绿雕塑材料，还可用于制作盆景。

中华蚊母树
Distylium chinense

常绿灌木，高约1m；嫩枝粗壮，节间长2～4mm，被褐色柔毛；芽体裸露、有柔毛。叶革质，矩圆形，长2～4cm，宽约1cm，先端略尖，基部阔楔形；侧脉约5对；边缘在靠近先端处有2～3个小锯齿；叶柄长2mm。雄花穗状花序长1～1.5cm，花无柄，萼筒极短，萼齿卵形或披针形；雄蕊2～7个，长4～7mm，花丝纤细，花药卵圆形。蒴果卵圆形，长7～8mm，有褐色星状柔毛，宿存花柱长1～2mm，干后4片裂开。

分布于湖北及四川，喜生于河溪旁。小枝粗壮，节间短，枝叶茂密，是优良的绿篱材料，也可丛植于草地、路边，并适于整形修剪。

蚊母树

蚊母树

蚊母树

小叶蚊母树

小叶蚊母树

中华蚊母树

中华蚊母树

小叶蚊母树

金缕梅科　Hamamelidaceae

杨梅叶蚊母树
Distylium myricoides

常绿灌木或乔木，高3～5m；嫩枝有鳞垢。叶薄革质，叶片长圆形或倒披针形，长5～11cm，宽2～4cm，边缘上部数个小齿突，两面无毛，侧脉在上面不显著。总状花序长1～3cm，雄花位于下部，两性花位于上部；雄蕊3～8，花丝短，花药红色。蒴果木质，卵圆形，长1～1.2cm，室背及室间开裂。

广布于长江流域以南各地，散生于海拔300～800m的山地常绿阔叶林中。杨梅叶蚊母树树形自然而开展，园林中更宜丛植或孤植，可用于山坡、林缘、水滨。

杨梅叶蚊母树

杨梅叶蚊母树

杨梅叶蚊母树

马蹄荷
Exbucklandia populnea

【别名】合掌木、白克木

【形态特征】常绿乔木，高达20m。小枝被柔毛，具环状托叶痕，节肿大。叶宽卵圆形，全缘或掌状3浅裂，长10～17cm，宽9～13cm，先端尖，基部心形；掌状脉5～7；叶柄长3～6cm；托叶椭圆形或倒卵形，长2～3cm，宽1～2cm。头状花序，单生或再组成圆锥状，花序梗被柔毛；花瓣线形，白色，长2～3mm或无花瓣，雄蕊长5mm。果序径约2cm，有果实8～12枚；果实椭圆形，长7～9mm，径5～6mm，上半部2裂，平滑。

马蹄荷

马蹄荷

【产地及习性】产云南、贵州、广西等地；热带亚洲也有分布，生于海拔800～1200m的山地常绿阔叶林或混交林中。中等喜光，喜温暖湿润气候和肥沃、湿润而排水良好的土壤。生长速度较慢。

【观赏评价与应用】马蹄荷树干通直，树形美观，枝叶茂密，叶大而有光泽，是优良的园林风景树，适作庭荫树或在山地营造风景林，庭园中孤植、丛植、群植均均宜。树皮耐火力强，为优良的防火树种。

【同属种类】马蹄荷属共有4种，分布于热带亚洲。我国3种，产于华南及西南等地。

大果马蹄荷
Exbucklandia tonkinensis

常绿乔木，高达30m。叶阔卵形，长8～13cm，宽5～9cm，全缘或幼叶掌状3浅裂，掌状脉3～5；上面深绿色，下面无毛，常有细小瘤状突起；托叶狭矩圆形，长2～4cm，宽0.8～1.3cm。花序单生或数个排成总状；无花瓣。果序宽3～4cm，果7～9，卵圆形，长11～15mm，径8～10mm。

产我国南部及西南各省的山地常绿林中，多生于低海拔山谷。越南北部也有分布。

大果马蹄荷

大果马蹄荷

大果马蹄荷

牛鼻栓
Fortunearia sinensis

【形态特征】落叶灌木至小乔木，高达5m。裸芽、小枝及叶被星状毛。叶互生，倒卵形或倒卵状椭圆形，长7～16cm，先端尖，基部圆形或宽楔形，具锯齿，侧脉6～10对。花单性或杂性，两性花萼筒被毛，萼齿5裂；花瓣5，针形或披针形；雄蕊5；子房半下位，2室。雄花为葇荑花序，基部无叶，花丝短，花药卵形，具退化雌蕊。蒴果木质，宿存花柱直伸。花期3～4月；果期7～8月。

【产地及习性】产河南、陕西、江苏、安徽、浙江、福建、江西、湖北、四川等地。山东、河南等地栽培。喜光，也耐荫。喜温暖湿润气候，对土壤要求不严，较耐寒，耐修剪。

金缕梅科 Hamamelidaceae

牛鼻栓

牛鼻栓

【观赏评价与应用】牛鼻栓树形优美，可作用于园林绿化，适于孤植、丛植，也是良好的绿篱树种，尤适于石灰岩地区应用。

【同属种类】牛鼻栓属仅1种，中国特有。

金缕梅
Hamamelis mollis

【形态特征】落叶灌木或小乔木，高3～6m。叶互生，倒卵形，长8～16cm，基部心形，不对称，叶缘有波状锯齿，表面有短柔毛，背面有灰白色绒毛。花先叶开放，数朵排成头状或短穗状花序，生叶腋，芳香；花瓣4枚，带状细长，黄色，极美丽，长约1.5cm。萼片宿存。蒴果卵圆形，长1.2cm，宽1cm，密被黄褐色星状毛。花期3～4月；果期10月。

【产地及习性】产华东至华南，常生于中低海拔的山坡溪边灌丛中。喜光并耐半荫；喜温暖湿润气候，也较耐寒，不耐高温和干旱；对土壤要求不严，在酸性至中性土壤中均可生长。

金缕梅

金缕梅

【观赏评价与应用】金缕梅是我国特有的著名花木，早春开花，花色金黄、花瓣如缕，轻盈婀娜，远望疑似蜡梅，故有金缕梅之称。《黄山志》云："金缕梅其色金，瓣如缕，翩翩婀娜，有若翔舞。春时盛开，望去疑为蜡梅。"适于配植在庭院角隅、池边、溪畔、山石间或树丛边缘，孤植、丛植均宜，以常绿树为背景效果更佳，在北京可生长良好。国外早有引种，并用于庭院栽培。

【同属种类】金缕梅属约6种，分布于东亚和北美。我国1种，另引入2种，偶见栽培。

枫香
Liquidambar formosana

【形态特征】落叶乔木，高达40m，径达1.4m；有芳香树液。树冠广卵形或球形。小枝灰色，略被柔毛。叶互生，宽卵形，长6～12cm，掌状3裂（萌枝叶常5～7裂），裂片先端尾尖，基部心形或截形，有细锯齿。花单性同株，雄花序为短穗状花序，数个排成总状；雌花组成头状花序，单生。果序直径3～4cm，下垂，宿存花柱长达1.5cm，刺状萼片宿存。花期3～4月；果期10月。

【产地及习性】产中国和日本，我国分布于长江流域及其以南地区。喜光，幼树稍耐荫，喜温暖湿润气候，耐干旱瘠薄，不耐水湿。萌芽性强，抗污染。

【观赏评价与应用】枫香是江南地区最著名的秋色叶树种，树干通直，树冠广卵形，叶片入秋经霜，幻为春红，艳丽夺目，故古人称之为"丹枫"。宜低山风景区内大面积成林，可营造纯林，或与金钱松等黄色系的其他秋色叶树种片状混植，也可混交于马尾松、华山松等常绿针叶林中，则深秋季节，似红云万朵点缀于绿色的松林中。被誉为"金陵十景"之一的南京栖霞山以"栖霞丹枫"而闻名，枫林环寺，松枫相间，每当秋高气爽，枫枝憾红之际，"万千仙子洗罢脸，齐向此处倾胭脂"。在城市公园和庭园中，枫香可孤植于瀑口、溪旁、水滨，并可配植迎春、棣棠、荻、荷花等植物以丰富水岸景色；也可与无患子、银杏等黄叶树种，冬青、柑橘、茶梅等秋花秋果树种配植形成树丛，布置在山坡、草地，或点缀于亭廊之侧，则既可"绿荫蔽夏，红叶迎秋"，又能丰富秋季景色。还可列植于建筑之侧或道路两旁。

【同属种类】枫香属共有5种，产东亚和北美温带、亚热带。我国2种，引入栽培1种。

枫香

枫香

枫香

北美枫香
Liquidambar styraciflua

【别名】北美糖胶树、甜枫

【形态特征】落叶乔木，高达30m，幼树树干及枝条具木栓质的棱脊。叶互生，5~7裂，长7~19(25)cm，宽4.4~16cm，有细锯齿；托叶线状披针形，长3~4mm，早落。花单性同株，雄花簇生呈穗状长3~6cm，每朵花具雄蕊4~8(10)枚；雌花无花被。头状果序熟时褐色，球形，径约3~4cm。花期3~5月。

【产地及习性】分布于北美洲东部。国内常见栽培。生长极迅速。喜光，在排水良好的微酸性及中性土壤上生长较好。深根性，抗风；萌发力强。

【观赏品种】银王北美枫香 ('Silver King')，叶缘乳白至乳黄色，春季更为明显。欧美园林中常栽培。

【观赏评价与应用】北美枫香是著名的秋叶色树种，春、夏叶色暗绿，秋季叶色变为黄色、紫色或红色，挂叶期长，加之树体高大，非常优美、壮观，是重要的园林树种，可植为行道树、庭荫树，也适于成片植为秋景林。

银王北美枫香

北美枫香

北美枫香

檵木
Loropetalum chinense

【形态特征】常绿或半常绿灌木或小乔木，高4~10m，偶可高达20m。小枝、嫩叶及花萼均有锈色星状短柔毛。叶椭圆状卵形，长2~5cm，基部歪圆形，先端锐尖，背面密生星状柔毛。花序由3~8朵花组成；花瓣条形，浅黄白色，长1~2cm；苞片线形。果近卵形，长约1cm，有星状毛。花期4~5月；果期8~9月。

【产地及习性】原产我国长江流域至华南、西南，常生于海拔1000m以下的荒山灌丛和林缘，福建将乐县龙栖山有径达63cm的大树。日本和印度也有分布。适应性强。喜光，喜温暖湿润气候，也颇耐寒，耐干旱瘠薄，最适生于微酸性土。生长速度较快。

【观赏评价与应用】檵木为灌木或小乔木。树姿优美，花瓣细长如流苏状，是优良的花灌木，江南各地庭园常见栽培，适于丛植、孤植于庭院、林缘，也可孤植于石间、园路转弯处。檵木还适于整形修剪，并是制作桩景的优良材料。

【同属种类】檵木属共有3种，分布于中国、印度和日本。我国3种均产，分布于东部至西南部。

檵木

檵木

红花檵木
Loropetalum chinense var. *rubrum*

【形态特征】常绿或半常绿灌木。与檵木不同之处在于：叶紫红色至暗紫色，春季最后明显，夏秋后可呈紫绿色。头状花序，花瓣淡红色至紫红色，长达2cm。花期长，以春季为盛。

【产地及习性】分布于湖南长沙岳麓山，多属栽培。现广泛栽培于长江流域各地，北达秦岭淮河一线，在山东中部选择温暖向阳的小气候环境也可露地越冬。生长较缓慢。

【观赏评价与应用】红花檵木叶片与花朵均为紫红色，花瓣细长如流苏状，艳丽夺目，且花期甚长，自3月中旬至11月开花不断，尤其以春季花量最大，是珍贵的庭园观赏树种。适于庭院、山坡、路边丛植或散植，还常与金叶女贞、龙柏、黄杨等耐修剪灌木配植成模纹图案。红花檵木虽耐荫，但在阳光充足的环境条件下，花、叶颜色鲜艳，且花量大，而荫处则观赏价值降低，因而应配植于向阳处。

红花檵木

红花檵木

红花檵木

金缕梅科 Hamamelidaceae

壳菜果
Mytilaria laosesis

【别名】米老排

【形态特征】常绿乔木,高达30m;小枝粗壮,节膨大,有环状托叶痕。叶革质,阔卵圆形,全缘,长10~13cm,宽7~10cm,基部心形;上面有光泽;掌状脉5,网脉不明显;叶柄长7~10cm。幼态叶常为3浅裂,盾状着生,宽达20cm。穗状花序顶生或腋生,花序轴长4cm,花序梗长2cm。花排列紧密,花瓣带状舌形,长8~10mm,白色;雄蕊10~13个。蒴果长1.5~2cm,外果皮厚,黄褐色。花期3~6月;果期7~9月。

【产地及习性】分布于云南东南部、广西西部及广东西部;亦分布于老挝及越南的北部。喜光,幼苗期耐荫。喜暖热、干湿季分明的热带季雨林气候;抗热、耐干旱、耐-4.5℃的低温,适生于深厚湿润、排水良好的酸性、微酸性土壤,低洼积水地生长不良。萌蘖力强。

【观赏评价与应用】壳菜果为常绿大乔木,是我国南亚热带和热带地区重要的速生用材树种。在华南地区可用于山地风景林营造,也可用于郊野公园片植。

【同属种类】壳菜果属仅有1种,分布于我国两广及云南;同时亦见于越南及老挝。

壳菜果

壳菜果

银缕梅
Parrotia subaequalis
【*Hamamelis subaequalis*】

【别名】小叶银缕梅

【形态特征】落叶小乔木,高达4~5m;裸芽,被绒毛。叶倒卵形,长4~6.5cm,宽2~4.5cm,先端钝,上面有光泽,下面有星状柔毛;侧脉4~5对;托叶早落。头状花序生于当年枝叶腋,有花4~5朵;花无花梗,萼筒浅杯状 子房近上位,基部与萼筒合生。蒴果近圆形 长8~9mm,花柱宿存。花期5月。

【产地及习性】分布于江苏宜兴、安徽和浙江安吉等地。适应性较强,耐干旱瘠薄。

【观赏评价与应用】银缕梅树态婆娑,枝叶繁茂,先花后叶,花淡绿,后转白,花药黄色带红,花朵先朝上,花盛花后下垂,花丝白而花药黄,远看满树金灿,近观则银丝缕缕,

银缕梅

银缕梅

银缕梅

而且秋叶变红,是一种优美的庭园观赏树种。资源稀少,现已列入国家重点保护的濒危植物名单。

【同属种类】银缕梅属共有2种,1种为我国特产,1种产亚洲西南部,即波斯银缕梅(*Parrotia persica*)。

红花荷
Rhodoleia championii

【形态特征】常绿乔木,高达12m。嫩枝粗壮。叶厚革质,卵形,长7~13cm,基部宽楔形;叶脉3出,侧脉7~9对,网脉不明显;下面有白粉,无毛,干后有小瘤点;叶柄长3~5.5cm。头状花序腋生,常下垂,长3~4cm,具花5朵;花序梗长2~3cm;鳞状苞片5~6枚。花瓣匙形,长2.5~3.5cm(栽培条件下长达4cm),宽6~8mm,红色;雄蕊与花瓣等长。花期3~4月;果期9~10月。

【产地及习性】产广东中部、西部和沿海岛屿以及香港,生于山地常绿阔叶林中。喜湿润和较为凉爽的山地气候;喜弱光,但不耐荫庇,幼树忌烈日直射;适于疏松肥沃而排水良好的酸性土,不耐盐碱,稍耐干旱,忌积水。

【观赏评价与应用】红花荷是热带地区美丽的观花树种,早春开花,花朵红色,盛开时满树红艳,适植为行道树和庭院观赏树。

【同属种类】红花荷属共约10种,产亚洲热带和亚热带地区。我国6种,产西南至南部,为美丽的观赏树。

红花荷

红花荷

金缕梅科　Hamamelidaceae

半枫荷
Semiliquidambar cathayensis

【形态特征】常绿乔木，高约17m，径达60cm。叶簇生枝顶，异型，一为卵状椭圆形，不分裂，长8～13cm，宽3.5～6cm，尾部长1～1.5cm；一为掌状3裂，中裂片长3～5cm，两侧裂片卵状三角形，长2～2.5cm，有时为单侧叉状分裂。掌状脉3条。短穗状雄花序数个排成总状，长6cm，花被全缺，雄蕊多数；头状雌花序单生，萼齿针形，花柱长6～8mm，花序柄长4.5cm。果序头状，直径2.5cm，蒴果22～28个，宿存萼齿比花柱短。

【产地及习性】分布于江西南部、广西北部、四川、湖南、贵州南部、广东、海南。零星分布，资源稀少。

【观赏评价与应用】半枫荷属国家珍稀濒危保护植物。叶形奇特，新叶紫红色，观赏价值高，既是优良的用材树种，也可供园林观赏。

【同属种类】半枫荷属共有3种，我国特产，主要分布于东南部及南部。

山白树
Sinowilsonia henryi

【形态特征】落叶小乔木或灌木状，高达8m。裸芽，被星状绒毛。叶互生，倒卵形，长10～18cm，密生细齿；托叶线形，早落。雌雄同株，稀两性花，总状或穗状花序，花无瓣。萼筒壶形，雄蕊5，子房近上位，花柱2，突出萼筒外。蒴果木质，下半部被宿存萼筒所包裹。花期4～5月；果期8～9月。

【产地及习性】产河南、陕西、甘肃、湖北、四川等地，生于海拔1100～1600m山坡和谷地河岸杂木中。最适宜生于山谷河岸、土壤湿润而通气良好、具散射光的稀疏落叶林中。

【观赏评价与应用】山白树为我国特有的单种属植物，野生种群多为单性花，经栽培后有变为两性花的倾向。已引种为园林观赏树种，在山东中部地区栽培生长良好。

【同属种类】山白树属仅1种，中国特有，产于中部和西部。

水丝梨
Sycopsis sinensis

【形态特征】常绿乔木，高达14m。嫩枝被垢鳞；顶芽裸露。叶长卵形或披针形，长5～12cm，无毛或下面初被星状毛；侧脉6～7对，全缘或中部以上疏生小锯齿。雄花序近头状，长约1.5cm，具花8～10朵，雄蕊10～11。雌花或两性花6～14朵组成短穗状花序，子房上位，花柱长3～5mm。果实长0.8～1cm。花期11～12月（云南）或3月（南京）。

【产地及习性】产于长江流域至华南、西南；生于海拔约1000m的常绿阔叶林和灌丛中。在南京生长良好。

【观赏评价与应用】水丝梨为常绿乔木，可用于庭园丛植、孤植作绿荫树，也可列植。栽培者可呈灌木状，较耐荫，适于疏林、草地、水边丛植观赏，也可植为绿篱。

【同属种类】水丝梨属共有2～3种，分布于我国和印度北部；中国2种，分布于华南及西南。

半枫荷

山白树

水丝梨

半枫荷

山白树

水丝梨

半枫荷

山白树

水丝梨

三十六、交让木科 Daphniphyllaceae

交让木
Daphniphyllum macropodum

【别名】山黄树、水红朴

【形态特征】常绿乔木或灌木，高3～12m，树冠卵形或阔圆锥形。小枝粗壮。单叶互生，常集生枝顶；叶片革质，椭圆形，长9～20cm，宽约4cm，全缘，下面被白粉和乳点；中脉粗，基部带红色，侧脉9～15对；叶柄红色，长2.5～6cm。雌雄异株，总状花序，腋生，雄花序长6～10cm；雄花无花被，或仅有1～2线形萼片，雌花无花萼。果实椭圆形，熟时红黑色。花期4～5月；果期9～10月。

【产地及习性】产长江流域至华南，生于海拔800～1500m林中，日本也有。性喜荫，常自然生长于沟谷、溪边；喜湿润肥沃土壤。

【观赏品种】斑叶交让木('Lhuysii')，叶片较小。嫩枝与叶柄均带红色，新叶边缘黄色，后变为黄白色。入冬叶柄与叶脉深红色，叶缘鲜红色。

【观赏评价与应用】交让木树形整齐、亭亭玉立，春季换叶期集中，老叶落尽、新叶开放，新旧交替明显，故有"交让木"之名。园林中适于庭院、草地、池边、建筑阴面、疏林下等处，孤植、丛植均适宜。

【同属种类】交让木属共有25～30种，分布于东亚、东南亚至澳大利亚。我国10种，分布于长江以南各省区。

交让木

交让木

交让木

牛耳枫
Daphniphyllum calycinum

【别名】南岭虎皮楠

常绿灌木，高1.5～4m。叶阔椭圆形或倒卵形，长12～16cm，宽4～9cm，先端钝圆，基部阔楔形，全缘，叶背多少被白粉，具细小乳突体。总状花序腋生，长2～3cm，雄蕊9～10，雌花萼片3～4，阔三角形，宿存。果密集排列，卵圆形，长约7mm，被白粉。花期4～6月；果期8～11月。

产广西、广东、福建、江西等省区，生于海拔250～700m疏林或灌丛中。也分布于越南和日本。枝叶繁茂，终年常绿，花朵白色而繁密，可栽培观赏，适于林下、林缘、水滨应用。

牛耳枫

牛耳枫

虎皮楠
Daphniphyllum oldhamii

【别名】四川虎皮楠、南宁虎皮楠

常绿乔木，高5～10m。叶披针形、倒卵状披针形至长圆状披针形，长9～14cm，宽2.5～4cm，最宽处常在叶上部，基部楔形或钝，边缘反卷，叶背显著被白粉。雄花序长2～4cm，雌花序长4～6cm，花萼早落。果椭圆或倒卵圆形，长约8mm，径6mm。花期3～5月；果期8～11月。

产长江以南各省区，生于海拔150～1400m的阔叶林中。朝鲜和日本也有分布。较耐荫，全光下亦可生长良好；喜排水良好的砂质壤土。枝叶茂密，树形美观，四季常绿，可作绿化和观赏树种。树形较小，最适于庭院或公园林下、水滨种植。

虎皮楠

虎皮楠

虎皮楠

三十七、杜仲科 Eucommiaceae

杜仲
Eucommia ulmoides

【别名】丝棉树

【形态特征】落叶乔木，高达20m；树干端直，树冠卵形至圆球形。全株各部分（枝叶、树皮、果实等）断裂后有白色弹性胶丝。叶片椭圆形至椭圆状卵形，长6～18cm，宽3～7.5cm；叶缘有锯齿，表面网脉下陷，有皱纹。雌雄异株，花簇生于当年生枝基部，无花被。翅果狭椭圆形，扁平，长3～4cm，宽1～1.3cm，顶端2裂。花期3～4月，先叶或与叶同放；果期10月。

【产地及习性】我国特产，分布于华东、中南、西北及西南，黄河流域以南有栽培。喜光，喜温暖湿润气候。在土层深厚疏松、肥沃湿润而排水良好的土壤生长良好。耐干旱和水湿的能力均一般；在pH值5～8.6的酸性、中性至碱性土壤上均可生长，耐轻度盐碱。深根性，萌芽力强。

【观赏评价与应用】杜仲是我国特产的著名特用经济树种，在我国栽培历史悠久，而且公元3世纪即传入欧洲。园林中可作庭荫树和行道树，也可在草地、池畔等处孤植或丛植。

【同属种类】杜仲属仅此1种，特产我国。

杜仲

杜仲

杜仲

杜仲

三十八、榆科 Ulmaceae

糙叶树
Aphananthe aspera

【别名】沙朴、白鸡油

【形态特征】落叶乔木,高25m,径达1m。小枝被平伏硬毛。叶互生,卵形或椭圆状卵形,长4～14.5cm,宽1.8～4.0(7.5)cm,先端渐尖,基脉3出,侧脉6～10对,伸达齿尖,两面有平伏硬毛。花单性同株;雄花序生于新枝基部叶腋,雌花单生新枝上部叶腋;雄萼5(4)裂;雄蕊5(4)。核果近球形,径8～13mm,黑色。花期4～5月;果期10月。

【产地及习性】产长江以南,南至华南北部,西至四川、云南,东至台湾;生于海拔1000m以下,常散生于阔叶林中。喜光,略耐荫;喜温暖湿润气候,不耐严寒,适生于深厚肥沃土壤中。朝鲜、日本、越南也有分布。

【观赏评价与应用】糙叶树树姿婆娑,叶形秀丽,浓荫匝地,是绿荫树之佳选,也可用于谷地、溪边绿化。其年龄愈老,则树干多瘤而愈古奇,山东崂山太清宫附近,有糙叶树千年古木,树干弯而苍劲,势若苍龙出海,有"龙头榆"之称,相传为唐代所植,是当地著名的景点。

【同属种类】糙叶树属共有5种,分布于东亚和大洋洲、马达加斯加、墨西哥。我国2种,产长江流域及其以南各省区。

朴树
Celtis sinensis

【形态特征】落叶乔木,高达20m,径达1m;树冠扁球形,枝条开展;树皮灰色,平滑。幼枝有短柔毛后脱落。叶互生,宽卵形、椭圆状卵形,长3～9cm,宽1.5～5cm,基部偏斜,中部以上有粗钝锯齿,沿叶脉及脉腋疏生毛。花杂性同株,雄花和两性花均生于新枝叶腋,淡黄绿色。核果圆球形,橙红色,径4～6mm,果柄与叶柄近等长。花期4月;果期9～10月。

【产地及习性】产黄河流域以南至华南;越南、老挝和朝鲜也有分布。弱阳性,较耐荫;喜温暖气候和肥沃、湿润、深厚的中性土,既耐旱又耐湿,并耐轻度盐碱。根系深,抗风力强。抗污染,并有较强的滞尘能力。寿命长,生长速度中等。

【观赏评价与应用】朴树树形美观,树冠宽广,春季新叶嫩黄,夏季绿荫浓郁,秋季红果满树,是优美的庭荫树,宜孤植、丛植,可用于草坪、山坡、建筑周围、亭廊之侧,也可用作行道树。《弇山园记》有"复东数级而下,得老朴,大且合抱,垂荫周遭,几半亩,旁有桃梅之属辅之……为亭以承之,曰'嘉树'。"因其抗烟尘和有毒气体,适于工矿区绿化。

【同属种类】朴属共约60种,主要分布于热带和亚热带,少数产温带。我国11种,除新疆和青海外各地均产。

朴树

朴树

糙叶树

糙叶树

朴树

紫弹朴
Celtis biondii

【别名】沙楠子树、异叶紫弹、毛果朴、黑弹朴

落叶乔木，高达14m；幼枝密生红褐色或淡黄色柔毛。叶卵形或卵状椭圆形，长3～9cm，宽2～4cm，顶端渐尖，基部楔形，中上部边缘有锯齿，少全缘，幼时两面疏生毛，老时无毛；叶柄长3～8mm。核果通常2个，腋生，近球形，橙红色或带黑色；果柄长9～18mm，长于叶柄1倍以上；果核有明显网纹。花期4～5月；果期8～10月。

分布长江流域及其以南地区，北达陕西，生于山地灌丛、林中。树形高大，适应性强，是优良的绿荫树，可孤植、丛植作庭荫树，亦可列植作行道树，又适于工矿区绿化。

紫弹朴

紫弹朴

小叶朴
Celtis bungeana

【别名】黑弹树

【形态特征】落叶乔木，高达23m。小枝无毛，萌枝幼时密毛。叶狭卵形至卵状椭圆形、卵形，长3～7(15)cm，宽2～4cm，先端长渐尖，锯齿浅钝或近全缘；两面无毛，或仅幼树及萌枝之叶背面沿脉有毛。核果熟时紫黑色，径4～5mm；果柄长为叶柄长之2～3倍，细软。花期4～5月；果期9～11月。

小叶朴

小叶朴

小叶朴

【产地及习性】产东北南部、西北、华北，经长江流域至西南。喜光，稍耐荫，喜深厚湿润的中性黏土；耐寒，在沈阳生长良好。深根性，萌蘖力强。抗有毒气体，对烟尘污染抗性强。生长慢，寿命长。

【观赏评价与应用】小叶朴是朴属中耐寒性最强的种类之一，可作庭荫树、行道树，适应性强，也适于工矿区绿化。各地常见栽培，如崂山太清宫有小叶朴古树7株，以雄健的身姿、古朴的风韵、奇特的树形和古老的传说，吸引着无数的游客，树龄最长的已有800余年，高达23.5m，胸围5.50m，仍然生长旺盛，树干苍劲雄健。

珊瑚朴
Celtis julianae

【形态特征】落叶乔木，高达30m。小枝、叶柄、叶下面均密被黄色绒毛。叶厚纸质，较大，宽卵形至卵状椭圆形，长6～12cm，宽3.5～8cm，上面稍粗糙，下面网脉明显突起；中部以上有钝齿或近全缘，先端具突然收缩的短渐尖至尾尖；叶柄长1～1.5cm。果单生叶腋，金黄色至橙黄色，径1～1.3cm；果梗粗壮，长1.5～3cm。花期3～4月；果期9～10月。

【产地及习性】产长江流域及四川、贵州、陕西、甘肃等地。多生于山坡或山谷林中或林

珊瑚朴

珊瑚朴

缘。喜光，略耐荫，耐寒性比朴树稍差。适应性强，不择土壤，耐旱，较耐水湿；深根性，抗风力强。抗污染力。生长速度中等。

【观赏评价与应用】珊瑚朴树势高大，冠阔荫浓，树皮光洁，早春满树着生红褐色肥大花丛，状若珊瑚，秋季果球形橘红色，观赏效果良好，是优良的行道树和庭荫树，适于淮河流域以南各地应用。栽培品种金叶珊瑚朴，新叶金黄色，观赏价值更高。

大叶朴
Celtis koraiensis

【形态特征】落叶乔木，高达15m；树皮暗灰色，浅微裂。叶椭圆形至倒卵状椭圆形，长7～16cm，宽4～9cm，边缘具粗锯齿；先端圆截形，有不整齐裂片，中央具明显尾状尖。萌发枝上叶较大，且具较多硬毛。果单生叶腋，近球形至球状椭圆，径约10～12mm，橙黄色至暗红色，果梗长1.5～2.5cm。花期4～5月；果期9～10月。

大叶朴

榆科 Ulmaceae

【产地及习性】产东北南部、华北、西北及华东地区。常生于海拔 1600m 以下向阳山地或岩石坡、山沟。朝鲜亦产。喜光，也颇为耐荫，喜湿润，也耐旱。

【观赏评价与应用】大叶朴树体高大，树皮光洁，叶片大而奇特，遮阴效果好，且在秋末变为亮黄色，核果橙色而大，是优良的绿荫树，可用作庭荫树和行道树，也适合北方山地营造风景林。

刺榆
Hemiptelea davidii

【别名】枢、柘榆

【形态特征】落叶小乔木，高达 10m，或为灌木状。枝刺硬，长 2～10cm，幼时有毛。冬芽卵形，常 3 枚聚生。叶互生，椭圆形至椭圆状矩圆形，稀倒卵状椭圆形，长 4～7cm，宽 1.5～3cm，两面无毛，叶缘具钝锯齿；羽状脉，侧脉直达锯齿先端。花杂性，与叶同放，单生或 2～4 朵簇生叶腋；萼 4～5 裂，雄蕊 4～5；花柱 2 裂。坚果斜卵形，长 5～7mm，扁平，上半部有鸡冠状翅，基部有宿萼。花期 4～5 月；果期 9～10 月。

【产地及习性】产东北中南部、华北、西北、华东、华中等地，南达广西北部，多生于山麓及沙丘等较干燥的向阳地段。朝鲜亦产。喜光，耐寒，耐旱，对土壤适应性强。

【观赏评价与应用】刺榆树形优美，耐修剪，枝具刺，既适合园林中丛植观赏，也是优良的绿篱材料。在欧洲及北美有栽培。

【同属种类】刺榆属仅 1 种，产中国和朝鲜。

青檀
Pteroceltis tatarinowii

【别名】翼朴

【形态特征】落叶乔木，高达 20m，径 1.5m；树干常凹凸不平。树皮灰色，薄片状剥落，内皮灰绿色。小枝细弱。叶互生，卵形或卵圆形，长 3～13cm，宽 2～4cm，先端渐尖或尾尖，叶缘除基部外有锐尖锯齿；基脉 3 出，侧脉不达齿端。花单性同株，生于当年生枝叶腋。雄花簇生于下部，花被片与雄蕊 5；雌花单生于上部叶腋，花被片 4。坚果两侧有薄木质翅，近圆形，径约 1～1.7cm，果柄纤细。花期 4～5 月；果期 8～9 月。

【产地及习性】产于辽宁、华北、西北经长江流域至华南、四川等地，多生于海拔 800m 以下，在四川可达海拔 1700m。适应性强，喜光，稍耐荫；喜生于石灰岩山地，也能在花岗岩、砂岩地区生长；耐干旱瘠薄，根系发达。寿命长。

【观赏评价与应用】青檀树冠开阔，宜作庭荫树、行道树；可孤植、丛植于溪边，适合在石灰岩山地绿化造林。生长快，萌芽力强，在贫瘠、岩石裸露的石灰岩地区生长良好，是石灰岩石漠化地区重要的环境改良树种。山东青檀寺有千年古树。树皮纤维优良，为著名的宣纸原料。

【同属种类】青檀属仅 1 种，我国特产。

狭叶山黄麻
Trema angustifolia

【别名】小麻筋木、细尖叶谷木树

【形态特征】灌木或小乔木；小枝纤细，紫红色，密被粗毛。叶卵状披针形，长 3～7cm，宽 0.8～2cm，先端渐尖或尾状渐尖，叶面粗糙；基出脉 3，侧生的 2 条长达叶片中部，侧脉 2～4 对；叶柄长 2～5mm。花单性，雌雄异株或同株，聚伞花序；雄花被片狭椭圆形。核果宽卵状

榆科 Ulmaceae

狭叶山黄麻

狭叶山黄麻

狭叶山黄麻

山油麻

山油麻

山黄麻

或近圆球形，微压扁，直径2～2.5mm，熟时橘红色，有宿存的花被。花期4～6月；果期8～11月。

【产地及习性】产广东、广西和云南东南部至南部，生于向阳山坡灌丛或疏林中，海拔100～1600m。印度、越南、马亚半岛和印度尼西亚也有分布。

【观赏评价与应用】狭叶山黄麻果实橘红色、繁密，可作观果树种栽培观赏。园林中适于丛植。韧皮纤维可造纸和供纺织用；叶子表面粗糙，可当作砂纸用。

【同属种类】山黄麻属约15种，产热带和亚热带。我国6种，产华东至西南。

山油麻
Trema cannabina var. *dielsiana*

【别名】山油桐、山野麻

灌木或小乔木；小枝纤细，紫红色，后渐变棕色，密被斜伸的粗毛。叶薄纸质，卵形或卵状矩圆形，长4～9cm，宽1.5～4cm，叶面被糙毛，粗糙，叶背密被柔毛，在脉上有粗毛；叶柄被伸展的粗毛。雌雄同株，雄聚伞花序长于叶柄，雄花被片卵形，外面被细糙毛和紫色斑点。核果近球形，直径2～3mm，橘红色。花期3～6月；果期9～10月。

产长江流域至广东、广西、四川东部和贵州，生于向阳山坡灌丛中。

山黄麻
Trema tomentosa

【别名】麻桐树、麻络木、麻布树

小乔木，高达10m，或灌木；小枝密被灰褐色短绒毛。叶纸质或薄革质，宽卵形或卵状矩圆形，稀宽披针形，长7～15cm，宽3～7cm，叶面极粗糙，有硬毛，叶背有密或疏的灰色短绒毛。雄花序长2～4.5cm，雄花几乎无梗，雌花具短梗，果时增长。核果宽卵状，压扁，径2～3mm。花期3～6月；果期9～11月，热带地区几乎四季开花。

产福建、台湾、广东、海南、广西、四川、贵州、云南和西藏，生于湿润的河谷和山坡混交林中，或空旷的山坡。非洲、亚洲南部、大洋洲均有。常为次生林的先锋植物。

山黄麻

白榆
Ulmus pumila

【别名】家榆、榆树、海力斯

【形态特征】落叶乔木，高达25m，径达1m。树冠圆球形；树皮纵裂，粗糙。小枝灰色，细长。叶互生，卵状长椭圆形，长2～8cm，宽1.2～3.5cm，先端尖，基部偏斜，边缘有不规则单锯齿。花簇生于去年生枝上，早春先叶开花；花萼浅裂。翅果近圆形，径1～1.5cm，顶端有缺口，种子位于中央。花期3～4月，先叶开放；果期4～5月。

【产地及习性】产东北、华北、西北和西南，长江流域等地有栽培；俄罗斯、蒙古和朝鲜也有分布。喜光，耐寒、耐旱；喜肥沃、湿润而排水良好的土壤，较耐水湿。耐干旱瘠薄和盐碱土，在含盐量达0.3%的氯化物盐土和0.35%的苏打盐土、pH值达9时仍可生长，如土壤肥沃，耐盐能力上限达0.63%，尤其对Cl⁻的适应能力很强。主根深，侧根发达，抗风力、保土力强；萌芽力强。对烟尘和有毒气体抗性较强。生长速度较快。

白榆

白榆

白榆

垂枝榆

金叶榆

我国21种，遍布全国，多产于长江以北，另引入栽培3种。

美国榆
Ulmus americana

【形态特征】落叶乔木，在原产地高达40m；树皮不规则纵裂；冬芽卵圆形。叶卵形或卵状椭圆形，长7～12cm，中下部较宽，先端渐尖，基部极偏斜，一边楔形，一边半圆形至半心脏形，具重锯齿，脉腋有簇生毛。短聚伞花序，花梗细长，长4～10mm，花被漏斗状，7～9浅裂。翅果椭圆形，长13～16mm，具睫毛，果核部分位于翅果近中部，果梗长5～15mm。花果期3～4月。

【产地及习性】原产北美。江苏南京、山东及北京等地引种栽培。用途同欧洲白榆。

【观赏评价与应用】美国榆树体高大，冠大荫浓，适应性强，是世界四大行道树之一，温带至亚热带地区作行道树，也常植于草坪、山坡、水边作遮荫树。也是防风固沙、水土保持和盐碱地造林的重要树种。

美国榆

美国榆

琅琊榆
Ulmus chenmoui

【形态特征】落叶乔木，高达20m，树皮淡褐灰色，裂成不规则的长圆形薄片脱落；冬芽卵圆形。叶宽倒卵形、长圆状倒卵形、长圆形或长圆状椭圆形，长6～18cm，宽3～10cm，先端短尾状或尾状渐尖，叶面密生硬毛，粗糙，叶背密生柔毛；边缘具重锯齿。翅果窄倒卵形、长圆状倒卵形或宽倒卵形，长1.5～2.5cm，宽1～1.7cm，两面及边缘全有柔毛。花果期3月下旬至4月。

【产地及习性】分布于安徽琅琊山及江苏宝华山海拔150～200m地带，生于阔叶林中

琅琊榆

琅琊榆

琅琊榆

及石炭岩缝中。阳性树种，能适应酸性、中性及碱性土；根系发达，耐干旱瘠薄，能生于岩石裸露、土层浅薄的立地条件，但在土层深厚、肥沃之处生长较快。

【观赏评价与应用】琅琊榆适应性强，生长旺盛，树荫浓密，是优良的庭荫树和行道树，也可用于山地营造风景林。

黑榆
Ulmus davidiana

【别名】山毛榆、东北黑榆

【形态特征】落叶乔木，高达15m，径达30cm，或灌木状；树皮纵裂成不规则条状，萌枝及幼树小枝具不规则纵裂的木栓层；冬芽卵圆形。叶倒卵形或倒卵状椭圆形，长4～9cm，宽1.5～4cm，基部歪斜，叶面幼时有散生硬毛，后脱落无毛，不粗糙，边缘具重锯齿。翅果倒卵形或近倒卵形，长10～19mm，宽7～14mm，果核被毛，上端接近缺口。花果期4～5月；果期5～6月。

【观赏品种】垂枝榆（'Pendula'），树冠伞形，小枝细长、下垂。钻天榆（'Pyramidalis'），树干通直，树冠狭窄，生长迅速。金叶榆（'Jinye'），叶片金黄色，尤新叶为甚。

【观赏评价与应用】白榆是华北地区的乡土树种，树体高大，绿荫较浓，小枝下垂，尤其是春季榆钱满枝，未熟色青，待熟则白，颇有乡野之趣，而且适应性强，是城乡绿化的重要树种，适植于山坡、水滨、池畔、河流沿岸、道路两旁，也可用于营造防护林。榆树老桩也是优良的盆景材料。在盐碱地区，榆树是主要乔木树种之一。

【同属种类】榆属约40种，分布于北半球。

榆科 Ulmaceae

黑榆

黑榆

黑榆

圆冠榆

圆冠榆

醉翁榆

【产地及习性】分布于辽宁、河北、山西、河南及陕西等省，生于石灰岩山地及谷地。适应性强，耐干旱瘠薄，也耐盐碱。

【变种】春榆（var. *japonica*），翅果无毛，树皮色较深；小枝暗紫褐色，叶背面脉腋有簇生毛；翅果小，倒卵形，除凹口处均无毛。

【观赏评价与应用】黑榆和春榆适应性强，在我国北部分布广泛，尤其是春榆广布于东北、华北、西北至长江流域，为东北林区和华北低山阳坡的常见森林树种，生于河岸、溪旁、沟谷、山麓及排水良好的冲积地和山坡。园林中可作行道树、庭荫树，也可用于低海拔山地营造风景林。

圆冠榆
Ulmus densa

【形态特征】落叶乔木，枝冠圆球形。幼枝多少被毛，2～3年生枝常被蜡粉；冬芽卵圆形。叶卵形、菱状卵形或椭圆形，长4～10cm，宽2.5～5cm，基部偏斜，幼叶上面有硬毛，下面脉腋簇生毛。翅果倒卵状椭圆形或椭圆形，长10～15mm，果核位于翅果中上部，接近缺口。花果期4～5月。

【产地及习性】原产俄罗斯；我国新疆的南疆和伊犁地区、内蒙古、北京有引种，生长良好。喜光，适应性强，耐干旱和寒冷，耐夏季45℃高温和冬季-39℃低温，在年降水量仅40～100的恶劣环境中正常生长。耐盐碱，在土层深厚、湿润、疏松砂质土壤中生长迅速。

【观赏评价与应用】圆冠榆树冠球形，主干端直，绿荫浓密，树形优美，常植为行道树和庭荫树，是新疆等西北地区最重要的绿化树种之一。

醉翁榆
Ulmus gaussenii

落叶乔木，高达25m。幼枝及1～2年生枝密被柔毛；小枝有时具厚木栓翅。叶长圆状倒卵形、椭圆形、倒卵形或菱状椭圆形，长3～11cm，宽1.8～5.5cm，叶面粗糙，密生硬毛，叶背幼时密生短毛，后仅脉上有毛，边缘具单锯齿或兼有重锯齿；叶柄密被柔毛，长4～8mm。翅果近圆形，被柔毛，长1.8～2.8cm，宽1.7～2.7cm，种子位于中央，被柔毛。花果期3～4月。

仅分布于安徽琅琊山，生于溪边或石灰岩山麓。为我国特有的珍稀植物，树干通直，为江淮、淮北石灰岩丘陵山地的优良造林树种，华东及黄河以南地区可用于城市绿化，作庭荫树、行道树。野生资源极少，应注意保护。南京等地栽培。

醉翁榆

旱榆
Ulmus glaucescens

【别名】灰榆、崖榆、粉榆

落叶乔木或灌木，高达18m，树皮浅纵裂；幼枝多少被毛；冬芽近球形。叶卵形、菱状卵形至椭圆状披针形，长2.5～5cm，宽1～2.5cm，基部偏斜，常两面光滑无毛，边缘具钝而整齐的单锯齿或近单锯齿，侧脉6～12对；叶柄长5～8mm。花自混合芽抽出，散生于新枝基部，或自花芽抽出，簇生去年生枝上。翅果宽椭圆形或近圆形，长

旱榆

旱榆

旱榆

2～2.5cm，宽1.5～2cm，果翅较厚，果核位于翅果中上部，果梗长2～4mm，密被短毛。花果期3～5月。

分布于辽宁、河北、山东、河南、山西、内蒙古、陕西、甘肃及宁夏等省区。生于海拔500～2400m地带。耐干旱瘠薄，耐寒性强。叶片较小而秀丽，幼树树皮光滑，外观颇似榉树，适应性强，是北方地区优良的绿化树种和山地造林树种。

裂叶榆
Ulmus laciniata

【别名】青榆、大青榆、麻榆、大叶榆

【形态特征】落叶乔木，高达27m，小枝无木栓翅。叶倒卵形、倒三角状、倒三角状椭圆形或倒卵状长圆形，长7～18cm，宽4～14cm，先端通常3～7裂，裂片三角形；叶柄极短，长2～5mm，叶基明显偏斜。翅果椭圆形或长圆状椭圆形，长1.5～2cm，宽1～1.4cm。花果期4～5月。

【产地及习性】分布东北及黄河流域，生于海拔700～2200m地带之山坡、谷地、溪边之林中。俄罗斯、朝鲜、日本也有分布。喜光，稍耐荫，较耐干旱瘠薄。

【观赏评价与应用】裂叶榆叶片大而奇特，我国北方常栽培观赏，可作庭荫树和行道树，也可片植成林或作山地造林树种。

裂叶榆

裂叶榆

欧洲白榆
Ulmus laevis

【别名】大叶榆、欧洲榆

【形态特征】落叶乔木，高达30m；树皮淡褐灰色，幼时平滑，老则不规则纵裂。小枝灰褐色，幼时有毛；冬芽纺锤形。叶倒卵状宽椭圆形或椭圆形，通常长8～15cm，中上部较宽，先端凸尖，基部极偏斜，边缘具重锯齿，齿端内曲，叶面无毛或叶脉凹陷处有疏毛。簇生状短聚伞花序，有花20～30朵；花梗纤细下垂，不等长，长6～20mm。翅果卵形或卵状椭圆形，长约15mm，两面无毛，边缘有睫毛。花果期4～5月。

【产地及习性】原产欧洲。我国东北、华北和西北各地有栽培。阳性树，适应性强，既耐高温又耐低温。深根性，喜生于土壤深厚、湿润、疏松的沙壤土或壤土上，抗病虫能力强。

【观赏评价与应用】欧洲白榆树体高大，叶片大型，冠大荫浓，适应性强，是欧美地区广泛应用的园林造景树种，常作行道树，也可密植作树篱。也是防风固沙、水土保持和盐碱地造林的重要树种，我国适于北方各地应用。

欧洲白榆

欧洲白榆

欧洲白榆

榆科 Ulmaceae

大果榆
Ulmus macrocarpa

【别名】黄榆

【形态特征】落叶乔木，高达20m，径40cm，有时灌木状，树冠开张而常不规则。树皮深灰色，纵裂。萌枝常具2~4条木栓翅，1年生枝灰色或灰黄色。叶倒卵形，长5~9cm，宽3.5~5cm，先端突尖，基部偏斜，叶缘有重锯齿；质地粗糙，厚而硬，表面有粗硬毛。花簇生于去年生枝叶腋。翅果大，倒卵形或近圆形，径2.5~3.5cm，两面均被柔毛；种子位于果翅中部。花期3~4月；果期4~6月。

【产地及习性】分布于东北、华北、西北、华东等地海拔1800m以下地区。为东北林区针阔混交林和落叶阔叶林常见组成树种，在华北和西北低山阳坡极为常见。适应性强，喜光，抗寒、耐干旱瘠薄。朝鲜和俄罗斯也有分布。

【观赏评价与应用】大果榆适应性强，极耐干旱瘠薄，深秋叶片红褐色，点缀山林颇为美观，是北方秋色叶树种之一，可栽培观赏。

大果榆

大果榆

大果榆

榔榆
Ulmus parvifolia

【别名】小叶榆

【形态特征】落叶乔木，高达25m；树冠扁球形至卵圆形；树皮灰褐色，不规则薄鳞片状剥落。小枝红褐色至灰褐色。叶片质地较厚，长椭圆形至卵状椭圆形，长2~5cm，表面无毛，背面脉腋间有白色柔毛，有单锯齿。花簇生叶腋，秋季开花；花萼4深裂，无花瓣。翅果长椭圆形，长约1cm，种子位于翅果中部，无毛。花期8~9月；果期10~11月。

【产地及习性】产黄河流域以南地区；日本和朝鲜也有分布。喜光，稍耐荫；喜温暖气候，耐-20℃的短期低温；喜肥沃、湿润土壤，也耐干旱瘠薄和水涝，在酸性、中性和石灰性土壤上均可生长。深根性；萌芽力强。抗污染，对烟尘和有毒气体的抗性较强。

【观赏评价与应用】榔榆树皮斑驳，枝叶细密，姿态潇洒，具有较高观赏价值，在庭院中孤植、丛植，或与亭榭、山石配植均很合适，也是优良的行道树和园景树。此外，榔榆还是优良的盆景材料，我国著名的岭南派盆景就以榔榆作为代表树种之一。

榔榆

榔榆

红果榆
Ulmus szechuanica
【*Ulmus erythrocarpa*】

【别名】明陵榆

【形态特征】落叶乔木，高达28m。叶倒卵形至椭圆状卵形，长2.5~9cm，宽1.7~5.5cm（萌枝的叶更大），基部偏斜，两面幼时有毛，后无毛，具重锯齿。翅果近圆形或倒卵状圆形，长11~16mm，宽9~13mm，

红果榆

红果榆

榔榆

仅顶端缺口柱头被毛,果核位于翅果中部或近中部,上端接近缺口,淡红色、褐色或紫红色,果柄较花被为短,有短柔毛。花果期3~4月。

【产地及习性】分布于华东及四川中部,生于平原、低丘或溪涧旁酸性土及微酸性土之阔叶林中。生长中速。

【观赏评价与应用】红果榆树体高大挺拔,适应性强,是长江下游之平原及低丘地区重要的"四旁"绿化造林树种,也常用于城市绿化,可作庭荫树和行道树。耐寒性较强,在山东东南部地区可生长良好。

榉树
Zelkova serrata

【别名】光叶榉

【形态特征】落叶乔木,高达30m,径达100cm;树皮呈不规则片状剥落。幼枝疏被柔毛,后脱落。冬芽单生,圆锥状卵形或椭圆状球形。叶卵形、椭圆形至卵状披针形,长3~10cm,宽1.5~5cm,质地较薄,表面较光滑,亮绿色,两面幼时被毛,后脱落;叶缘锯齿较开张;侧脉7~14对;叶柄粗短,长2~6mm。雄花具极短的梗,径约3mm,雌花近无梗,径约1.5mm。核果几无梗,直径2.5~3.5mm,斜卵状圆锥形。花期4月;果期9~11月。

【产地及习性】主产长江流域,北达辽宁(大连)、山东、甘肃和陕西,多生于海拔500~1900m山地,在湿润肥沃土壤长势良好。朝鲜、日本也有分布。华东地区有栽培。喜光,略耐荫。喜温暖湿润气候,喜深厚、肥沃土壤,尤喜石灰性土,耐轻度盐碱,不耐干瘠。深根性,抗风强。耐烟尘,抗污染,寿命长。

【观赏评价与应用】榉树树冠呈倒三角形,枝细叶美,绿荫浓密,入秋叶色红艳,春叶也呈紫红色或嫩黄色,是江南地区重要的秋色树种。叶片变色一致,挂叶期长,而且不易因风吹而脱落,观赏期长达2个月。榉树是优良的庭荫树,我国古代常植于庭院及住宅周围。最适于孤植或三、五株丛植,以点缀亭台、假山、水池、建筑,如沧浪亭所在的土山上2株百年榉树与古朴的沧浪亭相配,很好地起到了衬托作用。在城市公园草坪、广场、公用建筑前,榉树可列植、丛植或群植供绿荫之用,极为壮观,给人以豪放之感。榉树还是很好的行道树,可用于街道、公路、园路的绿化。防风、耐烟尘、抗污染,适于粉尘污染区绿化,可选作工厂区防火林带树种。

【同属种类】榉属共有5种,产欧洲东南部至亚洲。我国3种,产辽东半岛至西南以东广大地区。

大叶榉
Zelkova schneideriana

【别名】血榉、黄栀榆

落叶乔木,高达35m,径达0.8m;树冠倒卵状伞形;树皮深灰色,光滑。冬芽常2个并生。小枝细长,密被柔毛。叶椭圆状卵形,长3~10cm,先端渐尖,基部宽楔形,桃形锯齿排列整齐,内曲,上面粗糙,背面密生灰色柔毛。花单性同株,雄花簇生于新枝下部,雌花单生与簇生于新枝上部。果不规则扁球形,径约2.5~3.5mm,有皱纹。花期3~4月;果期10~11月。

中国特有种。产秦岭和淮河以南至华南、西南各地,常散生于海拔1000m以下山地阔叶林中和平原。

大果榉
Zelkova sinica

【别名】小叶榉

落叶乔木,高达20m,径达60cm;树皮灰白色,块状剥落;1年生枝被灰白色柔毛,后渐脱落;冬芽椭圆形或球形。叶卵形或椭圆形,长3~5cm,宽1.5~2.5cm,叶面幼时疏生粗毛,后光滑,叶背除主脉疏生柔毛和脉腋有簇毛外,其余光滑无毛;侧脉6~10对;叶柄纤细,长4~10mm。核果大,直径5~7mm,果梗长2~3mm。花期4月;果期8~9月。

特产于我国,分布甘肃、陕西、四川北部、湖北西北部、河南、山西南部和河北等地。常生于山谷、溪旁及较湿润的山坡疏林中。陕、甘一带常有栽培。

榉树

榉树

大叶榉

大叶榉

大果榉

大果榉

大果榉

三十九、桑科 Moraceae

见血封喉
Antiaris toxicaria

【别名】箭毒木

【形态特征】常绿乔木，高25～40m，径30～40cm，大树偶见有板根；小枝幼时被棕色柔毛。叶互生，椭圆形至倒卵形，幼时被浓密长粗毛，具锯齿，长成之叶长椭圆形，长7～19cm，宽3～6cm，两侧不对称；侧脉10～13对。雌雄同株，雄花序托盘状，腋生，宽约1.5cm，花被裂片4，稀3，花药散生紫色斑点；雌花单生，藏于梨形花托内，无花被。果梨形，具宿存苞片，直径2cm，鲜红至紫红色。花期3～4月；果期5～6月。

【产地及习性】产广东、海南、广西、云南。多生于海拔1500m以下雨林中。斯里兰卡、印度（包括安达曼群岛）、缅甸、泰国、中南半岛、马来西亚、印度尼西亚也有。喜高温、降雨量丰富的热带气候，宜空气湿度大，在花岗岩、页岩、砂岩等酸性基岩和第四纪红土上均可生长。根系发达，抗风力强，风灾频繁的滨海台地，孤立木也不易风倒，但生长往往较矮。

【观赏评价与应用】见血封喉为常绿大乔木，通常具板状根，春夏之际开花，秋季果实红色，熟时变为紫黑色，树体高达，可组成季节性雨林上层巨树，常挺拔于主林冠之上。因其树干流出的白色乳汁有剧毒，西双版纳少数民族用其涂箭头来猎兽，中箭后会见血封喉而亡故得名。由于森林不断受到破坏，植株数量逐渐减少，已被列为国家保护植物。热带地区村落附近常见孤立树。

【同属种类】见血封喉属仅有1种，广泛分布于旧世界热带。我国1种，主要分布于华南和云南。

波罗蜜
Artocarpus heterophyllus

【别名】木波罗

【形态特征】常绿乔木，高达15m，老树常有板根。有白色乳汁。小枝无毛，有环状托叶痕。单叶互生，椭圆形至倒卵形，长7～15cm，宽3～7cm，全缘，幼树和萌生枝之叶常分裂，两面无毛；侧脉6～8对。雌雄同株，花序生于树干或大枝上。雄花序有时生于枝顶，圆柱形或椭圆形，长2～7cm，花密集。聚花果椭圆形或球形，长0.3～1m，径25～50cm，黄色，具坚硬六角形瘤体和粗毛；瘦果长椭圆形，长约3cm，径1.5～2cm。花期2～3月；果期7～8月。

【产地及习性】原产印度。我国台湾、华南和云南常栽培。喜温暖湿润的热带气候，在年均温度22～25℃、无霜冻、年降雨量1400～1700mm以上地区适生；最喜光；在酸性至轻碱性黏壤土、沙壤土上均可生长，忌积水。速生。

见血封喉

见血封喉

见血封喉

波罗蜜

波罗蜜

波罗蜜

【观赏评价与应用】我国栽培菠萝蜜的历史悠久,已有一千多年。菠萝蜜树姿端正,冠大荫浓,花有芳香,老茎开花结果,富有特色,为优美的庭园观赏树,也是热带著名的果树,果实硕大,重达5～20kg,香味四溢,果味极佳,素有"热带水果皇后"的美誉,园林中可结合生产应用。

【同属种类】波罗蜜属约50种,分布于热带亚洲至太平洋岛屿。我国14种,分布于华南。

尖蜜拉
Artocarpus champeden

【别名】小木菠萝

常绿乔木,叶片和果实均酷似波罗蜜,但植株较小,幼枝和嫩叶密被黄褐色刚毛,叶片较粗糙,果较小,重4～6kg,果皮有软刺。耐寒性较木菠萝差,温度低于5℃则易遭寒害。

原产马来西亚,中国海南和福建、广西、云南有少量栽培。

面包树
Artocarpus communis
【*Artocarpus altilis*；*Artocarpus incisus*】

【形态特征】常绿乔木,高10～15m;叶互生,厚革质,卵形至卵状椭圆形,长10～50cm,成熟之叶常3～8羽状分裂,裂片披针形,两面无毛,全缘,侧脉约10对;托叶大,披针形或宽披针形,长10～25cm,黄绿色。花予单生叶腋,雄花序长圆筒形至长椭圆形或棒状,长7～30cm,黄色。聚花果倒卵圆形或近球形,长15～30cm,直径8～15cm,绿色至黄色,具圆形瘤状凸起;核果椭圆形至圆锥形,径约25mm。栽培的很少核果或无果。

【产地及习性】原产太平洋群岛及印度、菲律宾,为马来群岛一带热带著名林木之一。我国台湾、海南、广东亦有栽培。北方温室也常栽培观赏。

【观赏评价与应用】面包树树形优美,叶片大型而雅观,叶脉清晰,整株具有其他植物没有的特殊韵味,是热带具有较高应用前景的观赏植物。不管是点缀于庭园,还是孤植、丛植于路边、水边,其特殊的观赏性都具有较高的价值,能营造很好的热带风光。果实为热带主要食品之一。

野波罗蜜
Artocarpus lakoocha

【别名】拉哥加树

常绿乔木,高10～15m;小枝幼时密被淡褐色粗硬毛,后无毛。叶宽椭圆形或椭圆形,有时羽状分裂,长25～30cm,宽15～20cm,全缘或具细锯齿,背面具黄色刚毛,侧脉10～12对;叶柄长2～3cm,密被黄色刚毛;托叶卵状披针形,长4～5cm。雄花序卵形至椭圆形,长1～3.5(4)cm,宽1.5～2cm,花被深2裂。聚花果近球形,径约7cm,表面被硬化的平伏刚毛。

产云南,常生于海拔130～650m石灰岩山地。越南、老挝、尼泊尔、不丹、印度、缅甸有分布。

尖蜜拉

尖蜜拉

尖蜜拉

面包树

面包树

面包树

野波罗蜜

野波罗蜜

桂木
Artocarpus nitidus subsp. *lingnanensis*

【别名】红桂木、大叶胭脂

常绿乔木,高可达17m,主干通直;叶长圆状椭圆形至倒卵椭圆形,长7～15cm,宽3～7cm,全缘或具不规则浅疏锯齿,表面深绿色,两面无毛。雄花序头状,长2.5～12mm,直径2.7～7mm,雄花花被片2～4裂;雌花序近头状,雌花花被管状。聚

桑科 Moraceae

桂木

桂木

花果近球形，径约5cm，红色，肉质；小核果10～15颗。花期4～5月。

产广东、海南、广西等地，生于中海拔湿润的杂木林中。泰国、柬埔寨、越南北部有栽培。树冠浓密，是优良的庭荫树，适于水边、路旁、草地、建筑附近孤植，也可片植成林。成熟聚合果酸甜可口，生食或糖渍，或用为调料。

胭脂
Artocarpus tonkinensis

【别名】胭脂树、鸡嗉果

常绿乔木，高达14～16m；小枝淡红褐色。叶椭圆形、倒卵形，长8～20cm，宽4～10cm，全缘或有时先端有浅锯齿，背面密被微柔毛；托叶锥形，落后有疤痕。花序单生叶腋，雄花序倒卵圆形或椭圆形，长1～1.5cm，径0.8～1.5cm；雌花序球形，花柱伸出于盾形苞片外。聚花果近球形，径达6.5cm，熟时黄色。花期夏秋，果秋冬季。

产广东、海南、广西、云南、贵州，生

胭脂

胭脂

于海拔较低的山坡阳处。中南半岛也有。果实味甜可食。也是优良的园林绿化树种。

构树
Broussonetia papyrifera

【别名】楮

【形态特征】落叶乔木，高达15m；树冠开张，卵形至广卵圆形。树皮浅灰色或灰褐色，平滑；枝叶有乳汁。小枝、叶柄、叶背、花序柄均密被长绒毛。小枝粗壮，灰褐色或红褐色。叶互生，有时近对生；卵圆形至宽卵形，长8～13cm,不分裂或不规则2～5深裂，上面密生硬毛。雄花组成柔荑花序，圆柱形，下垂；雌花组成头状花序，球形。聚花果球形，熟时橘红色或鲜红色。种子圆形，红褐色。花期4～5月；果期7～9月。

【产地及习性】分布广，自西北、华北至华南、西南均产。喜光，不耐荫；耐干旱瘠薄，也耐水湿。对土壤要求不严，喜钙质土，但在酸性土、中性土上也可生长，耐盐碱。抗污染，其中抗烟尘能力很强。萌芽力和萌蘖力均强。生长速度快。

【观赏评价与应用】构树枝叶繁茂，虽然观赏价值一般，但抗逆性强，抗污染，滞尘能力强，可作城乡绿化树种，尤其适于工矿区和荒山应用。果为野生鸟类的食源。

【同属种类】构属共有4种，分布于亚洲东部和太平洋岛屿。我国4种均产，南北均有分布。

构树

构树

构树

藤构
Broussonetia kaempferi var. *australis*

【别名】蔓构

蔓生藤状灌木，小枝显著伸长，幼时被浅褐色柔毛。叶螺旋状排列，近对称的卵状椭圆形，长3.5～8cm，宽2～3cm，先端渐尖至尾尖，基部心形或截形，边缘锯齿细，齿尖具腺体，不裂，稀2～3裂，表面无毛，稍粗糙；叶柄长8～10mm。雌雄异株，雄花序短穗状，长1.5～2.5cm，花序轴约1cm；雄花花被片4～3，裂片外面被毛，雄蕊4～3，花药黄色，椭圆球形；雌花集生为球形头状花序。聚花果直径1cm，花柱线形，延长。花期4～6月；

藤构

桑科 Moraceae

藤构

藤构

果期 5 ~ 7 月。

产浙江、湖北、湖南、安徽、江西、福建、广东、广西、云南、四川、贵州、台湾等省区。多生于海拔 308 ~ 1000m，山谷灌丛中或沟边山坡路旁。枝蔓细长，夏秋果实红艳，园林中可栽培观赏，适用于攀附低矮的墙垣、栅栏。韧皮纤维为造纸优良原料。

小构树
Broussonetia kazinoki

【别名】楮

落叶灌木，高 2 ~ 4m；小枝斜上，幼时被毛。叶卵形至斜卵形，长 3 ~ 7cm，宽 3 ~ 4.5cm，先端渐尖至尾尖，基部近圆形或斜圆形，不裂或 3 裂，表面粗糙，背面近无毛；托叶线状披针形，长 3 ~ 5mm，宽 0.5 ~ 1mm。雌雄同株；雄花序球形头状，径 8 ~ 10mm；雌花序球形，花被管状。聚花果球形，直径 8 ~ 10mm；瘦果扁球形，外果皮壳质，表面具瘤体。花期 4 ~ 5 月；果期 5 ~ 6 月。

小构树

小构树

产台湾及华中、华南、西南各省区。多生于中海拔以下，低山地区山坡林缘、沟边、住宅近旁。日本、朝鲜也有分布。茎皮纤维供制优质纸和人造棉的原料。

榕树
Ficus microcarpa

【别名】小叶榕

【形态特征】常绿大乔木，高达 25m。各部无毛。树冠开展，阔伞形，有气生根悬垂或入土生根，复成一干，形似支柱。叶互生，叶片倒卵形至椭圆形，长 4 ~ 8cm，宽 3 ~ 4cm，先端钝尖，基部楔形，革质，全缘或略波状；羽状脉，侧脉 3 ~ 10 对。花单性，雌雄同株。隐花果腋生，近扁球形，径约 8mm，无梗，熟时紫红色。花期 5 ~ 6 月；果期 10 月。

【产地及习性】分布于热带亚洲，华南和西南有分布并常见栽培，多生于海拔 1900m 以下山地、平原。喜光，也耐荫，喜温暖湿润气候，深厚肥沃排水良好的酸性土壤。生长快，寿命长。抗污染。

【变种】金钱榕（var. *crassifolia*），又名厚叶榕。蔓性或直立灌木，叶片厚革质，较宽圆，先端圆钝，长 5 ~ 9cm，宽 3.5 ~ 5.5cm。特产台湾南部，华南常栽培。

【观赏品种】黄金榕（'Golden Leaves'），叶片倒卵形，新叶乳黄色至金黄色，后变为绿色。华南和台湾栽培颇多。黄斑榕（'Yellow Stripe'），小乔木，叶缘黄色而具绿色条带。垂枝银边榕（'Milky Stripe'），小枝下垂，叶狭倒卵形或椭圆形，叶缘呈乳白色或略呈乳

榕树

黄金榕

黄金榕

黄色而混有绿色条带，背面具多数腺体。

【观赏评价与应用】榕树树冠宽阔，枝叶浓密，可谓"榕荫遮半天"，其气生根多而下垂，交错盘缠，入土即成一支柱，形成"独木成林"的奇观，是华南重要的绿荫树。树体庞大，当不适于普通庭院造景，宜植于环境空旷之处以资庇荫并形成景观，如孤植于草坪、池畔、桥头等处，也适于河流沿岸、宽阔道路两旁列植。在华南各地，常见以榕树为主景的植物景观，如广西阳朔著名的大榕树景点以榕树而闻名。

【同属种类】榕属约有 1000 种，主要分布于热带和亚热带，既有高大的常绿乔木，也有藤本和少量落叶灌木。我国 99 种，产长江以南各地，主产华南和西南，另引入栽培多种。

榕树

桑科 Moraceae

高山榕
Ficus altissima

【别名】阔叶榕、大叶榕、大青树、高榕

【形态特征】常绿大乔木，高达30m。幼枝绿色，被微柔毛。叶宽卵形至宽卵状椭圆形，长10～19cm，宽8～11cm，先端钝，基部宽楔形，两面光滑无毛，基出脉3条，侧脉5～7对；托叶厚革质，长2～3cm。隐头花序无梗，成对腋生，卵圆形，径17～28mm，幼时包藏于早落风帽状苞片内，熟时红色或带黄色。花期3～4月；果期5～7月。

【产地及习性】产华南南部至海南、云南、四川，生于海拔100～1600m山地、平原、河谷、林缘。东南亚各地也产。阳性，喜高温多湿气候，也耐干旱瘠薄；根系发达，抗风；抗大气污染。

【观赏评价与应用】高山榕树冠广阔，树姿优美，适于作园景树和庭荫树，也可用于宽阔的水边道路作行道树。华南地区常栽培观赏，滇南傣族常栽作寨神树。

环纹榕
Ficus annulata

【别名】环榕

【形态特征】常绿乔木，幼时附生半攀援性。叶薄革质，长椭圆形至椭圆状披针形，长13～28cm，宽5～8cm，全缘，基出3脉，侧脉12～17对，背面极明显；托叶披针状线形，长2.5～6cm，早落。榕果成对腋生，卵圆形至长圆形，长20～25mm，径15～20mm，熟时橙红色，表面散生白色斑点，顶生苞片脐状突起，基生苞片3，卵形，总梗粗壮，长1～1.5cm，近顶部有环纹。瘦果有瘤体，花柱长。花期5月。

【产地及习性】产云南南部，生于海拔500～1300m山地林中。缅甸、越南、泰国、马来西亚、印度尼西亚、菲律宾有分布。喜光，喜高温多湿气候，也耐旱耐瘠，速生，抗污染。

【观赏评价与应用】环纹榕树冠圆伞形，树姿美观，叶色翠绿，在严重污染地方及城市交通繁忙处常年旺盛生长，是优良道树和绿

荫树。20世纪80年代广州引种为行道树，现华南地区常见栽培。

木瓜榕
Ficus auriculata

【别名】大果榕、馒头果

【形态特征】常绿乔木或小乔木，高4～10m，树冠广展。叶互生，厚纸质，广卵状心形，长15～55cm，宽15～27cm，基生脉5～7条，侧脉3～4对；托叶三角状卵形，紫红色。榕果簇生于树干基部或老茎短枝上，大而梨形或扁球形至陀螺形，直径3～6cm，具纵棱8～12条，红褐色。花期8月至翌年3月；果期5～8月。

【产地及习性】产海南、广西、云南、贵州、四川等。喜生于低山沟谷潮湿雨林中。印度、越南、巴基斯坦也有分布。

【观赏评价与应用】木瓜榕树形开张，结果量大，直接生于树干、主枝或树基，形似扁球，初生绿色，熟时变为红褐色，微甜多汁，味美可食。华南地区常栽培观赏。此外，紫红色的嫩叶也可供食用，为西双版纳傣族菜肴中常见的野生蔬菜之一。

垂叶榕
Ficus benjamina

【别名】白榕、垂枝榕、小叶榕、细叶榕

【形态特征】常绿乔木,高达20m,径达30~50cm。树皮灰色,平滑。枝叶稠密,柔软下垂。叶薄革质,光滑无毛,卵形或卵状椭圆形,长4~8cm,宽2~4cm,先端锐尖,基部圆形或楔形,全缘;一级与二级侧脉难区分,直达近叶缘网结成边脉;托叶披针形,长约6mm。果球形,黄色或红色,成对或单生叶腋,径0.8~1.2cm。花期8~11月。

【产地及习性】产华南和云南、贵州;印度、越南和马来西亚也有分布。华南常栽培。喜温暖、多湿、光照充足且通风的环境,也耐荫,生长发育的适宜温度为23~32℃,可耐短暂0℃低温。耐修剪。对土壤要求不严。

【观赏品种】银边垂榕('Golden Prinecess'),叶缘具黄白色斑;斑叶垂榕('Variegata'),叶面有乳白色斑块,叶色清秀柔美。

【观赏评价与应用】垂叶榕树姿优雅,终年叶片碧绿、光亮,是优良的观叶花木,可作行道树、庭荫树,也可作绿篱,还可修剪成圆柱、矩形等简单几何造型列植于建筑附近、道路两旁及入口两侧。以其耐荫,北方常盆栽观赏,用作厅、堂、场等装饰植物。

垂叶榕

垂叶榕

银边垂榕

亚里长叶榕
Ficus binnendijkii 'Alii'

【别名】亚里垂榕、柳叶榕

【形态特征】常绿大乔木,栽培中或呈小乔木或灌木状,高达6m。叶互生,厚革质,长椭圆形至线状披针形,长4~12cm,宽1.5~4.2cm,幼树之叶可长达18cm,先端渐尖,幼树之叶可尾状尖,全缘,背面主脉凸出。榕果陀螺状球形,径约4~10mm,无总梗。

【产地及习性】原产亚洲南部。我国台湾及华南各地常见栽培。

【观赏品种】金叶亚里垂榕('Golden Leaves'),叶呈金黄色,偶见栽培。

【观赏评价与应用】亚里长叶榕枝叶繁密,叶片细长下垂,是优良的绿篱和隐蔽树种,也适于整形修剪,可供庭院、公园、建筑周围丛植、散植。盆栽可点缀商厦、宾馆、车站等公共场所。

亚里长叶榕

亚里长叶榕

无花果
Ficus carica

【形态特征】落叶小乔木或灌木,高3m以上;树冠圆球形。小枝粗壮,节间明显。叶广卵形或近圆形,3~5掌状裂,裂片有粗锯齿或全缘,表面粗糙,背面有柔毛。隐头花序单生叶腋。隐花果扁球形或倒卵形、梨形,长5~6cm,径3cm以上,黄绿色、紫红色或近于白色。花果期因产地和栽培条件而异,自春至秋季果实陆续成熟。

【产地及习性】原产地中海一带,现温带和亚热带地区常见栽培。喜光,喜温暖气候,在-12℃时新梢受冻;喜排水良好的沙壤土,耐旱而不耐涝。侧根发达,根系浅。抗污染。

【观赏评价与应用】无花果是一种古老的果木,在公元前3000年,地中海沿岸和西南亚居民就有栽培,我国栽培历史也甚悠久,约在唐代或以前传入我国。叶片深绿色而深

无花果

无花果

裂如掌，果实黄色至紫红色；果期甚长，自春至秋陆续成熟，既是著名的果树，也是优良的造景材料，园林中可结合生产栽培，配植于庭院房前、墙角、阶下、石旁也甚适宜，以散植二三株为宜。

雅榕
Ficus concinna

【别名】小叶榕

【形态特征】常绿乔木，高15～20m；树皮深灰色；小枝粗壮，无毛。叶狭椭圆形，长5～10cm，宽1.5～4cm，全缘，两面光滑无毛，基生侧脉短，侧脉4～8对，网脉两面隆起；托叶披针形，无毛，长约1cm。榕果成对腋生或3～4个簇生于无叶小枝叶腋，球形，直径4～5mm，有长2～4mm的总梗；雄花、瘿花、雌花同生于一榕果内壁；榕果无总梗或不超过0.5mm；熟时蓝紫色，有黄色斑点。花果期3～6月

【产地及习性】产广东、广西、贵州、云南，通常生于海拔900～1600m密林中或村寨附近。不丹、印度、中南半岛各国、马来西亚、菲律宾、北加里曼丹也有。喜温暖湿润，不耐寒；喜明亮的散射光，较耐荫。抗污染，耐修剪，萌芽力强。

【观赏评价与应用】雅榕是中国南方重要的园林景观植物，而且具有发达的气生根，绿叶茂密，树型美观，枝叶下垂，深受人们喜爱，是南方城乡道路、广场、公园、风景点、庭院的主要绿化树种。适应性较强，热带地区广泛引种栽培。

钝叶榕
Ficus curtipes

【形态特征】常绿乔木，高5～15m，幼时多附生；小枝绿色。叶厚革质，长椭圆形或倒卵状椭圆形，长10～16cm，宽5～6cm，先端钝圆，全缘，基生侧脉短，侧脉8～12对。榕果成对腋生，无总梗，球形，径1～1.5cm，熟时深红至紫红。花果期9～11月。

【产地及习性】产云南南部至西南部、贵州，常生于低海拔石灰岩山地或村寨附近，偶有栽培于庭园。热带亚洲也有分布。

【观赏评价与应用】钝叶榕株型茂盛，叶片厚，果实繁密，秋末冬初榕果成熟，极为美丽，是庭园优良的观赏树，可植于山石边、水滨等处。

印度橡皮树
Ficus elastica

【别名】印度榕

【形态特征】常绿乔木，高达30m，全株光滑无毛。小枝粗壮，顶芽为托叶包被，深红色。枝叶有乳汁。叶片宽大，厚革质，长椭圆形或矩圆形，略向主脉对折，长10～30cm，宽7～10cm，先端渐尖，全缘，表面光绿色。隐头花序腋生。隐花果卵状长圆形，长约1cm，径约5～8mm，无柄，熟时黄绿色。花期11月。

【产地及习性】原产热带亚洲，云南瑞丽和盈江等地有野生分布；华南常栽培观赏，其他地区温室栽培。喜光，也耐荫；喜温暖湿润气候，不耐寒冷；要求肥沃而排水良好的土壤，以酸性至中性土为佳。

【观赏评价与应用】印度橡皮树是热带著名的庭园观赏树种，新叶红色、芽苞淡红色，树冠卵形至扁圆形，广蔽数十米，朴实无华，浑厚庄重，常用作行道树和园景树，适于大型庭院的庭前、草地、路旁、水边植之。广州街道，常见以橡皮树与榕树间植为行道树。

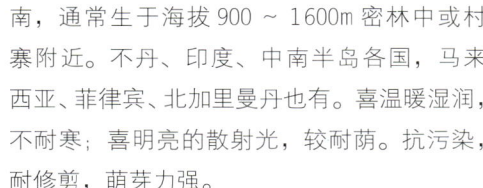
雅榕

钝叶榕

钝叶榕

印度橡皮树

印度橡皮树

雅榕

印度橡皮树

桑科 Moraceae

天仙果
Ficus erecta
【*Ficus erecta* var. *beecheyana*】

【别名】牛乳榕、矮小天仙果

落叶大灌木，高3～4m；枝粗壮，近无毛，分枝少。叶倒卵形至狭倒卵形、长圆状披针形，先端急尖，基部圆形或浅心形，表面无毛，微粗糙，背面近光滑；叶柄长1.5～4cm。榕果单生叶腋，球形，无毛，直径1～1.5cm，熟时红色，总梗细，长1～2cm。花果期5～6月。

广布于广东、广西、贵州、湖北、湖南、江西、福建、浙江、台湾、云南等地，生于山坡林下或溪边。日本、越南也有分布。株丛繁茂，叶片秀丽，果实熟时红艳，可栽培观赏，适于林缘、水边石际丛植、孤植。天仙果也是常用中药，始载于《本草纲目》。

天仙果

天仙果

黄毛榕
Ficus esquiroliana
【*Ficus xiphias*；*Ficus neoesquirolii*】

【别名】猫卵子

小乔木或灌木，高4～10m；幼枝中空，被黄色硬长毛。叶纸质，广卵形，长17～27cm，宽12～20cm，具长约1cm尖尾，两面有糙伏长毛，背面被长约3mm褐黄色波状长毛，先端3裂或不分裂；叶柄长5～11cm，疏生长硬毛；托叶披针形，长约1～1.5cm。榕果腋生，圆锥状椭圆形，径20～25mm，被褐长毛。花期5～7月；果期7月。

黄毛榕

黄毛榕

产西南及华南，越南、老挝、泰国北部也有分布。叶片大型，枝条、叶片、果实均生黄色长毛，颇为奇特，可栽培观赏。

水同木
Ficus fistulosa

【别名】水筒木、大有、猪母乳

【形态特征】常绿小乔木，高达8m。树皮黑褐色，枝粗糙。叶倒卵形至长圆形，长10～20cm，宽4～7cm，全缘或微波状，表面无毛，背面微被柔毛或黄色小突体；基生侧脉短，侧脉6～9对；托叶卵状披针形。榕果簇生于老干发出的瘤状枝上，近球形，径1.5～2cm，熟时橘红色，不开裂。花期5～7月。

【产地及习性】产广东、香港、广西、云南等地，生于溪边岩石上或森林中。印度、孟加拉国、缅甸、泰国、越南、马来西亚、印度尼西亚、菲律宾、加里曼丹也有。

水同木

水同木

水同木

【观赏评价与应用】水同木结实累累密生于树干上，有时延伸至根部，熟时橘红色，具有热带气息的老茎生花现象，颇为美观、奇特，嫩叶略带红色，是优良的庭园观赏树木，适于溪边及庭院栽培。果为鸟雀所喜食。树皮含丰富乳汁，可以制胶。

大叶水榕
Ficus glaberrima

【别名】万年青

常绿乔木，高约15m，树皮灰色；小枝幼时微被柔毛。叶薄草质，长椭圆形，长10～20cm，宽3～7cm，全缘，侧脉8～12对，两面稍凸起，托叶早落，线状披针形，长约

大叶水榕

大叶水榕

大叶水榕

桑科　Moraceae

1.5cm。榕果成对腋生，球形，径7～10mm，熟时橙黄色，顶部不为脐状凸起；雄花、雌花、瘿花同生于一榕果内。花果期5～9月。

产海南、广西、贵州、云南、西藏，多生于海拔550～1500（2800)m山谷及平原疏林中。热带喜马拉雅山区、越南、泰国、缅甸、印度、印度尼西亚也有。为紫胶虫良好寄主树。

藤榕
Ficus hederacea

【形态特征】常绿藤状灌木，茎、枝节上生根。叶排为2列，厚革质，椭圆形至卵状椭圆形，长6～11cm，宽3.5～5cm，两面有乳头状钟乳体凸起，全缘，侧脉3～5对，在表面下陷，背面凸起。榕果单生或成对腋生或生于已落叶枝的叶腋，球形，直径7～14mm，熟时黄绿色至红色。花期5～7月。

【产地及习性】产海南、广西、广东、云南、贵州，生于低海拔山地林中。尼泊尔、不丹、印度北部、缅甸、老挝、泰国等也有分布。

【观赏评价与应用】藤榕生长迅速，枝叶繁密，是华南地区优良的攀援绿化植物，适于攀附棚架、山石、矮墙。广州、深圳等地有栽培。

藤榕

对叶榕

藤榕

藤榕

对叶榕
Ficus hispida

【别名】牛奶子

常绿灌木或小乔木，叶对生，卵状长椭圆形或倒卵状矩圆形，长10～25cm，宽5～10cm，全缘或有钝齿，两面及叶柄被短粗毛；托叶卵状披针形，生无叶的果枝上，常4枚交互对生。榕果腋生或生于落叶枝上，或老茎发出的下垂枝上，陀螺形，黄色，直径1.5～2.5cm。花果期6～7月。

产广东、海南、广西、云南，贵州。尼泊尔、不丹、印度、泰国、越南、马来西亚至澳大利亚也有分布。喜生于沟谷潮湿地带。

对叶榕

对叶榕

植株较低矮，树冠开阔，果实成串生于老茎上，适于庭园栽培观赏，可于草地、路边、山坡等处丛植。

大琴叶榕
Ficus lyrata

【别名】琴叶橡皮树

【形态特征】常绿大灌木或小乔木，高达12m。茎干直立，少分枝。枝皮呈片状剥离。节间较短，叶密集，先端膨大呈提琴状，长20～40cm，宽10～20cm，厚革质，深绿色，叶缘波状，叶脉于叶面稍凹陷而于叶背隆起，黄绿色。隐花果扁球形生于叶腋。

【产地及习性】原产非洲热带地区，华南

大琴叶榕

桑科 Moraceae

大琴叶榕

苹果榕

苹果榕

地区常见栽培。喜高温多湿气候，对空气污染和尘埃的抵抗力较强。

【观赏评价与应用】大琴叶榕树形自然，质感粗糙，新叶亮绿挺拔，老叶深绿平展，叶形奇特，十分引人注目，是优良的观叶植物。在华南常栽培观赏，作庭园树、行道树，也是理想的室内盆栽观叶植物，在长江流域及其以北地区可作大型盆栽用于装饰会场或办公室。花木市场上之"琴叶榕"，多为本种。

苹果榕
Ficus oligodon

【别名】木瓜果

【形态特征】小乔木，高5～10m，树皮平滑，树冠宽阔。叶倒卵椭圆形或椭圆形，长10～25cm，宽6～23cm，边缘1/3以上具不规则粗锯齿，背面密生小瘤体；托叶卵状披针形。榕果簇生于老茎发出的短枝上，梨形或近球形，径2～3.5cm，熟时深红色。花期9月至翌年4月；果期5～6月。

【产地及习性】产海南、广西、贵州、云南、西藏，喜生于低海拔山谷、沟边、湿润土壤地区。尼泊尔、不丹、印度、越南、泰国、马来西亚也有。

苹果榕

【观赏评价与应用】苹果榕分枝点较低，树冠宽大、枝叶茂密，果实熟时深红色，味甜可食，是优良的庭园观赏树，适于路边、林缘丛植、列植。也是紫胶虫寄主树。

琴叶榕
Ficus pandurata

小灌木，高1～2m；小枝。嫩叶幼时被白色柔毛。叶提琴形或倒卵形，长4～8cm，先端急尖有短尖，中部缢缩，基生侧脉2，侧脉3～5对；托叶披针形，迟落。榕果单生叶腋，鲜红色，椭圆形或球形，直径6～10mm。花期6～8月。

产长江流域至华南，生于山地，旷野或灌丛林下。越南也有分布。叶片亮绿色，果实较大而奇特，鲜红色，可栽培观赏，园林中未见栽培。

琴叶榕

琴叶榕

薜荔
Ficus pumila

【别名】凉粉果、木瓜藤、木壁莲

【形态特征】常绿藤本，借气生根攀援生长。小枝有褐色绒毛。叶全缘，2型：在不生花序的枝上小而薄，心状卵形，长1～2.5cm，叶柄长0.5～1cm；在着生花序的枝上大而革质，卵状椭圆形，长5～10cm，宽2～3.5cm。雌雄异株，隐花果单生，梨形或倒卵形，长3～6cm，熟时黄绿色或微带红色，富含淀粉。花期5～6月；果期7～9月。

【产地及习性】产长江流域至华南、西南；日本和越南也有分布。性强健，生长迅速；耐荫，喜温暖湿润的气候；对土壤要求不严，但以酸性土为佳。

【观赏品种】花叶薜荔（'Variegata'），叶片小，具粉红色和乳黄色斑纹。

【观赏评价与应用】薜荔因其发达的气生根，具有很强的攀援能力，缘壁上生，纵横萦结，望之碧叶湛然，山雨来时"惊风乱飐芙蓉水，密雨斜侵薜荔墙"。适于假山、石壁、墙垣、石桥、树干、楼房的绿化，终年常绿，生机勃勃，也用于水边驳岸的点缀。江南古城墙或寺庙内古建筑上，常常可以看见葱绿的薜荔爬满墙面。耐荫性强，也是优良的林下地被。

薜荔

薜荔

桑科　Moraceae

菩提树
Ficus religiosa

【别名】思维树

【形态特征】常绿大乔木，高达25m，径达50cm；树冠广展；小枝灰褐色。叶革质，三角状卵形，长9～17cm，宽8～12cm，表面光亮，先端骤尖，顶部延伸为尾状，尾尖长达2～5cm，全缘或为波状，3出脉，侧脉5～7对；叶柄纤细，与叶片等长或长于叶片。榕果球形至扁球形，直径1～1.5cm，熟时红色，光滑。花期3～4月；果期5～6月。

【产地及习性】原产热带亚洲，我国广东、广西、云南、福建等地常栽培。性喜高温高湿环境，喜光，耐干旱瘠薄，萌芽力强，耐修剪，生长快。对温度要求比橡皮树要高，在广东等地常落叶。

【观赏评价与应用】菩提树是佛教的"圣树"和印度的国树，常植于庙宇内外，现热带地区的寺院中颇多栽植。我国在梁武帝天监元年（公元502年）即引入广州光孝寺，植于戒坛前，《酉阳杂俎》中对此树有记载，云其"迄今千年，茂盛不改"，然而此树于明末清初枯死。而在云南永德县永康镇忙石寨缅寺有一棵古菩提树，胸围16.4m，树高30m，树冠覆盖面积达1350m^2，据说年龄已经有400多年。也可植为行道树、庭荫树。

菩提树

菩提树

菩提树

珍珠莲

珍珠莲
Ficus sarmentosa var. henryi

【别名】凉粉树

【形态特征】常绿攀援状灌木，幼枝密被褐色长柔毛。叶卵状椭圆形，长8～10cm，宽3～4cm，表面无毛，背面密被褐色柔毛，基生侧脉延长，侧脉5～7对，小脉网结成蜂窝状。榕果成对腋生，圆锥形，直径1～1.5cm，幼时密被褐色长柔毛，顶生苞片直立，长约3mm，基生苞片卵状披针形，长约3～6mm。榕果无总梗或具短梗。花期5～7月。

【产地及习性】广布于长江流域至华南、西南，北达陕西、甘肃，常生于阔叶林下或灌木丛中。适应性强，较耐寒。

【观赏评价与应用】珍珠莲攀援能力强，株丛繁茂，是优良的垂直绿化材料，适于攀附石壁、裸岩、矮墙，也可用于岩石园。瘦果可制作凉粉。

珍珠莲

棱果榕
Ficus septica

【别名】稜果榕、大叶榕、猪母榕

【形态特征】常绿乔木或灌木状，树皮有皱纹或疤痕；枝粗壮，圆柱形。叶长圆形或卵状椭圆形至倒卵形，长15～26cm，宽10～14cm，全缘，基出侧脉3～5条，侧脉6～12对；托叶膜质，红色，卵状披针形，长2～3cm。榕果单生或成对腋生或茎花，扁球形，宽1.2～2.5cm，成熟顶部开裂，瘦果斜卵形或近球形。花果期4～5月。

【产地及习性】产我国台湾。日本琉球、菲律宾、印度尼西亚、巴布亚新几内亚至所罗门群岛及澳大利亚东北部也有分布。

【观赏评价与应用】棱果榕叶片大型，榕果有棱而奇特，适应性强，常栽于庭园观赏，也可为海岸防风林树种。

棱果榕

棱果榕

棱果榕

桑科 Moraceae

竹叶榕
Ficus stenophylla

【别名】竹叶牛奶子

【形态特征】常绿小灌木，高1～3m；小枝散生灰白色硬毛。叶纸质，线状披针形，长5～13cm，全缘，侧脉7～17对；托叶披针形，红色，长约8mm。榕果椭圆状球形，直径7～8mm，深红色；雄花和瘿花同生于雄株榕果中，雌花生于另一植株榕果中。花果期5～7月。

【产地及习性】产福建、台湾、浙江、湖南、湖北、广东、海南、广西、贵州。常生于沟旁堤岸边。越南北部和泰国北部也有分布。喜光照，也耐半阴，过于阴蔽长势不良；喜温暖，不耐寒；喜湿润不耐干旱；喜潮湿空气。对土壤要求不严。

【观赏评价与应用】竹叶榕叶片细长、下垂，枝叶茂密，适于整形修剪，是优良的绿篱植物，适于道路两侧、建筑附近等处列植。

笔管榕

竹叶榕

竹叶榕

笔管榕
Ficus subpisocarpa

【别名】漆娘舅、鸟榕、雀榕

【形态特征】落叶乔木，有时有气根。小枝淡红色，无毛。叶互生或簇生，近纸质，无毛，椭圆形至长圆形，长10～15cm，宽4～6cm，全缘或微波状，侧脉7～9对；叶柄长约3～7cm，近无毛；托叶披针形，长约2cm。榕果单生、成对或簇生叶腋，扁球形，径5～8mm，熟时紫黑色。花期4～6月。

【产地及习性】产台湾、福建、浙江、海南、云南，常见于平原或村庄。缅甸、泰国、中南半岛诸国、马来西亚至日本琉球也有。喜温暖湿润气候，喜光也耐荫，不耐寒，喜湿，也耐干旱，适应性强。

【观赏评价与应用】笔管榕新叶红色，每年春季换叶之时，枝头满是红色叶苞，宛若蘸着朱丹的毛笔，故有"笔管榕"之称，为良好的遮荫树，最适于公园草地、河边应用，也可作行道树。叶是治疗油漆和漆树汁过敏症的良药，而又别名"漆娘舅"。

笔管榕

笔管榕

地石榴
Ficus tikoua

【别名】地瓜、地果

【形态特征】常绿性匍匐木质藤本，茎上生细长不定根；幼枝偶直立。叶倒卵状椭圆形，长2～8cm，宽1.5～4cm，先端急尖，边缘具波状疏浅圆锯齿，侧脉3～4对，表面被短刺毛；叶柄长1～2cm；托叶披针形，长约5mm，被柔毛。榕果成对或簇生于匍匐茎上，常埋于土中，球形至卵球形，径1～2cm，熟时深红色，表面多瘤点。花期5～6月；果期7月。

地石榴

地石榴

【产地及习性】产长江流域至广西、西南，北达甘肃、陕西南部。常生于低海拔林缘、山坡及草丛间或岩石缝中。印度、越南北部、老挝也有分布。喜温暖湿润，耐荫、耐旱、不抗严寒。

【观赏评价与应用】地石榴抗逆性较强，常蔓延成片生长，是很有价值的地被植物，宜植于疏林下或林缘，也是可覆盖假山石的良好材料。固土能力强，又是良好的水土保持植物。成熟榕果可食。

三角榕
Ficus triangularis

常绿灌木或小乔木。叶厚革质，全缘，叶片呈三角形，长4~6cm，宽3~5cm，浓绿色，先端截平，基部楔形。隐花果幼时黄绿色，熟后橘红色。花期冬春。

原产热带非洲。性强健，喜光，喜高温多湿，抗寒力弱。华南、西南等地有引种。是热带地区优良的庭院观赏植物，也常盆栽观赏。

三角榕

三角榕

黄葛树
Ficus virens
【*Ficus virens* var. *sublanceolata*】

【别名】黄桷树、黄葛榕、大叶榕

【形态特征】落叶或半常绿乔木，高达26m，具板根或支柱根，幼时附生状。叶薄革质，长椭圆形、卵状椭圆形，或近披针形，长10~20cm，宽4~7cm，全缘，无毛，侧脉7~10对；托叶卵状披针形，长5~10cm。果近球形，径0.7~1.2cm，熟时黄色或红色。花期5~8月。

【产地及习性】产于华南和西南，北达湖北、浙江、陕西南部，多生于海拔300~1000m地带，在四川沿江各地常见于江边；热带亚洲和澳大利亚北部也有分布。阳性树；喜温暖湿润气候，不耐寒冷；耐干旱瘠薄，根系发达、庞大，穿透力强，能生长于裸露岩石地带。

【观赏评价与应用】黄葛树树形高大，树冠伸展，落叶前叶色变黄，各株的落叶时间常不一致，且落叶期较长，是华南、西南地区优秀的绿化树种。适应性强、抗污染，常作为行道树植于道路两旁，夏季能形成很好的绿荫道，满足遮荫避阳的实际功能需求；落叶时黄叶纷飞甚为美观。还可孤植或群植于公园湖畔、草坪等处。

黄葛树

黄葛树

黄葛树

柘
Maclura tricuspidata
【*Cudrania tricuspidata*】

【别名】柘刺、柘桑

【形态特征】落叶灌木或小乔木，可高达10m；树皮薄片状剥落。小枝无毛，枝刺长0.5~2cm。叶卵圆形或卵状披针形，长5~11cm，宽3~6cm，先端渐尖，全缘或3裂；侧脉4~6对；下面灰绿色；叶柄长1~2cm。雌雄异株，头状花序腋生；雄花序径约0.5cm，雌花序径约1~1.5cm。聚花果球形、肉质、红色，径约2.5cm。花期5~6月；果期9~10月。

【产地及习性】产北京以南、陕西、河南至华南、西南各地，生于低山、丘陵灌丛中，习见；日本也有分布。喜光，耐干旱瘠薄，喜钙质土，较耐寒。生长缓慢。

【观赏评价与应用】柘树多生枝刺，可作绿篱、刺篱，也是重要的荒山绿化及水土保持树种。果实熟时红色，也可作为观果树种栽培。

【同属种类】柘属约12种，分布于亚洲、非洲、澳大利亚、太平洋岛屿和南北美洲。我国5种，主产西南及东南，引入栽培1种。

柘

柘

构棘
Maclura cochinchinensis
【*Cudrania cochinchinensis*】

【别名】山荔子、葨芝

【形态特征】常绿攀援或直立灌木；具粗壮弯曲无叶的腋生刺，刺长约1cm。叶革质，椭圆状披针形或长圆形，长3～8cm，宽2～2.5cm，全缘，侧脉7～10对，两面无毛。雌雄异株，头状花序球形，雄花序径约6～10mm。聚合果肉质，直径2～5cm，橙红色。花期4～5月；果期6～7月。

【产地及习性】产我国东南部至西南部的亚热带地区。多生于村庄附近或荒野。南亚、东南亚各国至澳大利亚、新喀里多尼亚均产。

【观赏评价与应用】构棘为常绿性，果实大而红色，非常优美，具有枝刺，是优良的观果植物和绿篱植物，也具有攀援性，可作垂直绿化材料。

构棘

构棘

构棘

桑树
Morus alba

【别名】白桑、家桑

【形态特征】乔木，高达15m，树冠倒广卵形。树皮深褐色，小枝黄褐色，根皮鲜黄色。叶卵形或广卵形，长6～15cm，宽4～12cm，边缘有粗大锯齿，有时分裂，表面无毛，有光泽，背面脉腋有簇毛。雌雄异株，柔荑花序，雄花序长2～3cm，雌花序长1～2cm。花柱极短或无，柱头2裂。聚花果（桑椹）长卵形至圆柱形，长1～2.5cm，熟时紫黑色、红色或黄白色。花期4月；果期5～6月。

【产地及习性】广布树种，自东北至华南均有栽培和分布，以长江流域和黄河流域最为常见。喜光，耐寒，耐干旱瘠薄和水湿，在微酸性、中性和石灰性土壤上均可生长，耐盐碱。深根性；萌芽力强，耐修剪。抗污染。

【变种】鲁桑（var. *multicaulis*），又称湖桑。灌木或小乔木，枝条粗壮，叶片大而肥厚，长达15～30cm，宽10～20cm，浓绿色，不分裂；果实较大，长2.5～3cm。

桑树

龙桑

桑树

【观赏品种】龙桑（'Tortuosa'），又称九曲桑，枝条扭曲向上，叶片不分裂。

【观赏评价与应用】桑树是我国栽培历史最悠久的树种之一，自古以来与梓树均常植于庭院，故以"桑梓"指家乡。树冠宽阔，枝叶茂密，秋叶变黄，是优良的园林绿化树种。抗污染，可用于厂矿区绿化。

【同属种类】桑属16种，主要分布于北温带。我国11种，各地均产。

鸡桑
Morus australia

【别名】山桑

落叶灌木或小乔木。叶卵形，长5～14cm，宽3.5～12cm，叶缘粗锯齿无刺芒，有时3～5裂；表面粗糙，密生短刺毛，背面疏被粗毛。雄花序长1～1.5cm，雌花序球形，长约1cm，密被白色柔毛，花绿色，花柱很长，柱头2裂。聚花果短椭圆形，熟时紫红色或暗紫色。花期3～4月；果期4～5月。

广布于黄河流域、长江流域至华南、西南，常生于石灰岩山地或林缘及荒地。朝鲜、日本及热带亚洲也有分布。阳性树，耐干旱瘠薄。树冠开阔，秋叶黄色，可栽培观赏，用途同桑树。

鸡桑

桑科 Moraceae

蒙桑
Morus mongolica

【别名】岩桑、山桑

【形态特征】落叶乔木或灌木状。叶长椭圆状卵形，长8～15cm，宽5～8cm，叶缘有刺芒状锯齿，表面光滑无毛，背面脉腋常有簇毛。幼树及萌枝之叶有糙毛。雄花序长3cm，雌花序长1～1.5cm，花暗黄色，花柱长，柱头2裂。聚花果熟时红色至紫黑色。花期3～4月；果期4～5月。

【产地及习性】产东北南部、华北、华中、西北、西南等地，华北低山阳坡、向阳沟谷习见。

【观赏评价与应用】蒙桑树形美观，秋叶金黄色，可用于公园和城市绿化。结果量大，是产区野生鸟类重要的食源树种。

假鹊肾树
Streblus indicus

【形态特征】常绿乔木，高达15m，径15～20cm。叶排为2列，椭圆状披针形，幼树枝之叶狭椭圆状披针形，长7～15cm，宽2.5～4cm，全缘，两面光亮，羽状脉多数。雌雄同株或同序；雄花为腋生蝎尾形聚伞花序，单生或成对，白色或微带红色，雄蕊5枚；雌花单生叶腋或生于雄花序上，花柱深2裂。核果球形，径约10mm，中部以下渐狭，基部一边肉质，包围在增大的花被内。花期10～11月。

【产地及习性】产广东、海南、广西、云南，常生于海拔650～1400m山地林中或阴湿地区。印度东北部、泰国有分布。

【观赏评价与应用】假鹊肾树幼树枝叶细长而下垂，树形非常优美，是良好的观形树种，适于庭院、水边、草地、路旁孤植。

【同属种类】鹊肾树属约22种，分布于斯里兰卡、印度、中南半岛各国、马来西亚、印度尼西亚、菲律宾。我国约产7种，分布于云南、广东、海南、广西。

四十、伞树科（号角树科） Cecropiaceae

号角树
Cecropia peltata

【别名】蚁栖树、聚蚁树

【形态特征】常绿乔木，原产地高达60m，国内栽培一般高10m以下。树干粗壮，分枝少；枝条粗壮。有乳汁。叶互生，近圆形，宽达30～45cm，深裂至2/3，裂片9～11，表面粗糙，背面密生白色短绒毛；叶柄长13～29cm；托叶长6～9cm，包被顶芽。雌雄异株，穗状花序，花密生。雄花序12～30个成一束，长3～5cm，径约4mm；雌花序4～6个一束，长4～5cm，径约5mm。果长圆形，熟时为赤褐色，可食，味道似桑椹。花期春末夏初。

【产地及习性】原产墨西哥南部至南美洲北部和大安德烈斯群岛。广州、南宁、厦门等地栽培。喜温暖湿润的热带气候，不耐寒。

【观赏评价与应用】号角树生长迅速，气生根奇特而发达，会随着树形的改变生长，树体偏向某个方向，此方向的支持根数量便会增多。经常有蚂蚁居住在中空的树干中，是典型的蚁栖植物。号角树叶形奇特，外型颇似留声机的筒状喇叭，尤其从树荫下抬头仰望硕大叶片在阳光照射下叶脉的透空感，特别亮丽而深具美感。园林中宜孤植、丛植于草地、山坡。嫩芽可做蔬菜。

【同属种类】号角树属约120种，产热带美洲，我国引入栽培2种。深裂号角树（*Cecropia adenopus*），与号角树相近，但叶片深裂达叶长度的5/6，裂片多数；雌花序通常4个1束，长达5cm，直径1.2cm。广州等地栽培。

号角树

号角树

号角树

号角树

四十一、荨麻科 Urticaceae

苎麻
Boehmeria nivea

【别名】 野苎麻

【形态特征】 灌木或亚灌木,高0.5～1.5m;茎上部与叶柄均密被开展的长硬毛和短糙毛。叶互生,宽卵形,稀卵形,长6～15cm,宽4～11cm,有牙齿,上面稍粗糙,疏被短伏毛,下面密被雪白色毡毛,侧脉约3对;叶柄长2.5～9.5cm。圆锥花序腋生,或植株上部的为雌性、其下为雄性,或同一植株全为雌性,长2～9cm;雄团伞花序有少数雄花,雌团伞花序有多数密集雌花。花被片4,雄蕊4,柱头丝形。瘦果近球形,光滑。花期8～10月。

【产地及习性】 产西南、华南至长江流域,北达甘肃、陕西、河南南部,生于海拔200～1700m山谷林边或草坡。广泛栽培。也分布于越南、老挝等地。适应性强。

【观赏评价与应用】 苎麻中国古代重要的纤维作物之一,栽培历史悠久。枝繁叶茂、根系发达,成片种植治理水土流失的效果显著,华南地区园林中丛植观赏。

【同属种类】 苎麻属约65种,分布于热带或亚热带,少数分布到温带地区。我国约有25种,自西南、华南至东北广布,多数分布于西南和华南。

苎麻

苎麻

苎麻

水麻
Debregeasia orientalis

【别名】 水麻桑、水麻叶

【形态特征】 灌木,高1～4m,小枝纤细,暗红色。叶长圆状狭披针形或条状披针形,长5～18cm,宽1～2.5cm,有细锯齿或细牙齿,上面常有泡状隆起,疏生短糙毛,背面被白色或灰绿色毡毛,基出脉3条,其侧出2条达中部边缘;托叶披针形,顶端浅2裂。雌雄异株,稀同株,生上年生枝和老枝的叶腋,2回二歧分枝,每分枝顶端各生一球状团伞花簇。花被片4,下部合生,雄蕊4。瘦果小浆果状,倒卵形,长约1mm,鲜时橙黄色。花期3～4月;果期5～7月。

【产地及习性】 产西藏东南部、云南、广西、贵州、四川、甘肃南部、陕西南部、湖北、湖南、台湾。常生于溪谷河流两岸潮湿地区,海拔300～2800m。日本也有分布。

【观赏评价与应用】 水麻株型自然开张,花序淡紫红色,本种是我国南部与西部地区常用的一种野生纤维植物,果可食,叶可作饲料。

【同属种类】 水麻属约6种,主要分布于亚洲东部的亚热带和热带地区,1种分布至非洲北部。我国6种均产,分布于长江流域以南省区。

水麻

水麻

荨麻科 Urticaceae

咬人狗
Dendrocnide meyeniana

【别名】咬人狗艾麻

【形态特征】常绿乔木，高5~7m；树皮光滑。小枝、叶柄、叶两面和花序被短柔毛和刺毛。叶集生枝顶，卵形至椭圆形，长15~40cm，宽8~25cm，全缘或波状；羽状脉，侧脉7~12对；托叶长约1cm，背面密被柔毛和刺毛。雌雄异株，花序长达25cm，分枝短。雄花花被片与雄蕊4（5）；雌花无梗，花被片4，下部合生。瘦果圆形，长约2mm，有不明显细疣点。花期4~7月。

【产地及习性】产台湾。生于山坡低海拔林中或灌丛中。菲律宾也有分布。

【观赏评价与应用】咬人狗枝条粗壮，叶片大型，疏密有致，可栽培观赏。但其叶表皮细胞突出成刺毛，贮有类似蚁酸的有机酸，顶端膨大处细胞壁极薄，稍微碰触即破裂释出酸液，能螫皮肤，不小心触到会令人感觉刺痛和灼热感，应用是应注意。

【同属种类】火麻树属约36种，分布东南亚、大洋洲和太平洋岛屿的热带地区。我国6种，分布我国台湾、广东南部、海南、广西西南部、云南西南部至东南部与西藏东南部的热带地区。

咬人狗

咬人狗

咬人狗

蔓赤车
Pellionia scabra

【别名】岩苋菜

【形态特征】亚灌木，茎直立或渐升，高50~100cm，基部木质，有糙毛。叶柄短或近无柄；叶片斜狭菱状倒披针形或斜狭长圆形，长3.2~8.5cm，宽1.3~3.2cm，半离基3出脉，侧脉在狭侧2~3条，宽侧3~5条，或近羽状。雌雄异株。雄花为稀疏聚伞花序，长达4.5cm，花被片5，椭圆形，雄蕊5；雌花序直径2~8（14）mm，花密集。瘦果椭圆形。花期春季至夏季。

【产地及习性】产云南东南部、广西、广东、贵州、四川东南部和东部、湖南、江西、安徽南部、浙江、福建、台湾；生山谷溪边或林中。越南、日本也有分布。

【观赏评价与应用】蔓赤车株丛茂盛，生长迅速，耐阴湿，是优良的地被植物，适于水边、林下、阴湿山石间应用。

【同属种类】赤车属约60种，主要分布于亚洲热带地区，少数种类分布到亚洲亚热带地区以及大洋洲一些岛屿。我国约有20种，分布于长江流域及以南各省区。

蔓赤车

蔓赤车

四十二、马尾树科 Rhoipteleaceae

马尾树
Rhoiptelea chiliantha

【形态特征】落叶乔木，高 15～20m。小枝幼时有棱角，后变为圆筒形；芽裸露。幼时，枝、叶、芽均密被星状腺鳞和短柔毛。奇数羽状复叶互生；小叶 9～17 枚，互生，披针形，长 6～13cm，有细齿。穗状花序下垂，细长如马尾状，组成大型圆锥花序，长达 32cm；花 3 朵簇生，中间为两性花，两侧为不孕性雌花；花被片 4。翅果倒卵形至近圆形，紫色。花期 3～4 月；果期 7～8 月。

【产地及习性】分布于我国和越南北部，在我国产于贵州、广西和云南等地。生于 700～2500m 的山坡、山谷或溪边林中。越南也有分布。阳性树，喜冬无严寒、夏无酷暑的温暖湿润环境，适生于湿润的酸性土中，较耐干旱瘠薄。

【观赏评价与应用】马尾树是著名的第三纪残遗树种。因其复圆锥花序俯垂于枝端颇似马尾，故云南、广西称之为马尾树。树干挺直，树形美观，花序奇特，生长迅速，园林中可作行道树和庭荫树。

【同属种类】马尾树科为单型科，仅有马尾树 1 属 1 种。

马尾树

马尾树

马尾树

四十三、胡桃科 Juglandaceae

山核桃
Carya cathayensis

【别名】小核桃

【形态特征】落叶乔木，高达10～20m；树皮平滑，灰白色。树冠开展，扁球形。裸芽，密生黄褐色腺鳞。小叶5～7枚，披针形或倒披针形，长7.5～22cm，背面密生黄褐色腺鳞。雄性葇荑花序3条成1束，长10～15cm；雌性穗状花序直立，具1～3朵雌花。果实卵圆形或倒卵形，幼时具4狭翅状的纵棱，密被橙黄色腺体。4～5月开花，9月果成熟。

【产地及习性】分布于长江流域，以浙江和安徽为主产地，适生于山麓疏林中或腐殖质丰富的山谷，多生于低海拔山地。

【观赏评价与应用】山核桃为我国特产，是著名的木本油料植物和干果树种，可用于生态防护林建设，也是是山区城镇园林结合生产的优良树种。果仁味美可食，亦用以榨油。

【同属种类】山核桃属约17种，分布于东亚和北美。我国4种，分布于华东至广西、贵州、云南等地，引入栽培1种。

山核桃

山核桃

山核桃

薄壳山核桃
Carya illinoensis

【别名】美国山核桃、长山核桃、碧根果

【形态特征】落叶乔木，在原产地高达55m；树冠初为圆锥形，后变为长圆形至广卵形。鳞芽，被黄色短柔毛。羽状复叶，小叶11～17，呈不对称的卵状披针形，常镰状弯曲，长9～13cm，下面脉腋簇生毛。雄花组成柔荑花序，3个簇生，下垂；雌花1至数朵组成穗状花序。果3～10集生，长圆形，长4～5cm，有4纵脊，果壳薄，种仁大。花期5月；果期10～11月。

【产地及习性】原产北美洲，我国于19世纪末20世纪初引种，北自北京，南至海南岛都有栽培，以长江中下游地区较多。喜光，喜温暖湿润气候，适生于深厚肥沃的沙壤土，不耐干瘠，耐水湿，对土壤酸碱度适应性较强。深根性，根系发达，寿命长。

【观赏评价与应用】薄壳山核桃是著名干果树种，树体高大，根深叶茂，树姿雄伟壮丽。在适生地区是优良的行道树和庭荫树，南京曾用薄壳山核桃作行道树，现太平北路尚存树龄80多年的大树。公园可孤植、丛植于草地、山坡、水边，也适于风景区、河流沿岸、湖泊周围大面积造林。种仁味美，是重要的干果油料树种。

薄壳山核桃

薄壳山核桃

青钱柳
Cyclocarya paliurus

【别名】摇钱树、麻柳

【形态特征】落叶乔木，高达30m，径达80cm。裸芽具柄，被褐色腺鳞。枝具片状髓心；幼枝密被褐色毛。奇数羽状复叶，小叶7～9(13)，椭圆形或长椭圆状披针形，长3～14cm，具细锯齿，上面中脉和下面被毛及腺鳞。雌雄同株，葇荑花序下垂，雄花序长7～17cm，2～4集生于去年生枝叶腋，雄花具2小苞片

薄壳山核桃

及2花被，雄蕊20～30；雌花序单生枝顶，长20～26cm，7～10花，雌花具2小苞片及4花被片。坚果，果翅圆形，径2.5～6cm。花期5～6月；果期9月。

【产地及习性】产于安徽、江苏、浙江、江西、福建、台湾、广东、广西、陕西南部、湖南、湖北、四川、贵州、云南东南部。喜光，在混交林中多为上层林木。要求深厚、肥沃土壤。稍耐旱。萌芽性强。抗病虫害。

【观赏评价与应用】青钱柳树形优美，果实奇特，圆形，似串串铜钱悬挂枝间，迎风摇曳，故有"摇钱树"之称，具有很高的观赏价值。可做庭荫树、行道树。

【同属种类】青钱柳属仅有1种，我国特产。

青钱柳

青钱柳

青钱柳

黄杞
Engelhardia roxburghiana
【*Engelhardia fenzelii*】

【别名】少叶黄杞、黑油换、黄泡木、假玉桂

【形态特征】半常绿乔木，高达18m，全体无毛，有橙黄色盾状着生的圆形腺体。偶数羽状复叶；小叶2～5对，稀1对，对生或互生，长椭圆状披针形至长椭圆形，长5～14cm，宽2～5cm，全缘，基部歪斜，侧脉5～13对。雌雄同株或稀异株。雌花序1条及雄花序数条长而俯垂，形成顶生圆锥状花序束，或雌花序单独顶生。花被片4，雄蕊10～12，柱头4裂。果序长10～25cm。果实坚果状，球形，径3～4mm，苞片3裂。花期5～7月；果期8～10月。

【产地及习性】产于台湾、广东、广西、福建、浙江、江西、湖南、贵州、四川和云南。分布于印度、缅甸、泰国、越南。生于林中或山谷。

【观赏评价与应用】黄杞树形开展，树干光洁，叶片亮绿色，可栽培作庭荫树。树皮纤维质量好，可制人造棉，亦含鞣质可提栲胶。

【同属种类】黄杞属约7种，产南亚、东南亚和印度北部。我国4种，分布于长江以南各地。

黄杞

黄杞

黄杞

胡桃
Juglans regia

【别名】核桃

【形态特征】落叶乔木，高达30m，径达1m；树冠广卵形至扁球形；树皮灰白色。1年生枝绿色，无毛或近无毛。羽状复叶，小叶5～9（11），近椭圆形，长6～14cm，先端钝圆或微尖，基部钝圆或偏斜，全缘或幼树及萌生枝之叶有锯齿，表面光滑，背面脉腋有簇毛。雄花组成柔荑花序，生于当年生枝侧；雌花1～3（5）朵成穗状花序。果球形，径4～5cm，果核近球形，有不规则浅刻纹和2纵脊。花期4～5月；果期9～10月。

【产地及习性】原产于我国新疆及阿富汗、伊朗一带，新疆霍城、新源、额敏一带海拔1300～1500m山地有大面积野核桃林。伊朗、俄罗斯吉尔吉斯南部、阿富汗也有分布。据传为汉朝张骞带入内地，现广泛栽培。喜光，喜凉爽气候，不耐湿热。喜深厚、肥沃而排水良好的微酸性至微碱性土壤。深根性，有粗大肉质直根，耐干旱布怕水湿。

【观赏评价与应用】胡桃为中国重要的干果和油料树种，已有2000多年的栽培历史，

胡桃

胡桃

胡桃

胡桃科 Juglandaceae

《西京杂记》云："上林苑有胡桃，出西域。"胡桃冠大荫浓，树皮灰白、平滑，树体内含有芳香性挥发油，有杀菌作用，是优良的庭荫树。园林中可在草地、池畔等处孤植或丛植2～3株。也适于成片种植。辽宁南部以南的广大地区普遍栽培，以西北和华北为主产区。

【同属种类】胡桃属约20种，主要分布于北半球温带和亚热带地区，并延伸至南美洲。我国4种，引入栽培2种，产东北至西南。

野核桃
Juglans cathayensis

落叶乔木，高达12～25m，或灌木状。幼枝灰绿色，被腺毛；顶芽裸露，锥形，密生毛。小叶9～17枚，无柄，卵状矩圆形或长卵形，长8～15cm，宽3～7.5cm，两面有星状毛，上面稀疏，下面浓密，中脉和侧脉有腺毛。雄荑黄花序长达18～25cm，雄花被腺毛。穗状雌花序生于当年生枝顶端，花序轴密生棕褐色毛。果序常具6～13个果或仅有少数；果卵形或卵圆状，长3～4.5cm，密被腺毛。花期4～5月；果期8～10月。

产于长江流域至华南，北达甘肃、陕西、山西、河南等地，生于海拔800～2000m的杂木林中。栽培中常呈灌木状，可用于草地及大型公园山坡、路边等处孤植。FOC将本种并入"胡桃楸"中。

胡桃楸
Juglans mandshurica

落叶乔木，高达20m。奇数羽状复叶，生于萌条上者长达80cm，小叶15～23枚，长6～17cm，宽2～7cm；生于孕性枝上者集生枝端，长40～50cm，小叶9～17枚，椭圆形至长椭圆状披针形，具细锯齿，上面有稀疏短柔毛，后仅中脉被毛，下面被贴伏短柔毛及星芒状毛。雄蕊黄花序长9～20cm；雌穗状花序具4～10雌花，柱头鲜红色。果序常具5～7果；果实球状或椭圆状，密被腺质短柔毛，长3.5～7.5cm。花期5月；果期8～9月。

产于东北及河北、山西等地，也分布于朝鲜。多生于土质肥厚、湿润、排水良好的沟谷两旁或山坡的阔叶林中。强阳性，耐寒性强。喜湿润、深厚、肥沃而排水良好的土壤，不耐干瘠。深根性，抗风力强。为东北地区三大珍贵用材树种之一，北方也常栽培作嫁接核桃之砧木。树体高大，枝叶有香味，东北和华北北部地区也可植于庭院作绿荫树。

美国黑核桃
Juglans nigra

【别名】黑核桃

【形态特征】落叶乔木，高达30m，树冠卵圆形或圆柱形。树皮暗褐色或灰褐色，深纵裂。羽状复叶长30～60cm，小叶15～23枚，卵状椭圆形或卵状披针形，叶缘具不规则锯齿。雄花为柔荑花序，长6～13cm；雌花为穗状花序，黄绿色。果圆球形，浅绿色，被柔毛，坚果为圆形稍扁，先端微尖，表面有不规则的深刻沟。花期4～6月；果期9～10月。

野核桃

野核桃

野核桃

胡桃楸

美国黑核桃

美国黑核桃

胡桃楸

【产地及习性】原产北美，我国北方地区常见栽培。阳性树种，在湿润、排水良好的土壤中生长快，耐干旱及盐碱。

【观赏评价与应用】美国黑核桃适应性强，生长较快，是华北底油优良的用材树种和园林观赏树种，可用于公园路旁、山坡、广场各处栽培，也可用于山地和滨海盐碱地区营造风景林。

化香树
Platycarya strobilacea

【别名】山麻柳、花龙树

【形态特征】落叶乔木，高达 15m。小枝髓心充实。羽状复叶互生；小叶 7～15（23）枚，卵状披针形或长椭圆状披针形，长 3～11cm，宽 1.5～3.5cm，叶缘有细尖重锯齿，基部歪斜。菜黄花序直立，雄花序 3～15 个集生，雌花序单生或 2～3 个，有时雌花序位于雄花序下部；无花被。果序呈球果状，卵圆形或近球形，长 2.5～5cm，径 2～3cm；苞片披针形。坚果连翅近圆形，长约 5mm。花期 5～7 月；果期 7～10 月。

【产地及习性】产长江流域至西南、华南，北达山东东南部、河南南部、陕西秦岭南坡，常生于低山丘陵的疏林和灌丛中，为习见树种；日本和朝鲜也产。喜光，耐干旱瘠薄，为荒山绿化先锋树种；对土壤要求不严，酸性土至钙质土上均可生长。生长快，萌芽性强。

【观赏评价与应用】化香树果序呈球果状，宿存枝端经久不落，具有特殊的观赏价值，适应性强，在园林中可丛植观赏，也是重要的荒山造林和生态建设树种。还可用作嫁接核桃、山核桃和薄壳山核桃的砧木。

【同属种类】化香树仅 1 种，产中国、日本、朝鲜和越南。

枫杨
Pterocarya stenoptera

【别名】枰柳

【形态特征】落叶乔木，高达 30m，径达 1m。小枝具片状髓；裸芽，密生锈褐色腺鳞。小枝、叶柄和叶轴有柔毛。羽状复叶，长 14～45cm，叶轴有翅；小叶 10～28 枚，长椭圆形至长椭圆状披针形，长 4～11cm，有细锯齿，顶生小叶常不发育。总状花序，雄花序生于去年生枝侧，雌花序生于当年生枝顶，花无瓣。果序长 20～40cm；果近球形，具 2 椭圆状披针形果翅。花期 4～5 月；果期 8～9 月。

【产地及习性】广布于华北、华东、华中至华南、西南各省区，在长江流域和淮河流域最为常见；朝鲜也有分布。喜光，喜温暖湿润，也耐寒；耐湿性强；对土壤要求不严，在酸性至微碱性土壤上均可生长。深根性，萌芽力强。抗烟尘和有毒气体。

【观赏评价与应用】枫杨树冠宽广，枝叶茂密，夏秋季节则果序杂悬于枝间，随风而动，颇具野趣。适应性强，可作公路树、行道树和庭荫树之用。庭园中宜植于池畔、堤岸、草地、建筑附近，尤其适于低湿处造景。华东园林中常见应用，如苏州拙政园内，远香堂东侧假山一座，有亭曰绣绮，旁边一株百年枫杨姿态奇古，山亭生辉。对有毒气体有一定抗性，也适于工矿区绿化。

【同属种类】枫杨属约 6 种，分布于亚洲东部和西南部。我国 5 种，南北均产。

湖北枫杨
Pterocarya hupehensis

【别名】山柳树

落叶乔木，高 10～20m。裸芽，显著具柄，黄褐色，密被盾状着生的腺体。奇数羽状复叶，长 20～25cm，叶柄长约 5～7cm，叶轴无窄翅。小叶 5～11 枚，长椭圆形或卵状椭圆形，长 6～12cm，先端渐尖，稀钝圆；果序长 20～40cm，果序轴疏被毛或近无毛；果翅半圆形或近圆形，长 1～1.5cm，平展。

产于河南、陕西、湖北、四川、贵州等地，常生于河溪岸边、湿润的森林中。可作水边低湿地造景树种，华中地区常栽培。

枫杨

化香树

化香树

化香树

枫杨

枫杨

湖北枫杨

湖北枫杨

四十四、杨梅科 Myricaceae

杨梅
Myrica rubra

【形态特征】常绿乔木，高达15m。树冠近球形。幼枝和叶背面有黄色树脂腺体。叶长圆状倒卵形或倒披针形，长6~16cm，先端圆钝，基部狭楔形，两面无毛，全缘或先端有浅齿，幼树和萌枝之叶中部以上有锯齿。雄花序单生或簇生叶腋，长1~3cm，带紫红色；雌花序单生叶腋，长0.5~1.5cm，红色。核果球形，径约1~1.5（3）cm，深红色，或紫色、白色，多汁。花期3~4月；果期6~7月。

【产地及习性】长江以南各省区均有分布和栽培；日本、朝鲜和菲律宾也有分布。中性树，较耐荫，不耐烈日；喜温暖湿润气候和排水良好的酸性土壤，但在中性和微碱性土壤中也可生长。深根性，萌芽力强。

【观赏评价与应用】杨梅在古代即为著名水果和庭木，汉代以前已经栽培。杨梅树冠圆整、树姿幽雅，枝叶繁茂、密荫婆娑，果实密集而红紫，可谓"红实缀青枝，烂漫照前坞"，其雄花红色，开时也繁密可观。园林造景中，既可结合生产，于山坡大面积种植，果熟之时，景色壮观；也可于庭院房前、亭际、墙隅、假山石边、草坪等各处孤植、丛植，均丹实离离，斑斓可爱。

【同属种类】杨梅属约50种，分布于热带至温带。我国4种，产长江以南和西南各地。

青杨梅
Myrica adenophora

【别名】青梅、杨梅树

【形态特征】常绿灌木，高1~3m。小枝细瘦，密被毡毛及金黄色腺体。叶薄革质，椭圆状倒卵形至短楔状倒卵形，长2~7cm，宽5~30mm，顶端急尖或钝，中部以上常具少数粗大锯齿，基部楔形，幼嫩时上面密被金黄色腺体，下面密被不易脱落的腺体；叶柄长2~10mm，密生毡毛。雌雄异株。雄花序单生于叶腋，上倾，长1~2cm，下端分枝极缩短而不显著，雄蕊3~6枚。雌花序单生叶腋，长1~1.5cm，单一穗状或在基部具不显著分枝。核果红色或白色，椭圆形，径约0.7~1cm。花期10~11月；果期翌年2~3月。

【产地及习性】分布于广东、广西和台湾恒春，生于山谷或林中。偶见栽培。

【观赏评价与应用】青杨梅树形低矮，常呈丛生状，适于庭园丛植观赏，可用于草地、山坡、庭院，也可植为绿篱。昆明等地有栽培。

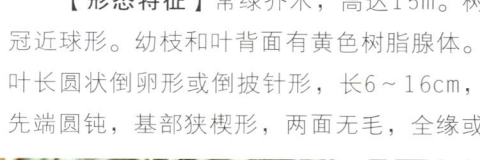

青杨梅

青杨梅

青杨梅

杨梅

四十五、壳斗科(山毛榉科) Fagaceae

板栗
Castanea mollissima

【别名】栗、毛栗、魁栗

【形态特征】落叶乔木,高达15m;树冠扁球形。无顶芽,小枝有灰色绒毛。叶矩圆状椭圆形至卵状披针形,长8~18cm,基部圆或宽楔形,叶缘有芒状齿,上面亮绿色,下面被灰白色星状短柔毛。花序直立,多数雄花生于上部,数朵雌花生于基部。壳斗球形,密被长针刺,直径6~9cm,内含1~3个坚果。花期4~6月;果期9~10月。

【产地及习性】我国特产,各地栽培,以华北及长江流域最为集中。喜光,耐-30℃低温;耐旱,喜空气干燥;对土壤要求不严,最适于深厚湿润、排水良好的酸性至中性土壤,在pH值7.5以上的钙质土或含盐量超过0.2%的盐碱土以及过于黏重、排水不良的地区生长不良。深根性,根系发达,萌蘖力强。

【观赏评价与应用】板栗是我国栽培最早的干果树种之一,树冠宽大,枝叶茂密,可用于草坪、山坡等地孤植、丛植或群植,庭院中以二三株丛植为宜。板栗是园林结合生产的优良树种,大型风景区内可辟专园经营,亦可用于山区绿化。

【同属种类】栗属约12种,分布于北半球温带和亚热带。我国3种,广布,另引入栽培1种。果实富含淀粉和糖类,是优良的干果树种。

板栗

锥栗
Castanea henryi

【别名】尖栗、箭栗

【形态特征】落叶乔木,高达30m,径达1.5m。冬芽长约5mm,小枝无毛,暗紫褐色,托叶长8~14mm。紫褐色。叶宽披针形或卵状披针形,长12~18(23)cm,宽3~7cm,先端长渐尖或尾尖,叶背略有星状毛或无毛。雌花单独形成花序。壳斗径2.5~4.5cm,内有坚果1粒,卵形,径1.5~2cm,先端尖。花期5~7月;果期9~10月。

【产地及习性】产秦岭南坡以南至五岭以北各地,但台湾和海南不产,常生于海拔100~1800m丘陵山地。

【观赏评价与应用】锥栗是珍贵用材和干果树种。树干通直,树形美观,生长迅速,也可植为庭荫树。在风景区可结合生产大面积造林。

茅栗
Castanea seguinii

【别名】野栗子

【形态特征】落叶小乔木或灌木状,通常高2~5m,稀达12m。冬芽长2~3mm,小枝暗褐色,托叶细长,长7~15mm,开花仍未脱落。小枝有灰色绒毛。叶倒卵状椭圆形或长圆形,长6~14cm,宽4~5cm,叶背具黄褐色或灰白色腺鳞。雄花序长5~12cm,雄花簇有花3~5朵;雌花单生或生于混合花序的花序轴下部,每壳斗有雌花3~5朵,通常1~3朵发育结实。壳斗径3~5cm,外壁密生锐刺。花期5~7月;果期9~11月。

【产地及习性】广布于大别山以南、五岭南坡以北各地。生于海拔400~2000m丘陵山地,较常见于山坡灌木丛中,与阔叶常绿或落叶树混生。

板栗

壳斗科(山毛榉科) Fagaceae

【观赏评价与应用】茅栗坚果较小，但味较甜，可生、熟食和酿酒；壳斗和树皮含鞣质可作丝绸的黑色染料。树性矮，可作板栗嫁接的砧木，也可栽培观赏。

苦槠
Castanopsis sclerophylla

【别名】槠栗、苦槠锥

【形态特征】常绿乔木，高5~10m，稀达15m；树冠圆球形；树皮暗灰色，纵裂。小枝有棱沟，绿色，无毛。叶厚革质，互生，常排成2列，长椭圆形，长7~14cm，宽3~6cm，叶缘中上部有锐锯齿，下面淡银灰色，有蜡层。雄花序细长而直立，雄花常3朵聚生；花序轴无毛。果序长8~15cm，坚果单生于壳斗中，壳斗球形或半球形，全包或包被坚果大部分，鳞片三角形或瘤状突起；坚果近球形，径1~1.4cm。花期4~5月；果期9~11月。

【产地及习性】产长江中下游以南地区，但西南和五岭南坡以南不产，生于海拔1000m以下山地。幼年较耐荫，喜温暖湿润气候，也较耐寒，是本属中分布最北(陕南)的种类；喜湿润肥沃的酸性和中性土，也耐干旱瘠薄；抗污染。生长速度中等。

主根粗布须根很少，移植往往不易成活，可通过截根促使须根发达。

【观赏评价与应用】苦槠树体高大雄伟，树冠圆球形，枝叶茂密，可在草坪上孤植、丛植或群植作背景树。由于抗污染，可用于工矿区绿化及防护林带。无锡有明代古树。

【同属种类】槠属约120种，分布于亚洲热带和亚热带地区。我国58种，分布于江南各地至华南、西南，主产于云南和两广。

甜槠
Castanopsis eyrei

【别名】茅丝栗、丝栗、甜锥

常绿乔木，高达20m。枝叶无毛。叶卵形、卵状披针形，长5~13cm，先端尾尖，基部不对称，全缘或顶端疏生浅齿，两面绿色或有时背面灰白色。壳斗宽卵形，刺密生，基部或中部以下合生为刺束。坚果宽锥形，径1~1.4cm。花期4~5月；果期翌年9~11月。

产长江以南各地(云南、海南除外)。适应性强，是南方常绿林的重要组成树种。用途同苦槠。

栲树
Castanopsis fargesii

【别名】丝栗栲

常绿乔木，高达30m，树皮浅灰色。幼枝、叶下面、叶柄密被红褐色或红黄色粉末状鳞秕。叶长椭圆形或卵状长椭圆形，长7~15cm，全缘或顶端偶有1~3对钝齿。果序长达18cm。壳斗球形，刺粗短、疏生。

坚果1个，卵球形。花期 4~5月；果期翌年8~10月。

产长江以南，南至华南，西达西南，东至台湾省，为栲属中在我国分布最广的一种。耐荫，山谷阴坡生长最好，形成纯林。园林用途同苦槠。

藜蒴锥
Castanopsis fissa

【别名】大叶槠栗、大叶锥

【形态特征】常绿乔木，高约10m。芽鳞、新生枝顶及嫩叶背面均被红锈色蜡鳞及棕色柔毛，嫩枝红紫色。雄花多为圆锥花序。壳斗被暗红褐色粉末状蜡鳞，圆球形或椭圆形，全包坚果；坚果圆球形或椭圆形，径11~16mm。花期4~6月；果10~12月成熟。

【产地及习性】产福建、江西、湖南、贵州四省南部、广东、海南、香港、广西、云南东南部。阳坡常见，为森林砍伐后萌生林的先锋树种之一。越南北部也有分布。

【观赏评价与应用】藜蒴锥适应性强，是我国南亚热带山地常见的森林组成树种之一，本种常为小乔木，花序繁密，花期满树洁白，也是优良的庭院观赏树种，可用于庭院、建筑周围、树群外围，亦可列植为园路树。

元江栲
Castanopsis orthacantha

【别名】元江锥

【形态特征】常绿乔木，高10~15m。嫩叶两面有脱落性蜡鳞，枝叶及花序轴无毛。叶卵形至披针形，长7~14cm，宽2.5~5cm；叶柄长不及1cm。雄花序为圆锥花序。果序长达15cm，壳斗近圆球形，连刺径3~3.5cm，4瓣裂，刺长不及7mm；坚果锥形，径10~15mm，密被短伏毛。花期4~5月；果翌年9~11月成熟。

【产地及习性】产贵州西部、四川西南部、云南，生于海拔1500~3200m疏或密林中，为针叶阔叶混交林中的主要树种，有时成小片纯林。

【观赏评价与应用】元江栲是我国西南地区主要森林组成树种之一，在产区可作营造山地风景林的树种，也可用于当地庭园和景区作园林造景材料，孤植、丛植均适宜。

钩栲
Castanopsis tibetana

【别名】钩锥、槠栗、大叶钩栗

【形态特征】常绿乔木，高达30m，枝叶无毛。叶卵状椭圆形、卵形至倒卵状椭圆形，长15~30cm，宽5~10cm，叶缘至少在顶端有尖锯齿，侧脉直达齿端；幼叶背面红褐

壳斗科(山毛榉科) Fagaceae

钩栲

色，老叶背面淡棕灰色或银灰色；壳斗圆球形，连刺径约6～8cm，刺长1.5～2.5cm，基部合生成刺束；坚果1个，扁圆锥形。花期4～5月；果翌年8～10月成熟。

【产地及习性】产浙江、安徽二省南部、湖北西南部、江西、福建、湖南、广东、广西、贵州、云南东南部，生于山地杂木林中较湿润地方或平地路旁或寺庙周围，有时成小片纯林。

【观赏评价与应用】钩栲是江南地区优美的风景林树种，也是常见的用材树种。树体高大、枝叶繁茂，园林中适于开阔空间如草地、水滨、路口等处孤植。杭州有栽培。

青冈栎
Cyclobalanopsis glauca

【别名】铁橹

【形态特征】常绿乔木，高达20m，径达1m。树皮平滑不裂；小枝青褐色，幼时有毛，后脱落。叶长椭圆形或倒卵状长椭圆形，长6～13cm，先端渐尖，边缘上半部有疏

青冈栎

青冈栎

青冈栎

齿，背面被白色平伏单毛。雄花组成柔荑花序，下垂；总苞单生或2～3个集生。壳斗杯状，包围坚果1/3～1/2，苞片结合成5～8条同心圆环。坚果卵形或椭圆形，径0.9～1.4cm，高1～1.6cm，无毛。花期4～5月；果10～11月成熟。

【产地及习性】产于长江流域及其以南地区，北达河南、陕西、青海、甘肃；日本和朝鲜也产。喜温暖多雨气候，较耐荫，常生于阴湿阔叶林中；对土壤要求不严，喜钙质土，在排水良好、腐殖质丰富的酸性土上亦可生长良好。萌芽力强，耐修剪；深根性。抗有毒气体能力较强。

【观赏评价与应用】青冈树冠为宽椭圆形，枝叶茂密，树姿优美，四季常青，是良好的绿化树种。耐寒性较强，是同属中分布最北的一种，适于淮河流域和江南地区应用，可供大型公园、风景区内群植成林，也可用作背景树。以其萌芽力强、具隔音和防火能力，也可植为高篱，并是良好的防风林带、防火林带树种。

【同属种类】青冈属约150种，主要分布于亚洲热带和亚热带。我国69种，分布极广，在秦岭和淮河流域以南山地常组成大面积森林。

饭甑青冈
Cyclobalanopsis fleuryi

【别名】饭甑椆

绿乔木，高达25m，树皮灰白色，平滑。小枝粗壮，幼枝叶被棕色长绒毛。叶长椭圆形或卵状长椭圆形，长14～27cm，宽4～9cm，全缘或顶端有波状锯齿，叶背粉白色；叶柄长2～6cm。壳斗钟形或圆筒形，

饭甑青冈

饭甑青冈

包着坚果约2/3，高3～4cm，小苞片合生成10～13条近全缘的同心环带。坚果柱状长椭圆形，径2～3cm，高3～4.5cm。花期3～4月；果期10～12月。

产江西、福建、广东、海南、广西、贵州、云南等省区，生于山地密林中。越南亦有分布。

滇青冈
Cyclobalanopsis glaucoides

【别名】滇椆

常绿乔木，高达20m。小枝灰绿色，冬芽及幼枝被绒毛。叶长椭圆形或倒卵状披针形，长5～12cm，宽2～5cm，叶缘1/3以上有锯齿，叶面绿色，叶背灰绿色，幼时被弯曲黄褐色绒毛。雄花序长4～8cm，花序

滇青冈

壳斗科(山毛榉科) Fagaceae

滇青冈

滇青冈

轴被绒毛；雌花序长1.5~2cm，花柱3，柱头圆形。壳斗碗形，包着坚果1/3~1/2，径0.8~1.2cm，高6~8mm；同心环带6~8条，近全缘。坚果椭圆形至卵形，径0.7~1cm。花期5月；果期10月。

产四川、贵州、云南，生于海拔1500~2500m间，目前以滇青冈为优势种的林分已不多见，多见于中山陡坡或石灰岩山区。昆明西山有滇青冈林。幼树耐荫，成株喜光。是西南地区重要的风景林树种，也可用于城市园林造景，适于作庭荫树和行道树。

褐叶青冈
Cyclobalanopsis stewardiana

常绿乔木，高达12m。叶椭圆状披针形或长椭圆形，长6~12cm，宽2~4cm，顶端尾尖或渐尖，叶缘中部以上有疏浅锯齿，幼叶两面被丝状单毛，叶背灰白色。花序密生棕色绒毛，雄花序长5~7cm，雌花序长约2cm。壳斗杯形，包着坚果1/2，同心环带5~9条，排列松弛。花期7月；果期翌年10月。

产浙江、江西、湖北、湖南、广东、广西、四川、贵州等省区，生于山顶、山坡杂木林中。

褐叶青冈

褐叶青冈

欧洲山毛榉
Fagus sylvatica

【别名】欧洲水青冈

【形态特征】落叶乔木，高达18m，树冠圆锥形至卵圆形；树皮灰色，光滑。冬芽为2列对生的芽鳞包被，芽细长，顶部尖。单叶2列状互生，卵形，长5~10cm，宽3.5~6cm，全缘或具圆锯齿，波状，背面淡绿色。托叶成对，早落。花单性，雌雄同株；雄花组成头状花序，下垂，雌花2~3朵生于花序壳斗。壳斗长1.8~2.5cm，有毛，4瓣裂，常含2~3枚三角形坚果。花期4~5月；果期9~10月。

【产地及习性】分布于欧洲，英国、法国、德国、意大利等地均产。喜光，喜湿润、排水良好的酸性土壤，亦稍耐荫。耐寒性强，可耐-34℃低温，但不适应炎热气候。生长速度中等。

【观赏评价与应用】欧洲山毛榉树形高大，外形美观，秋叶金黄和红褐色，栽培品种繁多，有紫叶、垂枝等类型。在欧洲、北美是著名的园林树种，我国栽培较少，近年来有引种。园林中适于孤植、丛植于草地，也是优良的行道树。

【同属种类】山毛榉属约有10种，分布于北半球温带及亚热带高山。我国4种，见于青藏东沿以东，黄河以南，五岭南坡以北，

欧洲山毛榉

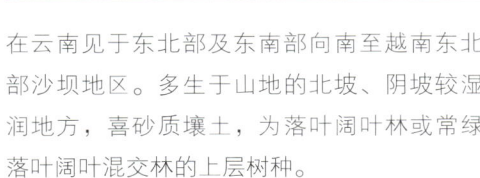
柱冠欧洲山毛榉

在云南见于东北部及东南部向南至越南东北部沙坝地区。多生于山地的北坡、阴坡较湿润地方，喜砂质壤土，为落叶阔叶林或常绿落叶阔叶混交林的上层树种。

水青冈
Fagus longipetiolata

落叶乔木，高达25m；冬芽长达20mm。叶二列互生，长9~15cm，宽4~6cm，稀较小，基部近圆，叶缘波状，侧脉9~15对，直达齿端，花期叶背沿脉被长伏毛。雄花序头状，下垂，雌花2朵生于花序壳斗中。壳斗4瓣裂，裂瓣长20~35mm；坚果常2个，比壳斗裂瓣稍短或等长，有狭翅。花期4~5月；果期9~10月。

产秦岭以南、五岭南坡以北各地。生于海拔300~2400m山地杂木林中，多见于向阳坡地，与常绿或落叶树混生，常为上层树种。

紫叶欧洲山毛榉

壳斗科(山毛榉科) Fagaceae

石栎
Lithocarpus glaber

【别名】柯

【形态特征】常绿乔木，高达20m；树冠半球形。小枝密生灰黄色绒毛。叶厚革质，叶螺旋状互生，长椭圆形或倒卵状椭圆形，长6~14cm，宽2.5~5cm，基部楔形，全缘或近顶端略有钝齿，嫩叶下面中脉被短毛和秕糠状蜡质鳞秕。雄花序为柔荑花序，直立，雌花在雄花序之下部。壳斗浅碗状，高0.5~1cm，部分包坚果，鳞片三角形；坚果长椭圆形，长1.5~2.5cm，具白粉。花期7~11月；果翌年7~11月成熟。

【产地及习性】产秦岭南坡以南各地，但北回归线以南少见，海南和云南南部不产，常生于海拔1000m以下低山丘陵。日本也有分布。喜光，也较耐荫，喜温暖湿润气候和深厚土壤，也耐干旱瘠薄。萌芽力强。

【观赏评价与应用】石栎树冠宽大，呈半球形，枝叶茂密、终年常青，生长旺盛，可作庭荫树或植为高篱，用作隐蔽，也适宜风景区大面积造林；在公园中，可于空旷处孤植，也可丛植作为花灌木和秋色叶树种的背景材料。

【同属种类】石栎属约300种，主产亚洲热带和亚热带，1种产北美洲。我国123种，产秦岭南坡以南，主产云南和两广，是长江流域以南地区常绿阔叶林的重要组成成分。

东南石栎
Lithocarpus harlandii

【别名】港柯

常绿乔木，高约18m，新枝紫褐色，枝叶及芽鳞无毛。叶硬革质，披针形、椭圆形或倒披针形，长7~18cm，宽3~6cm，基部稍不对称且沿叶柄下延，叶缘上段有波状钝裂齿，稀全缘。雄花序由多个穗状花序组成。壳斗浅碗状。坚果长圆锥形或宽椭圆形，高22~28mm，宽16~22mm。花期5~6月；果翌年9~10月成熟。

产江西南部、台湾、广东、香港、广西南部、海南，生于海拔400~700m山地常绿阔叶林中。

绵石栎
Lithocarpus henryi

【别名】灰柯、椆木、棉槠

常绿乔木，高达20m。芽鳞无毛。当年生嫩枝紫褐色，具棱，无毛；2年生枝有灰白色薄蜡层。叶窄长椭圆形，长6.5~22cm，宽3~6cm，基部两侧略不对称，全缘，背面灰绿色，有蜡质鳞层，干后常为灰白色。壳斗浅碗状，高0.6~1.4cm；坚果卵形，高1.2~2cm，径1.5~2.4cm。花期8~10月，果翌年同期成熟。

产长江流域，生于海拔600~2100m山林地中，常为高山栎林的主要树种。喜湿润气候，稍耐荫。

壳斗科(山毛榉科) Fagaceae

麻栎
Quercus acutissima

【别名】 橡子树

【形态特征】 落叶乔木，高达30m；树冠广卵形；树皮深纵裂。叶长椭圆状披针形，长9～16cm，宽3～5cm，先端渐尖，基部近圆形，叶缘有刺芒状锐锯齿，下面淡绿色，幼时有短绒毛；侧脉13～18对。雄花组成柔荑花序，长6～12cm，生于当年生枝下部；雌花单生于总苞内，着生于当年生枝下部。壳斗杯状，包围坚果1/2，苞片钻形，反曲，有毛；坚果卵球形或卵状椭圆形，高2cm，径1.5～2cm。花期4～5月；果期翌年9～10月。

【产地及习性】 我国分布最广的栎类之一，最北界达东北南部，南界为两广、海南。日本、朝鲜、越南、印度、缅甸、尼泊尔、泰国、柬埔寨等国也有分布。喜光，幼树耐侧方庇荫。对气候、土壤的适应性强，在pH值4～8的酸性、中性及石灰性土壤中均能生长。耐干旱瘠薄，不耐积水。抗污染。深根性，主根明显，抗风力强；不耐移植。萌芽力强。

【观赏评价与应用】 麻栎树干通直，树冠雄伟，浓荫如盖，秋叶金黄或黄褐色，季相变化明显，园林中可孤植、丛植、或群植，也适于工矿区绿化。根系发达，适应性强，是营造防风林、水源涵养林及防火林带的优良树种。壳斗为重要栲胶原料。

【同属种类】 栎属约300种，主要分布于北半球温带和亚热带。我国35种，广布，多为温带阔叶林的主要成分。该属的种类常被通称为柞树。《三辅黄图》载："五柞宫，汉之离宫也，在扶风盩厔，宫中有五柞树，因以为名。五柞皆连抱，上枝覆荫数亩。"可见栎类早在汉朝已用于风景区。

槲栎
Quercus aliena

【别名】 细皮青冈

【形态特征】 落叶乔木，高达25m，径达1m。树冠广卵形。小枝近无毛。叶长椭圆状倒卵形或倒卵形，长10～20（30）cm，具波状钝齿，背面密生灰色星状毛；侧脉10～15对；叶柄长1～3cm，无毛。雌花单生或2～3朵簇生。壳斗杯形，包着坚果约1/2，小苞片卵状披针形，排列紧密，被灰白色柔毛；坚果椭圆状卵形或卵形，高1.7～2.5cm，径1.3～1.8cm。花期4～5月；果期9～10月。

【产地及习性】 槲栎分布于西北东部、华北南部至长江流域、华南、西南各地，生于海拔100～2400m地带，多生于阳坡、半阳坡。喜光，耐干旱瘠薄。萌芽性强。

【变种】 锐齿槲栎（var. *acutiserrata*），叶缘具粗大锯齿，齿端尖锐、内弯，叶背密被灰色细绒毛，广布于华北、华东至华南、西南。北京槲栎（var. *pekingensis*），叶较小，叶背无毛或近无毛。

【观赏评价与应用】 槲栎叶片大且肥厚，叶形奇特、美观，叶色翠绿油亮、枝叶稠密，是优美的观叶树种，适宜山地风景区造林，也是优良的城市绿化树种，可作庭荫树。目前园林中应用较少，中国科学院北京植物园内见有数株槲栎丛植，景观效果好。

壳斗科(山毛榉科) Fagaceae

槲树
Quercus dentata

【别名】波罗栎

【形态特征】落叶乔木，高达25m；树冠椭圆形。小枝粗壮，有沟棱，密被黄褐色星状绒毛。叶倒卵形至椭圆状倒卵形，长10~30cm，先端钝圆，基部耳形，有4~10对波状裂片或粗齿，下面密被星状绒毛；叶柄长2~5mm，密被棕色绒毛。雄花序长约4cm。壳斗杯状，包围坚果1/2~2/3；小苞片长披针形，棕红色，张开或反曲；果卵形或椭圆形，长1.5~2.3cm。花期4~5月；果期9~10月。

【产地及习性】产东北、华北、西北至长江流域和西南，生于山地阳坡或松栎林中。喜光，稍耐荫；耐寒；耐干旱瘠薄，忌低湿。对土壤要求不严，酸性土和钙质土上均可生长。深根性，萌芽力强。抗烟尘和有毒气体，耐火力强。生长速度中等偏快。

【观赏评价与应用】槲树树形奇雅，叶大荫浓，秋叶红艳，是著名的秋色叶树种之一，在日本园林中应用很多，并有许多栽培品种。在庭园中可孤植，供遮荫用，或丛植、群植以赏秋季红叶，也可以作灌木处理，于窗前、中庭孤植一丛，别饶风韵。宋朝陆游有"三峰二室烟尘静，要试霜天槲叶衣"的诗句，柳宗元也有"上苑年年古物华，飘零今日在天涯；只因长作龙城守，剩种庭前木槲花。"说明槲树很早以前已植于庭院。

白栎
Quercus fabri

【别名】小白栎

【形态特征】落叶乔木，高达20m。小枝密生灰色至灰褐色绒毛。叶倒卵形至椭圆状倒卵形，长7~15cm，先端钝或短渐尖，基部楔形至窄圆形，有波状粗钝齿，背面密被灰黄褐色星状绒毛，侧脉8~12对；叶柄长3~5mm，被褐黄色绒毛。壳斗碗状，包围坚果约1/3，小苞片排列紧密；坚果长椭圆形。花期4月；果10月成熟。

【产地及习性】广布于淮河以南、长江流域至华南、西南各省区，生于丘陵、山地杂木林中。喜光，喜温暖气候，较耐荫；喜深厚、湿润、肥沃土壤，也较耐干旱瘠薄。深根性，不耐移植；萌芽力强。抗污染。

【观赏评价与应用】白栎是淮河流域至长江流域最常见的落叶栎类之一，枝叶繁茂，宜作庭荫树于草坪中孤植、丛植，或在山坡上成片种植，也可作为其他花灌木的背景树。

锥连栎
Quercus franchetii

常绿乔木，高达15m。小枝密被灰黄色单毛和束毛。叶片倒卵形、椭圆形，长5~12cm，宽2.5~6cm，叶缘中部以上有腺齿，幼叶两面密被灰黄色腺质束毛或单毛。雄花序生于新枝基部，长4~5cm。壳斗杯形，包着坚果约1/2，径1~1.4cm，高0.7~1.2cm，有时盘形，高约4mm；小苞片长约2mm；背部呈瘤状突起。坚果矩圆形，径

壳斗科(山毛榉科) Fagaceae

锥连栎

锥连栎

蒙古栎

蒙古栎

蒙古栎

沼生栎

沼生栎

沼生栎

0.9~1.3cm。花期2~3月；果期9月。

产四川、云南，生于海拔800~2600m的山地。泰国北部也产。

蒙古栎
Quercus mongolica

【别名】柞树、柞栎、橡子树

【形态特征】落叶乔木，高达30m，径达60cm。幼枝紫褐色，无毛，具棱。叶倒卵形或长倒卵形，长7~19cm，先端钝或短突尖，基部窄耳形，具7~11对圆钝齿或粗齿，下面无毛；侧脉7~11对；叶柄长2~5mm，无毛。雄花序长5~7cm，雌花序长约1cm。壳斗浅碗状，包围坚果1/3~1/2，小苞片鳞形，背部具瘤状突起，密被灰白色短绒毛。坚果卵形或椭圆形，径1.3~1.8cm，高2~2.3cm。花期5~6月；果期9~10月。

【产地及习性】本种是中国分布最北的一种栎树，产东北、内蒙古、河北、山西、山东等地；日本、朝鲜、俄罗斯也有分布。喜光，喜凉爽气候，耐寒性强，可耐-40℃低温；对土壤适应范围广；深根性，耐干旱瘠薄。生长速度较慢。

【观赏评价与应用】蒙古栎为东北地区主要落叶阔叶树种之一，秋叶紫红色，别具风韵，也是优良的秋色叶树种。园林中可作庭荫树、行道树应用，适于东北及黄河流域。

沼生栎
Quercus palustris

【形态特征】落叶乔木，高达25m。树皮暗灰褐色，不裂。小枝褐绿色，无毛。冬芽长卵形，长3~5mm。叶卵形或椭圆形，长10~20cm，宽7~10cm，顶端渐尖，基部楔形，边缘具5~7羽状深裂，裂片再尖裂，两面无毛或叶背脉腋有簇毛。壳斗杯形，包围坚果1/4~1/3；小苞片鳞形，排列紧密；坚果长椭圆形，径1.5cm，长2~2.5cm，淡黄色。花期4~5月；果期翌年9月。

【产地及习性】原产美洲。河北、北京、辽宁、山东泰安、青岛等省市有引种栽培，生长良好。喜光，喜温暖湿润气候及深厚肥沃土壤，耐水湿，也较耐寒。

【观赏评价与应用】沼生栎约于20世纪初引入山东青岛，青岛公园尚存径达40cm的大树，生长良好。我国北方常有零星栽培。沼生栎树干光洁、树形优美，树冠扁球形而宽大，新叶亮嫩红色，秋叶橙红色或橙黄色，为优良行道树和庭荫树。是栎类中较为耐水湿的种类，可用于河湖水边。

乌冈栎
Quercus phillyreoides

【形态特征】常绿小乔木或灌木，高达10m。小枝细长，幼时被绒毛。叶片倒卵形或狭椭圆形，长2~6(8)cm，中部以上疏生锯齿。雄花序长2.5~4cm，花序轴被黄褐色绒毛；雌花序长1~4cm。壳斗杯状，包围坚果1/2~2/3，小苞片三角形，长约1mm，排列紧密；坚果长椭圆形，高1.5~1.8cm，径8mm。花期3~4月；果期9~10月。

【产地及习性】产陕西、河南，经长江流域至两广和福建，常生于海拔300~1200m

壳斗科(山毛榉科) Fagaceae

的山坡、山顶和山谷密林中；日本也有分布。适应性强，喜光，也较耐荫；在干旱瘠薄的阳坡、岩石裸露的山脊都能生长。生长速度较慢。

【观赏评价与应用】栽培的乌冈栎一般呈灌木状，树冠自然、低矮，疏密有致，大枝屈曲，姿态优美。园林中适于作绿篱或供隐蔽之用，也是常绿阔叶林或落叶阔叶林的优良下木，还可修剪成球形，用于草地、路旁等丛植或列植。乌冈栎还耐潮风，非常适于沿海地区庭园造景。

夏栎
Quercus robur

【别名】长柄栎

【形态特征】落叶乔木，高达40m。冬芽卵形，芽鳞紫红色。叶长倒卵形至椭圆形，长6～20cm，宽3～8cm，顶端圆钝，叶缘有4～7对圆钝锯齿，叶背粉绿色。果序纤细。壳斗钟形，直径1.5～2cm，包着坚果基部约1/5；小苞片三角形，排列紧密。坚果卵形或椭圆形，直径1～1.5cm，高2～3.5cm。花期3～4月；果期9～10月。

【产地及习性】原产欧洲法国、意大利等地。我国新疆、北京、山东引栽，新疆伊宁有1株径达1.2m的大树。适应性强，极耐寒，耐高温且抗大气干旱，对土壤要求不严，较耐盐碱，抗风力强。幼龄阶段生长缓慢。

【观赏评价与应用】夏栎是欧洲重要的园林造景材料，普遍栽培应用。约于1841年前后引入新疆伊犁和塔城栽培，目前北部地区零星栽培，以新疆较常见，是西北地区有发展前途的绿化和造林树种。

柳栎
Quercus phellos

落叶乔木，高达20m，径30～80cm；主干通直，树皮深灰色，硬而光滑。树冠圆锥或球形。小枝纤细，叶片披针形，长5～11cm，宽

1～2cm，顶部有硬齿；上面亮浅绿色，背面暗绿色，常有灰色毛，秋季黄色。秋季黄色。

分布于美国东部和南部。喜光，喜温和湿润气候，喜酸性肥沃土壤，但能适应多种土壤，抗盐碱能力较强。冠型优美，秋叶鲜艳，生长速度快，是优良的行道树和庭院观赏树种。

高山栎
Quercus semecarpifolia

常绿乔木，高达30m。叶椭圆形或长椭圆形，长5～12cm，宽3～6.5cm，顶端圆钝，全缘或具刺状锯齿，背面被棕色星状毛

壳斗科(山毛榉科) Fagaceae

及糠秕状粉末。雄花序生于新枝基部，长3~5cm。果序长2~7cm，壳斗浅碗形或碟形，近平展，包着坚果基部，径1.5~2.5cm，高5~8mm；小苞片披针形，长2~3mm。坚果近球形，径2~3cm。

产西藏南部，生于海拔2600~4000m的山坡、山谷栎林或松栎林中。

灰背栎
Quercus senescens

【别名】灰背高山栎

常绿乔木或灌木，高达15m。幼枝密被灰黄色星状绒毛。叶长圆形或倒卵状椭圆形，长3~8cm，宽1.2~4.5cm，顶端圆钝，全缘或有刺齿，幼时两面密被灰黄色毛。壳斗杯形，包着坚果约1/2，径0.7~1.5cm，高5~8mm；小苞片长三角形，长约1mm，排列紧密。坚果卵形，高1.2~1.8cm。花期3~5月；果期9~10月。

产四川、贵州、云南及西藏，生于海拔1900~3300m向阳山坡、山谷或松栎林中，为组成西南高山地区硬叶常绿栎林重要树种之一。不丹亦有分布。

枹栎
Quercus serrata

落叶乔木，高达25m。叶薄革质，倒卵形或倒卵状椭圆形，长7~17cm，宽3~9cm，叶缘有腺状锯齿；叶柄长1~3cm，无毛。雄花序长8~12cm。壳斗杯状，包着坚果1/4~1/3，直径1~1.2cm，高5~8mm；坚果卵形至卵圆形，直径0.8~1.2cm，高1.7~2cm。花期3~4月；果期9~10月。

产东北南部、华北、西北东部、华东、华南及西南地区，生于海拔200~2000m的山地或沟谷林中。日本、朝鲜也有分布。变种短柄枹栎（var. *brevipetiolata*），叶较小，常聚生于枝顶，长椭圆状倒卵形或卵状披针形，长5~11cm，宽1.5~5cm，叶缘具内弯浅锯齿，叶柄长2~5mm。

刺叶栎
Quercus spinosa

【别名】刺叶高山栎

【形态特征】常绿乔木或灌木，高达15m。叶倒卵形、椭圆形，叶面皱褶，长2.5~7cm，宽1.5~4cm，顶端圆钝，叶缘有刺状锯齿或全缘，幼叶两面被腺状单毛和束毛，中脉之字形曲折。壳斗杯形，包着坚果1/4~1/3，径1~1.5cm，高6~9mm；小苞片三角形，排列紧密。坚果卵形至椭圆形，直径1~1.3cm，高1.6~2cm。花期5~6月；果期翌年9~10月。

【产地及习性】产陕西、甘肃、江西、福建、台湾、湖北、四川、贵州、云南等省，生于海拔900~3000m的山坡、山谷森林中，常生于岩石裸露的峭壁上。缅甸也有分布。

【观赏评价与应用】刺叶栎为常绿性，萌芽力较强，枝叶密、耐修剪，适于作隐蔽用，也可作绿篱。耐寒性强，在西安可生长良好。

灰背栎

枹栎

刺叶栎

灰背栎

枹栎

刺叶栎

灰背栎

枹栎

栓皮栎
Quercus variabilis

【别名】软木栎、粗皮青冈

【形态特征】落叶乔木，高达30m。与麻栎近似，但树皮的木栓层特别发达，富弹性；叶片卵状披针形或长椭圆形，背面有灰白色星状毛，老时也不脱落；叶缘具刺芒状锯齿。壳斗包围坚果2/3，果近球形或宽卵形，高、径约1.5cm，顶端平，果脐突起圆。花期3~4月；果期翌年9~10月。

【产地及习性】产东北南部、华北、西北东部、长江流域至华南、西南各地。华北地区常生于海拔800m以下阳坡，是北方落叶阔叶林的重要组成树种，在西南地区可达海拔3000m。

【观赏评价与应用】栓皮栎是我国分布最广泛的落叶栎类之一，较麻栎更为耐旱，是重要的山地风景林树种，亦可植于庭园观赏树。树皮木栓发达，耐火力强，其栓皮为国防及工业重要材料，因而栓皮栎也是特用经济树种。

栓皮栎

辽东栎
Quercus wutaishanica

落叶乔木，高达15m，树皮灰褐色，纵裂。幼枝绿色，无毛。叶片倒卵形至长倒卵形，长5~17cm，具有5~7对波状圆齿，幼时沿脉有毛，老时无毛；侧脉5~7对。壳斗浅杯形，包着坚果约1/3，小苞片扁平三角形，无瘤状突起，疏被短绒毛；坚果卵形或卵椭圆形，径1~1.3cm，高约1.5cm。花期4~5月；果期9月。

产东北、华北、西北及山东、河南、四川等省区，多见于阳坡、半阳坡。朝鲜也有分布。喜光，耐干旱瘠薄能力特强。北方常零星栽培观赏。FOC将本种并入"蒙古栎"中。

辽东栎

辽东栎

三棱栎
Trigonobalanus doichangensis

【形态特征】常绿乔木，高达21m。树皮条状开裂；小枝幼时被锈色绒毛。叶菱状椭圆形，长7~12cm，宽3~6cm，全缘，先端钝而凹，下面银灰绿色。雌雄同株；雄花序荑黄状，单生或簇生，长8~14cm；雄花呈小球状簇生于序轴各节上，雄蕊6。雌花序穗状，单生叶腋，子房明显3翅。坚果生于浅杯状壳斗内，显著3棱；壳斗3~5裂。花期11月；果期翌年3月。

【产地及习性】产于云南澜沧、孟连、西盟等县，生于海拔1000~1600m的常绿阔叶林中，最高分布可达海拔1900m。分布区受西南季风影响，干湿季分明，年降水量约1600mm，主要集中于雨季，年平均温约18℃，极端最高温37.2℃，极端最低温-1.0℃，土壤为赤红壤。为阴性树种，多零星间杂于山地常绿阔叶林中。

【观赏评价与应用】三棱栎是我国珍稀树种，本种在系统演化研究上具有一定的科学意义。园林中栽培较少，多见于植物园，可用于草地孤植、丛植，也可作为荒山造林树种。

【同属种类】三棱栎属仅有1种，分布于我国及泰国。原置于本属的另外2种，分布于马来西亚和印度尼西亚的轮叶三棱栎（*Trigonobalanus verticillata*）和分布于南美洲赤道附近哥伦比亚的高大三棱栎（*Trigonobalanus excelsa*）现一般分别作为新的属。

三棱栎

四十六、桦木科 Betulaceae

桤木
Alnus cremastogyne

【形态特征】 落叶乔木，高达40m。芽具短柄。小枝无毛。叶倒卵形、椭圆状倒卵形、椭圆状倒披针形或椭圆形，长6～15cm，先端突短尖或钝尖，无毛，下面密被树脂点，疏生细钝锯齿；侧脉8～10对。雄花序单生，长3～4cm。果序单生叶腋或小枝近基部，矩圆形，长1.5～3.5cm，果序梗纤细、下垂，长4～8cm。小坚果倒卵形，果翅倒卵形，果翅为果宽的1/2～1/4。花期2～3月；果期11月。

【产地及习性】 分布于四川、贵州北部、浙江、陕西南部和甘肃东南部，长江流域常有栽培。喜温暖气候，喜湿润，多生于溪边和河滩低湿地，在干瘠山地也能生长；对土壤要求不严，酸性、中性和微碱性土均可。

【观赏评价与应用】 桤木为我国特有树种，生长速度快，是重要的速生用材树种。喜湿润，能改良土壤，园林中适于水边造景，是护岸固堤、涵养水源的优良树种。

【同属种类】 桤木属约40种，主产北半球温带至亚热带。我国10种，分布于东北、华北至西南和华南，为喜光、速生树种，常有根瘤。

辽东桤木
Alnus hirsuta
【*Alnus sibirica*】

【别名】 水冬瓜

【形态特征】 落叶乔木，高达20m。幼枝褐色，密被灰色柔毛。叶卵圆形或近圆形，长4～9cm，先端圆，叶缘具不规则粗锯齿和缺刻，下面粉绿色；侧脉5～6(8)对。果序近球形或长圆形，2～8个集生，长1～2cm，果序梗长2～3mm。花期5月；果期8～9月。

【产地及习性】 产于东北及内蒙古、山东；生于海拔700～1500m落叶松林或阔叶林内、溪边及低湿地。朝鲜，俄罗斯远东地区、西伯利亚，日本也有分布。

【观赏评价与应用】 辽东桤木耐寒性强，喜湿润，最适于东北和华北地区山地沟谷、水边营造风景林，在东北地区也可用于城市公园，但在山东中部低海拔地区生长不良。

日本桤木
Alnus japonica

【别名】 赤杨

【形态特征】 落叶乔木，高达20mm。冬芽有柄，芽鳞2。小枝被油腺点，无毛。短枝上的叶倒卵形、长倒卵形，长4～6cm，宽2.5～3cm，基部楔形，边缘具疏锯齿；长枝上的叶披针形、椭圆形，稀长倒卵形，长可达15cm，下面脉腋有簇生毛；侧脉7～11对。萌枝之叶具粗锯齿。雄花序圆柱形，2～5枚排成总状。果序椭圆形，2～5(8)枚排成总

桦木科 Betulaceae

状或圆锥状，长约2cm，径1～1.5cm，果序梗粗壮。坚果椭圆形至倒卵形，具狭翅。花期2～3月；果期9～10月。

【产地及习性】产吉林、辽宁、河北、山东、河南、安徽、江苏、台湾等地，生于海拔800～1500m山坡林中、河边，江苏北部有栽培。俄罗斯远东地区、日本和朝鲜也有分布。喜水湿，常生于低湿滩地、河谷、溪边，形成纯林或与枫杨、河柳等混生。生长速度快，根系发达，具根瘤菌和菌根；萌芽力强。

【观赏评价与应用】日本桤木是低湿地、护岸固堤、改良土壤的优良造林树种，适于水边、池畔等处列植或丛植，庭院中植为庭荫树也颇适宜。能改良土壤，与其他树种混交可促进后者生长。果序、树皮含鞣质，可提制栲胶。

日本桤木

日本桤木

日本桤木

江南桤木
Alnus trabeculosa

【形态特征】落叶乔木，高达20m。外形与日本桤木相近，但短枝和长枝上的叶均为倒卵状矩圆形、倒披针状矩圆形或矩圆形，长6～16cm，宽2.5～7cm，基部圆形或近心形，先端短尾尖；果序矩圆形，2～4个呈总状排列。

【产地及习性】广布于华东至贵州北部、广东北部，北达河南南部，日本也有分布。喜光，喜温暖气候，适生于年平均气温15～18℃，降水量900～1400mm的丘陵及平原；对土壤适应性强，喜水湿，多生于河滩低湿地。根系发达有根瘤，固氮能力强，速生。

【观赏评价与应用】江南桤木适于公园、庭园的低湿地作庭荫树，或作混交植片林、风景林。也是优良的防护林、公路绿化、河滩绿化、固土护岸、改良土壤树种。树皮、果序制栲胶。

江南桤木

江南桤木

红桦
Betula albosinensis

【别名】纸皮桦、红皮桦

【形态特征】大乔木，高达30m；树皮暗橘红色或紫红色，纸质薄片状剥落，横生白色皮孔。小枝紫红色，无毛。叶卵形或椭圆状卵形，长3～8cm，宽2～5cm，有不规则重锯齿；侧脉10～14对。雄花序圆柱形，长3～8cm，径3～7mm。果序圆柱形，单生或2～4枚排成总状，长3～4cm，径约1cm，果苞中裂片显著长于侧裂片；小坚果卵形。花期4～5月；果期6～7月。

【产地及习性】产甘肃南部、宁夏（六盘山）、青海、河北、河南、山西、陕西南部、湖北西部、四川东部，多生于海拔1000m以上落叶阔叶林中。较耐荫，喜湿润，耐寒性强。野生常见于高山阴坡或半阴坡。早期生长快。

【观赏评价与应用】红桦树皮橘红色，光洁亮丽，是山地风景林重要树种，风景区内宜成片植为风景林，草坪上散植、丛植景观效果亦佳。

【同属种类】桦木属约50～60种，主要分布于北半球寒温带和温带，少数种类分布至北极圈和亚热带山地。我国32种，分布于东北、华北、西北、西南以及南方中山地区。

红桦

红桦

红桦

坚桦
Betula chinensis

【别名】杵榆

【形态特征】落叶灌木或小乔木，一般高2～5m；树皮不开裂或纵裂。芽、小枝密被长柔毛。叶卵形、宽卵形，长1.5～6cm，宽

1～5cm,叶背沿脉被绒毛,侧脉8～10对。果序单生,近球形或矩圆形,长1～2cm,径6～15mm;果苞中裂片条状披针形,具须毛,较侧裂片长2～3倍;小坚果卵圆形,翅极窄。花期4～5月;果期8月。

【产地及习性】产于东北、华北至陕西、山东、甘肃,多生于山坡、山脊、石山坡及沟谷等的林中。朝鲜也有分布。

【观赏评价与应用】坚桦俗名杵榆,为北方地区优良的硬木用材树种,素有"南紫檀、北杵榆"之美誉。株型低矮,生长缓慢,也可栽培观赏,或用于制作树桩盆景。

坚桦

坚桦

坚桦

黑桦
Betula dahurica

【别名】棘皮桦

【形态特征】落叶乔木,高达20m;幼时树皮紫褐或橘红色,纸状开裂,老时树皮龟裂。幼枝红褐色,被毛及树脂点。叶卵圆形、卵状椭圆形,长3～7cm,重锯齿钝尖,侧脉6～8对。果序短圆柱状,长2～3cm,果苞中裂片三角形,侧裂片卵圆形;小坚果倒卵形或椭圆形,较果翅约宽一倍。花期4～5月;果期9月。

【产地及习性】产于东北、山西、河北。俄罗斯、朝鲜、日本也有分布。耐干旱瘠薄,常生于干燥山坡、山脊、石缝中,在土层深厚、光照充足之处,生长良好。

【观赏评价与应用】黑桦树皮红色,老时龟裂而奇特,耐寒性强,耐干旱瘠薄,是东北、华北和西北地区优良的山地风景林树种。

黑桦

黑桦

黑桦

岳桦
Betula ermanii

落叶乔木;高8～15m;树皮灰白色,片状剥裂。枝条红褐色,幼枝暗绿色,密被长柔毛。叶三角状卵形、宽卵形或卵形,长2～7cm,宽1.2～5cm,具锐尖重锯齿,侧脉8～12对,两面沿脉密被长柔毛。果序单生,矩圆形,长1.5～2.7cm,径8～15mm;果苞长5～8mm,裂片倒披针形或披针形。小坚果倒卵形或长卵形,长约2.5mm,膜质翅宽为果的1/2或1/3。

产于长白山和大、小兴安岭。生于海拔1000～1700m的山坡林中,长白山有纯林。俄罗斯堪察加半岛、朝鲜、日本也有。

岳桦

岳桦

亮叶桦
Betula luminifera

【别名】光皮桦

落叶乔木,高达20m;树皮红褐色或暗黄灰色。叶矩圆形、矩圆状披针形,长4.5～10cm,宽2.5～6cm,具不规则刺毛状重锯齿,上面幼时密被短柔毛,下面密生树脂腺点,侧脉12～14对。雄花序2～5枚簇生或单生,序梗密生树脂腺体。果序单生,长圆柱形,长3～9cm,直径6～10mm,下垂。果苞长2～3mm。

产于长江流域至华南、西南,生于海拔500～2500m阳坡杂木林内。

白桦
Betula platyphylla

【形态特征】乔木，高达27m，径达80cm；树皮白色，纸质薄片状剥落。小枝光滑无毛。叶三角状卵形、菱状卵形或三角形，下面密被树脂点，长3~7cm，先端尾尖或渐尖，基部平截至宽楔形，有重锯齿；侧脉5~8对。果序单生，圆柱形，细长下垂，长2~5cm；果苞长3~6mm，中裂片三角形。小坚果椭圆形或倒卵形。花期4~5月；果期8~9月。

【产地及习性】产东北、华北、西北和西南，垂直分布东北海拔1000m以下，华北1000~2000m，西南3000m，最高可达海拔4100m。常成纯林或与其它针阔叶树种成混交林。俄罗斯、蒙古、朝鲜北部和日本也有分布。阳性树，耐寒性强，在沼泽地、干燥阳坡和湿润阴坡均能生长，喜酸性土。生长速度快。

【观赏评价与应用】白桦树皮洁白呈纸片状剥落，树体亭亭玉立，枝叶扶疏，秋叶金黄，是中高海拔地区优美的山地风景树种。在东北和华北北部也是优良的城市园林树种，孤植或丛植于庭院、草坪、池畔、湖滨，列植于道路两旁均颇美观，若以云杉等常绿的针叶树为背景，前面铺以碧绿的草坪，则白干、黄叶、绿草相映成趣，极为优美。

天山桦
Betula tianschanica

落叶小乔木，高4~12m；树皮淡黄褐色或黄白色，偶红褐色，成层剥裂。叶宽卵状菱形，长2~7cm，宽1~6cm，幼时两面疏生腺点，侧脉4~7对。果序矩圆状圆柱形，长1~4cm，径5~10mm；果苞长5~8mm，两面被短柔毛，中裂片三角形或矩圆形。小坚果倒卵形，膜质翅与果等宽或较果宽，长于果。

产于我国新疆天山。生于海拔1300~2500m的河岸阶地、沟谷、阴山坡或砾石坡，俄罗斯也有分布。产区可栽培作行道树。

鹅耳枥
Carpinus turczaninowii

【别名】穗子榆

【形态特征】落叶小乔木，高5~10m。树皮灰褐色，平滑，老时浅裂。小枝细，幼时有柔毛，后渐脱落。叶卵形、卵状椭圆形，长2~6cm，宽1.5~3.5cm，先端渐尖，基部楔形或圆形，有重锯齿；侧脉10~12对。花单性，雌雄同株；雄花序生于去年生枝上，雌花序生于上部枝顶。果序长3~6cm，果苞阔卵形至卵形，有缺刻；小坚果阔卵形，长约3mm。花期4~5月；果期8~10月。

【产地及习性】产东北南部和黄河流域等地，常生于山坡杂木林中。稍耐荫，喜肥沃湿润的中性至酸性土壤，也耐干旱瘠薄，在干旱阳坡、湿润沟谷和林下均能生长。萌芽力强。

【观赏评价与应用】鹅耳枥树形不甚整齐，自然而颇有潇洒之姿，叶形秀丽雅致，秋季果穗婉垂也颇优美。树体不甚高大，最宜于公园草坪、水边丛植，均疏影横斜，颇富野趣。

也极适于小型庭院堂前、石际、亭旁各处造景，孤植、丛植均可。在北方，鹅耳枥也是常见的树桩盆景材料。

【同属种类】 鹅耳枥属约50种，分布于欧洲、东亚和喜马拉雅、北美和中美洲，主产东亚。我国33种，广布。

鹅耳枥

鹅耳枥

鹅耳枥

欧洲鹅耳枥
Carpinus betulus

【形态特征】 落叶乔木，高25m，树冠达20m。树型开始为金字塔形，后顶部乍长为不规则圆形。树皮光滑，灰色，有条纹。叶卵形，7～12cm，绿色，叶缘有锯齿。柔荑花序，雄花黄色，雌花暗绿色。小坚果成穗状果序，长3～6cm，绿色，成熟后变为黄褐色。

【产地及习性】 原产欧洲，我国可在北至新疆中部，内蒙古和辽宁南部，南至苏、安微、湖北北部区域内生长。喜阳，稍耐荫，适应性强。

【观赏评价与应用】 欧洲鹅耳枥树冠极宽阔，树姿秀丽，秋叶黄色或橙红色，是优美

欧洲鹅耳枥

的庭园观赏树种，最适于植为庭荫树，用于公园或别墅区的大草坪上，孤植或丛植均可，也可列植于宽阔的道路两旁。

欧洲鹅耳枥

千金榆
Carpinus cordata

【形态特征】 落叶乔木，高达18m；树皮灰褐色、纵裂。枝、芽无毛。叶长卵形、椭圆状卵形或倒卵状椭圆形，长8～15cm，锯齿先端毛刺状。果序长5～12cm，轴被毛。果苞卵状长圆形，长1.5～2.5cm，内侧上部有尖锯齿，下部全缘，基部具内折裂片；外侧具锯齿，全缘，基部内折；基出脉5，中脉位于果苞中央；小坚果矩圆形，无毛。花期5月；果期9～10月。

【产地及习性】 产东北、华北、西北等地，常生于林内湿润肥沃的阴坡、溪边、或沟谷杂木林中，垂直分布为海拔500～2500m。喜光，稍耐荫，耐寒；对土壤要求不严，最喜排水好的湿润土壤。

【观赏评价与应用】 千金榆树体高大，冠形优美，叶形似榆而秀美，秋色美丽，落叶迟，果穗也具有较高的观赏价值，可作行道树和园景树。

千金榆

千金榆

榛子
Corylus heterophylla

【别名】 平榛

【形态特征】 落叶灌木或小乔木，高2～7m，常丛生。叶片圆卵形或宽倒卵形，长4～13cm，宽3～8cm，先端近平截而有3突尖，基部心形，边缘有不规则重锯齿。花单性同株，雄花序2～7条排成总状，腋生、下垂。雌花无梗，1～6朵簇生枝端。果苞钟状，密被细毛。坚果近球形，长7～15mm。花期4～5月；果期9月。

【产地及习性】 产东北、华北和西北等地；俄罗斯、朝鲜和日本也产。喜光，也稍耐荫；极耐寒，可耐-45℃低温；耐干旱瘠薄；萌芽力强，萌蘖性强。在土层深厚、肥沃、排水良好的中性和微酸性山地棕色森林土上生长良好。

【观赏评价与应用】 榛子株形丛生而自然，叶形奇特，可配植于自然式园林的山坡、山石旁或疏林下，也可植为绿篱，还是北方山区重要的绿化和水土保持灌木。榛子是北方著名的油料和干果树种、木本粮食。宋代《开宝本草》记述"榛子味甘……生辽东山谷，树高丈许。子如小栗，军行食之当粮。"其花粉也是早春丰富的蜜源之一。

【同属种类】 榛属约20种，分布于北半球温带。我国7种，产东北至西南各地，引入栽培1种。

榛子

榛子

桦木科 Betulaceae

华榛
Corylus chinensis

【别名】山白果

落叶乔木，高达20m；小枝褐色，密被长柔毛和刺状腺体。叶椭圆形或宽卵形，长8～18cm，宽6～12cm，两侧不对称，边缘具不规则钝锯齿，下面沿脉疏被淡黄色长柔毛，有时具刺状腺体，侧脉7～11对。雄花序2～8枚排成总状，长2～5cm。果2～6枚簇生成头状，长2～6cm，直径1～2.5cm；果苞管状，上部缢缩，较果长2倍，坚果球形，长1～2cm，无毛。

产于云南、四川西南部，生于海拔2000～3500m的湿润山坡林中。

毛榛
Corylus mandshurica

【别名】毛榛子、火榛子

【形态特征】落叶灌木，高3～4m。小枝密被灰黄色长柔毛及腺毛。叶宽卵形、卵状长圆形或倒卵状长圆形，长6～12cm，宽4～9cm，顶端骤尖或尾状，基部心形，边缘具不规则的粗锯齿。雄花序2～4枚排成总状。果苞全包坚果，并在坚果以上缢缩成长管状，较果长2～3倍，外面密被黄褐色刚毛及腺毛。坚果几球形，长约1.5cm，密被白色绒毛。

【产地及习性】产于东北、华北、西北，四川也有，生于山地灌丛、沟谷低湿地。朝鲜、俄罗斯远东地区、日本也有。喜光，稍耐荫。在湿润肥沃土壤上生长旺盛，在干燥瘠薄土壤上结实不良。

【观赏评价与应用】毛榛株型自然，果苞奇特，园林中可丛植观赏，应用方式同榛子。种子味美可鲜食，也可榨油，为重要的木本油料和干果树种。

虎榛子
Ostryopsis davidiana

【形态特征】落叶灌木，高1～4m。小枝灰黄色，密被短柔毛或杂有腺毛。叶互生，卵形或椭圆状卵形，长2～8cm，叶缘具有粗钝重锯齿或缺刻。雄花芽裸露越冬，雄花序单生叶腋、下垂，短圆柱形，苞片边缘密被毛。雌花序排成总状，每苞片2朵雌花。果集生枝顶；果囊状，长圆形，先端成颈状，密被粗毛；小坚果卵形，被细毛，花被筒浅黄白色。花期4～5月；果期6～7月。

【产地及习性】产辽宁、内蒙古、宁夏、河北、河南、山西、甘肃、四川。为黄土高原习见灌木。垂直分布多为海拔800～2800m向阳山坡、林缘、荒山、疏林中。喜光，耐干旱瘠薄，根系发达。萌芽性强。

【观赏评价与应用】虎榛子适应性强，在华北、西北、黄土高原常形成一定面积的灌丛，水土保持和生态环境改善效果明显，为优良的水土保持树种，也是野生动物重要的隐蔽场所。大型公园中适于成片栽植形成群落，城市公园也可丛植观赏。

【同属种类】虎榛子属为中国特有属，2种，分布东北南部、华北至西南。

四十七、木麻黄科 Casuariaceae

木麻黄
Casuarina equisetifolia

【别名】驳骨树、马尾树

【形态特征】常绿乔木,高达30~40m;树冠狭长圆锥形。幼树树皮赭红色,老树深褐色,纵裂,内皮鲜红色或深红色。小枝灰绿色,径0.8~0.9mm,柔软下垂,6~8棱,节间长4~9mm。鳞片状叶7(6~8)枚轮生,淡绿色,近透明,长1~3mm,紧贴小枝。雄花序棒状圆柱形,长1~4cm,雌花序紫红色。果序椭圆形,长1.5~2.5cm,径1.2~1.5cm。花期4~5月;果期7~10月。

【产地及习性】原产澳大利亚东北部和太平洋岛屿,常生于近海沙滩和沙丘上。我国南部和东南沿海地区引种栽培。喜暖热湿润气候;幼苗不耐旱,但大树耐干旱、耐盐碱、抗沙压和海潮。主根深,侧根发达,具有固氮菌根,抗风力强。适于沙地,在深厚肥沃的中性或微碱性土壤上生长最好,在黏土上生长不良。

【观赏评价与应用】木麻黄株形优美,树冠开展,小枝下垂,在华南地区海滨城镇常作为行道树和海滩树,也是沿海优良的防风固沙和农田防护林先锋树种。园林中适于列植,也可群植成林,可与胭脂树、梭罗树、相思树、黄槿、露兜树等混交。是高尔夫球场建设中果岭、球道及球场周边防护林理想树种。

【同属种类】木麻黄属约65种,主产大洋洲,延伸至太平洋岛屿、马来西亚和亚洲东南部,普遍栽培。我国引入栽培,常见的约有5种。

木麻黄

木麻黄

千头木麻黄
Casuarina nana
【*Allocasuarina nana*】

常绿灌木,高达2m。分枝多,纤细。鳞叶5枚轮生,环绕小枝节退化成鞘齿状。花雌雄异株,雄花为穗状花序,雌花为头状花序,花小、不显著。花期3~5月;果期9~11月。

原产澳大利亚。世界热带、亚热带地区常见栽培。耐旱,耐盐碱、抗强风。植株低矮,萌芽力强,枝叶浓密,叶色翠绿,易整形。常丛植观赏,也可做绿篱,还适合盆栽。

千头木麻黄

千头木麻黄

千头木麻黄

木麻黄

四十八、紫茉莉科 Nyctaginaceae

叶子花
Bougainvillea spectabilis

【别名】九重葛、三角花、毛宝巾

【形态特征】常绿藤本,长达10m以上,枝条密生柔毛,有腋生枝刺。叶椭圆形或卵状椭圆形,长6~10cm,宽4~6cm,表面有光泽,两面或下面密生茸毛。花生于新枝顶端,3朵组成聚伞花序,为3枚大苞片包围,大苞片紫红色、鲜红色或玫瑰红色,偶白色,长2.5~5cm,宽1.5~3.8cm,花萼管长1.5~3cm,被开展的柔毛。果实长11~14mm,密被毛。花期甚长,若温度适宜,可常年开花。

【产地及习性】原产巴西,华南、西南地区常见栽培。性强健,喜温暖湿润,要求强光和富含腐殖质的土壤,忌水涝。较耐炎热,气温达35℃以上仍能正常生长。萌芽力强,耐修剪。

【观赏评价与应用】叶子花枝蔓袅娜,终年常绿;苞片大而华丽,常为紫红色、鲜红色或玫瑰红色,偶白色或黄绿色,可全年开花,是优良的棚架、围墙、屋顶和各种栅栏的绿化材料,柔条拂地,红花满架,观赏效果甚佳。经整形可长成枝叶繁茂的大灌木甚至小乔木,并适于盆栽。

【同属种类】叶子花属约18种,产南美洲,热带地区广泛栽培。我国引入2种,供观赏。

光叶子花
Bougainvillea glabra

【别名】宝巾、簕杜鹃、小叶九重葛、三角花、三丫梅

常绿藤状灌木。枝无毛或疏生柔毛。叶卵形或卵状披针形,长5~13cm,宽3~6cm,顶端急尖或渐尖,上面无毛,下面被微柔毛。花顶生枝端的3个苞片内,苞片叶状,紫色或洋红色,长圆形或椭圆形,长2.5~3.5cm,宽约2cm;花被管长约2cm,淡绿色,疏生柔毛。花期冬春间,北方温室栽培3~7月开花。

原产巴西。在我国南方常栽植于庭院、公园,北方栽培于温室,是美丽的观赏植物。应用方式可参考叶子花。观赏品种斑叶叶子花('Variegata'),叶面有白色斑纹;白宝巾('Snow White'),苞片白色。

胶果木
Pisonia umbellifera
【*Ceodes umbellifera*】

【别名】皮孙木

【形态特征】常绿乔木,高4~20m。枝无刺。叶对生或假轮生,椭圆形、长圆形或卵状披针形,长10~20cm,宽4.5~8cm,两面无毛,侧脉8~10对;叶柄长1~2.5cm。花杂性,白色,圆锥状聚伞花序长5~12cm;花被筒钟形,长5~7mm,被褐色毛,顶端5浅裂;雄蕊7~10,花丝不等长,基部连合;花柱细长,柱头多裂。果近圆柱状,长2.5~4cm,宽6~7mm,5棱,有胶黏质;果柄粗壮,顶端有扩展的宿存花被。花果期秋冬。

【产地及习性】产台湾南部和海南,生于中、低海拔灌丛和山地疏林中。马达加斯加、安达曼群岛、马来西亚、印度尼西亚、菲律宾、澳大利亚及夏威夷等太平洋岛屿也有。喜高温高湿的热带气候,不耐寒。

【观赏评价与应用】胶果木树姿优美,枝叶繁密,叶片大而亮绿色,是热带地区重要的庭园观赏树种,适于孤植、列植。产区有时栽植于村旁。

【同属种类】腺果藤属约35~40种,分布于热带和亚热带地区,主产东南亚和热带美洲。我国3种。

叶子花

光叶子花

叶子花

斑叶叶子花

胶果木

胶果木

四十九、龙树科(刺戟科) Didiereaceae

直立亚龙木
Alluaudia ascendens

【别名】 亚森丹斯树、亚龙木

【形态特征】 多年生常绿肉质化灌木或小乔木，高达 3~5m，分枝很少。树形态奇特，灰白色的茎干上遍布棘刺，叶片生于其间。茎干表皮白色至灰白色，具细锥状刺；肉质叶心形，常成对生长，原产地旱季脱落。花单性，雌雄异株。花序长约30cm，花黄色或白绿色。

【产地及习性】 原产非洲东部马达加斯加岛。性强健，喜阳光充足和温暖干燥的环境，稍耐半阴，不耐寒，忌阴湿。

【观赏评价与应用】 直立亚龙木是马达加斯加有刺林的主要组成成分，为马达加斯加岛特产。株型奇特，叶子顶端凹入而呈心形，观赏价值高。我国引进时间不长，目前主要见于植物园，如厦门植物园、华南植物园等均有栽培，适于营造沙漠景观。也可家庭盆栽，用于装饰客厅、角隅、窗台等处。

【同属种类】 亚龙木属约6种，产马达加斯加，均为国际限制贸易的物种，濒危的野生动物环尾狐猴以亚龙木的叶子为食物之一。我国引入栽培2种，多见于温室，南部有露地栽培。

亚龙木
Alluaudia procera

幼年期呈匍匐状，老时直立，小乔木状。植株上的刺呈螺旋排列，叶顶端圆。原产非洲东部的马达加斯加岛。

亚龙木形态奇特，灰白色的茎干上遍布棘刺，可爱的叶片生于其间，给人以自然质朴之感。常栽培观赏，多盆栽，少有露地栽培。

五十、仙人掌科 Cactaceae

仙人掌
Opuntia dillenii
【*Opuntia stricta* var. *dillenii*】

【形态特征】丛生肉质灌木，高 1.5～3m。上部分枝宽倒卵形、倒卵状椭圆形或近圆形，长 10～35cm，宽 7.5～20cm，厚达 1.2～2cm，先端圆形；刺黄色，有横纹，倒刺刚毛暗褐色，短绵毛灰色。叶钻形，早落。花辐状，黄色，直径 5～6.5cm；萼状花被片宽倒卵形至狭倒卵形，瓣状花被片倒卵形；花丝淡黄色。浆果倒卵球形，长 4～6cm，径 2.5～4cm，紫红色，具突起的小窠，小窠具短绵毛、倒刺刚毛和钻形刺。花期 6～12月。

【产地及习性】原产墨西哥东海岸、美国南部及东南部沿海地区、西印度群岛、百慕大群岛和南美洲北部；在加那利群岛、印度和澳大利亚东部逸生。

【观赏评价与应用】我国于明末引种，南方沿海地区常见栽培，在广东、广西南部和海南沿海地区逸为野生。通常栽作围篱，亦可丛植于路边、坡地、石间。茎供药用，浆果酸甜可食。

【同属种类】仙人掌属约 90 种，原产美洲热带至温带地区，从加拿大南部至阿根廷南部有分布，主产墨西哥、秘鲁和智利。大部分种被引种栽培，其中不少于 20 种在东半球热带及亚热带地区归化。我国引种栽培约 30 种，其中 4 种在南部及西南部归化。

仙人掌

仙人掌

仙人掌

梨果仙人掌
Opuntia ficus-indica

【别名】仙桃

【形态特征】肉质灌木或小乔木，高 1.5～5m。分枝灰绿色，无光泽，长 25～60cm，宽 7～20cm，小窠具早落的短绵毛和少数倒刺刚毛，无刺或具 1～6 根白色刺。花径 7～10cm，深黄色、橙黄色或橙红色。浆果椭圆球形至梨形，长 5～10cm，直径 4～9cm，橙黄色，也有紫红色、白色、黄色或具条纹的品种。花期 5～6月。

【产地及习性】原产墨西哥；世界温暖地区广泛栽培。我国西南、华南及东南沿海地区栽培，在四川西南部、云南北部及东部、广西西部、贵州西南部和西藏东南部，海拔 600～2900m 的干热河谷逸为野生。北方温室零星栽培。

【观赏评价与应用】用途同仙人掌。本种为热带美洲干旱地区重要果树之一，有不少栽培品种，浆果味美可食，植株可放养胭脂虫生产天然洋红色素。

梨果仙人掌

梨果仙人掌

仙人掌科 Cactaceae

单刺仙人掌

单刺仙人掌
Opuntia monacantha

【别名】仙人掌、绿仙人掌

肉质灌木或小乔木，高达 7m，老株具圆柱状主干，径达 15cm。分枝开展，倒卵形、倒卵状长圆形或倒披针形，长 10～30cm，宽 7.5～12.5cm，小窠圆形，具短绵毛、倒刺刚毛和刺；刺单生或 2～3 根聚生，具黑褐色尖头；短绵毛密生，宿存。叶钻形，早落。花径 5～7.5cm，深黄色。浆果梨形或倒卵球形，长 5～7.5cm，径 4～5cm，紫红色。花期 4～8 月。

原产巴西、巴拉圭、乌拉圭及阿根廷，世界各地广泛栽培，在热带地区及岛屿常逸生；我国各省区有引种栽培，在云南南部及西部、广西、福建南部和台湾沿海地区归化，生于海边或山坡开旷地。在温暖地区植作围篱，浆果酸甜可食，茎为民间草药。

单刺仙人掌

单刺仙人掌

木麒麟
Pereskia aculeata

【别名】虎刺

【形态特征】攀援灌木，高 3～10m；径达 2～3cm；分枝圆柱状，绿色或带红褐色；小窠垫状，径 1.5～2mm，具灰色或淡褐色绒毛，刺针状至钻形，在攀援枝上常成对着生并下弯成钩状。叶卵形、宽椭圆形至椭圆状披针形，长 4.5～7cm，宽 1.5～5cm，稍肉质。花芳香，径 2.5～4cm；萼状花被 2～6，卵形至倒卵形，瓣状花被片 6～12，倒卵形至匙形，白色或略带黄色或粉红色；雄蕊多数，白色。浆果淡黄色，倒卵球形或球形，长 1～2cm，具刺。

【产地及习性】原产中美洲、南美洲北部及东部、西印度群岛；我国云南、广西、广东、福建、台湾、浙江及江苏南部栽培，河北及辽宁等地温室栽培，在福建南部呈半野生状态。

【观赏评价与应用】木麒麟是少见的攀援仙人掌类，枝蔓细长，花果美丽，适于攀附篱架、栅栏、矮墙，可形成优美奇特的植物景观。也常作嫁接仙人球的砧木；叶可作蔬菜，果酸甜可食。

【同属种类】木麒麟属 17 种，原产热带美洲，分布区北起墨西哥南部和西印度群岛，南至阿根廷北部和乌拉圭。我国引种栽培 4 种，其中 1 种在福建南部呈半野生状态。

木麒麟

木麒麟

木麒麟

木麒麟

五十一、藜科 Chenopodiaceae

梭梭
Haloxylon ammodendron

【别名】梭梭柴、琐琐

【形态特征】灌木或小乔木,高 0.4 ~ 2 (9) m。树皮灰白色。同化枝鲜绿色,味咸。当年枝细长,节间长 4 ~ 12mm。叶鳞片状宽三角形,稍开展,先端钝,基部宽,腋间具棉毛。花两性,生于 2 年生枝条的侧生短枝上。小苞片舟状,宽卵形,边缘膜质;花被片矩圆形,先端钝,翅状附属物肾形至近圆形。胞果黄褐色;宿存花萼片矩圆形,具半圆形膜质翅;种子黑褐色;胚螺旋状。花期 4 ~ 7 月;果期 8 ~ 10 月。

【产地及习性】产内蒙古、宁夏、青海、甘肃、新疆等地;俄罗斯有分布,生于半荒漠和荒漠地区的沙漠中,其生境多为地下水较高的沙丘间低地、干河床、湖盆边缘、山前平原或石质砾石地。根系发达,耐干旱瘠薄,耐盐、抗沙埋,沙埋后形成沙丘。

【观赏评价与应用】梭梭在沙漠地区常形成大面积纯林,有固定沙丘作用,为西北部荒漠、半荒漠和干旱盐碱地区优良的环境建设树种。也是产区重要的薪柴和饲料,而且为肉苁蓉的寄主。

【同属种类】梭梭属约 11 种,分布于地中海至中亚。我国沙漠地区产 2 种。

五十二、蓼科 Polygonaceae

沙拐枣
Calligonum mongolicum

【别名】蒙古沙拐枣

【形态特征】灌木,高1~1.5m。老枝灰白色或淡黄灰色,开展,拐曲;当年生幼枝草质,灰绿色,有关节,节间长0.6~3cm。叶线形,长2~4mm。花白色或淡红色,通常2~3朵簇生叶腋。果实(包括刺)宽椭圆形,长8~12mm,宽7~11mm;刺细弱、毛发状,质脆易断,中部2~3次2~3分叉。花期5~7月;果期6~8月。在新疆东部,8月出现第二次花果。

【产地及习性】产内蒙古、甘肃、新疆东部等地。蒙古国也有分布。广泛生于荒漠地带和荒漠草原地带的流动、半流动沙丘,覆沙戈壁、沙质或砂砾质坡地和干河床上。极耐高温、干旱和严寒,萌芽性强,被流沙埋压后,仍能由茎部发生不定根、不定芽。

【观赏评价与应用】沙拐枣为固沙造林的先锋树种,是西北地区重要的水土保持植物。树形及果实奇特,分布区内可栽培观赏。也是优良的饲用植物。

【同属种类】沙拐枣属约35种,产非洲北部、亚洲西部和欧洲南部,分布荒漠、半荒漠地带。我国23种,主要分布于西北和内蒙古的沙漠地区。

泡果沙拐枣
Calligonum calliphysa
【*Calligonum junceum*】

灌木,高0.5~1m;老枝淡灰色或淡褐色,呈"之"字形弯曲,同化枝绿色,节间长1~2.5cm。叶条形至披针形,长3~6mm,不与托叶鞘结合;鞘短,膜质。花淡红色或白色,1~4朵生于叶腋;花梗长2~4mm,关节在中上部;花被片5。瘦果球形,径8~10mm,不扭曲,黄色或红色,具4条肋状突起,每条具3行密刺毛,刺毛柔软,外被红色膜,泡状。果期5~6月。

产内蒙古和新疆,生于海拔300~800m洪积扇的砾石荒漠。蒙古和哈萨克斯坦、俄罗斯、塔吉克斯坦至亚洲西南部也有。多生于砾质戈壁,是西北地区重要的固沙和水土保持树种。

淡枝沙拐枣
Calligonum leucocladum

【别名】白皮沙拐枣

灌木,高50~120cm。老枝黄灰色或灰色,拐曲;当年生幼枝灰绿色,纤细。叶线形,长2~5mm,易脱落;托叶鞘膜质,淡黄褐色。花稠密,2~4朵生叶腋;花梗长2~4mm,有关节;花被片宽椭圆形,白色,背部中央绿色。果宽椭圆形,长12~18mm,宽10~16mm;瘦果不扭转或微扭转,4肋各具2翅;翅近膜质,淡黄色或黄褐色,有细脉纹,近全缘、微缺或有锯齿。花期4~5月;果期5~6月。

新疆沿天山北麓各县较广泛分布,生于半固定沙丘、固定沙丘和沙地,海拔500~1200m。哈萨克斯坦也有。

红果沙拐枣
Calligonum rubicundum

灌木,高0.5~1m,老枝灰紫褐色或红褐色,有光泽或无;当年生幼枝灰绿色,有节,节间长1~4cm。叶线形,长2~5mm,与叶鞘合生。花被粉红色或红色,果时反折。

竹节蓼
Homalocladium platycladum

【别名】扁茎蓼

【形态特征】常绿灌木，高1~3m。老枝圆柱形，暗褐色；幼茎扁平，亮绿色，形似叶片，有节及纵沟。叶退化，幼年有少量披针形叶片，长4~20mm，宽2~10mm，先端渐尖，基部楔形，全缘或近基部有锯齿，无柄；托叶退化为线形。花小，绿白色或淡红色，簇生于新枝条的节上。浆果红色或淡紫色。花果期5~6月。

【产地及习性】原产南太平洋所罗门群岛。热带地区普遍栽培。喜温暖湿润，不耐寒；耐荫，不耐湿，需排水良好的土壤。

【观赏评价与应用】竹节蓼株丛繁茂，嫩茎扁平、亮绿色，形态奇特，常栽培观赏。华南地区可用于庭园，北方常见温室栽培。

【同属种类】竹节蓼属仅此1种，产所罗门群岛。

果实（包括翅）卵圆形、宽卵形或近圆形，长14~20mm，宽14~18mm。幼果淡绿色、金黄色或鲜红色，成熟果黄色或暗红色；翅厚，硬革质，表面具皱纹或稍具刺毛。花期5~6月；果期6~7月。

产新疆；生于湿润沙地和流动沙地。内蒙古西部沙区有引栽。俄罗斯（西西伯利亚）、哈萨克斯坦也有。

海葡萄
Coccoloba uvifera
【*Polygonum uvifera*】

【别名】树蓼

【形态特征】灌木或小乔木，高约2m，偶达6~8m，树皮灰褐色。单叶互生，叶片阔心形、肾形或近圆形，先端钝或微凹，全缘，侧脉约6对，叶脉红色。总状花序常顶生，花白色，芳香；花被片5；雄蕊通常8。浆果状瘦果球形，径约1.5~1.8cm，熟时紫红色似葡萄串串下垂，风格独具。花期5~6月；果期夏秋。

【产地及习性】分布于西印度群岛海滨。

抗风力强，不耐寒，较耐荫。

【观赏评价与应用】海葡萄叶片较大，果实串串下垂，树形奇特，常作为沿海城市行道树，或海边防风林，果实可制造果浆或直接食用。华南地区有零星栽培。

木藤蓼
Fallopia aubertii
【*Polygonum aubertii*】

【别名】山荞麦、木藤首乌

【形态特征】半木质缠绕藤本。茎长1~6m。叶互生或簇生，长卵形或卵形，长2.5~5cm，宽1.5~3cm，近革质，先端急尖，基部近心形，全缘或边缘波状，两面无毛，叶柄长1.5~2.5cm；托叶鞘膜质，褐色。花两性，花序圆锥状；花被片5，淡绿色或白色，外轮3片较大，背部具翅，果期增大。瘦果卵形，具3棱，黑褐色，微有光泽，包于宿存花被内。花期7~8月；果期8~9月。

【产地及习性】产陕西、甘肃、内蒙古、山西、河南、青海、宁夏、云南、西藏等地，主于山坡草地、山谷灌丛，海拔900~3200m。

【观赏评价与应用】木藤蓼花白色而繁密，开花时犹如一片雪白，有微香，是良好的攀援植物和蜜源树种，可广泛应用于城市环境绿化，用于攀附矮墙、栅栏。河北、辽宁等地已引栽成功。

【同属种类】首乌属约9种，主要分布于北半球的温带。我国有5种，产于由东北到西北、西南的各省区，多为草本。

五十三、白花丹科(蓝雪科) Plumbaginaceae

蓝花丹
Plumbago auriculata

【别名】花绣球、蓝茉莉

【形态特征】常绿柔弱半灌木，高约 1m，除花序外无毛，被有细小的钙质颗粒。叶互生，菱状卵形至狭长卵形，长 (1) 3～6cm，宽 (0.5) 1.5～2.5cm，基部楔形，向下渐狭成柄，上部叶的叶柄基部常有小形半圆形耳。穗状花序约含 18～30 花；总花梗及下方 1～2 节茎上密被灰白色至淡黄褐色短绒毛；花冠淡蓝色至蓝白色，花冠筒长 3.2～3.4cm，冠檐宽阔，径 2.5～3.2cm，裂片倒卵形，先端圆；花药蓝色；子房近梨形，5 棱。花期 6～9 月和 12～4 月。

【产地及习性】原产南非，已广泛为各国引种作观赏植物。我国华南、华东、西南和北京常有栽培。喜温暖湿润环境和肥沃疏松的沙质壤土，不耐寒冷和干旱。华南可露地越冬，北方盆栽。

【变型】雪花丹（f. *alba*），花冠呈白色。我国也有栽培。

【观赏评价与应用】蓝花丹为一美丽花灌木，华南地区可用作花篱，也可用于草地、庭院丛植，或配植在山石间，在适宜条件下可常年开花，而以冬春（4～12 月）和夏秋（6～9 月）为盛花期。长江流域及其以北地区温室栽培。

【同属种类】白花丹属约 17 种，产热带和亚热带。我国 2 种，另引入栽培 1 种。

雪花丹

蓝花丹

蓝花丹

白花丹
Plumbago zeylanica

【形态特征】常绿半灌木，高 1～3m，多分枝；枝条开散或上端蔓状，常被明显钙质颗粒。叶长卵形，长 5～8 (13)cm，宽 2.5～4 (7)cm，先端渐尖，下部骤狭成钝或截形的基部而后渐狭成柄。穗状花序常含 25～70 枚花；花轴与总花梗有头状或具柄腺体；花冠白色或微带蓝白色，花冠筒长 1.8～2.2cm，冠檐径约 1.6～1.8cm，裂片长约 7mm，宽约 4mm，倒卵形。花期 10 月至翌年 3 月；果期 12 月至翌年 4 月。

【产地及习性】产华南、西南各地，生于阴湿处。南亚和东南亚各国也有。喜温暖湿润气候，不耐寒，对土壤要求不严，以深厚肥沃、疏松土壤较好。

【观赏评价与应用】白花丹花朵大而白色，每个花序着花多达 70 朵，是一优良的蔓生花灌木，可栽培庭院供观赏，也是中国以及许多东南亚国家的传统药材。

白花丹

白花丹

五十四、五桠果科 Dilleniaceae

五桠果
Dillenia indica

【别名】第伦桃

【形态特征】常绿乔木，高达25m。树皮红褐色，大块薄片状脱落；嫩枝粗壮，有明显的叶痕。叶薄革质，矩圆形或倒卵状矩圆形，长15～40cm，宽7～14cm，先端近于圆形，侧脉25～56对；叶柄长5～7cm，有狭翅。花单生，白色，直径12～20cm，花梗粗壮，花瓣倒卵形。果实圆球形，直径10～15cm。

【产地及习性】分布于云南省南部。也见于印度、斯里兰卡、中南半岛、马来西亚及印度尼西亚等地。喜生山谷溪旁水湿地带。

【观赏评价与应用】五桠果树冠开展，亭亭如盖，枝叶浓密，观赏性状与大花五桠果相似但花朵为白色，也是优良的庭荫树和行道树。华南地区常栽培观赏。果实可食。

【同属种类】五桠果属约65种，分布于亚洲热带、大洋洲、马达加斯加等地。我国3种，产于华南和西南。

五桠果

五桠果

五桠果

大花五桠果
Dillenia turbinata

【别名】毛五桠果、大花第伦桃

【形态特征】常绿乔木，高达25m，嫩枝被锈褐色绒毛。叶倒卵形或长倒卵形，长12～20cm，宽7～14cm，侧脉15～25对；叶柄长2～6cm。总状花序顶生，花序梗长3～5cm，花3～5朵，花梗长1cm；花蕾径4～5cm；萼片肉质，卵形；花瓣黄色或浅红色，倒卵形，长5～7cm；雄蕊2轮，外轮长约2cm，内轮稍长。果近球形，径4～5cm，暗红色。花期4～5月；果期6～7月。

【产地及习性】分布于云南、广东、广西和海南等地，在海南低海拔林中、河岸、沟旁阴湿处习见。越南也有分布。喜温暖湿润气候，在土层深厚、腐殖质丰富的山地黄壤生长好，耐荫。幼年生长速度较慢。深根性，抗风力较强。

【观赏评价与应用】大花五桠果叶片大型，新叶紫红色，点缀在绿叶中，远观如红花绽放枝头，很具观赏性，花大而芳香，果红而可爱，花果均极为美丽，是优良的园林造景材料，宜作庭荫树及行道树。

大花五桠果

大花五桠果

五桠果科　Dilleniaceae

大花五桠果

大花五桠果

束蕊花
Hibbertia scandens
【*Dillenia scandens*】

【别名】蛇藤

常绿藤本，长可达 2~5m。叶椭圆形至倒卵形，长约 6cm，先端尖，基部楔形，全缘。花大，金黄色，直径可达 5cm。果小，径约 3cm，种子黑色。花期全年。

产澳大利亚的南威尔士及昆士兰州。华南有引种栽培。

束蕊花

束蕊花

束蕊花

锡叶藤
Tetracera sarmentosa

【形态特征】常绿木质藤本，长达 20m；枝幼时被毛。叶极粗糙，矩圆形，长 4~12cm，宽 2~5cm，先端钝圆，基部常不等侧，全缘或上半部有钝齿，幼时两面有刚毛，侧脉 10~15 对。圆锥花序顶生，长 6~25cm，花序轴常为"之"字形屈曲；花径 6~8mm；萼 5，广卵形，大小不等；花瓣 3，白色，卵圆形；雄蕊多数；心皮 1，花柱突出雄蕊之外。果实长约 1cm，熟时黄红色。花期 4~5 月。

【产地及习性】分布于广东及广西中南半岛、泰国、印度、斯里兰卡、马来西亚及印度尼西亚等地也有。

【观赏评价与应用】锡叶藤为常绿木质大藤本，花白色，果实黄红色，热带地区可栽培观赏，适于作垂直绿化材料。

【同属种类】锡叶藤属约 50 种，分布于东、西半球热带地区，多见于美洲热带。我国有 2 种，分布于南部及西南各省。

锡叶藤

锡叶藤

锡叶藤

五十五、芍药科 Paeoniaceae

牡丹
Paeonia suffruticosa

【别名】木芍药、洛阳花

【形态特征】落叶小灌木，高达2m。肉质根肥大。2回3出复叶，小叶卵形至长卵形，长4.5～8cm，宽2.5～7cm，顶生小叶3裂，裂片又2～3裂，侧生小叶2～3裂或全缘。花单生枝顶，径10～30cm，单瓣或重瓣，花色丰富，紫、深红、粉红、白、黄、绿等色；苞片及花萼各5；花盘紫红色，革质，全包心皮，心皮5，稀更多。蓇葖果长圆形，密生黄褐色硬毛。花期4～5月；果期8～9月。

【产地及习性】原产我国中部，栽培历史悠久，各地普遍栽培，以山东菏泽和河南洛阳最为著名。喜光，稍耐荫；喜温凉气候，较耐寒，畏炎热，忌夏季曝晒。喜深厚肥沃而排水良好之砂质壤土，忌黏重、积水或排水不良处，中性土最好，微酸、微碱亦可。根系发达，肉质肥大。生长缓慢。

【观赏评价与应用】牡丹花大而美，姿、色、香兼备，是我国传统名花，素有"花王"之称。长期以来，我国人民把牡丹作为富贵吉祥、和平幸福、繁荣昌盛的象征，代表着雍容华贵、富丽高雅的文化品位。牡丹品种繁多，花色丰富，群体观赏效果好，一般在公园和大型庭院中，牡丹最适于成片栽植，建立牡丹园，如菏泽、洛阳均有大型牡丹园。在江南，由于地下水位较高，建立牡丹园应选择适宜位置，并抬高地势。在小型庭院，牡丹则适于在门前、坡地专设牡丹台、牡丹池，以砖石砌成，孤植或丛植牡丹几株，周围配以麦冬、吉祥草等常绿草花，点缀山石。

【同属种类】芍药属约30种，分布于北温带，其中木本的牡丹类特产中国。我国约15种，多数花大而美丽，为著名观赏植物，兼作药用。

滇牡丹
Paeonia delavayi
【*Paeonia delavayi* var. *lutea*】

【别名】野牡丹、黄牡丹

【形态特征】落叶亚灌木，高达1.5m；全体无毛。当年生小枝草质，基部有鳞片。2回3出复叶，小叶羽状分裂，裂片披针形或长圆状披针形，宽0.7～2cm。花2～5朵生枝顶和叶腋，径6～8cm；苞片1～5，披针形，大小不等；萼2～9，宽卵形，不等大；花瓣7～12，红紫色、黄色，或黄色而基部有紫红色斑块，偶白色，倒卵形；花盘肉质，包住心皮基部；心皮2～4（8），无毛。蓇葖果长3～3.5cm，径1～1.5cm。花期5～6月；果期8～9月。

【产地及习性】产云南西北部和北部、四川及西藏东南部，生于海拔2100～3700m的山地阳坡，常见于灌丛中和疏林中。

【观赏评价与应用】滇牡丹花色多变，黄色、红紫色或具斑块，有时白色，花期较晚，是培育牡丹新品种的重要野生种质资源。国外早有引种并用于杂交育种，培育出许多花朵金黄色的品种，国内较少栽培。根药用。

大花黄牡丹
Paeonia ludlowii

落叶灌木，高 2.5～3.5m，根不呈纺锤状加粗。2 回 3 出复叶，叶片长 12～20cm，宽 14～30cm；小叶 9 枚，通常 3 裂，裂片再尖裂；花 3～4 朵腋生；花径 10～12cm，心皮 1，极少为 2 枚。除心皮外，各部为纯黄色。花期 5～6 月。

产西藏东南部，生于海拔 3000m 左右的疏林和林缘。

杨山牡丹
Paeonia ostii

【别名】凤丹

落叶灌木，高约 1.5m，2 回羽状复叶，小叶多达 15 枚，狭卵形至卵状披针形，长 5～15cm，顶生小叶通常 3 裂，侧生小叶多全缘；花单生，径 12～13cm，花瓣 9～11 片，白色或基部有粉色晕；花药黄色，花丝和花盘暗紫红色。

产河南西部嵩县和卢氏县，野生居群极少。陕西、四川、安徽、湖北等地常栽培。

紫斑牡丹
Paeonia rockii

【形态特征】灌木，高达 1.8m。叶通常为 2～3 回羽状复叶，小叶多达 19～33 枚，披针形或卵状披针形，近全缘，长 2.5～11cm，宽 1.5～4.5cm，背面沿脉被长绒毛，基部截形至楔形，先端渐尖。花单生枝顶，径达 13～19cm，白色或粉红色，花瓣内面基部有深紫黑色斑块；苞片 3；花萼 3，绿色，卵圆形；花盘、花丝黄白色，花盘全包心皮，心皮 5(6)，密被毛。花期 4～5 月；果期 8 月。

【产地及习性】产甘肃东南部、陕西南部、河南西部和湖北西部，生于海拔 1100～2800m 落叶阔叶林中或林缘、灌丛中。

【观赏评价与应用】紫斑牡丹在唐代已有栽培，品种较多，并形成了仅次于中原牡丹品种群的第二大品种群——西北牡丹品种群（紫斑牡丹品种群），主要集中在甘肃境内的渭河、洮河和大夏河流域古丝绸之路经过的广大地区，栽培分布以甘肃、青海、陕西、宁夏等省区为主，华北、西北其他地区也有栽培。长期遭受过度采挖，野生者少见，应加强保护。

五十六、金莲木科 Ochnaceae

金莲木
Ochna integerrima

【别名】桂叶黄梅

【形态特征】落叶灌木或小乔木，高2～7m。单叶互生，椭圆形、倒卵状长圆形或倒卵状披针形，长8～19cm，宽3～5.5cm，先端短尖，基部阔楔形，叶缘具锯齿；中脉两面隆起。伞房花序生于短枝顶部，花黄色，径达3cm；花梗近基部有关节；萼片长圆形，长1～1.4cm，结果时呈暗红色；花瓣5片，有时7片，倒卵形，长1.3～2cm，顶端钝圆；雄蕊长约1cm，3轮排列，花丝宿存。核果椭圆形，长1～1.2cm。花期3～4月；果期5～6月。

【产地及习性】产于广东、广西和海南，多生山谷石旁和溪边较湿润的空旷地方。热带亚洲也有分布。喜温暖湿润环境，不耐干旱和低温。

【观赏评价与应用】金莲木枝条纤细，花朵鲜黄色，早春先叶开花；果期宿存萼片红色，非常美丽，是华南地区极为优良的春季观赏树木。花授粉后雄蕊及萼片并不脱落，而渐转成鲜红色，果实成熟也由绿色变为乌黑，造型酷似米老鼠的头部。花果色彩富变化，适于庭园孤植、丛植。金莲木已被中国列为濒危保护植物。

【同属种类】金莲木属约85种，大部分产非洲热带地区，少数产亚洲热带。我国1种，产华南。

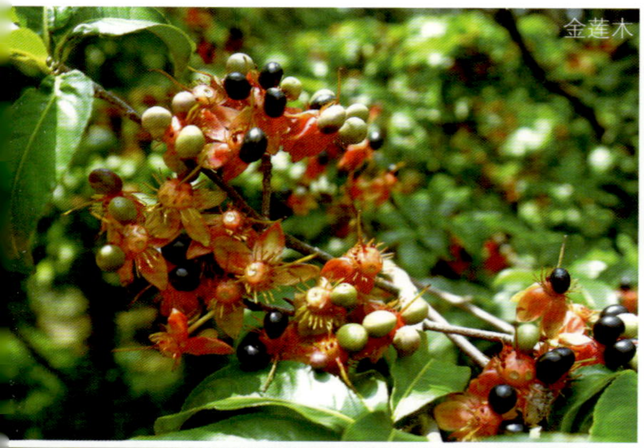
金莲木

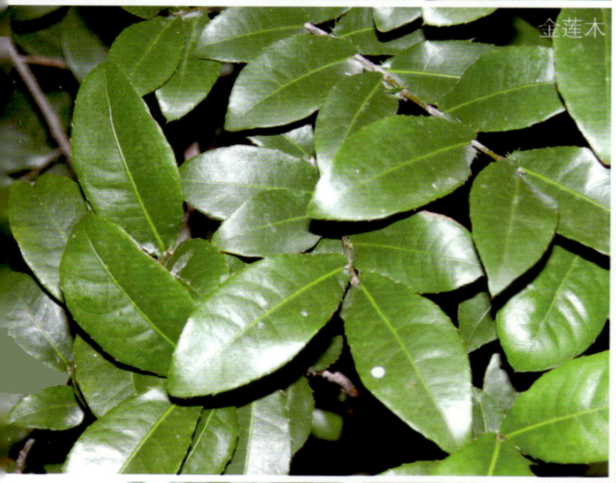
金莲木

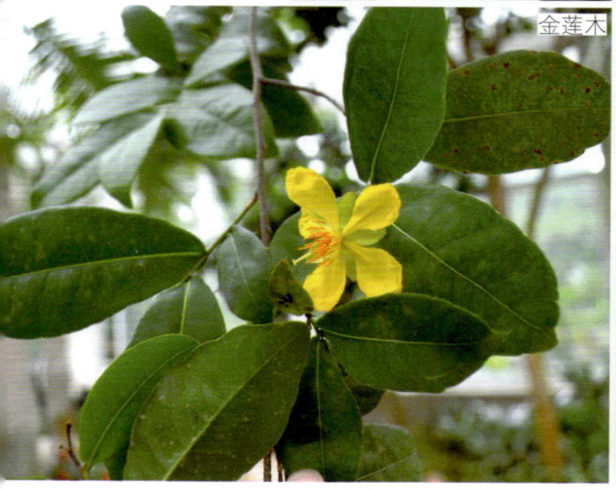
金莲木

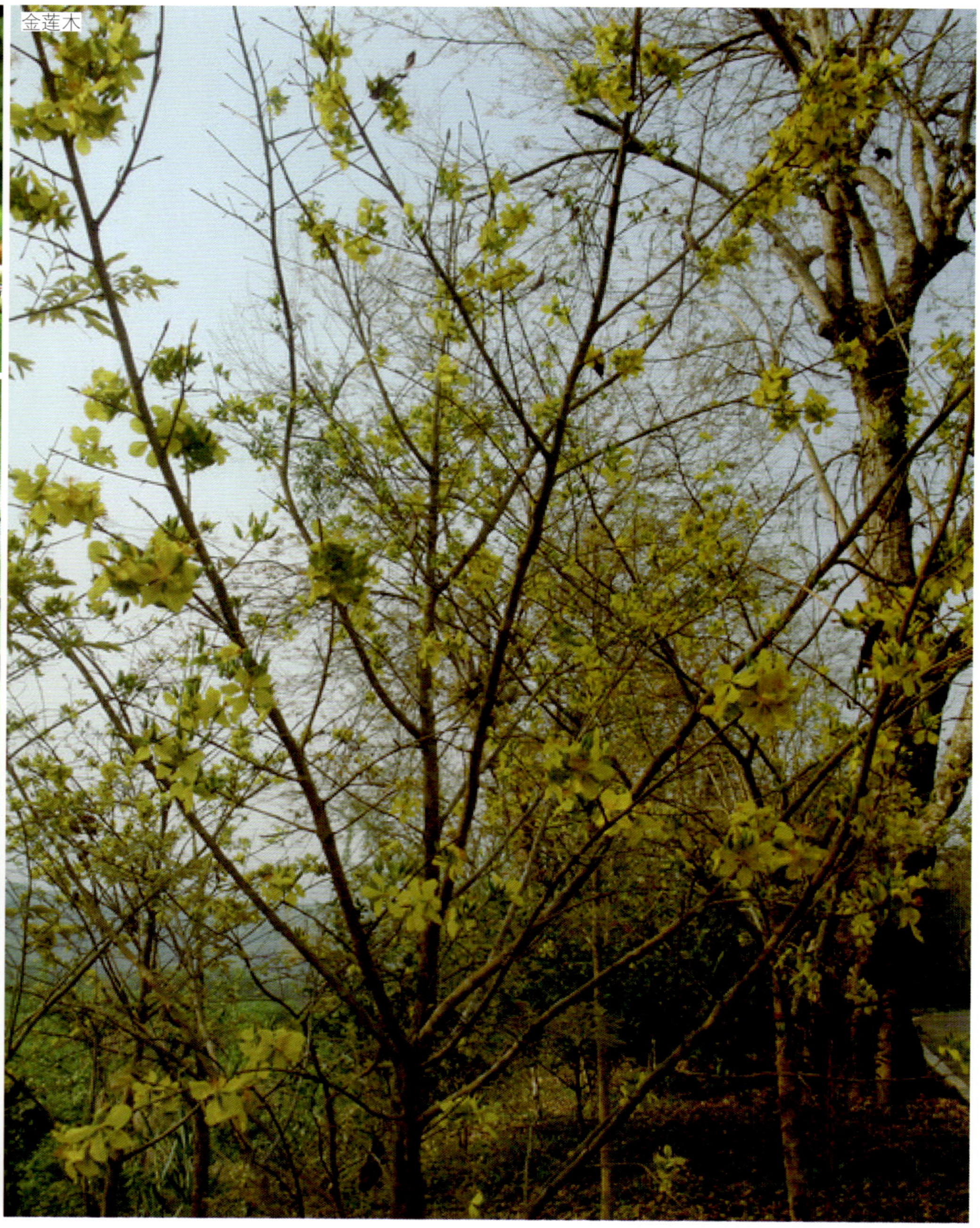
金莲木

五十七、龙脑香科 Dipterocarpaceae

竭布罗香
Dipterocarpus turbinatus

【别名】油树、戈理曼养

【形态特征】常绿大乔木，高达35m，含芳香树脂；树皮灰白色或深褐色。枝条密被灰色茸毛，有环状托叶痕。叶全缘或有时波状，卵状长圆形，长20～30cm，宽8～13cm，侧脉15～20对；叶柄长2～3cm；托叶长2～6cm。总状花序腋生，花萼裂片2枚为线形，另3枚较短，外被白色粉霜；花瓣粉红色，线状长圆形，外被灰色长绒毛。坚果卵形，密被贴生绒毛；果萼管被白色粉霜，增大的2枚花萼裂片为线状披针形，长12～15cm，宽约3cm。花期3～4月；果期6～7月。

【产地及习性】产云南西部及南部（西双版纳栽培）。印度、巴基斯坦、缅甸、泰国、柬埔寨等有分布。

【观赏评价与应用】竭布罗香树干挺拔、通直，花朵大而花色美丽，是热带地区优良的园林绿化树种，适于列植、片植。也是珍贵用材树种，从树脂提出的油，商品名为竭布罗香油，可作调香剂和定香剂，树脂药用。

【同属种类】龙脑香属约70种，分布于印度、斯里兰卡、越南、老挝、柬埔寨、缅甸、泰国、马来西亚、印度尼西亚、菲律宾等。我国2种，分布于云南东南部至西部、西藏东南部（墨脱）。

坡垒
Hopea hainanensis

【形态特征】常绿乔木，高约20m；树皮灰白色或褐色。叶长圆形至长圆状卵形，长8～14cm，宽5～8cm，侧脉9～12对；叶柄粗壮，长约2cm。圆锥花序腋生或顶生，长3～10cm，花偏生于花序分枝一侧；花萼裂片5，顶端圆形；花瓣5，长圆形或长圆状椭圆形，长约6mm，宽约3mm，先端不规则齿缺；雄蕊15枚，两轮；子房基部具长丝毛。果卵圆形，被蜡质；增大的2枚花萼裂片为长圆形或倒披针形，长5～7cm，具纵脉9～11条。花期6～7月；果期11～12月。

【产地及习性】产海南，生于低海拔密林中。越南北部有分布。

【观赏评价与应用】坡垒是我国珍贵用材树种之一，为有名的高强度用材，经久耐用。华南南部地区也栽培观赏，作庭荫树和行道树。

【同属种类】坡垒属约100种，分布于印度南部、缅甸、泰国、越南、老挝、柬埔寨、马来西亚、印度尼西亚、菲律宾等。我国4种，分布于海南、广西、云南。

狭叶坡垒
Hopea chinensis
【Hopeamollissima】

【别名】万年木、毛叶坡垒

常绿乔木，高达15～20m。叶全缘，长圆状披针形或披针形，长7～13cm，宽2～4cm，侧脉7～12对，两侧略不等，下面被疏毛或无毛；叶柄长约1cm，具环状裂纹。圆锥花序腋生、纤细，长4～18cm。花瓣淡红色，扭曲，椭圆形，长约3～4mm；雄蕊15枚；子房3室。果实卵形，增大的2枚花萼裂片长圆状披针形或长圆形，长8～9cm，宽1.5cm，先端圆形，具纵脉12条。花期6～7月；果期10～12月。

产广西（十万大山、龙州大青山）、云南（屏边、绿春、江城李仙江沿岸），生于海拔1000m以下的山谷、坡地、丘陵地区潮湿林中。

望天树
Parashorea chinensis

【别名】擎天树

【形态特征】常绿大乔木，高40～60m，径60～150cm。幼枝被鳞状茸毛。叶椭圆形或椭圆状披针形，长6～20cm，宽3～8cm，侧脉14～19对，网脉明显；托叶卵形，基部抱茎，纵脉5～7条。圆锥花序腋生或顶生，长5～12cm，密被灰黄色毛。花萼裂片5，长4～5mm；花瓣5枚，黄白色，长6～11mm，宽3～7mm，纵脉10～14条；雄蕊12～15枚，两轮。果实长卵形，密被银灰色绢毛；果翅近等长或3长2短，长6～8cm，宽0.6～1cm，纵脉5～7条。花期5～6月；果期8～9月。

【产地及习性】产云南（勐腊、河口）、广西（那坡、巴马、龙州等），生于海拔300～1100m沟谷、坡地、丘陵及石灰山密林中。

【观赏评价与应用】望天树是我国的一级保护植物，也是最高大的树木之一，常高达60m，树干通直，是热带优良的用材树种，同时对研究中国的热带植物区系有重要意义。树体壮观，花朵芳香，产区可栽培观赏。中国科学院西双版纳植物园有栽培。

【同属种类】柳安属约14种，分布于缅甸南部、泰国、老挝、越南、柬埔寨、马来西亚、印度尼西亚等。我国1种，产云南、广西。

青梅
Vatica mangachapoi

【别名】青皮、海梅、油楠

【形态特征】常绿乔木，高约20m。小枝被星状绒毛。叶全缘，长圆形至长圆状披针形，长5～13cm，宽2～5cm，侧脉7～12对，网脉明显；叶柄长7～15mm。圆锥花序顶生或腋生，长4～8cm，被银灰色的星状毛或鳞片状毛。花萼裂片卵状披针形或长圆形，不等大；花瓣5，白色，有时为淡黄或淡红色，长圆形或线状匙形，长约1cm，宽约4mm；雄蕊15枚，花丝不等长；子房球形，密被短绒毛，柱头3裂。果实球形，增大的花萼裂片其中2枚较长，长3～4cm，宽1～1.5cm，先端圆形，具纵脉5条。花期5～6月；果期8～9月。

【产地及习性】产海南。生于海拔700m以下丘陵、坡地林中。越南、泰国、菲律宾、印度尼西亚等也有。

【观赏评价与应用】青梅是热带地区重要用材树种，枝叶繁茂，花朵白色，也可庭园栽培观赏，适于华南南部地区应用。

【同属种类】青梅属约65种，分布于印度南部、东部、缅甸、泰国、柬埔寨、老挝、越南、马来西亚、印度尼西亚、菲律宾等。我国3种，产海南、广西、云南。

五十八、山茶科 Theaceae

杨桐
Adinandra millettii

【别名】黄瑞木

【形态特征】常绿灌木或小乔木，高2～10m，径达10～20cm。顶芽被灰褐色平伏短柔毛。叶互生，革质，长圆状椭圆形，长4.5～9cm，宽2～3cm，基部楔形，全缘，偶上半部疏生锯齿，上面亮绿色，下面初时疏被平伏短柔毛，迅即脱落；侧脉10～12对。花单朵腋生，花梗纤细，长约2cm；花瓣5，白色，卵状长圆形至长圆形，长约9mm，宽4～5mm；子房圆球形，花柱单一，长7～8mm。果圆球形，径约1cm，熟时黑色。花期5～7月；果期8～10月。

【产地及习性】产于安徽南部、浙江、江西、福建、湖南、广东、广西、贵州等地；多生于海拔100～1300m，常见于山坡路旁灌丛中或山地阳坡的疏林中或密林中，也见于林缘沟谷地或溪河路边。

【观赏评价与应用】杨桐树冠浓密，四季常青，花白色而弯垂，疏密有致，是优良的观花树种，可丛植观赏，也可作绿篱。叶片厚，阻燃性好，可作防火篱。

【同属种类】杨桐属约85种，广布亚洲热带和亚热带地区，主要分布东亚、印度、马来西亚、巴布亚新几内亚、菲律宾，非洲约2种。我国有22种，分布于长江以南各省区，多产广东、广西和云南。

杨桐

杨桐

杨桐

茶梨
Anneslea fragrans

【别名】安纳士树、海南红楣、海南茶梨

【形态特征】常绿乔木，高约15m，有时灌木状。叶常聚生枝顶呈假轮生状，椭圆形至狭椭圆形，有时披针状椭圆形、阔椭圆形，长8～15cm，宽3～7cm，全缘或具稀疏浅钝齿，下面密被红褐色腺点。花数朵至10多朵聚生于枝端或叶腋，花梗长3～7cm；萼片5，淡红色，阔卵形或近圆形，长1～1.5cm；花瓣5，阔卵形，长13～15mm；雄蕊30～40枚，花柱2～3裂。果实浆果状，径2～3.5cm，不裂或不规则开裂。花期1～3月；果期8～9月。

【产地及习性】产于福建中南及西南部、江西南部、湖南南部、广东、广西北部、贵州东南部及云南南部等地；多生于海拔300～2500m的山坡林中或林缘沟谷地以及山坡溪沟边阴湿地。越南、老挝、泰国、柬埔寨、缅甸、尼泊尔也有。

【观赏评价与应用】茶梨枝叶繁茂，叶片厚而亮，花萼红色、宿存，种子有红色假种皮，园林中可栽培观赏，作庭荫树，或丛植于林缘、草地。目前园林中尚未见应用。

【同属种类】茶梨属约3种，分布于南亚及东南亚。我国1种，主要分布于华南。

茶梨

茶梨

山茶科 Theaceae

山茶
Camellia japonica

【别名】耐冬

【形态特征】常绿灌木或小乔木，高4～10m。叶椭圆形至矩圆状椭圆形，长5～10.5cm，宽2.5～6cm，叶面光亮，两面无毛；侧脉6～9对；叶缘有细齿。花单生或簇生于枝顶和叶腋，近无柄；苞片及萼片约9枚，外4片新月形或半圆形，里面的圆形至阔卵形，宿存至幼果期；花径6～9cm，花色丰富，以白色和红色为主，花瓣先端有凹缺，栽培品种多重瓣；花丝、子房均光滑无毛，子房3室。蒴果球形，径2.5～4.5cm。花期（12）1～4月；果秋季成熟。

【产地及习性】原产我国及日本和朝鲜南部，浙江东部、台湾和山东青岛沿海海岛仍有野生群落。世界各地广植。喜半荫，喜温暖湿润气候，酷热及严寒均不适宜。喜肥沃湿润而排水良好的微酸性至酸性土壤，不耐盐碱，忌土壤黏重和积水。对海潮风有一定的抗性。

【观赏评价与应用】山茶是中国传统名花，叶色翠绿而有光泽，四季常青，花朵大、花色美，品种繁多，花期自11月至翌年3月，花期甚长而且正值少花的冬季，弥足珍贵。在造景中，山茶无论孤植、丛植，还是群植均无不适。庭院中宜丛植成景。与花期相近的玉兰配植，亦适宜。

【同属种类】山茶属共约120种，分布于印度至东亚、东南亚。我国是中心产地，约有97种，主产西南、华南至东南，另引入栽培多种。

越南抱茎茶
Camellia amplexicaulis

【别名】海棠茶

【形态特征】常绿小乔木，高达3m。叶互生，狭长，浓绿色，长椭圆形，长达20cm，先端尖，叶脉显著，叶缘有锯齿，基部心形，叶柄很短，抱茎。花苞片紫红色，花蕾球形、红色；花钟状，下垂或侧斜展，花瓣10～15片，紫红色。蒴果。花期10月至4月。

【产地及习性】原产越南。性强健，颇耐荫，在酸性砖红壤生长良好。

【观赏评价与应用】越南抱茎茶花色艳丽，花蕾由叶腋与干茎之间冒出，如同夹在万绿丛中的红珍珠，与狭长直上的叶片相映成趣，是珍贵的观赏花木。花期长，条件适宜可全年开花。南宁、广州等地引种栽培。

安龙瘤果茶
Camellia anlungensis

常绿灌木或小乔木，嫩枝、顶芽无毛。叶倒卵形，长7～14cm，宽3.5～5.5cm，先端急锐尖，基部阔楔形，边缘有锐利细锯齿；侧脉6～9对；叶柄长5～7mm。花白色，萼片圆形、被毛，花瓣6～7片；花丝连生成管；子房被毛，花柱3。蒴果近无柄，球形，径3～3.5cm，3室，果皮多皱折和瘤状凸起，无宿存萼片。花期3～4月，果9月成熟。

产贵州西南部、广西、云南东南部，生于山谷林中。

杜鹃红山茶
Camellia azalea
【*Camellia changii*】

【别名】张氏红山茶、杜鹃茶

【形态特征】常绿灌木，高1～2.5m。嫩枝红色，无毛。叶倒卵形至长倒卵形，长5.5～12cm，宽2～4cm，两面无毛；先端圆钝，基部楔形而下延，侧脉6～8对，全缘；叶柄长6～10mm。花深红色，单生或2～5朵簇生；径8～10cm，近无梗；苞片与萼片8～11，倒卵圆形；花瓣6～9，倒卵形或长倒卵形，长3～8.5cm，宽2～4.5cm，先端凹入；雄蕊长3.5～4cm，花药金黄色，子房无毛。蒴果卵球形，长2～2.5cm，径约2cm。花期10～12月；果期8～9月。

【产地及习性】分布于广东阳春河尾山海拔100～500m的山地溪边，现多地引种栽培。适应性强。

【观赏评价与应用】杜鹃红山茶花色艳丽，花期长，如条件适宜可全年开花，叶片浓绿色，

山茶科　Theaceae

杜鹃红山茶

杜鹃红山茶

杜鹃红山茶

浙江山茶

浙江山茶

浙江山茶

贵州连蕊茶

贵州连蕊茶

叶形及花型在山茶属中均较独特，观赏价值极高。园林中最适宜在林缘、溪边、池畔及岩石旁成丛成片栽培，也可于疏林下散植。野生杜鹃红山茶已数量极少，国家一级保护植物。

浙江山茶
Camellia chekiangoleosa

【别名】浙江红花油茶

【形态特征】常绿小乔木，高6m，嫩枝无毛。叶椭圆形或倒卵状椭圆形，长8～12cm，宽2.5～5.5cm。花红色，顶生或腋生，直径8～12cm，无柄；苞片及萼片14～16片，宿存，外侧有银白色绢毛；子房无毛，3～5室。蒴果卵球形，宽5～7cm；种子长2cm。花期2～4月。

【产地及习性】产福建、江西、湖南、浙江。杭州、南京、南昌等地有栽培。

【观赏评价与应用】浙江山茶树形优美，叶色深绿，早春开花，花朵大而红艳美观，观赏价值高，是重要的园林观赏树种，也为华东地区重要的油茶资源植物。

贵州连蕊茶
Camellia costei

常绿灌木或小乔木，高达7m，嫩枝有短柔毛。叶卵状长圆形，长4～7cm，宽1.3～2.6cm，侧脉约6对，有钝锯齿；叶柄长2～4mm，有短柔毛。花顶生及腋生，花柄长3～4mm；苞片4～5，三角形；花萼杯状，萼片5，卵形；花冠白色，长1.3～2cm，花瓣5，基部与雄蕊连生，有睫毛；雄蕊、子房无毛，花柱长10～17mm，先端短3裂。花期1～2月。

产广西、广东西部、湖北、湖南、贵州，

贵州连蕊茶

生于海拔540～1430m山坡林缘、林中、灌丛、密林中及疏林中。

红皮糙果茶
Camellia crapnelliana

【别名】博白大果油茶

常绿乔木，高5～7m，树皮红色，嫩枝无毛。叶硬革质，倒卵状椭圆形至椭圆形，长8～12cm，宽4～5cm，侧脉约6对，在上面不明显，边缘有细钝齿。单花顶生，近无柄，径7～10cm；苞片3，萼片5；花冠白色，长4～4.5cm，花瓣6～8，倒卵形，长3～4cm，宽1～2.2cm；雄蕊多轮。蒴果球形，径6～10cm。

产香港、广西、福建、广东、江西及浙江，生于低海拔林中。

红皮糙果茶

红皮糙果茶

红皮糙果茶

越南油茶
Camellia drupifera
【*Camellia vietnamensis*】

常绿灌木至小乔木，高4～8m，嫩枝有灰褐色柔毛。叶长圆形或椭圆形，有时卵形或倒卵形，长5～12cm，宽2～5cm，先端急锐尖，侧脉在上面陷下。花顶生，近无柄；苞片及萼片9片，阔卵形；花瓣5～7，倒卵形，长4.5～6cm，宽3～4.5cm，先端2裂；雄蕊4～5轮。蒴果长4～5cm，宽4～6cm。

产广西南部、广东西南部和海南，生于低海拔灌丛中。越南也有分布。现华南等地作油料植物栽培。也可栽培观赏。

越南油茶

越南油茶

显脉金花茶
Camellia euphlebia

常绿灌木或小乔木，嫩枝无毛。叶厚革质，椭圆形，长12～20cm，侧脉10～12对，在上面稍下陷，在下面显著突起，边缘密生细锯齿。花单生于叶腋，花柄较短，长4～5mm；苞片8片，半圆至圆形，长2～5mm，覆盖着花柄；萼片5片，近圆形；花瓣8～9片，金黄色，倒卵形，长3～4cm；子房无毛，3室。花期2月。

产广西防城，生于非石灰岩的石山常绿林下。越南北部也有分布。

柃叶连蕊茶
Camellia euryoides

常绿灌木至小乔木，高达6m，嫩枝纤细，有长丝毛。叶薄革质，椭圆形至卵状椭圆形，长2～4cm，宽7～14mm，下面有稀疏长丝毛。花顶生及腋生，白色，苞片4～5，萼片5；花冠长2cm，白色，花瓣5，外侧2片倒卵形，

柃叶连蕊茶

内侧3片卵形。蒴果圆形，径8～10mm。花期1～3月。

分布于福建、江西及广东，多生于海拔180～1200m灌丛、林缘、山坡阔叶林中。

柃叶连蕊茶

淡黄金花茶
Camellia flavida

常绿灌木，高达3m，嫩枝无毛。叶较狭长，长圆形或椭圆形，长8～10cm，宽3～4.5cm；侧脉6～7对，在上面略陷下，在下面突起。花瓣8，较短小，倒卵形，淡黄色，长约1.5cm。花期8～9月。

产广西南部和西南部石灰岩山地。有重瓣类型，花瓣多达23～30枚，长圆形，淡红色或淡黄色，具有很高的观赏价值。

淡黄金花茶

淡黄金花茶

淡黄金花茶

山茶科 Theaceae

毛花连蕊茶
Camellia fraterna

【别名】毛柄连蕊茶、连蕊茶

常绿灌木或小乔木，高1～5m，嫩枝密生柔毛或长丝毛。叶椭圆形，长4～8cm，宽1.5～3.5cm，侧脉5～6对。花常单生枝顶，花萼有长丝毛，常超出萼尖；花冠白色，长2～2.5cm，花瓣有丝毛，雄蕊无毛，花丝管长，子房无毛。蒴果球形，直径1.5cm。花期2～4月。

产浙江、江西、江苏、安徽、福建、河南等地。花期早，花色淡雅，洁白的花朵缀满枝头甚为美观。

毛花连蕊茶

毛花连蕊茶

毛花连蕊茶

长瓣短柱茶
Camellia grijsii

【别名】闽鄂山茶

常绿灌木或小乔木，嫩枝有短柔毛。叶长圆形，长6～9cm，宽2.5～3.7cm，先端渐尖或尾状渐尖，上面有光泽，下面中脉有稀疏长毛，侧脉6～7对。花白色，径4～5cm，花梗极短；苞被片9～10，花后脱落；花瓣5～6，倒卵形，长2～2.5cm，宽1.2～2cm，先端凹入；子房有黄色长粗毛。蒴果球形，径2～2.5cm。花期1～3月。

产广西、广东、福建、江西、浙江、四川、贵州、湖北、湖南、陕西南部等，华东等地栽培。

长瓣短柱茶

长瓣短柱茶

长瓣短柱茶

凹脉金花茶
Camellia impressinervis

常绿灌木，高3m。嫩枝及叶背面有毛。叶阔椭圆形，长12～22cm，宽5.5～8.5cm，侧脉10～14对，与中脉在上面凹下，在下面强烈突起。花1～2朵腋生，花柄粗大，长6～7mm；花瓣12片，无毛。蒴果扁圆形。花期1月。

产广西龙州，生石灰岩山地常绿林。叶片及花朵大型，具有重要观赏价值。

凹脉金花茶

凹脉金花茶

油茶
Camellia oleifera

【形态特征】常绿小乔木或灌木，高达7m。芽鳞有黄色粗长毛，嫩枝略有毛。叶厚革质，卵状椭圆形，有锯齿，上面深绿色，两面侧脉不明显；叶柄有毛。花白色，1～3朵腋生或顶生，花径3～8cm，无花梗；苞片与萼片相似，多数，被金黄色丝状绒毛，开花时脱落；花瓣5～7，顶端凹入或2裂；雄蕊多数，外轮花丝仅基部合生；子房密生白色丝状绒毛。果厚木质，2～3裂；种子黑褐色，有棱角。花期10～12月；果翌年9～10月成熟。

【产地及习性】分布于长江流域及以南各省，以河南南部为北界。各地广泛栽培。印度、越南等地有分布。喜光，深根性。适生于温暖湿润气候，年平均温度14～21℃，年降雨量1000mm以上，土壤深厚肥沃、排水良好的酸性红壤和黄壤地区。

【观赏评价与应用】油茶是亚热带地区重要的木本油料树种，种仁含油量达45%～60%，茶油为中国南方重要的食用油。冬季开花，花白蕊黄，也可用于园林造景，宜散植于疏林下。油茶叶厚革质，耐火力强，也是优良的防火带树种。

油茶

花单生，直径5～6cm；苞片8～10；萼片5，卵形至阔卵形，光滑；花梗长1～1.5cm；花瓣金黄色，10～14枚，基部稍合生，具蜡质光泽，外面4～5枚阔椭圆形或近圆形，里面的稍窄长；子房无毛，3室。蒴果扁球形，长2.5～3.5cm，径4～6cm；萼宿存。花期11月至翌年2月；果期10～12月。

【产地及习性】产广西，生于海拔900m以下的丘陵或低山阴湿的沟谷和溪旁林下；越南也有分布。喜温暖湿润气候，耐－4～－5℃低温；苗期喜荫蔽，进入花期后，颇喜透射阳光。要求酸性至中性土，宜土质疏松、排水良好。主根发达，侧根少。萌芽性强，可萌芽更新。

【观赏评价与应用】金花茶花色金黄，多数种类具有蜡质光泽，晶莹可爱，花形多样，秀丽雅致，在山茶类群中被誉为"茶族皇后"，而且嫩叶紫红色，在亚热带地区可于常绿阔叶林树群下丛植。目前，防城县建有野生金花茶保护区，而南宁已经建立金花茶种质资源基因库和繁育基地。我国古代曾经有过黄色茶花的栽培，宋代徐溪月的《山茶诗》中有"黄香开最早，与菊为辈朋"。20世纪中叶，金花茶的发现和命名曾经轰动了整个茶花界。

金花茶

金花茶

油茶

金花茶
Camellia petelotii
【Camellia nitidissima；Camellia chrysantha】

【形态特征】常绿灌木或小乔木，高2～5m。嫩枝淡紫色，无毛。叶矩圆状椭圆形至矩圆形，长9～18cm，宽3～6cm，先端尾状渐尖；上面深绿色，有光泽，侧脉显著下凹；下面黄绿色，散生黄褐色至黑褐色腺点。

西南山茶
Camellia pitardii

【别名】西南红山茶

常绿灌木至小乔木，高达7m。叶革质，披针形或长圆形，长8～12cm，宽2.5～4cm，先端渐尖或长尾状，基部楔形，无毛，侧脉6～7对，上下两面均可见，边缘有尖锐粗锯齿。花顶生，红色，直径5～8cm，无柄；苞片及萼片10片；花瓣5～6片，基部与雄蕊合生约1.3cm；雄蕊长2～3cm，子房有长毛。蒴果扁球形，高3.5cm，宽3.5～5.5cm，3室。花期2～5月。

产四川、湖南、广西、贵州。喜温暖湿润气候，稍耐荫，要求富含腐殖质的酸性土。树姿优美，叶色深绿，早春开花，红艳美观，是优美的园林观赏树种。

西南山茶

多齿红山茶
Camellia polyodonta
【Camellia villosa】

【别名】宛田红花油茶、长毛红山茶

【形态特征】常绿灌木或小乔木，高8m，嫩枝无毛。叶厚革质，椭圆形至卵圆形，长7～12.5cm，宽3～6cm，侧脉6～9对，在上面陷下，在下面突起，网脉凹下，边缘密生尖锐细锯齿。花顶生及腋生，红色，无柄，直径7～10cm；苞片及萼片14～15片，卵圆形；花瓣6～7片，倒卵形，外有柔毛；花丝有柔毛；子房3室。蒴果球形，直径5～8cm。花期3～4月。

【产地及习性】产湖南、广西、贵州等地，常见栽培。

【观赏评价与应用】多齿红山茶树体高大，花色艳丽、着花繁密，叶片厚，叶面显著，凹凸有致，是极为优美的庭院观花树种。园林中孤植、丛植、群植均适宜，可用于庭院、公园路边、建筑周围、林缘、水边各处。

多齿红山茶

多齿红山茶

多齿红山茶

红花瘤果茶

红花瘤果茶

云南山茶

云南山茶

红花瘤果茶
Camellia pyxidiacea var. *rubituberculata*
【*Camellia rubituberculata*】

【别名】红花三江瘤果茶

常绿小乔木，嫩枝无毛。叶长圆形，长7～9cm，宽2.5～3cm，先端急锐尖，基部阔楔形，上面干后浅绿色，下面有黑腺点，边缘有疏锯齿。花单生于叶腋或枝顶，红色，无柄，苞被片10～11片，花瓣7～8片，红色，倒卵形，长2～2.8cm，先端圆；子房被毛，3室，花柱3，离生。蒴果球形。花期9～10月。

产贵州晴隆县栗树区上棒碧乡，海拔1000m常绿林中。花多红艳，初秋盛花，是美丽的观花树种，尤其适于茶花专类园中配置，可延长观赏期。

红花瘤果茶

云南山茶
Camellia reticulata

【别名】滇山茶

【形态特征】常绿乔木或灌木状，高4～15m。小枝无毛。叶矩圆形至矩圆状椭圆形，稀椭圆形或宽椭圆形，长6～10（14）cm，宽3～5（6）cm，锯齿细尖，网状脉显著。花单生或2～3朵簇生，径7～10cm，淡红色至深紫色，稀白色，花瓣5～7枚或重瓣，倒卵形至阔倒卵形，先端微凹；萼片形大，内方数枚呈花瓣状；子房3（5）室，密生柔毛。蒴果木质，扁球形或近球形，长3.5～4cm，径4～5cm。花期12月至翌年4月，因品种而异；果期9～10月。

【产地及习性】我国特产，产云南西部及中部、贵州西部、四川西南部海拔1900～3200m的沟谷、阴坡湿润地带。西南地区常见栽培，江苏、浙江、广东等地也有栽培。喜半阴，忌日晒、干燥；喜富含腐殖质、排水良好的酸性土壤，不耐盐碱；根系浅，忌强风，不耐修剪。长寿树种。

【观赏评价与应用】云南山茶树体高大，叶翠荫浓，花朵繁密，妍丽可爱，花开时如天边云霞，是很好的观赏花木。常孤植于庭前、草地或对植于道路和广场入口处。如今已成

云南山茶

为云南庭园造景的重要材料，并形成了昆明、大理、楚雄3个栽培中心。约17世纪70年代传入日本，19世纪20年代传入欧洲。昆明市市花。

茶梅
Camellia sasanqua

【形态特征】常绿灌木或小乔木，高1～3m，间有高达12m者，分枝稀疏。小枝、芽鳞、叶柄、子房、果皮均有毛，且芽鳞表面有倒生柔毛。叶革质，椭圆形、卵圆形至长卵形，长3～5cm，宽2～3cm，表面略有光泽，下面褐绿色，侧脉5～6对，在上面不明显。叶柄长4～6mm。花多为白色或红色，花径4～7cm。苞及萼片6～7，被柔毛。蒴果球形，宽1.5～2cm。花期10月至翌年3月，部分品种花期可迟至4月。

【产地及习性】原产日本，我国江南各地普遍栽培。为亚热带适生树种，性喜半阴，强烈阳光会灼伤其叶和芽，导致叶卷脱落，茶梅喜温暖湿润气候，适生于肥沃疏松、排水良好的酸性砂质土壤，碱性土和黏土不适宜。

【观赏评价与应用】茶梅是中国传统名花，树形优美，叶形优美雅致，花朵繁密，花色艳丽、芳香，花期比山茶更早，是冬季重要观赏花灌木。宜林缘、草坪、墙基等处中孤植、丛植观赏，也常作基础种植材料和花篱、绿篱应用。也可盆栽，摆放于书房、会场、厅堂、门边、窗台等处，倍添雅趣和异彩。

南山茶
Camellia semiserrata
【*Camellia trichosperma*】

【别名】广宁红花油茶、毛籽红山茶

【形态特征】常绿小乔木，高8～12m，嫩枝无毛。叶椭圆形或长圆形，长9～15cm，宽3～6cm，侧脉7～9对，在上面略陷下，边缘上半部有疏锐锯齿；侧脉两面均明显。花顶生，红色，无柄，径7～9cm；苞片及萼片9～11片，花开后脱落；花瓣6～7，红色，阔倒卵圆形，长4～5cm，宽3.5～4.5cm；雄蕊5轮。蒴果卵球形，径达8cm，偶可达12～15cm。花期1～2月；果10～11月成熟。

【产地及习性】产广东及广西、江西，生于海拔200～350m山地林中、河边。

【观赏评价与应用】南山茶树形高大，树冠卵球形，树姿优美，叶片大而光亮，花色红艳，满树火红的喇叭状花朵热情奔放，为早春观花、入秋赏果的园林优良树种。也是优良的食用油料植物，是我国栽培的红花油茶种类中果实最大、果壳最厚的种类。

茶
Camellia sinensis

【形态特征】常绿灌木或乔木，常呈丛生灌木状。嫩枝具细毛，顶芽被白毛。叶薄革质，椭圆状披针形或长椭圆形，长3～10cm，叶脉明显，背面有时有毛，先端钝尖。花单生叶腋或2～3朵组成聚伞花序，白色，花梗下弯；萼片5～7，宿存；花瓣5～9；子房密被白色柔毛。蒴果球形，径约1.5cm，3棱；种子棕褐色。花期8～12月；果期翌年10～11月。

【产地及习性】原产我国及亚洲南部，长江流域及其以南各地分布，生于海拔100～2200m山地常绿阔叶林及灌丛中。常见栽培。喜光，喜温暖湿润气候，适宜栽培地区的年均气温15～25℃、年均降水量1000～2000mm，但也较耐寒，山东半岛引种栽培的生长尚好；喜酸性土，在中性或碱性土壤上生长不良。怕旱、涝。

【变种】普洱茶（var. *assamica*），大乔木，高达16m，叶片椭圆形，长8～14cm，宽3.5～7.5cm，背面沿脉密被开张长柔毛，先端渐尖，子房上部光滑无毛。产云南、广西、广东、海南，泰国、老挝、缅甸、越南也有。

【观赏评价与应用】茶为丛生灌木或小乔木，枝叶繁茂，树冠球形、团圞可爱，既是著名的饮料植物，也是优良的园林造景材料，适于路旁、台坡、池畔等地丛植，也可列植为绿篱。江南寺庙和日本茶庭中常植茶。明代陆容有诗曰："江南风致说僧家，石上清香竹里茶。"茶与苍松翠竹或梅花、桂花等植物相配亦为适宜，南京梅花山即以茶散植于梅树丛下，梅茶相配，既符合生态之要求，又增添景致、增加收入，其茶为南京著名的雨花茶。

红淡比
Cleyera japonica

【形态特征】常绿乔木,高达10m,或灌木状。全株无毛。顶芽大,嫩枝略具2棱。叶互生,排成2列,厚革质,椭圆状倒卵形或椭圆形,长6～9cm,宽2.5～3.5cm,全缘,背面黄色;侧脉6～8对。花白色,常2～4朵腋生,花梗长1～2cm,苞片2,早落;花瓣倒卵状长圆形,长约8mm;雄蕊25～30枚,子房圆球形。果球形,熟时紫黑色,径8～10mm。花期5～6月;果期10～11月。

【产地及习性】亚热带树种,长江流域及其以南各地均产,东到台湾,西至四川、贵州。多生于海拔200～1200m山地、沟谷林中或山坡沟谷溪边灌丛中或路旁。日本、朝鲜、印度、缅甸也有。喜湿润肥沃的阴湿环境。

【观赏评价与应用】红淡比树形优美端庄,枝叶茂密,花白色而幽香,也有花叶、叶缘白色或嫩叶红色的品种,是优良的观叶和观花树种,既可供隐蔽之用,也适于丛植、孤植。在日本神社旁常栽种,被称为"木神",表示对植物与神明的尊敬。

【同属种类】红淡比属约24种,分布于亚洲东南部和热带美洲。我国约有9种,产于西南和东南。

厚叶红淡比
Cleyera pachyphylla

【别名】厚叶杨桐

常绿灌木或小乔木,高3～8m,有时可达12m,全株无毛;顶芽大,长1.5～2.5cm;嫩枝粗壮,略具棱。叶互生,厚革质,长圆形,长8～14cm,宽3.5～6cm,边缘疏生细锯齿,稍反卷,下面密被红色腺点;侧脉20～28对;叶柄粗壮,长8～15mm。花1～3朵腋生;苞片2,阔卵形,早落;萼片5;花瓣5,椭圆状长圆形或椭圆状倒卵形,长10～12mm,宽约6mm;雄蕊25～27枚。果实圆球形,熟时黑色,径8～10mm。花期6～7月;果期10～11月。

产于浙江、江西、福建北部和中部、湖南南部、广东及广西等地;多生于海拔350～1800m的山地或山顶林中及疏林中。

翅柃
Eurya alata

【形态特征】常绿灌木,高1～3m,全株无毛;嫩枝具显著4棱;顶芽披针形,长5～8mm。叶革质,长圆形或椭圆形,长4～7.5cm,宽1.5～2.5cm。花1～3朵簇生于叶腋,花白色。雄蕊约15枚,花药不具分格,花柱顶端3浅裂。果圆球形,径约4mm,蓝黑色。花期10～11月;果期翌年6～8月。

【产地及习性】广泛分布于陕西南部、长江流域至四川、广西、广东等地。多生于海拔300～1600m的山地沟谷、溪边密林中或林下路旁阴湿处。

【观赏评价与应用】翅柃株形自然、美观,叶色碧绿,秋冬季开花,花朵小而繁密,适于丛植或孤植于草地、水边,也可植为群落下木或作绿篱。

【同属种类】柃木属约130种,分布于亚洲热带、亚热带和太平洋诸群岛。我国83种,广布于秦岭和长江以南各地,多数种类秋冬开花,花朵繁密、芳香,可栽培观赏。

山茶科 Theaceae

米碎花
Eurya chinensis

【形态特征】常绿灌木，高 1 ~ 3m，多分枝。嫩枝 2 棱，被短柔毛；顶芽披针形，密被黄褐色短柔毛。叶薄革质，倒卵形或倒卵状椭圆形，长 2 ~ 5.5cm，宽 1 ~ 2cm，侧脉 6 ~ 8 对，两面均不明显。花 1 ~ 4 朵簇生于叶腋，花瓣倒卵形，白色。果实圆球形，紫黑色，直径 3 ~ 4mm。花期 11 ~ 12 月；果期翌年 6 ~ 7 月。

【产地及习性】广泛分布于华东和华南，热带亚洲也有分布。多生于海拔 800m 以下的低山丘陵山坡灌丛路边或溪河沟谷灌丛中。喜温暖、阴湿环境；喜酸性土壤；萌蘗力、萌芽力强，耐修剪整形。

【观赏评价与应用】米碎花枝叶繁茂浓密，冬季白花点点，在绿叶丛中特别醒目，是良好的花灌木，可植于林下、林缘。以其耐修剪，适宜植为绿篱，也可以自然树形或者整形后植于建筑物周围、草坪、池畔、小径转角处，或用以点缀岩石园。

滨柃
Eurya emarginata

【别名】凹叶柃木

【形态特征】常绿灌木，高 1 ~ 2m。嫩枝圆柱形，粗壮，红棕色，密被黄褐色短柔毛。顶芽长锥形。叶排成 2 列，厚革质，倒卵状披针形或倒卵形，长 2 ~ 3cm，宽 1.2 ~ 1.8cm，先端钝，微凹，基部楔形，两面无毛，具细锯齿；侧脉 5 ~ 6 对，和网脉在上面凹下、下面微突起；叶柄长 2 ~ 3mm。雌雄异株；雄花萼片圆，无毛，雄蕊 20，药室有分格；雌花子房圆球形，花柱顶端 3 裂。核果状浆果，圆球形，直径 3 ~ 4mm，黑色。花期 10 ~ 11 月；果期翌年 6 ~ 8 月。

【产地及习性】产福建、浙江、台湾等地，生于滨海地区山坡灌丛及海边岩石缝中。日本和朝鲜也有分布。喜阴湿，不耐高温干旱；萌芽力强，耐修剪。

【观赏评价与应用】滨柃木喜阴湿环境，耐修剪，是优良的绿篱和下木材料，可供庭院、草地、林下、池畔、路边、石际等处造景之用，也可盆栽观赏。对于潮风抗性强，适于沿海地区应用。

格药柃
Eurya muricata

【别名】刺柃

常绿灌木或小乔木，高 2 ~ 6m，全株无毛；嫩枝圆柱形，粗壮；顶芽长锥形。叶革质，长圆状椭圆形或椭圆形，长 5.5 ~ 11.5cm，宽 2 ~ 4.3cm，边缘有细钝锯齿。花 1 ~ 5 朵簇生叶腋，花瓣白色，长圆形或长圆状倒卵形，长 4 ~ 5mm。果实圆球形，直径 4 ~ 5mm，紫黑色。花期 9 ~ 11 月；果期翌年 6 ~ 8 月。

产于长江流域至华南北部、四川、贵州等地。多生于海拔 1300m 以下山坡林中或林缘灌丛中。树皮含鞣质，可提取烤胶；花又是优良的蜜源植物。

窄叶柃
Eurya stenophylla

常绿灌木，高 0.5 ~ 2m，全株无毛；嫩枝 2 棱；顶芽披针形。叶狭披针形，有时狭倒披针形，长 3 ~ 6cm，宽 1 ~ 1.5cm，有钝锯齿，两面无毛。花 1 ~ 3 朵簇生叶腋，白色，雄花萼片近圆形、花瓣倒卵形，雄蕊 14 ~ 16 枚；雌花萼片及花瓣卵形，花柱顶端 3 裂。果实长卵形，长 5 ~ 6mm，径 3 ~ 4mm。花期 10 ~ 12 月；果期翌年 7 ~ 8 月。

产于湖北、广东、广西、四川、贵州等地，多生于海拔 250 ~ 1500m 山坡溪谷路旁灌丛

中。花朵虽小但极为繁密，是优良的园林观赏材料，可植为群落下木，或作绿篱。

大头茶
Polyspora axillaris
【*Gordonia axillaris*】

【形态特征】常绿小乔木，高3～7m，偶达15m。嫩枝粗大，近无毛。叶厚革质，倒披针形，长6～14cm，宽2.5～4cm，先端圆钝，基部狭而下延，侧脉两面不明显，全缘或先端有少数锯齿。花生于枝顶叶腋，径7～10cm，白色，花柄极短；萼片卵圆形，长1～1.5cm，宿存；花瓣5，最外1片较短，其余4片阔倒卵形或心形，先端凹入，长3.5～5cm；雄蕊基部连生；子房5室。蒴果木质，长2.5～3.5cm。花期10月至翌年1月。

【产地及习性】分布于华南，也产于中南半岛。喜光，喜温暖湿润气候及富含腐殖质的酸性壤土。

【观赏评价与应用】大头茶树形自然，树干红褐色，花大而洁白，雄蕊鲜黄色，花期正值冬季少花季节，是优良的花灌木，可于园林中丛植观赏，适于南陵以南地区应用。

【同属种类】大头茶属约40种，产东亚和东南亚。我国6种，分布于华南和西南。

石笔木
Pyrenaria spectabilis
【*Tutcheria championi*；*Tutcheria hexalocularia*】

【别名】大果核果茶、六瓣石笔木

【形态特征】常绿乔木；嫩枝有微毛。叶革质，椭圆形或长圆形，长12～16cm，宽4～7cm，先端尖锐，基部楔形；侧脉10～14对，边缘有锯齿；叶柄长6～15mm。

花单生叶腋，白色，径5～7cm，花柄长6～8mm；苞片2，卵形，长8～12mm；萼9～11，圆形，长1.5～2.5cm；花瓣5，倒卵圆形，长2.5～3.5cm，先端凹入，外面有绢毛，雄蕊长1.5cm；子房3～6室，花柱顶端3～6裂。蒴果球形，径5～7cm，由下向上开裂。花期6月。

【产地及习性】产广东、福建、广西。喜温暖湿润环境，常生于海拔500m左右的山谷、溪边常绿阔叶林中。

【观赏评价与应用】石笔木冠形优美，叶色翠绿，花大美丽，适合园林观赏。根、叶可药用。

【同属种类】核果茶属约26种（含石笔木属Tutcheria），分布于东南亚及中国热带地区。我国13种，主产华南、西南。

小果石笔木
Pyrenaria microcarpa
【*Tutcheria microcarpa*】

【别名】小果核果茶

常绿乔木，高5～17m。叶革质，椭圆形至长圆形，长4.5～12cm，宽2～4cm，先端尖锐，基部楔形，边缘有细锯齿。花细小，白色，直径1.5～2.5cm；花瓣长8～12mm，

花柱纤细无毛。蒴果三角球形，长1～1.8cm，宽1～1.5cm，两端略尖。花期6～7月。

产海南、福建、湖南、江西、浙江、云南。可栽培观赏。

银木荷
Schima argentea

【形态特征】常绿乔木，高达15m。嫩枝有柔毛，老枝有白色皮孔。叶厚革质，长圆形或长圆状披针形，长8～12cm，宽2～3.5cm，先端尖锐，基部阔楔形，全缘，下面有银白色蜡被。花数朵生枝顶，直径3～4cm，花瓣长1.5～2cm，最外1片较短，有绢毛；花柄长1.5～2.5cm。蒴果直径1.2～1.5cm。花期7～8月。

【产地及习性】产四川、云南、贵州、湖南，生于阔叶林或针阔混交林中。也分布缅甸北部。

【观赏评价与应用】银木荷树干通直，叶色亮绿，花朵较大，花色洁白而芳香，是优良的观花乔木，应用方式可参考木荷。也可植为防火带树种。还是珍贵用材树种。

【同属种类】木荷属约20种，分布于亚洲热带和亚热带。我国13种，产于华南和西南。

山茶科 Theaceae

银木荷

银木荷

银木荷

花白色，芳香，径约 3cm，常多朵排成总状花序，生于枝顶叶腋。蒴果球形，径 1.5～2cm；花瓣长 1～1.5cm，最外 1 片风帽状。花期 5～7 月；果期 9～11 月。

【产地及习性】产浙江、福建、台湾、江西、湖南、广东、海南、广西、贵州，是华南及东南沿海各省常见的种类。喜光，但幼树喜荫；喜温暖湿润气候，耐短期 -10℃ 低温；对土壤适应性较强，耐干旱瘠薄，但以富含腐殖质的酸性黄红壤为好。在亚热带常绿林里为建群种，在荒山灌丛是耐火的先锋树种。在海南海拔 1000m 上下的山地雨林里，为上层大乔木，径达 1m，有突出板根。生长速度中等。

【观赏评价与应用】木荷树姿优美，树冠浓密，四季常青，夏季白花满树，入冬叶色染红，新叶亦呈红色，艳丽可爱，是优良的园林观赏树种，可植为庭荫树，孤植、丛植于草地、水滨、山坡、庭院。叶片为厚革质，耐火烧，萌芽力又强，故可植为防火带树种。也适于营造山地风景林。树皮和树叶可提取栲胶。

木荷

木荷

木荷

木荷
Schima superba

【别名】荷树

【形态特征】常绿乔木，高达 25m。树冠广卵形；树皮褐色，纵裂。嫩枝带紫色，通常无毛。叶革质或薄革质，互生，椭圆形，长 7～12cm，宽 4～6.5cm，先端尖锐，有时略钝，基部楔形，下面无毛，叶缘中部以上有钝锯齿。

紫茎
Stewartia sinensis
【*Stewartia gemmata*】

【形态特征】落叶灌木或小乔木，高 6～15m。树皮灰黄色或黄褐色，平滑；嫩枝有毛，冬芽芽苞 2～3 片。叶椭圆形至卵状椭圆形，长 6～10cm，宽 2～4.5cm，疏生锯齿；下面脉腋常有丛生毛；侧脉 7～10 对。花单生叶腋，白色，径 4～5cm，芳香；苞片长卵形，长 2～2.5cm，先端尖；花瓣宽倒卵形；花药金黄色。蒴果近球形至卵圆形，宽 1.5～2cm。花期 5～7 月；果期 9～10 月。

【产地及习性】产华东至华中，西达贵州、四川和云南东北部，生于海拔 500～2200m 灌丛和林中。华东地区常栽培。中等喜光，幼树耐荫；要求湿润、多雾而凉爽的山地气候，适生于腐殖质丰富的酸性黄红壤或黄壤。萌芽力强。生长速度中等偏慢。

山茶科　Theaceae

【观赏评价与应用】紫茎树冠层次分明，树皮剥落，露出金黄色或紫褐色光洁的内皮，阳光照耀下斑驳奇丽；开花时白瓣黄蕊，淡雅秀丽，且花期正值春红落尽、林园寂寥之时，是优良的观赏树种。宜以常绿树为背景丛植，可用于树丛边缘或草坪一角，也适于庭院内厅堂之前的对植、列植。

【同属种类】紫茎属约20种（含折柄茶属Hartia），分布于东亚和北美，我国15种，产西南部至东部。

圆萼折柄茶
Stewartia crassifolia
【Hartia crassifolia】

【别名】厚叶紫茎

【形态特征】常绿乔木，高10～18m，嫩枝被柔毛。叶厚革质，长卵形，长8～12cm，宽3～4.5cm，侧脉不明显，边缘有锯齿；叶柄粗壮，长1.4～2cm，有宽2～3mm的翅。花单生于叶腋，苞片2，阔卵形，早落；萼片5，宿存，果时开展，近圆形；花黄白色，花瓣外面有白色绢毛；雄蕊多数；花丝下半部连合；雌蕊圆锥形，花柱极短。蒴果短圆锥形，直径15～16mm，5裂。花期5～6月。

【产地及习性】产广东、广西、湖南莽山、江西庐山等地。

【观赏评价与应用】圆萼折柄茶叶片光亮，叶柄奇特，宽扁如舟，幼枝及叶片下面紫红色，花朵黄白，是优美的观花和观叶植物。适于庭园观赏，可植于水滨、林缘或建筑附近，亦可通过修剪控制高度作绿篱。

厚皮香
Ternstroemia gymnanthera

【形态特征】常绿灌木或小乔木，高3～8m。小枝粗壮，近轮生，多次分枝形成圆锥形树冠。叶倒卵形或倒卵状椭圆形，长5～8cm，全缘或略有钝锯齿，先端钝尖，叶基渐窄且下延，叶表中脉显著下凹，侧脉不明显。花淡黄色，径约1.8cm，浓香，常数朵聚生枝顶或单生叶腋。果球形，花柱及萼片均宿存，绛红色并带淡黄色。花期4～8月；果期7～10月。

【产地及习性】产长江流域以南至华南；日本、朝鲜和印度、柬埔寨也产。喜阴湿环境，也耐光，能忍受-10℃低温；喜腐殖质

紫茎

圆萼折柄茶

圆萼折柄茶

圆萼折柄茶

厚皮香

山茶科 Theaceae

丰富的酸性土，也能生于中性至微碱性土壤中。根系发达，抗风力强。萌芽力弱，不耐修剪。生长较慢。

【观赏评价与应用】厚皮香枝条平展，层次分明；花开时浓香扑鼻；叶片经秋入冬转为绯红色，远看疑为红花满树，分外艳丽。适于门庭两侧、道路两旁对植及列植，草坪、墙角或疏林下丛植，也可配植于假山石旁。抗污染，适于工矿区绿化。华东地区园林中常见应用。

【同属种类】厚皮香属约90种，分布于南美洲、亚洲和非洲。我国13种，产长江以南各地。

日本厚皮香
Ternstroemia japonica

【形态特征】常绿灌木或乔木，高3～10m，全株无毛。叶革质，常聚生于枝端呈假轮生状，椭圆形、椭圆状倒卵形或阔椭圆形，长5～7cm，宽2.2～3cm，有时更小，侧脉4～6对。花两性或单性，白色，直径1～1.5cm，花瓣阔倒卵形，长4.5～5mm，宽5～5.5mm。果椭圆形，长1.2～1.5cm，径约1cm。花期6～7月；果期10～11月。

【产地及习性】产于我国台湾省；日本有分布。杭州、南京及庐山等地植物园常见栽培。

【观赏评价与应用】日本厚皮香观赏特点和应用方式与厚皮香相近，花朵白色而芳香，园林中适于孤植或丛植于庭院、林缘等，也可作防火林材料。

华南厚皮香
Ternstroemia kwangtungensis

【别名】厚叶厚皮香、广东厚皮香

【形态特征】常绿灌木或小乔木，高2～10m，全株无毛；嫩枝粗壮。叶厚革质且肥厚，倒卵形、近圆形或倒卵状椭圆形，长7～9cm，宽3～5cm，下面密被红褐色或褐色腺点，侧脉5～7对，两面均不明显。花白色，单生叶腋，下垂。果扁球形，长1.5～1.8cm。花期5～6月；果期10～11月。

【产地及习性】产广东、香港、广西、福建、江西等地。越南北部也有。

【观赏评价与应用】华南厚皮香叶片为厚革质，耐火力强，是优良的防火篱、防火林带材料。花芳香，亦供庭院观赏，耐寒性较差，适于华南及东南沿海地区应用。

厚皮香

厚皮香

厚皮香

日本厚皮香

日本厚皮香

日本厚皮香

日本厚皮香

华南厚皮香

华南厚皮香

华南厚皮香

华南厚皮香

五十九、猕猴桃科 Actinidiaceae

中华猕猴桃

软枣猕猴桃

中华猕猴桃
Actinidia chinensis

【别名】阳桃、羊桃、藤梨、猕猴桃

【形态特征】落叶性缠绕藤本。幼枝密生灰棕色柔毛；髓白色，片隔状。叶圆形、卵圆形或倒卵形，长6~17cm，宽7~15cm，先端突尖、微凹或平截，叶缘有刺毛状细齿，上面暗绿色，沿脉疏生毛，下面密生绒毛。雌雄异株，花3~6朵成聚伞花序，花乳白色，后变黄色，直径3.5~5cm。浆果椭球形或近圆形，密被棕色茸毛。花期4~6月；果期8~10月。

中华猕猴桃

中华猕猴桃

【产地及习性】中国特有种。广布于长江流域及其以南各省区，北达陕西、河南。喜光，耐半荫。现已广泛引种栽培。喜温暖湿润气候，较耐寒，喜深厚湿润肥沃土壤。肉质根，不耐涝，也不耐旱，主侧根发达，萌芽力强，耐修剪。

【观赏评价与应用】中华猕猴桃是优良的庭院观赏植物和果树，花朵乳白，并渐变为黄色，美丽而芳香，果实大而多，果形因品种而异，球形至椭圆形。中华猕猴桃也有观花的品种，如江山娇花朵深粉红色，月月红花朵玫瑰红色，也有重瓣品种。最适于在自然式园林中应用，既作棚架、绿廊、篱垣的攀援材料，又可模仿自然状态下猕猴桃的生长状态，植于疏林中，让其自然攀附树木。

【同属种类】猕猴桃属约有55种，分布于东亚，个别种类至东南亚。我国52种，各地均产。

软枣猕猴桃
Actinidia arguta

【别名】软枣子

【形态特征】大型落叶藤本，长达20m。小枝基本无毛或幼嫩时被绒毛；髓部白色至淡褐色，片状分隔。叶卵形、长圆形至近圆形，长6~12cm，宽5~10cm，边缘具繁密的锐锯齿。花绿白色或黄绿色，芳香，直径1.2~2cm。果圆球形至柱状长圆形，长2~3cm，无毛，无斑点，不具宿存萼片，熟时绿黄色或紫红色。花期4~6月；果期9~10月。

【产地及习性】广布，从黑龙江至广西都有分布。耐寒性强，较喜光，也耐荫；喜排水良好的土壤，不耐涝。

【观赏评价与应用】软枣猕猴桃春季或初夏花朵繁密，花色素雅，秋季果实累累下垂，花果兼赏，可用于攀附大型棚架，也可植于林中自然攀附树木。华北、华东等地园林中已有栽培应用，国外亦早有引种。果可生食，也可酿酒或加工蜜饯果脯等。

毛花猕猴桃
Actinidia eriantha

【别名】毛花杨桃

【形态特征】大型落叶藤本；小枝、叶、花序和子房密被绒毛。枝髓白色，片层状。叶卵形至阔卵形，长8~16cm，宽6~11cm，背面粉绿色。聚伞花序1~3花；花径2~3cm；萼片2~3，淡绿色；花瓣顶端和边缘橙黄色，中央和基部桃红色，倒卵形，长约14mm。果柱状卵形，长3.5~4.5cm，径2.5~3cm，密被不脱落的乳白色绒毛，宿存萼片反折。花期5~6月；果熟期11月。

【产地及习性】产浙江、福建、江西、湖南、贵州、广西、广东等省区，生于海拔

猕猴桃科 Actinidiaceae

毛花猕猴桃

毛花猕猴桃

毛花猕猴桃

250～1000m 山地上的高草灌木丛或灌木丛林中。

【观赏评价与应用】毛花猕猴桃花色优美，果实密生白色绒毛，观赏价值高，是优良的攀援绿化材料。应用方式可参考中华猕猴桃。

黄毛猕猴桃
Actinidia fulvicoma

中型半常绿藤本；着花小枝一般长10～15cm，径约3mm，密被黄褐色绵毛或锈色长硬毛；髓白色，片层状。叶卵形、阔卵形至披针状长卵形，长8～18cm，宽4.5～10cm，

黄毛猕猴桃

边缘具睫状小齿，上面被糙伏毛或蛛丝状长柔毛，下面密被黄褐色星状绒毛。聚伞花序密被黄褐色绵毛，常3花；花白色，径约17mm。果卵形至卵状圆柱形，幼时被绒毛，长约1.5～2cm，具斑点，宿存萼片反折。花期5～6月；果熟期11月中旬。

产广东中部至北部和湖南及江西南部，生于海拔130～400m 山地疏林中或灌丛中。

狗枣猕猴桃
Actinidia kolomikta

【别名】狗枣子、深山木天蓼

【形态特征】落叶藤本，长达15cm。髓心片状，淡褐色。叶卵形至长圆状卵形，基部心形，边缘不规则细锯齿；叶片有时上部分呈白色、黄白色、红色至紫红色。花白色，带粉红色；雄花1～3朵腋生，雌花和两性花单生，异株。果长圆形，长1.5～2.5cm，光滑无毛；宿存萼片反折，与果实成180°；熟时暗绿色。花期6～7月；果期9～10月。

【产地及习性】产东北、华北、西北各地及四川、云南，以东北三省最盛，四川其次，生于山地混交林或杂木林中的开旷地。俄罗斯远东、朝鲜和日本也有分布。

【观赏评价与应用】狗枣猕猴桃部分叶片呈黄白色乃至红紫色，花白色至带粉红色，花果叶均具有较高观赏价值，园林中可栽培观赏，用于攀附棚架，欧洲早有引种栽培。还可在主要产区森林公园等林区开辟狗枣猕猴桃采摘区，提高森林旅游的功能。

小叶猕猴桃
Actinidia lanceolata

【别名】狭叶猕猴桃

落叶藤本；小枝密被锈褐色短毛，髓褐色，片层状。叶卵状椭圆形至椭圆披针形，长4～7cm，宽2～3cm，边缘上半部有小锯齿，背面粉绿色，密被灰白色星状毛。聚伞花序2回分歧，花淡绿色，径约1cm，花瓣5，条状长圆形或瓢状倒卵形。果绿色，卵形，长8～10mm，有显著浅褐色斑点，宿存萼片反折。花期5～6月；果熟期11月。

产浙江、江西、福建、湖南、广东等省，生于海拔200～800m 山地上灌丛或疏林中、林缘。

小叶猕猴桃

小叶猕猴桃

狗枣猕猴桃

狗枣猕猴桃

多果猕猴桃
Actinidia latifolia

【别名】多花猕猴桃、阔叶猕猴桃、多花猕猴桃

大型落叶藤本，枝髓白色，片层状或中空或实心。叶常为阔卵形，有时近圆形或长卵形，长8～13cm，宽5～8.5cm，边缘疏生硬头小齿，背面密被线毛。花序为3～4歧多花的大型聚伞花序；花有香气，径14～16mm，花瓣5～8，前半部及边缘白色，下半部中央部分橙黄色，开放时反折。果卵状圆柱形，长3～3.5cm，径2～2.5cm，具斑点。

产四川、云南、贵州、安徽、浙江、台湾、福建、江西、湖南、广西、广东等省区，生于海拔450～800m山谷灌丛中或森林迹地上。越南、老挝、柬埔寨、马来西亚有分布。

梅叶猕猴桃
Actinidia macrosperma

【别名】大籽猕猴桃

落叶性大型藤本；枝髓白色，实心。叶卵形或椭圆形，长4～6cm，宽2.5～3.5cm，边缘具斜锯齿，中脉和叶柄常有短小软刺。花常单生，白色、芳香，直径2～3cm；萼片2～3，花蕊7～12。果橘黄色，卵圆形或球圆形，长3～3.5cm。花期5月；果熟期9～10月。

产安徽、江苏、浙江、江西等省，生于海拔较低的丘陵山地阴坡灌丛中。花繁密、芳香，具有较高观赏价值。

美丽猕猴桃
Actinidia melliana

【别名】两广猕猴桃

半常绿藤本；幼枝密被锈色长硬毛；髓白色，片层状。叶长方椭圆形、长方披针形或长方倒卵形，长6～15cm，宽2.5～9cm，两面有或疏或密的长硬毛，边缘具硬尖齿。聚伞花序腋生，2回分歧，花可多达10朵，白色；萼片5，花瓣5，倒卵形。果熟时秃净，圆柱形，长16～22mm，径11～15mm，有显著疣状斑点，宿存萼片反折。花期5月～6月。

主产广西和广东，南可到海南岛，北可到湖南、江西。生于海拔200～800m山地树丛中。

葛枣猕猴桃
Actinidia polygama

【别名】木天蓼

落叶藤本。枝条髓部白色、实心，枝条近无毛；叶卵形或椭圆状卵形，长7～14cm，宽4.5～8cm，有细锯齿，有时叶面前端部变为白色或淡黄色；花白色，芳香；萼5，花瓣5～6，花药黄色；子房瓶状，无毛。浆果卵圆形，长2～3cm，光滑无毛，先端具小尖，宿存萼片展开；熟时黄色至淡橘红色。花期6～7月；果期9～10月。

产东北、黄河中下游地区至华中、西南，生于中低海拔林下。果未熟时有辣味，霜后酸甜；可植为庭院观赏。

对萼猕猴桃
Actinidia valvata

落叶藤本；枝髓白色，实心。叶阔卵形至长卵形，长5～13cm，宽2.5～7.5cm，有细锯齿，两面无毛，侧脉5～6对；叶柄水红色。花单生或2～3花，白色，径约2cm；萼片2～3片，卵形至长方卵形；花瓣7～9，长方倒卵形，花药橙黄色。果熟时橙黄色，卵状，长2～2.5cm，顶端有尖喙，基部有反折的宿存萼片。

主产华东，延及湖南、湖北，生于低山区山谷丛林中。花大而白色，可栽培观赏。

水东哥
Saurauia tristyla

【别名】水枇杷、白饭果、白饭木

【形态特征】灌木或小乔木，高3～6m，稀达12m；小枝被爪甲状鳞片或钻状刺毛。叶纸质或薄革质，倒卵状椭圆形、倒卵形、长卵形、稀阔椭圆形，长10～28cm，宽4～11cm，顶端短渐尖至尾状渐尖，基部楔形，叶缘具刺状锯齿，两面中、侧脉具钻状刺毛或爪甲状鳞片；侧脉8～20对。聚伞花序，1～4枚簇生于叶腋或老枝落叶叶腋，花小，粉红色或白色，直径7～16mm，花瓣卵形，顶部反卷；雄蕊25～34枚。果球形，白色、绿色或淡黄色，直径6～10mm。花期3～7月。

【产地及习性】产广西、云南、贵州、广东。印度、马来西亚也有分布。喜阴湿环境，常生于林中沟谷的水边。

【观赏评价与应用】水东哥花朵虽小但散布于枝干上，如繁星点点，娇艳的粉红色非常醒目，浆果淡黄色至白色，花果均美观，是优良的观花灌木。性喜湿，宜植于溪涧旁或较阴湿处。

【同属种类】水东哥属约300种，分布于亚洲及美洲热带、亚热带地区。我国有13种，主产云南、广西，少量分布于四川、贵州、广东和台湾。多数种类果味甜，可食。

水东哥

水东哥

水东哥

尼泊尔水东哥
Saurauia napaulensis

乔木，高4～20m；小枝被爪甲状或钻状鳞片。叶狭矩圆形或倒卵状矩圆形，长13～36cm，宽7～15cm，基部钝圆，叶缘具细锯齿，背面被糠秕状短绒毛，侧脉30～40对。叶柄长2.5～5cm。圆锥花序生叶腋，长12～33cm；花柄长1.7～2.5cm；花粉红色至淡紫色，径8～15mm；萼片5，外3枚稍小，内2枚较大；花瓣5，矩圆形，长约8mm，顶部反卷，基部合生。果扁球形，径7～12mm，绿色或淡黄色，5棱。花、果期7～12月。

产云南、广西、贵州、四川等地，生于山地及沟谷疏林、灌丛中。分布于印度、尼泊尔、缅甸、老挝、泰国、越南和马来西亚。枝叶繁茂，花色美丽，是优良观赏植物，在尼泊尔常栽培作绿化树种，国内尚未见栽培。

尼泊尔水东哥

尼泊尔水东哥

六十、五列木科 Pentaphylacaceae

五列木
Pentaphylax euryoides

【形态特征】常绿乔木或灌木，高4～10m；小枝圆柱形，无毛。单叶互生，卵形、卵状长圆形或长圆状披针形，长5～9cm，宽2～5cm，全缘略反卷；叶柄长1～1.5cm，具皱纹，上面具槽。总状花序腋生或顶生，长4.5～7cm；花白色，萼片5，圆形，宿存；花瓣长圆状披针形或倒披针形，长4～5mm，宽1.5～2mm；雄蕊5，花瓣状，长2.5～3.5mm；子房无毛，花柱具5棱，柱头5裂。蒴果椭圆状，长6～9mm，径4～5mm，成熟后沿室背中脉5裂，种子红棕色。花期5～7月。

【产地及习性】产云南、贵州、广西、广东、湖南、江西、福建，生于海拔650～2000m的密林中。越南、马来半岛及印度尼西亚也有。

【观赏评价与应用】五列木为常绿乔木，新叶红色，十分醒目；夏季开出繁盛而洁白的花，花序极多且密集，是极佳的观叶、观花的植物。

【同属种类】五列木属2种，分布于中南半岛至印度尼西亚。我国1种。

五列木

五列木

五列木

五列木

六十一、藤黄科 Clusiaceae（Guttiferae）

红厚壳

红厚壳

红厚壳

黄牛木

黄牛木

黄牛木

红厚壳
Calophyllum inophyllum

【别名】胡桐、琼崖海棠

【形态特征】常绿乔木，高8～12m；树皮厚，有纵裂缝，创伤处常渗出透明树脂；幼枝具纵纹。叶厚革质，宽椭圆形或倒卵状椭圆形，长8～15cm，宽4～8cm，顶端圆或微缺，基部钝圆，两面具光泽；侧脉多数，两面隆起；叶柄粗壮。总状或圆锥花序近顶生，长约10cm；花两性，白色，径2～2.5cm；花瓣4，倒披针形，长约11mm，顶端平截或浑圆；雄蕊极多数，花丝基部合生成4束。果圆球形，径约2.5cm，熟时黄色。花期3～6月；果期9～11月。

【产地及习性】产海南、台湾，野生或栽培于低海拔丘陵空旷地和海滨沙荒地上。印度、斯里兰卡、中南半岛、马来西亚、印度尼西亚、安达曼群岛、菲律宾群岛、波利尼西亚以及马达加斯加和澳大利亚等地也有分布。性强健，喜光，喜高温、抗风、耐盐、耐干旱。不择土壤，但以土层深厚、排水良好的砂质壤土生长为好。

【观赏评价与应用】红厚壳叶厚而光泽，侧脉细密，花白蕊黄，芳香，花期长，树冠圆阔，枝叶浓密，遮荫效果佳，是华南地区优美的观赏树种，可作庭荫树，也可作海岸防风树种和城乡四周绿化树种。西双版纳植物园有栽培。

【同属种类】红厚壳属约180余种，主要分布于亚洲热带地区，其次是南美洲和大洋洲。我国有4种，产云南南部、广西南部、海南及台湾。

黄牛木
Cratoxylum cochinchinense

【别名】黄牛茶、雀笼木、水杧果、满天红

【形态特征】落叶乔木，高达18m，或灌木状。全体无毛，树干下部有簇生枝刺。幼枝略扁，淡红色。叶椭圆形至披针形，长3～10.5cm，宽1～4cm，下面有透明腺点及黑点，侧脉两面凸起。聚伞花序有花2～3朵；花径1～1.5cm，粉红、深红至红黄色，花瓣倒卵形，脉间有黑腺纹。蒴果椭圆形，长8～12mm，宽4～5mm，棕色，花萼宿存。花期4～5月；果期6月以后。

【产地及习性】产广东、广西及云南南部，生于丘陵或山地的干燥阳坡上的次生林或灌丛中，海拔1240m以下。缅甸、泰国、越南、马来西亚、印度尼西亚至菲律宾也有。喜酸性土壤，耐干旱，萌发力强。

【观赏评价与应用】黄牛木树冠圆整，枝叶较密，花红色而繁密，可作行道树或庭荫树。也是热带地区的蜜源植物。为名贵雕刻木材，广东用于制作雀笼，故有雀笼木之名。华南地区零星栽培。

【同属种类】黄牛木属约6种，分布于热带亚洲，均在北纬24°以南。我国2种，产广东、广西、海南及云南。

越南黄牛木
Cratoxylum formosum

【别名】苦丁茶

落叶灌木或乔木，高3~6m，全体无毛，树干下部长枝刺。小枝略扁，多少四棱形。叶长圆形，长4~10cm，宽2~4cm，基部圆形，两面无毛，有透明的腺点。花序为5~8花的团伞花序，花径约1.3cm，花瓣倒卵形或倒卵状长圆形，有小缘毛及褐色小斑点。蒴果椭圆形。花期3~4月；果期5月以后。

产海南、广西南部、云南南部，生于海拔600m以下灌丛中。自泰国、老挝、柬埔寨，经越南、马来西亚、印度尼西亚至菲律宾也有分布。

越南黄牛木

越南黄牛木

莽吉柿
Garcinia mangostana

【别名】山竹子

【形态特征】常绿乔木，高12~20m，分枝多而密集，交互对生，小枝具明显纵棱。叶厚革质，椭圆形，长14~25cm，宽5~10cm，中脉两面隆起，侧脉密集，多达40~50对，边缘内联结；叶柄粗壮。雄花2~9簇生枝顶，雄蕊合生成4束。雌花单生或成对生于枝顶，径4.5~5cm。果熟时紫红色，间有黄斑块，假种皮瓢状多汁，白色。花期9~10月；果期11~12月。

【产地及习性】原产印度尼西亚马鲁古，亚洲和非洲热带地区广泛栽培。我国台湾、福建、广东和云南也有引种或试种。

【观赏评价与应用】莽吉柿为著名的热带水果，在东南亚热带地区有数百年栽培历史，有热带"果言"之美称，果实可生食或制果脯。树形宽阔，枝叶茂密，叶片亮绿色，果实大形，紫红色，也是极为优美的庭院观果树种，宜丛植、群植。我国台湾引种较早，现台湾及海南较多栽培。

【同属种类】藤黄属约450种，产热带亚洲、非洲南部及波利尼西亚西部。我国21种，引入栽培1种，主产华南、西南，北达福建、湖南。

莽吉柿

莽吉柿

莽吉柿

多花山竹子
Garcinia multiflora

【别名】木竹子

【形态特征】常绿乔木，高5~15m，或灌木状；树皮灰白色。小枝绿色，具纵槽纹。叶卵形至长圆状倒卵形，长7~16cm，宽3~6cm，边缘微反卷，侧脉纤细，10~15对，近边缘处网结。花杂性同株。雄花序聚伞状圆锥花序式，长5~7cm，雄花橙黄色，直径2~3cm，花瓣倒卵形，花丝合生成4束。雌花序有雌花1~5朵，子房长圆形。果卵圆形至倒卵圆形，长3~5cm，径2.5~3cm，熟时黄色。花期6~8月；果期11~12月，同时偶有花果并存。

【产地及习性】产台湾、福建、江西、湖南、广东、海南、广西、贵州南部、云南等省区。生于山坡疏林或密林中，沟谷边缘或次生林或灌丛中。越南北部也有。

多花山竹子

多花山竹子

多花山竹子

【观赏评价与应用】 多花山竹子为热带水果，花果繁密，叶片光亮，也栽培供观赏，可作行道树、庭荫树。适应性较强，是本属中耐寒性最强的种类之一。

金丝李
Garcinia paucinervis

常绿乔木，高 3～15m，偶可高达 25m；树皮具白斑。幼枝扁四棱形，暗紫色。叶对生，嫩时紫红色，椭圆形至卵状椭圆形，长 8～14cm，宽 2.5～6.5cm，侧脉 5～8 对，两面隆起。花杂性同株。雄聚伞花序腋生和顶生，有花 4～10 朵，花瓣卵形，雄蕊多达 300～400，合生成 4 裂的环。雌花常单生叶腋。果椭圆形或卵状椭圆形，长 3.2～3.5cm，径 2.2～2.5cm，萼片宿存。花期 6～7 月；果期 11～12 月。

产广西西部和西南部，云南东南部，多生于石灰岩山较干燥的疏林或密林中，海拔 300～800m。较耐荫，尤其是幼树喜荫；耐旱性强，能适应干旱石隙之境。新叶紫红色，是优美的彩叶风景树，园林中可栽培观赏。

金丝李

菲岛福木
Garcinia subelliptica

【别名】 福木、福树

【形态特征】 常绿乔木，高达 20m；小枝粗壮，4～6 棱。叶对生，厚革质，卵形至椭圆形，稀圆形或披针形，长 7～14（20）cm，宽 3～6（7）cm，顶端钝圆或微凹，侧脉 12～18 对，两面隆起；叶柄粗壮。花杂性同株，雄花和雌花常混生，有时雌花簇生，雄花假穗状；雄花萼片近圆形，革质，内方 2 枚较大，外方 3 枚较小；花瓣倒卵形，黄色，雄蕊合生成 5 束，每束 6～10 枚。雌花通常具长梗，退化雄蕊合生成 5 束，副花冠上部

菲岛福木

菲岛福木

菲岛福木

具不规则啮齿；子房球形，柱头盾形。浆果宽长圆形，熟时黄色，外面光滑，种子 1～3（4）枚。

【产地及习性】 产我国台湾南部，台北市亦见栽培，生于海滨的杂木林中。日本的琉球群岛、菲律宾、斯里兰卡、印度尼西亚（爪哇）也有。喜光，稍耐荫，喜高温湿润气候，能抗强风，抗盐碱，寿命长，生长慢。

【观赏评价与应用】 菲岛福木树形优美，树冠圆锥形，枝叶茂盛，叶色终年碧绿青翠，叶片斜上舒展具有向上的动势，是华南地区优良的庭园观叶植物，孤植、列植或群植均有良好的效果，同时有较好的防噪音效果。耐暴风和怒潮侵袭，是我国沿海地区营造防风林的理想树种。叶形极似日本江户时代的货币"小判"，因此取名为"福木"，表示栽种此树易发财得福，故也用作室内盆栽取其多财多福之寓意。

大叶藤黄
Garcinia xanthochymus

【别名】 人面果

【形态特征】 常绿乔木，高 8～20m，径 15～45cm。枝细长，具棱，先端下垂。叶厚革质，椭圆形或长方状披针形，长 20～34cm，宽 6～12cm，中脉粗壮，两面隆起，侧脉密集，多达 35～40 对，叶柄粗壮，枝条顶端的 1～2 对叶柄常玫瑰红色。伞房状聚伞花序有花 5～10 朵；萼片和花瓣 3 大 2 小，具睫毛；雄蕊花丝下部合生成 5 束。浆果近球形，熟时黄色。花期 3～5 月；果期 8～11 月。

【产地及习性】 分布于云南及广西，生于低海拔沟谷和丘陵地潮湿的密林中。喜马拉

大叶藤黄

大叶藤黄

大叶藤黄

藤黄科 Clusiaceae (Guttiferae)

雅山、孟加拉东部经缅甸、泰国至中南半岛及安达曼岛也有，日本有引种栽培。

【观赏评价与应用】大叶藤黄树形优美，分枝密而下垂，是优良的庭院观赏树种。果成熟后可食用，味较酸。广东有栽培。

版纳藤黄
Garcinia xishuanbannaensis

【形态特征】常绿乔木，高6~15m。枝具纵条纹，髓心中空；嫩枝绿色，光滑。叶椭圆形、椭圆状披针形或卵状披针形，长13~18cm，宽4~8cm，侧脉8~12对，网脉不明显。花杂性同株，稀疏圆锥状聚伞花序长达8cm，常顶生；花橙黄色，径约1cm；花瓣肉质，阔卵形。果熟时黄色，径4~5cm，圆球形。花期1~2月；果期4~5月。

【产地及习性】产云南南部西双版纳，生于海拔600m沟谷密林中。

【观赏评价与应用】版纳藤黄树冠整齐呈圆锥形，叶片浓绿茂密，花果黄色，果实大，是热带地区优良的庭园绿化树种，适于列植于道路两侧、建筑周围，也可散植于山坡、草地、水滨。

版纳藤黄

版纳藤黄

金丝桃

金丝桃
Hypericum monogynum

【形态特征】常绿或半常绿灌木，高约1m。全株光滑无毛；小枝红褐色；叶无柄，椭圆形或长椭圆形，长4~8cm，基部渐狭略抱茎，背面粉绿色，网脉明显。花鲜黄色，径4~5cm，单生枝顶或3~7朵成聚伞花序；花丝较花瓣长，基部合生成5束；花柱合生，长达1.5~2cm，仅顶端5裂。果卵圆形，长约1cm，萼宿存。花期6~7月；果期8~9月。

【产地及习性】产我国黄河流域以南及日本。喜光，略耐荫，喜生于湿润的河谷或半阴坡。耐寒性不强，最忌干冷，忌积水。萌芽力强，耐修剪。

【观赏评价与应用】金丝桃株形丰满，自然呈球形，花叶秀丽，花开于盛夏的少花季节，花色金黄，是夏季不可缺少的优美花木。

金丝桃

金丝桃

《群芳谱》云："金丝桃花如桃，而心有黄须，铺散花外，若金丝然。"适于丛植，可供草地、路旁、石间、庭院装饰；也可与乔木树种配植成树丛，以增进景色。列植于路旁、草坪边缘、花坛边缘、门庭两旁均可，也可植为花篱。

【同属种类】金丝桃属约460种，分布于北半球温带和亚热带地区。我国64种，广布于全国，主产西南。

金丝梅
Hypericum patulum

【形态特征】半常绿或常绿丛生小灌木，高0.3~1.5m，枝条开张。茎淡红橙色，幼时4棱形。叶较小，卵形至卵状长圆形，长2.5~5cm，宽1.5~3cm，先端钝圆；叶柄短。花径2.5~4cm，萼片带淡红色；花瓣金黄色，长1.2~1.8cm；雄蕊5束，长约为花瓣的2/5~1/2，花药亮黄色；花柱离生，长不及8mm。蒴果宽卵形，长0.9~1.1cm。花期6~7月；果期8~10月。

【产地及习性】产陕西至长江流域、广西、贵州、四川等地，生于山坡或山谷的疏林下、路旁或灌丛中。性强健，喜光，略耐荫；喜排水良好、湿润肥沃的砂质壤土。根系发达，萌芽力强，耐修剪。忌积水。

【观赏评价与应用】金丝梅枝叶丰满，花朵金黄色绚丽可爱，春季嫩叶黄绿色，入秋后叶缘发红，可丛植或群植于草坪、树坛的边缘和墙角、路旁等处，也可用作花境材料，还可盆栽观赏。根药用。淮河流域至长江流域各地常见栽培。日本、南部非洲有归化，其他各国也常有栽培。

藤黄科　Clusiaceae（Guttiferae）

金丝梅

金丝梅

铁力木
Mesua ferrea

【别名】铁栗木、喃木波朗

【形态特征】常绿乔木，具板状根，高20～30m，树干端直，树皮薄片状开裂，创伤处渗出带香气的白色树脂。叶革质，常下垂，披针形至线状披针形，长6～10cm，宽2～4cm，下面通常被白粉，侧脉多而近平行，纤细。花两性，顶生或腋生，径5～8.5cm；萼4枚，圆形；花瓣4枚，白色，长3～3.5cm；雄蕊极多数，花药金黄色。果卵球形或扁球形，长2.5～3.5cm。花期3～5月；果期8～10月。

【产地及习性】产云南南部、西部和西南部、广东、广西等地，常零星栽培。云南耿马县孟定海拔540～600m低丘坡地尚保存小面积的逸生林。分布于热带亚洲南部和东南部。喜光，幼苗稍耐荫。喜湿热，分布区年均气温约21℃。生长缓慢，在土层深厚、湿润、肥沃的环境生长较快。

【观赏评价与应用】铁力木树形美观，树冠塔形，叶簇柔垂优美，新叶红色或黄色，春季换叶期红叶布满整个花冠；花大而白色，有香气，适宜于庭园绿化观赏。木质坚硬，是珍贵用材树种，供特种工业用材。结实丰富，种子含油量高达78.99%，也是优良的油料树种。

【同属种类】铁力木属约5种，分布于亚洲热带地区，我国南部有1种。

六十二、杜英科 Elaeocarpaceae

杜英
Elaeocarpus decipiens

【形态特征】常绿小乔木，高达15m。嫩枝被微毛。叶披针形或倒披针形，长7～12cm，宽2～3.5cm，先端钝尖，基部狭而下延；侧脉7～9对，网脉在两面均不明显；叶柄长约1cm。花黄白色，花药无芒状药隔。核果椭圆形，长2～2.5(3)cm。花期6～7月。

【产地及习性】产台湾、华南、西南以及东南沿海；日本也有分布。较耐荫，喜温暖湿润气候；喜酸性黄壤和红黄壤；根系发达，萌芽力强。

【观赏评价与应用】杜英树冠圆整，枝叶繁茂，秋冬、早春叶片常显绯红色，红绿相间，鲜艳夺目，花瓣细裂也颇为奇特，是一

种优美的庭园树种。可丛植于草坪、山坡、庭院，也适于列植。

【同属种类】杜英属约360种，分布于亚洲、非洲和大洋洲热带和亚热带。我国39种，产西南部至东部。

中华杜英
Elaeocarpus chinensis

【别名】华杜英

常绿小乔木，高3～7m。叶薄革质，卵状披针形或披针形，长5～8cm，宽2～3cm，基部圆形，下面有细小黑腺点，边缘有波状小钝齿。总状花序生于无叶的去年枝条上，长3～4cm，花两性或单性，花瓣5，长圆形，长3mm，不分裂。核果椭圆形，长不到1cm。花期5～6月。

产于广东、广西、浙江、福建、江西、贵州、云南。生长于海拔350～850m的常绿林中。老挝及越南北部有分布。园林用途同杜英。

冬桃
Elaeocarpus duclouxii

【别名】褐毛杜英

常绿乔木，高20m，径达50cm；嫩枝被褐色茸毛。叶聚生枝顶，长圆形，长6～15cm，宽3～6cm，下面被褐色茸毛，边缘有小钝齿。总状花序常生于无叶的去年枝条上，长4～7cm，被褐色毛；萼片5，披针形，长4～5mm，两面有柔毛；花瓣5，稍超出萼片，长5～6mm，外面有稀疏柔毛，上半部撕裂，裂片10～12条。核果椭圆形，长2.5～3cm，宽1.7～2cm。花期6～7月。

产云南、贵州、四川、湖南、广西、广东及江西。生长于海拔 700～1350m 常绿林中。

秃瓣杜英
Elaeocarpus glabripetalus

【形态特征】常绿乔木，高达 15m；嫩枝有棱，红褐色；老枝圆柱形。叶倒披针形，长 8～12cm，宽 3～4cm，先端钝尖，基部变窄而下延，叶上面光亮；边缘有小钝齿；叶柄长 4～7mm。总状花序常生于无叶的去年枝上，长 5～10cm，纤细，花序轴有微毛；萼片披针形，有微毛；花瓣白色，长 5～6mm，先端较宽，撕裂为 14～18 条，基部窄；雄蕊 20～30，花丝极短；花盘 5 裂。核果椭圆形，长 1～1.5cm，暗绿色或紫黑色。花期 7 月；果熟期 10～11 月。

【产地及习性】产浙江、江西、湖南、及华南和西南等地，生于海拔 800 以下常绿阔叶林中。中等喜光，深根性。生长迅速，适生于气候温暖、湿润、土层深厚肥沃、排水良好的山坡山脚。中性、微酸性的山地红壤、黄壤上均可生长。

【观赏评价与应用】秃瓣杜英树杆端直，分枝整齐，冠形美观，叶光绿，四季冠间常挂几片红叶，为优良的绿化树种，华东地区常见栽培。

水石榕
Elaeocarpus hainanensis

【别名】海南杜英

【形态特征】常绿小乔木，具假单轴分枝，树冠宽广。叶狭倒披针形，长 7～15cm，宽 1.5～3cm，两面无毛，侧脉 14～16 对。总状花序生当年枝的叶腋内，长 5～7cm，有花 2～6 朵。花梗长达 4cm；花白色，直径 3～4cm，花瓣倒卵形，先端撕裂，裂片 30 条；苞片叶状，长约 1cm。核果纺锤形，两端尖，长约 4cm。花期 5～10 月。

【产地及习性】产于海南、广西南部及云南东南部，喜生于低湿处及山谷水边。华南地区常栽培观赏。越南、泰国也有分布。喜半阴，喜高温多湿气候，不耐干旱，喜湿但不耐积水，须植于湿润而排水良好之地，喜肥沃和富含有机质的土壤；深根性，抗风性较强。

【观赏评价与应用】水石榕树形自然开张，分枝多而密，叶片清秀而伸展，花朵下垂并富有特色。水石榕最适宜配置于水景边，与水相配，优雅动人，是很好的邻水种植材料。水石榕的花朵量多而下垂，洁白淡雅，配以斜展的叶片，并偶尔夹杂几片红色的老叶，非常适合花期时作近距离的观赏。

尖叶杜英
Elaeocarpus rugosus
【*Elaeocarpus apiculatus*】

【别名】毛果杜英、长芒杜英

【形态特征】常绿乔木，高达 30m；小枝粗壮。小枝、花序轴、花萼、果实均被褐色毛。叶聚生枝顶，倒卵状披针形，长 11～20cm，宽 5～7.5cm，先端钝，上面亮绿色，全缘或上部有钝齿；侧脉 12～14 对。总状花序腋生，有花 5～14 朵；花长 1.5cm，直径 1～2cm；萼 6 片，狭窄披针形；花瓣倒披针形，两面被银灰色长毛，先端 7～8 裂；雄蕊 45～50 枚，长 1cm，花药长 4mm，顶端有长达 3～4mm 的芒刺。核果椭圆形，长 3～3.5cm。花期 8～9 月；果冬季成熟。

【产地及习性】产于云南南部、广东和海

杜英科 Elaeocarpaceae

尖叶杜英

尖叶杜英

南，见于低海拔的山谷。中南半岛及马来西亚也有分布。较速生，喜温暖湿润环境，适生于酸性黄壤，但要求排水良好，根系发达，萌芽力强。

【观赏评价与应用】尖叶杜英层层轮生的枝条自上而下形成塔形树冠，巍峨壮观；开花时节，有如悬挂了层层白色的流苏，迎风摇曳，并散发着奶油味的香气，惹人喜爱，成年树树干基部的板根十分壮观，是华南地区重要的观赏树种，在园林中常丛植于草坪、路口、林缘等处，也是优良的行道树和重要的风景林树种。还可作为厂区的绿化树种。

锡兰橄榄
Elaeocarpus serratus

【别名】西洋橄榄、青榄、斯里兰卡橄榄

【形态特征】常绿乔木，高达15m，树冠扁圆形。叶互生，椭圆形，长10～19cm，

锡兰橄榄

锡兰橄榄

宽4～8cm，表面浓绿、光滑，革质，边缘有锯齿，侧6～8对。总状花序腋生或顶生，花淡黄绿色，花瓣先端丝状分裂，花盘5裂；雄蕊20～35枚。核果卵形，外形极似橄榄。在海南，花期一般7～9月；果期11～12月。

【产地及习性】原产热带亚洲。台湾、海南、广东、云南西双版纳等地引种。喜温暖湿润的热带气候。

【观赏评价与应用】锡兰橄榄的树干通直，树姿优雅，老叶脱落前呈橙红或鲜红色，花、果、叶兼赏，是热带地区优良的观赏树种，可作行道树和庭荫树。也是热带重要的果树。

文定果
Muntingia calabura

【别名】西印度樱桃、南美假樱桃

【形态特征】常绿小乔木，高达10m；树皮灰色。大枝平展，小枝密生软毛和腺毛，幼枝稍有黏质。叶排成双对，2列；叶片长圆状卵形，长4.5～9cm，宽1.5～3.5cm，先端渐尖，基部斜心形，密被毛，具3～5主脉，叶缘具尖齿。花生叶腋，径约2cm；花梗长1.5cm；花瓣白色，宽倒卵形，具皱折。浆果肉质，卵圆形，径0.7～1.5cm，光滑，熟时红色。全年开花，盛花期1～3月。

【产地及习性】原产热带美洲。世界热带及我国台湾及华南地区有栽培。阳性树种，喜温暖湿润气候，对土壤要求不严，抗风。耐寒能力差，温度降至0℃易受冻害。

【观赏评价与应用】文定果花朵白色，花期长，盛花期3～4月并可零星开放至10月底；浆果红色，花后20天左右果色即转红，盛果期6～9月，并持续至12月初。是优美

尖叶杜英

锡兰橄榄

杜英科 Elaeocarpaceae

文定果

文定果

文定果

文定果

猴欢喜

猴欢喜

形、披针形，全缘或上半部有疏锯齿。花多朵簇生于枝顶叶腋；萼片4，阔卵形；花瓣4，长7～9mm，白色，先端撕裂。蒴果大小不一，宽2～5cm，3～7裂；内果皮紫红色；种子黑色，有光泽，假种皮黄色。花期9～11月；果期翌年6～7月成熟。

【产地及习性】产于广东、海南、广西、贵州、湖南、江西、福建、台湾和浙江。越南有分布。弱阳性树种，在天然林中常居于林冠中下层；喜温暖湿润气候，不耐干旱。在深厚、肥沃排水良好的酸性或偏酸性土壤上生长良好。深根性，侧根发达，萌芽力强。

【观赏评价与应用】猴欢喜树形美观，四季常青，花白色而下垂，尤其红色蒴果外被长而密的紫红色刺毛，外形近似板栗的具刺壳斗，颜色鲜艳，在绿叶丛中满树红果，生机盎然，非常可爱。当果实开裂后，则露出具有黄色假种皮的种子，更增添了色彩美，是以观果为主，观叶与观花为辅的常绿观赏树种。园林中可孤植、丛植、片植，亦可与其他观赏树种混植。

【同属种类】猴欢喜属约120种，分布于东西两半球的热带和亚热带。我国有14种，产长江流域至华南、西南。

的花果兼赏树种，适合庭院、公园各处栽培观赏。广州、海南、台湾及福建等地用作行道树。果实味甜可食。

【同属种类】文定果属共有3种，分布于南美洲及西印度群岛。我国引入栽培1种。

猴欢喜
Sloanea sinensis

【形态特征】常绿乔木，高20m。嫩枝无毛。叶薄革质，常为长圆形或狭窄倒卵形，长6～9cm，最长达12cm，宽3～5cm，有时圆

猴欢喜

猴欢喜

六十三、椴树科 Tiliaceae

海南椴
Diplodiscus trichospermus
【*Hainania trichosperma*】

【形态特征】高达15m，树皮灰白色；嫩枝密被灰褐色茸毛。叶薄革质，卵圆形，长6～12cm，宽4～9cm，上面近无毛，下面密被贴紧灰黄色星状短茸毛，全缘或微波状，或上部有小齿，基出脉5～7条；叶柄长2.5～5.5cm。圆锥花序顶生，长达26cm，密被灰黄色星状毛；花萼2～5裂，裂齿大小不等；花瓣黄白色，倒披针形，长6～7mm；雄蕊20～30枚，5束；退化雄蕊5枚，披针形；子房密被星状短柔毛。蒴果倒卵形，4～5棱，长2～2.5cm。花期秋季；果期冬季。

【产地及习性】产于海南、广西等地。生长于中海拔的山地疏林中。热带性树种，喜光，耐旱，对土壤适应性强，略耐寒。

【观赏评价与应用】海南椴是我国特有珍贵树种，国家重点保护野生植物。树姿优美自然，叶片大而圆阔，花朵白色繁密，可栽培观赏，适于华南地区庭园作庭荫树和风景树，可丛植、孤植，亦可营造风景林。

【同属种类】海南椴属约9～10种，分布于热带亚洲。我国1种。

海南椴

海南椴

海南椴

蚬木
Excentrodendron tonkinense
【*Excentrodendron hsienmu*】

【别名】火木

【形态特征】常绿乔木，高达40m，径达1m。树皮光滑。小枝无毛。叶革质，全缘，卵圆形或卵状椭圆形，长8～14（18）cm，宽5～8（12）cm，先端渐尖或尾状尖，基部圆形，下面脉腋有簇生毛，基部除3出脉外，具明显边脉；叶柄长3.5～6.5（10）cm。花单性；雄花序圆锥状，长5～9cm，具7～13花；雌花序近总状，1～3花。花梗无关节；苞片早落；花白色。蒴果椭圆形，长约2～3cm，瓣裂。花期2～4月；果期6～7月。

蚬木

蚬木

【产地及习性】产广西、云南，生于石灰岩丘陵山地常绿阔叶林中；越南北部也有分布。喜光，耐旱，耐瘠薄，喜石灰质土壤；深根性。

【观赏评价与应用】蚬木是热带和南亚热带地区珍贵的用材树种和石灰岩山地优良绿化树种。树冠浓密，四季常青，园林中适作行道树、庭荫树和园景树。

【同属种类】蚬木属共有2种，产我国西南部，其中1种亦产于越南北部。

扁担杆
Grewia biloba

【别名】娃娃拳

【形态特征】落叶灌木或小乔木。小枝被粗毛。叶椭圆形或菱状卵形，长4～9cm，先端渐尖，基部圆形或阔楔形，锯齿不规则，基出3脉，叶柄、叶两面疏生星状毛或无毛。聚伞花序与叶对生，有花3～8朵；花淡黄绿色，径不足1cm；萼片外面被毛，内面无毛；雌蕊柄长0.5mm，子房有毛。核果橙黄色或红色，2～4分核。花期6～7月；果期8～10月。

【产地及习性】分布于长江以南各地。喜光，耐寒，耐干瘠。对土壤要求不严，在富有腐殖质的土壤中生长更为旺盛。

【变种】小花扁担杆（var. *parviflora*），叶

椴树科　Tiliaceae

扁担杆

扁担杆

破布叶

破布叶
Microcos paniculata

【别名】布渣叶、火布麻

【形态特征】灌木或小乔木，高3～12m，树皮粗糙；嫩枝有毛。叶薄革质，卵状长圆形，长8～18cm，宽4～8cm，两面初时有极稀疏星状柔毛，3出脉的两侧脉从基部发出，边缘有细钝齿；托叶线状披针形。顶生圆锥花序长4～10cm，萼片长圆形，花瓣长圆形，雄蕊多数，比萼片短。核果近球形或倒卵形，长约1cm；果柄短。花期6～7月。

【产地及习性】产于广东、广西、云南。中南半岛、印度及印度尼西亚有分布。

【观赏评价与应用】破布叶是民间常用的

破布叶

边缘有锯齿，基出3脉。花淡紫红色，径约3.5cm，3朵组成腋生聚伞花序；萼片及花瓣相似，均5片，花瓣比萼片短，雄蕊黄色。核果4裂，略方形，径约2.5cm，熟时紫红色。可全年开花。

原产非洲东南部。花色美丽，我国台湾、广东、福建等地引种栽培，供观赏。

水莲木

水莲木

水莲木

下面密被黄褐色软茸毛，花朵较短小。广布于黄河以南至长江流域、华南、西南。

【观赏评价与应用】果实橙红鲜色，可宿存枝头数月之久，为富有野趣的观花、观果灌木，适于庭园、风景区丛植。枝可瓶插。

【同属种类】扁担木属约90种，分布于东半球热带和亚热带。我国约27种，分布于长江流域以南。

水莲木
Grewia occidentalis

【别名】紫花捕鱼木、星花桑

落叶灌木或小乔木，高3～6m，小枝细长，柔软。叶互生，披针形至卵状壹形，长2.5～7cm，宽1.5～4cm，先端尖至圆钝，

制作凉茶的原料中草药,也是许多品牌企业产品如"王老吉"、"廿十四"等凉茶的主要成分之一。花黄白色,园林中可结合生产栽培观赏。

【同属种类】破布叶属约60种,分布于非洲至印度、马来西亚及中南半岛等地。我国3种,产南部及西南部。

紫椴
Tilia amurensis

【别名】籽椴

【形态特征】落叶乔木,高达25m。树皮平滑或浅纵裂。叶宽卵形至近圆形,长4.5～6cm,宽4～5.5cm,先端尾尖,基部心形,具细锯齿,上面无毛,下面脉腋有黄褐色簇生毛,侧脉4～5对。聚伞花序长3～5cm,纤细,有花3～20朵;苞片狭带形,长3～7cm,宽5～8mm,两面无毛。花瓣长6～7mm,黄白色,无退化雄蕊;雄蕊较少,约20枚。果近球形,长5～8mm,密被灰褐色星状毛。花期6～7月;果期8～9月。

【产地及习性】产东北及山东东部、河北;俄罗斯和朝鲜也有分布。喜光,幼树较耐庇荫;深根性树种;喜温凉、湿润气候;对土壤要求比较严格,喜土层深厚、排水良好的湿润沙质壤土;不耐水湿;萌蘖性强。抗烟尘、有毒气体能力强。

紫椴

紫椴

紫椴

【观赏评价与应用】紫椴树体高大,树姿优美,夏季黄花满树,秋季叶色变黄,花序梗上的舌状苞片奇特美观,是优良的行道树和绿荫树,适于东北及华北北部地区应用。另外,紫椴也是东北地区优良的白蜜品种椴树蜜的主要蜜源树种。

【同属种类】椴树属约23～40种,主要分布于北温带和亚热带。我国19种,主产黄河流域以南、五岭以北广大亚热带地区,少数种类到达北回归线以南、华北及东北。在东北及华北是重要的蜜源植物。另引入栽培2种。

糯米椴
Tilia henryana var. *subglabra*

【别名】光叶糯米椴

落叶乔木,高达15m。嫩枝及顶芽均无毛或近秃净。叶圆形,长6～10cm,宽6～10cm,侧脉5～6对,边缘有锯齿,由侧脉末梢突出成齿刺,长3～5mm。叶下面除脉腋有毛丛外,其余秃净无毛。聚伞花序长10～12cm,花瓣长6～7mm,退化雄蕊花瓣状。苞片仅下面有稀疏星状柔毛。

产于江苏、浙江、江西、安徽。长江流域各地常用作行道树。

糯米椴

糯米椴

糯米椴

华东椴
Tilia japonica

【别名】日本椴

落叶乔木,高达20m。树皮灰褐色,纵裂。叶圆形或扁圆形,顶端急锐尖,基部心形或稍偏斜;叶缘具细锯齿;背面脉腋有簇毛;叶柄无毛。聚伞花序总苞片窄倒披针形或窄长圆形,柄长1～1.5cm。子房有毛。果卵圆形,被星状毛,无棱。花期7月;果期8～9月。

产华中、华东等地,日本亦产。树体高大,花朵繁密,是优良的行道树和庭荫树。

华东椴

华东椴

椴树科 Tiliaceae

华东椴

糠椴
Tilia mandshurica

【别名】大叶椴、辽椴

【形态特征】落叶乔木,高达20m;树冠广卵形至扁球形。1年生枝密生灰白色星状毛;2年生枝无毛。叶卵圆形,长3～10cm,宽7～9cm,先端短尖,基部歪心形或斜截形,有粗大锯齿,齿尖芒状,长1.5～2mm;背面密生灰色星状毛。花序由7～12朵花组成,苞片倒披针形;花黄色,有香气,花瓣条形,长7～8mm;退化雄蕊花瓣状。果实近球形,径7～9mm,密生黄褐色星状毛。花期7～8月;果期9～10月。

糠椴

糠椴

【产地及习性】产东北和内蒙古、河北、山东、河南等地;朝鲜和俄罗斯也有分布。喜光,也耐荫;喜冷凉湿润气候,耐寒性强;对土壤要求不严,微酸性、中性和石灰性土壤均可,但在干瘠和盐碱地上生长不良。深根性,萌蘖性强。

【观赏评价与应用】糠椴树冠整齐,树姿清丽,枝叶茂密,夏日满树繁花,花黄色而芳香,是优良的行道树和庭荫树。椴树是世界四大行道树之一。

南京椴
Tilia miqueliana

落叶乔木,高达20m。小枝、芽、叶下面、叶柄、苞片两面、花序柄、花萼、果实均密被灰白色星状毛。叶卵圆形至三角状卵圆形,长9～11cm,宽7～9.5cm,具整齐锯齿,齿尖长约1mm;上面深绿色,无毛。花序有花3～6朵,退化雄蕊花瓣状。果球形,径9mm,无棱。

产江苏、浙江、安徽、江西、河南等

糠椴

地;日本也有分布。喜温暖湿润气候。优良的园林观赏树中,花为蜜源,并含有少量芳香油。

南京椴

南京椴

蒙古椴
Tilia mongolica

【别名】小叶椴、白皮椴、米椴

落叶乔木,高6～8m。叶三角状卵形或宽卵形,长4～6cm,宽3.5～5cm,基部心形或截形,先端常3裂,尾状尖,有不整齐粗锯齿;下面苍白色,脉腋有簇毛。花序有花6～12朵;花瓣和退化雄蕊均黄色,退化雄蕊5枚,较花瓣为小。果密被短绒毛。花期7月;果期9月。

产内蒙古、辽宁、河北、河南和山西等地。喜生于肥沃、湿润、疏松的土壤,较耐荫。树体较矮小,适宜于庭院丛植或作园路树。

椴树科 Tiliaceae

蒙古椴

蒙古椴

蒙古椴

泰山椴
Tilia taishanensis

落叶乔木，高达20m。小枝及芽光滑无毛。叶宽卵形或近圆形，长5~10cm，宽5~9cm，上面无毛，下面脉腋有簇生毛，叶缘有尖锯齿；侧脉7~8对；叶柄长3~7cm。聚伞花序大型，宽8~13cm，有花50~200朵；苞片无柄或近无柄，狭长带状，长5~8cm，宽1~1.2cm，基部圆，先端钝；花白色，花瓣矩圆形，长约7~8mm，有退化雄蕊。果实倒卵球形，不明显5棱，长5~8mm，径约3~5mm，密生褐色柔毛。花期6~7月；果期9~10月。

分布于泰山海拔（700）1300~1500m山顶，生于沟谷、山坡落叶松林和杂木林中。花朵繁密，可栽培观赏，作庭荫树。

泰山椴

泰山椴

欧椴
Tilia platyphyllos

【别名】欧洲椴

落叶大乔木，高达40m。叶广卵形或近圆形，长5~12cm，宽4~12cm，基部斜心形，先端短突尖，边缘锯齿较整齐，背面沿脉密生短毛，脉腋有淡褐色簇毛，5~7出脉。聚伞花序3~9朵花或更多，苞片广倒披针形，长约10cm，宽达2cm；花瓣淡黄色，倒卵形。果球形，长约1cm，径约7mm，具明显4~5肋，密被苷淡灰褐色的短绒毛。花期6~7月；果熟期9月。

原产欧洲。华北、华东地区栽培。可作行道树、庭荫树。

欧椴

欧椴

欧椴

泰山椴

六十四、梧桐科 Sterculiaceae

澳洲火焰木
Brachychiton acerifolius

【别名】槭叶瓶子树、澳洲火焰树

【形态特征】落叶乔木，高达 18～20m，枝条无刺。叶近圆形，径约 20～30cm，掌状 5～7 深裂，裂片长椭圆状披针形至菱形，光滑，叶柄细长。总状花序生长在枝端，先叶开放，花鲜红色，花萼长约 2cm，外面平滑；子房具长柄，平滑。蓇葖果长约 10cm，船形，木质，平滑无毛。种子多数。花期春夏季。

【产地及习性】原产澳大利亚，为当地热带疏林的优势植物，我国南方地区如广东有栽植。极耐旱，喜光，喜排水良好的酸性土壤。

【观赏评价与应用】澳洲火焰木树冠伞形或塔形，树干光洁，花朵鲜红色，花期长，

澳洲火焰木

是热带地区优良的庭园观赏树种，适于草地、路边、庭院孤植，丛植、列植。

【同属种类】瓶子树属约 30 种，大部分分布于澳大利亚。我国引入栽培 2 种。

昆士兰瓶子树
Brachychiton rupestris

【别名】狭叶瓶子树、酒瓶树

【形态特征】大乔木，高达 20m，茎干基部膨大呈卵圆状棒形，直径可达 3m。老树之叶长椭圆状线形至披针形，长 7.5～16cm，幼树之叶则 3～9 裂，裂片无柄，线状披针形，长约 15cm。圆锥花序被毛，花萼钟状，长约 8～10mm；花橙红色，5 瓣，花梗分枝似珊瑚。果长约 4cm，果梗与果实近等长。

【产地及习性】原产澳大利亚昆士兰及南韦尔斯的干燥地带。生性强健，栽培容易。喜温暖干燥及充足的阳光，生长适温 26～28℃。

【观赏评价与应用】昆士兰瓶子树是澳大利亚特有的奇特树种，树干膨大储存大量水份，株型奇特，与其他高大乔木有显著区别，适于孤植或数株配置成群，同时花色艳丽，具有重要的观赏价值，是优良的园景树。华南地区常见栽培，长江流域及其以北也多见于温室。

昆士兰瓶子树

澳洲火焰木

昆士兰瓶子树

梧桐科　Sterculiaceae

昆士兰瓶子树

非洲芙蓉
Dombeya wallichii

【别名】百玲花、吊芙蓉、大叶丹比亚木

【形态特征】常绿大灌木或小乔木，一般高2～3m，偶可高达7～10m。树冠圆形，枝叶密集，被柔毛。单叶互生，心形，长达20cm，叶面粗糙，叶缘有钝锯齿；掌状脉7～9条。托叶心形。伞形花序从叶腋间伸出；花粉红色至红色，花瓣5。全开时聚生且悬吊而下，像粉红色花球。蒴果。冬季开花，花期12月至翌年3月。

【产地及习性】原产东非及马达加斯加等地。性喜阳光，在部分遮光的条件下亦生长良好。喜肥沃、湿润之地，不抗风。生长迅速。

【观赏评价与应用】非洲芙蓉树冠伞状，枝叶浓密，花序大而形似绣球，花色艳丽，略具香味，具极高观赏价值，是城市绿化的新优树种。已广泛种植于世界热带地区，我国引种时间较短，栽培尚不甚普遍，适合岭南等无霜地区栽培。

非洲芙蓉

非洲芙蓉

非洲芙蓉

【同属种类】非洲芙蓉属（丹比亚木属）约225种，产非洲至马斯克林群岛，主产马达加斯加。我国引入栽培1种。

梧桐
Firmiana simplex
【*Firmiana platanifolia*】

【别名】青桐

【形态特征】落叶乔木，乔木，高15～20m。树干端直，树冠卵圆形，干枝翠绿色，平滑。叶掌状3～5裂，裂片全缘，径15～30cm，基部心形，表面光滑，下面被星状毛；叶柄约与叶片等长。圆锥花序长20～50cm；萼裂片长条形，黄绿色带红，开展或反卷，外面被淡黄色短柔毛。蓇葖果5裂，开裂呈匙形。花期6～7月；果期9～10月。

梧桐

梧桐

梧桐

【产地及习性】原产我国及日本，黄河流域以南至华南、西南广泛栽培，尤以长江流域为多。喜光，喜温暖气候及土层深厚、肥沃、湿润、排水良好、含钙丰富的土壤。深根性，直根粗壮，不耐涝；萌芽力弱，不耐修剪。对多种有毒气体都有较强抗性。

【观赏评价与应用】梧桐树干端直，树皮光滑翠绿，叶缺如花，发芽晚而落叶早，故而"梧桐一叶落，天下尽知秋。"民间有"凤凰非梧桐不栖"之说，我国古典园林中常将梧桐用于庭院造景，适于房前、亭边、草地、水边种植，其绿荫浓密，蔚然大观，若风吹雨打，则飒响清越，若浩月当空，则清影扶疏；如与竹子、棕榈、芭蕉相配，亦色彩调和，甚感适宜。

【同属种类】梧桐属约16种（含火桐属Erythropsis），产于亚洲。我国7种，主产于华南和西南，北达华北南部。

云南梧桐
Firmiana major

【别名】黑皮梧桐

【形态特征】落叶乔木，高达15m；树干直，树皮青灰黑色，略粗糙，小枝粗壮，被短柔毛。叶掌状3裂，长17～30cm，宽19～40cm，宽大于长，下面密被黄褐色短茸毛，后渐脱落，基生脉5～7条。圆锥花序顶生或腋生，花紫红色，子房具长柄。蓇葖果膜质，长约7cm，宽4.5cm。花期6～7月；果熟期10月。

【产地及习性】产云南中部、南部和四川西南部，生于海拔1600～3000m山地或坡地，村边、路边也常见。分布区具中亚热带气候，

云南梧桐

云南梧桐

云南梧桐

干湿季分明，年均温 13～15℃，土壤为红壤。喜光，不耐荫；生长迅速。

【观赏评价与应用】云南梧桐树冠伞状，枝叶繁茂，夏日浓荫蔽地，是优良的庭荫树和园景树，适于草坪、庭院、宅前、坡地孤植或丛植，也可种植作行道树。昆明市北郊黑龙潭曾有直径达 50cm 的大树。

火索麻
Helicteres isora

【别名】鞭龙、扭蒴山芝麻、火索木、大麻树

【形态特征】灌木或小乔木，高达 2m；小枝被星状短柔毛。叶卵形，长 10～12cm，宽 7～9cm，基部圆形或斜心形，边缘具锯齿，上面被星状短柔毛，下面密被星状短柔毛，基生脉 5 条。聚伞花序腋生，常 2～3 个簇生，长达 2cm；花红色或紫红色，直径 3.5～4cm；花瓣 5，不等大，前面 2 枚较大，斜镰刀形；雄蕊 10。蒴果圆柱状，螺旋状扭曲，熟时黑色，长 5cm，宽 7～9mm。花期 4～10 月。

【产地及习性】产海南东南部和云南南部，生于海拔 100～580m 的草坡和村边的丘陵地

雁婆麻

上或灌丛中，性耐干旱。印度、越南、斯里兰卡、泰国、马来西亚、印度尼西亚和澳大利亚北部均有分布，为亚洲热带广布种。

【观赏评价与应用】火索麻株型小巧而叶大，叶片边缘具锯齿且被毛，质感粗糙，而花却鲜红艳丽，别致可爱，十分精巧，夏季开花时精巧的红花簇生于粗糙的绿叶中，具有较高观赏价值，是观花兼观叶植物，可作庭园栽植，适于丛植。茎皮纤维可织麻袋、编绳和造纸等。根药用。

【同属种类】山芝麻属约有 60 种，分布在亚洲热带及美洲。我国 10 种，主要分布在广东、广西、云南及长江以南各省。

雁婆麻
Helicteres hirsuta

【别名】肖婆麻

常绿灌木，高 1～3m。叶卵形或卵状矩

火索麻

火索麻

火索麻

雁婆麻

雁婆麻

圆形，长 5～15cm，宽 2.5～5cm，边缘有不规则锯齿，两面密被星状毛，下面尤甚。聚伞花序腋生，伸长如穗状；花瓣 5，红色或红紫色，长 2～2.5cm；雄蕊 10，假雄蕊 5。蒴果圆柱状，密被长绒毛和具乳头状突起。花期 4～9 月。

产广东、海南、广西，生于旷野疏林中和灌丛中。印度、马来西亚、柬埔寨、老挝、越南、泰国、菲律宾等地也有分布。

梧桐科 Sterculiaceae

银叶树

长柄银叶树

长柄银叶树

银叶树
Heritiera littoralis

【形态特征】常绿乔木，高达 10～20m；树皮灰黑色，小枝幼时被白色鳞秕。叶革质，矩圆状披针形、椭圆形或卵形，长 10～20cm，宽 5～10cm，顶端锐尖或钝，基部钝，下面密被银白色鳞秕。圆锥花序腋生，长约 8cm，密被星状毛和鳞秕；花红褐色。果木质，坚果状，近椭圆形，光滑，黄褐色，长约 6cm，宽约 3.5cm。花期夏季。

【产地及习性】产广东、广西、台湾。印度、越南、柬埔寨、斯里兰卡、菲律宾和东南亚各地以及非洲东部、大洋洲均有分布。

【观赏评价与应用】银叶树为热带海岸红树林的树种之一，因叶片背面呈银白色银而得名，其树干基部有板根，奇特而优美，花朵红褐色。可用于热带海滨绿化造景。深圳市有面积近 2 公顷的古银叶树树群，树龄 300 年以上，最古老的达 500 年。

【同属种类】银叶树约有 35 种，分布于非洲、亚洲和大洋洲的热带地区。我国 3 种，产于广东、台湾和云南。

银叶树

银叶树

长柄银叶树
Heritiera angustata

【别名】大叶银叶树、白楠、白符公

常绿乔木，高达 12m。叶矩圆状披针形，全缘，长 10～30cm，宽 5～15cm，下面被银白色或带金黄色的鳞秕；托叶条状披针形。圆锥花序顶生或腋生，花红色；萼坛状，长约 6mm，4～6 浅裂，两面被星状柔毛。果为核果状，椭圆形。花期 6～11 月。

产海南和云南，生于山地或近海岸附近。花朵红艳、繁密，是优良的观花乔木，华南地区可供庭院栽培观赏，适于草地、建筑前、山坡各处。

长柄银叶树

鹧鸪麻
Kleinhovia hospita

【别名】克兰树、馒头果

【形态特征】乔木，高达 12m；树皮片状剥落。叶广卵形或卵形，长 5.5～18cm，基部心形或浅心形，全缘或在上部有数小齿。聚伞状圆锥花序长 50cm；花浅红色，密集；萼片浅红色，如花瓣状，长约 6mm；花瓣比萼短，其中一片成唇状，具囊，顶端黄色；子房圆球形，被毛。蒴果梨形或圆球形，膨胀，长 1～1.7cm，熟时淡绿色而带淡红色；种子圆球形。花期 3～7 月。

【产地及习性】产海南和台湾，生于丘陵

翅子树
Pterospermum acerifolium

【别名】槭叶翅子树、白桐

【形态特征】常绿大乔木，树皮光滑。叶大，革质，近圆形或矩圆形，全缘、浅裂或有粗齿，长24~34cm，宽14~29cm，下面密被淡黄色或带灰色的星状茸毛，基生脉7~12条。花单生，白色，芳香；萼片5，条状矩圆形，长9cm，宽7mm，外面密被黄褐色星状茸毛，内面被白色长柔毛；花瓣5，条状矩圆形，略成楔形，宽7mm。蒴果木质，长10~15cm，宽5~5.5cm。

【产地及习性】产云南南部勐海、勐仑等地，生于海拔1200~1640m的山坡上。老挝、泰国、印度、缅甸也有分布。

地或山地疏林中。亚洲、非洲和大洋洲的热带地区如菲律宾、澳大利亚、斯里兰卡、马来西亚、印度、越南、泰国等地也有分布。

【观赏评价与应用】鹧鸪麻株型自然，花红色而花序大型，可栽培观赏，适于孤植或丛植。

【同属种类】鹧鸪麻属仅1种，分布在亚洲、非洲和大洋洲的热带地区。我国仅见于海南岛和台湾。

【观赏评价与应用】翅子树是热带地区优美的庭园观赏树种，树皮光洁，叶形奇特，花白色而芳香。福建厦门和台湾台北植物园有栽培。

【同属种类】翅子树属约40种，分布于亚洲热带和亚热带。我国9种，主要产于云南、广西、广东和台湾。

翻白叶树
Pterospermum heterophyllum

【别名】异叶翅子木、半枫荷

【形态特征】常绿乔木，高达20m；小枝被黄褐色短柔毛。叶二型：幼树或萌蘖枝上的叶盾形，径约15cm，掌状3~5裂，上面几无毛，下面密被黄褐色星状短柔毛；大树上的叶矩圆形至卵状矩圆形，长7~15cm，宽3~10cm。花单生或2~4朵组成腋生聚伞花序；花青白色；萼片5，条形，长达28mm，宽4mm，两面被柔毛；花瓣5，倒披针形，与萼片等长；雄蕊15枚，退化雄蕊5

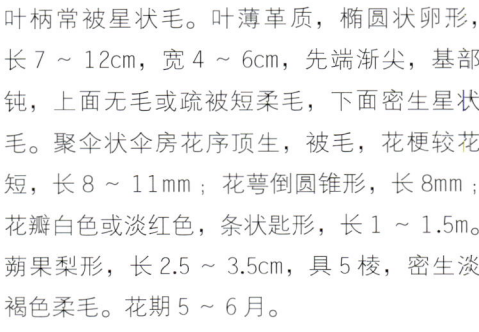

叶柄常被星状毛。叶薄革质，椭圆状卵形，长7～12cm，宽4～6cm，先端渐尖，基部钝，上面无毛或疏被短柔毛，下面密生星状毛。聚伞状伞房花序顶生，被毛，花梗较花短，长8～11mm；花萼倒圆锥形，长8mm；花瓣白色或淡红色，条状匙形，长1～1.5m。蒴果梨形，长2.5～3.5cm，具5棱，密生淡褐色柔毛。花期5～6月。

【产地及习性】产于海南、广西、云南、贵州和四川等地，生于海拔350～2500m的山坡或疏林中。泰国、印度、缅甸、老挝、越南、不丹等地也有分布。喜阳光充足和温

枚；子房5室。蒴果矩圆状卵形，长约6cm，宽2～2.5cm，被黄褐色绒毛。花期秋季。

【产地及习性】产广东、海南、福建、广西等。不耐寒，喜温暖气候和湿润肥沃土层深厚的沙质土。

【观赏评价与应用】翻白叶树树干通直，树形优美，叶片两面异色，花白色，果实大型，园林口适合孤植或群植于草坪，微风吹过，异色叶片上下翻动，绿色与褐色不停变换，能产生异于其他植物的特殊美感。本种在广东通称半枫荷，根可供药用，也可放养紫胶虫。

梭罗
Reevesia pubescens

【别名】毛叶梭罗

【形态特征】常绿乔木，高达16m。幼枝、

暖环境，耐半阴，耐湿，土壤需排水良好、肥和深厚，较耐寒，成年树在江苏南部和上海可保持常绿。

【观赏评价与应用】梭罗树树形端庄，树干通直，四季常绿，白色密花盛开时好似雪盖满树，幽香宜人，是优良的观赏树，可作行道树和庭荫树栽培。枝条上的纤维，可用于造纸和编绳。

【同属种类】梭罗树属共有25种，主要分布于亚洲热带地区，2种分布于中美洲。我国15种，产长江流域至华南、西南。

两广梭罗树
Reevesia thyrsoidea

【别名】复序利未花、油在麻

常绿乔木，树皮灰褐色。叶革质，矩圆形、椭圆形或矩圆状椭圆形，长5~7cm，宽2.5~3cm，基部圆形或钝，两面无毛；叶柄长1~3cm，两端膨大。聚伞状伞房花序顶生，花密集；花瓣5片，白色，匙形，长1cm，略向外扩展。蒴果矩圆状梨形，有5棱，长约3cm，被短柔毛；种子连翅长约2cm。花期3~4月。

产广东、海南、广西和云南。生于海拔500~1500m的山坡上或山谷溪旁。越南和柬埔寨也有分布。

苹婆
Sterculia monosperma
【*Sterculia nobilis*】

【别名】凤眼果、七姐果

【形态特征】常绿乔木，高10~15m。树冠卵圆形。幼枝疏生星状毛，后无毛。叶倒卵状椭圆形或矩圆状椭圆形，长10~25cm，先端突尖或钝尖，基部近圆形，全缘，无毛，侧脉8~10对；叶柄长2~5cm，两端均膨大呈关节状。圆锥花序腋生，长8~28cm，下垂；花萼粉红色，萼筒与裂片等长。蓇葖果，椭圆状短矩形，长4~8cm，被短绒毛，顶端有喙，果皮革质，熟时暗红色。花期4~5月；果期10~11月。

【产地及习性】产我国南部，有近千年的栽培史，以珠江三角洲栽培较多，广西、福建、台湾、海南也有栽培。印度、越南、印尼、马来西亚、斯里兰卡和日本等国均有分

梧桐科 Sterculiaceae

布。喜温耐湿，喜光，耐半荫，速生，开花期干旱易引起落花落果，秋冬季干旱常引起落叶，雨水充足则生长和开花结果良好。

【观赏评价与应用】苹婆之名出自元代大德年间（1297～1307）陈大震编纂的《南海志》，当时写成频婆或贫婆，是梵文的音译，意指其枝叶浓密，成丛生长。相传最早栽培的苹婆是唐三藏法师从西域印度带到广东的，植于韶关月华寺（现名南华寺）。苹婆花萼裂片先端连合，全花外观成四面玲珑的灯笼状，别致无比，红色天鹅绒般的果荚成熟开裂时，好似凤凰鸟睁开了眼睛，故有"凤眼果"之称。树冠宽阔，树姿优美，叶片油绿而秀丽，是良好的庭荫树和行道树。

【同属种类】苹婆属约100～150种，分布于热带，主产亚洲。我国26种，产南部至西南部，盛产云南。

掌叶苹婆
Sterculia foetida

【别名】复叶苹婆、香苹婆

【形态特征】落叶乔木；枝轮生。叶聚生枝顶，为掌状复叶；小叶7～9，椭圆状披针形，长10～15cm，宽3～5cm。花杂性，圆锥花序直立，生在新枝近顶部，多花；萼红紫色，长约12mm，5裂几至基部，萼片椭圆状披针形，雄花的花药12～15个，聚生成头状；雌花的心皮5枚。菁葖果木质，椭圆形且似船状，长5～8cm。花期4～5月。

【产地及习性】产热带亚洲、东非及澳洲北部，现台湾、广东等地有栽培。性喜光，喜高温多湿，生育适温23～32℃；对土壤要求不严，但以排水良好、土层深厚的砂质壤土最佳。

【观赏评价与应用】掌叶苹婆花色优美，

掌叶苹婆

掌叶苹婆

花朵繁密，新叶淡红色，是热带地区重要的庭园观赏树种。其中台湾已有100多年的栽培历史，在台湾中南部地区植为行道树，也多见于校园及公园绿化造景。种子炒熟后可食，味如栗子；但花有臭味。

海南苹婆
Sterculia hainanensis

【别名】小苹婆

常绿乔木，有板根。叶长矩圆形或条状披针形，长15～23cm，宽2.5～6cm，两面无毛，侧脉13～18对，叶柄长1.5～2.5cm。花红色，总状花序；雄花长约8mm，雌花长约10mm。菁葖果长椭圆形，红色，长约4cm，顶端有长约6mm喙。花期1～4月。

产广东海南和广西南部的钦州县，而于广东海南岛的保亭、琼海、崖县等地较常见，常生于山谷密林中。广州有栽培。

假苹婆
Sterculia lanceolata

【别名】鸡冠木、赛苹婆

【形态特征】常绿乔木，高达10m。幼枝被毛。叶长椭圆形至披针形，长9～20cm，宽3.5～8cm，顶端急尖，基部钝形或近圆形，叶面无毛，背面几无毛，叶柄长2.5～3.5cm，侧脉7～9对。圆锥花序长4～10cm，花萼淡红色，5深裂至基部，向外开展如星状。菁葖果鲜红色，长椭圆形，长5～7cm，宽2～2.5cm，密被毛。种子2～7，黑色光亮，椭圆状卵形，径约1cm。花期4～5月；果期8～9月。

【产地及习性】产华南至西南，常生于溪边；缅甸、老挝、泰国及越南也有。喜光，喜温暖多湿气候，不耐旱，也不耐寒，喜土层深厚、温润的富含有机质之壤土。

【观赏评价与应用】假苹婆生长较快，树干通直，树姿优美，夏季叶幕翠绿浓密，秋季红果累累下垂，色彩鲜艳，具有很高的观赏价值。适应城市环境，已在华南地区城市绿化中广泛应用，可作宜用作庭园树、行道树及风景区绿化树种。

海南苹婆

海南苹婆

掌叶苹婆

海南苹婆

梧桐科　Sterculiaceae

可可
Theobroma cacao

【形态特征】常绿乔木，高达 12m，树冠繁茂；嫩枝褐色，被短柔毛。叶卵状长椭圆形至倒卵状长椭圆形，长 20～30cm，宽 7～10cm，两面无毛或在脉上有稀疏星状毛。聚伞花序，花径约 18mm；萼粉红色，长披针形，宿存；花瓣 5，淡黄色，下部盔状并急狭窄而反卷；退化雄蕊线状。核果椭圆形或长椭圆形，长 15～20cm，径约 7cm，表面有 10 条纵沟，深黄色或红色乃至紫色。种子卵形，稍压扁，长 2.5cm，宽 1.5cm。花期几乎全年。

【产地及习性】原产美洲中部及南部，现广泛栽培于全世界的热带地区。我国海南和云南南部有栽培，生长良好。喜生于温暖和湿润的气候和富于有机质的冲积土所形成的缓坡上，在排水不良和重黏土上或常受台风侵袭的地方则不适宜生长。

【观赏评价与应用】可可花朵虽小但果实硕大，熟时黄色、红色乃至紫色，色彩美丽，着生于树干上，具有典型的老茎生花现象，常年开花、四季挂果，海南和云南南部等地园林中可结合生产栽培观赏。种子为制造可可粉和"巧克力糖"的主要原料，为世界上三大饮料之一。

【同属种类】可可属约有 22 种，分布于美洲热带。我国引入栽培 1 种。

六十五、木棉科 Bombacaceae

猴面包树
Adansonia digitata

【形态特征】落叶大乔木，主干短，分枝多。叶螺旋状排列，集生于枝顶；掌状复叶，小叶通常5，长圆状倒卵形，全缘，上面暗绿色，无毛或背面被稀疏的星状柔毛，长9～16cm，宽4～6cm。花大，生近枝顶叶腋，花梗长60～100cm，下垂；花萼高8～12cm；花瓣5，白色，宽倒卵形，长12.5～15cm，宽9～11cm，外翻；雄蕊管白色，长约7cm，花丝极多数；子房密被黄色的贴生柔毛；花柱粗壮，柱头7～10裂。果长椭圆形，长25～35cm，粗10～16cm。

【产地及习性】原产非洲热带。我国福建、广东、云南的热带地区少量栽培。性喜高温环境。

【观赏评价与应用】猴面包树树形奇特，树干高不过20m而粗达15m，树冠直径可达50m，树干苍劲、枝叶苍郁，给人古朴曲虬与震撼的印象。园林中最适宜作园景树，孤植于开旷空间。未成熟果皮可食。

【同属种类】猴面包树属约8～10种，分布于热带非洲、马达加斯加、澳大利亚。我国引种1种。

木棉
Bombax ceiba
【*Bombax malabaricum*】

【别名】攀枝花、英雄树、烽火树

【形态特征】落叶乔木，高达25m；树干端直，常具板根；幼树树干及枝具圆锥形皮刺。大枝平展，轮生。小叶5～7，矩圆形至矩圆状披针形，长10～16cm，长3.5～5.5cm，先端渐尖，小叶柄长1.5～4cm；侧脉15～17对。花径约10cm，簇生枝端；花萼长3～4.5cm，3～5浅裂；花瓣5，红色或有时橘红色，厚肉质，长8～10cm，宽3～4cm。果椭圆形，长10～15cm，木质，密生灰白色柔毛和星状毛；种子倒卵形，光滑。花期3～4月，先叶开放；果期6～7月。

【产地及习性】产亚洲南部至大洋洲，华南和西南有分布并常见栽培，多见于低海拔平地和缓坡、干热河谷。喜光，喜暖热气候，较耐旱。深根性，萌芽力强，生长迅速。树皮厚，耐火烧。

【观赏评价与应用】木棉树形高大雄伟，

木棉科 Bombacaceae

在乍暖还寒的早春时节，桃未发蕊，柳未吐丝，而木棉已先叶开花，如火如荼，盛开时节，满树枝干缀满艳丽而硕大的花朵，如珊瑚琅玕丛生，十分鲜艳美丽，"十丈珊瑚是木棉，花开红比朝霞鲜"，素有英雄树之称。但其果实中的飞絮较多，配置时应加以注意。华南各地常栽作行道树、庭荫树及庭园观赏树，尤其是珠江三角洲一带广泛应用。

【同属种类】木棉属约 50 种，主要分布于美洲热带，少数产亚洲热带、非洲和大洋洲。我国南部和西南部有 3 种。

吉贝
Ceiba pentandra

【别名】美洲木棉、爪哇木棉

【形态特征】落叶大乔木，高达 30m，板根小或无；树干常疏被刺，大枝轮生，平展。掌状复叶，叶柄长 7～25cm；小叶 5～9，矩圆形至披针形，长 5～20cm，宽 1.5～6.5cm，光滑无毛，全缘或近顶端疏被细齿。花先叶开放或与叶同放，单生或多至 15 朵簇生近枝顶叶腋；萼宽 1.2～2cm；花瓣白色或粉红色，倒卵形至矩圆形，长 2.5～4cm，外面被白色长柔毛。蒴果矩圆形，长 7.5～15（26）cm，径 3～5（11）cm，果梗长 7～25cm，5 裂，内面密生丝状绵毛。花期 3～4 月。

【产地及习性】原产热带美洲，世界热带广泛栽培，我国云南、广西、广东、海南等地有栽培，喜光，喜暖热气候，不择土壤，抗干旱瘠薄。

【观赏评价与应用】吉贝树形优美，花大而美丽，花期早，是优良的春季观花树种，常植为行道树。果内绵毛是救生圈、救生衣、床垫、枕头等的优良填充物，也作飞机上防冷、隔音的绝缘材料。

【同属种类】吉贝属约 17 种，主产热带美洲，非洲西部产 1 种。我国引入栽培 2 种。

吉贝

美丽异木棉
Ceiba speciosa
【*Chorisia speciosa*】

【别名】美人树、丝木棉

【形态特征】落叶乔木，高 10～15m，树干下部膨大，幼树树皮浓绿色，密生圆锥状皮刺，侧枝放射状水平伸展或斜向伸展。掌状复叶，小叶 5～9，椭圆形。花单生，花冠淡紫红色，中心白色，也有白、粉红、黄色等，即使同一植株也可能黄花、白花、黑斑花并存，因而更显珍奇稀有。花期长，夏至冬均有花开放，以冬季为盛。蒴果椭圆形。

美丽异木棉

美丽异木棉

美丽异木棉

吉贝

吉贝

美丽异木棉

【产地及习性】原产于南美洲，现广东、福建、广西、海南、云南、四川等地栽培。喜光，喜温暖湿润，不耐寒。抗污染。深根性。

【观赏评价与应用】美丽异木棉树冠伞形，叶色青翠，花期由夏至冬，持续数月，花朵大而艳，盛花期满树姹紫，艳压群芳，极为壮观迷人，是优良的观花乔木。华南地区常用作道路绿化，常以绿色植物为背景衬托其盛花期的壮丽美景，是目前较为流行的道路、庭院绿化树。

木棉科 Bombacaceae

榴莲
Durio zibethinus

【形态特征】常绿乔木，高达25m。单叶全缘，2列互生；叶片长圆形或倒卵状长圆形，长10～15cm，宽3～5cm，基部圆钝，背面有贴生鳞片；侧脉10～12对。聚伞花序簇生茎或大枝上，细长下垂；苞片托住花萼，萼筒状，基部肿胀；花瓣黄白色，长3.5～5cm，长圆状匙形，后外翻；雄蕊5束，花丝基部合生。蒴果椭圆状，淡黄色或黄绿色，长15～30cm，密生三角形刺；假种皮白色或黄白色，有强烈气味。花果期6～12月。

【产地及习性】原产印度尼西亚。广东、海南等地栽培。典型的热带树种，喜高温高湿环境，需要终年高温的气候才能生长结实，即使在赤道地区，海拔600m以上高地由于气温下降，也不能种植或不能结果。

【观赏评价与应用】榴莲果实硕大而黄色，是热带著名水果之一，东南亚种植较多，以泰国最多。园林中可结合生产应用，适于成林。

【同属种类】榴莲属约27种，分布于缅甸至马来西亚西部。我国引入1种。

榴莲

榴莲

榴莲

轻木
Ochroma pyramidale

【别名】百色木

【形态特征】常绿乔木，10～12年生可高达16～18m，胸围1.5～1.8m；树皮光滑。单叶，螺旋状排列，心状卵圆形，掌状浅裂或否，两面被星状毛，长15～30cm，宽12～28cm，基出掌状脉7条。花单生近枝顶叶腋；花梗、花萼均被褐色星状毛；萼筒厚革质，裂片3枚宽卵圆形、2枚锐三角形；花瓣匙形，白色，长8～8.5cm，宽1.3～1.8cm；雄蕊管长9cm，长5cm，上部扭转扩成漏斗状。蒴果圆柱形，长12～17cm。花期3～4月。

【产地及习性】原产美洲热带，分布于西印度群岛、墨西哥南部至秘鲁、玻利维亚等热带国家的低海拔地区。亚、非两洲很多热带国家先后引入种植。性喜高温、高湿的气候和深厚、排水良好、肥沃的土壤。

【观赏评价与应用】轻木是著名的热带速生用材树种，也是世界上最轻的木材，导热系数低，绝热性能好。20世纪60年代我国开始引种试种，现云南、广东、福建、海南、台湾等省区已大面积栽培。

【同属种类】轻木属仅1种，原产美洲热带。我国有引种栽培。

轻木

轻木

轻木

瓜栗
Pachira aquatica
【*Pachira macrocarpa*】

【别名】水瓜栗

【形态特征】常绿乔木，高达18m，树皮光滑。幼枝栗褐色，无毛。叶互生，常聚生枝顶；掌状复叶，小叶5～11，全缘，矩圆形

瓜栗

瓜栗

木棉科　Bombacaceae

发财树

发财树

发财树

瓜栗

发财树

至倒卵状矩圆形，中部者长 13～24cm，宽 4.5～8cm，下面被锈色星状毛，近无柄；侧脉 16～20 对。花梗粗，被黄色星状毛。萼近革质；花瓣淡黄白色，狭披针形至线形，长达 15cm，上部反卷；雄蕊管较短，雄蕊下部黄色，上部红色；花柱深红色。蒴果椭圆形，长 9～10cm，径 4～6cm。种子长 2～2.5cm，深褐色，有白色螺纹，多胚。花期 5～11 月，果先后成熟。

【产地及习性】原产热带美洲，是海岸型热带稀树草原植物。现热带地区广泛栽培和归化，华南各地常见栽培。耐干旱、忌湿；喜温暖气候；耐荫性强。

【观赏评价与应用】瓜栗枝叶稠密、翠绿，树冠如伞，树形优美，树干基部膨大，热带和南亚热带地区可用于庭园绿化，于草坪、庭院、墙角、建筑周围等地孤植、丛植均宜。果皮未熟时可食，种子可炒食。

【同属种类】瓜栗属约 50 种，分布于热带美洲，我国引入栽培 2 种。

发财树
Pachira glabra

【别名】马拉巴栗

【形态特征】常绿小乔木，株高 4～5m。小叶 5～11，长圆形至倒卵状长圆形，渐尖，基部楔形，全缘。花单生枝顶叶腋，花瓣淡黄绿色，狭披针形至线形，雄蕊管分裂为多数雄蕊束，每束再分裂为 7～10 枚细长的花丝，花丝白色。蒴果近梨形。花期 5～11 月，果先后成熟。

【产地及习性】产中美墨西哥至哥斯达黎加。

【观赏评价与应用】发财树是著名的观叶植物，枝叶四季翠绿，国内各地普遍栽培，华南地区露地栽培用于庭园绿化，长江流域至北方各地常见盆栽，广泛用于居室、宾馆、饭店、会场、商场的装饰布置。

六十六、锦葵科 Malvaceae

金铃花
Abutilon pictum
【*Abutilon striatum*】

【别名】灯笼花、网纹悬铃花

【形态特征】常绿灌木,高达 1 ~ 2m。叶互生,径 5 ~ 8cm,掌状 3 ~ 5 深裂,裂片卵形,具锯齿,两面无毛或下面疏被星状毛;叶脉掌状;托叶钻形。花单生叶腋,花梗下垂,长 7 ~ 10cm;花萼钟形;花钟形,橘黄色,具紫色条纹,长 3 ~ 5cm,径约 3cm,花瓣倒卵形,雄蕊柱长约 3.5cm,花药集生柱端;花柱紫色,突出于雄蕊柱顶端。蒴果近球形。可全年开花。盛花期 5 ~ 10月。

【产地及习性】原产南美洲的巴西、乌拉圭等地。我国福建、浙江、江苏、湖北、北京、辽宁等地各大城市栽培,供园林观赏用,华南及西南露地栽培。对土壤要求不严,但以沙质壤土或富含腐殖质的壤土为好,喜光照充足环境,也耐半阴,生长适温为 15 ~ 28℃。

【观赏评价与应用】金铃花枝条柔软,绿叶婆娑,花开绚烂艳丽,形如古钟而下垂,橘黄色而具紫色条纹,色彩鲜艳,迎风摇曳,美丽可爱。金铃花花期长,花形、花色均有较高的观赏价值,园林中适于丛植观赏,可点缀于林缘,或作花篱,亦可盆栽观赏。

【同属种类】苘麻属约 150 种,分布于热带和亚热带地区。我国约产 9 种,分布于南北各省区,木本种类仅产南方。有些种类花型大,花色艳,供园林观赏。

红萼苘麻
Abutilon megapotamicum

【别名】蔓性风铃花、垂枝风铃花、红心吐金

常绿蔓性灌木。枝条细长柔垂,多分枝。叶互生,心形,叶端尖,叶缘有钝锯齿,有时分裂,叶柄细长。花生于叶腋,具长梗,下垂;花冠状如风铃;花萼红色,长约 2.5cm,半套着黄色花瓣;花瓣 5,花蕊深棕色,伸出花瓣。在适宜的环境中全年都可开花。

原产巴西、乌拉圭、阿根廷。我国南方部分省区引入作观赏栽培。

锦葵科　Malvaceae

木槿
Hibiscus syriacus

【形态特征】落叶灌木，高 2～5m。小枝幼时密被黄色星状绒毛，后脱落。单叶互生，卵形或菱状卵形，长 3～6cm，基部楔形，3 裂或不裂，有钝齿，3 出脉，背面脉上稍有毛。花单生于叶腋；小苞片 6～8，线形，长 6～15mm，宽 1～2mm，密被星状疏绒毛；花萼钟形，密被星状短绒毛，裂片 5，三角形；花钟形，紫色、白色或红色，单瓣或重瓣，直径 6～10cm，花瓣倒卵形，雄蕊柱长约 3cm。蒴果卵圆形，径约 12mm，密被黄色星状绒毛；种子肾形，背部被黄白色长柔毛。花期 6～9 月；果 9～11 月成熟。

【产地及习性】产东亚，我国分布于长江流域，自东北南部至华南各地常见栽培。喜光，稍耐荫；喜温暖湿润，但耐寒忹颇强；耐干旱瘠薄，不耐积水。生长迅速，萌芽力强，耐修剪。抗污染。

【变种】白花重瓣木槿（var. *alboplenus*），花重瓣，白色，径 6～10cm。粉紫重瓣木槿（var. *amplissimus*），花重瓣，粉紫色，内面基部洋红色。雅致木槿（var. *elegantissimus*），花重瓣，粉红色，径 6～7cm。大花木槿（var. *grandiflorus*），花单瓣，特大，桃红色。牡丹木槿（var. *paeoniiflorus*），花重瓣，粉红或淡紫色，径 7～9cm。白花牡丹木槿（var. *totoalbus*），花单瓣，白色。紫花重瓣木槿（var. *violaceus*），花重瓣，青紫色。

【观赏评价与应用】木槿夏秋开花，花期长而花朵大，是优良的花灌木，园林中宜作花篱，或丛植于草坪、林缘、池畔、庭院各处。《花经》云："园中绕埏设篱，辄编木槿而成，蟠织纵横，茂绿盈望，花开时节，尤似锦屏绣幄，长年不坏，苍翠可人。"因能抗污染，木槿也可用于工矿区绿化，并常植于城市街道的分车带中。

【同属种类】木槿属约 200 种，分布于热带和亚热带。我国连引入栽培的共约 25 种，主产长江以南，多供观赏。

红叶槿
Hibiscus acetosella

【别名】紫叶槿

常绿灌木，株高 1～3m。叶互生，近紫色，轮廓近宽卵形，掌状 3～5 裂或深裂，裂片边缘有波状疏齿。花单生于枝条上部叶腋，花冠绯红色，有深色脉纹，中心暗紫色。蒴果。花期春末至夏秋季；果期秋冬。

产热带美洲，我国南方引种栽培。

锦葵科 Malvaceae

红叶槿

红叶槿

高红槿
Hibiscus elatus

常绿乔木，高 5m。叶圆心脏形，长 10 ～ 16cm，宽 14 ～ 18cm，全缘至有齿，上面疏被星状柔毛，渐变无毛。花单生于叶腋或顶生，有托叶状苞片 2；小苞片 10 ～ 12；花萼 5，长 3.5 ～ 4cm，两面密被细绒毛，早落；花大，钟状，红色，径约 10cm，花瓣 5，倒卵状匙形或长圆状匙形，长 9 ～ 10cm，两面被星状柔毛。

原产西印度群岛，现华东南部及华南地区有栽培。本种花大，红色，用于绿化。

高红槿

高红槿

高红槿

海滨木槿
Hibiscus hamabo

【形态特征】落叶灌木或小乔木，高 1 ～ 3m，偶可高达 5m，径达 20cm；分枝多，树皮灰白色。叶阔倒卵形或椭圆形，长 3 ～ 6cm，宽 2.5 ～ 7cm，两面密被灰白色星状毛，基出 5 ～ 7 脉。花单生于枝端叶腋，直径 5 ～ 6cm，金黄色，后变橘红色，内面基部深红色，花瓣倒卵形。蒴果倒卵形，长 2.5 ～ 3.5cm，密生褐色硬毛。花期 7 ～ 10 月；果熟期 10 ～ 11 月。

【产地及习性】分布于浙江舟山群岛和福建沿海岛屿，生于海滨沙地、滩涂。日本、朝鲜也有分布。强阳性树种，耐干旱贫瘠土壤，极耐盐碱，也耐短时水涝。抗风力强。

【观赏评价与应用】海滨木槿树冠扁圆形，自然开展，夏季开鲜黄色的花朵，适于孤植、丛植于公园草地、水滨、山坡及庭院各处，亦可在面积较大的空间成片种植，可形成局部空间的夏秋季主景，花期非常壮观。也可用于道路绿化，适于植为花篱。海滨木槿根系发达，枝干柔韧、不易风折，具有极强的抗风性，东部滨海地区也用于海岸防风林和固堤、海滨绿化。

海滨木槿

海滨木槿

海滨木槿

木芙蓉
Hibiscus mutabilis

【别名】芙蓉花

【形态特征】落叶灌木或小乔木，高 2 ～ 5m，在中亚热带至热带发育为乔木，在北亚热带地区为灌木。小枝、叶片、叶柄、花萼均密被星状毛和短柔毛。叶广卵形，宽

海滨木槿

锦葵科　Malvaceae

7~15cm，掌状3~5(7)裂，基部心形，缘有浅钝齿。花单生枝端叶腋，径达8~10cm，白色、淡紫色，后变深红色；花梗长5~8cm，近顶端有关节。蒴果扁球形，有黄色刚毛及绵毛，果瓣5；种子肾形，有长毛。花期8~10月；果10~11月成熟。

【产地及习性】原产我国东南部，久经栽培。喜光，稍耐荫；喜温暖湿润气候，但耐寒性也甚强，河北、山东等地有露地栽培，冬季地上部分枯死，次年可重新萌发，秋季能正常开花；喜肥沃湿润而排水良好的中性或微酸性土壤。萌蘖性强，生长迅速。抗污染。

【观赏评价与应用】木芙蓉为我国传统庭园花木，其花大而美丽，栽培历史悠久，在众花木中花期较晚，有拒霜花之名。木芙蓉之配植，最宜植于池畔、水滨，波光花影，相映益妍，潇洒而无俗韵，若杂以红蓼，映以白荻，犹如云霞散绮，绚烂异常，"袅袅芙蓉风，池光弄花影"，所谓照水芙蓉也。诚然，木芙蓉群植、丛植于庭院一隅、房屋周围、亭廊之侧宜均适宜。

木芙蓉

木芙蓉

木芙蓉

扶桑
Hibiscus rosa-sinensis

【别名】佛桑、朱槿

【形态特征】常绿灌木，高达5m；小枝圆柱形，疏被星状柔毛。叶阔卵形至长卵形，长4~9cm，宽2~5cm，先端渐尖，有粗齿或缺刻，3出脉，表面有光泽，两面近无毛。花单生叶腋，常下垂，花冠漏斗状，通常鲜红色，也有白色、黄色和粉红色品种，径6~10cm，花瓣倒卵形，雄蕊柱和花柱长，伸出花冠外。蒴果卵球形，长约2.5cm，顶端有短喙，光滑无毛。花期全年，以6~9月为盛。

【产地及习性】原产热带亚洲，我国南部各地普遍栽培。喜温暖湿润气候，要求日光充足，不耐荫。对土壤的适应范围较广，以富含有机质的微酸性肥沃土壤最好。萌芽力强，耐修剪。

【变种】重瓣扶桑（var. *rubroplenus*），花重瓣。

【观赏品种】彩瓣扶桑（'Calleri'），花瓣基部朱红色，上半部黄色。花叶扶桑（'Cooperi'），叶片狭长，有白色斑纹，花朵较小，朱红色。

【观赏评价与应用】扶桑是我国的传统名花，栽培始期已不可考，但在华南至少已经有1700年以上的栽培历史。扶桑花期长，几乎全年开花不断，花大而艳，有红色、粉红、橙黄、白色以及杂色，花量多。长江流域以南可用于露地园林绿化，长江流域及以北地区室内盆栽。高大品种适于道路绿化或植为花

重瓣扶桑

花叶扶桑

彩瓣扶桑

扶桑

扶桑

篱，或于庭前、草地、水边、墙隅孤植、丛植，如红灯笼、丹心黄等；低矮品种适于盆栽或作基础种植材料，如艳红、粉牡丹等。

吊灯花
Hibiscus schizopetalus

【别名】拱手花篮、吊灯扶桑、灯笼花

【形态特征】常绿灌木，高达3m。枝细长拱垂，光滑无毛。叶椭圆形或卵状椭圆形，长4~7cm，宽1.5~4cm，先端渐尖，基部广楔形，缘有粗齿，两面无毛。花单朵腋生，花梗细长，中部有关节；花鲜红色，下垂，径约6~9cm，花瓣羽状深裂作流苏状，向上反卷；雄蕊柱细长，显著突出于花冠外；副萼极小，长1~2mm。蒴果长圆柱形，长约4cm，

径约1cm。花期全年。

【产地及习性】原产非洲热带；台湾、福建、广东、广西和云南南部各热地均有栽培。喜高温，不耐寒，气温在18℃以下时生长较缓慢，气温在12℃以下时生长基本停滞；喜光，不耐荫；喜肥沃，宜在肥沃、排水良好的土壤中生长，较耐水湿。

【观赏评价与应用】吊灯花枝条柔软，花形奇特而美丽、鲜红色，迎风摇曳，极为美

观，且花期极长，几乎全年开花，是极美丽的观赏植物。我国华南一带可露地栽培，用于城市公园、庭园各处。不耐寒，长江流域及其以北各城市常温室盆栽观赏。

黄槿
Hibiscus tiliaceus

【形态特征】常绿灌木或乔木，高达4~10m，树冠圆阔，分枝浓密。叶近圆形或广卵形，径8~15cm，全缘或具不明显细圆齿，基部心形，表面深绿而光滑，背面灰白色并密生星状绒毛；基出7~9脉。聚伞花序顶生或腋生，花梗长1~3cm，基部有1对托叶状苞片；花钟形，径6~7cm，黄色，内面基部暗紫色；副萼基部合生，上部9~10齿裂，宿存。蒴果卵形。花期6~8月。

【产地及习性】产我国南部沿海和热带亚洲，多生于沿海沙地、河港两岸。喜光，喜温暖湿润、排水良好的酸性土壤，抗风力强，不耐寒，耐干旱，耐盐。生长快，深根性。

【观赏品种】花叶黄槿（'Tricolor'），叶片具黄、白、红等杂色斑纹。

【观赏评价与应用】黄槿树冠伞型，枝叶繁茂，花黄色，花期较长，叶心型，老叶时常变为红、橙、黄等不同色彩，使得在非花期时树梢仍有彩色点缀绿叶中，远观如花朵开放。适应性强，是海岸防沙、防风及防潮树种；也可作行道树。厦门环岛路沿海一侧种有黄槿为行道树，黄花、彩叶与碧海蓝天相映，清新脱俗，具有很好的观赏性。树皮纤维供制绳索，嫩枝叶供蔬食。

锦葵科　Malvaceae

垂花悬铃花
Malvaviscus penduliflorus

【别名】洋扶桑

【形态特征】常绿灌木，高达2m，小枝被反曲的长柔毛或光滑无毛。叶披针形至狭卵形，长6～12cm，宽2.5～6cm，边缘具钝齿，两面无毛或脉上有星状柔毛；基出主脉3条；托叶线形，长约4mm，早落；叶柄长1～2cm，有柔毛。花单生于上部叶腋，悬垂，长约5cm；花梗长约1.5cm，被长柔毛；副萼8，长1～1.5cm，花萼略长于副萼；花冠筒状，仅上部略开展，鲜红色。全年开花，很少结果。

【产地及习性】原产地不详，可能为墨西哥，现世界热带地区广栽，我国我国引种历史悠久，华南及西南各地均有栽培。喜光，也耐荫，喜高温高湿，耐烈日，不耐寒。喜酸性土，不耐碱。较耐干旱和水湿。

【观赏评价与应用】花期长，与朱槿、吊灯花并称华南的三大"长春花"或"无穷花"，可长成大灌木，一树开花数百朵，满树红艳，大有叶不胜花、红肥绿瘦之感。花朵含苞欲放却永不开展，花蕊柱突出，花梗稍长，花朵悬挂枝头，状如悬铃，艳丽而典雅。适宜孤植于水滨、花坛、庭院等各处，均枝条参差，颇为美观。也可整形修剪，形成各种造型。

垂花悬铃花

垂花悬铃花

垂花悬铃花

小悬铃花

小悬铃花

【同属种类】悬铃花属约5种，产于热带美洲，热带地区广泛栽培。我国引入栽培2种，为美丽的花木。

小悬铃花
Malvaviscus arboreus

常绿灌木，高约1m。叶宽心形至圆心形，常3裂，基出主脉3～5；叶柄长2～5cm。花较小，长约2.3～5cm，猩红色，花梗长3～15mm。成熟果实亮红色。

原产中美洲及美国东南部，世界温暖地区广泛栽培，有时逸为野生。我国福建、广东、云南等地栽培。供观赏。

多花孔雀葵
Pavonia × intermedia

【别名】丽粉葵、帕蓬花、孔雀锦葵

【形态特征】杂交种（*Pavonia makoyana* × *P. multiflora*）。常绿小灌木，株高50～150cm。叶互生，狭椭圆形或倒卵形，长10～15cm，先端渐尖，基部圆钝，边缘有齿。花单生于枝条上部叶腋，排成伞房花状；花径约3.5cm，小苞片7～10枚，狭长，鲜红或粉红色；花萼紫色，花冠暗紫色。花期9～10月。

【产地及习性】原产热带地区，华南有零星栽培。喜温暖湿润和阳光充足环境，不耐寒，怕水涝，以肥沃的微酸性壤土为好，冬季温度不低于10℃。

【观赏评价与应用】多花孔雀葵为常绿小灌木，株形小巧玲珑，枝叶挺拔，花朵奇特，红色苞片鲜艳夺目，是热带地区优良的花灌木，适于丛植观赏。也可用于盆栽观赏，是布置居室、阳台、窗台的精品。

多花孔雀葵

多花孔雀葵

六十七、玉蕊科 Lecythidaceae

梭果玉蕊
Barringtonia fusicarpa

【形态特征】常绿大乔木，高15～30m，径达1m；小枝粗壮，圆柱形，有条纹。叶丛生小枝近顶部，倒卵状椭圆形至狭椭圆形，长15～30cm，宽5～12cm，顶端短尖或圆凹，基部多少下延，全缘或有不明显小齿，两面无毛，侧脉14～15对。穗状花序顶生或在老枝上侧生，长达100cm，下垂；花无梗，萼筒陀螺状，花开放时撕裂为2～4片；花瓣4，椭圆形至近圆形，长1.5～2cm，白色或粉红色；花丝长达2.5cm，粉红色；花柱丝状，长3.5cm。果实梭形，长达11cm，径达4cm。花期几全年。

【产地及习性】我国特有植物，产云南南部和东南部；生于密林中潮湿处。喜高温高湿气候。

【观赏评价与应用】梭果玉蕊树形端庄，树叶层层叠叠，花序细长下垂而灵动优美，花朵白中带粉，花丝长而繁密，甚为可爱，果实大而梭形，结果累累。为夜间开花植物，花开时散发出淡淡清香，吸引着蛾类等昆虫传粉。梭果玉蕊是理想的观花、观果、观叶植物，适合列植、群植组合成景，也可孤植于草坪独赏。

【同属种类】玉蕊属约56种，分布于非洲、亚洲和大洋洲的热带和亚热带地区，主产亚洲。我国3种，见于云南、广东、海南和台湾。

滨玉蕊
Barringtonia asiatica

【别名】棋盘脚

【形态特征】常绿乔木，高7～20m；小枝粗壮，叶痕大。叶丛生枝顶，倒卵形或倒卵状矩圆形，长达40cm，宽达20cm，顶端钝圆，全缘，两面无毛，侧脉10～15对，两面凸起，网脉明显。总状花序直立，长2～15cm；花梗长4～6cm；花芽直径2～4cm；萼撕裂为2个不等大的裂片，长约3～4cm；花瓣4，椭圆形或椭圆状倒披针形，长5.5～8.5cm；雄蕊6轮，内轮退化，花丝长约8～12cm，退化雄蕊长2～3.5cm。果实卵形或近圆锥形，长8.5～11cm，径8.5～10cm，常4棱。

【产地及习性】我国产台湾。分布于亚洲、东非和大洋洲各热带、亚热带地区。滨玉蕊虽为典型的海边植物，但海口、三亚等地引种于非靠海边地区，亦能生长良好。

【观赏评价与应用】滨玉蕊树干通直，叶片硕大，叶色油绿，花大而艳，可引种开发利用为园景树，尤适合于海边地区绿化。

玉蕊
Barringtonia racemosa

常绿乔木，高达20m，稀灌木状；小枝粗壮。叶丛生枝顶，倒卵形至倒卵状椭圆形，长12～30cm，宽4～10cm，有圆锯齿；侧脉10～15对，两面凸起，网脉清晰。总状花序顶生，稀在老枝上侧生，下垂，长达70cm；

梭果玉蕊

梭果玉蕊

梭果玉蕊

滨玉蕊

滨玉蕊

滨玉蕊

玉蕊科 Lecythidaceae

花梗长 0.5～1.5cm；萼撕裂为 2～4 片，椭圆形至近圆形；花瓣 4，椭圆形至卵状披针形，长 1.5～2.5cm；雄蕊常 6 轮，最内轮不育，发育雄蕊花丝长 3～4.5cm，乳白或粉红色。果卵圆形，长 5～7cm，径 2～4.5cm，微钝棱。花期几乎全年。

产我国台湾和海南岛，生滨海地区林中。广布于非洲、亚洲和大洋洲的热带、亚热带地区。台湾普遍栽培。

红花玉蕊
Barringtonia reticulata
【*Barringtonia acutangula*】

【别名】小花棋盘脚

【形态特征】常绿灌木或小乔木，高 4～8m。叶集生枝顶，椭圆形或长倒卵形。总状花序生于无叶的老枝上，下垂；花径约 2cm，花瓣乳白色，花丝线形、深红色，夜晚绽放。果实卵球形，长 2～4cm，有四棱。5～9 月开花，11 月至翌年 1 月结果。

【产地及习性】原产东南亚海滨至澳大利亚澳大利亚有分布，通常长在淡水的江河或湖泊旁，形成特殊的河岸林相，素有"淡水的红树林"美称。

【观赏评价与应用】红花玉蕊树株形美观，花序下垂，花色深红，有香味，远观如一条红绸带系于枝头，花期几乎全年，是热带地区珍奇的庭园树木，可于公园和庭园孤植，尤适于河岸、湖畔造景。果实具有四个棱角，似古代棋盘桌的桌脚，故有"棋盘脚"之名。

六十八、大风子科 Flacourtiaceae

锯齿阿查拉
Azara serrata

【形态特征】常绿灌木或小乔木，高达 2.5～4m。单叶，叶亮绿色，具光泽，叶缘有锯齿。花簇生呈球状聚伞花序，腋生，芳香，鲜黄色。偶结果，果实小，白色或淡紫色。春末或初夏开放。

【产地及习性】原产南美洲智利，生于海拔 400～700m 山地。耐寒性较强；喜光，也耐半阴；对土壤要求不严，酸性、中性至微碱性土均可，喜深厚肥沃而排水良好的土壤。

【观赏评价与应用】锯齿阿查拉花朵繁密，花香浓郁，是非常优美的花灌木，适于丛植或沿墙边路旁列植。

【同属种类】阿查拉属共约10种，分布于南美洲，主产智利。

锯齿阿查拉

锯齿阿查拉

红花天料木
Homalium ceylanicum
【*Homalium hainanense*】

【别名】斯里兰卡天料木、母生

【形态特征】乔木，高 6～20（40）m；树皮粗糙；小枝圆柱形，无毛。叶椭圆形至长圆形，长 10～18cm，宽 4.5～8cm，全缘或具极疏钝齿，两面无毛，侧脉 7～8 对。花多数，腋生总状花序长 10～20cm，稀达 30cm；萼片 5～6，花瓣 5～6，线状长圆形，长约 2mm；雄蕊 4～6；花盘腺体 7～10 个，与萼片对生。蒴果革质，顶端瓣裂，花瓣宿存。花期 4～6 月。

【产地及习性】产海南、云南、西藏，生于山谷疏林中和林缘。斯里兰卡、印度、老挝、泰国、越南也有。喜光，幼树梢耐荫。喜肥沃、疏松、排水良好的土壤，在坡度较缓、土层深厚、腐殖质丰富的土壤生长良好，在干旱、瘠薄的土壤生长不良。根系发达，抗风。

【观赏评价与应用】红花天料木树体高大通直，树干斑驳，树冠茂密，花粉红色或白色，是热带地区重要的园林造景材料，可作行道树、庭荫树，也可群植成林。云

红花天料木

红花天料木

红花天料木

南、广西、广东、湖南、江西、福建等省区有栽培。

【同属种类】天料木属约 180～200 种，广布于两半球的热带地区（美洲仅有 3 种），大部分生于低海拔的雨林中。中国约有 14 种，主产海南、广东、广西和云南等省、区，少数种分布湖南、江西、福建和台湾。

天料木
Homalium cochinchinense

小乔木或灌木，高 2～10m；小枝幼时密被带黄色短柔毛，老枝有明显纵棱。叶宽椭圆状长圆形至倒卵状长圆形，长 6～15cm，宽 3～7cm，边缘有疏钝齿。总状花序长 8～15cm，花径 8～9mm，花瓣匙形，长 3～4mm。花期全年；果期 9～12 月。

产湖南、江西、福建、台湾、广东、海南、广西。生于海拔 400～1200m 的山地阔叶林中。越南也有。名贵材用树种。

海南大风子
Hydnocarpus hainanensis

【别名】龙角、高根

【形态特征】常绿乔木，高达6~9（15）m；树皮灰褐色；小枝圆柱形，无毛。叶薄革质，长圆形，长9~13cm，宽3~5cm，先端短尖，基部楔形，边缘有不规则浅波状锯齿，两面无毛，侧脉7~8对。花15~20朵呈总状花序，腋生或顶生；萼片4，椭圆形；花瓣4，肾状卵形，长2~2.5mm，宽3~3.5mm，有睫毛，雄蕊约12枚，子房卵状椭圆形，密生黄棕色绒毛。果球形，径4~5cm，密生棕褐色茸毛，果皮革质，果梗粗壮。花期4~5月；果期8~10月。

【产地及习性】产海南、广西，生于低山丘陵常绿阔叶林中、沟谷和岩石裸露的河岸阶地。越南也有。分布区年平均温21~25℃，极端最低温2℃，年降水量1400~1800mm，土壤多为褐色棕红壤或山地红壤，在石灰岩地区也能正常生长。根系发达，抗风力强。

【观赏评价与应用】海南大风子树干通直，树姿美观，花、果、叶兼赏，季相变化明显，花果相衬配以绿叶更显秀丽。适宜作庭院树、行道树，可丰富热带地区园林中的色彩。濒危种，由于生长在低海拔的山区外围，人为活动频繁，更新不良，天然资源日趋枯竭。

天料木

天料木

天料木

海南大风子

海南大风子

海南大风子

海南大风子

【同属种类】大风子属约40种，分布于热带亚洲（印度、马来西亚、加里曼丹有13种），东至菲律宾。我国3种，产云南、广西、广东和海南等地。

山桐子
Idesia polycarpa

【形态特征】落叶乔木，高达8~15m；枝条近轮生。叶互生，卵形或长椭圆状卵形，先端渐尖，基部心形，长12~23cm，叶缘疏生锯齿，表面深绿色，背面苍白色，脉腋簇生细毛；叶柄有2~4个紫色扁平腺体。圆锥花序下垂，长达20~25cm。雌雄异株或花杂性，黄绿色，芳香。花萼（3）6，两面有密柔毛；雄蕊多数；子房1室，5（3~6）个侧膜胎座。浆果球形，红色或红褐色，径7~8mm。花期5~6月；果期9~10月。

【产地及习性】产秦岭、大别山、伏牛山以南各地；日本和朝鲜也有分布。喜光，不耐荫，在向阳山坡、沟谷、林缘生长良好；喜温暖湿润，也较耐寒；喜深厚肥沃、湿润疏松的酸性和中性土。生长迅速，3~4年可开花结实。

【变种】毛叶山桐子（var. *vestita*），叶片上面散生黄褐色毛，下面密生白色短柔毛，脉腋无丛毛。耐寒性较强，在北京、山东等地均生长良好。

【观赏评价与应用】山桐子树形开展，春

大风子科 Flacourtiaceae

山桐子

山桐子

山桐子

季繁花满树，芬芳扑鼻，入秋红果串串，挂满枝头，入冬不落，是优良的观赏果木，而且秋叶经霜也变为黄色，十分美观。宜丛植于庭院房前、草地，也可列植于道路两侧。也是生态环境林和低山绿化的速生乡土阔叶树种。果肉及种子可制成半干性油代桐油用，也是发展生物柴油的潜在树种资源。

【同属种类】山桐子属仅有1种，产东亚。

栀子皮
Itoa orientalis

【别名】伊桐

【形态特征】落叶乔木，高8～20m；树皮光滑。叶椭圆形至长圆状倒卵形，长13～40cm，宽6～14cm，基部钝圆形，有钝齿，上面深绿色，下面密生短柔毛，羽状脉10～26对；叶柄长3～6cm。花单性异株，稀杂性；花瓣缺；萼片4，三角状卵形，长0.6～1.5cm，有毡状毛。雄花小，圆锥花序顶生，长4～8cm；雄蕊多数，花药黄色；雌花较大，单生枝顶或叶腋，子房圆球形。蒴果椭圆形，长达9cm，密被橙黄色绒毛，后无毛。花期5～6月；果期9～10月。

【产地及习性】产四川、云南、贵州和广西等省区，生于海拔500～1400m之间的阔叶林中。越南也有分布。喜温暖、较阴湿的环境，耐寒性较差。

【观赏评价与应用】栀子皮树干光洁，树姿优美，叶大荫浓，果实大型，是优美的庭园栽培树种，也是产区重要的蜜源植物。园林中可作庭荫树或混植于树丛内。

【同属种类】栀子皮属仅有2种，间断分布于中国西南至越南北方和东马来西亚（苏拉威西、马鲁古和新几内亚岛）。我国1种。

栀子皮

栀子皮

栀子皮

山拐枣
Poliothyrsis sinensis

【形态特征】落叶乔木，高7～15m。单叶互生，厚纸质，卵形至卵状披针形，长8～18cm，宽4～10cm，基部圆形或心形，有2～4个圆形和紫色腺体，边缘有浅钝齿，掌状脉，近对生的侧脉5～8对；叶柄长2～6cm。花单性同序，圆锥花序顶生，稀腋生在上面叶腋，雌花在上端；萼片5，卵形，长5～8mm；花瓣缺；雌花直径6～9mm，雄花稍小。蒴果长圆形，长约2cm，径约1.5cm。花期夏初；果期5～9月。

【产地及习性】产陕西和甘肃两省南部及河南、湖北、湖南、江西、安徽、浙江、江苏、福建、广东、贵州、云南、四川，生于海拔400～1500m山坡常绿落叶阔叶混交林和落叶阔叶林中。

【观赏评价与应用】山拐枣树形自然优美，花序大型，花多而芳香，为重要蜜源植物，也可栽培观赏，适于作庭荫树。英国皇家植物园有栽培，生长良好，已开花结果。适应性强，较耐寒，在山东泰安、青岛崂山等地生长良好。

【同属种类】山拐枣属仅有1种，特产中国秦岭以南各省区。

山拐枣

山拐枣

大风子科 Flacourtiaceae

山拐枣

黄杨叶箣柊

黄杨叶箣柊
Scolopia buxifolia

【别名】海南箣柊

【形态特征】常绿小乔木或灌木，高2～8m，有短枝，常有刺。叶革质，椭圆形，长2～2.5cm，宽1～1.5cm，两端近圆形，全缘或有不明显的锯齿，两面无毛而光亮；叶柄短，长约3mm。总状花序生于小枝上部叶腋，长2～3cm，花白色，萼片、花瓣4，稀5。浆果球形，径3～6mm。花期夏末秋初；果期中秋至冬季。

【产地及习性】产海南（崖县、万宁、陵水、保亭、文昌），生于海滨旷野沙地，为海边沙地常见植物。越南也有分布。

【观赏评价与应用】海南箣柊枝叶密生，嫩叶红色，花朵白色，果实红色，具有良好的观赏价值，庭园中可丛植观赏。幼树常有长刺，可供作绿篱、刺篱。也是优良的海滨固沙保土植物。华南植物园有栽培。

【同属种类】箣柊属约40种，分布于旧大陆热带和亚热带（热带非洲至南非，马达加斯加至马来西亚，最东达澳大利亚东部）。中国4种，产广西、广东、海南、福建和台湾。

黄杨叶箣柊

柞木
Xylosma congesta
【*Xylosma racemosum*】

【别名】凿子树、红心刺

【形态特征】常绿大灌木或小乔木，高4～15m；树皮灰棕色，不规则从下面向上反卷呈小片，裂片向上反卷。有枝刺，幼树和萌条的刺长达4cm，结果株无刺。枝条近无毛或有疏短毛。单叶互生，叶薄革质，卵形或椭圆状卵形，长4～7cm，宽3～6cm，叶缘有钝锯齿，侧脉4～6对。花小，雌雄异株，总状花序腋生，花序梗长1～2cm，花梗极短，花萼4～6片，卵形，花瓣缺。浆果球形，紫黑色，径3～5（8）mm，萼片宿存。花期6～8月；果期10～12月。

柞木

柞木

黄杨叶箣柊

柞木

大风子科 Flacourtiaceae

【产地及习性】产于我国秦岭、长江以南，常生于海拔1000m以下低山、平原或村边附近灌丛中。日本和越南也有分布。适应性强，喜光，喜石灰质土壤。

【观赏评价与应用】柞木树形优美，树干奇特，树皮开裂而上卷，园林中常丛植观赏。幼树密生枝刺，也是优良的刺篱材料，还常用于制作盆景。也是亚热带地区优良的蜜源植物。

【同属种类】柞木属约100种，分布于热带和亚热带地区，少数种达暖温带南沿。我国3种，分布于秦岭以南、北回归线以北地区及横断山脉以东各省区。

南岭柞木
Xylosma controversum

【别名】岭南柞木

常绿灌木或小乔木，高4～10m；树皮灰褐色，不裂。叶椭圆形至长圆形，长5～15cm，宽3～6cm，边缘有锯齿。总状或圆锥花序腋生，花序梗长1.5～3cm；花径

南岭柞木

4～5mm；萼片4，卵形，花瓣无。浆果圆形，直径3～5mm。花期4～5月；果期8～9月。

产江西、湖南和华南及西南地区，生于低海拔常绿阔叶林中和林缘。越南、马来西亚、印度也有分布。树形优美、自然，枝叶繁茂，是良好庭院观赏树种。

长叶柞木
Xylosma longifolium

常绿小乔木或大灌木，高4～7m；树皮不裂；有枝刺。叶长圆状披针形或披针形，长5～12cm，宽1.5～4cm，有锯齿，两面无毛，侧脉6～7对。花淡绿色，总状花序，花序梗长1～2cm，近无毛。浆果球形，黑色，直径4～6mm，无毛；种子2～5粒。花期4～5月；果期6～10月。

产福建、广东、广西、贵州、云南。生于海拔1000～1600m的山地林中。老挝和越南、印度也有。新叶常红色。

南岭柞木

南岭柞木

长叶柞木

长叶柞木

六十九、红木科 Bixaceae

红木
Bixa orellana

【别名】胭脂木

【形态特征】常绿或半常绿灌木或小乔木，高2～10m；枝密被红棕色短腺毛。叶心状卵形或三角状卵形，长10～20cm，宽5～13(16)cm，先端渐尖，全缘，基出掌状脉5，下面被树脂状腺点；叶柄长2.5～5cm。圆锥花序顶生，长5～10cm，序梗粗壮，密被红棕色鳞片和腺毛；花大，直径4～5cm，萼片倒卵形，被红褐色鳞片，花瓣倒卵形，长1～2cm，粉红色；雄蕊多数；子房上位，1室，柱头2浅裂。蒴果近球形或卵形，长2.5～4cm，密生栗褐色长刺，刺长1～2cm，2瓣裂。种子多数，倒卵形，暗红色。

【产地及习性】原产热带美洲。云南、广东、台湾等省有栽培。

【观赏评价与应用】红木花朵粉红色，数朵组成花序娇嫩可爱；结果时，大量红色的果实立在枝梢，惹人驻足，花与果都具有良好的观赏价值，是华南地区优良的造景树种。在部分地区，如粤东，红木12月开始落叶，黄色纷纷，直到3～4月才落尽，这一时期黄叶、红果形成的景致更为迷人。适宜数株丛植成景，树干娜娜，花、果、叶色彩丰富，

也可列植于道路两侧。种子外皮可做红色染料；树皮可作绳索；种子供药用。

【同属种类】红木属约有5种，产热带美洲，现各热带地区均有栽培。我国引入栽培1种。

弯子木
Cochlospermum vitifolium

【别名】虾仔花、黄花木棉

【形态特征】落叶小乔木，高达5～6m，树冠球形；树皮光滑，灰白色或褐色。枝条柔软弯曲。叶掌状5～7深裂，嫩时绿色，近无毛，老时变为红色。圆锥花序生于枝顶，花鲜黄色，径达8～12cm，花瓣倒卵形；子房1室。蒴果，梨形、倒卵形或卵状矩圆形，熟时深褐色，开裂后可见白絮和细小弯形种子。花期春季。

【产地及习性】产墨西哥至中美洲及南美洲。热带地区普遍栽培，常植于寺院。

【观赏品种】重瓣弯子木（'Flore Pleno'），花重瓣。

【观赏评价与应用】弯子木花朵金黄色，每年春节过后，绿叶尚未萌发，黄花率先缀满枝头，花大色艳，形似茶花，果实梨形，花果奇特。华南植物园2007年引进。

【同属种类】黄花木棉属（弯仔木属）共约15种，分布于美洲、非洲和亚洲、澳大利亚北部等热带干旱地区。我国引入栽培。

七十、旌节花科 Stachyuraceae

旌节花
Stachyurus chinensis

【别名】中国旌节花

【形态特征】落叶灌木，高达3m；树皮紫褐色，平滑。单叶互生，卵形、椭圆形或卵状长圆形，长5～12cm，宽3～7cm，先端骤尖或尾尖，基部圆形，叶缘有粗大锯齿，侧脉5～6对，在两面凸起，细脉网状；叶柄长1～2cm，常暗紫色。穗状花序腋生，先叶开放，长5～10cm，下垂；花黄色，长约7mm，萼、瓣均4，分离，雄蕊8枚，与花瓣等长。浆果球形，直径6～7mm。花期3～4月；果期5～7月。

【产地及习性】分布于河南、陕西和甘肃南部、华中、华东至西南、华南等地，生于海拔400～2800m山谷、溪边、杂木林内或灌丛中。越南北部也有分布。较喜光，也耐荫，以微酸性而富含腐殖质的土壤为好，排水需良好。

【观赏品种】喜鹊旌节花（'Magpie'），叶缘为银白色。

【观赏评价与应用】旌节花腋生而下垂穗状花序，一串十几朵，逐节舒葩，鲜黄可爱，是优美的早春观花灌木，园林中适于草地、林缘、路边等处丛植观赏。《群芳谱》云："旌节花高四五尺，花小类茄花……花节节对生，红紫如锦。"宋代洪咨夔有"枪旗漫摘社前雨，旌节旋移春后花"的诗句。

【同属种类】旌节花属共有8种，分布于亚洲东部及喜马拉雅地区。我国7种，产于秦岭以南各省地区。多供庭园观赏；枝条具白色髓心，称"小通草"，为著名中草药。

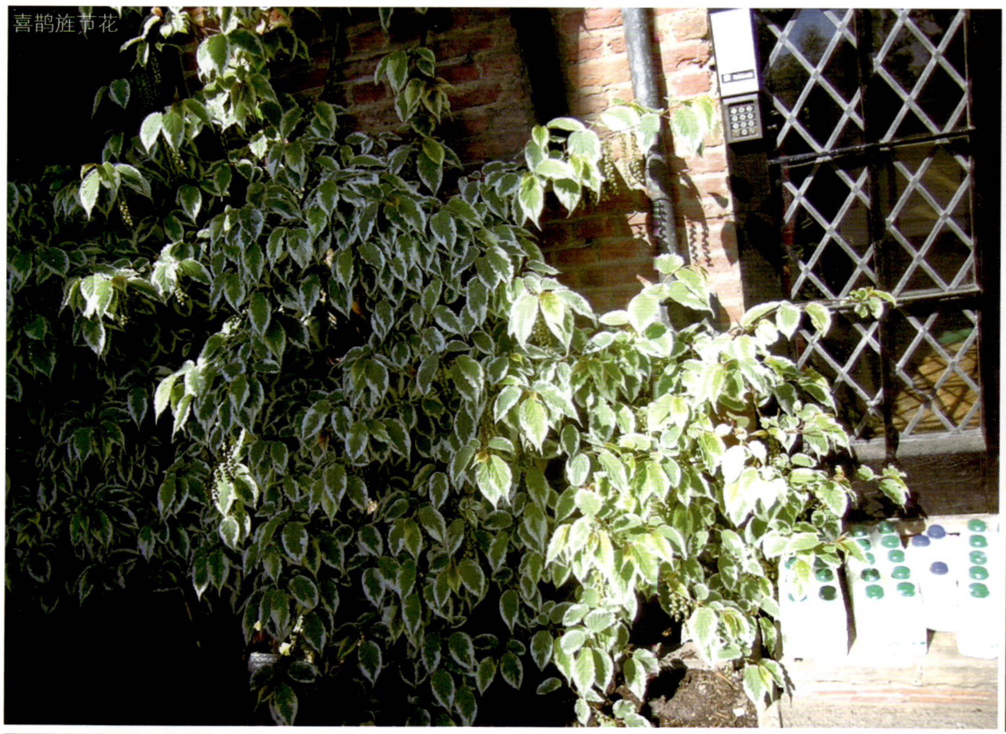
喜鹊旌节花

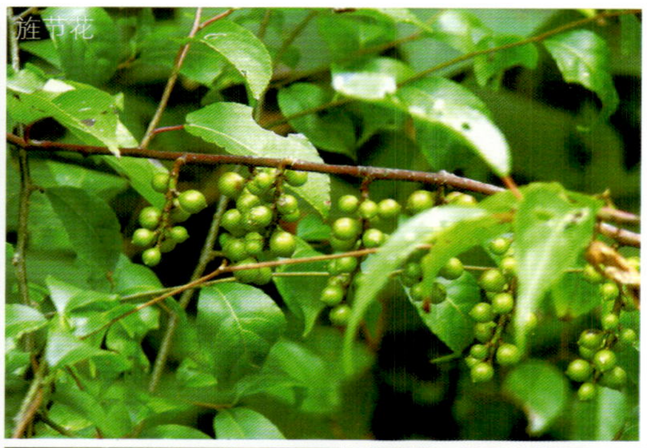
旌节花

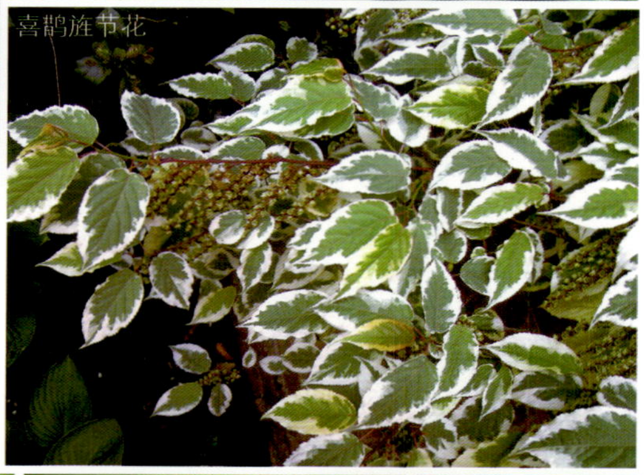
喜鹊旌节花

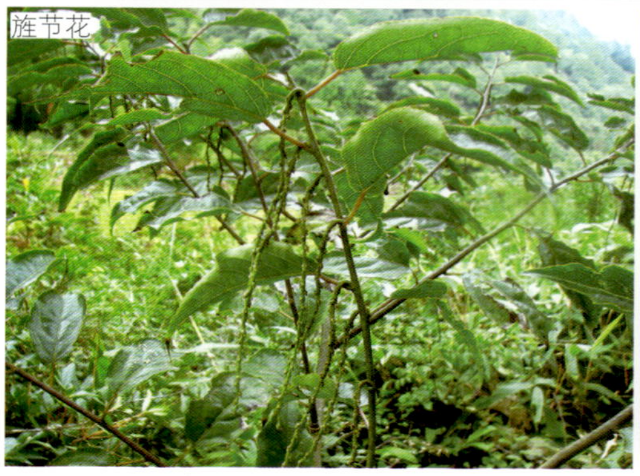
旌节花

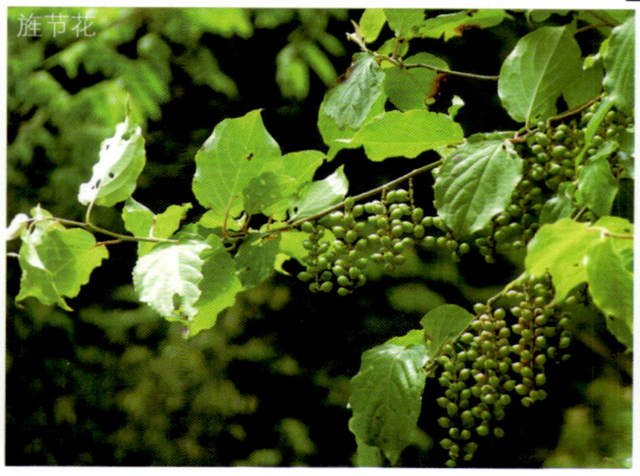
旌节花

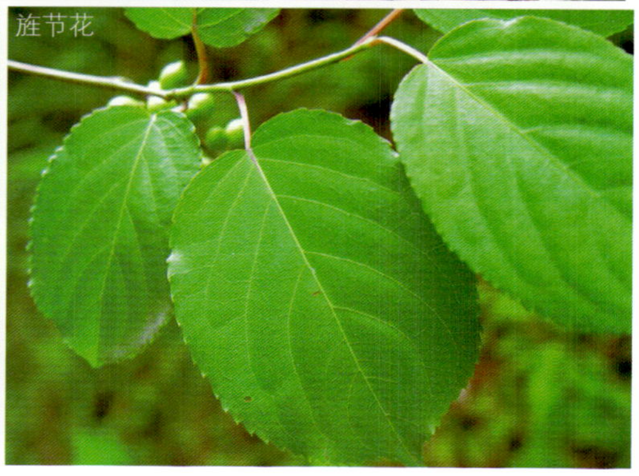
旌节花

七十一、堇菜科 Violaceae

三角车
Rinorea bengalensis

【别名】雷诺木

【形态特征】灌木或小乔木，高1～5m。幼枝有明显叶痕，淡绿色；老枝粗糙。叶互生，椭圆状披针形或椭圆形，长(2.5)5～12(17)cm，宽1.5～6cm，先端渐尖，基部楔形，边缘具细锯齿，近基部全缘，叶脉两面凸起，侧脉6～9对；叶柄长5～12mm；托叶披针形，长10～17mm，托叶痕环状。花两性，辐射对称，白色，花梗长达1cm；萼片宽披针形，外面被黄褐色绒毛；花瓣卵状长圆形，长约5mm，顶端外弯。蒴果近球形，3瓣裂。花期春、夏季；果期秋季。

【产地及习性】产海南、广西。生于灌丛或密林中。越南、缅甸、印度、斯里兰卡、马来西亚、澳大利亚东北部有分布。

【观赏评价与应用】三角车为堇菜科少见的木本植物，花朵黄白色，可栽培观赏，适宜林下、水边、林缘应用，丛植、列植均可。华南植物园有栽培。

【同属种类】三角车属约340种，分布于亚洲热带、美洲热带及非洲。我国4种。

三角车

三角车

三角车

三角车

七十二、柽柳科 Tamaricaceae

柽柳
Tamarix chinensis

【别名】三春柳、红荆条、观音柳

【形态特征】落叶灌木或小乔木，高达3～7m；树冠圆球形。幼枝细弱，开展而下垂，红紫色或暗紫红色；嫩枝繁密纤细，绿色。叶鲜绿色，钻形或卵状披针形，长1～3mm，先端渐尖。花粉红色，雄蕊5；柱头3裂。每年开花2～3次。春季：总状花序侧生在去年生木质化小枝上，长3～6cm，花大而少，花梗纤细，花瓣5，粉红色，花盘5裂；夏秋季：总状花序生于当年生幼枝顶端组成顶生大圆锥花序，花较小、密生，花盘5裂或10裂。蒴果圆锥形。花期4～9月。

【产地及习性】分布广，主产东北南部、海河流域、黄河中下游至淮河流域；栽培于我国东部至西南部各省区。喜光，不耐庇荫；耐寒、耐热；耐干旱，亦耐水湿；对土壤要求不严，耐盐碱，叶能分泌盐分。深根性，萌芽力和萌蘖力均强，生长迅速。

【观赏评价与应用】柽柳为古之名木，古干柔枝，婀娜多姿，兼有柏、柳的风韵；紫穗红英，艳艳灼灼，花期甚长，略具香气；叶经秋尽红，更加可爱。是优美的园林观赏树种，适于池畔、堤岸、山坡丛植，也可植为绿篱，尤其是在盐碱和沙漠地区，更是重要的观赏花木。西安市大慈恩寺、丽江木府内有柽柳古树，仍生长繁茂。老桩可作盆景。

【同属种类】柽柳属约90种，分布于亚洲、非洲和欧洲。我国18种，各地均有分布或栽培。花色艳丽，均可栽培观赏。

多花柽柳
Tamarix hohenackeri

【形态特征】落叶灌木，高1～3m。绿色营养枝上的叶线状披针形或卵状披针形，长2～3.5mm，内弯，边缘干膜质，半抱茎；木质化生长枝上的叶抱茎，卵状披针形，基部膨胀。春季总状花序侧生在去年生木质化枝上，数个簇生；夏季总状花序生当年生幼枝顶端，集生成疏松或稠密的短圆锥花序。花玫瑰色或粉红色，花瓣靠合而花冠呈球形。春季开花5～6月上旬，夏季开花直到秋季。

【产地及习性】产新疆、青海、甘肃、宁夏和内蒙古，生于荒漠河岸林中，荒漠河、湖沿岸沙地广阔的冲积淤积平原上的轻度盐渍化土壤上。俄罗斯、伊朗和蒙古也有分布。耐严寒。

【观赏评价与应用】多花柽柳开花期长，自春至秋开花不断，花朵玫瑰红色，极为优美，是优良的花灌木。适应性强，特别适于荒漠地区绿化固沙造林。

柽柳

柽柳

柽柳

多花柽柳

多花柽柳

多花柽柳

多枝柽柳
Tamarix ramosissima

【别名】红柳

【形态特征】落叶灌木或小乔木状，高1～3（6）m，当年生木质化的生长枝淡红或橙黄色，有分枝，次年颜色变淡。木质化生长枝上的叶披针形，基部短，半抱茎，微下延；绿色营养枝上的叶短卵圆形或三角状心脏形，长2～5mm，急尖，略向内倾，几抱茎，下延。总状花序生在当年生枝顶，集成顶生圆锥花序，长5～8cm；花瓣粉红色或紫色，倒卵形至阔椭圆状倒卵形。蒴果三棱圆锥形瓶状，长3～5mm。花期5～9月。

【产地及习性】产西藏西部、新疆、青海、甘肃、内蒙古和宁夏，生于河漫滩、河谷阶地上，沙质和黏土质盐碱化的平原上，沙丘上，每集沙成为风植沙滩。东欧到中亚、伊朗、阿富汗和蒙古也有分布。

【观赏评价与应用】多花柽柳开花繁密而花期长，是沙漠地区盐化沙土上、沙丘上和河湖滩地上固沙造林和盐碱地上绿化造林的优良树种。

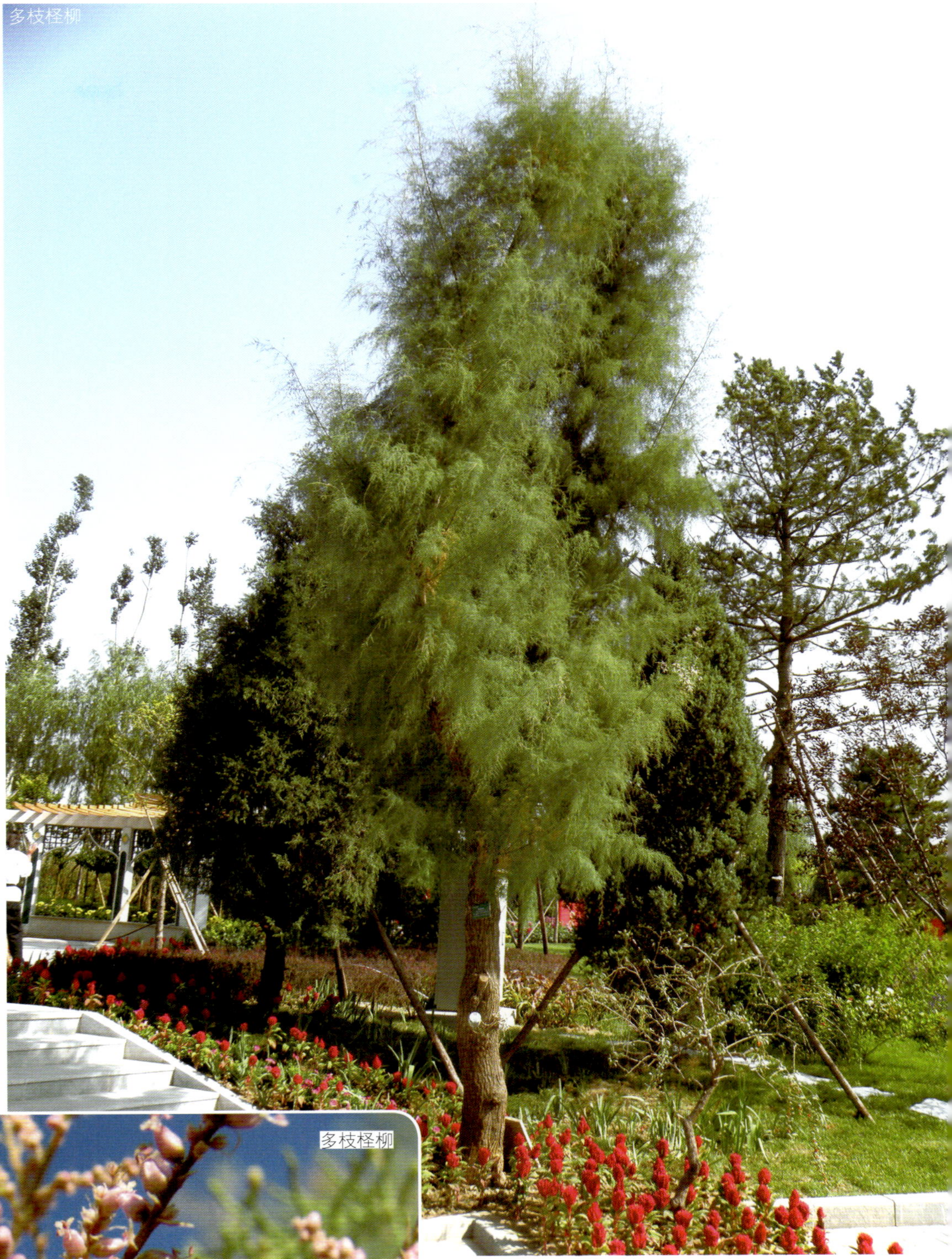
多枝柽柳

多枝柽柳

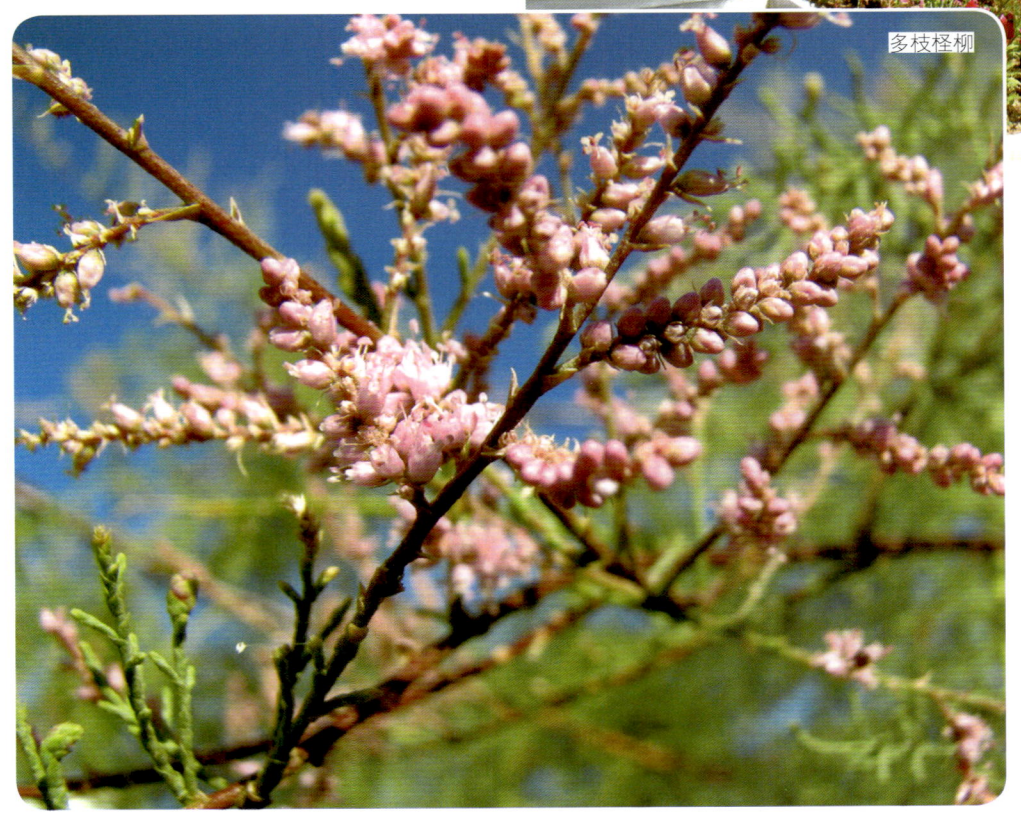

七十三、番木瓜科 Caricaceae

番木瓜
Carica papaya

番木瓜

【别名】万寿果、番瓜、木瓜树

【形态特征】常绿软木质小乔木，高达 8～10m，干通直，不分枝。叶簇生干顶，大而近圆形，径达 60cm，掌状 5～9 深裂，裂片再羽裂；叶柄长 0.6～1m，中空。花杂性，雄花排成长达 1m 的下垂圆锥花序，花冠乳黄色，雄蕊 10，5 长 5 短；雌花单生或数朵排成伞房花序，花瓣近基部合生，乳黄色或乳白色；子房上位，1 室，柱头流苏状，胚珠多数；两性花雄蕊 5 或 10，1 轮或 2 轮，子房较小。浆果，簇生于干顶周围，长圆形或倒卵状球形，长 10～30（50）cm，熟时橙黄色。花果期全年，在海南 4～11 月为盛果期。

【产地及习性】野生分布不详，栽培起源于中美洲，现世界热带地区广植。我国有引种，广植于南部及西南部根系肉质，喜疏松肥沃的沙质壤土，忌积水。喜炎热和光照，不耐寒，生长适宜温度 26～32℃，10℃以下生长受到抑制。浅根系，怕大风。

【观赏评价与应用】番木瓜约在 17 世纪初传入东方，我国栽培历史有 270 年左右。《岭南杂记》（1777 年）中有记载，称为"乳瓜"。树皮灰白色，树冠半圆形，叶片大型，果实直接着生于主干上，树姿优美奇特。特别适于小型庭园造景，可植于庭前、窗际、建筑周围，绿荫美果，两俱宜人，是华南重要庭木。果实香甜可食。

【同属种类】番木瓜属仅有 1 种，野生分布不详，世界热带地区广植。果供生食或浸渍用，未成熟果内流出的乳汁里可提取木瓜素，供药用。

番木瓜

番木瓜

番木瓜

番木瓜

番木瓜

七十四、葫芦科 Cucurbitaceae

木鳖子
Momordica cochinchinensis

【别名】番木鳖、老鼠拉冬瓜

【形态特征】粗壮大藤本，长达15m，具块状根。叶柄粗壮，长5～10cm，基部或中部有2～4个腺体；叶片卵状心形或宽卵状圆形，长宽均10～20cm，3～5裂或不分裂，有波状齿或近全缘，基部心形，叶脉掌状。卷须颇粗壮，不分歧。雌雄异株。雄花单生或3～4朵，苞片兜状，花萼筒漏斗状，花冠黄色，雄蕊3。雌花单生叶腋，子房密生刺状毛。果实卵球形，长达12～15cm，熟时红色，肉质，密生长3～4mm刺尖突起。花期6～8月；果期8～10月。

【产地及习性】分布于江苏、安徽、江西、福建、台湾、广东、广西、湖幸、四川、贵州、云南和西藏。常生于海拔450～1100m的山沟、林缘及路旁。中南半岛和印度半岛也有。

【观赏评价与应用】木鳖子花朵大而黄白色，果实红艳，卷须发达，攀援能力强，是良好的垂直绿化材料，适宜棚架、凉廊造景。

【同属种类】苦瓜属约45种，多数种分布于非洲热带地区，少数种类在温带地区有栽培。我国3种，主要分布于南部和西南部。

木鳖子

木鳖子

木鳖子

木鳖子

七十五、杨柳科 Salicaceae

钻天柳
Chosenia arbutifolia

【别名】朝鲜柳

【形态特征】落叶乔木，高达 20～30m，径达 0.5～1m。树冠圆柱形；树皮褐灰色。小枝无毛，黄色带红色或紫红色，有白粉。叶长圆状披针形或披针形，长 5～8cm，宽 1～2.5cm，先端渐尖，基部楔形，无毛，表面灰绿色，背面苍白色，常有白粉，边缘有细锯齿或全缘；叶柄长 0.5～0.7cm。花序先叶开放；雄花序长 1～3cm，下垂，雄蕊 5，着生于苞片基部，即花丝下部与苞片合生；无腺体；雌花序直立或斜展，长 1～2.5cm；子房无毛。蒴果 2 瓣裂，无毛。花期 5 月；果期 6 月。

【产地及习性】产东北及内蒙古，生于海拔 300～1500m 河流两岸。俄罗斯远东及朝鲜、日本也有分布。多为零星分布，少见纯林，由于多年的河滩开垦，钻天柳人为破坏严重，已列为国家二级保护植物。抗寒、喜生长在河流两岸排水良好的砂砾、碎石土壤上。

【观赏评价与应用】钻天柳树姿优美，新枝秋季逐渐变红，尤其是在严冬季节，在白雪映衬下红白相间，白里透红，十分优美，是优良的观赏树种。也是重要的速生护岸林树种。

【同属种类】钻天柳属仅 1 种，产亚洲东北部。

钻天柳

毛白杨
Populus tomentosa

【形态特征】落叶大乔木，高达 30m，径达 1.5～2m；树冠卵圆形或圆锥形；树皮灰绿色至灰白色，皮孔菱形。芽卵形，略有绒毛。长枝之叶阔卵形或三角状卵形，长 10～15cm，宽 8～13cm，下面密生绒毛，后渐脱落，叶柄上部扁平，顶端常有 2～4 腺体；短枝之叶较小，卵形或三角状卵形，叶柄无腺体。叶缘有波状缺刻或锯齿。雌雄异株，雌株大枝较为平展，花芽小而稀疏；雄株大枝多为斜生，花芽大而密集。柔荑花序，花无被。蒴果 2 裂；种子细小，有长丝状毛。花期 3 月，叶前开放；果期 4～5 月。

【产地及习性】我国特产，分布于华北、西北至安徽、江苏、浙江，以黄河流域中下游为中心产区。阳性树；对土壤要求不严，在酸性至碱性土上均能生长；稍耐盐碱；耐旱性一般，在特别干瘠或低洼积水处生长不良。寿命长达 200 年以上。抗烟尘污染。

【变型】抱头毛白杨（f. *fastigiata*），侧枝紧抱主干，树冠狭长呈柱状。

【观赏评价与应用】毛白杨树干通直，树皮灰白，树体高大、雄伟，大而深绿色的叶片在微风吹拂时能发出欢快的响声，给人以豪爽之感。在园林中可作庭荫树或行道树，因树体高大，尤其适于孤植或丛植于大草坪上，或列植于广场、干道两侧，则气势严整壮观。

毛白杨

为防止种子污染环境，绿化宜选用雄株。抱头毛白杨树冠狭窄，最适于列植。

【同属种类】杨属约 100 种，广布于欧洲、亚洲和北美洲。我国约 71 种，分布于全国各地。

毛白杨

毛白杨

银白杨
Populus alba

【形态特征】落叶乔木，高 15～30m。树干不直，雌株更甚。树冠广卵形或圆球形。树皮灰白色，光滑，老时深纵裂。幼枝、叶及芽

密被白色绒毛，老叶背面及叶柄密被白色毡毛。长枝之叶阔卵形或三角状卵形，掌状3~5浅裂，长4~10cm，宽3~8cn，有三角状粗齿，两面被白色绒毛，后上面脱落；短枝之叶较小，卵形或椭圆状卵形，叶缘有波状齿，上面光滑，下面被白色绒毛。蒴果组圆锥形，长约5mm。花期4~5月；果期5月。

【产地及习性】产欧洲、北丰、亚洲西部和西北部，我国仅新疆（额尔齐斯河）有野生天然林分布，生于海拔440~580m。西北、华北、辽宁南部及西藏等地有栽培。喜光，不耐荫。耐严寒，耐干旱气候，但不耐湿热，易发生病虫害且主干弯曲。耐盐碱，在含盐量0.4%以下的土壤可生长良好，但不适于黏重土壤。深根性，根系发达，抗风、固土能力强。

【观赏评价与应用】银白杨具有灰白色的树干和银白色的叶片，远看极为醒目，具有较高的观赏价值。在园林中可用作行道树和庭荫树，或于草坪上孤植、丛植，还可作防护树种。为西北地区平原沙荒造林树种，亦为杨树育种珍贵材料。由于夏季高温，银白杨在华北平原地区生长不良。

新疆杨
Populus alba var. *pyramidalis*

【形态特征】落叶乔木，高达30m；树冠圆柱形或尖塔形，枝条直立，侧枝开张角度小；树皮灰白或灰绿色，光滑，很少开裂。萌枝和长枝的叶掌状深裂，基部平截；短枝的叶圆形，下面绿色，几无毛。仅见雄株。

【产地及习性】产于新疆，南疆较多；中国北方各省区有栽培。分布在中亚、西亚、巴尔干、欧洲等地也有分布。属中湿性树种，抗寒性较差，北疆地区在树干基部西南方向常发生冻裂，在年度极端最低气温达-30℃以下时，苗木冻梢严重。喜光，抗大气干旱，抗风，抗烟尘，较耐盐碱，但在未经改良的盐碱地、沼泽地、黏土地、戈壁滩等均生长不良。

【观赏评价与应用】新疆杨树冠狭窄，树皮绿白色而光洁，为优良的绿化和防护林树种，最适于列植、群植，西北地区常植为公路树。

加拿大杨
Populus × *canadensis*

【别名】欧美杨、加杨

【形态特征】落叶乔木，高达30m，径达1m；树冠开展呈卵圆形；树皮纵裂。小枝在叶柄下具3条棱脊，无毛；冬芽多黏质，先端不紧贴枝条。叶近三角形，长7~10cm，先端渐尖，基部截形，锯齿钝圆，叶缘半透明，两面无毛；叶柄扁平而长，有时顶端有1~2个腺体。雄花序长7~13cm，苞片淡黄绿色，花药紫红色。花期4月；果期5~6月。

【产地及习性】系美洲黑杨与欧洲黑杨的杂交种，广植于北半球温带。我国19世纪中叶引入，普遍栽培，尤以华北、东北及长江流域为多。耐寒，也适应暖热气候；喜光，不耐荫；对土壤要求不严，对水涝、盐碱和瘠薄土地均有一定耐性，最适于湿润而排水良好的冲积土。萌芽力、萌蘖力均强。生长迅速，寿命短。雄株较多，雌株少见。

银白杨

银白杨

银白杨

新疆杨

新疆杨

【观赏评价与应用】加拿大杨生长速度快，树体高大，树冠宽阔，叶片大而具光泽，夏季绿荫浓密，是优良的庭荫树、行道树、公路树及防护林材料。也是北方重要的速生用材树种。品种和无性系极多，通称为欧美杨。

山杨
Populus davidiana

【形态特征】落叶乔木，高达25m，树冠圆形。树皮灰绿色或灰白色，老时黑褐色，粗糙。小枝圆柱形，赤褐色，无毛。叶三角状卵圆形或近圆形，长宽约3～6cm，边缘具有浅波状齿；萌枝的叶较大，三角状卵圆形；叶柄侧扁，长2～6cm。有时有不显著腺体。雄花序长5～9cm，雄蕊5～12，花药紫红色；雌花序长4～7cm，柱头带红色。花序轴被白绒毛。果序长达12cm；果卵状圆锥形，无毛，2瓣裂，有短梗。花期3～4月；果期4～5月。

【产地及习性】产于东北、华北、西北、华中至西南高山。俄罗斯、朝鲜也有分布。极喜光，耐寒冷、干旱瘠薄，对土壤适应性较强，常于原生林破坏后形成小面积次生纯林。根萌、分蘖能力和天然更新能力均较强。

【观赏评价与应用】山杨树形优美，白皮类型的树皮灰白色，与白桦相似，早春新叶红色，观赏价值高。是优良的山地风景林树种，也可用于营造防护林。

胡杨
Populus euphratica

【形态特征】落叶乔木，高达 10～15m，稀灌木状；树冠球形；树皮灰褐色，深裂。小枝细圆，灰绿色，幼时被毛。叶形多变化。幼树及萌枝叶披针形或条状披针形，长5～12cm，宽0.3～2cm，全缘或疏生锯齿；大树叶卵形、扁圆形、肾形、三角形或卵状披针形，长2～5cm，宽3～7cm，上部缺刻或全缘，灰绿或淡蓝绿色；叶柄稍扁，长1～3.5cm，顶端具2腺体。雄花序长2～3cm，被绒毛。果序长达9cm；果长卵圆形，长1～1.2cm，2～3裂，无毛。花期5月；果期6～7月。

【产地及习性】产新疆、青海、内蒙古、甘肃等地，南疆塔里木河流域及叶尔羌河、喀什河下游有大片纯林，生长良好。蒙古、俄罗斯以及埃及、印度、阿富汗、巴基斯坦等国也有分布。耐干旱、寒冷及干热气候，耐盐碱，常在树干及大枝上泌结白色盐碱结晶，称胡杨碱。

【观赏评价与应用】胡杨以强大生命力闻名，素有"大漠英雄树"的美称，是西北干旱盐碱地带的优良造林树种，也栽培观赏。胡杨能分泌大量胡杨碱，可供食用或工业原料。最新研究表明，胡杨碱还具有极高的平压降压药用价值。近年来，因干旱缺水和人为破坏等因素，胡杨林面积锐减，目前仅存30多万亩。

胡杨

胡杨

胡杨

河北杨
Populus × *hopeiensis*

【别名】椴杨

落叶乔木，高达30m。树皮黄绿色至灰白色，光滑；树冠圆大。小枝圆柱形。芽长卵形或卵圆形，无黏质。叶卵形或近圆形，长3～8cm，宽2～7cm，基部截形、圆形或广楔形，边缘有弯曲或不弯曲波状粗齿，齿端锐尖，内曲；叶柄侧扁。雄花序长约5cm，雌花序长3～5cm。蒴果长卵形，2瓣裂，有短柄。花期4月；果期5～6月。

河北杨

河北杨

河北杨

山杨与毛白杨的自然杂交种，产华北、西北各省区，多生于河流两岸、沟谷阴坡及冲积阶地上。适于高寒多风地区，耐寒、耐旱，喜湿润，但不抗涝；在缺少水分的岗顶及南向山坡常常生长发育不良。速生，萌芽性强，耐风沙。为华北、西北黄土丘陵岗顶、梁坡、沟谷及沙滩地的水土保持或用材林造林树种。也为庭院、行道优良树种。

箭杆杨
Populus nigra var. *thevestina*

【形态特征】落叶乔木，树冠窄圆柱形。树皮灰白色，幼时光滑，老时基部稍裂。叶片三角状卵形至卵状菱形，长宽近相等，先端渐尖至长尖，基部楔形至圆形，两面无毛，边缘半透明，具钝细齿。只有雌株。原种产我国新疆以及西亚、欧洲。

【产地及习性】华北、西北各省广为栽培，欧洲、西亚和北非也有栽培，至今未发现野生。喜光，抗干旱气候，耐寒，稍耐盐碱及水湿，但在低洼常积水处生长不良。生长快。

【变种】钻天杨（var. *italica*），侧枝成20～30°角开展，树冠圆柱形，长枝的叶扁三角形，宽大于长，短枝的叶菱状三角形至菱状卵圆形，叶柄无腺点。黄河流域至长江流域广为栽培。

【观赏评价与应用】箭杆杨和钻天杨树姿优美，树冠狭窄而紧凑，柱状而耸立，常用作公路行道树，也是优良的农田防护林及"四旁"绿化树种。

杨柳科 Salicaceae

箭杆杨

小叶杨

小叶杨

小叶杨
Populus simonii

【别名】南京白杨

【形态特征】落叶乔木，高达20m，径达50cm。树冠近圆形，干形较差。树皮灰绿色，老时暗灰色。萌条及长枝有棱角。冬芽瘦尖，有黏质。叶菱状卵形、菱状倒卵形至菱状椭圆形，长4～12cm，宽2～8cm，中部以上最宽，具细钝锯齿，背面苍白色；叶柄近圆形，常带淡红色，表面有沟槽，无腺体。雄花序长2～7cm，果序长达15cm。花期3～5月；果期4～6月。

【产地及习性】产我国及朝鲜。广泛分布于东北、华北、西北、华东及西南各省区。喜光，适应性强，耐寒，亦耐热；耐干旱，又耐水湿；喜肥沃湿润土壤，亦耐干瘠及轻盐碱土。根系发达，抗风沙力强。萌芽力和根蘖力强。

【变型】塔形小叶杨（f. *fastigiata*），枝条近于直立向上，树冠狭窄成塔形。产辽宁、河北、山东及北京。

【观赏评价与应用】小叶杨是中国主要乡土树种和栽培树种。适作行道树、庭荫树，也是防风固沙、保持水土、护岸固堤的重要树种。塔形小叶杨树冠狭窄，适于列植。国内外对发展和保护小叶杨十分重视，对其遗传特性研究更加重视，已成为世界性重要的基因资源。

箭杆杨

箭杆杨

小叶杨

杨柳科 Salicaceae

小钻杨

小钻杨
Populus × xiaozhuanica

【别名】赤峰杨、白城杨、合作杨、小意杨。

【形态特征】落叶乔木，高达30m，树冠圆锥形或塔形。树干通直，幼树皮灰绿色，侧枝与主干分枝角度较小。幼枝圆筒状，微有棱。芽长椭圆状圆锥形，长8~14mm，有黏质。萌枝或长枝叶较大，菱状三角形，基部广楔形至圆形，短枝叶形多变化，菱状三角形、菱状椭圆形或广菱状卵圆形，长3~8cm，宽2~5cm，近基部全缘，有的有半透明的边；叶柄圆柱形，先端微扁。雄花序长5~6cm，雌花序长4~6cm。果序长10~16cm；蒴果卵圆形。花期4月；果期5月。

【产地及习性】是小叶杨与钻天杨的自然杂交种。产东北、华北各地。耐干旱、耐寒冷、耐盐碱，生长快。

【观赏评价与应用】小钻杨适应性强，生长迅速，适于干旱地区、沙地、轻碱地或沿河两岸营造用材林或农田防护林，也是四旁绿化的优良树种。

小钻杨

小钻杨

垂柳
Salix babylonica

【形态特征】落叶乔木，高达18m，径达1m；树冠倒广卵形。小枝细长下垂，淡褐黄色或带紫色，无毛。叶互生，狭披针形或条状披针形，长9~16cm，宽0.5~1.5cm，先端长渐尖，基部楔形，无毛或幼叶微有毛，具细锯齿；叶柄长（3）5~10mm；托叶披针形。雄蕊2，花丝分离，花药黄色，腺体2；雌花子房仅腹面具1个腺体，背面无腺体。花期3~4月；果期4~5月。

【产地及习性】产长江流域及黄河流域，各地普遍栽培。亚洲、欧洲和北美洲各国均有引种。喜光，较耐寒；对土壤要求不严，最适于湿润的酸性至中性土壤上生长，但也能生于高燥之地。耐干旱能力较旱柳稍差，特耐水湿；根系发达，萌芽力强。抗有毒气体。

【观赏评价与应用】垂柳枝条细长，随风飘舞，姿态优美潇洒，早春金黄，生长迅速，发叶早、落叶迟，春日"翠条金穗舞聘婷"、夏日"柳渐成荫万缕斜"、秋日"叶叶含烟树树垂"、冬日则"袅袅千丝带雪飞"，自古以来深受我国人民喜爱。最宜配植在水边，如桥头、池畔、河流、湖泊沿岸等处，"柔条拂水，弄绿搓黄，大有逸致。"与桃花间植可形成桃红柳绿之景，是江南园林春景的特色配植方式之一。杭州西湖的"苏堤春晓"即以垂柳、碧桃成景。柳树单独使用，沿水边成片、成列种植，或"长堤曲沼万垂丝"，或"堤柳低垂晚照斜"，如杭州西湖的"柳浪闻莺"、济南大明湖的"明湖翠柳"、钱塘的"六桥烟树"、扬州瘦西湖的"长堤春柳"、南昌西湖的"余亭烟柳"等。也可作行道树、公路树，亦适用于工厂绿化。

【同属种类】柳属约520种，主要分布于北半球温带和寒带，北半球亚热带和南半球种类极少，大洋洲无野生种，多为灌木，稀乔木。我国257种，广布。

垂柳

垂柳

杨柳科 Salicaceae

垂柳

白柳
Salix alba

【形态特征】落叶乔木,高达 20～25m。树冠开展;幼枝有银白色绒毛,老枝无毛。芽贴生,长约 6mm,宽 1.5mm。幼叶两面有银白色绢毛,老叶上面无毛。叶片披针形、线状披针形至倒卵状披针形,长 5～12(15)cm,宽 1～3(3.5)cm;侧脉 12～15 对;叶缘有细锯齿;叶柄长 2～10mm,有白色绢毛。雄蕊 2 枚。果序长 3～5.5cm。

白柳

【产地及习性】原产新疆,多沿河生长,生于海拔 3100m 以下;甘肃、内蒙古、青海、西藏有栽培。欧洲和西亚也有分布。

【观赏评价与应用】白柳为速生的重要用材柳树之一,并为观赏树种和早春蜜源植物。多为栽培,野生林木不多,仅见于新疆额尔齐斯河及其附近支流和塔城南湖一带。在额尔齐斯河流域,生长良好,高达 25m,径达 1m,树干通直而圆满。西北地区常见栽培,是重要的城乡绿化树种,也是新疆栽培历史最悠久的树种之一。

白柳

白柳

河柳
Salix chaenomeloides

【别名】腺柳

【形态特征】落叶乔木,高达 10m。小枝褐色或红褐色。叶片宽大,椭圆状披针形至椭圆形、卵圆形,长 4～8(10)cm,宽 1.8～3.5(4)cm,边缘有腺齿,下面苍白色,嫩叶常呈紫红色;叶柄顶端有腺点,托叶半圆形。雄蕊 3～5,花丝基部有毛,腺体 2;子房仅腹面有 1 腺体。果穗中轴有白色柔毛。花期 4 月;果期 5 月。

【产地及习性】产辽宁南部、黄河中下游至长江中下游,多生于河边、湖滨。喜光,不耐荫,喜潮湿肥沃的土壤,耐水湿。萌芽力强,耐修剪。

【观赏评价与应用】河柳植株高大,新叶紫红色,枝叶茂密,叶片宽大,是优良的园林观赏树种,园林中适于种植在水旁岸边,也是重要护堤、护岸的绿化树种。

河柳

河柳

河柳

河柳

杨柳科 Salicaceae

细柱柳
Salix gracilistyla

【别名】红毛柳

【识别要点】落叶灌木。小枝黄褐色或红褐色，初有绒毛，后无毛。叶椭圆形或倒卵状长圆形，长约5（12）cm，宽1.5～2（3.5）cm，夏、秋展开的叶下面密被绢毛（春与初夏的幼叶无毛），叶脉凸起，有锯齿；托叶大，半心形。花序先叶开花，无梗，长2.5～3.5 cm，粗1～1.5 cm；雄蕊2，花丝合生；花柱细长，柱头2裂。果序长达8 cm，蒴果被密毛。花期4月；果期5月上旬。

【产地及习性】产黑龙江、吉林、辽宁，生于山区溪流旁。也分布俄罗斯东部、朝鲜、日本。

【观赏评价与应用】细柱柳株型自然，适应性强，常栽培，可作护堤、观赏、编织等用。

杞柳
Salix integra

【形态特征】落叶灌木，高1～3m。小枝淡红色，无毛。芽卵形，黄褐色，无毛。叶近对生或对生，披针形或条状长圆形，长2～5cm，宽1～2cm，先端短渐尖，基部圆或微凹，背面苍白色，全缘或上部有尖齿，两面无毛；萌枝叶常3枚轮生。花序对生，稀互生。蒴果长0.2～0.3cm，被柔毛。花期5月；果期6月。

【产地及习性】产东北及内蒙古、河北、河南、山东及安徽南部，生于80～2100m山地河边、湿草地。俄罗斯东部、朝鲜及日本亦有分布。

【观赏品种】花叶杞柳（'Hakuro-nishiki'），新叶绿粉色底带有粉白色斑纹，老叶变为黄绿色。

【观赏评价与应用】杞柳株丛茂密，适于湿地、水边造景应用。枝条柔软，是编筐的优良材料。近年来从国外引进的"花叶柳"，叶片呈亮丽的金黄色，耐修剪，新叶粉绿色而带有大面积白色斑纹，常修剪成球形，丛植于草地。

银芽柳
Salix × leucopithecia

【别名】银柳、棉花柳

【形态特征】落叶灌木，高2～3m。小枝粗壮，绿褐色，具红晕；冬芽红褐色，有光泽。叶互生，较厚，长椭圆形，长9～15cm，边缘有细锯齿，叶背面密被白毛。雌雄异株，花芽肥大，柔黄花序。雄花序椭圆状圆柱形，长3～6cm，早春叶前开放，盛开时花序密被银白色绢毛，颇为美观。花期12月至翌年2月。

银芽柳

银芽柳

【产地及习性】杂交种，原产日本，我国江南一带常有栽培，已有近百年历史。喜光，喜湿润，较耐寒，耐干旱和盐碱，也耐水湿，宜肥沃、疏松的砂质壤土。

【观赏评价与应用】银芽柳花芽肥大，早春花序开放后银白色，犹如满树银花，基部围以紫红色芽鳞，极为美观。可供庭园丛植观赏，常配植于池畔、河岸、湖滨。也是重要的冬春季切花材料，瓶插时间长，花序并可染成各种颜色，十分美观，颇受欢迎。

筐柳
Salix linearistipularis

【别名】蒙古柳

落叶灌木或小乔木，高达8m。小枝细长。叶披针形或线状披针形，长8～15cm，宽5～10mm，两端渐狭或上部较宽，幼叶有绒毛，下面苍白色；托叶披针形或线状披针形，长达1.2cm，萌生枝的托叶长达3cm。花序长圆柱形，雄花序长3～3.5cm，粗2～3mm，雄蕊2；雌花序长3.5～4cm，粗约5mm；子房有短柔毛。花期5月上旬；果期5月中下旬。

分布于河北、山西、陕西、河南、甘肃等省，生于平原低湿地、河流湖泊岸边，常见栽培。适应性强，不择土壤，可作为固沙和护堤固岸树种。枝条细柔，是很好的编织材料。

筐柳

旱柳
Salix matsudana

【形态特征】落叶乔木，高达18m，径达80cm；树冠倒卵形或近圆形。枝条直伸或斜展，浅黄褐色或带绿色，后变褐色，嫩枝有毛，后脱落。叶披针形，长5～10cm，宽1～1.5cm，先端长渐尖，基部楔形，无毛，叶缘有细锯齿，背面微被白粉；叶柄长5～8mm。雄蕊2，花丝分离，基部有长柔毛；雌花子房背腹面各具1个腺体。花期3～4月；果期4～5月。

【产地及习性】我国广布树种，以黄河流域为分布中心，北达东北各地，南至淮河流

筐柳

域和江浙，西至甘肃和青海，是北方平原地区常见的乡土树种之一。日本、朝鲜、俄罗斯也有分布。适应性强。喜光，不耐庇荫；耐寒；在干瘠沙地、低湿河滩和弱盐碱地上均能生长，以深厚肥沃、湿润的土壤最为适宜，在黏重土壤及重盐碱地上生长不良。耐干旱和耐水湿的能力都很强。

【变型】龙爪柳（f. *tortuosa*），枝条扭曲向上，生长势较弱，树体较小。馒头柳（f. *umbraculifera*），小乔木，分枝密，枝条端梢齐整，形成半圆形树冠，状如馒头。

【观赏评价与应用】旱柳树冠丰满，生长迅速，枝叶柔软嫩绿，早春金黄，发叶早、落叶迟，而且各品种多姿多彩，深受我国人们喜爱，是我国北方常用的庭荫树和行道树，也常用作公路树、防护林及沙荒地造林、农村"四旁"绿化。宜植于水滨、桥头、池畔、堤岸。龙爪柳枝干屈曲多姿，状若游龙，植于池塘岸边，大枝斜出水面，犹似蛟龙出水，颇有雅致。由于种子多毛，用作园林绿化的旱柳最好选择雄株。

多腺柳
Salix nummularia
【*Salix polyadenia*】

【别名】长白柳

草本状匍匐小灌木。枝长达40cm，最粗达1cm。叶倒卵状椭圆形或近圆形、椭圆形，长0.5～1.7cm，宽0.5～1.5cm，先端圆钝或微凹，幼时有白色毛。花序生于短枝顶端，无梗。花期7月上旬；果期7月中、下旬。

产吉林，生于长白山高山苔原。可为野生动物食料。在高山有保持水土的好作用。

泰山柳
Salix taishanensis

落叶大灌木，高达5m。幼枝褐红色，2年生枝微被白粉。叶卵形，长约3.5～5cm，宽约2～3cm，先端钝或急尖，基部微心形至圆形，上面绿色，幼时有短柔毛，下面灰绿色，无毛；低出叶下面有丝状长毛，全缘。花叶同放，花序无梗，长1～2cm，粗约4mm；子房卵状圆锥形，被灰色柔毛，有子房柄，花柱2深裂；苞片椭圆形，密被白色长毛；仅有1腹腺。花期5月中下旬。

产山东泰山、河北，生于海拔1400m北坡灌丛中。枝条光滑，棕黄色至红褐色，芽体大，春季满树繁花，叶片宽阔，可栽培观赏。

杨柳科 Salicaceae

泰山柳

金丝垂柳

泰山柳

枝白柳 × 垂柳），各地普遍栽培。适应性强，生长速度快，寿命较短。

【观赏评价与应用】金丝垂柳枝条金黄色，自然下垂，树形优美，冬季满树金黄色的枝条如同一条条黄色丝绦，明媚耀眼，春季黄色枝条与绿色新芽交相辉映，美丽异常，夏秋季节则浓荫蔽日，满眼青翠，观赏价值高于垂柳。应用方式可参考垂柳。

金丝垂柳

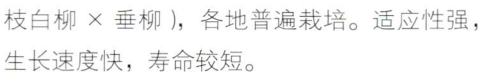
金丝垂柳

泰山柳

金丝垂柳
Salix 'Tristis'

【形态特征】落叶乔木，高达18m。树冠卵圆形或伞形，小枝细长，金黄色，下垂。叶窄披针形或条状披针形，长9～16cm，宽0.5～1.5cm，两面无毛或幼叶微被毛，有细锯齿；托叶斜披针形。花期3～4月；果期4～5月。

【产地及习性】金丝垂柳为一杂交种（金

金丝垂柳

七十六、山柑科（白花菜科） Capparaceae

野香橼花
Capparis bodinieri

【别名】小毛毛花、猫胡子花

【形态特征】常绿灌木或小乔木，高5～10m，新生枝密被星状毛；刺长达5mm，外弯。叶卵形或披针形，长4～13cm，宽2～4.5cm，侧7～8对；叶柄粗壮，长5～7mm。花蕾球形，径5～6mm；花2～5朵排成一列，腋上生；萼片4，长5～7mm，舟形；花瓣白色；雄蕊20～37。果球形，径7～12mm，熟时黑色。花期3～4月；果期8～10月。

【产地及习性】产四川、贵州及云南东部，生于2500m以下的灌丛或次生森林中。印度、不丹、缅甸也有。

【观赏评价与应用】野香橼花树形美观，枝叶柔垂，花型奇特，雄蕊细长伸展如猫须，故有"猫胡子花"之称，是优良的观赏植物，适于华南及西南地区栽培应用，可丛植、列植于庭院、公园、居住区。

【同属种类】山柑属约250～400种，主产热带与亚热带，少数至温带。我国约37种，除新疆、西藏产1种外，其余分布西南至台湾。

野香橼花

野香橼花

野香橼花

老鼠瓜
Capparis himalayensis

【别名】爪瓣山柑

【形态特征】平卧灌木，茎长50～100cm，新生枝密被长短混生白色柔毛；刺尖利，长4～5mm。叶椭圆形或近圆形，长1.3～3cm，宽1.2～2cm，顶端有凸尖头。花单生叶腋，花梗长3.5～4.5cm；花萼两侧对称；花瓣异形，上面2个异色，内侧黄绿色，外侧白色；雄蕊花丝不等长。果椭圆形，长2.5～3cm，果皮薄，成熟后开裂，露出红色果肉与极多的种子。花期6～7月；果期8～9月。

【产地及习性】产新疆（北疆和东疆）、西藏；生于平原、空旷田野、山坡阳处。自巴基斯坦东北部到印度西北部及尼泊尔西部都有。深根性植物，根系发达，水平根较少，抗干旱瘠薄，不怕沙埋。

【观赏评价与应用】作为旱生荒漠植物，老鼠瓜能在年降水量不到50mm的极端干旱条件下生长发育，茎平铺地面，花较大而白色，夏季开花，椭球形的果实形似老鼠，熟时果皮开裂反卷，内侧呈血红色。花果均可观赏，在产区是一种优良的观赏和固沙植物。

老鼠瓜

老鼠瓜

老鼠瓜

山柑科（白花菜科） Capparaceae

海南槌果藤
Capparis micracantha

【别名】小刺山柑、小刺槌果藤

灌木或小乔木，有时攀援。新枝略扁平，小枝近圆形，无刺或有小刺。叶幼时膜质，长成时革质，长椭圆形或长圆状披针形，长（10）15～20（30）cm，宽（4）6～10cm，顶端钝圆，有时急尖，两面无毛，侧脉7～10对，网状脉明显，细密；叶柄长1～2.2cm。花2～7朵排成一短纵列，腋上生，萼片卵形至长圆形，花瓣白色，长圆形或倒披针形，长10～20mm，宽3～7mm，雄蕊20～40，花丝长25～30mm。果球形至椭圆形，长3～7cm，径3～4cm，橘红色。花期3～5月；果期7～8月。

产广西、海南、云南等地，生于海拔1500m以下的森林或灌丛中。东南亚也有。

海南槌果藤

海南槌果藤

海南槌果藤

鱼木
Crateva religiosa
【*Crateva membranifolia*】

【形态特征】乔木或灌木状，高3～15m。掌状复叶互生，叶柄长6～7cm。小叶3，薄革质，长5.5～7cm，宽3～4cm，小叶柄长3～7mm；中脉红色，侧脉5～10对。总状或伞房状花序着生在新枝顶部，有花10～25朵。花大，白色至黄色，有长花梗；萼片4，卵圆形；花瓣4，长1.5～2.2cm，瓣爪长3.5～5mm；雄蕊16～30，花丝长3～6cm。浆果卵球形或倒卵形，径约1.8～3.5cm。花期3～5月；果期7～10月。

【产地及习性】分布于广东、海南、台湾，生于海拔200m以下。热带亚洲和太平洋岛屿也产。适应性强，喜光，喜温暖湿润气候。

【观赏评价与应用】鱼木树形美观，花姿美丽迷人，花瓣粉嫩、花丝纤长，盛花时犹如群蝶纷飞，花白色或黄色，芳香，在华南和南亚、东南亚国家常植为庭园观赏树。据典籍所载，我国台湾沿海及日本琉球群岛的渔民以其木雕作小鱼形（亦云以其果）为饵以钓鱼，故有"鱼木"之称。

【同属种类】鱼木属约8种，产热带与亚热带，北半球延伸至日本南部，南半球到达阿根廷北部。我国5种，多见于西南、华南至台湾。

鱼木

鱼木

台湾鱼木
Crateva formosensis

半常绿灌木或乔木，高2～20m，开花时无叶。小枝与节间较长。小叶质地薄而坚实，两面稍异色，侧生小叶基部很不对称，花枝上的小叶长10～11.5cm，宽3.5～5cm，侧脉纤细，4～7对，叶柄长5～7cm，营养枝上的小叶略大，长13～15cm，宽6cm，叶柄长8～13cm。花枝长10～15cm，花序长约3cm，有花10～15朵；花梗长2.5～4cm。果球形至椭圆形，长约3～5cm，红色。花期6～7月；果期8月至翌年1月。

产台湾、广东北部、广西东北部，生于海拔400m以下的沟谷或平地、低山水旁或石山密林中。日本南部也有。重庆附近有栽培。

鱼木

山柑科（白花菜科） Capparaceae

树形优雅，春季盛花期，满树如千万彩蝶群舞，秀而不媚，十分夺目，是华南地区美丽的观花植物。适宜于草坪孤植，或植于道路、建筑旁。

台湾鱼木

台湾鱼木

树头菜

树头菜
Crateva unilocularis

【别名】单色鱼木

乔木，高5～10（30）m，花期时树上有叶。枝常中空。小叶薄革质，长7～18cm，宽3～8cm，中脉带红色，侧脉5～10对，叶柄长5～12cm。总状或伞房状花序着生在下部有数叶、全长约10～18cm的小枝顶部，有花10～40朵；花瓣白色或黄色，爪长4～10mm，瓣片长10～30mm，宽5～25mm。果球形，径约2.5～4cm。花期3～7月；果期7～8月。

产福建、广东、广西及云南等省区；常生于平地或1500m以下湿润地区，村边道旁常有栽培。尼泊尔、印度、缅甸、老挝、越南、柬埔寨都有。云南石屏、建水等地有取嫩叶盐渍食用，故有树头菜之名。

树头菜

树头菜

台湾鱼木

七十七、辣木科 Moringaceae

象腿辣木

象腿辣木
Moringa drouhardii

【别名】象腿树

【形态特征】落叶乔木，株高可达7～12m；树干肥厚多肉，基部肥大似象腿。成年树侧枝疏少，叶生于枝顶，2～3回羽状复叶，小叶细小，椭圆状镰刀形，粉绿至粉蓝色。圆锥花序腋生，花白色或黄色，气味芳香。花期夏季。

象腿辣木

象腿辣木

【产地及习性】原产热带非洲，我国广东、云南、台湾等地有栽培。性喜高温，喜光，耐长期干旱，喜肥沃、排水良好的砂质土壤。

【观赏评价与应用】象腿辣木树干弯曲，基部肥大似象腿，树形怪俊优美，奇特别致，小枝或斜展或下垂，叶簇疏松，叶片细小，迎风飘曳，酷似国画造型，风姿卓越，是难得的优美园林赏形树种，适宜孤植观赏、丛植或点缀于林缘。

【同属种类】辣木属约12种，分布于非洲和亚洲热带地区。我国华南引入栽培，北方温室也有。

辣木
Moringa oleifera

落叶乔木，高3～10m。根有辛辣味。3回羽状复叶，长25～60cm，羽片基部具稍弯的线性或棍棒状腺体；叶柄柔弱，基部鞘状；羽片4～6对；小叶对生，3～9片，卵形、椭圆形，长1～2cm，宽0.5～1.2cm，全缘，顶端一片较大，背面苍白色，无毛。花序广展，长10～30cm；花白色，芳香，径约2cm，萼片线状披针形，花瓣匙形。蒴果，细长下垂，长20～50cm，直径1～3cm。花期全年；果期6～12月。

原产印度，现广植于热带地区。我国广州、福建等地栽培，常植于村旁、公园。喜光，耐干旱瘠薄，不耐涝。株型奇特，常栽培观赏，多见于村落、植物园中。根、叶和嫩果有时也供食用。

辣木

辣木

辣木

七十八、桤叶树科（山柳科）Clethraceae

华东山柳
Clethra barbinervis

【别名】山柳、髭脉桤叶树

【形态特征】落叶灌木或乔木，高2～10m；嫩枝密被星状绒毛，老枝无毛。叶倒卵状椭圆形或倒卵形，长6～15cm，宽3～6.5cm，嫩叶被星状柔毛，后仅脉腋有白色髯毛；边缘具锐尖锯齿，侧脉10～16对。总状花序3～6枝成圆锥状，长5～17cm，花序轴和花梗均密被锈色星状绒毛；萼5深裂，密被灰色星状绒毛；花瓣5，白色，倒卵状长圆形，长4～6mm，宽2～3mm，顶端近圆形，雄蕊10。蒴果近球形，径约4mm。花期7～8月；果期9～10月。

【产地及习性】产安徽、浙江、江西、福建和台湾，生于海拔800～1800m山谷疏林中。亦分布于日本、朝鲜。

【观赏评价与应用】华东山柳花朵白色，芳香，可栽培观赏。江西庐山、浙江杭州植物园已引种栽培，生长良好。

【同属种类】桤叶树属约65种，分布于亚洲、非洲西北部及美洲。我国7种，分布于西南部、长江流域及东南沿海各省区。

华东山柳

华东山柳

华东山柳

七十九、杜鹃花科 Ericaceae

深红树萝卜
Agapetes lacei

【别名】灯笼花

【形态特征】附生灌木；枝条具平展刚毛。叶革质，椭圆形，长 0.7～1.5cm，宽 6～8mm，上半部边缘有细锯齿、无毛。花单生叶腋，花梗长 1.5～1.8cm；花冠圆筒状，长 2～2.7cm，檐部径约 12mm，深红色，裂片三角形，先端暗绿色。果小，直径 4mm。花期 1～6 月；果期 7 月。

【产地及习性】产云南、西藏。附生于海拔 1500～1650m 的常绿林中树上或岩石上。缅甸也有。

【观赏评价与应用】深红树萝卜因花色深红而得名，它同时具备较高的观花和观根价值，深红色的花朵秀丽雅致，造型酷似小灯笼，因此又被称为"灯笼花"，盛花时犹似满树挂满深红色的小灯笼，根部常有数个形似萝卜状的硕大块茎，且是附于树间或石上，更显奇观。华南植物园高山极地植物室有栽培。

【同属种类】树萝卜属约 80 余种，分布于东喜马拉雅、尼泊尔、不丹、印度、缅甸和中国西南部以至中南半岛。我国有 51 种。

缅甸树萝卜
Agapetes burmanica

附生常绿灌木，高 1.5～2m；根膨大成块状。幼枝具棱，无毛。叶假轮生，长圆状披针形，长 22～25cm，宽 4.5～6cm，边缘具波状锯齿，无毛。总状花序短，生于老枝上，花冠圆筒形，长 5～6cm，径 0.7～1.1cm，玫瑰红色，具暗紫色横纹，裂片淡绿色。果大，花萼宿存。花期 9～12 月；果期 12 月至翌年 1 月。

产云南南部、西藏东南部。附生于海拔 720～1460m 的石灰岩疏林或灌丛中，或林中树上。

毛花树萝卜
Agapetes pubiflora

附生常绿灌木；枝条粗壮，径 8mm，略曲折，无毛。叶 2 列，厚革质，卵状长圆形至倒卵状长圆形，长 13.5～22.5cm，宽 6～10cm，边缘浅波状并有圆形腺体，两面无毛。伞房状花序侧生于老枝上，花冠圆筒状，长 2.8cm，基部直径 4mm，檐部径达 8mm，深红色。花期 6～11 月。

深红树萝卜

深红树萝卜

深红树萝卜

缅甸树萝卜

缅甸树萝卜

杜鹃花科　Ericaceae

毛花树萝卜

毛花树萝卜

毛花树萝卜

产云南西北部、西藏东南部。附生于海拔900～1600m的雨林至常绿阔叶林中老树上。缅甸（东北部）也有。

五翅莓
Agapetes serpens

【形态特征】附生常绿灌木，高约60cm；枝条下垂，密生黄棕色刚毛。叶互生，2列，叶片长卵形或长圆状椭圆形，长1.2～1.6cm，宽5～7mm，上半部边缘疏生细锯齿。花单生或2～3朵簇生叶腋，下垂，花萼近钟状，萼筒有5条纵狭翅，果时增大；花冠圆筒状，长1.2～2.8cm，鲜红色，具暗红色横纹。浆果陀螺状，直径6mm，有5条明显纵翅，萼片宿存。花期2～6月；果期7～11月。

【产地及习性】产我国西藏南部（定结、聂拉木）。附生于海拔1200～2400m的常绿阔叶林中树上或岩石上。印度、尼泊尔（东部）、不丹也有。

【观赏评价与应用】五翅莓花色红艳、朵朵下垂，非常优美别致，是重要的高山植物园和岩石园材料。国外早有引种栽培。

五翅莓

五翅莓

岩须
Cassiope selaginoides

【别名】锦绦花、长梗岩须、雪灵芝

【形态特征】常绿矮灌木，高5～25cm；枝条多而密。叶交互对生，披针形至披针状长圆形，长2～3mm，宽1～1.7mm，幼时具1紫红色芒刺。花单朵腋生，花梗被蛛丝状长柔毛；花下垂，花萼5，绿色或紫红色，花冠乳白色，宽钟状，长7～10mm，两面无毛，雄蕊10，较花冠短。蒴果球形，径5～8mm，花柱宿存。花期4～5月；果期6～7月。

【产地及习性】产四川、云南、西藏。生于海拔2000～4500m的灌丛中或垫状灌丛草地。印度、不丹亦有。

【观赏评价与应用】岩须株型低矮呈匍匐状，高仅及25cm，花朵白色醒目，可作岩石园材料。

【同属种类】岩须属（锦绦花属）约17种，分布北半球的环极地区，南经俄罗斯、中国、日本、喜马拉雅地区、克什米尔地区。我国有11种，产四川、云南、西藏，常见于高山。

岩须

岩须

杜鹃花科 Ericaceae

吊钟花
Enkianthus quinqueflorus

【别名】铃儿花

【形态特征】落叶或半常绿灌木或小乔木，高2～3（7）m，全体无毛。叶革质，常集生枝顶，长圆形或倒卵状椭圆形，长5～10cm，宽2～4cm，叶缘反卷，全缘或近顶端有疏齿，网脉两面突起。伞形花序具花5～8朵；大苞片红色，花冠钟状，长12mm，粉红或红色。蒴果椭圆形，长0.8～1.2cm，果柄直立。花期冬末至早春；果期8～10月。

【产地及习性】产华南和西南。喜温暖湿润气候，不耐夏季炎热；喜光，适生于富含腐殖质而排水良好的酸性砂质壤土，不耐积水。萌蘖力强。

【观赏评价与应用】吊钟花花色优美、花形如钟，花期正值少花的冬季和早春，先叶开放，持续时间长，是华南重要的园林造景材料和盆花、切花材料，在广州和香港为春节佳品，市场上称之为"吉庆花"，国外称之为"中国新年花"。园林中适于假山、花坛、建筑附近应用，可丛植或列植成行。《新安县志》载："吊钟花树高数尺，枝屈曲偃蹇，正月初先作花，一枝缀十小钟，色晶莹如玉，杂以红点，邑杯渡山极多。"

【同属种类】吊钟花属约12种，分布于喜马拉雅东部经中国至日本，向南延伸至印度尼西亚。我国7种，产西南至中部。

灯笼花
Enkianthus chinensis

【别名】灯笼树、钩钟花、贞榕

【形态特征】落叶灌木至小乔木，高3～6m。叶常聚生枝顶，纸质，长圆形至长椭圆形，长3～4（5）cm，宽2～2.5cm，有圆钝细齿，两面无毛，网脉在下面明显。伞形总状花序，花梗长2.5～4cm，无毛；花下垂，花冠宽钟状，肉红色，长宽各1cm，雄蕊10枚。蒴果圆卵形，直径6～8mm，果柄顶端向上弯曲。花期5～6月；果期9～10月。

【产地及习性】产长江以南各地，生于海拔900～3500m的山坡疏林中。喜温暖气候，有一定耐寒力，喜湿润而排水良好的土壤，以富含腐殖质的沙质壤土最宜。喜半荫。定植后不需修剪。

【观赏评价与应用】灯笼花花朵小巧玲珑，衬以绿叶颇为秀丽，秋季叶红如火，极为艳丽。适于在自然风景区中配植应用，可丛植于林下、林缘。也可盆栽观赏。

毛叶吊钟花
Enkianthus deflexus

【别名】小丁木

落叶灌木或小乔木，高3～7m。叶椭圆形、倒卵形或长圆状披针形，长3.5～7cm，宽2～3.5cm，有细锯齿。表面无毛，背面疏被黄色柔毛，中脉红色。总状花序，花序轴长达7cm，密被锈色绒毛；花冠宽钟形，长7～8（15）mm，宽10～12mm，带黄红色，具深色脉纹；雄蕊10枚。蒴果卵圆形，长约7mm；果梗顶端明显下弯。花期4～5月；果期6～10月。

产湖北、广东、四川、贵州、云南、西藏。生于海拔1400～3700m的疏林下或灌丛中。缅甸北部、不丹、尼泊尔和印度亦有。

毛叶吊钟花

红粉白珠
Gaultheria hookeri

【形态特征】常绿灌木，高约50cm；枝圆柱形，幼时密被褐色刚毛。叶互生，革质，椭圆形，长4～5（8）cm，宽2～2.8（3.5）cm，有锯齿，侧脉4～5对，自中脉成45°角伸出成羽状；叶柄长2～3mm，顶部膨大。总状花序顶生或腋生，花序轴长3～4cm。花冠卵状坛形，粉红色或白色，长约4mm，裂片圆形；雄蕊8～10枚。浆果状蒴果球形，径约4mm，紫红色。花期6月；果期7～11月。

【产地及习性】产四川西部、云南西北部和东北部、西藏东南部，生于海拔2000～2900m的山脊阳处。缅甸北部、印度也有。

【观赏评价与应用】红粉白珠株型低矮，四季常绿，花冠坛状，花色优美，果实紫红色，花果繁密，是优良的观花兼观果地被植物，适于西南高海拔地区应用。

【同属种类】白珠树属约135种，主产美洲、亚洲，少数种分布到澳大利亚、新西兰。我国32种，长江以南各省区皆有，但主产于四川西部、云南西北部和西藏东南部。

吊钟花

吊钟花

吊钟花

灯笼花

灯笼花

灯笼花

满山香
Gaultheria leucocarpa var. *crenulata*

【别名】滇白珠、筒花木、白珠木、黑油果

常绿灌木,高1~3m,稀达5m,树皮灰黑色;枝条细长曲折,无毛。叶卵状长圆形,革质,有香味,长7~9(12)cm,宽2.5~3.5(5)cm,先端尾状渐尖,尖尾长达2cm,基部钝圆或心形,边缘具锯齿,两面无毛,背面密被褐色斑点,侧脉4~5对;叶柄短,粗壮。总状花序腋生,序轴长5~11cm,花10~15朵;花冠白绿色,钟形,长约6mm,口部5裂;雄蕊10。浆果状蒴果球形,径约5~10mm,黑色。花期5~6月;果期7~11月。

产我国长江流域及其以南各省区,从低海拔到海拔3500m左右的山上均有分布。枝、叶芳香,含芳香油,为提取水杨酸甲脂的良好原料。

珍珠花
Lyonia ovalifolia

【别名】南烛、米饭花

【形态特征】常绿叶灌木或小乔木,高8~16m;冬芽长卵圆形,淡红色,无毛。叶革质,卵形或椭圆形,长8~10cm,宽4~5.8cm,基部钝圆或心形。花白色,总状花序长5~10cm,生叶腋,近基部有2~3枚叶状苞片;花梗长约6mm,花冠圆筒状,长约8mm,径约4.5mm;雄蕊10枚。蒴果球形,直径4~5mm。花期5~6月;果期7~9月。

【产地及习性】产台湾、福建、湖南、广东、广西、四川、贵州、云南、西藏等省区,生于海拔700~2800m的林中。巴基斯坦、尼泊尔、不丹、印度、泰国、马来半岛也有。

【变种】小果珍珠花(var. *elliptica*),叶较薄,纸质,卵形,先端渐尖或急尖;果实较小,径约3mm;果序长12~14cm。产陕西南部至华南、西南。毛果珍珠花(var. *hebecarpa*),蒴果近于球形,密被柔毛;叶卵形、倒卵形或椭圆形,长5~12cm,宽3~6cm。产江苏、安徽、浙江、广东、广西、四川、云南西北部。生于海拔1400~3400m的阳坡灌丛中。

【观赏评价与应用】珍珠花株型雅观,叶大而花小,白色的花朵似珠帘展挂于叶腋,别致玲珑、秀丽优雅,具有很高的观赏价值。适宜丛植成景,或点缀于山石、水边或种植于路旁都具有很好的观赏价值。

【同属种类】珍珠花属约35种,产于亚洲东部,南至马来半岛,北美至大安的列斯群岛。我国5种,分布东部及西南部。

马醉木
Pieris japonica
【*Pieris polita*】

【别名】梫木、日本马醉木

【形态特征】常绿灌木或小乔木,高达4m,冠幅达4m。叶簇生枝顶,倒披针形、倒卵形或披针状矩圆形,长3~10cm,宽1~2.5cm,全缘或上部有稀疏锯齿。圆锥或总状花序,长6~15cm,直立或俯垂;花白色,花冠坛状,径约8mm。蒴果球形,直径3~5mm。花期2~5月;果期7~10月。

【产地及习性】产于福建、浙江、安徽、江西、湖北等地,日本也有分布。

【观赏品种】斑叶马醉木('Variegata'),叶片边缘乳黄色,新叶带红色。

【观赏评价与应用】马醉木树冠宽阔,枝叶翠绿,花朵优美,是优良的花灌木,常用作园林下木,也可丛植、孤植于石际、庭院窗前、草地。

杜鹃花科 Ericaceae

美丽马醉木

【同属种类】马醉木属7种，分布于亚洲东南部和北美东北部。我国3种，产东部和西南，均为美丽的花木。马醉木属在国外培育了很多观叶品种，如银光马醉木（Pieris 'Flaming Sliver'）、蜡烛马醉木（Pieris 'Bert Chandler'）等。

斑叶马醉木

美丽马醉木

长萼马醉木

威克赫斯特马醉木

长萼马醉木

美丽马醉木
Pieris formosa

【别名】兴山马醉木、长苞美丽马醉木

【形态特征】常绿灌木或小乔木，高2～6m。老枝灰绿色，无毛。叶革质，常集生枝顶，披针形或椭圆状披针形，长5～10cm，宽1.5～3cm，先端渐尖，边缘具细锯齿，无毛；叶柄粗，长1～1.5cm。总状花序簇生于枝顶的叶腋，或有时为顶生圆锥花序，长4～10cm，稀达20cm以上；花冠白色，坛状，外面有柔毛。蒴果球形，径约4mm。花期5～6月；果期7～9月。

【产地及习性】产长江以南至华南、西南各地，多生于海拔900-2300m山坡灌丛中。缅甸、越南、尼泊尔和印度东北部也有分布。喜温暖湿润气候和半阴环境，适生于富含腐殖质而排水良好的砂质壤土。

【观赏品种】威克赫斯特马醉木（'Wakehurst'），新叶红色，极为优美。

【观赏评价与应用】美丽马醉木枝条开展、树冠宽圆，花朵形如风铃，花色素雅，性耐半荫，是优良的园林树种，特适于林下、石际应用，也可于建筑附近、窗前、草地丛植成景。

长萼马醉木
Pieris swinhoei

常绿灌木，高2～3m。叶簇生枝顶，狭披针形，长4.5～8cm，宽1～1.5cm，边缘在中部以上具疏锯齿，两面无毛，叶柄短，长2～7mm。总状花序或圆锥花序生枝顶或叶腋，直立，长15～20cm；花冠白色，筒状坛形，长约1cm，径约5mm。蒴果球形，径约5mm。花期4～6月；果期7～9月。

产福建、广东、香港。生于灌丛中。

杜鹃花
Rhododendron simsii

【别名】杜鹃、映山红、山踯躅、山石榴、照山红

【形态特征】落叶或半常绿灌木，高达3m。分枝多而细直。枝条、叶两面、苞片、花柄、花萼、子房、蒴果均有棕褐色扁平糙伏毛。叶纸质，卵状椭圆形或椭圆状披针形，长2～6cm。花2～6朵簇生枝顶，花冠宽漏斗状，长4cm，鲜红或深红色，有紫斑，或白色至粉红色；雄蕊10。花期3～5月；果期9～10月。

【产地及习性】广布于长江以南各地，常漫生低海拔山野间，花开时节满山皆红；日本、缅甸、老挝、泰国也有分布。耐热性较强，也较耐旱，喜疏松肥沃、排水良好的酸性壤土。

【观赏评价与应用】杜鹃花为中国十大名花之一，栽培历史悠久，园艺品种极多。1850年被Robert Fortune引入欧洲，是目前普遍栽培的"比利时杜鹃"的重要亲本之一。杜鹃花

杜鹃花科 Ericaceae

杜鹃花

银叶杜鹃

杜鹃花

杜鹃花

窄叶杜鹃

窄叶杜鹃

窄叶杜鹃

为富于野趣的花木，最适于松树疏林下自然式群植，并于林内适当点缀山石，以形成高低错落、疏密自然的群落，每逢花期，群芳竞秀，灿烂夺目，至为美观；也可于溪流、池畔、山崖、石隙、草地、林间、路旁丛植。

【同属种类】杜鹃花属约1000种，主要分布于亚洲、欧洲和北美洲，2种产于澳大利亚。我国约571种，分布全国，尤以四川、云南最多，垂直分布上限可达海拔4500～5000m。

窄叶杜鹃
Rhododendron araiophyllum

常绿灌木，高2～7m；枝条细瘦，幼枝绿色，微被柔毛。叶密生于枝顶，椭圆状披针形，长5～11cm，宽约2～3cm，边缘微呈波状皱缩。总状伞形花序有花5～10朵，花冠钟状，长2.5～3.5cm，淡玫瑰色至白色，有红色斑点，常5裂，稀6裂；雄蕊10～12。蒴果圆柱状，长1～1.5cm，直径4mm。花期4～5月；果期10～11月。

产云南西部，生于海拔2600～3400m的冷杉林缘、灌木丛中。缅甸东北部也有分布。

银叶杜鹃
Rhododendron argyrophyllum

常绿小乔木或灌木，高3～7m；小枝淡绿色或紫绿色，常无毛。叶常5～7枚密生于枝顶，革质，长圆状椭圆形或倒披针状椭圆形，长8～13cm，宽2～4cm，中部以上最宽，先端钝尖，边缘微向下反卷，下面有银白色的薄毛被。总状伞形花序，有花6～9朵；总轴长约1～1.5cm，花梗有丛卷毛；花冠钟状，长2.5～3cm，乳白色或粉红色，喉部有紫色斑点，5裂，裂片近圆形，雄蕊12～15，子房被白色短绒毛，花柱无毛。蒴果圆柱状，长1.8～2.5cm，直径6mm，略弯曲，成熟后有白色短绒毛宿存或无毛。花期4～5月；果期7～8月。

产四川西部及西南部、贵州西北部及云南东北部。生于海拔1600～2300m的山坡、沟谷的丛林中，在峨眉山一带尤为普遍。

张口杜鹃
Rhododendron augustinii subsp. *chasmanthum*

【形态特征】灌木，高1～5m。幼枝被鳞片，密被柔毛或长硬毛。幼枝无毛，叶上面通常无毛。叶椭圆形或长圆状披针形，长3～7cm，宽1～3.5cm，下面疏生鳞片。伞形花序顶生，2～6花，花冠宽漏斗状，略两侧对称，长3～3.5cm，淡紫色或白色。蒴果长圆形，长1～2cm。花期4～5月；果期7～8月。

【产地及习性】产甘肃南部、四川南部至西南部、云南西北部至北部，生于松林、冷杉林、沟边杂木林、石山灌木林或针阔叶混交林。

【变型】白花张口杜鹃（f. *hardyi*），花冠白色，内面基部有淡黄或淡绿色斑点；落叶。产云南西北部及毗邻的西藏察瓦龙，生于海

白花张口杜鹃

杜鹃花科 Ericaceae

呈片状生于海拔1000~2500m高山草原地带或苔藓层上。俄罗斯、蒙古、朝鲜和日本也有分布。

【观赏评价与应用】叶片大而光亮，花淡黄色，十分美观，是东北地区稀有的常绿观赏花木，成片植为地被最能发挥其美化作用。还可作为育种资源，也是优良的水土保持植物。叶内含有芳香油，可用作调香原料，根、茎、叶含鞣质，可提制拷胶，叶又可代茶用。

腺萼马银花
Rhododendron bachii

【别名】石壁杜鹃

常绿灌木，高2~3(8)m；小枝被短柔毛和稀疏的腺头刚毛。叶卵形或卵状椭圆形，长3~5.5cm，宽1.5~2.5cm，先端凹缺，边缘浅波状；叶柄长约5mm，被短柔毛和腺毛。花1朵侧生于上部枝条叶腋；花萼5深裂，具条纹；花冠淡紫红色或紫白色，5深裂，上方3裂片内面基部具深红色斑点和柔毛；雄蕊5，不等长；子房密被短柄腺毛。蒴果卵球形，长7mm，径6mm，密被短柄腺毛。花期4~5月；果期6~10月。

产安徽、浙江、江西、湖北、湖南、广东、广西、四川和贵州。常生于海拔600~1600m的疏林内。

拔3300~3700m的云杉林。

【观赏评价与应用】张口杜鹃花色优美，或洁白或紫白，是优良的花灌木，欧洲早有引种，适于布置在林缘、路边、草地。

牛皮杜鹃
Rhododendron aureum
【*Rhododendron chrysanthum*】

【别名】牛皮茶

【形态特征】常绿矮灌木，高10~50cm，偶达1m；茎横卧，侧枝斜升。叶集生枝上部，革质，倒披针形至倒卵状长圆形，长2.5~8cm，宽1~3.5cm，先端钝圆，基部楔形，两面无毛，全缘，常反卷。伞房花序有花5~8朵，花梗疏被红色柔毛；花冠钟形，径约3cm，淡黄色，后渐转白色，5裂；雄蕊10，不等长。蒴果长圆形，长1~1.5cm，有锈色毛。花期5~6月；果期7~9月。

【产地及习性】分布于吉林东南部和辽宁，

杜鹃花科　Ericaceae

腺萼马银花

林下或杜鹃灌丛中。

弯柱杜鹃
Rhododendron campylogynum

常绿矮灌木，分枝密集而匍匐，常成垫状，少直立。叶厚革质，倒卵形至倒卵状披针形，长0.7～2.5cm，宽0.3～1.2cm，顶端圆，边缘具圆锯齿，下面苍白色。伞形花序顶生，1～5花；花冠宽钟状，下垂，紫红色至暗紫色。蒴果卵球形。花期6～7月；果期9月。

产云南西北部、西藏东南部及南部。生于高山杜鹃灌丛、灌丛草甸中或石岩上。缅甸东北部也有分布。植株低矮，花色优美，适于丛植或列植于路旁、林缘。

弯柱杜鹃

弯柱杜鹃

弯柱杜鹃

锈红杜鹃
Rhododendron bureavii

【别名】锈红毛杜鹃

常绿灌木，高1～4m；幼枝及叶片下面密被锈红色至黄棕色绵毛。叶厚革质，椭圆形至倒卵状长圆形，长6～14cm，宽2.5～5cm，上面光亮，侧脉12～15对，叶柄粗。顶生短总状伞形花序有花10～20朵；花萼大，5深裂几达基部；花冠管状钟形或钟形，长3～4.5cm，白色至粉红色，内面具深红色至紫色斑点；雄蕊10，不等长。蒴果长圆柱形，长1.5～2cm，径约1cm。花期5～6月；果期8～10月。

产四川西南部和西北部、云南西北部和东北部。生于海拔2800～4500m的高山针叶

腺萼马银花

锈红杜鹃

锈红杜鹃

刺毛杜鹃
Rhododendron championiae

【别名】太平杜鹃

常绿灌木，高2～5m。叶厚纸质，长圆状披针形，长达17.5cm，宽2～5cm，基部楔形，边缘密被长刚毛和疏腺头毛，上面疏被短刚毛，下面苍白色，密被刚毛和短柔毛。伞形花序生枝顶叶腋，有花2～7朵；花冠白色或淡红色，狭漏斗状，长5～7cm，5深裂。蒴果圆柱形，长达5.5cm，微弯曲，密被腺头刚

杜鹃花科 Ericaceae

刺毛杜鹃

毛和短柔毛。花期4～5月；果期5～11月。

产浙江、江西、福建、湖南、广东和广西，生于海拔500～1300m的山谷疏林内。

大白花杜鹃
Rhododendron decorum

【别名】大白杜鹃

【形态特征】常绿灌木或小乔木，高1～3m，稀达6～7m。叶长圆形、长圆状卵形至长圆状倒卵形，长5～14.5cm，宽3～5.7cm，先端钝圆，边缘反卷；叶柄圆柱形，长1.7～2.3cm。顶生总状伞房花序，花8～10朵，芳香；花梗粗壮，具白色有柄腺体；花冠宽漏斗状钟形，长3～5cm，直径5～7cm，淡红色或白色，裂片7～8；雄蕊13～16，不等长；子房密被白色有柄腺体。蒴果长圆柱形，长2.5～4cm，径1～1.5cm。花期4～6月；果期9～10月。

朝晖杜鹃

大白花杜鹃

【产地及习性】产四川西部至西南部、贵州西部、云南西北部和西藏东南部，生于海拔1000～3300m的灌丛中或森林下。缅甸东北部也有分布。

【品种】朝晖杜鹃（'Zhaohui'），是昆明植物园用大白花杜鹃和马缨花杜鹃杂交选育而成，叶面灰绿色。顶生圆锥伞房花序有花10～12朵，花冠紫红色。

【观赏评价与应用】大白花杜鹃叶片大而光亮，花朵洁白、芳香，花叶兼赏，适于夏季气候温和地区栽培应用。

马缨杜鹃
Rhododendron delavayi

【别名】马缨花

【形态特征】常绿灌木或乔木，高达12m。树皮不规则薄片状剥落；幼枝粗壮，被白色绒毛。顶芽卵圆形，淡绿色，长6～7mm。叶革质，簇生枝顶，矩圆状披针形，长8～15cm，宽1.5～4.5cm，背面密被灰棕色薄毡毛。顶生伞形花序圆形、紧密，有花10～20朵；花冠钟状，紫红色，长3.5～5cm，肉质，基部有5蜜腺囊；雄蕊10，不等长；子房密被褐色绒毛。蒴果圆柱形，长1.8～2cm，直径8mm，10室。花期2～5月；果期10～11月。

【产地及习性】产云南、西藏、贵州、广西、四川，多生于海拔1200～3200m山坡、沟谷，或散生于松、栎林内。越南、泰国、印度、缅甸也有分布。喜光，喜凉爽湿润气候，

马缨杜鹃

马缨杜鹃

马缨杜鹃

耐热性差。

【观赏评价与应用】马缨杜鹃植株高大，花色红艳，花朵繁密，是极为优美的高山杜鹃，云南大理市市花。清人吴其濬在《植物名实图考》记载了马缨花，"……荼火绮绣，弥照林崖，有色无香，眩晃目睫。其殷红者，灼灼有焰，或误以为木棉。乡人采其花，熟食之。"大理、昆明等地常见栽培。

粉红爆杖花
Rhododendron × duclouxii

【别名】密通花、昆明杜鹃

小灌木，高 0.3～1m；幼枝密被灰白色短柔毛和伸展的长刚毛。叶片狭长圆形或长圆状椭圆形，长 2.8～4cm，宽 1～1.7cm，上面疏生刚毛，有时并有短柔毛，下面沿中脉、侧脉有时全部被灰白色柔毛和黄褐色鳞片，边缘反卷，疏生短刚毛。花萼无明显裂片；花冠筒状钟形，长 1.4～1.8cm，花冠筒基部近白色，向上部色渐深呈桃红、玫瑰红色或粉红色，中上部 5 裂，裂片直立。花期 2～4 月。

产大理及昆明近郊。生于松林林缘或山谷林下，海拔约 2200m。体态、花形、花色等特征均明显介于碎米花（R. spiciferum）和爆杖花（R. spinuliferum）之间，系一自然杂交种。

密枝杜鹃

密枝杜鹃
Rhododendron fastigiatum

常绿灌木，高 0.8～1.5m，分枝稠密，常成垫状或平卧。幼枝短，带红褐色。叶集生枝顶，长圆形、椭圆形或卵形，长 7～14mm，宽 3～6mm，顶端圆钝，边缘稍反卷，被琥珀色鳞片。伞形总状花序顶生，有花 3～4 朵，花冠宽漏斗状，长 1～1.8cm，紫蓝色或鲜淡紫红色。花期 5～6 月；果期 8～9 月。

产青海、四川、云南西北部及中部，生于岩坡、峭壁、高山砾石草地、石山灌丛、杜鹃灌丛或偶见于松林下。花朵密集，花色优美，植株低矮，适植为地被，也可用于岩石园中。

云锦杜鹃

云锦杜鹃

云锦杜鹃
Rhododendron fortunei

【别名】天目杜鹃

常绿灌木或小乔木，高 3～12m；枝粗壮，幼时绿色，有腺体。叶厚革质，簇生枝顶，长椭圆形，长 8～15cm，宽 3～9cm，叶端圆钝，叶基圆形或近心形，叶背被细腺毛。花 6～12 朵排成顶生伞形总状花序，花芳香；花萼裂片 7；花冠漏斗状钟形，浅粉红色，7 裂，

粉红爆杖花

粉红爆杖花

粉红爆杖花

杜鹃花科 Ericaceae

云锦杜鹃

长4～5cm，径7～9cm；雄蕊14枚，不等长；子房10室。果长圆形。花期4～5月。

分布于浙江、江西、安徽、湖南、福建、广西、贵州、河南、湖北、陕西、四川、云南，生于海拔600～2000m山地林中。

弯蒴杜鹃
Rhododendron henryi

【别名】罗浮杜鹃

常绿灌木，高3～5m。叶革质，常集生枝顶近于轮生，椭圆状卵形或长圆状披针形，长5.5～11cm，宽1.5～3cm，边缘微反卷。伞形花序生枝顶叶腋，有花3～5朵，总花梗长约5mm，花梗长1.2～1.6cm，密被腺头刚毛；花萼5裂，裂片不等大；花冠淡紫色或粉红色，漏斗状钟形，长4.5～5cm，5裂，裂片开展，长圆状倒卵形，长3～3.5cm；雄蕊

弯蒴杜鹃

弯蒴杜鹃

弯蒴杜鹃

10，比花冠短。蒴果圆柱形，长3～5cm。花期3～4月；果期7～12月。

产浙江、江西、福建、台湾、广东、广西。生于海拔500～1000m的林内。

皋月杜鹃
Rhododendron indicum

【别名】西鹃

半常绿灌木，高1～2m；分枝多，小枝坚硬。叶集生枝端，近革质，狭披针形或倒披针形，长1.7～3.2cm，宽约6mm，边缘疏具细圆齿状锯齿，下面苍白色，两面散生红褐色糙伏毛。花1～3朵生枝顶；花冠鲜红色，有时玫瑰红色，阔漏斗形，长3～4cm，径4～6cm，具深红色斑点；雄蕊5，不等长。蒴果长圆状卵球形，长6～8mm，密被红褐色平贴糙伏毛。花期5～6月。

露珠杜鹃

原产日本，我国广为栽培。可植为花篱或地被。耐寒性强，在山东东部生长良好。

露珠杜鹃
Rhododendron irroratum

常绿灌木或小乔木，高2～9m；小枝粗壮，径约4～5mm。叶多密生于枝顶，椭圆形、披针形或长圆状椭圆形，长7～14cm，宽2～4cm，全缘或波状皱缩。总状伞形花序有7～15花，花冠管状或钟状，长3～4cm，常淡黄色，稀为白色或粉红色，有黄绿至淡

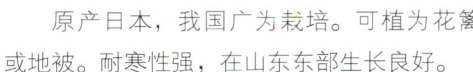
露珠杜鹃

露珠杜鹃

露珠杜鹃

皋月杜鹃

紫红色斑点，裂片半圆形；雄蕊10。蒴果圆柱状，长1.5～2cm，粗7～9mm。花期3～5月；果期9～10月。

产于四川西南部、贵州西北部及云南北部，生于山坡常绿阔叶林中或灌木丛中。

独龙杜鹃
Rhododendron keleticum

匍地小灌木，高5～30cm。幼枝密被鳞片。叶椭圆状披针形、椭圆形、卵形，长0.6～2cm，宽0.3～1cm。花顶生，1～2花，花冠宽钟形，长1.5～2cm，鲜紫色或淡紫红色，内有深紫色斑点，雄蕊10，稍不等长。蒴果卵球形，长4～7mm，被宿萼。花期7～9月；果期8～10月。

产云南西北部、西藏东南部。生于山坡灌丛、高山草甸、岩石边或高山竹丛边。缅甸东北部也有。

鹿角杜鹃
Rhododendron latoucheae
【*Rhododendron ellipticum*】

【别名】岩杜鹃、西施花

常绿灌木或小乔木，高2～3（5）m。叶集生枝顶近轮生，卵状椭圆形或长圆状披针形，长5～8（13）cm，宽2.5～5.5cm，边缘反卷，两面无毛。花单生枝顶叶腋，枝端具花1～4朵；花萼不明显，花冠白色或带粉红色，长3.5～4cm，径约5cm，裂片开展，长圆形，雄蕊10，不等长。蒴果圆柱形，长3.5～4cm，径约4mm。花期3～4月，稀5～6月；果期7～10月。

产浙江、江西、福建、湖北、湖南、广东、广西、四川和贵州，生于海拔1000～2000m的杂木林内。

满山红
Rhododendron mariesii

【别名】山石榴、马礼士杜鹃

落叶灌木，高达3m。枝近轮生，嫩时被淡黄色绢毛。叶常3枚簇生枝顶，卵状披针形，长4～8cm。花1～2（5）朵生枝顶，花冠长3cm，玫瑰紫色，花梗直立，有硬毛；萼有棕色毛；雄蕊10；子房密生棕色长柔毛。蒴果圆柱形，密生棕色长柔毛。花期4～5月；果期8～10月。

产长江流域各地，北达陕西，南达福建和台湾，生于海拔 600～1800m 山地灌丛中。

照山白
Rhododendron micranthum

常绿灌木，高达 2m。小枝细，具短毛及腺鳞。叶厚革质，倒披针形，长 2.5～4.5cm，两面有腺鳞，背面更多，边缘略反卷。密总状花序顶生，总轴长 1.5cm；花冠钟状，长 6～8mm，乳白色，雄蕊 10，伸出。果圆柱形。花期 5～7 月。

产东北、华北、西北和湖北、湖南、四川，生于海拔 1000m 以上山坡；朝鲜也有分布。

亮毛杜鹃
Rhododendron microphyton

【别名】小杜鹃

常绿灌木，高 1～2m，稀达 3～5m；多分枝，小枝密被红棕色扁平糙伏毛。叶椭圆形或卵状披针形，长 0.5～3.2cm，宽达 1.3cm，先端尖锐，边缘具细圆齿，两面散生红褐色糙伏毛。伞形花序顶生，花 3～7 朵；花梗密被亮红棕色扁平糙伏毛；花冠漏斗形，蔷薇色或近白色，长达 2cm，花冠管狭圆筒形，长 8～10mm，裂片 5，上方 3 片具红色或紫色斑点；雄蕊 5，伸出花冠外。蒴果卵球形，长达 8mm，密被亮红棕色糙伏毛。花期 3～6 月，稀至 9 月；果期 7～12 月。

产广西西北部、四川西南部、贵州西部及西南部、云南西北部和西部及东南部。生于海拔 1300～3200m 的山脊或灌丛中，通常在海拔 2000m 尤为普遍。

羊踯躅
Rhododendron molle

【别名】黄杜鹃、闹羊花

落叶灌木，高达 1.5m。分枝稀疏、直立。叶纸质，长椭圆形或椭圆状倒披针形，长 5～12cm，宽 2～4cm，两面有毛，缘有睫毛。花 5～9 朵排成顶生伞形总状花序，花冠金黄色，上侧有淡绿色斑点，直径 5～6cm；雄蕊 5；子房有柔毛。蒴果圆柱形。花期 4～5 月；果期 9 月。

产江苏、安徽、浙江、江西、福建、河南、湖北、湖南、广东、广西、四川、贵州和云南。生于海拔 1000m 的山坡草地或丘陵地带的灌丛或山脊杂木林下。全株有剧毒，陶

杜鹃花科　Ericaceae

毛白杜鹃
Rhododendron mucronatum

【别名】白花杜鹃、白杜鹃

半常绿灌木，高达2～3m。幼枝开展，密被灰色柔毛及黏质腺毛。春叶早落，披针形或卵状披针形，长3～5.5cm，两面密生软毛；夏叶宿存，长1～3cm。伞形花序顶生，1～3花，花梗密被淡黄褐色长柔毛和腺头毛；花萼大，绿色，裂片5，波针形；花冠白色，有时淡红色，阔漏斗形，芳香；雄蕊10枚，不等长。蒴果圆锥状卵球形，长约1cm。花期4～5月；果期6～7月。

产江苏、浙江、江西、福建、广东、广西、四川和云南。各大城市常见栽培；日本、越南、印度尼西亚、英国、美国广泛引种栽培。可于坡地、草坪等处大量应用，或作为花坛镶边、园路境界或植为花篱。与锦绣杜鹃相似，但后者幼枝、花梗、花萼裂片均无腺头毛，花冠蔷薇紫色，具深红色斑点。

花冠管长2～2.5cm；雄蕊10，不等长，花丝中部以下被银白色柔毛。蒴果圆柱状，长3.5～6cm，径4～6mm，花柱宿存。花期4～5月；果期7～12月。

产江西、福建、湖南、广东、广西、四川、贵州和云南。生于海拔700～1500m的灌丛或疏林中；中南半岛、印度尼西亚也有分布。

弘景《本草经集注》中最早提及羊踯躅，曰："羊踯躅，羊食其叶，踯躅而死，故名。"

丝线吊芙蓉
Rhododendron moulmainense

【别名】毛棉杜鹃花、白杜鹃

常绿灌木或小乔木，高2～4（8）m；幼枝粗壮，无毛。叶集生枝端近轮生，长圆状披针形或椭圆状披针形，长5～12cm，稀达26cm，宽2.5～8cm，边缘反卷，两面无毛。伞形花序生枝顶叶腋，花3～5朵；花梗长1～2cm；花冠淡紫色、粉红色或淡红白色，狭漏斗形，长4.5～5.5cm，5深裂，裂片开展，

迎红杜鹃
Rhododendron mucronulatum

【别名】蓝荆子

【形态特征】落叶灌木，高达1.5m，多分枝。小枝、叶、花梗、萼片、子房、蒴果均被腺鳞。叶片较薄，长椭圆状披针形，长3～7cm，宽1～3.5cm。花淡红紫色，花冠宽漏斗形，长约4cm，1～3朵簇生枝顶，先叶开放；花芽鳞在花期宿存。花冠宽漏斗状，长2.3～2.8cm，径3～4cm，雄蕊10，花丝下部被短柔毛。蒴果圆柱形，褐色，长1～1.5cm，径4～5mm，先端5瓣开裂。花期4～5月；果期7～8月。

【产地及习性】产东北、华北、山东和江苏北部，生于山地灌丛中；俄罗斯、朝鲜和日本也有分布。喜光，耐寒，喜空气湿润和排水良好的土壤。

【观赏评价与应用】春季先叶开花，花朵繁密鲜艳，是优良早春观花灌木，最适于山地风景区应用，也可作城市绿化树种，在北京已引入园林。

石岩杜鹃
Rhododendron obtusum

【别名】朱砂杜鹃、钝叶杜鹃

常绿灌木，高常不及1m，有时呈平卧状。分枝多而细密，幼时密生褐色毛。春叶椭圆形，缘有睫毛；秋叶椭圆状披针形，质厚而有光泽；叶小，长1～2.5cm；叶柄、叶表、叶背、萼片均有毛。花2～3朵与新梢发自顶芽；花冠漏斗形，橙红至亮红色，上瓣有浓红色斑；雄蕊5。花期5月。

为一杂交种，日本育成，无野生者。本种原产日本，是杜鹃花属中著名的栽培种，在我国东部及东南部均有栽培。植株低矮，适于整形栽植，可片植于坡地、草坪，或作为花坛镶边、园路境界。

团叶杜鹃
Rhododendron orbiculare

常绿灌木，高1～4.5m。幼枝绿色。叶厚革质，常3～5枚在枝顶近轮生，阔卵形至圆形，长5.5～11.5cm，宽5.5～10.5cm，先端钝圆有小突尖头，基部心状耳形，耳片常互相叠盖。顶生伞房花序疏松，有花7～8朵；花冠钟形，长3.2～3.5cm，宽4.5～6cm，红蔷薇色，无毛，裂片7，宽卵形。蒴果圆柱形，弯曲，长2.2～3cm，直径5～6mm。花期5～6月；果期8～10月。

产四川西部和南部，生于海拔1400～4000m的岩石上或钅叶林下。

马银花
Rhododendron ovatum

常绿灌木，高达4m。叶革质，宽卵形，长3.5～5cm，先端有尖头，基部圆形。花单生枝端叶腋，浅紫、水红或近白色，有深色斑点；花梗和萼筒外有白粉和腺体；雄蕊5；子房有短刚毛。果宽卵形。花期4～5月。

产华东各省，西达贵州、四川，常生于海拔300～1600m山地疏林下或阴坡。

杜鹃花科　Ericaceae

马银花

马银花

锦绣杜鹃

锦绣杜鹃

反卷；叶柄长约 3mm。花序数个生枝顶叶腋；花序近伞形，有 3~4 朵花；花冠小，长约 8mm，具短漏斗状的花冠管和开展的裂片，淡红色，裂片长于花冠管；雄蕊 8~10，不等长。蒴果长圆形，长约 6mm，有鳞片和疏柔毛。花期 5~6 月。

产四川西南部、云南，生于海拔 2700~3500m 的灌丛中。

柔毛杜鹃

马银花

柔毛杜鹃
Rhododendron pubescens

小灌木，高 1m，多分枝。幼枝短而细弱，密被短柔毛和细刚毛，并杂生红色或橘红色鳞片。叶散生和聚集在顶芽之围，迟生的叶变小，厚革质，狭长圆形、倒披针形或披针形，长约 2.2cm，宽约 6mm，顶端锐尖，边缘

锦绣杜鹃
Rhododendron × pulchrum

【别名】鲜艳杜鹃

常绿，枝稀疏，嫩枝有褐色毛。春叶纸质，幼叶两面有褐色短毛，成叶表面变光滑；秋叶革质，形大而多毛。花 1~3 朵发于顶芽，花冠浅蔷薇色，有紫斑；雄蕊 10，花丝下部有毛；子房有褐色毛；花萼大，5 裂，有褐色毛；花梗密生棕色毛。蒴果长卵圆形，呈星状开裂，萼片宿存。花期 5 月。

著名栽培种，传说产我国，普遍栽培，但未见野生。欧洲和日本常栽培。可植于阶前、墙角、水边等各处，以资装饰点缀，或一株数株，或小片种植，均甚美观。

锦绣杜鹃

云间杜鹃
Rhododendron redowskianum

【别名】叶状苞杜鹃

低矮落叶小灌木，高约 10cm；从基部分枝，幼枝被腺毛，老枝无毛。叶簇生，匙状倒披针形，长 0.5~1.5cm，宽 3~6mm，先端钝，基部下延至短叶柄，边缘具腺头睫毛。总状伞形花序顶生，有花 1~3 朵；花梗被腺毛，

具叶状苞片；花冠辐状，长约1.5cm，紫红色；雄蕊10。蒴果卵球形，长6mm。花期7~8月；果期9~10月。

产吉林东南部（长白山）。生于海拔2000~2600m的高山草原、天池边或岩石旁。西伯利亚东部也有分布。

大字杜鹃

云间杜鹃

大字杜鹃

锈叶杜鹃

大字杜鹃

锈叶杜鹃

产辽宁南部和东南部、内蒙古，常生于低海拔的山地阴山阔叶林下或灌丛中。朝鲜、日本也有分布。沈阳等地有栽培。

大字杜鹃
Rhododendron schlippenbachii

落叶灌木，高1~4m；枝近轮生。幼枝、叶、花梗、花萼、果实均被腺毛。叶纸质，常5枚集生枝顶，倒卵形或阔倒卵形，长4.5~7.5cm，宽2.5~4.5cm，边缘微波状；叶柄长2~4mm。伞形花序顶生，有花3~6朵；花冠蔷薇色或白色至粉红色，漏斗形，长2.5~3.2cm，裂片5，上方3枚具红棕色斑点；雄蕊10，不等长，部分伸出于花冠外。蒴果长圆球形，黑褐色，长达1.7cm。花期5月；果期6~9月。

锈叶杜鹃
Rhododendron sideroph yllum

常绿灌木，高1~2(4)m。幼枝褐色，密被鳞片。叶散生，椭圆形或椭圆状披针形，长3~7(11)cm，宽1.2~3.5cm，两面密被鳞片；叶柄长0.5~1.5cm。花序顶生或同时腋生，短总状，3~5花；花萼不发育，环状或略波状5裂；花冠筒状漏斗形，长1.6~3cm，白色、淡红紫或偶玫红色，内面上方常有红色或黄色斑；雄蕊不等长。蒴果长圆形，长1~1.6cm。花期3~6月。

产四川西南部、贵州、云南，生于海拔1800~3000m山坡灌丛、杂木林或松林中。

锈叶杜鹃

猴头杜鹃
Rhododendron simiarum

【别名】南华杜鹃

常绿灌木，高约2~5m；树皮层状剥落。叶常密生于枝顶，5~7枚，厚革质，倒卵状披针形至椭圆状披针形，长5.5~10cm，宽2~4.5cm，先端钝圆，基部微下延于叶柄，下面被淡棕色或淡灰色的薄层毛被。顶生总状伞形花序有 5～9 花；花冠钟状，长 3.5～4cm，上部直径 4～4.5cm，乳白色至粉红色，喉部有紫红色斑点，5 裂。蒴果长椭圆形，长 1.2～1.8cm，直径 8mm，被锈色毛。花期 4～5 月；果期 7～9 月。

产浙江南部、江西南部、福建、湖南南部、广东及广西，生于海拔 500～1800m 的山坡林中。

爆仗杜鹃

猴头杜鹃

猴头杜鹃

猴头杜鹃

爆仗杜鹃

爆仗杜鹃

草原杜鹃

草原杜鹃

爆仗杜鹃
Rhododendron spinuliferum

【别名】密通花

常绿灌木，高 0.5～3.5m。幼枝被灰色短柔毛，杂生长刚毛。叶倒卵形、椭圆形至披针形，长 3～10.5cm，宽 1.3～3.8cm，中脉、侧脉及网脉在上面凹陷致呈皱纹，下面密被灰白色柔毛和鳞片。花序假顶生，伞形，有 2～4 花；花冠筒状，朱红色、鲜红色或橙红色，上部 5 裂；雄蕊 10。蒴果长圆形，长 1～1.4cm，被疏茸毛并可见鳞片。花期 2～6 月。

产四川西南、云南西部、中部至东北部，生于海拔 1900～2500m 松林、松栎林、油杉林或山谷灌木林中。

草原杜鹃
Rhododendron telmateium

【别名】豆叶杜鹃

小灌木，分枝多而密集常成垫状。叶聚生于枝端或沿小枝散生，叶片披针形、狭椭圆形、宽椭圆形、长卵圆形或圆形，长 3～12mm，宽 1.5～5mm，顶端急尖至圆形，边缘常浅波状，被黄色鳞片。伞形花序顶生，具 1～2 花；花冠宽漏斗状，长 7～11mm，淡紫色、玫瑰红色至深蓝紫色，雄蕊 10。蒴果卵圆形至长圆形。花期 5～7 月；果期 8～10 月。

产云南西北部、北部及中部和四川西部及西南部。生于林缘、杜鹃灌丛、高山草地或岩坡。

杜鹃花科 Ericaceae

毛嘴杜鹃
Rhododendron trichostomum

【别名】筒花杜鹃

常绿灌木，高0.3～1（1.5）m。分枝多而缠结，细瘦，密被鳞片和小刚毛。叶卵形或卵状长圆形，长0.8～3.2cm，宽4～8mm，边缘反卷，下面常淡黄褐色至灰褐色，被长短不齐的有柄鳞片，最下层鳞片金黄色。头状花序顶生，有花6～10（20）朵，花密集，花冠狭筒状，长0.8～1.6（2）cm，白色、粉红色或蔷薇色。花期5～7月。

产云南西北部、西藏东南部、四川西部、青海南部，生于山坡灌丛或针阔叶混交林下、高山草甸及崖坡。花朵繁密，布满树冠外围，花型奇特，是优良的花灌木。

毛柱杜鹃

毛嘴杜鹃

毛嘴杜鹃

毛嘴杜鹃

毛柱杜鹃
Rhododendron venator

常绿灌木，高2～3m；小枝粗壮，幼枝有腺头长刚毛和白色丛卷毛。叶密生于枝顶，椭圆状披针形或长卵状披针形，长7～15cm，宽2～4cm。伞形总状花序有花6～10朵；花冠管状钟形，长3～5cm，肉质，深红色，无色点，基部有5枚暗红色密腺囊；雄蕊10，不等长。蒴果圆柱状，长1.5～2cm。花期4～5月。

产我国西藏东部，生于海拔2400～2800m的峡谷、山坡石缝及林下。

毛柱杜鹃

毛柱杜鹃

越橘
Vaccinium vitis-idaea

【别名】红豆

【形态特征】常绿矮灌木，有细长匍匐根状茎，地上部分高10～30cm。叶密生，椭圆形或倒卵形，长0.7～2cm，宽4～8mm，顶端圆，边缘反卷，网脉两面不甚明显。短总状花序生于去年生枝顶，稍下垂，有花2～8朵；苞片红色，宽卵形；花冠白色或淡红色，钟状，长约5mm，裂片三角状卵形；雄蕊8。浆果球形，径5～10mm，紫红色。花期6～7月；果期8～9月。

【产地及习性】产东北及内蒙古、陕西和新疆等地，常成片生长于海拔900～3200m落叶松林、白桦林、高山草原或水湿台地。北半球寒温带地区普遍分布。耐寒性强，喜湿润气候。

【观赏评价与应用】越橘植株低矮、繁密，果实红艳，耐寒性强，在北方寒冷地区可植为地被。叶可代茶饮用。

【同属种类】越橘属约450余种，分布于北温带至热带高山。我国92种，各地均产，以西南地区最为集中。有些种类果可食，有些种类供观赏。

越橘

时紫黑色。花期5~6月；果期7~10月。

产山东半岛、江苏北部，生于山坡灌丛。分布日本、朝鲜。

笃斯越橘
Vaccinium uliginosum

【别名】笃斯、黑豆树、地果、龙果

落叶灌木，高0.5~1m，多分枝。叶散生，倒卵形、椭圆形至长圆形，长1~2.8cm，宽0.6~1.5cm，顶端圆形，全缘。花下垂，1~3朵着生于去年生枝顶叶腋，花冠绿白色，宽坛状，长约5mm，4~5浅裂。浆果球形或椭圆形，径约1cm，蓝紫色，被白粉。花期6月；果期7~8月。

产大兴安岭北部及长白山，生于山坡落叶松林下、林缘，高山草原，沼泽湿地。朝鲜、日本、俄罗斯、欧洲、北美洲也有分布。

腺齿越橘
Vaccinium oldhamii

落叶灌木，高1~3m；幼枝密被灰色短柔毛和腺毛。叶散生枝上，花枝上的叶较小；叶片纸质，卵形、椭圆形或长圆形，长2.5~8cm，宽1.2~4.5cm，边缘有细齿，齿端有具腺细刚毛。总状花序生于当年生枝顶，长3~6cm；花冠黄绿色并带淡红色，坛状；雄蕊10。浆果近球形，直径0.7~1cm，熟

八十、山榄科 Sapotaceae

金星果
Chrysophyllum cainito

【别名】星苹果、星萍果、牛奶果

【形态特征】常绿乔木，高达20m（栽培者常高5～6m）；小枝圆柱形。叶散生，

金星果

长圆形、卵形至倒卵形，长6.5～11cm，宽3～7cm，幼时两面被锈色绢毛，侧脉16～24对，上升成70～85°角。花数朵簇生叶腋；花梗长5～15mm，被锈色或灰色绢毛；花冠黄白色，长约4mm，冠管长约2mm，裂片5，先端圆钝；能育雄蕊5；子房圆锥形。果倒卵状球形，长达5.5cm，宽达4cm，绿白色，熟时紫灰色。花果期8～10月。

【产地及习性】原产加勒比海地区，世界热带广植。20世纪60～70年代从东南亚引入我国，在海南、广东、台湾、福建、云南等省有栽培。耐旱，抗风性较强。

【观赏评价与应用】金星果在热带常作果树栽培，果肉质地细滑，具柔和甜味，宜鲜食，可制成蜜饯。金星果枝条软垂，树冠伞形，树形美观，叶片两面异色，风中变幻非常色彩斑驳，其独特的金发亮叶片可形成碧果金叶四季常"金"的美丽景观，极具观赏价值，也是热带常见的庭园观赏树，可作庭荫树、行道树。尤其是在秋季，其一身金叶衬托着绿色的小果，在深秋时节给人一种春意盎然的感受。在中美洲、热带亚洲和夏威夷等地常作观赏树木栽培。

【同属种类】金叶树属约150种，分布美洲、非洲和亚洲热带、亚热带。我国产1变种，引入栽培1种。

金星果

金星果

人心果
Manilkara zapota

【形态特征】常绿小乔木，高6～10m。叶互生，侧脉甚密，长圆形至卵状椭圆形，长6～19cm；端急尖，基楔形，全缘或波状，亮绿色；叶背叶脉明显，侧脉多而平行；叶柄长约2cm。花梗长2cm，被黄褐色绒毛；萼裂片外被锈色短柔毛；花冠白色；退化雄蕊呈花瓣状；子房密被黄褐色绒毛。浆果椭圆形、卵形或球形，长3～4cm，褐色。花期夏季；果期9月。

【产地及习性】原产热带美洲，现世界热带广植；我国台湾、海南、广州、南宁、西双版纳等地有栽培。喜暖热湿润气候，但大树耐-2～-3℃低温。

人心果

人心果

山榄科　Sapotaceae

人心果

【观赏评价与应用】分枝较低矮，枝条层状分明，树冠伞形、圆球形或塔形，树形齐整、亭亭玉立，是优美的观赏树种。品种丰富，果实形状、大小差别较大，有单果重达150～180g的，也有单果重约50g的小果型。庭园造景中适于孤植、丛植，也可植为园路树。果实可生食，也可加工，是园林中结合生产的绿化造景材料。

【同属种类】人心果属约65种，广布于热带美洲、非洲、亚洲和太平洋岛屿。我国1种，分布于广西和海南岛，引入栽培1种。

台湾胶木
Palaquium formosanum

【别名】大叶山榄

【形态特征】常绿乔木，高5～7m，有时高达20m；小枝粗壮，叶痕显著，具乳汁。叶互生，密聚于枝顶，厚革质，倒卵状长圆形、倒卵形或匙形，长10～17cm，宽4.5～7.5cm，先端圆形，幼叶被红褐色绒毛，侧脉10～12对；叶柄粗，具2～4条纵肋。花单生或3～6朵簇生叶腋；花梗长7～12mm，果时延长至28mm并加粗；花萼裂片阔卵形，长4～4.5mm，果时扩大；花冠淡黄灰白色，6裂，裂片披针形；能育雄蕊12～15枚；子房6室，花柱圆柱形。浆果椭圆形，长4～5cm，宽1.5～2cm，宿存花柱长15mm。花期秋季。

台湾胶木

台湾胶木

台湾胶木

【产地及习性】产台湾，生于低海拔林中。菲律宾也产。

【观赏评价与应用】台湾胶木枝干粗壮，叶片大而厚，亮绿色，树冠浓密，是优良的观赏树种，适于庭院、公园、建筑前、路边各处，丛植、列植、群植均适宜。抗海风，适于海滨绿化，是优良的海岸防风林材料。果可食。

【同属种类】胶木属约110种，分布于亚洲东南部和太平洋岛屿，我国台湾产1种。

蛋黄果
Pouteria campechiana
【*Lucuma nervosa*】

【形态特征】常绿小乔木，高约6m；小枝圆柱形，嫩枝被褐色短绒毛。叶互生，狭椭圆形，长10～15（20）cm，宽2.5～3.5（4.5）cm，两面无毛，侧脉13～16对，两面明显；叶柄长1～2cm。花1（2）朵生于叶腋；花萼裂片5，稀6～7，花冠长约1cm，外面被黄白色细绒毛，花冠裂片（4）6，狭卵形；能育雄蕊5；子房被黄褐色绒毛，5室。浆果倒卵形，长约8cm，绿色转蛋黄色，中果皮肉质肥厚。花期春季；果期秋季。

蛋黄果

蛋黄果

山榄科 Sapotaceae

蛋黄果

【产地及习性】原产热带美洲。我国在20世纪30年代引入，50年代广州始有栽培，现广东、广西、云南南部和海南有零星栽培。喜温暖多湿气候，年均温24～27.5℃适宜，耐短期高温及寒冷，短时40℃或1～2℃植株不致受害。颇耐旱，对土壤适应性强，以沙壤土生长最好。

【观赏评价与应用】蛋黄果树姿美丽，树冠半圆形或圆锥形；果实大而美丽，是优良的观果树种。果肉肥厚，蛋黄色，可食，味如鸡蛋黄，故名。

【同属种类】桃榄属约50种，分布热带地区，以美洲热带、亚热带最多，非洲次之。我国2种，1种产云南，1种产海南和广西。

神秘果
Synsepalum dulcificum

【别名】变味果

【形态特征】常绿灌木或小乔木，高2～4m；分枝多，短而密集，树冠紧密；枝灰褐色，有网状灰白色条纹。叶革质，倒卵形，互生或簇生枝顶。花白色，腋生。果实椭圆形，成熟果皮鲜红色，长约2cm，径约1cm，果肉乳白色，味微甜。2～4年生即可开花结果，热带地区几乎全年不断开花结果，通常从开花到结果只需3～4周。

【产地及习性】原产西非热带地区，我国20世纪60年代引入。广东、广西、台湾、海南、云南等地均有栽培。喜温暖潮湿的全日照环境，不耐寒，适生于酸性和微酸性土中。

【观赏评价与应用】20世纪60年代周恩来总理在西非访问时，加纳共和国将神秘果作为国礼赠送，中科院试种成功。从此，神秘果在我国扎下了根。神秘果枝叶繁茂，树形低矮、美观，花小而芳香，果实红色，华南地区常栽培作园林观赏。树形紧凑，也可作盆景。果肉中含神秘果蛋白，能改变人的味觉，吃神秘果后几小时内吃酸的食物，味觉显著变甜，故名神秘果。

【同属种类】神秘果属约36种，分布于非洲热带地区。我国引入栽培1种。

神秘果

神秘果

神秘果

滇刺榄
Xantolis stenosepala

【别名】狭萼荷包果、鸡心果、漫板树

【形态特征】常绿乔木，高6～15(20)m；小枝具棱，被黄褐色绒毛。叶革质，披针形、倒披针形或长圆状披针形，长7～15cm，宽2.5～6cm，先端渐尖，基部阔楔形，上面绿色，具光泽，下面淡绿色，侧脉15～17对，弧形；叶柄长8～18mm。花单生或簇生叶腋；花萼裂片5，披针形或卵状披针形；花冠白色，裂片5，披针形；能育雄蕊5，退化雄蕊5；子房密被锈色柔毛，5室。果长圆状卵形，长3～4cm，宽1.7～3cm，被锈色绢毛，果皮坚硬，宿存花柱长达15mm，基部具宿萼。花果期全年。

【产地及习性】产云南西双版纳地区；生于海拔1150～1770m的林中、村落附近或矮草地上。

【观赏评价与应用】滇刺榄幼枝及幼叶背面锈红色，叶片厚而光亮，可栽培于庭园观赏，适于华南南部及云南南部地区应用。果可食。

【同属种类】刺榄属约14种，产亚洲大陆东南部及菲律宾。我国广东沿海及云南产4种。

滇刺榄

滇刺榄

滇刺榄

八十一、柿树科 Ebenaceae

柿树

柿树
Diospyros kaki

【形态特征】落叶乔木，高达15m；树冠自然半圆形；树皮暗灰色，呈长方块状裂。叶宽椭圆形至卵状椭圆形，长6~18cm，近革质，上面深绿色，有光泽，下面被黄褐色柔毛。雄花3朵排成小聚伞花序，雌花单生叶腋，多雌雄同株；花4基数，花冠钟状，黄白色。浆果大型，卵圆形或扁球形，径约2.5~8cm，橙黄色、鲜黄色或红色，萼宿存而膨大，卵圆形。花期5~6月；果期9~10月。

【产地及习性】分布广泛，黄河流域至华南、西南、台湾均产。性强健，较耐寒，在北纬40°以南地区均可栽培。喜光，略耐庇荫；对土壤要求不严，在山地、平原、微酸性至微碱性土壤上均能生长。较耐干旱，但过于干旱易落果。抗污染。

【观赏评价与应用】柿树是叶果兼供观赏的优良园林树种，树形优美，叶大荫浓，秋季红叶如醉，秋色宜人，不下丹枫，而且果实大而橙红、橙黄，在园林中，可植于庭院、草地、山坡等各处，孤植、丛植、群植均可，每至秋日，"柿叶翻红霜景秋"；若杂植于常绿树间，则秋气萧瑟时，丹翠交映，甚为醒目。还是优良的行道树，北京、南京、上海等城市均有应用。在低山风景区、城郊公园、农业观光园，柿树适宜大面积成林。

【同属种类】柿属约400~500种，主产热带和亚热带。我国60种，北至辽宁、黄河流域，南至华南、西南各地都有分布和栽培，主要分布于西南部至东南部。

柿树

柿树

瓶兰花
Diospyros armata

【别名】金弹子、玉瓶兰

【形态特征】落叶或半常绿乔木，高5~13m，或呈灌木状。树冠近球形。枝有刺，嫩枝有绒毛。叶椭圆形或倒卵形至长圆形，长1.5~6.5cm，宽1.5~3cm，薄革质或革质，侧脉7~8对。雄花集成小伞房花序，花乳白色，芳香，长4~5mm，有绒毛。果近球形，径约2cm，熟时橙黄色或红色，有伏粗毛，果柄长约1~1.2cm。花期5月；果期10月。

瓶兰花

瓶兰花

瓶兰花

【产地及习性】产湖北西部和四川东部，成都、上海、杭州有常栽培。喜温暖湿润，耐荫性强于老鸦柿。

【观赏评价与应用】瓶兰花花色乳白而芳香，形状似瓶，果实橙红，秋季结果累累，是优良的观花、观果植物，常用于制作盆景，也可植于庭院、公园观赏，宜丛植于林缘、路边。

乌柿
Diospyros cathayensis

【别名】山柿子

常绿或半常绿，树冠开展，枝有刺。叶长圆状披针形，长4～9cm，宽1.8～3.6cm。雄聚伞花序，花冠壶状；雌花单生，白色，芳香。果球形，径1.5～3cm，熟时黄色，果柄纤细，长3～4（6）cm。花期4～5月；果期8～10月。

产四川、湖北、云南、贵州、湖南、安徽；生于海拔600～1500m的河谷、山地或山谷林中。

浙江柿
Diospyros japonica
【*Diospyros glaucifolia*】

【别名】粉叶柿、山柿

【形态特征】落叶乔木，高达17m，树皮灰黑色或灰褐色。叶宽椭圆形至卵状披针形，长7.5～17.5cm，宽3.5～7.5cm，上面深绿色，下面粉绿色，侧脉7～9对。雌雄异株；雄聚伞花序常3朵，花冠壶形，4浅裂；雌花单生或2～3朵，花冠带黄色。果球形，径1.5～2cm，熟时红色，被白霜。花期4～5(7)月；果期9～10月。

【产地及习性】产浙江、江苏、安徽、福建、江西、广西、广东、四川、湖南、贵州等地；生于山坡、山谷混交疏林中或密林中，或在山谷涧畔。

【观赏评价与应用】应用方式与君迁子相似，可参考之。也常用作嫁接柿树的砧木。

君迁子
Diospyros lotus

【别名】黑枣、软枣

【形态特征】落叶乔木，高达15m。树冠呈卵形或卵圆形；树皮深裂成长方块状。小枝灰色。冬芽先端尖，叶长椭圆形，表面深绿色，质地较柿树为薄，下面被灰色柔毛。花单性或两性，雌雄异株或杂性，雌花单生，雄花2～3朵簇生。花冠壶形，淡黄色至淡红色。浆果较小，长椭圆形或球形，长1.5～2cm，径约1.2～1.5cm，成熟前黄色，熟后蓝黑色，外面有蜡质白粉。花期4～5月；果期9～10月。

【产地及习性】我国南北均有分布；日本、中亚和印度也产。性强健。喜光，耐半荫；耐干旱瘠薄和耐寒的能力均强于柿树，稍耐盐碱，较耐水湿。深根性，侧根发达。

【观赏评价与应用】君迁子树干挺直，树冠圆整，适应性强，可在园林中用作庭荫树或行道树，也是嫁接柿树最常用的砧木。

乌柿

乌柿

乌柿

浙江柿

浙江柿

浙江柿

君迁子

君迁子

君迁子

君迁子

罗浮柿
Diospyros morrisiana

【别名】山柿树、乌蛇木、山柿

乔木，高达20m；树皮片状剥落。叶薄革质，长椭圆形或下部的为卵形，长5~10cm，宽2.5~4cm，侧脉纤细，较少，4~6对。雄聚伞花序短小，雌花单生叶腋，雄花带白色；花冠近壶形，长约7mm，4裂。果球形，几无柄，径约1.3cm，黄色；宿存萼近方形，径约8mm。花期5~6月；果期11月。

产广东、广西、福建、台湾、浙江、江西、湖南南部、贵州东南部、云南东南部、四川盆地等地；垂直分布可达海拔1100~1450m；生于山坡、山谷疏林或密林中，或灌丛中，或近溪畔、水边。越南北部也有分布。未成熟果实可提取柿漆。

油柿
Diospyros oleifera

【别名】华东油柿、方柿、漆柿、椑柿

【形态特征】落叶乔木，树皮薄片状剥落，露出白色内皮；嫩枝、叶两面、花、果柄等均有灰黄色柔毛；叶片长圆形至倒卵形，长6.5~17cm，宽3.5~10cm；雌雄异株或杂性花；果实卵形至球形，略呈4棱，有脱落性软毛。

【产地及习性】分布于长江中下游地区至广东、广西。通常栽培在村中、果园、路边、河畔等温暖湿润肥沃处。

【观赏评价与应用】油柿树干光泽美观，园林用途可参考柿树。果供食用，水分较多，糖味浓郁，在树上熟时变软能自然脱涩。广西桂林一带群众，常用本种作为柿树的砧木。在江苏太湖洞庭西山、浙西诸暨、杭州市等地多有栽培，供取柿漆用。

柿树科 Ebenaceae

异色柿

异色柿
Diospyros philippensis

【别名】毛柿、台湾柿

常绿大乔木，高达20m。树冠近球形；树皮粗糙。叶长圆形或椭圆状长圆形，长20～30cm，宽7～11cm，边缘波状。雌雄异株，花黄白色，芳香，4数；雄花序聚伞或近总状花序式，有花3～7朵，少单生；雌花单生。果扁球形，径约8cm，熟时红色。花期3～5月；果期9月。

产台湾省恒春半岛、兰屿等地；生于灌丛中，有时成林，广州有栽培；分布在菲律宾、印度尼西亚和亚洲热带各地，常作果树栽培，美洲热带亦有种植。

老鸦柿
Diospyros rhombifolia

【形态特征】落叶灌木，高2～3m，有时高达8m；树皮褐色，有光泽。枝有刺，幼枝有柔毛。单叶互生，叶纸质，菱状倒卵形至菱状卵形，长4～8.5cm，宽2～3.8cm，基部狭楔形，表面沿脉有黄色毛，后脱落，背面疏生柔毛；叶柄长2～4mm。花白色，单生叶腋，花萼宿存，革质，裂片长椭圆形或披针形，有明显的直脉纹，花后增大，向后反曲。浆果卵球形，径约2cm，顶端长尖，嫩时有长柔毛，熟时红色；果柄纤细，长约1.5～2.5cm。花期4月；果期10月。

【产地及习性】分布于华东，生于向阳山坡、路边、灌丛和疏林下。喜温暖湿润环境，较喜光。对土壤要求不严，酸性、中性和石灰质土壤均可生长。耐寒性强，在山东可露地越冬。

【观赏评价与应用】老鸦柿果实红色悬垂，是优良观果灌木，适于庭院、山石间应用。上海、杭州、苏州园林中有应用。

老鸦柿

老鸦柿

老鸦柿

八十二、野茉莉科（安息香科） Styracaceae

赤杨叶
Alniphyllum fortunei

【别名】拟赤杨、萝卜树

【形态特征】落叶乔木，高达20m；树皮有灰黄色斑块。幼枝、裸芽被灰色星状毛。单叶互生，椭圆形或倒卵状椭圆形，长7～15cm，叶缘有细锯齿，幼时两面被灰白或灰黄色星状毛。圆锥花序顶生或总状花序腋生，长8～15cm，被灰黄色短绒毛；花冠白色或微带红色，裂片长圆形，长1.5～2cm，两面密被柔毛。蒴果长圆形，长1.5～2cm。花期3～4月；果期10～11月。

银钟花

赤杨叶

赤杨叶

【产地及习性】分布于长江流域以南各地，南至海南、西至四川、云南；生于海拔1500m以下山区阔叶林中。喜光；喜温暖湿润气候，适生于深厚肥沃、湿润而排水良好的土壤。生长速度快，因此有冬瓜树、萝卜树之称。

【观赏评价与应用】赤杨叶株型美观，生长迅速，叶片青翠，春季花开时，白花纷纷，玲珑可爱，清新动人，是良好的绿化材料。适于大型公园、风景区大面积成林，最宜用于水滨、沟谷等处。

【同属种类】赤杨叶属共有3种，产我国南部、越南、缅甸、老挝和印度。

银钟花
Halesia macgregorii

【别名】银钟树

【形态特征】落叶乔木，高达7～20m。小枝紫红色，有棱；鳞芽卵形，冬芽单生或簇生。单叶互生，长圆形或披针状长圆形，长7～15cm，宽2.5～5.5cm，叶缘有细锯齿，叶脉和叶柄带红色。花2～7朵簇生，着生于2年生枝上；花梗长5～8mm，苞片小；花冠白色，裂片倒卵状圆形，长1.2cm；雄蕊8，4长4短。核果椭圆形，长3～4cm，具4宽翅。花期4月；果期10～11月。

【产地及习性】分布于浙江、湖南、江西、福建、广东、广西等地，生于海拔500～1600m山地疏林中。喜温和湿润、夏无酷热、冬无严寒的环境，以酸性土为宜；成年树喜光，幼树能在庇荫夏生长。根系发达，抗风、抗旱。生长速度快。

【观赏评价与应用】银钟花叶带红色，先花后叶或花叶同放，花白色而繁密，形态秀丽，果形奇特，具有一定观赏价值，园林中栽培观赏，适于疏林下应用。

【同属种类】银钟花属约5种，分布于北美洲和我国。我国产1种。

银钟花

银钟花

北美银钟花
Halesia tetraptera

落叶乔木，高达10m，栽培条件下常较低矮而多分枝。树干纵裂；小枝有柔毛，1年生枝灰色。叶互生，卵形至椭圆形，长5～16cm，宽4～7cm，叶缘有锯齿。花簇生，下垂，花冠白色，钟形，长达2.5cm，花瓣

野茉莉科（安息香科） Styracaceae

4。核果干燥，长约4cm，具4翅，熟时褐色。花期3～4月，秋季成熟，部分果实宿存至次春。

原产于美国东南部。喜光，也耐半阴环境，喜酸性而排水良好的湿润和肥沃土壤，不耐干旱和高温环境。

陀螺果
Melliodendron xylocarpum

【别名】鸭头梨、水冬瓜、白花树

【形态特征】落叶乔木，高达25m；树皮灰褐色。小枝红褐色，有细棱；鳞芽卵圆形。单叶互生，长圆形或披针状长圆形，长8～17cm，叶缘有细锯齿。花1～2朵生于2年生枝上；花梗长8～14mm，密被毛；花冠白色，径5～6cm，裂片长圆形，长2.5～3cm；雄蕊10，等长。核果陀螺形，长4～5cm，具10余条纵肋。花期3～4月；果期10～11月。

【产地及习性】分布于湖南、江西、福建、广东、广西、贵州等地，生于海拔400～1500m山地疏林中、林缘、溪边。喜光，喜水湿。深根性。生长速度快。

【观赏评价与应用】陀螺果树形美丽，花大而乳白或淡粉红色，果形奇特，可供庭园栽培观赏。杭州等地栽培。

【同属种类】陀螺果属仅有1种，我国特产。

小叶白辛树
Pterostyrax corymbosus

【形态特征】落叶乔木，高达15m；嫩枝密被星状短柔毛。叶倒卵形、宽倒卵形或椭圆形，边缘有锐尖锯齿，下面稍被星状柔毛。圆锥花序伞房状，长3～8cm；花白色，长约10mm；花梗极短；花冠裂片长圆形，长约1cm，宽约3.5mm，近基部合生；雄蕊10枚，5长5短。果实倒卵形，长1.2～2.2cm,5翅，密被星状绒毛。花期3～4月；果期5～9月。

【产地及习性】产江苏、浙江、江西、湖南、福建、广东，生于海拔400～1600m的山区河边以及山坡低凹而湿润的地方。日本也有分布。

【观赏评价与应用】小叶白辛树花白色而繁密，芳香，是良好的遮荫树，可用于庭园绿化，适于水滨、桥头应用，孤植、丛植均宜。也是低湿地造林或护堤树种材耐寒性较强，山东青岛栽培，生长良好。用途可参考白辛树。

【同属种类】白辛树属约4种，产中国、日本和缅甸。我国2种。

北美银钟花

北美银钟花

北美银钟花

陀螺果

陀螺果

小叶白辛树

陀螺果

白辛树
Pterostyrax psilophyllus

【形态特征】落叶乔木，高达15m，径达45cm；树皮不规则开裂；嫩枝被星状毛。叶长椭圆形至倒卵状长圆形，长5～15cm，宽5～9cm，边缘具细锯齿，近顶端有时具粗齿或3深裂，下面密被灰色星状绒毛。圆锥花序顶生或腋生，第2次分枝几成穗状，长10～15cm，被黄色星状绒毛；花白色，长12～14mm；花瓣长椭圆形或椭圆状匙形，长约6mm，宽约2.5mm。果纺锤形，5～10棱，密被长硬毛。花期4～5月；果期8～10月。

【产地及习性】产湖南、湖北、四川、贵州、广西和云南。喜酸性土，较耐湿，多生于河岸边或河谷两侧阴湿林中，甚至直接生长于河床中，树干基部在洪水季节往往被溪水淹没。萌芽性强，生长迅速。

【观赏评价与应用】白辛树生长迅速，花芳香，叶片、果实奇特，可栽培观赏，也是低湿地造林或护堤树种。

秤锤树
Sinojackia xylocarpa

【别名】捷克木

【形态特征】落叶小乔木，高达7m；冬芽裸露，单生或2枚叠生。新枝密生灰褐色星状毛。叶椭圆形或椭圆状倒卵形，长4～10cm，宽2.5～5.5cm，叶缘有细锯齿。花两性，3～5朵组成总状花序，生于侧枝顶端；花白色，径约2cm，花冠6～7裂。果木质，下垂，卵圆形或卵状长圆形，熟时栗褐色，连喙长1.5～2.5cm。花期4～5月；果期8～10月。

【产地及习性】我国特产，分布于华东，生于海拔300～400m的丘陵地带。喜光，幼苗也不耐荫；耐寒性较强，可耐短期-16℃低温，在山东可露地越冬；喜深厚肥沃、湿润而排水良好的中性至微酸性土壤，不耐干旱瘠薄。

【观赏评价与应用】秤锤树花朵繁密、色白如雪，果形奇特，状如秤锤，随风飘动，颇有特色，是优美的园林观赏树种，宜丛植于庭院或开阔的草坪。秤锤树是1927年秦仁昌先生首先在南京幕府山采集，后经胡先骕先生鉴定定名。南京玄武湖、中山植物园、杭州花港观鱼公园内都有栽培。

【同属种类】秤锤树属共5种，为我国特产。

野茉莉科（安息香科） Styracaceae

长果秤锤树
Sinojackia dolichocarpa

落叶乔木，高10～12m，树皮平滑，不开裂；当年生小枝红褐色。叶卵状长圆形、椭圆形或卵状披针形，长8～13cm，宽3.5～4.8cm，顶端渐尖，基部宽楔形或圆形，边缘有细锯齿，上面中脉疏生星状毛，下面疏生长柔毛，脉腋间较密；侧脉8～10对。总状聚伞花序生于侧生小枝上，花冠4深裂，裂片椭圆状长圆形，雄蕊8。果实倒圆锥形，连喙长4.2～7.5cm，具8条纵脊，密被长柔毛和星状毛，喙长26～35mm。花期4月；果期6月。

产湖南石门。生于山地水溪边。

长果秤锤树

长果秤锤树

长果秤锤树

江西秤锤树
Sinojackia rehderiana

【别名】狭果秤锤树、芮氏捷克木

落叶小乔木或灌木，高达5m。嫩枝被星状短柔毛。叶倒卵状椭圆形或椭圆形，长5～9cm，宽3～4cm，边缘具硬质锯齿，嫩叶两面密被星状短柔毛。生于有花小枝基部的叶卵形而较小，长2～3.5cm，宽1.5～2cm。总状聚伞花序疏松，有花4～6朵，花白色，花冠5～6裂，裂片卵状椭圆形。果实椭圆形，具长渐尖的喙，连喙长2～2.5cm。花期4～5月；果期7～9月。

产江西、湖南、湖北和广东，生于林中或灌丛中。花色洁白，果实奇特，可栽培观赏，用途同秤锤树。

江西秤锤树

野茉莉
Styrax japonicus

【别名】安息香

【形态特征】落叶小乔木，高达10m；树皮灰褐色或黑色；树冠卵形或圆形。小枝细长，嫩枝和叶有星状毛，后脱落。叶互生，椭圆形或倒卵状椭圆形，长4～10cm，宽2～6cm，先端突尖或渐尖，叶缘有浅齿。总状花序由3～6（8）朵花组成，生于叶腋，下垂；花冠白色，5深裂，长约1.5～2cm；雄蕊10枚，花丝基部合生。核果卵球形，长8～14mm，径约8～10mm。花期6～7月；果期9～10月。

【产地及习性】产东亚，我国分布于黄河以南至华南各地，是该属中分布最广的一种，在山东崂山仍有大量野生分布。喜光，也较耐荫；喜湿润、肥沃、深厚而疏松富腐殖质土壤，耐旱、忌涝。生长较快。

【观赏评价与应用】野茉莉树形优美，花果下垂，婀娜可爱，白色花朵掩映于绿叶丛中，芳香宜人，饶有风趣。树体较小，最适宜小型庭园造景，可植于池畔、水滨、窗前、草地等处，也可作园路树，江南各地常见栽培。花、叶、果均可药用。

【同属种类】野茉莉属约130种，分布于东亚、南北美洲和地中海地区。我国31种，主要分布长江流域以南地区。

野茉莉

野茉莉

野茉莉

中华安息香
Styrax chinensis

【别名】大果安息香

乔木，高10～20m，径20～34cm；嫩枝扁圆形，密被黄褐色星状短柔毛。叶互生，革质，长圆状椭圆形或倒卵状椭圆形，长

中华安息香

野茉莉科（安息香科） Styracaceae

8～23cm，宽3～12cm，近全缘，上面仅嫩叶中脉被短柔毛，下面密被灰黄色星状绒毛，侧脉7～12对；叶柄长1～1.5cm，四棱形。圆锥或总状花序，顶生或腋生；花白色，芳香，长1.2～1.5cm；花冠裂片卵状披针形，长10～12mm。果球形，径约1.8cm。花期4～5月；果期9～11月。

产广西、云南，生于海拔300～1200m密林中。

白花龙
Styrax faberi

【别名】白龙条、棉子树

灌木，高1～2m；嫩枝纤弱，扁圆形，老枝圆柱形，紫红色。叶互生，有时侧枝最下两叶近对生而较大，椭圆形、倒卵形或长圆状披针形，长4～11cm，宽3～3.5cm，具细锯齿。总状花序顶生，有花3～5朵，下部常单花腋生；花白色，长1.2～2cm。果近球形，径5～7mm。花期4～6月；果期8～10月。

产华东、华南和西南地区，生于海拔100～600m低山区和丘陵地灌丛中。

玉铃花
Styrax obassis

【形态特征】落叶乔木，高达14m，或呈灌木状。叶两型：小枝最下两叶近对生，椭圆形或卵形，长4.5～10cm，宽2～5cm，叶柄长3～5mm；小枝上部的叶互生，宽椭卵形或近圆形，长5～15cm，宽4～10cm，具粗锯齿。总状花序有花10～20朵，白色或粉红色。果卵形，长1.5～1.8cm，径约1.2cm，密被黄褐色星状毛。花期5～7月；果期8～9月。

【产地及习性】产辽宁东南部、山东和长江中下游地区；生于海拔700～1500m山区林中，是本属分布最北的一种。朝鲜和日本也有分布。温带树种，喜温暖湿润、光照充足的环境，也耐半阴；较耐旱，忌涝。

【观赏评价与应用】玉铃花树形自然，花朵洁白芳香，是美丽的观花树种，园林中可栽培观赏。大连、丹东、济南、青岛等地多有栽培。

栓叶安息香
Styrax suberifolius

【别名】红皮

乔木，高4～20m。树皮红褐色或灰褐色；嫩枝稍扁，被锈褐色星状绒毛。叶椭圆形至椭圆状披针形，长5～15(18)cm，宽2～5(8)cm，近全缘，下面密被褐色星状绒毛。总状或圆锥花序顶生或腋生，长6～12cm；花白色，长10～15mm；花冠4～5裂，裂片披针形，长8～10mm，外面密被星状短柔毛。果实卵球形，径1～1.8cm，熟时3瓣裂。花期3～5月；果期9～11月。

产长江流域以南各省区，生于海拔100～3000m山地、丘陵地常绿阔叶林中。越南也有。阳性树种，生长迅速。

八十三、山矾科 Symplocaceae

山矾
Symplocos sumuntia

【别名】山桂花、七里香

【形态特征】常绿乔木。嫩枝褐色，无棱。叶薄革质，卵形或狭倒卵形、倒披针状椭圆形，长4～8cm，宽1.5～3cm，先端尾尖，基部楔形或圆形，边缘有浅锯齿或有时近于全缘，上面中脉凹下。总状花序长2.5～4cm，被开展的柔毛；花冠白色，5深裂，长4～4.5mm，裂片倒卵状椭圆形；雄蕊25～35，花丝基部连合成束；子房3室。果实卵状坛形，绿色，长7～10mm。

【产地及习性】产于长江以南各地，生于海拔200～1500m，习见于林下、林缘。印度、尼泊尔、不丹也产。喜温暖湿润气候，不耐寒，耐荫。

【观赏评价与应用】山矾花朵虽然细小但繁密如雪，芳香如桂，是一优美的观花树种，张季灵有"漫山白蕊殿春华，多贮清香野老家，须向风前招蝶使，祕通家籍省梅花"的赞语。园林造景中，宜于疏林下散植，也可丛植于草地、庭院。

【同属种类】山矾属约200种，分布于亚洲、大洋洲和美洲热带和亚热带。我国42种，产长江以南各省。

棱枝山矾
Symplocos lucida
【*Symplocos crassifolia*；*Symplocos tetragona*】

常绿小乔木，枝、叶均无毛，小枝粗壮，有角棱。叶厚革质，矩圆形至狭椭圆形，长5～13cm，宽2～5cm，全缘或有疏锯齿；中脉在叶面凸起，侧脉4～15对；叶柄长5～15mm。总状花序或中下部有分枝，被柔毛，长达6cm或缩短呈聚伞状。花冠白色，长3～5mm，雄蕊60～80枚，长4-6mm。核果卵圆或椭圆形，长0.5～1.8cm，径0.4～1.3cm，宿萼裂片。花果期3～12月。

广布于长江流域至华南、西南，生于海拔1000m以下的杂木林中。也分布于热带亚洲。杭州玉泉后山有栽培。

棱枝山矾

山矾

棱枝山矾

山矾

棱枝山矾

华山矾
Symplocos chinensis

落叶灌木；嫩枝、叶柄、叶背、花序、苞片、花萼外均被灰黄色皱曲柔毛，小枝紫褐色。叶椭圆形或倒卵形，长4～7cm，宽2～5cm，叶面有短柔毛；侧脉4～8对。圆锥花序顶生或腋生，长4～7cm；花冠白色，芳香，长约4mm，5深裂几达基部；雄蕊50～60枚，花丝基部合生成五体雄蕊。核果卵状圆球形，长5～7mm，被紧贴的柔毛，熟时蓝黑色，顶端宿萼裂片向内伏。花期4～5月；果期8～9月。

产山东东部、浙江、福建、台湾、安徽、江西、湖南、广东、广西、云南、贵州、四川等省区。生于海拔1000m以下的丘陵、山坡、杂林中。FOC将本种并入白檀。

华山矾

华山矾

华山矾

白檀
Symplocos paniculata

【别名】碎米子树、乌子树

【形态特征】落叶灌木或小乔木。幼枝、叶片下面和花密生柔毛，或几光滑无毛。枝条细硬，1年生枝灰褐色；叶纸质，卵圆形、椭圆状倒卵形或宽倒卵形，略呈菱状，长3～9（11）cm，宽2～3.5（5.5）cm，基部宽楔形至近心形，边缘有细尖锯齿。圆锥花序顶生，长4～10cm，松散；花白色，有香气，花冠深裂，雄蕊约25～60，花丝基部合生。核果卵球形，长5～8mm，熟时蓝色，稀白色。花期4～7月；果期9～11月。

【产地及习性】广布，我国分布于东北、华北至江南流域、华南、西南各省区，常生于海拔800～2500m山地混交林中。日本、朝鲜、印度等国也有分布。北美有栽培。较耐荫，耐寒性强，在黄河流域可生长良好。适应性强，耐干旱瘠薄，根系发达。

【观赏评价与应用】白檀树姿美观，春季白花繁茂，秋结蓝果，观赏效果好，可栽植为园林观赏树种，特别适于山地风景区应用。固土能力强，是水土流失地区的先锋树种。花芳香，为蜜源植物；根、茎、叶均可药用。目前园林中少见应用。

白檀

白檀

白檀

老鼠矢
Symplocos stellaris

常绿乔木，小枝粗，髓心中空，具横隔；芽、嫩枝、嫩叶柄、苞片和小苞片均被红褐色绒毛。叶厚革质，叶背粉褐色，披针状椭圆形或狭长圆状椭圆形，长6～20cm，宽2～5cm，通常全缘。团伞花序生于2年生枝的叶痕之上；花冠白色，长7～8mm，5深裂几达基部，裂片椭圆形，雄蕊18～25枚，花丝基部合生成5束。核果狭卵状圆柱形，长约1cm棱。花期4～5月；果期6月。

产长江以南及台湾各省区，生于海拔1100m的山地、路旁、疏林中。

老鼠矢

老鼠矢

老鼠矢

八十四、紫金牛科 Myrsinaceae

桐花树

桐花树
Aegiceras corniculatum

【别名】蜡烛果、黑榄、红蓈

【形态特征】常绿灌木或小乔木，高 1.5～4m。叶互生，或于枝顶近对生，革质，倒卵形、椭圆形或广倒卵形，顶端圆或凹，长 3～10cm，宽 2～4.5cm，全缘，两面密布小窝点，侧脉 7～11 对。伞形花序生枝顶，有花 10 余朵；花长约 9mm，花冠白色，钟形，长约 9mm，裂片卵形，花时反折。蒴果圆柱形，弯如新月，长 6 常绿灌木 8cm，径约 5mm；宿存萼紧包基部。花期 12 月至翌年 1～2 月；果期 10～12 月。有时花期 4 月；果期 2 月。

【产地及习性】产广西、广东、福建及南海诸岛，生于海边潮水涨落的污泥滩上，为红树林组成树种之一；印度、中南半岛至菲律宾及澳大利亚南部等均有。

【观赏评价与应用】桐花树组成的森林有防风、防浪作用。树皮含鞣质，可做提取栲胶原料；木材是较好的薪炭柴。

【同属种类】蜡烛果属 2 种，分布于东半球热带海边污泥滩地带，常与红树科等植物构成群落。我国 1 种，分布于东南部至南部海边。

桐花树

桐花树

紫金牛
Ardisia japonica

【别名】矮茶、凉伞盖珍珠

【形态特征】常绿低矮灌木，高仅 20～30cm；根状茎长而横走，暗红色；地上茎直立，不分枝，表面带褐色，具短腺毛。叶集生于茎顶，椭圆形，长 4～7cm，两面有腺点；顶端急尖，缘具尖齿，两面有腺点，叶背中脉处有微柔毛。短总状花序近伞形，通常有花 2～6 朵，腋生或顶生；花冠青白色，径约 1cm，裂片卵形，有红色腺点。核果球形，熟时亮红色，径约 5～6mm。花期 4～5 月；果期 9～11 月。

【产地及习性】广布于长江以南各地；日本、朝鲜也有分布。常生于常绿阔叶林下、溪谷两侧之阴湿处。耐荫性甚强，忌阳光直晒；喜温暖湿润气候，不耐寒；喜生于富含腐殖质的酸性沙质壤土，忌干旱。

【观赏评价与应用】紫金牛植株低矮，四季常绿，果实红艳而且挂果期极长，是优美的观果和观叶灌木，在长江流域及以南地区最适于点缀于林下、树丛、山石旁、溪边等荫蔽处作地被，可片植、丛植。紫金牛也是常用的中药，其名字常见于古代的本草。《图经本草》云："紫金牛生福州，叶如茶叶，上绿下紫，结实圆，红色如丹朱，根微紫色。"

【同属种类】紫金牛属约 400～500 种，主要分布于热带美洲、太平洋群岛、亚洲及大洋洲。我国 65 种，主产长江流域以南。

紫金牛

紫金牛

紫金牛

紫金牛科　Myrsinaceae

朱砂根
Ardisia crenata

【别名】平地木

【形态特征】常绿灌木，高1～2m。根状茎肥壮，根断面有小血点。茎直立，有少数分枝，无毛。单叶互生，常集生枝顶，椭圆状披针形至倒披针形；长6～13cm，端钝尖，叶缘波状，两面有突起的腺点。伞形或聚伞形花序；花小，淡紫白色，有深色腺点；花冠裂片披针状卵形。核果球形，径7～8mm，红色，具斑点，有宿存花萼和细长花柱。花期5～6月；果期10～12月。

【产地及习性】产长江以南各省地区；日本、朝鲜也有分布。多生于山谷林下阴湿处，忌日光直射，喜排水良好富含腐殖质的湿润土壤，不耐寒。

【观赏评价与应用】朱砂根果红叶绿，果实经久不凋，颇为美观，可作盆栽观果树种，也可植于庭园观赏，以其耐荫，尤适于林下种植。有白果（'Leycocarpa'）、黄果（'Xanthocarpa'）、粉果（'Pink'）以及斑叶（'Variegata'）等栽培品种。朱砂根也是常用中药，《本草纲目》有"朱砂根生山中，苗高尺许，叶似冬青，背甚赤，夏月长茂，根大如筋，赤色，与百两金相髣。"

朱砂根

朱砂根

朱砂根

百两金
Ardisia crispa

【别名】地杨梅、珍珠伞

常绿灌木，高60～100cm，具匍匐根茎，直立茎除侧生特殊花枝外，无分枝。叶椭圆状披针形或狭长圆状披针形，长7～15cm，宽1.5～4cm，全缘或略波状，具明显的边缘腺点，两面无毛，侧脉约8对。亚伞形花序，着生于侧生特殊花枝顶端。花枝长5～10cm，常无叶，或长达13～18cm而中部以上具叶。花瓣白色或粉红色，卵形，长4～5mm。果球形，直径5～6mm，鲜红色，具腺点。花期5～6月；果期10～12月，有时植株上部开花，下部果熟。

产长江流域以南各省区，生于海拔100～2400m山谷、山坡、林下。日本、印度尼西亚亦有。

百两金

百两金

密鳞紫金牛
Ardisia densilepidotula

【别名】罗芒树、山马皮、仙人血树

常绿小乔木，高6～8m，偶达15m。小枝粗壮，幼时被锈色鳞片。叶倒卵形或广倒披针形，基部楔形下延，长11～17cm，宽4～6cm，有时长达23cm，宽8.5cm，全缘，常反折，侧脉多数。由多回亚伞形花序组成圆锥花序，顶生或近顶生，长10～14cm；花瓣粉红色至紫红色，卵形，顶端钝，长约3mm，无腺点。果球形，径约6mm，紫红色至紫黑色，无腺点。盛花期6～8月。

产海南岛，海拔250～2000m的山谷、山坡密林中。

密鳞紫金牛

密鳞紫金牛

密鳞紫金牛

紫金牛科 Myrsinaceae

东方紫金牛

东方紫金牛
Ardisia elliptica
【*Ardisia squamolosa*】

【别名】春不老

常绿灌木，高达2m，通常无毛。叶厚，略肉质，倒披针形或倒卵形，顶端钝和有时短渐尖，基部楔形，长6～12cm，宽3～5cm，全缘，深绿色，侧脉极细、不明显。亚伞形花序或复伞房花序，近顶生或腋生于特殊花枝的叶状苞片上，花枝基部膨大或具关节；花粉红色至白色，长5～8mm，果径约8mm，红色至紫黑色。

产我国台湾，台北、广州等地有栽培。日本的琉球群岛有栽培，马来西亚至菲律宾亦有。

东方紫金牛

东方紫金牛

矮紫金牛
Ardisia humilis

【形态特征】常绿灌木，高1～2m；茎粗壮，无毛，除侧生特殊花枝外不分枝。叶革质，倒卵形或椭圆状倒卵形，稀倒披针形，长15～18cm，宽5～7cm，有时长达28cm，宽12cm，全缘，两面无毛，背面密布小窝点。由多数亚伞形花序或伞房花序组成的金字塔形的圆锥花序，着生于粗壮的侧生特殊花枝顶端，长8～17cm或更长；花瓣粉红色或红紫色，广卵形或卵形，长5～6mm。果球形，径约6mm，暗红色至紫黑色，具腺点。花期3～4月；果期11～12月。

【产地及习性】产广东、海南，海拔40～1100m的山间、坡地疏、密林下或开阔坡地。

【观赏评价与应用】株型低矮、枝叶密集，花色、果色优美，繁密，是优良的花灌木，适于列植路边或作基础种植材料。

矮紫金牛

矮紫金牛

矮紫金牛

矮紫金牛

斑叶朱砂根
Ardisia lindleyana
【*Ardisia punctata*】

【别名】山血丹、小罗伞

常绿灌木或小灌木，高1～2m；除侧生特殊花枝外，无分枝。叶长圆形至椭圆状披针形，长10～15cm，宽2～3.5cm，全缘或具微波状齿，齿尖具腺点，边缘反卷，侧脉8～12对。亚伞形花序单生或为复伞形，着生于侧生特殊花枝顶端；花枝顶端下弯，具少数叶状苞片；花长约5mm，花瓣白色，椭圆状卵形。果球形，径约6mm，深红色。花期4～8月；果期10～12月，有时有的植株上部枝条开花，下部枝条果熟。

产浙江、江西、福建、湖南、广东、广西，海拔270～1150m的山谷、山坡密林下，水旁和荫湿的地方。

斑叶朱砂根

斑叶朱砂根

斑叶朱砂根

虎舌红
Ardisia mamillata

【别名】红毛毡

常绿低矮灌木，具匍匐的木质根茎，直立茎高15～20cm，幼时密被锈色卷曲长柔毛。叶互生或簇生于茎顶端，倒卵形至长圆状倒披针形，长7～14cm，宽3～5cm，具不明显疏圆齿，两面绿色或暗紫红色，被锈色或紫红色糙伏毛。果球形，径约6mm，鲜红色。花期6～7月；果期11月至翌年1月，有时达6月。

产四川、贵州、云南、湖南、广西、广东、福建，生于山谷密林下阴湿处。越南亦有。

虎舌红

虎舌红

虎舌红

铜盆花
Ardisia obtusa

【别名】山巴、钝叶紫金牛

常绿灌木，高1～6m；小枝无毛，常有棱。叶倒披针形或倒卵形，长6～10cm，宽2～4cm，全缘，两面无毛，有时背面具极细的疏鳞片，无腺点；侧脉8～15对，不明显；叶柄长7～10mm。由复伞房花序或亚伞形花序组成圆锥花序，顶生，长约6.5cm，花序中常有退化的叶或叶状苞片；花长4～6mm，花瓣淡紫色或粉红色，卵形，无腺点。果球形，直径4～8mm，黑色，无腺点。花期2～4月；果期4～7月。

产广东、海南，生于低海拔山谷、山坡灌木丛中或疏林下。

铜盆花

铜盆花

紫金牛科 Myrsinaceae

铜盆花

杜茎山
Maesa japonica

【别名】金砂根、白花茶、山桂花

【形态特征】灌木，直立或攀援，高1～3（5）m。叶片革质，椭圆形至披针状椭圆形，或倒卵形、披针形，顶端钝至尾尖，一般长约10cm，宽约3cm，抑或长达15cm，宽达5cm，全缘或具疏锯齿，两面无毛，侧脉5～8对。总状或圆锥花序，长1～4cm；花萼长约2mm；花冠白色，长钟形，管长3.5～4mm；雄蕊着生于花冠管中部略上，内藏。果球形，径4～6mm，肉质，具脉状腺条纹，萼、花柱宿存。花期1～3月；果期10月或5月。

【产地及习性】产我国西南至台湾以南各省区，海拔300～2000m的山坡或石灰山杂木林下阳处，或路旁灌木丛中。日本及越南北部亦有。

【观赏评价与应用】杜茎山植株低矮，花果繁密，花白色，可栽培观赏。果可食，微甜；全株供药用。叶形变化幅度较大，长短宽窄相差很远。

【同属种类】杜茎山属约200种，主要分布于东半球热带地区。我国29种，分布于长江流域以南各地。

包疮叶
Maesa indica

【别名】大白饭果、小姑娘茶、千年树

【形态特征】大灌木，高1～3m，稀达5m；幼枝具深沟槽，密被皮孔。叶卵形至广卵形，长8～17（21）cm，宽5～9（11）cm，边缘具波状齿或粗齿，两面无毛，叶背具明显的脉状腺条纹；侧脉12对；叶柄长1～2.5（4）cm。总状或圆锥花序，腋生及近顶生，长3～5cm，几无毛；花冠白色或淡黄绿色，钟状，具不明显的脉状腺条纹。果近球形，径约3mm，具纵行肋纹；宿存萼包果顶部。花期4～5月；果期9～11月或4～7月。

产云南南部海拔500～2000m山间疏、密林下，山坡、沟底荫湿处，有时亦见于阳处。印度、越南亦有。

杜茎山

杜茎山

杜茎山

包疮叶

包疮叶

包疮叶

紫金牛科 Myrsinaceae

金珠柳
Maesa montana

【别名】山地杜茎山、鱼子花

灌木或小乔木，高2～3m，稀达10m；小枝圆柱形，被疏长硬毛或柔毛。叶椭圆状或长圆状披针形或卵形，长7～14(23)cm，宽3～7(9)cm，边缘具粗锯齿或疏波状齿，齿尖具腺点，叶面无毛，侧脉8～12对，通常无脉状腺条纹；叶柄长1～1.5cm。总状或圆锥花序腋生，长2～7(10)cm。花冠白色，钟形，长约2mm，具脉状腺条纹。果球形，径约3mm，成熟后白色，多少具脉状腺条纹，宿存萼包果达中部略上。花期2～4月；果期10～12月。

产我国西南各省至台湾以南地区，海拔400～2800m的山间杂木林下或疏林下。从印度、缅甸至泰国均有。嫩叶可代茶，又可作蓝色染料。

鲫鱼胆
Maesa perlarius

【别名】空心花、冷饭果

小灌木，高1～3m；分枝多，小枝被长硬毛或短柔毛。叶广椭圆状卵形至椭圆形，长7～11cm，宽3～5cm，下部全缘，中上部具粗锯齿，幼时两面被密长硬毛，后除脉外无毛，背面被长硬毛；侧脉7～9对；叶柄长7～10mm。总状或圆锥花序腋生，长2～4cm，被长硬毛和短柔毛；花冠白色，钟形。果球形，径约3mm，具脉状腺条纹。花期3～4月；果期12～5月。

分布于四川南部、贵州至台湾以南沿海各省、区，海拔150～1350m的山坡、路边的疏林或灌丛中湿润的地方。越南、泰国亦有。全株供药用。

柳叶杜茎山
Maesa salicifolia

直立灌木，高约2m；小枝圆柱形，无毛，具细条纹，有时具皮孔。叶片革质，狭长圆状披针形，顶端渐尖，基部钝，长10～20cm或略长，宽1.5～2cm或略宽，全缘，边缘强烈反卷，两面无毛，背面中、侧脉强烈隆起，其余部分下凹，侧脉5～7对，弯曲上升。花序腋生，无毛；花冠白色或淡黄色，长3～4mm，具脉状腺条纹。果球形，径约4mm。花期1～2月；果期9～11月。

产广东，生于石灰岩山坡、杂木林中。

八十五、牛栓藤科 Connaraceae

云南牛栓藤 *Connarus yunnanensis*

【形态特征】攀援灌木，老枝淡黄色。奇数羽状复叶，小叶3～7片，狭长圆形或椭圆形，长6.5～16cm，宽2～5cm，全缘；侧脉5～9对，明显下陷，下面具腺点；小叶柄粗壮。圆锥花序顶生及腋生，密被绒毛；萼片5，椭圆形，先端圆钝；花瓣5，长椭圆形，长6mm，有红色腺点；雄蕊10，5长5短；心皮密被柔毛。果长椭圆形，长2.5～3.5cm，果瓣较薄 种子长圆形，黑紫色，长2.5cm，基部为二浅裂的假种皮所包裹。花期1～4月；果期4月至翌年2月。

【产地及习性】产云南、广西南部，生于潮湿的密林中，缅甸也有。

【观赏评价与应用】云南牛栓藤花朵繁密，果实黄色，开裂后露出橘红色的假种皮和黑色的种子，非常美观奇特，色差观感层次分明，果期长，是优良的冬季观果植物，可栽培观赏，适于垂直绿化，可供矮墙、栅栏，亦可整形为灌木，丛植观赏。

【同属种类】牛栓藤属约80～120种，大部产美洲热带、非洲热带以及亚洲东南部。我国有2种，分布华南及西南。

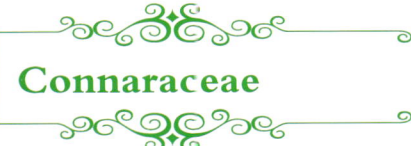

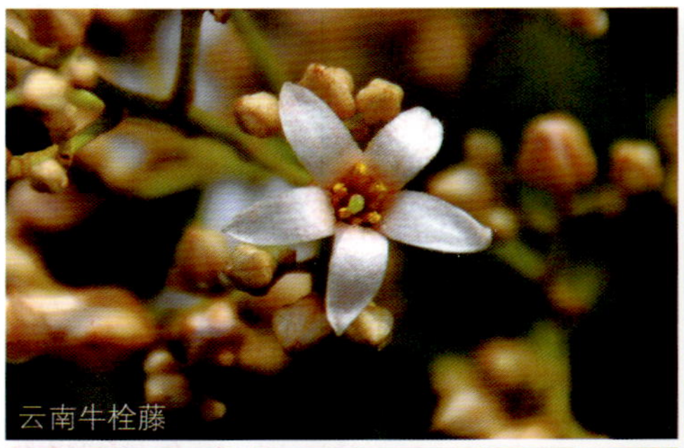
云南牛栓藤

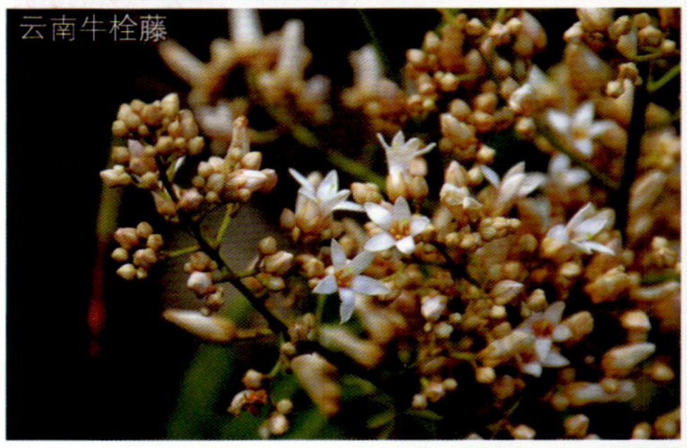
云南牛栓藤

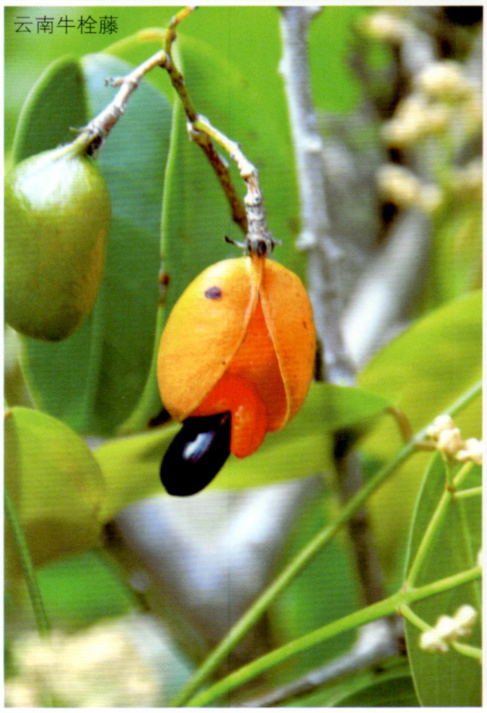
云南牛栓藤

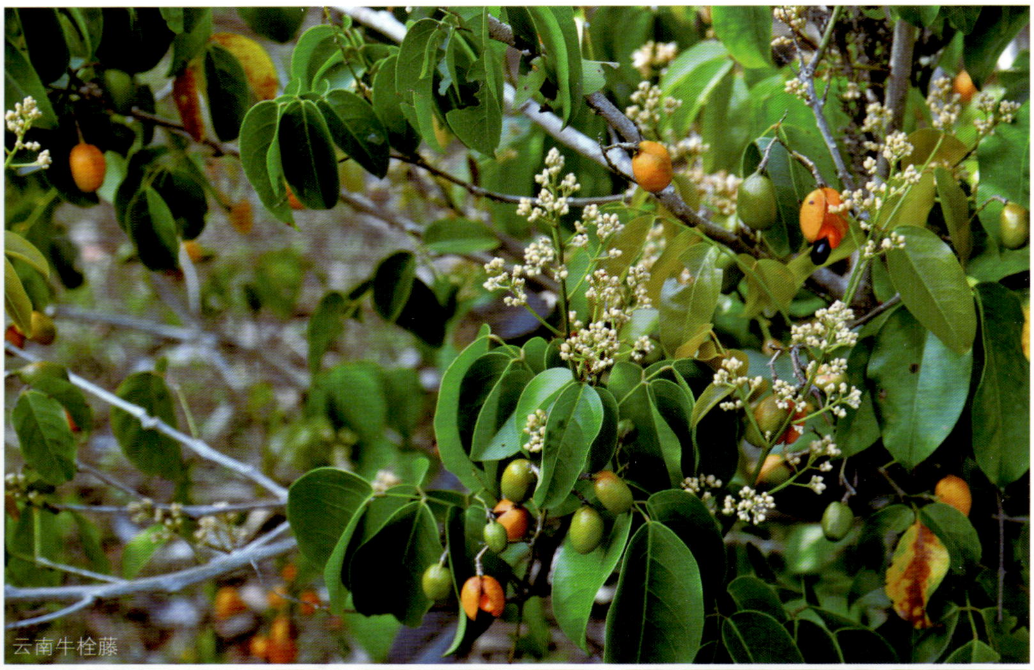
云南牛栓藤

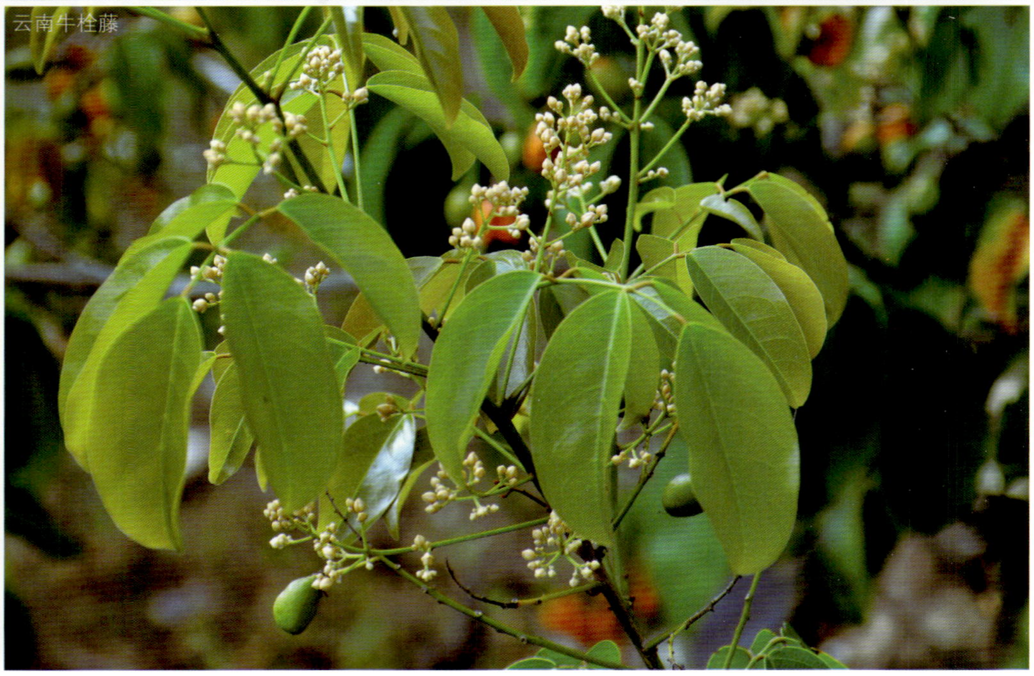
云南牛栓藤

八十六、海桐花科 Pittosporaceae

海桐
Pittosporum tobira

【别名】垂青树、七里香

【形态特征】常绿灌木或小乔木,高达6m。树冠圆球形,浓密。小枝及叶集生于枝顶。叶倒卵状椭圆形,长5～12cm,先端圆钝或微凹,基部楔形,边缘反卷,全缘,两面无毛。伞房花序顶生,花白色或黄绿色,径约1cm,芳香。果卵球形,长1～1.5cm,3瓣裂;种子鲜红色,有黏液。花期5月;果期10月。

【产地及习性】产中国东南沿海和日本、朝鲜,生于海拔1800m以下林内、海滨沙地、石灰岩地区。南方各地各地普遍栽培。喜光,略耐半荫;喜温暖气候和肥沃湿润土壤;稍耐寒,在山东中南部和东部沿海可露地越冬。对土壤要求不严,在pH值5～8之间均可,黏土、沙土和轻度盐碱土均能适应,不耐水湿。萌芽力强,耐修剪。抗海风。

【观赏品种】银边海桐('Variegatum'),叶片边缘白色。

【观赏评价与应用】海桐枝叶茂密,叶色浓绿而有光泽,经冬不凋,初夏繁花如雪,香闻数里,入秋果实变黄,开裂后则露出红色种子,宛如红花一般,均甚美观,是园林中常用的观赏树种。宋朝徐俯《南柯子》词云:"细叶黄金嫩,繁花白雪香",乃海桐之写照。海桐通常用作绿篱和基础种植材料,修剪成球形用于园林点缀,孤植、丛植于草坪边缘,或对植于入口处、列植于路旁、台坡亦可。《花经》云:"枝叶茂而常绿,栽以作篱,亦颇得宜。"

【同属种类】海桐属约150种,分布于亚洲东南部至大洋洲,西至也门、马达加斯加、非洲南部。我国46种,产长江流域及其以南地区。

光叶海桐
Pittosporum glabratum

【别名】长果满天香

常绿灌木,高2～3m。叶聚生枝顶,薄革质,窄矩圆形或倒披针形,长5～10cm,宽2～3.5cm,先端尖锐,侧脉5～8对。花序伞形1～4枝簇生于枝顶叶腋、多花;花瓣倒披针形,长8～10mm。蒴果椭圆形,长2～2.5cm,3裂,种子近圆形,红色。

分布于海南、广西、贵州、湖南。花朵黄色、芳香,果实开裂后露出鲜红色的种子,是优美的花灌木,可植于庭园观赏。根供药用,有镇痛功效。

海桐花科 Pittosporaceae

海金子
Pittosporum illicioides
【*Pittosporum sahnianum*】

【别名】崖花海桐

常绿灌木，高达5m。叶3～8片簇生于枝顶呈假轮生状，薄革质，倒卵状披针形或倒披针形，5～10cm，宽2.5～4.5cm，基部狭楔形，叶柄长0.7～1.5cm。伞形花序，花梗纤细下弯。果实球形或倒卵球形。

分布于长江流域至、福建、台湾、贵州等地，日本也有分布。

圆锥海桐
Pittosporum paniculiferum

常绿小乔木，高达10m；嫩枝颇粗壮。叶簇生枝顶，薄革质，椭圆形或倒卵状椭圆形，长11～15cm，宽4～6cm；先端突窄而有三角尖，侧脉8～10对。圆锥花序顶生，长6～10cm，有8～10条分枝的次级伞房花序。蒴果近球形，宽7mm，长5～5.5mm，2裂；种子扁球形径约4mm。

分布于云南南部。叶片较大，圆锥花序长达10cm，花细小而繁密，洁白如雪，是优良的园林观赏树种。

八十七、绣球科 Hydrangeaceae

溲疏
Deutzia crenata

【别名】齿叶溲疏

【形态特征】落叶灌木，高1～3m，老枝表皮薄片状剥落。小枝中空，红褐色，有星状毛。叶卵形至卵状披针形，长5～8cm，宽1～3cm，叶缘具细圆锯齿，上面疏被4～5条辐线星状毛，下面稍密被10～15辐线星状毛；侧脉3～5对；叶柄长3～8mm。圆锥花序直立，长5～10cm，径3～6cm；花冠径1.5～2.5cm，白色或外面带红晕；花序、花梗、萼筒、萼裂片均疏被星状毛。蒴果半球形，径约4mm。花期4～5月；果期8～10月。

【产地及习性】原产日本，长江流域常见栽培或逸为野生，北至山东、南达福建、西南达云南也有栽培。喜光，稍耐荫，喜温暖湿润的气候，喜富含腐殖质的微酸性和中性壤土。萌芽力强，耐修剪。

【观赏品种】白花重瓣溲疏（'Candidissima'），花重瓣，纯白色。

【观赏评价与应用】溲疏花朵洁白，初夏盛开，繁密而素净，是普遍栽培的优良花灌木。宜丛植于草坪、林缘、山坡，也是花篱和岩石园材料。花枝可供切花瓶插。根、叶、果可药用。

【同属种类】溲疏属约60种，分布北半球温带地区。我国约50种，各地均产，主产西南地区，多供观赏。

钩齿溲疏
Deutzia baroniana
【*Deutzia hamata*；*Deutzia prunifolia*】

【别名】李叶溲疏

落叶灌木，高约1m。叶卵状菱形或卵状椭圆形，长2～5cm，宽1.5～3cm，先端急尖，基部楔形或阔楔形，边缘具不整齐锯齿，上面疏被4～5辐线星状毛，下面疏被5～7辐线星状毛。聚伞花序，具2～3花或花单生；花冠直径1.5～2.5cm，花瓣白色，倒卵状长圆形或倒卵状披针形，花丝先端2齿，齿平展或下弯成钩状，花柱3～4。蒴果半球形，径约4mm。花期4～5月；果期9～10月。

产辽宁、河北、山西、陕西、山东、江苏和河南，生于海拔500～1200m山坡灌丛中。朝鲜亦产。

大萼溲疏
Deutzia calycosa

【别名】宾川溲疏

落叶灌木，高约 2m。叶卵状长圆形，花枝上的叶阔卵形或卵状披针形，长 5 ~ 8cm，宽 1.2 ~ 3.5cm，具疏离锯齿。伞房状聚伞花序有花 9 ~ 12 朵，花序梗细长；花瓣白色或稍粉红色，卵状长圆形，长 10 ~ 15mm，宽 4 ~ 8mm，花丝先端 2 钝齿。蒴果半球形，径约 5mm。花期 3 ~ 4 月；果期 7 ~ 8 月。

产四川西南部和云南西部，生于海拔 2000 ~ 3000m 林下或山坡灌丛中。花色优美、繁密，是美丽的花灌木，国外早有引种栽培。

异色溲疏
Deutzia discolor
【*Deutzia vilmorinae*】

【别名】白花溲疏

落叶灌木，高 2 ~ 3m；叶椭圆状披针形或长圆状披针形，长 5 ~ 10cm，宽 2 ~ 3cm，上面疏被 4 ~ 6 辐线星状毛，下面密被 10 ~ 20 辐线星状毛。聚伞花序长 6 ~ 10cm，径 5 ~ 8cm，有花 12 ~ 20 朵；花径 1.5 ~ 2cm；花瓣白色，椭圆形，长 10 ~ 12mm，宽 5 ~ 6mm。蒴果半球形，径 4.5 ~ 6mm。花期 6 ~ 7 月；果期 8 ~ 10 月。

产陕西、甘肃、河南、湖北和四川，生于海拔 1000 ~ 2500m 山坡或溪边灌丛中。

光萼溲疏
Deutzia glabrata

【别名】崂山溲疏、无毛溲疏、光叶溲疏

落叶灌木，高约 3m；表皮常脱落。叶薄纸质，卵形或卵状披针形，长 5 ~ 10cm，宽 2 ~ 4cm，具细锯齿，无毛；侧脉 3 ~ 4 对；叶柄长 2 ~ 4mm。伞房花序，径 3 ~ 8cm，有花 5 ~ 20（30）朵，花径 1 ~ 1.2cm，白色，花丝钻形，基部宽扁。蒴果球形，径 4 ~ 5mm。花期 6 ~ 7 月；果期 8 ~ 9 月。

产东北、山东、河南，生于海拔 300 ~ 600m 的山地石隙间或山坡林下。朝鲜和俄罗斯、西伯利亚东部亦产。

黄山溲疏
Deutzia glauca

落叶灌木，高 1.5 ~ 2m。花枝长 8 ~ 20cm，具 4 ~ 6 叶。叶纸质，卵状长圆形或卵状椭圆形，长 5 ~ 10cm，宽 2 ~ 4.5cm，边缘具细锯齿，上面疏被 4 ~ 5 辐线星状毛，下面无毛或被极稀疏 8 ~ 16 辐线星状毛，侧脉 4 ~ 8 对；叶柄长 5 ~ 9mm，无毛。圆锥花序长 5 ~ 10cm，径约 4cm，多花；花蕾长圆形，花冠直径 1 ~ 1.4cm，花瓣白色，长

10～15mm，宽5～6mm。蒴果半球形，高约4mm，径约7mm。花期5～6月；果期8～9月。

产安徽、河南、湖北、浙江、江西，生于海拔600～1200m林中。

球花溲疏
Deutzia glomeruliflora

【别名】团花溲疏

落叶灌木，高1～2m；老皮片状脱落，无毛。叶纸质，卵状披针形或披针形，长2～5(8)cm，宽6～15(20)mm，基部阔楔形，上面疏被4～5辐线星状毛，下面被4～7辐线星状毛，侧脉3～6对。聚伞花序长3～5(8)cm，直径3～4cm，紧缩而密聚，有花3～18朵；花冠直径1.5～2.4cm；花瓣白色，倒卵状椭圆形，长8～12mm，宽4～5mm，花丝先端2齿。蒴果半球形，径约4.5mm，褐色，宿存萼裂片外弯。花期4～6月；果期8～10月。

产四川西部、云南北部，生于海拔2000～2900m灌丛中。

大花溲疏
Deutzia grandiflora

【别名】华北溲疏

【形态特征】落叶灌木，高达2m。花枝开始极短，后延长达4cm。叶卵状菱形或椭圆状卵形，长2～5.5cm，宽1～3.5cm，边缘具大小相间的不整齐锯齿；上面被4～6条辐线星状毛；下面灰白色，密被7～11辐线星状毛；侧脉5～6对。聚伞花序生于侧枝顶端，花1～3朵；花白色，径约2.5～3cm，花梗、萼筒密被星状毛；萼片线状披针形，长为萼筒的2倍，疏被星状毛。蒴果半球形。花期4～6月；果期9～11月。

【产地及习性】分布于东北南部、华北、西北等地，多生于山谷、路旁岩缝及丘陵低山灌丛中。朝鲜亦产。生态幅宽，既能在全光照下生长，也能在林内正常发育开花结果。耐干旱，耐寒，耐土壤瘠薄。

【观赏评价与应用】大花溲疏是难得的野生花木资源，现已广泛在城镇美化中运用，多植于绿地、林带的林内，不仅起到美化作用，也是城镇小动物的藏身之地。可用于护坡，做水土保持树种。

绣球科 Hydrangeaceae

大花溲疏

长叶溲疏

小花溲疏

长叶溲疏
Deutzia longifolia

落叶灌木,高2~2.5m。叶披针形、椭圆状披针形,长5~11cm,宽1.5~4cm,上面疏被4~6辐线星状毛,下面密被8~12辐线星状毛。聚伞花序长3~8cm,径4.5~6cm,具花12~20朵;花冠直径2~2.4cm;花瓣紫红色或粉红色,长10~13mm,宽6~8mm。蒴果近球形,径约5mm,褐色,具宿存萼裂片外弯。花期6~8月;果期9~11月。2n=104。

长叶溲疏

长叶溲疏

产甘肃、四川、贵州和云南东北部,生于海拔1800~3200m山坡林下灌丛中。

小花溲疏
Deutzia parviflora

【别名】唐溲疏

【形态特征】落叶灌木,高2m。树皮片状剥落,小枝褐色,疏被星状毛。叶卵形至窄卵形,长3~6cm,顶端渐尖,具细齿,两面疏被星状毛,背面灰绿色。伞房花序,径约4~7cm;花白色,径1~1.2cm,花丝顶端有2齿。蒴果径2~2.5mm,种子纺锤形。花期5月;果期8月。

【产地及习性】产东北、华北和西北,生于林缘、林内和灌丛中。

小花溲疏

【观赏评价与应用】小花溲疏花期初夏,花朵繁密,落花如雪,十分美观,而且对光照适应性强,可广泛应用于城市园林造景中。

紫花溲疏
Deutzia purpurascens

落叶灌木,高1~2m。叶纸质,阔卵状披针形或卵状长圆形,长4~9.5cm,宽2~3cm。伞房状聚伞花序长4~6cm,宽5~7cm,有花3~12朵,花冠直径1.8~2.2cm;花瓣粉红色,倒卵形或椭圆形,长12~17cm,宽5~8mm。蒴果半球形,径约4.5mm,疏被8~10辐线星状毛。花期4~6月;果期6~10月。

产四川、云南和西藏东南部,生于海拔2600~3500m灌丛中。缅甸和印度亦产。花朵大而紫红色,可栽培观赏。

小花溲疏

紫花溲疏

绣球科 Hydrangeaceae

常山
Dichroa febrifuga

【形态特征】落叶灌木，高达 1～2m；小枝无毛或疏生柔毛，常有 4 棱。叶对生，椭圆形、倒卵状椭圆形或披针形，长 8～25cm，宽 4～8cm，先端渐尖，基部楔形，叶缘有锯齿，有时带紫色，近无毛。圆锥状伞房花序顶生；花冠径约 1cm，花瓣 5～6 枚，近肉质，蓝色，花柱 4～6。浆果蓝色，径约 5mm，萼齿与花柱宿存。花期 5～7 月；果期 8～10 月。

【产地及习性】分布于长江流域至华南、西南，北达甘肃、陕西，生于海拔 1000m 以下林内、溪边或灌丛中；日本、印度尼西亚和菲律宾也产。

【观赏评价与应用】常山花朵和果实均为蓝色，极为醒目，花开于盛夏，给人以清凉的感觉，可栽培观赏。因其耐荫性强，适于林下散植。根、叶供药用。果有毒的，不宜用于儿童活动区。

【同属种类】常山属约有 12 种，广泛分布于亚洲东南部的热带和亚热带地区，仅少部分分布至太平洋岛屿。我国产 6 种，分布于西南部至东部。

常山

常山

常山

绣球

绣球
Hydrangea macrophylla

【别名】八仙花

【形态特征】高 1～4m，树冠球形。小枝粗壮，无毛，皮孔明显；髓心大，白色。叶倒卵形至椭圆形，长 6～15cm，宽 4～11.5cm，有光泽，两面无毛，有粗锯齿，叶柄粗壮，长 1～3.5cm。伞房状聚伞花序近球形，直径 8～20cm，分枝粗壮，近等长，密被紧贴短柔毛；花密集，多数不育；不育花之扩大之萼片（假花瓣）4，卵圆形、阔倒卵形或近圆形，长 1.4～2.4cm，宽 1～2.4cm，粉红色、蓝色或白色，极美丽；可孕花极少数，雄蕊 10 枚。花期 6～8 月。

【产地及习性】产长江流域至华南、西南，北达河南，生于海拔 380～1700m 山谷溪边或山顶疏林中。日本和朝鲜也有分布。喜荫，喜温暖湿润气候；适生于湿润肥沃、排水良好而而富含腐殖质的酸性土壤。萌蘖力和萌芽力强。

【观赏品种】斑叶绣球（'Variegata'），叶面有白色至乳黄色斑块。

【观赏评价与应用】绣球又名八仙花，名称常易与忍冬科的木绣球和八仙花相混淆。宋朝杨巽斋的《绣球》诗，"纷纷红紫竞芳菲，争似团酥越样奇；料想花神闲戏击，随风吹起坠繁枝。"指的就是这种绣球。绣球为丛生灌木，生长茂盛，花序大而美丽，花色或蓝或白或红，耐荫性强。适于配植在林下、水边、建筑物阴面、窗前、假山、山坡、草地等各处；也是优良的花篱材料，常于路边列植。亦

绣球

绣球

为盆栽佳品。长江以南各地庭园中常见栽培。华北南部可露地越冬。

【同属种类】绣球属约 73 种，主产东亚，少数种类产东南亚和南北美洲。我国 33 种，广布，主要分布于西部和西南部。

中国绣球
Hydrangea chinensis

【别名】伞形绣球、伞八仙

落叶灌木，高 0.5～2m；树皮薄片状剥落。叶长圆形或狭椭圆形，或近倒披针形，长 6～12cm，宽 2～4cm，中上部具疏钝齿，侧脉 6～7 对。伞房状聚伞花序顶生，长、宽 3～7cm，果时径达 10～14cm，分枝 5 或 3；不育花萼片 3～4，椭圆形或扁圆形，果时长、宽达 1～3cm；孕性花花瓣黄色，雄蕊 10～11，子房半下位，花柱 3～4。花期 5～6 月；果期 9～10 月。

产台湾、福建、浙江、安徽、江西、湖南、广西，生于山谷溪边疏林或密林，或山坡、山顶灌丛或草丛中。

斑叶绣球

绣球科 Hydrangeaceae

中国绣球

中国绣球

圆锥绣球

圆锥绣球
Hydrangea paniculata

【别名】圆锥八仙花、水亚木、白花丹、轮叶绣球

【形态特征】落叶灌木或小乔木，高1～5m。小枝稍带方形。叶对生或3片轮生，卵形或椭圆形，长5～14cm，宽2～6.5cm，上面无毛或被稀疏糙伏毛，下面脉上被长柔毛；侧脉6～7对。圆锥状聚伞花序顶生，尖塔形，长达26cm，花序轴和分枝密被柔毛；不孕花多，白色，萼片4，不等大，结果时长1～1.8cm，宽0.8～1.4cm；可孕花白色，花萼筒陀螺状，花瓣长2.5～3mm，子房半下位。蒴果椭圆形，长约5mm。花期8～9月；果期10～11月。

【产地及习性】分布于甘肃、长江流域至华南、西南各地；日本也有。较耐荫，耐寒性强，各地常见栽培。

【观赏品种】大花水亚木（'Grandiflora'），花序大而宽，多为不孕花。

【观赏评价与应用】圆锥绣球株丛茂密，花枝细长弯垂，花序大而美，夏秋季开花，适应性强，是重要的园林花灌木。适于公园、庭院丛植观赏，可配置于园路两侧、庭中堂前、窗下墙边。也可用于花境作背景材料。

圆锥绣球

乐思绣球
Hydrangea robusta
【*Hydrangea rosthornii*】

【别名】大枝挂苦树

灌木或小乔木，高2～3m，有时达6m。叶阔卵形至长卵形或椭圆形至阔椭圆形，长9～35cm，宽5～22cm，边缘具不规则齿，上面疏被糙伏毛，下面密被柔毛；侧

乐思绣球

脉9～13对。伞房状聚伞花序，结果时径达30cm，分枝多而疏散；不育花淡紫色或白色，萼片4～5，阔卵形或扁圆形，结果时长1.2～2.8cm，宽1.5～3.3cm；孕性花花瓣紫色，卵状披针形，雄蕊10～14枚，子房下位蒴果杯状。花期7～8月；果期9～11月。

产四川、云南、贵州、广西、广东、湖南、湖北、江西、安徽）、浙江、福建。生于山谷密林或山坡、山脊疏林或灌丛中。

乐思绣球

腊莲绣球
Hydrangea strigosa

【别名】紫背绣球

【形态特征】落叶灌木，高约3m，小枝密被糙伏毛。叶长圆形、披针形至倒披针形，长8～30cm，宽2～10cm。伞房状聚伞花序，直径达28cm；不育花萼片4～5，阔卵形、阔椭圆形或近圆形，结果时长1.3～2.7cm，宽1.1～2.5cm，白色或淡紫红色；可育花粉蓝或紫蓝色，稀白色。蒴果坛状。花期7～8月；果期11～12月。

【产地及习性】产陕西、四川、云南、贵州、湖北和湖南，生于山谷密林或山坡路旁疏林或灌丛中，海拔500～1800m。

绣球科　Hydrangeaceae

腊莲绣球

山梅花

腊莲绣球

腊莲绣球

山梅花

朵，下部分枝有时具叶；花白色，径2.5～3cm，无香味；花序轴、花梗、花萼均被毛；花柱长约5mm，先端稍有分裂。蒴果倒卵形，长7～9mm。花期5～6月；果期7～9月。

【产地及习性】产我国中部和西部，常生于海拔1200～1700m林缘灌丛中。性强健。喜光，稍耐荫，较耐寒；耐旱，怕水湿，不择土壤，最宜湿润肥沃而排水良好的壤土。萌芽力强，生长迅速。

【观赏评价与应用】腊莲绣球花序大型，小花粉紫色，边花白色，花开时节满树花团锦簇，令人赏心悦目，夏季开花，是良好的夏季观花树种，适于长江流域各地应用。园林中宜丛植于风景区、公园及庭园，亦可在透光性好的林下种植。

山梅花
Philadelphus incanus

【形态特征】落叶灌木，高达1.5～3.5m。树皮薄片状剥落。叶卵形或阔卵形，长6～12.5cm，宽达10.5cm；花枝上的叶较小，卵形至卵状披针形，长4～8.5cm，宽3.5～6.5cm，具疏锯齿，下面密被白色长粗毛；离基3～5出脉。总状花序有花5～7（11）

【观赏评价与应用】山梅花为大灌木，株丛自然球形，花朵洁白如雪，花期长，且盛开于初夏，可作庭院和风景区绿化材料，宜丛植或成片种植在草地、山坡、林缘，与建筑、山石配植也适宜，还可植为自然式花篱。

【同属种类】山梅花属约70种，产北温带，主产东亚。我国22种，各地均有分布，另引入数种，大多供观赏。

西洋山梅花
Philadelphus coronarius

与太平花相近，但花白色而有香气，花瓣较开张，花柱长不及雄蕊的一半，分离。

原产南欧和小亚细亚，引入我国的历史也很早，华北至长江流域有栽培。生长旺盛，花色、花香俱佳，观赏价值最高。有金叶（'Aureus'）、斑叶（'Variegatus'）等多个品种。

山梅花

西洋山梅花

西洋山梅花

西洋山梅花

太平花
Philadelphus pekinensis

【别名】京山梅花

【形态特征】落叶灌木，高1～2m；2年生小枝紫褐色。叶卵形或阔椭圆形，长6～9.5cm，宽2.5～4.5cm，先端长渐尖，叶缘有疏齿，两面无毛或下面脉腋有簇毛；叶柄带紫色，长5～12mm。总状花序有花5～7（9）朵，花瓣白色，但常多少带乳黄色，微有香气，花萼外面、花梗及花柱均无毛，花柱与雄蕊等长，先端稍分裂。蒴果球形或倒圆锥形，直径5～7mm。花期5～7月；果期8～10月。

【产地及习性】分布于东北、西北、华北、湖北等地。北方各地庭园常有栽培。喜光，也耐上方庇荫；耐寒、耐旱、喜湿润，稍耐荫怕水湿。多生长于土壤肥厚湿润的山谷、沟溪排水良好处。

【观赏评价与应用】太平花在宋朝时已植于宫廷，《剑南诗注》云："天圣中献至京师，仁宗赐名太平瑞圣花。"宋祁作《瑞圣花赞》曰："众跗聚英，烂若一房，有守绘图，厥名乃章，繁而不艳，是异群芳。"范成大也有诗曰："雪外扪参岭，烟中濯锦州，密攒文杏蕊，高结彩云球。百世嘉名重，三登瑞气浮，挽春同住夏，看到火西流。"太平花枝叶稠密，花乳白或乳黄色，清香四溢，是优良的园林观赏树种。具有一定的耐荫性，宜丛植于庭院、林缘、草坪一隅、山石边、园路旁及园路转弯处，也可植为花篱。

太平花

太平花

太平花

紫萼山梅花
Philadelphus purpurascens

落叶灌木，高1.5～4m。叶卵形或椭圆形，长3.5～7cm，宽2.5～4.5cm，全缘或上部疏齿；花枝上叶较窄小，常卵状披针形，长1.5～4cm，宽0.5～1.5cm。总状花序有花5～9朵；花序轴暗紫红色；花萼紫红色；花瓣白色，椭圆形、倒卵形或阔倒卵形，长1～1.5cm，宽8～13mm。花期5～6月；果期7～9月。

产四川西北部、云南，生于海拔2600～3500m山地灌丛中。花萼紫红而花瓣洁白，花色优美，是优良花灌木，国外早有引种，国内目前栽培尚少。

紫萼山梅花

紫萼山梅花

东北山梅花
Philadelphus schrenkii

【别名】辽东山梅花、石氏山梅花

落叶灌木，高2～4m。叶卵形或椭圆状卵形，长7～13cm，宽4～7cm，花枝上叶较小，长2.5～8cm，宽1.5～4cm，全缘或具锯齿，下面沿脉被长柔毛。总状花序有花5～7朵；花冠直径2.5～4cm，花瓣白色，倒卵或

绣球科 Hydrangeaceae

长圆状倒卵形，雄蕊25～30。蒴果椭圆形，长8～9.5mm。花期6～7月；果期8～9月。

产东北，生于海拔100～1500m杂木林中。朝鲜和俄罗斯东南部亦产。优良的花灌木，可引种栽培于庭园。

东北山梅花

东北山梅花

东北山梅花

星毛冠盖藤
Pileostegia tomentella

【别名】星毛青棉花

【形态特征】常绿攀援灌木，嫩枝、叶下面和花序均密被淡褐色或锈色星状柔毛，星状毛常为3～6辐线。叶长圆形或倒卵状长圆形，稀倒披针形，长5～10cm，宽2.5～5cm，基部圆形或心形。花序长和宽均10～25cm，花白色。花期3～8月；果期9～12月。

【产地及习性】产江西、福建、湖南、广东和广西，生于海拔300～700m林谷中。耐荫。

星毛冠盖藤

星毛冠盖藤

星毛冠盖藤

【观赏评价与应用】星毛冠盖藤四季常青，藤长叶大，枝繁叶茂，是优良的观赏和攀缘绿化植物，适宜我国南方各地用于多层建筑物的墙面绿化，亦适宜庭院、园林中搭设凉棚和绿廊等。也可散植于林内、石间，易形成山林野趣。

【同属种类】冠盖藤共有3种，分布于东亚至喜马拉雅地区。我国产2种。

钻地风
Schizophragma integrifolium

【别名】小齿钻地风、阔瓣钻地风

【形态特征】木质藤本。叶椭圆形或长椭圆形或阔卵形，长8～20cm，宽3.5～12.5cm，全缘或上部具有硬尖头小齿，下面有时沿脉被疏短柔毛；侧脉7～9对。伞房状聚伞花序；不育花萼片单生或偶有2～3片聚生于花柄上，卵状披针形、披针形或阔椭圆形，结果时长3～7cm，宽2～5cm，黄白色；孕性花萼筒陀螺状，花瓣长卵形，长2～3mm，先端钝。蒴果钟状或陀螺状，长6.5～8mm，宽3.5～4.5mm。花期6～7月；果期10～11月。

【产地及习性】产四川、云南、贵州、广西、广东、海南、湖南、湖北、江西、福建、江苏、浙江、安徽等省区。生于山谷、山坡密林或疏林中，常攀援于岩石或乔木上。

【观赏评价与应用】钻地风攀援能力强，大型不孕花白色、叶状，花期非常美丽，是优良的攀援植物，适于攀附石壁、矮墙、篱垣。英国皇家植物园邱园内的墙园即采用钻地风与其他植物造景。

【同属种类】钻地风属共有10种，主产于我国、日本和朝鲜。我国9种，分布于东部、东南部至西南部

钻地风

钻地风

钻地风

八十八、茶藨子科 Grossulariaceae

伯力木
Brexia madagascariensis

【形态特征】常绿灌木或乔木，高3～7m；多分枝，光滑无毛。幼枝有棱，后圆形。单叶互生，叶片革质，光亮，幼枝上常为狭矩圆形、线状矩圆形，老枝上呈宽倒卵形，变化较大，长3.5～35cm，宽2～7.6cm，全缘或有锯齿；叶柄长1～2cm。腋生聚伞花序，总梗细长、扁平；花黄白色，花瓣、雄蕊5。果实卵形，长4～10cm，径约1.9～3cm，5棱。

【产地及习性】产莫桑比克及马达加斯加、科摩罗，生于海边常绿灌丛或红树林边。我国南方引种栽培。

【观赏评价与应用】伯力木叶片厚而光亮，可栽培于庭院观赏，适于热带滨海地区应用，也可用于海岸防护林营造。

【同属种类】伯力木属（胡桃桐属）约有4种，分布于非洲。

矩叶鼠刺
Itea omeiensis
【*Itea oblonga*】

【别名】峨眉鼠刺、矩叶老鼠刺、牛皮桐、细叶鼠刺

【形态特征】常绿灌木或小乔木，高1.5～10m。叶长圆形，长6～12(16)cm，宽2.5～5(5)cm，边缘有极明显的密集细锯齿，近基部近全缘，侧脉5～7对。总状花序腋生，通常长于叶，长达12～13cm，稀达23cm，直立，上部略下弯；苞片叶状，三角状披针形或倒披针形，长达1.1cm；花瓣白色，披针形，长3～3.5mm。花期3～5月；果期6～12月。

【产地及习性】产安徽、浙江、江西、福建、湖南、广西、四川、贵州和云南，生于海拔350～1550m的山谷、疏林或灌丛中或山坡、路旁。

【观赏评价与应用】矩叶鼠刺四季常绿，叶片光亮，花朵繁密，可栽培观赏，适于庭院、公园及风景区应用，孤植、丛植均可，最适于配置在水缘及疏林下。

【同属种类】约27种，主产亚洲东南部和喜马拉雅至中国和日本，1种产北美洲。我国15种，主要分布于长江流域以南地区。

鼠刺
Itea chinensis

常绿灌木或小乔木，高4～10m；幼枝黄绿色，老枝棕褐色。叶薄革质，倒卵形或卵状椭圆形，长5～12(15)cm，宽3～6cm，先端锐尖，边缘上部具不明显圆齿状小锯齿，呈波状或近全缘，侧脉4～5对，两面无毛；叶柄长1～2cm。腋生总状花序通常短于叶，长3～7(9)cm，单生或稀2～3束生，直立；花多数，2～3个簇生，花瓣白色，披针形，花时直立。蒴果长圆状披针形，长6～9mm，具纵条纹。花期3～5月；果期5～12月。

产福建、湖南、广东、广西、云南西北部及西藏东南部。常见于海拔140～2400m的山地、山谷、疏林、路边及溪边。印度东部、不丹、越南和老挝也有分布。

茶藨子科　Grossulariaceae

鼠刺

鼠刺

鼠刺

北美鼠刺

北美鼠刺

阳春鼠刺

阳春鼠刺

北美鼠刺
Itea virginica

【北美】弗吉尼亚鼠刺

半常绿灌木，小枝下垂，叶互生，叶片春、夏季呈现绿色，秋、冬季呈现鲜红色和橙色；穗状花序顶生，花序长5～15cm，花微小，浅黄色，有蜂蜜香味，花期4～5月。

原产北美洲。耐旱，耐寒，稍耐荫，对土壤要求不严，适应能力较强。可作色块、绿篱、造型群植或孤植等。

阳春鼠刺
Itea yangchunensis

灌木。叶长圆形或长圆状椭圆形，长5.5～7cm，宽1.7～2.5cm，先端圆钝，边缘除近基部外具密细锯齿，两面无毛，侧脉5对，弧状弯；侧脉和网脉在两面极明显；叶柄粗壮。总状花序腋生，长3～5cm；花1～3个簇生，萼片矩圆形，长3mm。蒴果锥状，长约6mm。果期11月。

特产广东，生于溪边。花色优美，可植为花灌木，供庭院栽培

北美鼠刺

阳春鼠刺

茶藨子科 Grossulariaceae

香茶藨子
Ribes odoratum

【别名】 黄花茶藨子

【形态特征】 落叶灌木,高1~2m。幼枝灰褐色,无刺,有短柔毛。叶倒卵形或圆肾形,长3~4cm,宽3~5cm,3~5裂,基部截形或楔形,有粗齿,背面有短柔毛。总状花序具花5~10朵,花序轴密生柔毛,苞片卵形、叶状;花两性,黄色,萼筒细长,萼裂片黄色,花瓣小,浅红色,长仅为萼片之半。浆果球形或椭圆形,黄色或黑色,长8~10mm。花期4~5月;果期7~8月。

【产地及习性】 原产北美洲,华北地区引种栽培。适应性强,喜光,也稍耐荫,耐寒性强,对土壤要求不严,耐盐碱;萌蘖性强,耐修剪。

【观赏评价与应用】 香茶藨子花朵繁密,颇似丁香之形,黄色或红色,花色鲜艳,花时香气四溢,且果实黄色,是花果兼赏的花灌木,适于庭院、山石、坡地、林缘丛植。耐盐碱,也是北部盐碱地区不可多得的优良庭园绿化材料。果可食。

【同属种类】 茶藨子属约160种,主要分布于北半球温带和寒带,东亚种类最多。我国54种,主产西南、西北和东北,另引入栽培5种。

长刺茶藨子
Ribes alpestre

【别名】 高山醋栗

落叶灌木,高1~3m;枝皮条状或片状剥落。节上着生3枚粗刺,长1~2cm,节间常疏生细小针刺或腺毛。叶宽卵圆形,长1.5~3cm,宽2~4cm,3~5裂,裂片具缺刻状粗锯齿。花两性,短总状花序或单生叶腋;花萼反折;果期常直立;花瓣较浅,带白色。果近球形,长12~15mm,紫红色,具腺毛。花期4~6月;果期6~9月。

产西北及西南,生于阳坡疏林下灌丛中、林缘、河谷草地或河岸边。克什米尔、不丹、阿富汗也有分布。果实可供食用及酿酒等。刺长大而粗壮,可栽培作绿篱及观赏用。

刺果茶藨子
Ribes burejense

【别名】 刺梨、刺醋李、醋栗

落叶灌木,高达1.5m,或匍匐生长。小枝密生长短不等的细皮刺及刺毛。叶互生,近圆形,长1~5cm,3~5深裂,具圆齿。花淡

香茶藨子

香茶藨子

香茶藨子

长刺茶藨子

长刺茶藨子

长刺茶藨子

刺果茶藨子

刺果茶藨子

刺果茶藨子

红色，1～2朵腋生。浆果球形，径约1cm，由黄绿色转为紫黑色，被黄褐色长皮刺。花期5～6月；果期7～8月。

产东北、河北、山西和陕西等地；生于山坡林缘、溪边和石滩地。朝鲜、俄罗斯远东地区亦产。喜光，耐侧方庇荫。耐寒，喜排水良好湿润肥沃土壤。初夏花开淡红色，夏秋果实黄绿色，可供园林观赏，也可配置在假山、岩石园。

华茶藨
Ribes fasciculatum var. *chinense*

【别名】华蔓茶藨子、大蔓茶藨

落叶或半常绿灌木，高达1.5m。嫩枝、叶两面和花梗均被较密柔毛。叶近圆形，基部截形至浅心脏形，两面无毛或疏生柔毛，3～5裂，裂片宽卵圆形。雌雄异株，雄花4～9朵，雌花2～4朵，呈伞形簇生于叶腋；果实球形，红色，径7～10mm。花期4～5月；果期7～9月。

产陕西、甘肃、河南至华东，生于山坡林下、林缘，耐荫性较强。日本和朝鲜也有分布。优良的观果植物，适于疏林下散植。

糖茶藨子
Ribes himalense

落叶小灌木，高1～2m。枝粗壮，小枝黑紫色或暗紫色，皮长条状或长片状剥。嫩枝紫红色或褐红色，无毛、无刺。叶卵圆形或近圆形，长5～10cm，宽6～11cm，基部心形，掌状3～5裂，具粗锐重锯齿或杂以单锯齿。总状花序长5～10cm，具花8～20余朵，花朵排列较密集；花两性，径4～6mm，花萼绿色至紫红色，花瓣近匙形或扇形，红色或绿色带浅紫红色。果球形，径6～7mm，红色，后转紫黑色。花期4～6月；果期7～8月。

产湖北、四川、云南、西藏，生于海拔1200～4000m山谷、河边灌丛及针叶林下和林缘。克什米尔地区、尼泊尔、印度和不丹也有分布。

长白茶藨子
Ribes komarovii

落叶灌木，高1.5～3m；枝皮条状剥离，幼枝无毛、无刺。叶宽卵圆形或近圆形，长2～6cm，宽2～5cm，基部近圆形至截形，两面无毛，稀疏生腺毛，掌状3浅裂，顶生裂片先端急尖；侧生裂片较小，先端圆钝，具不整齐圆钝粗锯齿。雌雄异株，短总状花序直立，雄花序长2～5cm，具花10余朵；雌花序长1.5～2.5cm，具花5～10朵；花萼绿色。果实球形，径7～8mm，熟时红色，无毛。花期5～6月；果期8～9月。

茶藨子科 Grossulariaceae

长白茶藨子

东北茶藨子

东北茶藨子

东北茶藨子

长白茶藨子

东北茶藨子

朝鲜、俄罗斯远东地区亦产。耐荫，耐寒性强、稍耐旱、不耐热，可耐轻度盐碱，喜砂质壤土。

【观赏评价与应用】东北茶藨子果实红艳，是优良的观果植物，以其耐荫，适于在公园及风景区林下、林缘自然式散植。

产东北、华北，生于路边林下、灌丛中或岩石坡地。远东地区和朝鲜北部也有分布。

东北茶藨子
Ribes mandshuricum

【别名】山麻子、东北醋李

【形态特征】落叶灌木，高达2m。叶大，掌状3～5裂，长宽均约4～10cm，基部心形，具尖锯齿，下面淡绿色，密生白色柔毛。总状花序长2.5～9cm或更长，初直立后下垂，萼黄绿色，倒卵形，反折；花瓣绿黄色。果实红色，直径7～9mm。花期5～6月；果期7～9月。

【产地及习性】产东北、西北及华北北部地区，多生于海拔300～1800m山坡、林下。

八十九、蔷薇科 Rosaceae

唐棣
Amelanchier sinica

【别名】红栒子、枎栘

【形态特征】落叶小乔木，高3～5m。树冠伞形至广卵形，树皮暗红褐色。枝条稀疏，小枝细长。单叶互生。卵圆形至长椭圆形，长4～7cm，宽2.5～3.5cm，叶缘中部以上有细锐锯齿，下部全缘；托叶披针形，早落。总状花序下垂，多花，长4～5cm，直径3～5cm；花白色，具香气，直径3～4.5cm，花瓣细长，5片，长约1.5cm，宽约5mm。果实近球形，径约1cm，蓝黑色，萼片宿存，反折。花期5月；果期9～10月。

【产地及习性】产河南、甘肃、陕西、湖北、四川，多生于海拔1000～1200m山地灌木丛中。喜光，耐半荫，喜肥沃湿润土壤，不耐水涝。

【观赏评价与应用】唐棣开花繁密，花序低垂，花白色而芳香，花瓣细长，是一美丽的观赏树木。常栽培，植于树丛、草地一角、庭前空地、廊轩一侧均适宜。用作果树砧木，有矮化之效。

【同属种类】唐棣属共有25种，主要产北美洲。我国2种。

桃
Amygdalus persica
【*Prunus persica*】

【形态特征】落叶小乔木或大灌木，高达8m；树皮暗红褐色，平滑。侧芽常3个并生，中间为叶芽，两侧为花芽。叶卵状披针形或矩圆状披针形，长8～12cm，宽2～3cm，先端长渐尖，有锯齿，叶片基部有腺体。花单生，粉红色，径2.5～3.5cm，花梗短，萼紫红或绿色。果卵圆形或扁球形，黄白色或带红晕，径3～7cm，稀达12cm；果核有深沟纹和蜂窝状孔穴。花期4～5月；果6～7月成熟。

【产地及习性】产东北南部和内蒙古以南地区，西至宁夏、甘肃、四川和云南，南至福建、广东等地，各地广为栽培，主产区为华北和西北。阳性树，不耐荫；耐-20℃以下低温，也耐高温；喜肥沃而排水良好的土壤，不适于碱性土和黏性土。较耐干旱，极不耐涝。萌芽力和成枝力较弱，尤其是在干旱瘠薄土壤上更为明显。寿命较短。根系浅，不抗风。

【变种和变型】寿星桃（var. *densa*），植株矮小，枝条节间极缩短。白桃（f. *alba*），花白色，单瓣。白碧桃（f. *albo-plena*），花白色，重瓣。碧桃（f. *duplex*），花粉红色，重瓣或半重瓣。绛桃（f. *camelliaeflora*），花深红色，重瓣。绯桃（f. *magnifica*），花鲜红色，重瓣。洒金碧桃（f. *versicolor*），一树开两色花甚至一朵花或一个花瓣中两色。垂枝碧桃（f. *pendula*），枝条下垂，花有红、粉、白等色。紫叶桃（f. *atropurpurea*），叶片紫红色，上面多皱折；花粉红色，单瓣或重瓣。塔型碧桃（f. *pyramidalis*），树冠塔型或圆锥形。

【观赏评价与应用】桃树品种繁多，树形多样，着花繁密，无论食用桃还是观赏桃，盛花期均烂漫芳菲、妩媚可爱，是园林中常见的花木和果木。适于山坡、水边、庭院、草坪、墙角、亭边更各处丛植赏花。在古典园林中，桃树常植于水边，并多采用桃柳间植的

紫叶桃

垂枝桃

扁桃

山桃
Amygdalus davidiana
【*Prunus davidiana*】

【形态特征】落叶乔木，高达10m。树冠球形或伞形，较开张；树皮暗紫红色，平滑，常具有横向环纹，老时呈纸质脱落。冬芽无毛。叶卵状披针形，长5~12cm，宽2~4cm，具细锐锯齿；叶片基部有腺体或无。花单生，先叶开放，白色至淡粉红色，径2~3cm；萼无毛。果近球形，径约3cm；果肉薄而干燥，核小，球形，有沟纹及小孔。花期3~4月；果期7~8月。

【产地及习性】产东北、黄河流域及四川、云南等地，各地常见栽培。阳性树，耐旱，耐寒，较耐盐碱，忌水湿。

【变型】白花山桃（f. *alba*），花白色或淡绿色，开花早。红花山桃（f. *rubra*），花鲜玫瑰红色。

【观赏评价与应用】山桃较桃树体高大，而且花期更早，适应性更强。可孤植、丛植于庭院、草坪、水边等处赏花，成片植于山坡效果最佳，可充分显示其娇艳之美。由于山桃花色较浅，最好以常绿树作背景。山桃也是嫁接碧桃的优良砧木。

山桃

山桃

穴。花期3~4月；果期7~8月。

【产地及习性】原产亚洲西部，生于海拔600~1300m平地和丘陵山地，生于多石砾干旱坡地。我国新疆、陕西、甘肃等地区有栽培。喜光，不耐荫；适应性很强，根系发达，耐干旱、高温，抗寒，抗盐碱。

【观赏评价与应用】扁桃是著名的干果树种。树姿优美，白色或粉红色、芳香，也是优良的风景树种和蜜源植物，是干旱地区重要的园林造景材料。

方式，以形成"桃红柳绿"的景色，红桃与新柳相互映发，更别有一番佳致。将各观赏品种栽植在一起，形成专类园，布置在山谷、溪畔、坡地均宜，每逢清明时节，暖日烘晴，正夭桃盛放之时，红白相间，烂漫芳菲。

【同属种类】桃属40种，分布于亚洲中部至地中海地区。我国12种，主产西部和西北部，多为果实和观赏树木。

扁桃
Amygdalus communis
【*Prunus amygdalus*】

【别名】巴旦杏

【形态特征】落叶小乔木或灌木，高达8m。叶互生或在短枝上簇生，披针形或椭圆状披针形，长3~6(9)cm，宽1~2.5cm，叶缘具浅锯齿。花单生，先叶开放；萼筒圆筒形，花瓣长圆形，白或粉红色；子房密被绒毛状毛。核果斜卵形或矩圆卵形，扁平，径2~3cm，密被短柔毛，熟时干燥开裂，果核卵形或椭圆形，黄白色或褐色，具蜂窝状孔

扁桃

蔷薇科　Rosaceae

榆叶梅
Amygdalus triloba
【*Prunus triloba*】

【形态特征】落叶小乔木，栽培者多呈灌木状。树皮紫褐色。小枝无毛或微被毛。叶宽椭圆形至倒卵形，长3～6cm，具粗重锯齿，先端尖或常3浅裂，两面多少有毛。花单生或2朵并生，粉红色，径2～3cm；萼片卵形，有细锯齿。果径1～1.5cm，红色，密被柔毛，有沟，果肉薄，熟时开裂。花期3～4月；果期6～7月。

【产地及习性】产东北、华北、华东等地，各地广植。朝鲜和俄罗斯也有分布。喜光，耐寒，耐干旱，对土壤要求不严，以中性至微碱性的沙质壤土为宜，对轻度盐碱土也能适应。不耐水涝。根系发达，生长迅速。

【变型】重瓣榆叶梅（f. *multiplex*），花重瓣，粉红色，花萼常10。鸾枝（f. *petzoldii*），萼及花瓣各10，花粉红色，叶下无毛。

【观赏评价与应用】榆叶梅叶似榆而花如梅，故有其名，常丛生，枝条红艳，花团锦簇，花色或粉或红，是著名的庭园花木。其中，尤以鸾枝观赏价值为高，《群芳谱》云："鸾枝花木本，枝干俱似桃，叶有刻缺似棠棣，三月附枝开花，或着树身，最繁茂……京师多有之。"在公园、庭院中，榆叶梅宜成片应用，丛植于房前、墙角、路旁、坡地均适宜。若以常绿的松柏类或竹丛为背景，与开黄花的连翘、金钟等相配植，可收色彩调和之效。

杏
Armeniaca vulgaris
【*Prunus armeniaca*】

【形态特征】落叶乔木，高达15m；树冠开阔，圆球形或扁球形。小枝红褐色。叶广卵形，长5～10cm，宽4～8cm，先端短尖或尾状尖，锯齿圆钝，两面无毛或仅背面有簇毛。花芽2～3个在枝侧集生，每个花芽内一花；花先叶开放，白色至淡粉红色，径约2.5cm，花梗极短，花萼鲜绛红色。果实近球形，黄色或带红晕，径2.5～3cm，有细柔毛；果核平滑。花期3～4月；果（5）6～7月成熟。

【产地及习性】产西北、东北、华北、西南、长江中下游地区，新疆有野生纯林，以黄河流域为栽培中心，少数地区已野化。日本、朝鲜和中亚地区也有分布。喜光，耐寒，也耐高温；对土壤要求不严，耐轻度盐碱，耐干旱，极不耐涝，空气湿度过高也生长不良。萌芽力和成枝力较弱。生长迅速，5～6年生开始结果，可达百年以上。

【观赏评价与应用】杏树是我国著名的观赏花木和果树，花朵含苞纯红，开后粉白，至落则纯白，当红梅落尽、春意正浓之时，杏树花繁姿娇、占尽春风，正所谓"落梅香断

蔷薇科 Rosaceae

杏

梅

梅

杏

梅

无消息，一树春风属杏花。园林中最宜结合生产群植成林，也可于庭院、山坡、水边、草坪、墙隅孤植、丛植赏花，或照影临水，或红杏出墙。果实成熟早，也是初夏的观果树种，"天暖酒易醺，春暮花难觅；意行到南园，杏子半红碧"。

【同属种类】杏属 共有 8 种，分布于东亚至中亚和高加索。我国产 7 种，主产于黄河流域。

梅
Armeniaca mume
【*Prunus mume*】

【形态特征】落叶小乔木或大灌木，高达 4～10m；树形开展，小枝细长，绿色。叶卵形至广卵形，长 4～10cm，先端长渐尖或尾状尖，基部广楔形或近圆形，锯齿细尖。花单生或 2 朵并生，白色、粉红或红色，径 2～2.5cm，花梗短。果近球形，黄绿色，径 2～3cm，密被细毛；果核有多数凹点。花期因各地自然条件不同而异，如海口为 12 月，广州、台湾为 1 月，长江下游地区 2～3 月；果期 5～6 月。

【产地及习性】产四川西部和云南西部等地，淮河以南地区普遍栽培。日本、朝鲜北部和越南北部也有。阳性树，喜温暖湿润的气候，大多数品种耐寒性较差，但北京玉碟等品种抗 -19℃低温。对土壤要求不严，无论是微酸性、中性、还是微碱性土均能适应。较耐干旱瘠薄，最忌积水。萌芽力强，耐修剪。寿命长。

【观赏评介与应用】梅花是我国特有的传统花木和果木，花开占百花之先，凌寒怒放，"万花敢向雪中开，一树独先天下春。"盛放之时，香闻数里，落英缤纷，宛若积雪，有"香雪海"之称。梅与松、竹一起被誉为"岁寒三友"，又与迎春、山茶和水仙一起被誉为"雪中四友"，又与兰、竹、菊合称"四君子"。梅花适于建设专类园，著名的如南京梅花山、武汉磨山、无锡梅园、杭州孤山和灵峰、苏州光福、昆明西山、广州罗岗等。梅花亦适植于庭院、草坪、公园、山坡各处，几乎各种配植方式均适宜，既可孤植、丛植，又可群植、林植。苏州拙政园的"雪香云蔚亭"附近，即以梅花、翠竹成景。梅花与松、竹相配，散植于松林竹丛之间，与苍松翠竹相映成趣，可形成"岁寒三友"的景色。还是著名的盆景材料，徽派、川派等盆景流派均以梅花为代表树种之一。

美人梅
Armeniaca mume × Prunus cerasifera f. *atropurpurea*
【*Prunus blireana*】

【形态特征】落叶灌木或小乔木。枝叶似紫叶李，但花梗细长，花托不肿大，叶片基本为卵圆形。单叶互生，幼时在芽内席卷；叶片卵圆形，长 5～9cm，紫红色。花重瓣，粉红色至浅紫红色，繁密，先叶开放。萼筒宽钟状，萼片 5 枚，近圆形至扁圆，花瓣 15～17 枚，花梗 1.5cm，雄蕊多数。花期 3～4 月。

【产地及习性】园艺杂交种，由宫粉型梅花与紫叶李杂交而成。我国各地栽培，华北和东北南部也有引种栽培。喜阳光充足、通风良好、开阔的环境；要求土层深厚、排水良好、富含有机质的土壤。

美人梅

蔷薇科 Rosaceae

美人梅

欧洲甜樱桃

欧洲甜樱桃

欧洲甜樱桃

美人梅

西伯利亚杏

西伯利亚杏

【观赏评价与应用】美人梅花朵繁密，花色艳丽，早春先叶开花，是优良的园林观赏树种，常用于庭院、公园、草地丛植观赏，也可植为园路树。

西伯利亚杏
Armeniaca sibirica
【*Prunus sibirica*】

【别名】山杏

【形态特征】落叶灌木或小乔木，高2~5m。叶卵形或近圆形，长5~10cm，宽4~7cm，先端长渐尖至尾尖，基部圆形至近心形，有细钝锯齿，两面无毛。花白色或粉红色，单生，径1.5~2cm，先叶开放，花萼紫红色。果实扁球形，径1.5~2.5cm，黄色或橘红色，果肉薄而干燥，熟时开裂。花期3~4月；果期6~7月。

【产地及习性】产东北、西北及河北、山西，生于干旱阳坡、山沟石崖、丘陵草原或灌丛中。蒙古东部及东南部、俄罗斯远东地区及西伯利亚也有分布。

【观赏评价与应用】西伯利亚杏耐旱、耐寒，是选育耐寒品种的优良原始材料，也作山地造林树种和观赏树木。

欧洲甜樱桃
Cerasus avium
【*Prunus avium*】

【别名】大樱桃、欧洲樱桃

【形态特征】落叶乔木，高达25m，树皮黑褐色。叶倒卵状椭圆形或椭圆卵形，长3~13cm，宽2~6cm，先端骤尖或短渐尖，叶边有缺刻状圆钝重锯齿；托叶狭带形，长约1cm，有腺齿。花序伞形有花3~4朵，花叶同开，花芽鳞片大形，开花期反折。花白色，花梗长2~3cm，无毛，萼筒钟状，萼片长椭圆形，全缘，开花后反折；花瓣倒卵圆形，先端微凹。核果球形或卵球形，红色至紫黑色，直径1.5~2.5cm。花期4~5月；果期6~7月。

【产地及习性】原产欧洲及亚洲西部，现欧亚及北美久经栽培，我国东北、华北等地引种栽培。适于土层深厚、疏松肥沃的土壤；根系较浅，抗风能力差，抗旱性一般，不耐涝。

【观赏评价与应用】欧洲甜樱桃果实大型，风味优美，是久经栽培的著名果树，果供生食或制罐头，樱桃汁可制糖浆、糖胶及果酒；核仁可榨油，似杏仁油。花朵白色而繁密，并有重瓣、粉花及垂枝等品种，也是优良的庭院观赏植物。园林中可结合生产大面积种植。

【同属种类】樱属120余种，分布于北温带。我国产45种，主产于西南、华中，均为果树及园林观赏树种，另引入多种。

钟花樱
Cerasus campanulata
【Prunus campanulata】

【别名】福建山樱花、山樱花、绯樱

【形态特征】落叶灌木或小乔木，高3～8m，树皮黑褐色。叶卵形至长椭圆形，长4～7cm，宽2～3.5cm，边缘密生重锯齿，两面无毛。伞形花序，有花2～4朵，先叶开放。花粉红或紫红色，直径1.5～2cm，萼筒钟管状；花瓣倒卵状长圆形，先端凹。核果卵球形，长约1cm，横径5～6mm，红色。花期2～4月；果期5～6月。

【产地及习性】分布于浙江、福建、江西、台湾、广东、广西等地，生于山谷林中及林缘。日本、越南也有分布。

【观赏评价与应用】钟花樱早春着花，花色娇艳优美，粉红至紫红色，是最美丽的樱花之一。树体较小，适于庭院栽培观赏，华东地区常栽培，上海植物园"晴雨樱早"栽培的钟花樱每年2月底至3月初盛花，花开时节游人如织。耐寒性强，南京栽培生长良好。

钟花樱

红花高盆樱
Cerasus cerasoides var. rubea
【Prunus cerasoides var. rubea】

【别名】西府海棠

【形态特征】落叶大乔木，高可达30m，叶片长圆卵形至长圆倒卵形，长约10cm，宽5cm，先端渐尖，叶边有单锯齿或重锯齿，下面中肋和细脉有长柔毛，花先叶开，伞形总状花序，有短总花梗，花2～4朵，径约2.9cm，花梗长1～2.3cm，萼筒宽钟状，深红色，萼片三角形，先端圆钝，直立，深红色；花瓣倒卵形，先端全缘或微凹，深粉红色。花期2～3月。

【产地及习性】产云南。尼泊尔、不丹、缅甸也有分布。喜光，喜温暖，严寒性较差，对土壤要求不严，以排水良好的肥沃土壤为佳。

【观赏评价与应用】红花高盆樱花色艳丽，花开时节极为壮美，是难得的观花大乔木。在西南地区栽培历史很久，丽江文峰寺、普济寺尚有树龄达200多年的古树。昆明市常见应用，花近半重瓣，当地有西府海棠之称。现武汉及华东等地也有栽培。红花高盆樱树体高大，造景中适于孤植或数株丛植，在大型公园或风景名胜区等面积较大的区域也可大片群植，景色更加壮观，还是优良的行道树。如植于常绿树前，则红绿间映，相得益彰；而栽于水滨、溪流之畔及湖边，又可造成"落花流水"，充满诗意的境界。

迎春樱
Cerasus discoidea

落叶灌木，高2～3.5m；小枝紫褐色。叶倒卵状长圆形或长椭圆形，长4～8cm，宽1.5～3.5cm，有缺刻状锯齿，齿端有小盘状腺体；托叶狭带形，长5～8mm，有小盘状腺体。花先叶开放，伞形花序有花2朵，稀1或3朵；花粉红色，花梗长1～1.5cm，萼筒管形钟状，长4～5mm，萼片长圆形；花瓣长椭圆形，先端二裂。核果红色，径约1cm。花期3月；果期5月。

蔷薇科 Rosaceae

迎春樱

麦李

迎春樱

麦李

或倒卵状披针形，长 2.5~5cm，宽 1~2cm，有单锯齿或重锯齿，两面无毛或背面被稀疏短柔毛。花白或粉红色，单生或 2~3 并生，与叶同时开放；花梗长 0.5~1.0cm；萼筒杯状，萼片反卷；花瓣长圆形或倒卵形。果近球形，径 1.5~1.8cm，红色或紫红色。花期 4~5 月；果期 6~10 月。

【产地及习性】产东北及内蒙古、河北、河南、山东、江苏，生于阳坡砂地或山地灌丛中，庭园有栽培。欧洲及俄罗斯有分布。喜光，耐寒，耐旱性强，但在湿润肥沃土壤上生长最好。

【观赏评价与应用】欧李植株低矮，高常不及 1m，但开花繁密，果实较大而红艳，花果俱美，是优良的庭园观赏树种，适于丛植或片植。适应性强，也可作水土保持灌木。果味酸可食，因果实富含钙素，誉称钙果。

产安徽、浙江、江西，生于山谷林中或溪边灌丛中。

麦李
Cerasus glandulosa
【*Prunus glandulosa*】

【形态特征】落叶灌木，高 1~1.5m。小枝无毛或嫩枝被短柔毛。叶长圆披针形或椭圆披针形，长 2.5~6cm，宽 1~2cm，最宽处在中部，边有细钝重锯齿。花单生或 2 朵簇生，花叶同开，花梗长 6~8mm；花瓣白色或粉红色，倒卵形。核果红色或紫红色，近球形，直径 1~1.3cm。花期 3~4 月；果期 5~8 月。

【产地及习性】产陕西、河南、山东、江苏、安徽、浙江、福建、广东、广西、湖南、湖北、四川、贵州、云南，生于山坡、沟边或灌丛中，也有庭园栽培。日本有分布。适应性强，喜光，耐寒。

【变型】粉花麦李（f. *rosea*），花粉红色；白花重瓣麦李（f. *albo-plena*），花重瓣，白色，有小桃白等品种；粉花重瓣麦李（f. *sinensis*），花重瓣，粉红色，花梗长 1~1.5cm，有小桃红、小桃粉等品种，适于促成栽培，作早春切花或盆花，颇有观赏价值。

【观赏评价与应用】麦李株型低矮，春天叶前开花，花朵艳丽而繁密，满树灿烂，甚为美观，秋叶变红，是很好的庭园观赏树，各地常见栽培。适于草坪、路边、假山旁及林缘丛植，也可作基础栽植、盆栽或催花、切花材料。

欧李
Cerasus humilis
【*Prunus humilis*】

【别名】乌拉奈、钙果

【形态特征】落叶小灌木，高 0.5~1.5m。小枝被柔毛。叶中部以上最宽，倒卵状矩圆形

欧李

欧李

欧李

麦李

蔷薇科 Rosaceae

郁李
Cerasus japonica
【Prunus japonica】

【形态特征】落叶小灌木，高达1.5m。枝条细密，红褐色，无毛。冬芽3枚并生。叶卵形至卵状披针形，长3～7cm，宽1.5～3.5cm，有锐重锯齿，先端长尾尖，最宽处在中部以下，叶柄长2～3mm。花单生或2～3朵簇生，粉红色或近白色，径约1.5cm，花梗长0.5～1cm。果近球形，径约1cm，深红色。花期3～5月；果期6～8月。

【产地及习性】分布广，自东北、华北至西南各地均产。适应性强。喜光，耐寒，耐干旱瘠薄和轻度盐碱，但最适于疏松肥沃、排水良好的壤土或沙壤土。

【观赏品种】重瓣郁李（'Multiplex'），花朵繁密，花瓣重叠紧密。红花重瓣郁李（'Rose-plera'），花朵玫瑰红色，重瓣。

【观赏评价与应用】郁李为低矮灌木，枝叶婆娑，早春繁花粉白，烂若云霞，夏季红果鲜艳。宜成片植于草坪、路旁、溪畔、林缘等处，以形成整体景观效果，也可作基础种植材料，或数株点缀于山石间。目前各地园林中郁李都甚为常见。

耐瘠薄。萌蘖力强。

【观赏评价与应用】樱桃古称"含桃"，《礼记·月令》有"仲夏之月羞以含桃，先荐寝庙"的记载，可见3000年以前我国已将樱桃作为珍果栽培了。樱桃既是著名的果品，也是晚春和初夏观果树种，果实繁密，垂垂欲坠、娇冶多态，布满碧绿的叶丛间，色似赤霞、俨若绛珠。花期甚早，花朵雪白或带红晕，"万木皆未秀，一林先含春"，5月果实便成熟，果实鲜红，花果兼供观赏，叶荫浓密，婆娑生姿，诚如《花经》所云，"为树则多荫，百果则先熟。"适于庭院种植，也可于公园、山谷等地丛植、群植。

樱桃
Cerasus pseudocerasus
【Prunus pseudocerasus】

【形态特征】落叶小乔木，高达6m；树冠扁圆形或球形。冬芽大，圆锥形，单生或簇生。叶宽卵形至椭圆状卵形，长6～15cm，具大小不等的尖锐重锯齿，齿尖具小腺体，无芒；下面流生柔毛；叶柄近顶端有2腺体。伞房花序或丘伞形，通常由3～6朵花组成；花白色，略带红晕，径1.5～2.5cm；萼筒钟状，有短柔毛；花梗长1.5～2cm，有疏柔毛。果近球形，无沟，径1～1.5cm，黄白色或红色。花期3～4月，先叶开放；果期5～6月。

【产地及习性】产东亚，我国自辽宁南部、黄河流域至长江流域有分布，四川有成片的野生树，多生于海拔2000m以下的阳坡、沟边，各地习见栽培。喜光，稍耐荫，较耐寒，对土壤要求不严，喜排水良好的沙质壤土，

山樱花
Cerasus serrulata
【Prunus serrulata】

【别名】野生福岛樱、樱花

【形态特征】落叶乔木，高达10～25m。冬芽长卵形，单生或簇生。小枝红褐色，无毛。叶矩圆状倒卵形、卵形或椭圆形，长5～10cm，宽3～5cm，有尖锐单锯齿或重锯齿，齿尖刺芒状；叶柄顶端有2～4腺体。伞形或短总状花序由3～6朵花组成；花梗无

毛,叶状苞片篦形,边缘有腺齿;萼筒筒状,无毛;花径2~5cm,白色至粉红色。核果球形,径6~8mm,黑色,无明显腹缝沟。花期3~4月,与叶同放;果期6~8月。

【产地及习性】分布于东北、华北、华东、华中等地,也普遍栽培。日本和朝鲜也有分布。喜光,略耐荫;喜温暖湿润气候,但也较耐寒、耐旱。对土壤要求不严,但不喜低湿和土壤黏重之地,不耐盐碱。

【观赏评价与应用】山樱花妩媚多姿,繁花似锦,既有梅花之幽香,又有桃花之艳丽,是重要的春季花木,可谓"三月春来开翠幕,枝枝花放起红云"。树体高大,可孤植或丛植于草地、房前,既供赏花,又可遮荫;也可成片种植或群植成林,则花时缤纷艳丽、花团锦簇。

日本晚樱
Cerasus serrulata var. *lannesiana*
【*Prunus serrulata* var. *lannesiana*;*Prunus lannesiana*】

【形态特征】落叶小乔木,高3~5m,偶达10m。小枝粗壮、开展,无毛。叶倒卵形或卵状椭圆形,先端长尾状,边缘锯齿长芒状;叶柄上部有1对腺体。新叶红褐色。花大型而芳香,单瓣或重瓣,常下垂,粉红色、白色或黄绿色;2~5朵成伞房状花序;苞片叶状;花序梗、花梗、花萼、苞片均无毛。花期4~5月。

【产地及习性】原产日本,我国园林中普遍栽培。

【观赏评价与应用】日本晚樱植株较为低矮,花朵大而下垂,花色丰富,有芳香,是黄河流域至长江流域最重要的园林观赏树种之一,普遍栽培,适于庭院、公园、风景区、居住区等各处应用,多丛植、群植。花期较晚,与其他种类的樱花配置在一起可延长观赏期。

大叶早樱
Cerasus subhirtella
【*Prunus subhirtella*】

【别名】日本早樱、早樱

【形态特征】落叶小乔木,高3~10m。枝条较细,幼枝密生白色平伏毛。叶片卵形至卵状长圆形,长3~6cm,宽1.5~3cm,边有细锐锯齿和重锯齿,下面伏生白色疏柔毛,脉上尤密。花2~5朵排成无总梗的伞形花序;花朵淡红色,径约2.5cm,萼筒膨大如壶状。核果卵球形,黑色。花期3~4月;果期6月。

【产地及习性】分布于四川、湖北、福建、安徽、江西、江苏、浙江等省,日本也有分布。华东及四川等地常见栽培观赏。喜光、耐寒、抗旱,喜深厚、疏松、肥沃和排水良好的土壤,不耐水湿;根系浅;对烟及风抗力弱。

【变种】垂枝大叶早樱(var. *pendula*),枝条开展成弯弓形,小枝下垂;萼筒近平滑无毛。原产日本,华东地区有栽培。

【观赏评价与应用】大叶早樱树姿开展,花期早,花枝繁茂,花大而艳丽,盛开时如云似霞,是优良的园林观赏植物。适于建筑前、草地、山坡、水边各处,孤植、丛

蔷薇科 Rosaceae

大叶早樱

大叶早樱

毛樱桃

毛樱桃

日本樱花

日本樱花

日本樱花

植、群植都很适宜。垂枝大叶早樱柔枝低垂，树形优美，更适于水边、草地等安静休息区应用。

毛樱桃
Cerasus tomentosa
【Prunus tomentosa】

【别名】山樱桃、梅桃、山豆子

【形态特征】落叶灌木，高达2～3m，幼枝密生绒毛。叶片倒卵形至椭圆状卵形，长2～7cm，宽1～3.5cm，叶缘有不整齐粗锐锯齿，表面皱，有柔毛，背面密生绒毛，侧脉4～7对。花单生或2朵簇生，花叶同开或先叶开放；花白色或粉红色，径约1.5～2cm；花萼红色；花梗长达2.5mm或近无梗。核果近球形，红色，径0.5～1.2cm。花期4～5月；果期6～7月。

【产地及习性】广布于东北、华北、西北、长江流域至华南和西南地区，生于山坡林中、林缘、灌丛中或草地。性喜光，也耐荫，耐寒、耐旱，也耐高温，适应性极强。

【观赏评价与应用】毛樱桃树形自然开展，早春满树繁花，或白或粉，初夏红果满枝，是优良的观花兼观果灌木。园林适于草地、山坡、路边、林缘各处丛植观赏。可与早春黄色系花灌木迎春、连翘等搭配，反映春回大地、欣欣向荣的景象。我国河北、新疆、山东、北京、江苏等地城市庭园常见栽培。

日本樱花
Cerasus yedoensis
【Prunus yedoensis】

【别名】东京樱花

【形态特征】落叶乔木，高4～16m。树皮暗灰色，平滑，小枝幼时有毛。叶卵状椭圆形至倒卵形，长5～12cm；缘具芒状单或重锯齿，叶下面沿脉及叶柄被短柔毛，具1～2个腺体。花白色至淡粉红色，先叶开放，径2～3cm，常为单瓣；萼筒圆筒形，萼片长圆状三角形，外被短毛。果实球形或卵圆形，径约1cm，熟时紫褐色。花期较樱花为早，叶前开放或与叶同放。

【产地及习性】原产日本，栽培品种甚多。我国各大城市如北京、西安、青岛、南京、南昌、杭州等均有栽培。喜光，略耐荫；较耐寒、耐旱。对土壤要求不严，不喜低湿和土壤黏重之地，不耐盐碱。浅根性。对烟尘的抗性不强。

【观赏评价与应用】日本樱花为著名观花树种，花时满株灿烂，甚为壮观，宜植于山坡、庭园、建筑物前及园路旁，或以常绿树为背景丛植。我国北京玉渊潭、青岛中山公园、南京玄武湖、昆明圆通山、杭州太子湾等地也以樱花闻名。

木瓜
Chaenomeles sinensis

【形态特征】落叶小乔木，高达10m；树皮呈薄片状剥落。枝条细柔，短枝呈棘状。

毛樱桃

叶卵状椭圆形至椭圆状长圆形，长5～10cm，有芒状锯齿，齿尖有腺；托叶小，卵状披针形，长约7mm，膜质。花单生，粉红色，径2.5～3cm；萼筒钟状，萼片反折，边缘有细齿。果椭圆形，长10～18cm，黄绿色，近木质，芳香。花期4～5月；果期9～10月。

【产地及习性】产黄河以南至华南，各地习见栽培。喜光，喜温暖，也较耐寒，在北京可露地越冬。适生于排水良好的土壤，不耐盐碱和低湿。

【观赏评价与应用】树皮斑驳可爱，果实大而黄色，秋季金瓜满树，悬于柔条上，婀娜多姿、芳香袭人，乃色香兼具的果木。尤适于小型庭院造景，常于房前或花台中对植、墙角孤植，苏州古典园林如拙政园、网师园中均颇多应用。果实香味持久，置于书房案头则满室生香。

【同属种类】木瓜属共有5种，分布于亚洲东部。我国4种，引入1种。另外一种，西藏木瓜（*Chaenomeles tibetica*）产西藏，极少见于栽培。

木瓜

木瓜

木瓜

木瓜海棠
Chaenomeles cathayensis

【别名】毛叶木瓜、木桃（诗经），木瓜海棠

【形态特征】落叶灌木至小乔木，枝条直立而坚硬。叶质地较厚，椭圆形或披针形，锯齿细密，齿端呈刺芒状，下面幼时密被褐色绒毛。花簇生，花柱基部有较密柔毛。果卵形或长卵形，长8～12cm，黄色，有红晕。花期3～4月；果期9～10月。

【产地及习性】产陕西、甘肃、江西、湖北、湖南、四川、云南、贵州、广西等地，生山坡、林边、道旁，也常见栽培。要求土壤排水良好，不耐低湿；耐寒性较差，不及木瓜和皱皮木瓜。

【观赏评价与应用】作为传统木本海棠的一种，木瓜海棠花色烂漫，树形较贴梗海棠高达，花色优美，果实硕大，是优良的花果兼赏树种，适于庭院、公园各处栽培，春可赏花，秋可观果。木瓜海棠也有不少果用品种，均称为"木瓜"，如著名的安徽宣城木瓜、浙江淳安木瓜、山东沂州木瓜等。宣城木瓜闻名四方，南宋诗人陆游咏颂道："宣城绣瓜有奇香，偶得并蒂置枕旁。亡赖互用亦何常，我以鼻嗅代舌尝。"杨万里也有"天并宣城花木瓜，日华沾露绣成花"的诗句。

木瓜海棠

木瓜海棠

木瓜海棠

木瓜

日本木瓜
Chaenomeles japonica

【别名】倭海棠

【形态特征】落叶矮灌木，高常不及1m，下部匍匐性，枝条广开。小枝粗糙，幼时紫红色，2年生枝有疣状突起。叶倒卵形、匙形至宽卵形，长3～5cm，宽2～3cm，具齿尖向内的圆钝锯齿；托叶肾形，有圆齿。花3～5朵簇生，近于无梗，直径2.5～4cm，砖红色或白色，花柱无毛。果近球形，径3～4cm，黄色。花期3～6月；果期8～10月。

【产地及习性】原产日本。我国各地庭园常见栽培，江苏、浙江、山东栽培较多。性喜充足的阳光，亦耐半阴，稍耐寒。耐修剪。

【观赏评价与应用】日本木瓜植株低矮，可丛植于庭院、路边、坡地观赏，也是优良的木本地被植物和基础种植材料。也常盆栽。

贴梗海棠
Chaenomeles speciosa

【别名】皱皮木瓜

【形态特征】落叶灌木，高达2m。枝条开展，小枝圆柱形，有枝刺。叶卵状椭圆形，长3～10cm，具尖锐锯齿。托叶大，肾形或半圆形，长0.5～1cm，有重锯齿。花3～5朵簇生于2年生枝上，鲜红、粉红或白色，因品种而异；萼筒钟状，萼片直立；花柱基部无毛或稍有毛；花梗粗短或近无梗。果卵球形，径4～6cm，熟时黄色或黄绿色，芳香，有稀疏斑点。花期3～5月；果期9～10月。

【产地及习性】产我国黄河以南地区。喜光，耐寒，对土壤要求不严，喜生于深厚肥沃的沙质壤土；不耐积水，积水会引起烂根。耐修剪。

【观赏评价与应用】贴梗海棠早春先叶开花，鲜艳美丽、锦绣烂漫，秋季硕果芳香金黄，是一种优良的观花兼观果的灌木。《广群芳谱》云："(海棠)有四种，皆木本。贴梗海棠，丛生，花如胭脂……"贴梗海棠最适于草坪、庭院、树丛周围、池畔丛植，也可与松树、梅花等配植于山石间，如经整形也适于对植门前。此外，还是绿篱或花坛的镶边材料，并可盆栽。

匍匐栒子
Cotoneaster adpressus

【别名】匍匐灰栒子

【形态特征】落叶灌木，枝干平铺地上，分枝密且不规则，小枝红褐色、灰褐色至灰黑色。叶宽卵形或倒卵形，稀椭圆形，全缘而常波状，先端圆钝，下面有疏短柔毛或无毛；叶柄长1～2mm，无毛。花1～2朵，粉红色，径约7～8mm。果鲜红色，直径7～9mm，2小核，稀3。花期5～6月；果期8～9月。

【产地及习性】产西南及甘肃、陕西、湖北、青海等地。尼泊尔、缅甸、印度也有。性强健，喜光，耐寒，喜排水良好之壤土，能在岩缝中及石灰质土壤上生长。

【观赏评价与应用】匍匐栒子植株低矮，野生状态下常平铺岩壁，花朵粉红，入秋红果累累，果实较平枝栒子大，不加人工修剪即可保持匍地生长，极为美观，是布置岩石园的好

蔷薇科　Rosaceae

材料，也是优良的木本地被植物，适宜片植于坡地、山石间坛，有很强的覆盖能力。在西北地区干旱阳坡可作山地水土保持树种。

【同属种类】枸子属约90种，分布于亚洲（日本除外）、欧洲、北非温带和墨西哥，主产中国西南部。我国约59种，大多数种类果实繁密，红色或黑色，是优美的观果材料。

大果枸子
Cotoneaster conspicuus
【*Cotoneaster microphyllus* var. *conspicuus*】

【形态特征】常绿矮灌木，高达1.2m，近直立；分枝密。叶厚革质，椭圆形或倒披针形，长6～16(20)mm，宽2.5～6.5(10)mm，先端圆钝，基部宽楔形。花单生，稀2～3朵，白色或在芽内呈粉红色，径8～10mm，花梗甚短。果实球形，径8～10mm，亮红色，无毛，2小核。花期5～6月；果期8～9月。

【产地及习性】产四川、云南、西藏。普遍生长于多石山坡地、灌木丛中，海拔2500～4100m。

【观赏评价与应用】大果枸子为常绿矮灌木，果实较大，色泽鲜艳，秋冬经久不凋，甚美观，是点缀岩石园的良好植物。

矮生枸子
Cotoneaster dammeri

常绿灌木，枝匍匐。叶厚革质，椭圆形至椭圆长圆形，长1～3cm，宽0.7～2.2cm，上面光亮，叶脉下陷，下面苍白色，侧脉4～6对。花常单生，径约1cm，偶2～3朵；花瓣平展，近圆形或宽卵形，直径4～5mm，先端圆钝，白色；花药紫色。果近球形，直径6～7mm，鲜红色，4～5小核。花期5～6月；果期10月。

产湖北、四川、贵州、云南，生于多石山地或稀疏杂木林内，海拔1300～2600m。

西南枸子
Cotoneaster franchetii

【别名】佛氏枸子

半常绿灌木，高1～3m；枝开张，弓形弯曲，嫩枝密被糙伏毛。叶厚，椭圆形至卵形，长2～3cm，宽1～1.5cm，全缘，下面密被带黄色或白色绒毛。花5～11朵成聚伞花序，生于短侧枝顶端，花径6～7mm，萼筒密被柔毛，花瓣直立，宽倒卵形或椭圆形，长4mm，宽3mm，先端圆钝，粉红色；雄蕊20。果卵球形，径6～7mm，橘红色。花期

西南栒子

平枝栒子

平枝栒子

叶柄有柔毛。单生或2朵并生，花径5～7mm，无梗，单生或2朵并生，粉红色。果近球形，鲜红色，径4～6mm，3小核。花期5～6月；果期9～10月。

【产地及习性】产甘肃、陕西至华东、华中、西南等地，常生于海拔1500～3500m山地灌丛和岩石缝中。尼泊尔也有分布。喜光，耐半荫，耐寒性强，在黄河以南各地生长良好，抗干旱瘠薄。

【变种】小叶平枝栒子（var. *perpusillus*），枝干平铺，叶片较小，长仅6～8mm；果实椭圆形，长约5～6mm，径3～4mm，具2分核。产贵州、湖北、陕西、四川。

【观赏评价与应用】平枝栒子植株低矮，常平铺地面，秋季红果缀满枝头，经冬至春不落，如有冬季积雪相衬，则红果白雪，极为壮观。秋季叶片边缘变红，整个植株呈鲜红一片，可持续至初冬。宜丛植，或成片植为地被，或作基础种植材料，尤其适于坡地、路边、岩石园等地形起伏较大的区域应用。

小叶栒子
Cotoneaster microphyllus

【别名】铺地蜈蚣、地锅把

【形态特征】常绿矮生灌木，高达1m；枝条开展。叶片厚革质，倒卵形至长圆倒卵形，长4～10mm，宽3.5～7mm，先端圆钝，叶边反卷。花单生，稀2～3朵，径约1cm，花梗甚短；花瓣平展，近圆形，长宽各约4mm，白色；雄蕊15～20。果球形，径5～6mm，红色，具2小核。花期5～6月；果期8～9月。

【产地及习性】产四川、云南、西藏，普遍生长于海拔2500～4100m多石山坡地、灌木丛中。印度、缅甸、不丹、尼泊尔均有分布。喜光，也稍耐荫，喜空气湿润，耐土壤干旱、瘠薄，较耐寒，但不耐湿涝。

【变种】白毛小叶栒子（var. *cochleatus*），叶片和萼筒密被白色柔毛，叶边反卷。产云南、四川。不丹、尼泊尔也有分布。细叶小叶栒子（var. *thymifolius*），叶片较窄，长圆倒卵形，先端圆钝，基部楔形，叶边反卷；花2～4朵，径5～7mm；果亮红色，径约5mm。产云南西北部、西藏东南部，印度、锡

小叶栒子

6～7月；果期9～10月。

产四川、云南、贵州，生多石向阳山地灌木丛中。秋季结实累累，甚为美观。

平枝栒子
Cotoneaster horizontalis

【别名】铺地蜈蚣

【形态特征】落叶或半常绿匍匐灌木，高约50cm。幼枝被粗毛；枝水平开张成整齐2列，宛如蜈蚣。叶近圆形至宽椭圆形，先端急尖，长0.5～1.5cm，下面疏生平伏柔毛，

平枝栒子

蔷薇科　Rosaceae

小叶枸子

水枸子

小叶枸子

金等地也有分布。

【观赏评价与应用】小叶枸子四季常绿，枝叶细小而株型紧凑，春季白花布满枝条，秋季红果累累，晚秋叶片也变红色，甚美观。是布置岩石园和庭园绿化的良好材料，还可制作盆景。

水枸子
Cotoneaster multiflorus

【别名】多花枸子

【形态特征】落叶灌木，高达4m。枝纤细，常拱形下垂。叶卵形或宽卵形，长2~4cm，宽1.5~3cm，先端急尖或圆钝，基部楔形或圆形，上面无毛，下面幼时有绒毛。聚伞花序松散并疏生柔毛，有花5~21朵；花白色，径1~1.2cm。萼筒钟状，无毛；萼片三角形，通常两面无毛。果球形或倒卵形，红色，径约8mm，1~2核。花期5~6月；果期8~9月。

【产地及习性】广布于西南、西北、华北和东北，生于海拔1200~3500m河谷、林缘、灌丛中。俄罗斯和亚洲西南部、中部也有分布。较喜光，耐寒，耐干旱瘠薄。

【变种】大果水枸子（var. *calocarpus*），

果实较大，径达1~1.2cm，观赏价值更高。分布于甘肃、陕西和四川，生密林中。

【观赏评价与应用】水枸子夏季盛开白花，入秋红果累累，经冬不凋，为优美的观花观果树种，可用于庭院、路边、草坪、林缘等各处，也是良好的岩石园材料，还可作水土保持灌木。

柳叶枸子
Cotoneaster salicifolius

【别名】山米麻、木帚子

半常绿或常绿灌木，高达5m；枝条开张，小枝嫩时被绒毛。叶椭圆长圆形至卵状披针形，长4~8.5cm，宽1.5~2.5cm，全缘，侧脉12~16对，下陷，下面被灰白色绒毛及白霜，叶柄粗壮，常红色。聚伞花序，花多而密生，密被灰白色绒毛，长3~5cm；花白色，径5~6mm；花瓣卵形或近圆形，先端圆钝。果近球形，径5~7mm，深红色，小核2~3。花期6月；果期9~10月。

产湖北、湖南、四川、贵州、云南，生于山地或沟边杂木林中，海拔1800~3000m。

水枸子

水枸子

柳叶枸子

柳叶枸子

柳叶枸子

山东栒子
Cotoneaster schantungensis

落叶灌木,高达2m;小枝圆柱形,幼时密被灰色柔毛。叶宽椭圆形或宽卵形,长2~3.5cm,宽1.5~2.4cm,先端圆钝或微凹,初有柔毛,后渐脱落,侧脉3~5对;托叶披针形,部分宿存。花序有花3~6朵,总花梗和花梗有柔毛,后脱落近无毛;萼筒具稀疏柔毛。果实倒卵形,长6~8mm,深红色,有稀疏柔毛或几无毛,2小核。花期5月;果期8~9月。

产山东济南南部,生于海拔300~500m石灰岩山地。

山东栒子

山东栒子

山东栒子

西北栒子
Cotoneaster zabelii

【别名】土兰条

落叶灌木,高达2m。枝条细瘦开张,幼时密被带黄色柔毛。叶椭圆形至卵形,长1.2~3cm,宽1~2cm,顶端圆钝,基部圆或宽楔形,背面密被黄色或灰色绒毛;叶柄长1~2mm。花浅红色,3~13朵成下垂聚伞花序,总花梗及花序被柔毛。果鲜红色,径7~8mm,小核2。花期5~6月;果期8~9月。

产华北、西北,南到湖南、湖北,生于石灰岩山地的山坡阴处、沟谷之中。优美的观花观果树种,也可作水土保持灌木。

西北栒子

西北栒子

西北栒子

山楂
Crataegus pinnatifida

【形态特征】落叶小乔木,高达7m;树冠圆整,球形或伞形。有短枝刺;小枝紫褐色。叶片宽卵形至三角状卵形,长5~10cm,宽4.5~7.5cm,两侧各有3~5羽状浅裂或深裂,有不规则尖锐重锯齿;托叶半圆形或镰刀形。伞房花序,直径4~6cm,花序梗、花梗有长柔毛,花径约1.8cm。果近球形,红色或橙红色,径1~1.5cm,表面有白色或绿褐色皮孔点。花期4~6月;果期9~10月。

【产地及习性】原产我国,分布于东北至华中、华东各地。适应性强。喜光,较耐寒;适应各种土壤,但以沙质壤土最佳,耐干旱瘠薄。在潮湿炎热的条件下生长不良。萌芽力、萌蘖力强,根系发达。抗污染。

【变种】山里红(var. *major*),无刺,叶片形大、质厚,分裂较浅,果实大,直径达2.5cm,亮红色。

【观赏评价与应用】山楂在我国至少已有2000多年的历史。古书《尔雅》已经有记载,称山楂为"朹",曰:"朹,音求,状如梅,子大如指头,赤色,似小柰,可食。"

山楂树冠整齐,花繁叶茂,春季白花满树,秋季果实红艳繁密,叶片亦变红色,是观花、观果兼观叶的优良园林树种。园林中可结合生产成片栽植,并是园路树的优良材料。经修剪整形,也可作果篱,供观果并兼有防护之效,日本园林中常见应用。

【同属种类】山楂属约1000余种,广布北半球温带,北美东部最多。我国18种。

山楂

山楂

山楂

甘肃山楂
Crataegus kansuensis

【别名】面旦子

落叶灌木或小乔木,高2.5~8m;枝刺多,锥形,长7~15mm。叶宽卵形,长4~6cm,宽3~4cm,有尖锐重锯齿和5~7对不规则羽状浅裂片;托叶膜质,卵状披针形,早落。伞房花序直径3~4cm,花序梗和花梗均无

蔷薇科 Rosaceae

毛。果近球形，径8~10mm，红色或橘黄色；小核2~3，内面两侧有凹痕。花期5月；果期7~9月。

产华北北部、西北至四川及贵州东北部，生于海拔1000~3000m林中、山坡或沟边。喜光，较耐干旱。

甘肃山楂

甘肃山楂

甘肃山楂

毛山楂

毛山楂

毛山楂

毛山楂
Crataegus maximowiczii

落叶灌木或小乔木，高达7m。小枝粗壮，嫩时密生灰白色绒毛，2年生枝无毛。叶宽卵形或菱状卵形，长4~6cm，宽3~5cm，边缘有3~5对浅裂片并疏生重锯齿，下面密生灰白色柔毛。复伞房花序具，直径4~5cm，多花；花白色，径约1.2cm。果实球形，红色，径约7~8mm。花期5~6月；果期8~9月。

产东北及内蒙古。生杂木林中或林边、河岸沟边及路边。也产于俄罗斯西伯利亚东部到萨哈林岛（库页岛）、朝鲜及日本。园林中偶见栽培。

辽宁山楂
Crataegus sanguinea

落叶灌木，高达2~4m；刺短粗，长约1cm，亦常无刺。叶宽卵形或菱状卵形，长5~6cm，宽3.5~4.5cm，有3~5对浅裂片和重锯齿。伞房花序，直径2~3cm，多花；花较小，径约8mm；花瓣长圆形，白色。果近球形，径约1cm，血红色。花期5~6月；果期7~8月。

产东北及河北、内蒙古、新疆。生山坡或河沟旁杂木林中。分布于俄罗斯西伯利亚以及蒙古北部。当地常栽培作绿篱。

辽宁山楂

蔷薇科 Rosaceae

辽宁山楂

辽宁山楂

榅桲

榅桲
Cydonia oblonga

【别名】木梨

【形态特征】落叶灌木或小乔木，高达8m，树冠圆形，主干常扭曲。小枝细弱，紫红色；嫩枝、叶下面、叶柄、花梗、花萼、果实均被绒毛。单叶互生，卵形至长圆形，长5～10cm，宽3～5cm，先端急尖、凸尖或微凹，上面无毛或疏生柔毛，下面密被长柔毛；托叶膜质，卵形，边缘有腺齿，早落。花单生枝顶，直径4～5cm，白色或粉红色，萼片、花瓣、花柱5，雄蕊约20枚。果实梨形，直径3～5cm，黄色，密被短绒毛，宿存的萼片反折。花期4～5月；果期10月。

【产地及习性】原产中亚细亚，喜大陆性气候，我国引入甚早，西北、西南和华北等地有栽培，上海、福建、江西等华东地区也有少量栽培。

【观赏评价与应用】榅桲是欧洲最古老的果树之一，我国引入的历史极为悠久，贾思勰引《广志》云："榠查子甚酢，出西方。"榅桲枝叶扶疏，花白色或粉红色，宛如朝霞，果黄色、芳香，适于庭院、草地孤植、丛植。可作梨、木瓜、苹果的矮化砧木。性耐修剪，也可植为绿篱。

【同属和类】榅桲属只有1种，原产中亚细亚，我国有栽培。

牛筋条
Dichotomanthes tristaniicarpa

【别名】红眼睛、白牛筋

【形态特征】常绿灌木至小乔木，高2～4m；树皮光滑。枝条丛生，幼枝密被绒毛。叶长圆披针形，有时倒卵形至椭圆形，长3～6cm，宽1.5～2.5cm，全缘，下面幼时密被白色绒毛；叶柄粗壮，长4～6mm；托叶丝状。顶生复伞房花序多花，被黄白色绒毛；花白色，径8～9mm；花瓣平展，近圆形或宽卵形；雄蕊20，短于花瓣。果红色。花期4～5月；果期8～11月。

【产地及习性】产云南、四川，生山坡开旷地杂木林中或常绿栎林边缘。

【观赏评价与应用】牛筋条为我国特有树种，四季常绿，花虽不大，但白色而繁密，盛开时满山繁花非常壮观，是西南地区优良的观花植物，果实亦为红色。昆明等地园林中有栽培应用，可孤植、丛植草地、建筑附近，亦可用于树群外围。

【同属种类】牛筋条属仅有1种，产我国西南部。

榅桲

榅桲

牛筋条

牛筋条

牛筋条

云南榅桲
Docynia delavayi

【别名】西南榅桲、桃姨

【形态特征】常绿乔木，高达3～10m，枝稀疏；小枝粗壮。叶披针形或卵状披针形，长6～8cm，宽2～3cm，全缘或有浅钝齿，上面有光泽，下面密被黄白色绒毛。花白色，径2.5～3cm，3～5朵丛生于枝顶；花梗短粗；果期伸长；萼筒钟状，萼片披针形，全缘；花瓣宽卵形或长倒卵形，有短爪；雄蕊40～45。果实卵形，径2～3cm，黄色，幼时密被绒毛，后无毛；果梗长。花期3～4月；果期5～6月。

【产地及习性】产云南、四川、贵州，生山谷、溪旁、灌丛中或路旁杂木林中。

【观赏评价与应用】云南榅桲株型自然开张，花大而白色，早春开花，初夏果实黄色，均具一定的观赏价值，可栽培为庭园树种。昆明植物园等地有栽培。

【同属种类】榅桲属共有2种，分布亚洲。我国2种，产于西南各地。

东亚仙女木
Dryas octopetala var. *asiatica*

【别名】宽叶仙女木

【形态特征】常绿半灌木；茎匍匐丛生，高约10cm，基部多分枝。单叶互生，椭圆形至近圆形，长5～20mm，宽3～12mm，先端圆钝，边缘外卷，有圆钝锯齿；托叶条状披针形，大部分贴生于叶柄。花茎长2～3cm；果期达6～7cm，密生白色绒毛、长柔毛及腺毛。花白色，直径1.5～2cm，花瓣倒卵形，长8～10mm，先端圆；雄蕊多数。瘦果矩圆卵形，长3～4mm，宿存花柱长1.5～2.5cm，有羽状绢毛。花果期7～8月。

【产地及习性】产吉林、新疆，生于海拔2200～2800m高山草原、石砾区、草甸冻原地带，呈大面积垫状。日本、朝鲜、俄罗斯堪察加半岛、萨哈林岛等地有分布。耐旱、耐寒，喜排水良好、肥沃土壤，也耐瘠薄。

【观赏评价与应用】东亚仙女木为常绿匍匐灌木，株形矮小，花、果奇特，盛夏时节，朵朵白花开在冰雪尚未完全消融的高山冻原带，恍若不食人间烟火的白衣仙女。在园林中尚未见应用，可引种于高海拔城市作地被植物或于岩石园中应用，也可作盆栽植物。

【同属种类】仙女木属3～14种，分布北半球温带高山及寒带，我国产1种。

枇杷
Eriobotrya japonica

【形态特征】常绿小乔木，高达12m。小枝、叶下面、叶柄均密被锈色绒毛。叶革质，倒卵状披针形至矩圆状椭圆形，长12～30cm，具粗锯齿，上面皱。圆锥花序顶生；花白色，芳香，萼、瓣均5枚。果近球形或倒卵形，径2～4cm，黄色或橙黄色，形状、大小因品种而异。花期10～12月；果期翌年5～6月。

【产地及习性】产甘肃南部、秦岭以南，西至川、滇，现鄂西、川东石灰岩山地仍有野生；各地普遍栽培，江苏吴县洞庭、浙江余杭县塘栖、安徽歙县、福建莆田、湖南沅江等地都是枇杷著名产区。喜光，稍耐荫；喜温暖湿润气候和肥沃湿润而排水良好的石灰性、中性或酸性土壤，不耐寒，但在淮河流域仍能正常生长。

【观赏评价与应用】枇杷树形整齐美观，叶片大而荫浓，冬日白花满树，初夏黄果累累，可谓"树繁碧玉叶，柯叠黄金丸"，为亚热带地区优良果木，是绿化结合生产的好树种。在我国古典园林中，枇杷常栽培于庭前、亭廊附近。苏州拙政园的枇杷园因园中植枇杷而得名，取宋人戴敏"东园载酒西园醉，摘尽枇杷一树金"的诗意，并为亭曰"嘉实。"

【同属种类】枇杷属约30种，分布于亚洲暖温带至亚热带。我国14种，产长江流域及其以南地区。园林中栽培观赏的仅枇杷1种。

枇杷

枇杷

枇杷

白鹃梅
Exochorda racemosa

【别名】金瓜果

【形态特征】落叶灌木，高达5m，全株无毛。小枝微具棱。叶椭圆形至倒卵状椭圆形，长3.5～6.5cm，全缘或上部有浅钝疏齿，下面苍绿色。花6～10朵，径4cm，花瓣基部具短爪；雄蕊15～20，3～4枚1束着生花盘边缘，并与花瓣对生。蒴果倒卵形。花期4～5月；果期9月。

【产地及习性】产长江流域，多生于海拔500m以下的低山灌丛中；各地常见栽培。性强健，喜光，也耐半荫；喜肥沃、深厚土壤，也耐干旱瘠薄；耐寒性颇强，可在黄河流域露地生长。

【观赏评价与应用】白鹃梅树形自然，富野趣，花期值谷雨前后，花朵大而繁密，满树洁白，是一美丽的观赏花木，宜于草地、林缘、窗前、亭台附近孤植或丛植，或于山坡大面积群植，也可作基础种植材料。

【同属种类】白鹃梅属共有4种，分布于亚洲中部至东部。我国3种。春季开花，花大而美，供观赏。

白鹃梅

白鹃梅

白鹃梅

红柄白鹃梅
Exochorda giraldii

【别名】纪氏白鹃梅

落叶灌木，高达3～5m；小枝细弱，开展，圆柱形。叶椭圆形、长椭圆形，长3～4cm，宽1.5～3cm，全缘，稀中上部有钝锯齿；叶柄长1.5～2.5cm，常红色、紫红色。总状花序有花6～10朵，近于无梗；花直径3～4.5cm；萼筒浅钟状，内外两面均无毛，萼片短宽，近半圆形，全缘；花瓣倒卵形或长圆倒卵形，长2～2.5cm，先端圆钝，基部有长爪；雄蕊25～30。蒴果倒圆锥形，具5脊。花期5月；果期7～8月。

产河北、河南、山西、陕西、甘肃、安徽、江苏、浙江、湖北、四川，生于山坡、灌木林中，海拔1000～2000m。植株强壮，花朵繁茂，观赏价值很高，常栽培观赏。

红柄白鹃梅

红柄白鹃梅

红柄白鹃梅

齿叶白鹃梅
Exochorda serratifolia

【别名】榆叶白鹃梅、锐齿白鹃梅

落叶灌木，高达2m；小枝幼时红紫色。叶椭圆形或长圆倒卵形，长5～9cm，宽3～5cm，中部以上有锐锯齿；叶柄长1～2cm。总状花序有花4～7朵，花梗长2～3mm；花直径3～4cm，花瓣长圆形至倒卵形，先端微凹，基部有长爪，白色；雄蕊25。花期5～6月；果期7～8月。

齿叶白鹃梅

产辽宁、河北，生于山坡、河边、灌木丛中。朝鲜也有分布。耐寒性强，常栽培观赏。

棣棠
Kerria japonica

【形态特征】落叶丛生灌木，高达 2m，无主干。小枝绿色，光滑，有棱。单叶互生，卵形至卵状披针形，长 4～10cm，有尖锐重锯齿，先端长渐尖，基部楔形或近圆形；托叶钻形。花两性，金黄色，单生枝顶，直径 3～4.5cm；萼片 5，全缘；花瓣 5；雄蕊多数；心皮 5～8，离生。瘦果黑褐色，生于盘状果托上，外包宿存萼片。花期 4～5 月；果期 7～8 月。

【产地及习性】产陕西、甘肃和长江流域至华南、西南，多生于山涧、溪边灌丛中。日本也有分布。喜温暖、半荫的湿润环境，略耐寒，在黄河以南可露地越冬。萌蘖力强，耐修剪。

【观赏品种】重瓣棣棠（'Pleniflora'），花重瓣。

【观赏评价与应用】棣棠枝、叶、花俱美，枝条嫩绿，叶形秀丽，花朵金黄，除了春季 4～5 月盛花期外，其他时间不时有少量花开，花期可一直延续到 9 月间。适于丛植，配植于墙隅、草坪、水畔、坡地、桥头、林缘、假山石隙均无不适，尤其是植于水滨，花影照水，满池金辉，景色迷人；也可栽作花径、花篱。

【同属种类】棣棠属仅 1 种，产我国及日本。

大叶桂樱
Laurocerasus zippeliana
【Prunus zippeliana】

【形态特征】常绿乔木，高 10～25m；枝叶无毛。叶革质，宽卵形至宽矩圆形，长 10～19cm，宽 4～8cm，具稀疏或稍密粗锯齿，齿顶有黑色硬腺体；叶柄粗壮，有 1 对腺体。总状花序单生或 2～4 个簇生叶腋，长 2～6cm；花白色，径 5～9mm；萼筒钟形，萼片卵状三角形；花瓣近圆形；雄蕊 20～25。果实卵状长圆形，长 18～24mm，宽 8～11mm，黑褐色。花期 7～10 月；果期冬季。

【产地及习性】产甘肃、陕西至长江流域、华南、西南，生于石灰岩山地阳坡杂木林中或山坡混交林下。日本和越南北部也有。喜温暖、湿润气候，在土层深厚肥沃、排水良好的地方生长良好；较喜光，幼树耐荫；深根性，萌芽力较强。

【观赏评价与应用】大叶桂樱树体高大、四季常绿，叶片大而光亮，花白色，是优美的观花大乔木，适于做行道树、庭荫树，也可片植、林植为背景林。也是亚热地区重要

蔷薇科 Rosaceae

的用材树种。

【同属种类】桂樱属约有80种，分布于热带、亚热带。我国13种，主产南部。

毛背桂樱
Laurocerasus hypotricha

【别名】柔毛桂樱

【形态特征】常绿乔木，高5～15m；小枝、叶下面被柔毛。叶椭圆形或椭圆状长圆形，长10～18cm，宽5～7cm，有粗腺齿，上面无毛、光亮，下面密被灰白色柔毛，侧脉10～12对。总状花序常单生，有时2～3个，长2～5cm，花径5～6mm，花瓣近圆形，径4～5mm；果卵状长圆形。花期9～10月；果期11～12月。

【产地及习性】产江西、福建、广东、广西、四川、贵州、云南，生于山坡、山谷或溪边疏林内。

【观赏评价与应用】毛背桂樱树形圆阔，叶片大而光亮，花色洁白，果实红艳，可栽培观赏，适于用作群落之中层乔木，或丛植于庭园、水边观赏。

尖叶桂樱
Laurocerasus undulata

常绿灌木或小乔木，高5～16m；小

枝无毛。叶椭圆形至长圆状披针形，长6～15cm，宽3～5cm，全缘，稀中部以上有少数锯齿，两面无毛。总状花序单生或2～4个簇生，长5～19cm，在同一花序中有雄花和两性花；花瓣椭圆形或倒卵形，长2～4mm，浅黄白色；雄蕊10～30。果卵球形，长10～16mm，紫黑色。花期8～10月；果期冬季至翌年春季。

产湖南、江西、广东、广西、四川、贵州、云南、西藏东南部，生于山坡混交林中或沿溪常绿林下。印度东部、孟加拉、尼泊尔、缅甸北部、泰国和老挝北部、越南北部

和南部、印度尼西亚也有。

苹果
Malus pumila
【*Malus domestica*】

【形态特征】落叶乔木，高达15m；树冠球形或半球形，栽培者主干较短。幼枝叶、花梗及花萼密被灰白色绒毛。叶卵形、椭圆形至宽椭圆形，有圆钝锯齿；叶柄长1.2～3cm。伞房花序有花3～7朵，花蕾期粉红色或玫瑰红色，开放后白色或带红晕，径3～4cm；花萼倒三角形，较萼筒稍长；花柱5。果扁球形，径5cm以上，两端均下洼，萼宿存。花期4～5月；果期7～10月。

【产地及习性】原产欧洲和亚洲中部，为温带重要果树。我国适宜栽培区为东北南部、西北、华北及西南高地。喜光，要求比较冷凉和干燥的气候，不耐湿热；以深厚、肥沃、湿润而排水良好的土壤上生长较好，不耐瘠薄。根系发达。

【观赏评价与应用】苹果是著名的水果，栽培历史悠久，古称柰、林檎等，柰就是现在的"中国苹果"（与西洋苹果对应）、绵苹果，而林檎主要指花红。远在后魏的农书《齐民要术》（533～544年）中已经有记载，"柰有白、青、赤三种，张掖有白柰，酒泉有赤柰，

蔷薇科 Rosaceae

苹果

苹果

苹果

花红

花红

花粉红色，萼片宽披针形，比萼筒长，花柱4～5；果卵球形或近球形，黄色或带红色，径2～5cm，基部下洼，宿存萼肥厚而隆起。花期4～5月；果期7～9月。

【产地及习性】产黄河流域，栽培历史悠久，华北、西北、西南、东北等地广为栽培，品种多。喜凉爽气候，适应性强于苹果，耐水湿和盐碱的能力较强，对土壤要求不严。

【观赏评价与应用】花红是我国古老的果树之一，古称林檎、朱柰、五色柰等。宋朝周密《吴兴园林记》载，"沈德和尚书园，依南城，近百余亩，果树甚多，林檎尤盛。"花红株形美观，树姿开张，树势强健，春花粉红，果色艳丽，夏秋时节果实累累，是优良果树和观果树种，北方各地广为栽培。公园、庭院均适，孤植、群植咸宜。花红与苹果，古时皆以"柰"相称，常易混淆。李时珍《本草纲目》：林檎，即柰之小而圆者。文震亨《长物志·蔬果》："西北称柰，家

花红

西方例多柰，家以为脯……"可见当时甘肃的河西走廊一带已经形成了我国古代苹果的栽培中心。现在，西北地区仍然有不少绵苹果古树。苹果品种繁多，园林中可结合生产，成片栽培，也可丛植点缀庭院，宜应当选择适应性强，抗病虫的品种。果大味美，营养丰富，耐储藏，被誉为"果中之王"，栽培经济效益高，生食或加工为果脯和果酱食用，系我国北方最重要的经济果树。

【同属种类】苹果属约55种，广泛分布于北半球温带。我国26种，多为果树和观赏花木。

花红
Malus asiatica

【别名】沙果、文林郎果、林檎、频婆果、朱柰、五色柰

【形态特征】落叶小乔木，高达6m。嫩枝、花柄、萼筒和萼片内外两面都密生柔毛。叶片卵形至椭圆形，长5～11cm，基部宽楔形，边缘锯齿常较细锐，下面密被短柔毛。

以为脯，即今之苹婆果也…… 吴中称花红，即名林檎，又名来禽，似柰而小，花亦可观。"

山荆子
Malus baccata

【别名】山定子

【形态特征】落叶乔木，高达10～14m。树冠近圆形，幼枝细弱，微屈曲，无毛。叶椭圆形或卵形，长3～8cm，宽2～3.5cm，边缘有细锐锯齿，叶柄长3～5cm。伞形花序具花4～6朵，花白色，径3～3.5cm，萼片全缘，披针形，长于萼筒；花柱5或4。果近球形，径8～10mm，红色或黄色，萼脱落。花期4～6月；果期9～10月。

【产地及习性】产东北、华北、西北等地；蒙古、俄罗斯和日本、朝鲜也有分布。喜光，耐寒性强，耐-50℃低温；耐干旱，不耐涝，

适于中性和酸性土，不耐盐碱。根系发达，抗风力强。

【观赏评价与应用】山荆子枝繁叶茂，幼树树冠圆锥形，老则开张呈圆形，早春满树白花，秋季红果累累，经久不落，是优良的庭园观赏树种，以其树体高大，也可作行道树。耐寒力强，我国东北、华北各地用作苹果和花红等砧木，也是培育耐寒苹果品种的原始材料。嫩叶可代茶。

垂丝海棠
Malus halliana

【形态特征】落叶灌木或小乔木，高达5m；树冠疏散、婆娑，枝条开展。小枝、叶缘、叶柄、中脉、花梗、花萼、果柄、果实常紫红色。叶卵形、椭圆形至椭圆状卵形，质地较厚，长3.5～8cm，锯齿细钝或近于全缘。花梗细长，下垂；花初开时鲜玫瑰红色，后渐呈粉红色，径3～3.5cm；萼片三角状卵形，顶端钝，与萼筒等长或稍短；花柱4～5。果倒卵形，径6～8mm，萼片脱落。花期3～4月；果期9～10月。

【产地及习性】产长江流域至西南各地。常见栽培。喜光，不耐荫，喜温暖湿润，较耐寒；对土壤要求不严，微酸或微碱性土壤均可成长，但以土层深厚、疏松、肥沃、排水良好略带黏质的土壤最好，不耐水涝。

【观赏评价与应用】垂丝海棠花繁色艳，朵朵下垂，姿态潇洒，古人赞曰："脉脉似崔徽，朝朝长著地；谁能解倒悬，扶起云鬟坠。"是著名庭园观赏花木，适于丛植、群植，最宜用于庭院、水边、路旁，也可盆栽。

湖北海棠
Malus hupehensis

【别名】甜茶、野花红、茶海棠

【形态特征】落叶乔木，高达8m。叶卵形或椭圆状卵形，长5～10cm，宽2.5～4cm，具不规则细尖锯齿，嫩时具稀疏短柔毛，不久脱落无毛。伞房花序具花4～6朵，花白色，偶粉红色，径3.5～4cm；萼片顶端尖，与萼筒等长或稍短；花柱3，罕4，基部有长绒毛。果近球形，黄绿色，稍带红晕，径约1cm，黄绿色稍带红晕；萼片脱落。花期4～5月；果期8～9月。

【产地及习性】产山东、河南、陕西、甘肃、山西至长江流域以南各地，生山坡或山谷丛林中，也常见于水沟、溪边。适应性强，

山荆子

山荆子

垂丝海棠

垂丝海棠

蔷薇科 Rosaceae

湖北海棠

湖北海棠

喜光，喜湿润，耐水湿，也耐旱，抗寒性强，并有一定的抗盐能力。

【观赏评价与应用】湖北海棠春季满树缀以粉白色花朵，芳香艳丽，秋季结实累累，果实或红或黄，甚为美丽，是优良的观花和观果树种。园林中宜群植、丛植，也是山地风景区优良的造景材料。常做嫁接苹果、垂丝海棠的砧木；嫩叶晒干作茶叶代用品，味微苦涩，俗名花红茶。

陇东海棠
Malus kansuensis

【别名】甘肃海棠

落叶灌木或小乔木，高3～5m；小枝粗壮。叶卵形或宽卵形，长5～8cm，宽4～6cm，常3浅裂，稀不规则分裂或不裂，裂片三角卵形，边缘有细锐重锯齿。伞形总状花序，具花

陇东海棠

陇东海棠

陇东海棠

4～10朵，花白色，径1.5～2cm；花瓣宽倒卵形。果椭圆形或倒卵形，径1～1.5cm，黄红色，萼片脱落。花期5～6月；果期7～8月。

产甘肃、河南、陕西、四川，生杂木林或灌木丛中。

毛山荆子
Malus mandshurica

【别名】辽山荆子、棠梨木

落叶乔木，高达15m；小枝细弱，幼时密被短柔毛。叶卵形、椭圆形至倒卵形，长5～8cm，宽3～4cm，有细锯齿，基部锯齿浅钝近于全缘，下面中脉及侧脉上具短柔毛；叶柄长3～4cm，具稀疏短柔毛。伞形花序具花3～6朵；花径3～3.5cm；萼筒外面疏生短柔毛，萼片披针形，长5～7mm，内面被绒毛，比萼筒稍长；花瓣白色，长倒卵形；花柱4，稀5。果实椭圆形或倒卵形，径8～12mm，红色，萼片脱落。花期5～6月；果期8～9月。

分布于东北及内蒙古、山西、陕西、甘肃，生山坡杂木林中，山顶及山沟也有分布，

毛山荆子

毛山荆子

毛山荆子

海拔100～2100m。我国东北华北各地常栽培作苹果或花红等果树砧木，也可供观赏。

西府海棠
Malus micromalus

【别名】小果海棠、海红、子母海棠

【形态特征】落叶灌木或小乔木，高达5m。树冠紧抱，枝直立性强；小枝紫红色或暗紫色，幼时被短柔毛，后脱落。叶椭圆形至长椭圆形，长5～10cm，锯齿尖锐。花序有花4～7朵，集生于小枝顶端；花淡红色，初开时色浓如胭脂，萼筒外面和萼片内均有白色绒毛，萼片与萼筒等长或稍长。果近球形，径1.5～2cm，红色，基部及先端均凹陷；萼片宿存或脱落。花期4～5月；果期9～10月。

【产地及习性】产辽宁南部、河北、山西、山东、陕西、甘肃、云南，各地有栽培。喜光，耐寒，耐干旱，忌空气湿度过大，对土壤要求不高，最适于肥沃、疏松而排水良好的沙质壤土，较耐盐碱，不耐水涝。抗病虫

西府海棠

西府海棠

西府海棠

害，根系发达。

【观赏评价与应用】西府海棠株型紧凑，花色艳丽，自古就是著名的观赏花木，被列为海棠四品之一，《广群芳谱》云："(海棠)有四种，皆木本……又有枝梗略坚、花色稍红者，名西府海棠。"苏轼有咏西府海棠"朱唇得酒晕生脸，翠袖卷纱红映肉。林深雾暗晓光迟，日暖风轻春睡足"的诗句。西府海棠常植于庭园观赏，应用方式可参考海棠花。陕西宝鸡市市花。

海棠果
Malus prunifolia

【别名】楸子

落叶灌木或小乔木，高3～8m。树冠开张，枝下垂。嫩枝灰黄褐色。叶卵形至椭圆形，长5～9cm，缘具细锐锯齿；叶柄长1～5cm。花序由4～5朵花组成；花白色或带粉红色；萼片披针形，较萼筒长。果卵形，熟时红色，径2～2.5cm，萼肥厚宿存。

华北、西北、东北南部和内蒙古等地广为栽培，是优美的观花、观果树种。为苹果优良砧木。

海棠果

海棠果

海棠果

三叶海棠
Malus sieboldii

【别名】山茶果、野黄子、山楂子

落叶灌木或小乔木，高2～6m，枝条开展。叶卵形、椭圆形或长椭圆形，长3～7.5cm，宽2～4cm，有尖锐锯齿，新枝上的常3～5浅裂，叶锯齿粗锐。花淡粉红色，花蕾时颜色较深，径2～3cm，花瓣长椭圆倒卵形。果实近球形，径6～8mm，红色或褐黄色，萼片脱落，果梗长2～3cm。花期4～5月；果期8～9月。

产东北南部、山东、陕西、甘肃至长江流域、华南、西南，生山坡杂木林或灌木丛中。也分布于日本、朝鲜等地。花色美丽，可

蔷薇科 Rosaceae

供观赏。可作嫁接苹果的砧木。

三叶海棠

三叶海棠

三叶海棠

海棠花
Malus spectabilis

【形态特征】落叶小乔木或大灌木，高4～8m；树形峭立，枝条耸立向上，树冠倒卵形。叶椭圆形至长椭圆形，长5～8cm，有密细锯齿；叶柄长1.5～2cm。花在蕾期红艳，开放后淡粉红色，径约4～5cm，花梗长2～3cm；萼片较萼筒稍短。果近球形，径约2cm，黄色，味苦，基部无凹陷，花萼宿存。花期3～5月；果期9～10月。

【产地及习性】华东、华北、东北南部各地习见栽培。适应性强，对环境要求不严，但最适宜生长于排水良好的沙壤土，对盐碱土抗性较强。喜光；耐寒；耐干旱，忌水湿。

【观赏评价与应用】海棠是我国久经栽培的传统花木，3～5月开花，初开极红如胭脂点点，及开则渐成缬晕，至落则若宿妆淡粉，果实色彩鲜艳，结实量大。自然式群植、建筑前或园路两侧列植、入口处对植均无不可。小型庭院中，最适于孤植、丛植于堂前、栏外、水滨、草地、亭廊之侧。《花镜》云："海棠韵娇，宜雕墙峻宇，障以碧纱，烧以银烛，或凭栏，或倚枕其中。"刘子翚《海棠诗》"种处静宜临野水"和李定《海棠诗》"宜似佳人照碧池"均描绘了海棠的水边配植。在公园和大型庭院中，最适于多个品种自然式群植，形成海棠园；也可在建筑前或园路两侧列植，或在入口处对植。古代有"二千里地佳山水，无数海棠官道旁。"

海棠花

海棠花

海棠花

变叶海棠
Malus toringoides

【别名】大白石枣

落叶灌木至小乔木，高3～6m。叶片形状变异大，常卵形至长椭圆形，长3～8cm，宽1～5cm，边缘有圆钝锯齿，不分裂或不规则3～5裂；托叶披针形，全缘。花白色，3～6朵近伞形排列，花梗长1.8～2.5cm，花径2～2.5cm；萼筒钟状，萼片三角披针形，全缘；花瓣卵形或长椭圆倒卵形，雄蕊约20，花柱3，稀4～5。果倒卵形或长椭圆形，径1～1.3cm，黄色有红晕，萼片脱落。花期4～5月；果期9月。

产甘肃东南部、四川西部和西藏东南部。山坡丛林中。与陇东海棠区别在其叶片分裂深浅不定，有时不具裂片而呈长椭圆形，边缘有圆钝锯齿，果肉不具石细胞或有少数石细胞。

变叶海棠

欧楂
Mespilus germanica

【别名】西洋山楂

【形态特征】落叶小乔木，高达5m，树冠伞形或球形。叶长椭圆形或倒披针形，长6～13cm，宽3～5cm，叶缘有不规则细锯齿或近全缘，羽状脉，侧脉约10对。托叶条形，早落。花单生或2～3朵集生于新枝顶；

花白色，径 3～4cm，花梗极短，萼筒钟形，外密被毛；花瓣宽倒卵形；雄蕊 30～40，花药紫红色；花柱 5。果实倒卵状半球形，径约 2～3cm，熟时暗橙色，萼片宿存。花期 4 月；果期 9～10 月。

【产地及习性】原产欧洲中部地区，现世界各地引种栽培。我国北部有栽培。喜温暖湿润气候和排水良好的土壤；略喜光，抗逆性强，生长缓慢。

【观赏评价与应用】欧楂株型较小而紧凑，花大而白色，果实橙红色，可供庭院栽培观赏，也是久经栽培的果树。山东青岛有近 80 年生植株。

【同属种类】欧楂属仅 1 种，分布于欧洲中部。

华西小石积
Osteomeles schwerinae

【别名】沙糖果

【形态特征】落叶或半常绿灌木，高达 1～3m，枝条开展密集；小枝细弱，幼时密被灰白色柔毛。奇数羽状复叶；小叶 7～15 对，椭圆形、椭圆长圆形或倒卵状长圆形，长 5～10mm，宽 2～4mm，全缘，两面疏生柔毛；叶轴有窄翼。伞房花序顶生，有花 3～5 朵；花白色，径约 1cm，花瓣长圆形，长 5～7mm，宽 3～4mm；萼筒及萼片微被柔毛或近于无毛。果近球形，径 6～8mm，蓝黑色，萼片宿存；小核 5，骨质。花期 4～5 月；果期 7 月。

【产地及习性】产四川、云南、贵州、甘肃。生海拔 1500～3000m 山坡灌木丛中或田边路旁向阳干燥地。喜光，耐干旱。

【观赏评价与应用】华西小石积植株低矮，分枝茂密，叶片细小，花色洁白，是优良的花灌木，可栽培供观赏，适宜作绿篱和岩石园植物，也是优良的盆景材料。云南等地栽培。

【同属种类】小石积属约有 5 种，分布亚洲东部及太平洋岛屿。我国 3 种。

稠李
Padus avium
【Padus racemosa; Prunus padus】

【形态特征】落叶乔木，高达 15m。树皮黑褐色，小枝紫褐色，嫩枝常有毛。叶卵状长椭圆形至长圆状倒卵形，长 4～10cm，宽 2～4.5cm，有不规则锐锯齿；叶柄长 1～1.5cm，具 2 腺体。总状花序下垂，多花，长 7～10cm；花白色，径 1～1.5cm，芳香，花瓣长圆形，先端波状。核果卵球形，直径 6～8mm，无纵沟，亮黑色。花期 4～5 月，与叶同放；果期 9～10 月。

【产地及习性】产于东北至黄河流域，多生于湿润肥沃而排水良好的山坡、沟谷溪边。朝鲜、日本、俄罗斯也有分布。喜光，略耐荫，耐寒；喜湿润土壤，不耐旱。根系发达，萌蘖力强。

薔薇科 Rosaceae

16～30cm，基部1～3叶，花径5～7mm；花瓣白色，倒卵形，中部以上啮蚀状或波状，基部楔形有短爪；雄蕊25～27。核果球形，径5～7mm，幼时紫红色，老时黑褐色。花期4～5月；果期5～10月。

产河南、陕西、甘肃、湖北、四川、贵州和云南。生于山坡灌丛中或山谷和山沟林中。

【观赏评价与应用】稠李树体高大，花序长而下垂，花朵白色繁密，秋叶变红或黄色，是优美的园林造景材料，目前园林中应用不多。在欧洲和北亚长期栽培，有垂枝、花叶、大花、小花、重瓣、黄果和红果等类型，供观赏用。也是重要的蜜源植物。

【同属种类】稠李属共有20余种，分布北温带。我国产16种，南北均有分布。

短梗稠李
Padus brachypoda

【别名】短柄稠李

落叶乔木，高8～10m，树皮黑色。叶长圆形，稀椭圆形，长6～16cm，宽3～7cm，有锐锯齿，齿尖带短芒，上中脉和侧脉均下陷，下面突起；叶柄长1.5～2.3cm，顶端两侧各有1腺体。总状花序多花，长

紫叶稠李
Padus virginiana 'Canada Red'

落叶乔木，高达6～8m。单叶互生，叶片长椭圆形，深紫色，长达7.5cm，宽约3.7cm，有锯齿，背面尤其是脉腋有灰色柔毛。总状花序常10～16cm，花白色。核果熟时紫红色。花期4～5月；果期6～7月。

原产北美，我国北方引种栽培。喜排水良好的土壤，喜光，稍耐半阴，耐干旱。是优良的彩叶树种，适于草地、路边等地。

绢毛稠李
Padus wilsonii

落叶乔木，高10～30m。叶椭圆形或长圆倒卵形，长6～14cm，宽3～8cm，疏生圆钝锯齿，下面幼时密被白色绢状柔毛，后变为棕色毛。总状花序多花，长7～14cm；花径6～8mm，白色。核果球形或卵球形，直径8～11mm，幼果红褐色，老时黑紫色。花期4～5月；果期6～10月。

产陕西、湖北、湖南、江西、安徽、浙江、广东、广西、贵州、四川、云南和西藏等省区，生于山坡、山谷或沟底等处，海拔950～2500m。

绢毛稠李

绢毛稠李

绢毛稠李

石楠
Photinia serratifolia
【*Photinia serrulata*】

【别名】千年红

【形态特征】常绿乔木或灌木，高4～6m，有时高达12m；全株近无毛。枝条横展如伞，树冠近球形。叶革质，长椭圆形至倒卵状长椭圆形，长8～22cm，有细锯齿，侧脉20对以上，表面有光泽；叶柄粗壮，长2～4cm。复伞房花序顶生，直径10～16cm；花白色，径6～8mm。果球形，径5～6mm，红色。花期4～5月；果期10月。

【产地及习性】产淮河流域至华南，北达秦岭南坡、甘肃南部；日本和热带亚洲也有分布。喜温暖湿润气候，耐～15℃低温；喜光，也耐荫；喜肥沃湿润、富含腐殖质而排水良好的酸性至中性土壤；较耐干旱瘠薄，不耐水湿。萌芽力强，耐修剪。

【观赏评价与应用】石楠树冠圆整，枝密叶浓，早春嫩叶鲜红，夏秋叶色浓绿光亮，兼有红果累累，鲜艳夺目，是重要的观叶观果树种。石楠春色呈现甚早，仅次于垂柳，是重要的早春观叶树种。在公园绿地、庭园、路边、花坛中心及建筑物门庭两侧均可孤植、丛植、列植。生长迅速，极耐修剪，因而适于修剪成型，常修剪成"石楠球"，用于庭院阶前或入口处对植、大片草坪上群植，或用作花坛的中心树。石楠还是优良的绿篱材料，在日本常用于回车道旁植之。也适于街道厂矿区绿化。

【同属种类】石楠属约60余种，主产亚洲东部和南部，墨西哥也有分布。我国43种，主产于秦岭至淮河以南。

石楠

石楠

中华石楠
Photinia beauverdiana

【别名】假思桃、牛筋木、波氏石楠

落叶灌木或小乔木，高3～10m。小枝紫褐至黑褐色，通常无毛。叶矩圆形、卵形或椭圆形至倒卵形，纸质，长5～13cm，宽2～5cm；叶柄长5～10mm，有毛。复伞房花序，径约5～10cm，密被疣点。果卵形，紫红色，长约7～8mm，径5～6mm。花期5月；果期8月。

中华石楠

中华石楠

石楠

蔷薇科 Rosaceae

中华石楠

椤木石楠

产陕西、河南、江苏、安徽、浙江、江西、湖南、湖北、四川、云南、贵州、广东、广西、福建。生于山坡或山谷林下，海拔1000～1700m。花序密集，夏季开白色花朵，秋季红果累累，可供观赏之用。

椤木石楠
Photinia bodinieri
【*Photinia davidsoniae*】

【别名】贵州石楠

常绿乔木，高6～15m，有时具刺。叶革质，长圆形、倒披针形，稀椭圆形，长5～15cm，宽2～5cm，有具腺的细锯齿；叶柄长8～15mm。花密集成顶生复伞房花序，径10～12cm；花径10～12mm，花瓣圆形，径3.5～4mm，先端圆钝，两面无毛；雄蕊20，花柱2。果球形或卵形，径7～10mm，黄红色。花期5月；果期9～10月。

产陕西、江苏、安徽、浙江、江西、湖南、湖北、四川、云南、福建、广东、广西、贵州，生于灌丛中。分布越南、缅甸、泰国。常栽培于庭园及墓地附近，冬季叶片常绿并缀有黄红色果实，颇为美观。

椤木石楠

椤木石楠

红叶石楠
Photinia × fraseri

常绿灌木或小乔木，高达4～6m；小枝灰褐色，无毛。叶互生，长椭圆形或倒卵状椭圆形，长9～22cm，宽3～6.5cm，边缘有疏生腺齿，无毛。复伞房花序顶生，花白色，径6～8mm。果球形，径5～6mm，红色或褐紫色。

新梢和嫩叶鲜红，色彩艳丽持久，是著名的观叶树种。耐修剪，适于造型，景观效果美丽。常见的有红罗宾（'Red Robin'）和红唇（'Red Lip'）两个品种。

红叶石楠

红叶石楠

红叶石楠

蔷薇科 Rosaceae

光叶石楠
Photinia glabra

【别名】扇骨木

常绿小乔木，高3～7m。叶革质，幼时及老时皆呈红色，椭圆形、长圆形或长圆倒卵形，长5～9cm，宽2～4cm，两面无毛，侧脉10～18对；叶柄长1～1.5cm。复伞房花序，直径5～10cm；花直径7～8mm，花瓣白色，反卷，倒卵形，内面近基部有白色绒毛。果实卵形，长约5mm，红色。花期4～5月；果期9～10月。

产长江流域至华南、西南，生于海拔500～800m山坡杂木林中。日本、泰国、缅甸也有分布。适于做绿篱和庭院观赏。

桃叶石楠
Photinia prunifolia

【别名】石斑木

常绿乔木，高10～20m；小枝无毛。叶革质，长圆形或长圆披针形，长7～13cm，宽3～5cm，边缘有密生具腺的细锯齿，下面满布黑色腺点，两面无毛，侧脉13～15对。花多数密集成顶生复伞房花序，径12～16cm，总花梗和花梗微有长柔毛；花径7～8mm；萼筒外面有柔毛；花瓣白色，倒卵形，先端圆钝，基部有绒毛；雄蕊20；花柱2～3，离生。果椭圆形，长7～9mm，径3～4mm，红色。花期3～4月；果期10～11月。

产广东、广西、福建、浙江、江西、湖南、贵州、云南。生于海拔900～1100m疏林中。日本（琉球）及越南也有分布。

毛叶石楠
Photinia villosa

【别名】鸡丁子

落叶灌木或小乔木，高2～5m；小枝幼时有白色长柔毛。叶草质，倒卵形或长圆倒卵形，长3～8cm，宽2～4cm，边缘上半部具密生尖锐锯齿，侧脉5～7对；叶柄长1～5mm。花10～20朵组成顶生伞房花序，径3～5cm；花径7～12mm，花瓣白色，近圆形。果实椭圆形或卵形，长8～10mm，直径6～8mm，红色或黄红色。花期4月；果期8～9月。

主产长江流域，北达山东、甘肃、河南，南达福建、广东，生于山坡灌丛中。朝鲜、日本也有分布。春季白花繁枝，秋季红果密集，是观花赏果的优良树种。

风箱果
Physocarpus amurensis

【形态特征】落叶灌木，高达3m；树皮成纵向剥裂。小枝幼时紫红色，稍弯曲。叶广卵形，长3.5～5.5cm，宽3～5cm，基部心形，3～5浅裂，有重锯齿，基部心形。伞形总状花序，径约3～4cm；花梗密生星状绒毛；花白色，径0.8～1.3cm；萼筒外面被星状绒毛；花瓣倒卵形，雄蕊20～30，花药紫色。蓇葖果卵形，膨大，微被星状柔毛；种子黄色，有光泽。花期5～6月；果期7～8月。

【产地及习性】产我国东北和朝鲜、俄罗斯等地，生于山坡、山沟林缘和灌丛中。适应性强，耐寒，喜湿润而排水良好的土壤，也

光叶石楠

光叶石楠

光叶石楠

桃叶石楠

毛叶石楠

毛叶石楠

毛叶石楠

蔷薇科 Rosaceae

无毛风箱果
Physocarpus opulifolium

【别名】美国风箱果

【形态特征】落叶灌木，高达2m，冠幅2m。枝条黄绿色，老枝褐色，较硬，多分枝。叶互生，三角状卵形，长为3～4cm，基部宽

耐瘠薄，但夏季高温不利于生长。

【观赏评价与应用】风箱果为丛生灌木，株形开展，叶色鲜绿，花序密集，花朵洁白，十分素雅，夏季或初秋果实呈现红色，也十分优美。可丛植于草地、林缘、山坡观赏或植为花篱，也可用于风景区大片种植。

【同属种类】风箱果属约20种，主产北美。东亚产1种，我国有分布，另引入栽培1种。

楔形，3～5浅裂，锯齿较钝。顶生伞形总状花序，花白色，花梗和花萼无毛或有稀疏柔毛。蓇葖果无毛。花期5月中下旬。

【产地及习性】原产北美，我国北方常见栽培。喜光，较耐寒，耐干旱瘠薄。

【观赏品种】金叶风箱果（'Lutens'），新叶为金黄色，夏至秋季叶为黄色或黄绿色。紫叶风箱果（'Summer Wine'），叶片生长期紫红色，落前暗红色。

【观赏评价与应用】金叶风箱果和紫叶风箱果为著名的彩叶树种，观赏期长，适应性强，是北方园林中常见应用，多植为模纹、地被、绿篱，也可丛植于草地、林缘、路旁。

金露梅
Potentilla fruticosa

【形态特征】落叶小灌木，高达1.5m；树皮灰褐色，纵裂，条状剥落。小枝幼时有伏

蔷薇科 Rosaceae

金露梅

金露梅

银露梅

银露梅

银露梅

东北扁核木

东北扁核木

东北扁核木

生丝状柔毛。奇数羽状复叶，互生，小叶3~7枚，矩圆形，长1cm，两面有柔毛。花单生或3~5朵组成伞房花序，花径2~3cm，鲜黄色，排列如梅。小瘦果细小、有毛。萼片宿存。花期6~8月；果期9~10月。

【产地及习性】分布于北半球高山和寒冷地带，我国东北、华北、西北和西南地区高山均有分布，生于海拔4000~5000m的山顶石缝、林缘及高山灌丛中。喜冷凉、湿润环境，喜光，也耐荫，要求排水良好的土壤。

【观赏评价与应用】金露梅枝叶繁茂，花朵鲜黄而且花期长，是一美丽的花灌木，可植为花篱，也可在园路两侧、廊、亭一隅、草地成片栽植。还是重要的岩石园材料，并适于制作盆景。叶可代茶。

【同属种类】委陵菜属约500种，分布于北半球温带、亚寒带及高山地区，少数种类产南半球。我国约86种，产于南北各地，木本约3种。

银露梅
Potentilla glabra

【别名】银老梅、白花棍儿茶

落叶灌木，高约60cm；树皮灰褐色。幼枝疏被柔毛。羽状复叶，小叶（1）3~5，椭圆形、椭圆状宽卵形或椭圆状倒卵形，长2~7mm，全缘，下面灰绿色。花单生，稀2花或聚伞花序，花梗长2cm；花径2~2.5cm，副萼条形或卵形，萼片卵形或卵状椭圆形；花瓣白色，全缘。瘦果被毛。花果期5~11月。

产华北、西北至华中、西南高山，多生于海拔1200~4200m高山地带岩石缝隙、草地、灌丛、林缘中。朝鲜、蒙古、俄罗斯也有分布。

东北扁核木
Prinsepia sinensis

【别名】东北蕤核

【形态特征】落叶灌木，高约2m，多分枝。枝皮成片状剥落；枝刺直立或弯曲，长6~10mm，通常不生叶。叶卵状披针形或披针形，稀带形，长3~6.5cm，宽6~20mm。花梗长1~1.8cm；花黄色，单生或簇生叶腋，径约1.5cm，黄色；雄蕊10，排成2轮。核果近球形或长圆形，径1~1.5cm，红紫色或紫褐色。花期3~4月；果期8月。

【产地及习性】产东北，生于杂木林中或阴山坡的林间，或山坡开阔处以及河岸旁。抗寒。

【观赏评价与应用】东北扁核木植株低矮，叶芽萌动较早，花朵黄色，果实红色，可栽培供观赏，宜丛植或片植于山坡、石间、林缘。果肉质，有浆汁及香味，可食。

【同属种类】扁核木属约5种，产喜马拉雅山区、不丹、印度。中国4种。

蕤核
Prinsepia uniflora

【别名】蕤李子、扁核木、单花扁核木、茹茹

落叶灌木，高1~2m；老枝紫褐色。枝刺钻形，长0.5~1cm，刺上不生叶。叶互生或簇生，近无柄；叶片长圆披针形或狭长圆形，长2~5.5cm，宽6~8mm，全缘或偶呈浅波状或有不明显锯齿，两面无毛。花梗长3~5mm；花单生或2~3朵簇生叶丛，花径8~10mm；花瓣白色，有紫色脉纹，倒卵形，先端啮蚀状；雄蕊10。核果球形，红褐或黑褐色，径8~12mm，有光泽；萼片宿存，反折。花期4~5月；果期8~9月。

产河南、山西、陕西、内蒙古、甘肃和四川等省区。生山坡阳处或山脚下，海拔900~1100m。性耐干旱。也是西北地区优良的水土保持植物。果实可酿酒、制醋或食用。

蔷薇科 Rosaceae

李
Prunus salicina

【形态特征】落叶小乔木,高达 7～12m,树冠圆形,小枝褐色,开张或下垂。叶倒卵状椭圆形或倒卵状披针形,长 3～7cm,基部楔形,缘具细钝的重锯齿,叶柄近顶端有 2～3 腺体。花常 3 朵簇生,先叶开放或花叶同放,白色,花梗长 1～1.5cm。果卵球形,径 4～7cm,具缝合线,绿色、黄色或紫色,外被蜡质白霜;梗洼深陷;核有皱纹。花期 3～4月;果期 7～9月。

【产地及习性】原产我国,自东北南部、华北至华东、华中、西南均有分布,东北至黄河流域、长江流域广为栽培。喜光,亦耐半荫;适应性强,酸性土至钙质土上均能生长,喜肥沃湿润而排水良好的黏壤土;根系较浅。生长迅速,但寿命较短。

【观赏评价与应用】李是古来著名的"五果"之一,花白色繁密、果实黄绿至深紫色,是花果兼赏树种。可用于庭园、宅旁、或风景区等,适于清幽之处配植,或三五成丛,或数十株乃至百株片植均无不可。

【同属种类】李属共有 30 余种,分布于北温带。我国产 7 种,另引入栽培数种,多为果树和园林观赏树种。

紫叶李
Prunus cerasifera f. *atropurpurea*

【别名】红叶李、红叶樱桃李

【形态特征】落叶小乔木,高 4～8m;树冠倒卵形至球形;树皮灰紫色。小枝细弱,红褐色,多分枝。单叶互生,幼时在芽内席卷状。叶紫红色,卵状椭圆形,长 4.5～6cm,宽 2～4cm,有细尖单锯齿或重锯齿,基部圆形。花常单生,稀 2 朵,淡粉红色,径 2～2.5cm,单瓣。核果球形,暗红色,径 1.5～2.5cm。花期 4～5月;果 6～7月成熟。

【产地及习性】原产亚洲西部,现我国各地常见栽培。紫叶李为温带树种,适应性强,较喜光,在背阴处叶片色泽不佳。喜温暖湿润气候;对土壤要求不严,在中性至微酸性土壤中生长最好。较耐湿,是同属树种中耐湿性最强的种类之一。

【观赏评价与应用】紫叶李为小乔木,分枝细瘦,树冠扁圆形或近球形,叶片在整个生长季内呈红色或紫红色,是著名的观叶树种,且春季白花满树,也颇醒目。适于公园草坪、坡地、庭院角隅、路旁孤植或丛植,也是良好的园路树。所植之处,红叶摇曳,艳丽多姿,令人赏心悦目。与连翘、白碧桃等春花植物相配植,花期黄红相映,颇为美观;也可植为金边大叶黄杨、金叶接骨木、金叶风箱果等黄叶树种的背景。紫叶李新叶色彩最为鲜艳,而老叶则呈紫红色,色彩较暗,因而应用中应选择适宜的背景以展现其特色。

紫叶矮樱
Prunus × cistena

【别名】紫樱

【形态特征】落叶灌木,高1.8～2.5m,冠幅1.5～2.8m。枝条幼时紫褐色,通常无毛,老枝有皮孔。单叶互生,叶长卵形或卵状椭圆形,长4～8cm,紫红色或深紫红色,新叶亮丽,当年生枝条木质部红色。花单生,淡粉红色,微香。花期4～5月。

【产地及习性】适应性强,在排水良好、肥沃的沙土、沙壤、轻度黏土上生长良好。性喜光及温暖湿润的环境,耐寒能力较强。耐旱,耐瘠薄,但不耐涝。抗病能力强,耐修剪,耐荫,在半阴条件下仍可保持紫红色。

【观赏评价与应用】紫叶矮樱类似紫叶李,但树形矮,多为灌木状,其叶从萌芽到落叶全是紫红色,早期色彩更红。树形紧凑,叶片稠密,艳丽别致,观赏效果好。生长快,耐修剪,适应性强,是城市园林绿化的优良彩色树种。可丛植于公园草地、庭院一隅,或列植于道路两旁。

紫叶矮樱

欧洲李
Prunus domestica

落叶乔木,高6～15m,树冠宽卵形。叶椭圆形或倒卵形,长4～10cm,宽2.5～5cm,先端急尖或圆钝,有稀疏圆钝锯齿,侧脉5～9对,向顶端呈弧形弯曲而不达边缘。花1～3朵簇生于短枝顶端,花梗长1～1.2cm;花径1～1.5cm,花瓣白色或带绿晕。核果卵球形到长圆形,径1～2.5cm,有明显侧沟,红色、紫色、黄绿色,常被蓝色果粉。花期5月;果期9月。

原产西亚和欧洲,由于长期栽培,品种甚多。我国各地引种栽培作果树。根系较浅,不耐干旱。广泛栽培为果树,园林中可作观果树种。

火棘
Pyracantha fortuneana

【别名】火把果

【形态特征】常绿灌木,高达3m。短侧枝常呈棘刺状,幼枝被锈色柔毛,后脱落。叶倒卵形至倒卵状长椭圆形,长2～6cm,先端钝圆或微凹,有时有短尖头,基部楔形,叶缘有圆钝锯齿,近基部全缘。复伞房花序,花白色,径约1cm。果实球形,径约5mm,橘红色或深红色。花期4～5月;果期9～11月。

【产地及习性】产秦岭以南,南至南岭,西至四川、云南和西藏,东达沿海地区,生于疏林、灌丛和草地。喜光,极耐干旱瘠薄,耐寒性不强,但在华北南部可露地越冬;要求土壤排水良好。萌芽力强,耐修剪。

【观赏评价与应用】火棘枝叶繁茂、四季常绿,初夏白花繁密,秋季红果累累如满树珊瑚,经久不凋,是一美丽的观果灌木。适宜丛植于草地边缘、假山石间、水边桥头,也是优良的绿篱和基础种植材料。果含淀粉和糖,可食用或作饲料。

【同属种类】火棘属约有10种,分布于亚洲东部和欧洲南部。我国7种,主产西南地区。

紫叶矮樱

欧洲李

欧洲李

欧洲李

火棘

火棘

火棘

紫叶矮樱

蔷薇科　Rosaceae

窄叶火棘
Pyracantha angustifolia

常绿灌木，高达4m，多枝刺，小枝密被灰黄色绒毛。幼叶下面、花梗和萼筒均密被灰白色绒毛。叶窄长圆形至倒披针状长圆形，长1.5～5cm，宽4～8mm，全缘。复伞房花序，直径2～4cm；花瓣近圆形，径约2.5mm，白色，子房具白色绒毛。果实扁球形，直径5～6mm，砖红色。花期5～6月；果期10～12月。

产湖北及云南、四川、西藏，生于阳坡灌丛中或路边。窄叶火棘花色洁白，果实红艳，是优良花灌木，适宜丛植于草地、路边、庭院，可修剪成球形点缀于假山石间，也可植为绿篱，或作基础种植材料。

小丑火棘
Pyracantha coccinea 'Harlequin'

【别名】花叶火棘

常绿灌木，高1.5～3m，有枝刺。幼枝红褐色，有柔毛。叶倒卵状长圆形，先端圆钝，基部楔形，叶缘有圆钝锯齿有乳黄色斑纹，似小丑花脸，冬季叶片变红。花白色。果实红色或橘红色。花期春季。

园艺品种，原种产欧洲。喜光，也耐半阴；较耐寒；要求排水良好的微酸性土壤，耐修剪。小丑火棘枝叶繁茂，叶色美观，初夏白花繁密，入秋果红如火，是优良的观叶兼观果植物，且萌芽力强，耐整形修剪，实为庭院绿篱、地被和基础种植的优良材料，也可丛植、孤植观赏，还可盆栽。

细圆齿火棘
Pyracantha crenulata

【别名】火把果

常绿灌木或小乔木，高达5m，嫩枝有锈色柔毛。叶长圆形或倒披针形，长2～7cm，宽0.8～1.8cm，先端急尖而常有小刺头，边缘有不甚明显的细圆锯齿，两面无毛。复伞房花序，花白色，直径6～9mm。梨果球形，橘黄至橘红色。花期3～5月；果期9～12月。

产长江流域至华南、西南，生于山坡、路边、沟旁、丛林或草地。印度、不丹、尼泊尔也有分布。常栽培观赏。

蔷薇科 Rosaceae

细圆齿火棘

细圆齿火棘

杜梨

杜梨

白梨

白梨

杜梨
Pyrus betulaefolia

【别名】 棠梨

【形态特征】 落叶小乔木或大灌木，高达10m。树冠开张。常具枝刺。幼枝、幼叶两面、叶柄、花序梗、花梗、萼筒及萼片内外两面都密生灰白色绒毛。叶菱状卵形至椭圆状卵形，长4～8cm，具粗尖锯齿，无刺芒；叶柄长1.5～4cm。伞形总状花序有花6～15朵，总梗和小花梗均有密绒毛；花径约1.5～2cm，初开时微现粉红色，后变为白色。花柱2～3；花梗长2～2.5cm。果近球形，径0.5～1cm，萼片脱落。花期4～5月；果期8～9月。

【产地及习性】 产东北南部、内蒙古、黄河流域及长江流域各地。老挝也有分布。华北地区常见栽培。喜光，抗性强。深根性，萌蘖力强。

【观赏评价与应用】 杜梨花朵繁密，适应性强，既是嫁接白梨的优良砧木，也可栽培观赏，适于庭园孤植、丛植，也是华北、西北地区防护林及沙荒造林树种。

【同属种类】 梨属约25种，分布于欧亚大陆和北非。我国15种，全国各地均产。为优良果树或砧木，园林中常栽培观赏。

白梨
Pyrus bretschneideri

【形态特征】 落叶乔木；高达8m。树冠开展，树皮呈小方块状开裂。枝、叶、叶柄、花序梗、花梗幼时有绒毛，后渐脱落。叶卵形至卵状椭圆形，长5～18cm，基部宽楔形或近圆形，具芒状锯齿；叶柄长2.5～7cm，幼叶棕红色。花序有花7～10朵，花径2～3.5cm；花梗长1.5～7cm。花柱5。果倒卵形或近球形，黄绿色或黄白色，径约5～10cm，萼片脱落。花期4月；果期8～9月。

【产地及习性】 产东北南部、华北、西北及黄淮平原，各地栽培。喜温带气候，耐干冷，宜沙质土，对肥力要求不严，也较耐盐碱。

【观赏评价与应用】 白梨是著名的果树，花朵繁密美丽，晶白如玉，绰约多态，花期早，李白有"柳色黄金嫩，梨花白雪香。"元好问《梨花》有"梨花如静女，寂寞出春暮。"雨中相看梨花，更觉妩媚动人。自古也常植于庭院观赏，适于房前、池畔孤植或丛植，所谓"梨花院落溶溶月"，《学圃馀疏》云"溶溶院落，何可无此君。"在大型风景区内可结合生产，成片栽植梨树，既能观花，又能收果，如承德避暑山庄，采用大面积栽培，"梨花伴月"景有梨树万株。

蔷薇科 Rosaceae

豆梨
Pyrus calleryana

【形态特征】落叶乔木，高达8m。小枝粗壮，幼嫩时有绒毛，不久脱落。叶两面、花序梗、花柄、萼筒、萼片外面无毛。叶阔卵形至卵圆形，长4～8cm，宽3.5～6cm，具圆钝锯齿，叶柄长2～4cm。伞形总状花序具花6～12朵。花瓣卵形；花柱2，罕3；花梗长1.5～3cm。果近球形，径1～2cm，褐色，萼片脱落。花期4月；果期8～9月。

【产地及习性】产华南至华北，主产长江流域各地。日本、越南也有分布。喜光，喜温暖湿润气候，不耐寒。抗病力强。在酸性、中性、石灰岩山地都能生长。

【观赏评价与应用】豆梨耐寒性较差，为南方嫁接梨树的良好砧木，也可栽培观赏，用途同杜梨。

西洋梨
Pyrus communis var. *sativa*

落叶乔木，高达15m，树冠广圆锥形。叶卵形至椭圆形、近圆形，长2～5cm，宽1.5～2.5cm，有圆钝锯齿，稀全缘。花序具花6～9朵，花径2.5～3cm，花瓣白色，倒卵形。果实倒卵形或近球形，长3～5cm，宽1.5～2cm，绿色、黄色，稀带红晕，萼片宿存。花期4月；果期7～9月。

产欧洲及亚洲西部，为温带重要果树。我国北方地区常植于庭院。

河北梨
Pyrus hopeiensis

落叶乔木，高达8～15m；小枝圆柱形，微有棱，暗紫色或紫褐色，先端常变为硬刺。叶卵形、宽卵形至近圆形，长4～7cm，宽4～5cm，先端渐尖，基部圆形或近心形，边缘具细密尖锐锯齿，有短芒，两面无毛；侧脉8～10对；叶柄长2～4.5cm。伞形总状花序具花6～8朵，花梗长12～15mm；花瓣椭圆状倒卵形，长8mm，宽6mm，白色；雄蕊20，长不及花瓣之半；花柱4。果实球形或卵形，直径1.5～2.5cm，褐色，顶端萼片宿存，4室，稀5室。花期4月；果期8～9月。

产河北、山东，生于山坡丛林边，海拔100～1000m。

蔷薇科 Rosaceae

河北梨

河北梨

褐梨

褐梨

沙梨

沙梨

褐梨
Pyrus phaeocarpa

落叶小乔木，高达5～8m；冬芽长卵形，先端圆钝。叶片椭圆卵形至长卵形，长6～10cm，宽3.5～5cm，边缘有尖锐锯齿。伞形总状花序有花5～8朵，花白色，径约3cm，花瓣卵形，长1～1.5cm。果实球形或卵形，径2～2.5cm，褐色，有斑点，萼片脱落。花期4月；果期8～9月。

产华北、西北，生海拔100～1200m山坡或黄土丘陵地杂木林中。常作梨的砧木。

褐梨

沙梨
Pyrus pyrifolia

落叶乔木，高达7～15m。冬芽长卵形。叶卵状椭圆形或卵形，长7～12cm，先端长尖，基部圆形或近心形，具刺毛尖锯齿，两面无毛。花白色；径2.5～3.5cm；花柱5。果近球形，浅褐色，有斑点，萼片脱落。花期4月；果期8～9月。

产于长江以南，南至华南北部，西至西南，生于山坡阔叶林中。老挝、越南也有。长江流域至珠江流域各地常栽培，品种众多。喜温暖多雨气候，耐旱，也耐水湿，耐寒力较差。为我国南方梨的主要栽培种，除作果树外，也栽培供庭园观赏。

崂山梨
Pyrus trilocularis

落叶小乔木，高达4～6m。小枝光滑无毛，灰褐色至紫褐色。叶片卵状披针形，先端急尖，基部楔形或圆形，长10～15cm，宽3～5cm，边缘有钝锯齿，常波状皱曲，下面幼时有长柔毛。伞房花序有花10～15朵，花白色，径约3.5cm；花柱3，稀4枚。果实卵球形，径约1.5～2cm，萼片宿存，子房3室，稀4室。花期5月；果期9～10月。

沙梨

蔷薇科　Rosaceae

崂山梨

崂山梨

崂山梨

秋子梨

秋子梨

秋子梨

分布于山东崂山，生于海拔 250～550m 山沟溪边。

秋子梨
Pyrus ussuriensis

【别名】山梨、青梨

【形态特征】落叶乔木，高达 15m，树冠宽广。叶卵形至宽卵形，长 5～10cm，宽 4～6cm，边缘具有带刺芒状尖锐锯齿，两面无毛或幼嫩时被绒毛，不久脱落。花序有花 5～7 朵，花瓣倒卵形或广卵形，先端圆钝，长约 18mm，宽约 12mm，白色。果实近球形，黄色，直径 2～6cm，萼片宿存，具短果梗，长 1～2cm。花期 5 月；果期 8～10 月。

【产地及习性】产东北、华北、西北。亚洲东北部、朝鲜等地亦有分布。抗寒力很强，适于生长在寒冷而干燥的地区。

【观赏评价与应用】秋子梨在我国北方常见栽培，品种很多，市场上常见的香水梨、安梨、酸梨、沙果梨、京白梨、鸭广梨等均属于本种。既是著名果实，也可栽培于庭园供观赏。

石斑木
Rhaphiolepis indica

【别名】车轮梅、春花

【形态特征】常绿灌木，高 1～4m；分枝多而密生。叶革质，互生，常集生于枝顶，卵形至披针形，长 4～7cm，宽 1.5～3cm，先端渐尖或略钝，基部狭楔形，有锯齿，表面有光泽。圆锥花序呈伞房状，总花梗和花梗被锈色绒毛；花白色或淡红色，径 1～1.3cm，花瓣倒卵形或披针形。果实球形，径约 5mm，黑紫色，有白粉。花期 4 月；果期 8～9 月。

【产地及习性】原产我国长江流域至华南各地，常生于土层肥沃的沟谷、林下等荫蔽处；日本和东南亚各国也有分布。喜光，喜温暖湿润气候和酸性土壤，也较耐干旱瘠薄，不耐寒。

【观赏评价与应用】石斑木生长茂盛，分枝密集，叶片光绿而集生枝顶，形成圆形而紧密的树冠，花朵繁密，白色而染粉红，花心红色，且耐荫性强，适于园中林下石边、建筑周围、园路附近、溪边等各处丛植，也可植为花篱。

石斑木

石斑木

蔷薇科 Rosaceae

石斑木

【同属种类】石斑木属共约15种，分布于东亚。我国7种。

厚叶石斑木
Rhaphiolepis umbellata

【形态特征】常绿灌木或小乔木，高2～4m，枝粗壮。叶片厚革质，倒卵形、卵形或椭圆形，长4～10cm，宽2～4cm，先端圆钝，全缘或有疏生钝锯齿；叶柄长5～10mm。圆锥花序顶生，密生褐色柔毛；花瓣白色，倒卵形，长1～1.2cm。果实球形，直径7～10mm，黑紫色带白霜。

【产地及习性】产华东，日本也有分布。喜温暖湿润环境，也颇为耐寒，萌芽力强，耐修剪。

【观赏评价与应用】厚叶石斑木株型紧凑、枝叶茂密，叶片厚实，花朵繁密而优美，是良好的观叶兼观花树种，园林中适于庭院、草地、路边孤植、丛植，也是很好的绿篱树种或用于制作盆景。较耐寒，在山东青岛生长良好，英国引种栽培，亦生长良好。

厚叶石斑木

厚叶石斑木

厚叶石斑木

鸡麻
Rhodotypos scandens

【形态特征】落叶灌木，高达3m。枝条开展，小枝紫褐色，无毛。单叶对生，卵形至椭圆状卵形，长4～10cm，具尖锐重锯齿，先端锐尖，上面皱，背面幼时有柔毛；托叶条形。花两性，纯白色，单生枝顶，直径3～5cm；萼片4，大而有齿；花瓣4；雄蕊多数；心皮4，各有胚珠2。核果4，熟时干燥，亮黑色，外包宿萼。花期4～5月；果期9～10月。

【产地及习性】产东北南部、华北至长江中下游地区，多生于海拔800m以上的山坡疏林下。略喜光，耐半荫；耐寒；适生于疏松肥沃而排水良好的土壤，怕涝。耐修剪，萌蘖力强。

【观赏评价与应用】鸡麻株形婆娑，叶片清秀美丽，花朵洁白，适宜丛植，可用于草地、路边、角隅、池边等处造景，也可与山石搭配。鸡麻在干旱强光之处生长不佳，应用中应当注意。

【同属种类】鸡麻属仅1种，产我国、日本和朝鲜。

鸡麻

鸡麻

蔷薇
Rosa multiflora

【别名】野蔷薇、多花蔷薇

【形态特征】落叶灌木，茎枝偃伏或攀援，长达6m。小枝有短粗而稍弯的皮刺。小叶5～9（11），倒卵形至椭圆形，长1.5～5cm，宽0.8～2.8cm，两面或下面有柔毛，叶柄及叶轴常有腺毛；托叶边缘篦齿状分裂，有腺毛。圆锥状伞房花序，花白色或略带粉晕，芳香，径2～3cm，花柱连合成柱状，伸出花托外，无毛；萼片有毛，花后反折。果近球形，径约6～8mm，红褐色。花期5～6月；果期10～11月。

【产地及习性】黄河流域及其以南习见，常生于低山溪边、林缘和灌丛中。日本、朝鲜

鸡麻

蔷薇科 Rosaceae

也有分布。性强健，喜光，耐寒、耐旱、耐水湿。对土壤要求不严，在黏重土壤中也可生长。

【变种】粉团蔷薇（var. *cathayensis*），花、叶较大，花径 3～4cm，粉红或玫瑰红色，单瓣，数朵或多朵成平顶伞房花序。七姊妹（var. *platyphylla*），又名十姊妹，花重瓣，径约 3cm，深红色，常 6～10 朵组成扁平的伞房花序。荷花蔷薇（var. *carnea*），花淡粉红色，花瓣大而开张。白玉堂（var. *albo-plena*），花白色，重瓣，直径 2～3cm。

【观赏评价与应用】蔷薇春季 4～5 月开花，花团锦簇、芳香浓郁，随风而动，犹如花浪翻滚，"不摇香已乱，无风花自飞"，果实入秋变红，经冬不凋，也甚可观，因而是著名的攀援花木。最适于篱垣式和棚架式造景，装饰墙垣、栅栏和棚架，与此相似的方式还有花格、绿廊、绿门、绿亭等。将花色不同的蔷薇品种配植在一起，或与其他花色的藤本月季相配，可形成几个色彩相互镶嵌的图案，相互衬托对比，形成"疏密浅深相间"的效果。还可用于假山、坡池，或沿台坡边缘列植。

【同属种类】蔷薇属约 200～250 种，广布于欧亚大陆、北非和北美洲温带至亚热带。我国 95 种，各地均有，多供观赏。

荷花蔷薇

蔷薇

蔷薇

重瓣黄木香

木香花
Rosa banksiae

【形态特征】落叶或半常绿攀援灌木，枝细长绿色，无刺或疏生皮刺。小叶 3～5，长椭圆形至椭圆状披针形，长 2～6cm，宽 8～18mm，叶缘有细锯齿，下面中脉常有微柔毛；托叶线形，与叶柄分离，早落。花 3～15 朵，伞形花序，花白色，径约 2.5cm，浓香，萼片长卵形，全缘；花柱玫瑰紫色，故古人称之为"紫心白花"。果近球形，径 3～5mm，红色。花期 4～5 月；果期 9～10 月。

【产地及习性】原产我国，分布于长江流域以南；现华北南部至华南、西南均有栽培。喜温暖和阳光充足的环境，幼树畏寒。喜排水良好的沙质壤土，不耐积水和盐碱。萌芽力强，耐修剪。在北京、河北需要选择向阳的小环境。

【变种】黄木香（var. *lutescens*），花单瓣，黄色。重瓣黄木香（var. *lutea*），花重瓣，黄色，香气极淡。重瓣白木香（var. *albo-plena*），花重瓣，白色，芳香。

【观赏评价与应用】木香栽培历史悠久，自古广泛栽培于庭院，《群芳谱》云："木香条长有刺如蔷薇，高架万条，望如香雪。"木香藤蔓细长，或白花如雪，或灿若金星，香气扑鼻。适于花架、花格、绿门、花亭、拱门、墙垣的垂直绿化，也可植丛于池畔、假山石旁。尤适于棚架式造景，形成花棚、花亭，在入口、庭前、窗外、道旁布置，当新芽数寸、缀满绿枝和花朵盛开之时，"满架平平如雪"，风吹成浪，甚为美观。

重瓣白木香

木香花

硕苞蔷薇
Rosa bracteata

【形态特征】铺散常绿灌木，高 2～5m，有长匍枝；小枝粗壮，密被黄褐色柔毛，混生针刺和腺毛；皮刺扁弯常成对着生在托叶下方。小叶 5～9，革质，椭圆形、倒卵形，长 1～2.5cm，宽 8～15mm，边缘有紧贴圆钝锯齿；托叶大部分离生，呈篦齿状深裂。花白色，单生或 2～3 朵，直径 4.5～7cm；花瓣倒卵形，先端微凹。果球形，密被黄褐色柔毛。花期 5～7 月；果期 8～11 月。

蔷薇科 Rosaceae

硕苞蔷薇

硕苞蔷薇

硕苞蔷薇

成伞房状；花柱分离；萼片常羽裂。果实球形，径约1～1.5cm，红色。花期4～10月；果期9～11月。

目前栽培的现代月季实际上是月季花和多种蔷薇属植物的杂交种，品种繁多，形态多样，常分为杂种茶香月季、多花姊妹月季、大花姊妹月季、微型月季、藤本月季等。

【产地及习性】原产我国中部，南至广东，西南至云南、贵州、四川。现国内外普遍栽培。适应性强，喜光，但侧方遮荫对开花最为有利；喜温暖气候，不耐严寒和高温，多数品种的最适宜生长温度为15～26℃，主要开花季节为春秋两季，夏季开花较少。对土壤要求不严，但以富含腐殖质而且排水良好的微酸性土壤最佳。

【观赏评价与应用】月季花期甚长，可以说是"花亘四时，月一披秀，寒暑不改，似固常守"，有"花中皇后"之名，是我国十大传统名花之一。在欧洲古代美丽的神化传说中，月季是与希腊爱神维纳斯同时诞生的，因而象征着爱情真挚、情浓、娇羞和艳丽。月季品种繁多，花色丰富，开花期长，是园林中应用最广泛的花灌木，适于各种应用方式，在花坛、花境、草地、园路、庭院各处应用均可。将各品种栽植在一起，形成月季园，定为园林增色。

就各类品种而言，杂种茶香月季具有鲜明的色彩、美丽的树形，可构成小型庭园的主景或衬景，也是重要的切花材料。丰花月季植株低矮，花朵繁密，适于表现群体美，因此最宜成片种植以形成整体的景观效果，或沿道路、墙垣、花坛、草地列植或环植，形成花带、花篱。壮花月季株形高大，花朵硕大，可孤植、对植，在月季园内则可植于地势高处作为背景。藤本月季可用于垂直绿化，最适于种植在矮墙、栅栏附近形成花墙、花垣、花屏，部分长蔓的品种也可作棚架材料。微型月季最适于盆栽，也可用作地被、花坛和草坪的镶边。

刺玫蔷薇
Rosa davurica

落叶灌木。小枝和皮刺无毛；小枝有基部膨大的皮刺，稍弯曲，常成对生于小枝或叶柄基部。小叶7～9，质较薄，短圆形或宽披针形，叶缘有单锯齿或重锯齿，表面无皱褶，背面有腺点和稀疏短柔毛。花单瓣，粉红色；果近圆形或卵圆形，红色。花期6～7月；果期8～9月。

产东北、华北，生于海拔430～2500m的山坡向阳处或杂木林缘、丘陵草地。俄罗斯西伯利亚东部、蒙古南部及朝鲜也有分布。北方常栽培观赏。花可提芳香油或制玫瑰酱。

【产地及习性】产江苏、浙江、台湾、福建、江西、湖南、贵州、云南，多生于溪边、路旁和灌丛中。日本琉球有分布。

【观赏评价与应用】硕苞蔷薇茎蔓生或匍匐状，常栽培作绿篱，花朵大，花期植株满布白花非常美丽。常绿并有密刺，兼有防护作用。

月季花
Rosa hybrida

【形态特征】半常绿或落叶灌木，高度因品种而异，通常高1～1.5m，也有枝条平卧和攀援的品种。小枝散生粗壮而略带钩状的皮刺。小叶3～5(7)，广卵形至卵状矩圆形，长2～6cm，宽1～3cm，有锐锯齿，两面无毛，上面暗绿色，有光泽；叶柄和叶轴散生皮刺或短腺毛。托叶有腺毛。花单生或数朵排

月季花

月季花

月季花

蔷薇科 Rosaceae

刺玫蔷薇

长白蔷薇

长白蔷薇

金樱子

金樱子

金樱子

长白蔷薇
Rosa koreana

【形态特征】落叶丛生灌木，高约1m；枝条密集，密被针刺。小叶7～11（15），椭圆形、倒卵状椭圆形，长6～15mm，宽4～8mm，先端圆钝，边缘有带腺尖锐锯齿；沿叶轴有稀疏皮刺和腺；托叶倒卵披针形，大部贴生于叶柄，边缘有腺齿。花白色或带粉色，单生叶腋，径2～3cm；萼无毛，萼片披针形；花瓣倒卵形，先端微凹。果实长圆球形，长1.5～2cm，橘红色，萼片宿存，直立。花期5～6月；果期7～9月。

【产地及习性】产东北，多生于林缘和灌丛中或山坡多石地，也见于阴湿而排水良好的针叶林或针阔叶阔交林下。朝鲜也有分布。

【观赏评价与应用】长白蔷薇小枝密生针刺，花朵粉红，花期较晚，果实大而橘红色，是东北地区优良的花灌木，可供观赏，华北北部和东北地区有少量栽培应用。果含维生素C，可供药用，又可制果酱等食品，花瓣含芳香油，可食用，或提取香料。

金樱子
Rosa laevigata

【形态特征】常绿攀援灌木，小枝散生扁弯皮刺。小叶通常3，稀5，椭圆状卵形、倒卵形或披针状卵形，长2～6cm，宽1.2～3.5cm，上面亮绿色，下面黄绿色，先端急尖、渐尖或圆钝，基部圆形，叶缘具细尖锯齿；托叶条形，离生或基部与叶柄合生，早落。花单生于侧枝顶端叶腋，径5～9cm，芳香；萼片直立，全缘；花瓣白色，宽倒卵形。果实倒卵形或近球形，长2～4cm，与果梗均被刺毛，萼片宿存。花期4～6月；果期8～10月。

【产地及习性】产于长江流域至华南、西南，北达陕西，生于海拔500m以下山谷、溪边，或常绿阔叶林和灌丛中。性喜光，喜温暖湿润气候，对土壤要求不严。

【观赏评价与应用】金樱子四季常绿，花朵大而芳香，秋季果实也较奇特，可作垂直绿化材料，南京情侣园有栽培。宋人谢迈《采金樱子》诗云："三月花如蘼蕪香，雪中采实似金黄。煎成风味亦不浅，润色犹烦顾长康。"杨万里也有"霜红半脸金樱子"的诗句。

长白蔷薇

缫丝花
Rosa roxburghii

【别名】刺梨

【形态特征】落叶或半常绿灌木；多分枝，高达2.5m。小枝无毛，在托叶下常有成对微弯皮刺。小叶9~15，叶片下面沿中脉常被小刺，叶柄及叶轴疏生皮刺。花1~2朵生于短枝上，粉红色，重瓣，微芳香，径4~6cm，花梗、花托、萼片、果及果梗均被刺毛。果扁球形，径3~4cm，黄色，密生刺。花期5~7月；果期9~10月。

【产地及习性】产长江流域至西南、华南，多生于山区溪边。耐干旱瘠薄，也颇为耐寒，在山东中部可生长良好，无冻害发生。

【变型】单瓣缫丝花（f. *normalis*），花为单瓣，粉红色，直径4~6cm。为本种的野生原始类型。产陕西、甘肃、江西、福建、广西、湖北、四川、云南、贵州。

【观赏评价与应用】缫丝花花朵秀丽，结实累累，可作丛植或作花篱。果肉富含维生素，可生食、制蜜饯或酿酒，风景区和郊野公园可结合生产大量栽培。

玫瑰
Rosa rugosa

【形态特征】落叶丛生灌木，高达2m。枝条较粗，灰褐色，密生皮刺和刺毛。小叶5~9，卵圆形至椭圆形，长2~5cm，宽1~2.5cm，表面亮绿色，多皱，无毛，背面有柔毛和刺毛；叶柄及叶轴被绒毛，疏生小皮刺及腺毛，托叶大部与叶柄连合。花单生或3~6朵聚生于新枝顶端，紫红色，径4~6cm；花柱离生，被柔毛，柱头稍突出。果扁球形，径约2~3cm，红色。花期5~6月；果期9~10月。

【产地及习性】产我国北部，吉林东部、辽宁、山东东北部有野生，生于海拔100m以下的海滨及近海岛屿的沙地、山脚。普遍栽培，以山东平阴的最为著名。日本、朝鲜和俄罗斯远东也有。适应性强，耐寒，耐干旱，对土壤要求不严，在沙地和微碱性土上也可生长良好。喜阳光充足、凉爽通风而且排水良好的环境，不耐水涝。抗风、固沙能力强，萌蘖力强。

【观赏评价与应用】玫瑰色艳花香，正所谓"清香疑紫玉，何必数蔷薇"，适于路边、房前等处丛植赏花，也可作花篱或结合生产于山坡成片种植。鲜花瓣提取芳香油，为世界名贵香精。栽植玫瑰以秋季为好，由于不耐水涝，宜选择地势高燥之处，防止积水。

绢毛蔷薇
Rosa sericea

【形态特征】落叶灌木，高1~2m；枝粗壮，弓形；皮刺散生或对生，有时密生针刺。小叶（5）7~11，卵形或倒卵形，长8~20mm，宽5~8mm，边缘仅上半部有锯齿，基部全缘，上面无毛，有褶皱，下面被丝状长柔毛。花单生于叶腋，直径2.5~5cm；萼片卵状披针形；花瓣白色，宽倒卵形，先端微凹。果倒卵球形或球形，直径8~15mm，红色或紫褐色，无毛，有宿存直立萼片。花期5~6月；果期7~8月。

玫瑰

缫丝花

缫丝花

玫瑰

缫丝花

玫瑰

蔷薇科 Rosaceae

绢毛蔷薇

黄刺玫

空心泡

绢毛蔷薇

黄刺玫

空心泡

绢毛蔷薇

黄刺玫

空心泡

【产地及习性】产云南、四川、贵州、西藏。多生于山顶、山谷斜坡或向阳燥地。印度、缅甸、不丹也有分布。

【变型】大刺绢毛蔷薇（f. pteracantha），小枝被宽扁大形皮刺，小叶片下面被柔毛，边缘仅上半部有锯齿。产我国西藏。生山沟、干河谷或山坡灌丛中。

【观赏评价与应用】绢毛蔷薇植株繁茂，叶片细小，花朵大，果实红艳，是优良的花灌木，适于丛植观赏，也可用作绿篱或布置岩石园。

黄刺玫
Rosa xanthina

【形态特征】落叶灌木，高达3m。小枝褐色或褐红色，散生直刺，无刺毛。小叶7～13，近圆形或宽椭圆形，长0.8～2cm；叶轴、叶柄有稀疏柔毛和小皮刺；托叶小，带状披针形，大部贴生于叶柄，离生部分呈耳状。花黄色，单生叶腋，重瓣或半重瓣，径4.5～5cm。果近球形，红黄色，径约1cm。花期4～6月；果期7～8月。

【产地及习性】产我国东北及黄河流域，生向阳山坡或灌木丛中。东北、华北至西北各地常见栽培。喜光，耐寒，对土壤要求不严。耐旱，耐瘠薄，忌涝。

【观赏评价与应用】黄刺玫着花繁密，春天黄色满树，且花期较长，秋季红果累累，为北方春天重要观花灌木和秋季观果植物，园林中常栽培观赏。明朝张新的《黄蔷薇》"并占东风一种香，为嫌脂粉学姚黄。饶她姊妹多相妒，总是输君浅淡妆"描写的可能就是现在的黄刺玫。花可提取芳香油。

空心泡
Rubus rosifolius

【别名】蔷薇莓、三月泡

【形态特征】直立或攀援灌木，高2～3m；小枝常有浅黄色腺点，疏生皮刺。小叶5～7枚，卵状披针形或披针形，长3～5(7)cm，宽1.5～2cm，幼时两面疏生柔毛，下面沿中脉有稀疏皮刺，边缘有尖锐缺刻状重锯齿；叶柄和叶轴均有皮刺，被浅黄色腺点。花1～2朵顶生或腋生，直径2～3cm；花瓣长圆形或近圆形，长1～1.5cm，宽0.8～1cm，白色。果实卵球形或长圆状卵圆形，长1～1.5cm，红色，无毛。花期3～5月；果期6～7月。

【产地及习性】广布于长江流域及其以南地区，生山地杂木林内阴处、草坡或高山腐殖质土壤上。热带亚洲、大洋洲、非洲、马达加斯加也有分布。分布区宽广，适应性强。

【观赏评价与应用】空心泡株型自然，白花红果，艳丽悦目，花有芳香，可栽培观赏，适于自然式园林或自然景观较浓的庭园中作半野生状态栽植，也可作绿篱或林缘栽植。重瓣空心泡花朵较大，重瓣而芳香，观赏价值更高。

【同属种类】悬钩子约700余种，世界各地均有分布，以北温带最多。中国约208种，广泛分布。

竹叶鸡爪茶
Rubus bambusarum

【别名】短柄鸡爪茶

常绿攀援灌木；枝具微弯小皮刺。掌状复叶，小叶3或5，革质，狭披针形或狭椭圆形，长7～13cm，宽1～3cm，有不明显稀疏锯齿，下面密被灰白或黄灰色绒毛。顶生和腋生总状花序，具长柔毛；花径1～2cm，紫红色至粉红色，花瓣倒卵形或宽椭圆形。果近球形，红色至红黑色。花期5～6月；果期7～8月。

产陕西、湖北、四川、贵州，生于海拔1000～3000m的山地空旷处或林中。嫩叶可代茶。

山莓
Rubus corchorifolius

【别名】树莓、牛奶泡、三月泡

落叶灌木，高1～3m；枝具皮刺。单叶，卵形至卵状披针形，长5～12cm，宽2.5～5cm，不分裂或不育枝上的叶3裂，有不规则锐锯齿，基出3脉；托叶线状披针形，具柔毛。花单生或少数生于短枝上，径达3cm，花瓣长圆形或椭圆形，白色，顶端圆钝。果近球形，径1～1.2cm，红色。花期2～3月；果期4～6月。

除东北、西北和西藏外，全国均有分布，生于向阳山坡、溪边、山谷、荒地和疏密灌丛中潮湿处。朝鲜、日本、缅甸、越南也有。果味甜美，可供生食、制果酱及酿酒。

牛叠肚
Rubus crataegifolius

【别名】山楂叶悬钩子、蓬蘽、托盘

落叶灌木，具弯曲皮刺。单叶，卵形或长卵形，长5～12cm，宽5～8cm，背面脉上有柔毛和小皮刺，3～5掌状裂，具不规则缺刻状锯齿；基出3～5脉；托叶合生，线形。花白色，数朵簇生或短总状花序，常顶生。花径1～1.5cm；花瓣椭圆形或长圆形；雄蕊直立。果近球形，径约1cm，暗红色，有光泽。花期5～6月；果期7～9月。

产东北、华北，生于海拔300～2500m阳坡灌丛中或林缘，常成群落生长。朝鲜、日本、俄罗斯远东地区也有分布。果实可鲜食，或制果汁、果酒。

蔷薇科 Rosaceae

覆盆子
Rubus idaeus

【别名】绒毛悬钩子

落叶灌木，达高2m。羽状复叶，小叶3～7，长卵形成椭圆形，顶生小叶常卵形，偶浅裂，长3～8cm，宽1.5～4.5cm，背面密被灰白色绒毛，有不规则粗锯齿或重锯齿。花白色，短总状花序，被密绒毛状柔毛和疏密不等的针刺；花瓣匙形；花丝长于花柱。果近球形，径1～1.4cm；多汁液，熟时红或橙黄色，密被短绒毛。花期5～6月；果期8～9月。

产东北南部、华北及新疆北部，生于山地林缘、灌丛中或荒野。日本、俄罗斯（西伯利亚、中亚）、北美、欧洲也有分布。果供食用，在欧洲久经栽培，有多数品种作水果用。

绢毛悬钩子
Rubus lineatus

落叶灌木，高1～2m，多分枝；枝疏生皮刺。掌状复叶，小叶3～5，披针形至倒披针形，长8～12cm，宽1.5～3.5cm，下面密被银灰色或黄灰色平贴绢毛，具30～50对平行脉，直达齿尖，有尖锐锯齿。花白色，径约1.5cm；顶生伞房状聚伞花序或成束生叶腋。果半球形，红色或黄色。花期7～8月；果期9～10月。

产云南、西藏，生于海拔1500～3000m的山坡或沟谷杂木林中，林缘或被破坏的林下。热带亚洲也有分布。

茅莓
Rubus parvifolius

【别名】红梅消、小叶悬钩子

落叶灌木，高1～2m；枝弓形弯曲；小叶3～5枚，菱状圆形或倒卵形，长2.5～6cm，宽2～6cm，顶端圆钝或急尖，边缘有不整齐粗锯齿或缺刻状粗重锯齿，常具浅裂片。伞房花序顶生或腋生，花粉红或紫红色。花瓣卵圆形或长圆形，基部具爪。果卵球形，直径1～1.5cm，红色。花期5～6月；果期7～8月。

广布于东北、华北、华中、华东、华南、西南及甘肃、陕西，生于海拔400～2600m的山坡杂木林下、山谷、路旁及荒野。朝鲜、日本也有分布。果实可食。

多腺悬钩子
Rubus phoenicolasius

【别名】树莓

落叶灌木，高1～3m；枝初直立后蔓生，密生红褐色刺毛、腺毛和稀疏皮刺。小叶3枚，稀5枚，卵形、宽卵形或菱形，长4～10cm，宽2～7cm，下面密被灰白色绒毛，沿叶脉有刺毛、腺毛和小针刺，边缘具不整齐粗锯齿。短总状花序，花径6～10mm，花瓣倒卵状匙形或近圆形，紫红色。果实半球形，径约1cm，红色，无毛。花期5～6月；果期7～8月。

产山西、河南、陕西、甘肃、山东、湖北、四川，生低海拔至中海拔的林下、路旁或山沟谷底。日本、朝鲜、欧洲、北美也有分布。果微酸可食。

多腺悬钩子

5～6月；果期8～9月。

产陕西、甘肃、湖北、江苏、四川，生海拔1500～2500m山坡、路边或林中。花、叶美丽可供观赏，适于植为地被。

华北珍珠梅
Sorbaria kirilowii

【别名】珍珠梅

【形态特征】落叶灌木，高达3m。枝条开展，小枝绿色。羽状复叶互生，小叶13～21枚，披针形至椭圆状披针形，长4～7cm，宽1.5～2cm，具尖锐重锯齿，侧脉15～23对。顶生大型密集的圆锥花序，长15～20cm，径7～11cm；花白色，径5～7mm。萼片长圆形；花瓣倒卵形或宽卵形，先端圆钝，长4～5mm；雄蕊20，与花瓣等长或稍短于花瓣。蓇葖果长圆形。花期6～7月；果期9～10月。

【产地及习性】产华北和西北，常生于海拔200～1500m的山坡、河谷或杂木林中；习见栽培。喜光又耐荫，耐寒，不择土壤。萌蘖性强，耐修剪。生长迅速。

【观赏评价与应用】华北珍珠梅花叶清秀，花期极长而且正值盛夏，是很好的庭院观赏花木，适植于草坪边缘、水边、房前、路旁，常孤植或丛植，也可植为自然式绿篱；因耐荫，可用于背阴处，如建筑物背后、疏林下等。叶片能散发挥发性的植物杀菌素，对金黄葡萄球菌、结核杆菌的杀菌效果好，适合在结核病院、疗养院周围广泛种植。

【同属种类】珍珠梅属约有9种，产温带亚洲。我国3种，分布于东北、华北至西南各地，供观赏。

东北珍珠梅
Sorbaria sorbifolia

【别名】山高粱

【形态特征】落叶灌木，高达2m。小叶片11～17枚，披针形至卵状披针形，长5～7cm，宽1.8～2.5cm，边缘有尖锐重锯齿，具侧脉12～16对。顶生大型密集圆锥花序，分枝近于直立，长10～20cm，径5～12cm；花白色，直径10～12mm；花瓣长圆形或倒卵形，长5～7mm；雄蕊40～50，远长于花瓣。

单茎悬钩子
Rubus simplex

【别名】单生莓

低矮半灌木，高40～60cm；茎直立，有稀疏钩状皮刺。小叶3枚，卵形至卵状披针形，长6～9.5cm，宽2.5～5cm，有不整齐尖锐锯齿。花2～4朵腋生或顶生，稀单生；花径1.5～2cm，花瓣倒卵圆形，白色，雄蕊多数，花丝宽扁。果实橘红色，球形。花期

单茎悬钩子

单茎悬钩子

单茎悬钩子

华北珍珠梅

华北珍珠梅

东北珍珠梅

华北珍珠梅

花期7～8月；果期9月。

【产地及习性】分布于东北亚地区。我国产于东北及内蒙古，生于海拔250～1500m的山坡疏林中。喜阳光充足，也颇为耐荫，耐寒性更强；喜肥沃湿润土壤。生长较快，耐修剪，萌芽力强。

【观赏评价与应用】东北珍珠梅观赏特点与华北珍珠梅相近，惟花期更晚，适于丛植在草坪边缘或水边、房前、路旁，亦可栽植成篱垣。

花楸
Sorbus pohuashanensis

【别名】百华花楸

【形态特征】落叶小乔木，高达8m。小枝粗壮，幼时有绒毛，芽亦生白色绒毛。奇数羽状复叶；小叶5～7对，卵状披针形至椭圆状披针形，长3～5cm，宽1.4～1.8cm，具细锐锯齿，基部或中部以下全缘；托叶半圆形，有缺齿。复伞房花序大型，总梗和花梗被白色绒毛，后渐脱落；花白色，花柱5。果球形，红色，径6～8mm，萼片宿存。花期5～6月；果期9～10月。

【产地及习性】产东北、华北及山西、内蒙古、甘肃一带，生于海拔900～2500m山坡和山谷杂木林中。喜凉爽湿润气候，耐寒冷，惧高温干燥；较耐荫，喜酸性或微酸性土壤。

【观赏评价与应用】花楸树树形较矮而婆娑可爱，夏季繁花满树，花序洁白硕大，秋季红果累累，而且秋叶红艳，是著名的观叶、观花和观果树种。常生于高山峰峦岩缝间，喜冷凉的高山气候，最适于山地风景区中、高海拔地区营造风景林。在东部平原地区因夏季炎热而往往生长不良，但海拔较高的地区和北部沿海城市，可于园林中草坪、假山、谷间、水际丛植，以常绿树为背景或杂植于常绿林内效果尤佳。

【同属种类】花楸属约100种，广泛分布于北半球温带。我国67种，自东北至西南各地均产，常生于中、高海拔山地阴坡和半阴坡。

水榆花楸
Sorbus alnifolia

【别名】水榆、黄山榆

【形态特征】落叶乔木，高达20m。树干通直，树皮光滑，树冠圆锥形；小枝有灰白色皮孔。单叶，卵形或椭圆状卵形，长5～10cm，先端短渐尖，基部圆或宽楔形，具不整齐锐尖重锯齿，有时浅裂，下面脉上被疏柔毛；侧脉6～10（14）对。花序被疏柔毛，花白色。果椭圆形或卵形，径0.7～1cm，红色或黄色，2室，萼片脱落。花期5月；果期8～9月。

【产地及习性】产东北南部、华北、华东、华中及西北南部；日本和朝鲜也有分布。耐荫喜湿，幼树喜阴，耐寒，不耐夏季高温干燥，喜腐殖质丰富、排水良好的微酸性土壤。

【观赏评价与应用】水榆花楸树冠圆锥形，

蔷薇科 Rosaceae

侧脉 12 ~ 20 对。复伞房花序较疏散，花萼无毛，萼片三角形，花瓣卵形，长 3 ~ 5mm，先端圆钝。果卵圆形，直径 6 ~ 8mm，白色或黄色。花期 5 月；果期 8 ~ 9 月。

产内蒙古东北部、甘肃、陕西、河南、河北、山东中西部及安徽南部。

石灰花楸
Sorbus folgneri

【别名】灰树、白绵子树、石灰条子

落叶乔木，高达 10m。嫩枝、叶柄、叶片下面和花序均密被白色绒毛，经久不落，故有石灰树之名。叶片卵形至椭圆卵形，长 5 ~ 8cm，宽 2 ~ 3.5cm。复伞房花序具多花，花瓣卵形，长 3 ~ 4mm，宽 3 ~ 3.5mm，白色。果实椭圆形，长 9 ~ 13mm，直径 6 ~ 7mm，红色。花期 4 ~ 5 月；果期 7 ~ 8 月。

产长江流域至华南、西南，北达陕西、甘肃，生于海拔 800 ~ 2000m 的山坡杂木林中。

花朵洁白素雅，秋叶和果实均变红色或橘黄色，颇为美观，是重要的观叶、观花和观果树种。除了用于营造山地风景林以外，也适于园林中草坪、假山、谷间、水际以及建筑周围等各处孤植或丛植。

北京花楸
Sorbus discolor

【别名】白果花楸、红叶花楸

落叶乔木，高达 10m；芽、枝、叶或花序均无毛。小叶 5 ~ 7 对，长圆形至长圆披针形，长 3 ~ 6cm，宽 1 ~ 1.8cm，基部圆形，边缘有细锐锯齿，下部全缘，下面具白霜，

蔷薇科 Rosaceae

石灰花楸

石灰花楸

巨叶花楸
Sorbus insignis
【*Sorbus harrowiana*】

【别名】卷边花楸

【形态特征】落叶乔木，高达 10～15m；小枝粗壮，红褐色，皮孔大；冬芽肥大，长卵形。奇数羽状复叶，小叶片 3～6 对（幼树仅 1～2 对），质地坚厚，边缘反卷，长圆形或长圆披针形，长(6)10～15(20)cm，宽(2)4～5cm，先端圆钝，下面带苍白色，两面无毛，侧脉 24～30 对。复伞房花序密集多花，花径约 6mm。果实卵形，径约 5～8mm，2～3 室。花期 5～6月；果期 10月。

【产地及习性】产云南西北部到西藏东部，生于海拔 2700～3500m 阔叶丛林中或悬岩峭壁上。印度、缅甸、尼泊尔也有分布。

【观赏评价与应用】巨叶花楸小枝粗壮，幼树只有 1～2 对小叶，小叶片宽大而且质地坚厚，边缘反卷，托叶也宽大如叶状，在花楸属中颇为独特。栽培中常为灌木状，国外早有引种，国内尚未见栽培，可供庭园、林缘丛植、孤植观赏，也可植为绿篱。

陕甘花楸
Sorbus koehneana

【形态特征】落叶灌木或小乔木，高达 4m。小枝无毛，冬芽长卵形，无毛或仅先端有褐色柔毛。奇数羽状复叶，连叶柄共长 10～16cm；小叶 8～12 对，长圆形至长圆披针形，长 1.5～3cm，宽 0.5～1cm，基部偏斜圆形，边缘有尖锐锯齿或基部全缘；叶轴两面微具窄翅。复伞房花序多生在侧生短枝上；花瓣宽卵形，长 4～6mm，宽 3～4mm，先端圆钝，白色。果实球形，直径 6～8mm，白色。花期 6月；果期 9月。

【产地及习性】产山西、河南、陕西、甘肃、青海、湖北、四川，西北各地山区森林中习见，生于海拔 2300～4000m 杂木林内。

【观赏评价与应用】陕甘花楸枝叶秀丽，秋季叶片变红，果实白色而繁密，在红叶映衬下格外醒目，是一种优良的观赏树种。可栽培观赏，用途同花楸树。

陕甘花楸 陕甘花楸

湖北花楸
Sorbus hupehensis

【别名】雪压花

落叶乔木，高 5～10 m。冬芽长卵形，无毛。羽状复叶，连叶柄共长 10～15cm；小叶 9～17，长圆状披针形或卵状披针形，长 3～5cm，宽 1～1.8cm，具尖锯齿，近基部 1/3 或 1/2 几为全缘；上面无毛，幼时下面沿中脉被白色绒毛。花白色，直径 5～7mm。果球形，径 5～8mm，白色或微带粉晕，萼片宿存且闭合。花期 5～7月；果期 8～9月。

产湖北、江西、安徽、山东、四川、贵州、陕西、甘肃、青海等，普遍生于高山阴坡或山沟密林内。

湖北花楸

湖北花楸

巨叶花楸

褐毛花楸
Sorbus ochracea

落叶乔木,高10~15m；小枝幼时密被锈褐色绒毛。叶卵形、椭圆卵形,长9~14cm,宽5~8cm,边缘自基部1/3以上有圆钝浅锯齿,以下近全缘,幼时两面密被锈褐色绒毛,后下面残存绒毛,侧脉10~12对。复伞房花序有花20~30朵,径达5cm,密被锈褐色绒毛,花梗粗短；花径达8mm,花瓣宽卵形或椭圆形,黄白色,雄蕊15~20,长短不一。果近球形,径约1cm,具明显斑点,萼片脱落后先端留有圆穴。花期3~4月；果期7月。

产云南南部和西南部,常生于海拔1800~2700m山坡杂木林内。

台湾花楸
Sorbus randaiensis

落叶小乔木或灌木状,高3~8m；小枝圆柱形,无毛。奇数羽状复叶,小叶8~9对,长圆披针形或椭圆长圆形,长4~5.5cm,宽1~1.5cm,有锐锯齿。复伞房花序顶生,径约10cm。果实卵形,径约5mm,3~5室,黄红色,具宿存萼片。果期8月。

产台湾,生于海拔2100~4160m林中。

麻叶绣球
Spiraea cantoniensis

【别名】麻叶绣线菊、麻毯

【形态特征】落叶灌木,高达1.5m。小枝纤细拱曲,无毛。叶菱状披针形至菱状椭圆形,长3~5cm,宽1.5~2cm,先端急尖,基部楔形,叶缘自中部以上有缺刻状锯齿,两面光滑,叶下面青蓝色。伞形总状花序,有总梗,生于侧枝顶端,下部有叶,紧密,有花15~25朵,花白色。蓇葖果直立、开张。花期4~6月；果7~9月成熟。

蔷薇科　Rosaceae

【产地及习性】原产我国东部和南部，长江流域至黄河中下游各地广泛栽培。性喜温暖和阳光充足的环境。稍耐寒、耐荫，较耐干旱，忌湿涝。土壤以肥沃、疏松和排水良好的沙壤土为宜。萌蘖性强。

【观赏评价与应用】麻叶绣球着花繁密，花色洁白，盛开时节枝条全为细巧的白花所覆盖，形成一条条拱形的花带，非常壮观，群体观赏效果极佳。可成片、成丛配植于草坪、路边、花坛、花径或庭园一隅，亦可单株或数株点缀于池畔、山石之边。根、叶、果实药用。

【同属种类】绣线菊属共约100种，分布于北半球温带至亚热带山区。我国70种。花朵密集，花朵白色，少为粉红色或深胭脂红色，为优美的观赏灌木，也是很好的蜜源植物。

绣球绣线菊

绣球绣线菊

绣球绣线菊
Spiraea blumei

【别名】珍珠绣球、卜氏绣线菊

落叶灌木，高1~2m；小枝细而开张。叶菱状卵形至倒卵形，长2~3.5cm，宽1~1.8cm，先端圆钝或微尖，边缘自近中部以上有少数圆钝缺刻状锯齿或3~5浅裂，两面无毛，下面浅蓝绿色，不显明3脉或羽状脉。伞形总状花序，花白色，径5~8mm，花瓣宽倒卵形，先端微凹。花期4~6月；果期8~10月。

产东北南部、华北、西北东部、长江流域至华南，生于向阳山坡、杂木林内或路旁。日本和朝鲜也有分布。观赏灌木，庭园中习见栽培。

金山绣线菊
Spiraea × bumalda 'Gold Mound'

【形态特征】落叶矮生灌木，高仅20~4cm；小枝细弱，呈"之"字形弯曲；叶片卵圆形或卵形，长1~3cm，叶缘具深锯齿，新叶和秋叶为金黄色，夏季浅黄色；复伞房花序，直径2~3cm，花色淡紫红。花期5~10月。

【产地及习性】杂交品种，原产美国，我国自东北南部至华东各地广为栽培。喜光，耐干燥气候，较耐盐碱，忌水涝。耐修剪。

【观赏品种】金焰绣线菊（'Gold Flame'），直立灌木，高30~60cm，叶片长卵形至卵状披针形。叶色多变，初春新叶橙红色，随后变为黄绿色，与新生红叶相映成趣，秋季叶片黄红相间，对比强烈，并渐变为紫红色，生长速度较快。布什绣线菊（'Bush'），叶片卵状披针形，新叶红色，老叶深绿色，部分枝叶常有黄色斑块；花深玫瑰红色，花期长，一般为5~10月。

【观赏评价与应用】金山绣线菊和金焰绣线菊均为色叶灌木，前者叶色金黄，尤以春季叶色最为鲜明，后者叶色多变，初春新叶橙红色，随后变为黄绿色，与新生红叶相映成趣，秋季叶片黄红相间，并渐变为紫红色，是优良的木本地被植物和基础种植材料，可成片栽培形成良好的彩色景观，适于广场、建筑前、林间、坡地，也可配植在山石间。也是大型模纹图案的优良配色材料，可与黄杨、龙柏、紫叶小檗等配植。

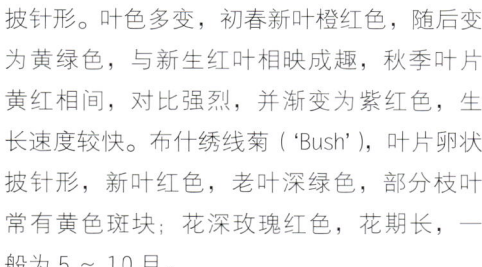

金山绣线菊

金山绣线菊

金焰绣线菊

绣球绣线菊

蔷薇科 Rosaceae

华北绣线菊
Spiraea fritschiana

【别名】弗氏绣线菊

落叶灌木，高 1~2m；枝条粗壮，小枝具明显棱角。叶卵形、椭圆状卵形或椭圆状短圆形，长 3~8cm，宽 1.5~3.5cm，具不整齐重锯齿或单锯齿。复伞房花序生于当年生直立新枝上，顶端宽广而平，多花，花直径 5~6mm，白色或在芽中呈粉红色。花期 6 月；果期 7~8 月。

产东北南部、华北、西北东部至华东、华中。生岩石坡地、山谷丛林间。朝鲜也有分布。花序密集，可栽培供观赏用。

粉花绣线菊
Spiraea japonica

【别名】日本绣线菊、绣线菊

【形态特征】落叶灌木，高达 1.5m；枝开展，直立。叶卵形至卵状椭圆形，长 2~8cm，宽 1~3cm，有缺刻状重锯齿，稀单锯齿，基部楔形；叶片下面灰绿色，脉上常有柔毛。复伞房花序着生当年生长枝顶端，密被柔毛，直径 4-14cm；花密集，淡粉红至深粉红色。花期 6~7 月；果期 8~10 月。

【产地及习性】原产日本、朝鲜，我国各地有栽培供观赏。性强健，喜光，略耐荫，抗寒、耐旱，忌高温潮湿，土壤以富含腐殖质的壤土为佳，排水需良好。

【观赏评价与应用】粉花绣线菊花期正值少花的春末夏初，花朵繁密，花色为绣线菊属中少见的粉红色，非常艳丽、醒目，是优良的花灌木，可丛植观赏，适于草地、路旁、林缘等各处，也可作花境背景材料或基础种植材料。叶、根、果均供药用。

欧亚绣线菊
Spiraea media

【别名】石棒绣线菊、石棒子

落叶灌木，高 0.5~2m；小枝近圆柱形。叶椭圆形至披针形，长 1~2.5cm，宽 0.5~1.5cm，先端急尖，稀圆钝，全缘或先端有 2~5 锯齿，常两面无毛；羽状脉。伞形总状花序，花径 0.7~1cm，白色，花瓣近圆形，先端钝，雄蕊约 45，长于花瓣。花期 5~6 月；果期 6~8 月。

蔷薇科 Rosaceae

欧亚绣线菊

欧亚绣线菊

产东北及内蒙古、新疆，生于多石山地、山坡草原或疏密杂木林内。朝鲜、蒙古、俄罗斯、亚洲中部及欧洲东南部均有分布。花朵较大，有细长花丝，可栽培供观赏。

笑靥花
Spiraea prunifolia

【别名】 李叶绣线菊

【形态特征】 落叶灌木，高达 3m。小枝细长，微具棱，幼枝密被柔毛，后渐无毛。单叶互生，卵形至椭圆状披针形，长 2.5～5cm，叶缘中部以上有细锯齿，叶片下面沿中脉常被柔毛；无托叶。伞形花序无总梗，具 3～6 花，基部具少量叶状苞片；花白色，重瓣，径 1～1.2cm，花梗细长。花期 3～4 月，花叶同放。

【产地及习性】 主产长江流域及陕西、山东等地，生于山坡及溪谷两旁、山野灌丛中、路旁及沟边。日本和朝鲜也有分布。喜光，稍耐荫；耐寒；耐旱，耐瘠薄，亦耐湿；对土壤要求不严，在肥沃湿润土壤中生长最为茂盛。萌蘖性、萌芽力强，耐修剪。

【变种】 单瓣笑靥花（var. *simpliciflora*），花单瓣，直径不及 1cm。产安徽、福建、河南、湖北、江苏、湖南、浙江等地，生于海拔 500～1000m 山坡、灌丛。

【观赏评价与应用】 笑靥花株丛自然、枝蔓柔垂，盛花时玉花攒聚，宛若皑雪，绚烂异常，花姿圆润，花序密集，如笑颜初靥，是早春重要的花灌木。高濂《草花谱》对笑靥花有"笑靥花花细如豆，一条千花，望之若堆雪然"的描述。可丛植于池畔、山坡、路旁、崖边，片植于草坪、建筑物角隅，也可做基

础种植材料。老桩是制作树桩盆景的优良材料。各地常见栽培。

笑靥花

笑靥花

单瓣笑靥花

土庄绣线菊
Spiraea pubescens

落叶灌木，高约 2m。小枝开展，稍弯曲。叶菱状卵形或椭圆形，长 2～4.5cm，宽 1.3～2.5cm，先端急尖，中部以上有粗齿或缺刻状锯齿，有时 3 裂，表面具稀疏柔毛，背面被短柔毛；羽状脉。伞形花序有花 15～20；花径 5～8mm；雄蕊 25～30。蓇葖果开张，仅沿腹缝线具短柔毛。花期 5～6 月；果期 7～8 月。

产东北、华北、西北及四川、安徽等地，

土庄绣线菊

生于海拔 200～2500m 向阳或半阳处、林内或干旱坡岩灌丛中。蒙古、朝鲜及俄罗斯也有分布。

土庄绣线菊

土庄绣线菊

柳叶绣线菊
Spiraea salicifolia

【别名】 绣线菊

【形态特征】 落叶灌木，高达 2m，小枝黄褐色，略具棱。叶长椭圆形至披针形，长 4～8cm，宽 1～2.5cm，边缘密生锐锯齿，两面无毛。圆锥花序生于当年生长枝顶端，长圆形或金字塔形，长 6～13cm，直径 3～5cm；花朵密集，粉红色，直径 5～7mm，花瓣卵形，先端圆钝。蓇葖果直立，具反折萼片。花期 6～8 月；果期 8～9 月。

【产地及习性】 产东北、内蒙古、河北等地，生于海拔 200～900m 河流两岸、湿草地和林缘，常形成密集灌丛。日本、朝鲜、蒙古、西伯利亚以及东南欧也有分布。喜光，耐旱，耐寒，对土壤要求不严。

柳叶绣线菊

蔷薇科 Rosaceae

柳叶绣线菊

珍珠绣线菊

柳叶绣线菊

珍珠绣线菊

珍珠绣线菊

花白色，15~30朵组成伞形总状花序，有总梗。蓇葖果开张，仅沿腹缝微具短柔毛或无毛。花期5~6月；果期7~8月。

产东北、西北、华北和华东等地，生于多岩石向阳坡地或灌木丛中。俄罗斯西伯利亚也有分布。耐干旱瘠薄，耐寒。花色洁白繁密，各地常见栽培。

三桠绣线菊

【观赏评价与应用】柳叶绣线菊株丛茂盛，枝条密集，夏季开花，花色粉红，是优良的花灌木，又为蜜源植物。柳叶绣线菊植株型较日本绣线菊更为自然，最适于大型公园和风景区内丛植或片植观赏，可用于草地、路旁、林缘、山坡、水滨各处。

珍珠绣线菊
Spiraea thunbergii

【别名】珍珠花、喷雪花、雪柳

【形态特征】落叶灌木，高达1.5m；枝细长开展，常呈弧形弯曲。叶条状披针形，长2~4cm，宽5~7mm，先端长渐尖，基部狭楔形，有尖锐锯齿，两面无毛。伞形花序无总梗，有花3~6朵，基部丛生数枚叶状苞片；花白色，单瓣，径6~8mm。蓇葖果5，开张，无毛。花期3~4月；果期7~8月。

【产地及习性】产华东，黑龙江、辽宁、河南、山东等地有栽培。喜光，也耐荫；耐寒；对土壤要求不严，喜生于湿润、排水良好的土壤。生长较快，萌蘖力强，耐修剪。

【观赏评价与应用】珍珠绣线菊树姿婀娜，早春开花，花开前形似珍珠，开放时如白雪覆盖，叶形似柳，俗称"雪柳"，秋叶橘红色也甚美观，是重要的早春花灌木。适于丛植于水边、草坪角隅、庭院、路边、假山石块边等各处，也可植作花篱或作基础种植，亦可作切花用。根药用。

三桠绣线菊
Spiraea trilobata

【别名】三裂绣线菊、团叶绣球

落叶灌木，高达2m。小枝细瘦，开展，稍呈之字形弯曲，褐色，无毛。叶近圆形，长1.7~3cm，两面无毛，中部以上具少数圆钝锯齿，先端常3裂，下面苍绿色，具3~5脉。

三桠绣线菊

三桠绣线菊

小米空木
Stephanandra incisa

【别名】小野珠兰

【形态特征】落叶灌木，高达 2.5m；幼时红褐色。叶互生，卵形至三角卵形，长 2～4cm，宽 1.5～2.5cm，边缘有 4～5 对裂片及重锯齿，两面具稀疏柔毛，侧脉 5～7 对。圆锥花序顶生，长 2～6cm，多花，花径约 5mm；花梗和萼筒被柔毛。花瓣倒卵形，白色或多少带粉红色；雄蕊 10，生于萼筒边缘；心皮 1，子房被柔毛。蓇葖果近球形，径 2～3mm，外被柔毛。花期 5～7 月；果期 8～9 月。

【产地及习性】间断分布于辽宁、山东、台湾，生于山坡或沟边，海拔 500～1000m。朝鲜、日本也有分布。耐寒性强，耐荫。

【观赏评价与应用】小米空木株丛自然，生长茂盛，枝条红褐色，花朵虽小但盛开时花朵繁密，白色或染粉红色，富有野趣。较耐荫，适于森林公园和大型风景区林下、水边丛植或成片植为下木，景观效果良好。也可用于城市绿化，目前园林中尚未应用。

【同属种类】小米空木属 5 种，分布于亚洲东部。我国产 2 种。

小米空木

小米空木

小米空木

华空木
Stephanandra chinensis

【别名】野珠兰、中国小米空木

【形态特征】落叶灌木，高达 1.5m。叶卵形至长椭卵形，长 5～7cm，宽 2～3cm，边缘常浅裂并有重锯齿，两面无毛或下面沿叶脉微具柔毛，侧脉 7～10 对。顶生疏松的圆锥花序，长 5～8cm，直径 2～3cm；花白色，花瓣倒卵形，长约 2mm；花梗和萼筒无毛。蓇葖果近球形，径约 2mm。花期 5 月；果期 7～8 月。

【产地及习性】产河南、湖北、江西、湖南、安徽、江苏、浙江、四川、广东、福建，生于阔叶林边或灌木丛中，海拔 1000～1500m。

【观赏评价与应用】华空木枝条秀丽，秋季叶片呈红紫色，可栽培供观赏用。茎皮纤维可做造纸原料。

华空木

华空木

华空木

红果树
Stranvaesia davidiana

【别名】斯脱兰威木

【形态特征】常绿灌木或小乔木，高达 1～10m，分枝密集；小枝粗壮，紫褐或灰褐色，幼时被柔毛。叶矩圆形至倒披针形，长 5～12cm，宽 2～4.5cm，先端急尖或突尖，全缘。复伞房花序，径 5～9cm，多花；花白色，花药紫红色。果实近球形，橘红色或猩红色，径 7～8mm。花期 5～6 月；果期 9～10 月。

【产地及习性】分布于云南、广西、贵州、四川、江西、陕西等省，生于海拔 1000～3000m 的山坡或灌丛，越南北部也有分布。耐干旱瘠薄，适应性强。

【观赏评价与应用】红果树叶丛亮绿，秋季叶片部分变红，果穗鲜红，经久不凋，是一种优良的庭院树种。

【同属种类】红果树属约有 6 种，分布于我国及印度、缅甸北部山区。我国 5 种。

红果树

红果树

红果树

九十、含羞草科 Mimosaceae

台湾相思
Acacia confusa

【别名】小叶相思、相思树

【形态特征】常绿乔木，高达 16m；树皮灰褐色，不裂。幼苗具羽状复叶，长大后小叶退化，仅存 1 叶状柄，呈狭披针形，全缘，长 6～10cm，具 3～7 平行脉。头状花序 1～3 个腋生，径约 1cm；花瓣淡绿色，雄蕊金黄色，突出。荚果扁平带状，长 5～10cm，种子间略缢缩。花期 4～6 月；果期 7～8 月。

【产地及习性】产热带亚洲，我国分布于台湾，华南和云南等地常见栽培。喜暖热气候。极喜光，为强阳性树种；喜酸性土，耐干旱瘠薄，也耐短期水淹。根系深而枝条韧性强，抗风。速生，萌芽性强。

【观赏评价与应用】台湾相思生长迅速，抗逆性强，是华南地区重要的荒山绿化树种，可作防风林带、水土保持林和防火林带用，也是良好的公路树和海岸绿化树种。树姿婆娑，盛花期黄花细而繁多，与绿叶相间具有良好的视觉效果，也是优美的庭园观赏树种，草地孤植、丛植、道旁列植均宜。

【同属种类】金合欢属约 1450 种，广布于全球热带和亚热带，尤其以大洋洲和非洲最多。我国连引入栽培共有 20 种以上，主产华南、西南和东南部。

大叶相思
Acacia auriculiformis

【别名】耳叶相思

【形态特征】常绿乔木，高达 15m，树皮平滑，灰白色。枝条下垂，小枝无毛。幼苗具羽状复叶，后退化为叶状柄；叶状柄上弦月形，全缘，长 10～20cm，宽 1.5～4（6）cm，两端渐狭，纵平行脉 3～7 条。穗状花序长 3.5～8cm，簇生叶腋或枝顶；花橙黄色；花瓣长圆形，长 1.5～2mm；花丝长 2.5～4mm。荚果熟时旋卷，长 5～8cm，宽 8～12mm，果瓣木质。

【产地及习性】原产澳大利亚北部及新西兰。喜温暖气候，对立地条件要求不严，耐旱瘠，在酸性沙土和砖红壤土生长良好，也适于滨海沙滩。适应性强，生长快，萌生力强。抗风性强，根系发达，具根瘤。

含羞草科　Mimosaceae

大叶相思

儿茶

银荆树

银荆树

【观赏评价与应用】我国自1960年开始引种，植于广东、海南、广西、福建等地区。大叶相思树冠婆娑，枝叶浓密，四季常青，叶形较为美观，花开时满树金黄，是优良的行道树、公路绿化树种。

儿茶
Acacia catechu

【别名】乌爹泥、孩儿茶

落叶小乔木，高6～10m；树皮常呈条状薄片开裂，但不脱落。托叶下面常有一对扁平、棕色的钩状刺。2回羽状复叶，总叶柄近基部及叶轴顶部数对羽片间有腺体；羽片10～30对；小叶20～50对，线形，长2～6mm，宽1～1.5mm。穗状花序长2.5～10cm，1～4个生于叶腋；花淡黄或白色。花期4～8月；果期9月至翌年1月。

除云南有野生，华东、华南等引种栽培。印度、缅甸和非洲东部亦有。心材碎片煎汁，经浓缩干燥即为儿茶浸膏或儿茶末，是著名中药。

儿茶

儿茶

银荆树
Acacia dealbata

【别名】鱼骨松、鱼骨槐

【形态特征】常绿乔木，高达15m。小枝具棱，被灰色柔毛。2回羽状复叶，羽片8～25对；小叶30～40(50)对，条形，长3～4mm，宽不及1mm，银灰绿色，被灰色柔毛；叶柄具1腺体，每对羽片间具1略带绿色的腺体。花深黄色，头状花序具花30余朵。果实带状，长3～12cm，宽0.8～1.3cm，无毛，被灰白色蜡粉。花期1～4月；果期5～7月。

【产地及习性】原产澳大利亚，华南、西南地区引种，近年浙江、江苏南部、上海等地也有栽培。喜光，不耐庇荫；较耐寒，是金合欢属中耐寒性最强的种之一，耐-8℃低温；在酸性至微碱性土壤上均可生长；萌芽力和萌蘗力强。速生，在昆明，8年生树高可达15m，径达34cm。

【观赏评价与应用】银荆树生长迅速，适应性强，叶被白霜，枝叶呈银灰色，既是优良的荒山造林绿化树种和水土保持树种，也可供公路绿化和园林造景用。在华东地区往往树形不佳，适于丛植、群植，可用于树群外围。

银荆树

银荆树

含羞草科 Mimosaceae

金合欢

马占相思

马占相思

金合欢
Acacia farnesiana

【别名】鸭皂树、刺毬花

【形态特征】灌木或小乔木，高2～4m；多分枝，小枝呈之字形弯曲；托叶针刺状，刺长1～2cm。2回羽状复叶，长2～7cm，叶轴被灰白色柔毛，有腺体；羽片4～8对；小叶10～20对，线状长圆形，长2～6mm，宽1～1.5mm，无毛。头状花序直径1～1.5cm；花黄色，有香味。荚果膨胀，近圆柱状，长3～7cm，宽8～15mm。花期3～6月；果期7～11月。

【产地及习性】原产热带美洲，现热带地区广植。喜光、喜温暖湿润的气候，耐干旱。宜种植于向阳、背风和肥沃、湿润的微酸性壤土中。

【观赏评价与应用】金合欢分枝密集、多刺，可植作绿篱，我国东南部沿海地区和云南、四川、广西等地栽培。

马占相思
Acacia mangium

【形态特征】常绿乔木，高达18m。树皮粗糙，主干通直。小枝有棱。叶状柄纺锤形，较大，长10～20cm，宽4～9cm，中部宽，两端窄，纵向平行脉4条。穗状花序腋生，下垂；花淡黄白色。荚果扭曲。花期10月。

【产地及习性】原产澳大利亚东北部，巴布亚新几内亚和印度尼西亚等湿润热带地区。喜光，喜温暖湿润气候，不耐寒。耐贫瘠土壤。生长较快。

【观赏评价与应用】马占相思是世界上速生丰产的树种之一，我国1979年从澳大利亚引种，海南、广东、广西、福建、云南等地栽培。树形优美，是有优良的行道树和公路绿化树种。生长迅速，也是绿化荒山、营造水土保持、防风固沙和薪炭林的优良树种。

金合欢

金合欢

马占相思

含羞草科 Mimosaceae

黑荆
Acacia mearnsii

【别名】 澳洲金合欢、黑儿茶

【形态特征】 常绿乔木，高9～15m。2回羽状复叶，嫩叶被金黄色短绒毛；羽片8～20对，长2～7cm，有腺体；小叶30～40对，排列紧密，线形，长2～3mm，宽0.8～1mm，被短柔毛。头状花序圆球形，直径6～7mm，排成总状或圆锥花序；花序轴被黄色稠密的短绒毛。花淡黄或白色。荚果长圆形，扁压，长5～10cm，宽4～5mm，于种子间略收窄。花期6月；果期8月。

【产地及习性】 原产澳大利亚。我国浙江、福建、台湾、广东、广西、云南、四川等省区有引种。喜光，喜温暖，稍耐寒，耐-5℃低温；耐干旱、贫瘠，不耐涝；较耐荫；对土壤要求不严，喜深厚肥沃土壤。

【观赏评价与应用】 黑荆是世界著名的速生、高产、优质的鞣料树种。树皮含单宁30%～45%，供硝皮和作染料用。树形优美，嫩叶被金黄色毛，花朵黄白色，亦为园林观赏树种和蜜源植物。

珍珠相思
Acacia podalyriifolia

【别名】 真珠相思

常绿灌木或小乔木，高2～5m。树干分枝低，主干不明显，树皮灰绿色，平滑。叶状柄宽卵形或椭圆形，被白粉，呈灰绿至银白色，长2～3cm，宽约1.5cm，基部圆形。总状花序，花黄色。荚果扁平，长6～10cm，宽约2cm。花期1～3月。

原产澳大利亚昆士兰东南部，现世界各热带地区多有引种栽培。我国华南地区栽培，供观赏。

海红豆
Adenanthera microsperma
【*Adenanthera pavonina* var. *microsperma*】

【别名】 红豆、孔雀豆

【形态特征】 落叶乔木，高5～20m。嫩枝、叶柄、叶轴被微柔毛。2回羽状复叶；羽片3～5对，近对生；小叶4～7对，互生，矩圆形或卵形，长2.5～3.5cm，宽1.5～2.5cm，两端圆钝，两面密生短柔毛。总状花序单生于叶腋或在枝顶排成圆锥花序，长12～16cm，花白色或淡黄色，有香味，萼和花梗被黄褐色毛。荚果条形，扭曲，长10～22cm。种子近圆形至椭圆形，长5～8mm，宽4.5～7mm，鲜红色，有光泽。花期4～7月；果期7～10月。

珍珠相思

黑荆

珍珠相思

黑荆

黑荆

珍珠相思

含羞草科 Mimosaceae

海红豆

海红豆

海红豆

合欢

合欢

动人，是热带、南亚热带优良的园林风景树，适宜孤植于庭园，也可植为行道树。种子鲜红色而光亮，甚为美丽，可作装饰品。著名诗人王维的诗句中的作为相思物的"红豆"，即指海红豆。《南州异物志》有"海红豆生南海，人家园圃中，近时蜀中种之亦成。"

【同属种类】海红豆属约12种，分布于大洋洲及热带亚洲。我国1种，产华南和西南。

合欢
Albizia julibrissin

【别名】马缨花、夜合树

【形态特征】落叶乔木，高达15m；树冠扁圆形，主干分枝点较低，枝条粗大而疏生。2回偶数羽状复叶，羽片4～12对；小叶10～30对，镰刀状长圆形，长6～12mm，宽1.5～4mm，中脉明显偏于一侧。头状花序排成伞房状，顶生或腋生；花萼、花瓣黄绿色，雄蕊多数，花丝细长如绒缨状，粉红色，长2.5～4cm。荚果扁条形，长9～17cm。花期6～7月；果期9～10月。

【产地及习性】主产于亚洲热带和亚热带地区，在我国分布北界可达辽东半岛。喜光，喜温暖气候，也较耐寒；对土壤要求不严，耐干旱、瘠薄，不耐水涝。

【观赏评价与应用】合欢树冠开展，树姿优美，叶形雅致，盛夏时节满树红花，色香俱存，而且绿荫如伞，是一种优良的观花树种。可用作庭荫树和行道树，适植于房前、草坪、路边、水滨孤植和丛植，尤适于安静的休息区栽培。此外，合欢甚耐干旱瘠薄，也是重要的荒山绿化造林先锋树种，在海岸、沙地栽植，能起到改良土壤的作用。

【同属种类】合欢属约120～140种，广布于亚洲、非洲和大洋洲热带和亚热带，少数产温带。我国14种，另引入栽培2种。

楹树
Albizia chinensis

【形态特征】落叶乔木，高达30m；小枝被黄色柔毛。托叶大，心形。2回羽状复叶，羽片6～12对；小叶20～40对，无柄，长椭圆形，长6～10mm，宽2～3mm，中脉紧靠上边缘。头状花序有花10～20朵，生于

合欢

【产地及习性】产海南、台湾、云南、福建、广东、广西和贵州，华南和西南有栽培。缅甸、柬埔寨、老挝、越南、马来西亚、印度尼西亚也有分布。幼树耐荫，壮龄后喜光。

【观赏评价与应用】海红豆树形端庄秀丽，树冠开展，亭亭如盖，叶色翠绿清新，活泼

长短不同、密被柔毛的总花梗上，再排成顶生圆锥花序；花绿白色或淡黄色，雄蕊绿白色。荚果扁平，长10～15cm，宽约2厘米。花期3～5月；果期6～12月。

【产地及习性】产福建、湖南、广东、广西、云南、西藏。多生于林中，亦见于旷野，但以谷地、河溪边常见。南亚至东南亚亦有分布。热带树种，喜高温多湿气候，对土壤要求不严，在适湿而排水良好的红壤及砂质土壤上均能生长良好；抗风力弱。

【观赏评价与应用】楹树生长迅速，树冠开展，枝叶茂盛，叶片纤细，花冠黄绿色，花色素雅，为良好的庭荫树及行道树，适于南亚热带和热地地区应用。东莞常平镇有百年古树。

山合欢
Albizia kalkora

【别名】山槐

【形态特征】落叶乔木，高达15m，抑或呈灌木状。枝条被短柔毛，有显著皮孔。2回羽状复叶，羽片2～4对；小叶5～14对，矩圆形，长1.5～4.5cm，宽1～1.8cm，两面被短柔毛；基部近圆形，偏斜；中脉显著偏向叶片的上侧。头状花序2～7枚生于叶

腋或于枝顶排成圆锥花序；花丝黄白色，花萼、花冠均密被长柔毛。荚果长7～17cm，宽1.5～3cm，深棕色。花期5～7月；果期9～11月。

【产地及习性】产我国华北、西北、华东、华南至西南部各省区。生于山坡灌丛、疏林中。越南、缅甸、印度亦有分布。生长快，耐干旱及瘠薄地。

【观赏评价与应用】山合欢夏季开花，花美丽，是优良的观赏花树种，以其特别耐干旱瘠薄，尤其适于山地风景区应用。

朱缨花
Calliandra haematocephala

【别名】美蕊花、美洲合欢

【形态特征】常绿或半常绿灌木或小乔

木，高1～3m。2回羽状复叶，羽片1对；小叶6～9对，披针形，长2～4cm，宽7～15mm，中脉稍偏斜，两面无毛；托叶卵状三角形，宿存。头状花序腋生，径约3cm，有花25～40朵，花丝深红色。荚果线状倒披针形，长6～11cm。花期8～9月；果期10～11月。

含羞草科 Mimosaceae

【产地及习性】原产南美洲,现热带与亚热带地区常见栽培。我国台湾、广东、福建、云南等地有引种。喜光,稍耐荫,喜温暖湿润气候,适生于深厚肥沃而排水良好的酸性土壤,较耐干旱,也稍耐水湿。耐修剪。

【观赏评价与应用】朱缨花枝叶扩展,树形整齐,羽叶美观,花色鲜艳美丽,花丝细长,宛如丝络飘拂,俏丽多姿,是优良的观花树种,园林中适于公园、水边、建筑附近丛植、孤植,也可作绿篱或在道路分车绿带中布置成景,还常见修剪成球形供观赏。

【同属种类】朱缨花属约 200 种,主产热带美洲,少数种类分布于印度、缅甸和马达加斯加等地。我国 1 种,云南朱缨花(*Calliandra umbrosa*),引入栽培 4 种。

红粉扑花
Calliandra emarginata

【别名】粉红合欢

【形态特征】半常绿灌木,高 1～2m,偶为小乔木。羽状复叶,叶片歪椭圆形至肾形。盛花时节,瞬间绽放满树红花,极其醒目。花从叶腋处长出,有花 20 余朵,花瓣小而不显著,雄蕊红色,基部合生处为白色,花丝细长,聚合成半球状,非常像化妆用的粉扑。

【产地及习性】原产墨西哥至危地马拉。华南地区引种栽培,供观赏。

【观赏评价与应用】红粉扑花株型紧凑丰满,叶形独特美观、昼开夜合,花柔美可爱,花期长,景观效果好,适于庭园美化。

红粉扑花

粉扑花
Calliandra riparia

【别名】粉红绒球、小朱缨花

半常绿灌木,小枝灰白色,无毛;小叶 7～12 对,长圆形,长 0.8～2cm,宽 2～5mm;花丝上部淡玫瑰红色,下部白色。花期特长,8～12 月,或几乎全年开花。

原产南美洲,是一种美丽的热带观花灌木,华南和西南地区有栽培,供观赏。枝叶细密,生长较快。花朵较小,亦较快凋谢。

粉扑花

粉扑花

苏里南朱缨花
Calliandra surinamensis

【别名】小朱缨花

半常绿灌木或小乔木,分枝多。2 回羽状复叶,小叶长椭圆形。头状花序多数,复排成圆锥状,雄蕊多数,下部白色,上部粉红色。荚果线形。花期由春至秋;果期秋至冬。

产巴西及苏里南岛。华南有栽培。

粉扑花

苏里南朱缨花

苏里南朱缨花

苏里南朱缨花

红粉扑花

红粉扑花

含羞草科 Mimosaceae

象耳豆
Enterolobium cyclocarpum

【形态特征】落叶乔木，高达10～20m。幼枝、叶、花序被白色柔毛。小枝绿色。2回偶数羽状复叶，羽片（3）4～9对；小叶12～25对，近无柄，镰状长圆形，长8～14mm，宽3～6mm，中脉靠近上缘。头状花序圆球形，径1～1.5cm，簇生叶腋或排成总状；花萼钟状；花冠绿白色，漏斗形，中部以上具5裂片。荚果弯曲成耳形，径5～7cm，不开裂；中果皮海绵质，后变硬。花期4～6月；果期10～12月。

【产地及习性】原产中美洲和南美洲地区，热带地区广植，我国南方及浙江、江西等地有栽培。喜光，喜温暖湿润气候，不耐寒；根系发达，萌芽力强，抗风；对土壤要求不严，耐干旱瘠薄，但以在深厚肥沃的土壤上生长较好。

【观赏评价与应用】象耳豆生长迅速，树冠开展、伞形，遮荫效果好，而且荚果奇特，适宜用作行道树或庭荫树。

【同属种类】象耳豆属5种，分布于热带美洲。我国南部引入1种。

南洋楹
Falcataria moluccana
【*Albizia falcata*】

【形态特征】常绿大乔木，高达45m；嫩枝被柔毛。托叶锥形，早落。2回羽状复叶，羽片6～20对，对生或下部的有时互生；叶柄基部及叶轴中部以上羽片着生处有腺体；小叶6～26对，无柄，菱状长圆形，长1～1.5cm，宽3～6mm，中脉偏于上缘。穗状花序腋生，单生或组成圆锥花序；花初白色，后变黄；萼钟状，长2.5mm；花瓣长5～7mm，密被短柔毛，仅基部连合。荚果带形，长10～13cm，宽1.3～2.3cm，熟时开裂。花期4～7月。

【产地及习性】原产印度尼西亚，现广植于热带亚洲和非洲。福建、广东、广西等省有栽培。阳性树种，不耐荫，喜暖热多雨气候及肥沃湿润土壤。是世界著名速生树种，生长极快，寿命短。

【观赏评价与应用】南洋楹树干通直，树体高大雄伟，树冠广伞形，远观具有雄壮之感，林下空间宜人，遮阴效果好，是优良的庭园风景树，最适于作行道树和遮荫树，孤植、列植、丛植均可。

【同属种类】南洋楹属共有3种，分布于澳大利亚、印度尼西亚、新几内亚和太平洋岛屿。我国引入栽培1种。

银合欢
Leucaena leucocephala

【形态特征】常绿灌木或小乔木，高2～6m。树冠扁球形，树皮灰白色。2回偶数羽状复叶，叶轴有黑色腺体1枚；羽片4～8对。小叶5～15对，狭椭圆形，长0.6～1.3cm，宽1.5～3mm，中脉偏向小叶上缘，两侧不等宽。头状花序1～3个腋生，直径2～3cm；花白色，无梗，萼管钟状，花瓣分离，花瓣狭倒披针形，长约5mm；雄蕊10枚，分离。荚果薄带状，长10～18cm，

宽 1.4～2cm。花期 4～7 月；果期 8～10 月。

【**产地及习性**】原产中美洲，现广植于热带。喜光，稍耐荫；喜温暖气候，生长适温为 25～30℃，低于 10℃停止生长；根系发达，耐干旱瘠薄，不耐水涝。生长迅速，萌芽力强，耐修剪。

【**观赏评价与应用**】银合欢枝叶婆娑，花白色，素雅优美，是良好的绿化树种，园林中可丛植于山坡、路边各处。耐旱力和萌芽力强，也是重要的荒山造林树种，还常植为绿篱，有"绿篱之王"的美称。1645 年由荷兰人引入我国台湾，曾大量造林，现华南地区广泛栽培。

【**同属种类**】银合欢属约 22 种，分布于美洲。我国华南引入数种，其中 1 种普遍栽培。

含羞草
Mimosa pudica

【**形态特征**】亚灌木，高达 1m；茎有散生、下弯的钩刺及倒生刺毛。托叶披针形，长 5～10mm，有刚毛。2 回羽状复叶，羽片 2 对　指状排列于总叶柄之顶端，长 3～8cm；小叶 10～20 对，线状长圆形，长 8～15mm，宽 1.5～2.5mm。头状花序圆球形，径约 1cm，单生或 2～3 个生于叶腋；花小，淡红色，雄蕊 4 枚。荚果长圆形，长 1～2cm，宽约 5mm。花期 3～10 月；果期 5～11 月。

【**产地及习性**】原产热带美洲，现广布于世界热带地区。台湾、福建、广东、广西、云南等地常见，生于旷野荒地、灌木丛中。喜温暖湿润，不耐寒，对土壤要求不严。

【**观赏评价与应用**】含羞草植株披散，羽片和小叶纤细秀美，触之即闭合而下垂，给人以文弱清秀、楚楚动人之感，粉色的花朵秀而不媚。具有较高观赏价值。可丛植于庭园路边、墙角、草坪一隅，也多见盆栽。全草供药用，有安神镇静的功能。

【**同属种类**】含羞草属约 500 种，大部分产热带美洲，少数广布于全世界的热带、温带地区。我国引入 3 种及 1 变种，见于华南、西南等地。

含羞草

巴西含羞草
Mimosa diplotricha

亚灌木状，茎攀援或平卧，长达 60cm，五棱柱状，沿棱密生钩刺，其余被疏长毛。2 回羽状复叶，长 10～15cm；羽片 7～8 对，长 2～4cm；小叶 20～30 对，线状长圆形，长 3～5mm，宽约 1mm，被白色长柔毛。头状花序花时连花丝径约 1cm，1 或 2 个生于叶腋；花紫红色，雄蕊 8 枚。花果期 3～9 月。

银合欢

银合欢

银合欢

巴西含羞草

含羞草

含羞草

含羞草科　Mimosaceae

巴西含羞草

巴西含羞草

原产巴西。广东、福建、海南、台湾、云南栽培或逸生于旷野、荒地。变种无刺巴西含羞草（var. *inermis*），茎上无钩刺，荚果边缘及荚节上无刺毛。我国广东、云南有栽培。可作地被植物。

光荚含羞草
Mimosa bimucronata

【别名】簕仔树

　　落叶灌木，高 3～6m；小枝无刺，密被黄色茸毛。2 回羽状复叶，羽片 4～7 对，长 2～6cm，叶轴无刺；小叶 12～16 对，线形，长 5～7mm，宽 1～1.5mm，中脉略偏上缘。头状花序球形；花白色；花瓣长圆形，长约 2mm；雄蕊 8 枚，花丝长 4～5mm。荚果劲直，长 3.5～4.5cm，宽约 6mm，无刺毛。

　　原产热带美洲。广东南部沿海地区逸生，多见于疏林下。

光荚含羞草

光荚含羞草

光荚含羞草

西非白球花
Parkia biglandulosa

【别名】二腺白球花

【形态特征】乔木，高达 30m，径达 1m。2 回羽状复叶，叶轴长达 30cm 以上；羽片 20～30 对；小叶 60～100 对，较硬，长约 0.6cm；叶基部有 2 个腺点。头状花序，径约 5cm，花序梗细长、悬垂；小花密集，白色。荚果，长达 15～20cm，熟时褐色，种子周围有白色胶状物，可食。花期冬季。

【产地及习性】原产非洲西部。云南南部有栽培。

西非白球花

西非白球花

【观赏评价与应用】西非白球花树形优美，在热带地区可作公园绿化树种和行道树，印度金奈市街道常见。未开花时，易于与凤凰木和蓝花楹混淆。

【同属种类】球花豆属约 40 种，产亚洲、非洲和美洲热带地区。我国引入栽培 3 种，主要见于台湾、云南等地。

牛蹄豆
Pithecellobium dulce

【形态特征】常绿乔木，枝条常下垂，小枝有托叶变成的针状刺。羽片 1 对，各具小叶 1 对，羽片和小叶着生处各有凸起腺体 1 枚；小叶长倒卵形或椭圆形，长 2～5cm，宽 2～25mm，大小差异甚大，先端钝或凹入，基部略偏斜，中脉偏于内侧。头状花序于叶腋或枝顶排列成狭圆锥花序式；花冠白色或淡黄，长约 3mm，中部以下合生；花丝长 8～10mm。荚果线形，长 10～13cm，宽约 1cm，膨胀、旋卷，暗红色；种子黑色，肉质假种皮白色或粉红色。花期 3 月；果期 7 月。

【产地及习性】我国台湾、广东、广西、云南有栽培。原产中美洲，现广布于热带干旱地区。阳性植物，喜温暖，生长快，耐干旱瘠薄，抗风力强，抗污染。

【观赏评价与应用】牛蹄豆枝叶浓密，适作遮荫树、行道树和园景树，用于庭院、校园、公园、游乐区、庙宇等，可单植、列植、群植均美观，尤适于海岸造林绿化。幼树还可

牛蹄豆

含羞草科 Mimosaceae

牛蹄豆

雨树

牛蹄豆

雨树

雨树

作绿篱树。因有锐刺，幼儿园不宜栽植。假种皮在墨西哥用来制柠檬水。

【同属种类】牛蹄豆属约18，分布于美洲热带和亚热带地区。我国引入栽培1种。

雨树
Samanea saman

【别名】雨豆树、伊蓓树

【形态特征】落叶乔木，高10～25m；幼嫩部分被黄色短绒毛。羽片3～5(6)对，长达15cm；羽片及叶片间常有腺体；小叶3～8对，由上往下渐小，斜长圆形，长2～4cm，宽1～1.8cm，上面光亮，下面被短柔毛。头状花序，径5～6cm，单生或簇生；花玫瑰红色，雄蕊长5cm。荚果长圆形，长10～20cm，宽1.2～2.5cm，不裂，常扁压；种子约25颗，埋于果瓤中。花期8～9月。

【产地及习性】原产热带美洲，现广植于全世界热带地区。我国台湾、海南和云南有栽培。喜温暖、潮湿，生长迅速。

【观赏评价与应用】雨树枝叶繁茂，分枝甚低，树冠极广展，宽达20～30m，遮阴效果好，是优良的遮荫树，花玫瑰红色，头状花序径达6cm，也极为美观。华南地区常栽培观赏。在原产地常植作牧场荫蔽树和饲料树。

【同属种类】雨树属共有3种，产热带美洲。我国台湾、云南等地引入栽培1种。

九十一、云实科 Caesalpiniaceae

缅茄
Afzelia xylocarpa

【别名】木茄

【形态特征】常绿乔木，高15～25m，径达90cm；树皮褐色。小叶3～5对，对生，卵形至近圆形，长4～40cm，宽3.5～6cm，先端圆钝或微凹，基部圆而略偏斜。花序各部密被柔毛；花萼管长1～1.3cm，裂片椭圆形，长1～1.5cm，先端圆钝；花瓣淡紫色，倒卵形至近圆形；能育雄蕊7枚，基部稍合生，花丝长3～3.5cm，突出。荚果扁长圆形，长11～17cm，宽7～8.5cm，黑褐色，木质坚硬；种子长约2cm，暗褐红色，有光泽。花期4～5月；果期11～12月。

【产地及习性】原产缅甸、越南、老挝、泰国、柬埔寨的等地。广东、海南、广西、云南南部等地均有种植。热带树种，喜暖热湿润气候。

【观赏评价与应用】缅茄为常绿大乔木，树冠圆球形，枝叶繁茂，花白色或淡紫色，芳香，在热带地区是优良的庭荫树。花晒干后泡茶，香味独致而清隽。种子供雕刻用，据传说可驱魔避邪，常制作成饰物。《粤志》云："广东高州府出木茄，上有方蒂，拭眼去昏障，即缅茄也。"清人黄若济有《咏缅茄》诗云："其蒂宛涂蜜蜡黄，其实酷肖彭亨紫；小姑欣喜缀佩觿，雕琢斫萼成花枝"。

【同属种类】缅茄属约14种，分布于非洲和亚洲热带地区。我国只有缅茄1种，是前清年间由缅甸引进的。

羊蹄甲
Bauhinia purpurea

【别名】紫羊蹄甲

【形态特征】常绿小乔木，高7～10m；树冠卵形，枝低垂；小枝幼时有毛。叶近圆形，长10～15cm，宽9～14cm，9～11出脉；顶端2裂，深达叶长1/3～1/2，先端圆或钝；叶柄长3～4cm。花芽梭状，具4～5棱，先端钝。花序腋生或顶生，总状而有花数朵，或多至20朵而呈圆锥状；花紫红色、白色或粉红色，有香气；萼2裂；花瓣倒披针形，长4～5cm，瓣柄长；发育雄蕊3，退化雄蕊5～6。荚果略弯，长12～25cm，宽2～2.5cm。花期9～11月；果期翌年2～3月。

【产地及习性】原产热带亚洲，华南各地普此案栽培。喜温暖和阳光充足，对土壤要求不严，在排水良好的砂质壤土上生长较好。耐旱，生长迅速。

枝条低矮、无序，应注意修剪，萌芽力强，耐修剪。

【观赏评价与应用】羊蹄甲为常绿性，树体较小，长枝低垂，盛花期秋末冬初，花色艳丽，且有芳香，叶形奇特，为观花和观叶树种。是华南地区优良的风景树和行道树，应用方式可参考洋紫荆。

【同属种类】羊蹄甲属约300种，分布于热带和亚热带。我国连引入栽培的约47种，主产华南。

云实科 Caesalpiniaceae

白花羊蹄甲
Bauhinia acuminata

【别名】老白花皮、白花洋紫荆

【形态特征】落叶灌木或小乔木,高达3m。小枝之字曲折。叶卵圆形或近圆形,长9~12cm,宽8~12.5cm,先端2裂约达叶长的1/3~2/5;基出脉9~11条;叶柄长2.5~4cm。总状花序腋生,呈伞房花序式,3~15花;花蕾纺锤形,长约2.5cm;花瓣白色,倒卵状长圆形,长3.5~5cm,宽约2cm;能育雄蕊10枚,2轮,花丝长短不一。荚果线状倒披针形,长6~12cm,宽1.5cm。花期4~6月或全年;果期6~8月。

【产地及习性】产广东、广西、云南。也分布于热带亚洲。喜温暖湿润气候,在排水良好的酸性砂壤土生长良好。

【观赏评价与应用】白花羊蹄甲花洁白而芳香,为优美的行道树和庭园树种。华南有零星栽培。

白花羊蹄甲

白花羊蹄甲

白花羊蹄甲

阔裂叶羊蹄甲
Bauhinia apertilobata

【别名】亚那藤、搭袋藤

【形态特征】藤本,具卷须;嫩枝、叶柄及花序被短柔毛。叶卵形、阔椭圆形或近圆形,长5~10cm,宽4~9cm,下面被锈色柔毛,嫩叶先端常不分裂,老叶分裂可达叶

阔裂叶羊蹄甲

阔裂叶羊蹄甲

长的1/3或更深,裂片顶圆,短而阔;基出脉7~9条。总状花序长达20cm,花蕾椭圆形,萼裂片开花时下反;花瓣白色或淡绿白色,能育雄蕊3。荚果扁平,长7~10cm,宽3~4cm。花期5~7月;果期8~11月。

【产地及习性】产福建、江西、广东、广西,生于海拔300~600m山谷和山坡疏林、密林或灌丛中。

红花羊蹄甲
Bauhinia × blakeana

【形态特征】常绿乔木,小枝纤细,被柔毛。叶近圆形,长8.5~13cm,宽9~14cm,背面被微柔毛,表面光滑,基出脉11~13,先端2裂至1/4~1/3,裂片圆形或狭圆形。总状花序或再排成圆锥状;花瓣紫色,披针形,长5~8cm,宽2.5~3cm;发育雄蕊5,3枚较长;退化雄蕊2~5。几乎全年有花,春、秋季为盛花期,夏季花量相对较少。不结果。

【产地及习性】本种为羊蹄甲和洋紫荆的杂交种,起源于香港,为香港特区区旗图案和市花,现广泛栽培于热带、南亚热带地区,华南地区常见应用。

【观赏评价与应用】红花羊蹄甲树冠平展如伞,枝条柔软而稍下垂,花艳丽而繁茂,几乎全年开花不断,是华南地区最重要的造景树种之一。应用十分广泛,最常见的配置方式是作为行道树与庭园树,亦可列植、群植成大片区的红花景致。

红花羊蹄甲

鞍叶羊蹄甲
Bauhinia brachycarpa

【别名】夜关门、马鞍叶

【形态特征】直立或攀援小灌木;小枝纤细,具棱。叶近圆形,长3~6cm,宽4~7cm,先端2裂达中部,裂片先端圆钝;基出脉7~9(11)条。伞房式总状花序侧生,有密集的花十余朵,花蕾椭圆形,花瓣白色,倒披针形,能育雄蕊通常10枚,5枚较长。荚果长圆形,扁平,长5~7.5cm,宽9~12mm。花期5~7月;果期8~10月。

产四川、云南、甘肃、湖北,生于海拔

云实科 Caesalpiniaceae

鞍叶羊蹄甲

鞍叶羊蹄甲

鞍叶羊蹄甲

800～2200m山地草坡和河溪旁灌丛中。印度、缅甸和泰国有分布。花朵较小但密集，白色，可栽培观赏。

龙须藤
Bauhinia championii

【别名】菊花木、五花血藤、搭袋藤

【形态特征】藤本，有卷须。叶卵形或心形，长3～10cm，宽2.5～6.5cm，先端渐尖、圆钝、微凹或2裂，裂片长度不一；基出脉5～7条。总状花序狭长，长7～20cm；花蕾椭圆形，花径约8mm，白色；能育雄蕊3，退化雄蕊2。花期6～10月 果期7～12月。

【产地及习性】产浙江、台湾、福建、广东、广西、江西、湖南、湖北和贵州，生于低海拔至中海拔的丘陵灌丛或山地疏林和密林中。印度、越南和印度尼西亚有分布。适

龙须藤

龙须藤

龙须藤

应性强，喜光照，较耐荫，耐干旱瘠薄，根系发达。

【观赏评价与应用】龙须藤为大藤本，攀援能力强，可栽培观赏，作垂直绿化材料。

首冠藤
Bauhinia corymbosa

【别名】深裂叶羊蹄甲、药冠藤

【形态特征】木质藤本；嫩枝、花序和卷须的一面被红棕色小粗毛。卷须单生或成对。叶近圆形，长和宽2～4cm，深裂达叶长的3/4，裂片先端圆；基出脉7条。伞房花序式的总状花序顶生，长约5cm，多花，花芳香；花蕾卵形，花瓣白色，有粉红色脉纹，阔匙形或近圆形，长8～11mm，宽6～8mm；能育雄蕊3枚，花丝淡红色，退化雄蕊2～5枚。荚果带状长圆形，长10～16cm，宽1.5～2.5cm。花期4～6月；果期9～12月。

【产地及习性】产广东、海南，生于山谷疏林中或山坡阳处。世界热带、亚热带地区有栽培供观赏。喜光，喜温暖至高温湿润气候，耐贫瘠，适应性强。

【观赏评价与应用】首冠藤为木质大藤本，新叶和卷须飘逸优美，叶片精美小巧，颜色清新，花多而密，花色白中带红，花丝淡红，清秀可爱，芳香淡雅怡人，果实也红艳可爱，是华南地区理想的木本攀援花卉和垂直绿化植物。

首冠藤

首冠藤

云实科 Caesalpiniaceae

李叶羊蹄甲
Bauhinia didyma

【别名】飞机藤、二裂片羊蹄甲

【形态特征】藤本，全株近无毛。枝纤细，稍之字曲折；卷须单生，纤细。叶分裂至近基部，裂片斜倒卵形，长12～24mm，宽9～16mm，先端圆钝，每裂片基出脉3，网脉密集；叶柄纤细。伞房花序式的总状花序顶生侧枝上，多花；花蕾椭圆形，长约5mm；花瓣白色，阔倒卵形，具短柄，连柄长约9mm，宽约6mm，能育雄蕊3，退化雄蕊3～5。荚果带状长圆形，扁平而薄，长约10cm，宽约2：5cm。

【产地及习性】产广东和广西。生于海拔100m的山腰灌丛中或300～500m的山谷溪边疏林中。优美的棚架植物。

嘉氏羊蹄甲

李叶羊蹄甲

嘉氏羊蹄甲

嘉氏羊蹄甲

李叶羊蹄甲

李叶羊蹄甲

嘉氏羊蹄甲
Bauhinia galpinii

【别名】南非羊蹄甲

【形态特征】常绿攀援灌木，枝条细软。叶坚纸质，近圆形，先端2裂达叶长的1/5～1/2，裂片顶端钝圆，基部截平至浅心形。聚伞花序伞房状，侧生，花瓣红色，倒匙形。荚果长圆形。花期4～11月；果期7～12月。

【产地及习性】原产南非。花期甚长，花色优美，适于路旁列植，公园、庭院丛植、片植。

粉叶羊蹄甲
Bauhinia glauca

【形态特征】攀援灌木，茎长达10m。卷须稍扁，旋卷。叶近圆形，长5～7(9)cm，基部心形或平截，先端2裂达中部或中下部，裂片卵形，先端圆钝，基脉9～11；叶柄长2～4cm。伞房状总状花序顶生或与叶对生，花朵密集；花瓣白色，倒卵形，能育雄蕊3，花丝无毛，远较花瓣长。果实条形，扁平，长14～20cm。花期4～6月；果期7～9月。

【产地及习性】产广东、广西、江西、湖南、贵州、云南，生于山坡阳处疏林中或山谷蔽荫的密林或灌丛中。印度、中南半岛、印度尼西亚有分布。喜温暖湿润环境。萌芽力强，耐修剪。

【亚种】湖北羊蹄甲（*Bauhinia glauca* subsp. *hupehana*），叶分裂仅及叶长的1/4～1/3，裂片阔圆，罅口阔；花瓣玫瑰红色。产湖北、四川、贵州、湖南、广东和福建，生于海拔650～1400m的山坡疏林或山谷灌丛中。

【观赏评价与应用】粉叶羊蹄甲茎蔓粗壮而虬曲，花朵优美，攀援能力强，可用于墙垣、大型棚架和山石绿化，也可植作花篱。于

粉叶羊蹄甲

粉叶羊蹄甲

片林中点缀一、二株,颇具自然之趣。

黄花羊蹄甲
Bauhinia tomentosa

直立灌木,高1～4cm。叶近圆形,直径3～7cm,先端2裂达叶长的2/5;基出脉7～9条;叶柄纤细,长1.5～3cm。花通常2朵,有时1～3朵组成侧的花序;花蕾纺锤形;花瓣淡黄色,上面一片基部中间有深黄色或紫色的斑块,阔倒卵形,长4～5.5cm,宽3～4cm;能育雄蕊10,花丝不等长。荚果带形,长7～15cm,宽1.2～1.5cm。

原产印度,广东、云南等地有栽培。花朵黄色,花型奇特,为美丽的庭园观赏灌木,在印度全年开花。

洋紫荆
Bauhinia variegata

【别名】宫粉羊蹄甲

【形态特征】落叶或半常绿乔木,高达15m;树冠近球形。叶革质,圆形至广卵形,长5～9cm,宽7～11cm,宽大于长;基部心形;先端2裂,裂片为全长的1/3,裂片顶端浑圆,状若羊蹄,下面被柔毛;掌状脉9～13条;叶柄长2.5～3.5cm。花芽无棱。花大而显著,总状或伞房状花序;花冠白色,具粉红或紫红色斑纹;花瓣倒卵形或倒披针形,长4～5cm;发育雄蕊5枚,退化雄蕊1～5。荚果扁条形,长15～25cm,宽1.5～2cm。花期2～5月或全年开花;果期3～7月。

【产地及习性】分布于云南南部,华南地区广泛栽培。印度、越南、缅甸、泰国等热带亚洲也产。喜光;喜温暖湿润气候;适生于酸性土壤。

【变种】白花洋紫荆(var. *candida*),花瓣

白色,近轴的一片或有时全部花瓣均杂以淡黄色的斑块;花无退化雄蕊;叶下面通常被短柔毛。常栽培于庭园供观赏。云南常见有野生的。花可食。

【观赏评价与应用】洋紫荆树形雅丽,叶形奇特,酷似羊蹄,花朵大而色泽艳丽,花期长,盛花期叶较少花感更强,是华南著名的庭园花木,适于草地、林缘、风景区等处丛植、群植观赏,也可用作行道树、园路树。

云南羊蹄甲
Bauhinia yunnanensis

【形态特征】藤本,枝略具棱或圆柱形;卷须成对。叶近圆形或阔椭圆形,全裂至基部,裂片斜椭圆形,长2～4.5cm,宽1～2.5cm,两端圆钝,两面无毛,下面粉绿色。总状花序顶生或与叶对生,有10～20朵花;花冠粉红色,有3玫瑰红色纵纹。花期7～8月;果期10月。

云实科 Caesalpiniaceae

云南羊蹄甲

【产地及习性】产云南、四川和贵州，生于海拔400～2000m的山地灌丛或悬崖石上。缅甸和泰国北部也有分布。可栽培观赏。

云实
Caesalpinia decapetala

【形态特征】落叶攀援灌木，树皮暗红色。茎、枝、叶轴上均有倒钩刺。羽片3～10对；小叶7～15对，长圆形，长1～2(3.2)cm，两端钝圆，表面绿色，背面有白粉。总状花序顶生，长15～35cm；花瓣黄色，盛开时反卷，最下1瓣有红色条纹。荚果长椭圆形，肿胀，略弯曲，先端圆，有喙。花期4～5月；果期9～10月。

【产地及习性】原产亚洲热带和亚热带，我国秦岭以南至华南广布。适应性强。喜光，不择土壤，常生于山岩石缝，耐干旱瘠薄。

【观赏评价与应用】云实花色优美，花序宛垂，是优良的垂直绿化材料，可用作棚架和矮墙绿化，也可植为刺篱，花开时一片金黄，极为美观，在黄河以南各地园林中常见栽培。

【同属种类】云实属约100种，分布于热带和亚热带。我国18种，主产长江以南，另引入栽培5种。

云实

云实

云实

小叶云实
Caesalpinia millettii

【形态特征】有刺藤本，各部被锈色短柔毛。叶轴具成对的钩刺；羽片7～12对；小叶15～20对，互生，长圆形，长7～13mm，宽4～5mm，先端圆钝，两面被锈色毛。圆锥花序腋生，长达30cm；花瓣黄色，近圆形，最上面一片较小。荚果倒卵形，无刺。花期8～9月；果期12月。

【产地及习性】产广东、广西、湖南南部和江西南部。生于山脚灌丛中或溪水旁。

小叶云实

小叶云实

南蛇簕
Caesalpinia minax

【别名】喙荚云实

【形态特征】有刺藤本，各部被短柔毛。2回羽状复叶，长达45cm；羽片5～8对；小

南蛇簕

南蛇簕

南蛇簕

叶6～12对，椭圆形或长圆形，长2～4cm，宽1.1～1.7cm。总状或圆锥花序顶生；萼片5，密生黄色绒毛；花瓣5，白色，有紫色斑点，倒卵形，长约18mm，先端圆钝；雄蕊10；子房密生细刺。荚果长圆形，长7.5～13cm，宽4～4.5cm，表面密生针状刺。花期4～5月；果期7月。

【产地及习性】产广东、广西、云南、贵州、四川，生于山沟、溪旁或灌丛中。圆锥花序，花白色，果实密生针刺，广州一带植为刺篱。福建也有栽培。

洋金凤
Caesalpinia pulcherrima

【别名】金凤花

【形态特征】落叶或半常绿大灌木或小乔木；枝绿色或粉绿色，散生疏刺。2回羽状复叶；羽片4～8对；小叶7～11对，长圆形或倒卵形，长1～2cm，宽4～8mm，顶端凹缺，基部偏斜。总状花序近伞房状，长达

云实科 Caesalpiniaceae

洋金凤

洋金凤

洋金凤

25cm；花梗长短不一；花橙红色或黄色，花瓣圆形，长1～2.5cm，边缘皱波状，有长柄，花丝红色，花柱橙黄色，远伸出于花瓣外。荚果狭而薄，倒披针状长圆形，长6～10cm，宽1.5～2cm。花果期几乎全年。

【产地及习性】原产地不详，为热带地区著名观赏树种，华南多有栽培。喜高温、湿润、阳光充足。要求肥沃、排水良好的微酸性土壤。

【观赏评价与应用】洋金凤树姿清丽优雅，叶片层次错落，美观大方，花期长，花型优雅动人，花色艳丽夺目，是华南地区重要的观赏树种。宜丛植或成带状植于花篱、花坛，或列植于道路侧旁，若营造群体大色块景观则更为优美。

苏木
Caesalpinia sappan

【形态特征】小乔木，高达6m，具疏刺。2回羽状复叶；羽片7～13对，对生；小叶10～17对，紧靠，无柄，长圆形至长圆状菱形，长1～2cm，宽5～7mm。圆锥花序，花瓣黄色，阔倒卵形，长约9mm，最上面一片基部带粉红色，雄蕊稍伸出。荚果木质，近长圆形至长圆状倒卵形，长约7cm，宽3.5～4cm，红棕色。花期5～10月；果期7月至翌年3月。

苏木

苏木

【产地及习性】我国云南、贵州、四川、广西、广东、福建和台湾省有栽培；云南金沙江河谷和红河河谷有野生分布。原产印度、缅甸、越南、马来半岛及斯里兰卡。

春云实
Caesalpinia vernalis

【别名】乌爪簕藤

【形态特征】有刺藤本，各部被锈色绒毛。2回羽状复叶，叶轴有刺；羽片8～16对；小叶6～10对，对生，卵状披针形、卵形或椭圆形，长12～25mm，宽6～12mm，下面粉绿色，疏被锈色绒毛。圆锥花序生于上部叶腋或顶生，多花；花瓣黄色，上面一片较小，

春云实

春云实

春云实

有红色斑纹。荚果斜长圆形，长 4～6cm，宽 2.5～3.5cm。花期 4 月；果期 12 月。

产广东、福建南部和浙江南部。生于山沟湿润的沙土上或岩石旁。

腊肠树
Cassia fistula

【别名】阿勃勒

【形态特征】落叶乔木，高达 15m。叶柄及叶轴无腺体；小叶 3～4 对，卵形至椭圆形，长 8～15(20) cm。总状花序腋生，疏松下垂，长 30～50cm；花淡黄色，径约 4cm。雄蕊 10，3 枚较长，花丝弯曲，长 3～4cm，花药长约 5mm；4 枚较短，花丝直，长约 6～10mm；退化雄蕊花药极小。荚果圆柱形，长 30～72cm，径 2～2.5cm，下垂，形似腊肠，黑褐色，有 3 槽纹，不开裂；种子 40～100，种子间有横隔膜。花期 5～8 月；果期 9～10 月。

【产地及习性】原产印度，热带地区广泛栽培，华南各地常见。喜光，适应性强，萌芽力强，耐修剪，易移植。

【观赏评价与应用】腊肠树树形宽阔，盛花期整株挂满长串状金黄色花朵，极为壮观美丽，秋季黑褐色圆柱荚果下垂如腊肠，亦具有一定观赏价值。为优良的行道树、园景树、遮荫树。腊肠树是泰国的国花，当地称为"Dok Khuen"，其黄色的花瓣象征泰国皇室；亦是印度南部喀拉拉邦的"省花"，当地称为"kanikkonna"，是当地新年典礼用的花卉。

【同属种类】决明属（狭义）约 30 种，分布于热带。我国 1 亚种，引入栽培 1 种 1 亚种。

绒果决明
Cassia bakeriana

【别名】花旗木、泰国樱花、桃红雨树

【形态特征】落叶乔木。偶数羽状复叶，小叶 9～13 枚，长椭圆形。花苞呈暗红色，初开时花冠为淡粉色，不就呈亮粉红色，凋落时近白色，花瓣 5，雄蕊黄色。花期春夏季。

腊肠树

腊肠树

腊肠树

绒果决明

绒果决明

绒果决明

【产地及习性】原产泰国，耐干旱；枝条柔韧，抗风。是一种新优景观树种，深圳、广州等地近年来引种栽培。花色优美，花期长，生长迅速，适于公园、道路绿化，也是小型庭院绿化的良好树种。

爪哇决明
Cassia javanica

【别名】粉花决明、爪哇旃那、彩虹旃那、彩虹决明

【形态特征】落叶乔木；小枝纤细，下垂，薄被灰白色丝状绵毛。叶长 15～40cm，叶轴和叶柄薄被丝状绵毛，无腺体；小叶 6～13 对，长圆状椭圆形，长 2～8cm，宽 1.2～3.3cm，顶端圆钝，微凹，全缘。伞房状总状花序腋生；萼片卵形，长 5～10mm，宽 4～6mm；花瓣深黄色或粉红色，长卵形，长 2.5～4.5cm，宽 1～2cm，雄蕊 10，3 枚较长。荚果圆筒形，有明显环状节，长 30～50cm。花期 5～6 月。

【产地及习性】产广西、云南，华南常栽

爪哇决明

爪哇决明

爪哇决明

云实科 Caesalpiniaceae

培。也分布于热带亚洲，并广泛栽培于热带地区。性喜高温，生育适温为23～30℃，忌酷寒、潮湿。华南地区中南部生育甚佳，隐蔽处则生育不良。

【观赏评价与应用】爪哇决明树冠伞形，伟岸丰满，飘逸潇洒，枝叶碧绿清爽；花沿枝条密生成簇，花姿轻柔美观，满树粉红如霞，清香浓郁。适合庭园美化，孤植、丛植或列植作行道树。深圳梧桐山风景区、大沙河公园、笔架山公园、红岗公园等大量栽培，景观效果好，每年2～3月有一个短暂的换叶期。

紫荆
Cercis chinensis

【别名】满条红

【形态特征】落叶乔木，高达15m；栽培者常为灌木状，高3～5m。叶近圆形，长6～14cm，先端急尖，基部心形，全缘，两面无毛，边缘透明。花紫红色，4～10朵簇生于老枝上，先叶开放。荚果条形，长5～14cm，沿腹缝线有窄翅。花期4月；果期9～10月。

【产地及习性】产我国长江流域至西南各地，云南、浙江等地仍有野生，现广泛栽培。喜光，较耐寒；对土壤要求不严，在碱性土壤上亦能生长，不耐积水。萌蘖性强。

【变型】白花紫荆（f. *alba*），花白色，园林中偶见。

【观赏评价与应用】紫荆干直出丛生，早春先叶开花，花形似蝶，密密层层，满树嫣红，是常见的早春花木。最适于庭院、建筑、草坪边缘、亭廊之侧丛植、孤植，以常绿树丛或粉墙为背景效果更好。若将紫荆与白花紫荆混植，则紫白相间，分外艳丽。紫荆与花期相近的棣棠、连翘等黄花树种配植也颇适宜，如《花镜》所云："紫荆荣而久，宜竹篱花坞。若与棣棠并植，金紫相映，更觉可人。"

【同属种类】紫荆属约11种，产东亚、北美和南欧。我国5种，引入栽培2种。

加拿大紫荆
Cercis canadensis

【形态特征】落叶大灌木或小乔木，高达7～15m，树冠开张。花期4～5月开花，玫瑰粉色、淡红紫色，也有白花类型。花期4～5月；果7～8月成熟。

【产地及习性】原产北美洲，国内北方各地常见栽培。喜光，略耐荫；对土壤要求不严，酸性土、碱性土或稍黏重的土壤都能生长。

【观赏品种】紫叶加拿大紫荆（'Forest Pansy'），春叶为鲜亮的紫红色，是优美的彩叶树种。

【观赏评价与应用】加拿大紫荆先叶开花，繁茂夺目，是优良的庭园观赏树种，我国北方各地常栽培，适于道路、庭院绿化，丛植或列植均适宜。

黄山紫荆
Cercis chingii

【别名】秦氏紫荆

【形态特征】落叶丛生灌木，高2～4m；主干和分枝常呈披散状。叶近革质，卵圆形

云实科 Caesalpiniaceae

黄山紫荆

黄山紫荆

或肾形，长 5～11cm，下面苍白色，干后常呈棕色。花先叶开放，数朵簇生于老枝上，淡紫红色，后渐变白色；花萼长约 6mm；花瓣长约 1cm。荚果厚革质，长 7～8.5cm，宽约 1.3cm，无翅。花期 2～3 月；果期 9～10 月。

【产地及习性】产安徽、浙江和广东北部，生于低海拔山地疏林灌丛、路旁或栽培于庭园中。喜阳光充足，畏水湿。

巨紫荆
Cercis gigantean

【形态特征】落叶乔木，高达 20m。叶近

巨紫荆

巨紫荆

巨紫荆

圆形，长 5.5～13cm，宽 6～13cm，下面基部有簇生毛；花淡紫红色，7～14 朵簇生或着生于一极短的总梗上。

【产地及习性】产浙江、安徽、湖北、广东等地，南京、杭州、泰安等地有栽培。树体高大，花多而美丽，是优良的行道树，也可列植、丛植于建筑周围。如南京明故宫路西侧即以巨紫荆和银杏间植作行道树。

凤凰木
Delonix regia

【形态特征】落叶乔木，高达 20m；树冠开展如伞。2 回偶数羽状复叶，羽片 10～24 对；小叶对生，20～40 对，近矩圆形，长

凤凰木

凤凰木

凤凰木

5～8mm，宽 2～3mm，先端钝圆，基部歪斜，两面有毛。总状花序伞房状，花鲜红色，径 7～10cm；花萼绿色；花瓣鲜红色，上部的花瓣有黄色条纹，有长爪；雄蕊红色，长 6cm。荚果长 20～60cm。花期 5～8 月；果期 10 月。

【产地及习性】原产马达加斯加和热带非洲，是马达加斯加的国花。现世界热带地区广植；我国华南各省有栽培。喜光；喜高温；喜深厚肥沃的疏松土壤，生长迅速。不耐烟尘。

【观赏评价与应用】凤凰木树冠宽阔、平展如伞，绿叶茂密、浓荫匝地，叶形凤凰之羽，有轻柔之感；花朵大而色艳，初夏开放，满树红英，如火如荼，与绿叶相映成趣，极为美丽。我国在鸦片战争后开始引种，如今华南南部各城市常植为行道树和庭荫树。庭园中种植凤凰木，应选择向阳的空旷地，若植于水畔则枝叶探向水面，与倒影相衬，更觉婀娜多姿。

【同属种类】凤凰木属 2～3 种，产于热带非洲和亚洲。我国引入 1 种。

格木
Erythrophleum fordii

【形态特征】常绿乔木，高约 10m，有时达 30m；嫩枝和幼芽被铁锈色短柔毛。2 回羽状复叶；羽片常 3 对，每羽片有小叶 8～12 片；小叶互生，卵形或卵状椭圆形，长 5～8cm，宽 2.5～4cm，两侧不对称，全缘。穗状花序排成圆锥花序，长 15～20cm；花淡黄绿色，雄蕊 10 枚。荚果扁平，长 10～18cm，宽 3.5～4cm，厚革质。花期 5～6 月；果期 8～10 月。

【产地及习性】产广西、广东、福建、台湾、浙江等省区，生于山地密林或疏林中。越南有分布。较喜光，幼时稍耐荫；喜温暖湿润，耐寒性差；喜花岗岩、砂页岩等发育的酸性土壤。不耐干旱瘠薄。

【观赏评价与应用】格木枝叶浓密，树冠苍绿，是优良的观赏树种，适于作庭荫树、行道树，也可作"四旁"绿化之用，或于面积较大区域大面积成林。珍贵的硬材树种，被

格木

称为铁木。

【同属种类】格木属约有15种，分布于非洲的热带地区、亚洲东部的热带和亚热带地区和澳大利亚北部。我国仅有格木1种，分布于广西、广东、福建、台湾、浙江等省区。

几内亚格木
Erythrophleum guineese

常绿乔木，高达30m；树皮深褐色，粗糙。嫩枝和叶轴无毛或被短柔毛。2回羽状复叶，叶柄及叶轴长11～35cm，羽片2～4(5)对；小叶6～115对，长3～9cm，宽1.5～5cm，斜卵形至椭圆形，除顶生小叶外基部不对称，除下面中脉外光滑无毛。花序长3～11cm，密生柔毛；花柠檬黄色至黄绿色，花瓣长2～3.5mm。荚果矩圆形，长10～14cm，宽3～4.5cm。

【产地及习性】原产非洲。云南南部有栽培。

皂荚
Gleditsia sinensis

【别名】皂角

【形态特征】落叶乔木，高达30m，树冠扁球形。枝刺圆锥形，常分枝。1回羽状复叶（幼树及萌枝有2回羽状复叶），小叶3～7(9)对，卵形至卵状长椭圆形，长3～8cm，宽1～4cm，顶端钝，叶缘有细密锯齿，上面网脉明显凸起。总状花序腋生；花杂性，黄白色，萼片、花瓣各4；雄蕊8。荚果肥厚，直而扁平，长12～30cm，棕黑色，被白粉。花期5～6月；果期10月。

【产地及习性】我国广布，自东北至西南、华南均产，生于海拔2500m以下山坡、沟谷、林中。喜光，稍耐荫；颇耐寒；对土壤酸碱度要求不严，无论是酸性土，还是石灰质土壤和盐碱地上均可生长。深根性，生长速度较慢，寿命长。

【观赏评价与应用】皂荚树冠宽广，叶密荫浓，可植为绿荫树，宜孤植或丛植，也可列植或群植。枝刺发达，也是大型防护篱、刺篱的适宜材料，但不宜植于幼儿园、小学校园内，以免发生危险。果实富含皂素，可代皂用，洗涤丝绸不损光泽。

【同属种类】皂荚属约16种，分布于亚洲、美洲和热带非洲。我国5种，广布，另引入1种。

山皂荚
Gleditsia japonica

【别名】日本皂荚

【形态特征】落叶乔木，高达25m；枝刺扁而细，至少基部扁，长2～15cm。1回或2回羽状复叶（具羽片2～6对）；小叶3～10

云实科 Caesalpiniaceae

山皂荚

野皂荚

野皂荚

美国皂荚

金叶皂荚

山皂荚

对，卵状椭圆形或卵状披针形，长2～7cm，宽1～3cm（2回羽状复叶的小叶显著较小），全缘或具浅波状疏圆齿，上面网脉不明显。花黄绿色。荚果质地薄，长20～35cm，宽2～4cm，不规则旋扭或弯曲作镰刀状。花期4～6月；果期6～11月。

【产地及习性】产辽宁、河北、山西至华东各地，贵州和云南也有，生于向阳山坡或谷地、溪边路旁，海拔100～1000m日本、朝鲜也有分布。常见栽培，用途同皂荚。

【观赏评价与应用】山皂荚是优良的绿荫树，也可植物刺篱。应用方式可参考皂荚。

野皂荚
Gleditsia microphylla

【别名】山皂角、小皂角、短荚皂角

【形态特征】落叶灌木或小乔木，高2～4m，枝刺不分枝或有2个短分枝，长1.5～6.5cm。1～2回羽状复叶（具羽片2～4对）；小叶5～12对，斜卵形至长椭圆形，长6～24mm，宽3～10mm，全缘。花绿白色，簇生，组成穗状花序或顶生的圆锥花序，花序长5～12cm。荚果较短，长椭圆形，红棕色，长3～6cm，宽1～2cm，种子1～3颗。花期6～7月；果期7～10月。

【产地及习性】产河北、山东、河南、山西、陕西、江苏、安徽，生于山坡阳处或路边。适应性强，耐干旱瘠薄。

【观赏评价与应用】野皂荚植株较低矮，分枝密，枝刺发达，耐干旱瘠薄能力强，园林可植为刺篱，也是石灰岩山地优良绿化树种。

美国皂荚
Gleditsia triacanthos

【别名】三刺皂荚

【形态特征】落叶乔木，高达45m；刺略扁，粗壮，常分枝，长2.5～10cm，少数无刺。1～2回羽状复叶（羽片4～14对）；小叶

美国皂荚

11～18对，椭圆状披针形，长1.5～3.5cm，宽4～8mm，先端急尖，疏生波状锯齿并被疏柔毛。雄花组成总状花序，数个簇生，长5～13cm，花黄绿色，萼片2～3，披针形，花瓣3～4，卵形或卵状披针形，雄蕊6～9；雌花组成较纤细的总状花序，常单生，花较少，子房被灰白色绒毛。荚果带形，扁平，长30～50cm，镰刀状弯曲或不规则旋扭，果瓣薄。花期4～6月；果期10～12月。

【产地及习性】原产美国，常生于溪边和低地潮湿肥沃的土壤上。喜光，喜温暖湿润的气候及深厚肥沃的土壤，也耐寒、耐干旱瘠薄；寿命长。

【观赏品种】金叶皂荚（'Sunburst'），常无枝刺，幼叶金黄色，老叶浅黄绿色，观赏价值高。

【观赏评价与应用】美国皂荚树体高大、树冠宽圆，是著名的园林观赏树种，在许多温带国家常栽培，作行道树或庭荫树，也作绿篱。我国上海、济南、青岛、南京等地有栽培，在新疆吐鲁番盐碱地亦生长良好。金叶皂荚是优良的彩叶树种，近年来我国东部常栽培观赏。

肥皂荚
Gymnocladus chinensis

【别名】肥皂树、油皂、肉皂角

【形态特征】落叶乔木，高达25m。叶柄下芽。2回羽状复叶，羽片3～6(10)对，

小叶20~30，长圆形或披针状长圆形，长1.5~4cm，宽0.9~2cm，幼叶被银白色毛。总状花序顶生，花杂性，淡紫色，与叶同放；花瓣长圆形。果实椭圆形，肥厚，长7~12cm，宽3~4cm，厚约1.5cm；种子2~4枚，扁球形，黑色。花期4~5月；果期9~10月。

【产地及习性】分布于华东、华中至西南东部、华南北部。

【观赏评价与应用】肥皂荚树皮光滑，树冠宽阔，幼叶银白色，花色淡紫或紫红色，可作庭荫树栽培，目前栽培较少。

【同属种类】肥皂荚属约3~4种，分布于美洲东北部和亚洲东至东南部。我国1种，引入栽培1种。

肥皂荚

肥皂荚

肥皂荚

北美肥皂荚
Gymnocladus dioicus

【形态特征】落叶乔木，高达30m；树皮厚，粗糙。枝粗壮，无顶芽。2回偶数羽状复叶，小叶互生，卵形，长5~8cm，基部斜圆或宽楔形，全缘。花单性异株，绿白色，雌花成圆锥花序，雄花簇生状；花萼管状，5裂，花瓣5；雄蕊10，5长5短。荚果矩圆状镰形，肥厚肉质，长15~26cm，褐色，冬季在树上宿存。花期5~6月；果期10月。

【产地及习性】原产加拿大东南部和美国东北部。我国北京、青岛、南京、杭州等地有栽培，长势旺盛。喜光，耐寒、耐旱，对土壤要求不严格但以深厚肥沃土壤生长较好；寿命长。

【观赏评价与应用】北美肥皂荚树干通直，树冠浓绿，羽状复叶大型，花色淡雅，为华北平原和适生区理想的观赏树种，最适于作庭荫树，可用于草坪、河边、池畔、假山、路边等处，群植或孤植均可。也可植为行道树。

北美肥皂荚

北美肥皂荚

北美肥皂荚

仪花
Lysidice rhodostegia
【*Lysidice brevicalyx*】

【别名】单刀根、短萼仪花

【形态特征】落叶灌木或小乔木，高2~5m，偶达10m。小叶3~5对，长椭圆形或卵状披针形，长5~16cm，宽2~6.5cm，先端尾状渐尖，基部圆钝；侧脉纤细，近平行。圆锥花序长20~40cm，苞片、小苞片叶状，粉红色，卵状椭圆形。萼管长1.2~1.5cm，萼裂片长圆形，暗紫红色；花瓣紫红色，阔倒卵形，先端圆而微凹；能育雄蕊2枚；退化雄蕊常4枚。荚果倒卵状长圆形，长12~20cm。花期6~8月；果期9~11月。

【产地及习性】产广东及广西和云南，常见于灌丛、路旁与山谷溪边。越南也有分布。喜光，幼树稍耐荫；喜温暖湿润气候，耐轻霜；酸性土、钙质土均适宜，耐瘠薄，但以深厚、肥沃、排水良好的土壤为佳。

【观赏评价与应用】仪花树姿美观，树冠阔而伞形，花序大型，花朵紫红色，形如蝴蝶，绰约多姿，苞片及小苞片均为粉红色，甚为美观，是优良的观花树种。适宜孤植、丛植于庭院、居住区、草地、水边等处，也可列植于路旁。广州近郊庭园中有少量栽培。

【同属种类】仪花属共有2种，产我国南部至西南部，越南也有分布。

仪花

仪花

仪花

云实科 Caesalpiniaceae

扁轴木
Parkinsonia aculeata

【别名】巴金生豆

【形态特征】具刺灌木或小乔木，高达6m，树皮光滑，绿色。2回偶数羽状复叶；叶轴和托叶变成刺；羽片1～3对，簇生在刺状、极短的叶轴上；羽轴绿色，长达40cm；小叶片极小而多，倒卵状椭圆形至长圆形，长2.5～8.5mm，宽1～3.5mm。总状花序腋生，花稀疏，黄色，萼片5，长圆形，花瓣5，匙形，先端圆钝，最上面一片较长，长约11mm，宽约6mm；雄蕊10枚，离生。荚果念珠状，长7.5～10.5cm。

【产地及习性】原产美洲热带、亚热带地区。全世界热带地区广为栽培。

【观赏评价与应用】扁轴木树形奇特，花朵金黄色，是优良的花灌木，常栽培观赏，适于我国热带地区庭院、山坡各处丛植。树皮和叶供药用，补虚劳。

【同属种类】扁轴木属全世界约4种，大部分产于南美洲干旱地区及非洲、大洋洲。我国引种1种，栽培于海南岛。

老虎刺
Pterolobium punctatum

【别名】石龙花、崖婆勒、蚰蛇利

【形态特征】攀援性灌木，长达15m；枝条和叶轴具钩刺，幼枝灰绿色。2回偶数羽状复叶，叶轴长12～20cm；羽片9～14对；小叶片19～30对，对生，狭长圆形，中部的长9～10mm，宽2～2.5mm，两面被黄色毛。总状花序长8～13cm，宽1.5～2.5cm，腋上生或于枝顶排列成圆锥状；花蕾倒卵形，萼片5，最下面一片较长，舟形；花瓣倒卵形；雄蕊10，等长。荚果长圆状匙形，长4～6cm，发育部分菱形；种子椭圆形。花期6～8月；果期9月至翌年1月。

【产地及习性】分布于长江流域至西南、华南，老挝也有分布。耐干旱瘠薄，常生于干旱的山坡石缝中，石灰岩山地常见。

【观赏评价与应用】老虎刺果实繁密而红色，新叶也为红色，远望如红云片片，植株蔓生，园林中可用于篱垣式的垂直绿化。植株密生钩刺，兼有防护功能。

【同属种类】老虎刺属约10种，分布于亚洲和澳大利亚热带、亚热带地区以及非洲热带。我国2种。

无忧花
Saraca dives

【别名】中国无忧花、火焰花

【形态特征】常绿乔木，高5～20m；径达25cm。小叶5～6对，长椭圆形、卵状披针形或长倒卵形，长15～35cm，宽5～12cm。伞房状圆锥花序大型；花黄色，后萼裂片基部及花盘、雄蕊、花柱均变为红色，雄蕊8～10枚，其中1～2枚退化。荚果棕褐色，扁平，长22～30cm，宽5～7cm，果瓣卷曲。花期4～5月；果期7～10月。

【产地及习性】产云南东南部至广西西南部、南部和东南部，生于海拔200～1000m密林或疏林中，常见于河流或溪谷两旁。越南、老挝也有分布。喜光，喜高温湿润气候，不耐寒，广州以北露地栽培易受冻害；喜生于富含有机质肥沃排水良好的土壤。

【观赏评价与应用】中国无忧花树冠椭圆伞形，树姿雄伟，嫩叶紫红色、下垂，花橙黄色至深红色，盛花期花开满枝似团团烈火燃在枝头，故有"火焰花"之名。是良好的庭园绿化和观赏树种，可用于庭院、公园、风

扁轴木

扁轴木

扁轴木

老虎刺

老虎刺

老虎刺

云实科 Caesalpiniaceae

景区作庭荫树，也是优良的行道树。广州华南植物园有栽培。

【同属种类】无忧花属约20种，分布于亚洲热带地区。我国2种，产云南西部和西南部至广西西南部，引入栽培1种。

印度无忧花
Saraca indica

常绿乔木，高5～20m。羽状复叶，小叶6～12枚，革质，长椭圆形或卵状矩圆形，先端急尖或骤急尖，基部楔形或圆楔形。花极芳香，橙黄色，并渐变为朱红色，排列成腋生的圆锥花序，无花冠。荚果扁平，微呈镰状弯曲或直，具4～8枚扁平的椭圆形种子。花期3～5月；果期6～10月。

原产印度，生于海拔750m以下山地。华南有栽培。

黏叶豆
Schizolobium parahyba

【别名】裂瓣苏木、巴西火焰树、伞树

【形态特征】落叶大乔木，高达30～35m，径达80cm；树干通直，树皮灰绿色，光滑；分枝点高，树冠宽阔开展。2回羽状复叶长达1m，聚生枝顶；羽片15～20对；小叶椭圆形，10～20对，无托叶。圆锥花序顶生或总状花序腋生；花金黄色，径达3.5cm；花萼筒歪陀螺形，裂片5，花期反折；花瓣5，相似，瓣爪明显；雄蕊10，离生，花丝有长柔毛。荚果扁平，匙状，长达10cm；种子1粒，矩圆形。落叶后开花，原产地花期10～12月。

【产地及习性】原产巴西、哥伦比亚和墨西哥等地，热带地区广泛引种栽培。喜光，略耐荫；喜排水良好的土壤。生长迅速，年生长量可达3m。

【观赏评价与应用】黏叶豆树形优美，树冠伞形，树皮绿色，幼树常不分枝且叶片可长达2m，盛花期无叶，满树金黄，是极为优美的庭院观赏树种，也是沿海地区山地造林的先锋树种。

【同属种类】黏叶豆属约4～5种。我国引入栽培1种。

翅荚决明
Senna alata
【*Cassia alata*】

【别名】有翅决明、翅果决明

【形态特征】常绿灌木，高1.5～3m；枝粗壮，绿色。在靠腹面的叶柄和叶轴上有2纵棱，有狭翅。小叶6～12对，倒卵状长圆形或长圆形，长8～15cm，宽3.5～7.5cm。花序顶生和腋生；花径约2.5cm，花瓣黄色，有明显的紫色脉纹。荚果长带状，长10～20cm，宽1.2～1.5cm。花期9～1月；果期12～2月。

【产地及习性】原产美洲热带地区，现广植于全世界热带地区。广东和云南南部地区常见，生于疏林或较干旱的山坡上。喜光，耐半荫，喜高温湿润气候，较耐瘠薄，适应性强。

【观赏评价与应用】翅荚决明叶片大而美，花期长，花色鲜艳夺目，花型美丽别致，耸立向上，俏丽可人，具有较高观赏价值，是华南地区优良的观花植物。可丛植、片植于庭园、林缘、路旁、水边等，也可孤植或两三丛植于路口节点等处。

【同属种类】番泻决明属约260种，泛热带分布。我国2种，引入栽培至少13种。

双荚决明
Senna bicapsularis
【*Cassia bicapsularis*】

【别名】腊肠仔树

【形态特征】半常绿灌木，多分枝。小叶3～4对，倒卵形或倒卵状长圆形，长2.5～3.5cm，宽约1.5cm，顶端圆钝，基部偏斜，下面粉绿色，最下1对小叶间有黑褐色线形腺体。总状花序生于枝条上部叶腋，常集成伞房花序状。花鲜黄色，径约2cm；雄蕊10枚，7枚能育。荚果圆柱状，长13～17cm，直径1.6cm。花期10～11月；果期11～3月。

【产地及习性】原产美洲热带地区，现广植于世界热带地区。喜光，稍耐荫，生长快，喜疏松、排水良好的肥沃土壤；耐修剪。

【观赏评价与应用】双荚决明叶色翠绿清新，叶形整洁优雅，花朵黄艳美丽动人，整体观赏价值较高。适合丛植、列植等方式作为基础种植或绿篱，也适于山坡、风景区大片群植。广东、广西等省区栽培。

伞房决明
Senna corymbosa
【*Cassia corymbosa*】

【别名】阿根廷决明

【形态特征】常绿灌木，高约1m。小叶2～3对，矩圆状披针形，长2.5～5cm。伞房花序长于叶；花黄色，能育雄蕊7。荚果圆柱形，长5～8cm。花果期5～11月。

【产地及习性】原产南美洲，在北美洲已

双荚决明

双荚决明

翅荚决明

翅荚决明

双荚决明

云实科 Caesalpiniaceae

伞房决明

伞房决明

伞房决明

经广为栽培，我国 20 世纪 90 年代引种，为丛生灌木，适应性强，耐寒，可用于公园草坪丛植，也适于高速公路绿化带种植。江苏、上海等地可露地生长。

长穗决明
Senna didymobotrya
【*Cassia didymobotrya*】

【别名】非洲决明

【形态特征】灌木，高 2.5～3(5) m；幼枝和嫩叶均被短柔毛。羽状复叶长达 35cm；叶柄和叶轴被短柔毛；叶轴无腺体；小叶 8～16 对，卵状长椭圆形或披针状长椭圆形，长 3～4.5cm，宽 1～1.8cm，顶端圆钝，具短尖头，基部圆形，偏斜，全缘，下面粉白

长穗决明

色。总状花序单生枝条顶端的叶腋，直立，长 15～30cm；花瓣苍黄色；雄蕊 10 枚，其中 2 枚特大，弯曲。荚果扁平，带状长圆形，长 8～10cm，宽 1.6～1.8cm。花果期春夏季。

【产地及习性】原产非洲，在热带亚洲、澳大利亚、夏威夷、墨西哥等地归化。我国海南、广东等地引种栽培。

铁刀木
Senna siamea
【*Cassia siamea*】

【别名】泰国山扁豆、黑心树

【形态特征】常绿乔木，高约 10m 左右；树皮灰色，近光滑。叶轴与叶柄无腺体；小叶 6～10 对，革质，长圆形或长圆状椭圆形，长 3～6.5cm，宽 1.5～2.5cm，顶端圆钝，基部圆形，上面光滑无毛，下面粉白色，全缘。总状花序生于枝上部叶腋，并排成伞房花序状；花瓣黄色，阔倒卵形，长 12～14mm，具短柄；雄蕊 10 枚，7 枚发育，3 枚退化。

铁刀木

铁刀木

荚果扁平，长15～30cm，宽1～1.5cm。花期10～11月；果期12月至翌年1月。

【产地及习性】云南有野生，南方各省区均有栽培。印度、缅甸、泰国有分布。阳性植物，喜温暖，不耐寒，耐干旱瘠薄，抗污染。生长迅速，萌芽力强。

【观赏评价与应用】铁刀木在我国栽培历史悠久，终年常绿，枝叶苍翠，花朵金黄，是优良的园林观赏树种，可用作园景树、行道树、庭荫树，于庭院、公园、景区孤植、列植、群植均适宜，花开时节蜂蝶云集。还可作防护林树种。

美丽山扁豆
Senna spectabilis
【Cassia spectabilis】

【别名】美丽决明

【形态特征】常绿小乔木，高约5m；嫩枝、叶轴、叶柄、花梗密被黄褐色绒毛。小叶6～15对，对生，椭圆形或长圆状披针形，长2.5～6cm，宽0.8～1.7cm，上面疏被白色绒毛，下面密被黄褐色绒毛，侧脉15～20对。顶生圆锥花序或腋生总状花序；花繁密，

美丽山扁豆

径5～6cm，黄色；雄蕊10枚，7枚发育。荚果长圆筒形，长25～35cm；种子间稍收缩。花期3～4月；果期7～9月。

【产地及习性】原产美洲热带地区；我国广东、云南南部有栽培，供观赏。

黄槐决明
Senna surattensis
【Cassia surattensis】

【别名】黄槐

【形态特征】常绿灌木或小乔木，高达5～7m。小叶7～9对，长椭圆形至卵形，长2～5cm，宽1～1.5cm，先端圆而微凹；

黄槐决明

黄槐决明

叶柄及最下部2～3对小叶间的叶轴上有2～3枚棒状腺体。伞房花序略呈总状，生于枝条上部叶腋，长5～8cm；花鲜黄色，花瓣长约2cm，雄蕊10枚，全部发育。荚果条形，扁平，长7～10cm。在热带地区全年开花。

【产地及习性】原产印度，热带地区广泛栽培，我国热带和南亚热带地区常见。喜高温、高湿的热带气候，要求阳光充足的环境，在疏松肥沃而排水良好的土壤中生长最好。

【观赏评价与应用】黄槐决明为一美丽的花木，树冠近球形，树姿优美，花朵鲜黄，常年开花不断，是优良的庭院造景材料，适于丛植，也可用于街道绿化，可与乔木行道树间植，在广东、广西、福建、台湾等地普遍应用。

油楠
Sindora glabra

【别名】蚌壳树

【形态特征】常绿乔木，高8～20m，径30～60cm。羽状复叶长10～20cm；小叶2～4对，对生，椭圆状长圆形，长5～10cm，宽2.5～5cm，侧脉多而纤细，不明显。圆锥花序腋生，长15～20cm，密被黄色柔毛；萼片4，被黄色柔毛，最上面1枚阔卵形，有软刺21～23枚，其他3枚椭圆状披针形，有软刺6～10枚；花瓣1枚，包被于最上面萼片内，长约5mm，能育雄蕊9枚。荚果圆形或椭圆形，长5～8cm，宽约5cm，散生硬直刺。花期4～5月；果期6～8月。

【产地及习性】分布于海南，生于中海拔山地的混交林内。

【观赏评价与应用】油楠新叶黄色，是热带地区优良庭荫树、行道树。油楠还是一热带重要的能源树种，其树干木质内含有丰富的可燃性油质液体，气味清香，经过滤后可直接作为柴油代用品。

【同属种类】油楠属约18～20种，产亚洲和非洲的热带地区。我国原产1种，引入

云实科　Caesalpiniaceae　437

栽培1种。

东京油楠
Sindora tonkinensis

【别名】柴油树

【形态特征】常绿乔木，高达15m；枝条无毛。小叶4～5对，革质，卵形、长卵形或椭圆状披针形，长6～12cm，宽3.5～6cm，两侧不对称，上侧较狭，全缘。圆锥花序生于枝顶的叶腋，长15～30cm，密被黄色柔毛。萼片4枚，外面密被黄色柔毛，无刺；花瓣肥厚，长约8mm，密被黄色柔毛。荚果近圆形或椭圆形，长7～10cm，宽4～6cm。花期5～6月；果期8～9月。

【产地及习性】分布于中南半岛，广州等地有栽培。

【观赏评价与应用】东京油楠树干光洁，树体高大，叶片亮绿色，圆锥花序直立，高耸于枝上，观赏效果独特。是热带地区优良的遮荫树，园林中可栽培观赏，用于风景区、公园作庭荫树，也可做行道树。

酸豆
Tamarindus indica

【别名】酸角、罗望子

【形态特征】常绿乔木，高10～15m，径达30～50cm；树皮暗灰色，不规则纵裂。小叶小，长圆形，长1.3～2.8cm，宽

云实科 Caesalpiniaceae

酸豆

酸豆

5～9mm，先端圆钝或微凹，基部圆而偏斜，无毛。花黄色或杂以紫红色条纹，总花梗和花梗被黄绿色短柔毛；小苞片2枚，长约1cm，开花前紧包着花蕾；花瓣倒卵形，边缘波状，皱折。荚果圆柱状长圆形，肿胀，棕褐色，长5～14cm，直或弯，不规则缢缩。花期5～8月；果期12～5月。

【产地及习性】原产非洲，现各热带地均有栽培。我国台湾、福建、广东、广西、云南南部、中部和北部（金沙江河谷）常见，栽培或逸为野生。适于气温高、日照长、干湿季节分明的地区生长；对土壤要求不严，在质地疏松、较肥沃的南亚热带红壤、砖红壤和冲积沙质土壤均能生长发育良好，而在黏土和瘠薄土壤上生长发育较差。

【观赏评价与应用】酸豆树体高大，树冠开张呈球型，花色淡雅，果实大而奇特，是优良的观花兼观果树种，可作庭荫树、园景树和行道树栽培。适应性强，也是涵养水源、绿化荒山的重要材料，西南干热河谷地带可广泛栽培。果肉味酸甜，可生食或熟食，或作蜜饯或制成各种调味酱及泡菜。

【同属种类】酸豆属仅1种，分布于非洲，现热带地区广泛引种。

任豆
Zenia insignis

【别名】任木

【形态特征】落叶乔木，高15～20m，径约1m。羽状复叶长25～45cm；小叶长圆状披针形，长6～9cm，阔2～3cm，上面无毛，下面有灰白色的糙伏毛。圆锥花序顶生；花红色，长约14mm；萼深紫色，长10～12mm，顶端圆钝，花瓣长约12mm。荚果长圆形或椭圆状长圆形，红棕色，长约10cm，有时达15cm。花期4～5月；果期6～8月。

【产地及习性】分布于广东、广西，生长于海拔200～950m的山地密林或疏林中。越南有分布。强阳性树种，喜生于石灰岩地区，在酸性红壤和赤红壤上也能生长；耐干旱，也较耐水湿；根系发达，侧根多；萌芽力强。生长迅速。

【观赏评价与应用】任豆树形优美，叶、花、果独特，花色紫红，花序大型，可作为园林绿化树种，最宜作庭荫树。也是重要的速生树种，并可作为紫胶虫的寄主。桂林、永州、连州、乐昌等地有栽培。

【同属种类】任豆属仅此1种，产我国及越南。

任豆

任豆

任豆

九十二、蝶形花科 Fabaceae

相思子
Abrus precatorius

【别名】红豆、相思豆

【形态特征】攀援灌木，茎细弱，多分枝。羽状复叶，小叶 8～13 对，近长圆形，长 1～2cm，宽 0.4～0.8cm，上面无毛，下面被稀疏白色糙伏毛。总状花序腋生，长 3～8cm；花序轴粗短；花小，密集成头状；花萼钟状，萼齿 4 浅裂，被白色糙毛；花冠紫色，雄蕊 9，子房被毛。荚果长圆形，果瓣革质，长 2～3.5cm，宽 0.5～1.5cm，熟时开裂，种子 2～6，椭圆形，上部约 2/3 鲜红色，下部 1/3 黑色。花期 3～6 月；果期 9～10 月。

【产地及习性】产台湾、广东、广西、云南，生于山地疏林中。广布于热带地区。

【观赏评价与应用】相思子生长繁茂，花朵紫白，热带和南亚热带地区可作垂直绿化材料，用于攀附篱架、栅栏。种子质坚，色泽华美，可做装饰品，但有剧毒。

【同属种类】相思子属约 17 种，广布于热带亚洲、马达加斯加至非洲。我国 2 种。

骆驼刺
Alhagi sparsifolia

【形态特征】落叶半灌木，高 25～40cm；基部多分枝，枝条平行上升。叶互生，卵形或倒卵圆形，长 8～15mm，宽 5～10mm，先端圆形，具硬尖，全缘，无毛。总状花序腋生，花序轴变成坚刺，长为叶的 2～3 倍；花长 8～10mm，花冠深紫红色，旗瓣倒长卵形，长 8～9mm，先端钝圆或平，冀瓣长圆形，龙骨瓣与旗瓣约等长；子房无毛。荚果线形，常弯曲。

【产地及习性】产内蒙古、甘肃、青海和新疆，生于荒漠地区的沙地、河岸、农田边。分布于中亚。极为耐旱植物，也耐沙荒、盐渍化土。

【观赏评价与应用】骆驼刺幼嫩枝叶是骆驼、山羊、绵羊、马等的重要饲料。根系极深，耐旱，是西北地区重要的防风固沙植物，对于维护生长地脆弱的生态环境有着积极重要的生态价值。荚果在秋天时呈现粉红色或红褐色，熟时由于果柄不易脱落，似朵朵红花，悬挂在干枯的枝条上，格外引人注目。

【同属种类】骆驼刺属约 5 种，主要分布于北非、地中海至中亚和蒙古。我国仅 1 种。

沙冬青
Ammopiptanthus mongolicus

【形态特征】 常绿灌木，高1～2m，多分枝。小枝粗壮，黄绿色。3小叶，偶为单叶；小叶革质，菱状椭圆形至宽披针形，长2～3.5cm，宽6～20mm，全缘，两面密被灰白色绒毛，侧脉几不明显；托叶小，与叶柄连合而抱茎。总状花序顶生或侧生，花8～12朵。花梗长约1cm，花萼筒状，疏生柔毛；花冠黄色，旗瓣倒卵形，长约2cm。荚果扁平，线形，长5～8cm，宽15～20mm。花期4～5月；果期5～6月。

【产地及习性】 产宁夏、青海、甘肃、内蒙古。蒙古也产，生于固定沙地、沙质石质山坡。沙冬青抗逆性强，根系发达，固沙保土性能好；根部具有根瘤，能改良土壤。

【观赏评价与应用】 沙冬青是古老的第三纪残遗种，为鄂尔多斯高原和阿拉善荒漠区所特有的建群植物。由于过度樵采，群落遭到严重破坏，分布面积日趋缩小，若不加强保护，将面临灭绝危险。沙冬青四季常绿，花黄色而较大，是西北干旱地区不可多得的优良绿化观赏树种，园林中可于坡地、山石间丛植。也是重要的水土保持、固沙和药用树种。

【同属种类】 沙冬青属仅1种，产中国、蒙古、吉尔吉斯斯坦和哈萨克斯坦。

紫穗槐
Amorpha fruticosa

【别名】 棉槐

【形态特征】 落叶灌木，丛生，高1～4m。枝条直伸，幼时有毛；冬芽2～3叠生。奇数羽状复叶互生；小叶11～25枚，长卵形至长椭圆形，长2～4cm，具透明油点，先端有小短尖。顶生密集穗状花序，长7～15cm；萼钟状，5齿裂；花冠蓝紫色，仅存旗瓣，翼瓣及龙骨瓣退化；雄蕊10，2体，或花丝基部连合，花药黄色，伸出花冠外。荚果短镰形或新月形，长7～9mm，密生油腺点，不开裂，1粒种子。花期4～5月；果期9～10月。

【产地及习性】 原产北美，约20世纪初引入我国，东北、华北、西北，南至长江流域、浙江、福建均有栽培，已呈半野生状态。近年广西、及云贵高原也有引种。喜光，耐寒，在最低气温达-40℃的地区仍能生长；耐水淹；对土壤要求不严，耐盐碱，在土壤含盐量0.3%～0.5%时也可生长。生长迅速，萌芽力强。

【观赏评价与应用】 紫穗槐适应性强，生长迅速，枝叶繁密，是优良的固沙、防风和改良土壤树种，可广泛用作荒山、荒地、盐碱地、低湿地、海滩、河岸、公路和铁路两侧坡地的绿化，园林中也可植为自然式绿篱。叶作绿肥、家畜饲料；茎皮可提取栲胶，枝条编制篓筐；果实含芳香油，种子含油率10%，可作油漆、甘油和润滑油之原料。

【同属种类】 紫穗槐属约15种，分布于北美及墨西哥。我国引入1种。

紫矿
Butea monosperma

【别名】 紫铆、胶虫树

【形态特征】 落叶乔木，高10～20m，径达30cm，树皮灰黑色。羽状复叶，具3小叶；小叶厚革质，顶生的宽卵形或近圆形，长14～17cm，宽12～15cm，侧生的长卵形或长圆形，较小，两侧不对称，两面粗糙，侧脉6～7对。总状或圆锥花序腋生或生于无叶枝上；花冠橙黄或橘红色，后变黄色，旗瓣长卵形，长达5cm，翼瓣狭镰形，龙骨瓣

沙冬青

沙冬青

沙冬青

紫穗槐

紫穗槐

紫穗槐

蝶形花科 Fabaceae

宽镰形；子房密被绒毛。荚果扁长圆形，长12～15cm，宽3.5～4cm。花期3～4月；果期10月。

【产地及习性】产云南南部西双版纳、西南部耿马，生于林中或路旁、灌木丛中潮湿处。广西西南部的宁明有栽培。印度、斯里兰卡、越南至缅甸也有分布。

【观赏评价与应用】紫矿树冠浓郁优美，叶大秀丽，春季先花后叶，花朵瑰丽娇艳、璀璨夺目，每朵花宛若一只展翅飞翔的小鸟，盛开时节满树繁花，远看像一团团耀眼的火焰，故被形象地称为"森林之焰"，秋季挂满扁长圆形的荚果，是优良的庭园观赏树种。紫矿也是重要的经济树种，其生产的紫胶是航空制造业上的重要黏合剂，花还可以作为红色或黄色染料。华南植物园有栽培。

【同属种类】紫矿属约6种，分布于印度、斯里兰卡、印度尼西亚、越南、泰国、缅甸和我国。我国有2种，产于云南南部。

木豆
Cajanus cajan

【别名】豆蓉、观音豆、树豆

【形态特征】直立灌木，1～3m。多分枝，小枝有明显纵棱。羽状3小叶；小叶披针形至椭圆形，长5～10cm，宽1.5～3cm，下面灰白色，有不明显黄色腺点。总状花序长3～7cm，总梗、苞片、花萼均被灰黄色短柔毛；花冠黄色，旗瓣近圆形，雄蕊二体。荚果线状长圆形，长4～7cm，宽6～11mm，种子近圆形，暗红色。花、果期2～11月。

【产地及习性】产云南、四川、江西、湖南、广西、广东、海南、浙江、福建、台湾、江苏。原产地或为印度，现世界上热带和亚热带地区普遍有栽培，极耐瘠薄干旱。

【观赏评价与应用】木豆枝叶繁茂，花朵鲜黄色，可栽培作花灌木。也是热带地区重要的作物，在印度栽培尤广，为平民的主粮和菜肴之一，常作包点馅料，叫豆蓉；叶可作家畜饲料、绿肥。亦为紫胶虫的优良寄主植物。

【同属种类】木豆属约30种，主要分布于热带亚洲、大洋洲和非洲的马达加斯加。我国7种，产南部及西南部，在西南部和东南部常见。

香花鸡血藤
Callerya dielsiana
【*Millettia dielisana*】

【别名】香花崖豆藤

【形态特征】攀援灌木，长2～5m。小叶5，披针形，长圆形至狭长圆形，长5～15cm，宽1.5～6cm。圆锥花序顶生，长达40cm；花冠紫红色，长1.2～2.4cm，旗瓣阔卵形至倒阔卵形，背面密被褐色绢毛。荚果长7～12cm，宽1.5～2cm，扁平。花期5～9月；果期6～11月。

绿花鸡血藤
Callerya championii
【*Millettia championi*】

【别名】绿花崖豆藤

【形态特征】藤本，除花序外几无毛。羽状复叶，小叶2（3）对，纸质，卵形或卵状长圆形，长3～7cm，宽1.5～2cm，侧脉5～7对，近叶缘环结，细脉明显，两面隆起；小托叶针刺状。圆锥花序顶生，长15～20cm，花密集；花萼阔钟状，长约2mm，宽约4mm，花冠黄白色，偶有红晕，花瓣近等长，旗瓣圆形，翼瓣直，龙骨瓣长圆形；雄蕊二体，对旗瓣的1枚离生。荚果线形，长6～12cm，宽0.5～1.2cm。花期6～8月；果期8～10月。

【产地及习性】产福建、广东、广西。生于山谷岩石、溪边灌丛间。根茎有毒，民间治跌打损伤。

亮叶鸡血藤
Callerya nitida
【*Millettia nitida*】

【别名】亮叶崖豆藤

【形态特征】攀援灌木。小叶5，卵状披针形或长圆形，长5～9cm，宽3～4cm，上面光亮无毛，有时中脉有毛，下面无毛或被稀疏柔毛，侧脉5～6对，细脉两面隆起。圆锥花序粗壮，长10～20cm，花冠青紫色，旗瓣密被绢毛，长圆形。花期5～9月；果期7～11月。

【产地及习性】产江西、福建、台湾、广东、海南、广西、贵州。生于海岸灌丛或山地疏林中，海拔800m。花朵甚为美丽。

【产地及习性】产长江流域至华南、西南，北达甘肃和陕西南部，生于山坡杂木林与灌丛中，或谷地、溪沟和路旁。越南、老挝也有分布。

【观赏评价与应用】香花鸡血藤叶片青翠浓绿，光泽可鉴，圆锥花序紫色或红色，长达40cm，盛夏开花，红绿相衬，浓荫盖地，是一种美丽的庭院垂直绿化植物。已广泛作园艺观赏用，常栽培。可用于攀附花架、栅栏、凉廊、树木，也适于坡地、山石间种植。

【同属种类】鸡血藤属约30种，分布于东亚和东南亚、澳大利亚和新几内亚。我国18种，主产南方。

蝶形花科 Fabaceae

海南崖豆藤
Callerya pachyloba

【别名】毛瓣鸡血藤

【形态特征】巨大藤本，长达20m；树皮粗糙，纵裂。小枝挺直，密被黄褐色绢毛。小叶4对，倒卵状长圆形或长圆状椭圆形，长7～17cm，宽3～5.5cm，下面密被黄色平伏绢毛。总状圆锥花序顶生，或2～3枝近枝梢腋生，长20～30cm，花3～7朵着生节上，花冠淡紫色，旗瓣密被黄褐色绢毛。荚果菱状长圆形，长5～8cm，宽3～4cm，厚约2cm，肿胀。花期4～6月；果期7～11月。

【产地及习性】产广东、海南、广西、贵州及云南。生于海拔1500m以下沟谷常绿阔叶林中。越南北部也有。

美丽鸡血藤
Callerya speciosa
【*Millettia speciosa*】

【别名】牛大力藤、山莲藕

【形态特征】藤本，树皮褐色。小枝圆柱形。小叶常6对，长圆状披针形或椭圆状披针形，长4～8cm，宽2～3cm，先端钝圆。圆锥花序腋生，常聚集枝梢成带叶的大型花序，长达30cm；花大，长2.5～3.5cm，有香气，花冠白色、米黄色至淡红色。荚果长10～15，宽1～2cm，扁平。花期7～10月；果期翌年2月。

【产地及习性】产福建、湖南、广东、海南、广西、贵州、云南。生于海拔1500m以下灌丛、疏林和旷野。越南也有。

杭子梢
Campylotropis macrocarpa

【形态特征】落叶灌木，高1～2m。羽状3出复叶；小叶椭圆形或宽椭圆形，长3～7cm，宽1.5～4cm，先端钝圆或微凹，基部圆形。总状花序，长4～10cm或更长；花序每节苞片腋内生1花，花梗在萼下有关节。花冠紫红色或粉红色，长10～13mm。荚果长圆形、近长圆形或椭圆形，长10～14mm，宽4.5～5.5mm，先端具短喙尖，

具网脉。花期7～9月；果期9～10月。

【产地及习性】产华北、西北、华东及西南等地，生于山坡、沟边、林缘或疏林中。朝鲜北部亦产。生态幅较宽，耐荫，也适于全光下生长，成年植株耐旱。

【观赏评价与应用】杭子梢株丛自然，生长繁茂，花序大型，花色美丽，盛夏开花，可供园林观赏，适于疏林下、林缘、水边等处丛植。也是优良的水土保持植物。

【同属种类】杭子梢属约37种，产于亚洲，最南达印度尼西亚爪哇，西达克什米尔，北至中国的华北北部。我国32种，集中于西南部，多数种类均可栽培观赏。

锦鸡儿
Caragana sinica

【别名】金雀花

【形态特征】落叶灌木，高达2m，树皮深褐色。小枝有角棱，无毛。小叶2对，羽状排列，先端1对小叶较大，倒卵形至长圆状倒卵形，长1～3.5cm，先端圆或微凹；托叶三角形，硬化成刺状，长0.7～1.5 (2.5) cm。花单生叶腋，花冠长约2.8～3cm，黄色带红晕；花梗长约1cm。荚果圆筒状，长达3～3.5cm。花期4～5月；果期7月。

【产地及习性】产华北、华东、华中至西南地区，常生于山地石缝中。喜光，耐寒性强；耐干旱瘠薄，不耐湿涝。根系发达，萌芽力和萌蘖力强。

【观赏评价与应用】锦鸡儿叶色鲜绿，花朵红黄而悬于细梗上，花开时节形如飞燕。宜植为花篱，且其托叶和叶轴先端均呈刺状，兼有防护作用；也适于岩石、假山旁、草地丛植观赏，并是瘠薄山地重要的水土保持灌木。另外，锦鸡儿枝细叶小，其单干者有大树之姿，可制作盆景。

【同属种类】锦鸡儿属约100种，主要分布于温带亚洲和欧洲东部。我国约66种，主产西北、西南、华北和东北。常栽培观赏，也是重要的水土保持、防风固沙和燃料植物。

锦鸡儿

锦鸡儿

树锦鸡儿
Caragana arborescens

【别名】蒙古锦鸡儿

【形态特征】落叶小乔木或大灌木，高2～6m。羽状复叶有4～8对小叶；托叶针刺状，长5～10mm；小叶长圆状倒卵形、狭倒卵形或椭圆形，长1～2cm，宽5～10mm，先端钝圆，具刺尖。花2～5朵簇生，花梗长2～5cm；花冠黄色，长1.6～2cm。荚果圆筒形，长3.5～6cm，粗3～6.5mm。花期5～6月；果期8～9月。

【产地及习性】产东北、西北和华北北部，生于林间、林缘。

【观赏评价与应用】优良庭院观赏材料，东北南部、华北及西北地区常有栽培，可孤植、丛植，也可作绿篱材料。为北方水土保持和固沙造林树种。

树锦鸡儿

树锦鸡儿

树锦鸡儿

树锦鸡儿

锦鸡儿

蝶形花科 Fabaceae

柠条锦鸡儿
Caragana korshinskii

【别名】柠条

【形态特征】落叶灌木，稀小乔木，高 1～4m。老枝金黄色，有光泽；嫩枝被白色柔毛。偶数羽状复叶，小叶 6～8 对，倒披针形或矩圆状倒披针形，先端锐尖，具短刺尖，两面密被伏生绢毛；叶轴脱落；托叶常硬化成针刺，宿存。花黄色，单生或簇生；花梗中上部具关节。荚果扁披针形，长 1.5～3.5cm。花期 5～6 月；果期 6～7 月。

【产地及习性】宁夏、陕西、甘肃、内蒙古，生于半荒漠地区固定沙丘。

【观赏评价与应用】柠条锦鸡儿根系发达，为西北地区优良的固沙和、水土保持灌木。根具固氮根瘤菌，对贫瘠的黄土和沙地具有良好的改土作用。

毛掌叶锦鸡儿

柠条锦鸡儿

柠条锦鸡儿

柠条锦鸡儿

毛掌叶锦鸡儿
Caragana leveillei

【别名】母猪鬃

【形态特征】落叶灌木，高约 1m，多分枝。假掌状复叶有 4 小叶。托叶狭，长 2～6mm，硬化成针刺；小叶楔状倒卵形，长 5～20mm，

毛掌叶锦鸡儿

毛掌叶锦鸡儿

宽 2～10mm，先端圆形，下面密被柔毛。花梗长 8～12mm，关节在下部；花冠长 2.5～2.8cm，黄色或浅红色，旗瓣倒卵状楔形，宽约 10mm。荚果圆筒状，长 2～4cm，宽约 3mm，密被长柔毛。花期 4～5 月；果期 6 月。

【产地及习性】产河北、山西、山东、陕西、河南，常生于干燥的山坡。耐旱性强，花色优美，可栽培观赏，应用方式同锦鸡儿。

小叶锦鸡儿
Caragana microphylla

【别名】连针、柠鸡儿、雪里洼

【形态特征】落叶灌木，高 1～2m。羽状复叶有 5～10 对小叶；托叶长 1.5～5cm，脱落。小叶倒卵形或倒卵状长圆形，长 3～10mm，宽 2～8mm，先端圆钝，幼时被

小叶锦鸡儿

小叶锦鸡儿

小叶锦鸡儿

短柔毛。花梗长约1cm，近中部具关节；花冠黄色，长约25mm，旗瓣宽倒卵形，先端微凹。荚果稍扁，长4～5cm，宽4～5mm。花期5～6月；果期7～8月。

【产地及习性】产东北、华北、西北，生于草原地区的固定、半固定沙丘或平坦沙地、山坡灌丛。蒙古、俄罗斯也有。喜光，耐干旱瘠薄，喜通气良好的沙地、沙丘及干燥山坡地。

【观赏评价与应用】小叶锦鸡儿适应性强，是干旱草原、荒漠草原地带的先锋树种，可作我国北方地区固沙和水土保持植物。枝叶细小，花色美丽，也是优良的花灌木，可供园林观赏，尤适于公园或风景区的干旱山坡等立地条件差的地区，耐粗放管理。

红花锦鸡儿
Caragana rosea

【别名】金雀儿、黄枝条、乌兰－哈日嘎纳

【形态特征】落叶灌木，高0.4～1m。托叶宿存并硬化成针刺，长3～4mm。羽状复叶有小叶2对，叶轴甚短而小叶簇生如同掌状；小叶楔状倒卵形，长1～2.5cm，宽4～12mm。花单生，花冠长约2～2.2cm，黄色，龙骨瓣玫瑰红色，凋谢时变红色。荚果筒状，长3～6cm。花期4～6月；果期

红花锦鸡儿

红花锦鸡儿

6～7月。

【产地及习性】产东北、华北、华东及河南、甘肃南部，生于山坡及沟谷。

【观赏评价与应用】红花锦鸡儿花色美丽，花期长，常栽培供观赏，应用方式同锦鸡儿。

栗豆树
Castanospermum australe

【别名】绿元宝、元宝树

【形态特征】常绿乔木。1回奇数羽状复叶，小叶呈长椭圆形，近对生，全缘，革质，长约8～12cm。种球自基部萌发，如鸡蛋般大小，革质肥厚，饱满圆润，富有光泽，宿存盆土表面，圆锥花序生于枝杆上，小花橙黄色。荚果长达20cm，种子椭圆形，大如鸡蛋，可供烤食。花期春夏。

【产地及习性】产澳大利亚，我国南方引种栽培。性喜高温，生长适温22～30℃；喜肥沃富含腐殖质的沙质壤土，要求中等强度的散射光线，耐荫，忌日强光照射。

【观赏评价与应用】栗豆树两片绿色的子

栗豆树

栗豆树

叶膨大，状似元宝，苗期宿存长达1年，故有"元宝树"之称，是优良的室内观叶植物。热带地区成株可高达12m，常植为庭园观赏植物或行道树。

【同属种类】栗豆树属仅1种，大洋洲特产。

舞草
Codariocalyx motorius

【别名】电信草

【形态特征】落叶小灌木，茎干细弱，高达1~1.8m。茎无毛。3出复叶或兼有单小叶，顶生小叶长圆形或披针形，长5.5~10cm，宽1~2.5cm；侧生小叶很小，条形或线形，长0.8~2.5cm，宽2~5mm，有时缺。花2~4朵簇生，集成总状或圆锥花序，长达24cm；花冠紫红色。果实长2.5~4cm，宽约5mm。花期7~8月；果期10~11月。

【产地及习性】分布于福建、江西、台湾、广东、贵州、广西、四川、云南等地，生于丘陵山坡或山沟灌丛中。也产于热带亚洲。喜阳光充足和温暖湿润的环境，耐旱，耐瘠薄土壤。

【观赏评价与应用】舞草在古代已经有名，

古人称之为"虞美人草"。《益州草木记》云："雅州名山县（今雅安名山县）出虞美人草，花叶两相对。人或对之，即向人而俯……"《群芳谱》云："虞美人草，独茎三叶，叶如决明，一叶在茎顶，两叶在茎之半，取对而生。人或近之，抵掌讴曲，叶动如舞，故又名舞草。"但明代以来，虞美人被指为罂粟科的花卉。舞草每叶的两侧生线形小叶，在气温不低于22℃时，特别在阳光下，会按椭圆形轨道舞动，非常奇特。适于庭院、公园、草坪、路边等各处栽植，一般以丛植为宜。也是优良的盆栽花木。

【同属种类】舞草属共有2种，分布于东南亚。我国2种均产。

鱼鳔槐
Colutea arborescens

【别名】膀胱豆、灯笼槐

【形态特征】落叶灌木，高达4~5m，幼枝被柔毛。羽状复叶，小叶9~13枚，椭圆形或倒卵形，长1.5~3cm，宽6~15mm，先端微凹或有芒尖，基部圆形，下面被平伏柔毛。总状花序腋生，长达5~6cm，有花6~8朵；花蝶形，花冠鲜黄色，长约2cm，旗瓣有红色条纹；花梗长约1cm。荚果长卵形，膨大如笼，长6~8cm，淡黄绿色，无毛，基部绿色或淡红色。花期4~6月；果期7~10月。

【产地及习性】原产南欧和非洲北部的地中海沿岸，我国华东地区以及北京、辽宁陕西等地有栽培。性耐寒，喜干燥、避风、向阳、排水良好的环境。

【观赏评价与应用】鱼鳔槐花色鲜艳，果实形状奇特，呈鱼鳔状，故名，是美丽的观花和观果灌木，可于庭院、公园丛植观赏，也可用于树群外围。

【同属种类】鱼鳔槐属共有28种，分布于南欧至喜马拉雅西部。我国产2种，引入栽培2种。

杂种鱼鳔槐
Colutea × media

【别名】红花鱼鳔槐

【形态特征】落叶灌木，高达2m。羽状复叶有9~13片小叶。小叶对生至近对生，倒卵形，长1.3~1.9(2.5)cm，宽0.9~1.2cm。总状花序长6~7cm，生3~5花，总花梗长达3~4cm，被白色柔毛。花冠橙黄色至红褐色，旗瓣反曲，长约15mm，宽19~20mm。荚果淡紫色，长约7.5cm。花果期5~10月。

【产地及习性】为鱼鳔槐和东方鱼鳔槐的杂交种，出现于1790年以前，我国南京、青岛等地栽培。是美丽的观花和观果灌木。

金雀儿
Cytisus scoparius

【形态特征】落叶灌木，高80～250cm。枝丛生，细长，具细棱。上部常单叶，下部3出复叶；小叶倒卵形至椭圆形，全缘，长5～15mm，宽3～5mm，先端钝圆。花单生上部叶腋，排成总状花序状，花梗细；萼二唇形，通常粉白色；花冠鲜黄色，长1.5～2.5cm，旗瓣卵形至圆形，先端微凹，翼瓣与旗瓣等长，龙骨瓣阔；单体雄蕊，花药二型。荚果扁平，阔线形。花期5～7月。

【产地及习性】原产欧洲，我国东南部各地常见于栽培。喜光，耐寒，耐干旱瘠薄。

【观赏评价与应用】金雀儿株型低矮，枝条斜展，黄色成串的花朵盛放时，犹如炸开的火焰直冲向外，动感十足，美艳惊人，具有较高的观赏价值。适宜大面积配置于庭园路边、草地等处创造美丽的黄花景观，也可配置于花坛或列植为绿篱。

【同属种类】金雀儿属约50种，产欧洲、亚洲西部和非洲北部。我国引入栽培1种。

毛果金雀儿
Cytisus striatus

【别名】葡萄牙金雀儿、法国金雀儿、西班牙金雀儿

【形态特征】落叶灌木，高达2～3m，多分枝；枝条细长，绿色，常具8～10棱，幼时有丝状毛，后无毛。叶稀疏，3出复叶，枝条上部有时为单叶，小叶倒卵形，长5～15mm。花淡黄色，1～2朵生于叶腋。荚果长1.5～4cm，密生白色长毛。

【产地及习性】原产伊比利亚半岛，世界各地引种栽培，在北美等地逸生。

黄檀
Dalbergia hupeana

【别名】不知春

【形态特征】落叶乔木，高10～20m；树皮呈薄片状剥落。幼枝淡绿色，无毛。羽状复叶长15～25cm；小叶互生，9～11枚，长圆形至宽椭圆形，长3～5.5cm，宽2.5～4cm，叶端钝圆或微凹，叶基圆形，两面被伏贴短柔毛。圆锥花序顶生或近顶生，长15～20cm，径10～20cm；花密集，长6～7mm，花冠淡紫色或黄白色。荚果阔舌状，长4～7cm，宽13～15mm。花期5～7月；果期9～10月。

【产地及习性】在我国分布颇广，华东、华中、华南及西南各地均产，生于山地林中或灌丛中。喜光，耐干旱瘠薄，在酸性、中性及石灰性土壤上均能生长；深根性，萌芽性强。

蝶形花科　Fabaceae

黄檀

黄檀

南岭黄檀

南岭黄檀

藤黄檀

藤黄檀

藤黄檀

降香黄檀

【观赏评价与应用】黄檀树形自然优雅，花色淡雅芳香，花开之时能吸引大量蜂蝶访问，荚果黄绿色，盛果期荚果挂枝、黄绿相间，具有独特的观赏性，可作庭荫树、风景树、行道树应用。适应性强，也是荒山荒地绿化的先锋树种，尤适于石灰质山地绿化。

【同属种类】黄檀属约100~120种，分布于热带和亚热带。我国约28种，产于淮河以南，另引入栽培1种。

南岭黄檀
Dalbergia assamica
【*Dalbergia balansae*】

【别名】秧青

【形态特征】乔木，高7~10m，分枝平展。羽状复叶长25~30cm，托叶大，叶状，卵形至卵状披针形。小叶6~10对，长圆形或长圆状椭圆形，长3~5cm，宽1.5~2.5cm，细脉纤细密集，两面略隆起。圆锥花序腋生，稀疏，长10~15cm，径7.5~10cm；花长6~8mm，花冠白色，内面有紫色条纹，花瓣具长柄，旗瓣圆形，反折。花期4~7月；果期9~12月。

【产地及习性】产广西、云南，生于山地疏林、河边或村旁旷野。喜马拉雅山东部也有分布。为紫胶虫寄主树。

藤黄檀
Dalbergia hancei

【别名】藤檀

【形态特征】落叶性木质藤本。枝纤细，小枝有时变钩状或旋扭。羽状复叶长5~8cm；小叶3~6对，狭长圆或倒卵状长圆形，长10~20mm，宽5~10mm，先端钝圆。总状花序短，幼时包藏于覆瓦状排列的舟状苞片内，数个总状花序集成腋生短圆锥花序。花冠绿白色，芳香，长约6mm，各瓣均具长柄；雄蕊9，单体，有时10。荚果扁平。花期3~5月；果期6~11月。

【产地及习性】产安徽、浙江、江西、福建、广东、海南、广西、四川、贵州，生于山坡灌丛中或山谷溪旁。

【观赏评价与应用】藤黄檀干屈曲自然，叶片小，耐修剪，是制作盆景的好材料。

降香黄檀
Dalbergia odorifera

【别名】降香檀、花梨木

【形态特征】常绿乔木，高10~15m；除幼嫩部分、花序及子房略被短柔毛外，全株无毛。小叶4~5(3~6)对，卵形或椭圆形，长4~7cm，宽2~3.5cm，顶端小叶最大，往下渐小，基部1对长仅为顶小叶的1/3。圆锥花序腋生，长8~10cm，径6~7cm；花乳白色或淡黄色。荚果舌状长圆形，长4.5~8cm，宽1.5~1.8cm。花期4~6月；果期7~12月。

降香黄檀

降香黄檀

【产地及习性】产福建、海南、浙江，生于中海拔山坡疏林中、林缘或村旁旷地上。

【观赏评价与应用】降香黄檀树形自然，在东南沿海地区已经作为绿化观赏树种栽培，适于庭院和公园、居住区应用。

印度黄檀
Dalbergia sissoo

【形态特征】落叶乔木。枝被白色短柔毛。小叶1~2对，近圆形或菱状倒卵形，长3.5~6cm，先端圆，被白色伏贴柔毛。圆锥花序近伞房状；花淡黄色或白色，长8~10mm，芳香；花冠各瓣均具长柄，旗瓣阔倒卵形，翼瓣和龙骨瓣倒披针形；雄蕊9，单体。荚果线状长圆形至带状。花期3~4月；果期6~11。

【产地及习性】福建、广东、海南栽培。伊朗东部至印度及世界各热带地区有栽培。树冠开展，花芳香，可作庭园观赏树。

印度黄檀

印度黄檀

假地豆
Desmodium heterocarpon

【别名】稗豆

【形态特征】小灌木或亚灌木。茎直立或平卧，高30~150cm，基部多分枝。3出复叶，顶生小叶椭圆形或宽倒卵形，长2.5~6cm，宽1.3~3cm，侧生小叶较小，全缘，侧脉5~10对。总状花序顶生或腋生，长2.5~7cm，密被淡黄色开展钩状毛；花极密，花冠紫红色至或白色，长约5mm。荚果密集，狭长圆形，长12~20mm，宽2.5~3mm，腹背两缝线被钩状毛，荚节近方形。花期7~10月；果期10~11月。

【产地及习性】产长江以南各省区，西至云南，东至台湾。生于山坡草地、水旁、灌丛或林中，海拔350~1800m。热带亚洲、太平洋群岛及大洋洲亦有分布。

【观赏评价与应用】假地豆花朵紫色、密集，极富野趣，可作花灌木栽培观赏，适于林缘、山坡、风景区应用。

【同属种类】山蚂蝗属约280种，多分布于亚热带和热带地区。我国32种，大部分布于西南经中南部至东南部，仅1种产陕、甘西南部。

假地豆

假地豆

蝶形花科　Fabaceae

刺桐

南非刺桐

南非刺桐

刺桐
Erythrina variegata
【*Erythrina indica*】

【形态特征】落叶大乔木，高达20m，皮刺黑色、圆锥形。3出复叶，常密集枝端；叶柄长10～15cm。小叶阔卵形至斜方状卵形，长宽约15～30cm，基出脉3，侧脉5对；小托叶变为宿存腺体。总状花序顶生，粗壮，长10～15cm，花密集、成对着生；萼佛焰状，分裂到基部；花冠红色，长6～7cm，盛开时旗瓣与翼瓣及龙骨瓣成直角，雄蕊10，单体。荚果肥厚，长15～30cm，宽2～3cm，念珠状，种子暗红色。花期12～3月；果期9月。

【产地及习性】产于热带亚洲，我国产于福建、广东、广西、海南、台湾等地，常见栽培。喜高温、湿润；喜光亦耐荫；在排水良好、肥沃的沙质壤土上生长良好。生长较迅速。

【变种】金脉刺桐（var. *picta*），叶脉黄色。华南有栽培。

【观赏评价与应用】刺桐树形似梧桐，而干有刺，故名"刺桐"。秋季部分老叶黄色，花红艳美观、花型奇特，冬季盛开，是华南地区著名的观赏树木。刺桐树体高大，宜孤植或群植作园景树，广东也植为行道树。

【同属种类】刺桐属约100种，分布于全球热带和亚热带。我国4种，引入栽培至少5种。

南非刺桐
Erythrina caffra

落叶乔木，高达20m；树皮灰色，树干有皮刺。叶柄具短柔毛；小叶宽三角形或宽卵形，顶生小叶较大，宽可达15cm。冬季落叶，春天开红花，翼瓣及龙骨瓣很小。荚果黑色，长约15cm；种子黑红色。

原产南部非洲，广泛栽培，洛杉矶市树。广州、香港等地有栽培。

龙牙花
Erythrina corallodendron

【别名】珊瑚树、珊瑚刺桐、木本象牙红

【形态特征】常绿小乔木或灌木，高达5m，树干和分枝上有皮刺。3出复叶；小叶菱状卵形，长4～10cm，宽2.5～7cm，两面无毛，有时叶柄上和下面中脉上有刺。总

龙牙花

蝶形花科　Fabaceae

龙牙花

龙牙花

鸡冠刺桐

鸡冠刺桐

鸡冠刺桐

状花序腋生，长达30cm或更长；花深红色，2~3朵聚生，长4~6cm，狭而近于闭合；旗瓣长椭圆形，长约4.2cm。花盛开时旗瓣与翼瓣及龙骨瓣近平行。荚果长约10cm；种子深红色，通常有黑斑。花期6~11月。

【产地及习性】原产热带美洲，华南庭院中均常见栽培。喜光，喜高温湿润气候，要求排水良好的沙壤土；能抗污染，生长速度中等。

【观赏评价与应用】龙牙花枝叶扶疏，叶片鲜绿，花朵绯红，形如象牙，花开时节极为壮观，"初见枝头万绿浓，忽惊火军欲烧空"，而花落之时亦遍地红艳，宛若锦毯，园林中宜在庭院、草地、林缘、墙隅丛植，也是优良的刺篱材料。

鸡冠刺桐
Erythrina crista-galli

【别名】巴西刺桐

【形态特征】落叶灌木或小乔木，高达5~8m，茎和叶柄稍具皮刺。3出复叶互生，小叶长卵形或披针状长椭圆形，长7~10cm，宽3~4.5cm，先端钝，基部近圆形。花与叶同出，总状花序顶生，每节有花1~3朵；花深红色，长3~5cm，稍下垂或与花序轴成直角；花萼钟状，先端二浅裂。荚果长约15cm，褐色，种子大，亮褐色。花期2~7月。

【产地及习性】原产于南美洲。我国广东、福建、台湾、云南常有栽培。喜光，稍耐荫。性强健，抗风抗盐碱，耐旱耐瘠薄，耐修剪易移植，对土壤要求不严，但以排水良好的沙质土壤生长最佳。

【观赏评价与应用】鸡冠刺桐花型奇特，花状似鸡冠，红艳而美丽，花期长，树姿苍劲古朴，叶落后枝干具一定美感，是优良的园林绿化树种，适合孤植、丛植于庭院、草地，或列植于建筑前、道路旁，盛花期"成串"的红花十分醒目。培养呈乔木状的鸡冠刺桐也是滨海地区较为理想的行道树。

纳塔尔刺桐
Erythrina humeana

【别名】矮刺桐、达乌尔刺桐

落叶灌木或小乔木，高达4m，常丛生。叶卵圆形或长圆形，有时戟状，先端尖，基部楔形，全缘。花轮生或近轮生于花枝上，红色。荚果。花期秋、春。

原产南非。花色优美，适于小型庭院栽培观赏。

纳塔尔刺桐

纳塔尔刺桐

蝶形花科 Fabaceae

劲直刺桐
Erythrina strica

落叶乔木，高7～12m。小枝具短圆锥形浅褐色或带白色的皮刺，叶柄很少具皮刺。顶生小叶宽三角形或近菱形，长宽均为7～12cm，全缘，两面无毛。总状花序长15cm；花鲜红色，密集；旗瓣椭圆状披针形，直立，长4～4.5cm，几无瓣柄。荚果长7～12cm，宽0.7～1.5cm。

产广西南部、云南南部和西藏东部，生于平坝村旁或河边疏林中。印度、尼泊尔、缅甸、泰国、柬埔寨、老挝、越南也有分布。

染料木
Genista tinctoria

【形态特征】灌木，高50～200cm；茎直立，分枝细密。单叶，椭圆形、披针形、倒披针形至线形，长9～50mm，宽4～15mm，花枝上的叶较小而窄。花密集排列于枝端成总状或复总状花序；萼钟形，长3～7mm，无毛至密被毛；花冠黄色，旗瓣阔卵形，长8～15mm；具短柄，翼瓣和龙骨瓣与旗瓣等长。荚果线形，稍弯曲，长15～25mm，宽3～4mm。花期6～8月。

【产地及习性】原产欧洲，我国见于栽培。

【观赏评价与应用】染料木花萼鲜黄，株丛茂密，是优良的花灌木，栽培供作观赏用。古代用作染料。富含染料木素，抗癌，是一种很有潜力的癌症化学预防剂。

【同属种类】染料木属约80种，主要分布于地中海区域、非洲北部、亚洲西部。我国引入栽培1种。

西班牙染料木
Genista hispanica

落叶灌木，高0.5～1m，冠幅可达1.5m。茎绿色，有刺。花簇生枝顶，金黄色，径约1.2cm，芳香。花期春季至初夏。

蝶形花科 Fabaceae

喜光,对土壤要求不严,酸性、碱性和中性土均可,耐贫瘠,要求排水良好。是优良的地被植物和岩石园植物。

匍匐金雀花
Genista pilosa

【别名】毛叶染料木

落叶灌木,匍匐状,高约30~45cm。茎绿色,有棱,有柔毛。单叶互生,细小,长约4mm,上面深绿色,下面被银白色柔毛。花黄色,1~3朵生于叶腋。花期春季。

原产瑞典至地中海地区。喜光,耐旱。株丛密生、匍匐,花黄色而繁密,是优良的地被和岩石园植物。

铃铛刺
Halimodendron halodendron

【别名】盐豆木、耐碱树

【形态特征】落叶灌木,高0.5~2m。分枝密,具短枝;当年生小枝密被白色短柔毛。叶轴宿存,针刺状。小叶倒披针形,长1.2~3cm,宽6~10mm,顶端圆或微凹,初时两面密被银白色绢毛。总状花序生2~5花,花梗细长;花紫色,长1~1.6cm,花萼密被长柔毛,旗瓣边缘稍反折,子房无毛,有长柄。荚果长1.5~2.5cm,宽0.5~1.2cm。花期7月;果期8月。

【产地及习性】产内蒙古西北部和新疆、甘肃(河西走廊沙地)。生于荒漠盐化沙土和河流沿岸的盐质土上,也常见于胡杨林下。俄罗斯和蒙古也有。

【观赏评价与应用】铃铛刺生于干燥沙地及盐渍土上,有固沙和改良盐碱土的功能,花朵紫色,果实奇特,西北地区可栽培观赏,适于庭园孤植、丛植或栽作绿篱。

【同属种类】铃铛刺属只有1种。分布于高加索、西伯利亚西部、中亚至天山。我国主产新疆和内蒙古,西北也多栽培。

花木蓝
Indigofera kirilowii

【别名】吉氏木蓝

【形态特征】落叶灌木,高达2m。幼枝灰绿色,被丁字毛。羽状复叶,叶轴长8~10cm,托叶披针形,长约1cm;小叶7~11枚,对生,宽卵形或椭圆形,长1.5~3.5cm,宽1~2.8cm,先端圆或钝,两面有白色丁字毛。总状花序,长5~20cm。花冠蝶形,淡紫红色,稀白色,长约1.5~2cm。荚果圆柱形,棕褐色,长3.5~7cm,径约5mm。花期5~6月;果期9~10月。

【产地及习性】产吉林、辽宁、河北、山东、江苏等地，生于山坡灌丛及疏林内或岩缝中。日本、朝鲜也有分布。适应性强，喜光，也较耐荫；耐寒，耐干旱瘠薄，不耐涝；对土壤要求不严。

【观赏评价与应用】花木蓝株丛低矮，花大而艳丽，花量大、花期长，是一优美的花灌木，宜植于庭园观赏，可于林缘、路边、石间、庭院丛植。也是优良的蜜源植物。

【同属种类】木蓝属约750种，分布于热带和亚热带，主产非洲。我国77种，引入栽培2种。

多花木蓝
Indigofera amblyantha

落叶灌木，高达2m；少分枝。小枝密生白色丁字毛。小叶7～11，卵状椭圆形、椭圆形或近圆形，长1～4cm，宽1～2cm，先端圆钝，表面疏生丁字毛，背面毛较密；叶柄及小叶柄均密生丁字毛。总状花序腋生，较叶短，长11～15cm，花密生；花冠淡红色，旗瓣阔倒卵形，长6～6.5mm。荚果线状圆柱形，长3.5～7cm。花期5～7月；果期9～11月。

产山西、陕西、甘肃、河南、河北、安徽、江苏、浙江、湖南、湖北、贵州、四川，生于山坡草地、沟边、路旁灌丛中及林缘。花朵繁密，花色优美，可栽培观赏。

丽江木蓝
Indigofera balfouriana

【别名】包氏木蓝

落叶灌木，高0.6～2m。幼枝被卷曲柔毛。羽状复叶长3～9cm；小叶2～4对，椭圆形，顶生小叶倒卵形，长6～26mm，宽4～13mm，先端圆形，微凹，两面均被平贴丁字毛。总状花序长2～6cm，基部常具芽鳞；花冠红色或紫红色，旗瓣近圆形。荚果圆柱形，长2.5～4cm，顶端圆钝。花期4～7月；果期7～9月。

产云南丽江、大理及西藏，生于干燥岩边的灌丛及疏林中。花色艳丽。

河北木蓝
Indigofera bungeana

【别名】本氏木蓝

【形态特征】落叶灌木，高40～100cm；分枝密，细弱，被灰白色丁字毛。羽状复叶长2.5～5cm；小叶2～4对，椭圆形，长5～20mm，宽3～10mm，先端钝圆。总状花序腋生，长4～8cm，花序梗较复叶长；花冠紫色或紫红色，旗瓣阔倒卵形，长达5mm。荚果线状圆柱形，长约4cm，平直。花期5～6

蝶形花科 Fabaceae

月；果期 8～10 月。

【产地及习性】产辽宁、内蒙古、河北、山西、陕西，生于山坡、草地或河滩地。

【观赏评价与应用】河北木蓝株丛自然，枝细叶小，花朵紫红，富野趣，可栽培观赏，济南园林中已有应用。

椭圆叶木蓝
Indigofera cassoides

落叶灌木，高达 1.5m。小叶 6～10 对，椭圆形或倒卵形，长 1～2.4cm，宽 7～15mm，先端钝或截形，微凹，两面被白色或下面间有棕色平贴短丁字毛，侧脉 8～11 对。总状花序腋生，长 4～17cm，花冠淡紫色或紫红色。荚果圆柱形，长 2.4～4.5cm，径约 4mm。花期 1～3 月；果期 4～6 月。

产云南西部和西南部、广西西部，生于山坡草地、疏林或灌丛中。巴基斯坦、印度、越南、泰国也有分布。

宜昌木蓝
Indigofera decora var. *ichangensis*

落叶灌木，高 0.4～2m。小叶 3～6 对，对生或下部互生；叶形变异甚大，常卵状披针形、卵状椭圆形，长 2～7.5cm，宽 1～3.5cm，两面有白色丁字毛。总状花序长 13～32cm，直立；花冠淡紫色或粉红色，稀白色，旗瓣椭圆形，长 1.2～1.8cm。荚果圆柱形，长 2.5～8cm，内果皮有紫色斑点。花期 4～6 月；果期 6～10 月。

产安徽、浙江、江西、福建、湖北、湖南、广东、广西、贵州，生于灌丛或杂木林中。

木蓝
Indigofera tinctoria

【别名】蓝靛、靛

落叶灌木，高 0.5～1m，分枝少；幼枝扭曲。小叶 4～6 对，对生，长 1.5～3cm；宽 0.5～1.5cm，两面被丁字毛或上面近无毛。总状花序长 2.5～9cm，花疏生；花冠红色，旗瓣阔倒卵形，长 4～5mm。荚果线形，长 2.5～3cm。花期几乎全年；果期 10 月。

广泛分布亚洲、非洲热带地区，并引进热带美洲。安徽、广东、广西、贵州、海南、台湾、云南等地栽培。叶供提取蓝靛染料。

蝶形花科　Fabaceae

木蓝

钝圆，下面被贴伏细毛，侧脉6～7对。总状花序顶生，下垂，长10～30cm；花序轴被银白色柔毛；花密集，花冠黄色，长约2cm，旗瓣阔卵形，先端微凹；单体雄蕊。荚果线形，长4～8cm。花期4～6月；果期8月。

【产地及习性】原产欧洲南部。喜光，也耐半阴，对土壤要求不严，但宜排水良好，不耐湿热和水涝；耐寒。长速度慢至中等。

【观赏评价与应用】金链花树冠端正整齐，花朵金黄色，满树似金链下垂，十分美丽，是著名的观花树种，常栽培。我国东北、西北和华北部分地区有栽培。全株有毒，又名毒豆，尤以果实和种子为甚，不可用于幼儿园与小学校园绿化。

胡枝子
Lespedeza bicolor

【别名】二色胡枝子

【形态特征】落叶灌木，高达3m，分枝细长拱垂。3出复叶，小叶卵状椭圆形至宽椭圆形，顶生小叶长3～6cm，先端圆钝或凹，两面疏生平伏毛，下面灰绿色。总状花序腋生，总梗比叶长；花红紫色，花梗、花萼密被柔毛，萼齿较萼筒短。果斜卵形，长6～8mm，有柔毛。花期7～9月；果期9～10月。

【产地及习性】产东北、华北、西北至华中等地，常生于海拔1000m以下的山坡、林缘和灌丛中；俄罗斯、朝鲜、日本也产。喜光，也稍耐荫；耐寒，耐干旱瘠薄，也耐水湿。根系发达，萌芽力强。

【观赏评价与应用】胡枝子株丛茂盛，叶色鲜绿，花朵紫红而繁密，盛开于夏秋少花季节，是一种极富野趣的花木，适于配植在自然式园林中，可丛植于水边、山石间、坡地、林缘等各处，也是优良的防护林下木树

木蓝

木蓝

金链花

金链花

金链花
Laburnum anagyroides

【别名】毒豆

【形态特征】落叶小乔木，高2～5m。嫩枝被黄色贴伏毛，枝条平展或下垂。3出复叶，具长柄；托叶细小，早落；小叶椭圆形至长圆状椭圆形，长3～8cm，宽1.5～3cm，先端

金链花

蝶形花科 Fabaceae

胡枝子

胡枝子

截叶胡枝子
Lespedeza cuneata

【别名】铁扫帚

【形态特征】落叶灌木，高可达1m。叶密集，柄短；小叶楔形或线状楔形，长1～3cm，宽2～5mm，先端截形成近截形，上面近无毛，背面密被柔毛。总状花序腋生，具2～4朵花；花冠淡黄色或白色，旗瓣基部有紫斑，有时龙骨瓣先端带紫色；闭锁花簇生于叶腋。荚果卵圆形，长2.5～3.5mm，宽约2.5mm。花期6～9月；果期10月。

【产地及习性】产陕西、甘肃、山东、台湾、河南、湖北、湖南、广东、四川、云南、西藏等省区。朝鲜、日本、印度、巴基斯坦、阿富汗及澳大利亚也有分布。喜光，也耐庇荫，常生于稀疏灌草地、林缘、路边和旷地。

【观赏评价与应用】截叶胡枝子生长茂盛，适应性强，为优良的水土保持灌木，也是工矿区环境改造的良好树种。美国和日本最早开始进行良种选育，已具有不少优良品种。

截叶胡枝子

序腋生；花白色或黄色，旗瓣宽椭圆形，长约8mm，宽约5mm。有瓣花的荚果长圆状卵形，长4.5～5mm，宽约2mm；闭锁花的荚果倒卵状圆形，长约3mm，宽约2.5mm。花期6～9月；果期10月。

产辽宁、河北、陕西、甘肃、山东、河南等省，生海拔山坡、路边。花色黄白，植株低矮，可植为地被。

胡枝子

长叶胡枝子

截叶胡枝子

长叶胡枝子

截叶胡枝子

种和水土保持植物。

【同属种类】胡枝子属约60种，分布于欧洲东北部、亚洲、北美洲和大洋洲。我国25种，广布全国。

长叶胡枝子
Lespedeza caraganae

落叶灌木，高约50cm。分枝斜升。叶柄短，长3～5mm；小叶长圆状线形，长2～4cm，宽2～4mm，边缘稍内卷。总状花

多花胡枝子
Lespedeza floribunda

落叶小灌木，高30～100cm。分枝被灰白色绒毛。小叶具柄，倒卵形至长圆形，长1～1.5cm，宽6～9mm，先端微凹、钝圆或

蝶形花科　Fabaceae

绒毛胡枝子
Lespedeza tomentosa

【别名】山豆花

落叶灌木，高达1m；全株密被黄褐色绒毛。茎直立，分枝少。小叶质厚，椭圆形或卵状长圆形，长3～6cm，宽1.5～3cm，先端钝或微心形，边缘稍反卷，下面密被黄褐色绒毛。总状花序顶生或于茎上部腋生，总花梗粗壮；花梗密被黄褐色绒毛；花冠黄色或黄白色，旗瓣椭圆形，长约1cm。闭锁花生于茎上部叶腋，簇生成球状。荚果倒卵形，长3～4mm。

除新疆及西藏外，全国各地普遍生长，生于海拔1000m以下的山坡草地及灌丛间。适应性强，是优良的水土保持植物，又可做饲料及绿肥。

状长圆形，短于旗瓣和龙骨瓣，龙骨瓣在花盛开时明显长于旗瓣，基部有耳和细长瓣柄。荚果倒卵形，长8mm。花期7～9月；果期9～10月。

产于华北南部、陕西、甘肃以及长江流域、华南、西南，生于海拔2800m以下山坡、路旁及林缘灌丛中。朝鲜、日本、印度也有分布。

截形，下面密被白色伏柔毛；侧生小叶较小。总状花序腋生；总花梗细长，显著超出叶；花多数，紫色、紫红色或蓝紫色，旗瓣椭圆形，长8mm。花期6～9月；果期9～10月。

产东北南部、华北、西北至长江流域及华南地区，生于海拔1300m以下的石质山坡。

美丽胡枝子
Lespedeza thunbergii subsp. *formosa*

落叶灌木，高1～2m，多分枝。小叶椭圆形、长圆状椭圆形或卵形，长2.5～6cm，宽1～3cm。总状花序或圆锥花序，比叶长，总梗、苞片被绒毛；花冠红紫色，长10～15mm，旗瓣近圆形或稍长，翼瓣倒卵

蝶形花科　Fabaceae

朝鲜槐
Maackia amurensis

【别名】怀槐、高丽槐

【形态特征】落叶乔木，高达 25m。树皮薄片状剥裂。羽状复叶，长 15～30cm；小叶 7～11 枚，对生或近对生，卵形、椭圆形或卵状椭圆形，长 3.5～8cm，宽 2～4cm，基部圆截或宽楔形，不对称；新叶两面密生白色细毛。总状花序长 5～9cm，3～4 个集生；花黄白色，长约 7～9mm，旗瓣倒卵形。荚果扁平，长 3～7cm，宽 1～1.2cm，翅宽不及 1mm。花期 6～7 月；果期 9～10 月。

【产地及习性】产东北至华北，生于海拔 1000m 以下山地；朝鲜和俄罗斯远东也有分布。稍耐荫；耐寒性强；喜深厚肥沃土壤，耐旱。萌芽力强。

【观赏评价与应用】怀槐树姿优美，亭亭玉立，新叶黄绿色至乳黄色，花色黄白，是北方优良的园林观赏树种，可作庭荫树和行道树。

【同属种类】马桉树属共 12 种，分布于东亚。我国 7 种，产东北、华北、华东至西南。

印度崖豆
Millettia pulchra

【别名】印度鸡血藤、美花崖豆藤

【形态特征】灌木或小乔木，高 3～8m。枝、叶轴、花序均被灰黄色柔毛。小叶 6～9 对，披针形或披针状椭圆形，长 2～6cm，宽 7～15mm，上面具稀疏细毛，下面被平伏柔毛，侧脉 4～6 对。总状圆锥花序腋生，长 6～15cm，花 3～4 朵着生节上，花冠淡红色至紫红色。荚果线形，长 5～10cm，宽 1～1.5cm，扁平。花期 4～8 月；果期 6～10 月。

【产地及习性】产海南、广西、贵州、云南，生于山地、旷野或杂木林缘。印度、缅甸、老挝也有。

【变种】台湾小叶崖豆藤（var. *microphylla*），小叶上面无毛，下面被灰白色长柔毛，侧脉 4～5 对，不清晰。产台湾南部。

【观赏评价与应用】印度崖豆花色美丽紫色，枝叶繁茂，是优良的庭园观花树种，华南和西南地区可栽培观赏。

【同属种类】崖豆藤属约 100 种，分布于亚洲、非洲、大洋洲热带和亚热带地区。我国 18 种，分布于长江流域以南各地。

厚果崖豆藤
Millettia pachycarpa

【别名】苦檀子、冲天子

大藤本，长达 15m，幼时直立如小乔木状。嫩枝密被黄色绒毛，茎中空。羽状复叶长 30～50cm，小叶 6～8 对，长圆状椭

长 9～16cm，侧脉 3～5，两面凸起。总状花序生于老枝上或叶腋，长 20～38cm，有花 20～30 朵；花冠白色或绿白色，长达 7.5～8.5cm，花瓣相抱而不舒展，状似禾雀。果带形，长 30～45cm，宽 3.5～4.5cm。花期 4～6 月；果期 6～11 月。

圆形至长圆状披针形，长 10～18cm，宽 3.5～4.5cm，先端锐尖。总状圆锥花序，2～6 枝生于新枝下部，长 15～30cm，密被褐色绒毛；花 2～5 朵着生节上，花冠淡紫色。荚果肿胀，长圆形，长 5～23cm，宽约 4cm，厚约 3cm。花期 4～6 月；果期 6～11 月。

产长江流域及华南、西南，生于山坡常绿阔叶林内。缅甸、泰国、越南、老挝、孟加拉、印度、尼泊尔、不丹也有分布。花紫色，果肿胀、奇特，可作垂直绿化植物。

白花油麻藤
Mucuna birdwoodiana

【别名】禾雀花、鸡血藤、血枫藤
【形态特征】常绿、大型木质藤本。老茎外皮灰褐色，断面淡红褐色，有血红色汁液。羽状复叶具 3 小叶；小叶近革质，顶生小叶椭圆形、卵形或略倒卵形，较长而狭，长 9～16cm，宽 2～6cm，侧生小叶偏斜，

【产地及习性】主产华南，向北分布于浙江、江西湖南、四川等地。喜温暖、湿润气候和肥沃土壤，较耐荫，耐寒性不如常春油麻藤。

【观赏评价与应用】白花油麻藤生长快，花朵绿白色，奇特而美丽，花形酷似雀鸟，开在藤蔓上，吊挂成串有如禾雀飞舞，神形兼备，因此俗称禾雀花。是我国南方庭园优良的垂直绿化植物，常用于攀援高大棚架、花门和墙垣等，效果甚佳。广东新会市棠下镇天成寺的一株明朝禾雀花，已 500 多年，藤茎围达 93cm，"一藤成景"，花朵像一串串禾雀啸聚绿树枝头，蔚为壮观，清明节前后，游人络绎不绝。

【同属种类】黧豆属约 100 种，分布于热带和亚热带。我国 18 种，分布于西南至东南部。

宁油麻藤
Mucuna lamellata
【*Mucuna paohwashanica*】

【别名】褶皮黧豆

攀援藤本。顶生小叶菱状卵形，长 6～13cm，宽 4～9.5cm；侧生小叶明显偏斜，侧脉 4～6 对，两面隆起。总状花序腋生，长 7～27cm，每节 3 花；花梗密被锈色柔毛和浅黄色贴伏毛；花冠深紫色或红色，旗瓣宽椭圆形，长 2～2.5cm，先端宽圆形，浅 2 裂，翼瓣长圆形，长 3.2～4cm，龙骨瓣纤细，长 4～4.5cm，先端弯曲。荚果长圆形，6.5～10cm，幼时密被锈褐色刚毛。花期 4 月。

宁油麻藤

宁油麻藤

大果油麻藤

大果油麻藤

或落叶林中，或开阔灌丛和干沙地上。印度、尼泊尔、缅甸、泰国、越南和日本也有分布。

产浙江、江苏、江西、湖北、福建、广东、广西，生于海拔 400～1500m 的灌丛、溪边、路旁或山谷，常缠绕在灌木上。

大果油麻藤
Mucuna macrocarpa

【别名】血藤

大型木质藤本。小叶 3，顶生小叶椭圆形、卵形或稍倒卵形，长 10～19cm，宽 5～10cm，侧生小叶极偏斜。花序常生在老茎上，花聚生，常有恶臭；花梗、花萼有刚毛；花冠暗紫色，但旗瓣带绿白色。果长 26～45cm，宽 3～5cm，近念珠状。花期 4～5 月；果期 6～7 月。

产云南、贵州、广东、海南、广西、台湾，生于海拔 800～2500m 山地或河边常绿

常春油麻藤
Mucuna sempervirens

【形态特征】常绿大藤本，茎蔓长达 20m，径达 30cm。3 出复叶，顶生小叶卵状椭圆形或卵状长圆形，长 7～12cm，两面无毛。总状花序生老茎上，花紫红或深紫色，长约 6.5cm，萼外面疏被锈色硬毛，内面密生绢毛。荚果长条形，长 50～60cm，木质，种子间缢缩，被锈黄色柔毛；种子棕黑色。花期 4～5 月；果期 9～10 月。

【产地及习性】产华东、华中至西南；日本也有分布。喜光，稍耐荫，耐干旱瘠薄，常生于石灰岩山地；较耐寒，南京栽培生长良好。

【观赏评价与应用】常春油麻藤四季常绿，花朵鲜艳美观，老藤有若龙盘蛟舞，且具有老茎生花现象，在亚热带地区较为奇特，为重要的垂直绿化材料，杭州、上海、昆明等地均常见栽培。适于攀附花架、绿廊、拱门、棚架。贵州省凯里市有一株常春油麻藤，爬树高 27m，基围 158cm，最大处直径 71.6cm，古藤粗大、扭曲，被当地村民称作"龙藤"，据说年龄已经有 900 多年。

常春油麻藤

常春油麻藤

蝶形花科　Fabaceae

常春油麻藤

花榈木

红豆树
Ormosia hosiei

【别名】何氏红豆、鄂西红豆、江阴红豆

【形态特征】常绿或半常绿，高达30m，树冠伞形；树皮幼时绿色而平滑，老时浅纵裂。嫩枝被毛。小叶5～7 (3～9)，卵形、长椭圆状卵形或倒卵形，长5～14cm。圆锥花序；花萼密生黄棕色柔毛；花冠白色或淡红色，微有香气；子房无毛。果卵圆形或近圆形，长4～6.5cm；种子扁圆形，长1.3～1.7cm，深红色，种脐长达7～9mm。花期4月；果期10～11月。

红豆树

红豆树

【产地及习性】产华东、华中至西南，北达甘肃文县、江苏常熟和无锡，生于海拔900m以下的低山丘陵地区、河边和村庄附近，在西部海拔可达1350m。幼苗耐荫，成年树喜光；喜肥沃湿润的酸性土壤；根系发达，萌芽性强。

【观赏评价与应用】红豆树是珍贵的用材树种，其树冠伞形，四季常绿，也适于园林造景，宜孤植、列植。寿命长，浙江、江苏江阴、福建蒲城有径达1m的大树，仍生长旺盛。种子可加工为工艺品。

【同属种类】红豆树属约130种，分布于热带美洲、东南亚和澳大利亚西北部。我国约37种，产西南部经中部至东部，主产两广和云南。

花榈木
Ormosia henryi

【别名】亨氏红豆、花梨木、红豆树

【形态特征】常绿乔木，高16m，径达40cm；树皮灰绿色，平滑。小枝、叶轴、叶片下面、花序密被灰黄色柔毛。小叶5～9，椭圆形，长6～10cm，宽2.5～6cm。圆锥花序顶生或总状花序腋生，长11～17cm；花长2cm，径2cm，花冠淡绿色，边缘淡紫色，旗瓣近圆形。荚果长椭圆形，长5～12cm，宽1.5～4cm；种子椭圆形或卵形，长8～15mm，种皮鲜红色。花期7～8月；果期10～11月。

【产地及习性】产华东、华南和西南，生于山坡、溪谷两旁杂木林内。越南、泰国也有分布。

【观赏评价与应用】花榈木观赏价值与红

花榈木

花榈木

豆相似，为优良的绿化或防火树种，耐寒性较红豆树差，适于长江以南地区应用。

海南红豆
Ormosia pinnata
【Ormosia hainanensis】

【别名】大萼红豆、羽叶红豆

常绿乔木或灌木，高3～18m，径达30cm；树皮灰色或灰黑色。小叶3～4对，披针形，长12～15cm，宽约4～5cm，两面无毛。圆锥花序顶生，长20～30cm；花长1.5～2cm；花萼钟状，花冠粉红色而带黄白色，各瓣均具柄，旗瓣长13mm。荚果长3～7cm，宽约2cm，种子椭圆形，长15～20mm，种皮红色。花期7～8月。

产广东、海南、广西，生于中海拔及低海拔的山谷、山坡、路旁森林中。越南、泰国也有分布。树冠浓绿美观，是优良的行道树。

海南红豆

海南红豆

海南红豆

木荚红豆
Ormosia xylocarpa

【别名】黄姜树、琼州红豆

常绿乔木，高12～20m，径达40～150cm。枝密被紧贴的褐黄色短柔毛。小叶（1）2～3对，长椭圆形或倒披针形，长3～14cm，宽1.3～5.3cm，下面贴生极短的褐黄色毛。圆锥花序顶生，长8～14cm；花大，长2～2.5cm，芳香；花冠白色或粉红色，各瓣近等长。荚果倒卵形至菱形，长5～7cm，宽2～4cm；种子椭圆形或近圆形，长0.8～1.3cm。花期6～7月；果期10～11月。

产江西、福建、湖南、广东、海南、广西、贵州，生于山坡、山谷、路旁、溪边疏林或密林内。

木荚红豆

木荚红豆

木荚红豆

黄花木
Piptanthus nepalensis
【Piptanthus concolor】

【别名】尼泊尔黄花木

【形态特征】灌木，高1.5～3m。茎、花序、萼白色绵毛。3出复叶互生；小叶披针形至线状卵形，长6～14cm，宽1.5～4cm，上面无毛，下面被黄白色丝状毛和贴伏柔毛，后脱落呈粉白色。总状花序顶生，长5～8cm；花梗长2～2.5cm；花长约3cm，花冠黄色，旗瓣阔心形，先端凹，翼瓣先端钝圆；子房密被绢毛。荚果线形，长7～15cm，宽1～1.8cm。花期4～7月；果期8～9月。

【产地及习性】产陕西、甘肃、四川、云

黄花木

黄花木

黄花木

南、西藏，生于海拔2600～4000m山坡林缘和灌丛或河流旁。尼泊尔、不丹、克什米尔也有分布。

【观赏评价与应用】黄花木花朵鲜黄色，夏季开花，是优良的花灌木，可供庭院观赏。国外早有引种栽培，国内尚极少栽培。也是西藏地区常用中药。

【同属种类】黄花木属2种，分布喜马拉雅山南北坡的我国至尼泊尔、不丹和印度。我国2种。

水黄皮
Pongamia pinnata
【*Millettia pinnata*】

【别名】水流豆、野豆

【形态特征】常绿或半常绿乔木，高8～15m。嫩枝常无毛。羽状复叶长20～25cm；小叶2～3对，卵形至椭圆形，长5～10cm，宽4～8cm。总状花序腋生，长15～20cm，常2朵簇生总轴的节上；花萼长约3mm，萼齿不明显；花冠白色或粉红色，长12～14mm，各瓣均具柄，旗瓣边缘内卷，龙骨瓣略弯曲。荚果长4～5cm，宽1.5～2.5cm，不开裂；种子1粒，肾形。花期5～6月；果期8～10月。

【产地及习性】产福建、广东、海南，生于溪边、塘边及海边潮汐能到达的地方。印度、斯里兰卡、马来西亚、澳大利亚、波利尼西亚也有分布。性强健，喜高温、湿润和阳光充足或半阴环境，对土壤要求不严，以富含有机质的砂质壤土最佳；耐盐、抗风。萌芽力强。

【观赏评价与应用】水黄皮属于半红树林植物，叶色翠绿，小叶斜展，花色白或粉，较为美观，适于沿水滨种植，沿海地区可作堤岸护林和行道树。

【同属种类】水黄皮属仅1种，分布于亚洲南部、东南亚、大洋洲及太平洋热带。我国南部有产。

紫檀
Pterocarpus indicus

【别名】青龙木、羽叶檀、印度紫檀

【形态特征】落叶乔木，高15～25m，径达40cm。羽状复叶长15～30cm；小叶3～5对，卵形，长6～11cm，宽4～5cm，两面无毛，叶脉纤细。圆锥花序顶生或腋生，多花；萼钟状，长约5mm；花冠黄色，花瓣有长柄，边缘皱波状，旗瓣宽10～13mm；雄蕊10，单体，最后分为5+5的二体。荚果圆形，偏斜，宽约5cm，具宽翅。花期春季。

【产地及习性】产台湾、广东和云南南部，生于坡地疏林中或栽培于庭园。印度、菲律宾、印度尼西亚和缅甸也有分布。

【观赏评价与应用】紫檀树姿优美，羽叶翠绿，冬季落叶后仍有圆形荚果挂在枝头，远观如蝶蛹攀枝，似铜钱挂树，既是著名用材和药用树种，也可供园林观赏。

【同属种类】紫檀属约30种，分布于全球热带地区，但澳大利亚不产，主要分布于非洲。我国有1种。

葛藤
Pueraria montana* var. *lobata

【形态特征】落叶藤本,具肥大块根。茎右旋,全株密被黄色长硬毛。顶生小叶菱状卵形,长5.5～19cm,宽4.5～18cm,全缘或有时3浅裂;侧生小叶宽卵形,偏斜,深裂。总状花序腋生,长达20cm;花萼长8～10mm;花冠紫红色。荚果带状,扁平,长5～10cm,宽8～11mm,密生硬毛。花期7～9月;果期9～10月。

【产地及习性】分布极广,除西藏、新疆外几遍全国,常生于山地荒坡、路旁和疏林中。东南亚至澳大利亚也有分布,欧洲、美洲和非洲引入。适应性极强,生长迅速。喜光,耐干旱瘠薄。

【变种】白花葛藤(var. *zulaishanensis*),花白色,产山东。

【观赏评价与应用】葛藤在古代是重要的纤维植物。枝叶茂密、花朵紫红,花期正值盛夏,而且全株密毛,滞尘能力强,抗污染,是工矿区难得的垂直绿化材料,可攀附花架、绿廊,也是优良的山地水土保持树种。

【同属种类】葛藤属约20种,分布于亚洲。我国10种,主产南方。

刺槐
Robinia pseudoacacia

【别名】洋槐

【形态特征】落叶乔木,高达25m;树冠椭圆状倒卵形;树皮灰褐色,纵裂。小枝光滑。奇数羽状复叶,小叶7～19,全缘,对生或近对生,椭圆形至卵状长圆形,长2～5cm,宽1～2cm,叶端钝或微凹,有小尖头;有托叶刺。腋生总状花序,下垂,花序长10～20cm;花白色,芳香,长1.5～2cm;旗瓣基部常有黄色斑点。荚果条状长圆形,长4～10cm,红褐色;种子黑色,肾形。花期4～5月;果期9～10月。

【产地及习性】原产北美,我国各地有栽培。强阳性,幼苗也不耐庇荫;喜干燥而凉爽环境,对土壤要求不严,在酸性土、中性土、石灰性土和轻度盐碱土上均可生长,可耐0.2%的土壤含盐量,但以微酸性土最佳。耐干旱瘠薄,不耐水涝。萌芽力、萌蘖力强。浅根性,抗风能力差。

【变型】红花刺槐(f. *decaisneana*),花冠粉红色。

【观赏品种】香花槐('Idaho'),叶较大,深绿色有光泽,花大,红色,浓郁芳香。金叶刺槐('Frisia'),叶金黄色,尤以新叶为甚,我国有少量引种栽培。曲枝刺槐('Tortuosa'),枝条自然扭曲,各地偶见栽培。

【观赏评价与应用】刺槐于17世纪引入欧洲,19世纪末从欧洲引入我国青岛,后逐渐扩大栽培,现几乎遍及全国。抗性强,生长迅速,成景快,是工矿区、荒山坡、盐碱地区绿化不可缺少的树种,在贵州瘠薄的石灰岩山地和四川西部海拔2000m以上的高原地

区，刺槐仍然生长良好。刺槐花朵繁密而芳香，绿荫浓密，在庭院、公园中可植为庭荫树、行道树，在山地风景区内宜大面积造林。无刺槐和伞槐植株低矮，冠形美丽，更适于草坪中丛植或孤植。花可食，也是著名的蜜源植物。

【同属种类】刺槐属约10种，分布于北美至墨西哥。我国引入栽培2种。

毛刺槐
Robinia hispida

【别名】江南槐

【形态特征】落叶灌木，高达2m。茎、小枝、花梗和叶轴均有红色刺毛；托叶不变为刺状。羽状复叶长15～30cm；小叶7～13枚，宽椭圆至近圆形，顶生小叶长3.5～4.5cm，宽3～4cm。总状花序腋生，除花冠外均被紫红色腺毛及白色细柔毛；花大，红色至玫瑰红色，旗瓣近肾形，长约2cm，宽约3cm，先端凹缺。荚果长5～8cm，宽8～12mm，密被腺毛。花期5～6月；果期7～10月。

【产地及习性】原产北美，我国东部、南部、华北及辽宁南部园林常见栽培。喜光，对土壤要求不严，适应性很强，耐旱，不耐水湿；根系浅，不抗风。对烟尘及有毒气体有较强抗性。

【观赏评价与应用】毛刺槐花朵大而花色艳丽，是优良的花灌木。一般以刺槐为砧木嫁接，低接可形成灌木状，可供路旁、庭院、草地边缘丛植观赏，高接可形成小乔木，作园路树用。

大花田菁
Sesbania grandiflora

【别名】木田菁、红蝴蝶

【形态特征】落叶小乔木，高4～10m，径达25cm。羽状复叶，托叶斜卵状披针形，长达8mm，早落；小叶10～30对，长椭圆形，长2～5cm，宽8～16mm，中部小叶较大，先端圆钝至微凹，幼时两面被绢状伏毛。总状花序下垂，具2～4花；花大，长7～10cm，花蕾时显著弯镰状；萼绿色，钟状；花冠白色、粉红色至玫瑰红色；雄蕊二体。荚果线形，下垂，长20～60cm，宽7～8mm。花果期9月至翌年4月。

【产地及习性】分布于热带亚洲，台湾、广东、广西、云南、海南、福建等地有栽培。

【观赏评价与应用】大花田菁花朵大而奇特，花色或白或红，是优美的观花树种，常栽培供观赏。树体较小，最适于小型庭院、路边、水滨孤植或丛植。叶、花、嫩可食用。

【同属种类】田菁属约60种，分布于全世界热带至亚热带地区。我国4种，广泛分布或栽培，木本者仅此1种。

大花田菁

大花田菁

毛刺槐

大花田菁

毛刺槐

白刺花
Sophora davidii

【别名】狼牙刺

【形态特征】落叶灌木或小乔木，高达5m；小枝与叶轴被平伏柔毛。不育枝末端明显变成刺。羽状复叶；小叶11～19枚，椭圆形或长倒卵形，长5～8（12）mm，先端钝或微凹；托叶钻状，部分变成刺。总状花序生枝顶；花白色或蓝白色，长约1.5cm，旗瓣匙形，反曲。荚果念珠状，长2～6cm。花期5～6月；果期9～10月。

【产地及习性】产西北、华北、华中至西南，生于海拔2500m以下河谷沙丘和山坡路

苦参
Sophora flavescens

【别名】地槐、白茎地骨

落叶亚灌木，高1m。幼时疏被柔毛。小叶6～12对，互生或近对生，椭圆形、卵形、披针形至披针状线形，长3～4cm，宽1.2～2cm，上面无毛，下面疏被灰白色短柔毛或近无毛。总状花序顶生，长15～25cm；花多数，花梗纤细；花冠白色或淡黄白色。荚果长5～10cm，种子间稍缢缩。花期6～8月；果期7～10。

产我国南北各省区，生于山坡、沙地草坡灌木林中或田野附近，海拔1500m以下。印度、日本、朝鲜、俄罗斯西伯利亚地区也有分布。

国槐
Sophora japonica

【别名】槐

【形态特征】落叶乔木，高达25m；树冠球形或阔倒卵形。小枝绿色，皮孔明显。小叶7～17枚，卵形至卵状披针形，长2.5～5cm，先端尖，背面有白粉和柔毛。圆锥花序顶生，直立；花黄白色。荚果串珠状，肉质，长2～8cm，不开裂；种子肾形或矩圆形，黑色，长7～9mm，宽5mm。花期6～9月；果期10～11月。

【产地及习性】自东北南部至华南广为栽培；分布于朝鲜和日本。弱阳性；喜深厚肥沃而排水良好的沙质壤土，但在石灰性、酸性及轻度盐碱土上也可正常生长。耐干旱、瘠薄的能力不如刺槐，不耐水涝。萌芽力，耐修剪。抗污染。

边的灌木丛中。喜光，不耐庇荫；耐干旱瘠薄，耐寒，耐盐碱。

【观赏评价与应用】白刺花花色优美，开花繁密，可栽培观赏，适于山地风景区内丛植或群植，或用于林缘作自然式配植，也是优良的刺篱和花篱材料，可用于盐碱地区的绿化。本种耐旱性强，是水土保持树种之一。

【同属种类】槐属约70种，广布于热带至温带，主要分布于东亚和北美，多为灌木或小乔木。我国21种，各地均产。

蝶形花科　Fabaceae

鹰爪豆
Spartium junceum

【形态特征】灌木，高1～3m；树冠密集。分枝细长，嫩枝绿色，如灯芯草状。叶早落，单叶，倒披针形至线状披针形，长10～40mm，宽5～17mm，蓝绿色，先端钝圆，中脉明显隆起。花单生叶腋，在茎上部排成疏松总状花序，有花5～20朵；花冠金黄色，芳香，长20～30mm，花萼鞘状焰苞形。荚果线形，长6～9cm，宽6～8mm。花期4～7月。

【产地及习性】原产欧洲，我国陕西、江苏、河南、浙江、上海等地有栽培。喜温暖湿润气候，不耐寒，怕炎热，忌水湿，对土壤要求不严，但要排水良好。

【观赏评价与应用】鹰爪豆株型奇特，花色艳丽、芳香，花期长，是温带地区有的的

【变型】五叶槐（f. *oligophylla*），又名蝴蝶槐，羽状复叶仅有小叶3～5枚，簇生；小叶较大，顶生小叶常3圆裂，侧生小叶下部有大裂片。此外，近年来出现了金叶国槐、黄金槐等品种。金叶国槐小叶17～21，卵形，长2.5cm，宽2cm，整个生长季节内呈现金黄色，枝条横展或自然下垂；黄金槐的枝条则为金黄色。

【观赏评价与应用】国槐是华北地区的乡土树种，被北方许多城市的市树，栽培历史悠久，各地常见千年古树。国槐树冠宽广、枝叶茂密，花朵状如璎珞，香亦清馥，是北方最重要的行道树和庭荫树。植为行道树有悠久历史，《魏都赋》云："罗青槐以荫途"。国槐最适于北方栽培，在江南往往生长不良，故而白居易《庭槐》云，"南方饶竹树，惟有青槐稀。十种七八死，纵活亦支离。何此郡庭下，一株独华滋。蒙蒙碧烟叶，袅袅黄花枝。"五叶槐叶形奇特，宛若绿蝶栖止树上，堪称奇观，最宜孤植或丛植于草坪和安静的休息区内，也可作园路树。

龙爪槐
Sophora japonica f. *pendula*

【别名】垂槐、盘槐

落叶小乔木，树冠呈伞形。小枝绿色，弯曲下垂；羽状复叶互生。圆锥花序，花黄白色。花期6～8月。多采用嫁接繁殖，以国槐为砧木，高接。

龙爪槐是中国庭院中传统的绿化树种，栽培历史也甚悠久。明朝万历时（1598年），顾起元在《客座赘语·花木》中就有龙爪槐的描述，云："龙爪槐，蟠曲如虬龙挐攫之形，树不甚高，仅可丈许。"《花经》云："盘槐最古朴，枝柯纠结，性柔下垂，密如覆盘"。

树形古朴、枝柯纠结，性柔下垂，密如覆盘，树冠如伞，是优良的园林树种。常成对植于宅第之傍、祠堂之前，颇有庄严气势。

花灌木，常栽培供观赏，适于丛植、群植。也可作切花材料。

【同属种类】鹰爪豆属仅1种，原产欧洲，世界各地常栽培供观赏用。

枭眼豆
Swainsona formosa
【*Clianthus formosus*】

【别名】沙漠豆

【形态特征】落叶亚灌木或宿根草本，主茎低矮或匍匐，偶可高达2m；茎灰绿色，密生白色绢毛。羽状复叶互生，小叶6～8对，密生柔毛；托叶大，成对生于叶柄基部。花簇生于一直立总梗顶端，有花4～6朵；花朵长约9cm，亮红色，花冠中部有黑色斑，也有白花和粉花的类型；雄蕊10，二体，子房有毛，包于龙骨瓣中。荚果长约5cm，约有50枚种子。花期春夏季。

【产地及习性】原产澳大利亚，主要分布于中部和西北部干旱区。耐干旱瘠薄。

【观赏评价与应用】枭眼豆是澳大利亚最著名的野生花卉之一，花型独特、优美，是优良的观赏植物。我国有少量栽培。

【同属种类】澳洲耀花豆属约85种，除1种产于新西兰外，其余均特产于澳大利亚。

枭眼豆

枭眼豆

紫藤
Wisteria sinensis

【形态特征】落叶大藤本，茎枝为左旋生长，长达20m。小叶7～13，通常11，卵状长圆形至卵状披针形，长4.5～11cm，宽2～5cm，幼叶密生平贴白色细毛，后变无毛。总状花序下垂，长15～30cm，花蓝紫

紫藤

紫藤

色，长约2.5～4cm，旗瓣圆形，基部有2胼胝体状附属物。果长10～25cm，密生黄色绒毛；种子扁圆形，棕黑色。花期4～5月；果期9～10月。

【产地及习性】原产我国，自东北南部、黄河流域至长江流域和华南均有栽培或分布。喜光，略耐荫，较耐寒。喜深厚肥沃而排水良好的土壤，有一定的耐干旱、瘠薄和水湿能力。主根发达，侧根较少，不耐移植。

【观赏评价与应用】紫藤在我国久经栽培，唐宋时期则是常见的庭院植物，是著名的凉廊和棚架绿化材料，庇荫效果好，春季先叶开花，花穗大而紫色，鲜花蘸垂、清香四溢，可形成绿蔓浓密、紫袖垂长、碧水映霞、清风送香的引人入胜的景观。江南私家园林中，紫藤也常用于绿化假山、美化建筑。

【同属种类】紫藤属共有6种，分布于东亚和北美。我国4种，引入栽培2种。

多花紫藤
Wisteria floribunda

落叶藤本；茎右旋，枝较细柔，分枝密。小叶11～19，卵状披针形，长4～8cm，宽1～2.5cm，嫩时两面被平伏毛。总状花序生于当年生枝梢，同一枝上的花几同时开放，花序长30～90cm，花序轴密生白色短毛；花冠紫色至蓝紫色。荚果倒披针形，长12～19cm，宽1.5～2cm。花期4月下旬至5月中旬；果期5～7月。

原产日本，我国各地栽培，观赏价值高于紫藤。品种白花紫藤（'Alba'），花白色；葡萄紫藤（'Macrobotrys'），花序长达1m，蓝紫色；玫瑰紫藤（'Rosa'），花粉红色或玫瑰色，翼瓣紫色；重瓣紫藤（'Violacea-plena'），花重瓣，蓝紫色。

多花紫藤

多花紫藤

多花紫藤

九十三、胡颓子科 Elaeagnaceae

沙枣
Elaeagnus angustifolia

【别名】桂香柳、银柳

【形态特征】落叶灌木或小乔木,高达10m,树冠阔卵圆形;有时有枝刺。小枝、花序、果、叶背与叶柄密生银白色鳞片。叶椭圆状披针形至狭披针形,长4~6cm,宽8~11mm,基部广楔形,先端尖或钝。花1~3朵生于小枝下部叶腋,花被筒钟状,外面银白色,内面黄色,芳香,花梗甚短。果椭圆形,熟时黄色,果肉粉质。花期5~6月;果期9~10月。

沙枣

沙枣

【产地及习性】产西北、华北等地,以西北地区荒漠、半荒漠地带为分布中心,多见于海拔1500m以下;俄罗斯、中东、近东和欧洲也有分布。喜光,耐寒、耐干旱瘠薄,也耐水湿、盐碱,抗风沙,能生长在荒漠、盐碱地和草原上。萌蘖性强,抗风沙。根系发达,有可固氮的根瘤菌共生,能改良土壤,提高土壤肥力。

【观赏评价与应用】沙枣适应性强,叶片银白,秋果淡黄,可植于庭院观赏。宜丛植,也可培养成乔木状,用于列植、孤植,或经整形修剪用作绿篱。因耐盐碱、干旱、水湿,故可应用于各种环境,尤其是在沙地、盐碱地区,沙枣是重要的园林造景材料,也是重要的造林树种。果可食,叶可做饲料;鲜花可提制香精。

【同属种类】胡颓子属共约90种,分布于欧洲南部、亚洲和北美洲。我国67种,全国各地均产,主产长江以南。

佘山胡颓子
Elaeagnus argyi

【别名】佘山羊奶子

落叶或常绿灌木,高2~3m,常具刺;小枝近90度角开展,幼枝密被淡黄白色鳞片。叶大小不等,发于春季的小,椭圆形或矩圆形,长1~4cm,宽0.8~2cm,顶端圆钝;发于秋季的大,矩圆状倒卵形至阔椭圆形,长6~10cm,宽3~5cm。花5~7花簇生,淡黄色。果倒卵状矩圆形,长13~15mm,

佘山胡颓子

佘山胡颓子

佘山胡颓子

径6mm,红色。花期1~3月 果期4~5月。

分布于长江中下游地区,生于海拔100~300m的林下、路旁、屋旁。庭园常有栽培,供观赏。

长叶胡颓子
Elaeagnus bockii

常绿直立灌木,高1~3m,具粗壮刺;小枝开展成45°角,幼枝密被锈褐色鳞片,老枝带黑色。叶窄椭圆形或窄矩圆形,稀椭

沙枣

胡颓子科 Elaeagnaceae

长叶胡颓子

长叶胡颓子

长叶胡颓子

密花胡颓子

密花胡颓子
Elaeagnus conferta

常绿攀援灌木，无刺；幼枝密被鳞片。叶椭圆形或阔椭圆形，长6～16cm，宽3～6cm，上面幼时被银白色鳞片，下面密被银白色和散生淡褐色鳞片，侧脉5～7对。花银白色，多花簇生叶腋短小枝上成伞形短总状花序；花基部小苞片线形，黄色，长2～3mm；萼筒短小，坛状钟形。果实长椭圆形，长达20～40mm，熟时红色；果梗粗短。花期10～11月；果期翌年2～3月。

产云南南部和西南、广西西南，生于海拔50～1500m的热带密林中。分布于中南半岛、印度尼西亚、印度、尼泊尔。云南南部栽培。

密花胡颓子

蔓胡颓子
Elaeagnus glabra

【形态特征】常绿蔓生或攀援灌木，高达5m，无刺；幼枝密被锈色鳞片。叶卵形或卵状椭圆形，长4～12cm，宽2.5～5cm，两面有褐色鳞片。花白色，下垂，密被银白色和散生少数褐色鳞片，3～7花成伞形总状花序。果矩圆形，长14～19mm，红色。花期9～11月；果期翌年4～5月。

【产地及习性】产长江流域至华南、西南。日本也有分布。耐旱耐寒，耐贫瘠；生长迅速，适应性强。

【观赏评价与应用】蔓胡颓子四季常绿，枝叶茂密，秋季开花，花朵白色而芳香，果实红色，耐修剪，适宜作绿篱植物、栅栏攀缘绿化等。也可作水土保持树种。

蔓胡颓子

蔓胡颓子

大叶胡颓子
Elaeagnus macrophylla

【别名】圆叶胡颓子

【形态特征】常绿灌木，高2～3m，直立或攀援，无刺。叶厚革质，卵形至近圆形，长4～9cm，宽4～6cm，全缘，上面幼时被银白色鳞片，下面银白色，密被鳞片。花白色，常1～8花生于叶腋短小枝上；萼筒钟形，长4～5mm。果实长椭圆形，被银白色鳞片，

圆形，长4～9cm，宽1～3.5cm，边缘略反卷，上面幼时被褐色鳞片，下面密被银白色和散生少数褐色鳞片，侧脉5～7对。花白色，5-7花簇生于叶腋短小枝上，每花基部具一易脱落的小苞片；花梗长3～5毫米；萼筒在花蕾时四棱形。果实短矩圆形，长9～10mm，径4～5mm，熟时红色。花期10～11月；果期翌年4月。

产陕西、甘肃、四川、贵州、湖北，生于向阳山坡、路旁灌丛中。

胡颓子科 Elaeagnaceae

大叶胡颓子

大叶胡颓子

大叶胡颓子

长 14～18mm，直径 5～6mm。花期 9～10 月；果期翌年 3～4 月。

【产地及习性】产山东、江苏、浙江的沿海岛屿和台湾，产于低山阳坡。日本、朝鲜也有分布。喜光，耐寒；抗海风、海雾；根系发达，耐干旱瘠薄，对土壤要求不严；耐修剪。

【观赏评价与应用】大叶胡颓子叶色翠绿，匍枝优美，秋季开花，花朵白色而芳香，春季果实红艳，是优良的矮墙和栅栏的绿化材料，也可作水土保持树种。各地庭园常栽培。

银果牛奶子
Elaeagnus magna

落叶灌木。高 1～3m，常具刺；幼枝被银白色鳞片。叶倒卵状矩圆形或倒卵状披针形，长 4～10cm，宽 1.5～3.7cm，上面幼时具白色鳞片，下面密被银白色和散生少数淡黄色鳞片。花银白色，1～3 花生新枝基部；花梗极短；萼筒圆筒形。果长椭圆形，

银果牛奶子

银果牛奶子

银果牛奶子

长 12～16mm，熟时粉红色；果梗粗壮，长 4～6mm。花期 4～5 月；果期 6 月。

产江西、湖北、湖南、四川、贵州、广东、广西，生于山地、路旁、林缘、河边向阳的沙质土壤上。花白果红，可栽培观赏。果可生食和酿酒。

胡颓子
Elaeagnus pungens

【形态特征】常绿灌木，高达 4m；株丛圆形至扁圆形；枝条开展，有褐色鳞片，常有刺。叶椭圆形至长椭圆形，长 5～7cm，革质，边缘波状或反卷，背面有银白色及褐色鳞片。花 1～3 朵腋生，下垂，银白色，芳香。果椭球形，红色，被褐色鳞片。花期 9～11 月；果期翌年 4～5 月。

胡颓子

胡颓子

胡颓子

金边胡颓子

金心胡颓子

胡颓子科 Elaeagnaceae

【产地及习性】分布于长江以南各省，日本也产。喜光，也耐荫；耐干旱瘠薄，对土壤要求不严，从酸性到微碱性土壤都能适应，在湿润、肥沃、排水良好的土壤中生长最佳。有根瘤菌。生长速度较慢。萌芽、萌蘖性强，耐修剪。

【观赏品种】金边胡颓子（'Aurea'），叶缘深黄色，其他部分绿色。金心胡颓子（'Fredericii'）叶片稍小而狭，边缘暗绿色，中央深黄色。玉边胡颓子（'Variegata'），叶片边缘黄白色，中央部分绿色。圆叶胡颓子（'Simonii'），叶片椭圆形，较圆阔。

【观赏评价与应用】胡颓子株形自然，枝条交错，初夏果实累累下垂，并有银白色腺鳞，在阳光照射下银光点点，富于变化，加之花朵芳香，观赏价值较高。适于草地丛植，也可用于林缘、树群外围作自然式绿篱，点缀于池畔、窗前、石间亦甚适宜。金边胡颓子、玉边胡颓子、金心胡颓子等色叶品种叶面黄绿或绿白相间，尤其适于草地丛植。适宜淮河流域及其以南地区应用。

香港胡颓子
Elaeagnus tutcheri

常绿直立灌木，无刺；幼枝被锈色鳞片。叶阔椭圆形或近圆形，长4～8cm，宽2～3.5cm，顶端钝圆，边缘反卷成波状，上面幼时具黄褐色鳞片，下面密被银白色和褐色鳞片。花银白色，簇生叶腋短小枝上成短总状花序；萼筒钟形，长4～5mm。果长椭圆形，两端圆，长10～12mm。花期11～12月；果期翌年3月。

产广东，生于低海拔向阳地区。叶片广圆、光亮，花白色芳香，可栽培观赏。

牛奶子
Elaeagnus umbellata

【别名】秋胡颓子、伞花胡颓子

【形态特征】落叶灌木，高达4m。枝开展，常具刺，幼枝密被银白色和淡褐色鳞片。

叶卵状椭圆形至椭圆形，长3～5cm，边缘波状，有银白色和褐色鳞片。花黄白色，有香气。果近球形，径5～7mm，红色或橙红色。花期4～5月；果9～10月成熟。

【产地及习性】产东北南部、华北、西北至长江流域、西南各省区；日本、朝鲜、中南半岛、阿富汗、意大利等地也有分布。喜光，适应性强，耐旱，耐瘠薄，萌蘖性强，多生于向阳林缘、灌丛、荒山坡地和河边沙地。

【观赏评价与应用】牛奶子枝叶茂密，花香果黄，叶片银光闪烁，园林中常用作观叶观果树种，可增添野趣，极适合作水土保持及防护林。果可食，可制蜜饯及果酱，也可酿酒或药用；花可提取芳香油。

绿叶胡颓子
Elaeagnus viridis

【别名】

常绿直立小灌木，高约2m，刺纤细，长约10mm；幼枝略扁棱形，密被锈色鳞片。叶

胡颓子科　Elaeagnaceae

绿叶胡颓子

绿叶胡颓子

绿叶胡颓子

高达18m，径达30cm。树皮褐色；枝条近黑色，粗糙；枝刺较少。叶多数对生或近对生，狭披针形，长3～6cm，宽6～10mm，先端尖或钝，背面密生银白色腺鳞，表面绿色。雌雄异株；花小，淡黄色，短总状花序，先叶开放；花梗长1～2mm。果球形或卵形，长4～6mm，黄色或深红色。花期4～5月；果期9～10月。

【产地及习性】分布于青海、甘肃、陕西、山西、内蒙古、河北和四川西部，生于向阳山坡、谷地和干涸河床滩地、灌丛。适应性极强，喜光，耐严寒和酷热；喜湿润但不耐水淹，耐干旱瘠薄和风沙；耐盐碱，能在pH值9.5和含盐量1.1%的土壤上生长。根系发达，萌蘖性强。

【观赏评价与应用】沙棘是防风固沙、水土保持、改良土壤的优良树种；又是干旱风沙地区进行绿化的先锋树种。果色艳丽，枝叶繁茂而密生枝刺，是优良的果篱材料，园林中应用可增加山野气息。果实经冬不落，是冬季野生动物，尤其是鸟类的主要食源。果实富含维生素C，可生食、制果酱、饮料。

【同属种类】沙棘属共有7种，分布于亚洲东部至欧洲西北部，青藏高原为分化中心。我国7种均产，产华北、西北和西南。

沙棘

沙棘

椭圆形至矩圆状椭圆形，长2.5～6.5cm，宽1.2～2.6cm，全缘，上面幼时被褐色鳞片，后脱落，深绿色，下面除中脉褐色外银白色，密被银白色和散生少数褐色鳞片，侧脉6～7对，两面略明显；叶柄锈色，长5～7mm。花白色，俯垂，密被银白色和散生少数褐色鳞片，1～3花簇生叶腋短小枝上；萼筒短圆筒形，长4.5～5mm；雄蕊4，花柱直立。花期10～11月。

产陕西南部、湖北西部；生于海拔500～1200m的向阳沙质土壤的灌丛中。

沙棘
Hippophae rhamnoides subsp. *sinensis*

【别名】中国沙棘、醋柳、酸刺

【形态特征】落叶灌木，高1～5m，有时

沙棘

九十四、山龙眼科 Proteaceae

银桦
Grevillea robusta

【形态特征】常绿乔木，高达25m。幼枝、芽及叶柄密被锈褐色粗毛。叶2回羽状深裂，裂片5～13对，近披针形，边缘加厚，上面深绿色，下面密被银灰色绢毛。总状花序长7～15cm，花橙黄色，花被管长约1cm，顶部卵球形；花梗长8～13mm，向花轴两边扩张或稍下弯。果实卵状长圆形，长1.4～1.6cm，稍倾斜而扁，顶端具宿存花柱，熟时棕褐色，沿腹缝线开裂；种子卵形，周围有膜质翅。花期4～5月；果期6～7月。

【产地及习性】原产大洋洲，我国南岭以南各省区引种。喜光，喜温暖湿润气候，可抗轻霜，在-4℃时枝条受冻。在深厚肥沃、排水良好的酸性沙质壤土上生长良好。

【观赏评价与应用】银桦生长迅速，树干通直，树形美观，花色橙黄，而且叶形奇特，颇似蕨叶，抗烟尘，适应城市环境，是南亚热带地区优良的行道树，也可用于庭园中孤植、对植。此外，银桦还是优良的蜜源植物。

【同属种类】银桦属约160种，主要分布于大洋洲和亚洲东南部。我国引入3种。

红花银桦

银桦

银桦

红花银桦
Grevillea banksii

【别名】班西银桦

【形态特征】常绿灌木或小乔木，高4～7m；小枝及花序被锈色绒毛；叶互生，1回羽状深裂，长14～30cm；裂片3～13枚，广披针形或线形，上面平滑或有毛，背面密生丝状绢毛，边缘略反卷。总状花序直立，生于小枝顶端，单一或有少数分枝，长5～12cm，宽5～11cm，花被深粉红色，或为乳白色，偶杏黄色，花柱红色至乳白色。盛花期春、夏；果期秋季。

【产地及习性】原产澳大利亚的昆士兰。华南地区近年来常见栽培。

红花银桦

银桦

红花银桦

山龙眼科 Proteaceae

铺枝银桦

【观赏评价与应用】红花银桦花期春至初夏，开花时节整个树冠外围满树红花，十分醒目。可用于花境、庭院、道路绿带。

铺枝银桦
Grevillea baueri 'Dwarf'

【别名】地被银桦

低矮匍匐灌木，高约50cm，茎匍匐。叶深绿色，长圆状椭圆形至披针形，长1~3cm，宽3~15mm，全缘，叶缘反卷。花序直立或下倾，花被红色、粉红色，先端乳黄色；雌蕊长16~25mm，子房密生长毛，花柱红色。蓇葖果有毛。花期冬季及春季。

产澳大利亚的新南威尔士州。常植于庭院栽培观赏，可作地被或岩石园造景用。昆明等地有栽培。

铺枝银桦

针形，长5~15cm，宽2~3cm，边缘疏生牙齿约10个，成龄树的叶近全缘；侧脉7~12对；叶柄长4~15mm。总状花序腋生或近顶生，长8~20cm，花淡黄色或白色，花被管长8~11mm，直立，花丝短。果球形，径约2.5cm，种子球形，种皮骨质。花期4~5月（广州）；果期7~8月。

【产地及习性】原产于澳大利亚的东南部热带雨林中，现世界热带地区有栽种。喜温暖湿润，最适生长温度15~30℃，成龄树耐短期-4℃低温，以深厚肥沃疏松、排水良好的酸性土为佳；根系较浅，忌大风。

【观赏评价与应用】澳洲坚果是世界著名的干果树种，种子具特殊风味，园林中可结合生产栽培观赏。我国大约在1910年引入，栽培于广东、广西、海南、云南、贵州、四川、福建、台湾等省区，多见于植物园或农场。种子供食用。

【同属种类】澳洲坚果属约9种，分布于澳大利亚、新喀里多尼亚、苏拉威西岛、马达加斯加的热带雨林中。我国引入栽培2种，另外一种，四叶澳洲坚果（*Macadamia tetraphylla*），叶常4枚轮生（萌生枝的叶3枚轮生或2枚近对生），广东有栽培，作观赏及果用。

澳洲坚果

澳洲坚果

澳洲坚果

澳洲坚果
Macadamia ternifolia

【别名】夏威夷果

【形态特征】常绿乔木，高5~15m。叶革质，常3枚轮生或近对生，长圆形至倒披

澳洲坚果

九十五、海桑科 Sonneratiaceae

八宝树
Duabanga grandiflora

【形态特征】常绿乔木，高达 10～24m，板状根不甚发达；枝下垂，幼时 4 棱。叶阔椭圆形至卵状矩圆形，长 12～15cm，宽 5～7cm，基部深心形；侧脉 20～24 对，粗壮。伞房花序顶生；花 5～6 基数，径 3～4cm，花瓣近卵形，长 2.5～3cm，宽 1.5～2cm；雄蕊极多数，2 轮，花丝长 4～5cm，花药长 1～1.2cm；子房半下位。蒴果长 3～4cm，直径 3.2～3.5cm。花期春季。

【产地及习性】产云南南部；生于海拔 900～1500m 的山谷或空旷地，较为常见。分布于印度、缅甸、泰国、老挝、柬埔寨、越南、马来西亚、印度尼西亚。适应热带、南亚热带高温高湿气候，喜光，萌生力强。具有较发达的根瘤，属于固氮树种。

【观赏评价与应用】八宝树是热带地区构成雨林和常绿林的主要树种，高大雄壮，树干挺直，树冠广阔，树枝下垂，形态美观，花大而白色，适宜孤植或三五株丛植于草坪、水边等处，或作风景林。

【同属种类】八宝树属约 2～3 种，分布马来西亚、印度尼西亚至新西兰。我国 1 种，引入栽培 1 种，产云南、广东、海南等地。

八宝树

八宝树

海桑
Sonneratia caseolaris

【形态特征】常绿小乔木，高 5～6m；小枝常下垂，幼时 4 棱。呼吸根较细。叶形状变异大，阔椭圆形、矩圆形至倒卵形，长 4～7cm，宽 2～4cm，侧脉纤细。花梗短粗，萼筒平滑，浅杯状，果时碟形，内面绿色或黄白色，花瓣条状披针形，暗红色，长 1.8～2cm，宽 0.25～0.3cm；花丝粉红色或上部白色，下部红色。果实直径 4～5cm。花期冬季；果期春夏季。

海桑科 Sonneratiaceae

【产地及习性】产海南琼海、万宁、陵水，生于海边泥滩。分布东南亚热带至澳大利亚北部。海桑生长速度快。

【观赏评价与应用】海桑是组成红树林种类之一，树干周围有很多与海面成垂直而又高出水面的呼吸根，这些根是从埋藏于污泥中与地面平行、潮涨时淹没的根生出的，藉它在大气中进行气体交换以维持淹没水里的正常根的生理功能。可用于华南海滨泥质海滩的绿化造林。嫩果酸，可食。

【同属种类】海桑属约有9种（包括3个自然杂交种），分布于非洲东部热带海岸和邻近的岛屿以及马来西亚、密克罗尼西亚、澳大利亚和日本琉球群岛南部。我国5种，产华南和东南沿海地区，引入栽培1种。

无瓣海桑
Sonneratia apetala

常绿乔木，高达15m；呼吸根可长达1.5m；小枝下垂。叶片狭椭圆形至披针形，长5～13cm，宽1.5～4cm，基部楔形，先端钝；叶柄长5～10mm。聚伞花序有3～7花，花萼绿色，无花瓣，花丝白色，柱头盾装状，宽达7mm。果实直径2～2.5cm。花期5～12月；果期8～4月。

原产于孟加拉国、印度、缅甸、斯里兰卡等国，1980年代引入海南，现广东（深圳）、海南等地栽培，作红树林造林树种。

九十六、千屈菜科 Lythraceae

细叶萼距花
Cuphea hyssopifolia

【别名】紫花满天星

【形态特征】常绿矮灌木，多分枝，高20～50cm。叶小，对生或近对生，纸质，狭长圆形至披针形，顶端稍钝或略尖，基部钝，稍不等侧，全缘。花单朵，腋外生，紫色或紫红色，花瓣6片。蒴果近长圆形，较少结果。花期全年。

细叶萼距花

细叶萼距花

【产地及习性】原产墨西哥，现热带地区广为种植。喜温暖湿润。

【观赏评价与应用】细叶萼距花叶色浓绿，四季常青，且具有一定的光泽，花细小紫红而美丽，周年开花不断。华南地区常植为地被，也是优良的矮篱和基础种植材料，可用于花丛、花坛边缘、庭园石块旁，还常与乔木、灌木或其他花卉配置组成优美景观，还可作盆栽观赏。

【同属种类】萼距花属约300种，分布于南北美洲和夏威夷群岛。我国引入栽培7种。花美丽，多栽培于温室供观赏，南方露地栽培。

火红萼距花
Cuphea platycentra

【别名】火焰花、雪茄花

亚灌木，分枝极多，成丛生状，披散，高30cm以上。叶对生，披针形至卵状披针形，

火红萼距花

火红萼距花

顶端渐尖，基部渐狭，具短柄或上面的无柄。花单生叶腋或近腋生，具细长的花梗，萼筒细长，基部背面有距，顶端6齿裂，火焰红色，末端有紫黑色的环，口部白色；无花瓣。蒴果。花期冬季。

原产热带美洲，华南等地有栽培。耐修剪，易成形，常植为地被。

黄薇
Heimia myrtifolia

【别名】海密花、霓裳花

【形态特征】落叶灌木，全部无毛，分枝细长。叶对生，椭圆形、披针形或线形，长1.5～5cm，宽3～14mm，几无柄，叶脉不明显。花单生叶腋；花萼半球形；花瓣5～7，黄色；雄蕊等长，约为花瓣之半。蒴果球形，

细叶萼距花

火红萼距花

千屈菜科　Lythraceae

径约 4mm。花、果期 7 月。

【产地及习性】原产巴西。我国上海、桂林等地有引种。喜光，喜温暖，耐干旱。

【观赏评价与应用】黄薇夏秋季开花，花朵金黄色，美丽异常，是优良的花灌木，园林中可于公园草地、林缘、路边、庭院、山石边丛植观赏。

【同属种类】黄薇属 3 种，分布于美国得克萨斯西部、墨西哥至阿根廷。我国引入栽培 1 种。

紫薇
Lagerstroemia indica

【别名】百日红、痒痒树

【形态特征】落叶乔木或灌木，高达 7m，枝干多扭曲。树皮淡褐色，薄片状剥落后树干特别光滑。小枝 4 棱，近无毛。单叶对生，叶椭圆形至倒卵形，长 3～7cm，先端尖或钝，基部广楔形或圆形。圆锥花序顶生，长 9～18cm；花蓝紫色至红色，径约 3～4cm，花萼、花瓣均为 6 枚，雄蕊多数，外轮 6 枚特长。果椭圆状球形，6 裂。花期 6～9 月；果期 10～11 月。

【产地及习性】产东南亚，以我国为分布和栽培中心。喜光，稍耐荫；喜温暖气候；喜肥沃湿润而排水良好的石灰性土壤，在中性至微酸性土壤上也可生长。耐干旱，忌水涝。萌蘖性强。生长较慢。

【变种】翠薇（var. *rubra*），花冠紫堇色或带蓝色，瓣爪深红色，长 5～7mm，花丝红色至淡紫色，叶翠绿。银薇（var. *alba*），花冠白色，瓣爪淡红色至红色，长 1cm。

【观赏评价与应用】紫薇树姿优美，树干

千屈菜科 Lythraceae

光洁古朴，花期长而且开花时正值少花的盛夏，是著名的花木，所谓"紫薇开最久，烂漫十旬期，夏日逾秋序，新花继故枝"。在炎热的盛夏，惟有紫薇繁花竞放，花姿烂漫、绮丽动人，形成美好的夏景。园林应用中，紫薇可修剪成乔木型，于庭园门口、堂前对植，路旁列植，或草坪、池畔丛植、孤植；也可修剪成灌木状，专用于丛植赏花，植于窗前、草地无不适宜。耐修剪，枝干柔韧，且枝间形成层极易愈合，易于造型，可扎制成亭、牌楼、拱门等造型，既可用于园林点缀，也可盆栽。在西南地区，常制成花瓶、牌坊、亭桥等多种形状，四川都江堰市离堆公园有紫薇屏、紫薇瓶等，为园林珍品。

【同属种类】紫薇属55种，分布于亚洲和大洋洲。我国15种，引入栽培2种，主产西南至东部。

福氏紫薇
Lagerstroemia fauriei

【别名】屋久岛紫薇

【形态特征】落叶小乔木，高达5~8m，树干光洁，紫红色。单叶互生或近对生，阔椭圆形至卵圆形，先端钝尖，基部圆形。圆锥花序着生于当年生枝顶，花白色。蒴果球形。花期7月。

【产地及习性】园艺杂交种，原产日本，我国南京、上海等地有少量栽培。

福氏紫薇

福氏紫薇

福氏紫薇

【观赏评价与应用】开花繁茂，夏季满树白花，树皮愈老愈红，为优良观花、观干树种。生长势旺盛，景观效果好。可布置庭院，也可于公园、风景区大片栽植，或列植为行道树。

福建紫薇
Lagerstroemia limii

【别名】浙江紫薇

【形态特征】落叶乔木，高达10m；树皮细纵裂。幼枝密被灰黄色柔毛。叶互生至近对生，矩圆状披针形至矩圆状倒卵形，长10~15cm，宽4~6cm，上面光滑或疏生柔毛，下面密被柔毛，侧脉10~17对。顶生圆锥花序，密被柔毛；花较小，堇紫色至淡红紫色，花瓣卵圆形，有皱纹，具长6mm的柄。蒴果卵形，长8~12mm，宽5~8mm。花期短，5~6月开花；果期7~8月。

【产地及习性】我国特有植物，产福建、浙江和湖北。喜光，较耐寒，在山东栽培生长良好。不择土壤，但在肥沃、湿润、排水通畅的土壤上生长良好，生长期需水分充足。

【观赏评价与应用】福建紫薇树体高大，花色堇紫色至淡红紫色，花朵较小但花序硕大，是优良的观花树种和园林绿化树种，孤植、群植均可。

福建紫薇

福建紫薇

福建紫薇

多花紫薇
Lagerstroemia siamica

【别名】南洋紫薇

乔木，高约12m。叶椭圆状矩圆形或矩圆形，长10~14cm，宽4~7cm，幼时两面有黄色或锈色星状绒毛，后无毛，侧脉7~12对。大型圆锥花序顶生，长20~50cm，宽约15cm，被黄色或锈色绒毛；花萼钟形，裂片6；花瓣近圆形，边缘波状；雄蕊多数，6枚较长。蒴果椭圆形，长约15mm，直径10mm，常6瓣裂。

分布于缅甸、泰国、马来西亚，我国华南、台湾等地引种栽培，供观赏。

千屈菜科 Lythraceae

多花紫薇

多花紫薇

多花紫薇

大花紫薇

大花紫薇

大花紫薇
Lagerstroemia speciosa

【别名】大叶紫薇

【形态特征】常绿乔木，高达25m。树皮平滑，小枝圆柱形。叶革质，矩圆状椭圆形或卵状椭圆形，稀披针形，长达10~25cm，宽6~12cm，两面无毛，侧脉9~17对；叶柄粗壮。顶生圆锥花序长15~25cm，有时可达46cm；花淡红色或紫色，直径5cm，花轴、花梗及花萼均被黄褐色糠粃状密毡毛；花萼有棱12条，长约13mm，6裂，裂片三角形；花瓣6，近圆形至矩圆状倒卵形，长2.5~3.5cm，几不皱缩；雄蕊多数，达100~200。蒴果近球形，长2~3.8cm，6裂。花期5~7月；果期10~11月。

【产地及习性】分布于斯里兰卡、印度、马来西亚、越南及菲律宾。广东、广西及福建有栽培。喜光，稍耐荫，喜暖热气候，很不耐寒。

【观赏评价与应用】大花紫薇树冠半圆形，枝叶茂密，叶片大型，入秋叶色变橙红或紫红，色叶期较长，花大，开花时由淡红变紫色，花色端庄美丽，盛花期满树姹紫，非常美观。叶、花俱佳，是南方美丽的庭园观赏树，常植为行道树，也常见于庭园、公园绿化，丛植或孤植均具有很好的观赏性。还是优质的用材树种。

大花紫薇

南紫薇
Lagerstroemia subcostata

【别名】九芎

落叶乔木或灌木，高达14m；树皮薄，灰白色或茶褐色。叶矩圆形、矩圆状披针形，长2~9cm，宽1~4.5cm，通常无毛，侧脉3~10对；叶柄短，长2~4mm。顶生圆锥花序，长5~15cm；花密生，白色或玫瑰色，径约1cm；花萼有棱10~12条；花瓣6，长2~6mm，皱缩；雄蕊15~30，5~6枚较长。蒴果椭圆形，长6~8mm，3~6瓣裂。花期6~8月；果期7~10月。

产长江流域及华南、四川、青海等省区；喜湿润肥沃的土壤，常生于林缘、溪边。日本琉球群岛也有分布。我国东部庭园常栽培观赏。

南紫薇

南紫薇

南紫薇

千屈菜科 Lythraceae

散沫花

散沫花

散沫花

散沫花
Lawsonia inermis

【别名】指甲花

【形态特征】落叶灌木，高3～5m；树皮光滑。常有刺，小枝略4棱形。单叶对生，椭圆形或椭圆状披针形、倒卵形，长1.5～5cm，宽1～2cm，全缘，无毛，侧脉5对，纤细，两面微凸起。圆锥花序顶生，长达40cm；花极香，白色或玫瑰红色至朱红色，径约6mm，盛开时达8～10mm；萼4裂；花瓣4，宽卵形，皱缩，雄蕊常8枚。蒴果球形，径约7mm，有4条凹痕。花期6～10月；果期12月。

【产地及习性】分布于热带亚洲至非洲，我国南方各省区常栽培。喜高温高湿气候，耐干热，不耐寒冷，忌冰雪。喜光，也稍耐荫；对土壤适应性强，沙土、黏土均宜，酸性土和微碱性土皆可；耐水湿，也稍耐干旱。根系发达，抗风。

【观赏评价与应用】散沫花花朵细小繁密，芳香无比，我国栽培历史悠久，在古代就是著名的香花植物。《南方草木状》云："指甲花树高五六尺，枝条柔弱，叶如嫩榆，与那悉茗、茉莉花皆雪白而香，亦自大秦国移植于南海。"园林中宜丛植于庭园各处，如窗前亭际、假山石间，以赏其色、闻其香。除观赏外，叶可作红色染料，花可提取香油和浸取香膏，用于化妆品。

【同属种类】散沫花属仅1种，分布于东半球热带，我国南部常栽培观赏。

虾子花
Woodfordia fruticosa

【形态特征】常绿或半常绿灌木，高3～5m，分枝细长下垂。叶对生，披针形或卵状披针形，长3～14cm，宽1～4cm，上面无毛，下面被灰白色短柔毛和黑色腺点；近无柄。聚伞状圆锥花序，萼筒花瓶状，鲜红色，长9～15mm；花瓣小而薄，淡黄色，线状披针形；雄蕊12，突出萼外。蒴果膜质，线状长椭圆形，长约7mm，开裂，成2果瓣。花期春夏季。

【产地及习性】产广东、广西及云南，常生于山坡路旁。越南、缅甸、印度、斯里兰卡、印度尼西亚及马达加斯加也有分布。喜温暖气候，不耐寒，适于华南地区栽培。

【观赏评价与应用】虾子花株型披散、自然，花萼红色而美丽，盛花期红花绿叶相映，十分美观，适于孤植、列植于水边或路旁供观赏。全株含鞣质，可提制栲胶。

【同属种类】虾子花属仅2种，1产非洲和阿拉伯半岛，1种产东南亚。我国1种。

虾子花

虾子花

虾子花

九十七、瑞香科 Thymelaeaceae

土沉香
Aquilaria sinensis

【别名】白木香

【形态特征】常绿乔木，高5～15m；小枝圆柱形。叶圆形、椭圆形至长圆形，长5～9cm，宽2.8～6cm，两面无毛，侧脉15～20对。花芳香，黄绿色，多朵组成伞形花序；花梗长5～6mm；萼密被短柔毛；花瓣10，鳞片状，密被毛；雄蕊10。蒴果卵球形，幼时绿色，长2～3cm，径约2cm。花期3～6月；果期9～10月。

【产地及习性】产广东、海南、广西、福建，生低海拔的山地、丘陵以及路边阳处疏林中。弱阳性树种，幼时耐庇荫；喜高温多雨、湿润的热带和南亚热带季风气候和土层厚、腐殖质多的湿润而疏松的砖红壤或山地黄壤。幼年生长较慢。

土沉香

土沉香

土沉香

【观赏评价与应用】土沉香为香料植物，老茎受伤后所积得的树脂俗称沉香。华南地区也常栽培观赏，适于庭院、公园、风景区各处。树皮纤维柔韧，色白而细致可做高级纸原料及人造棉；木质部可提取芳香油，花可制浸膏。

【同属种类】沉香属约15种，分布于缅甸、泰国、越南、老挝、柬埔寨、印度东北部及不丹、马来半岛、苏门答腊、加里曼丹等地。我国2种。

瑞香
Daphne odora

【形态特征】常绿灌木，高1.5～2m。枝细长，紫色，无毛。叶互生，长椭圆形至倒针形，长5～8cm，全缘，先端钝或短尖，基部狭楔形，无毛。雌雄异株，头状花序顶生，有总梗；花白色或淡红紫色，径约1.5cm，芳香；花被4裂，花瓣状。核果肉质，圆球形，红色。花期3～4月。栽培的常为雄株，故极少见有果实。

【产地及习性】原产中国和日本，长江流域各地广泛栽培。喜荫，忌日光暴晒；喜温暖，不耐寒；喜肥沃湿润而排水良好的酸性和微酸性土，忌积水。萌芽力强，耐修剪，也适于造型。

【观赏品种】金边瑞香（'Marginata'），叶缘金黄色，花极香。

【观赏评价与应用】瑞香以香花著名，自宋朝广为栽培，王十朋有诗曰"真是花中瑞，本朝名始闻。江南一梦后，天下遇清芬"。瑞香枝干婆娑，株形优美，花朵极芳香，性耐

瑞香

金边瑞香

荫，最适于林下路边、林间空地、庭院、假山岩石的阴面等处配植，也可植于建筑前后的花台上。日本庭院中应用瑞香也颇多，常修剪成球形，点缀于松柏类树木间。北方多于温室盆栽观赏。

【同属种类】瑞香属约95种，分布于欧洲、北非和亚洲温带和亚热带以及大洋洲。我国52种，主产西南和西北，大多数种类可栽培观赏。

橙花瑞香
Daphne aurantiaca

【别名】黄花瑞香、云南瑞香

【形态特征】常绿矮小灌木，高0.6～1.2m，多分枝。叶对生或近于对生，常簇生于枝顶，倒卵形、卵形或椭圆形，长0.8～2.3cm，宽0.4～1.2cm，边缘反卷，两面无毛，常具白粉，侧脉不明显。花橙黄色，

瑞香科　Thymelaeaceae

芳香，2～5朵簇生于枝顶或叶腋，花梗短。果球形。花期5～6月；果期8月。

【产地及习性】产四川、云南，生于海拔2600～3500m的石灰岩阴坡杂木林中或灌丛中。

【观赏评价与应用】橙花瑞香株丛低矮，枝叶密生，叶片粉绿色，花鲜黄色而繁密，可栽培观赏，是优良的花灌木，也是地被、绿篱和岩石园的适宜植物。

玫瑰瑞香
Daphne cneorum

常绿匍匐灌木，高约20cm，枝条细长。叶互生，狭倒披针形。花密集呈头状花序，顶生，花朵红色或深粉红色，芳香。花期5～6月。

原产中欧和南欧山地。喜光，也耐半阴。优良的香花灌木，适于植为地被或用于岩石园。

芫花
Daphne genkwa

【别名】药鱼草、黄大戟

【形态特征】落叶灌木，高达1m。枝细长直立，幼时密被淡黄色绢状毛。叶对生，偶互生，长椭圆形，长3～4cm，先端尖，基部楔形，背面脉上有绢状毛。花簇生枝侧，紫色或淡紫红色，花萼外面有绢状毛，无香气。果肉质，白色。花期3～4月，先叶开放；果期5～6月。

【产地及习性】分布于长江流域以南及山东、河南、陕西等省，多生于低海拔山区灌丛和林中。朝鲜也有分布。喜光，不耐庇荫，耐干旱瘠薄，耐寒性较强。

【观赏评价与应用】芫花早春先叶开花，花紫红色，外观颇似紫丁香，常于枝条上密生，初夏果实成熟，白色，是优良的花灌木，宜植于庭园观赏。也是优良的纤维植物。

唐古特瑞香
Daphne tangutica

【别名】陕甘瑞香

常绿灌木，高0.5～2.5m，多分枝。叶互生，披针形至长圆状披针形或倒披针形，长2～8cm，宽0.5～1.7cm，边缘反卷。头状花序生于小枝顶端，花外面紫色或紫红色，

瑞香科 Thymelaeaceae

唐古特瑞香

唐古特瑞香

唐古特瑞香

内面白色。果卵形或近球形，长 6～8mm，熟时红色。花期 4～5 月；果期 5～7 月。

产山西、陕西、甘肃、青海、四川、贵州、云南、西藏，生于海拔 1000～3800m 的润湿林中。可栽培观赏。

结香
Edgeworthia chrysantha

【别名】黄瑞香、雪里花、三叉树

【形态特征】落叶灌木，高达 1～2m。枝粗壮柔软，常 3 叉状分枝，韧皮极坚韧。叶长椭圆形至倒披针形，长 8～20cm，宽 2.5～5.5cm，两面被银灰色绢状毛；侧脉纤细，10～13 对。花 40～50 朵集成下垂的头状花序，黄色，芳香；花冠状萼筒长瓶状，长约 1.5cm，外被绢状长柔毛；雄蕊 8，2 列。果卵形，长约 8mm，顶端被毛。花期 2～4 月，先叶开放；果期 6～8 月。

【产地及习性】产河南、陕西及长江流域至西南地区，喜生于阴湿肥沃地。普遍栽培。日本也常见栽培并归化。喜半荫，喜温暖湿润气候和肥沃而排水良好的土壤，也颇耐寒；根肉质，不耐积水。萌蘖力强。

【观赏评价与应用】《群芳谱》云："结香干如瑞香，而枝甚柔韧，可绾结，花色鹅黄，比瑞香稍长，开与瑞香同时，花落始生叶。"栽培历史悠久，柔条长叶，姿态清雅，花多而成簇，芳香浓郁，花期正值少花的早春，适于草地、水边、石间、墙隅、疏林下丛植

结香

结香

结香

赏花，或于花台、花池孤植。

【同属种类】结香属共有 5 种，分布于喜马拉雅地区至日本。我国 4 种。

了哥王
Wikstroemia indica

【别名】南岭荛花

【形态特征】落叶灌木，高达 2m。小枝无毛。叶对生或近对生，椭圆状长圆形、倒卵状披针形，长 1.5～5cm，宽 0.8～1.5cm，先端钝尖，基部楔形，侧脉 6～12 对。顶生短总状花序或近簇生，花黄绿色，萼筒无毛或被疏毛；花盘深裂成 2 或 4 条形鳞片，顶端流苏状。果实椭圆形或卵圆形，长 6～8mm，熟时鲜红至紫色。花果期夏秋季。

【产地及习性】分布于长江流域以南至华南，台湾、海南、四川等地均有，多生于山麓、山坡较湿润的灌丛中，也耐干旱。根蘖性强。

【观赏评价与应用】了哥王花黄绿色，果实红艳，是优良绿化树种，可作荒山、塘边、

了哥王

了哥王

了哥王

瑞香科 Thymelaeaceae

河朔荛花

河朔荛花

堤岸绿化材料。也是常用的中药。茎皮含纤维50%~60%，是高级纸张和人造棉的优良原料。

【同属种类】荛花属约70种，分布于亚洲热带、亚热带、大洋洲和太平洋群岛。我国49种，主要分布于长江以南各地。

河朔荛花
Wikstroemia chamaedaphne

【别名】矮雁皮、拐拐花、羊燕花

落叶灌木，高约1m；分枝多而纤细，幼枝近四棱形。叶对生，披针形，长2.5~5.5cm，宽0.2~1cm，侧脉7~8对，不明显。花黄色，圆锥状花序顶生或腋生，花梗极短。花萼长8~10mm，裂片4，2大2小，卵形至长圆形。果卵形。花期6~8月；果期9月。

产华北、西北至华中，生于山坡及路旁。蒙古也有分布。适应性强，耐干旱瘠薄。花朵黄色而繁密，可栽培观赏。纤维可造纸，作人造棉，茎叶可作土农药毒杀害虫。

北江荛花
Wikstroemia monnula

【别名】黄皮子

落叶灌木，高50~80cm；枝暗绿色。叶对生或近对生，卵状椭圆形至椭圆状披针形，长1~3.5cm，宽0.5~1.5cm，侧脉纤细，4~5对。总状花序顶生，有8~12花；花细瘦，紫白或淡红色，花萼长0.9~1.1cm，顶端4裂。果卵圆形，基部为宿存花萼所包被。4~8月开花，随即结果。

产广东、广西、贵州、湖南、浙江，喜生于海拔650~1100m山坡、灌丛中或路旁。花红色，果实白色，可栽培观赏。

北江荛花

北江荛花

北江荛花

九十八、桃金娘科 Myrtaceae

岗松
Baeckea frutescens

【形态特征】常绿灌木，有时为小乔木；枝纤细，多分枝。叶小，无柄或有短柄，叶片狭线形或线形，长5～10mm，宽1mm，先端尖，有透明油腺点，仅具中脉，无侧脉。花小，白色，单生叶腋；萼管钟状，花瓣圆形，长约1.5mm，雄蕊10枚或稍少；子房下位，3室。蒴果小，长约2mm；种子扁平，有角。花期夏秋。

【产地及习性】产福建、广东、广西及江西等省区。也分布于东南亚各地。喜生于低丘及荒山草坡与灌丛中，是酸性土的指示植物，在我国海南岛东南部直至加里曼丹岛的沼泽地中常形成优势群落。喜温暖环境，稍耐旱，生长适温25～30℃，对土壤要求不严。

【观赏评价与应用】岗松分枝细密，叶片细小，小花细碎白色，株型奇特，适于制作盆景，也可用于庭园观赏。枝叶可编扫帚，也可提取芳香油及制栲胶。

【同属种类】岗松属约70种，分布于澳大利亚以及南亚和东南亚。我国1种，产南部各省。

岗松

红千层
Callistemon linearis
【*Callistemon rigidus*】

【形态特征】常绿小乔木或灌木状。小枝红棕色，有白色柔毛。叶条形，光滑而坚硬，长5～9cm，宽3～6mm，先端尖锐，灰绿色，幼时两面被丝毛，后脱落；中脉显著，边脉突起；无柄。穗状花序长10cm，形似试管刷，花后枝顶仍继续生长枝叶；花瓣绿色，卵形；雄蕊长2.5cm，鲜红色。蒴果半球形，直径7mm。花期6～8月。

红千层

红千层

【产地及习性】原产澳大利亚。华南和西南地区常见栽培，长江流域和北方多有盆栽。喜光，喜高温高湿气候，很不耐寒；要求酸性土壤，耐干旱瘠薄，在荒山、石砾地、黏重土壤上均可生长。萌芽力强，耐修剪。苗木主根长而侧根少，不耐移植。

【观赏评价与应用】红千层在我国已经有100多年的栽培历史，其植株繁茂，花序形状奇特，花色红艳，花期也长，是一优美的庭园花木，华南地区可露地栽培，宜丛植于草地、山石间，也可列植于步道两侧。红千层还适于整形修剪或选用老桩制作盆景

【同属种类】红千层属约20种，产澳大利亚。我国引入栽培3种，均为美丽观赏树。本属有时被归入白千层属（*Melaleuca*）。

美花红千层
Callistemon citrinus
【*Callistemon lanceolatus*】

【别名】硬枝红千层

常绿灌木，在原产地可高达10m。枝直立。叶互生，具油腺点，披针形，长3～8cm，幼

美花红千层

桃金娘科 Myrtaceae

美花红千层

时淡红色，刚硬，下面密被腺点，中脉及侧脉显著。花序长约 5～10cm，淡红色，雄蕊长约 2.5cm，花开后花序轴继续生长。蒴果卵圆形，无毛。花期 3～5 月和 9～11 月。

产澳大利亚的昆士兰。华南有栽培。

克里夫红千层
Callistemon comboynensis

常绿灌木，通常高 1～2m，幼枝红褐色或粉红色，有丝状毛。叶厚革质，狭倒披针形，稀狭椭圆形，长 5～7cm，宽 8～20mm，先端钝或尖，幼时有丝状毛；侧脉显著。穗状花序长 6～10cm，径 6～7cm，花丝长约 2.5cm，亮红色，蒴果，径约 4～6mm。原产地花期秋季至初冬，也可全年不定时开花。

原产澳大利亚昆士兰、新南威尔士州。

克里夫红千层

克里夫红千层

皇帝红千层
Callistemon 'King's Park Special'

常绿大灌木，高达 3～5m。多分枝，小枝常下垂。叶互生，基部淡黄色，长达 11cm，宽达 1.5cm。穗状花序瓶刷状，繁密，

皇帝红千层

皇帝红千层

长达 13cm，直径达 6cm；花亮红色。花期春季。
原产澳大利亚，华南有栽培。

岩生红千层
Callistemon pearsonii 'Rocky Rambler'

常绿灌木，植株低矮，半匍匐生长，高达 60～100cm。叶互生，较小，披针形或窄线形，深绿色。穗状花序顶生，花两性，亮红色，雄蕊突出，金黄色。蒴果。花期春季。

原产澳大利亚。喜光，耐干旱，是优良的地被植物。

岩生红千层

岩生红千层

岩生红千层

桃金娘科　Myrtaceae

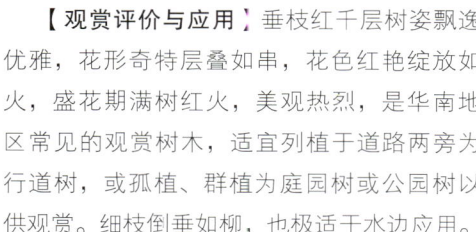

【观赏评价与应用】垂枝红千层树姿飘逸优雅，花形奇特层叠如串，花色红艳绽放如火，盛花期满树红火，美观热烈，是华南地区常见的观赏树木，适宜列植于道路两旁为行道树，或孤植、群植为庭园树或公园树以供观赏。细枝倒垂如柳，也极适于水边应用。

柳叶红千层
Callistemon salignus

常绿大灌木或小乔木；嫩枝圆柱形，有丝状柔毛。嫩叶带红色。叶片线状披针形，长6~7.5cm，宽0.7cm，两面均密生有黑色腺点，侧脉纤细；叶柄极短，长1.5~3mm。穗状花序稠密，长达11.5cm；雄蕊苍黄色，少淡粉红色，长约13mm。蒴果碗状或半球形，径约5mm，顶端截平而略为收缩。

原产澳大利亚昆士兰。我国云南、广东有栽培。树形美观，为一美丽的观赏植物。

白色，枝条柔软下垂，叶狭线形，柔软，细长如柳，嫩叶墨绿色，叶片内透明腺点小而多。穗状花序顶生，花两性，花红色。蒴果。花期4~9月。

【产地及习性】原产澳大利亚的新南威尔士及昆士兰，现华南地区广泛栽植。较喜光，喜温暖湿润气候，耐烈日酷暑，萌发力强，耐修剪，抗大气污染，不耐移植。

垂枝红千层
Callistemon viminalis

【别名】串钱柳

【形态特征】常绿大灌木或小乔木，株高2~5m。基本形态与红千层相近，但树皮灰

柠檬桉
Eucalyptus citriodora

【形态特征】常绿乔木，高达40m，径达1.2m，具强烈的柠檬香气；树皮片状剥落；树干通直、光滑，灰白或略淡红色。叶2型：幼苗及萌枝上的叶卵状披针形，叶柄在叶片基部盾状着生，有腺毛；大树之叶狭披针形至披针形，长10～15cm，宽1～1.5cm，两面被黑腺点，叶柄长1.5～2cm。圆锥花序顶生或腋生；花盖半球形，顶端具小尖头，花径约1.5～2cm；萼筒较花盖长2倍。蒴果壶形或

柠檬桉

坛状，长约1.2cm，果瓣深藏。花期3～4月及10～11月；果期6～7月及9～11月。

【产地及习性】产澳大利亚沿海地区。我国福建、广东、广西、云南、台湾、四川等省区均有引栽。强阳性树种，不耐寒，易受霜害，喜土层深厚疏松、排水良好的红壤、黄壤和冲积土，较耐干旱。生长速度快，在广东，6年生幼树高达16m，胸径26cm。

【观赏评价与应用】柠檬桉树形高耸，树干洁净，呈灰白色，非常优美秀丽，枝叶有芳香，是优秀的庭园观赏树和行道树。树体高大，造景种宜选择宽阔的环境，周围宜空旷，以孤植或几株丛植为宜，一般不适于小型庭园造景。由于分枝点高，桉树也是公路树之佳选。在住宅区不宜种植过多，否则香味过浓也会使人不太舒适。幼嫩枝叶提取的桉油可供食品、香精、化工原料、医药等用。

【同属种类】桉树属约700种，主产澳大利亚与邻近岛屿，少数种类产印度尼西亚和菲律宾，世界热带和亚热带广泛引种。我国先后引入110余种，以华南和西南常见。

我国引种桉树已经有120多年的历史（自1890年开始引种）。在我国，桉树类的适宜地区主要在南亚热带和热带地区，少数种类可适宜中亚热带的气候条件，如浙江南部、四川盆地、湖南和江西南部，在北亚热带几乎没有适生的种类。

窿缘桉
Eucalyptus exserta

【形态特征】常绿乔木，高15～18m；树皮粗糙、开裂。嫩枝有钝棱，纤细下垂。幼态叶对生，狭窄披针形，宽不及1cm，有短柄；成熟叶狭披针形，长8～15cm，宽1～1.5cm，稍弯曲。伞形花序腋生，有花3～8朵，总梗圆形，长6～12cm。蒴果近球形，直径6～7mm，果缘突出萼管2～2.5mm，果瓣4。花期5～9月。

【产地及习性】原产澳大利亚东部沿海较干旱地区。华南各地广泛栽种，在广东雷州半岛有较大面积造林。惟抗风力差，不耐台风袭击。

柠檬桉

窿缘桉

窿缘桉

蓝桉
Eucalyptus globulus

【别名】灰杨柳

【形态特征】常绿乔木，高达80m；树干多扭转，树皮薄片状剥落。叶蓝绿色，萌芽枝及幼苗的叶卵状矩圆形，基部心形，长3～10cm，有白粉，无柄；大树之叶镰状披针形，长12～30cm，边脉近叶缘，叶柄长1.5～4cm。花单生或2～3朵簇生叶腋，径达4cm，近无柄，花蕾有小瘤和白粉；萼筒4脊；花盖较萼筒短。蒴果倒圆锥形，径2～2.5cm。花期9～10月；果期翌年2～5月。

【产地及习性】产澳大利亚和塔斯马尼亚岛低海拔温暖地带。我国西南及南部有引种，以云南中部及北部、贵州西部、四川西南部生长最好。喜温暖气候，但不耐湿热，耐寒性不强，极喜光，喜肥沃湿润酸性土，不耐钙质土壤。

【亚种】直杆蓝桉（subsp. *maidenii*），树干通直，树皮有灰褐和灰白色斑坎。花小，3～7朵排成伞形花序，花蕾表面平滑，无小瘤和

白粉；果钟形或倒圆锥形，径约0.6～1cm。产澳大利亚东南部。我国1947年引入，华南、西南和浙江等地有栽培。

【观赏评价与应用】蓝桉生长极快，树干高大，在原产地高大者可高达100m，有"林中仙女"之称，是四旁绿化的良好树种，也是良好的蜜源植物，但缺点是树干扭曲不够通直。直杆蓝桉生长快，干通直，也常栽培。

毛叶桉
Eucalyptus torelliana

【别名】托里桉

【形态特征】常绿大乔木；树皮光滑，灰绿色，块状脱落，基部有片状宿存树皮；嫩枝圆形，有粗毛。幼态叶对生，卵形，长7～15cm，宽4～9cm，下面有毛，盾状着生，有短柄；成熟叶薄革质，卵形，长10～12cm，宽5～7cm，下面有短柔毛，叶柄长1～2cm。圆锥花序顶生及腋生，长8～11cm，花蕾倒卵形。蒴果球形，径1～1.3cm。花期10月。

【产地及习性】分布于澳大利亚东部沿海，喜生于沙质壤土。华南有栽培。

【观赏评价与应用】毛叶桉树干通直，叶

片芳香，是疗养区、住宅区、医院和公共绿地的良好绿化树种。也可用于沿海沙地营造防风林。

红果仔
Eugenia uniflora

【别名】番樱桃、巴西红果

【形态特征】常绿灌木或小乔木，高达5m，全株无毛。叶纸质，卵形至卵状披针形，长3.2～4.2cm，宽2.3～3cm，上面亮绿色，下面颜色较浅，有透明腺点，侧脉约5对，稍明显，以近45度开角斜出，离边缘约2mm处汇成边脉；叶柄极短。花白色，稍芳香，单生或数朵聚生叶腋，短于叶；萼片4，长椭圆形。浆果球形，径1～2cm，有8棱，深红色。

桃金娘科 Myrtaceae

花期春季。

【产地及习性】原产巴西。在我国南部有少量栽培。喜温暖湿润环境，不耐干旱，也不耐寒，生长适温约 23～30℃。在阳光充足处和半阴处都能正常生长。耐修剪。

【观赏评价与应用】红果仔枝叶茂密，四季常绿，新叶鲜红，美丽雅致，花白色而芳香，秋季红果累累，典雅可爱，是热带地区重要的观果树种，适于庭院、公园草地、疏林下等各处丛植。亦可修剪成圆形、锥形等各种造型供园林点缀。果肉多汁，稍带酸味，可食。北方地区常温室盆栽观赏，结实时红果累累，极为美观。

【同属种类】约 100 种，大部分产美洲，少数产东半球，我国不产，引入栽培 2 种。

南美梣
Feijoa sellowiana

【别名】菲律宾番石榴、非油果、肥吉果、凤榴

【形态特征】常绿灌木或小乔木，高约 5m；枝圆柱形。叶革质，椭圆形或倒卵状椭圆形，长 6～8.5cm，宽 3.4～3.7cm，顶端圆、微凹或有小尖头，下面密被灰白色短绒毛，侧脉 7～8 对，以 45 度开角斜行，在离

边缘 2～3mm 处汇合成边脉；叶柄有灰白色绒毛。花径 2.5～5cm；花瓣外面有灰白色绒毛，内面带紫色；雄蕊与花柱红色。浆果卵圆形，径约 1.5cm，有灰白色绒毛，萼片宿存。花期 5～6 月；果期 9～11 月。

【产地及习性】原产巴西、巴拉圭、乌拉圭和阿根廷。华南有栽培。喜光，稍耐荫，喜温暖湿润环境，也较耐旱、耐寒，可耐短期 -9℃。对土壤要求不严，适生于排水良好的肥沃土壤。萌芽力强，耐修剪。

【观赏评价与应用】南美梣四季常绿，叶厚革质，具油脂光泽，枝叶修剪时散发出令人愉快的芳香，有益人体健康。花瓣外面白色，其余红色，红白相配，美观优雅远观如彩蝶飞舞。浆果带紫红色，肉质甘甜。园林中可结合生产栽培，既供观赏，又可采摘果实。云南、广东、广西等地栽培。

【同属种类】南美梣属只有 1 种，产南美洲。我国云南有栽培。

红胶木
Lophostemon confertus
【*Tristania conferta*】

【别名】毛刷木

【形态特征】常绿乔木，高 20m，径达 50cm；树皮黑褐色，坚硬，嫩枝扁而有棱，后变圆形。叶革质，聚生于枝顶，长圆形或卵状披针形，长 7～15cm，宽 3～7cm，上面多突起腺点，下面有时带灰色，侧脉 12～18 对，网脉明显；叶柄长 1～2cm，扁平。聚伞花序腋生，长 2～3cm，有花 3～7 朵，萼管倒圆锥形，被灰白色长丝毛，花瓣倒卵状圆形，长 6mm，雄蕊束长 10～12mm，花丝部

分游离。蒴果半球形，径 8～10mm，先端平截，果瓣内藏。花期 5～7 月。

【产地及习性】原产澳大利亚，现广植于热带地区。喜光，也耐荫；喜肥沃土壤，生长迅速。

【观赏评价与应用】红胶木树形挺拔，叶色浓绿，花虽小但形态奇特优美，雄蕊呈羽毛状，热带地区广泛栽培作绿荫树。我国广东及广西等地也有栽培，常作行道树。

【同属种类】红胶木属约 20 余种，分布于澳大利亚和新几内亚。我国南部栽培 1 种。

白千层
Melaleuca cajuputi subsp. *cumingiana*

【别名】脱皮树、千层皮、玉树、白千层

【形态特征】常绿乔木，高达 18m；树皮厚而松软，灰白色，多层纸状剥落；嫩枝灰白色。叶革质，互生，狭长椭圆形或狭矩圆形，

桃金娘科　Myrtaceae

千层金

千层金

千层金

长4～10cm，宽1～2cm，多油腺点，香气浓郁，先端尖，基部狭楔形；纵脉3～7条；叶柄极短。穗状花序假顶生，长达15cm；花白色，花瓣5，卵形，长2～3mm；花丝长约1cm，白色，5束。果近球形，径5～7mm。花期4～6月和10～12月。

【产地及习性】原产澳大利亚。喜光，喜温暖潮湿环境，亦可耐轻霜。适应性强，耐干旱高温及瘠薄土壤。

【观赏评价与应用】白千层树形秀丽，树皮白色，是优良的绿化树种，除供丛植观赏外，也可植为行道树，又可选作造林及四旁绿化树种。我国广东、台湾、福建、广西等地均有栽培。树皮易引起火灾，不宜于大面积造林。叶含芳香油1%～1.5%，可提取"玉树油"。

【同属种类】白千层属200余种，主要分布于大洋洲，也产于印度尼西亚等地。我国引入栽培3种以上，其中白千层栽培最为普遍。此外白油树（Melaleuca viridiflora）也见于栽培。

千层金
Melaleuca bracteata 'Revolution Gold'

【别名】黄金串钱柳、黄金香柳

【形态特征】常绿灌木或小乔木，主干直立，小枝细柔至下垂，微红色，被柔毛。叶互生，革质，金黄色，披针形或狭长圆形，长1～2cm，宽2～3mm，两端尖，基出脉5，具油腺点，香气浓郁。穗状花序生于枝顶，花后花序轴能继续伸长；花白色；萼管卵形，先端5小圆齿裂；花瓣5片；雄蕊多数，分成5束；花柱略长与雄蕊。蒴果近球形，3裂。

【产地及习性】原产澳大利亚，我国南方广为栽培。适应气候带范围广，耐短期-7℃低温；对土壤要求不严，酸性、石灰岩土质甚至盐碱地都能适应；深根性树种，枝条柔韧，抗风力强；耐修剪。

【观赏评价与应用】千层金枝条细长柔软，嫩枝红色，叶秋、冬、春三季表现为金黄色，夏季由于温度较高为鹅黄色，芳香宜人，是著名的色叶观赏树种，广泛用于庭园、道路、居住区绿化，厦门环岛路用千层金与肖黄栌搭配，组成缤纷彩叶景观。还可修剪成球形、伞形、金字塔形等各式各样的形状点缀园林空间。也是沿海地区不可多得的优良景观树种，适于海滨及人工填海造地的绿化造景、防风固沙。枝叶含芳香油，是高档化妆品原料。

细叶白千层
Melaleuca parviflora

【别名】小花白千层、细叶白千层

【形态特征】常绿乔木，高12m；树皮灰色，

桃金娘科 Myrtaceae

稍坚实;嫩枝常有毛。叶互生,密集,硬革质,披针形或长椭圆状披针形,长1~1.6cm,宽3~5mm,先端尖锐,有7~9条直脉;无叶柄。花白色,密集于枝顶组成3~5cm的穗状花序;花瓣近圆形,雄蕊成束,长约6mm。蒴果倒卵形,宽3~4mm。花期春季。

【产地及习性】原产澳大利亚。华南地区有栽培,生长较慢,40年生胸径不及30cm。

【观赏评价与应用】细叶白千层树冠卵形,树形美观,树叶细小飘逸,白花繁多,密生于小枝上,远观如瑞雪压枝。适合植于水边,树枝摇曳,树叶飘动,与水相配效果最佳,还可作城市行道树或公园园路树。

众香
Pimenta racemosa
【*Pimenta acris*】

【别名】西印度月桂树

【形态特征】常绿乔木,高4~12m;树皮光滑。叶对生,叶片大而光亮,厚革质,椭圆形至长椭圆形,长约12cm,宽约6cm,顶端钝圆,全缘,叶缘向下反卷;侧脉多而细密;叶柄粗短。圆锥状聚伞花序生于枝顶;花白色,径约10mm,花瓣5,雄蕊多数,花丝细长。果实卵形,熟时黑色,长7~12mm,芳香。花期5~6月。

【产地及习性】原产西印度群岛、波多黎各、委内瑞拉,世界热带地区广泛栽培。

【观赏评价与应用】众香是世界著名的香料植物,叶色深绿光亮,花朵洁白,全株芳香,也是重要的庭园观赏树种,华南有引种栽培。

【同属种类】众香属约有16种,分布于西印度群岛和中美洲地区。

番石榴
Psidium guajava

【别名】鸡矢果、广东石榴、缅桃

【形态特征】常绿灌木或小乔木,高达13m,树皮呈片状剥落;嫩枝四棱形,老枝圆形。叶对生,革质,长椭圆形至卵形,长

桃金娘科　Myrtaceae

草莓番石榴
Psidium littorale

常绿灌木或小乔木，高达7m；嫩枝圆形。叶片椭圆形至倒卵形，长5～10cm，宽2～4cm，两面无毛，侧脉不明显。花白色，星、单生叶腋。浆果梨形或球形，长2.5～4cm，熟时紫红色，果肉白色、黄色或胭脂红色。花期夏季。

原产巴西。我国南部有栽培，作果树或供观赏。果肉松软多汁，味如草莓。

桃金娘
Rhodomyrtus tomentosa

【别名】水刀莲、唐莲、桃娘

【形态特征】常绿小灌木，高2～3m，树形不整齐。嫩枝密生柔毛。叶对生，离基3出脉，边脉离边缘3～4mm；叶片椭圆形或倒卵形，长3～8cm，宽1～4cm，先端圆钝、微凹，基部宽楔形，背面有黄褐色茸毛。聚

7～13cm，宽4～5cm，叶背密生柔毛。花较大，1～3朵腋生；白色，芳香，径2.5～3.5cm；萼绿色。浆果球形、卵形或梨形，长4～8cm。每年开花2次：第1次4～5月，第2次8～9月；果实在花后2～2.5个月成熟。

【产地及习性】原产南美洲；现世界热带广植，并在许多地区归化。我国东南沿海和华南、云南、四川等地栽培，北方温室偶见栽培。喜暖热气候，不耐霜冻，在-1℃时即受冻害，但萌芽力强，易于更新恢复；对土壤要求不严，在沙土、黏土上均可生长，耐瘠薄；较耐干旱和水湿。根系分布较浅，不抗风。

【观赏评价与应用】番石榴常为丛生灌木状，主干不甚高，树姿美丽，树皮平滑似紫薇，红褐色，花果期长，在热带地区可用于园林造景，适于丛植、散植于草坪、桥头、池畔，也可结合生产在风景区内大量栽种，目前在广西、云南和四川部分地区已野化，形成灌丛。果实富含维生素，可鲜食或加工。

【同属种类】约150种，产热带美洲。我国引入栽培2种，其中1种在华南归化。

伞花序腋生，花1~3朵；盛开后渐变为玫瑰红色，径2~4cm，雄蕊红色，长7~8mm。浆果长圆形至卵形，径约1.5cm，熟时紫黑色。花期4~5月。

【产地及习性】原产我国南部及东南亚各国，常生于地势开阔的低山丘陵，组成大面积的次生灌丛。性喜温暖湿润环境，耐干旱瘠薄，略耐霜冻；喜光，不耐庇荫；要求酸性土壤，是酸性土指示植物。萌芽力强，极耐修剪。

【观赏评价与应用】桃金娘株形四季常绿，花白色并变为美丽的玫瑰红色，红白相映，十分艳丽，花期长达1个月；果实鲜红并渐变为酱红色，形似樱桃，倒吊若罐，是一种花、果、叶兼赏的优良造景材料。园林中宜丛植、片植，用于草坪、庭院、山坡等各处，也可结合生产，在郊外大面积栽培。果实富含糖分，味甘凉，既可生食，又可加工。

【同属种类】桃金娘属共约18种，产东南亚至大洋洲；我国仅此1种。

肖蒲桃
Syzygium acuminatissimum
【*Acmena acuiminatissima*】

【别名】荔枝母、火炭木

【形态特征】常绿乔木，高达20m；嫩枝圆形或有钝棱。叶卵状披针形或狭披针形，长5~12cm，宽1~3.5cm，先端尾尖，尾长2cm，多油腺点，侧脉多而密，65~70°角缓斜向上，上面不明显；叶柄长5~8mm。圆锥花序顶生，长3~6cm，花序轴有棱；花3朵聚生，有短柄；花蕾倒卵形，长3~4mm，

肖蒲桃

肖蒲桃

花瓣小，雄蕊极短。浆果球形，直径1.5cm，黑紫色。花期7常绿灌木10月；果期冬春季。

【产地及习性】产广东、广西等省区，生于低海拔至中海拔林中。分布至中南半岛、马来西亚、印度、印度尼西亚、菲律宾等地。喜阳光充足和高温高湿的自然气候环境，耐0℃的极端低温及轻霜。在肥力中等、排水良好的酸性壤土或砂质壤土中生长良好。

种子不耐贮藏。

【观赏评价与应用】肖蒲桃枝繁叶茂，枝叶柔软下垂，树姿优雅，嫩叶通常红褐色，每到冬、春季，枝条上挂满了成熟期不同的果实，呈现出一派壮观景象，具有较高园林观赏价值，可植为行道树、庭荫树。果可食，酸甜可口。

【同属种类】蒲桃属约1200种（含肖蒲桃属Acmena、水翁属Cleistocalyx），产亚洲、大洋洲、非洲和太平洋岛屿。我国78种，引入栽培数种，主产云南、广东和广西。

黑嘴蒲桃
Syzygium bullockii
【*Eugenia bullockii*】

常绿灌木至小乔木，高达5m；嫩枝稍压扁。叶椭圆形至卵状长圆形，长4~12cm，宽2.5~5.5cm，侧脉多数，叶柄极短。圆锥花序顶生，长2~4cm，多分枝、多花；花梗长1~2mm，花小，花瓣连成帽状体，花丝分离。果椭圆形，长约1cm，宽8mm。花期3~8月。

产广东西部及海南岛、广西西部。喜生于平地次生林。也分布于越南。

肖蒲桃

黑嘴蒲桃

黑嘴蒲桃

黑嘴蒲桃

赤楠
Syzygium buxifolium

【别名】小叶蒲桃

常绿灌木或小乔木；嫩枝有棱。叶对生，阔椭圆形至椭圆形，偶阔倒卵形，长1.5~3cm，宽1~2cm，先端圆钝，侧脉多而密，上面不明显，下面稍突起；叶柄长2mm。聚伞花序顶生，花白色，花瓣4，长

桃金娘科　Myrtaceae

赤楠

赤楠

赤楠

赤楠

乌墨

乌墨
Syzygium cumini

【别名】海南蒲桃

【形态特征】常绿乔木，高达15m。嫩枝圆。叶阔卵圆形至狭椭圆形，长6~12cm，宽3.5~7cm，先端圆，具短尖头，基部阔楔形；侧脉明显，两面多细小腺点；叶柄长1~2cm。复聚伞花序腋生，长达11cm，花白色，花瓣长2.5mm；萼齿不明显，脱落。果卵圆形或壶形，长1~2cm，紫红色或黑色。花期2~3月；果期7~8月。

【产地及习性】产于华南至西南各省区；东南亚及澳大利亚也有分布。散生于低山丘陵林中。萌芽力强。喜光、喜温暖湿润气候，不耐旱，不耐寒。

【观赏评价与应用】乌墨树干通直，树姿优美，冠大荫浓，四季常青，是优良用材树种和庭园绿化树种。常植为行道树和庭荫树，或群植作其他色彩艳丽植物的背景林。

乌墨

水竹蒲桃
Syzygium fluviatile

常绿灌木，高1~3m；嫩枝圆形。叶线状披针形，长3~8cm，宽7~14mm，先端钝圆，上面不发亮，有多数下陷腺点，下面黄褐色，侧脉多而密，以40°角急斜向上，

水竹蒲桃

水竹蒲桃

乌墨

水竹蒲桃

2mm；雄蕊长2.5mm。果球形，径5~7mm，熟时紫黑色。花期6~8月。

产安徽、浙江、台湾、福建、江西、湖南、广东、广西、贵州等省区，生于低山疏林或灌丛。分布于越南及日本琉球群岛。常栽培观赏，适于水滨、草地丛植。

上面不显；叶柄长约 2mm。聚伞花序腋生，长 1～2cm；花蕾倒卵形，萼管倒圆锥形，花瓣圆形，长 4mm；雄蕊长 4～5mm。果球形，宽 6～7mm，熟时黑色。花期 4～7月。

产广东、广西等省区。常见于 1000m 以下的森林溪涧边。

短药蒲桃
Syzygium globiflorum

常绿灌木或小乔木，高 3～12m；嫩枝稍压扁。叶椭圆形或狭椭圆形，长～16cm，宽 2.5～5cm，侧脉 12～17 对，以 55°角斜向上。聚伞或圆锥花序顶生，有花 3～11 朵，花中等大；花蕾卵圆形；花瓣阔卵形，长 7～8mm；雄蕊长短不一。果近球形，直径 2.5cm。花期 4～8月。

产广东海南、广西及云南等地。生于中海拔、山谷密林中。

轮叶赤楠

短药蒲桃

轮叶赤楠

短药蒲桃

轮叶赤楠

轮叶赤楠
Syzygium grijsii

常绿灌木，高不及 1.5m；嫩枝纤细，有 4 棱。叶细小，常 3 叶轮生，狭窄长圆形或狭披针形，长 1.5～2cm，宽 5～7mm，侧脉密。聚伞花序顶生，少花，花白色；花瓣 4，近圆形，长约 2mm；雄蕊长约 5mm。果球形，径 4～5mm。花期 5～6月。

产浙江、江西、福建、广东、广西。近似赤楠，但叶细小而狭长，常 3 叶轮生。

红鳞蒲桃
Syzygium hancei

常绿灌木或中等乔木，高达 20m；嫩枝圆形。叶狭椭圆形至长圆形或为倒卵形，长 3～7cm，宽 1.5～4cm，先端钝，基部阔楔形或较狭窄，上面不发亮，有多数细小而下陷的腺点，侧脉以 60 度开角缓斜向上，两面不明显，边脉离边缘约 0.5mm；叶柄长 3～6mm。圆锥花序腋生，多花，无花梗；花瓣 4，分离。果实球形，直径 5～6mm。花期 7～9月。

产福建、广东、广西等省区。常见于低海拔疏林中。适于庭园栽培观赏。

红鳞蒲桃

红鳞蒲桃

红鳞蒲桃

蒲桃
Syzygium jambos

【形态特征】常绿乔木,高达12m。主干短,多分枝,树冠扁球形。嫩枝圆。叶披针形,长12~25cm,宽3~4.5cm,先端长渐尖,叶基楔形,上面被腺点,侧脉12~16对;叶柄长6~8mm。聚伞花序顶生,花黄白色,径3~4cm;雄蕊突出于花瓣之外;花梗长1~2cm。浆果球形或卵形,径3~5cm,淡黄绿色,萼宿存。花期4~5月;果期7~8月。

【产地及习性】产华南至云南和贵州南部、四川;中南半岛、马来西亚和印度尼西亚也有分布。喜光,稍耐荫;喜温暖湿润环境;对土壤适应性强,沙质土、黏重土以至石砾地上均可生长,耐干旱瘠薄,也耐水湿。深根性,枝条强韧,抗风力强。

【观赏评价与应用】蒲桃四季常绿,叶色光亮,枝条披散下垂宛如垂柳,婆娑可爱,花白色而繁密,素净娴雅,果实黄色,也颇美观,是华南常见园林造景材料。可用于广场、草地、庭院作庭荫树,孤植或丛植,也适于溪流、池塘、湖泊等水体周围列植,也是优良的防风、固堤树种。还是著名的热带鲜食水果。

马来蒲桃
Syzygium malaccense

常绿乔木,高15m;嫩枝粗大,圆形。叶狭椭圆形至椭圆形,长16~24cm,宽6~8cm,先端尖锐,上面无光泽,侧脉11~14对,以45°角斜行向上;叶柄长约1cm。聚伞花序生于无叶的老枝上,花4~9朵簇生,花梗长5~8mm,粗大,有棱;花红色,长2.5cm,花瓣圆形,长1cm,雄蕊长1~1.3cm,完全分离。果卵圆形或壶形,长约4cm。花期5月。

分布于马来西亚、印度、老挝和越南。东南亚一带广泛栽培供食用。华南有栽培。

阔叶蒲桃
Syzygium megacarpum
【*Syzygium latilimbum*】

常绿乔木,高20m;嫩枝稍压扁。叶狭长椭圆形至椭圆形,长14~30cm,宽6~13cm,先端渐尖,基部圆形,侧脉

桃金娘科 Myrtaceae

阔叶蒲桃

15～22对，平缓斜行；叶柄长5～10mm。聚伞花序顶生，有花2～6朵；花大，白色，花梗长6～8mm；萼管长倒锥形，长1.5～2cm；花瓣圆形，长2cm；雄蕊极多，长2.5～3cm。果卵状球形，长5cm。花期4月。

产广东、广西、云南的南部及西南部，见于湿润的低地森林。也分布于泰国及越南等地。

钟花蒲桃
Syzygium myrtifolium
【*Syzygium campanulatum*】

【别名】红车木

常绿小乔木，高达20m，栽培条件下通常高3～5m；树冠卵形至圆柱形。叶椭圆形至狭椭圆形，长3～8cm，芳香，新叶亮红色至橘红色，渐变为粉红色，成叶深绿色。圆锥花序多花，花白色，花丝细长；花蕾倒卵形或近圆形，花瓣连成钟状。果实球形，径5～7mm。花期4～5月。

【产地及习性】原产热带亚洲，广泛栽培。性强健，耐修剪，适应性强。

【观赏评价与应用】钟花蒲桃树形丰满茂密，新叶红色，随着生长色彩变化，美观可爱，是华南地区近年来应用较多的绿化树种。

常用作绿篱以分隔空间或作分车绿带的绿化树种，或三、五成丛植于草坪观赏其新叶与白花，还可以作为基础种植。性耐修剪，也作植物造型材料。

钟花蒲桃

钟花蒲桃

钟花蒲桃

水翁
Syzygium nervosum
【*Cleistocalyx operculatus*】

【别名】水榕

【形态特征】常绿乔木，高15m；树皮灰褐色，颇厚；嫩枝压扁。叶薄革质，长圆形至椭圆形，长11～17cm，宽4.5～7cm，先端尖，基部阔楔形或略圆，侧脉9～13对，脉间相隔8～9mm，以45～65°开角斜向上，网脉明显，边脉离边缘2mm；叶柄长1～2cm。圆锥花序生于无叶的老枝上，长6～12cm；花无梗，2～3朵簇生；花蕾卵形，帽状体长2～3mm；雄蕊长5～8mm。浆果阔卵圆形，长10～12mm，径10～14mm，熟时紫黑色。花期5～6月。

【产地及习性】产广东、广西及云南等省区，喜生水边。分布于中南半岛、印度、马来西亚、印度尼西亚及大洋洲等地。喜温暖湿润气候，耐湿性强，忌干旱；对土壤要求不严。抗污染。

水翁

水翁

水翁

【观赏评价与应用】水翁树冠宽阔，枝叶繁茂，喜湿润环境，是热带地区重要的园林绿化树种，最适于河边、湖畔、池边等处种植，列植、孤植均可。既可固堤护岸，又可遮阴。雷州半岛遂溪县港门镇生长着50多株水翁古树，葱郁一片，充满盎然生机，构成一幅鲜明凝重的风景画。花及叶供药用。

洋蒲桃
Syzygium samarangense

【别名】莲雾、紫蒲桃、水蒲桃、水石榴

【形态特征】常绿乔木，高达12m。嫩枝扁。叶椭圆形或长圆形，长10～22cm，宽5～8cm，先端钝尖，叶基圆形或微心形，下面被腺点，侧脉14～19对；叶柄长3～4mm。聚伞花序长5～6cm，花梗长约5mm，萼筒倒圆锥形，长7～8mm，密被腺点。浆果梨形或圆锥形，长4～6cm，淡红色、乳白色、深红色，有光泽，顶端凹下，萼齿肉质。花期3～4月；果期5～7月。

【产地及习性】原产马来西亚、印度尼西亚和巴布亚新几内亚等国。喜温怕寒，最适生长温度25～30℃。

【观赏评价与应用】洋蒲桃树形优美，枝叶葱翠，花较大而白色，在绿叶衬托下素雅可观，尤其是果色鲜艳，粉红色、深红色或乳白等色，满树繁果甚为好看，挂果期长达1个月，而且可1年多次开花、结果，是优良之园景树。约17世纪引入中国台湾，20世纪30年代后海南、广东、广西、福建和云南等地先后引种栽培。果味香可食。

金蒲桃
Xanthostemon chrysanthus

【别名】澳洲黄花树、黄金熊猫、黄金蒲桃

【形态特征】常绿灌木或乔木，株高5～10m。叶革质，宽披针、披针形或倒披针形，对生、互生或簇生枝顶，叶色暗绿色，具光泽，全缘，新叶带有红色；搓揉后有番石榴气味。花金黄色，聚伞花序密集呈球状，花色金黄色。蒴果。几乎全年有花，盛花期自秋至春。

【产地及习性】原产澳大利亚昆士兰的热带雨林中。国内近年来引入栽培，见于福建、广东等地。性喜温暖湿润气候，要求光照充分的环境和排水良好的土壤。

【观赏评价与应用】金蒲桃是澳大利亚特有的代表植物之一。株形挺拔，叶色亮绿，冬春之时一簇簇金黄色的花朵状如黄绣球缀满枝头，亮丽夺目，是十分优良的园林绿化树种。适宜做园景树、行道树，幼株可盆栽。

洋蒲桃

洋蒲桃

洋蒲桃

金蒲桃

金蒲桃

金蒲桃

【同属种类】黄蕊木属约有49种，广泛分布于新几内亚、澳大利亚、所罗门群岛和马来群岛、印度尼西亚。我国引入栽培数种。

舞女蒲桃
Xanthostemon verticillatus 'Cream Dancer'

常绿小乔木，高5～8m，冠幅可达3～5m。叶3枚轮生，叶片硬，狭披针形，长约

桃金娘科 Myrtaceae

舞女蒲桃

舞女蒲桃

舞女蒲桃

扬格金蒲桃

扬格金蒲桃

8cm，宽1.5cm，叶柄及中脉常带红色，部分叶脱落前变红色。花簇生枝顶，白色或带乳黄色，雄蕊多数，长约2cm。蒴果木质，径约1cm。花期秋冬季。

原产澳大利亚，常栽培观赏。

扬格金蒲桃
Xanthostemon youngii

常绿小乔木或灌木。叶革质，椭圆形，具光泽，先端钝尖，基部楔形，初生叶鲜红色，老叶暗绿色。花簇生，红色，花药金黄色。蒴果，径约1.5cm。花期春至秋；果期秋至冬。

原产于澳大利亚昆士兰州约克角半岛东部沿海地区。广州等地引种栽培，中性偏阳树种。叶片绚丽多彩，嫩叶鲜红亮丽，花鲜红色，花药金黄色，具有较高的观赏价值。

扬格金蒲桃

九十九、石榴科 Punicaceae

石榴
Punica granatum

【别名】安石榴

【形态特征】落叶乔木，高达 10m，或呈灌木状。幼枝平滑，四棱形，顶端多为刺状；有短枝。单叶，全缘，对生或近对生，或在侧生短枝上簇生；叶倒卵状长椭圆形或椭圆形，长 2～9cm，无毛。花两性，单生或簇生；萼钟形，红色或黄白色，肉质，长 2～3cm；花瓣红色、白色或黄色，多皱；子房具叠生子室，上部 5～7 室为侧膜胎座，下部 3～7 室为中轴胎座。果近球形，径 6～8cm 或更大，红色或深黄色。花期 5～6 月；果期 9～10 月。

【产地及习性】原产伊朗和阿富汗等地。我国黄河流域以南各地以及新疆等地均有栽培。喜光，喜温暖气候，可耐 -20℃ 左右的低温；喜深厚肥沃、湿润而排水良好的石灰质土壤，但可适应 pH 值 4.5～8.2 的范围；耐旱。

【变种】白石榴（var. *albescens*），花白色，单瓣，果实黄白色。重瓣白石榴（var. *multiplex*），花白色，重瓣。重瓣红石榴（var. *pleniflora*）花大型，重瓣，红色。玛瑙石榴（var. *legrellei*），花大型，重瓣，花瓣有红色和黄白色条纹。黄石榴（var. *flavescens*），花黄色，单瓣或重瓣。月季石榴（var. *nana*），矮生，叶片、花朵、果实均小，花单瓣，花期长。重瓣月季石榴（var. *plena*），矮生，叶细小，花红色，重瓣，通常不结实。墨石榴（var. *nigra*），矮生，枝条细柔、开张，花小，多单瓣；果实熟时紫黑色。

【观赏评价与应用】在伊朗，石榴早在有史以前已经栽培，约公元前 4 世纪传入欧洲，公元前 2 世纪传入中国。花色艳丽且花期长，春夏繁花"风翻火艳欲烧天"，秋季果实累累，"锦果满枝壮秋色"，是著名的庭院观赏花木和果木。在我国传统文化中，以石榴"万子同苞"，象征着子孙满堂、多子多孙，被视为吉祥的植物，故庭院中多植。适宜孤植、丛植于建筑附近、草坪、石间、水际、山坡，对植于门口、房前；也可植为园路树。如在山坡或开阔地群植也很壮观，若栽于竹林外缘或树丛外围向阳处，新芽初放或盛花之际，红花绿叶相映。在大型公园中，石榴可结合生产群植。矮生的石榴品种如月季石榴可植为绿篱，或配植于山石间，还可盆栽观赏。

【同属种类】2 种，1 种特产于印度洋索科特拉岛，1 种分布于亚洲中部和西南部。我国引入栽培 1 种。

石榴

石榴

石榴

一百、柳叶菜科 Onagraceae

倒挂金钟
Fuchsia × hybrida

【别名】灯笼花、吊钟海棠

【形态特征】常绿灌木，高50～200cm，多分枝，幼时被短柔毛与腺毛。幼枝、叶柄、叶脉花梗均带红色。叶对生，卵形或狭卵形，长3～9cm，宽2.5～5cm，侧脉6～11对。花两性，单生叶腋；花梗纤细下垂，长3～7cm；萼红色，开放时萼片反折；花瓣紫红色、红色、粉红、白色等，宽倒卵形，长1～2.2cm，雄蕊8，外轮较长；子房4室。果紫红色，倒卵状长圆形，长约1cm。花期4～12月。

【产地及习性】本种是根据中美洲的材料人工培养出的园艺杂交种，园艺品种很多，广泛栽培于全世界。我国广为栽培。喜日照充足、冬暖夏凉的湿润环境，忌炎热高湿，超过30℃则生长缓慢。

【观赏评价与应用】倒挂金钟约于13世纪中期引入我国，现广泛栽培，多作为温室盆栽，尤在北方或在西北、西南高原温室种植生长极佳，已成为重要的花卉植物。

【同属种类】倒挂金钟属约有100种，主要分布于南美洲沿海、中美洲，少数分布于新西兰、塔希提岛。为重要花卉，全世界普遍引种栽培，我国常见栽培2种。

短筒倒挂金钟
Fuchsia magellanica

常绿灌木，高1.2～1.5m，原产地高达3m。茎近光滑，枝细长稍下垂。叶对生或三叶轮生，卵状披针形。花单生叶腋，具长梗而下垂；萼筒较短，约为萼片长度的1/3；花萼绯红、花瓣紫色或花萼粉色、花瓣淡紫色，偶有白色。花期长。

原产南美阿根廷及智利。华南地区常栽培观赏，萼筒短而细瘦，花型娇小，体态轻盈，适于庭院、山石间、坡地、路边丛植。

倒挂金钟

倒挂金钟

倒挂金钟

短筒倒挂金钟

短筒倒挂金钟

短筒倒挂金钟

一百零一、野牡丹科 Melastomataceae

线萼金花树
Blastus apricus

【别名】叶下红

【形态特征】常绿灌木，高 1～2m；茎圆柱形，分枝多。叶对生，披针形至卵状披针形，长 4～14cm，宽 1.5～5cm，全缘或具细波状齿，5 基出脉，叶面无毛，背面被黄色小腺点，细脉网状。聚伞花序组成圆锥花序，顶生，长 6.5～13cm，宽 4.5～7cm，花萼漏斗形，紫红色，花瓣紫红色，卵形，雄蕊 4，花丝长 7～10mm；子房半下位。蒴果椭圆形，4 裂。花期 6～7 月；果期 10～11 月，有时植株上部开花，下部果熟。

【产地及习性】产湖南、广东、江西、福建，生于海拔 300～800m 的山谷、山坡疏、密林下，湿润的地方或水旁。喜温暖湿润，适于酸性土壤。

【观赏评价与应用】线萼金花树株丛茂密，叶色鲜艳，是优良的花灌木，可引种栽培供园林造景，适于林下、水边丛植。

【同属种类】柏拉木属约 12 种，分布于印度东部至我国台湾及日本琉球群岛。我国 9 种，产西南部至台湾。

线萼金花树

台湾酸脚杆
Medinilla formosana

【别名】台湾野牡丹藤

【形态特征】攀援灌木，小枝钝四棱形，节上具 1 环短粗刺毛。叶对生或轮生，长圆状倒卵形或倒卵状披针形，长 10～20cm，宽 3～6cm，全缘，离基 3 出脉，两面无毛。由聚伞花序组成圆锥花序，顶生或近顶生，长约 25cm，花粉红色，花瓣 4，倒卵形，雄蕊 8，等长。浆果近球形，径约 7mm，萼片宿存。

【产地及习性】产我国台湾南端及岛屿，见于海拔 50～1000m 的山间林中。

【观赏评价与应用】台湾酸脚杆花色美丽，可供观赏。厦门有栽培。

台湾酸脚杆

台湾酸脚杆

台湾酸脚杆

【同属种类】酸脚杆属约 300～400 种，分布于非洲热带、马达加斯加、印度至太平洋诸岛及澳大利亚北部。我国约 11 种，分布于云南、西藏、广西、广东及台湾等省区。

宝莲灯
Medinilla magnifica

【别名】粉苞酸脚杆、宝莲花

【形态特征】常绿灌木，高 1.0～2.5m，茎有 4 棱或 4 翅。单叶对生，常生于枝条上半部，无叶柄；叶片卵形至椭圆形，全缘，长约 30cm，宽 18cm，叶面绿色，有光泽，主脉明显淡绿白色而凹陷。穗状花序下垂，花外有粉红或粉白色总苞片，花冠钟形，径约 2.5cm。果实圆球形，顶部有宿存的萼片。花期 4～6 月

【产地及习性】原产于非洲、东南亚的热带雨林中。喜温暖湿润的半阴环境，不耐寒冷和干旱。适宜在含腐殖质丰富、疏松肥沃、

宝莲灯

野牡丹科 Melastomataceae

排水良好的微酸性土壤中生长。

【观赏评价与应用】 宝莲花株形优美，灰绿色叶片宽大粗犷，粉红色花序下垂，是野牡丹科最豪华美丽的一种，花、叶、果观赏效果俱佳。华南地区可露地栽培，适于林下、草地丛植观赏，或点缀于花坛、花境。北方宜作大、中型盆栽，最适合宾馆、厅堂、商场橱窗、别墅客室中摆设。

野牡丹
Melastoma malabathricum
【*Melastoma candidum*】

【别名】 展毛野牡丹

【形态特征】 常绿灌木，高 0.5～2m，多分枝；茎钝四棱或近圆柱形，密被紧贴的鳞片状糙伏毛。叶卵形或广卵形，长 4～10cm，宽 2～6cm，全缘，基出 7 脉，两面被糙伏

毛。伞房花序生于枝顶，近头状，3～5 花，叶状总苞 2；花瓣玫瑰红色或粉紫色，倒卵形，长 3～4cm，顶端圆形；蒴果坛状球形，长 1～1.5cm，径 8～12mm，密被鳞片状糙伏毛。花期 5～7 月；果期 10～12 月。

【产地及习性】 产云南、广西、广东、福建、台湾，生于海拔约 120m 以下的山坡松林下或开朗的灌草丛中，是酸性土常见的植物。喜温暖湿润，稍耐旱和耐瘠，以疏松而含腐殖质多的土壤栽培为好。

【观赏评价与应用】 野牡丹花较大而美丽，花期较长，叶色亮绿，是优良的观花、观叶植物，华南地区常见栽植。常丛植于花坛、林缘或路边花镜组成艳丽的红色花卉景观，观赏效果极好。

地稔
Melastoma dodecandrum

【别名】 山地稔、地脚稔

【形态特征】 常绿匍匐小灌木，高 10～30cm。茎匍匐上升，逐节生根，分枝多，披散，幼时疏被糙伏毛。叶片卵形或椭圆形，长 1～4cm，宽 0.8～2 (3)cm，全缘或具有浅锯齿，基出 3～5 脉。聚伞花序顶生，具

1～3 花，叶状总苞 2，较叶小；花瓣淡紫色或紫红色，长 1.2～2cm，先端有 1 束刺毛。果实坛状球形，近顶端略缢缩，肉质，径约 7mm。花期 5～8 月；果期 7～11 月。

【产地及习性】 分布于贵州、湖南、广西、广东、江西、浙江、福建，生于海拔 1200m 以下山坡矮草丛中，为酸性土常见植物。越南也产。萌蘖力强，容易形成优势群落。

【观赏评价与应用】 地稔植株匍匐或披散，枝叶纤细，花大而色艳，花期特别长，果实紫黑色，如同黑珍珠一般点缀于绿叶丛中，成片种植时观赏效果极佳。是优良的地被植物，单独使用或与假俭草、地毯草等混播均可，也可盆栽观赏。果实可食

【同属种类】 野牡丹属约有 22 种，分布于亚洲南部、大洋洲北部和太平洋诸群岛。我国 5 种，产于长江流域以南。

细叶野牡丹
Melastoma intermedium

【别名】 铺地莲

常绿小灌木，直立或匍匐，高 30～60cm，分枝披散。叶椭圆形或长椭圆形，长 2～4cm，宽 8～20mm，全缘，具糙伏毛状缘毛，基出 5 或 3 脉。伞房花序顶生，有花 (1)

野牡丹科　Melastomataceae

巴西野牡丹
Tibouchina semidecandra

【形态特征】常绿小灌木，高0.5～1.5m。枝条红褐色；叶对生，长椭圆形至披针形，两面具细茸毛，全缘，3～5出脉；花顶生，大型，深紫蓝色；花萼5，红色。蒴果杯状球形。1年可多次开花，以春夏季开花较为集中。

【产地及习性】原产巴西低海拔山区及平地，我国广东、福建、海南等地有引种栽培。喜阳光充足环境，喜高温。

【观赏评价与应用】巴西野牡丹植株清秀雅丽，叶片浓绿，基出脉凹陷，使叶片层次分明，花朵大而极美观，深蓝紫色，雄蕊白色上曲，花朵在绿叶丛中格外引人瞩目，尤其是盛花期美丽动人，是优良的花灌木。适

球形，胎座肉质，宿萼红色长硬毛。花果期几乎全年，通常在8～10月。

产广西、广东，生于低海拔沟边、湿润草丛或矮灌丛中。印度、马来西亚至印度尼西亚也有。

3～5朵，花瓣玫瑰红色至紫色，菱状倒卵形，长2～2.5cm，宽约1.5cm。果坛状球形，径约1cm，宿萼密被糙伏毛。花期7～9月；果期10～12月。

产贵州、广西、广东、福建、台湾，生于海拔约1300m以下地区的山坡或田边矮草丛中。植株较地稔高大，是优良花灌木，适于草地丛植观赏。

毛稔
Melastoma sanguineum

【别名】甜娘

常绿灌木，高1.5～3m；茎、小枝、叶柄、花梗及花萼均被平展的长粗毛。叶卵状披针形至披针形，长8～15cm，宽2.5～5cm，全缘，基出5脉，两面被隐藏于表皮下的糙伏毛，常仅毛尖端露出。伞房花序顶生，常仅1花，有时3～5朵，粉红色或紫红色。果杯状

野牡丹科 Melastomataceae

巴西野牡丹

宜片植、丛植于花坛边缘、路边或草坪上，具有很高的诱目性。亦可与叶子花、假连翘、黄金榕等植物组合成景。在华南地区应用日益广泛。

【同属种类】蒂牡花属。

银毛野牡丹
Tibouchina aspera var. *asperrima*

【形态特征】常绿灌木，高 1.5～3m。茎四棱形，多分枝，有匍匐茎。幼枝及叶柄密被紧贴的糙伏毛。单叶对生，阔宽卵形，粗糙，长 8～12cm，宽 6～9cm，两面密被银白色绒毛，银白色。聚伞式圆锥花序直立，顶生；花径 3～3.5cm，花瓣倒三角状卵形，紫色，具深色放射斑条纹，后变为紫红色。蒴果坛状球形，长约 1cm，径 0.8cm，密被鳞片状糙伏毛。花期 5～7 月；果期 8～10 月。

【产地及习性】原产热带美洲。国内近年来引种栽培。适应性和抗逆性强，耐修剪，花后修剪可促进枝条萌发，同时可调整株形。

【观赏评价与应用】银毛野牡丹花序挺拔颀长，矗立叶丛之上，花多而密，为较罕见的艳紫色，独特艳丽，叶片上密生的银白色茸毛，在夏日的阳光下熠熠生辉，质感较好，引人注目。是优良的园林观赏植物，适于片状种植于路边、林下。

银毛野牡丹

银毛野牡丹

银毛野牡丹

角茎野牡丹
Tibouchina granulosa

常绿灌木或小乔木，高达 3m，小枝四方形，嫩枝、叶片与萼筒密生倒伏状粗毛。叶对生，5 出脉，先端尖，基部楔形，具长柄，全缘。花硕大，蓝紫色，5 瓣，花瓣卵圆形。蒴果坛状球形，熟时 5 瓣裂。花期冬季；果期夏秋。

原产巴西。华南地区有少量栽培。

角茎野牡丹

角茎野牡丹

一百零二、使君子科 Combretaceae

风车子
Combretum alfredii

【别名】华风车子、使君子藤

【形态特征】直立或攀援灌木，高约5m，多分枝；幼嫩部分具鳞片；小枝近方形，幼时密被棕黄色绒毛，有橙黄色鳞片。叶对生或近对生，长椭圆形至阔披针形，长12～16（20）cm，宽4.8～7.3cm，全缘，背面有黄色鳞片，侧脉6～10对，脉腋内有丛生粗毛。穗状花序组成圆锥状花序，花长约9mm，萼钟状，花瓣黄白色，长倒卵形，雄蕊8，花丝伸出萼外甚长。果椭圆形，有4翅，被黄色鳞片，熟时红色或紫红色。花期5～8月；果期9月开始。

风车子

风车子

风车子

【产地及习性】分布于江西南部、湖南南部以及广东、广西，生于海拔200～800m的河边、谷地。

【观赏评价与应用】风车子果实红色，可作垂直绿化树种栽培观赏。

【同属种类】风车子属约250种，除大洋洲外，两半球热带地区均有分布，但大部分产于非洲热带。我国8种，主产云南和广东海南岛。多供观赏，有些种枝条可供织筐用。

使君子
Quisqualis indica

【别名】留求子

【形态特征】常绿或落叶藤本，长达10m。小枝被棕黄色柔毛。叶对生，卵形或椭圆形，长5～12cm，基部圆形，上面无毛，下面疏被棕色柔毛；侧脉7～8对。花序顶生、穗状倒垂，长3～13cm，有花10余朵；花萼管长5～9cm；花瓣长1.2～2.4cm，初开时白色，后变红色，平展如星状，有香气，径2～3cm。果实卵状纺锤形，长2.5～4cm，先端3～5瓣裂。花期5～6月；果期8～9月。

【产地及习性】产我国南部和东南亚地区，长江中下游以南各地露地栽培，在华中地区多呈落叶状。喜温暖湿润和阳光充足的环境，对土壤要求不严，但宜排水良好；不耐干旱。萌芽性强。

【观赏评价与应用】使君子花白色、粉红色至深红色，由于次第开放，红红白白，深浅不一，显得异彩纷呈、烂漫如锦，造景中适于装饰枯树、攀援竹篱、墙垣、廊架，也可与其他攀援植物组合成景，如炮仗花、珊瑚藤等，花期各异，四季开花不断，各季又有不同的花卉，组成观赏效果极好的花卉廊架。

【同属种类】使君子属约17种，产于热带亚洲和热带非洲。我国2种，园林中栽培的仅此1种。

使君子

使君子

使君子

榄仁树
Terminalia catappa

【别名】大叶榄仁树、凉扇树、枇杷树。

【形态特征】半常绿或落叶乔木，高达20m。树皮褐黑色，纵裂；枝平展，小枝粗壮，枝端密被棕黄色长绒毛。叶大，互生并集生枝顶，倒卵形，长12～22cm，宽8.5～15cm，先端钝圆或尖，全缘，稀微波状，基部耳状浅心形；侧脉10～12对。穗状花序长而纤细，单生于近枝顶叶腋，长15～20cm。雄花生于上部，两性花生于下部；花绿白色，长约10mm。果椭圆形或卵圆形，黄色，长3～4.5cm，宽2.5～3.1cm，两侧扁，具2纵棱。花期3～6月；果期7～9月。

【产地及习性】产云南、广东、广西和台湾，常生于气候湿热的海边沙滩上。东南亚至大洋洲也有分布。阳性树，抗风，耐海潮，并耐盐，喜高温多湿。

【观赏评价与应用】榄仁树树形高大壮丽，叶片大型，入秋叶色紫红，且色叶挂枝期长，是优良的观赏树种，华南常见栽培，多作行道树或庭荫树，还是重要的海岸绿化树种。

【同属种类】诃子属约150种，主产于热带，分布于非洲、美洲、亚洲、澳大利亚和太平洋岛屿。我国6种，产华南和西南，引入栽培数种。

阿江榄仁
Terminalia arjuna

【别名】三果木、柳叶榄仁。

【形态特征】落叶大乔木，高度可达25m，树皮斑驳，片状剥落，具有板根。叶片长卵形，互生，冬季落叶前，叶色不变红。花小，黄白色，无花瓣。核果果皮坚硬，近球形，有5条纵翅，熟时青黑色。花期夏、秋，果秋末冬初成熟。

【产地及习性】原产于印度及东南亚地区，福建、广东、广西等地栽培。喜光，喜温暖至高温气候，深根性，抗风，耐湿，耐半阴，抗大气污染、寿命长。

【观赏评价与应用】阿江榄仁树姿挺拔优美，风姿卓越，树皮斑驳，花虽小但繁而密，盛花期满树黄白，具有优良的观赏价值。适宜作行道树，广州华南植物园有阿江榄仁路。

阿江榄仁

榄仁树

阿江榄仁

榄仁树

阿江榄仁

诃梨勒
Terminalia chebula

【别名】诃子、诃黎勒

【形态特征】常绿大乔木，高达 30m；树皮平滑。侧枝斜出。叶互生或近对生，椭圆形或卵形，长 7～14cm，宽 4～8.4cm，基部偏斜，全缘，上面密生小瘤点；侧脉 6～10 对；叶柄粗壮，长 1.8～3cm，有时顶端有 2 腺体。穗状或圆锥花序顶生或腋生，长 5.5～10cm；萼杯状，5 齿，内面密生黄棕色柔毛；雄蕊 10，伸出萼外。果实椭圆形或卵形，长 3～5cm，初绿色，后变为青黄色、黑褐色。花期 6 月、9 月、11 月，3 次开花；果期 7 月以后。

【产地及习性】产热带亚洲，我国分布于云南西部和西南部，华南常有栽培。喜阳光充足，高温湿润气候，耐旱，喜深厚肥沃土壤。

【观赏评价与应用】我国引种诃梨勒的历史极为悠久，大约在三国时期广州等地已有栽培，长期作为药用植物。诃梨勒树冠宽阔，是热带地区著名的绿荫树，南方寺院中常见，如广州光孝寺有千年古木，城市园林中可植为行道树和庭荫树。也是优良用材和鞣料树种。

莫氏榄仁
Terminalia muelleri

【别名】中叶榄仁、澳洲榄仁、美洲榄仁

【形态特征】落叶乔木，高达 5m，树干通直，分枝均匀层次分明。叶薄革质，互生并集生枝顶，倒卵形，长约 10cm，宽约 6cm，全缘，落叶前变为红色。穗状花序，顶生或腋生，直立或斜立，花小，径约 1cm，花瓣肉厚，白色带红色。果实熟时蓝色，3cm。花期夏季。

【产地及习性】原产美洲。广东等地栽培。树性强健，生长迅速，喜光，喜高温多湿，不拘土质，但以肥沃而排水良好的沙质土壤为最佳。

【观赏评价与应用】莫氏榄仁树形优美，树冠开展，能形成良好的树荫，春季新叶萌发，青翠而潇洒飘逸，夏季枝叶浓密具有良

好树荫，且白花满树，入秋则橙红色叶片挂满枝头，红艳壮丽。是华南地区优美的观赏树种，适宜孤植于草坪独赏其形态、色彩之美，也可列植为行道树或点缀于路旁、广场、公园等处。树形虽高，但枝干柔软，根群生长稳固后抗强风并耐盐分，为优良的海岸树种。目前应用尚不普遍，是具有较强潜力的绿化材料。

使君子科 Combretaceae

千果榄仁

千果榄仁

千果榄仁

千果榄仁
Terminalia myriocarpa

常绿乔木，高达 25～35m，具板根；小枝圆柱状。叶对生，长椭圆形，长 10～18cm，宽 5～8cm，全缘或偶有粗齿，侧脉 15～25 对，平行；叶柄顶端有一对具柄腺体。大型圆锥花序顶生或腋生，长 18～26cm；花小，两性，极多数，红色。瘦果细小，3 翅，其中 2 翅等大，1 翅特小。花期 8～9 月；果期 10 月至翌年 1 月。

产于广西、云南和西藏，为产区习见上层树种之一。越南北部、泰国、老挝、缅甸北部、马来西亚、印度东北部也有分布。

小叶榄仁
Terminalia neotaliala
【*Terminalia mantaly*】

【别名】细叶榄仁、非洲榄仁

【形态特征】常绿乔木，高达 15m。主干通直，侧枝轮生，自然分层向四周开展，树冠呈伞形。叶倒卵状披针形，4～7 枚轮生，全缘，侧脉 4～6 对。花小而不显著，穗状花序。

【产地及习性】原产非洲，现华南各地有栽培。树性强健，生长迅速；喜光，耐半阴，喜高温湿润气候；深根性，枝干柔软，抗风；耐盐；抗污染，寿命长。

【观赏品种】锦叶榄仁（'Tricolor'），叶色黄绿相杂，远观效果更佳。

【观赏评价与应用】小叶榄仁树形优雅，侧枝轮生而层次分明，风姿独具，是难得的优良赏型树种，近年来在华南地区的应用十分广泛，以列植为道路分车绿带和孤植或丛植为公园观赏树的形式最为常见。由于其枝干柔软，抗强风并耐盐，也是优良的海岸绿化树种。

小叶榄仁

锦叶榄仁

小叶榄仁

小叶榄仁

一百零三、红树科 Rhizophoraceae

木榄
Bruguiera gymnorrhiza

【别名】五梨蛟

【形态特征】常绿乔木或灌木；树皮灰黑色，有粗糙裂纹。叶椭圆状矩圆形，长7～15cm，宽3～5.5cm；叶柄暗绿色，长2.5～4.5cm；托叶长3～4cm，淡红色。花单生，盛开时长3～3.5cm，花梗长1.2～2.5cm；萼平滑无棱，暗黄红色，裂片11～13；花瓣长1.1～1.3cm，中下部密被长毛，2裂，有刺毛；雄蕊略短于花瓣；花柱3～4棱，长2cm，黄色。胚轴长15～25cm。花果期几全年。

【产地及习性】产广东、广西、福建、台湾及其沿海岛屿；生于浅海盐滩。分布于非洲东南部、印度、斯里兰卡、马来西亚、泰国、越南、澳大利亚北部及波利尼西亚。

【观赏评价与应用】木榄是构成我国红树林的优势树种之一，喜生于稍干旱、空气流通、伸向内陆的盐滩。据报道在马来西亚地区多成纯林，树高20m，直径65cm，但在我国树高很少超过6m，多散生于秋茄树的灌丛中。可用于南部沿海营造红树林。

【同属种类】木榄属约6种，分布东半球热带海滩，从非洲东部至亚洲，经马来西亚到澳大利亚北部和波利尼西亚。我国有3种。

竹节树
Carallia brachiata

【别名】山竹公、山竹犁

【形态特征】常绿乔木，高7～10m，径20～25cm，有时具板状支柱根；树皮光滑。叶形变化大，矩圆形、椭圆形至倒披针形或近圆形，全缘，稀具锯齿；叶柄粗扁。花序腋生，每分枝有花2～5朵，有时退化为1朵；花萼6～7裂，稀5或8，钟形；花瓣白色，近圆形，边缘撕裂状；雄蕊长短不一；柱头4～8浅裂。果近球形，径4～5mm。花期冬季至翌年春季；果期春夏季。

木榄

木榄

木榄

竹节树

竹节树

【产地及习性】产广东、广西及沿海岛屿，生于低海拔至中海拔的丘陵灌丛或山谷杂木林中。分布马达加斯加、斯里兰卡、印度、缅甸、泰国、越南、马来西亚至澳大利亚北部。耐旱瘠，抗污染。

【观赏评价与应用】竹节树树形美丽，干直叶密，常年亮绿，是优良的庭园观赏树种，华南地区近年来用于园林造景。

【同属种类】竹节树属有10种，分布东半球热带地区。我国4种。

锯叶竹节树
Carallia diphopetala

乔木，高达13m；枝有明显而不规则的木栓质皮孔。叶矩圆形，长8.5～11cm，宽2.5～3cm，边缘具篦状锯齿。花序二歧分枝，

总梗粗壮；花萼圆形，7裂；花瓣玫瑰红色，为花萼裂片的2倍，2轮排列；雄蕊14或7。花期秋末冬初。

产广东、广西、云南，生于山谷或溪畔杂木林内。树形自然优美，适于庭园、水边孤植。

秋茄
Kandelia obovata
【*Kandelia candel*】

【别名】水笔仔、浪柴

【形态特征】常绿灌木或小乔木，高2～3m；枝粗壮，节膨大。叶椭圆形或倒卵形，长5～9cm，宽2.5～4cm，顶端钝圆，基部阔楔形，全缘，叶脉不明显；叶柄粗壮；托叶早落。聚伞花序有花4(9)朵；花盛开时长1～2cm，径2～2.5cm；萼裂片革质，长1～1.5cm；花瓣白色，膜质；雄蕊无定数，长短不一；花柱丝状。果圆锥形，长1.5～2cm，基部直径8～10mm；胚轴细长，长12～20cm。花果期几全年。

【产地及习性】产广东、广西、福建、台湾；生于浅海和河流出口冲积带的盐滩。分布于印度、缅甸、泰国、马来西亚、日本琉球群岛南部。喜生于海湾淤泥冲积深厚的泥滩，在一定立地条件上，常组成单优势种灌木群落，它既适于生长在盐度较高的海滩，又能生长于淡水泛滥的地区，往往在涨潮时淹没过半或几达顶端而无碍，在海浪较大的地方，其支柱根特别发达，但生长速度中等，15年生的树仅高3.5m。

【观赏评价与应用】秋茄在我国分布广，从广西的防城经广东的海南岛东北部至雷州半岛，北至台湾的新竹港，浙江南部有人工林。用于南部和东南部沿海地区营造红树林。

【同属种类】秋茄树属仅1种，分布于亚洲热带东南部至东部。

山红树
Pellacalyx yunnanensis

【形态特征】常绿乔木，高达15m，小枝粗壮，具条纹，被疏长毛。叶膜质，倒披针形至披针形，长13～20cm，宽4.5～6.5cm，顶端短渐尖，基部楔形，边缘有小齿，干燥后微反卷，上面无毛，下面沿中脉和侧脉有散生的短毛，侧脉8～9对，叶柄长1～2cm。果近球形，直径1.5cm，顶端有6～7枚宿存的花萼裂片；裂片披针形，长1～1.2cm，短

红树科 Rhizophoraceae

山红树

山红树

山红树

红海榄

红海榄

红海榄

红海榄

尖；有宿存花柱和柱头，花柱粗壮，短于花萼裂片，柱头头状，6深裂，每一裂片再浅裂；果梗纤细，长约2cm；种子多数，矩圆形，黑褐色，有窝孔。果期冬季。

【产地及习性】产云南南部，生于海拔850m的林中。分布区为北热带湿润季节性雨林，为热带干湿交替的季风气候地区喜排水良好的砂壤土。

【观赏评价与应用】山红树树干通直，树皮光洁，果实奇特，适于热带庭园栽培观赏。对研究中国热带植物区系有重要价值。

【同属种类】山红树属约有8种，分布于泰国、缅甸、马来西亚、菲律宾。我国有1种。

红海榄
Rhizophora stylosa

【别名】红海兰、鸡爪榄、厚皮

【形态特征】常绿乔木或灌木，有发达的支柱根。叶椭圆形，长6.5～11cm，宽3～5cm，叶柄粗壮，长2～3cm。总花梗生于当年生枝叶腋，有花2至多朵，花萼裂片淡黄色，长9～12mm；雄蕊8，4枚着生于花瓣上，4枚着生于萼片上。果倒梨形，长2.5～3cm，径1.8～2.5cm。胚轴圆柱形，长30～40cm。花果期秋冬季。

【产地及习性】产广东、海南、台湾、广西等地，生于沿海盐滩红树林的内缘。热带亚洲和大洋洲有分布。对环境要求不苛，除沙滩和珊瑚岛地形外，沿海盐滩都可生长，抵御海浪冲击能力强。

【观赏评价与应用】红海榄是热带海滩红树林的重要组成成分，也用于营造海岸防护林。红树林是世界热带沿海湿地重要的木本植物群落，一般分布于隐蔽的海湾之内或河口三角洲平原等风浪小、坡度平缓、淤泥堆积的地区；能抵御海潮和台风等自然灾害的侵袭。同时，也是海鸟的栖息场所。为保护中国的红树林和红树树种资源，海南琼山有国家级的"东寨红树林自然保护区"。

【同属种类】红树属约8种，广布于热带海岸盐滩和海湾内沼泽地。我国3种，产南部海滩和台湾。

一百零四、八角枫科 Alangiaceae

八角枫
Alangium chinense

【别名】华瓜木

【形态特征】落叶灌木或小乔木，高3～5m，稀达15m；树皮灰色，平滑；1年生枝呈"之"字形曲折，幼枝有毛。叶互生，近圆形或宽卵形、卵形，基部不对称，长8～20cm，宽5～12cm，全缘或浅裂，先端渐尖，掌状脉；叶柄带红色，长4～6cm。聚伞花序腋生，有花3～15朵，有香气；花径约2cm，花萼4～7，花瓣6 (8) 枚，披针形，长1～1.5cm；雄蕊6～8枚。核果椭圆形，长0.5～0.7cm，熟时蓝黑色。花期5～7月；果期9～11月。

【产地及习性】产我国西南、华南、长江流域至华北南部，常生于低海拔沟谷、溪边和疏林下。东南亚至非洲东部也产。较耐荫，喜温暖湿润气候，也颇耐寒。萌蘖力强，根系发达。

【观赏评价与应用】八角枫枝条平展，冠形自然，花朵白色芳香，花瓣反卷，状如灯笼垂于枝干，玲珑别致，黄白相配清雅美观，叶柄红色，秋季霜叶橙黄悦目，可栽培观赏。最适于风景区内沿溪谷、林下、池畔丛植。英美等国早在1805年已从我国引种。

【同属种类】八角枫属约21种，分布于非洲、亚洲、澳大利亚和斐济群岛。我国11种，广布于长江流域各省区，北达河北、辽宁、吉林。

三裂瓜木
Alangium platanifolium var. trilobum

【别名】瓜木、八角枫

【形态特征】落叶灌木或小乔木，高3～7m；小枝灰褐色，幼时有短柔毛。叶柄长3～10cm，有短柔毛。叶片近圆形、阔卵形或倒卵形，长宽均约7～20cm，基部心形，常3～7分裂，裂片三角形，先端尾状长渐尖。聚伞花序疏散而少花，花瓣白色，线形，花期反卷，长3～3.5cm，宽约2.5mm；雄蕊12枚，花丝下部有短毛。核果椭圆形，蓝色，直径7～8mm。花期3～6月；果期7～9月。

产东北南部、黄河流域至长江流域及西南地区，生于海拔2000m以下土质比较疏松而肥沃的向阳山坡或疏林中。朝鲜和日本也有分布。用途同八角枫。

三裂瓜木

三裂瓜木

八角枫

八角枫

三裂瓜木

一百零五、蓝果树科 Nyssaceae

喜树
Camptotheca acuminata

【形态特征】落叶乔木，高达30m。小枝绿色，髓心片隔状。单叶互生，椭圆形至长卵形，长12～28cm，宽6～12cm，全缘或微波状，萌蘖枝及幼树枝之叶常疏生锯齿，背面疏生短柔毛，脉上尤密；叶柄带红色。花单性同株，头状花序常数个组成总状复花序，上部为雌花序，下部为雄花序；花萼5裂；花瓣5，淡绿色；雄蕊10；子房1室。翅果长2～3cm，集生成球形。花期5～7月；果9～11月成熟。

【产地及习性】产长江流域至华南、西南，生于海拔1000m以下林缘、溪边。常见栽培。喜光，幼树稍耐荫。喜温暖湿润气候，不耐干燥，较寒冷。深根性，喜肥沃湿润土壤，不耐干旱瘠薄，在酸性、中性、弱碱性土壤上均可生长，在石灰岩风化的土壤和冲积土上生长良好。较耐水湿。生长速度快。

【观赏评价与应用】喜树树姿雄伟，花朵清雅，果实集生成头状，新叶常带紫红色，是优良的行道树、庭荫树。喜树既适合庭院、公园和风景区造景应用，也是常用的公路树和堤岸、河边绿化树种，在四川、重庆一带公路两侧颇为常见。山东崂山、泰安等地有引种栽培，生长良好。

【同属种类】喜树属共有1～2种，为我国特产。

喜树

珙桐
Davidia involucrata

【别名】鸽子树

【形态特征】落叶乔木，高达20m，树皮呈不规则薄片状剥落；树冠圆锥形。单叶互生，广卵形，长7～16cm，先端渐长尖或尾尖，缘有粗尖锯齿，背面密生绒毛。花杂性，由多数雄花和1朵两性花组成顶生头状花序，花序下有2片矩圆形或卵形、长达8～15cm的白色大苞片；花瓣退化或无，雄蕊1～7，子房6～10室。核果椭球形，紫绿色，锈色皮孔显著，内含3～5核。花期4～5月；果10月成熟。

【产地及习性】产陕西东南部、湖北西部、湖南西北部、四川、贵州和云南北部，生于海拔1300～2500m山地林中。喜半荫环境，喜温凉湿润气候，要求空气湿度大；略耐寒，不耐炎热和阳光暴晒；喜深厚湿润而排水良好的酸性或中性土壤，忌碱性土。浅根性，根萌力强。

【观赏评价与应用】珙桐是世界著名的珍贵观赏树种，开花时节，美丽而奇特的大苞

珙桐

蓝果树科 Nyssaceae

片犹如白鸽的双翅，暗红色的头状花序似鸽子的头部，绿黄色的柱头象鸽子的嘴喙，整个树冠犹如满树群鸽栖息。1903年引入英国，其后引入欧洲其他国家，被誉为"中国的鸽子树"。适于中高海拔地区风景区山谷林间栽培，在气候适宜地区，可丛植于池畔、溪边，与常绿树混植效果较好。目前我国园林中栽培较少，主要见于植物园中。

【同属种类】珙桐属仅有1种，为我国特产。

蓝果树
Nyssa sinensis

【别名】紫树

【形态特征】落叶乔木，高达20m，树皮常裂成薄片脱落。叶互生，椭圆形或长椭圆形，长12～15cm，宽5～6cm，基部近圆形，边缘略浅波状，侧脉6～10对。伞形或短总状花序，总梗长3～5cm；花单性；雄花生于无叶的老枝上，花梗长5mm；萼细小，花瓣早落，雄蕊5～10。雌花生于具叶的幼枝上，花瓣鳞片状，花盘垫状，肉质，子房下位。核果椭圆形或长倒卵圆形，长1～1.2cm，宽6mm，幼时紫绿色，熟时深蓝色。花期4月下旬；果期9月。

【产地及习性】分布于长江流域至华南、西南地区，在湖南、贵州两省南部和毗邻的广东、广西两省区北部较常见，生于山谷或溪边潮湿混交林中。阳性树，也耐荫，喜温暖湿润气候，生长快。

【观赏评价与应用】紫树树形高大，干形挺立，春季嫩叶紫红色，夏季枝叶苍翠浓郁，入秋则叶色逐渐转为绯红，从红绿相间到满树红叶，分外美丽，是我国南方优良的彩叶植物。适宜孤植为庭荫树或公园风景树等，也可丛植、群植成大面积彩叶景观，还可与其他阔叶树混植成景，都具有较好的观赏性。耐寒性较强，在山东崂山生长良好。

【同属种类】蓝果树属约12种，产亚洲和美洲。我国7种，引入栽培1种。

酸紫树
Nyssa ogeche

落叶乔木，高10～15m。叶互生，长10～15cm，下面银白色。花两性。果实椭圆形，径约1.3～1.9cm，熟时红色或红紫色。花期3～5月；果期8～10月。

原产北美洲。喜光，耐半阴，喜湿润土壤，可生于中性至碱性土中。江西南部有栽培。可作庭荫树。

一百零六、山茱萸科（四照花科） Cornaceae

洒金东瀛珊瑚
Aucuba japonica 'Variegata'

【别名】青木

【形态特征】常绿灌木，常1~3m。叶狭椭圆形至卵状椭圆形，偶宽披针形，叶面布满大小不等的金黄色斑点，长8~20cm，宽5~12cm，上部疏生2~5对锯齿或全缘，两面有光泽。雄花序长7~10cm，雌花序长2~3cm，均被柔毛；花紫红色。核果紫红色，卵球形，长1.2~1.5cm。花期3~4月；果期11月至翌年2月。

洒金东瀛珊瑚

洒金东瀛珊瑚

【产地及习性】园艺品种，原种产日本、朝鲜及我国台湾和浙江南部。耐荫，惧阳光直射，在有散射光的落叶林下生长最佳。生长势强，耐修剪。抗污染，适应城市环境。

【观赏评价与应用】洒金东瀛珊瑚是优良的观叶和观果树种。株形圆整，叶色美丽，果实红艳。因其耐荫，最适于林下、建筑物隐蔽处、立交桥下、山石间等阳光不足的环境丛植以点缀园景，池畔、窗前、湖中小岛适当点缀也甚适宜。

【同属种类】桃叶珊瑚属约10种，分布于喜马拉雅地区至东亚。我国10种均产，分布于黄河流域以南。

桃叶珊瑚
Aucuba chinensis

常绿小乔木或灌木，高3~6(12)m；小枝粗壮，二歧分枝，绿色。叶椭圆形至宽椭圆形，稀线状披针形，长10~20cm，宽3.5~8cm，有锯齿，被硬毛。圆锥花序顶生，密被柔毛，雄花序长5cm以上，雌花序长4~5cm，花黄绿色或淡黄色。果亮红色或深红色，圆柱状或卵状，长1.4~1.8cm。花期1~2月；果熟期达翌年2月。

分布于广东、广西、贵州、福建、海南、四川、云南、台湾等省区，生于海拔300-1000m林中，越南也产。耐荫，不耐寒。为良好的观叶、观果树种。

桃叶珊瑚

桃叶珊瑚

灯台树
Bothrocaryum controversum
【*Cornus controversa*】

【形态特征】落叶乔木，高达20m；树皮浅纵裂；大枝平展，轮状着生；当年生枝紫红色或带绿色，无毛。单叶互生，常集生枝顶，广卵形，长6~13cm，宽3~6.5cm，侧脉6~8对，表面深绿色，背面灰绿色，疏生平伏短柔毛。伞房状聚伞花序，花白色，径8mm。核果球形，熟时由紫红色变蓝黑色，径6~7mm，果核顶端有一方形孔穴。花期5~6月；果期9~10月。

【产地及习性】产东亚，分布甚广，东北南部、黄河流域、长江流域至华南、西南、台湾均产。喜光，稍耐荫；喜温暖湿润气候，也颇耐寒；喜肥沃湿润而排水良好的土壤。

【观赏品种】银边灯台树('Variegata')，叶缘银白色。

【观赏评价与应用】灯台树树形齐整，大枝平展、轮生，层层如灯台，形成美丽的圆锥形树冠，是一优美的观形树种，而且姿态清雅，叶形雅致，花朵细小而花序硕大，白

洒金东瀛珊瑚

山茱萸科 Cornaceae

灯台树

灯台树

灯台树

山茱萸

山茱萸

山茱萸

山茱萸

色而素雅，平铺于层状枝条上，花期颇为醒目，树形、叶、花、果兼赏，惟以树形最佳，适宜孤植于庭院、草地，也可作行道树。

【同属种类】灯台树属有2种，分布于东亚及北美亚热带及北温带地区。我国1种。

山茱萸
Cornus officinalis

【形态特征】落叶乔木，高达10m；树皮灰褐色。芽被毛。叶卵状椭圆形，稀卵状披针形，长5～12cm，先端渐尖，上面疏被平伏毛，下面被白色平伏毛，脉腋有褐色簇生毛，侧脉6～8对。伞形花序有花15～35朵；总苞黄绿色，椭圆形；花瓣舌状披针形，金黄色。核果长1.2～1.7cm，红色或紫红色。花期3月；果期8～10月。

【产地及习性】产华东至黄河中下游地区，生于海拔400～1500m的阴湿溪边、林缘或林内。常见栽培。日本和朝鲜也有分布。喜肥沃湿润土壤，在干燥瘠薄环境中生长不良。

【观赏评价与应用】山茱萸树形开张，早春先叶开花，花朵虽然细小，但花色鲜黄，极为醒目，而且秋季果实红艳，宛如红花，是优美的观果和观花树种。王维《茱萸沜》诗云："结实红且绿，复如花更开。"乃山茱萸秋景之写照。园林中，山茱萸宜于小型庭院、亭边、园路转角处孤植或于山坡、林缘丛植。山茱萸还是我国著名的中药材。

【同属种类】山茱萸属有4种，分布于欧洲中部及南部、亚洲东部及北美东部。我国2种，引入栽培1种。

四照花
Dendrobenthamia japonica
【*Cornus kousa* subsp. *chinensis*】

【形态特征】落叶小乔木，高达9m。嫩枝细，有白色柔毛，后脱落。叶卵形、卵状椭圆形，长6～12cm，先端渐尖，基部宽楔形或圆形，下面粉绿色，脉腋有淡褐色绢毛簇生，侧脉3～5对，弧形弯曲。头状花序球形，花黄白色；花序基部有4枚白色花瓣状大苞片；花萼内侧有1圈褐色短柔毛。核果聚为球形的果序，成熟后紫红色。花期5～6月；果期9～10月。

【产地及习性】产内蒙古、陕西、山西、甘肃至长江流域、西南。喜光，稍耐荫，喜温暖湿润气候，较耐寒，喜湿润而排水良好

山茱萸科 Cornaceae

四照花

四照花

四照花

头状四照花
Dendrobenthamia capitata
【*Cornus capitata*】

常绿乔木，高3～15m。叶长圆椭圆形或长圆披针形，长5.5～11cm，宽2～4cm，先端突尖，上面亮绿色，下面密被白色较粗的贴生短柔毛，侧脉4(5)对。头状花序约为100余朵绿色花聚集而成，直径1.2cm；大苞片白色，倒卵形或阔倒卵形，稀近圆形，长3.5～6.2cm，宽1.5～5cm。果序扁球形，直径1.5～2.4cm，紫红色；总果梗粗壮。花期5～6月；果期9～10月。

产浙江南部、湖北西部及广西、四川、贵州、云南、西藏等省区。印度、尼泊尔及巴基斯坦亦有分布。果可食。

头状四照花

头状四照花

头状四照花

秀丽四照花
Dendrobenthamia hongkongensis subsp. *elegans*
【*Cornus hongkongensis* subsp. *elegans*】

常绿乔木或灌木。叶片椭圆形或长圆椭圆形，长5.5～8.2cm，宽2.5～3.5cm，侧脉3对，几不明显；头状花序直径8mm，大苞片倒卵状长圆椭圆形，长3.5～4cm，宽1.8～2cm，先端急尖，基部楔形。果序直径1.5～1.8cm，红色。

产浙江、江西、福建等省，生于海拔250～1200m的森林中。杭州等地有栽培。

秀丽四照花

秀丽四照花

秀丽四照花

的沙质壤土。

【观赏评价与应用】四照花枝条疏散，树形不甚整齐；初夏开花，花序具有4枚花瓣状白色大苞片，花开时满树雪白，甚为美丽，秋季果序红色，形似荔枝，挂满枝头，秋叶也红艳可爱。园林中宜以常绿树为背景，丛植、列植于草地、路边、林缘、池畔等各处，或混植于常绿树丛中；也适宜庭院中孤植，可用于厅堂前、亭榭边。

【同属种类】四照花属约5种，分布于喜马拉雅至东亚各地区。我国5种，产于内蒙古、山西、陕西、甘肃、河南以及长江以南各省区。

青荚叶
Helwingia japonica

【别名】叶上珠

【形态特征】落叶灌木，高约2m。幼枝绿色或紫红色。叶纸质，卵圆形至卵状椭圆形，稀卵状披针形，长3.5～9 (18) cm，宽2～6 (8.5) cm，叶缘有刺毛状锯齿，鲜绿色。花淡绿色，雌雄异株，花序梗与叶片中脉合生，着生于叶上面中脉的1/2～1/3处，故外观似花开于叶片上；雄花4～12朵呈伞形或密伞花序，雄蕊3～5；雌花1～3朵，柱头3～5裂。果球形，熟时黑色，具3～5棱。花期4～5月；果期10月。

【产地及习性】广布于我国黄河流域以南各省区，常生于海拔3300m以下的林中，喜阴湿及肥沃的土壤。日本、缅甸北部、印度北部也有分布。喜阴湿凉爽环境，要求腐殖质含量高的森林土，忌高温、干燥气候。

【观赏评价与应用】青荚叶为丛生灌木，花、果着生于叶片之上（实因花序梗与叶片中脉合生而成），甚为奇特，适于阶前、路旁、墙边、池畔植之，也供树下点缀之用。全株药用。嫩叶可食。

【同属种类】青荚叶属约4～5种，分布于喜马拉雅地区至日本。我国4种，主要分布于黄河流域以南。

中华青荚叶
Helwingia chinensis

【别名】叶长花

常绿灌木，高1～2m；幼枝纤细，紫绿色。叶革质，线状披针形或披针形，长4～15cm，宽4～20mm，边缘具稀疏腺状锯齿，侧脉6～8对。花3～5数；雄花4～5枚成伞形花序，生于叶面中脉中部或幼枝上段，雌花1～3枚生于叶面中脉中部。果实长圆形，径5～7mm。花期4～5月；果期8～10月。

产陕西和甘肃南部、湖北西部、湖南、四川、云南等省。缅甸北部也有分布。可栽培观赏，适于布置于林下。

西域青荚叶
Helwingia himalaica

【别名】喜马拉雅青荚叶

常绿灌木，高2～3m。叶长圆状披针形，稀倒披针形，长5～11cm，宽2.5～4cm，具腺齿，侧脉5～9对；托叶常2～3裂。雄花绿色带紫，常呈密伞花序，4数。果实1～3枚生于叶面中脉上，近球形，长6～9mm，径6～8mm；果梗长1～2mm。花期4～5月；果期8～10月。

产于湖南、湖北、四川、云南、贵州及西藏南部，常生于海拔1700～3000m林中。尼泊尔、不丹、印度北部、缅甸北部及越南北部也有分布。

红瑞木
Swida alba
【*Cornus alba*】

【别名】凉子木

【形态特征】落叶灌木，高3m。树皮暗红色，小枝血红色，幼时被灰白色短柔毛和白粉。叶对生，卵形或椭圆形，长5～8.5cm，下面粉绿色，侧脉4～5 (6) 对，两面疏生柔毛。聚伞花序伞房状，顶生；花黄白色，径约6～8mm，花瓣卵状椭圆形。核果长圆形，微扁，乳白色或蓝白色。花期6～7月；果期8～10月。

【产地及习性】产东北、华北、西北至江浙一带，生于海拔600～1700m山地溪边、阔叶林及针阔混交林内。性强健，喜光、耐寒，喜湿润土壤，也耐旱。

【观赏评价与应用】红瑞木枝条终年红色，叶片经霜亦变红，观赏期长，尤其冬季白雪中衬以血红色的枝条，灿若珊瑚，极为美观。园林中最适于庭院、草地、建筑物前、树间丛植，可与棣棠、梧桐、竹类等绿枝树种或

西域青荚叶

西域青荚叶

中华青荚叶

中华青荚叶

青荚叶

青荚叶

青荚叶

西域青荚叶

山茱萸科 Cornaceae

红瑞木

红瑞木

红瑞木

沙梾

沙梾

密枝红瑞木

欧洲红瑞木

欧洲红瑞木

常绿树种相配，在冬季衬以白雪，可相映成趣，得红绿相映之效；也可栽作自然式绿篱，赏其红枝与白果。

【同属种类】梾木属约有 30 种，多分布于两半球的北温带至北亚热带，少数达于热带山区。我国 15 种（包括 1 种引种栽培），全国除新疆外，其余各省区均有分布，而以西南地区的种类为多。

沙梾
Swida bretschneideri
【*Cornus bretschneideri*】

【别名】毛山茱萸

落叶灌木或小乔木，高 1 ~ 6m。树皮红紫色；幼枝圆柱形，带红色。冬芽长 3 ~ 9mm，顶端尖。叶片卵形、椭圆状卵形，

沙梾

长 5 ~ 8.5cm，宽 2.5 ~ 6cm，侧脉 5 ~ 6 对。伞房状聚伞花序宽 4.5 ~ 6cm；花小，乳白色，直径 5.5 ~ 7mm。核果蓝黑色至黑色，近球形，径 4 ~ 5mm，密被贴生短柔毛。花期 6 ~ 7 月；果期 8 ~ 9 月。

产辽宁、内蒙古、河北、山西、陕西、宁夏、甘肃、青海、河南、湖北以及四川西北部，生于海拔 1100 ~ 2300m 的杂木林内或灌丛中。

欧洲红瑞木
Swida sanguinea
【*Cornus sanguinea*】

灌木状，高 2 ~ 4m；幼枝淡绿色，疏被白色贴生短柔毛。叶椭圆形或卵状椭圆形，长 4 ~ 7.5cm，宽 2.5 ~ 4cm，先端突尖，下面密被乳头状突起并有疏生白色卷曲毛，侧脉 3 ~ 4 对，弓形内弯；叶柄纤细，长 0.8 ~ 1.8cm。顶生伞房状聚伞花序，连同总花梗长 5.8 ~ 6cm，宽 3.8 ~ 4.2cm；花少，白色，直径 10mm；花瓣 4，长圆披针形，长 5mm；雄蕊 4，生于花盘外侧，花药淡黄色。核果近于球形，直径 7 ~ 7.6mm，熟时黑色。花期 5 月；果期 9 月。

原产欧洲和西亚，常栽培观赏。品种密枝红瑞木（'Compressa'），枝条密生，近直立，树冠狭窄。

毛梾
Swida walteri
【*Cornus walteri*】

【形态特征】落叶乔木，高 6 ~ 12m。树皮黑褐色，深纵裂。小枝绿白色或灰褐色。单叶对生，卵形至椭圆形，长 4 ~ 10cm，宽 2 ~ 5cm，先端渐尖，基部楔形，叶缘全缘并略波浪状，两面有短柔毛，背面较密；侧脉弧形，4 ~ 5 对；叶柄长 1 ~ 3cm。伞房状聚伞花序顶生，长约 5cm；花白色，花瓣 4，舌状披针形；雄蕊 4。核果球形，径 6 ~ 7mm，熟后黑色。花期 5 月；果期 9 ~ 10 月。

【产地及习性】分布于辽宁南部，华北、西北、华东、西南等地，以山西、山东、河南、陕西最多。常生于丘陵山地的阳坡、林

山茱萸科 Cornaceae

毛梾

毛梾

毛梾

呈灌木状；树皮白色带绿，斑块状剥落后形成明显的斑纹。叶对生，椭圆形至卵状椭圆形，长6~12cm，先端渐尖，基部楔形或宽楔形，背面密生乳头状突起和平贴的灰白色短柔毛，侧脉3~4对。圆锥状聚伞花序，花小而白色。核果球形，径约6~7mm，紫黑色。花期5月；果期10~11月。

【产地及习性】产秦岭、淮河流域以南至华中、华南，生于海拔1100m以下林中。较喜光；耐寒，也耐热，在石灰岩山地和酸性土中均可生长，在排水良好、湿润肥沃的壤土中生长良好。深根性，萌芽力强。

【观赏评价与应用】光皮梾木干直而挺秀，树皮斑斓，叶茂密，树荫浓，初夏满树银花，是优良的庭荫树和行道树，也适于山地风景区大片林植。南京等地应用较多。

光皮梾木

光皮梾木

光皮梾木

缘及疏林中。朝鲜、日本也有分布。较喜光；对气温的适应幅度较大；喜深厚湿润肥沃土壤，也耐干旱瘠薄；在中性、酸性及微碱性土壤上均能生长。深根性，根系发达；萌芽性强，生长快。

【观赏评价与应用】毛梾适应性强，是北方山地风景区优良的固土树种和蜜源植物。花色洁白繁密，适应性强，园林中也常栽培观赏。果肉和种仁均含油脂，可供工业用。

光皮梾木
Swida wilsoniana
【*Cornus wilsoniana*】

【别名】光皮树

【形态特征】落叶乔木，高达18m，有时

有齿鞘柄木
Toricellia angulata var. *intermedia*

【别名】烂泥树

【形态特征】落叶灌木或小乔木，高2.5~8m；老枝黄灰色，髓部白色。叶互生，阔卵形或近圆形，长6~15cm，宽5.5~15.5cm，5~7裂，裂片边缘有齿牙状锯齿，掌状脉5~7，两面凸起；叶柄基部扩大成鞘包于枝上。顶生圆锥花序下垂。雄花序长5~30cm，花小，萼片、花瓣、雄蕊5；雌花序长达35cm，着花稀疏，无花瓣，子房3室。果实核果状，卵形，直径4mm。花期4月；果期6月。

【产地及习性】产陕西及甘肃南部、湖北、湖南、广西、四川、贵州、云南，常生于林下、林缘或溪边。喜湿润环境，耐荫，较耐寒。

【观赏评价与应用】有齿鞘柄木株型自然开展，枝条粗壮，株形和叶形特别，园林中可栽培观赏，适于林下、溪边、草地等处孤植或丛植，颇具自然之野趣。在南京栽培生长良好。幼枝和叶片民间常作为绿肥用。

【同属种类】鞘柄木属共有2种，分布于我国西南部和印度北部。

有齿鞘柄木

有齿鞘柄木

有齿鞘柄木

一百零七、铁青树科 Olacaceae

蒜头果
Malania oleifera

【形态特征】常绿乔木，高达20m，径达40cm；芽裸露。叶互生，长椭圆形或长圆状披针形，长7～13（15）cm，宽2.5～4（6）cm，边缘略背卷，侧脉3～5对；叶柄长1～2cm，基部具关节。花10～15朵排成蝎尾状聚伞花序，长2～3cm，总花梗长1～2.5cm；花瓣4（5）枚，宽卵形，雄蕊8（10）枚，其中4枚与花瓣对生。核果扁球形或近梨形，径3～4.5cm。花期4～9月；果期5～10月。

【产地及习性】产于广西西部及云南东部。喜生长在湿润肥沃的土壤上和石灰岩山地混交林内或稀树灌丛林中，在砂岩、页岩地区的酸性土上也有生长。

【观赏评价与应用】蒜头果生长迅速，果实大，在土层深厚、肥沃、湿润的石灰岩山地生长良好，可作石山地区绿化树种。种子含油脂，成分为油酸、棕榈酸和硬脂酸等，也是良好的木本油料植物。

【同属种类】蒜头果属为我国特有属，仅1种，分布于广西西部、云南东部。

青皮木
Schoepfia jasminodora

【别名】幌幌木

【形态特征】落叶小乔木或灌木，高3～14m；具短枝，嫩枝红色，自去年生短枝上抽出。叶卵形或长卵形，长3.5～10cm，宽2～5cm，顶端近尾尖；侧脉4～5对。花无梗，(2) 3～9朵排成穗状花序状的螺旋状聚伞花序，长2～6cm，总花梗红色，果时增长到4～5cm；花冠钟形，白色或浅黄色，长5～7mm。果椭圆状，长约1～1.2cm，径5～8mm，几全部为增大成壶状的花萼筒所包围，外部紫红色。花叶同放。花期3～5月；果期4～6月。

【产地及习性】产甘肃、陕西、河南三省南部以及四川、云南、贵州、湖北、湖南、广西、广东、江苏、安徽、江西、浙江、福建、台湾等省区，生于海拔500～1000m山谷、沟边、山坡、路旁的密林或疏林中。日本也有。

【观赏评价与应用】青皮木树形自然，果实红色，可栽培观赏。

【同属种类】青皮木属约30种，分布于热带、亚热带地区。我国4种，主产南方各省区。

一百零八、檀香科 Santalaceae

檀梨
Pyrularia edulis
【Pyrularia sinensis】

【别名】油葫芦、鹿子果、华檀梨

【形态特征】落叶小乔木或灌木，高3～10m；小枝粗壮，圆柱状；芽被灰白色绢毛。叶光滑，卵状长圆形，稀倒卵状长圆形，长7～15cm，宽3～6cm，侧脉4～6对。雄花集成总状花序，长5～7.5cm，顶生或腋生，花被裂片5(6)，花盘5(6)裂；雌花或两性花单生，花柱短。核果梨形或卵圆形，长3.8～5cm，熟时橙红色，基部骤狭与果柄相接，果柄粗壮。花期5～6月；果期8～10月。

【产地及习性】产于西藏、四川、云南、湖北、湖南、江西、广西、广东、福建。生于海拔700～2700m常绿阔叶林中。印度、尼泊尔也有分布。

【观赏评价与应用】檀梨果实奇特，可栽培观赏。果熟时味甜可食；种子含油量达56%～65%，可供食用。

【同属种类】檀梨属共约2种，分布于亚洲中南部、南部和北美洲。我国产1种。

一百零九、卫矛科 Celastraceae

南蛇藤
Celastrus orbiculatus

【别名】落霜红

【形态特征】落叶藤本，茎缠绕，长达15m。小枝圆，皮孔粗大而隆起，枝髓白色充实。叶近圆形或倒卵形，长5～10cm，宽3～7cm，先端突尖或钝尖，基部近圆形，锯齿细钝。花序腋生间有顶生，具3～7朵花，花序梗长1～3cm；花小，黄绿色。果橙黄色，球形，径7～9mm。种子白色，有红色肉质假种皮。花期4～5月；果期9～10月。

【产地及习性】产东北、华北、西北至长江流域各地；日本和朝鲜也有分布。常生于山地沟谷、林缘和灌丛中。性强健，喜光，也耐半荫；耐寒，对土壤要求不严好。

【观赏评价与应用】南蛇藤为大藤本，叶片经霜变红，果实黄色，开裂后露出鲜红色的种子，观赏价值较高，在园林中应用颇具野趣，可供攀附花棚、绿廊或缠绕老树，也适于湖畔、溪边、坡地、林缘及假山、石隙等处丛植。泰山斗母宫寄云楼处有一株古老南蛇藤，已经长达13m，基径13.8cm。

【同属种类】南蛇藤属约30种，分布于亚洲、美洲、大洋洲和马达加斯加。我国约25种，广布全国。

苦皮藤
Celastrus angulatus

落叶藤状灌木；小枝常具4～6纵棱，白色皮孔密生；腋芽卵圆状，长2～4mm。叶大，宽椭圆形、宽卵形或近圆形，长7～17cm，宽5～13cm，先端圆阔。聚伞圆锥花序顶生，略呈塔锥形，长10～20cm。蒴果近球形，黄色，径8～10mm。

广布于黄河以南至长江流域及西南、华南，多生长于海拔1000～2500m山地丛林及山坡灌丛中，也见于石灰岩山地。叶片大型，生长茂盛，可作垂直绿化材料，用于棚架、山石绿化。

大芽南蛇藤
Celastrus gemmatus

【别名】哥兰叶、霜红藤

芽大，长达12mm，基径5mm。叶长方形、卵状椭圆形或椭圆形，长6～12cm，宽3.5～7cm，边缘具浅锯齿，侧脉5～7对，小脉成较密网状，两面突起。聚伞花序顶生及腋生，顶生花序长约3cm，侧生花序短而少花；花瓣长方倒卵形。蒴果球状，径

卫矛科 Celastraceae

大芽南蛇藤

大芽南蛇藤

大芽南蛇藤

10 ~ 13mm，种子红棕色。花期4 ~ 9月；果期8 ~ 10月。

产于河南、陕西、甘肃、安徽、浙江、江西、湖北、湖南、贵州、四川、台湾、福建、广东、广西、云南，是我国分布最广泛的南蛇藤之一。生长于海拔100 ~ 2500m密林中或灌丛中。

粉背南蛇藤
Celastrus hypoleucus

落叶藤本。叶椭圆形或长方椭圆形，长6 ~ 9.5cm，有锯齿，侧脉5 ~ 7对，叶背粉灰色。聚伞圆锥花序，顶生者长7 ~ 10cm，多花，腋生者短小，3 ~ 7花。花梗长3 ~ 8mm，花后明显伸长；花瓣椭圆形，长约4mm。果序长而下垂，蒴果疏生，长10 ~ 25mm，果瓣内侧有棕红色细点。花期6 ~ 8月；果期10月。

产于河南、陕西、甘肃东部、湖北、四川、贵州。多生长于海拔400 ~ 2500m丛林中。

粉背南蛇藤

粉背南蛇藤

粉背南蛇藤

卫矛
Euonymus alatus

【别名】鬼羽箭

【形态特征】落叶灌木，全体无毛。小枝绿色，具2 ~ 4列纵向的阔木栓翅；叶倒卵形或倒卵状长椭圆形，长2 ~ 7cm，叶柄极短，长1 ~ 3mm。聚伞花序腋生，常有3花；花黄绿色，径约6mm。蒴果4深裂，或仅1 ~ 3个心皮发育，棕紫色；种子褐色，有橘红色假种皮。花期5 ~ 6月；果期9 ~ 10月。

【产地及习性】除新疆、青海、西藏外，全国各地均产；日本和朝鲜也有分布。喜光，也耐荫；耐干旱瘠薄，耐寒，在中性、酸性和石灰性土壤上均可生长。萌芽力强，耐修剪。

【观赏评价与应用】卫矛秋叶紫红色，鲜艳夺目，落叶后紫果悬垂，开裂后露出橘红色假种皮，绿色小枝上着生的木栓翅也很奇特，日本称为"锦木"。可孤植、丛植于庭院角隅、草坪、林缘、亭际、水边、山石间，以油松、雪松等常绿树为背景效果尤佳。卫矛作为一种药用植物，古代常被记载于本草上，《本草纲目》有"卫矛一名鬼箭……条上四面有羽如箭羽。"

【同属种类】卫矛属约130种，分布于北半球温带至热带以及澳大利亚、马达加斯加。我国约90种，各地均有分布。

卫矛

卫矛

卫矛

刺果卫矛
Euonymus acanthocarpus

常绿灌木，直立或攀援，高2～3m；小枝密被黄色细疣突。叶革质，长方椭圆形、长方卵形或窄卵形，长7～12cm，宽3～5.5cm，疏浅齿不明显，侧脉5～8对；叶柄长1～2cm。聚伞花序疏大，多2～3次分枝；花序梗扁宽或4棱；花黄绿色，径6～8mm；花瓣倒卵形。蒴果棕褐带红，近球状，直连刺径1～1.2cm，刺密集；种子有橙黄色假种皮。

产云南、贵州、广西、广东、四川、湖北、湖南、西藏。生长于山地林边。可用于攀附山石、墙体、园林小品。

刺果卫矛

刺果卫矛

刺果卫矛

扶芳藤
Euonymus fortunei
【Euonymus hederaceus；Euonymus kiautschovicus】

【别名】胶州卫矛

【形态特征】常绿灌木，靠气生根攀援或匍匐，长达10m。小枝圆形或有棱纹，常有小瘤状突起。叶常为卵形、卵状椭圆形，有时

扶芳藤

扶芳藤

扶芳藤

披针形、倒卵形，长2～5.5cm，宽2～3.5cm；叶缘有锯齿；先端钝或尖；侧脉4～6对，不明显；叶柄长2～9mm或近无柄。花梗长2～5mm；花绿白色，4数，径约5mm，花瓣近圆形。蒴果球形，径6～12mm，褐色或红褐色，径5～6mm；种子有橘黄色假种皮。花期4～7月；果期9～12月。

【产地及习性】各地普遍分布，北达东北南部，西至新疆、青海，常生于海拔3400m以下林中，常攀援于树干、岩石上，亦普遍栽培于庭园。热带亚洲及、日本、朝鲜等地也有分布，世界各地广泛栽培。耐荫，也可在全光下生长；喜温暖湿润，也耐干旱瘠薄；较耐寒，在北京、河北等地可露地越冬；对土壤要求不严。

【观赏品种】红边扶芳藤（'Roseo-marginata'），叶缘粉红色。银边扶芳藤（'Argentes-marginata'），叶缘绿白色。小叶扶芳藤（'Minimus'），叶小枝细。

【观赏评价与应用】扶芳藤为常绿藤本，生长迅速，枝叶繁茂，叶片油绿光亮，入秋经冬则红艳可爱，6～7月开绿白色小花，10月果实变为美丽的黄色，不久开裂，露出橘红色的假种皮，宛如珍珠布满枝头，因而花、果、叶俱佳，四季景观变化明显。扶芳藤气生根发达，吸附能力强，适于美化假山、石壁、墙面、栅栏、灯柱、树干、石桥、驳岸，也是优良的地被和护坡植物，尤其是小叶扶芳藤枝叶稠密，用作地被时可形成犹如绿色地毯一般的覆盖层。也适于高架路、立交桥的绿化。扶芳藤很早以前就有栽培，隋朝隋炀帝在洛阳营造的西苑中就有扶芳藤。宋代朱长文《吴郡图经续记》载"大业（605～617年）中，吴郡送扶芳二百本，敕西苑种之，其本蔓生缠他木，叶圆而厚，凌冬不凋，夏日叶微灸之以为饮，色碧而香美，令人不渴。"

大花卫矛
Euonymus grandiflorus

【别名】金丝杜仲、火鸡果

半常绿乔木或灌木，高达8m。叶窄长椭圆形或窄倒卵形，长4～10cm，宽1～5cm，具细密浅锯齿。聚伞花序疏松，3～9花，花序梗长3～6cm；花梗长约1cm；花黄白色，4数，径达1.5cm。蒴果近球状，径达7mm，常有4棱状窄翅；假种皮红色。花期6～7月；果期9～10月。

大花卫矛

大花卫矛

卫矛科 Celastraceae

大花卫矛

大叶黄杨

大叶黄杨

产陕西、甘肃、河南、湖北、湖南、四川、贵州和云南等地，生于山坡林缘或灌丛中，河谷或山坡湿润处。

大叶黄杨
Euonymus japonicus

【别名】冬青卫矛、正木

【形态特征】常绿灌木或小乔木，高达8m。全株近无毛。小枝绿色，稍有4棱。叶厚革质，有光泽，倒卵形或椭圆形，长3～6cm，先端尖或钝，基部楔形，锯齿钝。花序总梗长2～5cm，1～2回二歧分枝；花绿白色，4基数。果扁球形，淡粉红色，4瓣裂。种子有橘红色假种皮。花期5～6月；果期9～10月。

【产地及习性】原产日本南部，我国各地广为栽培，亚洲各地、非洲、欧洲、北美洲、南美洲及大洋洲亦广泛栽培。喜温暖湿润的海洋性气候，有一定的耐寒性，在最低气温达-17℃左右时枝叶受害；较耐干旱瘠薄，不耐水湿。萌芽力强，极耐修剪。对各种有毒气体和烟尘抗性强。

【观赏品种】银边大叶黄杨（'Albo-marginatus'），叶片有乳白色窄边。金边大叶黄杨（'Ovatus Aureus'），叶片有宽的黄色边缘。金心大叶黄杨（'Aureus'），叶片从基部起沿中脉有不规则的金黄色斑块，但不达边缘。斑叶大叶黄杨（'Viridi-variegatus'），叶面有深绿色和黄色斑点。

【观赏评价与应用】大叶黄杨四季常绿，树形齐整，是园林中最常见的观赏树种之一，色叶品种众多。常用作绿篱，也适于整形修剪成方形、圆形、椭圆形等各式几何形体，或对植于门前、入口两侧，或植于花坛中心，或列植于道路、亭廊两侧、建筑周围，或点缀于草地、台坡、桥头、树丛前，均甚美观，也可作基础种植材料或丛植于草地角隅、边缘。此外，金心大叶黄杨或叶色纯黄的类型如以丝棉木等为砧木进行高接，可培养成乔木型，用于孤植、对植均极为壮观。

丝棉木
Euonymus maackii
【*Euonymus bungeanus*】

【别名】明开夜合、桃叶卫矛、白杜

【形态特征】落叶灌木或小乔木，高3～10m；树冠圆形或卵圆形。小枝绿色，圆柱形。叶卵形至卵状椭圆形，长4～10cm，宽2～5cm，先端渐尖，有时尾状，有细锯齿，叶柄长1.5～3.5cm，有时较短；侧脉6～8对。花淡绿色，径8～9mm，4基数；花瓣披针形或长卵形。蒴果菱状倒卵形，直径9～10mm，粉红色，4深裂，种子具橘红色假种皮。花期4～7月；果期9～10月。

【产地及习性】产东北、内蒙古、华北以南各地，西至甘肃、新疆，多生于海拔1000m以下林缘、林中。日本、朝鲜和西伯利亚也有分布，欧美各地常栽培。喜光，稍耐荫；耐寒，对土壤要求不严；耐干旱，也耐水湿，以肥

丝棉木

大叶黄杨

丝棉木

卫矛科　Celastraceae

沃、湿润而排水良好的土壤生长最佳。根系发达，抗风力强。

【观赏评价与应用】丝棉木枝叶秀丽，春季满树繁花，秋季红果累累，在枝条上悬挂甚久，而且果实开裂后露出鲜红或橘红色的种子，是优良的观果植物。宜植于林缘、路旁、草坪、湖边等处，也适于庭院绿化，各地城市园林中普遍应用。

中华卫矛
Euonymus nitidus

常绿灌木或小乔木，高1～5m。叶倒卵形、长方椭圆形或长方阔披针形，长4～13cm，宽2～5.5cm，近全缘；叶柄较粗壮。聚伞花序1～3次分枝，3～15花，小花梗长8～10mm；花白色或黄绿色，4数，径5～8mm；花瓣基部窄缩成短爪。蒴果三角卵圆状，4裂较浅成圆阔4棱，长8～14mm，径8～17mm。花期3～5月；果期6～10月。

产于广东、福建和江西南部。生长于林内、山坡、路旁等较湿润处为多，但也有在山顶高燥之处生长。

垂丝卫矛
Euonymus oxyphylla

落叶灌木或小乔木，高2～8m。叶卵圆形或椭圆形，长4～8cm，宽2.5～5cm，有细密锯齿；叶柄长4～8mm。聚伞花序宽

疏，花序梗细长，长4～5cm；花淡绿色，径7～9mm，5数；花瓣近圆形。蒴果近球状，直径10mm，无翅；果序梗细长下垂，长5～6cm。

产于辽宁、山东、安徽、浙江、台湾、江西和湖北。也分布于朝鲜、日本。多见于低山坡地杂木林内。庭院常有栽培，是优良的观果树种。

陕西卫矛
Euonymus schensiana

【别名】金丝吊蝴蝶、金蝴蝶

【形态特征】落叶灌木，高达2m。小枝圆柱状，光滑，稍下垂。叶披针形或线状披针形，长4～7cm，宽1.5～2cm，基部窄楔形，边缘密生纤毛状细锯齿，两面无毛。聚伞花序腋生，总花梗长5～7cm；果期可长达10cm。花绿色，花瓣常稍带红色，径约7mm。蒴果方形或扁圆形，径约1cm，4翅特大，长方形；种子被橘黄色假种皮。花期4月；果期7～8月。

【产地及习性】产于陕西，甘肃南部、四川、湖北、贵州。生长于海拔600～1000m沟边丛林中。喜光，稍耐荫，耐干旱，也耐水湿。对土壤要求不严，而以肥沃、湿润而排水良好的土壤生长最好。

【观赏评价与应用】陕西卫矛枝叶茂密，果形奇特，果梗细长下垂，似金线悬挂着蝴蝶，微风吹拂似群蝶飞舞，故有"金丝吊蝴蝶"之名，蒴果成熟后呈红色，开裂后露出橙黄色的假种皮，是优良的秋季观果植物。可栽培作庭院观赏，孤植、群植均适宜，陕西、河南、北京、山东等地有少量栽培。也可用于制作树桩盆景。

刺茶裸实
Gymnosporia variabilis
【*Maytenus variabilis*】

【别名】刺茶美登木

【形态特征】灌木，高达5m；小枝先端常粗壮刺状，腋生刺较细。叶椭圆形、窄椭圆形或椭圆披针形，稀倒披针形，长3～12cm，宽1～4cm，边缘有密浅锯齿，侧脉细弱。聚伞花序生于刺状小枝及长枝上，1～3次二歧分枝；花淡黄色，径5～6mm，花瓣长圆形。蒴果三角宽倒卵状，长1.2～1.5cm，红紫色，3室，假种皮淡黄色。花期6～10月；果期7～12月。

【产地及习性】产于湖北西部、四川东部、贵州及云南南部。生长于岩边、草地和多石斜坡。

【观赏评价与应用】刺茶裸实植株低矮，花朵淡黄，果实红紫色，可栽培观赏，适于丛植、列植或作绿篱。

【同属种类】裸实属共约80种，分布于热带和亚热带地区，主产非洲和亚洲。我国11种，分布于长江流域以南。

美登木
Maytenus hookeri

【别名】云南美登木

【形态特征】常绿灌木，高1～4m；小枝细柔稍呈藤状，老枝有疏刺。叶椭圆形或长方卵形，长8～20cm，宽3.5～8cm，有浅锯齿，侧脉5～8对。聚伞花序1～6丛生短枝上；花白绿色，直径3～5mm；花盘扁圆，柱头2裂。蒴果扁，倒心状或倒卵状，长6～12mm；果序梗短，小果梗长1～1.2cm；假种皮浅杯状，白色，干后黄色。花期12～6月；果期6～11月。

【产地及习性】产云南南部，生于山地或山谷的丛林中，缅甸、印度也有。

【观赏评价与应用】美登木是著名的药用植物，株型低矮，花朵白色而繁密，种子有白色假种皮，可栽培观赏，用于庭院、公园或作绿篱。

【同属种类】美登木属约220种，产于热带及亚热带，极少进入暖温带，以南美洲分布最多。中国6种，多分布在云南，其他长江以南各省区及西藏也有分布。

刺茶裸实

刺茶裸实

刺茶裸实

美登木

美登木

美登木

滇南美登木
Maytenus austroyunnanensis

常绿灌木，高1～3m；小枝常无刺，2年生以上枝常有针状刺。叶倒卵椭圆形、椭圆形或长方椭圆形，长7～12cm，宽4～5.5cm，具锯齿。聚伞花序多2～3次二歧分枝；花序梗较粗壮，长1cm以上；花白色，径6～8mm。果序梗长1～2cm，小果梗增长粗壮长达1cm；种子棕红色，假种皮浅杯状或2～3裂，白色，干后淡黄色。花期5～9月；果期9～12月。

产云南，生于海拔550～900m的路边、江边灌丛中。

滇南美登木

卫矛科 Celastraceae

雷公藤
Tripterygium wilfordii

【形态特征】落叶藤本，高约3m；小枝棕红色，芽鳞2枚。叶较小，长4～7cm，宽3～4cm，厚纸质或近革质，卵圆形或椭圆形；先端渐尖或短尖，基部稍圆，叶缘有细锯齿；叶柄长4～8mm，密被锈色毛。聚伞圆锥花序较窄小，长5～7cm，宽3～4cm，花序、分枝及小花梗均被锈色毛。花杂性同株，白色，径4～5mm。蒴果长圆状，长1～1.5cm，直径1～1.2cm，有3片膜质翅。花期5～6月；果期8～9月。

【产地及习性】分布于吉林、辽宁至长江流域以南及西南各地，生于海拔1000m以下山区。性强健，耐半荫；耐寒，在气候湿润和土壤疏松肥沃的环境中生长最好。

【观赏评价与应用】雷公藤枝叶繁茂，小枝棕红色，花序大，花朵绿白色，绿心黄蕊，密簇成攒，果实红艳可爱，是优良的攀援灌木，适于攀附矮墙、栅栏和山石，也作小型棚架绿化之用。

【同属种类】雷公藤属仅有1种，分布于东亚。FOC将东北雷公藤（*Tripterygium regelii*）和昆明山海棠（*Tripterygium hypoglaucum*）均并入本种。

11～12月。
产广西，生于石灰岩山地丛林中。

密花美登木
Maytenus confertiflorus

【形态特征】灌木，高达4m；小枝有粗壮刺。叶阔椭圆形或倒卵形，长11～24cm，宽3～9cm，边缘具浅波状圆齿。聚伞花序多数集生叶腋呈圆球状，有花多至60朵，花序梗极短或无；花白色，径8～10mm，萼片淡红色，花瓣线形或窄长方形。蒴果淡绿带紫色，三角球状，长1～1.5cm。花期

一百一十、冬青科 Aquifoliaceae

冬青
Ilex chinensis

【形态特征】常绿乔木，高达13m，树冠卵圆形。小枝浅绿色，具棱线。叶薄革质，长椭圆形至披针形，长5～11cm，先端渐尖，基部楔形，有疏浅锯齿，表面有光泽，叶柄常为淡紫红色。聚伞花序生于当年嫩枝叶腋，花瓣淡紫红色，有香气。核果椭圆形，长8～12mm，红色光亮，干后紫黑色，分核4～5。花期4～6月；果期8～11月。

【产地及习性】产长江流域以南各省区；日本也有分布。常生于疏林下。喜温暖湿润气候和排水良好的酸性土壤。不耐寒，较耐湿。深根性，萌芽力强，耐修剪。

冬青

冬青

【观赏评价与应用】冬青枝叶繁茂，葱郁如盖，春季枝头盛开略带芳香的淡紫色细碎小花，秋季果实红艳且挂果期长，是著名的观果树种。冬青花朵虽然细小，但一簇簇小花，如烟云、似轻纱，颇有超俗出尘之韵，元朝方夔有"老农歇热藤荫下，一树冬青落细花。"冬青可用于庭院、公园造景，孤植、列植、群植均宜，尤适于山石间或土丘上种植，华东地区园林中常见应用，在山东南部大树可正常越冬。

【同属种类】冬青属约500～600种，分布于热带至温带，以中南美洲为分布中心。我国约204种，主产长江以南各地，多为著名观果树种。

梅叶冬青
Ilex asprella

【别名】秤星树、灯秤花

【形态特征】落叶灌木，高达3m；长枝纤细，短枝多皱。叶在长枝上互生，在短枝上簇生；卵形或卵状椭圆形，长4～7cm，宽2～3.5cm，先端尾状渐尖，基部近圆形，边缘具锯齿，侧脉5～6对。花白色，生于叶腋或鳞片腋内，雄花1～3，雌花单生。雄花花梗长4～9mm，花4～5基数，径约6mm，花瓣近圆形。雌花花梗长1～2cm，花4～6基数。果球形，直径5～7mm，熟时变黑色，分核4～6。花期3月；果期4～10月。

【产地及习性】产于浙江、江西、福建、台湾、湖南、广东、广西、香港等地；生于海拔400～1000m的山地疏林中或路旁灌丛中。分布于菲律宾群岛。喜荫，全日照下亦可生长；喜温暖湿润的气候；对土壤要求不严，除盐碱地和渍水地外均可生长，最适宜疏松、

梅叶冬青

梅叶冬青

梅叶冬青

梅叶冬青

排水良好的砂质壤土。

【观赏评价与应用】梅叶冬青新叶鹅黄，花朵白色，着花繁密，散布于黄绿色叶丛中优雅而美丽，可作花灌木栽培。适宜林下、溪边、路旁丛植。小枝光滑呈褐色貌似秤杆，星星点点的皮孔像似秤点，故有"秤星树"、"灯秤花"之名。

华中刺叶冬青
Ilex centrochinensis

【别名】华中枸骨

常绿灌木，高1.5～3m。叶椭圆状披针形，长4～9cm，宽1.5～2.8cm，先端具刺状尖头，边缘具3～10对刺状牙齿，长2～4mm，齿尖黄褐色或变黑色，幼树更为明显。雄花序簇生于2年生的叶腋内，花4基数，黄色，

冬青科 Aquifoliaceae

华中刺叶冬青

华中刺叶冬青

径约6mm。果1～3个生于叶腋内，球形，径6～7mm，分核4。花期3～4月；果期8～9月。

产于湖北、四川等地，安徽黄山、江苏南京等地有栽培。幼树叶片具尖刺，花黄色、果红艳，可栽培观赏，也可作刺篱。

凹叶冬青
Ilex championii

常绿灌木或乔木，高达13m。当年生幼枝具纵棱。叶厚革质，卵形或倒卵形，长2～4cm，宽1.5～2.5cm，先端圆凹或短突尖，全缘；叶柄长4～5mm，具叶片下延而成的狭翅。雄花4基数，白色，径约4mm，1～3花的聚伞花序簇生于2年生枝叶腋。果序簇生，果扁球形，径3～4mm，红色，分核4。花期6月；果期8～11月。

分布于华南，北达江西和湖南南部。

凹叶冬青

凹叶冬青

凹叶冬青

枸骨
Ilex cornuta

【别名】鸟不宿

【形态特征】常绿灌木或小乔木，树冠阔圆形，树皮灰白色，平滑。叶硬革质，矩圆状四方形，长4～8cm，顶端扩大并有3枚大而尖的硬刺齿，基部两侧各有1～2枚大刺齿；大树树冠上部的叶常全缘，基部圆形，表面深绿色有光泽，背面淡绿色。聚伞花序，黄绿色，簇生于2年生小枝叶腋。核果球形，鲜红色，径8～10mm，4分核。花期4～5月；果期10～11月。

【产地及习性】分布于长江中下游各省，多生于山坡谷地灌木丛中。各地庭园中广植。朝鲜也有分布。喜光，稍耐荫；喜温暖气候和肥沃、湿润而排水良好的微酸性土；较耐寒，在黄河以南可露地越冬；适应城市环境，对有毒气体有较强的抗性。生长缓慢，萌发力强，耐修剪。

【观赏品种】无刺枸骨（'Fortunei'），叶全缘，无刺齿。

枸骨

无刺枸骨

枸骨

【观赏评价与应用】枸骨枝叶稠密,叶形奇特,果实红艳且经冬不凋,叶片有锐刺,兼有观果、观叶、防护和隐蔽之效,宜作基础种植材料或植为高篱,也可修剪成型,孤植于花坛中心,对植于庭院、路口或丛植于草坪观赏,以其分枝点低而叶片多刺,不宜用于居住区、幼儿园及公园的儿童活动区。老桩可制作盆景。

钝齿冬青
Ilex crenata

【别名】波缘冬青、齿叶冬青

【形态特征】常绿灌木,多分枝,小枝有灰色细毛。叶厚革质,椭圆形至长倒卵形,长1～4cm,宽0.6～2cm,先端钝,缘有钝齿,背面有腺点。花白色,雄花3～7朵成聚伞花序生于当年生枝叶腋,雌花单生或2～3朵组成聚伞花序。果球形,黑色,径6～8mm,4分核。花期5～6月;果期10月。

【产地及习性】产我国东部、南部和日本、朝鲜,生于海拔700～2100m山地林中。喜温暖环境,也较耐寒,现黄河流域以南各地园林中常见栽培。

【观赏品种】龟甲冬青('Convexa'),叶小,叶面凸起呈龟甲状。龟纹钝齿冬青('Mariesii'),枝叶密生,叶小而圆钝,中部以上有7个浅齿,为观叶珍品。金宝石冬青('Golden Gem'),植株低矮,冠顶平,叶呈金黄色,尤以冬春为甚。花叶钝齿冬青('Aureovariegata'),叶片有大小不一的黄色斑纹。

【观赏评价与应用】钝齿冬青叶片小而排列紧密,枝叶茂密,易于修剪成型,庭园中可对植于庭前、列植于路旁或作绿篱,还是制作盆景的优良材料。若不加修剪,树形自然,则是优美的树丛下木,尤其适于与松枫配植,如辅以岩石、麦冬等,高下相间,更为美观。英国于1864年引种后,已经培育出很多品种,叶形、叶色丰富多彩。

金毛冬青
Ilex dasyphylla

【别名】黄毛冬青

常绿灌木或乔木,高2.5～9m;小枝、叶柄、叶片、花梗及花萼均密被锈黄色瘤基短硬毛。叶革质,卵形、卵状椭圆形或卵状披针形,长3～11cm,宽1～3.2cm。聚伞花序单生于当年生枝叶腋;花红色,4～5基数。果球形,径5～7mm,红色,分核4～5。花期5月;果期8～12月。

产于华南,北达江西、福建,生于山地疏林或灌木丛中、路旁。

厚叶冬青
Ilex elmerrilliana

常绿灌木或小乔木,高2～7m。当年生幼枝红褐色,具纵棱。叶厚革质,椭圆形,长5～9cm,宽2～3.5cm,全缘,两面无毛,侧脉及网状脉两面不明显。花白色;聚伞花序簇生于2年生枝叶腋或当年生枝鳞片腋内。雄花序具1～3花,雌花序单花。果球形,

金毛冬青

龟甲冬青

龟甲冬青

金毛冬青

厚叶冬青

钝齿冬青

金毛冬青

厚叶冬青

径约5mm，红色，分核6～7。花期4～5月；果期7～11月。

产长江流域至华南、西南东部，生于山地常绿阔叶林中、灌丛中或林缘。

光枝刺缘冬青
Ilex hylonoma var. *glabra*

【别名】刺叶冬青、光叶细刺枸骨

常绿乔木，高4～10m；小枝圆柱形。叶片革质或厚革质，披针形、倒披针形、卵状披针形或椭圆形，长6～12.5cm，宽2.5～4.5cm，叶面深绿色，主脉上面无毛，先端渐尖，边缘具粗而尖的锯齿，背面淡绿色，侧脉9～10对。果序簇生叶腋；果近球形，径10～12mm，熟时红色；分核4，倒卵形。花期3～5月；果期10～11月。

产于浙江、湖南、湖北、广东、广西、福建等地，生于丘陵、山地杂木林中。

光枝刺缘冬青

光枝刺缘冬青

光枝刺缘冬青

大叶冬青
Ilex latifolia

【别名】苦丁茶

【形态特征】常绿乔木，高达20m，全体无毛。枝条粗壮，黄褐色或褐色。叶厚革质，光亮，矩圆形或卵状矩圆形，长达10～18(28)cm，宽达4～7(9)cm；叶缘疏生锯齿，齿端黑色；基部圆形或阔楔形；侧脉12～17对。聚伞花序组成圆锥状，生于2年生枝叶腋；花淡黄绿色，4基数，雄花花冠辐状，径9mm，雌花花冠直立，径5mm。果球形，径约7mm，深红色，经冬不凋。花期4月；果期9～10月。

【产地及习性】产长江流域各地至华南、云南以南，生于海拔200～1500m常绿阔叶林、灌丛、竹林中。日本也有分布。

【观赏评价与应用】大叶冬青树形高大，树干通直，叶片大型，幼芽及新叶淡紫红色，花朵黄色，果实由黄变深红，挂果期较长，具有良好的观赏价值，可植为庭荫树，华东及华南地区常见栽培。嫩芽用于制作苦丁茶。

大叶冬青

大叶冬青

大果冬青
Ilex macrocarpa

【形态特征】落叶乔木，高5～10m。叶在长枝上互生，在短枝上簇生；卵形、卵状椭圆形，长4～13cm，宽3～5cm，具细锯齿，侧脉8～10对。雄花为1～5花的聚伞花序，雌花单生。花白色，雄花5～6基数，径约

大果冬青

大果冬青

大果冬青

大叶冬青

7mm，花瓣倒卵状长圆形；雌花7～9基数，径1～1.2cm。果球形，径10～14mm，黑色，分核7～9。花期4～5月；果期10～11月。

【产地及习性】产于陕西南部、江苏、安徽、浙江、福建、河南、湖北、湖南、广东、广西、四川、贵州和云南等省区；生于海拔400～2400m的山地林中。

【观赏评价与应用】大果冬青花较大而白色，果实下垂，耐寒性强，适于庭园栽培观赏。

猫儿刺
Ilex pernyi

【别名】老鼠刺、狗骨头、八角刺

【形态特征】常绿灌木或乔木，高1～5m；树皮银灰色；幼枝具纵棱槽，2～3年小枝圆形。叶卵形或卵状披针形，长1.5～3cm，宽5～14mm，先端尖头长达12～14mm，并变为长3mm的粗刺，边缘具深波状刺齿1～3对。花序簇生于2年生枝叶腋，2～3花聚生成簇；花淡黄色，4基数。果球形，径7～8mm，红色。花期4～5月；果期10～11月。

【产地及习性】产陕西、甘肃、河南至长江流域及四川、贵州，生于山谷林中或山坡、路旁灌丛中。

【观赏评价与应用】猫儿刺枝叶茂密，花黄色、果实红艳，常栽培观赏，是优良的刺篱材料，也可作盆景。

铁冬青
Ilex rotunda

【别名】救必应、熊胆木、白银木

【形态特征】常绿乔木，高达20m，或灌木状。小枝红褐色；顶芽圆锥形。叶卵形或倒卵状椭圆形，全缘，长4～9cm，宽1.8～4cm，两面无毛，侧脉6～9对，不明显。聚伞花序或伞形状，花黄白色，芳香，花冠辐状。核果椭圆形，有光泽，深红色，长6～8mm，5～7分核。花期3～4月；果期翌年2～3月；果期8～12月。

【产地及习性】产长江以南至台湾、西南；日本、朝鲜和越南也有分布。常生长于山下疏林或溪沟旁。适应性强，喜温暖湿润的气候、排水良好的酸性土壤。幼苗怕高温日灼和干旱。抗大气污染。

【观赏评价与应用】铁冬青树冠宽阔，叶色深绿，花黄白色、芳香，果实鲜红、光亮，秋后红果累累，十分可爱，是优良的观果树种。树叶厚而密，可做防火树种。

尾叶冬青
Ilex wilsonii

常绿灌木或乔木，高2～10m；树皮灰白色。叶厚革质，卵形或倒卵状长圆形，长4～7cm，宽1.5～3.5cm，全缘，先端骤尾状尖，尖头偏。花序簇生于2年生枝叶腋；花4基数，紫白色。雄花序簇由具3～5花的聚伞花序组成，雌花序簇由具单花的分枝组成。果球形，径约4mm，红色，分核4。花期5～6月；果期8～10月。

产长江流域至华南、西南，生于山地、沟谷阔叶林、杂木林中。花朵紫白色，果实红艳，是优良的观果树种。

猫儿刺

猫儿刺

猫儿刺

尾叶冬青

铁冬青

一百一十一、黄杨科 Buxaceae

黄杨
Buxus sinica

【别名】瓜子黄杨

【形态特征】常绿灌木或小乔木，高达7m。树皮灰色，鳞片状剥落；枝有纵棱；小枝、冬芽和叶背面有短柔毛。叶厚革质，倒卵形、倒卵状椭圆形至倒卵状披针形，通常中部以上最宽，长1.5～3.5cm，宽0.8～2cm，先端圆钝或微凹，基部楔形，表面深绿色而有光泽，背面淡黄绿色。花序头状，腋生，花密集，雄花约10朵，退化雌蕊有棒状柄，高约2mm。果实球形，径6～10mm。花期4月；果期7～8月。

【产地及习性】产华东、华中及华北南部，生于山谷、溪边、林下。喜半荫，喜温暖气候和肥沃湿润的中性至微酸性土壤，也较耐碱，在石灰性土壤上能生长。生长缓慢，耐修剪。抗烟尘，对多种有害气体抗性强。

【变种】尖叶黄杨（var. *aemulans*），叶椭圆状披针形或披针形顶尖锐，叶面侧脉多而明显。产华东、华南。

【观赏评价与应用】黄杨枝叶扶疏，终年常绿，叶片小，耐修剪，也较耐荫，最适于作绿篱和基础种植材料，或与金叶女贞等色叶树种配植，在草坪中作模纹图案材料，经整形也可于路旁列植或作花坛镶边。黄杨也适于在小型庭院、林下、草地孤植、丛植或点缀山石。《艮岳记》记载："……增土叠石，间留隙穴，以栽黄杨，曰黄杨巘。"黄杨还是著名的盆景材料，扬派盆景的代表树种之一。扬州盆景园仍保存有古老的黄杨盆景，那灰白色的苍劲树干、细密常青的叶片、一寸三弯的曲枝、严整平稳的云片，充分体现了扬派盆景的传统风格。黄杨生长较慢，元朝华幼武的《黄杨》有"咫尺黄杨树，婆娑枝干重，叶深团翡翠，根古踞虬龙"的描述。苏州光福邓尉司徒庙内尚存古树，高达10m，径约30cm，据传已历700余年。

【同属种类】黄杨属约100种，分布于亚洲、欧洲、热带非洲和中美洲。我国约17种，产长江以南各地，西北至甘肃南部。

雀舌黄杨
Buxus bodinieri

【别名】福建黄杨、皱皮黄杨、水黄杨

【形态特征】常绿小灌木，高3～4m；分枝多，密集成丛。小枝四棱形。叶薄革质，倒披针形或倒卵状长椭圆形，长2～4cm，宽8～18mm，先端最宽，圆钝或微凹；上面绿色光亮，两面中脉明显凸起；近无柄。头状花序腋生，顶部生1雌花，其余为雄花；不育雌蕊和萼片近等长或稍超出。蒴果卵圆形。花期8月；果期11月。

【产地及习性】产长江流域至华南、西南，北达河南、甘肃和陕西南部，生于海拔

黄杨

尖叶黄杨

黄杨

雀舌黄杨

黄杨科 Buxaceae

400～2100m 山地林下。喜温暖湿润和阳光充足环境，耐干旱和半阴，要求疏松、肥沃和排水良好的沙壤土。耐寒性不如黄杨。抗污染。耐修剪

【观赏评价与应用】雀舌黄杨枝叶繁茂，叶形别致，四季常青，常植为绿篱，或整形修剪成各种几何形体，用于点缀小庭院和草地、园林入口。也是盆景制作的常用材料。

锦熟黄杨
Buxus sempervirens

常绿灌木，高 1～3m，偶达 9m。分枝密集，茎 4 棱。叶对生，椭圆形至卵状长椭圆形，长 1.5～3cm，宽 0.5～1.3cm，中部或中下部最宽，叶缘反卷，先端微凹，上面深绿色，下面苍白色。花黄绿色，无花瓣。蒴果，3 裂，种子 3～6 枚。

原产欧洲至北非和亚洲西南部。国内常见栽培。

富贵草
Pachysandra terminalis

【别名】顶花板凳果、粉蕊黄杨、顶蕊三角咪

【形态特征】常绿半灌木，株高 20～40cm；茎下部匍匐，根状茎密生须状不定根；枝条绿色，斜生。叶薄革质，互生或簇生枝顶，菱状卵形或倒卵形，长 2.5～5（9）cm，宽 1.5～3（6）cm，先端短尖，叶缘中部以上具粗齿或浅缺裂；基部楔形，渐狭成长 1～3cm 的叶柄。穗状花序顶生，长 2～4cm，直立；花白色，雌雄同序，上部为雄花，下部为雌花，无花瓣。浆果卵形，长 5～6mm，花柱宿存，粗而反曲。花期 5 月。

【产地及习性】分布于长江流域各地，北达甘肃、陕西，多生于海拔 1000～2600m 的阴湿林下或灌丛中。日本也有分布。耐荫性强，也较耐寒。

【观赏评价与应用】富贵草生长旺盛，蔓延能力强，枝叶密集，叶片有光泽，是较好的常绿观叶地被植物，适于各种林下配植。欧美和日本园林中已经应用。杭州植物园和武汉植物园较早引种并应用于市区绿化。

【同属种类】富贵草属共有 3 种，分布于东亚和北美。我国 2 种，产长江以南各地。

板凳果
Pachysandra axillaris

【别名】腋花板凳果

【形态特征】常绿亚灌木，下部匍匐，上部直立，高 30～50cm。叶形状不一，卵形、椭圆状卵形，较阔，基部浅心形、截形，或为长圆形、卵状长圆形，较狭，基部圆形，

黄杨科 Buxaceae

板凳果

板凳果

板凳果

野扇花

野扇花

长5~8cm，宽3~5cm，中部以上或大部分具粗齿牙。花序腋生，长1~2cm，未开放前往往下垂；花白色或蔷薇色。果黄色或红色，球形，和宿存花柱各长1cm。花期2~5月；果期9~10月。

【产地及习性】产云南、四川、台湾；生林下或灌丛中湿润土上，海拔1800~2500m。用途同富贵草。

野扇花
Sarcococca ruscifolia

【别名】清香桂

【形态特征】常绿小灌木，高1~4m；小枝绿色，幼时密生柔毛，分枝多而密集。单叶互生，卵形、椭圆状卵形至卵状披针形，长3~6cm，离基3出脉，侧脉不明显；叶柄长3~6mm。花单性同株，短总状花序，长1~2cm；无瓣；雄花2~7，生花序轴上方，雌花2~5，生花序轴下部。花丝白色，花柱3。果实为核果，近球形，红色，径7~8mm。花、果期10月至翌年2月。

【产地及习性】主产华中及西南地区，北达陕西、甘肃，常生于海拔400~2600m石灰岩山地沟谷密林或杂木林中。性耐荫，喜温暖湿润气候和排水良好的土壤，萌蘖性强。

【观赏评价与应用】野扇花植株低矮，枝叶繁茂，叶片光亮，花朵芳香，而且耐荫性强，园林中适于林下、池畔、溪边和阴湿山石间丛植或植为绿篱；也可盆栽，用于室内观赏。

【同属种类】野扇花属约有20种，分布于亚洲东部和南部。我国9种。

双蕊野扇花
Sarcococca hookeriana var. *digyna*
【*Sarcococca humilis*】

常绿灌木；小枝被短柔毛。叶在枝梢的对生或近对生，变化甚大，长圆状披针形、椭圆状披针形、披针形、狭披针形或倒披针形，稀椭圆形或椭圆状长圆形，或长7~11cm、宽2~3cm，或长3~7cm、宽0.7~1cm，或长3~3.5cm、宽1~1.8cm。雄花近无梗、无小苞片，或下部雄花具类似萼片的2小苞片，并有花梗，萼片4，长3~4mm，或外萼片较短；雌花连柄长6~10mm，小苞片疏生，萼片长约2mm。宿存花柱2，长2mm。

产云南、四川、重庆、湖北、陕西，生于林下阴处。

东方野扇花
Sarcococca longipetiolata
【*Sarcococca orientalis*】

常绿灌木，高0.6~3m。叶薄革质，多长圆状披针形或长圆状倒披针形，长6~9cm，宽2~3cm，先端渐尖，基生3出脉，两面明显；叶柄长5~8mm。花序近头状，长约1cm；雄花3~5或较多，生花序轴上部，雌花1~3或较多，生花序轴下部。果实卵形或球形，径约7mm，熟时黑色。花期3月或9月；果期5~6月或11~12月。

产江西、福建、浙江、广东、湖南等地，生林下或溪边，海拔250~1000m。

双蕊野扇花

双蕊野扇花

东方野扇花

东方野扇花

一百一十二、大戟科 Euphorbiaceae

红桑
Acalypha wilkesiana

【别名】三色铁苋菜

【形态特征】常绿灌木，高达5m，多分枝。嫩枝被短毛。叶卵形或阔卵形，古铜绿色，并常杂有红色或紫色，长10～18cm，宽6～12cm，先端渐尖，基部浑圆，叶缘有不规则粗钝锯齿；基出脉3～5条。雌雄同株，通常雌雄花异序，穗状花序淡紫色，雄花序长达10～20cm，径不及5mm，间断，花聚生；雌花序长5～10cm，雌花苞片阔三角形，有明显的锯齿。蒴果径约4mm。花期5月和12月。

【产地及习性】原产斐济岛，现世界热带地区广为栽培。喜光，若光线不足，则叶色不佳；喜温暖湿润气候，不耐霜冻，当气温在10℃以下时叶片即有轻度寒害，长期6～8℃低温则植株严重受害。极不耐湿，要求排水良好的肥沃土壤，在干旱瘠薄土壤上生长不良。

【观赏品种】旋叶银边红桑（'Alba'），叶片旋扭，边缘乳白色。红边铁苋（'Marginata'），叶片紫绿色，叶缘红色。洒金红桑（'Java White'），叶卵形，叶面具黄色色斑，色斑上具大小不一的绿色斑点，花期夏、秋。条纹红桑（'Macafeana'），叶古铜色并具有红色条纹。斑叶红桑（'Musaica'），叶片具有红斑。彩叶红桑（'Triumphans'），叶面有红色、绿色和褐色斑块。金边皱叶红桑（'Hoffmanii'），叶片基部皱褶，节间短，叶片边缘金黄色。

【观赏评价与应用】红桑植株低矮，叶色美丽、品种繁多，在华南是优良的绿篱和基础种植材料，也可丛植、孤植于灌木丛中或草地、林缘、路边。并适合与其他种类搭配，在大片草地上布置模纹图案，夏季在阳光照耀下分外美丽。长江流域及北方可盆栽。

【同属种类】铁苋菜属约450种，分布于热带和亚热带地区。我国18种，广布于南北各省。

红桑

红桑

红桑

红尾铁苋
Acalypha chamaedrifolia
【*Acalypha reptans*】

【别名】猫尾红

常绿蔓性小灌木，株高20cm左右。叶互生，卵圆形，先端渐尖，基部楔形，边缘具锯齿。柔荑花序，具毛，红色。花期春至秋季。

原产印度。华南地区常见栽培。是优良的观花地被植物，也适于盆栽观赏。

红尾铁苋

红尾铁苋

红尾铁苋

大戟科 Euphorbiaceae

红穗铁苋菜
Acalypha hispida

【别名】狗尾红

【形态特征】常绿灌木，高1～3m；嫩枝被灰色短绒毛，小枝无毛。叶阔卵形或卵形，长8～20cm，宽5～14cm，深绿色，上面近无毛，下面沿中脉和侧脉具疏毛，边缘具粗锯齿；基出脉3～5条。雌雄异株，穗状花序腋生，形如狗尾，朱红色，垂吊于叶腋。花期2～11月。

【产地及习性】原产于太平洋岛屿，现热带、亚热带地区广泛栽培为庭园观赏植物；我国台湾、福建、广东、海南、广西、云南南部的公园或庭园常有栽培。

【观赏评价与应用】红穗铁苋菜叶片大而亮绿，红色的穗状花序，拱垂于叶腋，奇特别致，盛花期气氛热烈而富热带风情，且花期长，观赏效果佳，是优良的花灌木。适合作为基础种植，或列植于花坛、花镜、路边，甚至配置大株孤植观赏或作为室内盆景也是不错的选择。

山麻杆
Alchornea davidii

【别名】荷包麻

【形态特征】落叶丛生灌木，高1～3m。茎直立而少分枝，常紫红色；幼枝有绒毛，老枝光滑。叶宽卵形至圆形，长7～17cm，有粗齿，上面疏生短毛，下面带紫色，密生绒毛；3出脉。雌雄同株；雄花密生成短穗状花序，长1.5～3cm，萼4裂，雄蕊8；雌花疏生成总状花序，长4～5cm，萼4裂，子房3室。蒴果扁球形，径约1cm，密生短柔毛。花期4～5月；果期7～8月。

【产地及习性】分布于黄河流域以南至长江流域和西南地区，常生于山地阳坡灌丛中。喜光，也耐半荫。喜温暖气候，不耐严寒；对土壤要求不严，在酸性、中性和钙质土上均可生长。耐旱，忌水涝。萌蘖力强，容易更新。

【观赏评价与应用】山麻杆植株丛生，望之如麻杆，株形秀丽，颇为美观；春季嫩叶呈现胭脂红色或紫红色，长成后变为紫绿色，秋叶又为橙黄或红色，艳丽可爱。《花经》称

为"红叶梧桐"，云其"落叶丛生……梢端节节生叶，春初叶苗，红若丹枫。"园林中适于坡地、路旁、水滨、山麓、假山、石间等处丛植，在古朴的亭廊之侧散植山麻杆亦觉色彩调和，景色顿生，而与常绿树混植，或以常绿树为背景，或丛植于碧绿的草坪中，能最好地表现其优美的色彩。

【同属种类】约50种，分布于热带和亚热带。我国8种，产秦岭以南至西南。

红背山麻杆
Alchornea trewioides

【别名】满地红、红帽顶

落叶灌木，高1～2m。叶薄纸质，阔卵形，长8～15cm，宽7～13cm，边缘疏生具腺小齿，上面无毛，下面浅红色，基部具斑状腺体4个。雄花序穗状，长7～15cm，雄花（3～5）11～15朵簇生于苞腋；雌花序总状，长5～6cm，具花5～12朵。蒴果球形，具3圆棱，直径8～10mm。花期3～5月；果期6～8月。

产于福建、江西和湖南南部、广东、广西、海南，生于沿海平原或低海拔山地灌丛

红背山麻杆

石栗

中。分布于泰国北部、越南北部、日本琉球群岛。新叶鲜红色，花穗红色，鲜艳夺目，可栽培观赏。应用方式同山麻杆。

石栗
Aleurites moluccanus

【形态特征】常绿乔木，高达18m；树皮浅纵裂至近光滑；嫩枝密被灰褐色星状微柔毛。叶卵形至椭圆状披针形（萌生枝上的叶有时圆肾形，3~5浅裂），长14~20cm，宽7~17cm，顶端短尖至渐尖，基部阔楔形或钝圆，全缘或3（1~5）浅裂，基出脉3~5条；叶柄顶端有2枚扁圆形腺体。雌雄同株，同序或异序，花序长15~20cm；花萼在开花时2~3裂；花瓣长圆形，乳白色至乳黄色；雄蕊15~20枚，3~4轮，子房密被星状微柔毛，2~3室。核果近球形，直径5~6cm。花期4~10月。

【产地及习性】产于福建、台湾、广东、海南、广西、云南等省区。分布于亚洲热带、亚热带地区。喜光，喜温暖湿润气候及排水良好的沙壤土，深根性，抗风，耐旱，耐寒性差。

【观赏评价与应用】石栗生长迅速，对城市环境适应能力强，树干挺直，树冠大而浓密，遮阴效果好，而且新叶灰白色，花序大型，花乳白或乳黄色，是优良的行道树，华南地区常见应用。也可植为庭荫树、风景林树种。

【同属种类】石栗属2种，1种特产于夏威夷，1种亚洲和大洋洲热带及亚热带

石栗

石栗

地区。

五月茶
Antidesma bunius

【别名】五味子

【形态特征】常绿乔木，高达10m；除叶背中脉、叶柄、花萼两面和退化雌蕊被短柔毛外，其余均无毛。单叶互生，全缘，长椭圆形、倒卵形或长倒卵形，长8~23cm，宽3~10cm，叶面深绿色，常有光泽；侧脉7~11对。雌雄异株，花序顶生，雄穗状花序长6~17cm，雌总状花序长5~18cm。花萼杯状，3~4分裂，雄蕊3~4，子房宽卵圆形。核果近球形或椭圆形，长8~10mm，直径8mm，红色。花期3~5月；果期6~11月。

【产地及习性】产于江西、福建、湖南、广东、海南、广西、贵州、云南和西藏等省区，生于海拔200~1500m山地疏林中。广布于亚洲热带地区直至澳大利亚昆士兰。

【观赏评价与应用】五月茶枝叶繁茂，叶色深绿，秋季红果累累，果穗下垂如五味子，为美丽的观果树种，华南地区园林中常栽培。果微酸，供食用及制果酱。叶供药用。

五月茶

五月茶

大戟科 Euphorbiaceae

五月茶

【同属种类】五月茶属约100种，广布于东半球热带及亚热带地区。我国产11种，主产华南，也见于西南及华东。

黄毛五月茶
Antidesma fordii
【Antidesma yunnanense】

【别名】木味水

小乔木，高达7m；枝条圆柱形；小枝、叶柄、托叶、花序轴被黄色绒毛，其余均被长柔毛或柔毛。叶长圆形、椭圆形或倒卵形，长7～25cm，宽3～10.5cm，侧脉7～11对。花序顶生或腋生，长8～13cm；雄花多朵组成分枝的穗状花序，萼、花盘5裂，雄蕊5；雌花多朵组成不分枝和少分枝的总状花序。核果纺锤形，长约7mm，径4mm。花期3～7月；果期7月～翌年1月。

产福建、广东、海南、广西、云南，生

于海拔300～1000m山地密林中。越南、老挝也有。

方叶五月茶
Antidesma ghaesembilla

【别名】四边木

常绿乔木，高达10m；除叶面全株被柔毛。叶长圆形、卵形、倒卵形或近圆形，长3～9.5cm，宽2～5cm，顶端圆钝，边缘微卷；侧脉5～7对。雄花黄绿色，多朵组成分枝的穗状花序，萼片5，有时6或7，倒卵形；雌花多朵组成分枝的总状花序，花梗短。核果圆球形，径约4.5mm。花期3～9月；果期6～12月。

产于广东、海南、广西、云南，生于山地疏林中。分布于热带亚洲至澳大利亚南部。果实美丽，可栽培观赏。

木奶果
Baccaurea ramiflora

【别名】野黄皮树、木荔枝、树葡萄

【形态特征】常绿乔木，高5～15m，径达60cm。叶倒卵状长圆形、倒披针形或长圆形，长9～15cm，宽3～8cm，全缘或浅波状，两面无毛；侧脉5～7对。花小，雌雄异株，无花瓣；总状圆锥花序腋生或茎生，雄花

大戟科 Euphorbiaceae

木奶果

序长达15cm，雌花序长达30cm；苞片棕黄色，萼片4～6，长圆形（雄花）或长圆状披针形（雌花），雄蕊4～8，子房密被锈色糙伏毛。浆果状蒴果卵状或近球状，长2～2.5cm，直径1.5～2cm，黄色，后变紫红色。花期3～4月；果期6～10月。

【产地及习性】产于广东、海南、广西和云南，生于海拔100～1300m的山地林中。分布于印度、缅甸、泰国、越南、老挝、柬埔寨和马来西亚等。

【观赏评价与应用】木奶果树形美观，果实黄色或者紫红色，结实繁密，常布满树干及枝条，串串下垂，是极为美丽的观果树种，有"树葡萄"之称。可作行道树、庭荫树。果实著名的热带野生水果，味道酸甜。

【同属种类】木奶果属约80种，分布于印度、缅甸、泰国、越南、老挝、柬埔寨、中国、马来西亚、印度尼西亚和波利尼西亚等。我国1种，引入栽培1种。

重阳木
Bischofia polycarpa

【别名】朱树

【形态特征】落叶乔木，高达15m；树冠

重阳木

近球形。小枝红褐色；小叶卵圆形至椭圆状卵形，长6～9(14)cm，宽4.5～7cm，有细齿，基部圆形或近心形，先端短尾尖，两面光滑无毛。总状花序下垂，雄花序长8～13cm，雌花序较疏散。果肉质，径5～7mm，红褐色。花期4～5月；果期10～11月。

【产地及习性】分布于秦岭、淮河流域以南至华南北部，在长江中下游平原习见。喜光，稍耐荫；喜温暖湿润气候，耐寒力弱；喜湿润并耐水湿。对土壤要求不严，根系发达，抗风。

【观赏评价与应用】重阳木树姿婆娑优美，

重阳木

重阳木

绿荫如盖，早春嫩叶鲜绿光亮，秋叶红色，艳丽夺目，是重要的色叶树种。适宜作庭荫树，可于庭院、湖边、池畔、草坪上孤植或丛植点缀，也适于作行道树。此外，重阳木耐水湿能力强，也是优良的堤岸绿化和风景区造林材料。抗污染，可用于厂矿、街道绿化。

【同属种类】重阳木属2种，分布亚洲和大洋洲热带、亚热带。我国2种均产。

秋枫
Bischofia javanica

【形态特征】常绿或半常绿大乔木，高达40m，砍伤树皮后流出汁液红色，干凝后变瘀血状。3出复叶，稀5小叶，小叶卵形、椭圆形、倒卵形，长7～15cm，宽4～8cm，叶缘锯齿较疏。雌雄异株，圆锥花序腋生，雄花序长8～13cm，雌花序长15～27cm，下垂；子房光3～4室。果实较大，直径6～13mm。花期4～5月；果期8～10月。

【产地及习性】分布于热带亚洲、澳大利亚和太平洋岛屿，华南、西南至华东有分布，北达陕西、河南，常生于海拔800m以下山地潮湿沟谷林中或平原栽培。幼树稍耐荫，喜

秋枫

秋枫

秋枫

水湿，为热带和亚热带常绿季雨林中的主要树种。在土层深厚、湿润肥沃的砂质壤土生长特别良好。

【观赏评价与应用】秋枫树姿优美，树冠开展，常栽培观赏，是良好的植物造景材料。应用方式以河边堤岸或行道树为多，也作庭园树，还是优质用材树种。耐寒性稍差，适于长江流域及其以南地区。

雪花木
Breynia disticha f. *nivosa*
【*Breynia nivaosa*】

【别名】白雪树、彩叶山漆茎

【形态特征】常绿灌木，株高 0.5～1.2m。小枝暗红色。叶膜质，互生，排成 2 列；叶片阔椭圆形或近圆形，全缘，具短柄。叶缘有白色或乳白色斑点，乃至全叶乳白色，有时粉红色，新叶色泽更加鲜明。花小，绿色，极不明显。果扁球形，国内栽培未见结果。花期夏秋。

【产地及习性】原产于波利维亚，我国岭南地区有栽培。喜高温，耐寒性差，生长适温 22～30℃；喜疏松肥沃、排水良好的砂质土壤。喜光，也耐半阴，但在阴暗处时间过长则植株徒长、株形松散。

【观赏评价与应用】雪花木叶色美丽，是热带地区最为美丽的彩叶树种之一。最适于植

为绿篱，也可丛植、片植于路边、草地，视觉效果极佳。还可点缀于林缘、坡地，远远望去犹如一条乳白色彩带，给人以赏心悦目的感觉。

【同属种类】黑面神属约 26 种，主要分布于亚洲东南部，少数在澳大利亚及太平洋诸岛。我国 5 种，引入栽培 1 种，分布于西南部、南部和东南部。

黑面神
Breynia fruticosa

【别名】黑面叶

灌木，高 1～3m；枝条上部常呈扁压状，紫红色；小枝绿色；全株无毛。叶卵形至菱状卵形，长 3～7cm，宽 1.8～3.5cm，下面粉绿色。花单生或 2～4 朵簇生叶腋，雌花位于小枝上部，雄花位于下部，有时生于不同小枝上；花萼顶端 6 齿裂，雄蕊 3，合生呈柱状，花柱 3。蒴果圆球状，径 6～7mm，花萼宿存、增大。花期 4～9 月；果期 5～12 月。

产于浙江、福建、广东、海南、广西、四川、贵州、云南等省区，散生于山坡、平地旷野灌木丛中或林缘。越南也有。

小叶黑面神
Breynia vitis-idaea

【别名】红珠仔、山漆茎

灌木，高达 3m，多分枝；枝条纤细，圆柱状；全株均无毛。叶卵形、阔卵形或长椭圆形，长 2～3.5cm，宽 0.8～2cm，顶端钝圆形，下面粉绿色或苍白色。花绿色，单生或组成总状花序。蒴果卵珠状，顶端扁压状，径 5mm。花期 3～9 月；果期 5～12 月。

产于福建、台湾、广东、广西、贵州和云南等省区，生于海拔 150～1000m 山地灌木丛中。分布于印度、泰国、柬埔寨、越南、马来西亚和菲律宾等。果实红色，可栽培观赏。全株药用。

土蜜树
Bridelia tomentosa

【别名】夹骨木、猪牙木

【形态特征】直立灌木或小乔木，高2～5m，稀达12m；枝条细长。叶长圆形、长椭圆形或倒卵状长圆形，稀近圆形，长3～9cm，宽1.5～4cm，叶面粗涩；托叶线状披针形，长约7mm。雌雄同株或异株，花簇生于叶腋，花梗极短。核果近圆球形，径4～7mm，2室；种子褐红色，长卵形，有纵条纹。花果期几乎全年。

【产地及习性】产福建、台湾、广东、海南、广西和云南，生于海拔100～1500m山地疏林中或平原灌木林中。亚洲东南部，经印度尼西亚、马来西亚至澳大利亚也有。

【观赏评价与应用】土蜜树通常分枝点较低，枝叶繁茂，可形成较密的株丛，结果多，庭院中可丛植观赏，也可修剪整形，植为绿篱。

土蜜树

土蜜树

土蜜树

【同属种类】土蜜树属约60种，分布于东半球热带及亚热带地区。我国产7种，分布于东南部、南部和西南部。

蝴蝶果
Cleidiocarpon cavaleriei

【别名】山板栗

【形态特征】常绿乔木，高达25m。叶椭圆形、长圆状椭圆形或披针形，长6～22cm，宽1.5～6cm；叶柄长1～4cm，基部具叶枕。圆锥花序，长10～15cm，各部密生灰黄色微星状毛，雄花7～13朵密集成团伞花序，雌花1～6朵生于花序基部或中部。果斜卵形或双球形，直径3～5cm，基部骤狭呈柄状。花果期5～11月。

蝴蝶果

蝴蝶果

蝴蝶果

【产地及习性】产于贵州、广西、云南，生于海拔150～1000m山地或石灰岩山坡或沟谷常绿林中。越南北部也有分布。喜温暖，喜光，耐干旱。对土壤要求不严，酸性土与钙质土、沙壤土至黏壤土均能生长，在黏重土壤则生长不良。

【观赏评价与应用】蝴蝶果树形美观，枝叶浓绿，花序大，雄蕊细长而黄绿色，果奇特，适应性强，可供华南地区栽培作观赏树，现广东广州、海南屯昌等地栽培作行道树或庭园绿化树。也是一种粮油兼备的树种。

【同属种类】蝴蝶果属2种，分布于缅甸北部、泰国西南部、越南北部。我国产1种，分布于贵州、广西和云南。

变叶木
Codiaeum variegatum

【别名】洒金榕

【形态特征】常绿灌木，一般高1～2m，全株光滑无毛。叶形和叶色多变，狭线形、条形至琴形、阔卵形，全缘或分裂至中脉，长8～20cm，宽0.2～8cm；边缘波浪状甚至全叶螺旋状，黄色、淡绿色或紫色，常杂有其他颜色的斑块、斑点，有时中脉和侧脉上红色或紫色。花单性同株，总状花序，长10～20cm，雄花簇生于苞腋内，雌花单生于花序轴上；花柄纤弱；花白色。果实球形，径约7mm，白色。花期3～5月；果期夏季。

【产地及习性】原产马来西亚和太平洋岛屿。华南地区露地栽培，长江流域及其以北地区盆栽。喜高温多湿和阳光充足的环境，不耐寒，适宜生长温度30℃左右，气温低于10℃会引起植株落叶；喜黏重肥沃而有保水性的土壤。萌芽力强。

大戟科　Euphorbiaceae

变叶木

两面红色，全缘；叶柄纤细，长 2～9cm，深红色，稍呈盾状着生，中脉不达叶片基部。总苞阔钟形，4～6 裂。蒴果三棱状卵形，高约 5mm，直径 6mm。花果期 4～11 月。

【产地及习性】原产热带美洲。喜高温高湿，耐酷暑，不耐寒。当气温下降到 15℃ 以下时，生长停滞；持续 6～7℃ 低温，嫩枝受寒害，叶片脱落，但春季仍然能够正常发叶生长；持续 3～5℃ 低温，严重受害。1996 年 2～3 月，华南出现严重春寒，枝条轻度受害。喜光，不耐荫，对土壤要求不严，沙土、黏土、酸性或钙质土均可，较耐旱，也稍耐水湿。

变叶木

出，再于中脉之先端生有一叶片，叶长可达 20cm。角叶变叶木（f. *cornutum*），叶背面近先端中脉突出，呈短角状突起；叶片平展或略螺旋状。旋叶变叶木（f. *crispum*），叶片细长，常螺旋状卷曲，先端不具角状突起。戟叶变叶木（f. *lobatum*），叶片宽大，倒卵形或倒披针形，先端 3 浅裂，中裂片较长，且呈戟形，长 12～16cm，宽 4～6cm，表面绿色，散布大小不一的黄色或红色斑点、斑纹。阔叶变叶木（f. *platyphyllum*），叶片倒卵状长椭圆形，先端于全长 2/3 处突然细狭而呈倒卵形，长 15～22cm，宽 6～9cm，深绿色，散布黄色斑点，沿中脉及侧脉部分全为黄色，或表面为黑紫色而叶脉朱红色。有 50 多个品种。细叶变叶木（f. *taeniosum*），叶细长，长 18～24cm，宽 1.2～1.6cm，浓绿色，并混有黄红色斑纹。

【观赏评价与应用】变叶木枝叶密生，生长繁茂，叶形奇特多多变，叶色多样、五彩缤纷，是著名的观叶树种，华南可用于园林造景。适于路旁、墙隅、石间丛植，也可植为绿篱或基础种植材料。北方常见盆栽，用于点缀案头、布置会场、厅堂。

【同属种类】变叶木属约 15 种，分布于马来西亚、太平洋岛屿和澳大利亚北部。我国引入栽培 1 种。

紫锦木

紫锦木

变叶木

【变型】长叶变叶木（f. *ambiguum*），叶片长椭圆形至披针形或倒披针形，长 10～30cm，宽 2～7cm，全缘或波状。株型及大小介于细叶和阔叶变叶木之间。飞叶变叶木（f. *appendiculatum*），叶先端中脉伸

紫锦木
Euphorbia cotinifolia subsp. *cotinoides*

【别名】肖黄栌

【形态特征】常绿大灌木至乔木，高达 13～15m。树冠圆整，多分枝，枝条开展，红色。嫩枝暗红色，稍肉质，节部稍肥厚。叶卵圆形，长 2～6cm，宽 2～4cm，3 叶轮生，

紫锦木

【观赏评价与应用】紫锦木是我国热带地区最重要的红叶树种之一，从春至冬，叶片常年红艳，华丽而高贵、凝重，与万绿林丛相映成景，如林中佳丽。华南和云南南部栽培颇多，生长良好。由于红叶吉利，适于庭院、公园、水滨栽培，点缀碧绿的草地。也可盆栽。萌芽性强，可早期截干，以形成圆整的树冠，提高观赏价值。

【同属种类】大戟属约2000余种，广布全球，主产热带干旱地区，尤其是非洲。我国约68种，引入栽培10余种，广布全国。

虎刺梅
Euphorbia milii
【Euphorbia splendens】

【别名】铁海棠、麒麟刺、虎刺

【形态特征】多刺蔓生灌木，高可达1m。嫩茎粗，具纵棱，富韧性，密生硬而尖的锥状刺，刺长1～2cm，常呈3～5列排列于棱脊上。叶互生，通常着生在嫩茎上，倒卵形或矩圆状匙形，黄绿色，长1.5～5.0cm，宽0.8～1.8cm，先端浑圆而有小突尖。聚伞花序排成具长柄的二歧状复聚序。花绿色，总苞鲜红，阔卵形或肾形，长期不落。蒴果三棱状卵形，长约3.5mm。花果期全年。

【产地及习性】原产非洲马达加斯加岛，广泛栽培于旧大陆热带和温带。喜高温，不耐寒，喜光，不耐荫，光照充足时总苞色泽鲜艳。

【变种】黄苞虎刺梅（var. tananarivae），苞叶黄白色，偶见栽培。

【观赏评价与应用】虎刺梅植株低矮，茎枝奇特，叶片稍肉质而翠绿茂盛，花形美丽，

虎刺梅

虎刺梅

颜色鲜艳，四季有花可赏，是有优良的观赏灌木，我国南北均有栽培。华南露地栽培，适于片植、丛植作公园、小区、道路等处的绿化，也多见列植作矮绿篱。北方温室盆栽，或用于布置温室多肉植物区。

一品红
Euphorbia pulcherrima

【别名】猩猩木、向阳红、象牙红

【形态特征】常绿灌木，高达2～4m，常自基部分枝，树冠圆整。叶互生，卵状椭圆形至披针形，长8～16cm，宽2.5～5cm，全缘或浅裂，下面被柔毛。聚伞花序顶生；总苞绿色、坛状，边缘齿裂，有1～2个黄色杯状蜜腺；花序下部的叶片（苞叶）在花期变为鲜艳的红、黄、粉红等色，呈花瓣状。花

一品红

一品红

一品红

期12月至翌年3月。

【产地及习性】原产墨西哥，我国各地均有栽培，华南露地栽培，北方则温室盆栽。喜光，喜温暖湿润的气候，不耐严寒。为典型的短日照植物。

【观赏评价与应用】一品红于17世纪初才传入欧洲，我国栽培更在其后，现华南地区普遍栽培。在热带地区，适于花坛、草地、窗前造景，或植于庭园、花坛中，亦可作模纹和地被材料，观赏其艳丽的色彩和优美的形态，其他地区一般盆栽，用于装饰布置厅堂、书房等处。此外，一品红还是春节前后重要的切花材料。在日本，一品红被称为猩猩木，梁启超《台湾竹枝词》大概作于1911年，"郎行赠妾猩猩木，妾赠郎行蝴蝶兰；猩红血泪有时尽，蝶翅低垂那得干。"是迄今不多见的关于一品红的诗词。

光棍树
Euphorbia tirucalli

【别名】绿玉树

【形态特征】乔木，高达7m，径达10～25cm。小枝分叉或轮生，每节长7～10cm，粗6mm，圆棍状，肉质，淡绿色，具丰富乳

大戟科 Euphorbiaceae

光棍树

光棍树

红背桂

红背桂

红背桂

光棍树

汁。幼枝具线状披针形小叶，长7～15mm，宽0.7～1.5mm，不久脱落。花序密集于枝顶，基部具柄；总苞陀螺状，高约2mm；腺体5枚，盾状卵形或近圆形；雄花数枚，雌花1枚，子房光滑无毛。蒴果棱状三角形，高约8mm。花果期7～10月。

【产地及习性】原产非洲东南部，我国南方各省有引栽，北方温室常见盆栽。喜温暖干燥和阳光充足的环境，要求排水良好的土壤；耐干燥和半荫，不耐寒。

【观赏评价与应用】光棍树是一种奇异的观茎枝树种，绿枝青翠，十分悦目，在热带地区配植在小庭园和建筑物前后更显光润，清新秀丽，也可作为行道树。耐旱、耐盐、耐风，亦常用作海边防风林或美化树种。北方温室栽培观赏。

红背桂
Excoecaria cochinchinensis

【别名】青紫木、紫背桂

【形态特征】常绿灌木，高1～1.5m，多分枝，小枝无毛，密生皮孔。叶对生，间有互生或轮生，狭椭圆形或矩圆形，长7～12cm，宽2～4cm，有疏齿，先端渐尖，表明绿色，背面紫红色，两面无毛。雌雄异株，穗状花序腋生，雄花序长1～2cm，雌花序较短，由3～5朵花组成。蒴果球形，红色，径约8mm。花期几乎全年，以6～8月为盛。

【产地及习性】产我国台湾、广东、广西、云南和越南等地，生于海拔1500m以下，广泛栽培。东南亚各国也有分布。喜温暖湿润气候和排水良好的砂质壤土；耐荫，忌暴晒。

【变种】绿背桂（var. *viridis*），植株稍高大，雌雄同株。叶椭圆形至长圆状披针形，上面深绿色，背面浅绿色。分布于东南亚和我国产广东、广西、海南、台湾。

【观赏评价与应用】红背桂植株低矮，枝叶扶疏，叶片上绿下紫，尤其在微风吹拂下，红绿变幻，颇为美观。适于热带地区栽培，可丛植于林下、房后、墙角等荫蔽环境，或植为地被、绿篱。也适宜作为道路绿化，每当车辆驶过，风浪卷起枝叶，双色叶片上下翻动，尤为美丽。长江流域及其以北地区盆栽。

【同属种类】海漆属约35种，分布于亚洲、非洲和大洋洲热带地区。我国5种，产西南部经南部至台湾。

一叶萩
Flueggea suffruticosa

【别名】叶底珠

【形态特征】落叶灌木，高达3m。叶互生，椭圆形、长圆形至卵状长圆形，长1.5～5cm，宽1～2cm，光滑无毛，全缘或有不整齐波状

大戟科 Euphorbiaceae

一叶萩

一叶萩

一叶萩

齿，叶柄短。花小，单性异株或同株，无花瓣；雄花簇生，雌花1或数朵聚生，生于叶腋；萼5深裂，雄蕊5，子房3室，花柱3，基部合生。蒴果三棱状扁球形，径约5mm，红褐色，基部有宿萼。花期6~7月；果期8~9月。

【产地及习性】广布于东北、华北、华东及陕西和四川等地，生于向阳山坡、路边、灌丛或石质山地，常生于山坡灌丛中或山沟、路边，形成群落。蒙古、俄罗斯、日本、朝鲜等也有分布。

【观赏评价与应用】一叶萩株型不甚整齐，开展而自然，花小而繁密，黄绿色，可丛植于林缘、山坡、庭园观赏，也可作疏林之下木用于群落营造。为珍贵药用植物，对神经系统有兴奋作用。

【同属种类】白饭树属约13种，分布于亚洲、美洲、欧洲及非洲的热带至温带地区。我国4种，除西北外，全国各省区均有分布。

算盘子
Glochidion puberum

【别名】红毛馒头果

【形态特征】落叶灌木，高1~2m。茎多分枝；小枝、叶片下面、萼片外面、子房和果实均被密短柔毛。单叶互生，长圆形至

算盘子

算盘子

算盘子

长圆状披针形或倒卵状长圆形，长3~5cm，宽1.5~2.3cm，全缘，叶缘稍反卷。雌雄同株或异株，2~5朵簇生于叶腋，雄花束常生于小枝下部，雌花束在上部，或有时生于同一叶腋。蒴果扁球形，径8~15mm，有8~10条纵沟，熟时带红色。花期4~9月；果期7~10月。

【产地及习性】产黄河流域以南各地，生山坡、林缘、沟边和灌木丛中。适应性强，较耐寒。

【观赏评价与应用】算盘子在华南荒山灌丛极为常见，为酸性土壤的指示植物，株丛繁茂，果实奇特，熟时红色，可供观赏，园林中宜丛植于林缘、草地、山坡，富野趣。种子可榨油，根、茎、叶和果实均可药用。

【同属种类】算盘子属约200种，分布于热带亚洲至波利尼西亚。中国28种，产西南部至台湾。

橡胶树
Hevea brasiliensis

【别名】三叶橡胶树、巴西橡胶树

【形态特征】常绿大乔木，高达30m，有丰富乳汁。3出复叶；叶柄长达15cm，顶端有2(3~4)枚腺体。小叶长椭圆形或倒卵状

橡胶树

橡胶树

大戟科 Euphorbiaceae

橡胶树

椭圆形，长10～25cm，宽4～10cm，全缘，两面无毛，侧脉14～22对，网脉明显。花单性，圆锥花序腋生，长达16cm，密被白色茸毛；雄蕊10，2轮。蒴果椭圆状球形，径5～6cm。种子长椭圆形，有斑纹，长约3cm，径1～1.5cm。花期3～4月；果期6～9月。花期5～6月；果期11～12月。

【产地及习性】原产南美洲亚马逊流域，主产巴西，生于热带雨林中；现广泛栽培于亚洲热带地区。喜湿热气候，在肥沃、湿润、排水良好的酸性沙壤土上生长良好。浅根性，枝条较脆弱，易受风害。

【观赏评价与应用】橡胶树是最主要的天然橡胶植物，橡胶是国防和民用工业的重要原料。树体高大，枝叶繁茂，花序大而花淡黄色，果实大，我国热带地区也常植为庭园树种，孤植、丛植、群植均可，亦可于大型公园和风景区结合生产大面积造林。台湾、福建南部、广东、广西、海南和云南南部均有栽培，以海南和云南较多。

【同属种类】橡胶树属约10种，主产热带美洲。我国引入1种。

麻风树
Jatropha curcas

【别名】小桐子

【形态特征】落叶灌木或小乔木，高2～5m，有时高达10m。树皮平滑；枝条髓部大。叶近圆形至卵圆形，长7～18cm，宽6～16cm，全缘或3～5浅裂；掌状脉5～7。花序腋生，长6～10cm，花单性，黄绿色，雄蕊10，外轮5枚离生，内轮下部花丝合生。蒴果椭球形，长2.5常绿灌木3cm，黄色；种子椭圆状，长1.5～2cm，黑色。每年开花结果2～3次，主要花期3～5月；果期9～10月。

【产地及习性】原产南美洲热带地区，现世界热带广泛种植。为耐旱型、强阳性树种，具有耐干旱瘠薄能力。生长迅速，适应性强。

【观赏评价与应用】麻风树在我国已有较长的栽培历史，主要见于云南、贵州、四川、广东、广西的金沙江、澜沧江、怒江、南盘江、珠江上游等干热河谷和干暖河谷地区，在1600m以下河谷谷地形成一种特殊的植被类型，呈半野生状态。花果期长，叶形别致美观，青翠优雅，华南地区园林中有栽培，供观赏。也为优良的水土保持树种，尤其适于干旱贫瘠山地。种子含油量高，是重要的生物柴油能源植物之一。

【同属种类】麻风树属约175种，主产于美洲热带、亚热带地区，少数产非洲。我国常见栽培或逸为野生的3种，另有数种栽培较少。

麻风树

麻风树

麻风树

棉叶珊瑚花
Jatropha gossypiifolia

【别名】棉叶麻风树、棉叶膏桐

灌木或小乔木，株高1.5m。叶纸质，多生于枝端，掌状深裂，叶缘具细齿。叶柄、叶背及新叶呈紫红色。聚伞花序顶生，花暗红色，五瓣。蒴果。花期夏秋；果期秋冬。

分布于美洲。华南地区有少量栽培。

棉叶珊瑚花

棉叶珊瑚花

棉叶珊瑚花

大戟科 Euphorbiaceae

琴叶珊瑚
Jatropha integerrima
【*Jatropha pandurifolia*】

【别名】日日樱、南洋樱、变叶珊瑚花

【形态特征】常绿或半常绿灌木，高2～3m。单叶互生，倒阔披针形，叶基有2～3对锐刺，先端渐尖，叶面为浓绿色，叶背为紫绿色，叶柄具茸毛，叶面平滑，常丛生于枝条顶端。花单性，雌雄同株，花冠红色或粉红色；二歧聚伞花序独特，花序中央一朵雌花先开，两侧分枝上的雄花后开，雌、雄花不同时开放。植物体具乳汁，有毒。

【产地及习性】原产于西印度群岛，广东、福建等华南地区有栽培应用。喜高温高湿环境，怕寒冷与干燥，喜充足的光照，稍耐半荫；喜生长于疏松肥沃富含有机质的酸性砂质土壤中。

【观赏评价与应用】琴叶珊瑚株型自然，优雅美丽，叶形别致，花如樱花般灿烂美丽，且花期很长、四季花开不断，有"日日樱"之名，是热带地区重要的观赏花木。适合孤植、丛植于公园、庭园等或与其他植物，如金叶假连翘、基及树等组合成景，都具有很好的观赏效果，也可植于花坛、花镜，鲜艳雅致的红花不论是远观还是近赏都有不错的效果，还可以盆栽观赏。

细裂麻风树
Jatropha multifida

【别名】珊瑚花

灌木或小乔木，高2～3m，偶达6m。叶近圆形，长、宽约10～30cm，掌状9～11深裂，裂片线状披针形，全缘、浅裂至羽状深裂，下面灰绿色，两面无毛；掌状脉9～11，各自延伸至裂片顶端。花序顶生，总梗长13～20cm，花梗短，花密集，红色。蒴果椭圆状至倒卵状，长约3cm，无毛。花期7～12月。

原产美洲热带和亚热带地区，广泛栽培作观赏植物。我国南部各省区有栽培。

佛肚树
Jatropha podagrica

落叶小灌木，不分枝或少分枝，高0.3～1.5m，茎下部膨大呈瓶状。枝条粗短，肉质。叶盾状着生，近圆形至阔椭圆形，长8～18cm，宽6～16cm，顶端圆钝，全缘或

2～6浅裂，上面亮绿色，下面被白粉；掌状脉6～8，上部3条直达叶缘。花序顶生，总梗长，分枝短，红色；花瓣倒卵状长圆形，红色。蒴果椭圆状，长13～18mm，径约15mm。花期几全年。

原产中南美洲热带地区，作为观赏植物已广泛栽培。我国华南地区常栽培于庭院、公园山坡石间，北方温室也有栽培。

雀儿舌头
Leptopus chinensis

【别名】黑钩叶

【形态特征】落叶小灌木，高1～3m。老枝褐紫色，幼枝绿色或浅褐色，被毛，后变无毛。单叶互生，卵形至披针形，长1～5.5cm，宽5～25mm，全缘；叶柄纤细，长2～8mm。花单性同株，单生或数朵簇生于叶腋；萼片5，基部合生，花瓣5，白色。蒴果球形或扁球形，径6mm，开裂为3个2裂的分果爿，无宿存中轴。花期5～7月；果期7～9月。

雀儿舌头

雀儿舌头

【产地及习性】除黑龙江、新疆、福建、海南和广东外，全国各省区均有分布，生于山地灌丛、林缘、路旁、岩崖或石缝中。喜光，亦耐荫，适应性强，耐干旱瘠薄。

【观赏评价与应用】雀儿舌头适应性强，株型低矮，野生状态下常形成茂密的灌丛，遮盖裸露地效果明显。园林中可引种栽培，用作地被植物，或作为群落的下层灌木，也可用于山地水土保持。花、叶有毒。也可杀虫。

【同属种类】雀舌木属约9种，分布自喜马拉雅山北部至亚洲东南部，经马来西亚至澳大利亚。我国产6种，除新疆、内蒙古、福建和台湾外，全国各省区均有分布。

血桐
Macaranga tanarius var. *tomentosa*

【别名】茶果树、象耳树

【形态特征】常绿乔木，高5～10m。嫩枝嫩叶被黄褐色柔毛（雌株的嫩叶通常无毛）；小枝粗壮，被白霜。叶近圆形或卵圆形，长17～30cm，宽14～24cm，基部钝圆，盾状着生，全缘或具浅波状齿，下面密生颗粒状腺体；掌状脉9～11。雌雄异株，花序圆锥状，长5～15cm；花细小，花萼淡绿色，无花瓣。蒴果，密被颗粒状腺体和数枚长约8mm的软刺。花期4～5月；果期6月。

【产地及习性】产于台湾、广东，生于沿海低山灌木林或次生林中。分布于日本琉球群岛、越南、泰国、缅甸、马来西亚、印度尼西亚、澳大利亚北部。喜光，喜高温湿润气候，抗风，耐盐碱，抗大气污染。

【观赏评价与应用】血桐因树液红色而得名，树冠圆伞状，树姿强健，生长繁茂，树冠整齐，生长迅速，叶片大而盾状着生，是良好的绿荫树，广东珠江口沿海地区常作行道树或住宅旁遮荫树。也可植于海岸，有保持水土功能。叶子有如大象的耳朵，有象耳

血桐

血桐

血桐

树（elephant's ear）之称。

【同属种类】血桐属约260种，分布于非洲、亚洲和大洋洲的热带地区。我国10种，分布于台湾、福建、广东、海南、广西、贵州、四川、云南、西藏。

中平树
Macaranga denticulata

【别名】牢麻

乔木，高3～10m；嫩枝、叶、花序和花均被锈色或黄褐色绒毛；小枝粗壮，具纵棱。叶三角状卵形或卵圆形，长12～30cm，宽11～28cm，盾状着生，基部两侧各具斑

中平树

雀儿舌头

中平树

状腺体1~2个，下面具颗粒状腺体，叶缘微波状或近全缘；掌状脉7~9，侧脉8~9对。圆锥花序长4~10cm；苞片边缘具腺体，花萼2~3裂，雄蕊9~16(21)枚，子房2室。蒴果双球形，长3mm，宽5~6mm。花期4~6月；果期5~8月。

产于海南、广西南部至西北部、贵州、云南东南部至西双版纳、西藏，生于低山次生林或山地常绿阔叶林中。分布于热带亚洲。可栽培观赏。

白背叶野桐
Mallotus apelta

【别名】白背叶、白背桐

【形态特征】落叶灌木或小乔木，高2~4m；小枝、叶柄和花序均密被淡黄色星状柔毛和散生橙黄色颗粒状腺体。叶互生，卵形或阔卵形，长宽均6~16(25) cm，具疏齿，叶基有褐色斑状腺体2个，下面被灰白色星状绒毛并散生橙黄色颗粒状腺体；基出脉5，侧脉6~7对。雌雄异株，雄花序为圆锥花

白背叶野桐

白背叶野桐

白背叶野桐

序或穗状，长15~30cm，雄花多朵簇生；雌花序穗状，长15~30cm，稀分枝。蒴果近球形，密生被线形软刺，黄褐色或浅黄色，长5~10mm。花期6~9月；果期8~11月。

【产地及习性】产于云南、广西、湖南、江西、福建、广东和海南，生于海拔30~1000m山坡或山谷灌丛中。分布于越南。适应性强，耐干旱瘠薄。

【观赏评价与应用】白背叶野桐树形开展，叶形优美，正面翠绿背面乳白，随风拂摇，美丽动人，富山林野趣。庭园中适宜与山石、水景相配，孤植、丛植均可，也可丛植于路边、草坪等处，或与其他植物混植成景。

【同属种类】野桐属约150种，分布于东半球热带地区。中国28种，主产于南部各省区，多数种类的种子油为工业用油。

花叶木薯
Manihot esculenta 'Variegata'

【形态特征】直立灌木，高1.5~3m；块根圆柱状。叶近圆形，长10~20cm，掌状3~7深裂几达基部，裂片倒披针形至狭椭圆形，长8~18cm，宽1.5~4cm，有不规则的黄色斑块，叶柄稍盾状着生。圆锥花序顶生或腋生，长5~8cm，花萼带紫红色且有白霜；雄花花萼裂片长卵形，长3~4mm，雌花花萼裂片长圆状披针形，长约8mm。蒴果椭圆状，长1.5~1.8cm，粗糙，具6条纵翅。花期9~11月。

【产地及习性】原产巴西，现全世界热带地区广泛栽培。喜温暖和阳光充足的环境，耐半阴，不耐寒。生长迅速，萌发力强。

【观赏评价与应用】木薯在我国栽培已有近200年历史，约于19世纪20年代引入我国，首先在广东省高州一带栽培，现已广泛分布于华南地区。花叶木薯叶片绿色而镶嵌黄色斑块，叶柄红色，十分绚丽，是非常优美的观赏植物，可丛植于亭阁、池畔、山石等处，路旁、草地片植或作基础种植材料效果更佳。盆栽可点缀阳台、窗台和小庭园。大型盆栽摆放宾馆、商厦、车站等公共场所。

【同属种类】木薯属约60种，分布北美洲西南部及南美洲热带地区。我国栽培2种。

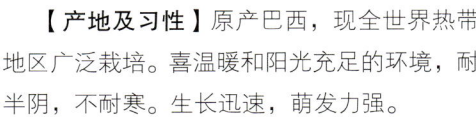

花叶木薯

花叶木薯

花叶木薯

大戟科　Euphorbiaceae

白木乌桕
Neoshirakia japonica
【*Sapium japonica*】

【别名】白乳木

【形态特征】落叶灌木或小乔木，高1～8m，各部无毛；枝纤细。叶互生，卵形至椭圆形，长7～16cm，宽4～8cm，全缘，基部靠近中脉之两侧具腺体；侧脉8～10对；叶柄狭翅状。花单性，雌雄同株，常同序全为雄花，总状花序纤细，长4.5～11cm，花黄绿色。蒴果三棱状球形，径10～15mm；种子扁球形，径6～9mm，有雅致的棕褐色斑纹。花期5～6月。

【产地及习性】广布于山东、安徽、江苏、浙江、福建、江西、湖北、湖南、广东、广西、贵州和四川，生于林中湿润处或溪涧边。日本和朝鲜也有。

【观赏评价与应用】白木乌桕株型自然开张，花朵黄色密集呈细穗状，园林中可栽培观赏，适于水边、林缘等处丛植。

【同属种类】白木乌桕属共有2～3种，产东亚。我国2种，分布于长江流域至华南，北达山东。

西印度醋栗
Phyllanthus acidus

【形态特征】常绿灌木或小乔木，树高2～5m。叶全缘，互生，先端尖，卵形或椭圆形，长2～8cm，宽1～4cm。穗状花序，花红色或粉红色，夏秋季由枝干开花，在热带地区，花期1年可达2季，第一次为4～5月；第二次为8～9月。果实扁球形，淡黄色；果期夏季及冬季。

【产地及习性】原产马达加斯加岛，热带亚洲广泛栽培。

【观赏评价与应用】我国台湾、香港等地栽培。非洲的几内亚比绍在庭院、街道两旁也有栽培。花果生于老枝，结实繁密，也可栽培观赏。也是热带水果，未熟果味极酸，可当调味品。

【同属种类】叶下珠属约750～800种，分布于热带和温带地区。中国约32种，大部产长江以南各省，北部极少，木本者见于南方。

余甘子
Phyllanthus emblica

【别名】橄榄、滇橄榄

【形态特征】落叶乔木，高达23m，径50cm。叶2列，线状长圆形，长8～20mm，宽2～6mm，边缘略背卷；侧脉4～7对。花黄色，多朵雄花和1朵雌花或全为雄花组成腋生聚伞花序；萼片6，雄蕊3，子房卵圆形，花柱3。蒴果呈核果状，圆球形，径1～1.3cm，外果皮肉质，绿白色或淡黄白色，内果皮硬；种子带红色，长5～6mm，宽2～3mm。花期4～6月；果期7～9月。

余甘子

余甘子

【产地及习性】产于江西、福建、台湾、广东、海南、广西、四川、贵州和云南等省区，生于山地疏林、灌丛、荒地或山沟向阳处。在四川金沙江河谷地带海拔600～1000m的向阳干旱山坡地有大片余甘子天然林。分布于热带亚洲，南美有栽培。适应性强，极喜光，耐干热瘠薄，不耐寒，0℃左右有受冻现象。

【观赏评价与应用】余甘子树姿优美，果实圆球形，初时碧绿，熟时淡黄，结果繁密，可作庭园风景树，庭园中孤植、列植、群植均可。常栽培为果树，果实供食用，可生津止渴，润肺化痰，初食味酸涩，良久乃甘，故名"余甘子"。萌芽力强，根系发达，可保持水土，在山地风景区干旱瘠薄地段可作造林的先锋树种。

青灰叶下珠
Phyllanthus glaucus

落叶灌木，高达4m；枝条圆柱形，小枝细柔；全株无毛。叶2列状，椭圆形或长圆形，长2.5～5cm，宽1.5常绿灌木2.5cm，基部钝圆，下面稍苍白色；侧脉8～10对。花淡绿色，径约3mm，数朵簇生叶腋；萼片6，雄蕊5。蒴果浆果状，径约1cm，紫黑色。花期4～7月；果期7～10月。

产长江流域至华南、西南各地，生于山地灌木丛中或稀疏林下。分布于印度、不丹、尼泊尔等。可栽培观赏。

青灰叶下珠

青灰叶下珠

青灰叶下珠

锡兰叶下珠
Phyllanthus myrtifolius

【别名】锡兰桃金娘、瘤腺叶下珠

【形态特征】矮小灌木，高约50cm，稀达1.5m；枝圆柱形。叶革质，倒披针形，长12～16mm，宽3.5～4.5mm，基部浅心形；侧脉近水平升出；叶柄极短。花雌雄同株，径约3mm，数朵簇生于叶腋；花梗丝状，不等长；雄蕊3，花盘裂片具瘤状腺体。蒴果扁球形，长2mm，径约3mm，3瓣裂。

【产地及习性】原产斯里兰卡。我国台湾

锡兰叶下珠

锡兰叶下珠

锡兰叶下珠

和海南、广东等热带地区有栽培。喜光；喜温暖气候；耐水湿；抗风抗污染；生长快。

【观赏评价与应用】锡兰叶下珠株型细致优美，花朵紫红色，耐修剪，是优良的地被或绿篱植物，可用于公园各处、住宅小区、高架桥下，也可盆栽观赏。

守宫木
Sauropus androgynus

【别名】天绿香、树仔菜、树菜、越南菜、泰国枸杞菜

【形态特征】常绿灌木，高1～3m；小枝绿色，幼时上部具棱；全株无毛。叶卵状披针形或披针形，长3～10cm，宽1.5～3.5cm；侧脉5～7对，网脉不明显；叶柄长2～4mm；托叶长三角形或线状披针形。雄花单独或与雌花共同簇生于叶腋，径2～10mm，花梗纤细；雌花花萼红色。蒴果扁球状或圆球状，径约1.7cm，乳白色，宿存花萼红色。花期4～7月；果期7～12月。

【产地及习性】分布于印度、斯里兰卡、老挝、柬埔寨、越南、菲律宾、印度尼西亚和马来西亚等。海南、广东和云南均有栽培。

【观赏评价与应用】守宫木花朵红色，小

大戟科 Euphorbiaceae

乌桕
Triadica sebifera
【*Sapium sebiferum*】

【别名】蜡子树

【形态特征】落叶乔木，高达15～20m；树冠近球形，浅纵裂。小枝纤细。叶菱形至菱状卵形，长宽均约5～9cm，先端尾尖，基部宽楔形，两面光滑无毛；叶柄顶端有2腺体。花序长6～14cm；花黄绿色。蒴果3棱状球形，径约1.5cm。种子黑色，被白蜡。花期4～7月；果期10～11月。

【产地及习性】产黄河流域以南，在华北南部至长江流域、珠江流域均有栽培。喜光，要求温暖湿润气候；对土壤要求不严，酸性、中性或微碱性土均可，具有一定的耐盐性，在土壤含盐量0.3%以下的盐土地可以生长。

倒卵状长圆形或卵形，长4.5～16.5cm，宽2.5～6.3cm，顶端圆钝，叶脉处灰白色，侧脉6～9对。花红色或紫红色，雌雄同枝，2～5朵簇生于落叶的枝条中下部，或茎花，雄蕊3，子房近圆球状，花柱3，顶端2裂。花期2～10月。

原产于越南北部，马来半岛有栽培。我国福建、广东、广西等地引种栽培，多见于药圃、公园、村边及屋旁。

巧美观，果实是少见的白色，且宿存花萼红色，红白相配，垂于叶腋，甚为可爱，是美丽的观果、观花植物，可丛植于庭院、公园各处。嫩枝叶作蔬菜食用，园林中也可植为绿篱，既美化了环境，也能修剪嫩枝控制株高、得到新鲜蔬菜。还适合盆栽观赏。据研究，守宫木有毒，过量或长期食用或生食均可中毒。

【同属种类】守宫木属约56种，分布于印度、缅甸、泰国、斯里兰卡、马来半岛、印度尼西亚、菲律宾、澳大利亚和马达加斯加等。我国产15，分布于华南至西南。

龙脷叶
Sauropus spatulifolius

【别名】龙舌叶

常绿小灌木，高达50cm；茎粗糙；枝条圆柱状，蜿蜒状弯曲，多皱纹，幼时被腺毛。叶常聚生于小枝上部，常向下弯垂，近肉质，

喜湿，耐短期积水。

【观赏评价与应用】乌桕树姿潇洒、叶形秀丽，入秋经霜先黄后红，艳丽可爱，陆游的"乌桕赤于枫，园林九月中"对乌桕给予了极高的评价；夏季满树黄花衬以秀丽绿叶；冬季宿存之果开裂，种子外被白蜡，经冬不落，缀于枝头，远看宛如满树白花，颇有"偶看桕树梢头白，疑是江梅小着花"的诗情画意。园林造景中，适于丛植、群植，也可孤植，最宜与山石、亭廊、花墙相配，也可植于池畔、水边、草坪、庭院，或混植于常绿林中点缀秋色。长物志》曰："（乌桕）秋晚叶红可爱，较枫树更耐久，茂林中有一株两株，不减石径寒山也。"

在山地风景区，乌桕适于在山谷大面积成林，又因其较耐水湿、耐盐碱和海风，常用以护堤，也用于沿海大面积海涂造林。幼树干枝较脆，常易折断，往往致使树形不佳，故一般不适宜作行道树。

【同属种类】乌桕属共有3种，产东亚和南亚。我国3种，分布于黄河以南各地。

油桐
Vernicia fordii

【别名】三年桐

【形态特征】落叶小乔木，高达9m。树冠扁球形。枝粗壮，无毛。单叶互生，卵形或椭圆形，长5~15(18)cm，宽3~12(17)cm，全缘，稀3~5浅裂，基部截形或心形；叶柄顶端腺体扁平，紫红色。花单性同株，圆锥花序顶生；花白色，有淡红色斑纹。核果，卵球形，径4~6cm，表面平滑；种子3~4粒。花期3~4月；果期10月。

【产地及习性】产淮河流域以南。喜光，喜温暖湿润气候，不耐寒，不耐水湿及干瘠，在背风向阳的缓坡地带，以深厚、肥沃、排水良好的酸性、中性或微石灰性土壤上生长良好。

【观赏评价与应用】油桐是中国特有的珍贵特用经济树种，已有千年以上的栽培历史，是重要的木本油料植物，与油茶 *Camellia oleifera*、核桃 *Juglans regia*、乌桕 *Sapium sebiferum* 并称中国四大木本油料树种。种仁含油量51%，桐油为优质干性油，是我国重要出口物资。油桐树冠圆整，叶大荫浓，花大而美丽，着花繁密，先叶开花，花开之时极为壮观，可栽培观赏，植为行道树和庭荫树，或大片群植，是园林结合生产的树种之一。

【同属种类】油桐共有3种，分布于亚洲南部和东部地区。我国2种，分布于秦岭以南各省区。

木油树
Vernicia montana

【别名】千年桐

落叶乔木，高达20m。枝条无毛。叶阔卵形，长8~20cm，宽6~18cm，全缘或2~5裂，裂缺底部常有腺体；叶柄顶端腺体杯状，有柄。花雌雄同株或异株。果具3棱，表面有网状皱纹。花期4~5月。

产长江流域至华南、西南，生疏林中，在华南亚热带丘陵山地较多栽培；越南、泰国、缅甸也有分布。耐寒性比油桐差，抗病性强，生长快，寿命比油桐长。植株高大，花色洁白，园林用途同油桐。

木油树

木油树

油桐

油桐

油桐

木油树

油桐

一百一十三、鼠李科 Rhamnaceae

勾儿茶
Berchemia sinica

【形态特征】落叶性攀援灌木，高达 5m。叶互生或在短枝顶端簇生，卵状椭圆形或卵状长圆形，长 3～6cm，宽 1.6～3.5cm，顶端圆钝，常有小尖头，基部圆形或近心形，表面无毛，背面灰白色，仅脉腋被疏微毛；侧脉 8～10 对；叶柄细长，带红色。花芽卵球形，花黄色或淡绿色，单生、簇生或有短总花梗，在侧枝顶端排成具短分枝的聚伞状圆锥花序，长达 10cm。核果圆柱形，长 5～9mm，径 2.5～3mm，紫红色或黑色。花期 6～8 月；果期翌年 5～6 月。

【产地及习性】产山西、河南、陕西、甘肃至华中、西南，常生于海拔 1000～2500m 山坡、沟谷灌丛或杂木林中。

【观赏评价与应用】勾儿茶植株蔓生，叶片秀丽，花朵黄绿，果实红艳而繁密，是优良的观叶和观果树种，园林中宜丛植于林下、山石间，富野趣，也可植为绿篱。

【同属种类】勾儿茶属约 32 种，主要分布于亚洲东部至东南部温带和热带地区。中国 19 种，分布于西南、华南、中南及华东地区。一些种类的根、叶供药用，嫩叶可代茶。

多花勾儿茶
Berchemia floribunda

藤状或直立灌木；幼枝黄绿色。枝上部叶小，卵形至与卵状披针形，长 4～9cm，宽 2～5cm，下部叶较大，椭圆形，长达 11cm，宽达 6.5cm。花通常数个簇生排成顶生宽聚伞圆锥花序，或下部兼腋生聚伞总状花序，长达 15cm。果较大，长 7～10mm，径 4～5mm。花期 7～10 月；果期翌年 4～7 月。

广布于山西、陕西、甘肃、河南至长江流域、华南、西南，生于山坡、沟谷、林缘、林下或灌丛中。印度、尼泊尔、不丹、越南、日本也有分布。

铁包金
Berchemia lineata

【别名】米拉藤、小叶黄鳝藤

【形态特征】藤状或矮灌木，高达 2更m；小枝圆柱状，黄绿色，被密短柔毛。叶矩圆形或椭圆形，长 5～20mm，宽 4～12mm，顶端圆钝，基部圆形，两面无毛，侧脉 4～5

铁包金

鼠李科 Rhamnaceae

铁包金

枳椇

北枳椇

北枳椇

对。花白色，长4~5mm，通常数个至10余个密集成顶生聚伞总状花序，或有时1~5个簇生于花序下部叶腋；花瓣匙形，顶端钝。核果圆柱形，长5~6mm，径约3mm，熟时黑色或紫黑色。花期7~10月；果期11月。

【产地及习性】产广东、广西、福建、台湾。生于低海拔的山野、路旁或开旷地上。印度、越南和日本也有分布。

【观赏评价与应用】铁包金叶色黄绿，花色洁白，是华南地区优良的垂直绿化植物，可用于篱垣、山石绿化。根、叶药用。

枳椇
Hovenia acerba

【别名】南枳椇

【形态特征】落叶乔木，高10~25m。外形酷似北枳椇，但叶常具整齐的浅钝细锯齿；花排成对称的二歧式聚伞圆锥花序，顶生和腋生，被棕色短柔毛；花柱半裂或几深裂至基部。果实较小，近球形，直径5~6.5mm。花期5~7月；果期8~10月。

【产地及习性】产甘肃、陕西、河南至长江流域、华南、西南各地，生于海拔2100m

枳椇

枳椇

以下的开旷地、山坡林缘或疏林中。庭院宅旁常有栽培。印度、尼泊尔、不丹和缅甸北部也有分布。

【观赏评价与应用】枳椇是优良的庭荫树和行道树。耐寒性稍差，适于淮河流域及其以南地区应用。

【同属种类】枳椇属有3种，分布于亚洲东部和南部。我国3种，除东北、内蒙古、新疆、宁夏、青海和台湾外，各省区均有分布。

北枳椇
Hovenia dulcis

【别名】拐枣

【形态特征】落叶乔木，高达15m；树皮灰黑色，深纵裂。小枝褐色或黑紫色，无毛。叶广卵形至卵状椭圆形，长7~17cm，宽4~11cm，有不整齐粗钝锯齿，先端短渐尖，基部近圆形，3出脉。聚伞圆锥花序不对称，顶生，稀兼腋生；花小，黄绿色，径6~10mm，花瓣倒卵状匙形，子房球形，花柱3浅裂。浆果状核果近球形，径6.5~7.5mm，有3种子；果梗肥大肉质，经霜后味甜可食。花期5~7月；果期8~10月。

【产地及习性】产华北、西北东部至长江流域各地；日本和朝鲜也有分布。喜光，较耐

北枳椇

寒；对土壤要求不严，在微酸性、中性和石灰性土壤上均能生长，以土层深厚而排水良好的沙壤土最好。深根性，萌芽力强。生长较快。

【观赏评价与应用】北枳椇枝条开展，树冠呈卵圆形或倒卵形，树姿优美，叶大而荫浓，果梗奇特、可食，有"糖果树"之称，国外早有引种。适应性强，是优良的庭荫树、行道树和山地造林树种。

马甲子
Paliurus ramosissimus

【别名】白棘、铁篱笆、棘盘子

【形态特征】落叶灌木，高达6m；幼枝密生锈色柔毛，稀近无毛。叶宽卵状椭圆形或近圆形，长3~7cm，宽2.2~5cm，顶端钝圆形，幼叶下面密生棕褐色细柔毛，基生3出脉；叶柄基部有2个紫红色斜向直立的针刺。聚伞花序腋生，被黄色绒毛。核果杯状，直径1~1.7cm，长7~8mm，被黄褐色或棕褐色

鼠李科 Rhamnaceae

绒毛，周围具木栓质3浅裂的窄翅。花期5～8月；果期9～10月。

【产地及习性】产长江流域及华南、西南，生于山地和平原，野生或栽培。朝鲜、日本和越南也有分布。适应性强，生长快，耐干旱瘠薄，对土壤要求不严，喜石灰质土壤。

【观赏评价与应用】马甲子分枝密集且具针刺，是优良的绿篱树种，具有较好的防护作用，华南及西南地区常栽培于园地周围。

【同属种类】马甲子属共有5种，分布于欧洲南部和亚洲东部及南部。我国4种，引入栽培1种，分布于西南、中南、华东等省区。

铜钱树
Paliurus hemsleyanus

【别名】鸟不宿、金钱树、摇钱树

【形态特征】落叶乔木，高达15m，稀灌木。小枝紫褐或黑褐色，无毛。叶互生，宽卵形、卵状椭圆形或近圆形，长4～12cm，宽3～9cm，具圆钝锯齿，两面无毛，基生3出脉；无托叶刺，幼树叶柄基部具2个直刺。聚伞或圆锥花序，顶生或兼有腋生；花瓣匙形；雄蕊长于花瓣；花盘五边形。核果草帽状，周围具革质宽翅，红褐或紫红色，径2～3.8cm；果梗长1.2～1.5cm。花期4～6月；果期7～10月。

【产地及习性】分布于甘肃、陕西、河南、长江流域至华南，生于海拔1600m以下山区林中。适应性强，耐干旱瘠薄，适于石灰岩山地。

【观赏评价与应用】铜钱树果实奇特，远远望去树上仿佛挂着一串串铜钱，十分别致而又寓意良好，可作观果树种栽培，用于庭院、居住区、公园等地。也可修剪为灌木状作绿篱。适于淮河流域及其以南各地应用。

猫乳
Rhamnella franguloides

【别名】长叶绿柴

【形态特征】落叶灌木或小乔木，高2～9m；幼枝绿色。叶倒卵状椭圆形、长椭圆形，长4～12cm，宽2～5cm，边缘具细锯齿，下面被柔毛。花黄绿色，两性，6～18个排成腋生聚伞花序；萼片三角状卵形；花瓣宽倒卵形，顶端微凹。核果圆柱形，长7～9mm，径3～4.5mm，熟时红色或橘红色，后变黑色或紫黑色；果梗长3～5mm。花期5～7月；果期7～10月。

【产地及习性】产陕西、山西、河北、河南、山东至长江流域，生于海拔1100m以下的山坡、路旁或林中。日本、朝鲜也有分布。适应性强，温暖湿润环境，也耐寒；耐干旱瘠薄，对土壤要求不严，酸性土至石灰质土壤均可生长，宜排水良好。

鼠李科 Rhamnaceae

【观赏评价与应用】猫乳枝条开展，树冠宽阔自然，秋季果实黄色或红色，密生于小枝上，可栽培观赏，适于山坡、林缘等地，目前园林中尚未见应用。

【同属种类】猫乳属本8种，分布于中国、朝鲜和日本。我国8种均产。

锐齿鼠李
Rhamnus arguta

【形态特征】落叶灌木，高2～3m；小枝对生或近对生，暗紫色或紫红色。叶近对生或对生，在短枝上簇生，卵状心形或卵圆形，边缘具密锐锯齿，叶柄长1～4cm，带红色。核果球形，径6～7mm，黑色。花期5～6月；果期6～9月。

【产地及习性】产东北、华北及山东、安徽等地，生于山坡灌丛中。常生于石灰岩山地，耐干旱瘠薄。

【观赏评价与应用】锐齿鼠李枝叶繁密，叶片较大，叶柄细长而下垂，秋季果实繁密，

可栽培于庭园、风景区，丛植或植为绿篱。

【同属种类】鼠李属约157种，分布于温带至热带，主要集中于亚洲东部和北美洲的西南部，少数也分布于欧洲和非洲。我国57种，分布于全国各省区，其中以西南和华南种类最多。

圆叶鼠李
Rhamnus globosa

落叶灌木，稀小乔木，高2～4m；幼枝、叶两面、花和果梗均被短柔毛。叶近圆形、倒卵状圆形或卵圆形，长2～6cm，宽1.2～4cm，有圆钝锯齿，先端突尖或短渐尖；侧脉3～4对，上面下陷。花簇生，黄绿色。果黑色，径4～6mm。花期4～5月；果期6～10月。

产东北、华北、长江中下游各地和陕西、甘肃，生于山坡、林下或灌丛中。可植为刺篱，亦可作盆景。

朝鲜鼠李
Rhamnus koraiensis

落叶灌木，高达2m；枝互生，具针刺。叶互生或在短枝上簇生，宽椭圆形、倒卵状椭圆形或卵形，长4～8cm，宽2.5～4.5cm，侧脉4～6对。雌雄异株，4基数，花瓣黄绿色，簇生短枝端或长枝下部叶腋。核果倒卵状球形，长6mm，径5～6mm，紫黑色，具2稀1分核。花期4～5月；果期6～9月。

产吉林、辽宁、山东。生于低海拔的杂木林或灌丛中。朝鲜也有分布。喜光，耐干旱贫瘠。可植为刺篱。

冻绿
Rhamnus utilis

【别名】冻绿柴、鼠李

【形态特征】落叶灌木或小乔木,高1～4m；小枝红褐色,互生,顶端有尖刺。叶椭圆形或长椭圆形,稀倒披针状长椭圆形或倒披针形,长5～12cm,宽1.5～3.5cm,边缘有细锯齿,幼叶下面有黄色短柔毛。聚伞花序生枝顶和叶腋；花黄绿色,花萼、花瓣、雄蕊均4枚。核果近球形,黑色,具有2分核。花期4～5月；果期9～10月。

【产地及习性】分布于淮河流域、陕西、甘肃至长江流域和西南,生于山地灌丛和疏林中；日本和朝鲜也产。性强健,喜光,耐干旱瘠薄,稍耐荫。

【观赏评价与应用】冻绿枝叶繁茂,花朵黄绿色,果实黑色,花果繁密,富野趣,园林中可栽培观赏,用作自然式树丛的外围以丰富绿化层次,也可丛植于草地、山坡、石间。有枝刺,也可植为绿篱。果实和叶子含绿色素,可作绿色染料,是我国古代为数不多的天然绿色染料之一,明清时期,中国所产的冻绿已闻名国外,被称为中国绿。

雀梅藤
Sageretia thea

【别名】对节刺、刺冻绿、酸铜子

【形态特征】落叶藤状或直立灌木。小枝互生或近对生,密生短柔毛,有刺。叶近对生或互生,卵形或卵状椭圆形,长1～4.5cm,宽0.7～2.5cm,基部近圆形,有细锯齿,两面略有毛,侧脉3～4(5)对。顶生或腋生穗状或圆锥状状花序,疏散,长2～5cm；花无梗,黄色,芳香,花瓣常内卷。核果近球形,紫黑色,径约5mm,1～3分核。花期7～11月；果期翌年3～5月。

冻绿

冻绿

雀梅藤

雀梅藤

冻绿

雀梅藤

【产地及习性】产华东、华中至西南、华南各地,生于海拔2100m以下的丘陵、山地林下或灌丛中。日本、朝鲜、印度、越南等地也产。喜光,喜温暖湿润气候,较耐寒,在华北南部可露地栽培；对土壤要求不严；萌芽、萌蘖力强,耐修剪。

【观赏评价与应用】雀梅藤分枝细密,花朵虽小,但黄色而芳香,小枝具刺,是优良的绿篱材料,南方常栽培作防护篱。也是优良的盆景材料。叶可代茶,也可供药用。

【同属种类】雀梅藤属约35种,主产亚洲东南部,少数产美洲和非洲。我国19种,产西南、西北至台湾。

钩刺雀梅藤
Sageretia hamosa

【别名】钩雀梅藤、猴栗

常绿藤状灌木；小枝常具钩状下弯的粗刺。叶革质,互生或近对生,矩圆形或长椭圆形,稀卵状椭圆形,长9～15(20)cm,宽4～6(7)cm,边缘具细锯齿,侧脉7～10对。花无梗,常2～3个簇生疏散排列成顶生或腋生穗状或穗状圆锥花序,长达15cm,被棕色或灰白色绒毛或密短柔毛。核果近球形,长7～10mm,径5～7mm,熟时深红色或紫黑色,2分核,常被白粉。花期7～8月；果期8～10月。

钩刺雀梅藤

鼠李科 Rhamnaceae

钩刺雀梅藤

钩刺雀梅藤

产浙江、江西、福建、湖南、湖北、广东、广西、贵州、云南、四川及西藏东南部，生于海拔1600m以下的山坡灌丛或林中。斯里兰卡、印度、尼泊尔、越南、菲律宾也有分布。

枣树
Ziziphus jujuba

【形态特征】落叶乔木，高15m。枝有3种：长枝呈之字形弯曲，红褐色，有长针刺；短枝俗称枣股，在长枝上互生；脱落性小枝俗称枣吊，为纤细的无芽小枝，簇生于短枝顶端。叶长圆状卵形至卵状披针形，稀为卵形，长2~6cm，先端钝尖，基部宽楔形，具细钝锯齿。花黄绿色，两性，5基数，单生或密集成腋生聚伞花序，花瓣倒卵圆形。核果卵形至长椭圆形，长2~6cm，熟时深红色，核锐尖。花期5~6月；果期9~10月。

【产地及习性】原产我国，华北、华东、西北地区是主产区。世界各地广为栽培。强阳性树种，对气候、土壤适应性强，喜中性或微碱性土壤，耐干旱瘠薄，在pH值5.5~8.5，含盐量0.2%~0.4%的中度盐碱土上可生长。根系发达，萌蘖力强。

【变种】酸枣（var. *spinosa*），灌木，托叶刺

枣树

枣树

酸枣

1长1短，叶片和果实均小，果肉薄，果核两端钝。适应性强，常用作嫁接枣树的砧木。

【观赏品种】龙爪枣（'Tortuosa'），又名蟠龙枣；小枝及叶柄常蜷曲，无刺，生长缓慢，树体较矮小；果皮厚，果径5mm，果梗较长，弯曲。

【观赏评价与应用】枣树栽培历史悠久，《诗经·豳风》关于物候的记载有"八月剥枣，十月获稻"，以枣树言物候，说明枣树在当时栽培已经非常普遍；而据《吕氏春秋》记载："子产治郑，桃枣之荫于街者，莫援也。"则表明枣树在周代已植为行道树了。枣树树冠宽阔，花朵虽小而香气清幽，结实满枝，青红相间，发芽晚，落叶早，自古以来就是重要的庭院树种，最适宜北方栽培，黄河中下游的冲积平原是枣树的最适生地区。宜孤植，适植于建筑附近或水边。龙爪枣树形优美，可孤植于草地或园路转弯处。

【同属种类】枣属约100种，广泛分布于温带至热带。我国12种，各地均有分布或栽培，主产西南、华南。

滇刺枣
Ziziphus mauritiana

常绿乔木或灌木，高达15m；幼枝被黄灰色密绒毛，老枝紫红色；托叶刺2，1个斜上，1个钩状下弯。叶卵形、椭圆形，长2.5~6cm，宽1.5~4.5cm，顶端圆，边缘具细锯齿，下面被黄白色绒毛，基生3出脉。花绿黄色，多花密集成近无总花梗的腋生聚伞花序。核果矩圆形或球形，长1~1.2cm，径约1cm，橙红色，熟时变黑。花期8~11月；果期9~12月。

产云南、四川、广东、广西，在福建和台湾有栽培。热带亚洲、非洲和大洋洲也有分布。果实可食，亦可栽培观赏。又为紫胶虫的重要寄生树种。

滇刺枣

滇刺枣

一百一十四、葡萄科 Vitaceae

葎叶蛇葡萄
Ampelopsis humulifolia

【别名】葎叶白蔹

【形态特征】落叶性木质大藤本,长达10m。卷须2叉分枝,相隔2节间断与叶对生。枝条红褐色,枝叶近无毛。单叶,卵圆形或肾状五角形,长宽约7~12cm,3~5中裂或近深裂,上面鲜绿色,有光泽,下面苍白色。聚伞花序与叶对生,疏散,有细长总梗;花淡黄绿色。浆果球形,径6~10mm,淡黄色或淡蓝色。花期5~6月;果期8~10月。

【产地及习性】产东北南部、华北至陕西、甘肃、安徽等省,多生于海拔1000m以下山地灌丛和疏林下。耐寒,喜光,也颇耐荫,喜排水良好的沙质壤土。

【观赏评价与应用】葎叶蛇葡萄为木质大藤本,适应性强,生长迅速,枝叶繁茂,秋季果实蓝色或淡黄色,可供攀附棚架、凉廊等,亦可用于山坡、石间令其自然蔓延,极富野趣。华北地区园林中偶见有栽培。

【同属种类】蛇葡萄属约30种,分布亚洲、北美洲和中美洲。我国17种,产西南、华南至东北。

乌头叶蛇葡萄
Ampelopsis aconitifolia

落叶性木质藤本。卷须2~3叉分枝,相隔2节间断与叶对生。掌状复叶;小叶常5,披针形或菱状披针形,长4~9cm,宽1.5~6cm,3~5羽裂,中央小叶深裂。果近球形,径6~8mm,橙红至橙黄色。花期5~6月;果期8~9月。

产内蒙古、河北、甘肃、陕西、山西、

乌头叶蛇葡萄

河南，生沟边或山坡灌丛或草地。是优美的小型棚架和绿亭材料。

三裂蛇葡萄
Ampelopsis delavayana

木质藤本，小枝圆柱形，卷须2～3叉分枝，相隔2节间断与叶对生。叶为3小叶，中央小叶披针形或椭圆披针形，侧生小叶卵椭圆形或卵披针形，长5～13cm，宽2～4cm，侧生者基部不对称，边缘有粗锯齿，网脉不明显。多歧聚伞花序与叶对生，花瓣卵椭圆形。果球形，直径0.8cm，淡红紫色或蓝色。花期6～8月；果期9～11月。

产福建、广东、广西、海南、四川、贵州、云南。生山谷林中或山坡灌丛或林中。

三裂蛇葡萄

三裂蛇葡萄

大叶蛇葡萄
Ampelopsis megalophylla

木质藤本。小枝圆柱形，无毛。卷须3分枝，相隔2节间断与叶对生。2回羽状复叶，小叶长椭圆形或卵椭圆形，长4～12cm，宽2～6cm，边缘每侧有3～15个粗锯齿，下

大叶蛇葡萄

大叶蛇葡萄

大叶蛇葡萄

面粉绿色，两面无毛。伞房状多歧聚伞花序或复二歧聚伞花序，顶生或与叶对生；花蕾近球形。果实倒卵圆形，径0.6～1cm。花期6～8月；果期7～10月。

产甘肃、陕西、湖北、四川、贵州、云南。生山谷或山坡林中。

爬山虎
Parthenocissus tricuspidata

【别名】地锦、爬墙虎

【形态特征】落叶藤本，茎枝长可达20m，卷须短而5～9分枝，顶端膨大成吸盘，相隔2节间断与叶对生。叶广卵形，长8～18cm，通常3裂，基部心形，有粗锯齿，表面无毛，背面脉上有柔毛；下部枝的叶片有时分裂成3小叶；幼苗期的叶片较小，多不分裂。聚伞花序通常生于短枝顶端，花淡黄绿色。果球形，径6～8mm，蓝黑色，被白粉。花期6～7月；果期9～10月。

爬山虎

【产地及习性】产我国和日本，在我国分布极为广泛，北自吉林，南到广东均产，常攀附于岩石、树干、灌丛中。常栽培。性强健，耐荫，也可在全光下生长；耐寒；对土壤适应能力强，生长迅速。抗污染，尤其对Cl2的抗性强。

【观赏评价与应用】爬山虎入秋叶片红艳，极为美丽，卷须先端特化成吸盘，攀援能力强，能沿墙壁、岩石、树干等处攀援，夏季叶幕浓密，可形成绿墙、绿柱，秋季红艳夺目，展现深秋的风采，而且在粉墙、砖墙或石壁上还可形成优美生动的画面。最适于附壁式的造景方式，在园林中可广泛应用于建筑、墙面、石壁、混凝土壁面、栅栏、桥畔、假山、枯树的垂直绿化，甚至工厂的砖砌烟囱、管道支架、城市中的电线杆、灯柱也可用它们攀附。

【同属种类】爬山虎属约13种，产于北美洲和亚洲。我国8种，分布于东北至华南、西南，另引入栽培1种。

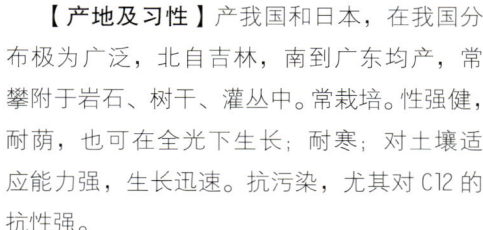

爬山虎

爬山虎

葡萄科　Vitaceae

异叶爬山虎
Parthenocissus dalzielii

【别名】异叶地锦

【形态特征】木质藤本。小枝圆柱形，卷须总状5~8分枝，相隔2节间断与叶对生，卷须顶端嫩时膨大呈圆珠形，后遇附着物扩大呈吸盘状。两型叶，生于长枝者常为较小的单叶，卵圆形，长3~7cm，宽2~5cm，边缘有4~5个细牙齿；基出脉3~5。生于短枝者常为3小叶，中央小叶长椭圆形，长6~21cm，宽3~8cm，近中部最宽，侧生小叶卵椭圆形，最宽处在下部，基部极不对称；侧脉5~6对。聚伞花序长3~12cm。果近球形，直径0.8~1cm，紫黑色。花期5~7月；果期7~11月。

【产地及习性】产长江流域至华南、西南，北达河南。生山崖陡壁、山坡或山谷林中或灌丛岩石缝中。

【观赏评价与应用】异叶爬山虎卷须成熟后成圆盘状吸着山崖石壁或林中树木攀援到林冠上层，吸着能力很强，多横向分枝，果实紫黑色，入秋叶色鲜红，十分美丽，具优良的观赏价值。适合用于多种方式的垂直绿化，尤其适宜墙面的绿化装饰，春夏绿叶油油，入秋鲜红绚丽，落叶后枝干犹如灵动的线条在墙上作画，是很好的四时垂直绿化植物。

五叶地锦
Parthenocissus quinquefolia

【别名】美国爬山虎、美国地锦

【形态特征】落叶木质藤本，幼枝常带紫红色。小枝圆柱形，无毛。卷须5~9分枝，先端膨大成吸盘，相隔2节间断与叶对生。掌状复叶互生，有长柄；小叶5，质地较厚，卵状长椭圆形至长倒卵形，长4~10cm，基部楔形，叶缘有粗大锯齿，表面暗绿色，背面有白粉及柔毛。聚伞花序集成圆锥状。果实球形，直径1~1.2cm，熟时蓝黑色，稍有白粉。花期7~8月；果期8~10月。

【产地及习性】原产北美洲，我国北方各地常见栽培，长江流域近年来也有栽培。

【观赏评价与应用】五叶地锦生长迅速，耐荫性强，抗污染，春夏碧绿可人，入秋叶

片红艳，是优良的城市垂直绿化植物树种。常用于山石、立交桥、高架路的绿化造景，上海、北京、沈阳等地已广泛应用。相对于爬山虎而言，五叶地锦因枝叶更加茂密，但攀援能力相对较弱，攀爬过高时易因风吹而脱落吸附面，因而过高的墙面不宜应用，但适于矮墙和篱垣的绿化。耐荫，还是优良的地面覆盖材料。

扁担藤
Tetrastigma planicaule

【形态特征】常绿木质大藤本，长达15m，全体无毛。茎扁平，深褐色，基部可宽达40cm，分枝圆柱形。小枝圆柱形或微扁。卷须粗壮，长10~20cm，不分枝，相隔2节间断与叶对生。掌状复叶，小叶5枚，革质，矩圆状披针形，长9~15cm，宽3~6cm，有稀疏钝锯齿。花单性，细小，聚伞花序腋生，长10~17cm，径7~14cm，3~4回分枝。浆果黄色，球形，径2~3cm。花期4~6月；果期9~11月。

【产地及习性】分布于福建、两广和云南、贵州、西藏东南部等地，生于海拔400~1800m的山谷林中或山坡岩石缝中。也产于热带亚洲。

扁担藤

扁担藤

扁担藤

扁担藤

【观赏评价与应用】扁担藤茎蔓奇特、扁平，可宽达40cm，果实较大而黄色，四季常绿，是热带和南亚热带地区优良的垂直绿化材料，适于攀附大型棚架、山石。湖南、西南各地常见栽培应用。

【同属种类】崖爬藤属约100种，分布于热带亚洲和大洋洲。我国44种，广布于长江以南，主产云南、广东和广西。

茎花崖爬藤
Tetrastigma cauliflorum

常绿木质大藤本，茎扁压，小枝微扁，卷须不分枝，相隔2节间断与叶对生。掌状5小叶，小叶长椭圆形、椭圆披针形或倒长椭圆形，长8~18cm，宽3.5~9cm，顶端骤尾尖，叶缘锯齿粗大，向前伸展。花序长9~11cm，着生在老茎上，二级分枝4，集生成伞形。果红色，椭圆形或卵球形，长1.5~2cm，宽1.2~2cm，干时皱缩。花期4月；果期6~12月。

产华南及云南，生山谷林中。越南和老挝也有分布。是热带地区优良的棚架、建筑、山石攀援造景材料。

茎花崖爬藤

茎花崖爬藤

葡萄
Vitis vinifera

【形态特征】落叶藤本，茎长达20m。茎皮红褐色，老时条状剥落，小枝光滑或有毛。卷须分叉，间歇性与叶对生。叶卵圆形，长7~20cm，3~5掌状浅裂，基部心形，有粗齿，两面无毛或背面稍有短柔毛；叶柄长4~8cm。大型圆锥花序，长10~20cm；花黄绿色。浆果圆形或椭圆形，成串下垂，绿色、紫红色或黄绿色，被白粉。花期4~5月；果期8~9月。

【产地及习性】原产欧洲、西亚和北非。品种很多，习性各异。总体而言，喜光，喜干燥及夏季高温的大陆性气候，冬季需要一

茎花崖爬藤

葡萄科 Vitaceae

葡萄

山葡萄

定的低温，以排水良好的微酸性至微碱性沙质壤土上生长最好，在黏重土壤中生长不良；耐干旱，怕水涝，在降雨量大、空气潮湿的地区，容易发生徒长、授粉不良、落果、裂果等不良现象。

【观赏评价与应用】 葡萄大约在5000年前就开始在中亚细亚和伊拉克一带栽培。我国葡萄的栽培始于汉代，是张骞出使西域时引入，已有2000多年的栽培历史，是中国古代苑囿中重要的植物材料。最宜攀援棚架及凉廊，适于庭前、曲径、山头、入口、屋角、天井、窗前等各处植之，夏日绿叶荟郁，秋日硕果累累，自古在庭院中广植，葡萄架也成为我国古典园林中传统的观赏内容。最适于华北、西北、新疆一带种植。

【同属种类】 葡萄属约60种，分布于温带至亚热带。我国约36种，各地均产，另引入栽培多种。

山葡萄
Vitis amurensis

落叶木质藤本。幼枝具蛛丝状绒毛，卷须2～3分枝，每隔2节间断与叶对生。叶宽卵形，长6～24cm，宽5～21cm，基部宽心形，3～5裂或不裂，背面叶脉被短毛；叶柄有蛛丝状绒毛。圆锥花序疏散，与叶对生，基部分枝发达，长8～13cm，花序轴被白色丝状毛。果较小，径约1～1.5cm，黑色，有白粉。花期5～6月；果期7～9月。

产东北、华北至山东、安徽、浙江。生山坡、沟谷林中或灌丛。

山葡萄

蘡薁
Vitis bryoniifolia
【Vitis adstricta】

【别名】野葡萄、华北葡萄

落叶木质藤本,嫩枝及叶下面密被蛛丝状绒毛或柔毛,卷须2叉分枝。叶长圆卵形,长2.5~8cm,宽2~5cm,3~7深裂或浅裂,稀混有不裂者,中裂片基部常缢缩凹成圆形,边缘每侧有9~16缺刻粗齿或成羽状分裂。花杂性异株。果球形,熟时紫红色,径0.5~0.8cm。花期4~8月;果期6~10月。

产河北、陕西、山西、山东至长江流域、华南、西南,生山谷林中、灌丛、沟边或田埂。抗寒。全株供药用;果可酿果酒。

葛藟葡萄
Vitis flexuosa

落叶木质藤本,嫩枝疏被蛛丝状绒毛。卷须2叉分枝。叶卵形、三角状卵形、卵圆形或卵椭圆形,长2.5~12cm,宽2.3~10cm,有锯齿,上面无毛,下面疏被蛛丝状绒毛,后脱落。圆锥花序疏散,长4~12cm,被蛛丝状绒毛或几无毛。果球形,直径0.8~1cm。花期3~5月;果期7~11月。

产陕西、甘肃、山东、河南、安徽、江苏、浙江、江西、福建、湖北、湖南、广东、广西、四川、贵州、云南,生山坡或沟谷田边、草地、灌丛或林中。秋叶红艳,可作棚架植物栽培。根、茎和果实供药用。

毛葡萄
Vitis heyneana
【Vitis quinquangularis】

【别名】绒毛葡萄、五角叶葡萄、野葡萄

落叶木质藤本。幼枝、叶柄及花序轴密生白色或浅褐色蛛丝状柔毛。卷须2叉分枝,密被绒毛。叶卵形或五角状卵形,长4~12cm,宽3~8cm,不分裂或3~5浅裂,下面密生灰色或褐色绒毛。花杂性异株;圆锥花序疏散,与叶对生,分枝发达,长4~14cm。浆果黑紫色,径1~1.3cm。花期4~6月;果期6~10月。

产山西、陕西、甘肃、山东、河南至长江流域、华南、西南,生山坡、沟谷灌丛中。尼泊尔、不丹和印度也有分布。

【亚种】桑叶葡萄(subsp. *ficifolia*),叶片常3浅裂至中裂并混生有不分裂叶,花期5~7月;果期7~9月。产河北、山西、陕西、山东、河南、江苏。

一百一十五、古柯科 Erythroxylaceae

古柯
Erythroxylum novogranatense

【形态特征】灌木或小灌木。叶表面绿色，背面浅黄色，倒卵形或狭椭圆形，长1.2～4.7cm，宽1～1.8cm，顶部钝圆，全缘，表面主脉凹陷，背面主脉两侧各有纵脉1条；托叶三角形。花黄白色，1～6朵簇生叶腋，花瓣长3～3.5mm。核果长圆形，红色，略有5棱，长7～8mm，宽3mm。全年开花，盛花期2～3月；果期5～12月。

【产地及习性】原产南美洲高山地区，平地也可生长。我国以海南引种较多，台湾和云南也有栽培。

【观赏评价与应用】古柯叶为兴奋剂和强壮剂，由叶提取出的古柯碱为重要的局部麻醉药物，也是可口可乐的重要配方原料。花朵绿白色，果实红色，可丛植观赏。

【同属种类】古柯属约200种，分布于热带及亚热带，主产于南美洲。我国有1种，引进栽培1种，长江以南多数省区有分布。

东方古柯
Erythroxylum sinensis

【别名】猫胭木、木豇豆

【形态特征】灌木或小乔木，高1～6m；小枝无毛。叶长椭圆形、倒披针形或倒卵形，长2～14cm，宽1～4cm；幼叶带红色，成叶背面暗紫色；托叶三角形或披针形。花腋生，1～7花簇生于极短的总花梗上；萼片5，基部合生成浅杯状；花瓣卵状长圆形，长3～6mm，内面有2枚舌状体贴生在基部；雄蕊10，基部合生成浅杯状；花柱3，分离。核果长圆形，略3棱，长0.6～1.7cm，宽3～6mm。花期4～5月；果期5～10月。

【产地及习性】分布于浙江、福建、江西、湖南、广东、广西、云南和贵州，生于中低海拔山地、路旁、谷地树林中。印度和缅甸东北部也有分布。

【观赏评价与应用】东方古柯幼枝幼叶常为红色，成叶背面亦为暗紫色，小花白色，果实红艳，园林可栽培观赏，适于丛植于树群之外围。

一百一十六、亚麻科 Linaceae

石海椒
Reinwardtia indica
【*Reinwardtia trigyna*】

【别名】迎春柳、黄花香草

【形态特征】常绿小灌木，高达1m；小枝淡绿色。叶互生，椭圆形或倒卵状椭圆形，长2～10cm，宽1～3.5cm，先端急尖或圆钝，全缘或有疏浅锯齿；托叶刚毛状，早落。

石海椒

石海椒

花黄色，单生或簇生；花大小不一，直径1.4～3cm；萼片5，披针形；花瓣5或4片，旋转排列，长1.7～3cm；雄蕊5，花丝下部两侧扩大，基部合生，退化雄蕊5；腺体5，与雄蕊环合生；花柱3。蒴果球形，室背开裂。花果期4～12月，直至翌年1月。

【产地及习性】产西南至华南及湖北、湖南等地，生于林下、山坡灌丛、路旁和沟坡潮湿处，喜生于石灰岩土壤上。印度、巴基斯坦、尼泊尔、不丹、缅甸、泰国北部、越南和印度尼西亚有分布。较耐荫，喜肥沃而排水良好的土壤，不耐寒。

【观赏评价与应用】石海椒株型美丽，叶片轮生层次感强，翠绿怡人，花黄色而颇大，盛花期黄花盈枝甚为美观，常栽培供观赏。适宜丛植、片植于步行道两旁形成迷人的黄花景观，也可植于草坪、建筑旁等处点缀装饰。

【同属种类】石海椒属仅有1种，分布于热带亚洲，我国也有分布。

青篱柴
Tirpitzia sinensis

【形态特征】常绿灌木，高达4m；枝叶无毛。叶互生，椭圆形、卵形或倒卵状长椭圆形，长3～6cm，宽1.5～3.5cm，先端圆或急尖，基部宽楔形或近圆形，全缘。花白色，聚伞花序在茎和分枝上部腋生，长约4cm；花梗长2～3mm；萼片披针形，先端钝圆，

石海椒

青篱柴

青篱柴

青篱柴

有纵棱；花白色，花瓣长3～3.5cm；雄蕊5，花丝基部合生成筒状；退化雄蕊5；子房4室。果实长椭圆状卵球形，长1～1.8cm，4瓣裂。花期5～8月；果期8～12月或至翌年3月。

【产地及习性】分布于湖北、广西、贵州和云南东南部，生于路旁、山坡沃土和石灰岩山顶阳处。越南北方有分布。

【观赏评价与应用】青篱柴花大而白色，星散状分布于树冠外围，非常美丽，是一优良的花灌木，可引种栽培供观赏，适于庭院、林缘、草地应用。

【同属种类】本属有3种，分布于中国、泰国至越南。我国2种。

一百一十七、金虎尾科 Malpighiaceae

杏黄林咖啡
Bunchosia armeniaca

【别名】文雀木、奶油花生

【形态特征】常绿灌木或乔木，一般高约3～5m，有时高达12m。叶对生，卵形至矩圆形，一般长约15～17cm，宽达9～10cm，有时长达24cm，近光滑无毛，叶缘略波状；叶柄或叶片基部常有腺体。花小，黄色，总状花序；果实卵形或近椭圆形，长约3～4cm，红色或黄色。花果期全年。

【产地及习性】原产南美洲，玻利维亚、巴西、哥伦比亚、厄瓜多尔、秘鲁等国均有分布，生于低海拔地区。北美洲有栽培。常栽培于庭园。耐0℃低温。

【观赏评价与应用】杏黄林咖啡栽培中常呈丛生状，花果兼赏，是优良的庭园观赏树种。

【同属种类】林咖啡属（文雀木属）约有75种，分布于南美洲热带和亚热带地区。我国引入栽培1种。

狭叶异翅藤
Heteropterys glabra

【别名】红翅藤

【形态特征】常绿木质藤本，枝条纤细。叶对生、近对生或轮生，披针形或长椭圆状披针形，长5～10cm，宽0.8～1.5cm，基部楔形或近圆形，全缘，幼时两面被平伏柔毛；叶柄顶端有2腺体；无托叶。顶生伞形花序或假总状花序；花两性，辐射对称，花瓣5，鲜黄色，具爪，雄蕊10枚。翅果，果翅长1.5～2cm，宽0.8～1cm，椭圆形或倒卵状椭圆形，果熟时紫红色至鲜红色。花果期全年，盛花果期8～11月。

【产地及习性】产中南美洲，我国南方引种栽培。萌芽力强，耐修剪。

【观赏评价与应用】狭叶异翅藤花期长，自夏至秋不断开出金黄色的花朵，并陆续出现红色翅果，观赏期长，是美洲地区重要的庭园观赏植物。华南有引种栽培，是优美的攀援绿化材料，也修剪成灌木状，用于公园草地、山坡片植、列植作绿篱，庭院、山石间丛植观赏。

【同属种类】异翅藤属约150种，主要分布于南美洲至加勒比地区，1种分布于非洲。

风筝果
Hiptage benghalensis

【别名】风车藤

【形态特征】常绿藤状灌木，长达10m；幼嫩部分和花序密被淡柔毛。叶对生，革质，嫩叶淡红色；叶片长椭圆形或卵状披针形，长9～18cm，宽3～7cm，背面常具2腺体，全缘。总状花序腋生或顶生，长5～10cm。

金虎尾科 Malpighiaceae

风筝果

花大，径1.5～2.5cm，极芳香；两侧对称，花瓣白色，基部具黄色斑点，或淡黄或粉红色，圆形或阔椭圆形，长8～15mm，宽5～10mm。果实裂为2～3分果，分果具3翅，中翅长3.5～7cm，侧翅较短。花期2～4月；果期4～6月。

【产地及习性】产福建、台湾、广东、广西、海南、贵州和云南；生于沟谷密林、疏林中或沟边路旁。分布于印度、孟加拉、中南半岛、马来西亚、菲律宾和印度尼西亚。

【观赏评价与应用】风筝果为木质大藤本，嫩叶紫红色，花大而芳香，花瓣边缘具流苏，果实奇特，嫩时紫红色，是一种美丽的攀援植物，可用于棚架、栅栏、矮墙等的垂直绿化。

【同属种类】风车藤属共约30种，分布于喜马拉雅西部、东南亚至大洋洲。我国10种，产西南和东南。

小叶黄褥花
Malpighia glabra 'Fairchild'

【别名】小叶金虎尾

【形态特征】常绿灌木或小乔木，高4～6m。小枝灰色，具白色气孔，平滑无毛。叶长椭圆状卵形至倒卵状披针形，长2.5～7.5cm，宽1.2～2.5cm，先端渐尖，平滑无毛，表面深绿色，背面淡绿色，全缘。花数朵集生成聚伞花序，花梗长3～15mm，粉红色至白色，花萼、花瓣各5片。浆果状核果，扁球形或球形，橙红色。花期春至秋；果期全年。

【产地及习性】分布于热带美洲，华南地区有少量引种栽培。

小叶黄褥花

小叶黄褥花

【观赏评价与应用】小叶黄褥花枝叶密集，花色美丽，果色鲜艳，花果期长，从春末至秋季开花不断，且有宜人的香味，是优良的观花观果灌木，可供小型庭院栽培，也可植为绿篱、基础种植材料。

【同属种类】金虎尾属约30种，主产热带美洲。我国广州和海南等地引种栽培1种。

金英
Thryallis gracilis

【形态特征】常绿小灌木，高约1～2m。小枝细长柔弱，嫩枝被柔毛。叶对生，基部或叶缘有2腺体；叶片长圆形，长1.5～5cm，宽1～2cm，先端钝圆具短尖头，基部稍下延，侧脉不明显，4～5对。总状花序顶生，花金黄色，径1.5～2cm；花瓣长圆状椭圆形，长7～8mm，具瓣爪。蒴果球形，径约5mm。花期5～10月；果期9～11月。

【产地及习性】原产美洲热带地区，现广泛栽培于其他热带地区。我国广州、厦门万石植物园、西双版纳植物园有栽培，城市公园和庭院中也有少量栽培。

金英

金英

【观赏评价与应用】金英植株较矮，小枝褐色，叶片小巧可爱，花朵金黄而秀丽，开花繁密且花期长，盛花期黄花盈枝，是华南地区美丽的观赏花灌木。适宜列植、片植于游步道两侧、休息平台旁等处，可营造秀雅美观的黄色花卉景观，也可丛植于草地，还可用于花境、花坛或作基础种植材料。

【同属种类】金英属共约20种，产美洲。我国引入1种，见于华南。

星果藤
Tristellateia australasiae

【别名】三星果、三星果藤、蔓性金虎尾

【形态特征】常绿木质藤本，蔓长达10m。叶对生，纸质或亚革质，卵形，长6～12cm，宽4～7cm，先端急尖至渐尖，基部圆形至心形，与叶柄交界处有2腺体，全缘。总状花序顶生或腋生；花梗长1.5～3cm；花鲜黄色，直径2～2.5cm，花瓣椭圆形。星芒状翅果，直径1～2cm。花期8月；果期10月。

【产地及习性】产台湾；生于恒春半岛、兰屿海岸边林中。马来西亚、澳大利亚热带地区和太平洋诸岛屿也有。喜温暖湿润的环境，耐旱、抗风、喜光。

【观赏评价与应用】星果藤以柔软的茎部缠绕攀爬，通常在暮春开始开花，夏季为盛花期，花色金黄，花期长。适宜滨海用作庭园、花廊和花架攀援、垂直和立体绿化植物配置。

【同属种类】三星果属约20～22种，主要分布于马达加斯加，其次为非洲东部和印度、马来西亚至澳大利亚、新喀里多尼亚。我国仅见1种，产台湾。

星果藤

星果藤

星果藤

一百一十八、远志科 Polygalaceae

黄花远志
Polygala arillata

【别名】荷包山桂花

【形态特征】常绿灌木或小乔木，高1～5m；小枝密被短柔毛。单叶互生，椭圆形至矩圆状披针形，长6～12cm，宽2～3cm，全缘，具缘毛，两面疏被短柔毛。总状花序与叶对生，下垂，长7～10cm，果时长达30cm。花黄色或先端红色，长1.5～2cm；外轮萼片3，小，内轮萼片2，花瓣状，红紫色；花瓣3，肥厚，黄色，龙骨瓣盔状，具丰富条裂的鸡冠状附属物；雄蕊8，花丝下部合生。蒴果心形，长约10mm，宽13mm，紫红色。花期5～10月；果期6～11月。

【产地及习性】产陕西南部、安徽、江西、福建、湖北、广西、四川、贵州、云南和西藏东南部，生于山坡林下或林缘。分布于尼泊尔、印度、缅甸、越南北方。

【观赏评价与应用】黄花远志花枝下垂，花朵繁密，花色金黄，夏秋季开花，是一优美的花灌木，可引种栽培供园林观赏，适于林下散植或丛植。

【同属种类】远志属约有500种，广布全球。我国44种，全国各地均有分布。

黄花倒水莲
Polygala fallax

【别名】倒吊黄

灌木，高1～3m。枝灰绿色，密被长而平展的短柔毛。叶披针形至椭圆状披针形，长8～17（20）cm，宽4～6.5cm。总状花序顶生或腋生，长10～15cm，花后延长达30cm，下垂；内轮萼片花瓣状；花瓣黄色，3枚。蒴果阔倒心形至圆形，绿黄色，径10～14mm。花期5～8月；果期8～10月。

产江西、福建、湖南、广东、广西和云南；生于山谷林下水旁荫湿处。

一百一十九、省沽油科 Staphyleaceae

野鸦椿
Euscaphis japonica
【*Euscaphis fukienensis*】

【别名】山海椒、鸡肾果

【形态特征】落叶小乔木或灌木，高4～10m；树皮具纵裂纹；小枝及芽红紫色，枝叶揉碎后有臭味。奇数羽状复叶对生，小叶5～9(11)枚，卵状披针形，长5～11cm，宽2～4cm，密生细锯齿，基部钝圆。花两性，辐射对称，径4～5mm，排成圆锥花序；萼片5，宿存；花瓣5，黄绿色；雄蕊5，着生于花盘基部外缘；心皮3(2)枚，仅在基部稍合生。蓇葖果长1～2cm，果皮软革质，紫红色，形似鸡肫；种子近球形，假种皮肉质，蓝黑色。花期5～6月；果期9～10月。

野鸦椿

【产地及习性】除西北各省外，全国均产，主产长江流域，常生于山谷和疏林中。日本、朝鲜和越南也有分布。喜温暖阴湿环境，忌水涝。对土壤要求不严，最适于排水良好、富含腐殖质的微酸性壤土，但在中性土和石灰质土中亦能生长。生长速度中等。适宜长江流域及其以南地区。

【观赏评价与应用】野鸦椿树姿优美，圆锥花序花多而密，黄白色，秋季叶片经霜变红，果实也红艳美丽，果熟后果皮反卷，黑色光亮的种子黏挂在鲜红色内果皮上，十分艳丽，挂果时间长达半年。为园林中良好的观叶和观果风景树。适宜小型庭院造景，可孤植、丛植于庭前、水边、路旁，也可用于公园和风景区群植成林。

【同属种类】野鸦椿属1种，分布于亚洲东部。

野鸦椿

野鸦椿

省沽油
Staphylea bumalda

【形态特征】落叶灌木，高3～5m；树皮暗紫红色。枝条淡绿色，细长而开展。3出复叶，对生，小叶卵状椭圆形，长5～8cm，有细齿，叶背青白色，先端长尾尖；顶生小叶具长5～10mm的柄。花白色，有香气；圆锥花序顶生。蒴果2室，倒三角形，扁而先端2裂；种子圆形而扁，黄色而有光泽，有较大而明显的种脐。花期4～6月；果期7～10月。

省沽油

省沽油

省沽油

省沽油科　Staphyleaceae

【产地及习性】产于东北、黄河流域及长江流域，多生于山谷、溪畔或杂木林中。朝鲜、日本也有分布。中性偏阴树种，喜湿润气候，喜肥沃排水良好土壤。

【观赏评价与应用】省沽油枝条细长开展，树形自然，花朵秀美而芳香，果实奇特呈膀胱状，可供观花赏果，庭园中可丛植、孤植于山石旁或林缘、路旁、角隅、池畔。以其耐荫，也可用于疏林下、建筑北侧。

【同属种类】省沽油属约13种，分布于北温带。我国有6种，产西南部至东北部，供观赏用。

银鹊树
Tapiscia sinensis

【别名】瘿椒树

【形态特征】落叶乔木，高8～15（20）m；树皮具有清香。奇数羽状复叶，长达30cm，小叶5～9枚，狭卵形或卵形，长6～12cm，边缘有锯齿，背面灰绿色或灰白色，叶柄红色。花序腋生，雄花序长25cm，两性花序长10cm，花小而有香气，黄色。浆果状核果近球形，黄色并变为紫黑色，微被白粉，径5～6mm。花期6～7月；果期8～9月。

【产地及习性】中国特产，分布于长江流域至华南，常分布于海拔400～1800m处的山坡和溪边。中性偏喜光，幼树较耐荫。适应性强，在酸性、中性乃至偏碱性土壤上均能生长。较耐寒，南京中山植物园引种成功，山东、陕西也可露地越冬。

【观赏评价与应用】银鹊树为我国特有的珍稀树种，树干通直，树形端正，黄花芬芳，秋叶黄灿，树姿尤美，枝叶茂盛，花朵芳香，果实鲜艳。适于公园和自然风景区造景，也可作行道树、园景树或沿建筑列植。

【同属种类】银鹊树属2种，我国特产，产西南部和中部，供庭园观赏。

银鹊树　银鹊树

一百二十、伯乐树科 Bretschneideraceae

伯乐树
Bretschneidera sinensis

【别名】钟萼木

【形态特征】落叶乔木,高10~15m。树皮灰白色;小枝粗壮,留有大而心形的叶痕。羽状复叶互生,长40~80cm;小叶7~15枚,长椭圆状卵形至狭倒卵形,长7.5~23cm,宽3.5~9cm,全缘。总状花序顶生,长20~42cm,花序轴密生锈色柔毛;花淡红色,径约4cm。果实为蒴果,梨形,长2~4cm,熟时红色。花期4~6月;果期10月。

【产地及习性】星散分布于浙江、江西、湖南、湖北广东、广西、福建、台湾、贵州、云南、重庆、四川等长江流域以南地区,多生于海拔1000~1500m的中山地带。中性偏阴树种,幼年喜湿润的庇荫环境;稍耐寒,可耐-9℃以下低温,但不耐高温;喜肥沃的酸性土。深根性,抗风力强。生长速度较慢。

【观赏评价与应用】伯乐树树干通直,绿荫如盖,花序长达40cm,花色淡红并具深红色条纹,极为美丽,秋季果实累累,果色鲜艳,是花果兼赏的优良园林绿化树种。最适于大型庭院、公园及风景区作庭荫树,孤植、丛植、列植均宜,也可作行道树。

【同属种类】伯乐树属仅此1种,为我国特产。

一百二十一、无患子科 Sapindaceae

异木患
Allophylus viridis

【别名】小叶枫

【形态特征】灌木，高 1～3m；小枝灰白色，被微柔毛。3出复叶，顶生小叶长椭圆形或披针状长椭圆形，长 5～15cm，宽 2.5～4.5cm，侧生的较小，披针状卵形或卵形，两侧稍不对称，边缘有锯齿。花序总状，密花，近直立或斜升，与叶柄近等长；花较小，白色，花瓣阔楔形，长约 1.5mm；花盘、花丝基部和子房均被柔毛。果近球形，径 6～7mm，红色。花期 8～9 月；果期 11 月。

【产地及习性】产广东海南岛各地和雷州半岛。生低海拔至中海拔地区的林下或灌丛中。越南北部也有分布。

【观赏评价与应用】异木患为低矮灌木，耐荫性强，园林中适于林下、林缘、水边丛植。

【同属种类】异木患属有 200 余种，分布于全世界的热带和亚热带。我国 11 种，分布于西南部、南部至东南部。

异木患

异木患

异木患

滨木患
Arytera littoralis

【形态特征】常绿小乔木或灌木，高 3～10m，很少达 13m；小枝圆柱状，有直纹，仅嫩部被短柔毛，皮孔多而密，黄白色。偶数羽状复叶，互生，无托叶；小叶 2～3 对，稀 4 对，近对生，长圆状披针形至披针状卵形，长 8～18cm，宽 2.5～7.5cm，全缘，两面无毛或背面侧脉腋内的腺孔上被毛；侧脉 7～10 对。聚伞圆锥花序腋生，常紧密多花，被锈色短绒毛；花芳香，花瓣 5，雄蕊通常 8。蒴果深裂为 2～3 果爿，发育果爿椭圆形，长 1～1.5cm，宽 7～9mm，红色或橙黄色；种子枣红色，假种皮透明。花期夏初；果期秋季。

【产地及习性】产云南、广西和广东三省区之南部，海南各地常见。生低海拔地区的林中或灌丛中。广布于亚洲东南部，向南至伊里安岛。

【观赏评价与应用】滨木患树冠宽阔、自然，树形优美，花朵虽小但芳香宜人，果实红黄色，是优良的庭院观赏树种，适于孤植、丛植。

【同属种类】滨木患属约 28 种，分布在澳大利亚和太平洋岛屿、东南亚。我国 1 种。

滨木患

滨木患

滨木患

龙眼
Dimocarpus longan

【别名】桂圆

【形态特征】常绿乔木；高达 20m，具板状根；幼枝和花序密生星状毛。偶数羽状复叶互生，长 15～30cm；小叶 3～6 对，长椭圆状披针形，长 6～15cm，宽 2.5～5cm，全缘，基部稍歪斜，表面侧脉明显。圆锥花序顶生和腋生，长 12～15cm；花黄白色。果球形，径 1.2～2.5cm；种子黑褐色。花期 4～5 月；果期 7～8 月。

【产地及习性】产我国和缅甸、马来西亚、老挝、印度、菲律宾、越南等国，野生见于海南、广东、广西、云南等地，多生于海拔 800m 以下。弱阳性，稍耐荫；喜暖热湿润气候，

无患子科 Sapindaceae

龙眼

车桑子

车桑子

车桑子

龙眼

龙眼

车桑子
Dodonaea viscosa

【别名】坡柳

【形态特征】灌木或小乔木，高 1～3m；小枝扁，有狭翅或棱角，覆有胶状黏液。单叶互生，形状和大小变异很大，一般为线形、线状匙形或长圆形，长 5～12cm，宽 0.5～4cm，全缘或浅波状，两面有黏液；侧脉多而密，甚纤细。花序顶生或腋生，密花，花梗纤细，萼片4，披针形或长椭圆形，雄蕊7～8。蒴果倒心形或扁球形，2～3翅，宽1.8～2.5cm。花期秋末；果期冬末春初。

【产地及习性】分布于西南部、南部至东南部，常生于干旱山坡、旷地或海边的沙土上。分布于全世界的热带和亚热带地区。

【观赏评价与应用】车桑子植株丛生，叶细如柳，花朵红黄色、繁密，耐干旱瘠薄，萌生力强，根系发达，是一种良好的固沙保土树种，可用于海边沙地、干旱山坡绿化造景，也适于庭院、公园栽培。种子油供照明和做肥皂。全株含微量氢氰酸，有毒。

【同属种类】车桑子属约65种，其中1种广布于全世界的热带和亚热带地区，其余种类主要产澳大利亚及其附近的岛屿。我国1种。

伞花木
Eurycorymbus cavaleriei

【形态特征】落叶乔木，高6～20m；树皮灰色；小枝被短绒毛。偶数羽状复叶，互生；小叶8～20枚，近对生，长椭圆形，长7～11cm，宽2.4～3.5cm。雌雄异株，伞房花序式的复圆锥花序顶生，长15～18cm。花朵小而芳香，花瓣长圆状匙形；雄蕊8枚。

伞花木

0℃左右时枝叶受冻。不择土壤，酸性土和石灰性土壤上均可生长；深根性，耐旱、耐瘠薄，忌积水。比荔枝耐寒和耐旱性均稍强。

【观赏评价与应用】龙眼是华南地区重要的果树，栽培品种甚多，种子之假种皮肉质而半透明，多汁而味甜，可食。华南各地常见栽培。树冠宽广，花果繁密，也常植于庭院、公园观赏，可孤植或与其他树种混植，也可成片种植。

【同属种类】龙眼属约7种，产亚洲南部和东南部、澳大利亚。我国4种。

无患子科　Sapindaceae

伞花木

伞花木

掌叶木

掌叶木

掌叶木

蒴果球形，径 7～9mm，3 深裂，密生灰褐色短绒毛。花期 5～6 月；果期 10 月。

【产地及习性】星散分布于长江中游至华南、西南和台湾，见于低山沟谷和溪谷林中，资源稀少，现存植株多为砍伐后的萌蘖株。弱阳性树种，喜温暖气候和阴湿环境，深根性，萌蘖力强，适生土壤为红壤或黄壤。

【观赏评价与应用】伞花木树姿优美，花序、果序硕大，花朵芳香，是优良的园林观赏树种，庭园中可栽培观赏。为第三纪残遗于中国的特有单种属植物，对研究植物区系和无患子科的系统发育有科学价值，被列为国家保护植物。

【同属种类】伞花木属仅 1 种，特产中国。

掌叶木
Handeliodendron bodinieri

【形态特征】落叶乔木或灌木，高达 8～15m。掌状复叶，对生；小叶 4 或 5，椭圆形至倒卵形，长 3～12cm，宽 1.5～6.5cm，两面无毛，背面散生黑色腺点。聚伞圆锥花序顶生，长达 10 常绿灌木 15cm，疏散多花；萼片椭圆形或卵形，花瓣长约 9mm，宽约 2mm；花丝长 5～9mm。蒴果长 2.2～3.2cm，其中柄状部分长 1～1.5cm；种子长 8～10mm。花期 4～5 月；果期 9～10 月。

【产地及习性】仅分布在广西与贵州接壤的石灰岩地区海拔 500～800m 林中或林缘，多生于石沟、洞穴、漏斗及缝隙等处，土层浅薄，根系露出岩石表面。产区属中亚热带，气候温和，雨量充沛，土壤为石灰岩上发育的薄层黑色石灰土和棕色石灰土。喜光树种，萌芽力强。

【观赏评价与应用】掌叶木花序大，花色优美，花瓣细长、红黄相间，在产区可栽培观赏。因人为破坏和生境特殊，资源稀少，处于濒危状态，被列为国家重点保护植物。桂林、贵阳等地曾有少量栽培。

【同属种类】掌叶木属仅有 1 种，为我国特有。FOC 将其归入七叶树科。

假山罗
Harpullia cupanioides

【别名】哈甫木

【形态特征】乔木，高达 20m，小枝粗壮，幼嫩部分被金黄色绒毛。偶数羽状复叶，互生，叶轴有直纹；小叶 3～6 对，偶 7 对，薄革质，斜披针形，两侧不对称，长 6～12cm，宽 2～4cm，侧脉约 10 对，纤细。花序疏散柔弱，腋生或顶生；花芳香，花梗长 6～8mm，花瓣楔形，稍肉质，长 8～10mm，雄蕊 5。蒴果近球形或横椭圆形，两侧扁，高约 2cm，

假山罗

无患子科 Sapindaceae

假山罗

假山罗

宽 2～3cm。花期春夏季；果期秋末。

【产地及习性】产云南、广东、海南，生林中、村边或路旁，海拔通常不超过700m。亚洲东南部至伊里安岛也有。

【观赏评价与应用】假山罗花朵芳香，果实熟时橙黄色或黄褐色，可作庭园绿化树种栽培。

【同属种类】假山罗属约26余种，分布于亚洲热带和澳大利亚。我国1种。

栾树
Koelreuteria paniculata

【别名】栾华、北京栾

【形态特征】落叶乔木，高达20m，树冠近球形。树皮灰褐色，细纵裂。奇数羽状复叶，有时部分小叶深裂而为不完全2回；小叶卵形或卵状椭圆形，长3～8cm，有不规则粗齿，近基部常有深裂片，背面沿脉有毛。花黄色，径约1cm，中心紫色。蒴果三角状卵形，长4～5cm，顶端尖，熟时红褐色或橘红色。花期6～8月；果9～10月成熟。

【产地及习性】分布于东亚，我国自东北南部、华北、长江流域至华南均产。喜光，稍耐半荫；耐干旱瘠薄；不择土壤，喜生于石灰质土壤上，也耐盐碱和短期水涝。深根性，萌蘖力强。抗污染。

【观赏评价与应用】栾树树冠宽阔，枝叶茂密，春季嫩叶紫红，入秋叶色变黄，夏季至初秋开花，满树金黄，秋季丹果盈树，非常美丽，是优良的花果兼赏树种。适宜作庭荫树、行道树和园景树，可植于草地、路旁、

栾树

栾树

栾树

池畔。也可用作防护林、水土保持及荒山绿化树种。北京植为行道树，天安门两侧栾树与松柏交相辉映。

【同属种类】栾树属共3种，分布于我国、日本至斐济群岛。我国3种均产，广布，均为优良园林观赏树种。

复羽叶栾树
Koelreuteria bipinnata
【*Koelreuteria integrifoliola*】

【别名】黄山栾

【形态特征】落叶乔木，高达20m；树冠广卵形。树皮暗灰色，片状剥落；小枝暗棕红色，密生皮孔。2回羽状复叶，长45～70cm；各羽片有小叶7～17，互生，稀对生，斜卵形，长3.5～7cm，宽2～3.5cm，全缘或有锯齿。花序开展，长达35～70cm；花金黄色，花萼5裂，花瓣4，稀5。蒴果椭球形，长4～7cm，径3.5～5cm，顶端钝而有短尖，嫩时紫色，熟时红褐色。花期6～9月；果期8～11月。

复羽叶栾树

复羽叶栾树

【产地及习性】产长江以南各省区。喜光，幼年耐荫；喜温暖湿润气候，耐寒性较栾树差，在山东中部幼树有冻害；对土壤要求不严，微酸性、中性土上均能生长。深根性，不耐修剪。

【观赏评价与应用】复羽叶栾树树体高大，枝叶茂密，冠大荫浓，夏秋开花，金黄夺目，不久就有淡红色灯笼似的果实挂满树梢；黄花红果，交相辉映，十分美丽。宜作庭荫树、行道树及园景树栽植，也可用于居民区、工厂区及农村"四旁"绿化。

台湾栾树
Koelreuteria elegans subsp. *formosana*

落叶乔木，高 15～17m 或更高。2 回羽状复叶；小叶 5～13 片，长圆状卵形，长 6～8cm，宽 2.5～3cm，形状和大小有变异，基部极偏斜，边缘有稍内弯锯齿或中部以下齿不明显而近全缘，两面无毛或下面脉腋有髯毛。圆锥花序顶生，长达 25cm；分枝和花梗被短柔毛；花黄色，径约 5mm；萼片 5，花瓣 5，雄蕊 7～8。蒴果膨胀，椭圆形，3 棱，长约 4cm。

我国台湾省特有。华南地区有栽培。

荔枝
Litchi chinensis

【形态特征】常绿乔木，高约 10m，偶达 15m。小枝棕红色，密生白色皮孔。偶数羽状复叶互生，无托叶；小叶 2～4 对，披针形或椭圆状披针形，长 6～15cm，宽 2～4cm，全缘，背面粉绿色。圆锥花序顶生，多分枝，被黄色毛；花单性，萼 4～5 裂；花瓣缺；花盘肉质；雄蕊 6～8，花丝有毛。核果球形或卵形，径 2～3.5cm，熟时红色，有显著突起小瘤体；种子具白色、肉质、半透明、多汁的假种皮。花期 3～4 月；果 5～8 月成熟。

【产地及习性】原产华南，广东西南部和

荔枝

海南有天然林，广泛栽培，品种众多。老挝、马来西亚、缅甸、新几内亚、菲律宾、泰国、越南也有分布。喜光，喜暖热湿润气候及富含腐殖质之深厚、酸性土壤，怕霜冻。

【观赏评价与应用】荔枝是我国著名的热带水果，栽培历史悠久。四季常绿，树形宽阔，新叶橙红色，既是著名的水果，也是园林中常用的造景材料。每逢农历二三月间，华南各地的荔枝树便开满缥白色的小花，团团簇簇，宛如片片香雪海；到了五月，朱实累累，灿若丹霞，正是"火齐云珠荔枝鲜"的时节。华南地区普遍种植，除了适于庭院、草地、建筑周围作庭荫树以外，还可以结合成片种植，如广州的荔枝湾湖公园、萝岗。

【同属种类】荔枝属1种，产亚洲东南部。我国分布并广泛栽培，为热带著名果树。

红毛丹
Nephelium lappaceum

【别名】毛荔枝

【形态特征】常绿乔木，高达10m；小枝圆柱形，仅嫩枝被锈色微柔毛。羽状复叶，连柄长15~45cm，叶轴稍粗壮；小叶2~3对，稀1或4对，薄革质，椭圆形或倒卵形，长6~18cm，宽4~7.5cm，顶端钝圆，基部楔形，全缘，两面无毛；侧脉7~9对。花序多分枝，与叶近等长或更长，被锈色短绒毛；花梗短；萼革质，裂片卵形，被绒毛；无花瓣；雄蕊长约3mm。果阔椭圆形，红黄色，连刺长约5cm，宽约4.5cm，刺长约1cm。花期夏初；果期秋初。

【产地及习性】原产于马来半岛，东南亚各国普遍栽培，美国夏威夷和澳大利亚也有栽培。我国广东南部、海南、云南和台湾有栽培。适于高温湿润的环境，气温降至8℃时叶片和嫩枝受害，低于5℃时大多枝枯叶落。土壤宜疏松肥沃、富含有机质、排水良好。

【观赏评价与应用】红毛丹是东南亚著名水果之一，泰国红毛丹有"果王"之称。树干粗大多分枝。树冠开张，叶色深绿，果实大而红黄色，密生红色软刺，结果期长，也是优良的观果对种，园林中可结合生产大量应用，亦可孤植、丛植于庭院观赏。

【同属种类】韶子属约22种，分布于亚洲东南部。我国2种，引入栽培1种，产云南、广西和广东三省区之南部。

韶子
Nephelium chryseum

常绿乔木，高10~20m。小叶常4对，稀2~3对，薄革质，长圆形，长6~18cm，宽2.5~7.5cm，全缘，背面粉绿色。花序多分枝，雄花序与叶近等长，雌花序较短。果椭圆形，红色，连柄长4~5cm，宽3~4cm；刺长1cm，两侧扁。花期春季；果期夏季。

产云南南部、广西南部和广东西部，约以北回归线为北限。菲律宾和越南也有分布。肉质假种皮味微酸，可食。

番龙眼
Pometia pinnata
【Pometia tomentosa】

【别名】绒毛番龙眼

【形态特征】常绿大乔木，高达50m，树冠阔大，有发达的板根。小枝、花序、叶轴和小叶被绒毛至近无毛。叶甚大，连柄长可至1.5m，小叶密挤，5~9对，有时达15对，近对生，第一对小而圆形、托叶状，其余的长圆形或上部的近楔形，长15~40cm，宽5~10cm，有整齐锯齿；小叶柄肿胀。花序顶生或腋生，主轴和分枝均粗壮而坚挺，长30~50cm；花瓣倒卵状三角形。果椭圆形或有时近球形，长3cm，宽1.6~2cm，无毛，有光泽。花期早春；果期夏季。

番龙眼

韶子

红毛丹

番龙眼

红毛丹

韶子

番龙眼

【产地及习性】产我国台湾的台东和兰屿，以及云南南部，为热带林上层主要树种之一。斯里兰卡、中南半岛、菲律宾、印度尼西亚也有分布。

【观赏评价与应用】番龙眼为著名的热带树种，板根发达，树形壮观，既是重要的用材树种，也是优美的庭院造景材料，孤植、群植均可。

【同属种类】番龙眼属1种，广布于亚洲各热带地区和太平洋岛屿，我国有分布。

无患子
Sapindus saponaria
【*Sapindus mukorossi*】

【别名】木患子、苦患树

【形态特征】落叶或半常绿，高达20m；树冠广卵形或扁球形；树皮灰褐色至深褐色，平滑不裂。小枝无毛，芽叠生。小叶8～16，互生或近对生，狭椭圆状披针形或近镰状，长7～15cm，宽2～5cm，先端尖或短渐尖，基部不对称，薄革质，无毛。圆锥花序顶生，长15～30cm，花黄白色或带淡紫色，花萼、花瓣5，雄蕊8。核果球形，径2～2.5cm，熟时黄色或橙黄色；种子球形，黑色。花期5～6月；果期9～10月。

【产地及习性】产长江流域及其以南各省区，为低山丘陵和石灰岩山地习见树种，也常栽培。日本、越南、印度、缅甸、至印度尼西亚等国也有分布。喜光，稍耐荫；喜温暖湿润气候，也较耐寒；对土壤要求不严，酸性、微碱性至钙质土均可。萌芽力较弱，不耐修剪。生长速度中等。

【观赏评价与应用】无患子主干通直，树姿挺秀，秋叶金黄，极为悦目，是美丽的秋色叶树种，颇具江南秀美的特色。适于用作庭荫树和行道树，常孤植、丛植于草坪、路旁、建筑物附近，秋日一片金黄，色彩绚丽，醉人心目。因其落叶期一致，落叶时满地如金，别有一番韵味。

【同属种类】无患子属约13种，分布于亚洲、美洲和大洋洲温暖地带。我国4种，产长江流域及其以南地区。

蕨叶罗望子
Sarcotoechia serrata

【别名】昆士兰罗望子

【形态特征】常绿小乔木，顶芽和嫩枝淡棕色，多少具卷曲或直立的毛。偶数羽状复叶；小叶6～12对，长2～5.5cm，宽1.2～2.5cm，小叶柄短或无，边缘有明显大锯齿，近于浅裂。花长5～10mm，花梗长约3～5mm，花萼裂片狭卵形，花瓣卵形或渐尖，长约2mm。果实扁椭圆球形或倒卵球形，

无患子

无患子

蕨叶罗望子

蕨叶罗望子

长 12~23mm,宽 12~25mm,常 2 裂,2 室,种子稍扁,卵圆形或椭圆形,长 14~17mm,宽 12~13mm,基部有微小的假种皮。

【产地及习性】原产澳大利亚,我国引入作园林观赏栽培。

【观赏评价与应用】蕨叶罗望子枝叶茂密,新枝叶棕色,叶形秀丽美观,可作观叶植物栽培。

【同属种类】本属约有 10~11 种,分布于大洋洲和新几内亚。

文冠果
Xanthoceras sorbifolium

【别名】文冠树、文冠花、文光果

【形态特征】落叶灌木或小乔木,高达 7m。小枝粗壮。奇数羽状复叶,互生;小叶 9~19 枚,对生或近对生,狭椭圆形至披针形,长 3~5cm,有锐锯齿,先端尖。总状花序顶生,长 15~25cm;花梗纤细,长约 2cm;萼片 5;花瓣 5,白色,内侧有黄色变紫红的斑纹;花盘 5 裂;雄蕊 8;子房 3 室。蒴果椭球形,径 4~6cm,果皮木质,室背 3 裂。种子黑色,径 1~1.5cm。花期 4~5 月;果期 7~8 月。

【产地及习性】产华北、西北,常见栽培。喜光,也耐半荫;耐寒;对土壤要求不严,以中性沙质壤土最佳;耐干旱瘠薄,耐轻度盐碱,在低湿地生长不良。根系发达,生长迅速,萌芽力强。

【观赏评价与应用】文冠果是华北地区重要的木本油料树种,而且花序硕大、花朵繁密,春天白花满树,也是优良的观花树种,可配植于草坪、路边、山坡,也用于荒山绿化。我国北方地区普遍栽培,在新疆吐鲁番盐碱上生长良好。

【同属种类】文冠果属仅 1 种,产我国北部、东北部和朝鲜。

文冠果

文冠果

文冠果

一百二十二、七叶树科 Hippocastanaceae

七叶树
Aesculus chinensis

【形态特征】落叶乔木，高达25m；树冠圆球形；小枝粗壮，髓心大；顶芽发达。掌状复叶，对生；小叶5～7 (9)，矩圆状披针形、矩圆形至矩圆状倒卵形，长8～25cm，宽3～8.5cm，具细锯齿，背面光滑或仅幼时脉上疏生灰色绒毛；侧脉13～15对；小叶柄长5～17mm。圆锥花序近圆柱形，长10～35cm，基部宽2.5～12cm，花朵密集、芳香；花瓣4，白色，不等大，上面两瓣常有橘红色或黄色斑纹；雄蕊6～7。蒴果近球形，径3～4.5cm，黄褐色，无刺；种子深褐色，种脐大。花期4～6月；果期9～10月。

【产地及习性】原产我国，黄河至长江中下游各地栽培，常见于庙宇。喜光，稍耐荫；喜温暖湿润气候，也耐寒；喜深厚肥沃而排水良好的土壤。深根性；萌芽力不强。生长速度中等偏慢，寿命长。

【变种】天师栗（var. *wilsonii*），叶片背面均被灰色绒毛或柔毛，基部阔楔形至圆形或近心形。产甘肃、陕西、河南、重庆、广东、贵州、湖北、湖南、江西、四川和云南，自然分布于海拔2000m以下山地。也常栽培。树冠圆形而宽大，可用为行道树和庭园树。

【观赏评价与应用】七叶树树干耸直，树冠开阔，姿态雄伟，叶片大而美，初夏白花满树，蔚然可观，是世界著名的观赏树木。最宜植为庭荫树和行道树，是世界四大行道树之一。我国古代常植于庙宇，有"菩提树"

七叶树

七叶树

七叶树

之称，如杭州灵隐寺、北京大觉寺、卧佛寺等均有七叶树古木。

【同属种类】七叶树属约12种，分布于北温带。我国2种，引入栽培2种。主产西南，北达黄河流域。

普罗提七叶树
Aesculus × carnea 'Briotii'

【别名】红花七叶树

落叶乔木，高达10～15m，树冠圆形。掌状复叶，小叶5～7枚，长9.5～20cm，无柄，有锯齿。圆锥花序长达25cm，花深红色；果近球形，径4～5cm，绿色上有多数褐色斑点，具微刺。花期4～5月。

是红花七叶树与欧洲七叶树的杂交种。树形美观，枝叶紧密，花色艳丽，盛花期满树红花极为美丽，适于公园草地、住宅区孤植，也可作行道树。

普罗提七叶树

普罗提七叶树

七叶树科 Hippocastanaceae

欧洲七叶树

红花七叶树
Aesculus pavia

【形态特征】落叶乔木，一般高 3～6m，最高可达 12m。树皮灰褐色，片状剥落，小枝粗壮，栗褐色，光滑无毛。掌形复叶，小叶通常 5 枚，或为 7 枚，长 7.5～15cm。新叶带红色，盛夏时为深绿色，秋季则为金黄色。圆锥花序，长 10～20cm；花红色或粉红色，长达 4cm。花期 4～5 月。

【产地及习性】原产北美洲。喜光，稍耐荫，适生于气候温暖、湿润地区，在深厚、肥沃、排水良好的土壤中生长最好最快。生长速度中等。深根性植物，侧根须根较少，移栽时需带土球。

【观赏评价与应用】红花七叶树是七叶树科中最美丽的一种，树形优美，满树的红花簇拥成团，点缀于绿叶间，仿佛是燃烧的火炬，极为壮观。叶片季相变化丰富，秋后叶片金黄色，是观花兼观叶的优良园林树种。国内栽培较少，北京、沈阳、大连、石家庄、长沙、西安等地有少量应用。适于草地孤植、丛植，也可种植在院落边缘，或与其他树种搭配，配置于树群外围。

欧洲七叶树
Aesculus hippocastanum

【形态特征】落叶乔木，高达 25～30m。小枝嫩时被棕色长柔毛，后无毛。小叶 5～7 枚，无小叶柄，小叶片倒卵形，长 10～25cm，宽 5～12cm，下面淡绿色，近基部有铁锈色绒毛。圆锥花序长 20～30cm，基部径约 10cm。花白色，有红色斑纹，较大，径约 2cm。蒴果直径 6cm，褐色，有刺长达 1cm。花期 5～6 月；果期 9 月。

【产地及习性】原产阿尔巴尼亚和希腊。我国引种，在上海、青岛及华北等地有栽培。

【观赏评价与应用】欧洲七叶树树冠广阔，花序大型，是欧美地区最为常见的园林树种之一，常栽作行道树和庭荫树。也有金叶品种。

金叶欧洲七叶树

欧洲七叶树

欧洲七叶树

红花七叶树

红花七叶树

红花七叶树

一百二十三、槭树科 Aceraceae

三角枫
Acer buergerianum

【别名】三角槭

【形态特征】落叶乔木，高达20m。树皮呈条片状剥落，黄褐色而光滑的内皮暴露在外。叶卵形至倒卵形，近革质，背面有白粉，3裂，裂深为全叶片的1/4～1/3，裂片三角形，全缘或仅在近先端有细疏锯齿。双翅果，长2～2.5cm，果核部分两面凸起，两果翅开张成锐角。花期4月；果期8月。

【产地及习性】产长江中下游各省至华南。日本也有分布。弱阳性树种，喜温暖湿润润气候，有一定的耐寒性；较耐水湿。萌芽力强，耐修剪。

【观赏评价与应用】三角枫树冠较狭窄，多呈卵形，树皮呈块状剥落，内皮黄褐色，叶形秀丽，宛如鸭蹼，入秋变暗红或橙黄，为营造秋季色叶景观的好材料，是优良的行道树，也适于庭园绿化，可点缀于亭廊、草地、山石间。老桩奇特古雅，是著名的盆景材料。

【同属种类】槭属约129种，分布于亚洲、欧洲、北美洲和非洲北部。我国96种，广布全国，另引入栽培多种。

太白槭
Acer caesium subsp. *giraldii*

【别名】太白深灰槭、纪氏槭

落叶乔木，高15～20m。树皮灰色。叶较小，纸质，径约11～12cm，基部近心形，3～5裂，边缘牙齿状，上面绿色，下面被白粉。伞房花序着生于小枝顶端，花淡黄绿色。翅果长4～5cm，近于直立，小坚果凸起，嫩时被疏柔毛，翅倒卵形，嫩时淡紫绿色。花期5月下旬至6月上旬；果期9月。

产陕西南部、甘肃东南部、湖北西部、四川、云南西北部和西藏东南部。生于海拔疏林中。

三角枫

三角枫

太白槭

太白槭

三角枫

太白槭

青皮槭
Acer cappadocicum

【形态特征】落叶乔木,高 15～20m。小枝平滑,紫绿色。叶纸质,长 12～18cm,宽 14～20cm,基部多为心形,常 5～7 裂,裂片三角卵形,全缘;主脉 5 条。花序伞房状,雄花与两性花同株,黄绿色。翅果长 4.5～5cm,小坚果压扁状,翅宽 1.5～1.8cm,张开近水平或钝角,常略反卷。花期 4 月;果期 8 月。

【产地及习性】产我国西藏南部,生于海拔 2400～3000m 疏林中。广布于土耳其、伊朗、尼泊尔和巴基斯坦。欧洲有引种。

【观赏评价与应用】青皮槭树冠开阔呈伞形或扁球形,树宽与树高几乎相同,是优良遮荫树,也是世界著名的观赏树木,欧洲早有引种,并培育出观叶品种,其中金叶青皮槭('Aureum'),新叶黄色。

紫果槭
Acer cordatum

【形态特征】常绿乔木,高 7～10m。小枝细瘦,嫩枝紫色或淡紫绿色。叶卵状长圆形,稀卵形,长 6～9cm,宽 3～4.5cm,基部近心形,叶缘仅先端具稀疏细锯齿,网脉显著成网状;叶柄紫色,长约 1cm。伞房花序长 4～5cm,3～5 花,总花梗淡紫色;萼片 5,紫色,花瓣 5,黄白色。翅果嫩时紫色,熟时黄褐色,长 2cm,果翅张开成钝角或近水平。花期 4 月下旬;果期 9 月。

【产地及习性】产湖北西部、四川东部、贵州、湖南、江西、安徽、浙江、福建、广东、广西。

【观赏评价与应用】紫果槭四季常绿,树形较小,适于小型庭院栽培观赏,可丛植、孤植。江西已选用出观赏价值较高的观叶和观果类型。

樟叶槭
Acer coriaceifolium
【*Acer cinnamomifolium*】

【别名】革叶槭

【形态特征】常绿乔木,高 10～20m。树皮粗糙。当年生嫩枝淡紫色,有淡黄色绒毛。叶革质,长圆状披针形或披针形,稀长圆状卵形,长 8～11cm,宽 3～5cm,全缘;上面绿色,无毛,下面被淡黄褐色绒毛,常有白粉;侧脉 4～6 对;叶柄淡紫色,嫩时有绒毛。伞房状花序,雄花与两性花同株;萼片淡绿色,长圆形,花瓣淡黄色,倒卵形,雄蕊长于花瓣。翅果长 3～3.5cm,果翅张开成钝角。花期 3 月;果期 7～9 月。

【产地及习性】产长江流域南部至华南、贵州、四川。生于山地疏林中。喜光,也耐荫;喜温暖湿润气候,也较耐寒,在南京生长良好,在山东东南部也可露地越冬。对土壤要求不严,较耐干旱瘠薄。

【观赏评价与应用】樟叶槭四季常绿,耐寒性强,是优良的庭院观赏树种,适于丛植或群植,可作早春花灌木或园林小品、雕塑的背景,也是良好的山地风景林树种。

青皮槭

金叶青皮槭

金叶青皮槭

紫果槭

紫果槭

紫果槭

樟叶槭

樟叶槭

樟叶槭

青榨槭
Acer davidii

【别名】青虾蟆、大卫槭

【形态特征】落叶乔木，高 10～15m。树皮绿色，常浅纵裂成蛇皮状。当年生嫩枝紫绿色。冬芽长卵形，长 4～8cm。单叶对生，长圆状卵形或长圆形，长 6～14cm，宽 4～9cm，先端尾状尖，边缘有不整齐钝锯齿，下面嫩时沿叶脉被紫褐色短柔毛；侧脉 11～12 对。花黄绿色，总状花序下垂，雄花序长 4～7cm，有花 9～12 朵；两性花序长 7～12cm，有花 10～30 朵。翅果黄褐色，开展呈钝角或几成水平，小坚果连同翅长 2.5～3cm。花期 4 月；果期 9 月。

【产地及习性】分布于华北、华东、中南、西南各省区，在黄河流域长江流域和东南沿海各省区，常生于海拔 500～1500m 的疏林中。较耐荫，耐寒，喜生于湿润的疏松土壤中。

【观赏评价与应用】青榨槭生长迅速，树形自然开张，枝繁叶茂，小枝绿色，呈竹节状，叶入秋黄紫色或紫红色，具有很高观赏价值。园林中可栽培观赏，最适于林缘、草地、庭院孤植或散植。

葛萝槭
Acer davidii subsp. *grosseri*

【形态特征】落叶乔木，高达 10m，分枝点低。树皮光滑，常有白色斑纹。小枝无毛，细瘦，当年生枝绿色或紫绿色。叶卵形或宽卵形，长 7～9cm，宽 5～6cm，具密而尖锐的重锯齿，3～5 裂，中裂片三角形或三角状卵形，嫩时下面基部有淡黄色丛毛。花淡黄绿色，总状花序下垂；花瓣倒卵形，雄蕊 8。翅果黄褐色，连同翅长 2.5～2.0cm，张开成钝角或近水平。花期 4 月；果期 9 月。

【产地及习性】产山东、河北、山西、河南、陕西、甘肃、湖北、湖南、安徽。生于海拔 500～1600m 的疏林中。

【观赏评价与应用】葛萝槭树皮奇特，常纵裂呈蛇皮状，小枝绿色，叶入秋紫红色，花朵黄绿色、繁密，具有很高观赏价值。园林中可栽培观赏，最适于疏林下、林缘、水滨、庭院孤植或散植，以就近欣赏其优美的枝干。

秀丽槭
Acer elegantulum

【别名】秀丽枫

【形态特征】落叶乔木，高 9～15m。叶较小，基部心形，宽 7～10cm，长 5.5～8cm，常 5 裂，裂片卵形或三角状卵形，长 2.5～3.5cm，基部宽 2.5～3cm，先端尖尾长 8～10mm，基部裂片较小；边缘具紧贴的细圆齿。花序圆锥状，花淡绿色，子房紫色，密生淡黄色长柔毛。翅果较小，长 2～2.3cm，小坚果凸起近球形，直径 6mm，翅张开近于水平。花期 5 月；果期 9 月。

【产地及习性】产浙江、安徽、福建、广西、湖南和江西，生于海拔 700～1000m 疏

秀丽槭

罗浮枫

扇叶槭

林中。弱度喜光，稍耐荫，喜温凉湿润气候，对土壤要求不严，在中性、酸性及石灰性土上均能生长，但以土层深厚、肥沃及湿润之地生长最好。生长速度中等，深根性，抗风力强。

【观赏评价与应用】秀丽槭秋叶红艳，树形较小，适宜庭院和小空间中作庭荫树，也可植为园路树，并适于营造风景林，可用为群落之中层树种，"染得千秋林一色，还家只当是春天"。华东地区园林中常栽培观赏。

罗浮枫
Acer fabri

【别名】红翅槭

【形态特征】常绿乔木，高 10m。当年生枝紫绿色或绿色。叶披针形、长圆披针形或长圆倒披针形，长 7~11cm，宽 2~3cm，全缘；侧脉 4~5 对，上面微现，下面显著。雄花与两性花同株，伞房花序；萼片紫色，花瓣白色。翅果嫩时红紫色，长 3~3.4cm，宽 8~10mm，小坚果凸起，果翅张开成钝角。花期 3~4 月；果期 9 月。

【产地及习性】产广东、广西、江西、湖北、湖南、四川。温暖湿润环境，较耐荫，也较耐寒，可耐短期 -10℃低温；喜肥沃湿润的微酸性土壤，也能生于微碱性土中。侧根发达，生长快。

【观赏评价与应用】罗浮槭树姿优美，叶片秀丽，嫩叶鲜红色，老叶凋落前也变成鲜红色，是亚热带和热带地区优良的彩叶树种，而且翅果红色，酷似红蜻蜓，极为优美。适于居住区、庭园绿化，也是优良的风景林、生态林树种。较耐荫，可作为群落的亚乔木层。

扇叶槭
Acer flabellatum

【别名】七裂槭

落叶乔木，高约 10m。叶近圆形，基部深心形，直径 8~12cm，常 7 裂，有时基部裂片再分为 2 枚小裂片；裂片卵状长圆形，先端锐尖，边缘具不整齐紧贴锯齿。花杂性，圆锥花序无毛，长 3~5cm；萼片淡绿色，花瓣淡黄色，雄蕊 8。翅果长 3~3.5cm，小坚果凸起，果翅张开近水平。花期 6 月；果期 10 月。

产湖北西部、四川、贵州、云南、广西北部、江西等，生于海拔 1500~2300m 疏林中。枝条绿色，叶形秀丽，秋叶红艳，可栽培观赏。

罗浮枫

扇叶槭

丽江槭
Acer forrestii

落叶乔木，高 10m，树皮粗糙。当年生枝红紫色。叶长圆卵形，长 7~12cm，宽 5~9cm，基部心形，边缘具钝尖的重锯齿，3 裂；中裂片三角卵形，先端尾状锐尖；侧裂片三角卵形；上面深绿色或紫绿色，下面淡绿色，被白粉。花黄绿色，雌雄异株，总状花序有 15~20 朵雄花或 5~12 朵雌花，顶生于着叶的小枝，发叶后始开花。翅果幼时紫红色，成熟后黄褐色；果翅张开成钝角。花期 5 月；果期 9 月。

产云南西北部和四川西南部，生于海拔 3000~3800m 的疏林中。

丽江槭

丽江槭

血皮槭
Acer griseum

【别名】马梨光

【形态特征】落叶乔木，高 10~20m。树皮赭褐色，薄片状脱落。3 小叶复叶；小叶

槭树科 Aceraceae

卵形、椭圆形或长椭圆形，长 5～8cm，宽 3～5cm，边缘有 2～3 个钝形大锯齿，下面淡绿色，略有白粉。花淡黄色，杂性，雄花与两性花异株。小坚果黄褐色，凸起，近于卵圆形或球形，长 8～10mm，宽 6～8mm，密被黄色绒毛；翅宽 1.4cm，连同小坚果长 3.2～3.8cm，张开近于锐角或直角。花期 4 月；果期 9 月。

【产地及习性】产河南西南部、陕西南部、甘肃东南部、湖北西部和四川东部；生于海拔 1500～2000m 的疏林中。喜光，亦耐荫；喜疏松肥沃土壤。生长速度较慢。

【观赏评价与应用】血皮槭树冠圆阔，树皮红色并呈片状斑驳脱落，叶片浓密，夏季深绿，秋季鲜红，鲜艳夺目，为优良的观干和秋色叶树种。适植于庭园溪边、池畔、路边、石旁、林缘，孤植或群植均宜，园林观赏价值高。

建始槭
Acer henryi

【别名】亨利槭、三叶槭

【形态特征】落叶乔木，高约 10m。小叶 3，椭圆形或长椭圆形，长 6～12cm，宽 3～5cm，全缘或近先端有稀疏钝锯齿，顶生小叶柄长 1cm。穗状花序下垂，长 7～9cm，常由 2～3 年生的无叶小枝旁生出；花淡绿色，雌雄异株。翅果长 2～2.5cm，嫩时淡紫色，熟后黄褐色，小坚果凸起，长 1cm，果翅张开成锐角或近直立。花期 4 月；果期 9 月。

【产地及习性】产山西南部、河南、陕西、甘肃、江苏、浙江、安徽、湖北、湖南、四川、贵州，常生于沟谷林下。

【观赏评价与应用】建始槭株型自然开张，新叶黄绿色，秋叶红色，华东园林中有栽培，可作庭荫树，或用于树群外围丰富景观层次。

羽扇枫
Acer japonicum

【别名】日本槭

【形态特征】落叶小乔木，高 5～8m。叶近圆形，径 9～12cm，基部深心形，常 9 裂，稀 7 或 11 裂；裂片卵形，先端锐尖，边缘具锐尖锯齿；裂片间凹缺狭窄，深达叶片 1/3，嫩时被白色绢状毛。花紫色，雄花与两性花同株，顶生伞房花序；萼片 5，紫色，长 6mm，

羽扇枫

羽扇枫

羽扇枫

宽4mm；花瓣5，椭圆形，先端钝圆，雄蕊8，子房淡紫色，密被长柔毛。翅果嫩时紫色，熟时淡黄绿色，长2.5～2.8cm，宽1cm，果翅张开成钝角。花期5月；果期9月。

【产地及习性】原产日本和朝鲜。温带树种，喜光，也较耐荫，耐寒性强，喜湿润、微酸性及排水性良好的土壤。

【观赏评价与应用】羽扇槭树形婆娑，叶片形如折扇，花朵较大而紫红色，花梗细长，累累下垂，颇为美观，秋叶红艳，是极优美的庭园观赏树种。树体较小，特别适合小型庭院、山石边、公园各处栽培观赏，也可用于盆栽、盆景。华东地区及辽宁等地有引种栽培。

复叶槭
Acer negundo

【别名】梣叶槭、美国槭

【形态特征】落叶乔木，高达20m。小枝光滑，有白粉。奇数羽状复叶；小叶3～7，卵形至椭圆状披针形，长8～10cm，宽2～4cm，常有3～5个粗锯齿，顶生小叶3浅裂。雌雄异株，雄花序聚伞状，雌花序总状，均由无叶的小枝旁生出，常下垂。花小，黄绿色，无花瓣及花盘，雄蕊4～6，子房无毛。果翅狭长，两翅成锐角或近于直角。花期4～5月；果期8～9月。

【产地及习性】原产北美，东北、华北、西北至长江流域均有引种栽培，约有百年的历史。喜光，喜冷凉气候，耐干冷，对土壤要求不严，耐轻度盐碱，稍耐水湿。在东北和华北生长较好，长江下游生长不良。

【观赏品种】金叶复叶槭（'Auratum'），叶片春季金黄色，后渐变为黄绿色。花叶复叶槭（'Variegatum'），绿色叶片中具有粉红色和乳白或乳黄色的斑块，十分美丽。

【观赏评价与应用】复叶槭早春开花，花蜜很丰富，是很好的蜜源植物。生长迅速，树冠广阔，夏季遮荫条件良好，可作行道树或栽培。

复叶槭

复叶槭

金叶复叶槭

花叶复叶槭

庭园树，用以绿化城市或厂矿。

飞蛾槭
Acer oblongum
【*Acer discolor*；*Acer eucalyptoides*】

【别名】飞蛾树、异色槭

【形态特征】常绿乔木，高10m，稀达20m。树皮粗糙，裂成薄片脱落。小枝细瘦，嫩枝紫绿色，近无毛。叶革质，长圆卵形，长5～7cm，宽3～4cm，全缘，幼叶有时3裂，下面有白粉；侧脉6～7对，基部一对较长。花绿色或黄绿色，雄花与两性花同株，伞房花序被短毛，顶生；萼、瓣5，雄蕊8。翅果嫩时绿色，熟时淡黄褐色，长约1.8～2.5cm，宽8mm，果翅张开近于直角。花期4月；果期9月。

飞蛾槭

飞蛾槭

飞蛾槭

【产地及习性】产陕西南部、甘肃南部、湖北西部、四川、贵州、云南和西藏南部。尼泊尔和印度北部也有分布。

【观赏评价与应用】飞蛾槭为常绿小乔木，株型紧凑，枝叶繁茂，叶两面异色，在风中绿白变幻，是优良的庭院观赏树种，适于庭院及公园各处孤植、丛植，也可用作群落中层乔木。

鸡爪槭
Acer palmatum

【形态特征】落叶小乔木，高5～8m；树冠伞形，枝条开张，细弱。单叶对生，近圆形，薄纸质，掌状7～9深裂，裂深常为全叶片的1/2～1/3，基部心形，裂片卵状长椭圆形至披针形，先端尖，有细锐重锯齿，背面脉腋有白簇毛。伞房花序径约6～8mm，萼片暗红色，花瓣紫色。果长1～2.5cm，两翅开展成钝角。花期5月；果期9～10月。

【产地及习性】原产日本及朝鲜，我国各地尤其是长江流域各省普遍栽培。弱阳性，最适于侧方遮荫；喜温暖湿润，耐寒性不如元宝枫和三角枫，其中又以红枫耐寒性最差；喜肥沃湿润而排水良好的土壤，酸性、中性和石灰性土壤均能适应，不耐干旱和水涝。

【变种】条裂鸡爪槭（var. *linearilobum*），叶深裂达基部，裂片线形，缘有疏齿或近全缘。

【观赏品种】红枫（'Atropurpureum'），叶片常年红色或紫红色，枝条紫红色。羽毛枫（'Dissectum'），叶片掌状深裂几达基部，裂片狭长，又羽状细裂，树体较小。红羽毛枫（'Dissectum Ornatum'），与羽毛枫相似，但叶常年红色。夕佳鸡爪槭（'Higasayama'），叶色优美多变，春叶沿叶脉两侧绿色，其余部分乳白至粉红色，夏季绿色，秋叶红色或黄色。

【观赏评价与应用】鸡爪槭姿态潇洒、婆娑宜人，叶形秀丽、秋叶红艳，是著名的庭院观赏树种。其优美的叶形种类能产生轻盈秀丽的效果，使人感到轻快，因而非常适于小型庭园的造景，多孤植、丛植于庭前、草地、水边、山石和亭廊之侧，也可植于常绿针叶

夕佳鸡爪槭
红羽毛枫

鸡爪槭

树、阔叶树或竹丛之前侧，经秋叶红，满树如染，在绿色背景衬托下可最好地表现红叶的鲜艳，足以一破岑寂秋色。

色木槭
Acer pictum subsp. *mono*
【*Acrer mono*】

【别名】五角枫

【形态特征】落叶乔木，高达20m；树皮纵裂。小枝细瘦，当年生枝绿色或紫绿色。叶近椭圆形，长6～8cm，宽9～11cm，基部截形或心形，掌状5裂，有时3或7裂，裂片卵形、全缘，主脉5，上面显著，侧脉在两面均不显著。花黄绿色，聚伞花序顶生。翅果幼时紫绿色，熟时淡黄色，果翅展开成钝角，长为果核2倍。花期5～6月；果期9～10月。

【产地及习性】产东北、华北和长江中下游地区至云南、四川，为低山和中高山阔叶林或针阔叶混交林常见树种。也产于日本、朝鲜、蒙古、俄罗斯远东。

色木槭

色木槭

色木槭

【观赏评价与应用】色木槭树冠宽阔，树形优美，秋叶红艳，是优良的秋叶色树种，最适宜营造山地风景林，也可栽培供庭园观赏，作庭荫树或行道树。

细裂槭
Acer pilosum var. *stenolobum*
【*Acer stenolobum*】

【形态特征】落叶小乔木，高约5m。叶长3～5cm，宽3～6cm，基部近截形，深3裂，裂片长圆披针形，宽7～10mm，两侧近平行，全缘，稀中上部有2～3枚粗锯齿，中裂片直伸、侧裂片平展；主脉3，侧脉8～9对。花淡绿色，花瓣长圆形或线状长圆形，雄蕊5。翅果嫩时淡绿色，熟后淡黄色，长2～2.5cm，果翅张开成钝角或近直角。花期4月；果期9月。

【产地及习性】产内蒙古西南部、山西西部、宁夏东南部、陕西北部和甘肃东北部，生于较阴湿的山坡或沟底，也有栽培。

细裂槭

细裂槭

细裂槭

【观赏评价与应用】细裂槭叶型十分别致奇特，叶的3裂片与叶柄一起组成十字形，且入秋转红，是一种形色皆美的观叶树种，适于黄河流域各地栽培观赏，宜孤植、丛植。北京、西安等地有栽培。

红花槭
Acer rubrum

【别名】美国红枫、北美红花槭

【形态特征】落叶小乔木，高达12～18m，树冠呈椭圆形或近球形。单叶对生，掌状3～5裂，长5～10cm；新叶微红色，后变绿色。花簇生，红色或淡黄色，小而繁密，先叶开放。翅果红色，熟时变为棕色，长2.5～5cm。花期3～4月；果期9～10月。

【产地及习性】原产北美洲。我国北部有引种栽培。耐寒性强，不耐湿热，在长江流域表现一般；较耐寒，不耐水湿。生长较快，年生长量可达0.6～1m。

红花槭

红花槭

【观赏评价与应用】红花槭树干通直、高大，新叶及花红色，秋叶亮红色，挂叶期长，极为绚丽，是世界著名的秋色叶树种，适于庭院、山地风景区造景，也可用作行道树。我国北方常见栽培，不适合长江以南地区。国内北方地区常栽培，常见品种有夕阳红、十月光辉、秋日烈焰等，华东地区也有栽培，但生长表现不如北方。

中华槭
Acer sinense

【别名】华槭、丫角树

【形态特征】落叶乔木，高 3～5m，稀达 10m。叶近革质，基部近心形，长 10～14cm，宽 12～15cm，常 5 裂；裂片长圆卵形或三角状卵形，深达叶片长度的 1/2，下面淡绿色，有白粉，先端锐尖，除基部外边缘有紧贴的圆齿状细锯齿。花白色，雄花与两性花同株，圆锥状花序顶生，下垂，长 5～9cm；雄蕊 5～8，子房有密的白色疏柔毛。翅果淡黄色，长 3～3.5cm，果翅张开近于锐角或钝角，小坚果特别凸起。花期 5 月；果期 9 月。

【产地及习性】产湖北西部、四川、湖南、贵州、广东、广西，生于海拔 1200～2000m 混交林中。

【观赏评价与应用】中华槭株型较为低矮，花色素雅，秋叶红艳，园林中适于庭院、窗前、路旁等地孤植或丛植，也可用于营造风景林，可作群落之外围树种，或点缀于林间空地。华东地区常见栽培。

茶条槭
Acer tataricum subsp. *ginnala*

【别名】茶条枫

【形态特征】落叶灌木或小乔木，一般高约 2m，偶可高达 10m。叶卵状椭圆形，长 6～10cm，宽 4～6cm，常羽状 3～5 裂，中裂片较大，基部圆形或近心形，缘有不整齐重锯齿，表面无毛，背面脉上及脉腋有长柔毛。花杂性，伞房花序圆锥状，顶生。果核两面突起，果翅张开成锐角或近于平行，紫红色。花期 5～6 月；果期 9 月。

【产地及习性】产东北、华北及长江下游各省，生于低海拔的山坡疏林中。日本、朝鲜、俄罗斯东西伯利亚和蒙古也有分布。喜光，耐半荫，耐寒，耐干旱，也耐水湿。萌蘖性强。

【亚种】苦茶槭（subsp. *theiferum*），叶卵

形或椭圆状卵形，不分裂或不明显分裂，边缘有不规则的锐尖重锯齿，下面有白色疏柔毛；花序有白色疏柔毛；子房有疏柔毛，翅果较大，长2.5～3.5cm，张开近于直立或成锐角。花期5月；果期9月。产华东和华中各省区。

【观赏评价与应用】茶条槭株丛自然，叶形美丽，花朵黄绿色，幼果粉紫色，秋叶红艳，是北方良好的庭园观赏树种，孤植、列植、丛植、群植均可。较为耐荫，可作群落之下木，或散植于疏林下。也可修剪成绿篱，或整形树供庭院点缀。

青楷槭
Acer tegmentosum

【别名】青楷子、辽东槭

落叶乔木，高10～15m。树皮灰色，平滑。小枝无毛，当年生枝紫色或绿紫色。单叶互生，近圆形或卵形，长10～12cm，宽7～9cm，下面脉腋有淡黄色毛丛；常5浅裂，裂片三角形，有钝尖的重锯齿，主脉5条由基部生出。总状花序，花杂性，黄绿色。翅果长2.5～3cm，果翅开展成钝角或近水平。花期4月；果期9月。

产我国东北，朝鲜北部、俄罗斯远东地区也有分布，生于针阔混交林或杂木林内、林缘。

桦叶四蕊槭
Acer stachyophyllum subsp. betulifolium
【Acer tetramerum；Acer tetramerum var. betulifolium】

【别名】四蕊槭

落叶乔木，高7～12m。小枝细瘦，紫色或紫绿色。叶卵形或卵状椭圆形，长5～10cm，宽2.5～7cm，基部圆形或近截形，先端尖尾，边缘有锐尖锯齿，侧脉4～6对。雌雄异株，总状花序，花黄绿色，雄花序很短，3～5花，雌花序长4～5cm，5～8花。萼片、花瓣、雄蕊4，稀5～6枚雄蕊，子房紫色。翅果长3～5.5cm，翅长圆形，张开成直角至近直立。花期4～5月；果期9月。

产河南西部、陕西南部、甘肃南部、宁夏、湖北西部、四川和云南，生于海拔1400～3300m疏林中。小枝及叶柄红色，华北地区常栽培观赏。

元宝枫
Acer truncatum

【别名】华北五角枫

【形态特征】落叶乔木，高达12m；树冠伞形或近球形。叶宽矩圆形，长5～10cm，宽6～15cm，掌状5～7裂，深达叶片中部；裂片三角形，全缘，掌状脉5条出自基部，叶基常截形。伞房花序顶生；萼片黄绿色，花瓣黄白色。果熟时淡黄色或带褐色，连翅在内长2.5cm，果柄长2cm，两果翅开张成直角或钝角，翅长等于或略长于果核。花期4～5月；果8～10月成熟。

【产地及习性】产黄河中下游各省，多生于海拔1000m以下的低山丘陵和平地。弱阳性，喜温凉气候和肥沃、湿润而排水良好的土壤，在酸性、中性和钙质土上均可生长。有一定耐旱力，不耐涝。萌蘖力强，深根性，抗风。耐烟尘和有毒气体。

槭树科 Aceraceae

元宝枫

【产地及习性】产于河南西南部、陕西南部、甘肃东南部、湖北西部、湖南西北部、四川和贵州东北部，多生于阴坡潮湿的杂木林或灌木林中，喜散射光。

【观赏评价与应用】金钱槭是中国珍稀树种，枝叶美丽，果实奇特，果序犹如一串金钱，别具情趣，常栽培观赏。

【同属种类】金钱槭属共有2种，均为我国特产，主要分布在西部和南部。

金钱槭

【观赏评价与应用】元宝枫树冠伞形，绿荫浓密，叶形秀丽，春叶紫红，秋叶或红或黄，是著名的秋色叶树种，可广泛用作行道树、庭荫树，也可配植于水边、草地和建筑附近，在松林中点缀数株，秋季则万绿丛中一点红，引人入胜，华北地区广泛栽培。

岭南槭
Acer tutcheri

落叶小乔木，高5～10m。小枝细瘦，无毛，当年生枝绿色或紫绿色。叶外貌阔卵形，长6～7cm，宽8～11cm，常3裂，稀5裂，裂片三角状卵形，先端锐尖，边缘具尖锯齿或近基部全缘。短圆锥花序长6～7cm，顶生于着叶的小枝上，萼片黄绿色，花瓣淡黄白色。翅果嫩时红色，熟时淡黄色。花期4月；果期9月。

产浙江南部、江西南部、湖南南部、福

岭南槭

建、广东和广西东部，生于海拔300～1000m的疏林中。翅果嫩是鲜红色，极为优美，是优良的观赏树种。

金钱槭
Dipteronia sinensis

【别名】双轮果

【形态特征】落叶乔木，高5～10m，稀达15m。小枝纤细，幼时紫绿色。奇数羽状复叶对生，长20～40cm；小叶7～13，长圆状卵形或长圆状披针形，长7～10cm，宽2～4cm，顶端锐尖或长锐尖，基部圆形或宽楔形，边缘具稀疏钝锯齿，无毛或叶背脉腋有簇毛；侧脉10～12对。花白色，杂性同株，圆锥花序直立，顶生或腋生；萼片、花瓣5，雄蕊8。翅果，径2～3.3cm，果核周围具圆形翅，小坚果径5～6mm，熟时黄色。花期4月；果期9月。

岭南槭

金钱槭

金钱槭

一百二十四、橄榄科 Burseraceae

橄榄
Canarium album

【形态特征】常绿乔木，高达 25m，枝条开展，树冠近球形。幼枝被黄棕色绒毛。小叶 3～6 对，披针形或椭圆形，长 6～14cm，宽 2～5.5cm，全缘。花序腋生，雄花序为聚伞圆锥花序，长 15～30cm，多花；雌花序为总状，长 3～6cm，具花 12 朵以下。花黄白色。果实椭圆形或纺锤形，长 2.5～3.5cm，初黄绿色，后变黄白色，有皱纹。果核两端锐尖。花期 4～6 月；果期 9～12 月。

【产地及习性】产华南，福建、广东、广西、台湾、贵州、四川等地均有分布并常见栽培，浙江南部也有栽培。越南亦产，日本及马来半岛有栽培。生于沟谷和山坡杂木林中。生长期需高温，不耐霜冻；主根深，较耐旱，不耐湿，适生于沙质壤土、石灰质土和土层深厚的冲积土。

【观赏评价与应用】橄榄树姿优美，绿荫如盖，花朵芳香，果实为著名果品，是优美的绿荫树和食用、观赏果木，热带地区可植为行道树和庭荫树，适于大型庭院和公园。也是很好的防风树种。果可生食或渍制。早在晋朝，《南方草木状》对橄榄已有记载，而苏轼赞曰："纷纷青子落红盐，正味森森苦且严；待得味甘回齿颊，已输崖蜜十分甜。"

【同属种类】约 75 种，分布于非洲、热带亚洲和大洋洲东北部及太平洋岛屿。我国 7 种，产华南和云南，常栽培。

一百二十五、漆树科 Anacardiaceae

腰果
Anacardium occidentale

【别名】鸡腰果、槚如树

【形态特征】常绿灌木或小乔木，高4～10m；小枝黄褐色。叶倒卵形，长8～14cm，宽6～8.5cm，先端圆或微凹，全缘，两面无毛，侧脉和网脉两面突起。圆锥花序宽大，长10～20cm，多花密集，密被锈色微柔毛；花黄色，杂性；花瓣线状披针形，开花时外卷；雄蕊7～10，常仅1个发育。核果肾形，长2～2.5cm，宽约1.5cm，果基部为肉质梨形的假果所托，假果长3～7cm，熟时紫红色；种子肾形，长1.5～2cm，宽约1cm。

【产地及习性】原产热带美洲，现全球热带广为栽培。华南、云南引种，适于低海拔的干热地区栽培。喜光，喜温暖，不耐寒；对土壤适应性较强，土层深厚、排水良好的中性或微酸性土最宜。

【观赏评价与应用】腰果树冠宽达，绿荫如盖，四季常青，果实大而奇特，既是世界著名的干果树种，也可供庭院栽培观赏。其肉质假果可生食或制果汁、蜜饯；种子炒食，亦可加工。

【同属种类】腰果属约10种，主产热带美洲，其中1种全球热带广为栽培，我国云南、广西、广东、福建等省区有少量引种。

南酸枣
Choerospondias axillaris

【别名】五眼果、酸枣

【形态特征】落叶乔木，高8～20m；树皮片状剥落。奇数羽状复叶互生，长25～40cm；小叶7～15枚，对生，卵状披针形，长4～12cm，宽2～4.5cm，背面脉腋有簇毛，全缘或萌芽枝上的叶有锯齿。花杂

腰果

腰果

南酸枣

南酸枣

南酸枣

性异株，雄花和假两性花淡紫红色，组成聚伞状圆锥花序，长4～10cm；雌花单生叶腋，较大；花萼、花瓣均5枚，雄蕊10枚；花盘10裂；子房上位，5室。核果椭圆形，黄色，长2.5～3cm，果核顶端5孔。花期4月；果期8～10月。

【产地及习性】产西南、华南至长江流域南部，生于海拔300～2000m的山坡、丘陵或沟谷林中。也分布于印度、中南半岛和日本。喜光，稍耐荫；喜温暖湿润气候，不耐寒；喜土层深厚而排水良好的酸性和中性土壤，不耐水淹和盐碱。浅根性；萌芽力强。生长速度较快。

【观赏评价与应用】南酸枣树干通直，冠大荫浓，生长快、适应性强，是良好的庭荫树和行道树。孤植或丛植草坪、坡地、水畔，或与其他树种混交成林均适宜。也是产区较好的速生造林树种。果可生食或酿酒；果核可作活性炭原料；茎皮纤维可作绳索。

【同属种类】南酸枣属仅有1种，产中国和印度北部、中南半岛、日本。

黄栌
Cotinus coggygria

【形态特征】落叶小乔木或大灌木，高3～8m；树冠近圆形。叶宽椭圆形至倒卵形，长3～8cm，宽2.5～6cm，两面有柔毛，先端圆形或微凹；侧脉6～11对；叶柄长达3.5cm。花序被柔毛，花梗长7～10mm。花杂性，黄绿色，径约3mm；花瓣卵形或卵状披针形。花盘5裂，紫褐色；花柱3，不等长。果肾形，长约4mm，宽2.5mm；不孕花的花梗在花后伸长，密被紫色羽状毛，远观如紫烟缭绕。花期2～8月；果期5～11月。

【产地及习性】原种产匈牙利和捷克斯洛伐克。我国有3变种，分布于北部、中部至西南，多生于海拔700～2400m山区较干燥的阳坡。喜光，耐半荫；耐寒，耐干旱瘠薄，但不耐水湿。能适应酸性、中性和石灰性等各种土壤。萌芽力和萌蘖性强。

【变种】毛黄栌（var. *pubescens*），叶片宽椭圆形，背面密生柔毛，尤沿中脉和侧脉为密；花序无毛或近无毛。灰毛黄栌（var. *cinerea*），又名红叶，叶片倒卵形，两面被柔毛、背面更密，花序被柔毛；花期2～5月。

【观赏品种】紫叶黄栌（'Purpureus'），叶紫色。

【观赏评价与应用】黄栌树冠浑圆，秋叶红艳，鲜艳夺目，是我国北方最著名的秋色叶树种，夏初不育花的花梗伸长成羽毛状，簇生于枝梢，犹如万缕罗纱缭绕于林间，故而有"烟树"（smoke tree）之称。唐代诗人于佑"红叶题诗"的一段佳话指的就是黄栌，"一联佳句随流水，十载幽思满素怀；今日却成鸾凤友，方知红叶是良媒。"

黄栌最适于大型公园、山地风景区内群植成林，北京西山以黄栌红叶而著名，"晴雪红叶西山景"乃著名的"燕京八景"之一。每年深秋，漫山遍野飘满朵朵"红云"，鲜艳妖娆、瑰丽璀璨，溪谷掩映、楼台影动，似霞如锦，"西山红叶好，霜重色愈浓。"在庭园中，黄栌则可孤植、丛植于草坪一隅，山石之侧，也可混植于树丛间或就常绿树群边缘植之。

【同属种类】黄栌属5种，分布于南欧、亚洲东部和北美洲温带。我国3种，产西南至西北、华北。

四川黄栌
Cotinus szechuanensis

落叶灌木，高2～5m。叶薄纸质，近圆形或阔卵形，长2～6cm，宽2～5cm，先端圆形，叶面无毛，叶背脉腋显著具髯毛。圆锥花序顶生，分枝纤细；花梗长3～4mm，花后不孕花花梗伸长，被淡紫色长柔毛；花瓣椭圆状长圆形。核果肾形，长约4.5mm，宽约3mm，外果皮无毛，具脉纹。

产四川西北部；生于海拔800～1900m的山坡草地或杂木林中。

黄栌

紫叶黄栌

黄栌

四川黄栌

漆树科　Anacardiaceae

人面子
Dracontomelon duperreanum

【别名】人面树

【形态特征】常绿大乔木，高达20m；幼枝具条纹，被灰色绒毛。奇数羽状复叶长30～45cm，叶轴和叶柄具条纹；小叶5～7对，互生，近革质，长圆形，自下而上渐大，长5～14.5cm，宽2.5～4.5cm，基部常偏斜，全缘，侧脉8～9对。圆锥花序顶生或腋生，长10～23cm；花白色，花瓣披针形或狭长圆形，长约6mm，宽约1.7mm，芽中先端黏合，开花时外卷，具3～5条纵脉。核果扁球形，长约2cm，径约2.5cm，熟时黄色，果核上面盾状凹入。

【产地及习性】产云南、广西、广东；生于低海拔林中。广西和广东亦有引种栽培。分布于越南。阳性树种，喜温暖湿润的气候，对土壤要求不严，以土层深厚、疏松而肥沃

的壤土为宜。

【观赏评价与应用】人面子树冠圆伞形，枝叶浓密，树形高大优美，遮荫效果良好，是华南地区常见的行道树。果核有大小不等5孔，状如人面，故名人面子。果肉可食或盐渍作菜。

【同属种类】人面子属约8种，分布于中南半岛、马来西亚至斐济岛。我国西南和南部有2种。

杧果
Mangifera indica

【形态特征】常绿乔木。高达18m；树冠球形。单叶互生，全缘。叶常聚生于枝梢，革质，长披针形，长10～40cm，宽3～6cm，先端渐尖，基部圆形，叶缘波状全缘，表面暗绿色；嫩叶红色。花杂性，圆锥花序；黄白色，芳香；雄蕊5，常仅1个发育。果实大，肾状长椭圆形或卵形，橙黄色至粉红色，长达10cm，宽达4.5cm。花期2～4月；果期6～7月。

【产地及习性】原产热带亚洲，华南常见栽培，海南是我国主产区之一。喜阳光充足和温暖湿润的气候，适生于年均温度22℃以上

的地区；喜深厚肥沃而排水良好的酸性沙质壤土，不耐水湿。根系发达，生长迅速，寿命可达300～400年以上。

【观赏评价与应用】杧果是热带著名水果，有果中之王的称号，叶、花、果俱美，树冠高大宽阔，嫩叶具有古铜、紫红、红等各种美丽的颜色，果形别致，是华南地区优美的绿荫树和观果树种，适于庭园造景，也常见植为行道树，在风景区内则可结合生产大量栽培。

【同属种类】杧果属约69种，分布于热带亚洲，以马来西亚为多，西至印度和斯里兰

卡，东达菲律宾和伊里安岛，北经印度至我国西南和东南部，南抵印度尼西亚。我国5种，其中1种为引入栽培，产东南至西南部。

天桃木
Mangifera persiciforma

【别名】扁桃树

【形态特征】常绿乔木，高10～19m；小枝圆柱形。叶薄革质，狭披针形或线状披针形，长11～20cm，宽2～2.8cm。圆锥花序顶生，长10～19cm，花黄绿色，花瓣4～5，长圆状披针形。果桃形，略压扁，长约5cm，宽约4cm，果肉较薄，果核大，斜卵形或菱状卵形，长约4cm，宽约2.5cm。

【产地及习性】中国特有植物，分布于云南、广西、贵州等地。

【观赏评价与应用】天桃木树干挺直，枝叶稠密，树冠略成宝塔形，为良好的庭园和行道绿化树种。南宁市市树，已作行道树栽培。果甜美，香味浓郁，营养丰富。

天桃木

天桃木

天桃木

黄连木
Pistacia chinensis

【别名】楷木

【形态特征】落叶乔木，高达30m；树冠近圆球形；树皮薄片状剥落。枝叶有特殊气味。小叶10～14，披针形或卵状披针形，长5～8cm，宽1～2cm，先端渐尖，基部偏斜。圆锥花序，雄花序淡绿色，长5～8cm，花密生；雌花序紫红色，长15～20cm，疏松。核果，熟时红色至蓝紫色。花期3～4月；果期9～11月。

黄连木

黄连木

黄连木

【产地及习性】分布广泛，北自河北、山东，南达华南、西南均有生长。喜光，幼树稍耐荫，对土壤要求不严，尤喜肥沃湿润而排水良好的石灰性土。耐干旱瘠薄，不耐水湿。萌芽力强。

【观赏评价与应用】黄连木树冠近球形或团扇形，叶片秀丽并于春秋两季均极艳丽，春叶及花序紫红，秋叶鲜红或橙黄，云蒸霞蔚，灿烂如金。加之果实红色或蓝紫色，既可观叶，又可赏果，是著名的风景树，常用作山地风景林、公园秋景林的造林树种。在城市公园中，黄连木适于草坪、谷口及山坡孤植，是优良的园景树，也供行道树用。

【同属种类】黄连木属约10种，分布于地中海地区、亚洲东部至东南部和北美洲南部。我国2种，引入1种，除东北和内蒙古外均有分布。

清香木
Pistacia weinmanniifolia

【别名】细叶楷木、香叶树、紫叶

【形态特征】落叶灌木或小乔木，高2～8m，稀达10～15m。偶数羽状复叶互生，小叶4～9对，叶轴具狭翅，小叶革质，较小，长1.3～3.5cm，宽0.8～1.5cm。花序腋生，与叶同出，被黄棕色柔毛和红色腺毛；花小，紫红色。核果球形，长约5mm，径约6mm，熟时红色。花期3～4月；果期8～10月。

【产地及习性】产云南、西藏、四川、贵州、广西；生于海拔580～2700m的石灰山林下或灌丛中。分布于缅甸。叶可提芳香油，叶及树皮供药用。阳性树，亦稍耐荫，要求土层深厚。萌发力强，生长缓慢，寿命长。

清香木

清香木

漆树科 Anacardiaceae

清香木

【观赏评价与应用】清香木全株具浓香，枝叶青翠，叶片细小，适嫩叶呈红色，果实亦为红色，可用于园林造景。萌芽力强，适合整形，可作庭院美化、绿篱，也是常见的盆景材料。

盐肤木
Rhus chinensis

【别名】五倍子树

【形态特征】落叶小乔木，高8～10m。枝开展，树冠圆球形。小枝有毛，柄下芽，冬芽被叶痕所包围。奇数羽状复叶，叶轴有狭翅，小叶7～13，卵状椭圆形，有粗钝锯齿，背面密被灰褐色柔毛，近无柄。圆锥花序顶生，密生柔毛；花小，乳白色。核果扁球形，橘红色，密被毛。花期7～8月；果10～11月成熟。

【产地及习性】分布于东北南部、华北、甘肃、陕西、华东至华南、西南，生于海拔170～2700m阳坡、丘陵、河谷疏林或灌丛中。日本、朝鲜、中南半岛、印度、马来西亚及印度尼西亚亦有分布。喜光，喜温暖湿润气候，也耐寒冷和干旱；不择土壤，不耐水湿。生长快，寿命短。

【观赏评价与应用】盐肤木树冠开展，秋叶鲜红，果实也为橘红色，颇为美观，可植于园林绿地栽培观赏，适于自然式园林应用，可于草地、林缘或林中空地丛植、山石间点缀，或用于营造风景林。

【同属种类】盐肤木属约250种，分布于亚热带和温带。我国6种，除东北、内蒙古、青海和新疆外均有分布，另引入栽培1种。

火炬树
Rhus typhina

【别名】鹿角漆

【形态特征】落叶灌木或小乔木，高4～8m，树形不整齐。小枝粗壮，红褐色，密生绒毛。叶轴无翅，小叶19～23，长椭圆状披针形，长5～12cm，先端长渐尖，有锐锯齿。雌雄异株，圆锥花序长10～20cm，直立，密生绒毛；花白色。核果深红色，密被毛，密集成火炬形。花期6～7月；果期9～10月。

【产地及习性】原产北美，我国1959年引入，现华北、西北常见栽培。适应性强。喜光，耐寒；在酸性、中性和石灰性土壤上均可生长，耐干旱瘠薄，耐盐碱；根系发达，萌蘖力极强。生长速度较快。

【观赏评价与应用】火炬树适应性强，秋叶红艳，果序红色而且形似火炬，冬季在树上宿存，颇为奇特，可用于华北、西北等地的干旱瘠薄山区造林绿化、护坡固堤及封滩固沙。也可用于园林中丛植以赏红叶和红果，增添野趣。

盐肤木

盐肤木

盐肤木

漆树科 Anacardiaceae

火炬树

槟榔青

槟榔青

火炬树

火炬树

槟榔青
Spondias pinnata

【别名】木个

【形态特征】落叶乔木，高10～15m，小枝粗壮，黄褐色。小叶2～5对，对生，卵状长圆形或椭圆状长圆形，长7～12cm，宽4～5cm，全缘。圆锥花序顶生，长25～35cm；花白色，花瓣卵状长圆形，雄蕊10。核果椭圆形或椭卵形，黄褐色，长3.5～5cm，径2.5～3.5cm。花期3～4月；果期5～9月。

【产地及习性】产云南南部、广西南部和海南，生于低山或沟谷林中。分布于越南、柬埔寨、泰国、缅甸、马来西亚、斯里兰卡、印度、菲律宾和印度尼西亚。

【观赏评价与应用】槟榔青花小而密集，白色，秋季果实累累，可作庭园绿化，宜植为庭荫树、行道树。果和幼叶可食。树皮可提栲胶。

【同属种类】槟榔青属约11种，分布于热带美洲和热带亚洲。我国2种，产云南、广西、广东、福建。

漆树
Toxicodendron vernicifluum
【*Rhus verniciflua*】

【形态特征】落叶乔木，高达15m，幼树树皮光滑，灰白色。小枝粗壮，被棕黄色绒毛，后渐无毛。复叶长25～35cm，小叶7～15，卵形至卵状披针形，小叶长7～15cm，宽3～7cm，侧脉8～16对，全缘，两面沿脉有棕色短毛。腋生圆锥花序疏散下垂，长15～30cm；花小，黄绿色。果序下垂；核果扁肾形，无毛，淡黄色，有光泽，径约6～8mm。花期5～6月；果期10月。

【产地及习性】除黑龙江、内蒙古、吉林、新疆等外，其余各地均产，生于海拔600～2800m阳坡、林中。印度、朝鲜和日本亦产。喜光，不耐庇荫；喜温暖湿润气候，适生于钙质土壤，在酸性土壤中生长较慢。不耐水湿。侧根发达，主根不明显。生长速度较慢。

【观赏评价与应用】漆树是我国著名的特用经济树种，在春秋时期即已栽培，到西汉时已大面积造林。《史记·货殖传》记有"陈夏千亩漆……此其人一千户侯等"。叶片经霜红艳可爱，果实黄色，最适于山地风景区营造秋色林，也可用于庭园栽培。

漆树科 Anacardiaceae

印度、中南半岛、朝鲜和日本。性喜光，喜温暖，不耐寒；耐干旱、贫瘠的砾质土，忌水湿。

【观赏评价与应用】野漆树株型自然开张，秋叶红艳，结实繁密，可栽培观赏，最适于营造山地风景林，也可植于庭园观赏，但有人接触后会引起皮肤红肿、痒痛等过敏反应，应用中应注意，不可用于幼儿园及公园儿童活动区。

【同属种类】漆树属共约20种，分布于亚洲东部和北美洲。我国16种，主要分布于长江以南。

野漆树
Toxicodendron succedaneum
【*Rhus succedanea*】

【别名】山漆树、檫仔漆、山贼子

【形态特征】落叶乔木或小乔木，高达10m。植物体各部无毛或近无毛。奇数羽状复叶互生，常集生小枝顶端，长25～35cm，有小叶4～7对，小叶长圆状椭圆形、阔披针形或卵状披针形，长5～16cm，宽2～5.5cm，全缘，叶背具白粉。圆锥花序长7～15cm，花黄绿色。核果大，径7～10mm，压扁。

【产地及习性】产华北至长江以南各省区均产，生于海拔300～1500m林中。分布于

一百二十六、苦木科 Simaroubaceae

臭椿
Ailanthus altissima

【别名】樗

【形态特征】落叶乔木,高达30m,径达1m。树冠开阔,树皮灰色,粗糙不裂。小枝粗壮,黄褐色或红褐色;无顶芽。奇数羽状复叶;叶痕大,小叶13～25,卵状披针形,长7～15cm,宽2～5cm,先端长渐尖,基部具腺齿1～2对,中上部全缘,下面稍有白粉。顶生圆锥花序,花淡黄色或黄白色。翅果扁平,长3～5cm。花期5～6月;果期9～10月。

【产地及习性】分布于东北南部、黄河中下游地区至长江流域、西南、华南各地;朝鲜和日本也产。阳性树,适应性强;喜温暖,较耐寒。很耐干旱、瘠薄,但不耐水涝;对土壤要求不严,微酸性、中性和石灰性土壤都能适应,耐中度盐碱;根系发达,萌蘖力强。抗污染。

【观赏品种】红叶椿('Hongyechun'),叶春季紫红色,可保持到6月上旬;树冠及分枝角度均较小;结实量大。千头椿('Qiantouchun'),无明显主干,基部分出数个大枝,树冠伞形;小叶基部的腺齿不明显,多为雄株。

【观赏评价与应用】臭椿树体高大,树冠圆整,冠大荫浓,春叶紫红,夏秋红果满树,是一种优良的观赏树种,可用作庭荫树及行道树,尤适于盐碱地区、工矿区应用,可孤植于草坪、水边。在欧洲、日本、美国等地,臭椿颇受青睐,有天堂树之称,常植为行道树。千头椿树形优美,最适于孤植于草地作风景树。

【同属种类】臭椿属约10种,分布于亚洲和大洋洲北部。我国6种,产温带至华南、西南。

臭椿

臭椿

臭椿

苦木
Picrasma quassioides

【别名】苦树

【形态特征】落叶乔木,高达10m。树皮灰棕或近黑色;裸芽。枝条红褐色,皮孔明显。奇数羽状复叶互生,小叶7～15,长卵形至卵状披针形,长4～10cm,宽2～4cm,基部偏斜,叶缘具不整齐钝锯齿。花小,黄绿色,由聚伞花序再组成圆锥花序,离心皮2～5。果肉质,熟时蓝绿色至黑色,有宿存花萼。花期5～6月;果期9～10月。

【产地及习性】产辽宁、河北、山东、河南、陕西、江苏、江西、湖南、湖北、四川等各地海拔300～1400山坡疏林中。朝鲜、不丹、尼泊尔、印度等国亦产。喜光,多属破坏后的次生林或先锋树种,虽宜深厚、肥沃、湿润土壤,但在荒山瘠薄地区亦能生长。

【观赏评价与应用】苦木树皮平滑,秋叶变红或橙黄色,可栽培供观赏,作庭荫树。目前园林中尚极少应用。

【同属种类】苦木属约9种,分布美洲和亚洲的热带和亚热带地区。中国2种,分布于南部、西南部、中部和北部各省区。

苦木

苦木

苦木

一百二十七、棟科 Meliaceae

米仔兰
Aglaia odorata

【别名】米兰

【形态特征】常绿灌木或小乔木，高达7m；多分枝，树冠圆球形。顶芽和幼枝常被褐色盾状鳞片。羽状复叶，互生，长5~12cm，叶轴有狭翅；小叶3~5枚，倒卵形至长椭圆形，长2~7cm，宽1~3.5cm。圆锥花序腋生，长5~10cm；花黄色，径2~3mm，极芳香。果卵形或近球形，径约1.2cm。花期7~9月或全年有花。

【产地及习性】原产东南亚，现广植于世界热带和亚热带；华南、西南习见栽培，也有野生，生于低海拔疏林和灌丛中。长江流域及其以北地区常盆栽。喜光，也耐荫，但不及向阳处开花繁密；喜疏松、深厚、肥沃而富含腐殖质的微酸性土壤，不耐旱。

【观赏评价与应用】米仔兰栽培历史悠久，是著名的香花树种。树冠浑圆，枝叶繁茂，叶色油绿，花香馥郁似兰，花期长，自夏至秋开花不绝，深得我国人们喜爱，华南地区用于庭园造景，适植于庭院窗前、石间、亭际、路旁。长江流域及其以北地区盆栽，可布置于客厅、书房、门厅。

【同属种类】米仔兰属约120种，主要分布于印度、马来西亚和大洋洲。我国8种，分布于西南、南部至东南部。

山棟
Aphanamixis polystachya
【*Aphanamixis grandifolia*；*Aphanamixis sinensis*】

【别名】大叶山棟、华山棟、沙罗、红萝木

【形态特征】常绿乔木，高达30m，或灌木状。奇数或偶数羽状复叶；小叶(5)9~21，全缘，长椭圆形至卵形，长17~26cm，宽5~10cm，下部的较小，两面无毛，光下可见透明斑点，侧脉11~20对。花杂性，花序腋生；雄花组成圆锥花序，雌花和两性花组成总状花序。花球形，径6~7mm；花萼

米仔兰

米仔兰

米仔兰

山棟

山棟

楝科 Meliaceae

山楝

麻楝

麻楝

麻楝

5，近圆形；花瓣3，凹陷，径3～7mm；雄蕊管球形，花药5～6。蒴果梨形或卵圆形，径2～2.8cm。花期5～8月；果期10月至翌年4月。

【产地及习性】产福建、广东、广西、海南、台湾、云南等省区，生于低海拔至中海拔山地沟谷密林或疏林中。广布于热带亚洲。

【观赏评价与应用】山楝树冠宽阔，呈扁圆形，花黄白色，果实橙黄或橙红色，种子假种皮橘红色，可植为绿荫树。华南地区园林中已有栽培。

【同属种类】山楝属约3种，分布于热带亚洲至太平洋岛屿。我国1种，分布于广东、广西和云南及台湾等省区。

麻楝
Chukrasia tabularis

【形态特征】落叶乔木，高达25m。幼枝赤褐色。偶数羽状复叶；小叶10～16枚，互生，全缘，卵形至长圆状披针形，长7～12cm，宽3～5cm，先端渐尖，基部偏斜；侧脉10～15对。聚伞状圆锥花序顶生，花黄色或带紫色，芳香，长1.2～1.5cm，花瓣及萼4～5；雄蕊管圆筒形，花药10。蒴果木质，椭圆形或近球形，长约4.5cm，径3.5～4cm，室间开裂；种子有翅。花期4～5月；果期7月至翌年1月。

【产地及习性】产海南、广东、广西、云南和西藏，北达贵州、浙江，生于海拔1500m以下山地杂木林或疏林中。分布于热带亚洲。喜光，幼树较耐荫，喜暖热气候及湿润肥沃土壤，抗风，抗污染，生长快。

【变种】毛麻楝（var. *velutina*），叶轴、叶柄、小叶背面及花序轴均密被黄色绒毛。产广东、广西、贵州和云南等省区，也分布于印度、斯里兰卡。

【观赏评价与应用】麻楝树冠卵球形或球形，花黄色、芳香，花朵密集，早春新叶嫩红，可作春色叶树种，是优良的行道树和庭荫树。也是优良用材树种。

【同属种类】麻楝属1种，广泛分布于亚洲热带和亚热带，我国分布于华南和西南。

浆果楝
Cipadessa baccifera
【*Cipadessa cinerascens*】

【别名】灰毛浆果楝

【形态特征】落叶灌木或小乔木，高达10m。奇数羽状复叶，无毛或有黄色柔毛；小叶3～6对，卵形至卵状矩圆形，长3.5～10cm，宽1.5～5cm，全缘或上半部有锯齿；侧脉8～10对。圆锥花序腋生，有短分枝，无毛或被黄色柔毛；花白色或黄色，花瓣5，线状长椭圆形或长椭圆形；雄蕊10，花丝和雄蕊管无毛。核果球形，径4～5mm，紫红或紫黑色，有棱。花期4～10月；果期8月至翌年2月。

【产地及习性】产云南、四川、贵州和广西，生山地疏林或灌木林中。斯里兰卡、印度、中南半岛、印度尼西亚等也有。

【观赏评价与应用】浆果楝一般为灌木状，果实熟时呈紫红色，亦可栽培观赏。目前园林中尚未见栽培应用。

【同属种类】浆果楝属仅有1种，分布于热带亚洲，我国产广西及西南各省。

浆果楝

浆果楝

茎花崖摩
Dysoxylum cauliflorum

【形态特征】常绿乔木，高达35m，径达50～80cm，分枝点高，栽培中或为灌木状。树干光滑，树皮斑驳。羽状复叶螺旋状着生，偶对生；小叶5～6对，对生，矩圆状椭圆形，全缘。花紫红色，总状或圆锥花序常生于老茎上或腋生，两性花或退化为单性；萼片3~6，花瓣3~6，雄蕊6~16，花丝合生呈管状，子房2~6室。蒴果，2~6瓣裂。

【产地及习性】原产东南亚，云南西双版纳有栽培。

【观赏评价与应用】茎花葱臭木树形自然开张，花朵紫红色，有老茎生花现象，可作花灌木栽培，适于公园中丛植观赏。

【同属种类】樫木属约75种，分布于热带亚洲至大洋洲。我国约11种，分布于台湾、广东、广西、海南和云南等省区。

茎花葱臭木

茎花葱臭木

茎花葱臭木

鹧鸪花
Heynea trijuga
【*Trichilia connaroides*；*Trichilia connaroides* var. *microcarpa*】

【别名】海木、小黄伞、小果海木、小果鹧鸪花

【形态特征】乔木，高5~10m；枝无毛，幼嫩部分被黄色柔毛。奇数羽状复叶，小叶3~4对，对生，披针形或卵状长椭圆形，长7~16cm，宽3~7cm，先端渐尖，基部偏斜，叶面无毛，背面苍白色，侧脉7~12对。圆锥花序略短于叶，腋生，由多个聚伞花序所组成，总花梗很长；花小，花萼5裂，花瓣5，有时4，白色或淡黄色，长椭圆形，雄蕊管10裂。蒴果椭圆形，长（1.5）2.5~3cm，宽1~2.5cm。花期4~6月；果期5~6月和11~12月。

【产地及习性】分布于广东、广西、贵州、海南、云南，生于海拔1300m以下山地林中。热带亚洲也有分布。

【观赏评价与应用】鹧鸪花株丛自然，新叶常为紫红色，果实带紫红色，可栽培观赏，适用于草地、树群外围、疏林下丛植。

【同属种类】鹧鸪花属共有2种，分布于亚洲热带和亚热带地区。我国2种。

鹧鸪花

鹧鸪花

鹧鸪花

非洲楝
Khaya senegalensis

【别名】仙加树、非洲桃花心木、塞楝

【形态特征】常绿或半常绿乔木，高达25m；树皮鳞片状开裂。偶数羽状复叶互生；小叶8~32枚，全缘，下部者卵形，先端小叶长圆形或椭圆形，长7~17cm，宽3~6cm；侧脉9~14对。圆锥花序顶生或腋上生；花白色，4基数，花瓣椭圆形或长圆形，雄蕊管坛状。蒴果球形，熟时顶端4~5瓣裂。

【产地及习性】原产非洲热带地区和马达加斯加，福建、台湾、广东、广西及海南等地有栽培。喜光，喜湿润环境，耐干旱但不

非洲楝

非洲楝

非洲楝

楝树

楝树

落楝花，细红如雪点平沙"，秋季黄果经冬不凋，是优良的公路树、街道树和庭荫树。《草花谱》赞曰："苦楝发花如海棠，一蓓数朵，满树可观。"宋朝梅尧臣也有"紫丝粉晕缀鲜花，绿罗布叶攒飞霞，莺舌未调香莺醉，柔风细吹铜梗斜"的诗句。在庭院中，苦楝适于在草坪孤植、丛植，或配植于池边、路旁、坡地。由于苦楝甚抗污染，极适于工厂、矿区绿化。

【同属种类】楝属约3种，分布于东半球热带和亚热带。我国1种，黄河以南各地广泛分布。

长3～7cm，宽2～3cm，幼时两面被星状毛，有钝锯齿；侧脉12～16对。圆锥花序长20～30cm；花淡紫色，芳香。核果球形或椭圆形，熟时黄色，长1～3cm，冬季宿存树上。花期3～5月；果期10～12月。

【产地及习性】产华北南部至华南；热带亚洲有分布。世界温暖地区广泛栽培。喜光，喜温暖湿润气候；对土壤要求不严，在酸性土、中性土、石灰性土上均可生长，耐盐碱；稍耐干旱瘠薄，较耐水湿。萌芽力强。浅根性，侧根发达，主根不明显。生长快，寿命短，30～40年即衰老。

【观赏评价与应用】苦楝树形优美，叶形舒展，初夏紫花芳香，淡雅秀丽，"小雨轻风

耐瘠薄。速生。

【观赏评价与应用】非洲楝枝叶茂盛，树姿挺拔端庄，树冠广阔，绿荫效果良好，老叶黄色，也具有一定的观赏价值，常植为庭园树和行道树。还是热带速生用材树种。

【同属种类】非洲楝属约6种，分布于非洲热带地区和马达加斯加。我国引入栽培1种。

楝树
Melia azedarach
【*Melia toosendan*】

【别名】苦楝、川楝
【形态特征】落叶乔木，高达10～15m；树冠广卵形，近平顶。枝条粗壮。2～3回羽状复叶；小叶对生，卵形、椭圆形或披针形，

楝树

楝科 Meliaceae

5～6月；果期10～11月。

【产地及习性】 原产热带美洲，现各热带地区均有栽培。华南各地常见栽培。阳性树，要求日照充足，喜高温多湿气候，适应性强，以适于土层深厚、排水良好、富含腐殖质的砂质土壤最好；抗风，抗污染。

【观赏评价与应用】 桃花心木树形壮观，枝叶茂密，花绿白或黄绿色，果实硕大，落叶期集中，季相变化明显，是优良的庭荫树和行道树。桃花心木也是世界上最著名木料之一，色泽美丽，硬度适宜，易于打磨且皱缩量少，供装饰、家具和舟车等用。

【同属种类】 桃花心木属约3种，分布于美洲和非洲热带、亚热带地区。我国引入栽培2种。

大叶桃花心木
Swietenia macrophylla

半常绿乔木，高达40～50m，1年生枝赤褐色，皮孔较少。偶数羽状复叶；小

桃花心木
Swietenia mahagoni

【别名】 小叶桃花心木

【形态特征】 落叶大乔木，高达25m，径达4m，基部扩大成板根。树皮淡红色，枝条广展。偶数羽状复叶，长约35cm，无毛；小叶4～6对，对生或近对生，卵形或披针形，基部明显偏斜，长10～16cm，宽4～6cm，全缘或具1～2个钝锯齿；侧脉约10对。聚伞状圆锥花序腋生，长6～15cm；花小，绿白色；雄蕊管近圆柱状，花药10。蒴果褐色，卵圆形，径约8cm，种子连翅长达7cm。花期

叶3~7对，长椭圆状披针形至斜卵形，长6~21cm，宽4~6cm，先端尾尖，基部歪斜，侧脉9~14对。圆锥花序腋生，多分枝。花白色，花瓣倒披针形。蒴果卵形，木质，长11~16cm，径约7~8cm，5裂。

原产墨西哥及中美洲，我国台湾引种栽培，华南也有少量栽培。树干通直，生长迅速，是优良的用材和园林绿化树种。

红椿
Toona ciliata

【别名】红楝子、双翅香椿

【形态特征】落叶或半常绿乔木，高30m，树冠常圆形。偶数或奇数羽状复叶，长25~40cm；小叶7~8对，对生或近对生，长圆状卵形或披针形，长8~15cm，宽2.5~6cm，全缘。圆锥花序顶生，花白色，花瓣长圆形，长4~5mm；子房密被长硬毛。蒴果长椭圆形，木质，长2~3.5cm；种子两端具翅。花期4~6月；果期10~12月。

【产地及习性】产广东、广西、四川、海南、云南等省区，热带亚洲、澳大利亚东部及太平洋岛屿也产。阳性树种，不耐庇荫，但幼树稍耐荫；对水肥条件要求较高，在深厚、肥沃、湿润、排水良好的酸性及中性土上生长良好。萌芽更新能力强。

【观赏评价与应用】红椿是珍贵的优质用材树种，有中国桃花心木之称。在南亚热带和热带地区也栽培作观赏，在印度则广泛植为行道树。

【同属种类】香椿属约5种，分布于亚洲和大洋洲。我国4种，产长江以南各地，其中香椿普遍栽培。

香椿
Toona sinensis

【形态特征】落叶乔木，高达25m，径达1m。树皮浅纵裂。小枝粗壮，被白粉；叶痕大。羽状复叶常为偶数，长30~50cm；小叶10~20，长椭圆形至广披针形，长8~15cm，宽3~4cm，先端长渐尖，全缘或有不明显钝锯齿。圆锥花序长达35cm，下垂；花芳香，花盘和子房无毛。蒴果椭圆形，长1.5~2.5cm；种子上端具翅。花期5~6月；果期10~11月。

【产地及习性】产我国中部，东北南部以南常见栽培。喜光，有一定的耐寒力；对土壤要求不严，无论酸性土、中性土，还是钙质土上均可生长，也耐轻度盐碱，较耐水湿。深根性，萌芽力和萌蘖力均强。对有毒气体有较强的抗性。

【观赏评价与应用】香椿嫩芽幼叶可食，常植于庭院。宋朝刘敞《椿》诗云："野人独爱灵椿馆，馆西灵椿耸危干；风揉雨炼三月余，奕奕中庭荫华伞。"香椿还是长寿的象征，《庄子逍遥游》有："上古有大椿者，以八千岁为春，八千岁为秋。"故而古人称父为"椿庭"，祝寿称"椿龄"。香椿树干耸直，树冠宽大，枝叶茂密，嫩叶红色，是良好的庭荫树和行道树，适于庭前、草坪、路旁、水畔种植。

红椿

红椿

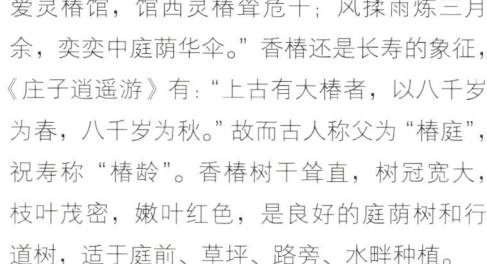
香椿

香椿

香椿

香椿

一百二十八、芸香科 Rutaceae

山油柑
Acronychia pedunculata

【别名】山柑、砂糖木

【形态特征】常绿乔木，高5～15m；树皮平滑，有柑橘叶香气。当年生枝常中空。单小叶对生，叶片椭圆形至长圆形，或倒卵状椭圆形，长7～18cm，宽3.5～7cm，有时较小，全缘。花两性，黄白色，径1.2～1.6cm；花瓣狭长椭圆形，盛花时反卷下垂。果序下垂，果淡黄色，半透明，近圆球形，径1～1.5cm。花期4～8月；果期8～12月。

【产地及习性】产台湾、福建、广东、海南、广西、云南等地，生于低海拔丘陵坡地杂木林中，为次生林常见树种之一，有时成小片纯林，在海南可分布至海拔900m山地密茂常绿阔叶林中。热带亚洲也有分布。喜高温湿润环境，生长颇为缓慢。

【观赏评价与应用】山油柑枝叶芳香，花黄白色，在浓绿叶子的衬托下显得俏皮可爱；果淡黄色，近圆球形，也具有较高观赏价值。园林中可栽培观赏，适于庭院、公园草地。果味清甜，可食。根、叶、果用作中草药，有柑橘叶香气。

【同属种类】山油柑 属约48种，分布于亚洲热带、亚热带及大洋洲各岛屿，主产澳大利亚。我国1种，分布于北纬约25°以南地区。

酒饼叶
Atalantia buxifolia

【别名】乌柑、东风橘

【形态特征】常绿灌木，高达2.5m。分枝多，下部枝条披垂，小枝绿色；刺劲直，长达4cm。叶硬革质，卵形至近圆形，长2～6cm，宽1～5cm，顶端圆钝，油点多。花簇生腋生，几无花梗；萼片及花瓣均5片；花瓣白色，有油点；雄蕊10，花丝白色。果圆球形或椭圆形，径8～12mm，果皮平滑，透熟时蓝黑色。花期5～12月；果期9～12月。常在同一植株上花、果并茂。

【产地及习性】产海南及台湾、福建、广

山油柑

山油柑

山油柑

酒饼叶

酒饼叶

芸香科 Rutaceae

东、海南、广西，常见于海岸附近灌丛中。菲律宾、越南也有。在滨海地区生于盐分颇高的砂土上，是一种耐盐植物，有积聚土壤中硼的功能，抗旱。

【观赏评价与应用】酒饼叶有柑橘香气，枝刺密生，叶小而厚硬，是优良的刺篱材料，花白色，果实蓝黑色，也可丛植观赏，适应性强，可用于滨海盐碱地区。还常用作柑橘类植物矮化的砧木。果味甜。

【同属种类】酒饼簕属约17种，产亚洲热带、亚热带地区。我国约7种，分布于台湾、福建、广东、广西、云南、海南等约北回归线以南各地。

柑橘
Citrus reticulata

【形态特征】常绿小乔木或灌木，一般高3～4m。小枝细弱，扩展或略下垂，有刺。单身复叶；叶片卵状披针形、椭圆形或阔卵形，大小变异较大，多长4～8cm，全缘或有细钝齿；叶柄有狭翼，宽约2～5mm。花单生或2～3朵簇生，黄白色，雄蕊20～25枚。果形种种，常扁球形，径4～7cm，淡黄色、朱红色或深红色；果皮薄而易剥离。花期3～5月；果期10～12月。

【产地及习性】可能起源于我国东南部，产秦岭南坡以南、伏牛山南坡诸水系及大别山区南部，向东南至台湾，南至海南岛，西南至西藏东南部海拔较低地区。广泛栽培，很少半野生。喜温暖湿润气候，耐寒性较强，宜排水良好的赤色黏质壤土。

【观赏评价与应用】柑橘是著名的观赏和食用果木，枝叶茂密，四季常青，春季白花满树，秋季果实累累，或橙红或橙黄，挂果期长，"芳条结寒翠，圆实变霜朱"，可谓色香俱全。园林造景中，既可于山坡大面积群植形成柑橘园，则"离离朱实绿丛中，似火烧山处处红"，也可孤植或数株丛植于庭院各处，尤其如前庭、窗前、屋角、亭廊之侧、假山附近，或在公园中小片丛植。还是著名的盆栽观赏果木。

【同属种类】柑橘属约20种，产亚洲东南部、澳大利亚和太平洋岛屿，广泛栽培。我国连引入栽培的约15种，产长江以南各地，多为果树和观果树种。

代代花
Citrus × aurantium var. *amara*

【形态特征】常绿小乔木，枝叶密茂，刺多，徒长枝的刺长达8cm。枝3棱状，无毛。叶卵状椭圆形，全缘或微波状齿，叶柄有狭长或倒心形宽翼，长1～3cm，宽0.6～1.5cm。总状花序有花少数，花白色，芳香。果近球形，径约8cm，橙黄或橙红色，果顶有浅的放射沟，果皮粗糙凹凸不平，难剥离。花期4～5月；果期9～12月。

【产地及习性】主产浙江，秦岭以南各地普遍栽培。

【观赏评价与应用】代代花是著名的香花植物和观果树种，果实经霜不落，若不采收，则在同一树上有不同季节结出的果，成熟果有时在夏秋季节又转回青绿色，故有"代代"之名。南方庭园中常栽培观赏，北方也常见盆栽。花芳香，用以薰茶。

柑橘

代代花

柑橘

代代花

柠檬
Citrus limon

【别名】洋柠檬、西柠檬

【形态特征】常绿小乔木。枝少刺或近于无刺，嫩叶及花芽暗紫红色，翼叶宽或狭，或仅具痕迹，叶卵形或椭圆形，长8～14cm，宽4～6cm，边缘有明显钝裂齿。花瓣长1.5～2cm，外面淡紫红色，内面白色；常有单性花，即雄蕊发育，雌蕊退化。果椭圆形或卵形，两端狭，顶部常有乳头状突尖，果皮厚，柠檬黄色。花期4～5月；果期9～11月。

【产地及习性】原产东南亚，现广植于世界热带地区。我国长江以南地区有栽培。性喜温暖，不耐寒，对土壤要求不严，但以土层深厚、疏松、含有机质丰富、保湿保肥力强、排水良好、地下水位低、pH值在5.5～6.5的微酸性土壤为最好。

【观赏评价与应用】柠檬是著名的果实和药用植物，枝叶浓绿并常带紫红色，花朵紫白色，果实黄色，也常栽培观赏，多见盆栽。

柠檬

柠檬

柠檬

柚
Citrus maxima
【*Citrus grandis*】

【别名】文旦

【形态特征】常绿小乔木，高达10m，幼嫩部分密被柔毛。小枝扁，常有刺。嫩叶通常暗紫红色。叶阔卵形或椭圆形，长6～17cm，宽4～8cm，有钝齿；叶柄具宽大倒心形之翼，长达2～4cm，宽0.5～3cm。总状花序，有时间有腋生单花；花蕾淡紫红色或白色，花白色；花萼3～5裂。果实极大，球形或梨形，径达15～25cm，果皮平滑，淡黄色。花期4～5月；果期9～12月。

【产地及习性】原产亚洲东南部，长江流域以南各地常见栽培或归化，最北限于河南南部。东南亚各国均有栽培。喜温暖湿润气候，耐寒性差；喜深厚肥沃而排水良好的中性和微酸性砂质或黏质壤土，但在过分酸性和黏土地区生长不良。

【观赏评价与应用】柚树体较为高大，树形美观，花朵素白小巧别致，果实大型，秋季黄果挂满枝头，独成一景，为著名水果和观果树种，在江南和华南庭园常见栽培。著名品种有文旦、沙田柚、四季柚、坪山柚等。

柚

柚

香橼
Citrus medica

【别名】枸橼

【形态特征】常绿小乔木或灌木，新生嫩枝、芽及花蕾均暗紫红色，茎枝多刺，刺长达4cm。单叶，稀兼有单身复叶，但无翼叶；叶柄短，叶片椭圆形或卵状椭圆形，长6～12cm，宽3～6cm，顶部圆钝，叶缘有浅钝裂齿。总状花序有花达12朵。果实近球形、椭圆形、纺锤形，柠檬黄色，果皮粗糙而芳香。花期4～5月；果期10～11月。

【产地及习性】台湾、福建、广东、广西、云南等省区较多栽种。云南西双版纳有处于半野生状态的香橼。越南、老挝、缅甸、印度等也有。喜温暖湿润气候，不耐寒，怕严霜；以土层深厚、疏松肥沃、富含腐殖质、排水良好的砂质壤土栽培为宜。

【变种】佛手（var. *sarcodactylus*），子房在花柱脱落后即行分裂，在果的发育过程中成为手指状肉条，果皮甚厚，常无种子。

【观赏评价与应用】香橼是著名的药用植物和芳香树种，在我国已有2000余年栽培历史。东汉时杨孚《异物志》（公元1世纪后

柚

芸香科 Rutaceae

香橼

香橼

佛手

黄皮

黄皮

黄皮

齿叶黄皮

齿叶黄皮

期）称之为枸橼；唐、宋以后，多称之为香橼。适于庭院栽培或盆栽。佛手的香气比香橼浓，久置更香，也是名贵的盆栽观赏花木，长江以南各地普遍栽种。

黄皮
Clausena lansium

【别名】黄弹

【形态特征】常绿小乔木，高5～8m，偶达12m。幼枝叶、花序被短毛。羽状复叶，小叶5～11片，卵形或卵状椭圆形，长6～14cm，宽3～6cm，边缘波状或具浅圆齿。圆锥花序顶生；花萼裂片阔卵形，花瓣长圆形，长约5mm，雄蕊10枚，长短相间；子房密被长毛。果圆形、椭圆形，长1.5～3cm，宽1～2cm，淡黄至暗黄色，果肉乳白色。花期4～5月；果期7～8月。

【产地及习性】原产我国南部，台湾、福建、广东、海南、广西、贵州南部、云南及四川金沙江河谷均有栽培。越南也有分布，世界热带及亚热带地区间有引种。

【观赏评价与应用】黄皮是我国南方果品之一，已有1500多年栽培历史。枝叶茂密，花白果黄色，且花果繁密，果实夏季成熟，除作为果实外，庭园也栽培观赏，适于草地、庭院丛植，或结合生产大面积栽培。

【同属种类】黄皮属约15～30种，分布于亚洲、非洲和大洋洲。我国约10种，分布于长江以南各地，以云南、广西及广东的种类最多。

齿叶黄皮
Clausena dunniana

【别名】黑果黄皮

落叶小乔木，高2～5m。小叶5～15片，卵形至披针形，长4～10cm，宽2～5cm，叶缘有圆钝齿，稀波状。花序顶生兼有腋生；雄蕊8枚，稀兼有10枚。果近圆球形，径10～15mm，初时暗黄色，后变红色，透熟时蓝黑色。花期6～7月；果期10～11月。

分布于湖南、广东、广西、贵州、四川及云南，见于海拔山地杂木林中，土山和石灰岩山地均有。越南东北部也有。可栽培供庭院观赏。

金橘
Fortunella japonica
【*Fortunella margarita*】

【别名】金枣、金柑

【形态特征】常绿灌木或小乔木，高达5m，或矮至1m。树冠半圆形，枝细密，多分枝。在萌枝上枝刺长达5cm，或在花枝上极短。单身复叶，或有时混有单叶，椭圆形至倒卵状椭圆形、卵状披针形，长约4～6(11)cm，宽1.5～3(4)cm，叶缘有钝锯齿或几全

芸香科 Rutaceae

缘；叶柄长 6～9mm，有狭翼。花白色，芳香，单生或簇生，花梗极短；子房 3～4 室。柑果卵圆形或近圆形，长 2～3.5cm，橙黄至橙红色，果皮厚，味甜，果肉多汁而微酸。花期 3～5 月；果期 10～12 月。

【产地及习性】产长江流域至华南，久经栽培，类型和品种众多。喜光，较耐荫，喜温暖湿润气候，耐寒性差；喜富含有机质的砂壤土。

【观赏评价与应用】金橘是重要的园林观赏花木，南方常植于庭园，也是重要的盆栽植物。盆栽者常控制在春节前后果实成熟，供室内摆设。

【同属种类】金橘属约 2～3 种，产我国和邻近国家。我国 1～2 种，分布于长江以南各地。金橘属在 FOC 中被并入柑橘属（Citrus）。

山橘
Fortunella hindsii

【别名】山金橘、山金豆、香港金橘

常绿灌木，高 3m 以内，多分枝，刺短小。单小叶或兼有单叶，叶翼线状或明显；小叶片椭圆形或倒卵状椭圆形，长 4～6cm，宽 1.5～3cm，顶端圆，近顶部的叶缘有细裂齿，稀全缘。花单生或簇生叶腋，白色，花梗甚短，花瓣 5，雄蕊约 20 枚，花丝合生成 4 或 5 束。果圆形或扁圆形，横径不及 1cm，橙黄或朱红色。花期 4～5 月；果期 10～12 月。

产安徽南部、江西、福建、湖南、广东、广西。见于低海拔疏林中。

小花山小橘
Glycosmis parviflora

【别名】山小橘、山橘仔

【形态特征】灌木或小乔木，高 1～3m。小叶 2～4，稀 5 或兼有单小叶；小叶片椭圆形，长圆形或披针形，有时倒卵状椭圆形，长 5～19cm，宽 2.5～8cm，全缘。圆锥花序腋生及顶生，花瓣白色，长约 4mm，长椭

圆形，迟落；雄蕊10枚，极少8枚。果圆球形或椭圆形，径10～15mm，淡黄白色转淡红色或暗朱红色。花期3～5月；果期7～9月。通常除冬、春初季节外常在同一树上有成熟果也同时开花。

【产地及习性】产台湾、福建、广东、广西、贵州、云南及海南，生于低海拔缓坡或山地杂木林，路旁树下的灌木丛中亦常见。越南也有。

【观赏评价与应用】小花山小橘株型较小而紧凑，枝叶繁密，果实优美，是很好的观果植物，可植为绿篱，也可丛植、孤植，先后被引种至欧洲及美洲各地。果略甜，根及叶作草药。

【同属种类】约50余种，分布于亚洲南部及东南部、澳大利亚东北部。我国有11种，见于南岭以南、云南南部及西藏东南部各地。

三桠苦
Melicope pteleifolia

【别名】三脚鳖、白芸香

【形态特征】乔木，树皮灰白或灰绿色，光滑；嫩枝的节部常呈压扁状，小枝髓部大，枝叶无毛。3小叶，偶有2小叶或单小叶；小叶长椭圆形、倒卵状椭圆形，长6～20cm，

宽2～8cm，全缘，油点多。花序腋生，很少同时有顶生，长4～12cm，花甚多；萼片及花瓣均4片；花瓣淡黄或白色，有透明油点；柱头头状。分果瓣淡黄或茶褐色。花期4～6月；果期7～10月。

【产地及习性】产台湾、福建、江西、广东、海南、广西、贵州及云南，生于平地至海拔2000m山地，常见于较阴蔽的山谷湿润地方。越南、老挝、泰国等也有。

【观赏评价与应用】三桠苦花朵小而黄白色，但花序硕大，花开时节极为繁茂，枝、叶、树皮等都有柑橘的香气，可作花灌木栽培。适于林下丛植、片植。根、叶、果用作草药，味苦、性寒，在我国及越南、老挝、柬埔寨均用作清热解毒剂，广东"凉茶"中多有此料。

【同属种类】蜜茱萸属约有230余种，分布于东亚、南亚、东南亚，澳大利亚，太平洋和印度洋岛屿至马达加斯加。我国8种。

九里香
Murraya paniculata
【*Murraya exotica*】

【别名】千里香、石桂树、七里香

【形态特征】常绿灌木或小乔木，高达8m。老枝灰白色或灰黄色。小叶3～7，互生，椭圆状倒卵形或卵形、倒卵形，长2～9cm，宽1.5～6cm，全缘，先端圆钝，柄极短。聚伞花序腋生或顶生；花5基数，白色，极芳香，径约4cm；花瓣矩圆形，长1～1.5cm，有透明油腺点；雄蕊10。果实长椭圆形，红色，长8～12mm，径约6～10mm。花期4～10月；果期10月至翌年早春。

【产地及习性】产华南各地，多生于近海岸向阳地区。热带亚洲至澳大利亚均有分布。喜温暖湿润气候，喜光，也颇耐荫，耐干热、耐旱。喜深厚肥沃而排水良好的土壤，不耐寒。萌芽力强，耐修剪。

【观赏评价与应用】九里香树姿优美，四季常青，花朵白色而芳香，花期较长，而且果实红色，在华南可丛植观赏，用于庭院、水边、公园、草坪等地，也是优良的绿篱、花篱和基础种植材料。热带和亚热带地区广泛栽培，北方常室内盆栽。

【同属种类】九里香属约12种，分布于亚洲热带、亚热带和澳大利亚。我国9种，产西南部至台湾。

调料九里香
Murraya koenigii

【别名】咖哩

常绿灌木或小乔木，高达4m。小叶17～31片，斜卵形或斜卵状披针形，生于叶轴最下部的阔卵形且较细小，长2～5cm，

芸香科 Rutaceae

调料九里香

调料九里香

调料九里香

臭常山

臭常山

臭常山

宽 5~20mm，基部钝圆、一侧偏斜，全缘或有细钝裂齿。伞房状聚伞花序近于平顶，常顶生，花甚多，花蕾椭圆形；花瓣倒披针形或长圆形，白色，长 5~7mm。果长椭圆形或圆球形，长 1~1.5cm。花期 3~4 月；果期 7~8 月。

产海南、云南，较常见于海拔 500~1600m 较湿润的阔叶林中，河谷沿岸也有生长。越南、老挝、缅甸、印度等也有。鲜叶有芳香气味，印度、斯里兰卡居民用其叶作咖喱调料。

臭常山
Orixa japonica

【别名】和常山、臭山羊、臭苗、臭药

【形态特征】落叶灌木，高 1~3m；枝叶有腥臭气味。嫩枝暗紫红或灰绿色，髓部常中空。叶倒卵形或椭圆形，全缘或上半段有细钝齿，大小差异较大，或长达 15cm、宽 6cm，或长约 4cm、宽 2cm，嫩叶背面被疏或密长柔毛。雄花序长 2~5cm，花小而不显；雌花的 4 个靠合的心皮圆球形，柱头头状。成熟分果瓣阔椭圆形，径 6~8mm。花期 4~5 月；果期 9~11 月。

【产地及习性】产河南、安徽、江苏、浙江、江西、湖北、湖南、贵州、四川、云南。见于海拔 500~1300m 山地密林或疏林向阳坡地。

【观赏评价与应用】臭常山在民间庭院有常有零星栽种，取其果作药用。苏州拙政园内有栽培。对光照适应性强，园林中亦可用于林中、树群外围等处，以丰富绿化层次。

【同属种类】1 种，产我国、朝鲜、日本。

黄檗
Phellodendron amurense

【别名】黄柏

【形态特征】落叶乔木，高达 22m；树冠广圆形；树皮木栓层发达，内皮鲜黄色。枝条粗壮，小枝橙黄色或黄褐色。数羽状复叶，揉之有香味。小叶 5~13 片，对生，卵状椭圆形至卵状披针形，长 5~12cm，宽 3.5~4.5cm，先端长渐尖，叶缘有细锯齿，齿间有透明油点。花单性，黄绿色，排成顶生聚伞状圆锥花序。核果球形，径约 1cm，熟时蓝黑色。花期 5~6 月；果期 10 月。

【产地及习性】主产于东北和华北，河南、安徽北部、宁夏也有分布。也产于朝鲜、日本、俄罗斯远东。多生于山地杂木林中或山区河谷沿岸。喜光，不耐荫，耐寒性强；喜湿润、深厚、肥沃而排水良好的土壤，耐轻度盐碱，不宜在黏土和低湿地栽植。深根性，抗风力强。适宜东北和华北地区，以中高海拔为宜。

【观赏评价与应用】黄檗树形浑圆，花朵黄色，可谓"簌簌碎金英，丝丝缕玉茎"，秋叶金黄色，是重要的秋色叶树种。可作庭荫树和园景树，适于孤植、丛植于草坪、山坡、坡地。

黄檗

黄檗

黄檗

池畔、水滨、建筑周围，在大型公园中可用作行道树，北美园林中早有应用；在山地风景区，黄檗可大面积栽培形成风景林。

【同属种类】黄檗属约4种，产亚洲东部。我国2种，由东北至西南均有分布，东南至台湾，西南至四川西南部，南至云南东南部，海南不产。

川黄檗
Phellodendron chinense

【别名】黄皮树

落叶乔木，高达15m。树皮有厚而纵裂的木栓层，内皮黄色；小枝粗壮，暗紫红色。叶轴及叶柄粗壮，常密被褐锈色或棕色柔毛。小叶7～15，长圆状披针形或卵状椭圆形，长8～15cm，宽3.5～6厘米，全缘或浅波状。花序顶生，花常密集。果密集成团，果狭椭圆形或近圆球形，径约1～1.5cm，蓝黑色，分核5～8（10）个。花期5～6月；果期9～11月。

川黄檗

川黄檗

川黄檗

产安徽、河南、湖北、湖南、四川、云南，生于杂木林中。速生树种，较耐荫、耐寒。宜在山坡河谷较湿润地方种植。湖北、四川常栽培，供药用。园林用途同黄檗。

枳橘
Poncirus trifoliata

【别名】枳

【形态特征】落叶灌木或小乔木，高1～5m。枝绿色，扁而有棱。枝刺长约4cm。3出复叶，叶轴有翅，偶1或5小叶；叶缘有波状浅齿；顶生小叶大，倒卵形，长2～5cm，宽1～3cm，叶基楔形；侧生小叶较小，基稍歪斜。花单生或2～3朵簇生，白色，径3.5～5cm，花瓣倒卵形，长约1.5～3cm；雄蕊约20；雌蕊绿色，有毛。柑果球形，径3.5～6cm，密被短柔毛，深黄色。花期4～6月；果期10～11月。

枳橘

枳橘

枳橘

【产地及习性】原产华中，各地普遍栽培。喜光，稍耐荫；喜温暖湿润气候，也较耐寒，在北京可露地越冬。喜酸性土壤，不耐碱。萌芽力强，甚耐修剪。根系发达，抗风。

【观赏评价与应用】枳橘枝叶密生，枝条绿色而多棘刺，春季白花满树，秋季黄果累累，经冬不凋，十分美丽。常栽作刺篱，以供防范之用，也可作花灌木观赏，植于大型山石旁。果实药用，名枳实、枳壳。

【同属种类】枳属1～2种，我国特产。枳属在FOC中被并入柑橘属（*Citrus*）。

榆橘
Ptelea trifoliata

【形态特征】落叶灌木，高约3m。树冠圆形；侧芽叠生，无顶芽。叶互生，有3小叶；小叶无柄，卵形至长椭圆形，长6～12cm，宽3～5cm，有透明油点，基部略不对称，

榆橘

榆橘

榆橘

全缘或有细齿，侧脉纤细。伞房状聚伞花序宽 4～10cm；花蕾近圆球形；花淡绿或黄白色，略芳香；花瓣椭圆形或倒披针形，边缘被毛，长约 8mm。翅果外形似榆钱，扁圆，径 1.5～2cm，网脉明显。花期 5 月；果期 8～9 月。

【产地及习性】原产美国。我国辽宁大连及熊岳、北京均有栽种。

【观赏评价与应用】榆橘在我国栽培历史较短，始载于《东北木本植物图志》，其树皮药用，是一种温和的强壮药，果实带苦味。树冠自然、丰满，园林中偶见栽培，可用于树群外围、草地等处，以丰富绿化层次，也可配置于岩石园。

【同属种类】榆橘属约 6～10 种，产北美东部至加拿大南部。我国引入栽培 1 种。

日本茵芋
Skimmia japonica

【形态特征】常绿灌木，高 1～2m，偶可高达 6m，树冠圆阔。叶有柑橘叶香气，革质、光亮，椭圆状披针形。花芳香，密集呈顶生圆锥花序，开放前淡红色或淡紫红色，盛开时乳黄色至紫白色。果卵圆形或椭圆形，红色。

【产地及习性】原产亚洲，广泛栽培作庭园观赏植物。

【观赏评价与应用】日本茵芋树形低矮，春季白花满枝，花朵黄白色而芳香，果实繁密，秋季红果累累，经冬不凋，是一种优良的观叶和观果植物。以其耐荫，最适于树下、林间等处丛植观赏，也可配置于庇荫的山石间，还是优良的室内盆栽植物。

【同属种类】茵芋属约 5～6 种，分布于亚洲东南部，东至日本南部、东北至萨哈林岛（库页岛）。我国 5 种，见于长江北岸以南各地，南至海南，东南至台湾，西南至西藏东南部。多生于高山林下。

臭檀
Tetradium daniellii
【Euodia daniellii】

【别名】臭檀吴萸

【形态特征】落叶乔木，高达 20m。羽状复叶对生，小叶 5～11，阔卵形至卵状椭圆形，长 6～15cm，宽 3～7cm，散生少数油点，基部偏斜，有细钝锯齿，有时有缘毛。伞房状聚伞花序，被灰黄色柔毛；花白色，萼、瓣、雄蕊 5，雌花 4～5 心皮。蓇葖果熟时紫红色，顶端有喙，内果皮蜡黄色。花期 6～8 月；果期 9～11 月。

【产地及习性】产辽宁、河北、山东、河南、山西、陕西、甘肃、湖北、江苏等地，但以秦岭为分布中心。朝鲜也有分布。喜光，深根性，多生于疏林或沟边。

【观赏评价与应用】臭檀树形高大，树皮光洁，可栽培作庭荫树，或用于山地风景区造林，适于水分条件较好的沟谷、水边应用。

【同属种类】四数花属约 9 种，分布于东亚、南亚和东南亚。我国 7 种，除东北北部及西北部少数省区外，各地有分布。

吴茱萸
Tetradium ruticarpum
【Euodia ruticarpa】

落叶小乔木或灌木，高 3～5m，嫩枝暗紫红色，被锈色长绒毛。小叶 5～11，卵形、椭圆形或披针形，全缘或浅波状，小叶两面及叶轴被毡状长柔毛。蓇葖果无喙，有粗大油点。花期 4～6 月；果期 8～11 月。

产长江流域及南部各地，常见于疏林下、林缘或路旁。嫩果经炮制凉干后即是传统中药吴茱萸。常见栽培。

日本茵芋

日本茵芋

日本茵芋

臭檀

臭檀

臭檀

吴茱萸

吴茱萸

吴茱萸

芸香科 Rutaceae

飞龙掌血
Toddalia asiatica

【别名】见血飞、黄椒根

【形态特征】木质藤本，枝干密被倒钩刺。叶互生，指状3出复叶，密生透明油点；小叶椭圆形、倒卵形至倒披针形，长4～9cm，宽1.5～3cm，具细圆锯齿，两面无毛。花单性，白色、青色或黄色；萼片、花瓣4～5。果橙黄至朱红色，果皮肉质，有3～5凸起肋纹。花期几乎全年，在五岭以南各地多于春季开花，沿长江两岸各地多于夏季开花。果期多在秋冬季。

【产地及习性】产秦岭南坡以南各地，最北限见于陕西西乡县，南至海南，东南至台湾，西南至西藏东南部。常见于灌木、小乔木的次生林中，攀援于它树上，石灰岩山地也常见。

【观赏评价与应用】飞龙掌血为株型奇特的大藤本，枝干密生大皮刺，果实橙红可爱，可作垂直绿化材料，用于林中、山石、棚架的绿化，也可植为绿篱。成熟果味甜，但果皮含麻辣成分。茎枝可制烟斗。

【同属种类】飞龙掌血属有1种，分布于亚洲东及东南部及非洲东及西南部。我国产秦岭南坡以南各地。

花椒
Zanthoxylum bungeanum

【别名】椒、秦椒、蜀椒

【形态特征】落叶灌木，高3～5m。枝条具有宽扁而尖锐的皮刺。小叶5～9，卵形至卵状椭圆形，长2.5～5cm，两面多少有皮刺，先端尖，叶缘有细钝锯齿，齿缝有大的透明油腺点；叶轴具窄翅。聚伞状圆锥花序顶生；

花单性、单被，花被片4～8枚，无瓣；子房无柄。蓇葖果球形，熟时红色或紫红色，密生疣状油腺点。花期3～5月；果期7～10月。

【产地及习性】广布，除东北、新疆外，几遍全国。喜光，喜温暖气候及肥沃湿润而排水良好的土壤。不耐严寒，对土壤要求不严，酸性、中性及钙质土均可生长；耐干旱瘠薄，不耐涝，短期积水即会死亡。萌蘖性强，耐修剪。

【观赏评价与应用】花椒枝叶密生，全株有香气，入秋红果满树，鲜艳夺目，秋叶亦红，颇为美观，以其枝条具较密的皮刺，是优良的绿篱材料。也可孤植、丛植于庭院、山石之侧观果。果实为常用调味品及香料，园林中可结合生产进行栽培。

【同属种类】花椒属约200～250种，分布于热带和亚热带地区，在东亚和北美延伸到温带。我国41种，南北均产。

椿叶花椒
Zanthoxylum ailanthoides

【别名】樗叶花椒、食茱萸

落叶乔木，高达15m，径达30cm；茎干有鼓钉状、基部宽达3cm，长2～5mm的刺，当年生枝的髓部甚大，花序轴及小枝顶部常散生短直刺。小叶11～27片，狭披针形或基部的近卵形，长7～18cm，宽2～6cm，叶缘有明显裂齿。花序顶生，多花，几无花

芸香科 Rutaceae

椿叶花椒

竹叶椒

竹叶椒

胡椒木

胡椒木

梗；花淡黄白色。分果瓣淡红褐色。花期 8～9 月；果期 10～12 月。

广布于长江以南各地，见于海拔 500～1500m 山地杂木林中。在四川西部常生于以山茶属及栎属植物为主的常绿阔叶林中。根皮及树皮均作草药。

竹叶椒
Zanthoxylum armatum

【别名】竹叶花椒、山花椒、秦椒、蜀椒

【形态特征】常绿或半常绿灌木，高 3～5m。茎枝多锐刺，刺基部宽而扁，红褐色。叶轴之翅宽而明显；小叶 3～9，长 5～9cm，宽 1～3cm，披针形至椭圆状披针形，具细锯齿，仅齿隙间有透明腺点。聚伞圆锥花序腋生或同时生于侧枝之顶，长 2～5cm，有花约 30 朵以内。花被片 6～8 片，雄蕊 5～6 枚，心皮 2～3 个。果紫红色，单个分果瓣径 4～5mm。花期 4～5 月；果期 8～10 月。

【产地及习性】产山东以南，南至海南，东南至台湾，西南至西藏东南部。日本、朝鲜、越南、老挝、缅甸、印度、尼泊尔也有。

【观赏评价与应用】竹叶椒为常绿性，皮刺发达，果实红色而密，可栽培作绿篱或丛植于山地、石间、庭院观赏。全株有花椒气味，苦及辣味均较花椒浓，果皮的麻辣味最浓。果实、枝叶可提取芳香油，作调料及药用。

胡椒木
Zanthoxylum piperitum

【别名】清香木、日本花椒

【形态特征】常绿灌木，株高约 30～90cm。奇数羽状复叶，叶基有 2 枚短刺，叶轴有狭翼。小叶对生，倒卵形，长 0.7～1cm，革质，叶面浓绿，有光泽，全叶密生腺体。雌雄异株，花小，有香味；雄花黄色，雌花红橙。果实椭圆形，绿褐色。花

竹叶椒

胡椒木

胡椒木

芸香科 Rutaceae

期5～8月。

【产地及习性】 原产于日本、韩国。喜温暖气候，喜光，稍耐荫、耐热、耐旱，不耐水涝；喜疏松肥沃的砂质壤土。萌芽力强，耐修剪；生长缓慢。

【观赏评价与应用】 胡椒木枝叶青翠、细密，叶色浓绿，质感佳，并富有光泽，全株具浓烈胡椒香味，是优良的绿化植物。适于整形修剪，最常用作绿篱，配置于庭园或草地供观赏，也是良好的地被和模纹植物，还可盆栽置于室内观赏。

香椒子
Zanthoxylum schinifolium

【别名】 青花椒、崖椒

落叶灌木或小乔木，高2～5m；茎枝有短刺，刺基部两侧压扁状，嫩枝暗紫红色。小叶7～19片，宽卵形至披针形、阔卵状菱形，长5～10mm，宽4～6mm，叶缘有细裂齿或近全缘。花序顶生，花瓣淡黄白色，雌花有心皮3个，稀4～5个。分果瓣红褐色，径4～5mm，油点小。花期7～9月；果期9～12月。

产五岭以北、辽宁以南大多数省区，但不见于云南。见于平原至海拔800m山地疏林或灌木丛中或岩石旁等多类生境。也有栽种。朝鲜、日本也有。

野花椒
Zanthoxylum simulans

落叶灌木或小乔木；枝干散生基部宽而扁的锐刺。小叶5～15片，叶轴有狭翅；小叶对生，无柄或柄甚短，卵形、卵状椭圆形或披针形，长2.5～7cm，宽1.5～4cm，叶面常有刚毛状细刺，叶缘有疏浅钝裂齿。花淡黄绿色，雄蕊5～8枚。果红褐色，分果瓣基部变狭呈柄状。花期3～5月；果期7～9月。

产青海、甘肃、山东、河南、安徽、江苏、浙江、湖北、江西、台湾、福建、湖南及贵州东北部。见于平地、低丘陵或略高的山地疏或密林下。喜阳光，耐干旱。

香椒子

香椒子

香椒子

香椒子

野花椒

野花椒

野花椒

野花椒

一百二十九、蒺藜科 Zygophyllaceae

小果白刺
Nitraria sibirica

【别名】白刺、西伯利亚白刺

【形态特征】落叶小灌木，高 0.5～1m。多分枝，枝弯而铺散、灰白色，不孕枝先端刺针状。叶肉质，在嫩枝上多为4～8簇生，倒披针形，长 0.6～1.5cm，宽 2～5mm，全缘，顶端圆钝，基部窄楔形，无柄。花黄绿色或白色，排成顶生、疏散的蝎尾状聚伞花序；萼片5，肉质；花瓣5，矩圆形，长 2～3mm。

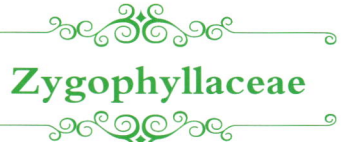

浆果状核果近球形或椭圆形，长 6～8mm，暗红色。花期5～6月；果期7～8月。

【产地及习性】产西北、华北和东北，生于轻度盐渍化低地、湖盆边缘、干河床边，可成为优势种并形成群落。蒙古、中亚、西伯利亚也有分布。喜光，耐干旱，耐盐碱和沙埋，适于地下水位1～2m深的沙地生长。

【观赏评价与应用】小果白刺耐盐碱和风沙，沙埋能生不定根，积沙形成小沙包，对湖盆和绿洲边缘沙地有良好地固沙作用，是北方盐碱和荒漠地区重要的固沙植物，可用于改良盐碱地和防风固沙。果实红艳，可供观赏，也可入药。

【同属种类】白刺属11种，分布于亚洲、欧洲、非洲和澳大利亚。我国有5种，主要分布于西北各省，生于盐渍化沙地。常为建群种，特别在沙区为优良固沙植物。

霸王
Zygophyllum xanthoxylon

【形态特征】落叶灌木，高 0.5～1m。枝疏展，弯曲；小枝灰白色，顶端刺状。复叶具2小叶，在幼枝上对生，老枝上簇生；小叶椭圆状条形或长匙形，肉质，长 0.8～2.5cm，宽 3～5mm。花单生，黄白色，萼片4，倒卵形；花瓣4，淡黄色，倒卵形或近圆形，雄蕊8；子房3室。蒴果具3翅，长 1.8～3.5cm，宽 1.7～3.2cm。花期5～6月；果期6～7月。

【产地及习性】产中国西北地区。蒙古亦产。喜光，耐干瘠，多生于荒漠、草原化荒漠及荒漠化草原地带。在戈壁沙地上，有时成为建群种形成群落，亦散生于石质残丘坡地、固定与半固定沙地、干河床边、沙砾质丘间平地。

【观赏评价与应用】霸王是西北地区重要的固沙、固坡树种，根可入药；茎叶可作家畜饲料。

【同属种类】霸王属约100种，分布于地中海地区、中亚、南非及大洋洲。中国19种，其中木本2种，产西北部，常生于荒漠和戈壁或碱土上。

一百三十、酢浆草科 Oxalidaceae

杨桃
Averrhoa carambola

【别名】 阳桃

【形态特征】 半常绿小乔木，高达 3～12m。多分枝，枝柔垂，树冠半圆形。奇数羽状复叶，长 7～25cm；小叶 5～13 枚，卵形或椭圆形，长 3～8cm，宽 1.5～4.5cm，下部小叶较小。圆锥花序生于叶腋或枝干上，花梗和花蕾暗红色；花粉红色或近白色，短雄蕊不育或 1～2 枚可育。果实卵形或椭圆形，常 5 棱，长 7～13cm，径 5～8cm，熟时淡黄色或深黄色，半透明状。花期春末至秋季（4～12月），多次开花。

【产地及习性】 原产亚洲东南部，华南各地常见栽培。耐荫，喜高温多湿气候，幼树不耐 0℃低温；适生于富含腐殖质的酸性土壤；对有毒气体抗性较差。

【观赏评价与应用】 杨桃是著名的热带佳果，味甜多汁。树姿优美，枝条下垂，叶片优雅而翠绿，花密而红艳，果形奇特，色泽蜡黄，花果期极长，除春季外，其他时间均有黄果满树，是优良的观果树种，园林中可结合生产，实用与观赏兼用，丛植、群植均无不可。

【同属种类】 杨桃属共有 2 种，分布于亚洲热带和亚热带，我国均有栽培。本属现亦有另立一科即杨桃科 Averrhoaceae 的。

一百三十一、五加科 Araliaceae

辽东楤木
Aralia elata var. glabrescens

【形态特征】落叶灌木或小乔木，高2～5m。树皮疏被粗短刺；小枝疏被直刺。2～3回羽状复叶，长达1m；小叶5～11(13)，膜质或纸质，宽卵形、椭圆状卵形或长卵形，长5～12cm，宽2.5～8cm，表面疏被糙毛，下面光滑无毛或疏被柔毛并沿脉被小刺。伞形花序组成大型圆锥状花序，长30～60cm，密被柔毛。伞形花序径1～1.5cm；花序梗长1～4cm；花梗长5～10mm。果球形，径3～4mm，黑色。花期7～9月；果期9～12月。

【产地及习性】产东北及山东、河北。日本、朝鲜和俄罗斯东部也产。生于森林、灌丛或林缘路边。喜光，耐干旱瘠薄，可生于乱石滩中。

【观赏评价与应用】辽东楤木株型特别，茎直生而分枝很少，枝条粗壮、叶片大型并常聚生枝顶，是优良的观叶、观形植物，园林中可栽培观赏，用于草地、山坡、沟边等

处。嫩叶芽可食，为著名野菜。北京、山东等地园林中偶有栽培。

【同属种类】楤木属约40种，大多数分布于东南亚和中国，少数分布于北美洲。我国29种。

长刺楤木
Aralia spinifolia

【别名】刺叶楤木

落叶灌木，高2～3m；小枝疏生刺并密生刺毛。叶柄、叶轴和羽片轴密生或疏生刺和刺毛；托叶和叶柄基部合生；羽片长20～30cm，有小叶5～9；小叶片薄，长

圆状卵形或卵状椭圆形，长7～11cm，宽3～6cm，上面脉上疏生小刺和刺毛，下面更密。圆锥花序长达35cm，伞形花序径约2.5cm，花梗密生刺毛；花瓣淡绿白色。果卵球形。花期8～10月；果期10～12月。

分布于广西、湖南、江西、福建和广东。生于山坡或林缘阳光充足处，海拔约1000m以下。

掌裂柏那参
Brassaiopsis hainla

【别名】浅裂罗伞

【形态特征】常绿乔木，高达15m；有圆锥状短刺，幼枝被星状绒毛。单叶互生，掌状分裂，裂深不过叶片之半，宽15～35cm，基部心形，裂片5～7，卵状三角形或近圆形，边缘近刺状粗锯齿；叶柄粗壮，长15～25cm。圆锥花序顶生，密被绒毛，花后变光滑；花序轴疏生短刺。花黄白色。果近球形，直径6mm。花期2～3月；果期

7～8月。

【产地及习性】 产云南西部、西南部及南部，生于山谷林中。不丹、尼泊尔及印度亦有。

【观赏评价与应用】 掌裂柏那参树形优美奇特，叶片大型，聚生茎顶，是优美的庭院观赏植物，可丛植、列植、孤植于庭院、草地各处观赏。

【同属种类】 罗伞属约有45种，分布于亚洲南部及东南部。我国24种，西南各省较多。

树参
Dendropanax dentiger

【别名】 枫荷桂、半枫荷

【形态特征】 常绿灌木或小乔木，高2～8m。单叶互生，较薄的叶片可见半透明红棕色腺点，椭圆形或线状披针形，长7～10cm，宽1.5～4.5cm，或为倒三角形而掌状2～3 (5) 裂裂，无毛，全缘或先端有不明显细齿，基脉3出，侧脉4～6对。伞形花序单生或2～5个聚生成复伞形花序，花柱基部合生。果长圆状球形，具5棱，长5～6mm。花期8～9月；果期10～12月。

【产地及习性】 产于长江流域及以南地区，为常绿阔叶林中习见树种。越南、老挝、柬埔寨等国也有分布。

【观赏评价与应用】 树参四季常绿，枝叶浓密青翠，是优美的风景树。较耐荫，适于作为群落的中层树种，也可散植于林缘、水边。根及树皮供药用；可供观赏。

【同属种类】 树参属约80种，分布于热带美洲及亚洲东部。我国14种，分布于西南至东南各省。

五加
Eleutherococcus nodiflorus
【*Acanthopanax nodiflorus*；*Acanthopanax gracilistylus*】

【别名】 细柱五加

【形态特征】 落叶灌木，有时蔓生状。小枝细长下垂，节上疏被扁钩刺。掌状复叶；小叶 (3) 5，倒卵形或倒披针形，长3～8cm，宽1～3.5cm，上面无毛或疏被小刚毛，背面脉腋有时被淡黄棕色簇生毛，锯齿细钝；侧脉4～5对；小叶近无柄。伞形花序单生或2～3簇生于短枝之叶腋，花梗细，长0.6～1cm；花黄绿色，子房2 (3) 室，花柱长0.6～1cm，分离或基部合生。果扁球形，径约6mm，熟时紫黑色。花期4～7月；果期6～10月。

【产地及习性】 分布于华北南部、长江流域至西南、东南沿海各地，常见于林内、灌丛中、林缘。适应性强，喜温暖湿润的环境及深厚肥沃的土壤，耐荫性，较耐寒，不耐水涝。

【观赏评价与应用】 五加株丛自然，枝叶茂密，秋季紫果满树，园林中可于草坪、坡地、山石间丛植观赏，也可用于群落营造，作为疏林的下层灌木。根皮供药用，中药称"五加皮"，能祛风去湿，强壮筋骨。

【同属种类】 五加属约40种，分布于亚洲。中国18种，广布于南北各地。

刺五加
Eleutherococcus senticosus
【*Acanthopanax senticosus*】

落叶灌木，高1～6m。小枝密被下弯针刺，萌条和幼枝更明显。小叶5，稀3，椭圆状倒卵形或长圆形，长5～13cm，宽3～7cm，表面脉上被粗毛，背面脉上被淡黄褐色柔毛，边缘有锐利重锯齿。伞形花序单生

五加科 Araliaceae

狭叶五加
Eleutherococcus wilsonii
【*Acanthopanax wiisonii*】

落叶灌木，高2～5m；幼枝灰紫色，节上有细长直刺。小叶3～5，倒披针形、披针形或长圆状倒披针形，长4～5.5cm，宽0.5～1.6cm，上面叶脉上疏生短刺，侧脉3～8对，几无小叶柄。伞形花序单个顶生，径约4cm，多花；花黄绿色，花瓣三角状卵形，花柱5，稀3～4，仅基部合生。果实球形，径6～7mm。花期6～7月；果期9～10月。

分布于西藏、云南、四川，生于海拔2700～3600m森林下或灌木林下。

萼密被白色绒毛，无花梗；子房2室，花柱合生。果倒卵状球形，长1～1.5cm，熟时黑色，宿存花柱长达3mm。花期8～9月；果期9～10月。

产东北、河北、山西、山东等地，生于海拔200～1000m林内或灌丛中。朝鲜也有分布。

或2～6个，直径2～4cm；花紫黄色，子房5室，花柱合生成柱状。果实球形或卵球形，5棱，黑色，径7～8mm，花柱宿存。花期6～7月；果期8～10月。

产东北、华北各地以及四川，朝鲜、日本及俄罗斯亦产。

无梗五加
Eleutherococcus sessiliflorus
【*Acanthopanax sessiliflorus*】

落叶灌木或小乔木，高2～5m；小枝无刺或疏被粗壮刺，刺直或弯曲。小叶3～5，倒卵形，长8～18cm，宽3～7cm，两面近无毛；小叶柄长0.2～1cm。头状花序紧密，径2～3.5cm，5～6(10)个；花浓紫色，

熊掌木
Fatshedera lizei

【**形态特征**】常绿性藤蔓植物，高达1m。单叶互生，长、宽约7～25cm，掌状五裂，叶端渐尖，叶基心形，裂片全缘，新叶密被毛茸；叶柄长5～20cm，基部鞘状。伞形花序，花黄白色或淡绿色，直径4～6mm。花期秋季，一般不结实。

【**产地及习性**】八角金盘与常春藤的属间杂交种。忌阳光直射，耐荫；喜凉爽湿润环境，气温过高时枝条下部的叶片易脱落，较耐寒。

【**观赏评价与应用**】熊掌木为半蔓性植物，四季青翠碧绿，又具极强的耐荫能力，适宜在林下群植，常用作地被植物。华东地区如杭州、苏州、上海等地均有栽培，但华南地区越夏困难。

五加科 Araliaceae

熊掌木

熊掌木

熊掌木

八角金盘

八角金盘

八角金盘

【同属种类】熊掌木属为一杂交属，仅记载1种。

八角金盘
Fatsia japonica

【形态特征】常绿灌木，高达5m。幼枝叶具易脱落的褐色毛。叶掌状7~9裂，径20~40cm；裂片卵状长椭圆形，有锯齿，表面有光泽；叶柄长10~30cm。花两性或单性，伞形花序再集成顶生大圆锥花序；花小，白色，子房5室。浆果紫黑色，径约8mm。花期秋季；果期翌年5月。

【产地及习性】原产日本，我国长江流域及其以南各地常见栽培。喜荫；喜温暖湿润气候，不耐干旱，耐寒性也不强，在淮河流域以南可露地越冬；适生于湿润肥沃土壤。抗污染。

【观赏评价与应用】八角金盘植株扶疏，婀娜可爱，叶片大而光亮，是优良的观叶植物，性耐荫，最适于林下、山石间、水边、小岛、桥头、建筑附近丛植，也可于阴处植为绿篱或地被，在日本有"庭树下木之王"的美誉。

【同属种类】八角金盘属2~3种，分布于东亚。我国1种，产台湾，引入栽培1种。

吴茱萸五加
Gamblea ciliata var. *evodiifolia*
【*Acanthopanax evodiaefolius*】

【别名】萸叶五加

【形态特征】灌木或乔木，高2~12m，无刺。新枝红棕色。3出复叶，幼时叶柄密生淡棕色短柔毛；小叶椭圆形至长圆状倒披针形，长6~12cm，宽3~6cm，两侧小叶较小，基部歪斜，全缘或有锯齿。伞形花序组成顶生复伞形花序，稀单生；花梗长0.8~1.5cm，花后延长，花瓣5，开花时反曲，雄蕊5，花柱4(2~3)，基部合生，反曲。果实球形或略长，径5~7mm，黑色，有浅棱。花期5~7月；果期8~10月。

【产地及习性】分布广，西自四川和云南西部，东至安徽黄山、浙江天目山和天台山、江西遂川，北起陕西太白山，南至广西中部象州的广大地区均有分布。生于森林中。

【观赏评价与应用】吴茱萸五加是传统中药，枝叶茂盛，株型自然，也可栽培观赏，最适于风景区和公园中，作群落中层或下层

吴茱萸五加

吴茱萸五加

吴茱萸五加

树种。

【同属种类】萸叶五加属约有4种，分布于亚洲南部至东南部。我国2种，产长江流域至华南、西南。

洋常春藤
Hedera helix

【形态特征】常绿藤本，茎借气生根攀援。长可达20～30m。幼枝上有星状毛。营养枝上的叶3～5浅裂；花果枝上叶片不裂而为卵状菱形、狭卵形，基部楔形至截形。伞形花序，具细长总梗；花白色，各部有灰白色星状毛。核果球形，径约6mm，熟时黑色。

【产地及习性】原产欧洲至高加索，国内黄河流域以南普遍栽培。性极耐荫，可植于林下；喜温暖湿润，也有一定耐寒性，对土壤和水分要求不严，但以中性或酸性土壤为好。萌芽力强。抗污染。

【观赏品种】金边常春藤('Aureovariegata')，叶缘金黄色。彩叶常春藤('Discolor')，叶片较小，具乳白色斑块并带红晕。金心常春藤('Goldheart')，叶片3裂，中心部分黄色。三色常春藤('Tricolor')，叶片灰绿色，边缘白色，秋后变深玫瑰红色，春季复为白色。银边常春藤('Silver Queen')，叶片灰绿色，具乳白色边缘，入冬变为粉红色。

洋常春藤

洋常春藤

洋常春藤

【观赏评价与应用】洋常春藤四季常绿，生长迅速，攀援能力强，在园林中可用于岩石、假山或墙壁的垂直绿化，因其耐荫性强，可用于庇荫的环境，也可作林下地被。

【同属种类】常春藤属约15种，分布于亚洲、欧洲和非洲北部。我国2种，引入栽培1种。

中华常春藤
Hedera nepalensis var. *sinensis*

【别名】常春藤

【形态特征】常绿大藤本，长达30m。嫩枝、叶柄有锈色鳞片。叶革质，深绿色，有长柄；营养枝上的叶三角状卵形或戟形，全缘或3浅裂；花枝上的叶椭圆状卵形，全缘。伞形花序单生或2～7簇生，花黄色或绿白色，芳香。果球形，橙红或橙黄色。花期8～9

中华常春藤

中华常春藤

五加科 Araliaceae

月；果期翌年3月。

【产地及习性】产我国长江流域及其以南，江南常栽培。喜荫，喜温暖湿润气候，稍耐寒。对土壤要求不严，喜湿润肥沃土壤。生长快，萌芽力强，对烟尘有一定的抗性。

【观赏评价与应用】中华常春藤四季常青，枝叶浓密，是优良的垂直绿化材料，又是极好的木本地被植物。在公园、庭园、居民区可用来攀附假山、岩石、枯树、围墙，若植于屋顶、阳台等高处，绿叶垂悬，别有一番景致。亦可盆栽用于室内装饰。

菱叶常春藤
Hedera rhombea

常绿藤本。1年生枝绿色，疏生白色星状毛。叶革质，营养枝上的叶常3～5裂或五

角形，花果枝上的叶菱形、菱状卵形或菱状披针形，全缘，长4～7cm，宽2～7cm，掌状脉；叶柄长1～5cm，几乎无毛。伞形花序，总梗长2～5cm，密生星状毛；花淡绿色，花药鲜黄色。果实黑色，径约5～6mm，有宿存花柱。花期8月；果期11月。

原产日本、朝鲜。山东青岛等地栽培，为优良的棚架绿化材料。

幌伞枫
Heteropanax fragrans

【别名】富贵树、广伞枫

【形态特征】常绿乔木，高达30m，树皮灰棕色。单干直立，分枝很少；小枝粗壮。叶大型，常聚生于顶部；3～5回羽状复叶，长达1m；小叶椭圆形，长5.5～13cm，全缘，无毛，侧脉6～10对。花序长30～40cm，密被锈色星状绒毛；花杂性，伞形花序径约1.2cm，复结成广阔、大型的圆锥花序。果扁，长约7mm，径3～5mm。花期10～12月；果期翌年3～4月。

【产地及习性】产云南、广东和广西南部、海南等地；生于海拔1400m以下的常绿阔叶林中。印度、缅甸、印度尼西亚也有分布。喜高温高湿环境，忌干旱和寒冷，耐5℃低温和轻霜，不耐0℃低温；喜弱光，幼树更喜荫；

喜肥沃湿润的酸性土。

【观赏评价与应用】幌伞枫植株挺拔、姿态优美，四季常绿，枝叶多生于主干顶部，望如幌伞，是华南地区优美的庭园观赏树种，可用作行道树和庭荫树，广州庭园中常见栽培。也常盆栽观赏，是室内绿化的好材料。

【同属种类】幌伞枫属约有8种，分布于亚洲南部和东南部。我国6种。

刺楸
Kalopanax septemlobus

【形态特征】落叶乔木，高达30m，径达1m。树皮灰黑色，纵裂。树干及大枝具鼓钉状刺。小枝粗壮，淡黄棕色，具扁皮刺。单叶，在长枝上互生，短枝上簇生；叶近圆形，径9～25cm，掌状5～7裂，基部心形或圆形，裂片三角状卵形，缘有细齿；叶柄长于叶片。花两性，复伞形花序顶生，花小，白色。核果熟时黑色，近球形，花柱宿存。花期7～8月；果期9～10月。

【产地及习性】我国广布，自东北至长江

五加科　Araliaceae

刺楸

梁王茶

梁王茶

流域、华南、西南均有分布，多生于山地疏林中。日本、朝鲜也有分布。喜光，喜湿润肥沃的酸性或中性土，适应性强，在阳坡、干瘠条件都能生长，速生。抗烟尘。

【观赏评价与应用】刺楸树形宽广如伞，枝干扶疏而常生粗大皮刺，叶片大型，颇富野趣，适于风景区成片种植。也是优良的庭荫树，可孤植、丛植，略配下木，即颇有"林壑幽美"之感。《群芳谱》记刺楸于"楸"下，云："楸有二种，一刺楸，树高大，皮色苍白，上有黄白斑点，枝间多大刺，叶薄。"是也。

【同属种类】刺楸属仅1种，产东亚。

梁王茶
Metapanax delavayi
【*Nothopanax delavayi*】

【形态特征】常绿灌木，高1～5m。掌状复叶，稀单叶；叶柄长4～12cm；小叶片3～5，稀2或7，长圆状披针形至椭圆状披针形，长6～12cm，宽1～2.5cm，两面无毛，疏生钝齿或近全缘，侧脉6～8对。圆锥花序顶生，长约15cm；伞形花序径约2cm，有花10余朵；花白色。花期9～10月；果期12月至翌年1月。

【产地及习性】分布于贵州、四川、云南。生于森林或灌木丛中。越南也有。

【观赏评价与应用】梁王茶枝叶繁茂，是优良的观叶植物，花序较大，花色黄白色，也颇素雅美观。园林中可丛植于庭院、林缘，亦可植为绿篱。为民间草药，治跌打损伤、风湿关节痛。

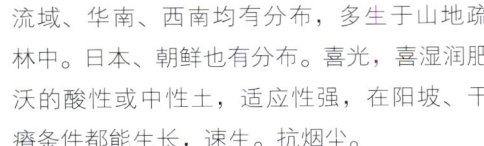
刺楸

刺楸

梁王茶

【同属种类】梁王茶属共有 2 种，产我国中部、西部和越南北部。

五爪木
Osmoxylon lineare

【别名】黄金五爪木

【形态特征】常绿小灌木，高达 3m；树皮灰色，光滑。叶革质，互生并常集生枝顶，掌状复叶，叶柄长 4～6cm；小叶 5（4～6）枚，线状披针形，长 15～20cm，宽 1～1.5cm，近先端边缘有疏细锯齿，叶面有时具有金黄色斑纹。伞形花序密生于枝顶；花无柄，子房 5 室。果实卵圆形，长约 3mm。

【产地及习性】原产菲律宾，华南常见栽培。喜高温多湿气候，也耐旱；喜光，也耐荫；喜生于排水良好、腐殖质丰富的砂质壤土中。

【观赏评价与应用】五爪木植株秀丽，也行奇特，是优美的观叶植物，园林中适于草地、路边、庭院、水滨丛植，也可盆栽观赏。

【同属种类】兰屿加属共约 50 种，分布于东南亚至菲律宾、新几内亚和西太平洋岛屿。我国 1 种，引入栽培 1 种。

圆叶南洋参
Polyscias scutellaria
【*Polyscias balfouriana*】

【别名】圆叶福禄桐

【形态特征】常绿灌木或小乔木，高 2～6m；雄花与两性花同株。枝叶稠密，枝条青色，杂以灰白色斑纹。羽状复叶，叶柄长达 30cm，基部鞘状，半抱茎；小叶 1、3 或 5 枚，稀 2 或 4 枚，宽椭圆形至扁圆形或肾形，长、宽各约 5～20cm，边缘近全缘或具疏缺裂及锯齿，先端圆钝。子房 3～5 室。

【产地及习性】原产太平洋岛屿西南部，现热带地区广植。福建、广东、海南等地栽培。

【观赏品种】银边圆叶南洋参（'Marginata'），叶缘银白色或乳白色。

【观赏评价与应用】圆叶南洋参株型优美、自然，是著名的观叶植物，适于草地、林缘、庭院丛植观赏，也常见盆栽。

【同属种类】南洋参属共约 150 种，分布于古热带地区。我国引入栽培 5 种，供观赏。

南洋参
Polyscias fruticosa

【别名】羽叶南洋参、羽叶福禄桐

常绿灌木或小乔木，高约 3m；雄花与两性花同株。不整齐 3～5 回羽状复叶，叶柄长 2～15cm，羽片（7）11～15，再行分裂；小叶革质，披针形，长 1～18cm，宽 0.2～5cm，边缘有刺毛状锯齿或不规则缺裂。伞形花序组成大型圆锥花序；子房 2～3 室，花柱分离至基部。果实较大，长约 4～5mm，径约 4.5～6mm。花期 8～9 月。

原产马来西亚、波利尼西亚，热带地区广泛栽培。我国海南广泛栽培。

五加科 Araliaceae

鹅掌藤
Schefflera arboricola

【形态特征】常绿藤状灌木，高2～4m；小枝无毛。小叶7～9，稀5～6或10；叶柄纤细，长12～20cm，托叶和叶柄基部合生成鞘状。小叶倒卵状长圆形或长圆形，长6～10cm，宽1.5～3.5cm，两面无毛，全缘，侧脉4～6对。圆锥花序顶生，主轴和分枝幼时密生星状绒毛，后渐脱净；伞形花序多个总状排列在分枝上；花白色，花瓣5～6，有3脉。果实卵形，直径4mm。花期7～10月；果期8～12月。

【产地及习性】产台湾、海南。生于谷地密林下或溪边较湿润处，常附生于树上。喜光、亦耐荫，耐干旱。

【观赏品种】香港鹅掌藤（'Hong Kong'），又名卵叶鹅掌藤，叶倒卵状椭圆形，先端圆，常盆栽观赏。斑叶香港鹅掌藤（'Hong Kong Variegata'），又名斑叶卵叶鹅掌藤，叶形同上，有不规则黄色斑纹，是很受欢迎的盆栽观叶植物。斑叶鹅掌藤（'Variegata'），叶有金黄色斑纹。斑叶端裂鹅掌藤（'Renata Variegata'），小叶有黄色斑，顶端2～3裂。

【观赏评价与应用】鹅掌藤姿态美观，掌状复叶端庄优雅，多为灌木状栽培，是优良的观叶植物。常见片植、丛植于草坪、路边等处形成优良的地表景观，也用于建筑基础种植，还是室内盆栽的好材料。

【同属种类】鹅掌柴属约1100种，广泛分布于两半球热带及亚热带。我国约35种，产西南至东南部，主产云南。

辐叶鹅掌柴
Schefflera acutinophylla

【别名】吕宋鹅掌柴、澳洲鸭脚木、澳洲鹅掌柴、昆士兰伞树、伞树

【形态特征】常绿乔木，高达15m。掌状复叶，小叶数随成长变化很大，幼树时4～5片，长大时5～7片，至乔木时可多达16片；小叶长椭圆形，叶缘波状，无毛。花小，红色，总状花序，斜立于株顶，初夏开花，持续数月。核果近球形，紫红色。

【产地及习性】原产澳大利亚。海南、广东、福建等地有引种栽培。喜光，亦较耐荫，喜温暖湿润环境。

【观赏评价与应用】辐叶鹅掌柴四季长青，树姿潇洒优雅，风姿婵约，掌状复叶大而美观，是华南地区优良的观型、观叶植物。适宜栽植于庭园一隅，独赏其美，也适宜列植、丛植于步行道旁，或点缀于林间，都具有较高的观赏价值，还可做盆景观赏。

辐叶鹅掌柴

短序鹅掌柴
Schefflera bodinieri

【别名】川黔鸭脚木

灌木或小乔木，高1～5m；小枝棕紫色或红紫色。叶有小叶6～9，稀11，叶柄长9～18cm；小叶长圆状椭圆形至线状披针形，长11～15cm，宽1～5cm，两面无毛，边缘疏生细钝齿或全缘。圆锥花序顶生，一般长不及15cm，初时有灰白色星状短柔毛；伞形花序单个顶生或数个总状排列在分枝上，有花约20朵；花白色。果球形，红色，径4～5mm。花期11月；果期翌年4月。

分布四川、湖北、贵州、云南和广西，生于密林中。叶形秀丽，是优美的观叶植物。

短序鹅掌柴

短序鹅掌柴

穗序鹅掌柴
Schefflera delavayi

【别名】穗序鸭脚木

【形态特征】常绿乔木或灌木，高3～8m；小枝粗壮，幼时密生黄棕色星状绒毛。小叶4～5；叶柄幼时密生星状绒毛；小叶片椭圆形、卵状披针形，长8～30cm，宽3～12cm，下面密生灰白色或黄棕色星状绒毛，全缘或疏生不规则牙齿，有时不规则缺刻或羽状分裂。花无梗，密集成穗状花序，再组成长达40cm的大圆锥花序；花白色，花瓣5，三角状卵形。果球形，紫黑色，径约4mm。花期10～11月；果期翌年1月。

【产地及习性】广布于云南、贵州、四川、湖北、湖南、广西、广东、江西以及福建。生于山谷溪边的常绿阔叶林中，阴湿的林缘或疏林也能生长，海拔600～3100m。越南也有。

【观赏评价与应用】穗序鹅掌柴树叶宽大，构成别致的棕榈形树冠，四季常青，树形优美，适于林缘、草地、庭院栽培观赏，亦可植于山坡、水边、山石缝中构造自然景观。

穗序鹅掌柴

穗序鹅掌柴

孔雀木
Schefflera elegantissima
【Dizygotheca elegantissima】

【别名】手树

【形态特征】常绿小乔木。树干和叶柄都有乳白色的斑点。叶互生，掌状复叶，小叶7～11枚，条状披针形，长7～15cm，宽1～1.5cm，边缘有锯齿或羽状分裂，幼叶紫红色，后成深绿色。叶脉褐色，总叶柄细长，甚为雅致。

【产地及习性】原产澳大利亚、太平洋群岛。喜温暖湿润环境，不耐寒；略喜光，不耐强光直射，喜肥沃、疏松土壤。

【观赏评价与应用】孔雀木树形和叶形优美，叶片掌状复叶，紫红色，小叶羽状分裂，非常雅致，为名贵的观叶植物。适合盆栽观赏，常用于居室、厅堂和会场布置。栽培有宽叶及斑叶品种，生长缓慢，观赏价值更高。

孔雀木

孔雀木

鹅掌柴
Schefflera heptaphylla
【*Schefflera octophylla*】

【别名】鸭脚木

【形态特征】常绿乔木，高达15m，或灌木状。掌状复叶，小叶6～9（11）枚，椭圆形至矩圆状椭圆形或倒卵状椭圆形，长9～17cm，宽3～5cm，幼时密生星状短柔毛，全缘，但幼树时有锯齿或羽状分裂。雄花与两性花同株；花芳香，伞形花序组成长达20～30cm的大型圆锥花序；萼5～6裂，花瓣5～6，白色，花时反曲。果黑色，径约5mm。花期9～12月；果期12～2月。

【产地及习性】原产华南至西南，北达江西和浙江南部，为热带和南亚热带常绿阔叶林习见树种；日本、印度、泰国和越南也有分布。喜光，耐半荫，喜温暖湿润气候和肥沃的酸性土，稍耐瘠薄，在0℃以下叶片容易脱落。

【观赏评价与应用】鹅掌柴栽培条件下常呈灌木状，枝叶密生，树形整齐优美，掌状复叶形似鸭脚，是优良的观叶树种，而且秋冬开花，花序洁白，有香味。园林中可丛植观赏，也可作树丛之下木，并常见盆栽。也是南方冬季的蜜源植物。

通脱木
Tetrapanax papyriferus

【别名】通草

【形态特征】常绿灌木或小乔木，高1～3.5m；新枝密生黄色星状厚绒毛。叶集生茎顶，长50～75cm，宽50～70cm，掌状5～11裂，裂深为叶长的1/3～1/2，稀至2/3，通常再裂为2～3小裂片，下面密生白色厚绒毛，全缘或疏生粗齿；叶柄粗壮。圆锥花序长50cm，多分枝；伞形花序径1～1.5cm，多花；花淡黄白色。果实径约4mm，紫黑色。花期10～12月；果期1～2月。

【产地及习性】分布广，北自陕西太白山，南至广西、广东，西起云南西北部和四川西南部，经贵州、湖南、湖北、江西而至福建和台湾。喜光，也耐荫，喜温暖湿润气候和深厚肥沃的沙质壤土。较耐寒，不耐水湿。根茎萌蘖力强。

【观赏评价与应用】通脱木枝叶密集，叶片大而背面白色，绿白分明，花序特大，较八角金盘略喜光，可丛植观赏，颇富野趣，也可用于树群外围。通脱木的茎髓大，质地轻软，颜色洁白，称为"通草"，切成的薄片称为"通草纸"，供精制纸花和小工艺品原料。

【同属种类】通脱木属仅1种，分布于我国中部至南部、西南部。

刺通草
Trevesia palmata

【别名】广叶参、脱萝

【形态特征】常绿小乔木，高3～8m，径约15cm；树干有刺或否；小枝有绒毛和刺。单叶，径达60～90cm，5～9掌状深裂，裂片披针形，有锯齿，幼树之叶深裂似掌状复叶；叶柄长达60～90cm，常疏生刺；托叶和叶柄基部合生。圆锥花序长约50cm，有锈色绒毛；伞形花序径约4.5cm；花淡黄绿色，花瓣6～10，长圆形；子房6～10室；花柱合生。果卵球形，径1.2～1.8cm。花期10月；果期翌年5～7月。

【产地及习性】分布于云南南部、贵州、广西。生于森林中，海拔1300～1900m。尼泊尔、孟加拉、印度、越南、老挝、柬埔寨也有分布。喜光，稍耐荫；适应性强，较耐寒，长江流域及秦岭以南均可生长；在排水良好的沙壤土或轻黏壤土中生长最好。

【观赏评价与应用】刺通草植株丛生，姿态优美，叶片大型而奇特，是优良的观叶植物，大型顶生花、果序亦有观赏价值，适于庭院、林下、林缘、草地、水边丛植、孤植。

【同属种类】刺通草属约10种，分布于东南亚经中国、印度至尼泊尔。我国1种。

一百三十二、马钱科 Loganiaceae

灰莉
Fagraea ceilanica

【别名】非洲茉莉、鲤鱼胆

【形态特征】常绿乔木,高达15m,有时攀援状。小枝粗厚,全株无毛。叶对生,椭圆形、卵形、倒卵形或长圆形,长5~25cm,宽2~10cm,侧脉不明显;叶柄基部具由托叶形成的腋生鳞片。花单生或二歧聚伞花序;花冠漏斗状,长约5cm,白色,芳香。浆果卵状或近圆球状,长3~5cm,径2~4cm,淡绿色。花期4~8月;果期7月至翌年3月。

【产地及习性】产于台湾、海南、广东、广西和云南南部,生山地密林中或石灰岩地区阔叶林中。分布于热带亚洲。性耐荫,对土壤要求不严,耐修剪。

【观赏评价与应用】灰莉在南亚热带地区终年青翠碧绿,长势良好,分枝茂密,树冠半球形,树形优美,花大而芳香,为良好的庭院观赏植物,常修剪成球形配置于道路旁或公园草地,亦列植于道路旁或作绿篱。北方常盆栽供室内观赏。

【同属种类】灰莉属约35种,分布于亚洲东南部、大洋洲及太平洋岛屿。我国产1种。

灰莉

灰莉

灰莉

钩吻
Gelsemium elegans

【别名】断肠草、大茶药

【形态特征】常绿木质藤本，长3～12m。小枝幼时具纵棱。叶卵形、卵状长圆形或卵状披针形，长5～12cm，宽2～6cm，侧脉5～7对。花密集，组成顶生和腋生的三歧聚伞花序；花梗纤细；花冠黄色，漏斗状，长12～19mm，内面有淡红色斑点，冠管长7～10mm，裂片卵形，长5～9mm。蒴果卵形或椭圆形，长10～15mm，径6～10mm。花期5～11月；果期7月至翌年3月。

【产地及习性】产江西、福建、台湾、湖南、广东、海南、广西、贵州、云南等省区。生海拔500～2000m山地路旁灌木丛中或疏林下。印度至印度尼西亚等也有。

【观赏评价与应用】钩吻花朵鲜黄色而繁密，可栽培作棚架绿化。全株有毒，俗名"断肠草"，应用中应注意。

【同属种类】钩吻属约3种，1种产于亚洲东南部，2种产于美洲。我国1种。

钩吻

钩吻

钩吻

马钱
Strychnos nux-vomica

【别名】马钱子

【形态特征】落叶乔木，高5～25m。叶近圆形、宽椭圆形至卵形，长5～18cm，宽4～13cm，上面无毛；基出脉3～5条。圆锥状聚伞花序腋生，长3～6cm；花冠绿白色，后变白色，长13mm，裂片卵状披针形；花柱圆柱形，长达11mm，柱头头状。浆果圆球状，径2～4cm，熟时橘黄色。花期春夏两季；果期8月至翌年1月。

【产地及习性】原产印度，热带亚洲普遍栽培。我国台湾、福建、广东、海南、广西和云南南部等地有栽培。喜热带湿润性气候，怕霜冻，以石灰质壤土或微酸性黏壤土生长较好。

【观赏评价与应用】马钱树干通直，树姿美观，花朵黄绿色，叶入秋呈黄色，果实较大而黄色，观赏价值较高，适宜丛植、列植、群植。也是著名的药用植物。

【同属种类】马钱属约190种，分布于全世界热带及亚热带地区。我国11种，分布于西南部、南部及东南部。

马钱

马钱

马钱

马钱

一百三十三、夹竹桃科 Apocynaceae

沙漠玫瑰
Adenium obesum

【别名】天宝花

【形态特征】落叶灌木，株高可达2m。茎肉质粗壮，全株有透明乳汁。叶色翠绿，单叶互生，全缘，倒卵形至长圆状倒卵形，长8～10cm，宽2～4cm，革质，有光泽。花序顶生，多为粉红或玫瑰红色，漏斗状，长6～8cm，花冠筒状外部有细绒毛，花冠5裂。花期4～5月和8～9月。南方温室栽培较易结实。种子有白色柔毛。

【产地及习性】原产非洲。喜温暖、干燥、阳光充足、通风良好的环境，耐干旱、忌水湿。要求肥沃、疏松、排水良好的砂质壤土。根肥大肉质。

【观赏评价与应用】沙漠玫瑰植株矮小，树形古朴苍劲，花色红如玫瑰，伞形花序三五成丛，灿烂似锦，深受人们喜爱。华南地区露地栽培可布置于山石间、小型庭园，古朴端庄、自然大方，长江流域及其以北地区盆栽观赏，也常见于温室多肉植物区。

【同属种类】天宝花属约有5种，分布于非洲至阿拉伯半岛。我国引入栽培1种。

黄蝉
Allamanda schottii
【*Allamanda neriifolia*】

【形态特征】常绿灌木，直立性，高达2m；枝条灰白色，有乳汁。叶近无柄，3～5枚轮生，椭圆形或狭倒卵形，长6～12cm，宽2～4cm，全缘，背面中脉上有柔毛；侧脉7～12对，未达边缘即行网结；叶柄极短，基部及腋间具腺体。聚伞花序顶生；花橙黄色，长5～7cm，张口径约4cm，内面有红褐色条纹，花冠下部圆筒状，长不超过2cm，径2～4mm，基部膨大。蒴果球形，径约3cm，具长刺。花期5～9月；果期10～12月。

【产地及习性】原产巴西，1910年由新加坡引入我国台湾，现华南地区普遍栽培。喜阳光充足和温暖湿润气候，不耐寒，要求排水良好的沙质壤土。

【观赏评价与应用】黄蝉枝叶开展，树姿优美，花大而美丽，花期长，叶片深绿色而有光泽，是华南地区著名的花灌木，适于水边、草地丛植或路旁列植。长江流域及其以北地区常盆栽观赏。植株乳汁有毒，人畜中毒会刺激心脏，循环系统及呼吸系统受障碍，应用时应注意。

【同属种类】黄蝉属约14种，分布于热带美洲，现广植于世界热带及亚热带地区。我国引入栽培2种。

沙漠玫瑰

沙漠玫瑰

黄蝉

黄蝉

黄蝉

紫蝉
Allamanda blanchetii

【别名】大紫蝉

常绿蔓性灌木本，长达3m，植株具汁液。幼枝密生细柔毛。叶常4枚轮生，卵形、椭圆形或倒卵状披针形，长8～12cm，宽4～6cm，表面无毛，具光泽，背面被细柔毛；侧脉7～10对。花腋生，紫红色至淡紫红色，漏斗状，径达10cm，基部不膨大，花冠筒长2～4cm，花冠5裂。花期春末至秋季。

分布于巴西。花色紫红，花期长，是优良花灌木，华南地区有少量栽培。

紫蝉

紫蝉

软枝黄蝉
Allamanda cathartica

【形态特征】常绿藤状灌木，长达4m。叶3～4枚轮生，有时对生或互生，全缘，倒卵形至倒卵状披针形，长6～12cm，宽2～4cm。花冠橙黄色，长7～11cm，径9～11cm，内面具红褐色的脉纹，花冠下部长圆筒状，长3～4cm，径2～4mm，基部不膨大，花冠筒喉部具白色斑点，向上扩大成冠檐，径5～7cm，花冠裂片卵圆形或长圆状卵形，广展，长和宽约2cm，顶端圆形。蒴果球形，径约3cm，具长达1cm的刺。花期春夏两季；果期冬季。

【产地及习性】原产巴西，现广植于热带和亚热带地区，华南地区广泛栽培。喜温暖湿润阳光充足环境。

【观赏评价与应用】软枝黄蝉花期长，盛开时花枝招展，繁花似锦，是华南地区优良的观花植物。枝条柔垂，适宜作花棚、花架、绿篱、矮墙的绿化材料，也可植于水边、坡地造景，还常见片植、列植作道路绿化形成大面积的黄花景观，也可盆栽观赏。植株乳汁、树皮和种子有毒，人畜误食会引起腹痛、腹泻。

软枝黄蝉

软枝黄蝉

软枝黄蝉

鸡骨常山
Alstonia yunnanensis

【别名】红花岩托、野辣椒

【形态特征】直立灌木，高1～3m，多分枝，具乳汁。叶3～5片轮生，薄纸质，倒卵状披针形或长圆状披针形，全缘，长6～18.5cm，宽1.3～4.8cm，两面被短柔毛，侧脉15～32对，弧曲。花紫红色，芳香，聚伞花序近顶生；花冠高脚碟状，花冠筒长1～1.3cm，中部膨大。蓇葖2，线形，长3～5cm，径约4mm。花期3～6月；果期7～11月。

【产地及习性】我国特有种，产于云南、贵州和广西，生于海拔1100～2400m的山坡或沟谷地带灌木丛中。

【观赏评价与应用】鸡骨常山株丛自然，花色优美艳丽，是一美丽的花灌木，值得推广应用，适于华南及西南南部地区。根供药用。

【同属种类】鸡骨常山属约60种，分布于热带亚洲、非洲、中美洲、澳大利亚和太平洋岛屿。我国8种，分布于华南。

鸡骨常山

鸡骨常山

鸡骨常山

夹竹桃科 Apocynaceae

糖胶树
Alstonia scholaris

【别名】面条树、面架木、黑板树

【形态特征】常绿乔木，高达 20m，径约 60cm；枝轮生，具乳汁，无毛。叶 3～8 片轮生，倒卵状长圆形、倒披针形或匙形，长 7～28cm，宽 2～11cm，顶端圆钝或微凹。花白色，聚伞花序稠密，顶生；花冠高脚碟状，筒长 6～10mm，中部以上膨大；子房由 2 枚离生心皮组成。蓇葖果 2，线形，长 20～57cm，径 2～5mm。花期 6～11 月；果期 10 月至翌年 4 月。

【产地及习性】产广西和云南，印度、尼泊尔和澳大利亚也有分布，华南常栽培观赏。喜光，喜高温多湿气候，对土壤要求不严，但需排水良好，抗风，抗大气污染。

【观赏评价与应用】糖胶树树干通直，枝叶层次分明，树形美观，四季常绿，花多白色而繁密，秋季果实累累，细长而下垂，别具一格，有"面条树"之称，是华南地区优良的行道树和庭园风景树，多列植、丛植。花朵具有刺激性气味，配置时应加以考虑。

清明花
Beaumontia grandiflora

【别名】炮弹果

【形态特征】常绿大藤本；幼枝有锈色柔毛。单叶对生，长圆状倒卵形，长 6～15cm，宽 3～8cm，侧脉约 15 对；叶柄长 2cm；叶腋内有腺体。聚伞花序顶生，着花 3～5 朵或更多，花白色；花萼裂片大而叶状，长 2.5～4cm；花冠长达 10cm，裂片卵圆形。果为 2 个合生的木质蓇葖，常圆柱形，长达 15～18cm，径 3～4cm；内果皮亮黄色。花期春夏季；果期秋冬季。

【产地及习性】云南野生，生于山地林中；印度也有分布，广西、广东和福建有栽培。喜温暖湿润，不耐寒。

【观赏评价与应用】清明花生长繁茂，叶片较大而亮绿色，花朵繁密，大而洁白、芳香，花萼红色，红白相衬非常醒目，果实硕大，是优良的观花藤本，适于南亚热带和热带地区用作棚架、矮墙、山石的绿化造景。国家重点保护植物。也是重要的药用植物。

【同属种类】清明花属约 9 种，分布于东亚和东南亚。我国 5 种，分布于广东、广西和云南等省区。

长春花
Catharanthus roseus

【别名】雁来红、日日新

【形态特征】常绿半灌木，高达 60cm，全株无毛或有微毛；茎近方形。叶对生，倒卵状长圆形，长 3～4cm，宽 1.5～2.5cm，先端浑圆。聚伞花序腋生或顶生，有花 2～3 朵；花冠红色，高脚碟状，筒长约 2.6cm，花冠裂片宽倒卵形，长和宽约 1.5cm。蓇葖双生，平行或略叉开，长约 2.5cm，直径 3mm。花期、果期几乎全年。

【产地及习性】原产非洲东部，现广泛栽培于各热带和亚热带地区。我国西南、中南及华东等省区有引种栽培。喜光，稍耐荫，要求排水良好的酸性土壤，耐瘠薄，忌水湿和

夹竹桃科 Apocynaceae

长春花

盐碱；不耐寒。

【观赏品种】白长春花('Albus')，花白色。

【观赏评价与应用】长春花植株低矮，姿态优美，花期特长，红色、白色或黄色，各地园林常见栽培，最适于布置花坛、花境，或作模纹、地被，也常盆栽观赏。

【同属种类】长春花属约8种，产于非洲东部及亚洲东南部。我国引入栽培1种。

海杧果
Cerbera manghas

【别名】黄金茄、牛金茄、牛心荔

【形态特征】常绿乔木，高4～8m，径达6～20cm；枝条粗厚；全株具丰富乳汁。叶互生，倒卵状长圆形或倒卵状披针形，长6～37cm，宽2.3～7.8cm。聚伞花序顶生；花径约5cm，芳香，花冠高脚碟状；花冠筒上部膨大（径7～10mm）、下部缩小（径约3mm），长2.5～4cm，外面黄绿色，喉部染红色，裂片左旋、白色，背面染淡红色；雄蕊5，花丝黄色。核果双生或单个，阔卵形或球形，长5～7.5cm，径4～5.6cm，熟时橙黄色。花期3～10月；果期7月至翌年4月。

【产地及习性】产于广东南部、广西南部、海南和台湾，以海南分布为多，生于海边或近海边湿润的地方。亚洲和澳大利亚热带地区也有分布。抗逆性强，耐热、耐旱、耐湿、耐荫、抗风，生长快，易移植。

【观赏评价与应用】海杧果树冠美观，叶深绿色，花色洁白而芳香，开花繁密，果实成熟后橙黄色或红色，外形如同小杧果，十分可爱，是优良的庭园观花、观果树种。喜生于海边，抗性强，也是沿海地区良好的防潮树种。乳汁有毒，应用中应加以注意。

【同属种类】海杧果属约3种，分布于亚洲热带和亚热带地区及澳大利亚，马达加斯加及亚洲太平洋沿岸为多。我国1种，分布于南部海岸。

止泻木
Holarrhena pubescens

【形态特征】乔木，高达10m，径达20cm。叶阔卵形、近圆形或椭圆形，长10～24cm，宽4～11.5cm，两面被短柔毛，侧脉12～15对。伞房状聚伞花序顶生和腋生，长5～6cm，径4～8cm，着花稠密；花冠白

海杧果

海杧果

止泻木

止泻木

海杧果

海杧果

色，径2～2.5cm，花冠筒细长，基部膨大，长1～1.5cm，花冠裂片长圆形；心皮2，离生。蓇葖双生，长圆柱形，长20～43cm，径5～8mm，具白色斑点。花期4～7月；果期6～12月。

【产地及习性】产于云南南部。生于海拔500～1000m的山地疏林中、山坡路旁或密林山谷水沟边，也散生在山脚平地杂木林中。分布于印度、缅甸、泰国、老挝、越南、柬埔寨、马来西亚。

【观赏评价与应用】止泻木花白色，着花密，可栽培观赏。云南、台湾、广东、海南均有栽培。树皮供药用。

【同属种类】止泻木属约20种，分布于热带非洲至东南亚。我国产1种。

蕊木
Kopsia arborea
【*Kopsia lancibracteolata*；*Kopsia officinalis*】

【别名】云南蕊木、假乌榄树

【形态特征】常绿乔木，高达15m。叶对生，革质，卵状长圆形或椭圆形，长8～24cm，宽3.5～8.5cm，两面无毛；侧脉10～20对。聚伞花序顶生，长达14cm。花冠白色，高脚碟状，花冠筒长2.5cm，裂片长圆形，长1.5～2cm。核果椭圆形，成熟后变紫黑色，长2.5～3.5cm，直径1.5～2cm。花期4～9月；果期7～12月。

【产地及习性】产于广东、广西、海南及云南，常生于溪边、疏林中向阳处，也有生于山地密林中和山谷潮湿地方。喜光，稍耐荫，喜温暖潮湿气候。

【观赏评价与应用】蕊木树冠开展呈半球形，树姿优美，新叶嫩绿色，部分老叶紫红色，花素雅美丽而形似风车，盛花期整株布满白色花朵，又有紫红色老叶点缀，绚烂夺目，是华南地区优良的观赏植物。园林中适宜孤植于草地、建筑附近、道路交叉口等处，也可列植于水边、路旁，观形之美、观花之丽。

【同属种类】蕊木属约20种，分布于印度、泰国、越南、老挝、马来西亚、印度尼西亚、菲律宾。我国3种，引入栽培1种，分布于广东、广西和云南等省区。

蕊木

蕊木

蕊木

红文藤
Mandevilla × amabilis

【别名】红皱藤

【形态特征】常绿藤本，茎缠绕。叶对生，全缘，长椭圆形，长10～20cm，宽2.5～5cm，先端常钝而突尖，基部圆形至略心形，侧脉多数，于表面下陷，叶面多皱褶，叶柄短。聚伞花序腋生，花冠漏斗形，长6～8cm，径5～6cm，深红色至桃红色，先端5裂，裂片与花冠筒近等长。花期全年，主要为夏秋两季。

【产地及习性】原产热带美洲。喜温暖湿润环境，生长适温20～30℃；对土壤的适应性较强，但以富含腐殖质排水良好的沙质壤土为佳。

【观赏评价与应用】红文藤花大而红色，似喇叭状，盛花期花朵极为繁密，微风袭来，阵阵扑鼻的清香使人心旷神怡，因此也有"飘

红文藤

红文藤

夹竹桃科　Apocynaceae

香藤"之名，是热带地区优良的攀援植物，可用于攀附小型棚架、栅栏、篱垣，也可片植于山坡、山石间，还是优美的盆栽植物。

山橙
Melodinus suaveolens
【*Lycimnia suaveolens*；*Melodinus laetus*】

【别名】马骝藤、猴子果

【形态特征】攀援木质藤本，长达10m，具乳汁。叶近革质，椭圆形或卵圆形，长5～9.5cm，宽1.8～4.5cm，叶柄长约8mm。聚伞花序顶生和腋生；花蕾顶端圆形或钝；花白色，花冠筒长1～1.4cm，裂片约为花冠筒的1/2或与之等长，上部向一边扩大而成镰刀状或成斧形，具双齿；副花冠钟状或筒状，顶端5裂，伸出花冠喉外。浆果球形，径5～8cm，熟时橙黄色或橙红色。花期5～11月；果期8月～翌年1月。

【产地及习性】产于广东、广西等省区，常生于丘陵、山谷，攀援树木或石壁上。

【观赏评价与应用】山橙花朵白色，花瓣旋扭而奇特，果实大而红黄色，是优美的观花、观果植物，攀援性强，可作垂直绿化材料。果可药用；藤皮纤维可编制麻绳、麻袋。

【同属种类】山橙属约50种，分布于亚洲热带、亚热带和大洋洲至太平洋沿岸。我国产12种，分布于西南、华南及台湾等省区。

尖山橙
Melodinus fusiformis

【别名】竹藤、鸡腿果

粗壮木质藤本，幼枝、嫩叶、叶柄、花序被短柔毛。叶椭圆形或长椭圆形，长4.5～12cm，宽1～5.3cm；叶柄长4～6mm。聚伞花序生于侧枝顶端，着花6～12朵；花白色，花冠裂片长卵圆形或倒披针形；副花冠鳞片状在花喉中稍伸出，顶端2～3裂。浆果橙红色，椭圆形，长3.5～5.3cm，径2.2～4cm。花期4～9月；果期6月～翌年3月。

产于广东、广西和贵州等省区。生于海拔300～1400m山地疏林中或山坡路旁、山谷水沟旁。全株供药用。

夹竹桃
Nerium oleander
【*Nerium indicum*】

【别名】柳叶桃、欧洲夹竹桃

【形态特征】常绿大灌木或乔木，高达5m。嫩枝具棱，含水液。叶3枚轮生或对生，狭披针形，长11～15cm，侧脉极多，近平行；叶缘反卷。顶生聚伞花序，花冠漏斗状，深红色或粉红色，喉部具5片撕裂状副花冠，花瓣状；花冠裂片5，花蕾时向右覆盖。蓇葖果2，离生，长圆形。几乎全年有花，以6～10月为盛。

【产地及习性】原产伊朗、印度等地，现广植于热带和亚热带地区。我国长江流域及其

夹竹桃科 Apocynaceae

夹竹桃

斑叶夹竹桃

白花夹竹桃

及亚洲热带、亚热带地区，广泛栽培。

古城玫瑰树
Ochrosia elliptica

【别名】 红玫瑰木、玫瑰桉

【形态特征】 常绿乔木或灌木状。叶3～4枚轮生，稀对生，倒卵状长圆形至宽椭圆形，长8～15cm，宽3～5cm；侧脉几平行，极密；叶柄长1.5～2cm。伞房状聚伞花序生于枝顶的叶腋；花无梗，萼裂片卵状长圆形，中间增厚，花冠筒细长，长约1cm，裂片线形，长6mm；花药披针形。核果鲜时红色，渐尖，长2～4cm，径约1cm；种子近圆形，有狭的边缘。花期9月。

【产地及习性】 原产澳大利亚的昆士兰及其南部岛屿。我国台湾古城和广东沿海岛屿有栽培。

【观赏评价与应用】 古城玫瑰树树形美观，花色洁白、芳香，果实红艳，极具观赏价值。可广泛应用于庭院、公园、风景区等绿化造

古城玫瑰树

古城玫瑰树

古城玫瑰树

以南地区广为栽植，北方盆栽。喜光，喜温暖湿润气候，不耐寒，耐旱性强，抗烟尘和有毒气体，滞尘能力也很强。对土壤要求不严，可生于碱地。

【观赏品种】 重瓣夹竹桃（'Plenum'），花重瓣，红色，有香气。白花夹竹桃（'Paihua'），花白色，单瓣。斑叶夹竹桃（'Variegatum'），叶面有斑纹，花单瓣，红色。

【观赏评价与应用】 夹竹桃植株姿态潇疏，花色妍媚，兼有青竹的潇洒姿态、桃花的热烈风情，花期自夏至秋，或白或红，且适应性强，是优良的园林造景材料。适于水边、庭院、山麓、草地等各处种植，可丛植，也可群植。在长江流域以南，常将夹竹桃植为绿篱，用于公路、铁路、河流沿岸的绿化，也常植为防护林的下木。耐烟尘，抗污染，是工矿区等生长条件较差地区绿化的好树种。植株有毒。

【同属种类】 1种，产分布于地中海沿岸

非洲霸王树

非洲霸王树

景，石山风景区、工厂、矿区绿化。

【同属种类】 玫瑰树属约25种，分布于马来西亚至太平洋岛屿。我国引入栽培3种。

非洲霸王树
Pachypodium lamerei

【别名】 棒槌树、马达加斯加棕榈

【形态特征】 多肉植物，高达6m，极少分枝；茎干褐绿色，圆柱形，肥大挺拔，密生3枚一簇的硬刺，刺长达2～6cm。叶簇生于茎顶，披针形或条形，翠绿色，先端有尖头，叶柄及叶脉淡绿色。花序生枝顶，花白色，喉部黄色，直径5～8cm。春季或初夏开花，并可延续至初冬。

【产地及习性】 原产非洲，世界各地广为栽培。我国华南及西南南部地区有引种栽培。喜温暖及阳光充足，耐干旱。

【观赏评价与应用】 非洲霸王树外观奇特，树干肥大挺拔而密生硬刺，叶片着生于茎顶，花大而芳香，为多肉植物中的珍贵种类，我国南方露地栽培，常用于布置旱生植物景观，北方常盆栽观赏。

【同属种类】 棒棰树属约25种，分布于非洲，主产马达加斯加。我国引入栽培多种，常见的为本种。

夹竹桃科 Apocynaceae

金香藤
Pentalinon luteum
【*Urechites luteus*】

【别名】黄花飘香藤、蔓性黄蝉

【形态特征】常绿藤本，茎绿色，近无毛，有白色乳汁。叶对生，革质，椭圆形、长椭圆形或卵状椭圆形，全缘，有光泽，先端圆或微突。花金黄色，花冠漏斗形，上部5裂。花期春至秋季。

【产地及习性】原产中美洲地区和佛罗里达，华南有栽培。性喜光，喜高温，生育适温约22～30℃。栽培处排水需良好，土质以肥沃之腐殖质土或砂质壤土为佳。

【观赏评价与应用】金香藤花大而黄色，极为醒目，花期长达3～4个月，为优美的垂直绿化植物，可用于攀附山石、墙垣、小篱架。

【同属种类】金香藤 共有2种，分布于中美洲地区。

鸡蛋花
Plumeria rubra 'Acutifolia'

【别名】缅栀子

【形态特征】落叶小乔木，高5～8m，径15～20cm；枝条粗壮。叶长圆状倒披针形或长椭圆形，长20～40cm，宽7～11cm，顶端短渐尖。聚伞花序顶生，长16～25cm，宽约15cm；花梗长2～2.7cm，淡红色；花冠外面白色，内面喉部黄色，径4～5cm，花冠筒长1～1.2cm，径约4mm，外面无毛，内面密被柔毛；花冠裂片阔倒卵形，顶端圆，长3～4cm，宽2～2.5cm。蓇葖双生，长约11cm，径约1.5cm。花期5～10月。

【产地及习性】原产墨西哥，我国各地有栽培，在云南逸为野生。

【观赏评价与应用】鸡蛋花是著名的芳香植物，花白色黄心，叶大深绿色，树冠美观，华南地区常栽培观赏。花晒干后可代茶作饮料，名曰"鸡蛋花茶"，颇为雅致，广东、广西民间采其花晒干泡茶饮。在印度、缅甸佛教地区则常植于寺院，摘花献佛，有"寺院树"之称。海南琼山的苏公祠于1889年重修，并在门前左右两边各植一株鸡蛋花，距今已经120多年，是海南的古树名木之一。

【同属种类】鸡蛋花属约7种，分布于西印度群岛和美洲。我国引入栽培2种。

钝叶鸡蛋花
Plumeria obtusa

【别名】钝头缅栀

半常绿或落叶小乔木，高达5m，小枝淡绿色。叶柄被微柔毛；叶表面深绿色，有光泽，叶片倒卵形至狭倒卵形，长达20cm，先端圆钝。花序顶生，花芳香，花冠白色，径约4cm，喉部黄色，裂片开展。花期长，自春至秋，盛花期7~8月。

原产加勒比群岛，热带地区广泛栽培。华南各地有引种栽培。

红鸡蛋花
Plumeria rubra

【别名】红缅栀

【形态特征】落叶小乔木，高达5m；枝条粗壮，具丰富乳汁。叶长圆状倒披针形，顶端急尖，基部狭楔形，长14~30cm，宽6~8cm，叶面深绿色，侧脉30~40对。聚伞花序顶生，长22~32cm，径10~15cm；花萼裂片小，阔卵形，不张开而压紧花冠筒；花冠深红色，花冠筒圆筒形，长1.5~1.7cm，

径约3mm；花冠裂片狭倒卵圆形或椭圆形，长3.5~4.5cm，宽1.5~1.8cm；心皮离生。蓇葖双生，长圆形，长约20cm。花期3~9月；果期7~12月。

【产地及习性】原产墨西哥和中美洲，现广植于亚洲热带和亚热带地区。我国广东、广西、云南、福建等省区普遍栽培。喜高温高湿环境，喜光，喜肥沃而排水良好的土壤。耐干旱，喜生于石灰岩山地。

【观赏评价与应用】红鸡蛋花树冠扁阔，姿态优美，枝叶青绿色，花鲜红色，适用于庭院、窗前、公园、水滨等各处造景，宜孤植或丛植，也可列植为花篱。此外，也适于岩石园配植。

萝芙木
Rauvolfia verticillata
【*Rauvolfia verticillata* var. *hainanensis*】

【形态特征】常绿灌木，高达3m；幼枝绿色。叶3~4叶轮生，稀对生，椭圆形或披针形，长2.6~16cm，宽0.3~3cm；侧

脉弧曲；叶柄长0.5~1cm。伞形式聚伞花序生腋间；总花梗长2~6cm；花白色，花冠高脚碟状，冠筒中部膨大，长10~18mm。核果卵圆形或椭圆形，长约1cm，直径0.5cm，由绿色变暗红色，然后变成紫黑色。花期2~10月；果期4月至翌春。

【产地及习性】分布于我国西南、华南及台湾等省区，生于林边、丘陵地带的林中或溪边较潮湿的灌木丛中。越南也有。

【观赏评价与应用】萝芙木四季常绿，生长繁密，花果期长，花白色、果实红色并变为紫黑色，是著名的药用植物，园林中可结合生产栽培观赏。根、叶供药用，为"降压灵"原料。

【同属种类】萝芙木属约60种，分布于美洲、非洲、亚洲及大洋洲各岛屿。我国7种，分布于西南、华南及台湾等省区。

蛇根木
Rauvolfia serpentina

【别名】印度萝芙木、印度蛇根木

常绿灌木，高50~60cm。叶集生枝上部，对生、3~4叶轮生，稀互生，椭圆状披针形或倒卵形，长7~17cm，宽2~5.5cm；侧脉10~12对。伞形或伞房状聚伞花序，上

蛇根木

蛇根木

羊角拗

部多分枝，花冠裂片白色。核果成对，红色，近球形。花期第1次2～5月，第2次6～10月；果期第1次5～8月；第2次10月至翌年春季。

产于云南南部；广西和广东等省区有栽培。分布于印度、斯里兰卡、缅甸、泰国、印度尼西亚及大洋洲各岛。根含利血平及血平定，是治疗高血压主要药物原料。

羊角拗
Strophanthus divaricatus

【别名】羊名树

【形态特征】常绿灌木，高达2m，全株无毛，上部枝条蔓生。叶椭圆状长圆形或椭圆形，长3～10cm，宽1.5～5cm，全缘或略带波状；侧脉6对。花黄色，聚伞花序顶生；花冠漏斗状，花冠裂片顶端延长成一长尾带状，长达10cm，副花冠黄白色；心皮2，离生。蓇葖广叉开，木质，椭圆状长圆形，长10～15cm，径2～3.5cm。花期3～7月；果期6月至翌年2月。

【产地及习性】产贵州、云南、广西、广东及福建等地，生于丘陵山地、路边疏林中或山坡灌丛中。越南、老挝也有。

【观赏评价与应用】羊角拗花大而美观，花色金黄、花型奇特，花冠裂片顶端延伸长达10cm，果实形如羊角，可栽培观赏。全株有毒，药用作强心剂。

【同属种类】羊角拗属共约38种，分布于热带亚洲至非洲。我国6种，主产华南，常栽培供药用。

毛旋花
Strophanthus gratus

【别名】旋花羊角拗

常绿攀援灌木，全株无毛。叶长圆形或长圆状椭圆形，长9～15cm，宽4～7.5cm，侧脉6～8对，两面扁平；叶腋内具2枚钻状腺体。聚伞花序顶生，着花6～8朵；花冠白色，喉部染红色，花张开后直径5cm，花冠裂片倒卵形，顶端不延长成尾状，花冠筒上部膨大；副花冠为10枚舌状鳞片；雄蕊内藏。花期2月。

产热带非洲，我国台湾、云南也有栽培。

羊角拗

羊角拗

毛旋花

毛旋花

毛旋花

夹竹桃科 Apocynaceae

狗牙花

黄花夹竹桃

黄花夹竹桃

黄花夹竹桃

狗牙花

狗牙花

狗牙花
Tabernaemontana divaricata
【*Ervatamia divaricata*】

【形态特征】常绿灌木或小乔木，高达3m；枝灰绿色。叶对生，椭圆形或长椭圆形，长5～18cm，宽1.5～6cm，侧脉5～17对；叶柄长0.3～1cm。二歧状聚伞花序腋生，着花1～8朵；总花梗长2.5～6cm；花梗长0.5～1cm；花蕾端部长圆状急尖；萼片长圆形，有缘毛；花冠白色，花冠筒长达1.5～3cm，裂片单轮或重瓣，倒卵形，长达2～3cm，宽1～2cm。蓇葖长2.5～7cm。花期4～9月；果期7～11月。

【产地及习性】云南南部野生；华南各地常见栽培。印度、泰国等热带亚洲也有分布，现广泛栽培于亚洲热带和亚热带地区。喜温暖湿润，不耐寒；要求排水良好的酸性土壤；喜半阴环境，也可在全光下生长。

【观赏评价与应用】狗牙花树姿整齐，叶色青翠，花色晶莹洁白且清香四溢，含苞时状如栀子花，花期长，素雅而美丽，是华南地区重要的花灌木，园林中应用极为普遍，可丛植于林缘、路边、庭院各处，或植为绿篱、基础种植材料，也是优良的盆栽花木。

【同属种类】狗牙花属约99种，分布于非洲、亚洲及太平洋岛屿、南北美洲。我国5种，分布于西南到华南及台湾等省区。此外，华南地区引种有东方马茶花（*Tabernaemontana orientalis*）。

黄花夹竹桃
Thevetia peruviana

【别名】酒杯花

【形态特征】常绿灌木或小乔木，高5m，全株无毛。小枝柔软下垂；全株具丰富乳汁。叶互生，革质，线形或线状披针形，长10～15cm，宽5～12mm，全缘，侧脉两面不明显。聚伞花序顶生；花大，径3～4cm，花冠漏斗状，黄色，具香味。核果扁三角状球形，直径2.5～4cm。花期5～12月；果期8月至翌年春季。

【产地及习性】原产美洲热带，热带和亚热带普遍栽培。我国台湾、福建、广东、广西和云南等省区均有栽培，有时逸为野生。北方盆栽观赏。喜光，耐半荫，喜干热气候，不耐寒；耐旱力强，抗大气污染。

【观赏品种】红酒杯花（'Aurantiaca'），花冠红色。

【观赏评价与应用】黄花夹竹桃枝软下垂，叶绿光亮，花大鲜黄，而且花期长，几乎全年有花，是一种美丽的观赏花木，在华南常植于庭园观赏。耐寒性差，长江流域及以北地区温室盆栽。抗大气污染能力较强，是工矿绿化的好材料。树液和种子有毒，误食可致命。

【同属种类】黄花夹竹桃属约8种，产热带美洲。我国引入栽培2种。

络石
Trachelospermum jasminoides

【别名】万字茉莉

【形态特征】常绿木质藤本，气生根发达；具乳汁。幼枝有黄色柔毛。单叶对生，椭圆形至卵状椭圆形或宽倒卵形，长2～10cm，宽1～4.5cm，全缘，脉间常呈白色；侧脉6～12对。圆锥状聚伞花序腋生或顶生；萼5深裂，花后反卷；花冠白色，芳香，右旋。蓇葖果双生，线状披针形，长10～20cm，宽3～10mm。种子条形，有白毛。花期3～7月；果期7～12月。

【产地及习性】分布于长江流域至华南，北达山东、河北，生于山野、溪边、路旁、林缘或杂木林中，常缠绕于树上或攀援于墙

夹竹桃科　Apocynaceae　657

【产地及习性】分布于华南、西南至长江流域，北达甘肃，印度、泰国、日本、朝鲜也产。喜排水良好的酸性土，生长旺盛，较耐干旱。耐寒性不强。

【观赏品种】黄金络石（'Ougonnishiki'），叶金黄色，间有红色和墨绿色斑点，色彩斑斓。花叶络石（'Variegatum'），叶有乳白色和粉红色斑纹。

【观赏评价与应用】亚洲络石是重要的垂直绿化植物，黄金络石和花叶络石叶片美丽、色彩斑斓，常栽培观赏，最适于植为地被、布置花境，也可盆栽观赏。

羊角状，具有很高观赏价值，攀援能力强，适植于枯树、假山、墙垣旁边，令其攀援而上。以其耐荫，也是优良的林下地被，可形成光绿致密的覆盖层。

【同属种类】络石属约15种，1种分布于北美洲，其余种类产亚洲。我国6种，主产长江以南各省。

亚洲络石
Trachelospermum asiaticum

【形态特征】常绿木质大藤本，长达10m，全株无毛或幼时有毛。叶片椭圆形、狭卵形或近倒卵形，长2～10cm，宽1～5cm；侧脉6～10对；叶柄长2～10mm。聚伞花序顶生或腋生，花白色，花冠筒长6～10mm，裂片倒卵形，与花冠筒近等长。蓇葖果线形，长10～30cm，径3～5mm。花期4～7月；果期8～11月。

壁上、岩石上，亦有移栽于园圃，供观赏。广泛栽培。日本、朝鲜和越南也有。喜光，耐荫，喜温暖湿润气候，尚耐寒。对土壤要求不严，耐干旱，也抗海潮风。

【变种】石血（var. *heterophyllum*），嫩枝被柔毛，节和节间多生气根；叶异形，通常为披针形，长4～8cm，宽0.5～3cm；花盘裂片比子房短。分布于山东、河北、陕西、甘肃、宁夏至长江流域、华南，常生于山野岩石上和攀伏在墙壁或树上。

【观赏评价与应用】络石叶片光亮，四季常青，花朵白色芳香，花冠形如风车，果实

贵州络石
Trachelospermum bodinieri
【*Trachelospermum cathayanum*】

【别名】乳儿绳

常绿攀援灌木，长达 8m。叶长圆形至长圆状椭圆形，或倒卵状长圆形，长 4～10cm，宽 1.5～4cm，侧脉约 12 对；叶柄长 3～7mm。花白色，芳香，圆锥状聚伞花序；花冠筒近喉部膨大，长 7～10mm，花冠裂片无毛。蓇葖线状披针形，长 12～28cm，直径 3～5mm。花期 4～7 月；果期 8～12 月。

我国特产，分布于长江流域至华南、西南，为山地路旁、山谷水沟旁、岩石上或林下较常见植物。花含芳香油，可提制浸膏。

贵州络石

贵州络石

酸叶胶藤
Urceola rosea
【*Ecdysanthera rosea*】

【别名】酸叶藤、石酸藤

【形态特征】高攀木质大藤本，长达 10m，具乳汁。叶阔椭圆形，长 3～7cm，宽 1～4cm，两面无毛；侧脉 4～6 对。花粉红色，顶生圆锥状聚伞花序多花；花冠近坛状，无副花冠；雄蕊 5 枚，子房由 2 枚离生心皮所组成。蓇葖 2 枚，叉开成近一直线，圆筒状披针形，长达 15cm。花期 4～12 月；果期 7 月至翌年 1 月。

【产地及习性】分布于长江以南各省区至台湾，生于山地杂木林山谷中、水沟旁较湿润的地方。越南、印度尼西亚也有分布。

【观赏评价与应用】酸叶胶藤叶片光亮，枝叶茂密，小花粉红色，可植为垂直绿化材料。植株含胶质地良好，是一种野生橡胶植物。全株供药用。

【同属种类】水壶藤属约 15 种，分布于东南亚。我国产 8 种，分布于南部和西南部各省区。

酸叶胶藤

酸叶胶藤

酸叶胶藤

非洲马铃果
Voacanga africana

【别名】非洲沃坎加树、非洲伏康树

【形态特征】乔木，高 10m，偶达 25m。叶倒卵状长圆形或倒卵形椭圆形，长 7～41cm，宽 3～20cm，基部楔形下延；侧脉 8～22 对；叶柄短或无。聚伞花序长 6～25cm，多花。花萼长 0.7～1.9cm，裂片宽卵形至长圆形；花冠黄或白色，筒部长 0.7～1.5cm，扭曲；裂片倒卵形的或椭圆形，下弯，在芽中扭曲。蓇葖果斜球形，有苍绿色斑点。种子暗褐色，椭圆形。

【产地及习性】原产非洲西部，云南南部有栽培。

【观赏评价与应用】非洲马铃果花色优美，花瓣奇特而扭曲，果实硕大，可栽培观赏。

【同属种类】马铃果属共约 12 种，分布于非洲和东南亚。我国引入栽培 2 种，见于华南和西南。

非洲马铃果

非洲马铃果

倒吊笔
Wrightia pubescens

【形态特征】落叶乔木，高达 20～35m，径达 60cm，含乳汁。叶对生，全缘，狭矩圆形、卵形或狭卵形，长 5～10cm，宽 3～6cm；侧脉 8～15 对。聚伞花序长约 5cm；花冠漏斗状，白色或粉红色，花冠筒长 5mm，裂片长圆形，长约 1～2cm；副花冠分裂为 10 鳞片，流苏状。蓇葖 2 个黏生，线状披针形，长 15～30cm，径 1～2cm，灰褐色。花期 4～8 月；果期 8～12 月。

【产地及习性】产于广东、广西、贵州和云南等省区，散生于低海拔热带雨林中和干

倒吊笔

夹竹桃科 Apocynaceae

燥稀树林中。分布于热带亚洲至澳大利亚。阳性树，适生于土壤深厚、肥沃、湿润而无风的低谷地或平坦地，生长良好。

【观赏评价与应用】倒吊笔树形美观，庭园中有作栽培观赏。

【同属种类】倒吊笔属约23种，分布于东半球，从东非至所罗门群岛，从印度、中国南部至澳大利亚东北部。我国6种，分布于南部和西南部。

蓝树
Wrightia laevis

【别名】大蓝靛、木靛

乔木，高8～20m，具乳汁。叶长圆状披针形或狭椭圆形至椭圆形、卵圆形，长7～18cm，宽2.5～8cm，无毛；侧脉5～9(11)对。花白色或淡黄色，顶生聚伞花序长6cm，宽8cm；花冠漏斗状，副花冠分裂为25～35鳞片呈流苏状。蓇葖2个离生，圆柱状，长20～35cm，直径7mm。花期4～8月；果期7月～翌年3月。

产广东、广西、贵州及云南等地。生于村中、路旁及山地疏林中或山谷向阳处。东南亚至澳大利亚也有。叶浸水可得蓝色染料，广西十万大山的居民常用它来染布。根和叶供药用。

无冠倒吊笔
Wrightia religiosa

【别名】泰国倒吊笔

【形态特征】常绿灌木，高达3m；小枝细长，圆柱形。叶片椭圆形、卵形或狭矩圆形，长2.5～7.5cm，宽1.5～3cm，沿中脉被柔毛；侧脉5～7对；叶柄长2～4mm。聚伞花序，总梗短，1～13花，花梗长1.5～2cm。花萼卵形，长约1.5mm；花冠白色，筒长3～4mm，无毛，裂片卵形，长约7mm，两面密生柔毛。蓇葖果线形，离生，长12～17cm。花果期全年。

【产地及习性】原产热带亚洲，广东南部栽培。

【观赏评价与应用】无冠倒吊笔枝叶浓密，花朵芳香，东南亚是重要的绿篱植物，经常种植于寺庙内。分枝性好，花柄细长、下垂，花白色而平展如星，果实像倒挂的毛笔，观赏价值较高，也是制作盆景的优良树种，还常被修剪成绿雕塑和各种图案于公园中造景。根和叶供药用。

蓝树

蓝树

蓝树

无冠倒吊笔

无冠倒吊笔

无冠倒吊笔

一百三十四、萝藦科 Asclepiadaceae

橡胶紫茉莉
Cryptostegia grandiflora

【别名】橡胶藤、伯莱花

【形态特征】落叶蔓性藤本，高达2m，沿乔木攀援茎可长达30m。叶对生，长椭圆形或长卵形，先端短突，革质。顶生聚伞花序，花冠漏斗状，粉紫色，先端5裂。蓇葖果大型，2枚；种子扁平。夏季开花。

【产地及习性】产马达加斯加西南部。性喜光，喜高温，生育适温22～32℃；喜肥沃的壤土或砂质壤土。

【观赏评价与应用】橡胶紫茉莉花姿柔美，花色粉紫，非常诱人，是华南地区不可多得的优良棚架绿化植物，也可用于攀附树木、山石、墙体等。

【同属种类】桉叶藤属共有2种，分布于热带亚洲和非洲。

钝钉头果
Gomphocarpus physocarpus
【*Asclepias physocarpa*】

【别名】唐棉、气球果

【形态特征】常绿灌木，株高1～2m。叶对生，狭披针形，长5～10cm，宽0.6～1.5cm；叶柄长约1cm。聚伞花序，花有香气。萼片披针形，花冠白色，径约1.4～2cm，裂片卵形，长约8～10mm。蓇葖果斜卵球形，长6～8cm，宽2.5～5cm，外果皮具软刺。花期6～10月，果熟期10～12月。

【产地及习性】原产非洲热带地区，现广泛栽培。华南有栽培。

【观赏评价与应用】钝钉头果花朵优美，果实奇特，为黄绿色卵圆形或椭圆形果泡，果表有粗毛，似用钉子锤入，故名钉头果，可栽培作观果植物，也供药用。

【同属种类】钉头果属约50种，分布于热带非洲，我国引入栽培2种。

萝藦科　Asclepiadaceae

球兰
Hoya carnosa

【形态特征】攀援灌木，附生于树上或石上；茎节上生气根。叶对生，肉质，卵圆形至卵圆状长圆形，长3.5～12cm，宽3～4.5cm，顶端钝，基部圆形。聚伞花序腋生，着花约30朵；花白色，径2cm；花冠辐状，副花冠星状。蓇葖线形，长7.5～10cm。花期4～6月；果期7～8月。

【产地及习性】产于云南、广西、广东、海南、福建和台湾等省区，生于平原或山地附生于树上或石上。也产于热带亚洲。

【观赏评价与应用】球兰花色优美，花序硕大，是热带地区著名观赏植物，适于攀附篱架、树木、山石等，常见栽培。全株供药用。

【同属种类】球兰属约100余种，分布于亚洲东南部至大洋洲。我国32种，分布于华南和西南，引入栽培多种。

球兰

球兰

球兰

蜂出巢
Hoya multiflora
【*Centrostemma multiflora*】

【别名】飞凤花、彗星球兰

【形态特征】直立或附生蔓性灌木。叶对生，椭圆状长圆形，长8～16cm，宽2～4.5cm，羽状脉，侧脉不明显。伞形状聚伞花序腋外生或顶生，下弯，着花10～15朵；花萼内面基部有5～6个腺体；花冠黄白色，5深裂，开放后强度反折；副花冠5裂，裂片披针形，基部延生角状长距成星状射出。蓇葖单生，线状披针形，长12～16cm，直径1cm。花期5～7月；果期10～12月。

【产地及习性】产于云南、广西，生长于山地水旁、山谷林中或旷野灌木丛中，常附生于树上。分布于缅甸、越南、老挝、柬埔寨、马来西亚、印度尼西亚、菲律宾。

【观赏评价与应用】蜂出巢繁花密集，色彩丰富，形态奇特，成星状射出，动感强烈，花极美丽，广东南部公园栽培作观赏植物。

蜂出巢

蜂出巢

蜂出巢

贝拉球兰
Hoya lanceolata subsp. *bella*

【别名】矮球兰

蔓性灌木。节间较长，茎自然下垂。叶对生，叶片小而薄，披针形，叶面翠绿色，叶背绿白色，先端尖，基部楔形。花序顶生或

贝拉球兰

贝拉球兰

叶腋间伸出，伞形花序，着花7～9朵，花白色。花期秋季。

产印度及泰国等地，生于雨林中。华南地区常栽培观赏，多用于盆栽，亦可用于攀附小型花架、树木。

杠柳
Periploca sepium

【别名】北五加皮

【形态特征】落叶蔓性灌木，茎先端缠绕，高达1.5m；枝叶有乳汁，除花外全株无毛。单叶对生，披针形或卵状披针形，长5～10cm，宽1.5～2.5cm，先端长渐尖；侧脉纤细，20～25对。聚伞花序腋生，有花2～5朵；花冠紫红色或近绿白色，径约1.5～2cm，花瓣反卷，副花冠环状，10裂，其中5裂延

杠柳

萝藦科 Asclepiadaceae

杠柳

杠柳

伸丝状被短柔毛。蓇葖果2，羊角状，圆柱形，长7～12cm，径约5mm。花期5～7月；果期9～10月。

【产地及习性】我国广布，自东北南部、华北、西北至长江流域、西南均有分布，多生于低山、平原的沟坡、田边、林缘。适应性强，喜光，耐寒；对土壤要求不严，耐干旱瘠薄，也耐水湿。生长迅速，蔓延能力强。

【观赏评价与应用】杠柳叶色光绿，花朵紫红，果实奇特，生长迅速，是山地风景区干旱荒坡的适宜绿化和水土保持植物，也可用于公园的栅栏和棚架绿化，枝叶茂密，遮荫效果较好。

【同属种类】杠柳属共约10种，分布于亚洲温带、欧洲南部和热带非洲。我国5种，产西南、西北至东北部。有些学者将本属与其他属成立杠柳科（*Periplocaceae*）。

夜来香
Telosma cordata

【别名】夜香花、千里香

【形态特征】柔弱藤状灌木。单叶对生，卵状长圆形至宽卵形，长6.5～9.5cm，宽4～8cm，基部心型；基脉3～5，侧脉约6对，小脉网状；叶柄长1.5～5.5cm，顶端丛生3～5个小腺体。伞房状聚伞花序腋生，着花多达30朵，芳香，花冠黄绿色，高脚碟状，裂片长圆形，长约6mm，宽约3mm；副花冠5片，膜质。蓇葖果披针形，长7～10cm。花期5～8月，很少结果。

【产地及习性】产广东、广西等地，华南各地广为栽培。亚洲热带和亚热带及欧洲、美洲均有栽培。喜高温高湿的环境，不耐寒冷，尤忌霜冻。喜光，也稍耐半荫；喜肥沃湿润土壤，忌干旱，也不耐水涝。耐修剪。

【观赏评价与应用】夜来香花期长，自初夏至秋末开花不断，花朵黄绿色，香气浓烈，夜间尤盛，与拒蚊的作用。是华南地区重要的攀援绿化材料，适于庭院、围墙、景门、阳台等处造景。花蕾及初开的花朵味道鲜美，是华南地区常见的蔬菜。花可蒸香油。花、叶可药用。

【同属种类】夜来香属约10种，分布于亚洲、大洋洲及非洲热带。我国3种，产华南、西南。

夜来香

夜来香

夜来香

夜来香

一百三十五、茄科 Solanaceae

木本曼陀罗
Brugmansia arborea
【*Datura arborea*】

【别名】大花曼陀罗

【形态特征】常绿灌木或小乔木，高2~3m。茎粗壮，上部分枝，全株近无毛。单叶互生，叶片卵状披针形、卵形或椭圆形，长10~20cm，宽3~10cm，顶端渐尖或急尖，基部楔形，不对称，全缘、微波状或有不规则的缺齿，两面有柔毛；叶柄长1~3cm。花单生叶腋，俯垂，芳香。花冠白色，脉纹绿色，长漏斗状，筒中部以下较细而向上渐扩大成喇叭状，长达23cm，檐部直径8~10cm；

木本曼陀罗

花药长达3cm。浆果状蒴果，无刺，长达6cm。花期7~9月；果期10~12月。

【产地及习性】原产南美洲，热带地区广为栽培。喜阳光；喜温暖气候，不耐寒，适生温度15~30℃；耐瘠薄土壤，对中性、微酸性以至微碱性土壤都能适应，但以土层深厚、排水良好的土壤最好。

【观赏评价与应用】枝叶扶疏，花极大而且花形美观，或白或红，香味浓烈，是华南地区优良的园林绿化造景材料，可丛植于山坡、林缘或布置于路旁、墙角、屋隅，北方温室内也常见栽培。花可供药用。

【同属种类】木本曼陀罗属约7种，分布于南美洲。我国引入栽培约2种，多供观赏、药用。

木本曼陀罗

木本曼陀罗

巴西曼陀罗
Brugmansia suaveolens

常绿灌木，高3~5m，通常多分枝。叶丛生枝端，卵形，长达25cm，宽达15cm。花顶生，美丽而芳香，长达20~32cm，喇叭状，下垂或近水平；花冠白色，或黄色、粉红色。花期不定，常见四季开花。

原产南美洲巴西东南部。华南地区各地零星栽培。

巴西曼陀罗

巴西曼陀罗

巴西曼陀罗

茄科 Solanaceae

鸳鸯茉莉
Brunfelsia brasiliensis
【*Brunfelsia acuminata*】

【别名】双色茉莉、番茉莉、二色茉莉

【形态特征】常绿灌木，高达1.5m，枝叶密生。单叶互生，长椭圆形或椭圆状矩形，长6～8cm，宽2.5～3.5cm，全缘。花顶生，单生或数朵集生于新梢顶端，花冠高脚碟状，先端5裂；初开时深紫色，后渐变为白色，芳香。花期4～9月，春季花多而芳香，秋季开花较少。

【产地及习性】原产巴西，在热带地区广为栽培。喜温暖湿润，不耐寒，忌霜冻。在北回归线以南可以露地越冬，但寒冷年份仍有冻害，华南北部至长江流域普遍盆栽。喜光，耐半荫，耐高温，但长期烈日下生长不良。适宜排水良好的酸性土，不宜黏重、干旱瘠薄以及碱性土。

【观赏评价与应用】鸳鸯茉莉花朵芳香，盛花期数米开外仍浓香扑鼻，白色与紫红或淡红色相间，双色花同时绽放枝头，故名"鸳鸯茉莉"，颇为雅致，深受人们喜爱。可布置花坛、花境或用于建筑物基础种植，还可以散点布置于公园草地，也可盆栽。

【同属种类】鸳鸯茉莉属共25～30种，分布于热带美洲。我国引入栽培2种。

大花鸳鸯茉莉
Brunfelsia pauciflora
【*Brunfelsia calycina*】

【别名】巴西鸳鸯茉莉

常绿或半常绿灌木，高达2m。单叶互生，长披针形，长8～16cm，上面深绿色，下面苍白色，全缘，叶缘略波皱。花大，单生或2～3朵簇生于枝顶，高脚碟状花，萼筒较长，花瓣宽大，初开时蓝色，后转为白色，喉部白色，芳香。花期几乎全年，10～12月为盛开期；果期春季。

原产巴西，我国华南等地有栽培。

夜香树
Cestrum nocturnum

【别名】洋丁香、洋素馨、木本夜来香

【形态特征】常绿灌木，直立或攀援，高2～3m，全体无毛；枝条细长而下垂。叶互生，矩圆状卵形或矩圆状披针形，长6～15cm，宽2～4.5cm，全缘，侧脉6～7对；叶柄长8～20mm。伞房式聚伞花序腋生或顶生，长7～10cm，花极多，绿白色至黄绿色。萼钟状，5浅裂；花冠高脚碟状，长约2cm，筒部伸长，下部极细，向上渐扩大，裂片卵形；雄蕊5。浆果矩圆状，长约6～7mm，径约4mm。花期5～10月。

【产地及习性】原产南美洲，现广泛栽培于世界热带地区。我国福建、广东、广西和云南有栽培。性喜温暖向阳和通风良好的环境，不耐寒，要求疏松肥沃土壤。

【观赏评价与应用】夜香树枝条蓬散，生长繁茂，花期自初夏至秋末，夜晚芳香，是华南地区著名的庭院花木，常用于园林造景，最适于庭院、窗前、亭边、阶前等处，宜丛植。北方常盆栽。

【同属种类】夜香树属共有175种，主要分布于南美洲和北美洲。我国南部栽培3种。

黄瓶子花
Cestrum aurantiacum

【别名】黄花洋素馨、黄花夜香树

灌木，全体近无毛。叶卵形或椭圆形，长4～7cm，宽2～4cm，全缘，侧脉5～6对；叶柄长1～1.4cm。总状式聚伞花序顶生或腋生。花近无梗，花萼钟状，有5条纵肋，长约6mm，萼齿5；花冠筒状漏斗形，金黄色，筒在基部紧缩，向檐部渐渐扩大成棒状，长约2cm，裂片卵状三角形，开展或向外反折，长约3.5mm。浆果梨状。

原产中美洲。我国广东等地有栽培，作园林绿化树种。

紫瓶子花
Cestrum elegans

【别名】毛茎夜香树

灌木，高达3.5m；茎密生柔毛。叶卵形或椭圆形，长约7～13cm，宽2.5～4cm，两面被毛；叶柄长0.6～1.2cm。圆锥花序花序直立，狭窄似总状，顶生或腋生。花无香

味，花萼狭钟状，长6～8mm，无纵肋；花冠红色、粉红色或紫色，长约2cm，向上部渐扩大，喉部急缩，裂片三角形，长约2mm。浆果球形，直径0.8～1.3cm，深粉红色。

原产墨西哥。我国云南等地栽培，作园林绿化树种。

树番茄
Cyphomandra betacea

【别名】缅茄、木本西红柿

【形态特征】小乔木或灌木状，高达

2～4m；枝粗壮，密生短柔毛。叶卵状心形，长5～15cm，宽5～10cm，基部偏斜，全缘或微波状；侧脉5～7对；叶柄长3～7cm。2～3歧分枝蝎尾式聚伞花序，腋生或腋外生，花梗长1～2cm；花冠辐状，粉红色，径1.5～2cm，深5裂，裂片披针形；雄蕊围于花柱而靠合，花丝长约1mm，花药长约6mm。果梗粗壮，长3～5cm；浆果卵状，长5～7cm，光滑，橘黄色或带红色。

【产地及习性】原产南美洲，现在世界热带和亚热带地区有引种。我国云南和西藏南部有栽培；喜深厚、肥沃的土壤。

【观赏评价与应用】树番茄至迟20世纪20年代引入我国，是优良的观果树种，叶色深绿，果实鲜红色或橘黄色，挂满枝头极为美丽，热带地区可用于园林造景，长江流域一般温室栽培。其果味如番茄，可食，作水果或蔬菜。

【同属种类】约25种，主要分布于南美洲。我国引入栽培1种。

枸杞
Lycium chinense

【形态特征】落叶蔓性灌木，枝条弯曲或

匍匐，可长达5m，有短刺或否。单叶互生或簇生，卵形至卵状披针形，长1.5～5cm，宽1～2.5cm，全缘。花单生或2～4朵簇生叶腋；花萼3（4～5）裂；花冠漏斗状，淡紫色，长9～12mm，筒部向上骤然扩大，5深裂，裂片边缘有缘毛；雄蕊伸出花冠外。浆果卵形或长卵形，长5～18mm，径4～8mm，熟时鲜红色。花果期5～10月。

【产地及习性】产东亚和欧洲，我国广布。性强健，喜光，较耐荫，耐寒；耐盐碱，耐干旱瘠薄，即使石缝中也可生长，忌低湿和黏质土。萌蘖力强。

【观赏评价与应用】枸杞老蔓盘曲如虬龙，小枝细柔下垂，花朵紫色且花期长，秋日红果累累，缀满枝头，状若珊瑚，颇为美丽，富山林野趣。可供池畔、台坡、悬崖石隙、林下等处美化之用，也可植为绿篱。也是著名的盆景材料。

【同属种类】枸杞属约80种，分布于南美洲、非洲南部，部分种类产于欧洲和亚洲温暖地区。我国7种，主产西北部和北部。

茄科 Solanaceae

宁夏枸杞
Lycium barbarum

【别名】中宁枸杞、津枸杞、山枸杞

【形态特征】落叶灌木，直立，高0.8～2m；分枝细密，有棘刺。叶椭圆状披针形至卵状矩圆形，长2～3cm，宽4～6mm，栽培时长达12cm，宽1.5～2cm，基部楔形并下延成柄。花萼通常2中裂，裂片或又2～3齿裂；花冠漏斗状，紫堇色，裂片边缘无缘毛。浆果红或橙色，长8～20mm，直径5～10mm。花果期长，一般从5月到10月边开花边结果。

【产地及习性】产西北和华北，常生于土层深厚的沟岸、山坡、田埂和宅旁，耐盐碱、沙荒和干旱。广泛栽培，以宁夏及天津栽培多，由于果实入药，现我国中部和南部不少省区也已引种栽培。地中海地区和俄罗斯也产。

【观赏评价与应用】宁夏枸杞是著名中药，在我国北方有悠久的栽培历史，可作西北和华北地区的水土保持和造林绿化灌木。

金杯藤
Solandra maxima
【*Solandra nitida*】

【别名】金杯花

【形态特征】常绿藤本灌木。叶互生，长椭圆形，浓绿色。花单生枝顶，花苞绿色棒槌状，硕大；花杯状，金黄色或淡黄色，大型，直径18～20cm，长约20cm，略具香气；花冠裂片5，反卷，裂片中央有五个纵向深褐色条纹；雄蕊5。花期春夏季。

【产地及习性】原产中美洲。华南、西南地区栽培。性喜温暖湿润的气候，喜光照充足。对土壤要求不严，以疏松、肥沃、排水良好的砂质土壤为佳。

【观赏评价与应用】金杯藤花大型，金黄或淡黄色，颇似一盏金杯，初开时散发出阵阵浓郁的奶油蛋糕甜蜜的香味。适宜庭园垂直绿化，用于大型花架、荫棚等景观营造，也可盆栽观赏。全株有毒，忌误食。

【同属种类】金杯藤约有9种，产南美洲，多供观赏。

珊瑚豆
Solanum pseudocapsicum var. *diflorum*

【形态特征】常绿灌木，高达2m。幼枝、叶下面沿脉、叶柄常有树枝状簇绒毛。叶互生，狭长圆形至披针形，长1～6cm，宽0.5～1.5cm，基部狭楔形下延成叶柄，全缘或波状；侧脉6～7对；叶柄长2～5mm。花单生，很少成蝎尾状花序，白色，径0.8～1cm；萼5裂；花冠5裂。浆果橙红色，径1～1.5cm，萼宿存。花期4～7月；果熟期8～12月。

【产地及习性】原产南美。我国广泛栽培，有时归化呈野生状态，多见于田边、路旁、丛林中或水沟边。性喜光，喜温暖环境，生长适温为18～25℃；要求肥沃、疏松的土壤。

【观赏评价与应用】珊瑚豆在生长中只要

有适宜的温度和充足的光照，就能连续不断地开花、结果，浆果球形，幼果色翠绿，熟后鲜红色，经冬不落，是重要的观果植物。南方各地可露地栽培，常丛植，北方盆栽。

【同属种类】茄属约1200种，分布于全世界热带及亚热带，少数达到温带地区，主产南美洲。我国有41种，近一半为引入栽培种。

假烟叶树
Solanum erianthum

【别名】野烟叶、茄树

小乔木，高达10m，或灌木状。小枝密被白色具柄头状簇绒毛。叶大而厚，卵状长圆形，长10～29cm，宽4～12cm，上面被具短柄的3～6不等长分枝的簇绒毛，下面被具柄的10～20不等长分枝的簇绒毛，全缘或略波状，侧脉7～9对。聚伞花序多花，花白色，径约1.5cm。浆果球状，具宿存萼，径约1.2cm。几全年开花结果。

产四川、贵州、云南、广西、广东、福建和台湾诸省，常见于海拔300～2100m荒山荒地灌丛中。广泛分布于热带亚洲、大洋洲、南美洲。

南青杞
Solanum seaforthianum

无刺木质藤本，高达1m，近无毛。叶互生，长宽均约4～8cm，羽状5～9裂，裂片全缘，卵形至长圆形，长1.5～4.5cm，宽0.5～2cm。聚伞式圆锥花序顶生或对叶生，多花，花冠紫色，整齐。果红色，球形，径约1～2cm。

原产美洲，世界多地栽培和归化。我国

华南和云南栽培。花色优美，果实红艳，可栽培观赏，作棚架、篱垣绿化。

旋花茄
Solanum spirale

【别名】白条花

直立灌木，高0.5～3m，光滑无毛。叶椭圆状披针形，长9～20cm，宽4～8cm，先端尖，基部楔形下延成柄，两面无毛，全缘或略波状，中脉粗壮，侧脉5～8对。聚伞花序螺旋状，对叶生或腋外生，花冠白色，

5深裂，花药黄色。浆果球形，橘黄色，径约7～8mm。花期夏秋；果期冬春。

产云南、广西、湖南，多生长于海拔500～1900m溪边灌木丛中或林下，稀生于荒地。印度，孟加拉，缅甸及越南也有。

大花茄
Solanum wrightii
【*Solanum setosicalyx*】

【别名】巴西土豆树

常绿大灌木或小乔木，株高3～5m。小枝及叶柄具刚毛及星状分枝的硬毛或刚毛以及粗而直的皮刺。大叶片长约30cm，宽约15～20cm，常羽状半裂，裂片为不规则的卵形或披针形，上面粗糙，具刚毛状的单毛，下面被粗糙的星状毛。花大，组成二歧侧生的聚伞花序；花梗、花萼密被刚毛，花冠径约6.5cm，宽5裂，粉紫色至粉红色。果实大。花期几乎全年。

原产南美玻利维亚至巴西，现热带、亚热带地区广泛栽培。华南及西南有栽培。花朵及果实大型，可供观赏。

一百三十六、旋花科 Convolvulaceae

白鹤藤
Argyreia acuta

【别名】白背藤、绸缎藤

【形态特征】攀援灌木，枝圆形，被银白色绢毛。叶椭圆形或卵形，长5～11cm，宽3～8cm，先端锐尖或钝，叶面无毛，背面密被银色绢毛，全缘，网脉不显。聚伞花序腋生或顶生，总花梗长达3.5～8cm，被银色绢毛；花冠漏斗状，长约28mm，白色，外面被银色绢毛，冠檐深裂，裂片长圆形。果球形，直径8mm，红色，为增大的萼片包围。花期6～9月。

【产地及习性】广东、广西有分布，生于疏林下，或路边灌丛，河边。印度东部、越南、老挝亦有。

【观赏评价与应用】白鹤藤叶背面密被银色绢毛，又名银背藤，植株茂盛壮大，开花时浅紫白色的花在绿叶衬托下十分显眼，适于棚架、篱垣和山石绿化美化。

【同属种类】银背藤属约90种，主产热带亚洲，1种产澳大利亚（昆士兰）。我国22种，主产云南、广东、广西、贵州等省区。

锈毛丁公藤
Erycibe expansa

【别名】锈毛麻辣仔藤

【形态特征】攀援灌木，高约5m。枝条圆柱形，密被锈色分枝短柔毛。叶革质，椭圆形，长6.5～9cm，宽3.5～5cm，背面密被锈色分枝短柔毛，具乳突，侧脉5～6对，网脉几不明显；叶柄极密被锈色分枝柔毛，长5～7mm。花序总状圆锥状，长达16cm，密被锈色分枝短柔毛，序轴多少具棱；花梗近于无或很短。幼果圆球形，无毛，径约4mm，鲜时绿色，干时黑色；宿存萼片圆肾形，被黄色短绒毛，宽约3mm。

【产地及习性】产云南，生于海拔1000～1200m的灌丛中。

【观赏评价与应用】锈毛丁公藤叶片厚实，新叶密生柔毛，在光照下熠熠生辉，花黄白色，幼果绿色，华南地区可栽培观赏，供攀附小型篱架、墙垣。

【同属种类】丁公藤属约67种，产热带亚洲，自日本南部和琉球、中国南部各省、中南半岛、印度、斯里兰卡，经马来亚、菲律宾至澳大利亚的昆士兰北部。我国产10种，主要分布在台湾、广东、广西和云南。

丁公藤
Erycibe obtusifolia

高大木质藤本，长约12m。叶椭圆形或倒长卵形，长6.5～9cm，宽2.5～4cm，顶端钝圆，两面无毛，侧脉4～5对。聚伞花序腋生和顶生，花序轴、花序梗被淡褐色柔毛；花冠白色，长1cm，雄蕊不等长。浆果卵状椭圆形，长约1.4cm。

产广东中部及沿海岛屿。生于山谷湿润密林中或路旁灌丛。

丁公藤

丁公藤

光叶丁公藤
Erycibe schmidtii

攀援灌木，小枝圆柱形，有细棱。叶革质，卵状椭圆形或长圆状椭圆形，长7～12cm，宽2.5～6cm，两面无毛，侧脉5～6对。聚伞花序成圆锥状，腋生和顶生，比叶短很多，长2～7cm，密被锈色短柔毛；

光叶丁公藤

光叶丁公藤

光叶丁公藤

花冠白色，芳香，长约8mm，深5裂，瓣中带密被黄褐色绢毛，小裂片长圆形，边缘啮蚀状。浆果球形，径约1.5cm。

产广东、广西及云南，生于海拔250～1200m的山谷林中或路旁灌丛。

金钟藤
Merremia boisiana
【*Ipomoea boisiana*】

【别名】多花山猪菜

【形态特征】大型缠绕草本或亚灌木。茎圆柱形，幼枝中空。叶近圆形，偶卵形，长9.5～15.5cm，宽7～14cm，全缘，两面近无毛，侧脉7～10对花序腋生，为多花的伞房状聚伞花序；花冠黄色，宽漏斗状或钟状，长1.4～2cm，雄蕊内藏，子房圆锥状。蒴果圆锥状球形，长1～1.2cm，4瓣裂，外面褐色，无毛，内面银白色。

【产地及习性】产海南、广西、云南等地，生于海拔120～680m的疏林湿润处或次生杂木林中。越南、老挝及印度尼西亚也有。

【观赏评价与应用】金钟藤叶色浓绿，花朵黄色、着花繁密，生长繁密，蔓延能力强，可用于高速公路沿线、坡地、荒山绿化树种。但金钟藤可能会成为入侵植物，应用中注意。

【同属种类】鱼黄草属约80种，广布于热带地区。我国有19种，主产台湾、广东（包括海南）、广西、云南等省区。

金钟藤

金钟藤

金钟藤

一百三十七、紫草科 Boraginaceae

基及树
Carmona microphylla

【别名】福建茶、猫仔树

【形态特征】常绿灌木或小乔木，高1～4m。多分枝，幼枝被稀疏短硬毛。叶互生或在短枝上簇生，倒卵形或匙状倒卵形，长0.9～5cm，先端圆钝，顶端有粗齿；表面有白色圆形斑点，两面粗糙。花2～6朵排成疏松的腋生聚伞花序；萼5深裂；花冠白色或带红色，钟状，裂片披针状，长约6mm；雄蕊5；花柱3深裂。核果球形，径4～6mm，熟时红色或黄色。花期春夏季，秋季也有零星花开。

【产地及习性】分布于广东、台湾等省区，生于低海拔平原、丘陵；亚洲南部、东南部和大洋洲也产。喜光，喜温暖湿润，不耐霜冻；耐修剪。

【观赏评价与应用】基及树树形矮小，枝叶繁密，耐修剪，细小的白花似繁星点缀在绿丛中，清雅优美。常于道路两旁、公园、宅旁绿地植为绿篱，也可修剪成各式造型，还是花坛布置时良好的模纹材料。基及树也是优良的盆景材料，是岭南派盆景制作的主要材料之一。

【同属种类】基及树属仅1种，产亚洲和大洋洲，我国有分布。

破布木
Cordia dichotoma

【形态特征】落叶乔木，高3～8m。叶卵形至椭圆形，长6～13cm，宽4～9cm，先端钝或具短尖，基部圆形或宽楔形，边缘波状或具牙齿，稀全缘。聚伞花序生具叶的侧枝顶端，呈伞房状，宽5～8cm；花无梗，

花冠白色。核果球形，黄色或带红色，径10～15mm，具多胶质的中果皮，被宿存的花萼承托。花期2～4月；果期6～8月。

【产地及习性】产西藏东南部、云南、贵州、广西、广东、福建及台湾。生海拔300～1900m山坡疏林及山谷溪边。越南、印度北部、澳大利亚东北部及新喀里多尼亚岛有分布。

【观赏评价与应用】破布木为小乔木，花

朵黄白色，果实橙红色，可栽培作庭荫树，适于小型庭院或用于公园绿地。果实富含脂肪，可榨油，也是优良的野生木本油料植物。

【同属种类】破布木属约325种，主产美洲热带。我国5种，产西南、华南及台湾，尤以海南岛分布普遍。

毛叶破布木
Cordia myxa

落叶乔木或灌木，高达12m；树皮深灰色，块状剥落；小枝无毛。叶宽卵形或近圆形，长4-12cm，宽4-11cm，先端圆钝，全缘或微波状，上面无毛，下面密生短柔毛；叶柄长1-3cm，无毛。聚伞花序呈伞房状，疏松。核果圆球形，黄色或淡红色，径约2cm。

原产印度西南海岸，我国于1962年从印度尼西亚引入，华南植物园栽培。巴基斯坦、印度、伊朗、澳大利亚有分布。

(5) 10～20cm；花密集，有香味；花冠白色，钟状，长3～4mm；雄蕊伸出花冠。核果近球形，黄色或橘红色，径3～4mm，熟时分为2个各具2种子的分核。

【产地及习性】我国东部至南部、西南均产，北达山东，常生于海拔1700m以下山坡疏林、灌丛中。日本、印度、不丹、越南、印度尼西亚、澳大利亚也有分布。喜温暖湿润气候，也较耐寒；适生于湿润肥沃土壤，常自然生长于村落附近。

【观赏评价与应用】厚壳树枝叶郁茂，春季白花满树，秋季红果盈枝，适于庭院中植为庭荫树，可用于亭际、房前、水边、草地等多处，还可作行道树。

【同属种类】厚壳树属约50余种，主产东半球热带，北美洲和加勒比地区3种。我国14种，分布于西南经中南部至东部。

厚壳树
Ehretia acuminata
【*Ehretia thyrsiflora*】

【形态特征】落叶乔木，高达15m。枝条黄褐色至赤褐色。叶椭圆形、倒卵形或矩圆状倒卵形，长7～16cm，宽3～8cm，有浅细锯齿，上面沿脉散生白色短伏毛，下面疏生黄褐色毛或无毛。圆锥花序顶生和腋生，长

紫草科 Boraginaceae

粗糠树
Ehretia dicksonii

【别名】破布子

【形态特征】落叶乔木，高约15m；树皮灰褐色，纵裂，密生糙毛。叶椭圆形或卵形至倒卵状椭圆形，长8～25cm，宽4～15cm，先端急尖，叶面绿色，密被糙伏毛，下面密生短柔毛；叶柄被糙毛。花序、花梗、花萼密被短毛；聚伞花序，花密集，芳香，白色或略带黄，长8～10mm。核果黄色，球形，径约1～1.5cm。花期3～5月；果期6～7月。

【产地及习性】产西南、华南、华东至河南、陕西、甘肃南部和青海南部。生海拔125～2300m山坡疏林及土质肥沃的山脚阴湿处。日本、越南、不丹、尼泊尔有分布。

【观赏评价与应用】粗糠树花序大而花朵芳香，果实黄色，径达1.5cm，花果兼供观赏，抗污染能力强，适应城市环境，可栽培作行道树、庭荫树。

银毛树
Tournefortia argentea

【形态特征】小乔木或灌木，高1～5m；小枝粗壮，密生锈色或白色柔毛。叶倒披针形或倒卵形，长7～13cm，宽2～4cm，先端钝圆，自中部以下渐狭为叶柄，两面密生丝状黄白色毛。聚伞花序顶生，呈伞房状排列，直径5～10cm，密生锈色短柔毛；花萼肉质，5深裂；花冠白色，筒状，长2.5～3mm，裂片开展；雄蕊稍伸出；子房近球形，无毛，柱头2裂，基部为膨大的肉质环状物围绕。核果近球形，径约5mm，无毛。花果期4～6月。

【产地及习性】产海南岛、西沙群岛及台湾。生海边沙地。日本、越南及斯里兰卡有分布。喜光，耐干旱瘠薄。

【观赏评价与应用】银毛树花序奇特，适应性强，可供产地作海边沙滩和荒地绿化和防护林用，适于丛植、片植、列植，也可于公园中栽培观赏。

【同属种类】紫丹属约150种，分布于热带或亚热带地区。我国4种，产云南、广东及台湾。

紫丹
Tournefortia montana

攀援灌木，高1～2m；小枝具毛。叶披针形或卵状披针形，长8～14cm，宽1.5～4cm，先端渐尖或尾尖，基部楔形或圆钝，两面被稀疏糙伏毛；叶柄长5～10mm。镰状聚伞花序生具叶枝条顶端，被糙伏毛，长2～15cm，宽4～10cm；花无梗，着生花序分枝的一侧，花冠浅绿色或黄白色，筒状，长5～12mm。核果近圆球形，径约5mm。

产广东及其沿海岛屿、云南。喜中性土壤，数量不多，散生于密林。越南有分布。

一百三十八、马鞭草科 Verbenaceae

海榄雌
Avicennia marina

【别名】白骨壤、咸水矮让木

【形态特征】常绿灌木，高1.5～3m；树皮灰白色。小枝四方形。叶卵形至倒卵形、椭圆形，长2～7cm，宽1～3.5cm，顶端钝圆，表面无毛，侧脉4～6对。聚伞花序紧密成头状；花径约5mm；花冠黄褐色，顶端4裂，花冠管长2mm；雄蕊4；子房上部密生绒毛。果近球形，径约1.5cm，有毛。花果期7～10月。

【产地及习性】产福建、台湾、广东，生长于海边和盐沼地带。非洲东部至印度、马来西亚、澳大利亚、新西兰也有分布。

【观赏评价与应用】海榄雌是红树林组成树种，通常生活在海岸线最边缘，被称为红树林的先锋树种。海榄雌有细棒状的呼吸根，具有胎生繁殖的特点，耐盐能力强，叶肉内有泌盐细胞。在产地可供营造红树林，或作海滨绿化。

【同属种类】海榄雌属约14种，分布于热带和亚热带的沿海地区。我国1种。

白棠子树
Callicarpa dichotoma

【别名】小紫珠

【形态特征】落叶灌木，高1～2m。小枝纤细，具星状毛。叶对生，倒卵形至卵状矩圆形，长2～6cm，宽1～3cm，顶端急尖或尾状尖，基部楔形，边缘仅上半部具数个粗锯齿，背面密生细小黄色腺点；侧脉5～6对；叶柄长2～5mm。聚伞花序在叶腋上方着生，宽1～2.5cm，2～3次分歧，花序梗远较叶柄长；花冠紫色，长1.5～2mm。果球形，紫色，径约2mm。花期5～6月；果期7～11月。

【产地及习性】产华东、华中、华南、贵州至华北南部，生于低山丘陵灌丛中。日本、越南也有分布。喜光，喜温暖、湿润环境，较耐寒、耐荫，对土壤不甚选择。

【观赏评价与应用】白棠子树植株矮小，枝条柔细，入秋果实累累，色泽素雅而有光泽，晶莹如珠，为优良的观果灌木。适于作基础种植材料，或用于庭院、草地、假山、路旁、常绿树前丛植。果枝可作切花。

【同属种类】紫珠属约140种，主产东南亚、大洋洲、非洲和美洲亦产。我国48种，各地均产，主产西南、华南和台湾。

海榄雌

海榄雌

海榄雌

白棠子树

白棠子树

白棠子树

马鞭草科　Verbenaceae

杜虹花
Callicarpa formosana

【别名】粗糠仔

灌木，高1～3m；小枝、叶柄和花序均密被灰黄色星状毛和分枝毛。叶卵状椭圆形或椭圆形，长6～15cm，宽3～8cm，边缘有细锯齿，表面被短硬毛，侧脉8～12对叶柄粗壮，长1～2.5cm。聚伞花序宽3～4cm，4～5次分歧，花冠紫色或淡紫色，长约2.5mm，裂片钝圆。果球形，紫色，径约2mm。花期5～7月；果期8～11月。

产江西、浙江、台湾、福建、广东、广西、云南，生于海拔1590m以下的平地、山坡和溪边的林中或灌丛中。菲律宾也有分布。

老鸦糊
Callicarpa giraldii

落叶灌木，高1～5m。小枝圆柱形，被星状毛。叶宽椭圆形至披针状长圆形，长5～15cm，宽2～7cm，基部楔形或下延成狭楔形，边缘有锯齿，背面疏被星状毛和黄色腺点，侧脉8～10对；叶柄长1～2cm。聚伞花序宽2～3cm，4～5次分歧；花冠淡紫色，有黄色腺点；雄蕊花丝较花冠长。果球形，径2.5～4mm，紫色。花期5～6月；果期7～11月。

产甘肃、陕西、河南、江苏、安徽、浙江、江西、湖南、湖北、福建、广东、广西、四川、贵州、云南。生于疏林和灌丛中。

枇杷叶紫珠
Callicarpa kochiana

【别名】长叶紫珠、山枇杷

落叶灌木，高1～4m；小枝、叶柄与花序密生黄褐色分枝茸毛。叶长椭圆形、卵状椭圆形或长椭圆状披针形，长12～22cm，宽4～8cm，边缘有锯齿，背面密生黄褐色星状毛和分枝茸毛；侧脉10～18对。聚伞花序3～5次分歧；花密集于分枝顶端，淡红色或紫红色。果圆球形，径约1.5mm，包藏于宿存花萼内。花期7～8月；果期9～12月。

产台湾、福建、广东、浙江、江西、湖南、河南南部。生于海拔100～850m的山坡或谷地溪旁林中和灌丛中。越南也有分布。

杜虹花

杜虹花

杜虹花

老鸦糊

老鸦糊

老鸦糊

枇杷叶紫珠

枇杷叶紫珠

枇杷叶紫珠

红紫珠
Callicarpa rubella

灌木，高约2m。叶倒卵形或倒卵状椭圆形，长10～14(21)cm，宽4～8(10)cm，边缘具细锯齿或不整齐粗齿，背面被星状毛、单毛、腺毛、黄色腺点，侧脉6～10对；叶柄极短或近无。聚伞花序宽2～4cm，花冠紫红色、黄绿色或白色，长约3mm，雄蕊长为花冠的2倍。果紫红色，径约2mm。花期5～7

马鞭草科 Verbenaceae

红紫珠

红紫珠

红紫珠

金叶莸

金叶莸

金叶莸

兰香草

兰香草

秋日粉红兰香草

月；果期7～11月。

产安徽、浙江、江西、湖南、广东、广西、四川、贵州、云南，生于海拔300～1900m的山坡、河谷的林中或灌丛中。东南亚等地也有分布。

金叶莸
Caryopteris × *clandonensis* 'Worcester Gold'

【形态特征】落叶灌木，高达1.2m；枝条圆柱形。单叶对生，叶片长卵状椭圆形，长3～6cm，淡黄色，基部钝圆形，边缘有粗齿；表面光滑，背面有银色毛。聚伞花序，花密集；花萼钟状，二唇形，5裂，下裂片大而有细条状裂；花冠高脚碟状；雄蕊4；花冠、雄蕊、雌蕊均为淡蓝色。花期7～10月。

【产地及习性】从北美引入，我国北方常见栽培。

【观赏评价与应用】金叶莸是良好的春夏观叶、秋季观花材料，新叶鲜黄至淡黄色，夏季开车蓝色的花朵，可作大面积色块或基础栽植，也可植于草坪边缘、假山旁、水边、路边。

【同属种类】莸属约16种，分布于中亚至东亚。我国约14种，广布于各地。

兰香草
Caryopteris incana

【形态特征】落叶小灌木，高60～120cm；嫩枝圆柱形。叶对生，卵状披针形、披针形或长圆形，长1.5～9cm，宽0.8～4cm，有粗齿，少近全缘，两面有黄色腺点；叶柄长0.3～1.7cm。聚伞花序紧密，腋生和顶生；花冠淡紫色或淡蓝色，二唇形，花冠管长约3.5mm；雄蕊4，与花柱均伸出花冠管外。蒴果倒卵状球形，被粗毛，径约2.5mm。花果期6～10月。

【产地及习性】产我国中部至南部各地，多生长于较干旱的山坡、路旁或林边。日本、朝鲜也有分布。喜光，耐半阴，较耐干旱瘠薄，喜排水良好的土壤。耐寒性较差，北方作1年生栽培。

【观赏品种】秋日粉红（'Autumn Pink'），花淡粉红色，着花繁密，花期秋季。

【观赏评价与应用】兰香草花色淡雅、花芳香，花开于夏秋少花季节，是点缀夏秋景色的好材料，是优良的花境材料，也适合成片种植于草坪边缘、假山旁、水边、路旁，或布置花坛。全草药用。

光果莸
Caryopteris tangutica

直立灌木，高0.5～2m；嫩枝密生灰白色绒毛。叶片披针形至卵状披针形，长2～5.5cm，宽0.5～2cm，基部圆形或楔形，边缘常具深锯齿，锯齿深达叶面1/3～1/2处，侧脉5～8对。聚伞花序紧密呈头状，腋生和顶生；花冠蓝紫色，二唇形，下唇中裂片较大，边缘呈流苏状。蒴果倒卵圆状球形，长

马鞭草科　Verbenaceae

光果莸

光果莸

光果莸

臭牡丹

重瓣臭茉莉

重瓣臭茉莉

重瓣臭茉莉

约 5mm。花期 7～9 月；果期 9～10 月。

产陕西、甘肃、河南、湖北、四川、河北。生于干燥山坡。

臭牡丹
Clerodendrum bungei

【别名】臭枫根、臭梧桐、臭八宝

【形态特征】落叶小灌木，高 1～2m，植株有臭味。小枝近圆形；叶宽卵形或卵形，长 8～20cm，宽 5～15cm，边缘具粗或细锯齿。伞房状聚伞花序顶生，密集，花芳香，花冠淡红色、红色或紫红色，花冠管长 2～3cm，裂片倒卵形，核果近球形，径 0.6～1.2cm，熟时蓝黑色。花果期 5～11 月。

【产地及习性】产华北、西北、西南以及长江流域各地，印度北部、越南、马来西亚也有分布。喜阴，耐寒。

【观赏评价与应用】臭牡丹植株较低矮，花朵芳香，宜植为地被、花篱，以其耐荫，也可用于疏林下。

【同属种类】大青属共 400 种，分布于热带和亚热带，主产东半球，个别种类分布到温带。我国 34 种，各地均有分布，主产西南、华南，引入栽培数种。

重瓣臭茉莉
Clerodendrum chinense
【*Clerodendrum philippinum*】

灌木，高 50～120cm；小枝钝四棱形或近圆形。叶宽卵形或近心形，长 9～22cm，宽 8～21cm，疏生粗齿，表面密被刚伏毛，背面密被柔毛；3 出脉，脉腋有盘状腺体，叶片揉之有臭味。伞房状聚伞花序紧密，顶生，被绒毛；苞片披针形，长 1.5～3cm；花萼钟状，长 1.5～1.7cm，裂片线状披针形，长 0.7～1cm；花冠红色、淡红色或白色，有香味，花冠管短，裂片卵圆形，雄蕊常变成花瓣而使花成重瓣。

华南地区常见栽培，供观赏。亚洲热带和亚热带地区也常栽培或逸生。

臭牡丹

腺茉莉
Clerodendrum colebrookianum

灌木或小乔木，高 1.5～3m；小枝四棱形，髓疏松。叶宽卵形或椭圆状心形，长 7～27cm，宽 6～21cm，全缘或微呈波状，基 3 出脉。聚伞花序着生枝上部叶腋和顶端常 4～6 枝排列成伞房状；花冠白色，少为红色，5 裂，裂片长圆形，雄蕊长于花柱。果近球形，径约 1cm，蓝绿色，3～4 个分核，宿存花萼增大，紫红色。花果期 8～12 月。

产广东、广西、云南、西藏，生于海拔 500～2000m 的山坡疏林、灌丛或路边。亚洲南部也有分布。

腺茉莉

腺茉莉

腺茉莉

鬼灯笼
Clerodendrum fortunatum

【别名】白花灯笼

灌木，高达 2.5m。叶长椭圆形或倒卵状披针形，长 5～17.5cm，宽 1.5～5cm，全缘或波状，背面密生细小黄色腺点。聚伞花序腋生，1～3 次分歧；花萼红紫色，5 棱，膨大形似灯笼；花冠淡红色或白色稍带紫色，5 裂，裂片长圆形，雄蕊 4。核果近球形，径约 5mm，熟时深蓝绿色，藏于宿萼内。花果期 6～11 月。

产江西、福建、广东、广西，生于海拔 1000m 以下的丘陵、山坡、路边、村旁和旷野。

鬼灯笼

鬼灯笼

海南赪桐
Clerodendrum hainanense

灌木，高 1～4m；幼枝略四棱形。叶倒卵状披针形、倒披针形或狭椭圆形，长 7～26cm，宽 2～8cm，全缘，两面无毛，背面密被淡黄色小腺点。圆锥状聚伞花序顶生，偶腋生，长 8～14cm；花萼紫红色或淡红色；花冠白色，花冠管细长；雄蕊 4。果球形，径约 1cm，熟时紫色。花果期 9～12 月。

产海南、广西，生于海拔 150～900m 山坡林下、沟谷阴湿处。

海南赪桐

海南赪桐

海南赪桐

许树
Clerodendrum inerme

【别名】苦郎树

【形态特征】攀援状灌木，根茎叶有苦味；幼枝四棱形，髓坚实。叶卵形、椭圆形或椭圆状披针形、卵状披针形，长 3～7cm，

马鞭草科　Verbenaceae

许树

许树

许树

宽 1.5～4.5cm，全缘，两面散生黄色细小腺点，侧脉 4～7 对。聚伞花序常由 3 朵花组成，少 2 次分歧。花冠白色，顶端 5 裂，裂片长椭圆形，长约 7mm，花冠管长 2～3cm，雄蕊 4，偶 6，花丝紫红色。核果倒卵形，径 7～10mm，4 分核，花萼宿存。花果期 3～12 月。

【产地及习性】产福建、台湾、广东、广西，常生长于海岸沙滩和潮汐能至的地方。印度、东南亚至大洋洲北部也有分布。

【观赏评价与应用】许树植株低矮，花朵芳香，适应性强，可用于我国南部沿海防沙林和防护林带的下木，或作地被，也可于海边坡地成片种植，具有水土保持效果，花果期观赏效果也颇佳。

赪桐
Clerodendrum japonicum

【别名】龙船花、百日红、状元红、荷苞花

【形态特征】落叶灌木，高达 4m。叶卵圆形，长 10～35cm，宽 7～27cm，有疏齿，背面密具锈黄色盾形腺体。二歧聚伞花序组成顶生、大而开展的圆锥花序，长 15～34cm，宽 13～35cm。花萼红色，散生盾形腺体，长 1～1.5cm，5 深裂；花冠鲜红色，筒部细长，长 1.7～2.2cm，顶端 5 裂并开展，裂片长圆形；雄蕊长达花冠筒的 3 倍。果球形，绿色或蓝黑色，径 7～10mm；宿萼增大，后向外反折呈星状。花果期 5～11 月。

【产地及习性】产亚洲热带和亚热带，我国长江流域及其以南各地均有分布，常生于平原、山谷、溪边或疏林中，也常栽培于庭园。喜光，喜温暖湿润，耐湿，耐旱。萌蘖力强。

【观赏评价与应用】赪桐花朵鲜红色、鲜艳夺目，花后红色萼片宿存，果实蓝色，观赏期长，且叶片大型，叶脉显著，颜色亮绿，是优良的观赏植物。适于丛植，可就树丛周围、林缘、竹林、山石附近植之。

烟火木
Clerodendrum quadriloculare

【别名】星烁山茉莉

【形态特征】常绿灌木，高达 4m。幼枝方形，墨绿色。叶对生，长椭圆形，长 15～20cm，表面深绿色，背面暗紫红色。聚伞状圆锥花序顶生，小花多数，紫红色，花冠细高脚杯形，先端 5 裂，裂片内侧白色。浆果状核果椭圆形，长 1～1.5cm，紫色，宿存萼片红色。花期冬至春，花期可长达半年。

【产地及习性】原产菲律宾与太平洋群岛等地，华南栽培观赏。

【观赏评价与应用】烟火木花如其名，花开时宛如星星闪烁，亦似团团爆发的烟火，

烟火木

烟火木

烟火木

花姿极其优美,无花时也是一种优良的观叶植物。适于华南和西南南部庭园栽培观赏,可孤植或丛植山坡、庭园、林缘,也可作花境之背景材料。

三台花
Clerodendrum serratum var. *amplexifolium*

灌木,高 1~4m。3 叶轮生,倒卵状长圆形或长椭圆形,长 6~30cm,宽 2.5~11cm,基部下延成狭楔形,边缘具锯齿,两面疏生短柔毛,侧脉 10~11 对。聚伞花序组成直立、开展的顶生圆锥花序,长 10~30cm,宽 9~12cm;花序主轴上的苞片卵圆形,无柄,长 1.5~4.5cm;花冠淡紫

三台花

色或蓝白色,近二唇形,5 裂片大小不一,雄蕊 4。核果近球形,绿色,后转黑色,1~4分核,宿存萼略增大。花果期 6~12 月。

产云南、广西、贵州。生于海拔 630~1600m 的路旁密林或灌丛中,常生长在较阴湿的地方。花形奇特,姿态优美,是优良的花灌木。

爪哇赪桐
Clerodendrum speciosissimum

直立灌木,高达 4m,小枝略呈四棱形。叶对生,卵状心形,长达 30cm,先端锐尖或渐尖,基部心形,全缘或有锯齿,两面密被灰色短毛;叶柄粗壮,被毛。圆锥花序顶生,长达 45cm;花多数,鲜红色;花冠筒长 2.5~3cm,直径 3~5cm;裂片略圆形,反卷。核果,熟时红色。

原产爪哇和锡兰。热带地区常栽培观赏。

爪哇赪桐

爪哇赪桐

三台花

爪哇赪桐

红萼龙吐珠
Clerodendrum speciosum

【别名】美丽龙吐珠、红萼珍珠宝莲

常绿木质藤本,小枝绿紫色。叶对生,纸质,卵状椭圆形,长 10~15cm,全缘,先端渐尖,基部圆钝至近心形。圆锥状聚伞花序顶生,多花;萼粉红色至淡紫色,间有白色带紫红色斑点;花冠深红色,花冠筒长约 2.5cm,雌雄蕊细长,突出花冠外,花丝常白色,花药带紫色。花期春至秋末,花后萼片宿存。

为龙吐珠和美丽赪桐的杂交种。产非洲热带地区,华南等地广为栽培。

红萼龙吐珠

红萼龙吐珠

红萼龙吐珠

美丽赪桐
Clerodendrum splendens

【别名】艳赪桐、红花龙吐珠

【形态特征】常绿木质藤本,小枝纤细,略四棱形,紫绿色,被细毛。叶对生,纸质,

马鞭草科　Verbenaceae

美丽赪桐

龙吐珠

美丽赪桐

龙吐珠

椭圆形至卵形，长5～18cm，宽3～10cm，侧脉明显，全缘，先端渐尖，基部近圆形。聚伞花序腋生或顶生，长7～11cm，宽6～8cm；花冠朱红色，花萼红色，五角形，顶端渐狭，雌雄蕊细长，突出花冠外。核果。花期春至秋末。

【产地及习性】产热带非洲，我国华南、西南等地引种较多。

【观赏评价与应用】美丽赪桐花大而艳丽，是华南地区优美的庭院观赏花木，可丛植、列植，也可盆栽观赏。

龙吐珠
Clerodendrum thomsoniae

【别名】白萼赪桐

【形态特征】常绿攀援状灌木，高2～5m。幼枝四棱形，被黄褐色短绒毛。叶狭卵形或卵状长圆形，长4～10cm，宽1.5～4cm，全缘，基脉3出。聚伞花序腋生或假顶生，二歧分枝，长7～15cm，宽10～17cm；花萼白色，后转粉红色；花冠深红色，裂片椭圆形。核果肉质，淡蓝色，近球形，径约1.4cm，内有2～4分核，藏于宿萼中。花期春、夏；果秋季成熟。

【产地及习性】原产热带非洲西部。华南各地常见露地栽培，北方温室常见。喜温暖湿润和阳光充足环境，不耐寒，要求深厚肥沃、疏松、排水良好的沙壤土。

【观赏评价与应用】龙吐珠枝蔓柔细，叶子稀疏，开花繁茂，花型奇特，红色花冠吐露在花萼之外，犹如蟠龙吐珠，是美丽的观赏植物。宜作盆栽点缀窗台或作为花架、台

龙吐珠

阁上的垂吊盆花布置等，也可丛植、片植于林缘、游步道旁等。

海州常山
Clerodendrum trichotomum

【别名】臭梧桐、后庭花

【形态特征】落叶灌木或小乔木，高达8m。嫩枝、叶柄、花序轴有黄褐色柔毛；枝髓片隔状，淡黄色。叶片阔卵形至三角状卵形，长5～16cm，宽2～13cm，全缘或有

马鞭草科　Verbenaceae

红色宿萼托以蓝紫色果实，且花果期长，花朵芳香，为优良秋季观花、观果树种，是布置园林景色的好材料。

蓝蝴蝶
Clerodendrum ugandense

【别名】乌干达赪桐、花蝴蝶

灌木，高达3m，枝略具蔓性。叶对生，椭圆形至狭卵形，长10～20cm，宽3～4cm，先端锐，具短突尖，基部楔形，边缘有锯齿。顶生圆锥花序；萼裂片圆钝；花冠淡紫色，长约2.5cm，裂片3～5枚，开展呈蝶形，最下1片颜色最深；花丝淡紫色，花药蓝色。

原产非洲热带乌干达至罗德西亚一带。

垂茉莉
Clerodendrum wallichii
【*Clerodendrum penduliflorum*】

【形态特征】灌木或小乔木，高2～4m；小枝、花序梗锐四棱或翅状，髓部充实。叶长圆形或长圆状披针形，长11～18cm，宽2.5～4cm，全缘；侧脉7～8对。聚伞花序圆锥状，长20～33cm，下垂；花萼长约1cm，裂片卵状披针形，果时增大增厚，鲜红色或紫红色；花冠白色，裂片倒卵形，长1.1～1.5cm，花丝在花后旋卷。核果球形，径1～1.3cm，紫黑色。花果期10月至翌年4月。

【产地及习性】产广西、云南和西藏，生于海拔100～1190m的山坡、疏林。印度、孟加拉、缅甸北部至越南中部也有分布。

【观赏评价与应用】垂茉莉花朵白色，花

波状锯齿。伞房状聚伞花序顶生或腋生，长8～18cm；花萼蕾时绿白色，后紫红色；花冠白色或带粉红色，花冠管长约2cm，顶端5裂；雄蕊与花柱伸出花冠外。核果球形，熟时蓝紫色，径6～8mm，包藏于增大的宿萼内。花果期6～11月。

【产地及习性】分布于华北、华东至西南各地，北达辽宁，西至陕西、甘肃。朝鲜、日本以至菲律宾北部也有分布。喜光，也较耐荫。喜凉爽湿润气候。适应性强。较耐旱和耐盐碱。

【观赏评价与应用】海州常山花果美丽，花时白色花冠后衬紫红花萼，果时增大的紫

马鞭草科　Verbenaceae

垂茉莉

绒苞藤

假连翘

垂茉莉

金叶假连翘

垂茉莉

绒苞藤

金叶假连翘

序大而下垂、芳香；果期宿存花萼增大而鲜红或紫红色，花果期均颇为美观，观赏期长自秋至春。适于房前、路边、林缘、山石侧孤植。

绒苞藤
Congea tomentosa

【形态特征】攀援状灌木；小枝近圆柱形，幼时密生黄色绒毛，有环状节。单叶对生，全缘，椭圆形、卵圆形或阔椭圆形，长6～16cm，宽3～9.5cm，背面密生长柔毛，侧脉5～6对。聚伞花序，花无柄，紫红色，密生白色长柔毛，总苞片花瓣状、青紫色，常再排成长12～30cm的圆锥花序。核果顶端凹陷，包藏于稍膨大的宿萼内。花期2～4月。

【产地及习性】产云南的西南部，常生长在海拔600～1200m的疏密林或灌丛中。孟加拉、印度、缅甸、泰国、老挝、越南也有分布。喜光。

【观赏评价与应用】绒苞藤盛花时节，紫红色的苞片挂满整个植株，非常淡雅和俏丽。最适于攀附建筑、棚架、围墙、篱架。也可修剪为灌木，丛植于草地、山坡。

【同属种类】绒苞藤属约10种，分布自我国南部经印度、缅甸、泰国、越南至马来西亚；中美及热带南美西北部，热带非洲均有归化；我国云南有2种。

假连翘
Duranta erecta
【Duranta repens】

【别名】金露花

【形态特征】常绿灌木，高1.5～3m，枝条细长拱形下垂，常有刺。单叶对生，卵状椭圆形或卵状披针形，长2～6.5cm，宽1.5～3.5cm，全缘或中部以上有锯齿。总状花序顶生或腋生，常排成圆锥状；花萼管状，有5棱；花冠蓝紫色或近白色，长约8mm，稍不整齐，裂片平展。核果球形，熟时橘黄色，径约5mm，有增大的宿存花萼。花果期5～10月或终年开花。

【产地及习性】原产热带美洲，华南常见栽培，北达浙江，部分地区已归化。喜光，略耐半荫；喜温暖湿润，不耐寒，长期5～6℃低温或短期霜冻对植株造成寒害；耐水湿，不耐干旱。萌芽力强，耐修剪。越冬温度要求在5℃以上。生长迅速。

【观赏品种】金叶假连翘（'Golden Leaves'），叶片黄色，尤其以新叶为甚。花叶假连翘（'Variegata'），叶面具黄色条纹。

【观赏评价与应用】假连翘花色素雅且花期极长，果实黄色，着生于下垂的长枝上，十分逗人喜爱，是花果兼赏的优良花灌木。在华南和西南可植为绿篱或作基础种植材料，也可丛植于庭院、草坪观赏。枝蔓细长而柔软，可攀扎造型，也可供小型花架、花廊绿化造景。金叶假连翘叶色鲜黄，还可用作模纹图案材料。长江流域及其以北地区盆栽。

【同属种类】假连翘属约30种，分布于热带美洲。我国引入栽培1种，有时逸为野生。

亚洲石梓
Gmelina asiatica

【别名】蛇头花

【形态特征】攀援灌木，高1～3m；幼枝有刺或否，有黄褐色柔毛。叶对生，卵圆形至倒卵圆形，长3～9cm，宽2.2～8.5cm，全缘或3～5浅裂，表面近无毛，背面具褐色绵毛并有腺点，侧脉3～4对。聚伞花序组成顶生总状花序；花大、黄色，花萼钟状，花冠长2～5cm，喉部以上扩大，顶端4裂，二唇形，花丝密生腺毛；子房无毛，4室。核果倒卵形至卵形，无毛。花期4～5月。

【产地及习性】产广东和广西南部。生于

马鞭草科 Verbenaceae

亚洲石梓

云南石梓

海南石梓

亚洲石梓

云南石梓

海南石梓

亚洲石梓

云南石梓

山坡灌木丛中。印度、孟加拉、斯里兰卡、缅甸、泰国、马来西亚、印度尼西亚也有分布。

【观赏评价与应用】亚洲石梓具攀援习性，花朵大而黄色，是优良的垂直绿化材料。

【同属种类】石梓属约35种，主产热带亚洲至大洋洲，少数产热带非洲。我国7种，产于福建、江西、广东、广西、贵州、四川、云南等地。

云南石梓
Gmelina arborea

【别名】滇石梓

落叶乔木，高达15m，径30～50cm；树皮不规则块状脱落。幼枝、叶柄、叶背及花序均密被黄褐色绒毛；幼枝方形略扁。叶广卵形，长8～19cm，宽4.5～15cm，近基部有黑色盘状腺点；基生脉3出，侧脉3～5对。聚伞花序组成顶生圆锥花序，花萼钟状，外有黑色盘状腺点；花冠长3～4cm，黄色而有红褐色斑块，二唇形；雄蕊4，二强。核果椭圆形，长1.5～2cm，熟时黄色。花期4～5月；果期5～7月。

产云南，生于海拔1500m以下的路边、村舍及疏林中。印度、孟加拉、斯里兰卡、缅甸、泰国、老挝及马来西亚也有分布。喜光，喜温暖，较耐干旱瘠薄。圆锥花序大型，花黄红色，非常优美，可栽培观赏，也是优良的用材树种。

海南石梓
Gmelina hainanensis

【别名】苦梓

乔木，高约15m，径达50cm；树皮片状脱落。芽被淡棕色绒毛。叶卵形或宽卵形，长5～16cm，宽4～8cm，全缘，稀具1～2粗齿，基生脉3出，侧脉3～4对。聚伞花

海南石梓

序排成顶生圆锥花序，被黄色绒毛；苞片叶状，卵形或卵状披针形；花萼钟状，二唇形，顶端5裂；花冠漏斗状，黄色或淡紫红色，长3.5～4.5cm，两面有灰白色腺点，二唇形。核果倒卵形，肉质，长2～2.2cm，生于宿存花萼内。花期5～6月；果期6～9月。

产江西南部、广东、广西等地。生于海拔250～500m的山坡疏林中。

菲律宾石梓
Gmelina philippensis

常绿半蔓性灌木，小枝略有毛，叶腋具棘刺。叶椭圆形至倒卵形，长3～8cm，宽1.8～3.8cm，先端短突尖，基部楔形，全缘，偶先端3浅裂，侧脉4～6对。总状花序顶生，悬垂，叶状苞片阔卵形，长约3cm，先端锐形，具显著脉纹；萼杯状，先端平截或具4～5细尖齿；花冠黄色，歪漏斗形，下方细狭，上方特别膨大，歪斜；雄蕊4，二强。核

菲律宾石梓

马鞭草科 Verbenaceae

菲律宾石梓

果倒卵形，先端平，长约2cm。

原产菲律宾、泰国等地，华南等地引种栽培。

冬红
Holmskioldia sanguinea

【别名】帽子花

【形态特征】常绿灌木，高3～7m。小枝四棱形，被毛。叶对生，卵形或宽卵形，长5～10cm，宽2.5～5cm，全缘或有齿，两面有疏毛及腺点。聚伞花序常2～6个组成圆

冬红

冬红

锥状，每聚伞花序有3花，中间一朵花柄较两侧为长；花萼帽状，近全缘，朱红或橙红色，径达2cm；花冠筒弯曲，5浅裂，朱红色，筒长2～2.5cm，有腺点；雄蕊4，花丝长2.5～3cm，与花柱同伸出花冠外。核果倒卵形，长约6mm，4深裂，包藏于宿存、扩大的花萼内。花期冬末春初。

【产地及习性】原产喜马拉雅。我国华南、云南、台湾等地有栽培。喜光，喜暖热气候和排水良好的土壤，不耐寒。

【观赏评价与应用】冬红株形柔细披散，枝条细长，花色艳丽，花萼四周向上，形如夏日的遮荫凉帽，十分别致。于冬末春初开花，故名冬红，华南庭院中常见栽培，适于阶前、路旁、建筑附近植之。北方常盆栽观赏。

【同属种类】冬红属共约3种，分布于印度至马达加斯加和热带非洲。我国引入栽培1种。

马缨丹
Lantana camara

【别名】五色梅

【形态特征】常绿或落叶灌木，高1～2m，有时藤状，长达4m。枝四棱形，常有短而倒钩状刺。单叶对生，揉烂后有强烈气

马缨丹

马缨丹

味；叶片卵形至卵状长圆形，长3～8.5cm，宽1.5～5cm，有钝齿，表面有粗糙的皱纹和短柔毛，背面有小刚毛。头状花序腋生，径2.5～3.5cm，由20～25朵花组成；花冠粉红、红、黄、橙等色，花冠管长约1cm，径4～6mm。核果球形，径约4mm，熟时紫黑色。花期全年。

【产地及习性】原产美洲热带，在华南已呈野生状态，常生长于海拔80～1500m的海边沙滩和空旷地区。喜温暖、湿润、向阳之地，耐旱，不耐寒。华南和云南南部常绿，全年开花；长江流域以南冬季落叶，夏季开花。

【观赏评价与应用】马缨丹花型优美，花期长，花色丰富，鲜艳多彩，适宜大面积种植于坡地、草地等处形成繁花夺目的地被景观，也可小面积片植于花坛、路边，还是基础种植的好材料，是南方常见的观赏花灌木，应用广泛。北方盆栽观赏。

冬红

马鞭草科 Verbenaceae

【同属种类】 马缨丹属约150种，分布于热带美洲。我国引入栽培2种，其中1种逸为野生。

蔓马缨丹
Lantana montevidensis

【别名】 小叶马缨丹

常绿蔓性小灌木，枝细弱，常下垂，被柔毛。叶片薄，对生，卵形，长约2.5cm，粗糙，先端锐形，边缘有锯齿。头状花序径约2.5～3cm，具长总花梗，花玫瑰红色并带青紫色，苞片阔卵形。花期全年。

原产南美洲，热带地区广泛栽培供观赏。我国华南、西南等地栽培。枝蔓细长，可用于护坡、攀援山石、花墙、花架。也有花冠乳白和金黄色的品种。

蓝花藤
Petrea volubilis

【形态特征】 木质藤本，长达5m；小枝灰白色。叶对生，触之粗糙，椭圆状长圆形或卵状椭圆形，长6.5～14cm，宽3.5～6.5cm，全缘或波状，侧脉8～18对；叶柄粗壮。总状花序顶生，下垂，总花梗长10cm以上。花蓝紫色；萼管陀螺形，裂片狭长圆形，果时长约2cm，宽约5mm；花冠长约0.8～1cm，5深裂，外面密被微绒毛，喉部有髯毛；雄蕊4。花期3～5月。

【产地及习性】 原产古巴，我国华东、华南及西南引种栽培。喜温暖湿润，耐寒性较差。

【观赏评价与应用】 蓝花藤花色优美，花色紫蓝，排成长而下垂的总状花序，为一美丽的攀援花木，可用于篱垣、建筑、山石绿化造景。

臭娘子
Premna serratifolia
【Premna corymbosa】

【别名】 伞序臭黄荆

【形态特征】 直立灌木至乔木，偶攀援，高3～8m；幼枝密生柔毛。叶对生，长圆形至广卵形，长4～15cm，宽3～9.5cm，全缘或微呈波状。聚伞花序在枝顶端组成伞房状，长5～15cm，宽8～24cm，花萼杯状，长2～3mm，有柔毛和黄色腺点；花冠黄绿色，疏具腺点，微呈二唇形。核果圆球形，径约4mm。花果期4～10月。

【产地及习性】 产台湾、广西及海南，生于海边、平原或山地的树林中。印度沿海、斯里兰卡、马来西亚以至南太平洋诸岛也有分布。

【观赏评价与应用】 臭娘子我国南部沿海和海岛地区珊瑚礁岩间常见的植物，叶色翠

绿，花序大，花朵小而黄绿色，树性生长快速，有耐旱、抗风、耐贫瘠的特性，是防风林、绿篱、盆栽的优良树种，也可作地被植物。

【同属种类】豆腐柴属约200种，分布于亚洲与非洲的热带、亚热带地区，向南至大洋洲，向东至太平洋中部岛屿。我国46种，主产南部，尤集中在云南，少数种类延伸至华中、华东、陕西、甘肃、西藏等地区。

豆腐柴
Premna microphylla

【别名】臭黄荆

直立灌木；幼枝有柔毛。叶揉之有臭味，卵状披针形、椭圆形、卵形或倒卵形，长3～13cm，宽1.5～6cm，基部渐狭窄下延至叶柄两侧，全缘至有不规则粗齿。聚伞花序组成顶生塔形的圆锥花序；花萼杯状，近整齐5浅裂；花冠淡黄色，内部有柔毛，喉部较密。核果紫色，球形至倒卵形。花果期5～10月。

产华东、中南、华南以至四川、贵州等地，生山坡林下或林缘。日本也有分布。叶可制豆腐。

豆腐柴

豆腐柴

豆腐柴

柚木
Tectona grandis

【形态特征】落叶大乔木，高达40m；小枝四棱形，被星状绒毛。叶对生，卵形或卵状椭圆形，长15～45(70)cm，宽8～23(37)cm，上面粗糙，背面密被黄褐色星状绒毛；叶柄粗壮，长2～4cm。圆锥花序由二歧聚伞花序组成，长达25～40cm；花芳香，黄白色。核果球形，径1.2～1.8cm，密生分枝绒毛，完全被宿存花萼包被。花期6～8月；果期9～12月。

【产地及习性】原产热带亚洲，我国台湾、福建、广东、广西、云南、海南等地引种栽培，有时归化。最喜光，喜温热气候、干热季节分明的季雨林地区，忌台风及低温霜冻。喜深厚肥沃、湿润、排水良好的土壤。

【观赏评价与应用】柚木树冠宽广，叶片大型，秋叶变黄，具有较高观赏价值，尤其在热带地区是体现季相变化的较好树种，适于片植，也可作行道树、庭荫树。在西双版纳、德宏一带常植于寺院、村寨中。也是珍贵用材树种。

【同属种类】柚木属约3种，分布于印度、马来西亚、缅甸和菲律宾，我国引入栽培1种。

柚木

柚木

黄荆
Vitex negundo

【形态特征】落叶灌木或小乔木，高2～5m；小枝四棱形，密生灰白色绒毛。掌状复叶，小叶5，间有3小叶，中间小叶最大，椭圆状卵形至披针形，长4～13cm，宽1～4cm，两侧小叶依次递小；全缘或有钝锯齿，下面被灰白色柔毛。聚伞花序排成顶生圆锥花序，长10～27cm，花冠淡紫色，二唇形。核果近球形，径约2mm，黑色。花期6～7月；果期9～10月。

【产地及习性】分布几遍全国，生于山坡路旁或灌木丛中。也产于日本、东南亚、非洲东部和太平洋岛屿。适应性强，喜光，不耐荫，极耐干旱瘠薄，是北方低山干旱阳坡最常见的灌丛优势种。

【变种】荆条（var. *heterophylla*），小叶边缘有缺刻状锯齿，浅裂至深裂，背面密被灰色绒毛。主要分布于华北、西北至华东和华中北部，也产于长江流域。

黄荆

黄荆

荆条

【观赏评价与应用】黄荆和荆条树形疏散，叶形秀丽，花色清雅，在盛夏开花，可栽培观赏，适于山坡、池畔、湖边、假山、石旁、小径、路边点缀风景。老桩姿态奇特，在山东和河南是常用的树桩盆景材料。花和枝叶可提取芳香油。

【同属种类】牡荆属共约250种，主产热带，个别种类分布到温带。我国14种，南北均产，西南部尤盛。

山牡荆
Vitex quinata

【别名】薄姜木

常绿乔木，高4～12m；小枝四棱形，老枝渐转为圆柱形。小叶3～5，倒卵形至倒卵状椭圆形，常全缘，背面有金黄色腺点；中间小叶长5～9cm，宽2～4cm。聚伞花序对生于主轴上排成圆锥花序式，长9～18cm；花冠淡黄色，二唇形。核果球形，黑色。花期5～7月；果期8～9月。

产华东至华南，生于山坡林中。日本、印度、马来西亚、菲律宾也有分布。变种微毛布荆（var. *puberula*），小叶5，很少为3，中间1枚小叶较大，长圆形至椭圆形，长15～20cm，宽5～8.5cm，花冠内面在花丝着生处被长柔毛。产广西、贵州、云南。分布于泰国、中南半岛至菲律宾。

山牡荆

山牡荆

山牡荆

单叶蔓荆
Vitex rotundifolia
【*Vitex trifolia* var. *simplicifolia*】

【别名】蔓荆

【形态特征】落叶匍匐灌木，节处生根。单叶对生，偶3小叶，倒卵形或近圆形，先端钝圆或有短尖头，基部楔形，全缘，长2.5～5cm，宽1.5～3cm；叶柄短或无。圆锥花序顶生，长3～10cm，被灰白色绒毛；花蓝紫色，花冠二唇形，雄蕊4，伸出花冠外。核果近圆形，径约5mm。花期7～9月；果期9～11月。

【产地及习性】分布于辽宁、河北、山东、江苏、安徽、浙江、福建、广东等地，多生于海滩、湖畔沙地。性强健，喜光，耐寒、耐旱、耐瘠薄、耐盐碱；根系发达，生长迅速，匍匐茎着地部分生根，能很快覆盖地面。

【观赏评价与应用】单叶蔓荆花期很长，夏季盛花期极富观赏价值。生长快、抗逆性强，能很快覆盖地面，是优良的地被植物，最宜群植，形成庞大的群落，适于沿海、河流沿岸等处的沙地，具有防风固沙、保持水土的作用。

单叶蔓荆

单叶蔓荆

单叶蔓荆

一百三十九、唇形科 Lamiaceae

羽萼木
Colebrookea oppositifolia

【别名】黑羊巴巴、羽萼

【形态特征】直立灌木，高1～3m。茎枝密被绵状绒毛。叶对生或3叶轮生，长圆状椭圆形，长10～20cm，宽3～7cm，具圆锯齿，下面灰白色，被绒毛或绵状绒毛；侧脉10～20对。花序最下一对苞叶与茎叶同形，但小而狭，上部苞叶呈苞片状。圆锥花序顶生，由穗状分枝组成，长10～15cm，密被绒毛；穗状分枝长4～7cm，由具10～18花的密集小轮伞花序组成。花白色，雌花及两性花异株。小坚果倒卵形，黄褐色，顶端具柔毛。花期1～3月；果期3～4月。

【产地及习性】产云南；生于干热地区的稀树乔木林或灌丛中，海拔200～2200m。喜温暖，耐干旱瘠薄。

【观赏评价与应用】羽萼木为传统中药，花白色，花序大型，也可栽培观赏，适于庭院和干旱山坡、石间丛植。

【同属种类】羽萼木属仅1种，分布于我国及尼泊尔、印度、缅甸、泰国。

火把花
Colquhounia coccinea

【别名】密蒙花

【形态特征】灌木，高1～3m，直立或外倾。枝钝四棱形，密被锈色星状毛。叶卵圆形或卵状披针形，长7～11cm，宽2.5～4.5cm，有小圆齿，上面疏被、下面密被星状绒毛，侧脉6～8对。轮伞花序6～20花，在侧枝上组成侧生簇状、头状至总状花序；花冠橙红至朱红色，长2～2.5cm，二唇形，上唇略呈盔状，下唇开张；雄蕊4。小坚果倒披针形。花期8～12月；果期11～1月。

【产地及习性】产云南西部至中部，西藏东南部；生于多石草坡及灌丛中，在密林中少见，海拔1450～3000m。印度北部、尼泊尔、不丹、缅甸北部、泰国北部也有。

【观赏评价与应用】火把花花色红艳，秋冬季盛花，是优良的花灌木，可栽培供观赏。因其在云南白族火把节以后花开放如火，故名火把花。

【同属种类】火把花属约6种，分布于亚洲南部。我国5种，产西藏东南部、云南、四川、贵州、广西西部及湖北西部。

木香薷
Elsholtzia stauntoni

【别名】华北香薷、木本香薷

【形态特征】直立半灌木，高0.7～1.7m，上部多分枝。小枝上部钝四棱形。叶披针形至椭圆状披针形，长8～12cm，宽2.5～4cm，中部边缘具锯齿，下面绿白色，密被腺点；侧脉6～8对。轮伞花序排成顶生单侧的穗状花序，长3～12cm；苞片披针形，常染紫色；

花冠二唇形，长7～9mm，玫瑰红紫色；雄蕊4，前对较长，十分伸出。小坚果，椭圆形，光滑。花果期7～10月。

【产地及习性】产河北、山西、河南、陕西、甘肃；生于谷地溪边或河川沿岸，草坡及石山上。

【观赏评价与应用】木香薷适应性强，常生于山地草原、灌丛、沟谷及石质山坡，能形成小片灌丛。植株具有香气，夏季开花，花繁密而粉紫色，花朵生于花序一侧，是理想的美化灌木，适于庭院、公园、居住区绿化，可丛植观赏，也可植为绿篱。

【同属种类】香薷属约40种，分布于欧亚大陆温带、热带和北非。中国33种，分布到北方的木本植物仅1种。

迷迭香
Rosmarinus officinalis

【形态特征】常绿灌木，高达2m。幼枝四棱形，密被白色星状细绒毛。叶常在枝上丛生，线形，长1～2.5cm，宽1～2mm，全缘，向背面卷曲，革质，下面密被白色的星状绒毛。花近无梗，对生，少数聚集在短枝的顶端组成总状花序；花冠蓝紫色，长不及1cm，

雄蕊2枚发育，花柱细长，子房裂片与花盘裂片互生。花期11月。

【产地及习性】原产欧洲及北非地中海沿岸。喜温暖气候，较耐寒，耐干旱瘠薄，不耐积水。生长缓慢。

【观赏评价与应用】迷迭香为著名的芳香油植物，也常栽培作观赏植物，我国自曹魏时即引入栽培，目前各地园圃中偶有引种栽培，可作绿篱、地被植物。

【同属种类】迷迭香属约3～5种，产地中海地区。我国引入栽培1种。

水果蓝
Teucrium fruitcans

【别名】灌丛石蚕、银石蚕

【形态特征】常绿灌木，高达2m，全株枝叶常年灰绿色。幼枝四棱形，密生白色绒毛。单叶对生，具短柄，长圆状披针形至卵圆形。轮伞花序，于茎及短分枝上部排列成假穗状花序，花瓣浅蓝色。花期5～6月。

【产地及习性】原产地中海地区及西班牙，我国东南部和南部引种栽培。适应性强，较耐寒，可耐-7℃低温；对土壤要求不严格，即使是贫瘠的砂质土壤也能正常生长，不耐积水。

【观赏评价与应用】水果蓝枝叶灰绿色、芳香，花朵蓝色，春夏季开花，花期长达1个月，是优良的花灌木。耐修剪，可丛植观赏，或植为绿篱、基础种植材料，也可作为花境的背景植物。

【同属种类】香科科属约260种，遍布于世界各地，盛产于地中海区。我国18种，分布于全国各地，主产西南部。

异株百里香
Thymus marschallianus

【形态特征】半灌木。茎近直立或斜上升，多分枝；花枝发达，高达30cm，近直立。叶长圆状椭圆形或线状长圆形，长1～2.8cm，宽1～6.5mm，先端锐尖或钝，基部渐狭成短柄，全缘或偶具1～2对不明显齿。轮伞花序沿花枝上部排成间断或近连续的穗状。两性花与雌花异株，花冠紫色、白色或红紫色。小坚果卵圆形，黑褐色，长约1mm。

【产地及习性】我国产新疆北部，生于多石斜坡、盆地、山沟及水边。俄罗斯、哈萨克斯坦、吉尔吉斯斯坦也有分布，欧洲地区常栽培。

【观赏评价与应用】异株百里香植株低矮，花朵繁密，全株芳香，观赏价值高，是优良的岩石园材料，也可丛植于庭院观赏或用于花境、花坛。

【同属种类】百里香属约300～400种，主产欧亚温带地区。中国约11种，主产黄河以北地区。为芳香植物资源。

迷迭香

水果蓝

异株百里香

迷迭香

水果蓝

异株百里香

迷迭香

水果蓝

一百四十、醉鱼草科 Buddlejaceae

醉鱼草
Buddleja lindleyana

【别名】闭鱼花、毒鱼草

【形态特征】落叶灌木，高 2m；茎皮褐色；小枝 4 棱。嫩枝、叶和花序被棕黄色星状毛。叶对生，萌芽枝条上的叶互生或近轮生，卵形至卵状披针形，长 3 ~ 11cm，宽 1 ~ 5cm，全缘或疏生波状齿；侧脉 6 ~ 8 对。穗状聚伞花序顶生，长 7 ~ 40cm，宽 2 ~ 4cm；花紫色，芳香，有短柄；花冠弯曲，长 1.5 ~ 2cm，密生星状毛和小鳞片。果序穗状；蒴果长圆形，长约 5mm，无毛。花期 6 ~ 9 月；果期 9 ~ 10 月。

【产地及习性】产长江流域各省区至华南、西南，常生于山坡、溪边的灌丛中；日本也有分布。马来西亚、日本、美洲及非洲均有栽培。喜温暖湿润气候和肥沃而排水良好的土壤，也耐旱，不耐水湿，较耐荫。

【观赏评价与应用】醉鱼草枝条婆娑披散，叶茂花繁，花于少花的盛夏连续开放，花芳香而美丽，为冷色调的紫色，给炎热的夏季增添凉意。适于路旁、墙隅、坡地、假山石隙或草坪空旷处丛植，也可植为自然式花篱。全株有小毒，捣碎投入河中能使活鱼麻醉，便于捕捉，故有"醉鱼草"之称，不宜栽植于鱼塘附近。

【同属种类】醉鱼草属共约 100 种，分布于美洲、非洲和亚洲热带和亚热带，主产东半球，个别种类分布到温带。我国 20 余种，各地均有分布，主产西南、华南。

巴东醉鱼草
Buddleja albiflora

【别名】白花醉鱼草

灌木，高 1 ~ 3m。枝条圆柱形或近圆柱形；小枝、叶柄、花序、花萼外面和花冠外面均在幼时被星状毛和腺毛。叶对生，披针形、长圆状披针形或长椭圆形，长 7 ~ 25cm，宽 1.5 ~ 5cm，边缘具重锯齿，上面近无毛，下面被灰白色或淡黄色星状短绒毛；侧脉 10 ~ 17 对。圆锥状聚伞花序顶生，长 7 ~ 25cm，宽 2 ~ 5cm；花冠淡紫色，后变白色，喉部橙黄色，芳香。蒴果长圆状，长 5 ~ 8mm，径 2 ~ 3mm。花期 2 ~ 9 月；果期 8 ~ 12 月。

醉鱼草

醉鱼草

醉鱼草

巴东醉鱼草

巴东醉鱼草

巴东醉鱼草

产陕西、甘肃、河南、湖北、湖南、四川、贵州和云南，生海拔 500～2800m 山地灌木丛中或林缘。

互叶醉鱼草
Buddleja alternifolia

【别名】白芨、泽当醉鱼草、小叶醉鱼草

【形态特征】落叶灌木，高 1～4m。长枝细弱，常弧状弯垂，短枝簇生；小枝四棱形或近圆柱形。叶在长枝上互生，在短枝上簇生，全缘或有波状齿。长枝上的叶披针形或线状披针形，长 3～10cm，宽 2～10mm；花枝或短枝上的叶很小，椭圆形或倒卵形，长 5～15mm，宽 2～10mm。花簇生或组成圆锥状聚伞花序，密集、芳香，花冠紫色，喉部有黄斑。蒴果椭圆状。花期 5～7 月；果期 7～10 月。

【产地及习性】我国特产，产于内蒙古、河北、山西、陕西、宁夏、甘肃、青海、河南、四川和西藏等省区。生海拔 1500～4000m 干旱山地灌木丛中或河滩边灌木丛中。耐寒性强。

【观赏评价与应用】互叶醉鱼草叶片细小而花序大，花朵密集而芳香，紫色，适应性强，是北方优良的花灌木，可丛植、片植或作绿篱。除栽培供庭园观赏外，也可作北部和西北地区山地水土保持植物。

大叶醉鱼草
Buddleja davidii

【别名】绛花醉鱼草

【形态特征】落叶灌木，高 0.5～5m。小枝外展而下弯，略四棱形；幼枝、叶下面、叶柄和花序均密被灰白色星状短绒毛。叶对生，卵状披针形至披针形，大小变异很大，长 1～20cm，宽 0.3～7.5cm，疏生细锯齿，表面无毛。总状或圆锥状聚伞花序顶生，长 4～30cm，宽 2～5mm；花冠淡紫色，后变黄白色，喉部橙黄色，芳香，长 7.5～14mm，花冠筒细而直，长 0.7～1cm。蒴果长圆形，长 5～9mm，径 1.5～2mm。花期 5～10 月；果期 9～12 月。

【产地及习性】主产长江流域，华南、西南及甘肃、陕西也有分布。马来西亚、印度尼西亚、美国及非洲有栽培。喜光，耐荫。对土壤适应性强，耐寒性较强，可在北京露地越冬。耐旱，稍耐湿，萌芽力强。

【观赏评价与应用】大叶醉鱼草枝条柔软多姿，花美丽而芳香，花序较大，又有香气，花开于少花的夏、秋季是优良的庭园观赏植物。可在路旁、墙隅、草坪边缘、坡地丛植，亦可植为自然式花篱。植株有毒，应用时应注意。花可提制芳香油。

瑞丽醉鱼草
Buddleja forrestii

【别名】滇川醉鱼草

灌木，高 2～5m。枝四棱形，棱上有翅；幼枝、叶上面、叶柄和花序均被星状短绒毛，后几无毛。叶对生，披针形或长圆状披针形，长 10～20cm，宽 3～7.5cm，具细锯齿，基部常下延至叶柄。总状聚伞花序顶生兼腋生，长 12～20cm，花冠紫红色，冠管长 9mm，花冠裂片近圆形。蒴果卵形，长 6～7mm。花期 6～10 月；果期 7～12 月。

产于四川、云南、西藏，生山地疏林中或山坡灌木丛中。印度、不丹和缅甸北部也有。

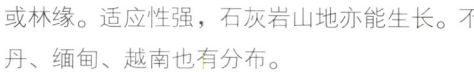

或林缘。适应性强，石灰岩山地亦能生长。不丹、缅甸、越南也有分布。

【观赏评价与应用】密蒙花花芳香而美丽，花紫色并渐变为黄白色，为较良好的庭园观赏植物，适于林缘、山坡、水滨丛植或片植。全株供药用。

智利醉鱼草
Buddleja globosa

大灌木，高达 5 m，幼枝四棱形，有绒毛。叶对生，披针形或椭圆形，长 5～15 cm，宽 2～6 cm，近无柄，上面近无毛，有泡状突起，下面被绒毛。花深黄色，头状花序径约 1.2～2.3 cm，生枝顶，每个头状花序由 30～50 朵花组成。

原产智利和阿根廷，各地引种栽培，供观赏。

密蒙花
Buddleja officinalis

【别名】黄饭花、染饭花、黄花树

【形态特征】灌木，高 1～4 m。小枝略四棱形，全株被白色绒毛。叶对生，狭椭圆形至长圆状披针形，长 4～19 cm，宽 2～8 cm，全缘，稀有疏锯齿。顶生聚伞圆锥花序，长 5～30 cm，宽 2～10 cm；花多而密集，花冠紫堇色，后变白色或淡黄白色，喉部橘黄色，长 1～1.3 cm。花期 3～4 月；果期 5～8 月。

【产地及习性】产于山西、陕西、甘肃至长江流域、华南、西南，生向阳山坡、河边

一百四十一、木犀科 Oleaceae

流苏树
Chionanthus retusus

【别名】牛筋子、茶叶树、四月雪

【形态特征】落叶乔木，高达20m。枝皮常卷裂。单叶对生，卵形、椭圆形至倒卵状椭圆形，长4～12cm，宽2.5～6.5cm，先端钝或微凹，全缘或有锯齿；叶柄基部带紫色。

流苏树

流苏树

流苏树

雌雄异株或为两性花，圆锥花序顶生，大而较松散，长6～12cm；花白色，花冠4深裂，裂片条状倒披针形，长1.5～2.5cm；雄蕊2枚。核果椭圆形，长1～1.5cm，蓝黑色。花期4～5月；果期9～10月。

【产地及习性】产我国黄河流域至长江流域、云南、福建、台湾等地，多生于向阳山谷或溪边混交林、灌丛中。日本、朝鲜也有分布。适应性强，喜光，耐寒；喜土层深厚和湿润土壤，也甚耐干旱瘠薄，不耐水涝。

【观赏评价与应用】流苏树体高大，树冠球形，枝叶茂盛，花开时节满树繁花如雪，秀丽可爱，是初夏重要的观赏花木。适于草坪、路旁、池边、庭院建筑前孤植或丛植，若植于常绿树或红墙之前效果尤佳。老桩是重要的盆景材料，北方常用于嫁接桂花。

【同属种类】流苏属共有2种，1种产北美，1种产我国以及日本和朝鲜。

雪柳
Fontanesia philliraeoides subsp. fortunei
【Fontanesia fortunei】

【别名】五谷树

【形态特征】落叶灌木或小乔木，高达8m。小枝细长，四棱形。单叶对生，披针形或卵状披针形，长3～10cm，宽1～2.5cm，先端渐尖，基部楔形，全缘，两面无毛。圆锥花序顶生或腋生，顶生花序长2～6cm，腋生花序较短。花萼4裂，宿存；花冠白色或绿白色，深4裂，微香；雄蕊2枚。翅果扁平，倒卵形，长6～8mm，环生窄翅。花期4～6月；果期8～10月。

【产地及习性】产黄河流域至长江流域，多生于低海拔山地水沟、溪边或林中。各地园林中普遍栽培。喜光，稍耐荫；喜温暖，也耐寒，对土壤要求不严。耐干旱，萌芽力强，生长快。

雪柳

雪柳

雪柳

【观赏评价与应用】雪柳枝条细柔，叶片细小如柳，晚春满树白花，宛如积雪，颇为美观。可丛植于庭园、群植或散植于风景区观赏，以其枝叶密生，适于隐蔽，也是优良的自然式绿篱材料。抗烟尘，可作厂矿绿化树种。

【同属种类】雪柳属约1～2种，分布于亚洲。我国1种，分布于中部至东部。

连翘
Forsythia suspensa

【别名】黄绶带

【形态特征】落叶灌木，枝拱形下垂。小枝稍4棱，髓中空。单叶对生，有时3裂或3出复叶；叶片卵形、宽卵形或椭圆状卵形，长3～10cm，宽1.5～5cm，有粗锯齿，基部圆形至楔形。花黄色，单生或2～5朵簇生，先叶开放，萼裂片长圆形，长6～7mm，与花冠筒近等长；花冠裂片倒卵状长圆形或长圆形，长1.2～2cm，宽6～10mm。蒴果卵圆形，长1.2～2.5cm，表面散生疣点，萼片宿存。花期3～4月；果期8～9月。

【产地及习性】分布于黄河流域至长江流域各地，生于海拔300～2200m灌丛、草地、山坡疏林中，除华南外普遍栽培。对光照要求不严格，喜光，也有一定程度的耐荫性，耐寒；耐干旱瘠薄，怕涝；不择土壤。萌蘖性强。

木犀科 Oleaceae

叶长椭圆形至披针形，或倒卵状长椭圆形，长3.5～15cm，宽1～4cm，先端锐尖，基部楔形，中部以上有粗锯齿，稀近全缘；萼裂片卵圆形，长2～4mm，萼片脱落；花冠深黄色，长1.1～2.5cm，花冠管长5～6mm。花期3～4月；果期8～11月。

【产地及习性】产长江流域至西南。除华

【观赏品种】花叶连翘（'Variegata'），叶片有黄色斑点，花深黄色。

【观赏评价与应用】连翘枝条拱形，早春先叶开花，花朵金黄而繁密，缀满枝条，是优良的花灌木。最适于池畔、台坡、假山、亭边、桥头、路旁、阶下等各处丛植，也可栽作花篱或大面积群植于风景区内向阳坡地。

【同属种类】连翘属约11种，除1种产欧洲东南部外，其余均产亚洲东部。我国6种，产西北至东部，引入栽培1种。

金钟花
Forsythia viridissima

【别名】迎春柳、迎春条

【形态特征】落叶灌木，高达3m。枝条常直立；小枝黄绿色，四棱形，具片隔状髓心。

南地区外，全国各地均有栽培，尤以长江流域一带栽培较为普遍。喜光照，耐半阴，耐寒性较强，在黄河以南地区可露地越冬。对土壤要求不严，要求疏松肥沃、排水良好的沙质土。

【观赏评价与应用】金钟花枝挺直，先叶而花，金黄灿烂，适于草坪、墙隅、路边、树缘丛植或植为花篱，也可作基础种植材料。

白蜡
Fraxinus chinensis
【*Fraxinus szaboana*】

【别名】蜡条、梣

【形态特征】落叶乔木，高达15m；树冠卵圆形，冬芽棕褐色。羽状复叶对生；小叶5～7，卵形、倒卵状长圆形至披针形，长3～10cm，宽2～4cm，叶缘锯齿整齐，下面沿脉有短柔毛。雌雄异株；圆锥花序生于当年生枝上；雄花密集、花萼小，雌花疏离、花萼大，无花瓣。翅果匙形，长3～4cm，宽4～6mm，基部窄，先端菱状匙形，翅与种子约等长。花期3～5月；果期8～10月。

【产地及习性】我国广布,自东北中部和南部,经黄河流域、长江流域至华南、西南均有分布及栽培。俄罗斯、朝鲜日本和越南也产。适应性强。喜光,稍耐荫;耐寒性强;对土壤要求不严,在干瘠沙地、低湿河滩、碱性、中性和酸性土壤上均可生长,耐盐碱;耐干旱和水湿能力都强。萌芽力和萌蘖力强,耐修剪。抗污染。

【观赏评价与应用】白蜡树形端正,树干通直,枝叶繁茂而鲜绿,秋叶橙黄,是优良的秋色叶树种。可作庭荫树、行道树栽培,也可用于水边、矿区的绿化。是盐碱地区和北部沿海地区重要的园林绿化树种。最迟于18世纪末期已引入印度、日本以及欧洲和美国。

【同属种类】白蜡属约60种,主要分布于北半球温带和亚热带。我国22余种,各地均有分布,引入栽培多种。

美国白蜡
Fraxinus americana

【别名】美国白梣

落叶大乔木,原产地高达48m。叶痕上缘凹形。小枝较粗,冬芽酱紫色;小叶常7,卵形、椭圆状卵形或椭圆状披针形,有不整齐圆钝锯齿,小叶柄长0.5~1.5cm。圆锥花序

侧生于去年生枝叶腋,长5~8cm,花梗无毛。果翅下延不超过坚果的1/3处。

原产北美。河北、北京、天津、山东、内蒙古、河南等地有栽培。为行道树和园林绿化树种。

花曲柳
Fraxinus chinensis subsp. *rhynchophylla*
【*Fraxinus rhynchophylla*】

【别名】大叶白蜡、大叶梣

落叶乔木。小叶3~7,常5,顶生小叶宽卵圆形至椭圆形,显著大于侧生小叶,先端尾状尖,背面及叶轴着生小叶处有簇生棕色曲柔毛;叶缘呈不规则粗锯齿,有时呈波状,下部近全缘。雄花与两性花异株。翅果长约3.5cm,宽约5mm,果翅长于种子。花期4~5月;果期9~10月。

分布于东北和华北,日本、朝鲜、俄罗斯也产。喜光,耐寒性强,喜土壤湿润,也颇耐干旱瘠薄。枝叶婆娑,树形自然,幼

果常为紫红色,可栽培作庭园树种,在东北、华北地区作城市行道树、庭荫树及防护林树种。

欧洲白蜡
Fraxinus excelsior

【别名】欧梣、洋梣

落叶大乔木,高达40m。小枝光滑无毛或被毛,常黄褐色,顶芽黑色。小叶7~13枚,卵状长椭圆形至披针形,长5~11cm,宽1~3cm,先端渐尖,基部楔形至圆形,边缘有细尖锯齿;背面基部及中脉被白色细毛。花细小,花萼及花冠均缺,花药紫色。翅果长

2.5～5cm，宽0.7～1cm，果翅下延至基部。

原产欧洲。我国北方常栽培。耐干旱瘠薄，也稍耐水湿，喜钙质壤土或沙壤土，并耐轻碱盐；抗烟尘。宜做庭荫树、行道树。

对节白蜡
Fraxinus hupehensis

【别名】湖北梣

【形态特征】落叶乔木，高达19m。营养枝常呈棘刺状，小枝挺直。羽状复叶长7～15cm；叶轴具狭翅，小叶7～9（11），披针形或卵状披针形，长1.7～5cm，宽0.6～1.8cm，先端渐尖，基部楔形，叶缘具锐锯齿。花杂性，密集簇生于去年生枝上，聚伞圆锥花序甚短，长约1.5cm；花萼钟状，雄蕊2，花药长1.5～2mm，花丝较长，长5.5～6mm。翅果匙形，长4～5cm，宽5～8mm，中上部最宽，先端急尖。花期2～3月；果期9月。

【产地及习性】我国特有种，分布于湖北海拔100～600m的低山丘陵地，现广泛栽培。喜光，也稍耐荫，喜温和湿润的气候，也颇耐寒，在山东中部可露地越冬。

【园林应用】对节白蜡枝叶浓密，叶形细小秀丽，株型紧凑，萌芽力极强，耐修剪，是优良的盆景材料，也常栽培庭院观赏。

水曲柳
Fraxinus mandshurica

【别名】东北梣

【形态特征】落叶乔木，高达30m；树干通直；树皮灰褐色，浅纵裂。小枝略呈四棱形。叶轴具窄翅，小叶7～15枚，无柄；叶背面沿脉有黄褐色绒毛，小叶与叶轴着生处有锈色簇毛。花序生于去年生枝侧，先叶开放，无花被。翅果常扭曲，果翅下延至果基部。花期5～6月；果期10月。

【产地及习性】产东北、华北，主产小兴安岭和长白山；朝鲜、日本、俄罗斯也有分布。喜光，幼时略耐荫；耐-40℃低温；稍耐盐碱，在pH值8.4、含盐量0.1%～0.15%的盐碱地上能生长，不耐水涝。主根浅，侧根发达，萌蘖性强。主根浅，侧根发达，萌蘖性强，耐修剪；生长快。

【观赏评价与应用】水曲柳材质好，经济

价值高，与黄檗、核桃楸合称为东北三大珍贵阔叶用材树种，是产区的主要造林用材树种，也是优良的防护林树种，还可作行道树和绿荫树。

花梣
Fraxinus ornus

【别名】南欧白蜡

落叶乔木，高达15～25m；树皮深灰色，光滑。小枝略呈四棱形。羽状复叶长约20～30cm；小叶5～9枚，阔卵形，长5～10cm，宽2～4cm，叶缘有细锯齿，小叶柄长5～15mm；圆锥花序顶生，长10～20cm，花瓣4，乳白色，长约5～6mm，叶后开放。翅果长1.5～2.5cm，果翅宽4～5mm。花期5月；果期9月。

原产欧洲南部至亚洲西南部，常栽培供观赏。花朵白色、繁密，秋叶黄色或紫色。

花梣

花梣

花梣

洋白蜡
Fraxinus pennsylvanica

【别名】美国红梣

【形态特征】落叶乔木，高10～20m；树皮灰褐色，深纵裂。小枝、叶轴密生短柔毛。小叶5～9，常7，叶片卵状长椭圆形至披针形，长8～14cm，有钝锯齿或近全缘，小叶近无柄。花序侧生于2年生枝上，先叶开放，雌雄异株，无花瓣。翅果倒披针形，果翅下延超过坚果的1/3，几达中部，明显长于种子。

【产地及习性】原产美国东部，我国东北、华北、西北常见栽培，生长良好。喜光、耐寒、耐水湿也耐干旱，对土壤要求严格，耐盐碱，也颇适应城市环境。

【观赏评价与应用】洋白蜡枝叶茂密，叶色深绿而有光泽，发叶迟，落叶早，秋叶金黄色，是美丽的秋色叶树种，可供我国北方地区作行道树和庭荫树，也可作防护林和工矿厂区绿化。

洋白蜡

洋白蜡

洋白蜡

天山梣
Fraxinus sogdiana

【别名】新疆小叶白蜡

【形态特征】落叶乔木，高10～24m。羽状复叶在枝端呈螺旋状3叶轮生，长10～30cm；小叶7～13枚，卵状披针形或狭披针形，长2.5～8cm，宽1.5～4cm，基部楔形下延，叶缘锯齿不整齐而稀疏，上面无毛，下面密生细腺点；侧脉10～14对。花序生于去年生枝上；花杂性，无花被。翅果倒披针形，长3～5cm，宽5～8mm，上中部最宽，先端锐尖，翅下延至坚果基部，强度扭曲。花期6月；果期8月。

【产地及习性】产于新疆西部，生河旁低地及开旷落叶林中。俄罗斯中亚地区也有

天山梣

天山梣

天山梣

分布。

【观赏评价与应用】天山梣树形挺拔美丽，耐干旱瘠薄，极耐寒，是西北地区优良的园林绿化树种，可作行道树、庭荫树，也可用作沙漠绿洲中的造林树种。

绒毛白蜡
Fraxinus velutina

【别名】绒毛梣

【形态特征】落叶乔木，高达18m；树冠伞形。幼枝、冬芽上均有绒毛。小叶3～7，通常5，顶小叶较大，狭卵形，长3～8cm，有锯齿，先端尖，下面有绒毛。花序侧生于2年生枝上。翅果长圆形，长2～3cm，翅等于或短于果核。花期4月；果期10月。

绒毛白蜡

绒毛白蜡

迎春花

【产地及习性】原产美国西南部，北京、天津、河北、山西、山东等地均有引栽。耐寒，耐旱，耐盐碱，耐水涝。

【观赏评价与应用】绒毛白蜡枝繁叶茂，适应性强，特别耐盐碱，抗污染，秋叶常呈金黄色，是优良的绿化造景材料，可作"四旁"绿化、农田防护林、城市行道树及庭园绿化，尤其在山东北部沿海、天津等地普遍栽培。

迎春花
Jasminum nudiflorum

【形态特征】落叶灌木，直立或匍匐，高0.3～5m。枝条绿色，直出或拱垂，明显四棱形。3出复叶对生，小枝基部常具单叶；幼时两面被毛，老时仅叶缘具睫毛。小叶卵状椭圆形、长卵形或椭圆形，顶生小叶较大，长1～3cm。花单生于去年生枝叶腋，叶前开放；花萼绿色，裂片5～6枚，先端锐尖；花冠黄色，径2～2.5cm，裂片5～6枚，椭圆形。花期（1）2～3月。通常不结实。

【产地及习性】产华北、西北至西南各地，现广泛栽培。喜光，稍耐荫，较耐寒；喜湿润，也耐干旱瘠薄，怕涝；不择土壤，耐盐碱。枝条接触土壤较易生出不定根。

绒毛白蜡

迎春花

迎春花

【观赏评价与应用】迎春花期甚早，绿枝黄花，早报春光，与梅花、山茶、水仙并称"雪中四友"，尤其对冬季漫长的北方而言，迎春是最早开花的植物之一，可以装点早春的景色。由于枝条拱垂，植株铺散，适植于坡地、花台、堤岸、池畔、悬崖、假山，均柔条拂垂、金花照眼，宛若纤腰舞女，随风婀娜，为山水增色；也适合植为花篱，或点缀于岩石园中。也可作水土保持树种。

【同属种类】素馨属约200种以上，分布于东半球热带和亚热带。我国43种，产西南至东部。

樟叶素馨
Jasminum cinnamomifolium

攀援灌木，高1~4m，全株无毛。单叶对生，椭圆形或狭椭圆形，稀披针形，长5~10.5cm，宽1.5~4.5cm，基出脉5，外侧1对不明显。花单生或呈伞状聚伞花序，花梗细长；萼裂片5枚；花冠白色，高脚碟状，裂片9~11枚，披针形。果近球形或椭圆形，长1~1.5cm，径0.8~1.5cm。花期3~9月；果期5~11月。

产海南、云南，生海拔1400m以下的林中、沙地中。

扭肚藤
Jasminum elongatum

攀援灌木，高1~7m。小枝圆柱形。单叶对生，卵形或卵状披针形，长3~11cm，宽2~5.5cm，两面被短柔毛，侧脉3~5对。聚伞花序多花；花冠白色，高脚碟状，花冠管长2~3cm，径1~2mm，裂片6~9枚，披针形。果长圆形或卵圆形，长1~1.2cm，径5~8mm，呈黑色。花期4~12月；果期8月至翌年3月。

产于广东、海南、广西、云南。生海拔850m以下的灌木丛、混交林及沙地。越南、缅甸至喜马拉雅山一带也有分布。

探春花
Jasminum floridum

【别名】迎夏

【形态特征】半常绿灌木，高1~3m。枝条拱垂，幼枝绿色，四棱。羽状复叶互生，小叶3~5，稀7枚，卵状椭圆形，长1~3.5cm，两面无毛，边缘反卷。聚伞花序顶生，多花；萼5裂，裂片锥状线形，与萼筒等长；花冠黄色，近漏斗状，径约1.5cm，裂片5，卵形或长圆形，先端锐尖，长约为花冠筒长的1/2。果椭圆形或球形，长5~10mm，熟时黑色。花期5~9月；果期9~10月。

【产地及习性】产于河北、陕西南部、山

东、河南西部、湖北西部、四川、贵州北部。生海拔2000m以下的坡地、山谷或林中。

【观赏评价与应用】探春花为半常绿性，花开花、于初夏秋季，花期长，花色金黄，是优良花灌木，枝条常蔓生，最适于山坡、水滨、路边列植。清朝叶申芗的"嫩英分五出，细叶娟娟碧"和"花比散金黄，开随夏日长"是对探春的形象描述。

矮探春
Jasminum humile

【别名】小黄素馨

半常绿灌木，有时攀援。小枝有柔毛。羽状复叶互生，小叶5（3～7）枚，卵形、椭圆形、矩圆形或卵状披针形，长0.5～6cm，下面沿中脉及边缘有毛。叶后开花；花芳香；花萼裂片三角形，较萼管短；花冠黄色，近漏斗状，花冠管长0.8～1.6cm，裂片圆形或卵形，长3～7mm。花期4～7月；果期6～10月。

产甘肃、四川西南部、贵州西部、云南、西藏等地，伊朗、阿富汗、缅甸及喜马拉雅地区有分布。供观赏。

矮探春

矮探春

矮探春

云南黄馨

云南黄馨
Jasminum mesnyi

【别名】野迎春、云南黄素馨

【形态特征】常绿灌木，高达3m。枝条细长拱垂；小枝四棱形。3出复叶对生，或小枝基部具单叶，两面几无毛，叶缘反卷，具睫毛；小叶长卵形或长卵状披针形，先端钝圆，顶生小叶长2.5～6.5cm，宽0.5～2.2cm，侧生小叶较小。花单生叶腋，稀双生或单生枝顶；萼钟状，裂片5～8；花冠黄色，漏斗状，径2～4.5cm，裂片6～8枚，栽培时出现重瓣。果椭圆形，两心皮基部愈合，径6～8mm。花期4月，延续时间长。

云南黄馨

云南黄馨

【产地及习性】产于四川西南部、贵州、云南，生峡谷、林中，各地栽培，江南常见。性强健，适应性强。

【观赏评价与应用】云南黄馨为蔓性灌木，枝蔓细长，花朵金黄，艳丽可爱。最宜植于湖边、岸堤、桥头、驳岸，其细枝下垂水面，倒影清晰，为山水生色，还可遮蔽驳岸平直呆板等不足之处；也可植于山坡、石隙、台坡边缘。利用枝条下垂的特性，栽植于行人天桥、立交桥、高层楼房的壁槽里，则纤枝细叶、悬空披挂，能起到良好的装饰和美化的作用。也是优良的观花地被、花篱和岩石园材料。

毛茉莉
Jasminum multiflorum

攀援灌木，高1～6m。小枝、花序密被黄褐色绒毛。单叶对生，卵形或心形，长3～8.5cm，宽1.5～5cm。头状花序或密集呈圆锥状聚伞花序，顶生或腋生；花芳香；萼裂片6～9枚，花冠白色，高脚碟状，花冠管长1～1.7cm，径2～3mm，裂片8枚，长

毛茉莉

木犀科 Oleaceae

毛茉莉

毛茉莉

1~1.4cm，宽4~6mm。果椭圆形，呈褐色。花期10月至翌年4月。

原产东南亚及印度。我国及世界各地广泛栽培。

素方花
Jasminum officinale

【形态特征】攀援灌木，高0.4~5m。叶对生，羽状深裂或羽状复叶，小叶5~7，枝基部常有不裂的单叶；小叶卵形或卵状披针形、狭椭圆形。聚伞花序近伞状，顶生；萼裂片锥状线形，长5~10mm；花冠白色或外

素方花

金叶素方花

素方花

面红色，花冠管长1~2cm，裂片常5，狭卵形或长圆形，长6~12mm，宽3~8mm。果球形或椭圆形，长7~10mm，暗红色变为紫色。花期5~8月；果期9月。

【产地及习性】产于四川、贵州西南部、云南、西藏。生山谷、沟地、灌丛中或林中，或高山草地，海拔1800~3800m。世界各地广泛栽培。

【品种】金叶素方花（'Fiona Sunrise'），叶金黄色。上海栽培。

【观赏评价与应用】素方花花朵芳香而美丽，常栽培供观赏。屏架扶植，枝干袅娜，可用于攀附棚架、篱垣，形成垂直绿化景观，适于堂前、池畔、窗前等处种植。

厚叶素馨
Jasminum pentaneurum

攀援灌木，高1~9m。枝中空。单叶对生，宽卵形、椭圆形、近圆形，稀披针形，长4~10cm，宽1.5~6.5cm，叶缘反卷，两面无毛，基出脉3~5条。聚伞花序密集，多花，花芳香；萼裂片6~7枚，线形，花冠白色，

厚叶素馨

厚叶素馨

厚叶素馨

花冠管长2~3cm，径1.5~2mm，裂片6~9枚，披针形或长圆形。果长0.9~1.8cm，黑色。花期8月至翌年2月；果期2~5月。

产广东、海南、广西，生海拔900m以下的山谷、灌丛或混交林中。越南也有分布。

多花素馨
Jasminum polyanthum

缠绕木质藤本。叶对生，羽状深裂或为羽状复叶，小叶5~7枚，顶生小叶片明显较大，披针形或卵形，长2.5~9.5cm，宽1~3.5cm；基出脉3条。总状或圆锥花序顶生或腋生，花极芳香，花蕾时外面红色，开后变白，花冠管细长，长1.3~2.5cm，裂片5，长圆形或狭卵形，长0.9~1.5cm。果球形，径0.6~1.1cm。花期2~8月；果期11月。

产于四川、贵州、云南。生山谷、灌丛、疏林，海拔1400~3000m。花可提取芳香油；亦常栽培供观赏。

多花素馨

多花素馨

多花素馨

木犀科 Oleaceae

茉莉
Jasminum sambac

【形态特征】常绿灌木，枝条细长呈藤状，高达3m。单叶对生，椭圆形或宽卵形，长4~12.5cm，宽2~7.5cm，两端圆钝，下面脉腋有簇毛。聚伞花序通常有花3朵，有时单花或多达9朵，浓香。花萼8~9裂；花冠白色，裂片长圆形至近圆形，宽5~9mm，先端圆钝。果球形，径约1cm，紫黑色。花期5~11月，以7~8月开花最盛。

【产地及习性】原产印度等地。华南和世界各地广泛栽培。长江流域及以北地区盆栽观赏。喜光，稍耐荫，但光照不足时叶大节细，花朵较小。喜高温潮湿环境，不耐寒；不耐干旱。喜肥，以肥沃、疏松的沙质壤土为宜。

【观赏评价与应用】茉莉历史栽培悠久，汉代以前传入广东，西汉陆贾《南越行纪》有"南越之境，五谷无味，百花不香，惟茉莉、耶悉茗（即素馨—作者注）二花特芳香，不随水土而变。"晋朝嵇含《南方草木状》也有"耶悉茗花、末利花，皆胡人自西国移植于南海。"茉莉株形玲珑，枝叶繁茂，叶色碧如翡翠，花朵白似玉铃，花期长，香气清雅而持久，浓郁而不浊，可谓花木之珍品。华南可露地栽培，用作树丛、树群之下木，或作花篱植于路旁。

滇素馨
Jasminum subhumile

【别名】光素馨、粉毛素馨

灌木或小乔木，高0.5~5m。叶互生，3出复叶与单叶混生，稀2或5枚小叶；小叶片卵形或卵状披针形，长3~12.5cm，宽1~5cm，侧脉3~6对；单叶卵形或宽卵形，有时近圆形或披针形，长1.5~14cm，宽1cm。聚伞花序顶生，径7~12cm，花芳香，花冠黄色，花冠管长0.8~1.2cm，裂片4~5枚。果球形或椭圆形，长1~1.6cm，径0.5~1.6cm。花期3~7月；果期8月。

产云南、四川西南部，生海拔700~3300m溪边或林中。印度、尼泊尔及缅甸也有分布。

女贞
Ligustrum lucidum

【别名】大叶女贞

【形态特征】常绿乔木，高达25m。全株无毛。叶对生，卵形至卵状披针形，长6~17cm，宽3~8cm，上面光亮；侧脉4~9对；叶柄长1~3cm。圆锥花序顶生，长10~20cm，宽8~25cm；花白色，花冠裂片长2~2.5mm，反折，与花冠筒近等长。核果肾形或椭圆形，长7~10mm，径4~6mm，深蓝黑色，熟时呈红黑色，被白粉。花期6~7月；果期10~11月。

【产地及习性】产长江流域至华南、西南各省区，向西北分布至陕西、甘肃。朝鲜也有分布，印度、尼泊尔有栽培。喜光，稍耐荫；喜温暖湿润环境，不耐干旱瘠薄；适生于微酸性至微碱性土壤；抗污染。萌芽力强，耐修剪。

【观赏评价与应用】女贞枝叶清秀，四季

女贞

女贞

常绿，而且夏日白花满树，是一种很有观赏价值的园林树种。女贞树冠端庄，可孤植、丛植于庭院、草地观赏，也是优美的行道树和园路树。以其性耐修剪，亦适宜作为高篱，并可修剪成绿墙。

【同属种类】女贞属约45种，分布于亚洲大洋洲和欧洲。我国约27种，引入栽培2种及多个品种，多分布于南部和西南部。

日本女贞
Ligustrum japonicum

【形态特征】常绿灌木或小乔木，高3～5m；皮孔明显。枝条疏生短毛。叶较小而厚革质，卵形至卵状椭圆形，长5～8cm，宽2.5～5cm，先端短锐尖，基部圆，叶缘及中脉常带紫红色。圆锥花序塔形，长5～17cm；花冠长5～6mm，花冠裂片与花冠管近等长或稍短，先端稍内折。花期5～6月；果期9～11月。

【产地及习性】产日本、朝鲜和我国台湾。华东各地常栽培。耐寒力强于女贞。

【观赏品种】金森女贞（'Howardii'），新叶金黄色，色彩鲜亮。

【观赏评价与应用】日本女贞植株较矮小，树形圆整，叶片厚而带紫色，更适于庭院、草地、路边丛植，也可植为绿篱和基础种植材料。色叶品种金森女贞常作绿篱和地被，或为模纹图案材料。

日本女贞

日本女贞

金森女贞

水蜡树
Ligustrum obtusifolium subsp. suave

【别名】辽东水蜡树

【形态特征】落叶灌木，高2～3m。枝条开展或拱形，幼枝密生短柔毛。叶矩圆状披针形至长倒卵状椭圆形，长1.5～6cm，宽0.5～2.5cm，全缘，端尖或钝，上面无毛，背面具疏柔毛，沿中脉较密。圆锥花序顶生，短而常下垂，长4～5cm，花白色，芳香；花具短梗；萼具柔毛；花冠管长约花冠裂片的1.5～2倍。核果黑色，椭圆形，稍被蜡状白粉。花期5～6月；果期9～10月。

【产地及习性】产于东北南部、江苏、山东、浙江，常生于山坡溪流旁。喜光，也耐荫；喜湿润肥沃土壤，但也耐干旱瘠薄；耐寒性强。抗病虫害。

【观赏评价与应用】水蜡树枝叶细密，耐修剪，适于作绿篱栽植，是优良的抗污染树种。嫩叶可代茶。

水蜡树

水蜡树

水蜡树

柠檬黄卵叶女贞
Ligustrum ovalifolium 'Lemon and Line'

半常绿灌木。叶柠檬黄色，倒卵形、椭圆形或近圆形，长2～10cm，宽1～5cm，先端锐尖或钝，基部楔形或近圆形，两面无毛或下面沿中脉略被短柔毛，侧脉3～6对。

柠檬黄卵叶女贞

花乳白色，有香气。圆锥花序长5～10cm，宽3～6cm；花冠管长4～5mm，裂片卵状披针形，长2～3mm；雄蕊与花冠裂片近等长，花丝短于裂片。果近球形或宽椭圆形，长6～8mm，径5～8mm，呈紫黑色。花期6～7月；果期11～12月。

原产日本。我国庭园内有栽培，可丛植、列植，也可作绿篱。

小叶女贞
Ligustrum quihoui

落叶或半常绿灌木，高2～3m。小枝被短柔毛。叶薄革质，椭圆形至倒卵状长圆形，长1.5～5cm，宽0.5～2cm，顶端钝，边缘微反卷，无毛，叶柄有短柔毛。花序长7～21cm；花白色，芳香，近无柄；花冠筒与裂片等长；花药略伸出花冠外。果实椭圆形，长5～9mm，紫黑色。花期6～8月；果

小叶女贞

小蜡

期10～11月。

产华北、华东、华中、西南。是优良的绿篱，也常修剪成各式几何形体点缀园林。

小蜡
Ligustrum sinense

【别名】山指甲

【形态特征】半常绿灌木或小乔木，高2～7m。小枝圆柱形，幼时被淡黄色短柔毛。叶卵形、椭圆状卵形至披针形，长2～7cm，宽1～3cm；上面疏被短柔毛或无毛，背面至少沿叶脉有柔毛。花白色，圆锥花序长4～11cm，花序轴被柔毛，花梗细而明显；花萼无毛；花丝与花冠裂片近等长。核果球形，黑色，径5～8mm。花期3～6月；果期9～12月。

【产地及习性】分布于长江流域及其以南各省区。黄河流域及其以南各地普遍栽培。喜光，稍耐荫；较耐寒，在北京小气候条件下生长良好。抗污染。耐修剪。

【观赏品种】花叶山指甲（'Variegatum'），叶边缘乳黄色或叶面有乳黄色斑块。

【观赏评价与应用】小蜡适于整形修剪，常用作绿篱，也可修剪成长、方、圆等各种几何或非几何形体，用于园林点缀；也可作花灌木栽培，丛植或孤植于水边、草地、林缘或对植于门前。优良抗污染树种，适宜公路及厂矿企业绿化。

小蜡

花叶山指甲

花叶山指甲

木犀科 Oleaceae

金叶女贞
Ligustrum × *vicary*

【形态特征】常绿或半常绿灌木，高2~3m，幼枝有短柔毛。叶椭圆形或卵状椭圆形，长2~5cm，叶色鲜黄，尤以新梢叶色为甚。圆锥花序顶生，花白色。果阔椭圆形，紫黑色。

【产地及习性】由金边女贞与欧洲女贞杂交育成的，20世纪80年代引入我国，现各地广为栽培。性喜光，耐荫性较差，耐寒力中等，适应性强，以疏松肥沃、通透性良好的沙壤土为最好。

【观赏评价与应用】金叶女贞叶色金黄，耐修剪，是重要的绿篱和模纹图案材料，常与紫叶小檗、黄杨、龙柏等搭配使用。也常用于绿地广场的组字，还可以用于小庭院装饰。

油橄榄
Olea europaea

【别名】木犀榄、齐墩果

【形态特征】常绿小乔木，高达10m；树皮粗糙，纵裂，常生有树瘤。小枝四棱形。叶对生，革质，披针形或长椭圆形，长2~5cm，全缘，叶缘略反卷，表面深绿色，背面密生银白色鳞片。圆锥花序腋生，长2~6cm；花两性，花冠白色，芳香。核果椭圆形至球形，黑色。花期4~5月；果期10~12月。

【产地及习性】原产地中海地区，欧美各国广为栽培，是以色列和希腊的国树；我国长江流域及其以南地区有引种，以湖北、四川、云南、贵州和陕西栽培最多。喜光，喜冬季温暖湿润、夏季干燥炎热的气候，部分品种可耐-16℃低温；适生于土层深厚、排水良好的中性和微酸性砂壤土中，稍耐干旱，对土壤盐分有较强的抵抗力，不耐积水；抗污染，萌芽力强。

【观赏评价与应用】油橄榄在我国栽培历史悠久，唐朝段成式于大中14年（公元860年）所著的《酉阳杂俎》中已经有记载，称为齐墩果，说明至少在唐朝时已有栽培。油橄榄是和平的象征，枝叶繁茂，树冠浑圆，叶背面银白色，花白色而芳香，秋季果实累累，妩媚动人，可丛植草坪、墙隅、庭院观赏。也是著名的油料树种，在风景区内可结合生产大量种植。

【同属种类】木犀榄属约40种，分布于东半球热带至温带。我国13种，产西南至南部。

尖叶木犀榄
Olea europaea subsp. *cuspidata*
【*Olea ferruginea*】

【别名】吉利木、锈鳞木犀榄

【形态特征】常绿灌木或小乔木，高3~10m。小枝四棱形，密被细小的淡锈色鳞片。叶狭椭圆状披针形，长3~10cm，宽1~2cm，叶缘稍反卷，背面有锈色鳞片，侧脉不甚明显；叶柄长3~5mm。圆锥花序腋生，长1~4cm，宽1~2cm；花白色，花冠长2.5~3.5mm，花冠裂片椭圆形，花丝极短；子房无毛。果宽椭圆形或近球形，长7~9mm，径4~6mm，熟时暗褐色。花期4~8月；果期8~11月。

【产地及习性】产于云南，生海拔600~2800m林中或河畔灌丛。印度、巴基斯坦、阿富汗、喀什米尔等地也有分布。1960年代我国始有人工栽培。

【观赏评价与应用】尖叶木犀榄为油橄榄常用的嫁接砧木。枝叶繁茂,萌芽力极强,适于整形修剪,常修剪成圆形、蘑菇形以及各种动物形态供园林点缀,也是优良的绿篱和盆景材料。

桂花
Osmanthus fragrans

【别名】木犀

【形态特征】常绿灌木或乔木,高 4 ~ 8m,或可高达 18m。叶椭圆形至椭圆状披针形,长 4 ~ 12cm,宽 2.5 ~ 5cm,先端急尖或渐尖,全缘或有锯齿,两面无毛。花簇生叶腋,或形成帚状聚伞花序;花径 6 ~ 8mm,稀达 12mm,白色、黄色至橙红色,浓香;花梗长 0.8 ~ 1.5cm。果椭圆形,长 1 ~ 1.5cm,熟时紫黑色。花期 9 ~ 11 月;果期翌年 4 ~ 5 月。

【产地及习性】原产我国长江流域至西南,现广泛栽培。喜光,稍耐荫;喜温暖湿润气候和通风良好的环境,耐寒性较差,最适合秦岭、淮河流域以南至南岭以北各地栽培;喜湿润而排水良好的壤土,不耐水湿。抗污染。

【观赏评价与应用】桂花品种繁多,可分为四季桂和秋桂。四季桂常丛生,以春季 4 ~ 5 月和秋季 9 ~ 11 月为盛花期。秋桂花期集中于秋季 8 ~ 11 月间,可分为银桂、金桂和丹桂。银桂花白色至浅黄色,金桂花黄色至浅橙黄色,丹桂花橙黄色至红橙色。

桂花是我国人民喜爱的传统观赏花木,枝叶茂密,四季常青,花香清可绝尘、浓能溢远,而且花期正值中秋佳节,花时香闻数里,"独占三秋压群芳"。自汉朝至魏晋南北

桂花

桂花

四季桂

银桂

金桂

丹桂

桂花

朝时期即成为著名花木,并广泛用于园林造景。在庭院中,桂花常对植于厅堂之前,所谓"两桂当庭"、"双桂流芳";也常于窗前、亭际、山旁、水滨、溪畔、石际丛植或孤植,并配以青松、红枫,可形成幽雅的景观,正如吕初泰在《雅称》中所言,"桂香烈,宜高峰,宜朗月,宜画阁,宜崇台,宜皓魂照孤枝,宜微飔飏幽韵。"

【同属种类】木犀属共约 30 种,分布于亚洲东部和北美洲东南部。我国 25 种,产长江以南各地。

红柄木犀
Osmanthus armatus

常绿灌木或乔木,高 2 ~ 6m。叶厚革质,长圆状披针形至椭圆形,长 6 ~ 8cm,最长达 15cm,宽 2 ~ 1.5 (4.5) cm,叶缘具硬而尖的刺状牙齿 6 ~ 10 对,长约 2 ~ 4mm,稀全缘,侧脉 8 ~ 10 (15) 对;叶柄短,密被柔毛。花簇生于叶腋,芳香,花冠白色,长 4 ~ 5mm,花冠管与裂片等长。果长约 1.5cm,径约 1cm,黑色。花期 9 ~ 10 月;果期翌年 4 ~ 6 月。

产于陕西南部、四川、湖北、湖南北部,生海拔 1400m 左右的山坡灌木林中。南京有栽培。

红柄木犀

红柄木犀

红柄木犀

华东木犀
Osmanthus cooperi

【别名】宁波木犀

常绿小乔木,高3～8m。叶椭圆形或倒卵形,长4～10cm,宽2.5～5cm,全缘,腺点在两面呈针尖状突起,侧脉7～8对,两面极不明显。花簇生于叶腋,花梗长3～5mm;花冠白色,长约4mm,花冠管与裂片几等长;雄蕊着生于花冠管下部。果长1.5～2cm,呈蓝黑色。花期9～10月;果期翌年4～6月。

产于江苏南部、安徽、浙江、江西、福建等地,生山坡、山谷林中荫湿地或沟边。

美丽木犀

山桂花

华东木犀

美丽木犀

山桂花

华东木犀

美丽木犀

产于云南、四川、贵州等地。生山地、沟边或灌丛中或杂木林中。

齿叶木犀
Osmanthus fortunei

【别名】刺桂

常绿灌木或乔木,高2～7m。叶厚革质,宽椭圆形,稀椭圆形或卵形,长6～8cm,宽3～5cm,叶缘具长2～4mm的锐尖锯齿,或混生有全缘叶,先端尖,两面具针尖状突起的小腺点,侧脉7～9对;叶柄长(5)7～10mm,被柔毛。花簇生叶腋,每腋内有花6～12朵;花梗长5～10mm;花芳香,花冠白色,花冠管短,仅长1.5～2mm,裂片长4～5mm。花期10～11月;果期翌年3～4月。

华东木犀

美丽木犀
Osmanthus decorus

常绿灌木,高约3m,常丛生,树冠开展。叶革质,矩圆状披针形或披针形,长7～12cm,先端长渐尖,基部楔形,全缘,稀有锯齿,上面深绿色,下面带蓝紫色。花簇生叶腋,白色,芳香。果实蓝紫色。花期春季。

分布于西亚、土耳其至地中海地区。上海有栽培。

山桂花
Osmanthus delavayi

常绿灌木,高约2m,稀高达5m。幼枝红棕色,密被柔毛。叶厚革质,长圆形,宽椭圆形或宽卵形,长1～2.5(4)cm,宽1～1.5(2)cm,基部宽楔形,叶缘具6～10对锐尖锯齿,齿长约1mm,侧脉4～5对;叶柄长2～3mm,被柔毛。花簇生叶腋,芳香;花冠白色,花冠管长6～10mm,裂片长4～6mm。果椭圆状卵形,长1～1.2cm,呈蓝黑色。花期4～5月;果期9～10月。

山桂花

齿叶木犀

齿叶木犀

杂交种，华东各地常有栽培。日本也有。入秋白花朵朵，香气弥漫，沁人心脾，是良好的观赏树种。抗污染性强，是园林绿化、工厂绿化和四旁绿化的优良材料。

柊树
Osmanthus heterophyllus

【形态特征】常绿灌木或小乔木，高2~8m；树皮灰白色。叶革质，长圆状椭圆形或椭圆形，长4.5~7cm，宽1.5~3cm，顶端刺状，叶缘具3~4对刺状牙齿，齿长5~9mm，先端具锐尖的刺，叶柄长5~10mm。花簇生叶腋，5~8朵；花冠白色，长3.5~5mm，芳香。果卵圆形，长约1.5cm，径约1cm，暗紫色。花期11~12月；果期翌年5~6月。

【产地及习性】原产日本和我国台湾，常栽培观赏。耐寒性强于桂花。

【观赏品种】紫叶柊树（'Purpurascens'），叶缘具刺齿或全缘，新叶深紫色，后变绿色并带紫色晕斑。全缘柊树（'Myrtifolius'），叶片较小，椭圆形至椭圆状矩圆形，长2.5~4.5cm，全缘，先端尖或渐尖刺状。五彩柊树（'Goshiki'），叶卵状椭圆形或卵形，有7~9枚大刺状锯齿，新叶粉紫至古铜色，成

叶具有灰绿、黄绿、金黄和乳白等颜色的随机散布的斑点、斑块。竹叶柊树（'Sasaba'），叶片深裂，裂片条形或条状披针形，先端刺状，叶深绿色，叶脉黄绿色。

【观赏评价与应用】柊树枝叶繁茂，花朵洁白，花开于秋末冬初，是优良的花灌木，除供庭园丛植观赏外，还可植为绿篱。在山东青岛和北京等地选择小环境已经引种成功。

牛矢果
Osmanthus matsumuranus

常绿灌木或乔木，高2.5~10m。叶薄革质，倒披针形，稀倒卵形或狭椭圆形，长8~14cm，宽2.5~4.5cm，基部狭楔形下延，全缘或上半部有锯齿，两面无毛，侧脉10~12对。聚伞花序组成短小圆锥花序，生叶腋，长1.5~2cm；花芳香，淡绿白色或淡黄绿色，花冠管与裂片几等长，裂片反折。果椭圆形，长1.5~3cm，径0.7~1.5cm，紫红色至黑色。花期5~6月；果期11~12月。

产于安徽、浙江、江西、台湾、广东、广西、贵州、云南等省区。生山坡密林、山谷林中和灌丛中。越南、老挝、柬埔寨、印度等地也有分布。

短丝木犀
Osmanthus serrulatus

【别名】宝兴桂花

常绿灌木或小乔木，高3~7m，最高达16m。叶革质，倒卵状披针形至椭圆形，长6~14cm，宽2~4.5cm，先端尾状渐尖，基部楔形，叶缘具12~20(35)对尖刺状锯齿，或全缘，两面具腺点，侧脉8~12对。花4~9朵簇生叶腋，芳香，花冠白色，长3~5mm，花冠管极短。果椭圆形，长1~1.5cm，径6~8mm，蓝黑色。花期4~6月；果期11~12月。

产于四川、广西、福建等地，生海拔700~2400m的路边或山坡林中和灌丛中，四川宝兴东拉山、西岭雪山和峨眉山有大面积群落。

木犀科 Oleaceae

云南桂花
Osmanthus yunnanensis

【别名】野桂花

常绿乔木或灌木，高3～10m。叶卵状披针形或椭圆形，长8～14cm，宽2.5～4cm，先端渐尖，基部宽楔形或近圆形，全缘，或幼树及萌生枝的叶具20～25对尖齿状锯齿，侧脉10～12对；叶柄长0.6～1.5cm。花簇生叶腋，花冠黄白色，长约5mm，花冠管极短，裂片椭圆形或宽卵形。果长卵形，长1～1.5cm，呈紫黑色。花期4～5月；果期7～8月。

产于云南、四川、西藏等地，生山坡或沟边密林中或混交林中。宾川鸡足山中低海拔常见，丽江文峰寺有古树。

云南桂花

云南桂花

云南桂花

紫丁香
Syringa oblata

【别名】华北紫丁香

【形态特征】落叶灌木或小乔木，高达6m；树冠扁球形。枝条粗壮。单叶对生，广卵形，通常宽大于长，约5～10cm，两面无毛，基部心形或截形。圆锥花序由侧芽抽生，长6～20cm，宽3～10cm；花紫色，花冠筒细长，长0.8～1.7cm，先端4裂，裂片呈直角开展，卵圆形至倒卵圆形，长3～6mm，先端内弯略呈兜状或否；花药着生于花冠筒中部或稍上。蒴果长圆形，平滑。花期4～5月；果期9～10月。

【产地及习性】产东北南部、华北、西北、山东、四川等地，生山坡丛林、山沟溪边、山谷路旁及滩地水边。长江以北各庭园普遍栽培。喜光，喜湿润、肥沃、排水良好之壤土。不耐水淹，抗寒、抗旱性强。抗污染。

【变种】白丁香（var. *alba*），花白色，叶片较小，背面微有柔毛。

【观赏评价与应用】丁香枝叶繁茂，花美而香，素雅洁净、幽香宜人，其花朵虽小，但花序硕大，"一树百枝千万结"，是著名的春季花木。可广泛应用于公园、庭院、风景区内造景，适合丛植于建筑前、亭廊周围或草坪中，也可列植作园路树。

【同属种类】丁香属约20种，分布于亚洲东部、中部、西部和欧洲东南部。我国16种，自东北至西南均有分布，但主要分布于北部和西部，另有数个杂交种，并引入栽培1种。

紫丁香

紫丁香

蓝丁香
Syringa meyeri

【别名】南丁香

落叶矮灌木，枝叶密生，高达1.5m。小枝四棱形，被微柔毛。叶椭圆状卵形或近圆形，长2～5cm，宽1.5～3.5cm，具睫毛，上面微带紫褐色，下方2对侧脉汇合自基部弧曲达上部。圆锥花序由侧芽抽生，长2.5～10cm，宽2.5～4cm，花蓝紫色，花冠管近圆柱形，长约1.5cm，裂片长圆形，长2～4mm，先端内弯呈兜状而具喙。果长椭圆形，长1～2cm，具皮孔。花期4～6月。

栽培种，最初发现栽种于北京丰台庭园中。野生类型小叶蓝丁香（var. *spontanea*），叶片近圆形或宽卵形，长1～2cm，宽0.8～1.8cm，近于掌状5出脉，较明显；花紫红色、粉紫色或白色，疏生。花期5月；果期9～10月。产辽宁。

蓝丁香

蓝丁香

花叶丁香
Syringa × persica

【别名】波斯丁香

落叶小灌木，高1～3m。枝叶无毛。叶披针形或卵状披针形，长1.5～6cm，宽0.8～2cm，边缘略内卷，全缘稀具1～2裂片。花序由侧芽抽生，长3～10cm，通常多对排列在枝条上部呈顶生圆锥花序状；花芳香，淡紫色，也有白花类型，花冠管细弱，近圆柱形，长0.6～1cm，花冠裂片呈直角开展，宽卵形或椭圆形，长4～7mm，兜状；

木犀科 Oleaceae

花药淡黄绿色。花期4～5月。

产于中亚、西亚、地中海地区至欧洲，我国北部地区有栽培。花芳香，可提芳香油；又为庭园观赏树种。

巧玲花
Syringa pubescens

【别名】毛叶丁香

落叶灌木，高1～4m；小枝带四棱形。叶卵形、椭圆状卵形、菱状卵形，长1.5～8cm，宽1～5cm，具睫毛，下面被短柔毛。圆锧花序常由侧芽抽生，较紧密，长5～16cm，宽3～5cm；花序轴与花梗、花萼带紫红色，花序轴明显四棱；花冠淡紫红色，后渐白色，长0.9～1.8cm，花冠管细弱，近圆柱形，长0.7～1.7cm，裂片展开或反折，

长圆形，长2～5mm，先端略兜状。果长椭圆形，长0.7～2cm，宽3～5mm。花期5～6月；果期6～8月。

产东北南部、华北、西北。生山坡、山谷灌丛中或河边沟旁。花色优美，常栽培观赏。

暴马丁香
Syringa reticulata subsp. *amurensis*
【*Syringa amurensis*】

【形态特征】落叶小乔木，高达4～15m，树皮及枝皮孔明显。叶宽卵形至椭圆状卵形，或矩圆状披针形，长5～12cm，先端渐尖，基部圆形，侧脉和细脉明显凹入使叶面皱缩；下面无毛或疏生柔毛，秋时呈锈色；叶柄粗壮，长1～2.5cm。圆锥花序由1到多对着生于同一枝条上的侧芽抽生，长20～25cm；花冠白色或黄白色，径4～5mm，深裂，花

冠筒与萼筒等长或稍长；花丝与花冠裂片等长或长于后者。蒴果矩圆形，长1.5～2.5cm，先端常钝。花期5～7月；果期8～10月。

【产地及习性】分布于东北、华北和西北东部，生于山地阳坡、半阳坡和谷地杂木林中。朝鲜和俄罗斯也有分布。喜湿润气候，耐寒；对土壤要求不严，喜湿润的冲积土，也耐瘠薄。

【观赏评价与应用】暴马丁香花期晚，在丁香园中有延长观花期的效果；树形高大，可作其它丁香的乔化砧以提高绿化效果。花可提取芳香油，亦为优良蜜源植物。我国西北和华北等地常将暴马丁香植于寺院，称为"西海菩提树"。

北京丁香
Syringa reticulata subsp. *pekinensis*
【*Syringa pekinensis*】

【形态特征】落叶小乔木，高2～5m，偶达10m。叶卵形或卵状披针形，长4～10cm，宽2～5cm，先端渐尖，基部宽楔形或近圆形，叶面平坦，下面平滑无毛，叶脉不隆起或微隆起；叶柄纤细，长1.5～3cm。花序长8～20cm或更长；花黄白色，辐状，径3～4mm；雄蕊与花冠裂片近等长。蒴果长1.5～2.5cm，果顶锐尖。花期5～8月；果期8～10月。

【产地及习性】产于内蒙古、河北、山西、河南、陕西、宁夏、甘肃、四川北部，生山坡灌丛、疏林、密林或沟边，山谷或沟

北京丁香

北京丁香

边林下。

【观赏评价与应用】北京丁香枝叶茂盛，花朵黄白色，花序硕大，观赏价值与应用与暴马丁香相近，可参考之。北京庭园广为栽培供观赏。

毛丁香
Syringa tomentella

落叶灌木，高2～7m。小枝黄绿色或棕色。叶卵状披针形至椭圆状披针形，长2.5～11cm，宽1.5～5cm，叶缘具睫毛。圆锥花序长10～23cm，宽4～12cm；花梗长1～1.5mm或几无梗，花冠淡紫红色、粉红色或白色，稍呈漏斗状，长1～1.7cm，花冠管长0.8～1.4cm。果长圆状椭圆形，长1.2～2cm，皮孔不明显或明显。花期6～7月；果期9月。

产于四川西部。生海拔2500～3500m山坡丛林、林下或林缘，或沟边、山谷灌丛中。

毛丁香

毛丁香

红丁香
Syringa villosa

【别名】香多罗

【形态特征】落叶灌木，高达4m。枝直立，粗壮，小枝淡灰棕色，无毛或被微柔毛。叶宽椭圆形或卵状椭圆形，长5～18cm，宽3～6cm，先端突尖，具睫毛，表面皱褶，背面白粉色，疏生长柔毛。圆锥花序由顶芽抽生，花序轴具短柔毛；总花梗基部具叶1对；花淡紫红色、粉红色或白色，花冠筒长圆筒形，裂片开展，花药位于近筒口部。蒴果椭圆形，熟时深褐色，长1～1.5cm，果皮光滑。花期5～6月；果期8～9月。

【产地及习性】产于辽宁、内蒙古、河北、山西、陕西等地。

【观赏评价与应用】红丁香花期较晚，初夏开花，花色红白，北方各地常见栽培，可作公园、道路绿化树种。

红丁香

红丁香

红丁香

欧洲丁香
Syringa vulgaris

【别名】洋丁香

【形态特征】灌木或小乔木，高3～7m。叶卵形、宽卵形或长卵形，宽略小于长，先端渐尖，基部截形或阔楔形，秋季落叶时仍为绿色。圆锥花序近直立，由侧芽抽生，紧密，长10～20cm；花芳香，紫色或淡蓝紫色，有白、粉红和近黄色的品种，直径1～1.5cm，花冠管细弱，近圆柱形，长0.6～1cm；花药着生于花冠筒喉部稍下，黄色。花期4～5月；果期6～7月。

【产地及习性】原产东南欧。华北各省普遍栽培，东北、西北以及江苏各地也有栽培。

【观赏评价与应用】原产欧洲东南部，是欧洲栽培最普遍的丁香之一，我国东北、华北、华东等地有引种栽培。

欧洲丁香

欧洲丁香

欧洲丁香

一百四十二、玄参科 Scrophulariaceae

红花玉芙蓉

红花玉芙蓉

毛泡桐

毛泡桐

毛泡桐

红花玉芙蓉
Leucophyllum frutescens

【别名】银叶树

【形态特征】常绿小灌木，高达1.5～2.5m，枝条开展或拱垂；全株密生白色绒毛及星状毛。叶互生，倒卵形，长1.2～2.5cm，先端圆钝，基部楔形，质地厚，全缘，微卷曲，几无柄。花单生叶腋，萼裂片长椭圆状披针形；花冠紫红色，钟形，长约2.5cm，檐部直径2.5cm，内部被毛，五裂；雄蕊4，内藏。蒴果，2裂。花期夏、秋两季。

红花玉芙蓉

红花玉芙蓉

【产地及习性】产美国德州及墨西哥，华南及西南地区有少量引种。喜光，可生于贫瘠的沙壤土中。

【观赏评价与应用】红花玉芙蓉枝叶银白色，花朵紫红色，是优良的花灌木，适应性强，最适于南部沿海地区栽培观赏，可丛植于庭院、公园，也可植为绿篱，用于海滨绿化。

【同属种类】银叶树属约有12种，分布于美国西南部和墨西哥。我国引入栽培1种。

毛泡桐
Paulownia tomentosa

【形态特征】落叶乔木，高达15m；树冠开张。幼枝绿褐色或黄褐色，有黏质腺毛和分枝毛。叶宽卵形至卵状心形，长20～29cm，宽15～28cm，全缘或3～5浅裂，两面有黏质腺毛和分枝毛。聚伞状圆锥花序长40～60(80)cm，侧花枝细柔，分枝角度大；花冠长5～7cm，浅紫色至蓝紫色，有毛。蒴果卵形至卵圆形，长3～4cm，径2～3cm。花期4～5月；果期10月。

【产地及习性】主产黄河流域，北方习见栽培。日本、朝鲜、欧洲和北美洲地有引种栽培。强阳性树，不耐庇荫，较喜凉爽气候，在气温达38℃以上生长受阻，最低温度在-25℃时易受冻害。根系肉质，耐干旱而怕积水。抗

污染。

【观赏评价与应用】 毛泡桐树干通直，树冠宽广，花朵大而美丽，先叶开放，色彩绚丽，春天繁花似锦，夏日绿荫浓密，可植于庭院、公园、风景区等各处，适宜作行道树、庭荫树和园景树，也是优良的农田林网、四旁绿化和山地绿化造林树种。抗污染，适于工矿区应用。

【同属种类】 泡桐属共有7种，分布于亚洲东部，我国均产。

楸叶泡桐
Paulownia catalpifolia

落叶乔木，树干通直，树冠较狭窄，圆锥形。叶长卵形，长约为宽的2倍，长12～34cm，深绿色，下垂，全缘，稀波状而有裂，叶背密被星状毛。花序的分枝不发达，金字塔形或狭圆锥形，一般长35cm以下；萼裂深约1/3～2/5；花冠浅紫色，长7～8cm，较细，管状漏斗形，内部常密布紫色细斑点，顶端直径不超过3.5cm，喉部直径1.5cm，基部向前弓曲，檐部2唇形。蒴果长椭圆形，长

楸叶泡桐

4.5～5.5cm，先端常歪嘴；果皮厚1.5～3mm。花期4月；果期7～8月。

分布于山东、河北、山西、河南、陕西等地均有栽培。树干直而材质优良，又耐干旱瘠薄土壤。树冠较为狭窄，叶片细长而下垂，枝叶姿态优美，也常栽培于庭院观赏，或用于四旁绿化。

兰考泡桐
Paulownia elongata

落叶乔木，高达20m。叶片宽卵形或卵形，长15～30cm，全缘或3～5浅裂，叶背密被无柄的树枝状毛。花序的侧枝不发达，狭圆锥形；萼倒圆锥形，分裂至1/3左右；花冠漏斗状钟形，淡紫色至粉白色，外面有腺毛和星状毛。蒴果卵形，长3.5～5cm，有星状绒毛，宿萼碟状，顶端具长4～5mm的缘，果皮厚1.5～2.5mm。花期4～5月；果期秋季。

产黄河流域中下游及长江流域以北，以河南、山东西部及山西南部最多，广泛栽培，

楸叶泡桐

兰考泡桐

兰考泡桐

楸叶泡桐

兰考泡桐

河南有野生。喜温暖气候，适沙壤土。树冠稀疏、发叶晚，适于农桐间作，也常用于庭园造景。

白花泡桐
Paulownia fortunei

落叶乔木，高达27m。树冠宽阔，树皮灰褐色，平滑，老时纵裂。幼枝、嫩叶、花萼和幼果被黄色绒毛。叶片长卵形至椭圆状长卵形，长远大于宽，长10～25cm，先端渐尖，基部心形，全缘，稀浅裂。花序圆柱形；萼裂深1/3～1/4；花冠大，乳白色至微带紫色。果长椭圆形，长6～10cm，果皮厚3～5mm。花期3～4月；果期9～10月。

主产长江以南各地，常栽培，山东、河北、河南、陕西等地有引种。树干直，生长快，适应性较强，为平原地区粮桐间作和四旁绿化的理想树种。

白花泡桐

白花泡桐

白花泡桐

炮仗竹
Russelia equisetiformis

【别名】爆竹花、吉祥草

【形态特征】常绿灌木或半灌木，高60～100cm，常披散状，全体无毛。茎枝纤细下垂，有纵棱，绿色，在节处轮生，分枝多。叶狭披针形或线形，常退化成小鳞片状，对生或轮生。聚伞花序，花冠长筒形，红色，先端不明显二唇形；雄蕊4，内藏。蒴果球形，室间开裂。花期长，几乎终年开放，盛花期6～10月。

【产地及习性】原产中美洲地区，世界各地广泛引种。华南、西南等地栽培。喜温暖湿润和半阴环境，也耐日晒，不耐寒。

【观赏评价与应用】炮仗竹红色长筒状花

炮仗竹

朵成串吊于纤细下垂的枝条上，犹如细竹上挂的鞭炮，姿态优美，常栽培观赏，宜枝叶坡地、路边、花坛、树坛，也可盆栽观赏。

【同属种类】炮仗竹属约40～50种，分布于热带美洲。我国引入栽培1种。

炮仗竹

炮仗竹

一百四十三、爵床科 Acanthaceae

老鼠簕
Acanthus ilicifolius

【形态特征】常绿灌木，高达2m。托叶成刺状，叶柄长3～6mm；叶片长圆形至长圆状披针形，长6～14cm，宽2～5cm，4～5羽状浅裂，两面无毛，侧脉4～5，自裂片顶端突出为尖锐硬刺。穗状花序顶生；苞片宽卵形，长7～8mm；花萼裂片4，外方的1对宽卵形，长10～13mm。花冠白色，长3～4cm，花冠管长约6mm，上唇退化，下唇倒卵形，长约3cm，顶端3裂；雄蕊4，近等长。蒴果椭圆形，长2.5～3cm。花期4～6月。

【产地及习性】产海南、广东、福建。生于我国南部海岸及潮汐能至的滨海地带，为

红树林重要组成之一。

【观赏评价与应用】老鼠簕果实奇特，叶亮绿而具锐刺，花序穗状顶生，花紫白色，是生于红树林下层的灌木，有支柱根和呼吸根，具有防风消浪、促淤保滩、固岸护堤的功能，在产地可供营造红树林或作海滨绿化。

【同属种类】老鼠簕属约30余种，分布于亚洲、非洲和地中海等热带、亚热带地区。我国4种，分布于广东、福建和云南。

虾蟆花
Acanthus mollis

【别名】鸭嘴花

【形态特征】常绿亚灌木，丛生，株高50～90cm。叶对生。有光泽，矩圆形，长60～80cm，宽20～35cm，羽状分裂，叶缘有刺。穗状花序顶生，随花序生长陆续开放；

苞片大，卵形，萼片4，花冠管短，上唇退化，下唇大，3裂，白至褐红色，形似鸭嘴。花期春季。

【产地及习性】原产欧洲南部、非洲北部和亚洲西南部亚热带地区。喜肥沃、疏松排水良好中性至微酸性土壤。生长适宜温度15～28℃。全日照、半日照均可。

【观赏评价与应用】虾蟆花叶形特殊，花序大，极具观赏价值，可植于庭院路边、窗前或花台，也适合盆栽观赏。

珊瑚塔
Aphelandra sinclairiana

【别名】辛克氏单药花、美丽单药花

【形态特征】常绿灌木或小乔木，高1～3m，有时高达4.5m。单叶对生，卵形或长椭圆形，全缘，先端渐尖或短突尖，基部楔形，渐狭成柄；上面叶脉明显下陷，两面密被短柔毛。多串穗状花序丛生于枝端；苞片杯状，鲜红色至橘红色，先端圆钝；花密集，花冠紫红色，二唇状，上唇直立，先端渐尖，基部略下垂，下唇长披针形，先端长尾状。

【产地及习性】原产歌斯达黎加、巴拿马。性喜高温，不耐寒霜，以肥沃之砂质壤土栽植为佳。

【观赏评价与应用】珊瑚塔花株丛密集，姿奇异，花穗大而红艳，花苞持久不凋，适合庭院、路边、公园各处丛植观赏，也可作大型盆栽，还是优良的插花材料。

【同属种类】单药花属约170种，分布于热带美洲。我国引入栽培2种。

银脉单药花

珊瑚塔

珊瑚塔

银脉单药花
Aphelandra squarrosa 'Louisea'

【别名】花叶爵床、银脉爵床床、银脉花

【形态特征】常绿灌木或亚灌木，高达1.8m；茎紫黑色，多少带肉质。单叶对生，卵形至卵状椭圆形，长20～30cm，先端尖，叶缘有钝锯齿，叶色浓绿，具光泽，中脉和侧脉银白色，明显，十分优美。穗状花序顶生，花密集，沿花序轴紧密排列呈对称的4列，苞片金黄或橙黄色，醒目而突出；花冠唇形，金黄色。花期11～12月，长达2个月。

【产地及习性】原产南美洲。喜温和湿润气候，忌炎热和严寒，生长适温20～30℃，高于35℃或低于6℃都会引起叶片损伤。喜肥沃疏松土壤，怕积水。

【观赏评价与应用】银脉单药花约于20世纪80年代引入我国，现华南地区广泛栽培，北方也常盆栽。叶色十分美丽，花穗金黄，是一种观赏价值很高的观花、观叶植物。

银脉单药花

银脉单药花

假杜鹃
Barleria cristata

【别名】蓝钟花、洋杜鹃

【形态特征】小灌木，高达2m。叶椭圆形、长椭圆形或卵形，长3～10cm，宽1.3～4cm，先端急尖，基部楔形下延，两面被长柔毛，全缘，侧脉4～5(7)对；腋生短枝的叶小，叶腋内常着生2朵花。花冠蓝紫色或白色，长3.5～5cm，花冠管圆筒状，喉部渐大，冠檐5裂，2唇形，裂片长圆形；能育雄蕊4，2长2短。蒴果长圆形，长1.2～1.8cm。花期11～12月。

【产地及习性】产台湾、福建、广东、海南、广西、四川、贵州、云南和西藏等省区，生于山坡、路旁或疏林下阴处，也可生于干燥草坡或岩石中。中南半岛、印度和印度洋一些岛屿也有分布。不择土壤，以疏松、排水良好的中性至微酸性壤土为佳，全日照至半日照均可。

【观赏评价与应用】假杜鹃花期正逢百花凋零之际，花色淡蓝，枝叶繁茂，华南地区

假杜鹃

爵床科 Acanthaceae

宜在疏林下湿润地片植，也适合公园、路边、庭院栽植观赏。还可盆栽装饰阳台、窗台等处。

【同属种类】假杜鹃属约 80～120 种，主要分布于非洲、亚洲热带至亚热带地区，1 种产于热带美洲。我国 4 种，分布南部及西南部。

黄花假杜鹃
Barleria prionitis

常绿灌木，高达 1.2m。枝条圆柱形，光滑。叶椭圆形或卵形，基部下延，长枝叶长 5cm，宽 2.6cm，最大可长 8.5cm，短枝叶长 1.2～2.5cm，宽 1～1.5cm。花密集着生于

短枝上的苞腋，花序穗状；花冠黄色，长约 2.4cm，大雄蕊花药长 3.2mm，花丝长 11mm，小雄蕊花药长约 1mm，花丝长 1.5mm。蒴果卵形，长 18mm，径 2.5mm。

产云南南部西双版纳，生于海拔 600m 左右的路旁阳处灌丛中或常绿林下干燥处。印度、中南半岛也有分布。

鸟尾花
Crossandra infundibuliformis

【别名】十字爵床、半边黄

【形态特征】常绿小灌木，高达 1.2m，茎被细毛。叶对生，狭卵形或披针形，长 7～15cm，先端渐尖，基部渐狭至叶柄，全缘或波状，叶面平滑，浓绿富光泽。花红橙色，集成密穗状花序，长达 15cm，花序梗长仅约 2.5cm；花冠筒细，长约 2cm，檐部 2～5

裂，裂片全偏向一侧，径约 2.5cm；苞片约与萼片等长。蒴果长椭圆形，种子具羽状鳞片。春末至初冬均能开花。

【产地及习性】原产印度、斯里兰卡。性耐荫，全日照、半日照或稍荫蔽也能成长，其中以半日照叶色较为青翠，开花亦良好；对土壤要求不严，但以疏松肥沃的砂质壤土为最佳，排水力求良好。

【观赏评价与应用】鸟尾花花形奇特，花期长，着花繁密，是优良的花灌木，适于公园、路旁、林缘成片植为地被，也是优良的花坛、花境材料，还可盆栽观赏。

【同属种类】十字爵床属共约 25 种，分布于热带亚洲和非洲。我国引入栽培 1 种。

可爱花
Eranthemum pulchellum

【别名】喜花草

【形态特征】常绿灌木，高达 2m；枝 4 棱形。单叶对生，卵形或椭圆形，长 9～20cm，宽 4～8cm，顶端渐尖，基部圆或宽楔形并下延，两面近无毛，全缘或有不明显钝齿；侧脉 8～10 对，两面凸起；叶柄长 1～3cm。穗状花序顶生和腋生，长 3～10cm，苞片叶状，覆瓦状排列，倒卵形或椭圆形，具绿色羽状脉；花萼白色，长 6～8mm；花冠蓝色或白色，高脚碟状；雄蕊 2。蒴果长 1～1.6cm。

【产地及习性】分布于热带亚洲，我国南部和西南部栽培于庭园供观赏。性喜温暖湿润的山地气候，不耐寒冷和夏季炎热，宜疏松肥沃的沙质土壤。

【观赏评价与应用】可爱花植株低矮，叶片青翠可爱，花朵小而密集，淡蓝色或白色，典雅素净，既可盆栽观赏，也可植为地被、

爵床科 Acanthaceae

布置花坛、用于树群外围或作基础种植材料。

【同属种类】可爱花属（喜花草属）约 30 种，分布于亚洲热带至亚热带地区。我国 2 种，分布于南部及西南部，引入栽培 1 种。

彩叶木
Graptophyllum pictum

【别名】金叶木、斑叶木

【形态特征】常绿小灌木，高达 1m，茎鲜红。单叶对生，长椭圆形，先端尖，翠绿的叶片有 12～15 对黄色或乳白色羽状侧脉，中肋黄色，并有红色纵纹，叶色鲜明清丽。夏季开花，苞片橙黄色。

【产地及习性】原产新几内亚，华南有栽培。性喜高温多湿，喜散射光，忌强光直射，以腐殖质土或砂质土壤为佳。光照过弱易引起徒长、彩斑逐渐褪色。

【观赏品种】锦彩叶木（'Tricolor'），叶片表面散布淡红、乳白、黄色等彩斑。

【观赏评价与应用】彩叶木枝条红色，叶片具有彩斑，是热带地区优良的彩叶植物，可供庭院丛植、列植，或者基础种植材料。也是优良的盆栽植物，可供室内摆饰。

【同属种类】彩叶木属约有 10 余种，分布于大洋洲以及非洲西部。我国引入栽培 1 种。

虾衣花
Justicia brandegeana
【*Beloperone guttata*】

【别名】狐尾木、麒麟吐珠、虾衣草、虾夷花、红虾花

【形态特征】常绿亚灌木，高 1～2m，全体具毛。茎细弱，多分枝，嫩茎节基部红紫色。叶卵形，长 2.5～6cm，两面有短毛，全缘。穗状花序顶生，长 6～9cm，下垂，苞片棕红或黄绿色，宿存；花白色，二唇形，下唇有紫斑花纹；雄蕊 2。常年开花不断；果期全年。

【产地及习性】原产墨西哥，世界各地栽培，我国约于 20 世纪 80 年代引入。性喜温暖湿润环境，喜光但忌强光直射，也较耐荫；喜疏松、肥沃及排水良好的中性及微酸性土壤。

【观赏评价与应用】虾衣花红色苞片重叠成串下倾，似龙虾狐尾，十分有趣，花期长，华南地区适于布置花坛、花境，也可片植于草地、路边，或作基础种植材料。北方常盆栽，装饰窗台、书房、阳台。

【同属种类】爵床属约 700 种，广布于世界热带至温暖地区。我国 43 种，引入栽培多种。

珊瑚花
Justicia carnea
【*Cyrtanthera carnea*】

【别名】羽花、串心花、巴西羽花、芝麻花

【形态特征】常绿亚灌木，高达 1m；茎 4 棱形。叶卵形、矩圆形至卵状披针形，长 9～15cm，宽 4.5～8.5cm，基部阔楔形，下延，全缘或微波状。花密集形成短圆锥状花序，顶生，长达 8cm，脱落时整个花序连同下部叶状苞片一起脱落；花玫瑰紫色或粉红色，长约 5cm，2 唇形；雄蕊 2，外露。蒴果。花期 5～8 月。

【产地及习性】原产巴西；华南栽培。喜向阳和温暖湿润环境，不耐寒，宜富含腐殖质，排水通畅的沙质壤土。

爵床科 Acanthaceae

珊瑚花

珊瑚花

珊瑚花

【观赏评价与应用】珊瑚花花色红艳雅致，缀满枝头，是热带地区重要的花灌木，可用于布置花境、花坛，或公园、建筑成片种植。也常盆栽观赏，可用于家庭美化，也可用于宾馆、饭店客厅装饰。

小驳骨
Justicia gendarussa
【*Gendarussa vulgaris*】

【别名】接骨草

【形态特征】常绿灌木或亚灌木，高约1m；茎圆柱形，节膨大；枝对生，嫩枝常深紫色。叶对生，狭披针形至披针状线形，长5～10cm，宽5～15mm，全缘；中脉粗大，侧脉6～8对，深紫色。穗状花序顶生，苞片对生，下部1～2对呈叶状，上部的小；花冠白色或粉红色，长1.2～1.4cm，2唇形；雄蕊2枚。蒴果，长1.2cm。花期春季。

【产地及习性】产台湾、福建、广东、香港、海南、广西、云南，见于村旁或路边的

小驳骨

小驳骨

小驳骨

灌丛中，有时栽培。分布于印度、斯里兰卡、中南半岛至马来半岛。喜高温高湿环境。

【观赏评价与应用】小驳骨植株低矮，枝叶茂盛，叶片多斜展向上，叶色浓绿，花开时，点点繁花，白色可爱，常见布置于花坛、路边、草地等处，片植成景，较耐修剪，是绿篱、地被、模纹的理想材料。

鸡冠爵床
Odontonema tubaeforme

【别名】红苞花、鸡冠红、红楼花

【形态特征】常绿小灌木，丛生，株高60～120cm。茎枝圆柱形，节肿大，自然分枝少。叶对生，卵状披针或卵圆状，叶面有波皱，先端渐尖。穗状花序，花红色，花梗细长；花萼钟状，5裂；花冠长管形，二唇形；可孕雄蕊2，不孕雄蕊2；花柱1，柱头2裂，子房2室；蒴果。花期9～12月。

【产地及习性】原产中美洲热带雨林区。华南引种栽培。喜光，喜温暖湿润，也耐旱，生长适温18～28℃。对土壤要求不严，以肥沃的中性或微酸性壤土为佳。

【观赏评价与应用】鸡冠爵床叶片大而翠绿，花朵红而耸立，艳丽而不落俗，是优良的观花植物。适宜丛植、片植、群植于公园、绿地的路边、林下，也可植于庭园墙垣边或路边，还可盆栽装饰阳台、卧室或书房。

鸡冠爵床

鸡冠爵床

鸡冠爵床

金苞花
Pachystachys lutea

【别名】黄虾花、小虾花、金苞爵床

【形态特征】常绿灌木，高达1m，多分枝。叶对生，狭卵形，长达12cm，亮绿色，叶面皱褶有光泽。穗状花序顶生，长达10～15cm，直立；苞片心形、金黄色，排列紧密，花白色，唇形，长约5cm，从花序基部陆续向上绽开，金黄色苞片可保持2～3个月。

【产地及习性】原产南美洲，普遍栽培。喜高温高湿和阳光充足的环境，也较耐荫，适宜生长于温度18～25℃，喜疏松肥沃、排水良好的酸性土壤。

【观赏评价与应用】金苞花叶色亮绿，花序苞片排列紧密、黄色，花白色素雅，花型别致，整个花序形如金黄色的虾，花期长，观赏价值高。片植于花坛、花镜、公园入口等均能具有很好的观赏效果，盆栽用于布置

爵床科 Acanthaceae

金苞花

金苞花

金苞花

紫云杜鹃

紫云杜鹃

金脉爵床

金脉爵床

金脉爵床

室内客厅、书房、几案等处。

紫云杜鹃
Pseuderanthemum laxiflorum

【别名】紫云花、大花钩粉草

【形态特征】常绿灌木、亚灌木，株高60~120cm。茎光滑，钝四棱形，多分枝。叶对生，卵状披针或披针形，长5~8cm，顶端渐尖，基部楔形，全缘。花腋生，长筒状，先端5裂，紫红色。花期夏、秋。

【产地及习性】原产南美洲。性喜高温湿润，日照充足的环境，生育适温22~30℃。

【观赏评价与应用】紫云杜鹃夏秋开花，花姿柔美，紫红色而似杜鹃。适合作为花篱、道路列植、公园及庭院成片栽植，也可盆栽观赏。

紫云杜鹃

【同属种类】山壳骨属约50种，分布于泛热带。我国7种，引入栽培1种。

金脉爵床
Sanchezia oblonga

【别名】金叶木、黄脉爵床

【形态特征】常绿灌木，高达1~2m，茎鲜红色。叶对生，长椭圆形，长9~15cm，宽3.7~5.2cm，顶端渐尖或尾尖，叶缘有钝锯齿，深绿色，中脉黄色黄色，侧脉乳白色至黄色，叶色鲜明清丽；叶柄长1~2.5cm。穗状花序顶生，苞片橙红色，长1.5cm，宽8mm；花黄色，管状，长达5cm；雄蕊4，花丝细长；花柱细长，伸出冠外。花期夏秋季。

【产地及习性】原产厄瓜多尔、巴西。华南地区常见栽培。喜温暖，适生温度为20~30℃，要求空气湿度70%~80%，喜半阴环境，也耐全光。

【观赏评价与应用】金脉爵床叶形大、叶色黄绿相间，花期橙黄色的花朵耸立枝头，观赏价值高，为华南地区重要观叶植物。宜布置于花坛、花境，也可植作矮篱分隔空间或丛植成景，同时还是良好的盆栽植物。

【同属种类】金脉爵床属约30种，分布于南美洲。我国南部至台湾省引入栽培1种。

叉花草
Strobilanthes hamiltoniana
【*Diflugossa colorata*】

【别名】腾越金足草

【形态特征】半灌木，茎枝4棱形，光滑无毛。大叶披针形，长9~13cm，宽5~8.5cm，叶柄长达3.5cm；小叶常卵形，柄短或无柄。叶缘有细锯齿，两面光滑无毛，密布线形钟乳体。穗状花序构成疏松圆锥花序，花单生于节上，花冠堇色，长约3.5cm，冠管长1.5cm，雄蕊4，2强，子房光滑无毛

爵床科 Acanthaceae

蒴果长 8～12mm。

【产地及习性】产云南腾冲、盈江到瑞丽，分布于东喜马拉雅和印度卡西山区。常栽培观赏。

【观赏评价与应用】叉花草花色鲜艳，植株低矮，生长繁茂，是优良的地被植物，适于林下、路边、山石间植为地被或列植，也是优良的基础种植材料。

【同属种类】马蓝属共有400多种，主要产于热带亚洲。我国128种，引入栽培多种。

山牵牛
Thunbergia grandiflora

【别名】大花山牵牛、大花老鸦嘴

【形态特征】攀缘灌木，小枝稍4棱形，后渐圆形。茎叶密被粗毛。叶卵形、宽卵形至心形，长4～9（15）cm，宽3～7.5cm，有2～6个宽三角形裂片；叶柄长达8cm。花单生叶腋或顶生总状花序，花冠管长5～7mm，连同喉部白色，自花冠管以上膨大，冠檐蓝紫色。全年开花，但夏、秋最盛。

【产地及习性】分布于广西、广东、海南、福建、云南，生于山地灌丛。印度及中南半岛也有分布。世界热带地区广为栽培。

【观赏评价与应用】山牵牛叶片大而形状优雅，花形美观大方，花色清雅秀丽，且花期长，是华南地区垂直绿化的好材料。可用于装饰廊架、矮墙、篱垣等。

【同属种类】山牵牛属约100余种，分布于中、南非洲及热带亚洲，澳大利亚也有。我国5种，分布于东南、南部及西南部地区，引入栽培3种。

直立山牵牛
Thunbergia erecta

【别名】硬枝老鸦嘴

【形态特征】直立灌木，高2～3m。幼茎四棱形。叶对生，卵形至椭圆状，长4～5cm，宽3.5～4cm，全缘；叶柄长2～5mm。花单生于叶腋，苞片绿色，长1～1.3cm，萼极短，隐藏于苞片内；花冠蓝紫色，斜喇叭形，花冠管长约5cm，弯曲，直径3～4cm，喉管部杏黄色。蒴果圆锥形，长约3cm。花期1～3月；果期8～11月。

【产地及习性】原产热带非洲，各地栽培，华南常栽培观赏。性喜高温、高湿、阳光充足的气候和环境，喜富含有机质的酸性土壤，较耐荫、耐旱，但不耐寒。

【观赏评价与应用】直立山牵牛抗性强，分枝多而繁茂，且耐修剪，花期又长，花形奇特，花色为较少见的蓝紫色，适合作盆栽观花植物及庭院布置，也可作花篱和植物造型。

樟叶山牵牛
Thunbergia laurifolia

【别名】樟叶老鸦嘴、桂叶山牵牛

【形态特征】木质藤本，茎叶光滑无毛，茎枝近4棱形。叶对生，长圆形至长圆状披针形，长7~18cm，宽3~8cm，先端锐尖，全缘或角状浅裂；3出脉，主脉上面有2~3支脉；叶柄长达3cm。总状花序顶生或腋生，花冠管和喉白色，冠檐淡蓝色。子房和花柱无毛，花柱长26mm。蒴果。春至秋季开花。

【产地及习性】分布于中南半岛和马来半岛。广东、台湾栽培。

【观赏评价与应用】樟叶山牵牛蔓延力强，四季常绿，花冠蓝紫色，为蔓篱、花廊或荫棚的优美绿化材料，亦可植为地被或作护坡植物。

黄花老鸦嘴
Thunbergia mysorensis

【别名】跳舞女郎

常绿性木质藤本，长达6m。叶片具光泽，对生，长椭圆形，长15cm左右。总状花序，腋生，花序悬垂，长可达90cm，花萼2片，包覆1/3的花冠，花冠尖锄状，花冠内侧鲜黄色，外缘紫红色。蒴果。自然花期冬季，温度适合几乎可全年开花。

原产印度。华南地区栽培观赏。是优良的垂直绿化材料。

樟叶山牵牛

黄花老鸦嘴

黄花老鸦嘴

黄花老鸦嘴

樟叶山牵牛

一百四十四、紫葳科 Bignoniaceae

凌霄
Campsis grandiflora

【形态特征】落叶性木质藤本,长达10m。枝皮呈细条状纵裂。羽状复叶对生,小叶7~9,卵形至卵状披针形,两面无毛,长3~6(9)cm,宽1.5~3(5)cm,疏生7~8对锯齿,先端长尖,基部宽楔形;侧脉6~7对。花萼淡绿色,钟状,长3cm,分裂至中部,裂片披针形,长约1.5cm;花冠唇状漏斗形,鲜红色或橘红色,长6~7cm,径5~7cm。蒴果扁平条形,状如荚果。花期5~8月;果期10月。

【产地及习性】原产东亚,我国分布于东部和中部,习见栽培。性强健,喜光,也略耐荫;喜温暖湿润,有一定的耐寒性。对土壤要求不严,最适于肥沃湿润、排水良好的微酸性土壤,也耐碱;耐旱,忌积水。萌芽力、萌蘖力均强。

【观赏评价与应用】凌霄干枝虬曲多姿,翠叶团团如盖,夏日红花绿叶相映成趣。可依附老树、石壁、墙垣攀援,是棚架、凉廊、花门、枯树和篱垣的良好造景材料。

【同属种类】凌霄属共有2种,产东亚和北美。我国1种,引入栽培1种。

凌霄

凌霄

美国凌霄
Campsis radicans

【别名】厚萼凌霄

【形态特征】落叶大藤本,具气生根,长达10m。小叶9~11枚,椭圆形至卵状椭圆形,长3.5~6.5cm,宽2~4cm,叶轴及小叶背面均有柔毛,至少沿中脉被短柔毛。花萼长约2cm,5浅裂至萼筒的1/3处。花冠筒细长,漏斗状,橙红色至鲜红色,筒部为花萼长的3倍,长约6~9cm,径约4cm。蒴果长圆柱形,长8~12cm。

【产地及习性】原产北美洲,我国各地引种栽培作庭园观赏植物;越南、印度、巴基斯坦也有栽培。耐寒、耐湿和耐盐碱能力均强于凌霄。

【观赏评价与应用】美国凌霄花色优美,生长旺盛,适应性强,用途同凌霄,以其耐盐碱能力强,可用于盐碱地区。

美国凌霄

美国凌霄

美国凌霄

紫葳科　Bignoniaceae

楸树
Catalpa bungei

【形态特征】落叶乔木，高达30m。树皮浅纵裂。小枝紫褐色，光滑。叶三角状卵形至卵状椭圆形，长6～15cm，宽6～12cm，先端长渐尖，全缘或下部有1～3对尖齿或裂片，下面脉腋有紫褐色腺斑。总状花序呈伞房状，有花2～12朵；花冠白色或浅粉色，内有紫色斑点和条纹。蒴果长25～55cm，很少结果。花期4～5月；果期9～10月。

【产地及习性】主产黄河流域至长江流域。喜光，幼树略耐荫。喜温暖湿润气候和深厚肥沃的中性、微酸性和钙质土壤，耐轻度盐碱，不耐干燥瘠薄和水湿。深根性，萌蘖力和萌芽力均强。抗污染，吸滞粉尘能力高。

【观赏评价与应用】楸树树干通直，树姿挺拔，花朵亦优美繁密，自古以来即为重要庭木。树冠较耸立，列植于路旁、建筑之前均很适宜；也可几株丛植于草地、山石、建筑附近。

【同属种类】梓属约13种，产东亚和北美。我国4种，引入栽培1种，除南部外，各地均有。

灰楸
Catalpa fargesii

【别名】川楸

【形态特征】落叶乔木，高达25m。幼枝、花序、叶柄有分枝毛。叶卵形或三角状心形，长13～20cm，宽10～13cm，顶端渐尖，基3出脉，侧脉4～5对；叶柄长3～10cm。顶生伞房状总状花序较大，有花7～15朵；花萼2裂近基部，裂片卵圆形；花冠粉红色至淡紫色，内面具紫色斑点，钟状，长约3.2cm。蒴果细圆柱形，下垂，长55～80cm。花期3～5月；果期6～11月。

【产地及习性】分布于华南、长江流域及陕西、甘肃、河北、山东、河南，生于村庄边、山谷中。

【变型】滇楸（f. *duclouxii*），叶片、花序均无毛。产湖北、湖南、四川、贵州、云南等地。生于村庄、公路附近。

【观赏评价与应用】灰楸在我国中部至南部各地普遍栽培，常与楸树混用，也是优良的庭园观赏树、行道树，应用方式可参考楸树。

梓树
Catalpa ovata

【别名】河楸、黄花楸

【形态特征】落叶乔木，高达20m；树

紫葳科 Bignoniaceae

梓树

冠宽阔开展。枝条粗壮；嫩枝、叶柄和花序有黏质。叶卵形、广卵形或近圆形，长10～25cm，宽7～25cm，全缘或3～5浅裂，基部心形或圆形，上面有黄色短毛；下面仅脉上疏生长柔毛，基部脉腋有紫色腺斑。圆锥花序顶生，花萼绿色或紫色；花冠淡黄色，内面有深黄色条纹及紫色斑纹。蒴果圆柱形，长20～30cm。花期5～6月；果期8～10月。

【产地及习性】分布广，以黄河中下游为分布中心，南达华南北部，北达东北。喜光，稍耐荫；颇耐寒，在暖热气候条件下生长不良；喜深厚肥沃而湿润的土壤，不耐干瘠，耐轻度盐碱；抗污染。

【观赏评价与应用】梓树树冠宽大，树荫浓密，花朵繁茂而形似蛱蝶，自古以来是著名的庭荫树。古人常在房前屋后种植桑树和梓树，故而以"桑梓"指故乡。园林中可丛植于草坪、亭廊旁边以供遮荫。

黄金树
Catalpa speciosa

【别名】白花梓树

【形态特征】落叶乔木，高6～10m；树冠伞状。叶卵心形至卵状长圆形，长15～30cm，全缘，下面密被短柔毛，基部脉腋有绿色腺斑。圆锥花序顶生，长约15cm；花冠白色，喉部有黄色条纹及紫色细斑点，长4～5cm，口部直径4～6cm。蒴果圆柱形，长20～30(55)cm，宽12～20mm。花期5～6月；果期8～9月。

【产地及习性】原产美国中部至东部。喜光，喜湿润凉爽气候、深肥肥沃土壤，不耐干旱瘠薄，不耐积水。

【观赏评价与应用】黄金树约于1911年引入上海，现长江流域及黄河流域、辽宁南部多有栽培。花色洁白，是优良的园林绿化树种，用途同梓树。

黄金树

黄金树

黄金树

连理藤
Clytostoma callistegioides

【形态特征】常绿、攀援状灌木；叶有全缘的小叶2枚，其最顶1枚常变为不分枝的卷须；花排成顶生或腋生的圆锥花序；萼钟状，有锥尖的小齿5；花冠漏斗状钟形，裂片圆形，芽时覆瓦状排列；雄蕊内藏；花盘短；子房2室，有小瘤体；胚珠多数，2列；蒴果阔而有刺。

【产地及习性】原产巴西、阿根廷，热带地区栽培。喜热怕寒；对土壤要求不严，以富含腐殖质的肥沃土壤为最佳。

【观赏评价与应用】连理藤花冠淡紫色，可用于花廊、花架、绿篱和栅栏，也可攀附在其他的乔灌木上，值得推广。

【同属种类】连理藤属共有12种，分布于南美洲。

连理藤

连理藤

十字架树
Crescentia alata

【别名】叉叶木、蜡烛树

【形态特征】常绿小乔木或灌木状，高3～6m，径15～25cm。叶簇生；小叶3枚，长倒披针形至倒匙形，侧生小叶长1.5～6cm，宽1.5～2cm，顶生小叶较大；叶柄长4～10cm，具阔翅。花1～2朵生于老茎上；花萼2裂达基部，淡紫色；花冠近钟状，褐色并具紫褐色脉纹，有褶皱，喉部膨胀成囊状，长5～7cm；雄蕊4；花盘环状；花柱长6cm，柱头2裂。果近球形，径5～7cm，光滑，淡绿色。花期10～12月。

【产地及习性】原产墨西哥至哥斯达黎加，菲律宾、爪哇、印度尼西亚、大洋洲等地广泛栽培。我国广东、香港、福建、云南等地有栽培。喜温暖湿润环境，生长适温20～30℃；对土壤要求不严。

【观赏评价与应用】十字架树株型美丽，是典型的老茎生花植物，紫色花及硕大的果实直接着生于粗壮的树干上，果实青嫩粉白，向光面淡粉红色；小叶奇特，三叉状生长，形状像十字架，因此又称"十字架树"，观赏价

紫葳科 Bignoniaceae

坚硬。四季开花。

【产地及习性】原产于热带美洲,现热带和亚热带地区广植。喜光照,对土壤要求不严,以排水良好的沙质壤土为佳。

【观赏评价与应用】炮弹果果实奇特,生长速度快,幼果几天内直径就能达20cm。果实青绿色,光亮,观果期长。我国广东、福建、海南、台湾等地有栽培。

值高。可用于布置公园、庭院、风景区和高级别墅区。

【同属种类】炮弹果属共有5种,产美洲热带,现已在热带广为栽培。我国南方引入栽培2种。

炮弹果
Crescentia cujete

【别名】葫芦树、铁西瓜

【形态特征】常绿乔木,高5~18m,主干通直,枝条开展,分枝少。叶大小不等,2~5枚丛生,阔倒披针形,长10~16cm,宽4.5~6cm,基部狭楔形,羽状脉,中脉被绵毛。老茎生花植物,花、果单生于小枝或老茎上;花冠钟形,淡绿黄色,具褐色脉纹,长5cm,径2.5~3cm,夜间开放。果卵圆球形,长18~20cm,黄色至黑色,成熟后果壳

黄花风铃木
Handroanthus chrysanthus
【*Tabebuia chrysantha*】

【别名】巴西风铃木、黄金风铃木

【形态特征】落叶或半常绿乔木,高4~6m。树干直立,树冠圆伞形。掌状复叶对生,小叶4~5枚,倒卵形,有疏锯齿,

被褐色细茸毛。花冠漏斗形，风铃状，皱曲，花色鲜黄，颇为美丽。蓇葖果，向下开裂，种子有绒毛。花期2~4月。

【产地及习性】原产美洲，华南地区有栽培。性喜高温，华南北部地区冬季需注意寒害，喜富含有机质之砂质壤土。

【观赏评价与应用】黄花风铃木花色金黄明艳，花形如风铃，季相变化明显，是热带地区优良观花树种，适于庭院、公园、住宅区、道路绿化，宜丛植、列植。深圳各公园常见栽培，如笔架山公园有黄花风铃木片林。巴西国花。

【同属种类】风铃木属约有30种，分布于中南美洲。我国引入栽培2种。

粉花风铃木
Handroanthus impetiginosus
【Tabebuia impetiginosa】

落叶大乔木，高达25m。掌状复叶，小叶常5枚，长椭圆形至卵形，长约12cm，先端尖锐，基部钝。顶生短总状花序具花10~20朵；花冠漏斗状，长约5cm，紫红色带橘黄色晕，喉部常黄色，盛花期春季。蒴果短圆柱形，2裂。

原产中南美洲。华南地区栽培观赏。花色优美，热带地区可栽培作行道树或庭园观赏。

粉花风铃木

蓝花楹
Jacaranda mimosifolia
【Jacaranda acutifolia】

【形态特征】落叶或半常绿乔木，高达15m。2回羽状复叶对生，羽片16对以上；每羽片有小叶14~24对，紧密，椭圆状披针形至椭圆状菱形，长6~12mm，宽2~7mm，先端锐长，基部楔形，全缘。花序长达30cm，径约18cm；花蓝色或青紫色，花冠筒下部微弯，上部膨大，长约5cm，花冠裂片圆形；雄蕊4，2强。蒴果木质，扁卵圆形，长宽约5cm。花期春末至秋；果期11月。

【产地及习性】原产热带美洲，世界热带广植，华南及云南南部有栽培。喜温暖湿润的气候，不耐霜冻，喜光，稍耐半荫；喜肥沃湿润的沙壤土，较耐水湿，不耐干旱。

【观赏评价与应用】蓝花楹绿荫如伞，叶形秀丽，花朵蓝色而繁密，娴静幽雅，可谓华而不娇，美撼凡尘，是少见的蓝色观花乔木，可作为行道树、庭荫树。适于公园、庭院、水边、草坪、路旁等各地种植。

【同属种类】蓝花楹属约50种，分布于热带美洲。我国引入栽培2种，为美丽的庭园观赏树。

蓝花楹

蓝花楹

蓝花楹

吊瓜树
Kigelia africana

【别名】吊灯树、腊肠树

【形态特征】常绿乔木，高13~20m，径达1m。奇数羽状复叶对生或轮生；小叶7~9枚，长圆形或倒卵状长圆形，全缘或有

吊瓜树

吊瓜树

吊瓜树

吊瓜树

锯齿，侧脉6~8对。顶生圆锥花序大型，长50~100cm，下垂；花稀疏，6~10朵。萼钟形，长4.5~5cm，径约2cm，不整齐3~5裂；花冠橘黄色或褐红色，2唇形；2强雄蕊伸出。浆果长约38cm，径12~15cm，腊肠状，不开裂。花期夏秋；果期秋冬。

【产地及习性】原产热带非洲、马达加斯加。我国广东、福建、海南、台湾、云南（西双版纳）有引种。喜光，喜温暖湿润环境，要求土壤疏松、肥沃的酸性土壤。

【观赏评价与应用】吊瓜树树姿优美，夏季开花成串下垂，花大艳丽，特别是其悬挂之果实硕大如瓜，经久不落，新奇有趣，蔚为壮观，是一种美丽的观果树种。树形高大，树冠圆伞形，宜作公园风景树、行道树。作行道树时应注意修剪其果枝，以免大果坠落砸伤行人。

【同属种类】吊灯树属约3种，分布于热带非洲。我国引入栽培2种作观赏树种。

猫爪藤
Macfadyena unguis-cati

【别名】猫爪花

【形态特征】常绿攀援藤本。茎纤细、平滑；卷须与叶对生，顶端分裂成3枚。叶对生，小叶2枚，稀1枚，长圆形，长3.5~4.5cm，宽1.2~2cm，顶端渐尖，基部钝。花单生或

猫爪藤

圆锥花序；花梗长1.5~3cm。花萼钟状，长1.2~1.5cm，径约2cm；花冠钟状至漏斗状，黄色，长5~7cm，宽2.5~4cm，檐部裂片5；雄蕊4。蒴果长线形，长28cm，宽8~10mm。花期4月；果期6月。

【产地及习性】原产西印度群岛及墨西哥、巴西、阿根廷。我国广东、福建均有栽培，供观赏，在福建逸生。喜光，喜温暖湿润，生长适温18~26℃，适于排水良好的砂质壤土。

【观赏评价与应用】猫爪花生长迅速，春末至夏季开花，花黄色，明艳醒目，是优良的垂直绿化材料，适合花架、篱垣、荫棚或栅栏美化。不过，猫爪藤蔓延能力强，能迅速铺满整个林地并爬满树冠，最终可能导致其攀爬的大树死亡，应用中应注意。

【同属种类】猫爪藤属约21种，产热带美洲。我国广州、福建栽培1种，有时逸生。

蒜香藤
Mansoa alliacea
【*Pseudocalymma alliaceum*】

【形态特征】常绿藤本，长达3~4m，枝条披垂，具肿大的节部。揉搓有蒜香味。复叶对生，具2枚小叶，矩圆状卵形，长8~12cm，宽4~6cm，革质而有光泽，基部歪斜；顶生小叶变成卷须。聚伞花序腋生和顶生，花密集，花冠漏斗状，鲜紫色或带紫红，凋落时变白色。多次开花，以9~10月为盛花期。

【产地及习性】原产南美洲的圭亚那和巴西；华南有引种栽培。喜温暖湿润气候和阳光充足的环境；较耐荫，不耐寒；喜疏松肥沃的微酸性土壤。

【观赏评价与应用】蒜香藤枝叶疏密有致，叶色浓绿，花朵密集、色彩素雅，花期甚长，

全株可散发出沁人心脾的蒜香味。花盛开时紫色或蓝紫色，后变淡，整个植株可见多种色彩并存，格外醒目，是园林绿化佳品，可成片布置于坡地、岸边、台坡、花境中，也可用于攀援山石、围墙、栅栏和小型棚架。

【同属种类】蒜香藤属约有10种，产南美洲。我国引入栽培1种。

猫尾木
Markhamia stipulata var. *kerrii*
【*Markhamia cauda-felina*；
Dolichandrone cauda-felina】

【别名】毛叶猫尾木

【形态特征】落叶乔木，高达10m。奇数羽状复叶近对生，幼嫩时密被平伏细柔毛；小叶6~7对，无柄，长椭圆形或卵形，长16~21cm，宽6~8cm，基部阔楔形至近圆形，全缘，侧脉3~9对，顶生小叶柄长达5cm。花径10~14cm，组成顶生总状花序。花萼与花序轴均密被褐色绒毛；花冠漏斗状，上部黄色或淡黄白色，下部紫褐色。蒴果长达30~60cm，宽达4cm，密生黄色毛，悬垂

紫葳科 Bignoniaceae

猫尾木

猫尾木

似猫尾。花期9~12月；果期1~4月。

【产地及习性】 分布于华南及云南南部，生于低海拔疏林边、阳坡。泰国、老挝、越南也有分布。性喜温暖湿润环境，要求土壤深厚肥沃，喜光，稍耐荫。

【观赏评价与应用】 猫尾木干直叶大，树冠浓郁，每年秋冬开满紫红色的花，花如漏斗，之后挂满一树猫尾果，形状奇特，花美果奇，是华南地区优良的行道树和庭荫树。

【同属种类】 猫尾木属共有10种，主要分布于热带非洲。我国1种1变种。

火烧花
Mayodendron igneum

【别名】 缅木

【形态特征】 常绿乔木，高达15m，径达15~20cm；树皮光滑。2回羽状复叶长达60cm；小叶卵形至卵状披针形，长8~12cm，宽2.5~4cm，基部偏斜，全缘，两面无毛，侧脉5~6对。短总状花序生于老茎或侧枝上，有花5~13朵；花萼佛焰苞状；花冠橙黄色至金黄色，筒状，长6~7cm，径1.5~1.8cm，裂片半圆形，反折。蒴果长线形，下垂，长达45cm，粗约7mm。花期长，2~3月为盛花期，4~10月间陆续有花开放。

【产地及习性】 产台湾、广东、广西、云南南部，常生于干热河谷、低山丛林。越南、老挝、缅甸、印度也有分布。华南及西南地区常栽培。喜温暖湿润环境，也较耐干热；喜光，耐半荫；适于肥沃湿润的酸性至中性土壤，不耐盐碱和瘠薄土壤；较耐水湿。

【观赏评价与应用】 火烧花花朵黄色而密集，金灿满枝，如金堆集、似火烧灼，故有火烧花之名。盛花期正值我国新春佳节，因而是华南著名的早春花木，适于公园、庭院

火烧花

作观赏树，也是优良的行道树。花可作蔬食。

【同属种类】 火烧花属1种，分布于我国南部，以及越南、老挝、缅甸、印度。

粉花凌霄
Pandorea jasminoides

【别名】 肖粉凌霄、红心藤

【形态特征】 常绿半蔓性灌木，无卷须。奇数羽状复叶对生，小叶5~9枚，椭圆形至卵状披针形，长2.5~5cm，全缘。顶生圆锥花序，花冠漏斗状，白色或带紫色，喉部红色，径约5cm。蒴果长椭圆形、木质。有白花和红花等栽培品种。花期7~10月。

【产地及习性】 原产澳大利亚，中国广州、上海等城市有栽培。喜光，喜温暖湿润气候，不耐寒，稍耐轻霜；适生于肥沃湿润排水良

火烧花

粉花凌霄

紫葳科 Bignoniaceae

粉花凌霄

粉花凌霄

好的土壤。

【观赏评价与应用】粉花凌霄花朵粉紫色，具攀援习性，在适宜生长的温暖地带可用于棚架、墙垣绿化，寒地可行盆栽。

【同属种类】粉花凌霄属共有8种，分布于大洋洲和马来西亚。我国引入栽培1种。

非洲凌霄
Podranea ricasoliana

【别名】紫芸藤

【形态特征】常绿攀援木质藤本，蔓长4～10m。羽状复叶对生，长10～15cm；小叶7～11枚，长卵形，长3～4cm，宽1～2cm，先端尖，基部圆形，叶缘具锯齿；小叶柄短。花萼肿胀；花冠筒状，粉红至淡紫色，具紫红色纵条纹，喉部白色，具长毛丛，先端5裂；雄蕊4，2强。蒴果线形，种子扁平。花期10～6月。

【产地及习性】原产于非洲南部，我国台湾省栽培较多，现华南地区引种栽培。喜光照，喜温暖及高温环境，不耐寒，较耐旱。

【观赏评价与应用】非洲凌霄枝叶茂密，花朵鲜艳夺目，花期长，耐修剪且具有很强的攀援能力，柔枝纤蔓，碧叶绛花，随风飘舞，美丽动人，是优美的观赏植物。适用于庭院花架、篱墙美化，也常见植于路边、墙边作灌木型观赏，如厦门图书馆周边和南湖

非洲凌霄

非洲凌霄

非洲凌霄

公园入口等处。还作大型盆栽观赏。

【同属种类】非洲凌霄属共有2种，分布于非洲。我国引入栽培1种。

炮仗花
Pyrostegia venusta
【*Pyrostegia ignea*】

【形态特征】常绿藤木，茎有棱，长达10m。复叶对生；小叶2～3枚，卵形或卵状椭圆形，长5～10cm，宽3～5cm，下面有穴状腺体，全缘，顶生小叶变为3分叉卷须。圆锥状聚伞花序生于侧枝顶端，长约10～12cm，下垂。花冠橙红色，长达7cm，筒状，内面中部有1毛环，基部收缩；裂片外卷，有白色绒毛；发育雄蕊4，其中2枚伸出花冠筒外。子房圆柱形，花柱细长。蒴果线形。花期可长达半年，通常在1～6月开花。

【产地及习性】原产巴西，现世界热带地区广泛作为庭园观赏藤架植物栽培。我国福建、广东、广西、云南等地多见栽培。喜光，稍耐荫；喜温暖和阳光充足的环境；耐短期2～3℃低温。喜湿润、肥沃的酸性土壤，不

炮仗花

炮仗花

炮仗花

耐干旱。

【观赏评价与应用】炮仗花自冬至夏季不断开花，花朵橙红茂密，累累成串，状如鞭炮，可依附棚架、凉廊和墙垣生长，形成花廊、花墙。我国引种约有百余年历史，现华南和西南地区庭园中常见栽培观赏，多植于庭园建筑物的四周，攀援于凉棚上。

【同属种类】炮仗花属约5种，产南美洲。我国引入栽培1种。

菜豆树
Radermachera sinica

【别名】幸福树、牛尾木

【形态特征】落叶乔木，高达10m。2回、稀3回羽状复叶对生；小叶卵形至卵状披针形，

菜豆树

菜豆树

菜豆树

长4～7cm，宽2～3.5cm，两面无毛，全缘，侧脉5～6对，侧生小叶近基部有盘菌状腺体。圆锥花序顶生，长25～35cm，宽30cm。花萼蕾时封闭，内有白色乳汁。花冠钟状漏斗形，白色至淡黄色，长6～8cm，裂片圆形，具皱纹。2强雄蕊；子房光滑。蒴果细长下垂，长达85cm，径约1cm，常扭曲。花期5～9月；果期10～12月。

【产地及习性】分布于台湾、广东、广西、贵州、云南等地；印度、缅甸、越南、不丹也产。性喜高温多湿、阳光足环境，耐高温，畏寒冷，宜湿润，忌干燥，喜疏松肥沃、排水良好、富含有机质的壤土和沙质壤土，也耐瘠薄。

【观赏评价与应用】菜豆树枝叶美丽，茂盛青翠，充满活力朝气，冠大荫浓，适宜温暖地区庭园栽培观赏，可作庭荫树、行道树或用于配植风景林。还是广泛应用的室内观赏植物。

【同属种类】菜豆树属约16种，分布于热带亚洲。我国7种，产西南和南部。

海南菜豆树
Radermachera hainanensis

【别名】绿宝树、大叶牛尾树

【形态特征】乔木，高6～13（20）m；枝有皱纹。1～2回羽状复叶，有时仅有小叶5片；小叶长圆状卵形或卵形，长4～10cm，宽2.5～4.5cm，顶端渐尖，基部阔楔形，侧脉5～6对，纤细。花序腋生或侧生，为总状或少分枝的圆锥花序。花萼淡红色，不整齐，3～5浅裂。花冠淡黄色，钟状，长3.5～5cm，径约15mm，最细部分径达5mm，内面被柔毛，裂片阔肾状三角形。蒴果长达40cm，粗约5mm。花期4月。

【产地及习性】产广东、海南及云南，生

海南菜豆树

海南菜豆树

海南菜豆树

于海拔300～550m的低山坡林中。喜光照，耐半荫，生长较迅速，喜疏松土壤及温暖湿润的环境，适生于石灰岩溶山区。深根性树种，萌芽力强。

【观赏评价与应用】海南菜豆树树形美观，树姿优雅，花期长，花朵大，花香淡雅，花色美且多，可作热带、南亚热带低海拔地区城镇、街道、公园、庭院等园林绿化树种。

紫铃藤
Saritaea magnifica
【*Arrabidaea magnifica*;
Bignonia magnifica】

【别名】美丽二叶藤

【形态特征】常绿木质藤本，茎长可达10m。复叶对生，小叶2枚，倒卵形，长约7～10cm，宽约3～5cm，网脉明显。卷须不分枝。聚伞花序生叶腋或枝顶，常具4花；花大，几无梗；花冠漏斗状，紫红色或淡

紫铃藤

紫铃藤

紫红色，花冠筒长约4cm，喉部白色，带有橙黄色的斑条，檐部5裂，裂片圆形。花期9～12月。

【产地及习性】原产哥伦比亚和厄瓜多尔，热带地区广泛栽培。喜光，不耐寒。

【观赏评价与应用】紫铃花色美丽，朴素大方，花开时节满株艳紫，是热带地区优良的攀援灌木，可用于花廊、花架、绿篱和栅栏，也可攀附在其他的乔灌木上。

【同属种类】紫铃藤属仅1种，分布于南美洲。我国引入栽培。

火焰树
Spathodea campanulata

【别名】火烧花、喷泉树

【形态特征】常绿乔木，高达10m。奇数羽状复叶对生；小叶13～17枚，椭圆形至倒卵形，长5～9.5cm，宽3.5～5cm，全缘，基部具2～3枚腺体。伞房状总状花序顶生，花萼佛焰苞状，顶端外弯并开裂，长5～6cm，宽2～2.5cm；花冠一侧膨大，阔钟状，橘红色，具紫红色斑点，径5～6cm，长5～10cm，裂片阔卵形，具纵褶纹，外面橘红色；雄蕊4，生花冠筒上。蒴果细长圆形，长15～25cm，宽3.5cm。花期3～5月；果期4～6月。

【产地及习性】原产非洲，热带亚洲广泛栽培，华南和西南也有栽培。喜温暖湿润气候，不耐寒，喜肥沃土壤。

【观赏评价与应用】火焰树树体高大，树冠开展，姿态优美，花大而美丽，开花时，花朵自外围向中心逐步开放，橙红色的大花序远观如火焰燃在枝头，是热带地区著名的风景观赏树种，适于作庭荫树、行道树、孤植树。

【同属种类】火焰树属约20种，大部分产热带非洲、巴西，在印度、澳大利亚也有少量分布。我国栽培1种。

黄钟花
Tecoma stans
【 Stenolobium stans 】

【别名】金钟花

【形态特征】常绿灌木或小乔木，高达8m。奇数羽状复叶，交互对生；小叶3～11片，椭圆状披针形至披针形，先端渐尖，基部锐形，叶缘具粗锯齿。总状花序顶生，萼筒钟状，花冠漏斗状或钟状，黄色，花冠边缘波状。蒴果线形。花期夏、秋季，冬季也可见花。

【产地及习性】原产于南美洲。我国台湾、广东、云南、海南已引种栽培。喜光，喜湿润及阳光充足环境，土壤以排水良好、肥沃的沙质壤土为佳，忌积水。

【观赏评价与应用】黄钟花枝叶茂密、清秀雅丽，花鲜黄色，盛花期布满枝头，引人注目，多用于庭院、风景区、宜丛植、列植或片植，形成群体景观，也可孤植于景观节点或粉墙前独赏其美，还可盆栽作室内观赏。

【同属种类】黄钟花属约有15种，产南美洲。我国引入栽培2种。

银铃木
Tabebuia aurea
【 Tabebuia argentea；Tabebuia caraib 】

【别名】银鳞风铃木

落叶乔木，高达8m。掌状复叶，小叶5～7枚，狭长椭圆形，长6～18cm，宽约3cm，先端尖，钝头，基部钝形，厚革质，两

火焰树

火焰树

火焰树

黄钟花

紫葳科 Bignoniaceae

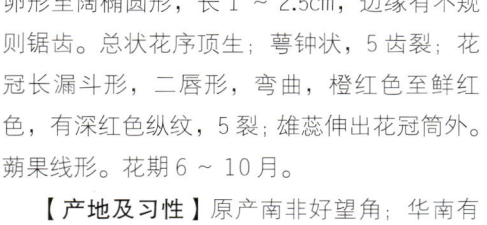

面均带银白色。花冠喇叭形，深黄色，喉部色更浓，长5～8cm。蒴果长椭圆形至圆柱形。

原产南美洲苏里南、巴西、玻利维亚、巴拉圭、秘鲁、阿根廷等地。华南有栽培。

卵形至阔椭圆形，长1～2.5cm，边缘有不规则锯齿。总状花序顶生；萼钟状，5齿裂；花冠长漏斗形，二唇形，弯曲，橙红色至鲜红色，有深红色纵纹，5裂；雄蕊伸出花冠筒外。蒴果线形。花期6～10月。

【产地及习性】原产南非好望角；华南有露地栽培，长江流域及其以北地区多盆栽。喜光，喜温暖湿润气候，不耐寒；萌芽力强，耐修剪。

【观赏评价与应用】硬骨凌霄四季常青，花色艳丽，花期长，叶形美，是优良的观赏花木，可用于矮墙、栅栏、小型棚架及阳台的垂直绿化，也可修剪成绿篱，或植于山石旁。

【同属种类】硬骨凌霄属2种，产非洲。我国引入栽培1种。

硬骨凌霄
Tecomaria capensis

【别名】南非凌霄、南非凌霄、洋凌霄

【形态特征】常绿半藤状灌木，茎枝先端常缠绕攀援，长达4～5m。枝绿褐色，常有小疣状突起。羽状复叶对生；小叶7～9枚，

一百四十五、茜草科 Rubiaceae

水杨梅
Adina rubella

【别名】细叶水团花

【形态特征】落叶灌木,高1～3m。多分枝;顶芽不明显,被开展的托叶包裹。单叶对生,近无柄,叶片卵状披针形或卵状椭圆形,长2.5～4cm,宽8～12mm,全缘或微波状;侧脉5～7对,被疏或密柔毛;托叶披针形,2深裂。头状花序单生枝顶或叶腋,直径1.5～2cm;花紫红色,花冠管长2～3mm,5裂,裂片三角状。果序直径8～12mm,状若杨梅;小蒴果楔形,熟时带紫红色。花、果期5～12月。

【产地及习性】产于广东、广西、福建、江苏、浙江、湖南、江西和陕西(秦岭南坡);生于溪边、河边、沙滩等湿润地区。分布于朝鲜。性喜湿润。

【观赏评价与应用】水杨梅生长繁密,花美丽,可栽培观赏,适于庭园林下、水边丛植、孤植。根系发达,耐水湿,也是很好的水土保持灌木。

【同属种类】水团花属共有4种,分布于东亚。我国3种,主产西南和南部。

山石榴
Catunaregam spinosa

【别名】牛头簕、刺榴

【形态特征】有刺灌木或小乔木,高1～10m,有时攀援状;刺腋生,粗壮,长1～5cm。叶对生或簇生于短枝上,倒卵形或长圆状倒卵形,少为卵形至匙形,长1.8～11.5cm,宽1～5.7cm,侧脉纤细,4～7对。花单生或2～3朵簇生;萼5裂;花冠初时白色,后变为淡黄色,钟状5裂;子房2室。浆果球形,径2～4cm,萼裂片宿存。花期3～6月;果期5月至翌年1月。

【产地及习性】产于台湾、广东、香港、澳门、广西、海南、云南,生于海拔30～1600m处的旷野、丘陵、山坡、山谷沟边的林中或灌丛中。东南亚、非洲东部热带地区也有。

【观赏评价与应用】山石榴分枝平展,枝刺发达,花色黄白,果实状如番石榴,庭园中可栽培观赏,丛植或植作绿篱。

【同属种类】山石榴属 约5～10种,分

茜草科 Rubiaceae

布于亚洲南部和东南部至非洲。我国1种，分布于东南部至西南部。

金鸡纳树
Cinchona calisaya
【*Cinchona ledgeriana*】

【形态特征】常绿乔木，通常高3～6m，最高可达25m；树皮较薄，裂纹多而浅；嫩枝具4棱。叶对生，长圆状披针形、椭圆状长圆形或披针形，长7～16 (21) cm，宽2.5～6 (11) cm。花序被淡黄色柔毛，长达23cm，宽达18cm；花芳香，花冠白色或浅黄白色，长8～12mm，冠管筒形，稍5棱。蒴果被短柔毛，长0.8～1.5cm，径3～7mm。花、果期6月至翌年2月。

【产地及习性】原产于玻利维亚和秘鲁等地。云南南部和台湾有种植。印度、斯里兰卡、菲律宾、印度尼西亚、非洲等地亦有种植。

【观赏评价与应用】金鸡纳树是世界著名的药用植物，茎皮和根皮为提制奎宁的主要原料，用于治疗疟疾。花芳香，黄白色，庭园中可栽培观赏。

【同属种类】金鸡纳属约23种，产于南美洲的安第斯山脉，从委内瑞拉至玻利维亚。我国引入栽培3种，见于台湾、海南、广西、云南等省区。

小粒咖啡
Coffea arabica

【别名】小果咖啡

【形态特征】常绿灌木或小乔木，高5～8m，基部多分枝；老枝灰白色，节膨大，幼枝压扁形。叶卵状披针形至披针形，长7～15cm，宽3.5～5cm，全缘呈浅波状，两面无毛，中脉两面隆起，侧脉7～13对；叶柄长8～15cm；托叶宽三角形。聚伞花序簇生叶腋；花白色，芳香，长10～18mm，花冠5裂，罕4～6裂。浆果椭圆形，深红色，长1.2～1.6cm，径1～1.2cm。种子长8～10mm，直径5～7mm。花期3～4月。

【产地及习性】原产热带非洲东部。福建、台湾、广东、海南、广西、四川、贵州和云南均有栽培。

【观赏评价与应用】咖啡是世界三大饮料之一。本种为咖啡属中栽植最广泛的种类。抗寒力强，又耐短期低温，在热带地区可生长于海拔2100m的高山上，但不耐旱；枝条比较脆弱，不耐强风；抗病力比较弱；果成熟后易脱落；经加工后咖啡味香醇和含咖啡因成分较低。

【同属种类】咖啡属约103种，分布于热带非洲、马达加斯加和马斯克林群岛，热带地区广植。我国南部和西南部引入栽培约5种。

中粒咖啡
Coffea canephora

常绿小乔木或灌木，高4～8m；侧枝长而下垂。叶椭圆形、卵状长圆形或披针形，长15～30cm，宽6～12cm，全缘或呈浅波形；托叶三角形，长7mm。聚伞花序1～3个簇生叶腋；花冠白色，罕浅红色，长20～26mm，5～7裂，很少4或8裂。浆果近球形，径约10～12mm。花期4～6月。

原产非洲森林内，性喜荫蔽，不耐强阳

金鸡纳树

金鸡纳树

金鸡纳树

小粒咖啡

小粒咖啡

中粒咖啡

中粒咖啡

中粒咖啡

茜草科　Rubiaceae

光，耐寒性比大粒咖啡强，但根系浅而不耐旱，枝条脆弱，不耐强风。广东、海南、云南等地有引种。

大粒咖啡
Coffea liberica
【*Coffea dewevrei*】

常绿小乔木或大灌木，高6～15m；枝开展，幼时压扁状。叶椭圆形、倒卵状椭圆形或披针形，长15～30cm，宽6～12cm，全缘，下面脉腋小窝孔内具短丛毛；托叶基部合生，阔三角形，长3～4mm。聚伞花序短小，簇生叶腋。浆果大，阔椭圆形，长19～21mm，直径15～17mm，鲜红色；种子长圆形，长15mm，径约10mm，平滑。花期1～5月。

原产非洲西海岸的利比里亚的低海拔森林内，现广植各热苻地区。适宜于在海拔300m以下的低地栽培，广东、海南和云南均有栽培。耐旱、抗虫，味道浓烈。

大粒咖啡

大粒咖啡

大粒咖啡

虎刺

虎刺
Damnacanthus indicus

【别名】伏牛花、寿庭木

【形态特征】常绿灌木，高30～100cm。幼枝密被短粗毛，节上托叶腋常生1针状刺。叶，卵形或圆形，顶端锐尖，全缘，侧脉3～4对；常大小叶对相间，大叶长1～3cm，宽1～1.5cm；托叶生叶柄间。花1～2朵生于叶腋，偶6朵；花萼绿色或具紫红色斑纹；花冠白色，管状漏斗形，长0.9～1cm。核果红色，近球形，径4～6mm。花期3～5月；果熟期冬季至翌年春季。

【产地及习性】产我国长江流域及其以南各地，日本和印度等地也产，生于山地和丘陵的疏、密林下和石岩灌丛中。性喜湿润和庇荫环境，怕烈日直射；对土壤要求不严，微酸性至钙质土均能适应。生长缓慢，萌蘗力强。

【观赏评价与应用】虎刺植株低矮、树形婆娑，枝细叶小、花白果红，常用于制作成丛林式盆景或水旱盆景。在庭院中，可丛植、散植观赏，最适于石间、花台、阶前等处，若选择恰当的背景则颇有平远之意境，宛若一幅天然山水画。

【同属种类】虎刺属约13种，产东亚温带地区。我国11种，分布于南岭山脉至长江流域和台湾。

香果树
Emmenopterys henryi

【形态特征】落叶大乔木，高达30m。树皮呈小片状剥落。单叶对生，阔卵状椭圆形，长15～20cm，宽8～14cm，全缘；托叶生于叶柄间，早落。聚伞花序排成松散的顶生圆锥花序，长10～18cm；部分花的萼片中有1片增大成花瓣状，长3～6cm，白色，至果熟时变为粉红色；花冠漏斗状，5裂；雄蕊5。蒴果纺锤形，长3～5cm，熟时红色。花期7～9月；果期10～11月。

虎刺

虎刺

香果树

香果树

茜草科 Rubiaceae

【产地及习性】产西南及长江流域，北达河南伏牛山南部、陕西秦岭南坡，生海拔500～1500m的荫湿山谷林中或林缘。喜温暖湿润气候；幼苗和幼树耐荫，成年大树喜光；喜湿润而富含腐殖质的山地黄壤和黄棕壤，也耐干旱瘠薄，但不耐积水和土壤黏重。生长速度中等。

【观赏评价与应用】香果树树形高大，树姿态优美，花序大而美丽，夏秋盛开，果形奇特，为优美的秋花观赏树种，作为园景树或庭荫树尤为适宜，也可营造风景林，在东部平原地区应用时幼树宜和其他树种混植。

【同属种类】香果树属1种，我国特产。

栀子
Gardenia jasminoides

【形态特征】常绿灌木，高1～3m。小枝有垢状毛。叶对生或3枚轮生，椭圆形或倒卵状椭圆形，长6～12cm，先端渐尖，全缘，两面常无毛；侧脉8～15对。花单生，浓香；花萼6（5～8）裂，结果时增长，裂片线形；花冠高脚碟状，常6裂，白色或乳黄色，冠管长3～5cm，裂片倒卵形或倒卵状长圆形，长1.5～4cm，宽0.6～2.8cm。果椭圆形或近球形，长1.5～7cm，径1.2～2cm，有翅状棱5～9，宿存萼片长达4cm，宽达6mm。花期3～8月；果期5月至翌年2月。

【产地及习性】原产我国中部和南部，长江流域及其以南各地常见栽培。喜光，也耐荫，在隐蔽环境叶色浓绿但开花稍差；喜温暖湿润气候和肥沃而排水良好的酸性土壤。抗污染。萌芽力、萌蘖力均强，耐修剪。

【观赏评价与应用】栀子叶色亮绿，四季常青，花大洁白，芳香馥郁，是良好的绿化、美化、香化材料。适于庭院造景，植于前庭、中庭、阶前、窗前、池畔、路旁、墙隅均可，群植、丛植、孤植、列植无不适宜，山石间、树丛中点缀一二株，也颇得宜，而成片种植则花期望如积雪，香闻数里，蔚为壮观。也是优良的花篱材料。抗污染，也适于工矿区应用。

【同属种类】栀子属约250种，分布于亚洲、非洲热带和亚热带地区以及马达加斯加和太平洋岛屿。我国5种，产西南至东部。

粗栀子
Gardenia scabrella

常绿灌木或小乔木，高达6m。叶对生，长椭圆形，先端钝，基部楔形，绿色，叶脉明显，全缘。花单生于枝端或叶腋，花瓣6～7，白色。花期春至夏。

产澳大利亚的昆士兰，华南植物园有引种。

狭叶栀子
Gardenia stenophylla

常绿灌木，高0.5～3m；小枝纤弱。叶薄革质，狭披针形或线状披针形，长3～12cm，宽0.4～2.3cm，基部渐狭，常下延，两面无毛；侧脉纤细，9～13对。花单生叶腋或小枝顶部，芳香，盛开时径达4～5cm，花冠白色，高脚碟状，顶端5～8裂。果长圆形，长1.5～2.5cm，径1～1.3cm，黄色或橙红色。花期4～8月；果期5月至翌年1月。

产于安徽、浙江、广东、广西、海南，生于山谷、溪边林中、灌丛或旷野河边。分布于越南。植株低矮，花美丽芳香，是优良的地被和绿篱植物，也可盆栽。

希美丽
Hamelia patens

【别名】希茉莉、醉娇花、长隔木

【形态特征】常绿灌木，高2～4m；枝条柔软；嫩部均被灰色短柔毛。叶常3枚轮生，椭圆状卵形至长圆形，长7～20cm，顶端短尖或渐尖。圆锥状聚伞花序顶生，有3～5个放射状分枝；花无梗，沿花序分枝一侧着

栀子

栀子

栀子

粗栀子

粗栀子

粗栀子

狭叶栀子

狭叶栀子

狭叶栀子

茜草科 Rubiaceae

希美丽

毛土连翘

龙船花

希美丽

龙船花

希美丽

毛土连翘

龙船花

生；花冠橙红色，冠管长达2.5cm；雄蕊稍伸出。浆果卵圆状，径6～7mm，暗红色或紫色。花期5～10月，温度适宜时可全年开花。

【产地及习性】原产热带美洲。我国南部和西南部有栽培。喜高温高湿、阳光充足环境，不耐寒；对土壤要求不严，但以排水良好的微酸性沙质壤土为佳，在积水土壤中生长不良。生长速度快；萌芽力强，耐修剪。

【观赏评价与应用】希美丽枝叶浓密，叶色浓绿，幼叶、叶柄紫红色，花多色艳而花期长，观赏价值较高，在南方园林绿化中应用广泛。适于片植、丛植于路边、草地、林缘、坡地等各处，也可做绿篱或修剪成几何植物造型等。

【同属种类】长隔木属约16种，分布于美国南部、墨西哥至阿根廷。我国引入栽培1种。

毛土连翘
Hymenodictyon orixense
【*Hymenodictyon excelsum*】

【别名】假黄木、猪肚树

【形态特征】落叶乔木，高达25m。叶卵状椭圆形或阔椭圆形，长9～22cm，宽6～14cm，全缘，两面被柔毛，下面较密；托叶披针形，常有腺齿。圆锥花序大常下垂，密花，具2～4片叶状苞片；叶状苞片卵形或长圆形，长约9cm，宽约5cm，具明显的羽状脉和网脉。花冠白色或褐色。花期4～7月；果期4～11月。

【产地及习性】产于四川、云南，生于山谷、旷野或河边灌丛中及林中。也分布于印度、尼泊尔、缅甸、中南半岛、马来西亚、菲律宾、印度尼西亚。

【观赏评价与应用】毛土连翘树形高大，新叶紫红或紫绿色，可植为庭荫树或行道树。

【同属种类】土连翘属约22种，分布于亚洲和非洲的热带和亚热带地区。我国2种，产于广西、四川、云南。

龙船花
Ixora chinensis

【别名】仙丹花

【形态特征】常绿灌木，高1～3m，全株无毛。单叶对生，椭圆状披针形或倒卵状长椭圆形，长6～13cm，宽3～4cm，全缘；托叶长5～7mm，基部合生成鞘形；叶柄极短或无。伞房状聚伞花序顶生，花序分枝红色；花朵密生，红色或橙红色，长2.5～3cm，花冠高脚碟状，筒细长，裂片倒卵形或近圆形，长5～7mm，顶端钝圆。浆果近球形，双生，紫红色或黑色，径7～8mm。几乎全年有花，以5～8月为盛花期。

【产地及习性】原产热带亚洲，华南有野生，常散生于低海拔山地疏林、灌丛或空旷地。喜光，也耐一定荫蔽；喜温暖湿润，耐0℃的短期低温；对土壤要求不严，但以富含腐殖质的酸性土壤最佳；较耐干旱和水湿。萌芽力强。

【观赏评价与应用】龙船花分枝密集，花期长，盛花期花团锦簇，艳丽夺目，片植成景则满眼红绿相映，是热带地区美丽的园林花木，适于庭院各处、草坪、路边、墙角丛植，或与山石相配，或植为花篱，也可丛植于其他大乔木林下。长江流域以北地区温室盆栽。

【同属种类】龙船花属约300～400种，主产热带亚洲和非洲，少数产美洲。我国约18种，产西南部至东部。

茜草科 Rubiaceae

抱茎龙船花
Ixora amplexicaulis

常绿小乔木，高6m，径达8cm；小枝圆柱形，无毛。叶无柄，椭圆形，罕倒披针形，长13～15cm，宽5～6cm，基部抱茎，两面无毛，侧脉10～15对，托叶钻形，长约7mm。伞房花序顶生，总花梗与分枝、花梗及花朵均为红色。

产云南，生于山谷密林内或溪旁。花序红色艳丽，是极为优美的观赏植物。

大王龙船花
Ixora casei 'Super King'

常绿灌木，株高约1.5～2m。叶对生，具短柄；长椭圆形，顶端尖，基部楔形，叶绿

色，全缘。花序顶生，多花，高脚碟状，花冠红色。核果球形。主花期秋季，夏季也可见花。

园艺品种，原种产热带亚洲。华南及西南地区有栽培。

薄皮木
Leptodermis oblonga

【别名】野丁香

【形态特征】落叶或半常绿小灌木，高1～3m，小枝有毛。单叶对生，矩圆形或矩圆状披针形，长1～3cm，先端尖，基部楔形，全缘，上面粗糙，下面被柔毛。花无梗，2～10朵簇生枝顶或叶腋；花冠5裂，漏斗状，长13～15mm，淡紫红色，外部和喉部有毛。蒴果椭圆形。花期5～6月；果期8～9月。

【产地及习性】薄皮木原产我国，自河北、天津至华中、西南均有分布。性喜光，也耐半荫；喜温暖湿润气候，但耐寒性也颇强，在

黄河中下游地区可应用；喜肥沃湿润而排水良好的土壤，也耐干旱瘠薄。

【观赏评价与应用】薄皮木株型自然，可用于布置岩石园，或用于庭院、草地、山坡丛植观赏，也可制作盆景。

【同属种类】野丁香属约40种，分布于喜马拉雅区至日本。中国34种，南北均有分布，但主产地为西南部。

滇丁香
Luculia pinceana
【*Luculia intermedia*】

【形态特征】常绿灌木或小乔木，高达5～10m。叶对生，长圆形、长圆状披针形或广椭圆形，长5～22cm，宽2～8cm，全缘；侧脉9～14对；托叶三角形，长约1cm。伞房状聚伞花序顶生；苞片叶状，线状披针形，长1.5cm；花美丽，芳香；萼裂片近叶状，长1～1.8cm；花冠红色，少为白色，高脚碟状，

茜草科　Rubiaceae

滇丁香

冠管长5～6cm，裂片近圆形，长1.5～2.2cm，裂片间有片状附属物。蒴果长1.5～2.5cm，径0.5～1cm。花、果期3～11月。

【产地及习性】产于广西西部至贵州、云南、西藏等地，生于山坡、溪边林中或灌丛中。分布于印度、尼泊尔、缅甸、越南。喜光，稍耐荫；喜温暖湿润气候，成年植株可耐-5℃的短期低温；对土壤要求不严，无论酸性土还是碱性土上均能生长，以排水良好的疏松砂质土为好，不耐积水，稍耐瘠薄。

【观赏评价与应用】滇丁香枝繁叶茂，四季常绿，花大而多，夏秋开花，花冠高脚碟状，白色至粉红色、紫红色，是优良的观花树种，适于庭院、公园、居住区和风景区绿化造景，昆明金殿公园有栽培。

【同属种类】滇丁香属约5种，分布于亚洲南部至东南部。我国3种，产于广西、云南、西藏、贵州。本属植物的花大而美丽，可作庭园观赏。

海巴戟天
Morinda citrifolia

【别名】海巴戟

【形态特征】常绿灌木至小乔木，高1～5m；枝近四棱形。叶对生，长圆形、椭圆形或卵圆形，长12～25cm，全缘；叶脉两面凸起，侧脉5～7对；托叶生叶柄间，上部扩大呈半圆形。头状花序每隔与叶对生；花无梗，花冠白色，漏斗形，长约1.5cm。聚花核果浆果状，卵形，熟时白色，径约2.5cm。花果期全年。

【产地及习性】产台湾、广东、海南岛及西沙群岛等地。生于海滨平地或疏林下。分布自印度和斯里兰卡，经中南半岛，南至澳

海巴戟天

海巴戟天

海巴戟天

大利亚北部，东至波利尼西亚等广大地区及其海岛。

【观赏评价与应用】海巴戟天树干通直，树冠幽雅，果实大，可栽培观赏。在东南亚常种于庭园。果实可食，根、茎可提取橙黄色染料。

【同属种类】巴戟天属约80～100种，广泛分布于世界热带和亚热带地区。我国27种。

巴戟天
Morinda officinalis

木质藤本。叶长圆形、卵状长圆形或倒卵状长圆形，长6～13cm，宽3～6cm，全缘，侧脉4～7对；托叶长3～5mm，顶部截平。花序3～7伞形排列于枝顶；头状花序具花4～10朵；花无梗，花冠白色，近钟状，稍肉质。聚花核果由多花或单花发育而成，熟时红色，径5～11mm。花期5～7月，果熟期10～11月。

产福建、广东、海南、广西，生于山地疏、密林下和灌丛中，常攀于灌木或树干上。中南半岛也有分布。是现代中药巴戟天的原植物，其肉质根的肉质晒干即成药材"巴戟天"。

不耐寒，耐旱。适宜用作我国南方各地庭院、园林攀缘绿化植物。

巴戟天

百眼藤
Morinda parvifolia

【别名】鸡眼藤、细叶巴戟天

【形态特征】攀援或平卧藤本；嫩枝密被短粗毛。叶形多变，生旱阳裸地者叶为倒卵形，具大小二型叶，生疏阴旱裸地者叶为线

茜草科 Rubiaceae

百眼藤

百眼藤

百眼藤

玉叶金花

玉叶金花

玉叶金花

状倒披针形或披针形，攀援于灌木者叶为倒卵状披针形、倒披针形、倒卵状长圆形，长2～5（7）cm，宽0.3～3cm；托叶筒状。花序（2）3～9伞状排列于枝顶。头状花序近球形或稍呈圆锥状，径5～8mm，具花3～15（17）朵；花冠白色。聚花核果近球形，径6～10（15）mm，熟时橙红至橘红色。花期4～6月；果期7～8月。

【**产地及习性**】产江西、福建、台湾、广东、香港、海南、广西等，生于平原或丘陵的路旁、沟边、灌丛中或平卧于裸地上。菲律宾和越南也有。

【**观赏评价与应用**】百眼藤伞形花序顶生，花冠白色，小巧而精致，果实奇特，熟时橙红色酷似一双双鸡眼，是优良的攀援绿化材料。

玉叶金花
Mussaenda pubescens

【**别名**】野白纸扇

【**形态特征**】常绿攀援状灌木；嫩枝有贴伏短毛。叶对生或轮生，卵状椭圆形或卵状披针形，长5～8cm，宽2～2.5cm，表面光滑或被疏毛，背面密被短柔毛；托叶三角形，深2裂。聚伞花序顶生，密花。萼裂片线形，其中1片扩大成花瓣状的"花叶"，白色，阔卵形至卵形，长2.5～5cm，宽2～3.5cm，有纵脉5～7条；花冠黄色，花冠管长约2cm，裂片长圆状披针形，长约4mm。浆果近球形，长8～10mm，径6～7.5mm。花期6～7月。

【**产地及习性**】产我国东南部至华南各地，生于灌丛、溪谷。喜半荫，要求温暖湿润的环境，不耐寒，稍耐干燥；适生于肥沃疏松而排水良好的微酸性土壤。

【**观赏评价与应用**】玉叶金花叶色翠绿，白色的苞片点缀于绿叶黄花中，犹如一群飞舞的蝴蝶，妩媚可爱，是美丽的花木，宜丛植、孤植于林下树间，与龙船花、黄蝉等配植均适宜，也可植为花篱，或攀附矮墙，并适合盆栽。

【**同属种类**】玉叶金花属约200种，分布于热带亚洲、非洲和波利尼西亚。我国约29种，产西南至台湾，引入栽培数种。

粉萼花
Mussaenda 'Alicia'

【**别名**】粉萼金花

半常绿灌木，株高1～3m。叶对生，长椭圆形，顶端渐尖，基部楔形，全缘。聚伞房花序顶生，花萼裂片5，全部增大为粉红色花瓣状，呈重瓣状，花冠金黄色，高脚碟状，喉部淡红色。花期6～10月。

园艺品种，为红纸扇与洋玉叶金花杂交育成的品种。华南、西南广泛栽培。适于路旁列植或成片植为山坡、草地，均极为优美。

粉萼花

粉萼花

茜草科　Rubiaceae

楠藤
Mussaenda erosa

【别名】厚叶白纸扇

攀援灌木，高 3m；小枝无毛。叶长圆形、卵形至长圆状椭圆形，长 6～12cm，宽 3.5～5cm；托叶长三角形，长约 8mm，深 2 裂。伞房状多歧聚伞花序顶生，花叶阔椭圆形，长 4～6cm，宽 3～4cm，有纵脉 5～7条；花冠橙黄色，裂片卵形，长约 5mm。浆果阔椭圆形，长 10～13mm。花期 4～7月；果期 9～12月。

产广东、香港、广西、云南、四川、贵州、福建、海南和台湾，常攀援于疏林乔木树冠上。中南半岛和琉球群岛也有。

红纸扇
Mussaenda erythrophylla

【形态特征】半常绿灌木，高 1～3m。叶纸质，椭圆形披针状，长 7～9cm，宽 4～5cm，顶端长渐尖，基部渐窄，两面被稀柔毛，叶脉红色。聚伞花序顶生，萼裂片 5，"花叶"为红色花瓣状，卵圆形，长 3.5～5cm；花白色。花期夏、秋季；果期秋季。

【产地及习性】原产西非，华南常见栽培。

【观赏评价与应用】红纸扇的叶状萼片似片片红云绽放枝顶，红艳夺目，潇洒飘逸，华南地区庭园中极为常见，宜配置于建筑附近、路旁、林边、草坪周围或小庭院内，孤植、丛植、列植均宜，也可植为花篱，是优良的园林绿化灌木。

菲岛玉叶金花
Mussaenda philippica

【别名】白纸扇

直立或半蔓生灌木，高 3～8m；幼枝略被毛。叶卵形至长椭圆状披针形，长 4～22cm，宽 2～10cm，除叶脉略被毛外，其余光滑。"花叶"卵圆形，长可达 13cm，白色至粉红色；花冠长约 4cm，花冠筒绿色，裂片橘黄色。果实球形，径约 1～1.5cm。

原产菲律宾。花姿幽雅，萼片乳白，适合庭园栽植。

茜草科 Rubiaceae

团花
Neolamarckia cadamba
【*Anthocephalus chinensis*】

【别名】黄梁木

【形态特征】落叶大乔木,高达 45m,径 160cm。略有板根;幼时树皮光滑。单叶对生,椭圆形至椭圆状披针形,长 15～25cm,宽 7～12cm,背面无毛或被稠密短柔毛;托叶披针形,两片合生包被顶芽,早落,在枝条上留下环状托叶痕。萌蘖枝的幼叶长 50～60cm,宽 15～30cm。头状花序单个顶生,不计花冠直径 4～5cm,花序梗粗壮。花冠黄白色,漏斗状,裂片披针形。果序球形,径 3～4cm,熟时黄绿色,由多数小坚果融合

团花

团花

团花

而成。花期 6～9月;果期 10月至翌年 2月。

【产地及习性】产于广东、广西和云南等地,生于山谷溪旁或杂木林下。分布于越南、马来西亚、缅甸、印度和斯里兰卡。热带树种,强阳性,要求阳光充足,不耐荫。

【观赏评价与应用】团花树型美观,树干挺拔秀丽,笔直而雄健,树冠宽阔呈圆形,叶片大而光亮,枝条成层排列,向四个方向斜插向天空,天然枝形良好,是优良的园林观赏树种。同时,团花为著名速生树种,10年生前年均高度增长 2～3m,直径增长 4.5～5.5cm,被誉为"奇迹之树"、"宝石之树",是发展人工速生林最理想的树种。

【同属种类】团花属共有 2种,分布于南亚和东南亚、澳大利亚、新几内亚。我国 1种,产华南、云南。

香港大沙叶
Pavetta hongkongensis

【别名】茜木

【形态特征】灌木或小乔木,高 1～4m;叶对生,长圆形至椭圆状倒卵形,长 8～15cm,宽 3～6.5cm,侧脉约 7对;托叶阔卵状三角形。花序生于侧枝顶部,多花,长 7～9cm,径 7～15cm;花冠白色,冠管长约 15mm 以上。果球形,径约 6mm。花期 5～6月。

香港大沙叶

香港大沙叶

香港大沙叶

【产地及习性】产华南、云南等省区,生于海拔 200～1300m 的灌木丛中。越南也有。

【观赏评价与应用】香港大沙叶不仅名字霸气,花开的时候亦极为"疯狂",雪白的花朵可布满整个植株,极为壮观,可丛植、片植于山坡、路旁、林缘。

【同属种类】大沙叶属约 400多种,分布于非洲南部、亚洲热带地区和澳大利亚北部。我国有 6种,主要分布于西南部和南部。

五星花
Pentas lanceolata

【别名】繁星花、草本仙丹花

【形态特征】常绿亚灌木,高 30～70cm。幼茎和叶两面密被柔毛。叶对生,卵形、椭圆形或披针状长圆形,长达 15cm,宽达 5cm,或长仅 3cm、宽不及 1cm,基部渐狭成短柄;托叶多裂成刚毛状。聚伞花序密集,顶生;花无梗,花柱异长;花冠高脚碟状,粉红、深

五星花

五星花

红或淡紫、白等色，喉部被密毛，冠檐径约1.2cm。蒴果室背开裂。花期夏秋，也可全年开花。

【产地及习性】原产非洲热带和阿拉伯地区；我国南部有栽培。性喜光，也耐半阴，但过于荫蔽则枝条易徒长，开花不良；耐高温、干旱；以疏松、肥沃、排水良好的沙壤土为好。

【观赏评价与应用】五星花花朵五角星形，数十朵聚生成团，十分艳丽悦目，花色丰富，目前应用中以绯红色五星花较为普遍。可布置庭院花台、花坛，也可于林缘、草地、路边大量群植。也常作室内盆栽观赏。

【同属种类】五星花属约50种，分布于非洲和马达加斯加。我国引入栽培1种。

蔓九节
Psychotria serpens

【别名】拎壁龙、风不动藤

【形态特征】攀缘或匍匐藤本，常以气根攀附于树干或岩石上。叶对生，幼株的叶多卵形或倒卵形，老植株的叶多呈椭圆形、披针形或倒卵状长圆形，长0.7～9cm，宽0.5～3.8cm，全缘而有时稍反卷。圆锥状或伞房状聚伞花序顶生，常三歧分枝，长1.5～5cm，宽1～5.5cm；花冠白色。果常

白色，长4～7mm，径2.5～6mm。花期4～6月；果期全年。

【产地及习性】产浙江、福建、台湾、广东、香港、海南、广西，生于平地、丘陵、山地、山谷水旁的灌丛或林中。分布于日本、朝鲜、越南、柬埔寨、老挝、泰国。

【观赏评价与应用】蔓九节气生根发达，攀援能力强，果实白色，非常美丽，可用于攀附山石、树干、墙垣。全株药用。

【同属种类】九节属约800～1500种，广布于全世界的热带和亚热带地区，美洲尤盛。我国18种，分布于西南部至东部。

郎德木
Rondeletia odorata

【形态特征】常绿灌木，高达2m；嫩枝被棕黄色硬毛。叶对生或3枚轮生，卵形、椭圆形或长圆形，长2～5cm，宽1～3.5cm，

两面常皱，下面被疏柔毛，上面布满小凸点，常在小凸点上有短硬毛；侧脉3～6对，托叶三角形。聚伞花序顶生，长约3cm，宽3～4.5cm，被棕黄色柔毛。花径约1cm；萼管密被硬毛；花冠鲜红色，喉部带黄色，冠管长约1cm，裂片近圆形，长约3.5mm，宽约4mm。蒴果球形，密被柔毛，径3～4mm。花期7～9月。

【产地及习性】原产于古巴、巴拿马、墨西哥等地。广州和香港有栽培。喜温暖湿润、阳光充足的环境件，生长适温20～28℃，喜富含有机质、疏松、肥沃的酸性土壤，耐干旱，忌涝，畏寒冷。

【观赏评价与应用】郎德木终年常绿，枝叶扶疏、披散，花团锦簇，花期长，从夏季到秋末可不断开花，花橙色、艳丽，极富异国情调，为一美丽的庭园观赏植物。主要用于布置花池、墙隅、丛植或作花篱栽培。

【同属种类】郎德木属约120种，产于美洲的热带地区。我国引入栽培2种，见于广州和香港。

六月雪
Serissa japonica
【*Serissa foetida*】

【形态特征】常绿矮小灌木，高不及1m。分枝细密。叶对生或常聚生于小枝上部，卵形至卵状椭圆形、倒披针形，长7～22mm，宽3～6mm，全缘，叶脉、叶缘及叶柄上有白色短毛。花近无梗，白色或略带红晕，长6～12mm，1朵至数朵簇生于枝顶或叶腋。核果小，球形。花期5～8月；果期10月。

【产地及习性】产于长江流域及其以南地区，多生于林下、灌丛和沟谷。日本和越南

六月雪

金边六月雪

六月雪

也有分布。喜温暖、湿润环境；耐荫；不耐寒，要求肥沃的沙质壤土。萌芽力、萌蘖力均强，耐修剪。

【观赏品种】金边六月雪（'Aureo-marginata'），叶缘金黄色。重瓣六月雪（'Pleniflora'），花重瓣，白色。

【观赏评价与应用】六月雪株形纤巧、枝叶扶疏，白花盛开时缀满枝梢，繁密异常，自远处望之，宛如雪花满树，雅洁可爱。既可配植于雕塑或花坛周围作镶边材料，也可作基础种植、矮篱和林下地被材料，还可点缀于假山石隙。还是水旱盆景的重要材料。《花镜》云："树最小而枝叶扶疏，大有逸致，可作盆玩。"

【同属种类】白马骨属2种，分布于亚洲东部。我国2种，分布于长江以南各地。

白马骨
Serissa serissoides

常绿小灌木，高达1m；枝粗壮，灰色。叶倒卵形或倒披针形，长1.5～4cm，宽

白马骨

白马骨

白马骨

0.7～1.3cm，除下面被疏毛外，其余无毛。花无梗，生于小枝顶部；花冠管长4mm，外面无毛，喉部被毛，裂片5，长圆状披针形，长2.5mm。花期4～6月。

产于长江流域至华南，生于荒地。也分布于日本琉球群岛。

鸡仔木
Sinoadina racemosa

【别名】水冬瓜

【形态特征】半常绿或落叶乔木，高4～12m；树皮灰色，粗糙；小枝无毛。叶对生，宽卵形至椭圆形，长9～15cm，宽5～10cm，侧脉6～12对；叶柄长3～6cm；托叶窄三角形，2裂。花序顶生，聚伞状圆锥花序式，由7～11个头状花序组成；花5基数，花萼密被长柔毛，花冠淡黄色，长7mm，花冠裂片三角状。果序径11～15mm；小蒴果倒卵状楔形，有疏毛。花、果期5～12月。

【产地及习性】产于西南、华南至长江流域，喜生于向阳处。也分布于日本、泰国和缅甸。

【观赏评价与应用】鸡仔木叶片大而翠绿，落叶前呈现黄、紫相杂色彩，甚为美观，花

鸡仔木

鸡仔木

茜草科　Rubiaceae

序黄白色生于枝顶，较为可爱引人。适宜孤植、丛植于山石水边，增添自然野趣。

【同属种类】鸡仔木属仅1种，分布于我国及日本、泰国和缅甸。

钩藤
Uncaria rhynchophylla

【形态特征】木质藤本；嫩枝方形或略有4棱，无毛。营养侧枝常变态成钩刺。叶对生，椭圆形或椭圆状长圆形，长5～12cm，宽3～7cm，两面无毛，下面有时有白粉；侧脉4～8对，脉腋窝陷有黏液毛；托叶狭三角形，深2裂。头状花序单生叶腋或聚伞状排列；花近无梗，花冠裂片卵圆形。果序径10～12mm；小蒴果长5～6mm，被短柔毛，宿萼近三角形。花、果期5～12月。

【产地及习性】产于广东、广西、云南、贵州、福建、湖南、湖北及江西；常生于山谷溪边的疏林或灌丛中。也分布于日本。

【观赏评价与应用】钩藤叶片正面浓绿，背面被白粉而呈淡粉绿色，两面异色，花型美丽，红黄相映，较为美观，可用于垂直绿化等。本种带钩藤茎为著名中药（钩藤）。

【同属种类】钩藤属共有34种，其中2种分布于热带美洲，3种分布于非洲及马达加斯加，29种分布于亚洲热带和澳大利亚等地。我国12种，分布于华南、西南至长江流域，北达陕西、甘肃。

大叶钩藤
Uncaria macrophylla

大藤本，嫩枝疏被硬毛。叶卵形或阔椭圆形，长10～16cm，宽6～12cm，侧脉6～9对；托叶卵形，深2裂。头状花序单生叶腋或成简单聚伞状排列，头状花序不计花冠直径15～20mm。果序直径8～10cm，小蒴果长约20mm。花期夏季。

产云南、广西、广东、海南，生于次生林中，常攀援于林冠之上。印度、不丹、孟加拉国、缅甸、泰国、老挝、越南也有。

一百四十六、忍冬科 Caprifoliaceae

糯米条
Abelia chinensis

【形态特征】落叶灌木，高达2m。枝条开展，幼枝红褐色，疏被毛。叶对生，卵形至椭圆状卵形，长2～3.5cm，具浅齿；叶柄基部不扩大连合。圆锥花序顶生或腋生，由聚伞花序集生而成；花萼5裂，粉红色；花冠5裂，白色至粉红色，漏斗状，内有腺毛；雄蕊伸出花冠外。瘦果核果状，宿存花萼淡红色。花期7～9月；果期10～11月。

【产地及习性】产秦岭以南，常见于低山湿润林缘及溪谷岸边。适应性强，喜光，也耐荫；耐干旱瘠薄，耐寒，在黄河中下游地区可生长；对土壤要求不严，酸性、中性土均能生长，喜疏松湿润而排水良好的土壤；根系发达，萌芽性强。耐修剪整形。

【观赏评价与应用】糯米条枝条细软下垂，树姿婆娑，花朵洁莹可爱，密集于枝梢，花色白中带红；花谢后，粉红色的萼片长期宿存于枝头，如同繁花一般，整个观赏期自夏至秋。是优良的夏秋芳香花灌木，适于丛植于林缘、树下、石隙、草坪、角隅、假山等各处，列植于路边，也可作基础种植材料、岩石园材料或自然式花篱。

【同属种类】糯米条属约5种，分布于东亚。我国5种，主产长江以南、中部和西南地区。

大花六道木
Abelia grandiflora

【别名】大花糯米条

【形态特征】落叶或半常绿灌木，高1～1.5m。小枝有柔毛，叶对生或3～4枚轮生，卵形至卵状披针形，长约4.5cm，叶缘有疏锯齿或近全缘。花白色或带淡红色，排成圆锥状。瘦果黄褐色。花期6～10月；果期9～11月。

【产地及习性】杂交种，广泛栽培于北半球，我国长江流域常见栽培。喜温暖湿润，较为耐寒，在淮河流域一带可露地越冬。

【观赏品种】金叶大花六道木（'Francis'），新叶金黄色。

【观赏评价与应用】大花六道木花朵繁密，红白色，花后红色的花萼长期宿存，观赏价值高。尤其是观叶品种金叶大花六道木叶色金黄，是著名的彩叶树种。常植物树篱、地被、基础种植材料，也可用于模纹图案。

温州双六道木
Diabelia spathulata
【Abelia spathulata】

【形态特征】落叶灌木，高达3m。小枝光滑无毛。叶柄长约4mm；叶片卵形，长约6cm，宽约3cm，两面被稀疏柔毛，基部圆形，全缘或微被锯齿，先端渐尖或尾尖。花成对；花梗长4～9mm，苞片披针形，长2～3mm；花萼红色，萼片5，矩圆状披针形；花冠长约2.5cm，二唇形，粉红色或白色而多少染黄色，带下唇有橘黄色斑纹；二强雄蕊。瘦果无毛或疏被柔毛，花萼宿存、增大。花期5月；果期9～10月。

忍冬科　Caprifoliaceae

温州双六道木

温州双六道木

温州双六道木

云南双盾木

云南双盾木

云南双盾木

七子花

七子花

七子花

【产地及习性】分布于浙江温州。生于海拔 700～900m 山地。日本也有分布。

【观赏评价与应用】温州双六道木株型自然，花色优美，着花繁密，是优良的花灌木，可栽培观赏。欧洲早有引种栽培。

【同属种类】双六道木属共有 3 种，分布于中国和日本。我国 2 种。

云南双盾木
Dipelta yunnanensis

【别名】云南双楯

【形态特征】落叶灌木，高达 4m。叶对生，椭圆形至宽披针形，长 5～10cm，宽 2～4cm，顶端渐尖，基部钝圆，全缘或稀具疏浅齿，下面沿脉被白色长柔毛，边缘具睫毛。伞房状聚伞花序生于短枝顶部叶腋；小苞片 2 对，一对较小、卵形，另一对较大、肾形；萼檐裂至 2/3 处；花冠白色至粉红色，钟形，长 2～4cm，基部一侧有浅囊，二唇形，喉部具黄色斑纹。果圆卵形，宿存小苞片明显增大，长 2.5～3cm，宽 1.5～2cm。花期 5～6 月；果熟期 5～11 月。

【产地及习性】产陕西、甘肃、湖北、四川、贵州和云南等地。生于海拔 880～2400m 的杂木林下或山坡灌丛中。

【观赏评价与应用】云南双盾木花色优美，初夏开花，庭园可栽培供观赏。

【同属种类】双盾木属 3 种，中国特有。

七子花
Heptacodium miconioides

【别名】浙江七子花

【形态特征】落叶小乔木，高达 7m；树皮老时薄片状剥落，内皮白色。幼枝 4 棱，红褐色。叶对生，卵形或卵状矩圆形，长 8～15cm，宽 4～8.5cm，顶端长尾尖，基部钝圆或略心形，全缘或微波状。圆锥花序顶生，长达 15cm，小花序头状，由 7 朵小花组成。花冠白色，芳香，长 1～1.5cm。瘦果状核果，长 1～1.5cm，径约 3mm，具 10 棱，疏被刚毛状绢毛，宿存萼片紫红色。花期 6～9 月；果期 9～11 月。

【产地及习性】我国特有种，产浙江、湖北和安徽，生于海拔 700～1000m 的山地、溪谷灌丛中。半阴性树种，喜凉爽而湿润的多雾环境。较耐寒，惧炎热。对土壤要求不严，在瘠薄的微酸性沙砾土中可生长，而以腐殖质丰富、潮湿的森林土最适宜。

【观赏评价与应用】七子花树干洁白光滑，花色红白相间，花形奇特，繁花集生，远望酷似群蝶采蜜，蔚为壮观，花果观赏期长达半年以上，是一种干、花、果兼赏的美丽树种，适于庭院、公园栽培观赏，园林中目前应用尚少。

【同属种类】七子花属仅此1种，为我国特产。

猬实
Kolkwitzia amabilis

【形态特征】落叶灌木，高1.5～4m，偶达7m；干皮薄片状剥裂。单叶对生，卵形至卵状椭圆形，长3～8cm，宽1.5～3.5cm，全缘或疏生浅锯齿。伞房状聚伞花序生于侧枝顶端；花序中每2花生于1梗上，2花萼筒下部合生，外面密生刺状毛；花冠钟状，粉红色至紫红色，喉部黄色；二强雄蕊。瘦果2个合生或仅1个发育，密生刺刚毛。花期5～6月；果期8～10月。

【产地及习性】我国特产，分布于陕西、山西、河南、甘肃、湖北、安徽等省，生于海拔350～1900m的阳坡或半阳坡。喜光，稍半荫，但过荫则开花结实不良；耐寒力强；抗干旱瘠薄，对土壤要求不严，酸性至微碱性土均可，在相对湿度大、雨量多的地区常生长不良，易发生病虫害。

【观赏评价与应用】猬实着花繁密，花色娇艳，花期正值初夏百花凋谢之时，是著名的观花灌木，其果实宛如小刺猬，也甚为别致。园林中宜丛植于草坪、角隅、路边、亭廊侧、假山旁、建筑附近等各处。于20世纪初引入美国，被称为"美丽的灌木"（Beauty Bush），现世界各国广栽。

【同属种类】仅1种，我国特产。FOC将本属归入北极花科（Linnaeaceae）。

鬼吹箫
Leycesteria formosa
【*Leycesteria sinensis*】

【形态特征】落叶灌木，高1～3m，全体常暗红色短腺毛；小枝、叶柄、花序被弯伏短柔毛。叶对生，卵状披针形、卵状矩圆形至卵形，长4～12cm，全缘，有时波状或具疏齿、浅缺刻。穗状花序顶生或腋生，每节具6朵花，苞片叶状，绿色或紫红色，花冠白色或粉红色，漏斗状，长1.4～1.8cm，裂片圆卵形。果红色，变黑紫色，卵圆形或近圆形，径5～7mm。花期5～10月；果期8～10月。

【产地及习性】产四川西部、贵州西部、云南和西藏南部至东南部。生于山坡、山谷、溪沟边或河边的林下、林缘或灌丛中。也分布于印度、尼泊尔和缅甸。

【观赏评价与应用】鬼吹箫为大灌木，花白色，花瓣聚合成钟状，质薄而韧，花序下垂，看起来像一串串白色的小铃铛。茎干空心，天气晴朗时，在微风的吹动下，能发出浑厚悠扬的声音，有如洞箫鸣奏。生性强健，花期较长，具有较高观赏价值。

【同属种类】鬼吹箫属约5种，分布于喜马拉雅地区、缅甸。我国4种，分布于西南部的温带和亚热带山区。

金银花
Lonicera japonica

【别名】忍冬、鸳鸯藤、鹭鸶藤

【形态特征】半常绿缠绕藤本，茎皮条状剥落，小枝中空，幼枝暗红色，密生柔毛和腺毛。叶卵形至卵状椭圆形，长3～8cm，全缘；幼叶两面被毛，后上面无毛。花总梗及叶状苞片密生柔毛和腺毛；花冠二唇形，长3～4cm，上唇4裂片，下唇狭长而反卷；初开白色，后变黄色，芳香；雄蕊和花柱伸出花冠外。浆果球形，蓝黑色，长6～7mm。花期4～6月；果期8～11月。

【产地及习性】分布于东北南部、黄河流域至长江流域、西南各地，常生于山地灌丛、沟谷和疏林中。朝鲜、日本也有分布。适应性强，喜光，稍耐荫，耐寒，耐旱和水湿，对土壤要求不严，酸性土至碱性土均可生长，以湿润、肥沃、深厚的砂壤土生长最好。根系发达，萌蘖力强。

【观赏评价与应用】金银花植株轻盈，藤蔓细长，花朵繁密，先白后黄，状如飞鸟，布满株丛，春夏时节开花不绝，色香俱备，秋末冬初叶片转红，而且老叶未落，新叶初

猬实

猬实

猬实

鬼吹箫

鬼吹箫

鬼吹箫

金银花

金银花

忍冬科　Caprifoliaceae

金银花

蓝靛果

蓝靛果

蓝靛果

生，凌冬不凋，是一种色香俱备的优良垂直绿化植物。可用于竹篱、栅栏、绿亭、绿廊、花架等，形成"绿蔓云雾紫袖低"的景观；也可攀附山石用作林下地被。老桩姿态古雅，也是优良的盆景材料。

【同属种类】忍冬属约180种，产北美洲、欧洲、亚洲和非洲北部的温带和亚热带地区，在亚洲南达菲律宾群岛和马来西亚南部。我国约57种，广布于全国各省区，而以西南部种类最多。另引入栽培数种。

垂红忍冬
Lonicera brownii 'Dropmore Scarlet'

【别名】布朗忍冬

缠绕性常绿或落叶木质大藤本，茎长2～5m。叶对生，近无柄。花冠筒细长，外面玫红色，里面橘红色。花期5～6月。

系贯月忍冬和毛忍冬的杂交品种。喜阳光充足，也耐荫。要求土层深厚、肥沃、排水良好的土壤。适于垂直绿化或盆栽装饰室内阳台等处。

垂红忍冬

垂红忍冬

垂红忍冬

蓝靛果
Lonicera caerulea var. *edulis*

落叶灌木。枝有糙毛或刚毛，壮枝节部常有大形盘状托叶，茎犹贯穿其中；叶矩圆形、卵状矩圆形或卵状椭圆形，长2～5(10)cm，两面疏生短硬毛。花冠黄白色，长1～1.3cm，基部具浅囊，筒比裂片长1.5～2倍；雄蕊的花丝上部伸出花冠外。蓝黑色，稍被白粉，椭圆形至准圆状椭圆形，长约1.5cm。花期5～6月；果熟期8～9月。

产东北、华北北部、西北及四川北部、云南西北部，生于落叶林下或林缘荫处灌丛中。朝鲜、日本和俄罗斯远东地区也有分布。果实味酸甜可食。

葱皮忍冬
Lonicera ferdinandi

【别名】波叶忍冬、秦岭忍冬、千层皮

落叶灌木，高达3m；幼枝有刚毛，壮枝叶柄间有盘状托叶。冬芽有1对船形外鳞片。叶卵形至卵状披针形，长3～10cm，边缘有睫毛；叶柄和总花梗均极短。苞片大，叶状，

葱皮忍冬

葱皮忍冬

忍冬科 Caprifoliaceae

郁香忍冬

披针形至卵形,长达1.5cm;花冠白色,后变淡黄色,长1.5~2cm。果实红色,卵圆形,长达1cm,下承托以宿存苞片。花期4月下旬至6月;果熟期9~10月。

产东北及黄河流域、四川、云南北部,生于向阳山坡林中或林缘灌丛中。朝鲜北部也有分布。

郁香忍冬
Lonicera fragrantissima
【Lonicera standishii; Lonicera phyllocarpa】

半常绿或落叶灌木,枝髓充实,幼枝疏被刺刚毛,间或夹杂短腺毛;冬芽有1对顶端尖的外鳞片,将内鳞片盖没。叶变异大,倒卵状椭圆形、椭圆形、卵形至卵状矩圆形,长3~8cm,无毛或下面中脉有刚毛。总花梗长2~10mm,相邻两花萼筒部分合生;花冠白色或带淡红色斑纹。先花后叶或花叶同放。浆果鲜红色,长约1cm,两果合生过半。花期2~4月;果期4~5月。

产长江流域至河南、河北、陕西南部、山西、山东、甘肃等地,生于山地灌丛中。枝

郁香忍冬

郁香忍冬

郁香忍冬

叶茂盛,早春先叶开花,香气浓郁,是优良观赏花木,适于庭院、草坪边缘、园路两侧、假山、亭际丛植。

金焰忍冬
Lonicera heckrottii 'Gold Flame'

【别名】金光忍冬

落叶藤本,茎长可达2~5m。叶对生,叶片卵状椭圆形,全缘,无托叶,无叶柄。花轮生,花冠二唇形,上唇四裂,长约5cm,外面玫红色,内面黄色,具香味。浆果,红色。花期4~8月,果熟期秋季。

系贯月忍冬和美国忍冬的杂交品种。

金焰忍冬

金焰忍冬

金焰忍冬

蓝叶忍冬
Lonicera korolkowii

株高2~3m,树形开展。叶卵形或卵圆形,全缘,先端尖,基部圆形,新叶嫩绿,老叶墨绿色泛蓝色。花红色,成对生于腋生的花序梗顶端。浆果亮红色。花期4~5月;果期9~10月。

蓝叶忍冬

蓝叶忍冬

蓝叶忍冬

忍冬科　Caprifoliaceae

原产自土耳其等地。我国北京、沈阳等地有栽培。喜光、耐寒，花美叶秀，适合片植或带植，也可做花篱。

亮叶忍冬
Lonicera ligustrina var. *yunnanensis*
【*Lonicera nitida*】

【别名】云南蕊帽忍冬

【形态特征】常绿或半常绿灌木，高达2～3m。叶革质，近圆形至宽卵形，有时卵形、矩圆状卵形或矩圆形，顶端圆或钝，上面光亮，无毛或有少数微糙毛。花较小，花冠长5～7mm，筒外面密生红褐色短腺毛。种子长约2mm。花期4～6月；果熟期9～10月。

【产地及习性】产陕西、甘肃、四川和云南。生于山谷林中。欧洲已广为引种。

【观赏品种】匍枝亮叶忍冬（'Maigrun'），枝叶密集，小枝横展，叶细小，卵形至卵状椭圆形，长1.5～1.8cm，宽0.5～0.7cm，上面亮绿色，花冠管状，淡黄色，浆果蓝紫色。金叶忍冬（'Baggesens's Gold'），枝直立或拱形，叶小而黄色。

【观赏评价与应用】亮叶忍冬叶片亮绿色，生长繁密，是优良的地被和绿篱植物，在江南至淮河流域广泛栽培，多作地被，可用于林下、草地、林间、山石间，也可为基础种植材料。

金银木

亮叶忍冬

匍枝亮叶忍冬

匍枝亮叶忍冬

金银木
Lonicera maackii

【别名】金银忍冬、吉利子树

【形态特征】落叶灌木或小乔木，高达6m。小枝幼时被短柔毛，髓心黑褐色，后变中空。叶片卵状椭圆形至卵状披针形，长5～8cm，全缘，两面疏生柔毛。花成对生于叶腋，总花梗短于叶柄。花冠唇形，长达2cm，初开时白色，不久变为黄色，芳香；雄蕊5，与花柱均短于花冠。浆果红色，2枚合生。花期4～6月；果期9～10月。

【产地及习性】我国广布，产于东北、华北、华东、陕西、甘肃、四川、贵州至云南北部和西藏；俄罗斯远东、朝鲜、日本亦产。

金银木

金银木

性强健，喜光，耐半荫，耐寒，耐旱。不择土壤，在肥沃、深厚、湿润土壤中生长旺盛；萌蘖性强。

【变型】红花金银忍冬（f. *erubescens*），小苞片、花冠和幼叶均带淡红色，花较大。

【观赏评价与应用】金银木是一种花果兼赏的优良花木，枝叶扶疏，初夏满树繁花，先白后黄、清雅芳香，秋季红果满枝、晶莹可爱。孤植、丛植于林缘、草坪、水边、建筑物周围、疏林下均适宜。花可提取芳香油，亦为优良的蜜源植物。

紫花忍冬
Lonicera maximowiczii

落叶灌木，高达2m；幼枝带紫褐色，有疏柔毛。叶卵形至卵状披针形，稀椭圆形，长4～10cm，边缘有睫毛，下面散生短刚伏毛；叶柄长4～7mm。总花梗长1～2.5cm；相

紫花忍冬

紫花忍冬

忍冬科 Caprifoliaceae

紫花忍冬

邻两萼筒连合至半，果时全部连合；花冠紫红色，唇形，长约1cm，外面无毛。果实红色，卵圆形，顶锐尖。花期6～7月；果熟期8～9月。

产东北及山东半岛。生于林中或林缘。日本、朝鲜北部和俄罗斯远东也有分布。

淡黄新疆忍冬
Lonicera tatarica var. *morrowii*
【*Lonicera morrowii*】

落叶灌木，高达3m，全体近于无毛。叶卵形或卵状矩圆形，有时矩圆形，长2～5cm，顶端尖；叶柄长2～5mm。总花梗纤细，长1～2cm；苞片条状披针形或条状倒披针

淡黄新疆忍冬

淡黄新疆忍冬

淡黄新疆忍冬

形；花冠白色或粉色，凋败时变黄色，长约1.5cm，唇形。果实红色，圆形，径5～6mm。花期5月，果熟期6～9月。

产黑龙江、辽宁，生于林缘。日本、朝鲜也有分布。北美引入栽培并逸为野生。

盘叶忍冬
Lonicera tragophylla

落叶缠绕藤本。叶长椭圆形。花序下的1对叶片基部合生，花在小枝顶端轮生，头状，有花9～18朵；花冠黄至橙黄色，筒部2～3倍长于裂片，裂片唇形。浆果红色。花期6月。

产华北、西北、西南、华南。花大而美丽，为良好的观赏藤木，适于垂直绿化，攀援园墙、拱门、篱栅。

盘叶忍冬

盘叶忍冬

盘叶忍冬

接骨木
Sambucus williamsii

【形态特征】落叶大灌木，高达6m；小枝粗壮，光滑无毛，髓心淡黄棕色。奇数羽状复叶对生，小叶5～7（11），侧生小叶卵圆形至椭圆状披针形，长5～15cm，宽1.2～7cm，两面光滑无毛，具细锯齿；顶生小叶卵形或倒卵形，具长约2cm的柄。聚伞花序呈圆锥状顶生，长7～15cm；花小而密，

接骨木

接骨木

花冠白色至淡黄色。核果红色，球形，径3～5mm，2～3分核。花期4～5月；果期6～7月。

【产地及习性】原产我国，分布极为广泛，从东北至西南、华南均产；生于海拔540～1600m山坡、河谷林缘或灌丛。性强健。喜光，亦耐荫；耐旱，忌水涝；耐寒性强。根系发达，萌蘖性强，耐修剪。抗污染。生长速度快。

【观赏评价与应用】接骨木株形优美，枝叶繁茂，春季白花满树，夏季果实累累，是夏季较少的观果灌木。适于水边、林缘、草坪丛植，也可植为自然式绿篱。

【同属种类】接骨木属约10种，分布于温带和亚热带。我国约4种，南北均产，另引入栽培2种。

西洋接骨木
Sambucus nigra

落叶乔木或大灌木，高4～10m；枝髓发达，白色。羽状复叶有小叶片1～3对，通常2对，椭圆形或椭圆状卵形，长4～10cm，宽2～3.5cm，边缘具锐锯齿。聚伞花序扁平状，分枝5出，直径12～20cm；花小而多，花冠黄白色。果实亮黑色。花期4～5月；果熟期7～8月。

忍冬科 Caprifoliaceae

原产欧洲。我国山东、江苏、上海等地民间和庭园引种栽培。栽培品种有银边接骨木 ('Albo-marginatus')、金边接骨木 ('Aureo-marginata') 等。

荚蒾
Viburnum dilatatum

【形态特征】落叶灌木，高 2～3m。当年小枝、芽、叶柄、花序及花萼被土黄色粗毛及簇状短毛。叶对生，宽倒卵形至椭圆形，长 3～9cm，有尖牙齿状锯齿，下面有透亮腺点；侧脉 6～8 对，直达齿端，上面凹陷；叶柄长 (5) 10～15mm；无托叶。复伞形式聚伞花序稠密，径约 8～12cm；花冠白色，径约 5mm，雄蕊长于花冠。核果近球形，鲜红色，径 7～8mm。花期 4～6 月；果期 9～11 月。

【产地及习性】产黄河以南至长江流域各地，常生于海拔 100～1000m 的林缘、灌丛和疏林内；日本和朝鲜也产。弱阳性树种，喜光，略耐荫，喜深厚、肥沃土壤，不耐瘠薄和积水。

【观赏评价与应用】荚蒾株形丰满，春季白花繁密，秋季果实红艳，是优良的花果兼赏佳品。适于草地、墙隅、假山石旁丛植，亦适于林缘、林间空地栽植，果熟季节，十分壮观。

【同属种类】荚蒾属约 200 种，分布于北半球温带和亚热带，主产亚洲和美洲。我国约 73 种，南北均产，另引入栽培 1 种。

桦叶荚蒾
Viburnum betulifolium

落叶灌木或小乔木，高可达 7m；鳞芽，小枝稍有棱，无毛或幼时有柔毛。叶宽卵形或宽倒卵形，长 3.5～8.5 (12) cm，基部宽楔形或圆形，边缘离基 1/3～1/2 以上具开展的不规则浅波状牙齿，侧脉 5～7 对，托叶钻形。顶生复伞形聚伞花序，直径 5～12cm，常被黄褐色星状毛；花冠辐状，白色，径约 4mm。果红色，近球形，径 6mm。花期 6～7 月；果期 9～10 月。

产陕西、甘肃、宁夏、河南至长江流域、西南及广西、台湾，生于山谷林中或山坡灌丛中。

修枝荚蒾
Viburnum burejaeticum

【别名】暖木条荚蒾

落叶灌木，高达 5m，树皮暗灰色；当年小枝、冬芽、叶下面、叶柄及花序均被簇状短毛，2 年生小枝黄白色，无毛。叶宽卵形至椭圆形或椭圆状倒卵形，长 4～6cm，边缘有牙齿状小锯齿，侧脉 5～6 对。聚伞花序直径 4～5cm，一级辐射枝 5，花大部生于第二级辐射枝上，花冠白色，径约 7mm。果红色，后变黑，长约 1cm。花期 5～6 月，果熟期 8～9 月。

忍冬科 Caprifoliaceae

产东北，生于针、阔叶混交林中。俄罗斯远东地区和朝鲜北部也有分布。

红蕾荚蒾
Viburnum carlesii

【别名】香荚蒾

落叶灌木，高1~2m。单叶对生，叶椭圆形或近圆形，缘有三角状锯齿，羽状脉明显，直达齿端。聚伞花序，花蕾粉红色，盛开时白色，有芳香。核果椭球形，熟时紫红色。

花期4~5月；果期9~10月。

原产朝鲜及日本。我国北方有栽培，常见品种有蒂娜荚蒾（'Diana'）等。

水红木
Viburnum cylindricum

常绿灌木或小乔木，高达8~15m；冬芽有1对鳞片。叶椭圆形至卵状矩圆形，长8~16cm，全缘或中上部疏生浅齿，下面散生带红色或黄色小腺点；叶柄长1~3.5(5)cm。聚伞花序，径8~18cm，花常生于第3级辐射枝上；花冠白色或有红晕，钟状，长4~6mm，雄蕊高出花冠，花药紫色。果实红

色，后变蓝黑色，卵圆形，长约5mm。花期6~10月；果熟期10~12月。

产华南、西南，北达湖北西部、湖南西部至甘肃文县，生于阳坡疏林或灌丛中。分布于印度、尼泊尔、缅甸、泰国和中印半岛。

川西荚蒾
Viburnum davidii

常绿灌木，高0.5~1.5m，偶达10m，全体几无毛；小枝紫褐色。叶厚革质，椭圆状倒卵形至椭圆形，长6~14cm，基出3脉，全缘或有时中上部疏生牙齿，上面因小脉深凹而明显皱；叶柄粗壮，带紫色。聚伞花序稠密，径4~6cm，花冠暗红色，径约5mm。果实蓝黑色，卵圆形，长约6mm。花期6月；果熟期9~10月。

产四川西部，生于海拔1800~2400m山地。果实蓝色而果序、果梗红色，红蓝相衬具有很好的视觉效果，是优良的观果植物，可植为地被、绿篱，或用于岩石园。

忍冬科 Caprifoliaceae

川西荚蒾

川西荚蒾

川西荚蒾

宜昌荚蒾

宜昌荚蒾
Viburnum erosum

落叶灌木，高达3m。叶卵状披针形、卵状矩圆形、椭圆形或倒卵形，长3～11cm，边缘有波状小尖齿，下面密被绒毛，侧脉7～10 (14) 对，直达齿端；叶柄长3～5mm，托叶2枚，钻形，宿存。复伞形式聚伞花序生于侧生短枝之顶，直径2～4cm；花冠白色，辐状。果实红色，宽卵圆形，长6～7mm。花期4～5月；果熟期8～10月。

产长江流域至华南、西南各地，北达陕西南部、山东半岛，生于山坡林下或灌丛中。日本和朝鲜也有分布。

香荚蒾
Viburnum farreri.

【别名】香探春

落叶灌木，高达3～5m。冬芽有2～3对鳞片。小枝粗壮，幼时有柔毛。叶椭圆形或菱状倒卵形，叶面皱缩，长4～8cm，顶端尖，叶缘具三角状锯齿，下面脉腋有簇毛；侧脉5～7对，直达齿端，连同中脉在上面凹陷；叶柄长1.5～3cm。圆锥花序长3～5cm，生于短枝顶；花冠高脚碟状，径约1cm，蕾时粉红色，开放后白色，芳香。果椭球形，紫红色，长0.8～1cm，径约6mm。花期3～5月，先叶开放或花叶同放；果期7～10月。

产甘肃、青海及新疆，生于海拔1650～2750m山谷林中，黄河流域各地多有栽培。树形优美，枝叶扶疏，早春开花，白色浓香，秋红果累累，挂满枝梢，是优良观花观果灌木。有白花('Album')、矮生('Nanum')等栽培品种。

宜昌荚蒾

宜昌荚蒾

香荚蒾

香荚蒾

香荚蒾

南方荚蒾
Viburnum fordiae
【*Viburnum hirtulum*】

【别名】东南荚蒾

灌木或小乔木，高达5m；幼枝、芽、叶柄、花序、萼和花冠外面均被暗黄色簇状毛。叶宽卵形或菱状卵形，长4～7 (9) cm，边缘除基部外有小尖齿，侧脉5～7 (9) 对，直达齿端；壮枝上的叶较大，边缘疏生浅齿或全缘，侧脉较少；无托叶。聚伞花序顶生，径

南方荚蒾

南方荚蒾

吕宋荚蒾

木绣球

八仙花

八仙花

3～8cm，总花梗长或近无；花冠白色，径4～5mm。果红色，卵圆形，长6～7mm。花期4～5月；果熟期10～11月。

产安徽南部、浙江南部、江西西部至南部、福建、湖南东南部至西南部、广东、广西、贵州及云南。生于山谷溪涧旁疏林、山坡灌丛中或平原旷野。

吕宋荚蒾
Viburnum luzonicum

灌木，高达3m；当年枝、芽、叶柄、花序、萼筒及萼齿均被黄褐色簇状毛。叶卵形、椭圆状卵形至矩圆形，有时带菱形，长4～9(11)cm，边缘有深波状锯齿，侧脉5～9对，上面凹陷，下面凸起；无托叶。聚伞花序生枝顶，径3～5cm，总花梗极短，很少长达1.5cm；花冠白色，直径4～5mm，蕾时圆球形。果实红色，卵圆形，长5～6mm。花期4月；果期10～12月。

吕宋荚蒾

产浙江南部、江西东南部、福建、台湾、广东、广西和云南。生于山谷溪涧旁疏林和山坡灌丛中或旷野路旁。分布于中南半岛、菲律宾至马来西亚的麻六甲。

木绣球
Viburnum macrocephalum

【别名】木本绣球、大绣球、斗球

【形态特征】落叶或半常绿灌木，高达5m。枝条开展，冬芽裸露，芽、幼枝、叶柄及叶下面密生星状毛。叶卵形至卵状椭圆形，长5～10cm；先端钝尖，基部圆形，叶缘具细锯齿；侧脉5～6对。大型聚伞花序呈球状，径约10～20cm；全由不孕花组成；花冠白色，辐状，径1.5～4cm，裂片圆状倒卵形，筒部甚短；雄蕊长约3mm，雌蕊不育。花期4～5月，不结果。

【产地及习性】产长江流域，各地常见栽培。喜光，略耐荫，喜温暖湿润气候，较耐寒，宜在肥沃、湿润、排水良好的土壤中生长。华北南部也可露地栽培，萌芽、萌蘖性强。

【变型】八仙花（f. *keteleeri*），又名琼花。聚伞花序中央为两性的可孕花，辐状，周围有7～10朵大型白色不孕花，核果红色，后变黑色。

【观赏评价与应用】木绣球为我国传统观赏花木，树冠开展圆整，春日白花聚簇，团团如球，宛如雪花压树，枝垂近地，尤饶幽趣，花落之时，又宛如满地积雪。最宜孤植于草坪及空旷地，使其四面开展，充分体现其个体美；如丛植一片，花开之时即有白云翻滚之效，十分壮观，如杭州西湖沿岸有木绣球和琼花的丛植景观；栽于园路两侧，使其拱形枝条形成花廊，人们漫步于其花下，亦顿觉心旷神怡。配植于房前窗下也极适宜，还可作大型花坛的中心树。

木绣球

忍冬科　Caprifoliaceae

珊瑚树
Viburnum odoratissimum var. *awabuki*

【形态特征】常绿大灌木或小乔木，高达10m。枝条有凸起的小瘤状皮孔。叶倒卵状矩圆形至矩圆形，很少倒卵形，长7～13(16)cm，顶端钝或急狭而钝头，基部宽楔形，边缘常有较规则的波状浅钝锯齿，侧脉6～8对。圆锥花序通常生于具两对叶的幼枝顶，长9～15cm，直径8～13cm；花冠筒长3.5～4mm，裂片长2～3mm；花柱较细，长约1mm，柱头常高出萼齿。果核通常倒卵圆形至倒卵状椭圆形，长6～7mm。花期5～6月，果熟期9～10月。

【产地及习性】产浙江（普陀、舟山）和台湾。长江下流各地常见栽培。日本和朝鲜南部也有分布。喜光，稍耐荫，喜温暖湿润气候及湿润肥沃土壤；耐烟尘，抗污染。根系发达，萌芽力强，耐修剪，易整形。

【观赏评价与应用】珊瑚树枝叶繁茂，终年碧绿，蔚然可爱，与海桐、罗汉松同为海岸三大绿篱树种。春季白花满树，秋季果实鲜红，状如珊瑚，花果叶兼赏，最适于沿墙垣、建筑栽植，既供隐蔽、观赏之用；枝叶富含水分，耐火力强，又兼有防火功能。也可丛植于园林、庭院各处。

欧洲荚蒾
Viburnum opulus

【形态特征】落叶灌木，高达4m；树皮质薄而非木栓质。叶卵圆形或倒卵形，长6～12cm，常3裂，掌状3出脉，有粗齿或近全缘；叶柄粗壮，有2～4个大腺体。聚伞花序复伞形，径5～10cm，周围有大型白色不孕边花；可孕花白色，花药黄白色。核果近球形，径8～10(12)mm，红色而半透明状。花期5～6月；果期9～10月。

【产地及习性】产欧洲和俄罗斯高加索与远东地区，我国分布于新疆。喜光，耐半荫，耐寒，耐旱，对土壤要求不严，在微酸性、中性土上均能生长，病虫害少。

【观赏品种】欧洲雪球（'Roseum'），花序全为大型不育花。

【观赏评价与应用】欧洲荚蒾树姿清秀，叶形美丽，初夏花白似雪，深秋果似珊瑚，是春季观花、秋季观果的优良树种。适宜植于草地、林缘，因其耐荫，也可植于建筑物背面等。

天目琼花
Viburnum opulus subsp. *calvescens*

【别名】鸡树条荚蒾

【形态特征】落叶灌木，高3m。树皮厚而多少呈木栓质。叶卵圆形或宽卵形，3裂，小枝上部的叶不裂或微3裂，具不整齐锯齿，长6～12cm，掌状3出脉，下面被黄白色长柔毛及暗褐色腺体；叶柄长2～4cm，近叶基处有腺体；托叶钻形。顶生花序边缘具10～12白色不孕花，径达10cm；中央的两性花辐状，径约3mm；花药紫红色。果球形，红色，径约8mm，果核无沟。花期5～6月；果期9～10月。

【产地及习性】产东北、华北，西至陕西、甘肃，南至浙江、江西、湖北、四川；生于

忍冬科 Caprifoliaceae

天目琼花

天目琼花

天目琼花

雪球荚蒾

雪球荚蒾

雪球荚蒾

海拔 1000～1600m 山地疏林中。俄罗斯远东、朝鲜、日本亦产。喜光又耐荫；耐寒；多生于夏凉湿润多雾的灌丛中。对土壤要求不严，微酸性及中性土壤均能生长。根系发达，移植容易成活。

【观赏评价与应用】天目琼花花白色，芳香；果鲜红色，半透明状，秋叶橙黄色或红色。花果叶均美丽，常栽培观赏，适于疏林下丛植。

雪球荚蒾
Viburnum plicatum

【别名】粉团、蝴蝶绣球

【形态特征】落叶灌木，高 2～4m。枝开展，幼枝疏生星状绒毛。鳞芽。叶对生，宽卵形或倒卵形，长 4～10cm，具不整齐三角状锯齿，表面叶脉显著凹下，上面疏被短伏毛，中脉较密，下面密被绒毛，背面疏生星状毛及绒毛；侧脉 10～13 对。聚伞花序复伞状球形，径 6～10cm，常生于具 1 对叶的短侧枝上，全为大型白色不孕花组成；花冠白色，径 1.5～3cm，裂片倒卵形或近圆形。花期 4～5 月。

【产地及习性】产陕西南部、华东、华中、华南、西南等地，普遍栽培。日本、欧美栽培也较多。喜温暖湿润，较耐寒，稍耐半荫。

【变型】蝴蝶荚蒾（f. *tomentosum*），又名蝴蝶戏珠花，花序外缘具白色大型不孕花，形同蝴蝶，花冠径达 4cm；中部为可孕花，稍有香气，雄蕊稍突出花冠。果宽卵形或倒卵形，红色，后变蓝黑色。花期 4～5 月；果期 8～9 月。

【观赏评价与应用】雪球荚蒾观赏特性与园林应用可参考木绣球。《药圃同春》曰："雪毯玉团，俱在三月开，雪毯色白喜荫，常浇以腴，鲜秀异常，花大如斗，近觉微香。玉团即小雪毯，喜腴宜荫，极香。"其中，"雪毯"指木绣球，而"玉团"则应指雪球荚蒾。

皱叶荚蒾
Viburnum rhytidophyllum

【别名】枇杷叶荚蒾

【形态特征】常绿灌木或小乔木，高达 4m。幼枝、芽、叶下面、叶柄及花序均被黄白色至红褐色簇状绒毛。裸芽。单叶对生，厚革质，卵状长椭圆形至卵状披针形，长 8～20cm，全缘或有不明显小齿，叶脉深凹而呈极度皱纹状，侧脉 6～8（12）对，很少直达齿端；叶柄粗壮，长 1.5～3（4）cm。聚伞花序稠密，径 7～12cm；萼筒被黄白色星状毛，花冠黄白色，径 5～7mm。核果红色，后变黑色。花期 4～5 月；果期 9～10 月。

【产地及习性】分布于陕西南部至湖北、四川和贵州，生于山坡林下或灌丛中。喜光，也耐荫，耐寒性强，在北京、山东等地栽培生长良好。欧洲早有引种，栽培供观赏。

【观赏评价与应用】皱叶荚蒾树姿优美，叶色浓绿，秋果累累，是北方地区不可多得的常绿观果灌木。适于屋旁、墙隅、假山边、园路或林缘、树下种植。

皱叶荚蒾

忍冬科　Caprifoliaceae

陕西荚蒾
Viburnum schensianum

落叶灌木，高达3m；幼枝、叶下面、叶柄及花序均被黄白色绒毛。叶卵状椭圆形或近圆形，长3～6(8)cm，顶端钝圆，边缘有较密小尖齿，侧脉5～7对。聚伞花序直径6～8cm，花冠白色，径约6mm，裂片卵圆形。果实红色，后变黑，椭圆形，长约8mm。花期5～7月；果熟期8～9月。

产黄河流域至江苏南部、湖北和四川北部，生于山谷混交林和松林下或山坡灌丛中。

合轴荚蒾
Viburnum sympodiale

落叶灌木或小乔木，高达10m；幼枝叶、花序被灰黄褐色鳞片状簇状毛。叶卵形至椭卵形，长6～15cm，有不规则牙齿状尖锯齿；托叶钻形，长2～9mm或无。聚伞花序径5～9cm，有大型、白色不孕花，第一级辐射枝常5条，花芳香，白色或带微红，径5～6mm，裂片长二倍于筒；不孕花直径2.5～3cm。果实红色，后变紫黑色，卵圆形，

长8～9mm。花期4～5月；果熟期8～9月。

产长江流域至华南、西南，北达陕西南部、甘肃南部，生于林下或灌丛中。

地中海荚蒾
Viburnum tinus

常绿灌木，高达2～7m；多分枝，树冠球形，冠径达2.5～3m。叶对生，椭圆形至卵形，深绿色，长4～10cm，宽2～4cm，全缘。聚伞花序，直径达5～10cm，花蕾粉红色，盛开后花白色。果卵形，深蓝黑色，径5～7mm。花期冬春季。

原产欧洲，华东地区常见栽培。枝叶繁茂，耐修剪，适于作绿篱，也可栽于庭园观赏，是长江三角洲地区冬季观花植物中不可多得的常绿灌木。品种繁多，国内常见栽培的有紫叶('Purpreeum')、伊夫普莱斯('Eve Price')、紧凑('Compactum')等。

烟管荚蒾
Viburnum utile

常绿灌木，高达2m；叶下面、叶柄和花序均被灰白或黄白色细绒毛。叶卵圆状矩圆形，长2～5(8.5)cm，顶端圆钝，全缘或很少有不明显疏浅齿。聚伞花序直径5～7cm，总花梗粗壮；花冠白色，花蕾时带淡红色，径6～7mm；雄蕊与花冠裂片几等长。果实红色，后变黑色，椭圆状矩圆形至椭圆形，长7～8mm。花期3～4月；果熟期8月。

产陕西西南部、湖北西部、湖南西部至北部、四川及贵州东北部。生于山坡林缘或灌丛中，海拔500～1800m。茎枝民间用来制作烟管。

烟管荚蒾

烟管荚蒾

烟管荚蒾

锦带花
Weigela florida

【形态特征】落叶灌木，高达3m。小枝细，幼枝具4棱，有2列短柔毛。叶椭圆形、倒卵状椭圆形或卵状椭圆形，长5～10cm，先端渐尖，基部圆形或楔形，表面无毛或仅中脉有毛，下面毛较密。花1～4朵成聚伞花序；萼5裂至中部，裂片披针形；花冠漏斗状钟形，玫瑰色或粉红色；柱头2裂。蒴果柱状；种子无翅。花期4～6月；果期10月。

【产地及习性】产东北、华北及华东北部，各地栽培。朝鲜、日本、俄罗斯也有分布。喜光，耐半荫，耐寒，耐干旱瘠薄，忌积水，对土壤要求不严，对有毒气体抗性强。萌芽、萌蘖性强，生长迅速。

【观赏品种】红王子锦带花('Red Prince')，花鲜红色，繁密而下垂。粉公主锦带花('Pink Princess')，花粉红色，花繁密而色彩亮丽。花叶锦带花('Variegata')，叶边淡黄白色，花粉红色。紫叶锦带花('Purpurea')，植株紧密，高达1.5m；叶带褐紫色，花紫粉色。

【观赏评价与应用】锦带花长枝密花，如曳锦带，故有其名，花色美丽，重要的春季和初夏花灌木。适于庭园角隅、湖畔、石间丛植、群植，也可在树丛、林缘作花篱、花丛配植，点缀于假山、坡地、草坪也无不适宜。

【同属种类】锦带花属约10种，主产于亚洲东部及北美。我国3种，产于中部、东部至东北部。

海仙花
Weigela coraeensis

落叶灌木，高达5m。小枝粗壮，无毛或疏被柔毛。叶宽椭圆形或倒卵形，长6～12cm，先端骤尖，具细钝锯齿，表面中脉及背面脉上稍被平伏毛。花初开白色或淡红，后变深红带紫色；萼深裂至基部，萼片

锦带花

锦带花

海仙花

红王子锦带花

线状披针形；柱头头状。种子具翅。花期5~6月；果期9~10月。

华东各地常见栽培，北京地区也可露地越冬。喜光，稍耐荫，喜湿润肥沃土壤，耐寒性不如锦带花。是常见的初夏观花树种，适于庭院、湖畔丛植，也可在林缘作花篱、花丛配植，点缀于假山、坡地。

六道木
Zabelia biflora
【*Abelia biflora*】

【形态特征】落叶灌木，高达3m。幼枝被倒生刚毛，老枝6棱；茎节膨大，叶柄基部扩大而连合。叶对生，长圆形至椭圆状披针形，长2~7cm，全缘或具疏齿，两面被柔毛。花2朵生小枝顶端叶腋，无总花梗；花萼疏生短刺毛，4裂；花冠4裂，白色、淡黄色或带浅红色；雄蕊4。瘦果状核果，常弯曲，有宿存萼片4。果被刺毛。花期4~5月；果期8~9月。

【产地及习性】产辽宁、内蒙古、河北、河南、陕西、甘肃等；生于海拔1000~2000m 山地灌丛林缘。耐荫，耐寒，对土壤要求不严，酸性、中性或碱性土壤均能生长；生长慢。根系发达，萌蘖力、萌芽力强。

【观赏评价与应用】六道木叶秀花美，可配植在林下、建筑背阴面、石隙及岩石园中。也可作北方山区水土保持树种。

【同属种类】六道木属约6种，分布于东亚至喜马拉雅。我国3种，分布于华北、西北至长江流域、西南地区。

南方六道木
Zabelia dielsii
【*Abelia dielsii*】

落叶灌木，高2~3m。叶长卵形、椭圆形、倒卵形至披针形，长3~8cm，宽0.5~3cm，嫩时上面散生柔毛，全缘或有1~6对齿牙，具缘毛；叶柄长4~7mm，基部膨大。花2朵生于侧枝顶部叶腋，总花梗长1.2cm；花冠白色，后变浅黄色，4裂。花期4~6月；果期8~9月。

产黄河以南至长江流域、西南，生于山坡灌丛、路边林下及草地。与六道木很相近，但具明显的总花梗。

一百四十七、菊科 Asteraceae (Compositae)

芙蓉菊
Crossostephium chinense

【别名】香菊、玉芙蓉、千年艾

【形态特征】常绿半灌木，高达50cm，多分枝，小枝及叶密被灰色短柔毛。叶聚生枝顶，狭匙形或狭倒披针形，长2～4cm，宽5～4mm，全缘或3～5裂，顶端钝，两面密被灰色短柔毛，质地厚。头状花序盘状，径约7mm，生于枝端叶腋，排成有叶的总状花序，总苞半球形；边花雌性，1列，花冠管状；盘花两性，花冠管状。瘦果矩圆形，长约1.5mm。花果期全年。

【产地及习性】我国分布于福建、广东、台湾、云南、浙江，日本也产。常见栽培，中南半岛、菲律宾、日本也有栽培。

【观赏评价与应用】芙蓉菊叶色优美，株丛紧密，是重要的庭园观赏树种，华东南部、华南及西南地区常见栽培，适于花境、花坛，或丛植于草地、庭院、路旁。北方也有盆栽。也是民间常用的草药。

【同属种类】芙蓉菊属1种，产我国和日本。

蚂蚱腿子
Myripnois dioica

【形态特征】落叶灌木，高1m。单叶互生，披针形或卵状披针形，长2～5cm，宽0.5～2cm，全缘，3出脉，两面近无毛。两性花和单性花异株；头状花序单生于侧生短枝顶端，总苞片1层，近等长；两性花白色，下部管状，顶端不规则2裂，外唇3～4短裂，内唇全缘或2裂；雌花舌状，淡紫色；子房密被毛。瘦果长圆形或圆柱形，长约5mm，具10条纵棱，冠毛多数，长约8mm。花期4月；果期5～6月。

【产地及习性】产东北、华北、南至河南，生于海拔200～1600m山坡、沟谷、林缘等地。阳性树种，耐半阴，耐土壤瘠薄。

【观赏评价与应用】蚂蚱腿子植株低矮，早春开花，适合冷凉地区栽植观赏，可用于基础种植，或作疏林下木。能形成密集的灌木丛，具有良好的保土持水作用，可为水土保持树种。

【同属种类】蚂蚱腿子属仅1种，中国特有。

芙蓉菊

芙蓉菊

芙蓉菊

蚂蚱腿子

蚂蚱腿子

蚂蚱腿子

菊科　Asteraceae (Compositae)

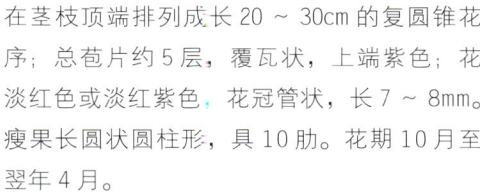

澳洲米花
Ozothamnus diosmifolius
【*Helichrysum diosmifolium*】

【形态特征】直立灌木，高达 1.5～2m，有时更高；株型开展，树冠开阔。幼枝密生柔毛。叶螺旋状互生，线形，长约 15mm。圆锥花序有花 20～100 朵簇，生于枝顶，花白色或偶粉红色。

【产地及习性】原产澳大利亚新南威尔士

和昆士兰。喜排水良好的土壤，全光或半阴环境均可。

【观赏评价与应用】澳洲米花花朵繁密，持续时间长，产地广泛栽培作切花，也常植于庭院观赏，适于庭院、草地、路旁、林缘各处。

【同属种类】澳洲米花属共约 53 种，特产于澳大利亚。我国南方引入栽培 1 种。

滇南斑鸠菊
Vernonia volkameriaefolia

【别名】大叶斑鸠菊

【形态特征】小乔木或大灌木，高 5～8m。叶倒卵形或倒卵状楔形，长 15～40cm，宽 4～15cm，边缘深波状或具疏粗齿，稀近全缘，侧脉 12～17 对；叶柄短宽，长 10～18mm，基部常扩大成鞘状，密被绒毛。头状花序多数，径 5～8mm，具 10～12 花，

在茎枝顶端排列成长 20～30cm 的复圆锥花序；总苞片约 5 层，覆瓦状，上端紫色；花淡红色或淡红紫色，花冠管状，长 7～8mm。瘦果长圆状圆柱形，具 10 肋。花期 10 月至翌年 4 月。

【产地及习性】分布于云南西部及中部以南地区、贵州、广西、西藏。印度、尼泊尔、不丹、缅甸、泰国、老挝、越南也有分布。生于海拔 800～1600m 的山谷灌丛或杂木林中。

【观赏评价与应用】滇南斑鸠菊是菊科少见的乔木，树形自然，叶片宽达，花序繁密，秋冬季开花，可栽培观赏，适于庭院、草地各处，孤植、丛植均可。

【同属种类】斑鸠菊属约 1000 种，分布于美洲、亚洲和非洲的热带和温带地区。我国 31 种，主要分布于西南、华南及东南沿海各省区。

一百四十八、棕榈科 Arecaceae (Palmae)

湿地棕
Acoelorrhaphe wrightii

【别名】丛立刺椰子、沼地棕

【形态特征】常绿灌木或小乔木，丛生，高 3～3m，原产地可高达 15m。茎被叶鞘纤维包裹。叶扇形，径达 1m，掌状深裂，裂片多数，条形，较坚硬，银灰色，有许多纤细的纵脉纹，背面多少呈银白色；叶柄细长，三棱形，上部凹陷，下部凸出。叶鞘纤维质，网状，宿存。肉穗花序簇生于叶间，下垂；花两性，淡黄色。核果近球形，褐黑色。花期 4～5月，果熟 10～11月。

【产地及习性】原产美国南部、中美洲及西印度群岛，常生于海边。喜光，也耐荫，喜湿润，不耐旱，较耐盐碱。

【观赏评价与应用】湿地棕株型较低矮，株丛密集、繁茂，适于孤植或丛植，可作局部空间的主景，也可作绿篱。

【同属种类】湿地棕属仅此 1 种，分布于美洲。我国引入栽培。

假槟榔
Archontophoenix alexandrae

【别名】亚力山大椰子

【形态特征】常绿乔木，高达 20m，径 30cm，基部显著膨大。叶羽状全裂，长 2～3m，拱垂；羽片多达 130～140 枚，呈 2 列排列，线状披针形，长达 45cm，宽 1.2～2.5cm，先端略 2 浅裂；表面绿色，背面有白粉；叶鞘长达 1m，绿色，膨大而包茎，形成明显的冠茎。肉穗花序生于叶鞘下方，呈圆锥花序式，悬垂而多分枝，长 30～40cm；花白色、淡黄色，雄花三角状长圆形，雌花卵形。果实卵球形，长 1.2～1.4cm，红色。花期 4 月；果期 4～7 月。

【产地及习性】原产澳大利亚，生于低地雨林中；华南各地常见栽培。性喜高温、高湿和避风向阳的环境，耐 5～6℃的长期低温和 0℃的极端低温；喜土层深厚肥沃的微酸性土；抗风力强；耐水湿，也较耐干旱。

【观赏评价与应用】假槟榔树体高大挺拔，树干光洁，给人以整齐的感觉，而干顶蓬松散开的大叶片披垂碧绿，随风招展，又不失活泼，果实红色，也甚为美观。在我国栽培历史已有百年以上，是华南最常见的园林树种之一，特别适于建筑前、道路两侧列植，以突出展示其高度自然的韵律美，若在草地中丛植几株也适宜，可以常绿阔叶树为背景，以衬托假槟榔的苗条秀丽。

【同属种类】假槟榔属共有4种，产澳大利亚。我国引入栽培2种。

槟榔
Areca catechu

【形态特征】常绿乔木，干较纤细，高达20m，径达10～20cm，有明显的叶环痕。叶簇生茎顶，长1.3～2m，1回羽状分裂，叶鞘灰绿色；羽片20～30对，狭长披针形，长30～60cm，宽3～7cm，上部的羽片合生，顶端有不规则齿裂。雌雄同株，花序生于叶下，多分枝，花序轴粗壮压扁，分枝曲折，长25～30cm；雄花花瓣长圆形，长4～6mm，雄蕊6；雌花较大，花瓣近圆形，长1.2～1.5cm，退化雄蕊6。果实长圆形或卵球形，长达8cm，径达6cm，橙黄色或红色。花果期3～4月；果期9～12月。

【产地及习性】原产热带亚洲。极不耐寒，需要热带气候条件。幼苗喜荫，成株能忍受直射光。我国海南以及广东、台湾、云南和广西的南部有栽培，但即使在海南，也只有在东部、中部和南部气候炎热的低山地区才能生长良好。

【观赏评价与应用】槟榔虽非我国原产，但栽培历史至少有1500多年，热带地区广植，常见于村落房前屋后，园林中也栽培观赏。树冠不大，果实鲜红或橙黄色，宜群植或于草地上小片丛植，也可配植在建筑附近，主要表现其纤美通直的茎干。

【同属种类】槟榔属约48种，产斯里兰卡和印度东北部、东南亚至新几内亚岛、所罗门群岛。我国常见2种，为引入栽培。

三药槟榔
Areca triandra

【别名】丛生槟榔

【形态特征】丛生灌木至小乔木，一般高2～3m，最高可达6m。茎绿色，间以灰白色环斑。羽状复叶，长1～2m，侧生羽叶有时与顶生叶合生。雌雄同株，单性花；肉穗花序，长30～40cm，多分枝，顶生为雄花，有香气，雄蕊3枚；基部为雌花。果实橄榄形，熟时鲜胭脂红色。

【产地及习性】原产印度、马来西亚和印度尼西亚等热带地区，20世纪60年代引入我国，主要见于台湾、广东和云南等地。喜高温、湿润的环境，耐荫性很强；喜疏松肥沃的土壤。耐-8℃低温，部分耐寒品种可露地栽培于华中和华东南部地区。

【观赏评价与应用】三药槟榔树形优美，由多条树干丛生形成，青翠浓绿，姿态优雅，

棕榈科 Arecaceae (Palmae)

果实鲜红，在翠绿的叶丛衬托下特别醒目，具浓厚的热带风光气息，是庭园、别墅绿化的良好材料，同时也是优美的盆栽观叶植物，可用作会议室展厅、宾馆、酒店等豪华建筑物厅堂装饰。

沙糖椰子
Arenga pinnata

【形态特征】常绿乔木，高达20m，径达40～60cm，宿存叶基具黑色针刺。叶片1回羽状分裂，长达7～12m，常竖直生长；羽片多达150对，条形，中部羽片长达1.2～1.6m，宽5～9cm，顶端有啮蚀状齿，

沙糖椰子

沙糖椰子

基部有2个不等长的耳垂，在叶轴上排成不同平面，叶面深绿色，背面银白色；叶柄长达1.5m。一次开花结果，雌雄同株，下垂的腋生花序长达2.5m。果实绿色、黄绿色或带橙色，球形至卵球形，长约7cm，直径达6cm。

【产地及习性】原产印度至东南亚，广泛栽培，华南各地常见，福建（厦门）、广东、海南、云南较多。性喜高温、高湿和避风环境，忌霜冻，长期5～6℃低温和短期霜冻则叶片枯死；较耐荫，幼树忌烈日；较耐水湿，不耐干旱。

【观赏评价与应用】砂糖椰子叶片大型，被誉为林中神树，是热带森林中极为雄伟壮丽的景观。羽叶柔韧飘拂，极为优美，一树自成一景，适于种植在热带森林公园、水滨、大型游乐园等处孤植或丛植，或列植为行道树。花序割伤后有液汁流出，晒干后即成砂糖。

【同属种类】桄榔属共有21种，分布于印度、东南亚至新几内亚和澳大利亚。我国6种，主产华南。

沙糖椰子

山棕
Arenga engleri

【别名】散尾棕、矮桄榔

丛生灌木，高2～3m。叶1回羽状全裂，长2～3m，羽片线形，长30～55cm或更长，宽2～3cm，基部羽片较短而狭，上部的较

山棕

山棕

山棕

宽，仅一侧有耳垂。花序长30～50cm，多分枝。花雌雄同株，雄花长约1.5cm，黄色，有香气；雌花近球形。果近球形，钝三棱，充分熟时红色，径约1.8cm。花期5～6月；果期11～12月。

产我国台湾。福建、广东、云南等地栽培。

鱼骨葵
Arenga tremula

常绿丛生灌木，高3～5m。茎密披棕褐色叶鞘纤维。叶片大型，叶长5～8m，羽状全裂；羽片多数，倒披针形，长35～50cm，背面灰白色，边缘及顶端有啮蚀状锯齿。花橙色，芳香。果近球形，熟时红至紫红色，直径2～2.5cm。花期4～6月；果期6月至翌年3月。

鱼骨葵

鱼骨葵

棕榈科 Arecaceae (Palmae)

鱼骨葵

大果直叶椰

大果直叶椰

大果直叶椰

原产于菲律宾。我国华南、东南、西南地区有引种。

桄榔
Arenga westerhoutii

高达12m，茎干宿存黑色叶基。叶1回羽状分裂，羽片80～150对，条形，规则地排列于叶轴两侧成一平面，中部羽片长达1.3m，宽达9.5cm，叶面深绿色，背面灰绿色；叶柄长达1～1.8m。果实球形，墨绿色，径达7cm。

分布于广西、海南、云南等地，生于低海拔雨林中，常栽培。东南亚也有分布。

桄榔

桄榔

桄榔

大果直叶椰
Attalea butyracea

【别名】毛鞘帝王椰、奶油椰

【形态特征】常绿乔木，高达25m，径达30～55cm。羽状复叶拱形开展；羽片与叶轴垂直，规则排列于叶轴上呈一个平面，多达200对，中部羽片长120～160cm，宽6～7cm，中脉突出。花序直立，长约1m，分枝多达100～300个。雄花淡黄色，雄蕊6；雌花每分枝5～25枚，长约15mm。果实熟时亮棕色至橘红色，长5～12cm，种子1～3。

【产地及习性】广泛分布于玻利维亚、哥伦比亚、厄瓜多尔、秘鲁和委内瑞拉等地，多生于300m以下。喜温暖，喜光，耐湿性较强。

【观赏评价与应用】大果直叶椰叶片竖直伸展，羽片排列整齐，株型颇为壮观，果实大型，叶很美观，适合公园、学校等绿化、

大果直叶椰

美化，可孤植作主景，也可列植为行道树，还可丛植于草坪上。

【同属种类】直叶棕属约29~67种，分布于墨西哥、加勒比地区和中南美洲。

霸王榈
Bismarckia nobilis

【别名】霸王棕、俾斯麦榈、马岛棕、俾斯麦棕

【形态特征】常绿乔木，高达20~30m，径达40cm。基部膨大，叶基宿存。叶片扇形，掌状分裂，径达3m，浅裂至1/4~1/3，裂片间有丝状纤维；蓝绿色，被白色蜡及淡红色鳞秕，具粗壮中肋，先端浅裂二叉状，叶面具显著戟突。雌雄异株。花序圆锥状生叶间，雌花序短粗，雄花序较长，有分枝。果球形，褐色，长4~5cm，径约3cm。种子1，近球形。

【产地及习性】原产马达加斯加西部稀树草原地区。引入我国后在华南地区栽培表现良好。适应性较强，喜阳光充足、温暖而排水良好环境，耐干旱瘠薄，对土壤要求不严。生长迅速。

【观赏评价与应用】霸王榈体形庞大、壮观，叶片三大，叶色优美，坚韧直伸，株形独特优美，十分引人注目，为著名的观赏类棕榈。适宜孤植，列植或在宽阔的区域内群植。茎干可作建筑材料，叶作盖房材料，茎髓含淀粉可制作优良西米。

【同属种类】霸王榈属（俾斯麦榈属）仅1种，产于马达加斯。我国引入栽培。

垂列棕
Borassodendron machadonis

【形态特征】常绿乔木，高达9~12m，叶基宿存，但成年植株茎干光滑，具叶环痕，基部膨大，径约30cm。叶片扇形，径达3.5m，掌状深裂至近基部，深绿色，裂片先端浅裂为叉状，叶面戟突显著；叶柄长达4m，边缘锐利。叶间花序，雌雄异株。果实球形，径约10cm，蓝绿色。

【产地及习性】分布于泰国南部和马来半岛热带雨林中。生长速度中等至慢。喜光，喜湿润，要求排水良好的土壤。

【观赏评价与应用】垂列棕深裂的叶和长叶柄使其具有独特的株型，宜列植、丛植，可用于公园、广场。但其叶柄边缘锐利，易划伤皮肤，应注意幼年植株不宜用于儿童活动区。

【同属种类】垂列棕属共有2种，分布于东南亚山地雨林。我国引入栽培1种。

糖棕
Borassus flabellifer

【别名】扇叶糖棕

【形态特征】常绿乔木，高达13~20m，径45~60cm。叶近圆形，掌状分裂至中部，径达1~1.5m，裂片60~80，线状披针形，先端2裂；叶柄长约1m，边缘具齿刺，顶端延伸为中肋直至叶片中部。雌雄异株。雄花序长达1.5m，3~5个枝，每分枝掌状分裂为1~3个小穗轴，小穗轴长约25cm；雄花黄色，雄蕊6；雌花序长约80cm，约4个分枝，长30~50cm，小穗轴长20~25cm，雌花较大，径约2.5cm，退化雄蕊6~9。果球形，径10~15cm，黑褐色。

【产地及习性】原产热带亚洲。我国华南及西南地区有栽培。喜阳光充足、气候温暖的环境，怕寒冷，生长适温22~30℃，越冬

垂列棕

垂列棕

霸王榈

糖棕

霸王榈

糖棕

棕榈科　Arecaceae (Palmae)

糖棕

布迪椰子

温度不低于8℃，对土壤的要求不严，但以疏松肥沃的壤土为最好。

【观赏评价与应用】糖棕植株高大，叶片巨大而稠密，犹如天然华盖给人们带来凉爽的绿荫，可作庭院观赏树种。经济价值高，在热带亚洲大量利用粗壮的雌花序梗割取汁液制糖、酿酒、制醋和饮料。叶片和贝叶棕的叶片一样可用来刻写文字或经文。

【同属种类】糖棕属约8种，产亚洲热带地区和非洲。我国引入栽培1种。

布迪椰子
Butia capitata

【别名】冻椰、弓葵

【形态特征】常绿乔木，单干型，高7～8m，直径可达50cm。茎干灰色，粗壮，有老叶痕。叶羽状，长约2m，叶柄明显弯曲下垂，具刺，叶片蓝绿色。花序生于叶腋。果实椭圆形，长约2.5～3.5cm，橙黄色至红色，肉甜。种子长约18mm，椭圆形，一端有三个芽孔。

布迪椰子

布迪椰子

【产地及习性】原产巴西和乌拉圭。我国南方各省有引种栽培，表现良好。喜光，较耐寒，适合海滨以及干旱地区种植；对土壤要求不严，但在土质疏松的壤土中生长最好。抗风能力强。

【观赏评价与应用】布迪椰子株形优美，叶片柔软，弓形弯曲，优雅自然，可广泛种植于热带、亚热带，是理想的行道树及庭园树。果实可食，在原产地常将其加工成果冻食用。

【同属种类】冻椰属（布迪椰子属）约有8种，分布于南美洲南部。我国引入栽培。

鱼尾葵
Caryota maxima
【*Caryota ochlandra*】

【别名】假桄榔

【形态特征】常绿乔木，高达30m，径25～60cm；树干单生，无吸枝，被白色绒毛；有环状叶痕。叶聚生茎顶，2回羽状全裂，长2.7～4m；羽片14～27对，下垂，中部的较长；小羽片15～27对，有不规则啮齿状裂，酷似鱼鳍；叶轴及羽轴密生棕褐色毛及鳞秕；叶柄短。肉穗花序呈圆锥花序式，多分枝，长达1.5～3.5m，下垂；雄花花蕾卵状长圆形，雌花花蕾三角状卵形。果实球形，径约1.8～2.5cm，熟时暗红色或橙色。花期7月。

鱼尾葵

鱼尾葵

棕榈科 Arecaceae (Palmae)

【产地及习性】原产热带亚洲，我国分布于华南至西南，常生于低海拔山地，桂林以南各地庭园中常栽培。喜光，也较耐荫；稍耐寒；喜湿润疏松的钙质土，在酸性土上也能生长；根系浅，不耐旱，较耐水湿。寿命较短，一般15年生左右的植株自然死亡。

【观赏评价与应用】鱼尾葵树姿优美，叶片翠绿，叶形奇特，花色鲜黄，果实如圆珠成串，是优美的行道树和庭荫树，适于庭院、广场、建筑周围植之，宜列植。

【同属种类】鱼尾葵属约13种，分布于亚洲南部、东南部至西太平洋地区。我国4种，产云南南部和华南。

短穗鱼尾葵
Caryota mitis

【别名】短序鱼尾葵、酒椰子

【形态特征】常绿大灌木或乔木状，丛生，高5~9m，抑或高达13m，直径达8~15cm。有吸枝，常聚生成丛，近地面有棕褐色肉质气根。叶与鱼尾葵相似；叶鞘较短，长50~70cm。肉穗花序长仅30~60cm。果实球形，径约1.2~1.8cm，蓝黑色。花期7月。

【产地及习性】产华南，热带亚洲也有分布。广泛栽培供观赏。耐荫，在强烈阳光下生长欠佳，喜温暖湿润气候。对土壤要求不严，以肥沃湿润土壤为宜。

【观赏评价与应用】短穗鱼尾葵为丛生性，树冠密，适于丛植，也可植为树篱，用于公路绿化和美化，对吸附灰尘、阻隔噪音的效果好；若以粉墙为背景孤植，也可形成富有诗情画意的优美景观；具有耐荫性特点，在半荫条件下叶色更显浓绿，应用中可与高大阔叶树配植。

单穗鱼尾葵
Caryota monostachya

常绿灌木，茎丛生，高2~4m，径3.5~4cm，绿色。叶长2.5~3.5m；羽片楔形或斜楔形，长11~18cm，宽4~8cm。花序长40~80cm，常不分枝，偶基部分一短枝，花瓣长圆形，紫红色。果球形，径2.5~3.5cm，紫红色。花期3~5月；果期7~10月。

产广东、广西、贵州、云南等省区，生于海拔130~1600m的山坡或沟谷林中。越南、老挝也有分布。

董棕
Caryota obtusa
【*Caryota urens*】

【形态特征】常绿乔木，高5~25m，径25~45cm，有时高达40m，径达50~90cm。茎黑褐色，膨大成花瓶状或否，表面无白色毡状绒毛，具明显环状叶痕。叶平展，长5~7m，宽3~5m，弓状下弯，叶柄上面凹下，下面凸圆，被脱落性棕黑色毡状绒毛；叶鞘边缘具网状的棕黑色纤维。果实球形至扁球形，径1.5~2.4cm，熟时红色。花期6~10月；果期5~10月。

【产地及习性】分布于热带亚洲，我国产我国云南、广西等地栽培。喜光，稍耐荫。喜温暖湿润气候。要求排水良好疏松肥沃的土壤。

【观赏评价与应用】董棕植株高大，雄伟壮丽，树形美观，羽叶广张如伞，排列整齐，

董棕

欧洲棕

董棕

欧洲棕
Chamaerops humilis

【别名】矮棕、欧洲扇棕、意大利棕榈

【形态特征】常绿灌木，高达2～3m，偶达5m。常多干丛生，干上宿存丝状叶鞘。叶掌状，半圆形，宽60～90cm，深裂几至叶柄，剑形叶柄具短黑刺。幼叶常有绒毛，叶片展开时逐渐脱落。肉穗花序生叶腋间，鲜黄色。花萼相连成壳头状，花瓣3，雄蕊6，离生心皮3。浆果椭圆形。

【产地及习性】原产于地中海地区，现广泛栽培。适应性广，对土壤要求不严，但以疏松肥沃、排水良好的壤土生长为佳。喜光，也耐半阴，耐寒、耐瘠薄，生长适温15～25℃，冬季气温低于0℃时停止生长，但在-15℃环境中仍有成株生存记录。

欧洲棕

【观赏评价与应用】欧洲矮棕十分耐寒，株型低矮独特，适于丛植或孤植造景，观赏效果较佳，也可列植成绿篱，还适于盆栽观赏。其扇形叶是传统技编工艺的重要原料。我国有少量引种。

【同属种类】欧洲棕属仅1种，分布于地中海沿岸。我国引入栽培。

袖珍椰子
Chamaedorea elegans

【别名】矮生椰子、袖珍棕、矮棕

【形态特征】常绿灌木，单干型，一般高不及1m，最高达4～5m。茎干细长，深绿色，具不规则花纹。叶生于干顶，羽状全裂，裂片披针形，有光泽，长14～22cm，宽2～3cm，顶端两片羽叶的基部常合生为鱼尾状，嫩叶绿色，老叶墨绿色。雌雄异株。肉穗花序腋生，花黄色，呈小球状。浆果球形，径约0.7cm，橙黄色。花期春季。

【产地及习性】原产于墨西哥和危地马拉。喜温暖湿润，耐荫性强，高温季节忌阳光直射，生长适温20～30℃，低于13℃进入休眠状态。

董棕

董棕

乘风飘扬如孔雀尾羽，十分壮观，适于公园、绿地中造景，是热带地区优良的行道树及庭荫观赏树。髓心含淀粉，可代西谷米；幼树茎尖可作蔬菜。

竹椰子
Chamaedorea seifrizii

常绿灌木，多干丛生，直立或倾斜，高达3m。茎干绿色，粗1～2cm，亮绿色，有白色斑点；节显著，节间长5～20cm。叶羽状，叶鞘长约30cm，叶柄长10cm，羽片5～18对，中间的最大，长约20～35cm，宽0.8～3cm，披针形至线形。花序直立，短而硬直，花期黄绿色，果期橘红色，花黄色。果实球形，径约8mm，熟时黑色。

原产墨西哥至中美洲地区，华南有引种栽培。

大果茶梅椰
Chambeyronia macrocarpa

【别名】红叶青春葵

【形态特征】常绿乔木，单干型，高达20m，径约15～25cm，树干苍白色，基部有时有气生根。叶羽状，新叶亮红色，叶鞘长达1m，绿色或黄绿色，有黄色斑纹。果实椭圆形，长约3～5cm，熟时红色。

【产地及习性】特产于新喀里多尼亚中海拔热带雨林中。华南引种栽培。

【观赏评价与应用】大果茶梅椰子新叶红色，极为醒目，是珍贵的观叶树种，适于庭院、公园、学校栽培观赏，丛植、列植均适

宜，也是优良的盆栽植物。

【同属种类】茶梅椰属共有2种，产新喀里多尼亚。

琼棕
Chuniophoenix hainanensis

【形态特征】常绿丛生灌木至小乔木状，高3～8m，吸芽从叶鞘中生出。叶掌状深裂，裂片14～16片，线形，长达50cm，宽1.8～2.5厘来，不分裂或2浅裂；叶柄无刺。花序腋生，多分枝呈圆锥花序状，主轴上的苞片管状；每一佛焰苞内有分枝3～5个，分枝长10～20cm；花两性，紫红色，花萼宿存；花瓣2～3，紫红色，长5～6mm，雄蕊4～6枚，基部扩大连合。果近球形，径约1.5cm。花期4月；果期9～10月。

【产地及习性】产海南的陵水、琼中等地，

【观赏评价与应用】袖珍椰子株型酷似热带椰子树，形态小巧玲珑，美观别致，故得名袖珍椰子。性耐荫，适宜作室内中小型盆栽，装饰客厅、书房、会议室、宾馆服务台等室内环境，可使室内增添热带风光的气氛和韵味。

【同属种类】袖珍椰属（墨西哥棕属）约120种，主要分布在中美洲热带地区。我国引入栽培约有2种。

棕榈科　Arecaceae (Palmae)

琼棕

琼棕

6~7cm，最外侧的裂片最小，深裂几达基部；叶鞘包茎，长5~8cm。花序自叶腋抽出，长20~27cm，不分枝或2~3分枝，小苞片黄褐色；花淡黄色，径约7mm，略有香气，花瓣强烈反卷。果扁球形，径约1.2cm。花期4~5月；果期8月。

产海南陵水县吊罗山。越南亦有分布。稀有珍贵植物，树形优美，可作庭园绿化材料。

椰子
Cocos nucifera

【形态特征】常绿乔木，高达20m，径达30cm；树干有环纹和叶鞘残基。羽状复叶簇生主干顶端，长达5~7m；小叶长披针形，长60~90cm；叶柄粗壮，长1m以上。花单性同序，肉穗花序由叶丛中抽出，多分枝，

生于山地疏林中，濒危种。广东等地栽培。喜温暖，不耐寒，喜阴湿环境。产地常年高温多湿，年平均温21~23℃，年降水量达2200~2400mm，相对湿度85%以上。土壤为砖红壤，pH值4.5~5.5。

【观赏评价与应用】琼棕为大型的丛生灌木，树形优美，枝叶浓密，叶片开展大似团扇，层层叠叠，美观优雅，可供庭园观赏，也可丛植于公园供观赏。

【同属种类】琼棕属3种，产华南、越南。我国2种，产海南。

矮琼棕
Chuniophoenix humilis

丛生灌木状，高约1.5~2m；茎圆柱形，紫褐色，被残存的褐色叶鞘。叶扇状半圆形，裂片4~7片，中央裂片较大，长圆状披针形至倒卵状披针形，长24~26cm，宽

矮琼棕

矮琼棕

椰子

椰子

椰子

长达 0.6～1m；雄花生于花枝中上部，多达 6000 朵以上；雌花生于中下部，10～40 朵。坚果椭圆形或近球形，径约 25cm，熟时褐色。周年开花，花后经 10～12 个月果实成熟，以 7～9 月为采果最盛期。

【产地及习性】热带树种，原产地不详，现广植于新旧世界热带，尤其以热带亚洲为多；我国海南、台湾和云南南部栽培椰子树历史悠久。性喜高温、高湿和阳光充足的热带沿海气候。不耐干旱；喜排水良好的深厚沙壤土。根系发达，抗风力强。

【观赏品种】金黄椰子（'Aurea'），果实金黄色。香水椰子（'Perfume'），果实球形，径约 15cm，果汁美味。

【观赏评价与应用】椰子树干不分枝，叶片簇生顶端，高张如伞，苍翠挺拔，其果实集于杆顶，有时多达百枚以上，是热带地区著名的风景树。尤适于热带海滨造景，宜丛植、群植，也可作行道树、绿荫树和海岸防风林材料，许多热带旅游胜地如夏威夷等都以椰子等棕榈类植物为特色。在庭园中，椰子则可于建筑周围、草坪中丛植，长叶伸展，倍觉宜人。椰子是热带佳果之一，也是重要的木本油料和纤维树种。

【同属种类】椰子属仅 1 种，广植于世界热带地区，尤其是海滨沙地。

贝叶棕
Corypha umbraculifera

【形态特征】常绿乔木，高达 18～25m，径 50～90cm，具较密的环状叶痕。叶扇状，长 1.5～2m，宽约 2.5～3.5m，裂至中

贝叶棕

贝叶棕

贝叶棕

部；裂片 80～100，剑形，先端浅 2 裂，长 60～100cm，宽 7～9cm；叶柄长 2.5～3m，边缘具短齿。圆锥形花序直立，高 4～5m，下部分枝长约 3.5m，4 级分枝，最末一级分枝上螺旋状着生长约 15～20cm 的小花枝；花两性，乳白色，有臭味。果球形，径 3.2～3.5cm。只开花结果一次后即死去，生命周期约 35～60 年。花期 2～4 月；果期翌年 5～6 月。

【产地及习性】原产印度、斯里兰卡等亚洲热带国家，它是随着小乘佛教的传播而被引入我国的，已有 700 多年历史。云南西双版纳地区零星栽植于缅寺旁边和植物园内。

【观赏评价与应用】贝叶棕树形美观，叶片大型，适于草地和大型庭院丛植和孤植。其引入首先是作为一种宗教信仰的植物而栽培，也有有重要的经济价值。叶片可代纸作书写材料，在印度和我国云南（傣族）用贝叶刻写佛经，俗称"贝叶经"；从花序割取汁液，含有糖分可制棕榈酒或醋或熬制成糖。幼嫩种仁可用糖浆煮成甜食，但成熟种仁有毒。

【同属种类】贝叶棕属约 8 种，分布于亚洲热带地区至大洋洲北部。我国栽培 1 种。

根刺棕
Cryosophila albida

【形态特征】常绿乔木，植株中等大小，高 3～5m，茎干单生，下部生有许多的独特根系，形似针刺。叶扇形，簇生茎顶，掌状深裂，裂片披针形，32～40 片，较柔软，叶

根刺棕

根刺棕

根刺棕

棕榈科　Arecaceae (Palmae)

面亮绿色，背面银灰色，叶柄细长，三棱形。花两性。果球形或卵球形。

【产地及习性】原产中美洲的哥斯达黎加、巴拿马。我国有少量引进栽培。适应性强，喜高温、湿润、半阴环境，生长适温为20～30℃。对土壤要求不严，在偏碱性的土壤中也能生长良好。

【观赏评价与应用】根刺棕形态奇特，性强健，生长速度快，是为数不多的较耐碱的棕榈植物之一，适用于热带、亚热带石灰岩土壤的滨海地区绿化栽培。

【同属种类】根刺棕属约有10种，分布于中美洲至南美洲地区。我国引入栽培2种。

瓦斯根刺棕
Cryosophila warscewiczii

单干型，高达12m，径约15cm。掌状叶直径达1.8m，裂片约60枚；叶柄长达1.8i。花序长约60cm。果实梨形，长约2.5cm，宽约1.6cm。

瓦斯根刺棕

瓦斯根刺棕

瓦斯根刺棕

原产巴拿马、哥斯达黎加和尼加拉瓜。适于南亚热带地区公园、庭院应用。

飓风椰子
Dictyosperma album

【别名】公主椰子、双子棕、环羽椰

【形态特征】常绿乔木，茎干较细，有环纹，高达10m；冠茎被白蜡，常白色。叶簇生茎顶，羽状全裂，长3～5m，裂片条状披针形，长30～50cm，宽5～8cm，排列整齐，裂片60～100，叶鞘膨大抱茎，脱落后形成一圈节痕。肉穗花序生于叶鞘束下，多分枝，乳黄色至鲜黄色。花单性，雌雄同株。果卵状球形，熟时红色。

【产地及习性】原产马斯克林群岛，热带地区广植。我国广西、海南、广东、福建等有少量引种栽培。性喜阳光充足、高温高湿的生长环境，不耐寒，耐半阴，较耐盐碱，抗风性强，生长适温为24～30℃，喜土层深厚、

飓风椰子

飓风椰子

飓风椰子

肥沃、排水良好的壤土。

【观赏评价与应用】飓风椰树形优美，老叶浓绿向下弯曲，新叶暗红，观赏效果好，适宜用于庭园、楼前、广场、海滨等，列植、群植、三五成丛种植均可。特别抗风，可用于滨海绿化。

【同属种类】双子棕属仅1种，特产于非洲。

三角椰子
Dypsis decaryi
【*Neodypsis decaryi*】

【形态特征】常绿乔木，高3～6(10)m，径约30～40cm。叶1回羽状，浅灰蓝色，长3～4m，整齐地排成三列，且叶鞘外侧中央具一显著突出的脊，故在茎干还

棕榈科 Arecaceae (Palmae)

三角椰子

散尾葵

散尾葵

未露出时，由叶鞘包裹的植株基部呈三角状；小叶55～97对，排列整齐，下部者长约80～140cm，宽0.5～1cm；叶柄长33～50cm，叶鞘膨大，长30～45cm。花序生叶间，花黄色。果卵圆形，长15～22mm，径12～19mm。花期7～9月；果期秋冬。

【产地及习性】原产马达加斯加雨林。我国广东、广西、福建、海南、台湾等地有引种种植。喜高温、光照充足，耐旱，也较耐荫，稍耐寒。

【观赏评价与应用】三角椰子株型奇特，茎干三角状，甚为少见，具有特殊的观赏价值。三角椰子最适宜数株丛植于草坪观赏其茎干与株型，或配置于庭园一隅配以景石、静水亦甚美观，是良好的观形、少见的观茎植物。

【同属种类】散尾葵属约140种，主产于马达加斯加。我国引入栽培3种。

三角椰子

散尾葵
Dypsis lutescens
【*Chrysalidocarpus lutescens*】

三角椰子

散尾葵

【别名】黄椰子

【形态特征】常绿丛生灌木，高达3～5m，径4～5cm，基部略膨大。茎干有环纹。叶羽状全裂，长约1.5m，羽片40～60对，黄绿色，表面有蜡粉，披针形，长35～50cm，宽1.2～2cm，先端长尾状渐尖并具不等长的短2裂。肉穗花序生于叶鞘之下，长约80cm，2～3次分枝；花单性，卵球形，金黄色，花萼、花瓣各3片，雄蕊6。果实陀螺形或倒卵形，长1.5～1.8cm，径0.8～1cm，鲜时土黄色。花期5月；果期8月。常花而不实。

【产地及习性】原产马达加斯加。华南地区常栽培。喜高温、高湿、半荫环境，要求富含腐殖质的沙质土壤。不耐寒，长期7～8℃低温植株受寒害。

【观赏评价与应用】散尾葵植株丛生，形

态潇洒优美，叶色黄绿而油亮，耐荫性强，是优良的庭园绿化树种，适于草地、路边、建筑周围丛植。北方常盆栽作室内陈设，是布置客厅、餐厅、会议室、家庭居室、书房、卧室或阳台的高档观叶植物。叶子常用作插花衬材。

马达加斯加棕
Dypsis madagascariensis

常绿乔木，树干单生或2～4个簇生，高达10m，径约7～20cm，淡绿色或灰色，叶环痕显著。羽状复叶三列着生；小叶(30)88～126(177)对，每2～6枚簇生，不在一个平面，外观蓬松状，长约50～100cm，宽0.5～2cm；叶柄长12～40cm，幼树叶柄可长达50cm。叶间花序，长1～1.5m，宽达1m，花单性，黄绿色。果实倒卵形或椭圆形，长约10～16mm，熟时紫色。

原产马达加斯加西北部。华南引种栽培。

马达加斯加棕

马达加斯加棕

油棕
Elaeis guineensis

【别名】油椰子

【形态特征】常绿乔木，高4～10m，径达50cm；叶基宿存。叶羽状全裂，长3～4.5m；羽片外向折叠，条状披针形，长70～80cm，宽2～4cm，下部的退化成针刺状。雌雄同株

油棕

油棕

异序；雄花序由多个指状的穗状花序组成，穗状花序长7～12cm，密花，雄蕊6，花丝合生成管；雌花序近头状，长20～30cm，雌花远较雄花为大，子房3室。果卵形或倒卵状，熟时橙红色，长4～5cm，径3cm，聚生成密果束；外果皮光滑。花期6月；果期9月。

【产地及习性】产热带非洲，广泛栽培。我国广东、广西、福建、云南、台湾有栽培。

【观赏评价与应用】油棕植株高大，树形优美，可作园景树、行道树。油棕也是重要的油料经济作物，核仁的油可制人造乳酪，由果皮榨出的称棕油或棕榈油，是工业上优良的润滑油，或制肥皂用，树干内流出的液汁可为饮料，叶柄和叶可盖房子。

【同属种类】油棕属1种，产热带非洲。我国引入栽培。

平叶棕
Howea forsteriana

【别名】盖屋椰子、天堂棕

【形态特征】常绿乔木，高6～10m，偶达18m；树干基部常膨大。羽状叶长2.5～3.5m，不呈强弓状弯曲；小叶自然下弯，长约80cm，宽约5cm，散布小鳞片状斑点；叶柄长1.2～1.5m，无刺。肉穗花序长达1.1m，由3～7分枝组成；花白色，雌雄同序。果实卵形或椭圆形，长约3.8cm，熟时橘红色或暗红色。

【产地及习性】特产于澳大利亚罗德豪维岛。耐荫性强，对土壤要求不严格，酸性、中性、碱性土均可；较耐寒，耐-4℃低温。生长较慢。

【观赏评价与应用】平叶棕冠形自然，叶

平叶棕

酒瓶椰子

平叶棕

形优美，先端常下垂，特别耐荫，常作室内观叶植物栽培，也用于园林造景，适于林缘、林下、水边应用。

【同属种类】荷威棕属共有2种，特产于澳大利亚。我国引入栽培1种。

酒瓶椰子
Hyophorbe lagenicaulis
【*Mascarena lagenicaulis*】

【别名】酒瓶棕

【形态特征】常绿小乔木，树形奇特。茎单生，高达6m，基部膨大如酒瓶，直径可达70cm，叶痕显著。1回羽状复叶集生茎端，拱形、旋转，长达2.5m，叶柄长约45cm，羽片可达100枚，整齐排成2列，长约45cm，宽约5cm。有对羽片和叶柄边缘带红色。花序长约0.6m。果实卵圆形，长约3cm，径约2.5cm。

酒瓶椰子

酒瓶椰子

【产地及习性】原产马斯克林群岛。喜高温高湿，阳光充足环境，不耐荫，不耐寒，0℃以下会发生冻害。生长较慢，从种子育苗到开花结果，常需时20多年，每株开花至果实成熟需18个月，但寿命可长达数十年。

【观赏评价与应用】酒瓶椰子茎干基部膨大似酒瓶，几枚羽状叶片生于枝干顶，树型美观、珍奇，是珍贵的观赏植物，可孤植于草坪或庭院之中，也可盆栽用于装饰宾馆的厅堂和大型商场，观赏效果极佳。海南常用于道路绿化造景。

【同属种类】酒瓶椰子属共约5种，分布于马斯克林群岛。我国引入栽培2种。

棍棒椰子
Hyophorbe verschaffeltii

常绿乔木，树干下部略窄，上部较膨大，状似棍棒，高达9m，直径达40cm。1回羽状复叶，6~10枚，丛生于顶。叶长达2m，羽片排成多列，长约45cm，宽约2.5cm，叶柄圆柱形，上面有沟，叶柄及羽片均有黄色纵线；叶鞘包成圆柱形，基部突然膨大。花序长约0.7m。浆果长约2.2cm，黑紫色。

棍棒椰子

棕榈科　Arecaceae (Palmae)

棍棒椰子

原产马斯克林群岛，普遍栽培。常用作行道树、园景树，也可盆栽观赏。

菱叶棕
Johannesteijsmannia altifrons

【别名】苏门答腊棕、马来葵、泰氏榈

【形态特征】常绿灌木，近无地上茎，但直立叶可高达 4～5m。叶基出，为大型单叶，倒卵状菱形，长达 4～5（6）m，宽 2～3m，亮绿色，不分裂，多褶，边缘有锯齿；羽状脉，侧脉明显伸长；叶柄细长，长达 1m，基部有刺。肉穗花序下垂，花两性。果球形，径 3.5～4cm，有凹槽。

【产地及习性】产马来半岛及印度尼西亚。我国华南、及东南省区引种。耐荫。生长缓慢。性喜高温高湿的生长环境，耐半阴，不耐寒，生长适温为 26～30℃，栽培需要选择质地疏松、土质肥沃的壤土。

【观赏评价与应用】苏门答腊棕形态独特，叶片不分裂，叶面与叶背色泽反差大，随风摇摆姿势优雅，是一种珍贵的棕榈植物，适于庭院栽培，也盆栽观赏。

【同属种类】菱叶棕属约有 4 种，分布于泰国、马来西亚和印度尼西亚的热带雨林中。我国引入栽培 2 种。

银叶菱叶棕
Johannesteijsmannia magnifica

常绿灌木，近无地上茎，高达 4m。与菱叶棕相近，但更为美丽，大型菱状单叶长约 3m，宽约 2m，革质，多皱，背面银白色，极为美丽。

原产马来西亚。华南有引种。

红脉葵
Latania lontaroides

【形态特征】常绿乔木，单干直立，高 10～15m，径达 25cm，基部稍肥大，具不规则环纹。叶扇形，硬直，掌状分裂，幼叶及叶柄红色，后渐变为灰绿色；裂片宽披针形，深达叶片一半；叶缘和主脉有小锯齿；叶柄长 1～1.5m。花单性，雌雄异株，肉穗花序自叶基伸出，长达 1.8m，分枝呈成长条状，花淡褐色或黄色。核果卵球形，长 5～7.5cm，绿褐色。花期春季。

【产地及习性】原产马斯克林群岛。喜高温多湿的热带气候，喜光，要求排水良好、疏松肥沃的土壤。生长非常缓慢。

【观赏评价与应用】红脉葵树姿清雅优美，色彩艳丽，观赏价值高，是珍贵的观赏棕榈类，可供庭院栽培观赏，亦可盆栽。广东、海南、福建等地有少量引种栽培。

【同属种类】红脉葵共有 3 种，分布于毛里求斯等地。我国均有引种。

菱叶棕

银叶菱叶棕

红脉葵

红脉葵

菱叶棕

红脉葵

棕榈科 Arecaceae (Palmae)

蓝脉葵
Latania loddigesii

常绿乔木，茎单生，高达5~10m。叶扇形，径达2.4m，掌状分裂；裂片宽披针形，长60~70cm，宽约8cm，深可达叶片一半，先端渐尖，被白粉，淡蓝色，幼时色更深，主脉稍带红色，被棉毛；幼时叶缘和叶柄有刺；叶柄长达1.5m。花序长1~1.8m。果倒卵形或梨形，长5~6cm，褐色，内有3粒种子。

产毛里求斯，华南及西南引种栽培。叶色美丽，适于滨海地区栽培观赏。

黄脉葵
Latania verschaffeltii

常绿乔木，株高12m，径达25cm；树干灰色，有环纹，基部略膨大。叶扇形，掌状分裂，幼株叶脉具刺，叶脉及叶柄黄色。雌雄异株，花序抽自叶丛，长达0.9~1.8m。果实绿褐色，长约5cm。

特产于毛里求斯马斯克林群岛。华南引种栽培。生长缓慢。

苏玛旺氏轴榈
Licuala peltata var. *sumawongii*

【别名】桫椤椰子、苏玛旺氏钝叶轴棕

【形态特征】常绿灌木，单干型，高达2~3m，树干低矮。叶圆形，径达2m，质地薄，边缘具锐齿，不分裂但易撕裂。花序超出叶甚长，被褐色毛，不分枝；花长约1.8cm，被天鹅绒状毛绒。果实长约1.8cm，熟时橘红色。

【产地及习性】原产泰国和马来半岛。

【观赏评价与应用】苏玛旺氏轴榈植株低矮，叶片大型，是优良的观赏植物，适于庭院、公园栽培观赏。

【同属种类】轴榈属约150种，分布于亚洲热带地区、澳大利亚和太平洋群岛。我国有3种，产南部及西南部。

毛花轴榈
Licuala dasyantha

常绿灌木，高1~2m，直径2~3cm。叶片呈2/3圆形，蓝绿色，折叠状，深裂达基部成7~9个楔形裂片，有多条直达顶端的肋脉；中央的裂片长达45cm，先端宽达50cm，截形，具微缺，其余裂片斜截，较短狭；叶柄长约60cm，基部两侧有稀疏短刺。花序具2个长8~14cm的小穗状花序，密被深褐色鳞毛，花萼浅3裂，花冠稍长于花萼。花期4~5月。

产广西西南部和云南东南部。广州有栽培。

棕榈科　Arecaceae (Palmae)

毛花轴桐

毛花轴桐

海南轴榈
Licuala hainanensis

丛生灌木，高 2 ~ 5m，直径 2 ~ 3cm。叶片圆肾形，直径可达 1.2m，裂片楔形，裂至近基部，12 ~ 17 片，中间裂片略宽，长 35 ~ 40cm，宽约 7 ~ 8cm，两面绿色，先端啮蚀状；叶柄长 50 ~ 160cm，两侧或中下部具褐色刺具刺；叶鞘长约 40cm。雌雄异株，花序直立，长 60 ~ 100cm，具 3 ~ 5 个分枝，花单生或雄花 2 ~ 4 个簇生。果实球形或倒卵球形，直径 7 ~ 9mm，熟时橙黄色至紫红色，宿存花被反折。果期 5 ~ 6 月。

产海南，生于海拔 600m 以下雨林中。

蒲葵
Livistona chinensis

【形态特征】常绿乔木，高达 15m，径 20 ~ 30cm。叶阔肾状扇形，宽 1.5 ~ 1.8m，长 1.2 ~ 1.5m，掌状浅裂或深裂；裂片条状披针形，顶端长渐尖，再深 2 裂，先端下垂；叶柄长达 1m，有钩刺；叶鞘褐色。肉穗花序排成圆锥花序式，腋生，长达 1m，分枝多而疏散；总苞革质，圆筒形，苞片多数，管状。花两性，黄绿色，常 4 朵簇生。核果椭圆形至近圆形，长 1.5 ~ 2.6cm，状如橄榄，熟时亮紫黑色，略被白粉。花期 3 ~ 4 月；果期 9 ~ 10 月。

【产地及习性】原产华南和日本琉球群岛。我国长江流域以南各地常见栽培。喜光，略耐荫；喜高温多湿气候；喜肥沃湿润而富含腐殖质的黏壤土，耐短期水涝。虽无主根，但侧根异常发达，密集丛生，抗风力强。

【观赏评价与应用】蒲葵树形美观，树冠伞形，树干密生宿存叶基，叶片大而扇形，婆娑可爱，是热带地区优美的庭园树种，可供行道树、庭荫树之用，丛植、孤植于草地、山坡，或列植道路两旁、建筑周围、河流沿岸均宜。嫩叶可制作蒲扇，是园林结合生产的理想树种。

【同属种类】蒲葵属约 33 种，分布于非洲东北部、亚洲和澳大利亚。我国 3 种，引入栽培数种，产南部至台湾。

蒲葵

蒲葵

海南轴榈

海南轴榈

蒲葵

裂叶蒲葵
Livistona decora
【*Livistona decipiens*】

常绿乔木，高达 18m，径达 25～30cm，叶基常宿存于树干基部。叶近圆形，长 1.2～1.8m，长 1.2～1.5m，掌状深裂达叶长的 4/5 以上；裂片 70～84 枚，条状披针形，顶端深 2 裂至裂片中部，下垂；叶柄长 1.5～2.8m，两侧有长达 2cm 的黑色钩刺；叶鞘褐色，纤维甚多。花序长达 1～3.5m，花单生或 2～6 朵簇生，黄色。核果近圆形，径约 1.2～1.8cm，熟时亮黑色。

原产澳大利亚。华南引种栽培，供观赏。

裂叶蒲葵

美丽蒲葵
Livistona jenkinsiana
【*Livistona speciosa*】

【别名】香蒲葵

常绿乔木，高 15～20m，直径 30～40cm。叶大型，叶面深绿色，背面稍苍白，

美丽蒲葵

美丽蒲葵

裂片先端短 2 裂，小裂片长 3～5cm，先端不下垂；叶柄粗壮。花序腋生，粗壮，长达 1.3m，具 4～6 个分枝花序，长 30～50cm；花聚生，黄绿色。果实倒卵球形，顶部圆形，长 2.3～2.5cm，直径 1.5～2cm，浅蓝色。花果期 10 月。

产海南、云南南部。分布于热带亚洲。在云南南部村寨常见栽培，是很好的绿化树种。果实可食。

大蒲葵
Livistona saribus
【*Livistona cochinchinensis*】

【别名】大果蒲葵、东京蒲葵、越南蒲葵

常绿乔木，高达 40m，直径达 65cm；树干上常被宿存叶基。叶大型，圆形或心状圆形，两面绿色，裂片先端短 2 裂，小裂片长约 10cm，硬挺，常不下垂；叶柄的边缘有

大蒲葵

大蒲葵

大蒲葵

刺。花两性，具长柄、分枝的圆锥花序由叶丛中抽出。果实椭圆形，长 3～3.5cm，直径 2～2.5cm，干后淡蓝色。

产广东、海南及云南南部。热带亚洲亦有分布。

黑椰
Normanbya normanbyi

【别名】黑狐尾椰子、银叶狐尾椰

【形态特征】常绿乔木，单干型，高达 20m，径约 15cm，树干光滑，叶环痕显著，树皮老时变黑色。冠茎苍绿色。叶片长达 2.5～4m，羽状分裂，叶面深绿色，背面有亮灰色条纹常银白色，羽片辐射状排列使叶片呈狐尾状；小羽片先端啮蚀状，叶鞘形成灰绿色冠茎。雌雄同株，花序生于冠茎下。果实长约 5cm，梨形，熟时红色或淡棕色。

【产地及习性】分布于澳大利亚昆士兰。

棕榈科 Arecaceae (Palmae)

黑桐

喜湿润。

【观赏评价与应用】黑桐树冠优美奇特，叶片大型，果序红色，是优良的庭院观赏棕榈。

【同属种类】黑桐属仅有1种，特产于澳大利亚。

加那利海枣
Phoenix canariensis

【别名】长叶刺葵

【形态特征】常绿乔木，茎单生、直立，高达20m，径达50～70cm，具有紧密排列的扁菱形叶痕而较为平整。叶长达5～6m，羽片芽时内向折叠，绿色而坚韧，排列较整齐。果实长约2.5cm，黄色。

【产地及习性】原产非洲加那利群岛，常栽培。喜光，耐寒性强，可在热带至亚热带气候条件下生长；尽管原产海岛，但抗旱性，对大陆性气候非常适宜；生长缓慢。

【观赏评价与应用】加那利海枣在我国的栽培历史很长，昆明至今仍有两株高达15m，径约70cm的大树。加那利海枣外貌葱绿，树冠近圆球形，茎干粗壮、叶片开张，秋季果穗黄色，是非常具观赏价值的棕榈类。特别适合植为行道树，也是优美的庭荫树和园景树，尤其是其抗台风能力强，在厦门等沿海地区的园林中已经应用。

【同属种类】刺葵属约14种，主要分布于热带非洲、地中海地区至亚洲西南部。我国常见2种，产华南、云南和台湾，此外还引入栽培数种。

黑桐

加那利海枣

加那利海枣

黑桐

海枣
Phoenix dactylifera

【别名】枣椰子

【形态特征】常绿乔木，高达 20～35m，茎单生，上部的叶斜升，下部的叶下垂，形成较稀疏的头状树冠。叶长达 6m，浅蓝灰色，裂片 2～3 枚聚生，条状披针形，长 18～40cm，在叶轴两侧常呈 V 字形上翘，基部裂片退化成硬刺；叶柄宿存。雄花序长约 60cm；佛焰苞鞘状，花序轴扁平，宽约 2.5cm；小穗短而密集；雄花黄色。果序长达 2m，淡橙黄色，被蜡粉。果长圆形，长 3.5～6.5cm，熟时深橙红色，果肉厚。花期 3～4 月；果期 9～10 月。

【产地及习性】原产伊拉克至撒哈拉沙漠等中东和北非地区。我国两广、福建、云南有栽培，在云南元谋露地栽培能结实。适合高温干燥的大陆性气候，耐寒性也颇强，喜排水良好的轻沙壤土，耐盐碱。

【观赏评价与应用】海枣是世界上栽培最早的棕榈植物，既作为经济树种，同时也与宗教有关，是圣经中的"生命之树"，在美索不达米亚，海枣的历史可追溯到公元前 3500 年。我国唐朝就从波斯引入，至今已有 1000 多年的历史。海枣外貌呈浅蓝灰色，树冠近圆球形，茎干粗壮、叶片开张，秋季果穗黄色或橙黄色，是非常具观赏价值的棕榈类植物。由于茎干具有吸芽，适于公园和风景区丛植和群植，可形成富有热带特色的风光。

海枣

海枣

刺葵
Phoenix loureiroi

常绿灌木，茎丛生或单生，高 1～6m，径达 20～40cm。叶长达 2m；羽片线形，长 15～35cm，宽 10～15mm，单生或 2～3 片聚生，呈 4 列排列。雌花序分枝短而粗，长 7～15cm；雄花近白色，雄蕊 6。果长圆形，长 1.5～2cm，熟时紫黑色，具宿存的杯状花萼。花期 4～5 月；果期 6～10 月。

产台湾、广东、海南、广西、云南等省区。生于海拔 800～1500m 的阔叶林或针阔混交林中。树形美丽，可作庭园绿化植物，果可食，嫩芽可作蔬菜，叶可作扫帚。

刺葵

刺葵

非洲刺葵
Phoenix reclinata

常绿灌木或小乔木，高 3～6m，偶达 12m，多茎密集丛生，或单生。羽状叶，长达 2.5m，叶亮绿色；叶柄长约 30cm，基部具锐刺。雌雄异株，雄花污黄色，雌花黄绿色。果实矩圆形，长约 2.5cm，橙红色至褐色，花期 8～10 月；果期 2～4 月。

原产南非。果可食。

非洲刺葵

非洲刺葵

软叶刺葵
Phoenix roebelenii

【别名】美丽针葵、江边刺葵、软叶针葵

【形态特征】常绿丛生灌木，高 1～3m，栽培时茎常单生，呈小乔木状，有宿存三角形的叶柄基部。叶长 1～2m，稍弯曲下垂；裂片狭条形，长 20～30cm，宽 0.5～1.5cm，较柔软，在叶轴上排成 2 列，背面沿中脉被白色糠秕状鳞被，叶轴下部两侧具裂片退化而成的针刺。花序长 30～50cm。果矩圆形，长 1～1.5cm，直径 5～6mm，具尖头，枣红色，果肉薄，有枣味。

【产地及习性】产印度及中印半岛，我国云南有分布，华南各省区广泛栽培。喜光，难

棕榈科　Arecaceae (Palmae)

软叶刺葵

银海枣

原产印度、缅甸。福建、广东、广西、云南等省区有引种栽培，常作观赏植物。

巴提青棕
Ptychosperma burretianum

【形态特征】单干型，茎干细瘦，高达 2.5～5m，径约 2cm。羽状复叶，长 1.5～1.8m；小叶宽楔形，先端鱼尾状，新叶红色。叶下花序，分枝，雌雄同序。果实熟时亮红色至橘红色。

【产地及习性】特产于巴布亚新几内亚，生于低海拔雨林中。

【观赏评价与应用】巴提青棕株型较小而绿色，适于庭院、草地散植。同属的所罗门射杆椰（*Ptychosperma salomonense*）在云南和广东等地也有栽培，与巴提青棕相似，但株型高大，高达 12m，叶较宽。

【同属种类】皱籽椰属约有 28 种，主产新几内亚，邻近的马鲁古群岛、加洛林纳群岛、所罗门群岛和澳大利亚北部也有分布。我国引入栽培 2 种。

软叶刺葵

耐半阴，喜高温多湿气候，亦耐寒。对土壤要求不严，耐干瘠薄的土壤，但以疏松湿润肥沃的土壤为佳。

【观赏评价与应用】软叶刺葵主干细而密布三角状宿存叶柄，姿态纤美，叶片大而柔软组成球形或半球形树冠，优雅动人，适于丛植成景，布置在庭园、草地、花坛等处都有较好的观赏价值，也是优良的盆栽植物。

银海枣
Phoenix sylvestris

【别名】林刺葵

常绿乔木，高达 16m，径达 33cm，叶密集成半球形树冠；茎具宿存的叶柄基部。叶长 3～5m，叶柄短；羽片剑形，长 15～45cm，宽 1.7～2.5cm，互生或对生，2～4列，下部羽片较小，最后变为针刺。佛焰苞长 30～40cm，开裂为 2 舟状瓣；花序长 60～100cm，直立，分枝花序纤细。果序长约 1m，果实椭圆形或卵球形，橙黄色，长 2～2.5cm。果期 9～10 月。

软叶刺葵

银海枣

巴提青棕

巴提青棕

棕榈科 Arecaceae (Palmae)

酒椰
Raphia vinifera

【别名】象鼻棕、拉菲亚酒椰

【形态特征】常绿小乔木，高达 5～10m。叶羽状全裂，长达 12～13m；羽片线形，长 1.2～2m，宽 3～5cm，中脉及边缘具刺，背面灰白色；叶柄粗壮，长达 1.8m。花序多个从顶部叶腋中同时抽出，下垂，长 1～4m，每佛焰苞内着生 1 个穗状花序，长 10～15cm，雄花着生于上部，雌花着生于基部；雄花长 5～8mm，稍弯曲，雄蕊 6～9；雌花长约 2cm，花萼、花冠 3 裂。果椭圆形或倒卵球形，长约 6cm，径 4.2～4.8cm。花期 3～5 月；果期为第三年的 3～10 月。

【产地及习性】原产非洲热带地区。我国云南西双版纳、广西南宁以及台湾有引种栽培。强阳性植物，喜温暖湿润。

【观赏评价与应用】酒椰树形优美，花序粗壮弯曲，自然下垂，奇特，颇似大象的鼻子，因名，具有很高的观赏价值。幼嫩花序割取汁液可制一种棕榈酒。叶子耐腐，可用于盖屋顶，羽片中肋可作编织材料，剥取羽片下表皮可制成"拉菲亚纤维"。

【同属种类】酒椰属约 28 种，主产非洲大陆潮湿的热带地区，1 种从非洲西部延伸分布至热带美洲，1 中从非洲东部延伸分布至马达加斯加。我国引入栽培 1 种。

国王椰子
Ravenea rivularis

【形态特征】常绿乔木，一般高 9～12m，最高可达 30m，径达 50cm。干表面光滑，密布叶鞘脱落后留下的轮纹。叶羽状全裂，簇生茎顶，可多达 25 枚，长达 2.4m；羽片坚韧，线形，长约 60cm。雌雄异株。肉穗花序，可长达 1.5m。核果近球形，熟时红褐色，径约 0.8cm。

【产地及习性】原产于马达加斯加南部，现在我国华南各地广泛种植。喜光照充足、水分充足的生长环境。喜温、耐半阴、较耐寒，抗风性强。生长速度较快，稍耐寒。

【观赏评价与应用】国王椰子树形优美，茎干通直、光洁，是优良的庭园观赏植物与街道绿化树种。抗风性强，是优良的抗风树种。

【同属种类】国王椰属约有 17 种，主产马达加斯加，2 种产科摩罗。我国引入栽培 1 种。

棕榈科 Arecaceae (Palmae)

棕竹
Rhapis excelsa

【形态特征】常绿丛生灌木，茎细如竹，多数聚生。高 2～3m，径 1.5～3cm，上部被淡黑色纤维状叶鞘。叶片径 30～50cm，掌状 4～10 深裂，不均等，裂片宽线形至线状椭圆形，长 20～32cm，宽 1.5～5cm；叶缘和中脉有锐齿，顶端具不规则齿牙；叶柄长 8～20cm，扁平。花序长达 30cm，多分枝；佛焰苞有毛。果近球形，径 8～10mm。花期 6～7 月；果期 11～12 月。

【产地及习性】产华南、西南，日本也有分布。适应性强。喜温暖、阴湿及通风良好的环境和排水良好、富含腐殖质的沙壤土。萌蘖力强。

【观赏评价与应用】棕竹为丛生灌木，分枝多而直立，杆细如竹、其上有节，而且叶形优美、叶片分裂若棕榈，故有"棕竹"之名。株形饱满而自然呈卵球形，秀丽青翠，为一富有热带风光的观赏植物。园林中宜于小型庭院之前庭、中庭、窗前、花台等处孤植、丛植；也适于植为树丛之下木，或沿道路两旁列植。亦可盆栽或制作盆景，供室内装饰。

【同属种类】棕竹属约 11 种，分布于东南亚。我国 5 种，产南部至西南部。

细棕竹
Rhapis gracilis

丛生灌木，高 1～1.5m，茎圆柱形，径约 1cm。叶掌状深裂成 2～4 裂片，裂片长圆状披针形，长 15～18cm，宽 1.7～3.5cm，具 3～4 条肋脉；叶柄纤细，长 8～11cm，宽 1.5～2mm，上面扁平。花序长约 20cm，分枝少，花小，雌雄异株。果实球形，蓝绿色，直径 8～9mm。果期 10 月。

产广东西部、海南及广西南部。树形矮小优美，可作庭园绿化材料。

矮棕竹
Rhapis humilis

丛生灌木，高 1m 或更高，茎上部被紧密的网状纤维的叶鞘，纤维毛发状。叶掌状深裂，裂片 7～20 片，裂片较狭长、线形，长 15～25cm，宽 0.8～2cm，具 1～2（3）条肋脉，先端短 2～3 裂；叶柄约与叶片等长，较细，宽 2～2.5mm，两面凸起。肉穗花序较长而分枝多。果球形，径约 7mm。

产我国南部至西南部。各地常见栽培。树形优美，可作庭园绿化观赏。

多裂棕竹
Rhapis multifida

【别名】金山棕

丛生灌木,高2~3m。叶扇形,掌状深裂,长28~36cm,裂片16~20片(最多达30片),线状披针形,长28~36cm,宽1.5~1.8cm,通常具2条明显的肋脉;叶柄较长,长20~40cm。花序2回分枝,长40~50cm。果实球形,直径9~10mm,熟时黄色至黄褐色。果期11月至翌年4月。产广西西部及云南东南部。可作庭园绿化材料。

菜王棕
Roystonea oleracea

【别名】菜王椰

【形态特征】常绿乔木,茎直立,高达25~40m,基部膨大,向上呈圆柱形。叶长3~4m,上举或平展,约有羽片100片或更多,羽片在叶轴近基部和顶部成1个平面,而在成龄植株叶的中部常成2个平面,线状披针形,长渐尖,先端具不整齐2裂,长50~100cm,宽5cm。果实长圆状椭圆形,一侧凸起,熟时淡紫黑色,长1.5~2cm,直径0.9~1cm。

【产地及习性】原产美洲,我国南方热带地区有栽培。

【观赏评价与应用】菜王棕树形优美,比大王椰子更为高大,常作行道树和庭园绿化树种栽培。茎的嫩心可作蔬菜食用,髓部产淀粉。

【同属种类】王棕属约10种,产热带美洲。我国引入栽培2种。

大王椰子
Roystonea regia

【别名】王棕

【形态特征】常绿乔木,高10~29m,具整齐的环状叶鞘痕,幼时基部明显膨大,老时中部膨大,向上渐狭。叶聚生茎顶,羽状全裂,长4~5m,叶轴每侧的裂片多达250片;裂片条状披针形,常4列排列,长90~100cm,宽3~5cm;叶鞘紧包干茎。肉穗花序长达1.5m,2回分枝,排成圆锥花序式,有佛焰苞2枚。雌雄同株,雄花淡黄色,长6~7mm。果实近球形至倒卵形,长约1.3cm,径约1cm,暗红色至淡紫色。花期

3~4月；果期10月。

【产地及习性】原产热带美洲，世界热带广为栽培，我国华南和西南地区园林中常见应用。成树喜光，幼龄稍耐荫；喜温暖，耐寒力较假槟榔差；根系发达，抗风力强，能抗8~10级热带风暴；喜土层深厚肥沃的酸性土，不耐瘠薄，较耐干旱和水湿。

【观赏评价与应用】大王椰子是古巴国树，树形挺拔，茎干光滑并具有明显的环状叶痕，整个茎干呈优美的流线型，是极为优美的棕榈植物。广泛作行道树和庭园绿化树种。适于行列式种植和对植，也可于水边、草坪等处丛植。还适于在高速公路中心绿带中应用，其高大而单生的茎干不会妨碍行驶中汽车的视线，汽车疾驰而产生的阵风也不会影响到茎顶的树冠。

小箬棕
Sabal minor

【别名】矮菜棕、

【形态特征】矮小灌木状，无茎或具短茎，高约1m。叶掌状分裂，淡蓝绿色，约呈3/4圆形，裂片20~38个，中央裂片较长，宽2~3.5cm，2裂，裂片弯缺处具早落的丝状纤维；叶柄与叶片近等长。花序生于叶间，直立，长达1.5m，具3~4级分枝，上面着生10~14个分枝花序，长10~25cm；花黄白色，花瓣卵状椭圆形。果实球形，熟时亮黑色，直径8~9mm。种子近球形，径约6mm。花果期11月。

【产地及习性】原产美国东南部。我国福建、台湾、广东、广西及云南有栽培。喜光，对土壤要求不严，适应性较强。

【观赏评价与应用】小箬棕叶色蓝绿，花序直立并伸出叶片之上，观赏价值高，本种植株低矮，地上茎干不明显，特别适于草坪孤植、丛植。由于株型较小，也适于庭院或较小的空间绿化和美化。

【同属种类】箬棕属约14种，分布于哥伦比亚至墨西哥东北部和美国东南部。我国南方引入栽培2~3种。

牙买加箬棕
Sabal maritima

单干型，树干粗壮，高达15m，直径25~40cm。叶片大型，掌状，长达1.8~2m，裂片70-110。花序分枝，长约1.8m。果实梨形至球形，熟时黑色，径约0.8~1.4cm。

特产于古巴和牙买加。喜光，喜排水良好的土壤。

箬棕
Sabal palmetto
【Sabal blackburniana】

【别名】菜棕、巴尔麦棕榈

常绿乔木，干单生，高9～18m，径约35cm，稀可高达27m、直径50cm，被覆交叉状的叶基。掌状叶长达1.8m，宽略大于长，绿色至黄绿色；裂片80～95，先端深2裂，两面绿色或黄绿色；叶柄粗壮，长于叶片。圆锥花序与叶等长或更长，开花时下垂。果实近球形或梨形，黑色，直径11～13mm。花期6月；果期秋季。

原产美国东南部北卡罗来纳至佛罗里达。我国福建、台湾、广东、广西及云南有栽培。幼叶鞘的硬纤维用于制洗衣刷，叶子也可盖屋顶；顶芽是一种美味的蔬菜。

茎。叶1回羽状分裂，长约7m，叶面浓绿色，背面灰绿色；叶片不规则排列；叶柄长约2m。基生花序，从叶鞘中抽出，雌雄异株，花序异形。雄花序长达1m，雌花序长约0.3m。果实梨形，长达10cm，直径达8cm，紫色至黄褐色。

【产地及习性】原产东南亚热带。在海南及云南西双版纳有引进栽培，但均为雄株。

【观赏评价与应用】蛇皮果在热带地区普遍作为果树栽培。其植株丛生，无地上茎，园林中适于草地孤植、丛植。

【同属种类】蛇皮果属（鳞果椰属）约18种，分布于印度东北部至东南亚热带地区。我国1种，分布于云南西部，引入栽培1种。

滇西蛇皮果
Salacca griffithii

丛生灌木，几无地上茎。叶羽状全裂，长约6m，叶轴下部背面有针刺；羽片整齐排列，披针形，长50～100cm，宽5～11cm，两面绿色，上面有刚毛，边缘具稀疏的稍短刚毛。果实球形（含1种子），近双生形（含2种子）至近三棱形（含3种子），径6～6.5cm，果皮薄，密被钻状披针形的长8～10mm的暗褐色而有光泽的鳞片。花果期9～10月。

产云南西部，见于云南盈江西部的热带森林中，为我国稀有植物。印度、缅甸亦产。

箬棕

箬棕

蛇皮果

箬棕

蛇皮果

滇西蛇皮果

滇西蛇皮果

蛇皮果
Salacca zalacca
【Salacca edulis】

【别名】鳞果椰

【形态特征】丛生灌木，高达7m，无地上

金山葵
Syagrus romanzoffiana

【别名】皇后葵

【形态特征】常绿乔木，高 10～15m，径 20～40cm。叶羽状全裂，长 4～5m，每 2～5 羽片靠近成组排列成几列，羽片线状披针形，最大的长 95～100cm，宽约 4cm，顶端的较短、线形，两面及边缘无刺，羽片先端浅 2 裂。花雌雄同株，花序生叶腋间，长达 1m，1 回分枝；雄花长 7～16mm，雌花长 4.5～6mm。果实近球形或倒卵球形，长约 3cm，橙黄色。花期 2 月；果期 11 月至翌年 3 月。

【产地及习性】原产巴西。广泛栽培于热带和亚热带地区。我国南部诸省常见栽培于庭园。性喜高温；喜光，耐烈日，也稍耐荫庇；

金山葵

金山葵

金山葵

喜土层深厚肥沃的微酸性土，不耐干旱瘠薄，较耐水湿。

【观赏评价与应用】金山葵树干挺拔，羽片蓬松，随风而动，雅丽迷人，适于作行道树，也可对植于门前、丛植于水边、草地等各处，均一派热带风光。果实可食。

【同属种类】金山葵属约 32 种，主产于南美洲，从委内瑞拉向南至阿根廷，其中巴西种类最多，1 种产于小安的列斯群岛。我国南方常见栽培 1 种。

南美狐尾棕
Syagrus sancona
【*Syagrus tessmannii*】

常绿乔木，单干型，高 10～30m，径达 20～35。叶片 8～10 枚，长 3.5～4.5m

南美狐尾棕

long；羽片 150～170 对，2～7 枚聚生，不在一个平面，中部羽片长约 60～100cm，宽 3.5～5cm。花序长 1～1.5m，分枝多，长约 65cm；雄花长约 10mm，雌花长 5～10mm。果实熟时黄色或橘红色，长 3～3.5cm，径约 1.5～2cm。

分布于南美洲。华南引种栽培。

棕榈
Trachycarpus fortunei

【形态特征】常绿乔木，高达 15m。树干常有残存的老叶柄及其下部黑褐色叶鞘。叶形如扇，径 50～70cm，掌状分裂至中部以下，裂片条形，坚硬，先端 2 浅裂，直伸；叶柄长 0.5～1m，两侧具细锯齿。花淡黄色。果肾形，径 5～10mm，熟时黑褐色，略被白粉。花期 4～6 月；果期 10～11 月。

【产地及习性】原产亚洲，在我国分布甚广，长江流域及其以南各地普遍栽培。喜光，亦耐荫，苗期耐荫能力尤强；喜温暖湿润，亦颇耐寒，在山东崂山露地生长的棕榈可高达

棕榈

棕榈

棕榈科 Arecaceae (Palmae)

4m；喜排水良好、湿润肥沃的中性、石灰性或微酸性黏质壤土，耐轻度盐碱，也耐一定的干旱和水湿；抗污染。浅根系，须根发达，生长较缓慢。

生产上可利用大树下自播苗培育。

【观赏评价与应用】棕榈为著名的观赏植物，树姿优美，"秀干扶疏彩槛新，琅玕一束净无尘；重苞吐实黄金穗，密叶围条碧玉轮"，最适于丛植、群植、窗前、凉亭、假山附近、草坪、池沼、溪涧均无处不适，列植为行道树也甚为美丽，均可展现热带风光。山麓溪边，栽种棕榈，既可护坡固岸，又能增添景致。庭院中成丛，如屋角之阳、凉亭之侧、假山旁、池沼之畔，点缀数株，自别有一番景色。

【同属种类】棕榈属约 8 种，分布于分布于喜马拉雅山东部至中国南部及中南半岛。我国 3 种，产西南部至东南部。

阿根廷长刺棕
Trithrinax campestris

【形态特征】常绿小乔木，单干型，高约 6m，径约 20～25cm，树干密被多年宿存的叶基。叶片坚韧，圆形，径约 1m，掌状分裂，叶面、叶背均具戟突，裂片单折，先端 2 叉状；叶柄硬。叶鞘具网格状纤维，上部纤维变成长刺。雌雄同株，花序多分枝，生于下部的叶基部；花两性。果实球形，淡黄色。花期秋季；果期翌年夏季。

【产地及习性】分布于南美洲。喜光，生于排水良好的砂质或多石土壤中；耐干旱，休眠季节耐 -9℃以下低温。生长缓慢。

【观赏评价与应用】阿根廷长刺棕叶鞘具长刺，在棕榈类植物中奇特，体型不大，生长缓慢，适于庭院栽培。

【同属种类】长刺棕属约有 3 种，分布于南美洲。

琴叶瓦理棕
Wallichia caryotoides
【*Wallichia siamensis*】

【别名】泰国瓦里棕、

【形态特征】丛生灌木，高 2～3m，径 2～10cm。叶羽状全裂，羽片披针形，8～12 对，下部的互生，长 25～49cm，宽约 5～11cm；叶柄长 0.8～1.5m。花单性，雌雄花序生于同一个或不同茎上，长约 40～50cm，直立。雄花序腋生，雄花径约 5～6mm，雄蕊 11～16；雌花序顶生，雌花较小，径约 2.5mm。果卵球形至椭圆形，红色，长约 1.7cm，直径 0.8cm。花期 10 月。

【产地及习性】产云南西部，生于海拔 800～900m 的热带森林中。泰国、缅甸、孟加拉国亦产。可作庭园绿化树种。

【观赏评价与应用】琴叶瓦理棕株丛紧密，羽片似提琴状浅裂，是优良的庭园绿化树种，可丛植、列植，也可作绿篱。

【同属种类】瓦理棕属约8种，分布于喜马拉雅山东部至中国南部及中南半岛。我国5种，主产华南、西南。

二列瓦理棕
Wallichia disticha

乔木状，茎单生，高 5～8m，直径 15～25cm，具叶环。叶常2列（或1至数列）互生于茎上，长 2～4m，羽片 45～73 对，每 3～8 片聚生，线状披针形，中部的长 50～80cm，宽 5～8cm。雄花序长达 1.2m，雌花序长达 1m，下垂。果实长圆形，长约 2.2cm，径约 1.5cm，红褐色。花期 4～7月。

二列瓦理棕

二列瓦理棕

产云南西部低海拔热带森林中。分布于热带亚洲。树形优美，可作庭园观赏树种；树干髓心含淀粉可供食用。

瓦理棕
Wallichia gracilis
【*Wallichia chinensis*】

【别名】小董棕

丛生灌木，高约 1.5m，直径 2～2.5cm。叶羽状全裂，羽片 5～7 对，互生或近对生，中部的长 30～40cm，宽 6～9cm。花序悬垂，雄花序长约 12～25cm，雌花序长达 35cm，雄蕊 6～7。果实卵状椭圆形，黄色，长约 1.5cm，径约 1cm。花期 6月；果期 8月。

产广西等省区。越南亦产。可作庭园绿化树种。

瓦理棕

密花瓦理棕
Wallichia densiflora
【*Wallichia oblongifolia*】

【别名】密花小董棕

丛生灌木，几无地上茎，株高 2～4m。叶长 2～4m，羽状全裂，羽片互生或在叶轴下部 2～4 片聚生，长圆状，长 60～75cm，宽 11～12cm，基部楔形，边缘具不规则深波状裂，并明显啮蚀状，背面稍白色；叶鞘被鳞秕和长柔毛，边缘分解成强壮纤维。雌雄同株异序；雄花序长约 30cm，分枝多而纤细，雄花小，淡黄色；雌花序粗壮，长达 80cm，雌花淡紫色。果实长圆形，长 1.8cm，

二列瓦理棕

瓦理棕

密花瓦理棕

密花瓦理棕

宽0.9cm，污紫色或深红色。花果期7～9月。

产云南西部，见于盈江县低海拔热带森林中。印度、缅甸、孟加拉国有分布。树形美观，可作为庭园绿化树种。

丝葵
Washingtonia filifera

【别名】华盛顿椰子、裙棕

【形态特征】高达20m，茎近基部略膨大，向上稍细。叶掌状中裂，圆扇形，叶径达1.8m，约分裂至中部；裂片50～80枚，先端2裂；裂片边缘及裂隙具永存灰白色丝状纤维，先端下垂；叶柄绿色，仅下部边缘具小刺。花序多分枝，花几无梗，白色。核果，椭圆形，熟时黑色。花期6～8月。

【产地及习性】原产美国及墨西哥。我国长江流域以南地区有栽培，以福建、广东等地较多。喜温暖、湿润、向阳的环境，亦耐荫，抗风抗旱力均很强。喜湿润、肥沃的黏性土壤，也耐一定的水湿与咸潮，能在沿海

丝葵

丝葵

丝葵

地区生长良好。

【观赏评价与应用】丝葵树冠优美，叶大如扇，四季常青，那干枯的叶子下垂覆盖于茎干之上形似裙子，而叶裂片间特有的白色纤维丝，犹如老翁的白发，奇特有趣。宜孤植于庭院中观赏或列植于大型建筑物前、池塘边以及道路两旁。

【同属种类】丝葵属（华盛顿椰子属）2种，产美国及墨西哥。我国均有引种栽培。

大丝葵
Washingtonia robusta

【别名】壮裙棕

常绿乔木，树干高大，基部常膨大，叶片较小，直径1～1.5m，裂至基部2/3处，裂片边缘的丝状纤维只存在于幼龄树的叶上，随年龄成长而消失，叶柄淡红褐色，边缘具粗壮的钩刺，幼树的刺更多。

原产墨西哥北部，华南常栽培。

大丝葵

大丝葵

狐尾椰子
Wodyetia bifurcata

【别名】狐尾棕

【形态特征】常绿乔木，茎单干，中部膨大，高达15m，直径达30cm；叶环痕显著。叶片长达3m，复羽状分裂为11～17小羽片；小羽片先端啮蚀状，辐射状排列使叶片呈狐尾状；叶鞘形成绿色的冠茎。叶下花序，雌雄同株。果实卵形，长约6cm，红色。

【产地及习性】原产澳大利亚昆士兰，华南各省有栽培。喜光，较耐旱。

【观赏评价与应用】狐尾椰子树姿亭亭玉立，羽片辐射状，蓬松，排列较金山葵更整洁，状似狐尾，轻盈灵动，别致而优美。适宜三、五散植或丛植于建筑旁或路边草坪上，也可丛植、列植于路边、水边等处，具有较高的观赏价值。

【同属种类】狐尾椰属仅1种，分布于澳大利亚。我国引入栽培。

狐尾椰子

一百四十九、露兜树科 Pandanaceae

露兜树
Pandanus tectorius

【形态特征】常绿灌木或小乔木，树干常扭曲。叶簇生枝顶，3行紧密螺旋状排列，条形，长达80cm，宽4cm，先端渐狭成长尾尖，叶缘和背面中脉有粗壮锐刺。雄花序由若干穗状花序组成，每一穗状花序长约5cm，佛焰苞长披针形，近白色；雌花序头状，单生枝顶，佛焰苞乳白色，心皮5～12枚合为1束，上部分离。聚花果大而悬垂，由40～80个核果束组成，长达17cm，径约15cm，熟时橘红色。花期1～5月。

【产地及习性】产福建、台湾、广东、海南、广西、贵州和云南等省区，生于海边沙地；热带亚洲和澳大利亚南部也有分布。

【变种】林投（var. *sinensis*）叶较窄，叶先端变狭且具长的尾鞭，长达15cm；子房4～7室；果较小，圆球形，长约8cm，直径8cm，由50～60枚核果束组成，每一核果束长约2.5cm，宽约2cm。产台湾、广东、海南、广西等省区。生于海边沙地上。

【观赏评价与应用】露兜树树形、叶片奇特，果实大型，是热带地区优良的观赏树种，可丛植、列植，也可植为绿篱，尤适于水边应用。叶纤维可编制工艺品；嫩芽可食；花可提取芳香油。

【同属种类】露兜树属约600种，分布于东半球热带。我国8种，产华南、西南至台湾，其中露兜树常见于东南沿海砂地。

林投

林投

露兜树

分叉露兜
Pandanus urophyllus
【*Pandanus furcatus*】

常绿乔木，高7～12m，茎端分枝，具粗壮气根。叶聚生茎端，带状，长1～4m，宽2～11cm，边缘具密刺，背面中脉具稀疏上弯的刺。雌雄异株；雄花序由穗状花序组成，穗状花序金黄色，圆柱状，长10～15cm，雄蕊常3～5枚；雌花序头状。聚花果椭圆形，红棕色，有香甜味。花期8月。

产广东及其沿海岛屿、广西、云南、西藏南部，生于水边、林中沟边，或栽培作绿篱。也分布于印度北部至中南半岛。叶可编蓆，制簑衣。

分叉露兜

分叉露兜

红刺露兜
Pandanus utilis

【别名】扇叶露兜树

常绿乔木，高达18m，或为高约4～5m的灌木状，多分枝，干光滑，支持根粗大。叶螺旋生长，直立，长披针形，长达40～180cm，宽5～8cm，叶缘及背面中脉有细小红刺。花单性异株，雄花序下垂，花丝长。花具芳香。聚花果圆球形或长圆形，径约15cm，下垂。

原产非洲马达加斯加岛。在我国台湾、广州、西双版纳有栽培，供观赏。

红刺露兜

红刺露兜

红刺露兜

一百五十、天南星科 Araceae

绿萝
Epipremnum aureum

【别名】藤芋

【形态特征】大型常绿攀援植物，气生根发达，茎蔓长达20m。幼枝鞭状，粗3～4mm，节间长15～20cm；叶柄长8～10cm，两侧具鞘达顶部；叶片长5～10cm，纸质，宽卵形。成熟枝上叶柄粗壮，长30～40cm；叶片薄革质，翠绿色，常有多数不规则黄色斑块，全缘，不等侧的卵形或卵状长圆形，基部深心形，长32～45cm，宽24～36cm。不易开花。

【产地及习性】原产所罗门群岛，常攀援于雨林的树干和岩石上，现广植亚洲各热带地区。广东、福建等地栽培。性喜温暖、荫蔽、湿润的环境，要求土壤疏松、肥沃、排水良好，较龟背竹耐光。

【观赏评价与应用】绿萝四季常青，叶色淡绿而有黄斑，黄绿相间醒目别致，有似绿玉泼金，藤蔓长达20m，生长繁茂，攀援能力强，能形成浓荫，可起到良好的遮荫效果，是华南重要的垂直绿化材料，可广泛应用于吸附墙壁或攀附林木、假山、悬崖，也是优良的盆栽观赏材料，常用于厅堂的陈列。

【同属种类】麒麟叶属约20种，分布于热带亚洲、澳大利亚和太平洋岛屿。我国1种，产华南及云南，引入栽培1种。

麒麟叶
Epipremnum pinnatum

【别名】麒麟尾、上树龙

【形态特征】常绿藤本植物，茎粗壮，多分枝；气生根具发达的皮孔，紧贴于树皮或石面。叶柄长25～40cm，上部有长2.2cm的膨大关节；叶鞘膜质；叶片薄革质，幼叶狭披针形或披针状长圆形，成熟叶长圆形，沿

中肋有2行星散的、有时长达2mm的小穿孔，叶片长40～60cm，宽30～40cm，两侧不等羽状深裂，裂片线形。花序柄圆柱形，长10～14cm，基部有鞘状鳞叶包围。佛焰苞外面绿色，内面黄色，长10～12cm。肉穗花序圆柱形，长约10cm。花期4～7月。

【产地及习性】产台湾、广东、广西、云南的热带地域，附生于热带雨林的大树上或岩壁上。福建等省有栽培。自印度、马来半岛至菲律宾、太平洋诸岛和大洋洲都有分布。喜温暖湿润的半阴环境，忌霜冻和强光直射；要求排水良好的肥沃土壤。

【观赏评价与应用】麒麟叶生长势强健，茎干粗壮，叶片宽大而深裂奇特，浓绿有光泽，是垂直绿化的好材料，可常攀附于其他大乔木主干或山石墙壁等处，壮观美丽，也适合用于室内绿化，装饰大厅，攀附室内山石、崖壁、墙面，均甚相宜。

龟背竹
Monstera deliciosa

【别名】电线兰

【形态特征】常绿大藤本，茎蔓粗壮，长达10m，绿色；气生根长达1～2m，形似电线。叶片革质，心状卵形，长50～90cm，宽40～60cm，羽状分裂，叶脉间常有1～2个穿孔。肉穗花序乳白色或淡黄色，长20～25cm；佛焰苞宽卵形，船状，长达30cm。浆果呈球果状，成熟后可食。花期8～9月；果期翌年9～10月。

【产地及习性】龟背竹原产墨西哥热带雨林中，常附生于大树和岩石上，华南南部常见露地栽培，北方盆栽。喜温暖湿润和荫蔽

龟背竹

的环境，也耐空气干燥；忌阳光直射；不耐寒，冬季宜保持10℃以上；要求土壤肥沃、排水良好，也稍耐水湿和干旱。

【观赏评价与应用】龟背竹叶片大型而多孔，形似龟背，气生根发达，延伸如电线，故有电线草之称，佛焰苞大如灯罩，别具热带风光，最适于吸附墙壁或棚架生长，也可植于池边和阴湿山石间。在北方，龟背竹为大型盆栽花卉，可装饰宾馆、饭店大厅，或布置在室内花园的人工瀑布、水池边。

【同属种类】龟背竹属约50种，分布于拉丁美洲热带地区。我国引入栽培1种。

石柑子
Pothos chinensis

【别名】石藤、藤橘

【形态特征】常绿附生藤本，长0.4～6m。茎亚木质，近圆柱形，节上常束生长1～3cm的气生根；鳞叶线形，长4～8cm，宽3～7mm，具多数平行纵脉。叶片椭圆形、披针状卵形至披针状长圆形，长6～13cm，宽1.5～5.6cm；叶柄倒卵状长圆形或楔形，长1～4cm，宽0.5～1.2cm，约为叶片大小的1/6。花序腋生，焰苞卵状、绿色，肉穗花序短，椭圆形至近圆球形。浆果黄绿色至红色，长约1cm。花果期四季。

【产地及习性】产台湾、湖北、广东、广西、四川、贵州及云南等地，生于海拔2400m以下的阴湿密林口，常匍匐于岩石上或附生于树干上。越南、老挝及泰国也有。

【观赏评价与应用】石柑攀援能力强，四季常绿，果实红艳，是优良的垂直绿化材料，特别适用攀附山石、墙垣。

【同属种类】石柑属约75种，自印度至太平洋诸岛，西南至马达加斯加皆有分布。我国南部和西南部有5种。

石柑子

石柑子

龟背竹

龟背竹

石柑子

一百五十一、禾本科 Poaceae

孝顺竹
Bambusa multiplex

【别名】凤凰竹

【形态特征】合轴丛生型。秆高 3 ~ 7m，径 1.5 ~ 2.5cm，节间长 30 ~ 50cm，青绿色，幼时被薄白蜡粉，并于节间上部被棕色小刺

毛；尾梢直或略弯。箨鞘厚纸质，绿色，无毛；箨耳缺或细小；箨舌弧形，高 1 ~ 1.5mm；箨叶长三角形，淡黄绿色并略带红晕，背面散生暗棕色脱落性小刺毛。分枝低，末级小枝有叶片 5 ~ 12 枚，排成 2 列，宛如羽状；叶片线形，长 5 ~ 16cm，宽 7 ~ 16mm，表面深绿色、无毛，背面粉绿色而密被短柔毛；叶鞘黄绿色，无毛；叶耳肾形，边缘具有淡黄色繸毛。笋期 6 ~ 9 月。

【产地及习性】分布于华南、西南等地，北达江西、浙江；越南也有分布。长江以南各地常见栽培。适应性强，喜温暖湿润气候和排水良好、湿润的土壤。是丛生竹类中耐寒性最强的种类之一，在南京、上海等地可生长良好。

【变种】观音竹（var. *riviereorum*），秆实心，高 1 ~ 3m，直径 3 ~ 5mm，小枝具 13 ~ 26 叶，且常下弯呈弓状，叶片较小，长 1.6 ~ 3.2cm，宽 2.6 ~ 6.5mm，产广东，常栽培。

【观赏品种】凤尾竹（'Fernleaf'），与观音竹相似，秆高 3 ~ 6m，中空，小枝稍下垂，具叶 9 ~ 13 片，叶片长 3.3 ~ 6.5cm，宽 4 ~ 7mm。花孝顺竹（'Alphonso-karri'），又名小琴丝竹，竹秆和分枝鲜黄色，间有宽窄不等的绿色纵条纹。

【观赏评价与应用】孝顺竹为中小型竹种，竹秆青绿，叶密集下垂，姿态婆娑秀丽、潇洒，最适于小型庭园造景，可孤植、群植、对植，特别适于点缀景门、亭廊、山石、建筑小品，也可植为绿篱，长江以南各地广泛应用。凤尾竹植株低矮，叶片排成羽毛状，枝顶端弯曲，是著名观赏竹种，常见于寺庙庭园间，也特别适于植为绿篱或盆栽。

【同属种类】簕竹属约 100 余种，分布于亚洲热带和亚热带地区。我国 80 种，主产华南和西南，为著名观赏竹种和经济竹种，多数种类广泛栽培。通常夏秋发笋，长成新秆后，于翌年分枝展叶，入冬时，新秆尚未完全木质化，因而耐寒性较差。

粉箪竹
Bambusa chungii
【Lingnania chungii】

【形态特征】秆高 5 ~ 10 (18) m，径 3 ~ 5 (7) cm，节间长 30 ~ 45cm，最长可达 100cm，圆筒形；新秆密生白色蜡粉。秆环平；箨环隆起成 1 木栓质圈，有倒生的棕色刚毛。箨鞘早落，黄色，远较节间短，幼时背面被白蜡粉和小刺毛；箨耳狭带形，边缘有繸毛；箨叶淡黄绿色，强烈外卷，背面密生刺毛；箨舌远较箨叶基部宽，高 1 ~ 1.5mm。分枝点高，每节多分枝。末级小枝具 7 叶，叶片披针形至线状披针形，长 10 ~ 16cm，宽 1 ~ 2cm，不具小横脉。

【产地及习性】产湖南南部、福建、广东、广西、云南东南部，生于低海拔地区。常栽

禾本科 Poaceae

粉箪竹

粉箪竹

粉箪竹

培观赏。喜光，喜温暖湿润气候和肥沃湿润土壤，在溪边、河岸、冲积土上尤为繁茂。

【观赏评价与应用】粉箪竹竹丛疏密适中，姿态优美，竹秆亭亭玉立，节间修长，幼秆密生白色蜡粉而呈粉白色，是一美丽的观赏竹种，宜作为庭园绿化之用。适合丛植于小庭院独立成景或配以景石、白色砂石等营造简洁庭园景观，或配置于湖边、河边、草地等，组成雅致优美的竹丛景观。

慈竹
Bambusa emeiensis
【*Dendrocalamus affinis*；*Neosinocalamus affinis*；*Sinocalamus affinis*】

【形态特征】秆高5～10m，直径3～6cm；节间圆筒形，长15～30（60）cm，表面贴生长约2mm的灰褐色脱落性小刺毛；秆环平，箨环明显，在秆基数节上下各有宽5～8mm的1圈紧贴白色绒毛。箨鞘背面贴生棕黑色刺毛，先端稍呈山字形；箨耳狭小，呈皱折状；箨舌高4～5mm，中央凸起成弓形，边缘具流苏状纤毛；箨叶直立或外翻，披针形，腹面密生、背面中部疏生白色小刺毛。笋期6～9月或自12月至翌年3月。

【产地及习性】产湖南南部、贵州、四川、云南等地，多生于平地和低山丘陵。南部及西南部广泛栽培。喜光，喜温暖湿润气候和肥沃湿润土壤。

【观赏品种】金丝慈竹（'Viridiflavus'），节间深绿色，但在秆芽处（或分枝一侧）向上发生宽约1mm的浅黄色条纹，能贯穿整个节间长度。绿秆花慈竹（'Striatus'），竹秆

慈竹

慈竹

慈竹

节间有淡黄色条纹，叶片有时也有淡黄色条纹。

【观赏评价与应用】慈竹竹秆顶端细长作弧形或下垂，如钓丝状，竹丛优美，风姿雅雅，适于沿江湖、河岸栽植，庭园中可植于池旁、窗前、屋后等处，成都、昆明等地庭园中常见栽培。在产区是最普遍生长的竹种之一，多见于农家栽培房前屋后的平地或低丘陵，野生者似已绝迹。

小箣竹
Bambusa flexuosa

秆高6～7m，径3.5～6cm，尾梢略下弯，下部稍呈"之"字形曲折；节间长20～30cm，幼时疏生棕色贴生刺毛，不久毛落后留有凹痕，节下方常环生一圈棕色绢毛；节处稍隆起，仅于解箨后在箨环上留下一圈棕色脱落性短刺毛；分枝常自秆基部第一节开始，秆中部以下各节多为单枝，而上部则以3至数枝簇生，秆下部的分枝粗长而呈"之"字形曲折，其上的小枝常短缩为硬刺，并相

小箣竹

小箣竹

互交织而成刺丛。箨鞘迟落。叶片狭披针形至披针形，长7～11cm，宽12～16mm。

产广东南部、海南和香港，多生于丘陵地上或低山的山脚下。农村常种植以作绿篱，利用其刺丛以作防护。

花撑篙竹
Bambusa pervariabilis var. viridi-striata

秆高7～10m，径4～5.5cm，尾梢近直立，下部挺直，幼时薄被白蜡粉或有糙硬毛。所有分枝和节间黄色，有绿色条纹；节处稍有隆起。秆基部数节于箨环之上下方各环生一圈灰白色绢毛。分枝坚挺，以数枝乃至多枝簇生，中央3枝较粗长。箨鞘早落，薄革质，背面无毛或有时被糙硬毛；箨耳具波状皱褶，被波曲状细继毛；箨舌高3～4mm，不规则齿裂；箨片直立，易脱落，狭卵形。叶片线状披针形，长10～15cm，宽1～1.5cm。

产广西，广东等地有栽培。

青皮竹
Bambusa textilis

【形态特征】秆高8～10m，径3～5cm，尾梢弯垂，下部挺直；节间长40～70cm。竹壁较薄（2～5mm），新竹深绿色，被白粉和白色细毛。箨鞘早落，革质，硬而脆，外面近基部被暗棕色刺毛；箨耳小，长椭圆形，两侧不等大，具有屈曲的继毛；箨舌高2mm，边缘具细齿和小纤毛。出枝较高，分枝密集丛生；叶片线状披针形，长9～17cm，宽1～2cm，下面密生短柔毛。笋期5～9月。

【产地及习性】产广东和广西，现西南、华中、华东各地均有引种栽培，常栽培于低海拔地的河边、村落附近。喜温暖，也耐短期-6℃低温，喜疏松、湿润、肥沃土壤。

【变型】紫秆竹（f. purpureascens），秆具紫色条纹，乃至全秆变为紫色，产广东肇庆。紫斑竹（f. maculata），秆基部数节的节间和箨鞘均具紫红色条状斑纹，产广东。

【观赏评价与应用】青皮竹竹丛优美，秀雅翠绿，为优美的庭园观赏用竹。

吊丝单竹
Bambusa variostriata
【Dendrocalamopsis variostriata】

秆高5～12m，径4～7cm，幼时梢端弯曲呈钓丝状；节间圆筒形，有时下部略肿大，绿色，幼时或有淡紫色条纹而贴生柔毛，毛落后呈现黄色纵条纹；秆环平坦，箨环稍隆起；节内在第六节以下各节者还常贴生一圈灰白色短柔毛，近秆基部的各节内还常具环列的

花撑篙竹

花撑篙竹

青皮竹

青皮竹

青皮竹

青皮竹

吊丝单竹

吊丝单竹

气生根。箨鞘脱落性，顶端稍拱起或为截形，背面被有易落的黄褐色刺毛；箨耳长圆形，近等大，繸毛长4～6mm；箨舌顶缘稍弧拱或截形，中央高3～9mm，全缘或具细齿。枝群常自秆的第3节以上始有，多枝簇生，主枝较粗壮。末级小枝具7～12叶，叶片窄披针形，长13～26cm，宽1.6～3cm。

分布在我国广东英德及广州市近郊一带。笋味鲜美，为广州市常见栽培的笋用竹。

佛肚竹
Bambusa ventricosa

【形态特征】合轴丛生型。幼秆绿色，老秆黄绿色。秆2型：正常秆高8～10m，径3～5cm，尾梢略下弯，节间圆筒形，长30～35cm，基部1～2节常有短气根；畸形秆低矮，通常高25～50cm，径1～2cm，节间甚短而基部肿胀呈瓶状，长2～3cm。箨鞘早落，背面无毛；箨耳发达，大小不等，大耳狭卵形至卵状披针形，小耳卵形；箨舌不明显；箨叶卵状披针形，上部有小刺毛。叶片披针形至线状披针形，长9～18cm，宽1～2cm，背面密生短柔毛柔毛。

【产地及习性】为广东特产，华南各地园林中常见栽培，长江流域及以北地区也有盆栽。喜温暖湿润气候；喜深厚肥沃而湿润的酸性土，耐水湿，不耐干旱。佛肚竹立地条件太好时，秆发育正常，呈高大丛生状；因此要使节间畸形，应控制肥水。

【观赏评价与应用】佛肚竹竹秆幼时绿色，老后变为橄榄黄色，具有奇特的畸形秆，状若佛肚，别具风情，是珍贵的观赏竹种。其秆形甚为醒目，容易吸引人们的注意力，常用于装饰小型庭园，最宜丛植于入口、山石等视觉焦点处，供点景用。本种也常作盆栽，施以人工截顶培植，形成畸形植株以供观赏。

龙头竹
Bambusa vulgaris

【形态特征】秆高8～15m，径5～9cm，尾梢下弯，下部挺直或略呈"之"字形曲折，节间圆柱形，长20～30cm，幼时稍被白蜡粉，并贴生淡棕色刺毛，老则脱落；节部隆起，秆基部数节具短气根，并于秆环之上下方各环生1圈灰白色绢毛。箨鞘背部密被暗棕色短硬毛，易脱落；箨耳甚发达，彼此近等大而同形，长圆形或肾形，宽8～10mm，边缘有淡棕色曲折的繸毛；箨舌先端条裂，高3～4mm；

佛肚竹

佛肚竹

佛肚竹

大佛肚竹

黄金间碧玉竹

大佛肚竹

箨叶宽三角形，两面有暗棕色短硬毛。

【产地及习性】产云南南部，亚洲热带地区和非洲马达加斯加岛有分布。华南、西南等地常栽培。多生于河边或疏林中，喜温暖湿润气候，不耐寒。

【观赏品种】黄金间碧玉竹（'Vittata'），又名挂绿竹，竹秆黄色，具绿色条纹；箨鞘黄色，间有绿色条纹。大佛肚竹（'Wamin'），秆高仅2～5m，节间短缩肿胀呈盘珠状，与佛肚竹（Bambusa ventricosa）区别在于本品种的箨鞘背面密生暗棕色毛。

【观赏评价与应用】龙头竹竹丛优美，常用于园林造景，宜植于庭园池边、亭际、窗前、山石间，或成片种植。黄金间碧玉竹和大佛肚竹均为著名观赏竹，栽培更为广泛。

方竹
Chimonobambusa quadrangularis

【别名】方苦竹、四方竹、四角竹

【形态特征】地下茎为复轴型。秆高3～8m，径1～4cm，表面浓绿色、粗糙，上部圆而下部节间呈四方形，幼时密被向下的黄褐色小刺毛；节间长8～22cm，秆环甚隆起，下部节上有刺状气生根1环。箨鞘厚纸质，早落性，短于其节间，背面无毛或有时中上部贴生稀疏小刺毛，具有多数紫色小斑点；箨叶极小或退化，箨耳不发育，箨舌也不明显。末级小枝具2～5叶，长椭圆状披针形，长8～29cm，宽1～2.7cm，叶脉粗糙。

【产地及习性】我国特产，分布于江苏、安徽、浙江、江西、福建、台湾、湖南和广西等省区，北达秦岭南坡，常生于低海拔山坡和湿润沟谷。喜温暖湿润气候，在肥沃而湿润的土壤中生长最好。日本也有分布，欧美一些国家有栽培。

方竹

【观赏评价与应用】方竹竹秆呈四方形，下部节上具刺瘤，甚奇特，出笋期长，是著名观赏竹类，适于庭院窗前、花台、水池边小片丛植。《花镜》云："方竹产于澄州、桃源、杭州，今江南俱有。体方有如削成，而劲挺堪为柱杖，亦异品也。"笋期常为8月至翌年1月，若条件适合则常四季出笋，故有"四季竹"之称。

【同属种类】方竹属约37种，产东亚。我国是主产区，共有34种，产华东、华南及西南。本种可供庭园观赏。

刺黑竹
Chimonobambusa purpurea
【*Chimonobambusa neopurpurea*】

秆高4~8m，径1.5~5cm，中部以下各节均环生发达的刺状气生根，中部节间长约18 (25) cm，绿色，或部分幼秆紫色且在节间之基部具淡紫色纵条纹，圆筒形或秆基部略呈四方形；箨环隆起，初时密被黄棕色小刺毛，以后变为无毛，秆环微隆起；分枝习性较高，通常始于秆第11节；箨鞘宿存或迟落，在秆基部者长于其节间，呈长三角形，背面疏被小刺毛；箨耳缺；箨舌拱形。末级小枝具2~4叶，叶耳无；叶片狭披针形，长5~19cm，宽0.5~2cm。

方竹

方竹

刺黑竹

刺黑竹

产陕西南部、湖北西部及四川。生低山丘陵野生，农家亦有少量栽培。笋供食用。

筇竹
Chimonobambusa tumidissinoda
【*Qiongzhuea tumidinoda*】

【形态特征】灌木状竹类，秆高2~6m，直径1~3cm；节间长15~25cm（基部数节间长10~15cm)，秆壁甚厚；秆节强烈隆起，略向一侧偏斜。秆箨早落，厚纸质；箨叶不发育，钻形。每节分枝3个，有时因次生枝发生可增多。小枝纤细，叶2~4片，狭披针形，长5~14cm，宽6~12mm，侧脉2~4对，横脉清晰。

【产地及习性】自然分布于四川宜宾地区和云南昭通地区，即云贵高原东北缘向四川盆地过渡的亚高山地带。通常大面积集中成片

筇竹

筇竹

生长于山区上部到山脊的常绿阔叶林。喜冬冷夏凉、空气湿度较大的气候条件，分布区年均气温10℃左右，极端最高气温29℃，极端最低气温-10℃，土壤为山地黄壤，pH值4.5~5.5。

【观赏评价与应用】筇竹是我国特产的珍贵竹种，秆节膨大，形态奇特，在所有的竹种中最为特别，观赏价值和工艺价值高，适于庭院栽培观赏。筇竹与佛教也有关系，筇竹又被称作罗汉竹，而且，昆明西北的玉案山上，有一座建于宋末元初的古寺，名曰筇竹寺。

麻竹
Dendrocalamus latiflorus

【形态特征】合轴丛生型。秆高20~25m，径15~30cm；节间长45~60cm，新秆被薄白粉，无毛，仅在节内有1圈棕色绒毛环。秆分枝高，每节多分枝，主枝常单一。箨鞘易早落，厚革质，宽圆铲形，背面略被脱落性小刺毛。末级小枝具7~13叶；叶片长椭圆状披针形，长15~35(50)cm，宽2.5~7(13)cm，基部圆。笋期7~10月，以8~9月最盛。

【产地及习性】分布于华南至西南，生于平地、山坡和河岸。浙江南部、江苏西南部和江西南部有少量栽培。越南和缅甸也有分布。喜温暖湿润气候，不耐严寒，在年均气温17~22.5℃，年降水量1300~1800mm的地区生长良好，喜土层深厚、疏松、富含腐殖质的酸性至中性砂质壤土。

【观赏评价与应用】麻竹笋味鲜美，是优良的笋用竹，我国南部普遍栽培。竹丛高大、

苍翠，秆顶端下垂，也是优良的园林造景材料，可植于公园、河流边及湖岸，既可保持水土，又能形成独特景观。

【同属种类】牡竹属约40余种，分布于亚洲热带和亚热带地区。我国27种，分布于福建南部、台湾、广东、香港、广西、海南、四川、贵州、云南和西藏南部，尤以云南种类最多。

小叶龙竹
Dendrocalamus barbatus

秆高15~13m，径10~15cm，梢端弯或微下垂，基部数节环生气根；枝下高0.5~1m。秆每节分多枝，主枝3，其中1条明显较粗壮，侧枝纤细下垂。末级小枝具8~15叶，叶片长10~15cm，宽1~2cm，次脉5或6对。花枝无叶。花期6~10月。

分布在云南东南至西南海拔360~1100m，但均是栽培。

吊丝竹
Dendrocalamus minor

【形态特征】秆高6~12m，径(3)6~8cm，顶端弓形弯垂，节间长30~45cm，幼秆被白粉；秆环平坦，箨环稍隆起，留有残存的箨鞘基部。分枝点高，枝多数，主枝不显著。箨鞘早落性，鲜时草绿色，背面中下部贴生棕色刺毛；箨耳微小；箨舌高3~8mm，顶端平截，边缘被流苏状毛；箨叶外翻，卵状披针形，长6~10cm，背面无毛，腹面有小刺毛。末级分枝常单生，具3~8叶；叶片矩圆状披针形，一般长10~25cm，宽1.5~3cm（大型的可长达35cm，宽达7cm），两面无毛。

【产地及习性】产广东、广西、贵州等地，云南和浙江南部有引种栽培。喜生于土壤深

厚、湿润的环境，既能生于酸性土上，也能生于石灰岩山地。

【变种】花吊丝竹（var. amoenus），竹秆较矮小，高5~8m，直径4~6cm，节间浅黄色，间有5~8条深绿色条纹。产广西南部丘陵地及石灰低山。南宁市广西林业科学研究所竹园已栽培。

【观赏评价与应用】吊丝竹竹丛青翠秀丽，可植于庭园观赏。亦可劈篾编结竹席、箩筐等竹器。花吊丝竹竹秆有异色条纹，颇美丽。

野龙竹
Dendrocalamus semiscandens

秆直立，有时梢端下垂作攀援状而斜倚他物，高10~18m，径10~15cm；幼时密被银白色绒毛；每节分多枝，主枝1或有时无，可至与秆近同粗而使秆呈半攀援状。箨鞘早落性。末级小枝具6~12叶；叶片长25~35cm，宽3~4.5cm。

产云南省南部至西南部。自然分布在海拔500~1000m地带。笋味鲜美，是开发笋用竹的入选竹种。

巨龙竹
Dendrocalamus sinicus

【别名】歪脚龙竹

秆高20~30m，直径20~30cm，梢端下垂，在基部数节常环生气根；节间圆筒形，基部数节间短缩并常在一面鼓胀而使上下节斜交成畸形，秆下部的正常节间长

17~22cm，幼时密被白粉；枝下高3~5m，主枝常不发达。

产云南南部至西南部。栽培于海拔650~1000m地带，常植于村落边。秆高大，与龙竹不相上下，是我国所发现的最高大竹子之一。

华西箭竹
Fargesia nitida

【形态特征】秆高2~4m，径1~2cm，节间长11~20cm。秆柄长10~13cm，粗1~2cm。秆圆筒形，幼时被白粉，无毛；箨环隆起，较秆环为高；秆环微隆起。秆芽长卵形。分枝(5)15~18，上举。笋紫褐色，箨鞘革质，三角状椭圆形，背面无毛或初被稀疏灰白色小硬毛；箨耳和䍁毛均缺；箨舌圆拱形，紫色，高约1mm。小枝有2~3叶，叶片线状披针形，长3.8~7.5cm，宽0.6~1cm，

两面无毛，小横脉明显。笋期4～5月。

【产地及习性】分布于甘肃东北和南部、宁夏南部、青海东部和四川西部。耐寒冷和瘠薄土壤，耐荫，喜湿润气候，常生于海拔1900～3200m高山针叶林下。

【观赏评价与应用】华西箭竹是大熊猫主要采食的竹种，也是重要的山地水土保持植物，高海拔地区可用于风景区林下、河边片植点缀，颇具野趣。秆矮小而美丽，在兰州、西宁等城市常栽培，作为园林观赏植物。

【同属种类】箭竹属约90种，分布于中国、喜马拉雅东部至越南。我国至少有78种，多为特有种，北自祁连山东坡，南达海南，东起赣湘，西迄西藏吉隆，在海拔1400～3800m的垂直地带都有分布，尤以云南种类最多。

花巨竹
Gigantochloa verticillata

【形态特征】地下茎合轴型。秆直立，但尾梢下垂而斜倚，高8～15m，径7～10cm，基部数节环生气根；节间绿色并杂以黄色条纹，幼时贴生脱落性刺毛；节内和各节下方环生一圈白色绒毛；箨环被棕色小刺毛，箨鞘有黄色条纹。分枝常自秆第4～5节始，多枝簇生，主枝粗长。末级小枝8～10叶；叶鞘初时被棕色小刺毛，叶耳常缺，叶舌高5～10mm，叶片披针形至长圆状披针形，长24～47cm，宽3.5～7cm。

【产地及习性】产云南勐腊和景洪，香港有栽培。生于海拔400～800m热带季雨林中。越南、泰国、印度、印度尼西亚、马来西亚有分布。

【观赏评价与应用】花巨竹株丛自然，竹秆具黄色纵条纹，黄绿相间，观赏价值高，适于公园和庭院应用，广东等地有栽培。竹材篾性柔软，也是产区常用的篾用竹。

【同属种类】巨竹属约有30种，主产东南亚及南亚次大陆，多生于热带雨林中。我国6种，产于云南，香港、台湾有栽培。

黑毛巨竹
Gigantochloa nigrociliata

秆丛生，高3～15m，梢端下垂，节间绿色，具淡黄色纵条纹多条。箨鞘背面具紫红色后变为紫黑色的纵条纹，并密被脱落性的黑褐色小刺毛；分枝常自秆第9～10节始，

黑毛巨竹

多枝簇生，长2～3m，末级小枝约具10叶。叶片披针形乃至窄披针形，长19～36cm，宽3～5cm。

产云南西双版纳，香港有栽培。生于海拔500～800m的热带季雨林区，河边或溪水边。印度、缅甸、泰国和印度尼西亚有分布。

阔叶箬竹
Indocalamus latifolius

【形态特征】灌木状小型竹类。秆高1～2m，径5～15mm，节间长5～22cm。秆圆筒形，分枝一侧微扁；1～3分枝，秆中部常1分枝，与秆近等粗。秆箨宿存，箨鞘有粗糙的棕紫色小刺毛，边缘内卷；箨耳和叶耳均不明显，箨舌平截，高不过1mm，鞘口有长1～3mm的流苏状毛；箨叶狭披针形。

阔叶箬竹

阔叶箬竹

小枝有1～3叶，叶片矩圆状披针形，长10～45cm，宽2～9cm，表面无毛，背面略有毛。笋期5～6月。

【产地及习性】分布于华东、华中至秦岭一带。喜温暖湿润气候，但耐寒性较强，在北京等地可露地越冬，仅叶片稍有枯黄。

【观赏评价与应用】阔叶箬竹植株低矮，叶片宽大，在园林中适于疏林下、河边、路旁、石间、台坡、庭院等各处片植点缀，或用于作地被植物，均颇具野趣。

【同属种类】箬竹属约23种，分布于亚洲东部，除1种产日本外，其余种类全产于我国，主要分布于长江流域以南各地。

毛鞘箬竹
Indocalamus hirtivaginatus

秆高约2m，直径0.8～1cm；节间圆筒形，最长可达19cm，短者约12cm，幼时绿稍带紫色，节下方密生褐色微毛；秆环略高，箨环平坦；枝条被白色和淡棕色的伏贴柔毛及稀疏贴生的褐色硬刺毛。箨鞘长于节间，紧抱，鲜时绿色，背部密被棕色伏贴疣基刺毛；箨耳无或小；箨片直立，线状披针形。叶片长椭圆状披针形，长19～34cm，先端尾尖，宽4.5～7cm，两面无毛，次脉9～12对，小横脉呈方格状。笋期4月上中旬。

产江西瑞金。扬州等地栽培，供观赏。

毛鞘箬竹

毛鞘箬竹

箬竹
Indocalamus tessellatus

秆高 0.7～2m，径 4～7mm；节间长约 25cm，最长达 32cm；节较平坦，秆环较箨环略隆起，下方有红棕色贴秆的毛环。箨鞘上部宽松抱秆、无毛，下部紧密抱秆、密被紫褐色伏贴疣基刺毛；箨耳无；箨叶窄披针形。小枝具 2～4 叶，宽披针形或长圆状披针形，长 20～46cm，宽 4～10.8cm，下面密被贴伏的短柔毛或无毛，次脉 8～16 对，叶缘有细锯齿。笋期 4～5 月，花期 6～7 月。

产浙江和湖南，生于山坡路旁。叶片大型，可栽培观赏。

箬竹

箬竹

箬竹

梨竹
Melocanna baccifera

【别名】梨果竹、象鼻竹

【形态特征】地下茎合轴型，但具有延伸的秆柄形成假鞭。假鞭圆柱形，横走可延伸至 5m。秆劲直，高 8～20m，径 3～7cm；节

梨竹

梨竹

间圆筒形，长（12）20～50cm，幼时薄被白粉并混生柔毛；秆环不隆起；幼秆因秆箨宿存而长期不具分枝，后秆上部每节多枝簇生，粗细近相等。箨鞘背面贴生脱落性刺毛，箨耳不明显，鞘口繸毛发达，箨舌低矮，箨片线状三角形。末级小枝具 5～10 叶，披针形至矩状披针形，长 15～24cm，宽 25～35mm，具一粗糙扭曲的长尖头。花枝下垂。果实梨形，长 4.5～12.5cm，径 5～7cm。

【产地及习性】原产印度、孟加拉和缅甸。我国台湾、广东和香港等地都有引种栽培。

【观赏评价与应用】梨竹竹秆挺直、疏密自然，果实大型，可食，也可栽培观赏。秆为造纸上等原料，劈篾可供编织；竹叶可酿酒。地下茎的假鞭类似黄藤，可作为黄藤的代用品。

【同属种类】梨竹属有 2 种，分布在印度、孟加拉和缅甸，我国引进栽培 1 种。

刚竹
Phyllostachys sulphurea var. *viridis*

【形态特征】单轴散生型。秆高 6～15m，径 4～10cm。新秆鲜绿色，有少量白粉；分枝以下秆环较平，仅箨环隆起。中部节间长 20～45cm。箨鞘乳黄色，有褐斑及绿脉纹，无毛，微被白粉；无箨耳和繸毛；箨舌绿黄色，边缘有纤毛；箨叶狭三角形至带状，外翻，绿色但具橘黄色边缘。末级小枝有 2～5 叶，叶片长圆状披针形或披针形，长 5.6～13cm，宽 1.1～2.2cm。笋期 5 月。原种金竹（*Phyllostachys sulphurea*），秆于解箨时呈金黄色，常栽培观赏。

【产地及习性】原产我国，主要分布于黄河以南至长江流域各地。日本、北非、欧

黄皮绿筋竹

黄皮绿筋竹

刚竹

洲、北美洲均有栽培。喜温暖湿润气候，但可耐-18℃极端低温；喜肥沃深厚而排水良好的微酸性至中性沙质壤土，在干燥的沙荒石砾地、排水不良的低洼地均生长不良，略耐盐碱。

【观赏品种】绿皮黄筋竹（'Houzeau'），又名碧玉间黄金竹、黄槽刚竹。秆绿色，有宽窄不等的黄色纵条纹，沟槽黄色。黄皮绿筋竹（'Robert Young'），又名黄皮刚竹，幼秆绿黄色，后变为黄色，下部节间有少数绿色条纹。

【观赏评价与应用】刚竹是华北至华东地区最常见的竹类之一，秀丽挺拔，值霜雪而不凋，而且适应性强，可在园林中广泛应用。庭院曲径、池畔、景门、厅堂四周或山石之侧均可小片配植，大片栽植形成竹林、竹园也适宜，与松、梅共植，誉为"岁寒三友"，点缀园林，也甚为常见。

【同属种类】刚竹属约51种，均产于我国，除东北、内蒙古、青海、新疆等地外，全国各地均有自然分布或成片栽培的竹园，尤以长江流域至五岭山脉为主产地，仅有少数种类分布到印度和缅甸。

罗汉竹
Phyllostachys aurea

秆高5~12m，径2~5cm，节间较短，基部至中部有数节常出现短缩、肿胀或缢缩等畸形现象；秆环和箨环均明显隆起。新秆有白粉，无毛或箨环上有白色细毛。笋黄绿色至黄褐色；箨鞘背部有黑褐色细斑点；箨舌短，先端平截或微凸，有长纤毛；箨叶带状披针

罗汉竹

形；无箨耳和繸毛。每小枝有叶2~3片，带状披针形，长4~11cm，宽1~1.8cm，下面基部有毛或完全无毛。笋期4~5月。

产黄河流域以南各省区，多为栽培供观赏，在福建闽清及浙江建德尚可见野生竹林。形如头面或罗汉袒肚，十分生动有趣，常与佛肚竹、方竹配植于庭园供观赏。世界各地多已引种栽培。笋味美。

黄槽竹
Phyllostachys aureosulcata

【形态特征】秆高达9m，径达4cm，较细的秆基部有2~3节作"之"字形折曲；中部节间最长达40cm。新秆略带白粉和稀疏短毛，分枝一侧的沟槽黄色；秆环中度隆起，高于箨环。笋淡黄色；箨鞘背部紫绿色，常有淡黄色条纹，无斑点或微具褐色小斑点，无毛，有白粉。箨叶三角形或三角状披针形，直立、开展或外翻，有时略皱缩。末级小枝有叶2~3片，叶片披针形。笋期4月下旬至5月。

罗汉竹

黄槽竹

金镶玉竹

黄皮京竹

【产地及习性】原产浙江、江苏、河南、北京等地，黄河流域至长江流域常见栽培。适应性强，耐-20℃低温，耐轻度盐碱。

【观赏品种】黄皮京竹（'Aureocaulis'），秆全部（包括沟槽）金黄色，或基部节间偶有绿色条纹，分布于江苏、北京、浙江等地。金镶玉竹（'Spectabilis'），秆金黄色，分枝一侧有绿色条纹，沟槽绿色；叶绿色，有时有黄色条纹；出笋时笋壳淡黄色或淡紫色，疏生细小斑点与绿色细线条，是极优美的观赏竹。京竹（'Pekinensis'），全秆绿色，无黄色纵条纹。

【观赏评价与应用】黄槽竹及黄皮京竹、金镶玉竹秆色优美，为优良观赏竹，华东各地普遍栽培。在连云港花果山景区内分布着成片的金镶玉竹林，分外引人注目。美国在1907年从浙江余杭县塘栖引入栽培。

毛竹
Phyllostachys edulis
【*Phyllostachys pubescens*；*Phyllostachys heterocycla*】

【别名】楠竹

【形态特征】秆高10~20m，径达12~20cm。下部节间较短，中部以上节间可长达20~30cm。分枝以下秆环不明显，仅箨环隆起。新秆绿色，密被细柔毛，有白粉；老

秆灰绿色。笋棕黄色；箨鞘厚革质，有褐色斑纹，背面密生棕紫色小刺毛；箨舌呈尖拱状；箨叶三角形或披针形，绿色，初直立，后反曲；箨耳小，繸毛发达。叶2列状排列，每小枝2～3叶，较小，披针形，长4～11cm，宽5～12mm。笋期3～5月。

【产地及习性】原产我国，在秦岭至南岭间的亚热带地区普遍栽培，以福建、浙江、江西和湖南最多。为我国分布最广、面积最大、经济价值最高的特产竹种。河北、山西、山东、河南有引种。在年平均温度15～20℃，年降水量800～1000mm的地区生长最好，喜肥沃深厚而排水良好的酸性沙质壤土，在干燥的沙荒石砾地、盐碱地、排水不良的低洼地均不利生长。

【观赏品种】龟甲竹('Heterocycla')，又名龙鳞竹，竹秆粗5～8cm，下部或中部以下节间极度缩短、肿胀交错成斜面，呈龟甲状，极为奇特。花毛竹('Tao Kiang')，竹秆黄色，有宽窄不等的绿色条纹，形似黄金间碧玉竹而粗大。金丝毛竹('Gracilis')，竹秆较小，秆高不过8m，径不及4cm，黄色。圣音竹('Tubaeformis')，竹秆向基部逐渐增大呈喇叭状，节间也逐渐缩短。

【观赏评价与应用】毛竹是我国长江流域最常见的竹种，在海拔1000m以下沟谷和山坡常组成大面积纯林。20世纪70年代，在"南竹北移"过程中，华北南部不少地区引种栽培了毛竹，在山东东南部生长良好。毛竹竹秆高大挺拔，不适于小面积庭院造景，最宜于风景区和大型公园大面积造林，井冈山有大面积毛竹林，杭州云栖也以毛竹闻名。观赏类型龟甲竹、花毛竹、绿槽毛竹、金丝毛竹、梅花竹等或秆形奇特，或色彩鲜艳，适于单独成片栽植作主景，也可点缀于毛竹林中

淡竹
Phyllostachys glauca

【别名】粉绿竹

【形态特征】秆高5～12m，径2～5cm，中部节间长达40cm，无毛；新秆密被雾状白粉；老秆绿色或灰绿色，仅节下有白粉环。秆环与箨环均隆起。箨鞘淡红褐色或淡绿褐色，有显著的紫脉纹和稀疏斑点，无毛；无箨耳和繸毛；箨舌截形，高约2～3mm，暗紫褐色；箨叶线状披针形或线形，绿色，有多数紫色脉纹，平直或幼时微皱曲。末级小枝具2～3叶；叶片长7～16cm，宽1.2～2.5cm。笋期4月中旬至5月底。

【产地及习性】分布于黄河以南至长江流域各地，以江苏、安徽、山东、河南、陕西较多。适应性强，适于沟谷、平地、河漫滩生长，耐一定程度的干燥瘠薄和暂时的流水浸渍；在-18℃左右的低温和轻度的盐碱土上也能正常生长。

【观赏评价与应用】淡竹是黄河流域最常见的竹种，分布北达辽宁，适应性强，耐寒，可用于庭院、公园小片丛植，也可于风景区大面积栽培。

红哺鸡竹
Phyllostachys iridescens

【别名】红壳竹

秆高6～12m，径粗4～7cm，幼秆被白粉，1～2年生秆渐现黄绿色纵条纹，老秆则

红哺鸡竹

红哺鸡竹

紫竹

紫竹

紫竹

灰竹

灰竹

灰竹

无；秆环与箨环中等发达。箨鞘紫红色或淡红褐色，背部密生紫褐色斑点，微被白粉，无毛；无箨耳及繸毛；箨舌宽，紫褐色，边缘有紫红色长纤毛。末级小枝具3～4叶，无叶耳，繸毛脱落性，紫色；叶舌紫红色；叶片长8～17cm，宽1.2～2.1cm，质较薄。笋期4月中、下旬；花期4～5月。

产江苏、浙江；浙江农村普遍栽培。笋味鲜美可口，为优良的笋用竹种。

紫竹
Phyllostachys nigra

【形态特征】秆高4～8(10)m，径2～5cm，中部节间长25～30cm，壁厚约3mm。幼秆绿色，密被短柔毛和白粉，1年后竹秆逐渐出现紫斑最后全部变为紫黑色，无毛；秆环与箨环均甚隆起，箨环有毛。箨鞘淡玫瑰紫色，被淡褐色刺毛，无斑点；箨耳发达，镰形，紫黑色；箨舌长而隆起，紫色，边缘有长纤毛；箨叶三角形至三角状披针形，绿色但脉为紫色，舟状。叶片薄，长7～10cm，宽约1.2cm。笋期4～5月。

【产地及习性】分布于长江流域及其以南各地，湖南南部至今尚有野生紫竹林；山东、河南、北京、河北、山西等地有栽培。适于土层深厚肥沃的湿润土壤，耐寒性较强，可耐-20℃低温，北京紫竹院公园小气候条件下能露地栽植。

【变种】毛金竹（var. *henonis*），秆较粗大，绿色至灰绿色，不变紫，秆壁较厚，可达5mm。

【观赏评价与应用】紫竹新秆绿色，老秆紫黑，叶翠绿，颇具特色，常栽培观赏。宋祁《紫竹赞》曰："竹生三年，色乃变紫。"园林造景中，紫竹特别适植于庭院山石之间或书斋、厅堂四周，也常用于园路两侧、水池旁，与黄槽竹、金镶玉竹、斑竹等竹秆具色彩的竹种同栽于园中，可增添色彩变化。

灰竹
Phyllostachys nuda

秆高6～9m，劲直或基部呈"之"字形曲折，幼秆深绿色，被白粉，节部常暗紫色，下方有暗紫色晕斑；节间长达30cm；秆环强烈隆起，箨环稍隆起。箨鞘背面淡绿紫色或淡红褐色，具紫色纵脉纹和紫褐色斑块，被白粉，脉间有微疣基刺毛；无箨耳及繸毛；箨舌黄绿色，狭而高，高约4mm，顶端截形，边缘生短纤毛；箨叶绿色，有紫色纵脉纹，狭三角形至带状，外翻，平直。末级小枝具2～4叶，无叶耳及繸毛；叶片披针形至带状披针形，长8～16cm。笋期4～5月。

产陕西、江苏、安徽、浙江、江西、台湾及湖南。1908年由浙江余杭县塘栖引入美国栽培。观赏品种紫蒲头灰竹（'Localis'），老秆基部数节间有紫色斑块以至布满整个节间，致使节间呈紫色。产浙江安吉。

高节竹
Phyllostachys prominens

秆高 10m，幼秆深绿色，无或被少量白粉。节间较短，最长达 22cm，两端明显呈喇叭状膨大而形成强烈隆起的节；秆环高于箨环，后者亦明显隆起。箨鞘背面淡褐黄色，或略带红色或绿色，具斑点，疏生淡褐色小刺毛；箨耳发达，镰形，紫色或带绿色，有繸毛；箨舌紫褐色，密生短纤毛；箨叶带状披针形，紫绿色至淡绿色，边缘橘黄或淡黄色，强烈皱曲，外翻。末级小枝具 2～4 叶；叶耳及繸毛发达但易落；叶舌伸出，黄绿色；叶片长 8.5～18cm，宽 1.3～2.2cm，下表面仅基部有白色柔毛。笋期 5 月。

产浙江，多植于平地的家前屋后。笋味美，供食用。

早园竹
Phyllostachys propinqua

秆高约 6m，径 3～4cm。新秆具白粉，光滑无毛；秆环与箨环均略隆起。箨鞘淡黄红褐色，无毛和白粉，具褐色斑点和条纹；无箨耳和繸毛，箨舌弧形；箨叶披针形或线状披针形，背面带紫褐色，外翻。末级小枝具 2～3 叶，叶舌强烈隆起，先端拱形。出笋持续时间较长，笋期 4～6 月。

主产华东，北京、山东、山西、河南常见栽培。抗寒性强，耐 -20℃低温；适应性强，稍耐盐碱，在低洼地、砂土中均能生长。秆高叶茂，是华北园林中栽培观赏的主要竹种之一。1928 年由广西梧州西江引入美国。笋味较好。

桂竹
Phyllostachys reticulata
【*Phyllostachys bambusoides*】

【形态特征】秆高达 20m，径 8～14cm。中部节间长达 40cm；幼秆绿色，无毛及白粉；秆环、箨环均隆起。箨鞘黄褐色，密被黑紫色斑点或斑块，疏生淡褐色脱落性硬毛；箨耳矩圆形或镰形，紫褐色，偶无箨耳，有长而弯的繸毛；箨舌拱形，淡褐色或带绿色；箨叶带状，中间绿色，两侧紫色，边缘黄色。末级小枝 2～4 叶，叶片长 5.5～15cm，宽 1.5～2.5cm。出笋较晚，笋期 5 月中旬至 7 月，有"麦黄竹"之称。

【产地及习性】原产我国,北自河北、南达两广北部,西至四川、东至沿海各地的广大地区均有分布或栽培。喜温暖湿润,但耐寒性颇强,耐-18℃低温,喜深厚而肥沃的土壤。

【观赏品种】斑竹('Lacrina-deae'),又名湘妃竹,绿色竹秆上布满大小不等的紫褐色斑块与斑点,分枝亦有紫褐色斑点,边缘不清晰,呈水渍状。黄槽斑竹('Mixta'),竹秆绿色并具有紫色斑点,分枝一侧沟槽黄色。

【观赏评价与应用】桂竹栽培历史悠久,各地园林中常见,应用方式与刚竹、淡竹等相似,可参考之。斑竹至迟晋朝时已经出现。《博物志》云:"洞庭之山,尧帝二女常泣,以其涕挥竹,竹尽成斑。"

乌哺鸡竹
Phyllostachys vivax

秆高 5～15m,径 4～8cm;幼秆被白粉,无毛;节间长 25～35cm;秆环隆起,稍高于箨环,常一侧突出。箨鞘背面淡黄绿色带紫至淡褐黄色,无毛,微被白粉,密被黑褐色斑块和斑点;无箨耳及繸毛;箨舌弧形隆起;箨叶带状披针形,强烈皱曲,外翻。末级小枝具 2～3 叶,有叶耳及繸毛,叶舌发达,高达 3mm;叶片微下垂,带状披针形或披针形,长 9～18cm,宽 1.2～2cm。笋期 4 月中、下旬。花期 4～5 月。

产江苏、浙江,常见栽培;河南也有少量栽培。1907 年由浙江余杭塘栖引入美国栽培。笋味美,为良好的笋用竹种。观赏品种黄秆乌哺鸡竹('Aureocaulis'),秆全部为硫黄色,并在秆的中、下部偶有几个节间具 1 或数条绿色纵条纹。

苦竹
Pleioblastus amarus
【*Arundinaria amara*】

【形态特征】复轴混生型。秆高 3～5m,径 1.5～2cm;节间圆筒形,分枝一侧稍扁平;箨环隆起呈木栓质,低于秆环。新秆灰绿色,密被白粉。箨鞘绿色,被较厚白粉,有棕色或白色刺毛或无毛,边缘密生金黄色纤毛;箨耳无或不明显;箨舌平截;箨叶细长披针形,开展,易向内卷折。秆每节 5～7 分枝,

枝梢开展;末级小枝具 3～4 叶。叶片椭圆状披针形,长 4～20cm,宽 1.2～3cm,质坚韧,表面深绿色,背面淡绿色,基部白色绒毛。笋期 6 月。

【产地及习性】分布于长江流域及西南,华东各地常见栽培。喜温暖湿润气候,也颇耐寒,栽培分布北达山东青岛、威海,冬季仅有部分叶片枯黄,次春恢复良好。

【观赏评价与应用】苦竹适应性强,植株较低矮,竹丛茂密,常于庭园栽植观赏,适于墙角、路边、建筑附近、山石间应用。笋味苦,不能食用。

【同属种类】苦竹属(大明竹属)约 40 种,分布于中国、日本和越南。我国约 15 种,引入栽培 2 种,主产于长江中下游各地。

菲白竹
Pleioblastus fortunei
【*Sasa fortunei*;*Arundinaria fortunei*】

【形态特征】矮小型灌木竹,高 20～30cm,大者不及 80cm。秆圆筒形,径 1～2mm,光滑无毛;秆环较平坦或微隆起;不分枝或仅

1 分枝；箨鞘宿存，无毛。每小枝生叶 4～7 枚，披针形至狭披针形，两面有白色柔毛，下面较密，长 6～15cm，宽 0.8～1.4cm，绿色，并具有黄色、浅黄色或白色条纹，特别美丽，尤其以新叶为甚。笋期 5 月。

【产地及习性】原产日本，广泛栽培。我国南京、杭州、上海等地均有引种栽培。喜温暖湿润气候，耐荫性较强，也较耐寒，在山东南部可露地越冬。

【观赏评价与应用】菲白竹植株低矮，叶片秀美，特别是春末夏初发叶时的黄白颜色，更显艳丽。常植于庭园观赏；栽作地被、绿篱或与假山石相配都很合适；也是优良的盆栽或盆景材料。

大明竹
Pleioblastus gramineus
【*Arundinaria gramineus*】

秆高 3～5m，径 5～15mm，通常呈稠密丛生状。秆幼时绿黄色，无毛，布满绿色小点，渐转暗绿色。秆环略隆起，箨环平。箨鞘绿色至黄绿色；箨耳缺，箨舌截形或微凹。秆箨宿存。叶片狭长，披针形至宽线形，两面无毛，叶密集上举。

原产日本，南京、杭州等地栽培。成丛生长，上部低垂，叶片狭长，形态较优美，常作庭园观赏竹种，适于草地、庭院、山石间。

茶秆竹
Pseudosasa amabilis
【*Arundinaria amabilis*；*Pleioblastus amabilis*】

【形态特征】秆高 5～13m，节间长 30～40cm，圆筒形，幼时疏被棕色小刺毛；秆环平坦或微隆起；每节 1～3 分枝，枝贴秆上举。箨鞘迟落，背面密被栗色刺毛，边缘具密纤毛，䌽毛长可达 15mm，箨舌拱形；箨叶狭长三角形。小枝顶端具 2～3 叶，叶片厚而坚韧，长披针形，长 16～35cm，宽 16～35mm，无毛。笋期 3 月至 5 月下旬。

【产地及习性】产江西、福建、湖南、广东、广西等省区，近年江苏、浙江有引种栽培。生于丘陵平原或河流沿岸的山坡。

【观赏评价与应用】茶秆竹之主秆直而挺拔，节间长，是优良的观赏竹种，常植于庭院。秆壁厚，竹材质优，是我国传统出口商品，可作钓鱼秆、滑雪秆等。笋不作食用。

【同属种类】矢竹属约 19 种，分布于中国、朝鲜及日本。我国 17 种，引入栽培 1 种，主要分布于华南和华东地区南部。

鹅毛竹
Shibataea chinensis

【形态特征】矮小竹类，高 0.3～1m，径 2～3mm，中部节间长 7～15cm，几乎实心。箨鞘早落，膜质，长 3～5cm，无毛，顶端有

鹅毛竹

缩小叶，鞘口有毛。主秆每节分枝3～5，分枝长0.5～5cm，具3～5节；各枝与秆之腋间的先出叶膜质，迟落，长3～5cm。叶1～2枚生于小枝顶端，卵状披针形，长6～10cm，宽1～2.5cm，有小锯齿，两面无毛。笋期5～6月。

【产地及习性】华东特产，广布于江苏、安徽、江西等省。常成片生于山麓谷地、林缘、林下土壤湿润地区。上海、南京、杭州等城市常见栽培。较耐荫；耐寒性较强，在山东中部可露地越冬，冬季仅有部分叶片枯萎。

【观赏评价与应用】鹅毛竹竹丛矮小，竹秆纤细而叶形秀丽，是一美丽竹种，园林中可丛植于假山石间、路旁或配植于疏林下作地被点缀，或植为自然式绿篱。也适于盆栽观赏。

【同属种类】鹅毛竹属约有7种，分布于我国和日本。我国7种全产，分布于东南沿海各省和安徽、江西。

南平倭竹
Shibataea nanpingensis

秆高1～1.7m，径4～5mm，绿色；基部节间呈圆筒形，具分枝一侧因具沟槽而呈三棱形，中部节间长25～30(40)cm；箨环稍隆起，秆环明显隆起。秆每节具3枝，枝长仅1.5～1.7cm，共2至数节且不再分枝。每枝仅具1叶，叶片椭圆状披针形，长17～18(24)cm，宽2.5～3cm，边缘有小锯齿，两面无毛。笋期6～7月。

产福建南平及崇安一带。福州有栽培。

唐竹
Sinobambusa tootsik

【别名】寺竹、疏节竹

【形态特征】单轴散生型。秆高5～12m，直径2～6cm，幼秆深绿色，被白粉；节间在分枝一侧扁平而有沟槽，节间长30～40cm，最长可达80cm；箨环木栓质隆起，初具紫褐色刚毛；秆环亦隆起，与箨环近同高。箨鞘早落性，革质，近长方形，先端钝圆，背面初为淡红棕色，被薄白粉和贴生棕褐色刺毛，边缘具纤毛；秆中部每节常3分枝，主枝稍粗，有时多达5～7枝。叶片披针形或狭披针形，长6～22cm，宽1～3.5cm，下面具细柔毛。笋期4～5月。

【产地及习性】产福建、广东、广西。越南北方有分布，日本、檀香山与欧洲早有引种栽培。

【观赏评价与应用】唐竹生长茂盛，挺拔，姿态潇洒，常作庭园观赏用，也是优良的盆景植物。

【同属种类】唐竹属约有10种，我国均产，分布于华东、华南、西南各地。越南也有，日

唐竹

唐竹

本则是隋唐时代自我国引入。

泰竹
Thyrsostachys siamensis

【别名】暹逻竹

【形态特征】地下茎合轴型。竹秆密集丛生，高7～13m，径3～5cm；节间长15～30cm，幼时被白柔毛，秆壁厚；节下具一圈高约5mm之白色毛环。分枝习性甚高，分枝多数而纤细，主枝不发达。秆箨宿存，紧包竹秆，鲜时灰绿色，被细白短毛；箨鞘质地薄，狭长；箨耳缺。末级小枝具4～12叶，叶片小，线状披针形，长8～15cm，宽0.7～1.2cm。笋期8～10月。

【产地及习性】产云南南部及缅甸、泰国，马来西亚有栽培。我国台湾、福建、广东及云南栽培，并在云南西南部至南部较常见。

【观赏评价与应用】泰竹秆直而丛密，婷婷玉立，分枝及叶细柔，姿态优美，具有很高的观赏价值，适于庭院栽培。在缅甸，佛教寺院周围广植。秆节间劲直而坚韧，且上下粗细均匀，国外多用于制作伞柄。笋供食用。

【同属种类】泰竹属共有2种，产我国以及印度、缅甸、泰国，马来西亚有栽培。我国2种，分布于云南。

泰竹

泰竹

南平倭竹

南平倭竹

一百五十二、百合科 Liliaceae

假叶树
Ruscus aculeata

【形态特征】直立灌木；根状茎横走。茎有纵棱，深绿色，高 20 ~ 80cm。叶退化成干膜质小鳞片，从鳞片腋间发出的小枝扁化成叶状，卵形，长 1.5 ~ 3.5cm，宽 1 ~ 2.5cm，先端渐尖具长 1 ~ 2mm 的针刺，基部渐狭成短柄且常扭转，全缘，有中脉和多条侧脉。花白色，1 ~ 2 朵生于叶状枝上面中脉的下部；苞片干膜质，长约 2mm；花被长约 1.5 ~ 3mm。浆果红色，径约 1cm。花期 1 ~ 4 月；果期 9 ~ 11 月。

【产地及习性】原产欧洲南部，我国各地偶见栽培，作盆景。喜光，耐干旱瘠薄，耐寒性较差。忌水湿。

【观赏评价与应用】假叶树株型奇特，叶状枝浓绿色，花生于叶状枝，奇特可爱，果实红艳，是著名的观赏植物，我国北方常盆栽，用于布置居室、厅堂等处，素雅大方。华南地区可露地栽培，适于片植。

【同属种类】假叶树属约有 3 种，分布于马德拉群岛、欧洲南部、地中海区域至高加索。我国引入栽培的有 2 种。另外一种，舌苞假叶树（*Ruscus hypoglossum*）偶见栽培。

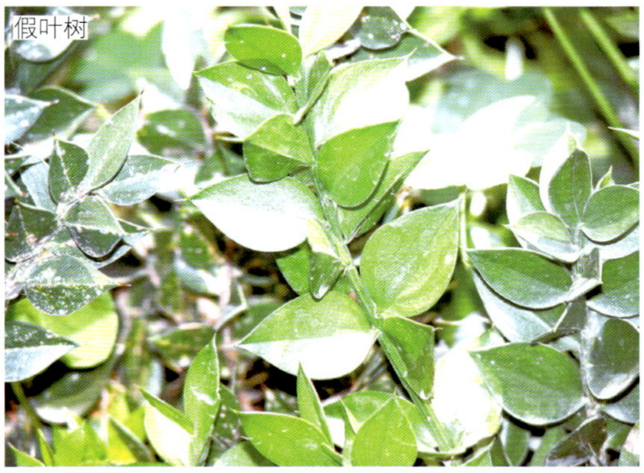
假叶树

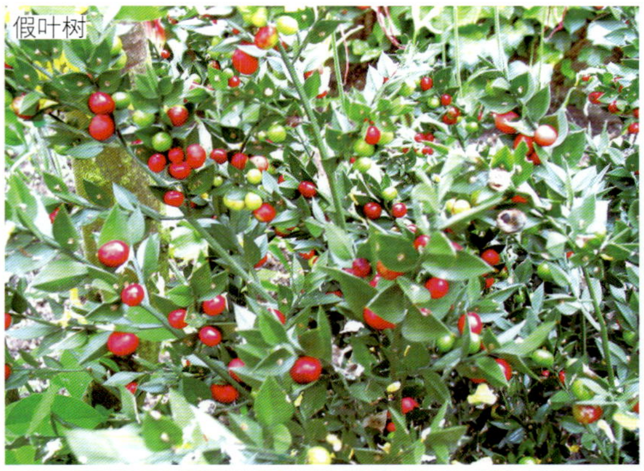
假叶树

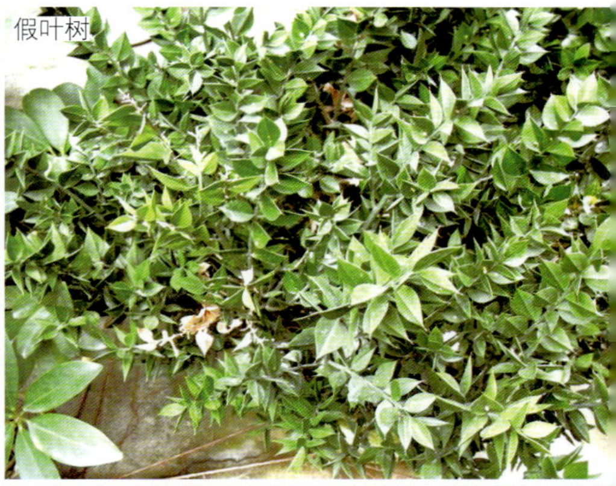
假叶树

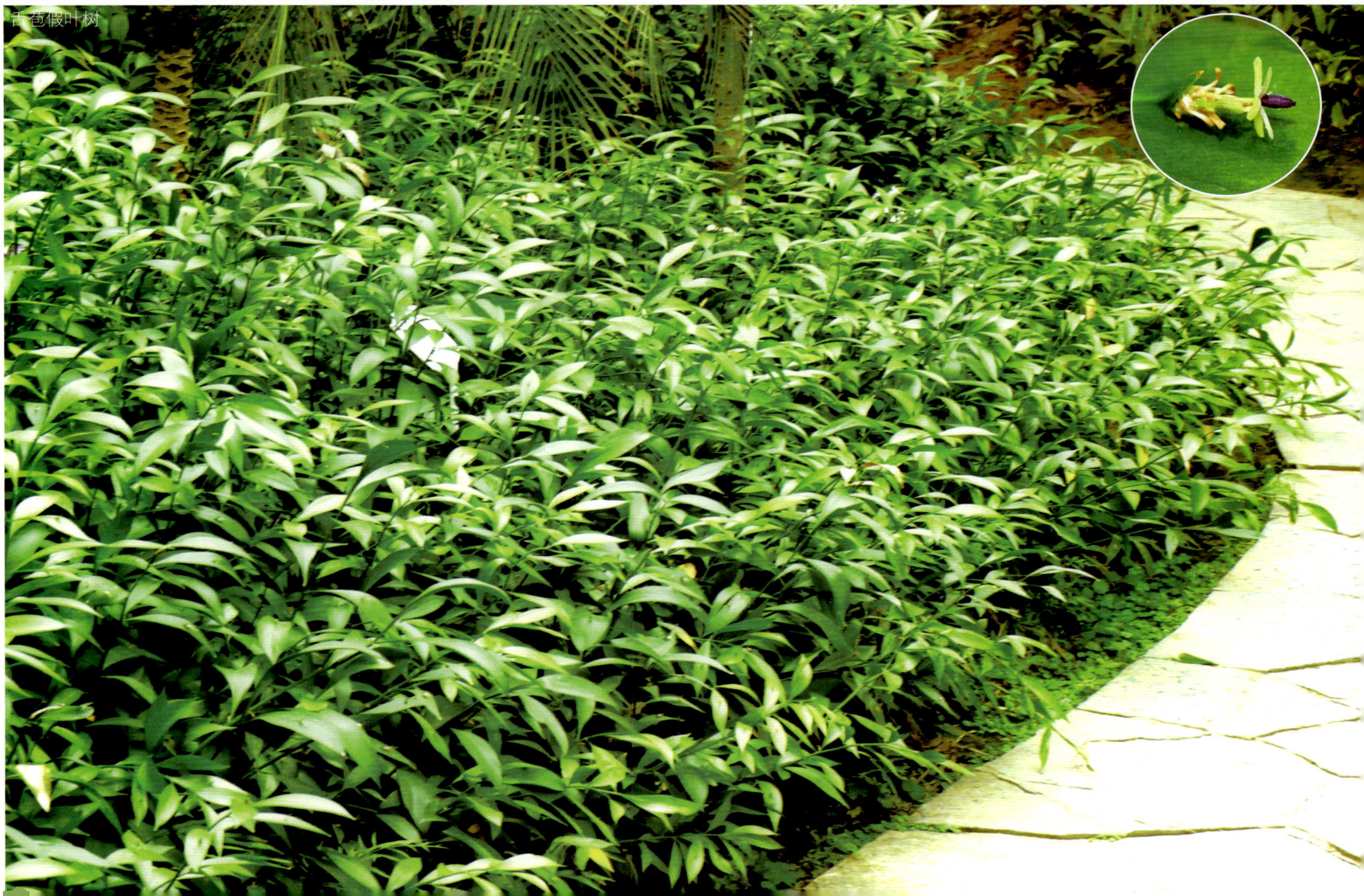
舌苞假叶树

一百五十三、龙舌兰科 Agavaceae

酒瓶兰
Beaucarnea recurvata
【*Nolina recurvata*】

【别名】象腿树

【形态特征】常绿小乔木或灌木，一般株高2～3m，有时高达10m。茎干直立，下部肥大，状似酒瓶。茎干具有厚木栓质树皮，灰白色或褐色，龟裂似龟甲。叶丛生干顶，细长线形，长达2m，柔软而下垂，全缘或有细齿。圆锥花序大型，花色乳白。果实具长柄。花期春季。

【产地及习性】产墨西哥北部及美国南部，我国南北均有栽培。性喜温暖及日光充足环境，耐旱；喜排水良好的砂质壤土。

酒瓶兰

【观赏评价与应用】酒瓶兰茎干形状奇特，基部膨大酷似酒瓶，叶簇婆娑，是著名的观叶植物，常盆栽观赏，华南地区可露地栽培用于庭园造景。

【同属种类】酒瓶兰属约有9种，分布于美洲。我国引入栽培1种。

朱蕉
Cordyline fruticosa
【*Cordyline terminalis*】

【别名】铁树、红叶铁树

【形态特征】常绿灌木，高达3m；节间短，叶痕明显。叶在干顶呈2列状旋转聚生，铜绿色或带紫红、粉红条斑，长披针形，基部狭窄，长25～50cm，宽5～10cm；叶柄有槽，长10～30cm，基部变宽，抱茎。圆锥花序生于上部叶腋，长达30～60cm；花淡红色或紫色，偶淡黄色，长约1cm。栽培品种繁多，叶形和花色有各种变化。花期11月至翌年3月。

【产地及习性】原产热带亚洲至大洋洲，华南各地常见栽培。性喜高温多湿气候，耐寒力差；喜弱光，忌干旱烈日，夏季要求半荫环境；喜酸性土，在钙质土上也可生长，忌碱土；不耐旱，较耐水湿。

【观赏评价与应用】朱蕉植株挺立，叶片柔韧，色泽古朴，是著名的观叶植物，适于花坛镶边、花境中配植，也常见丛植于草地、湖边或建筑周边作基础种植用，还是常见的盆栽植物，常用于室内装饰或陈列于展厅、餐厅、会议室等各处。

【同属种类】朱蕉属约20种，分布于大洋洲、亚洲南部和南美洲。我国引入栽培2种。

酒瓶兰

酒瓶兰

朱蕉

朱蕉

海南龙血树
Dracaena cambodiana

【别名】柬埔寨龙血树

【形态特征】常绿灌木或小乔木，高3～4m。叶聚生于茎枝顶端，几乎相互套叠，剑形，长达70cm，宽1.5～3cm，向基部略变窄而后扩大抱茎，无柄。圆锥花序长30cm以上；花序轴近无毛；花3～7朵簇生，绿白色或淡黄色；花梗长5～7mm，关节位于上部1/3处；花被片长6～7mm，下部约1/4～1/5合生成短筒；花丝扁平，无红棕色疣点。浆果，径约1cm。花期7月。

【产地及习性】产广东海南岛（崖县、乐东）。生于林中或干燥沙壤土上。也分布于越南、老挝、泰国、柬埔寨。

【观赏评价与应用】海南龙血树枝干苍劲古朴，叶片密生，是重要的观叶观形树种，热带地区常栽植庭园。适于公园草坪、假山石间、庭院角隅、建筑周围应用，以丛植、散植为宜。

【同属种类】龙血树属共有50多种，分布于非洲和亚洲。我国6种，分布于华南，另引入多种供观赏。

剑叶龙血树
Dracaena cochinchinensis

常绿灌木或乔木，高4～5m，偶达10～15m；树皮灰白色，光滑，老时片状剥落。茎粗大，多分枝；幼枝有环状叶痕。叶聚生茎或枝顶，相互套叠；叶片扁平，条状，长达50～100cm，宽2～5cm，先端下垂，无柄，基部和茎枝顶端带红色。圆锥花序长40cm以上，花序轴密生乳头状短柔毛；花两性，每2～5朵簇生在一起，乳白色，花被片长6～8mm。浆果近球形，径约8～12mm，橘黄色，种子1～3粒。花期3月；果期7～8月。

产云南西南部和广西西南部，在桂西南一般生于海拔700m以下，在滇西南一般生于海拔950～1700m山地。越南和老挝也产。性喜高温和阳光充足环境，非常耐旱；要求土壤排水良好，生境为石灰岩土壤，呈中性或微碱性反应。

细枝龙血树
Dracaena elliptica
【*Dracaena gracilis*】

常绿灌木，高1～5m。多分枝，分枝较细，具疏的环状叶痕。叶生于分枝上部或近顶端，彼此有一定距离，狭椭圆状披针形或条状披针形，长10～15cm，宽2～3cm，中脉明显，柄长1cm。圆锥花序生于分枝顶端，长10cm以下；花常单生，长达2.2cm；花梗长达1cm。

产广西南部。分布于东南亚，从越南至印度尼西亚都有。

千年木
Dracaena marginata

【别名】彩纹竹蕉

常绿灌木，株高达5m。叶簇生枝端，无柄，抱茎，厚，狭剑形，长40～60cm，深橄榄绿色，有光泽，边缘红色，新叶向上伸长，

海南龙血树

海南龙血树

海南龙血树

剑叶龙血树

细枝龙血树

细枝龙血树

龙舌兰科 Agavaceae

千年木

千年木

老叶下垂。圆锥花序甚长。

产马达加斯加。

金边百合竹
Dracaena reflexa 'Variegata'

灌木或小乔木，多分枝，高 3～5m。叶几线形或狭披针形，长 16～25cm，宽 1～2cm，绿色，边缘有黄白色斑纹，有光泽，疏丛生枝端。花序顶生，疏穗状或圆锥

金边百合竹

金边百合竹

状，长达 25cm，花乳白色，芳香，夜间开花。果实浆果状，肉质，鲜黄色，径约 2～2.5cm。

原产非洲及马达加斯加。华南及西南有栽培。

凤尾兰
Yucca gloriosa

【形态特征】常绿灌木或小乔木状。主干一般较短，有时有分枝，高可达 5m。叶剑形，略有白粉，长 60～75cm，宽约 5cm，挺直不下垂，叶质坚硬，全缘，老时疏有纤维丝。圆锥花序长 1m 以上，花杯状，下垂，乳白色，

凤尾兰

凤尾兰

凤尾兰

常有紫晕。花期 5～10 月，2 次开花。蒴果椭圆状卵形，不开裂。

【产地及习性】原产北美。我国长江流域普遍栽培，山东、河南可露地越冬。喜光，亦耐荫。适应性强，较耐寒，-15℃仍能正常生长无冻害；除盐碱地外，各种土壤都能生长；耐干旱瘠薄，耐湿。耐烟尘，对多种有害气体抗性强。萌芽力强，易产生不定芽，生长快。

【观赏评价与应用】凤尾兰树形挺直，四季青翠，叶形似剑，花茎高耸，花白色素雅芳香，花期长，是优美的观赏植物。常丛植于花坛中心、草坪一角、树丛边缘，也是岩石园、街头绿地、厂矿污染区常用的绿化树种。亦可作绿篱种植，起阻挡、遮掩作用。茎可切块水养，供室内观赏，或盆栽。

【同属种类】丝兰属约 30 种，分布于中美洲至北美洲。我国引入栽培 4 种，供观赏。

龙舌兰科 Agavaceae

象腿丝兰
Yucca elephantipes

【别名】象腿王兰

乔木状，高达 10m，干粗壮，老干基部膨大。叶狭长，长达 1.2m，宽约 7.6cm，顶端无硬刺尖，旋转状簇生。大型圆锥花序顶生，花冠钟形，白色，径约 6~8cm。蒴果开裂，种子黑色。

原产墨西哥。西南、华南栽培。

丝兰
Yucca smalliana

常绿灌木，植株低矮，茎很短或不明显。叶近莲座状簇生，较硬直，长条状披针形至近剑形，长 25~60cm，宽 2.5~3cm，先端刺状，基部渐狭，边缘有卷曲白丝。圆锥花序狭长直立，高 1~3m，花序轴有乳突状毛；花白色，下垂；花被片长约 3~4cm。花期 6~8 月。

原产北美东南部，我国华北南部至长江流域及其以南地区栽培较多，供观赏。耐寒性不如凤尾兰。

一百五十四、黄脂木科（根旱生草科）Xanthorrhoeaceae

黑仔树
Xanthorrhoea australis

【别名】草树

【形态特征】常绿灌木，高达3m，树干粗糙，常黑色，不分枝或分枝。叶多数生于茎顶，幼时直立，后散开而下垂，老叶宿存于树干上形成裙状。叶纤细，蓝绿色，长30～14cm，切面近菱形或楔形，基部稍宽。花序圆柱形，长达1～3m，抽生自叶丛，开花前褐色；花白色或略带乳黄色，花极小，有硬而叶状的苞片。不易开花。

【产地及习性】特产于澳大利亚。喜光，也耐半阴，耐干旱和贫瘠土壤。生长缓慢，寿命长。

【观赏评价与应用】黑仔树株型奇特，老叶形成独特的裙状，普遍栽培作观赏植物。适于孤植，作局部空间的主景，也可群植。

【同属种类】黑仔树约有28种，产澳大利亚。我国引入栽培1种。

黑仔树　　黑仔树

一百五十五、菝葜科 Smilacaceae

菝葜
Smilax china

【形态特征】落叶性攀援灌木，长达 10m。根状茎不规则块状，坚硬。茎枝疏生稍弯曲的粗刺。单叶互生，近圆形或卵圆形，长宽各约 4 ~ 10cm，先端钝圆，全缘或微波状；叶脉 3 ~ 5，弧形。叶柄长 4 ~ 5mm，下部有狭鞘，具卷须。雌雄异株；伞形花序生于幼嫩小枝上，花朵黄绿色，花被片 6，卵状披针形，雄蕊 6。浆果球形，径 1 ~ 1.5cm，红色。花期 4 ~ 5 月；果期 9 ~ 10 月。

【产地及习性】分布于华北南部、华东、华南和西南地区，生于山坡、灌木丛、林缘。朝鲜、日本也有分布。适应性强，耐干旱瘠薄。

【观赏评价与应用】菝葜叶形奇特，果实红艳，可在植株上留存 1 年以上，是一种美丽的垂直绿化材料。可供攀附棚架、山石、篱垣。

【同属种类】菝葜属共约 300 种，广布于全球热带地区，也见于东亚和北美的温暖地区，少数种类产地中海一带。我国 79 种，大多数分布于长江以南各省区。

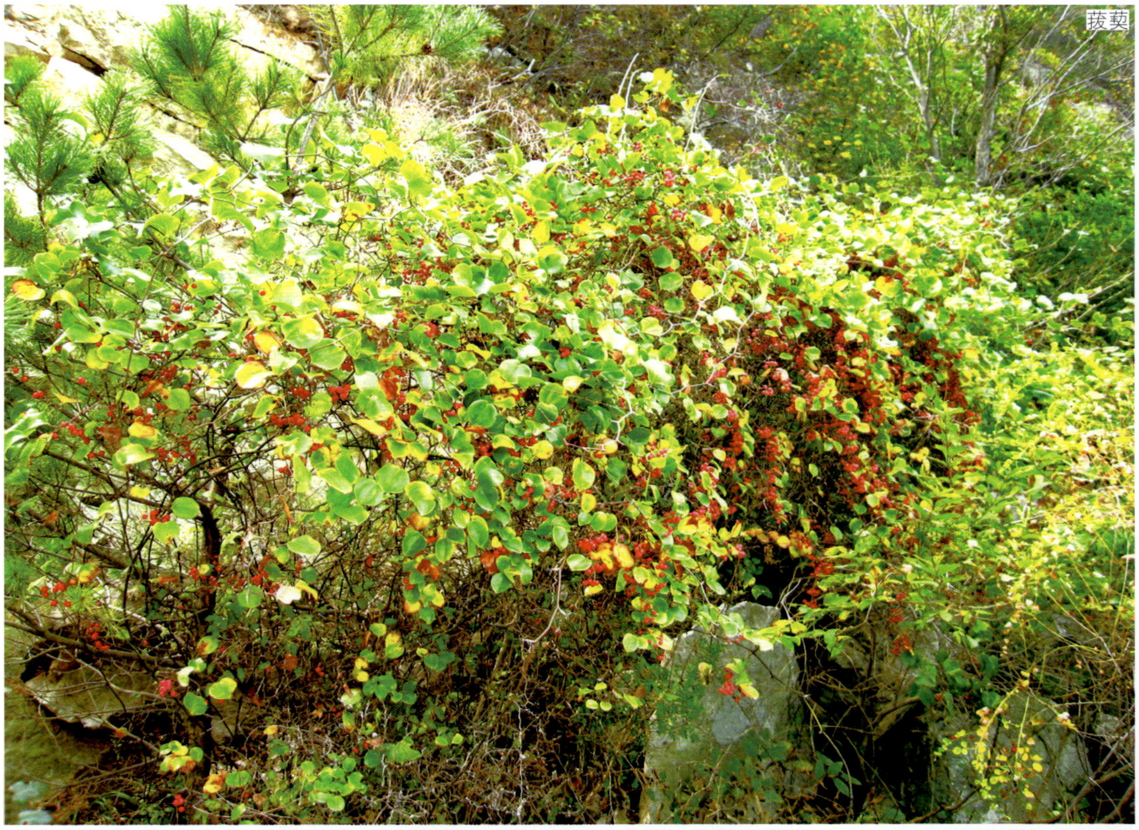
菝葜

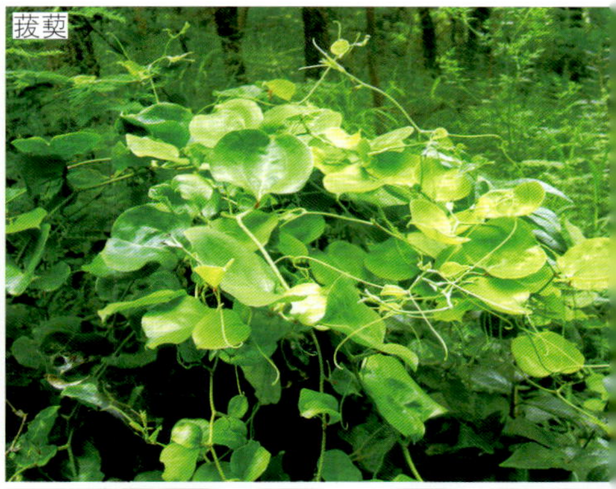
菝葜

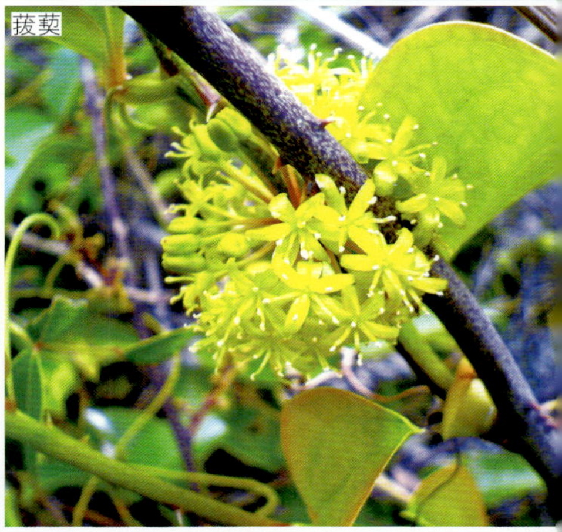
菝葜

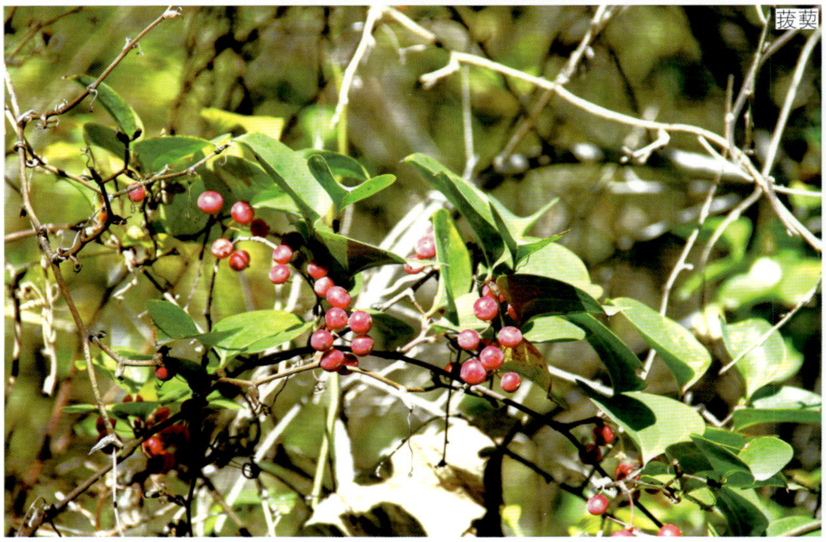
菝葜

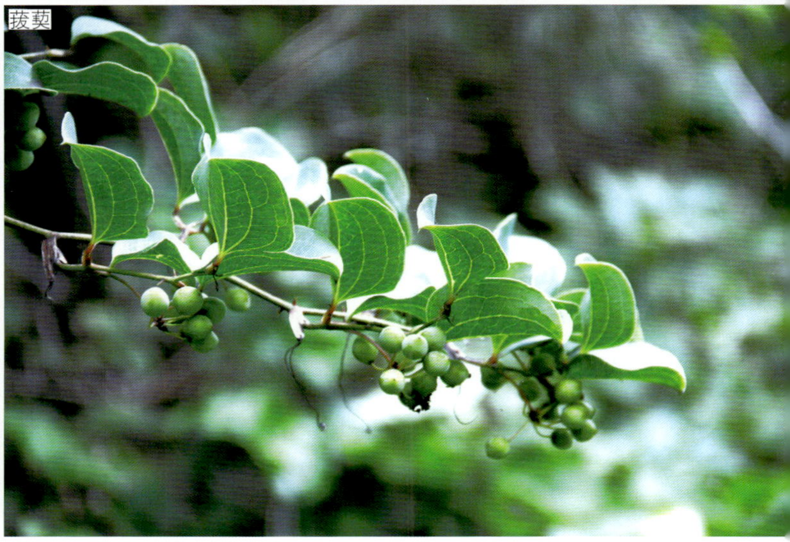
菝葜

参考文献

[1] Brickell C D, Baum B R, Hetterscheid W L A, et al. 2004. International code of nomenclature for cultivated plants. 7th ed. Act Hort, 647: 1-84.

[2] Catalogue of Life: Higher Plants in China. http://www.etaxonomy.ac.cn/

[3] Crongquist A. 1981. An Integrated System of Classification of Flowering Plants. New York: Columbia University Press

[4] Flora of China. http://www.efloras.org/

[5] Hereman S., 1980, Paxton's Botanical Dictionary, Periodical Experts Book Agency.

[6] Huxley A. and Griffith. 1992. The New Royal Horticultural Society Dictionary of Gardening. The Stockton Press.

[7] The Plant List, a working list of all plant species. http://www.theplantlist.org/

[8] 陈 植.园冶注释.北京：中国建筑工业出版社.1979.

[9] 陈溟子（清）.花镜.北京：中国农业出版社.1962.

[10] 陈俊愉.中国花经.上海：上海文化出版社.1990.

[11] 傅立国.中国珍稀濒危植物.上海：上海教育出版社.1989.

[12] 刘海桑.观赏棕榈.北京：中国林业出版社.2002.

[13] 路安民.种子植物科属地理.北京：科学出版社.1999.

[14] 舒迎澜.古代花卉.北京：农业出版社.1993.

[15] 苏雪痕.植物造景.北京：中国林业出版社.

[16] 汪灏等（清）.广群芳谱.上海：上海书店.1985.

[17] 郑万钧.中国树木志（1-4卷）.北京：中国林业出版社.1983-2004.

[18] 中国科学院植物研究所.中国高等植物图鉴（第1-5册）.北京：科学出版社.1976-1985.

[19] 中国科学院中国植物志编委会.中国植物志（第2-80卷）.北京：科学出版社.1961-2004.

[20] 中国农业百科全书编辑部.中国农业百科全书（观赏园艺卷）.北京：中国农业出版社.1996.

[21] 周维权.中国古典园林史（第2版）.北京：清华大学出版社.1999.

索引

拉丁名索引

A

Abelia chinensis / 748
Abelia grandiflora / 748
Abies delavayi / 014
Abies fabri / 014
Abies fargesii / 014
Abies firma / 015
Abies holophylla / 015
Abies koreana / 016
Abies nephrolepis / 016
Abrus precatorius / 439
Abutilon megapotamicum / 256
Abutilon pictum / 256
Acacia auriculiformis / 408
Acacia catechu / 409
Acacia confusa / 408
Acacia dealbata / 409
Acacia farnesiana / 410
Acacia mangium / 410
Acacia mearnsii / 411
Acacia podalyriifolia / 411
Acalypha chamaedrifolia / 544
Acalypha hispida / 545
Acalypha wilkesiana / 544
Acanthus ilicifolius / 716
Acanthus mollis / 716
Acer buergerianum / 593
Acer caesium subsp. giraldii / 593
Acer cappadocicum / 594
Acer cordatum / 594
Acer coriaceifolium / 594
Acer davidii / 595
Acer davidii subsp. grosseri / 595
Acer elegantulum / 595
Acer fabri / 596
Acer flabellatum / 596
Acer forrestii / 596
Acer griseum / 596
Acer henryi / 597
Acer japonicum / 597
Acer negundo / 598
Acer oblongum / 599
Acer palmatum / 599
Acer pictum subsp. mono / 600
Acer pilosum var. stenolobum / 600
Acer rubrum / 600
Acer sinense / 601
Acer stachyophyllum subsp. betulifolium / 602
Acer tataricum subsp. ginnala / 601
Acer tegmentosum / 602
Acer truncatum / 602
Acer tutcheri / 603
Acoelorrhaphe wrightii / 766
Acronychia pedunculata / 619
Actinidia arguta / 223
Actinidia chinensis / 223
Actinidia eriantha / 223
Actinidia fulvicoma / 224
Actinidia kolomikta / 224
Actinidia lanceolata / 224
Actinidia latifolia / 225
Actinidia macrosperma / 225
Actinidia melliana / 225
Actinidia polygama / 226
Actinidia valvata / 226
Actinodaphne lecomtei / 084
Actinodaphne omeiensis / 084
Actinodaphne pilosa / 084
Adansonia digitata / 252
Adenanthera microsperma / 411
Adenium obesum / 646
Adina rubella / 735

Adinandra millettii / 209
Aegiceras corniculatum / 326
Aesculus × carnea 'Briotii' / 591
Aesculus chinensis / 591
Aesculus hippocastanum / 592
Aesculus pavia / 592
Afzelia xylocarpa / 419
Agapetes burmanica / 292
Agapetes lacei / 292
Agapetes pubiflora / 292
Agapetes serpens / 293
Agathis dammara / 011
Agathis robusta / 011
Aglaia odorata / 613
Ailanthus altissima / 612
Akebia quinata / 121
Akebia trifoliata / 121
Alangium chinense / 518
Alangium platanifolium var. trilobum / 518
Albizia chinensis / 412
Albizia julibrissin / 412
Albizia kalkora / 413
Alchornea davidii / 545
Alchornea trewioides / 545
Aleurites moluccanus / 546
Alhagi sparsifolia / 439
Allamanda blanchetii / 647
Allamanda cathartica / 647
Allamanda schottii / 646
Allophylus viridis / 583
Alluaudia ascendens / 195
Alluaudia procera / 195
Alniphyllum fortunei / 319
Alnus cremastogyne / 187
Alnus hirsuta / 187
Alnus japonica / 187
Alnus trabeculosa / 188
Alsophila spinulosa / 001
Alstonia scholaris / 648
Alstonia yunnanensis / 647
Altingia chinensis / 132
Altingia gracilipes / 132
Altingia obovata / 132
Amelanchier sinica / 349
Amentotaxus argotaenia / 052
Ammopiptanthus mongolicus / 440
Amorpha fruticosa / 440
Ampelopsis aconitifolia / 569
Ampelopsis delavayana / 570
Ampelopsis humulifolia / 569
Ampelopsis megalophylla / 570
Amygdalus communis / 350
Amygdalus davidiana / 350
Amygdalus persica / 349
Amygdalus triloba / 351
Anacardium occidentale / 605
Anneslea fragrans / 209
Annona muricata / 077
Annona reticulata / 077
Annona squamosa / 077
Antiaris toxicaria / 151
Antidesma bunius / 546
Antidesma fordii / 547
Antidesma ghaesembilla / 547
Aphanamixis polystachya / 613
Aphananthe aspera / 142
Aphelandra sinclairiana / 717
Aphelandra squarrosa 'Louisea' / 717
Aquilaria sinensis / 485
Aralia elata var. glabrescens / 633
Aralia spinifolia / 633
Araucaria araucana / 012
Araucaria bidwillii / 012

Araucaria cunninghamii / 011
Araucaria heterophylla / 013
Archontophoenix alexandrae / 766
Ardisia crenata / 327
Ardisia crispa / 327
Ardisia densilepidotula / 327
Ardisia elliptica / 328
Ardisia humilis / 328
Ardisia japonica / 326
Ardisia lindleyana / 329
Ardisia mamillata / 329
Ardisia obtusa / 329
Areca catechu / 767
Areca triandra / 767
Arenga engleri / 768
Arenga pinnata / 768
Arenga tremula / 768
Arenga westerhoutii / 769
Argyreia acuta / 669
Aristolochia arborea / 105
Aristolochia gigantea / 105
Aristolochia kwangsiensis / 106
Aristolochia mandshurensis / 106
Aristolochia mollissima / 105
Armeniaca mume / 352
Armeniaca mume × Prunus cerasifera f. atropurpurea / 352
Armeniaca sibirica / 353
Armeniaca vulgaris / 351
Artabotrys hexapetatus / 078
Artabotrys hongkongensis / 078
Artocarpus champeden / 152
Artocarpus communis / 152
Artocarpus heterophyllus / 151
Artocarpus lakoocha / 152
Artocarpus nitidus subsp. lingnanensis / 152
Artocarpus tonkinensis / 153
Arytera littoralis / 583
Atalantia buxifolia / 619
Attalea butyracea / 769
Aucuba chinensis / 521
Aucuba japonica 'Variegata' / 521
Averrhoa carambola / 632
Avicennia marina / 674
Azara serrata / 264

B

Baccaurea ramiflora / 547
Baeckea frutescens / 489
Bambusa chungii / 800
Bambusa emeiensis / 801
Bambusa flexuosa / 801
Bambusa multiplex / 800
Bambusa pervariabilis var. viridi-striata / 802
Bambusa textilis / 802
Bambusa variostriata / 802
Bambusa ventricosa / 803
Bambusa vulgaris / 803
Barleria cristata / 717
Barleria prionitis / 718
Barringtonia asiatica / 262
Barringtonia fusicarpa / 262
Barringtonia racemosa / 262
Barringtonia reticulata / 263
Bauhinia acuminata / 420
Bauhinia apertilobata / 420
Bauhinia brachycarpa / 420
Bauhinia championii / 421
Bauhinia corymbosa / 421
Bauhinia didyma / 422
Bauhinia galpinii / 422
Bauhinia glauca / 422
Bauhinia purpurea / 419
Bauhinia tomentosa / 423

Bauhinia variegata / 423
Bauhinia yunnanensis / 423
Bauhinia×*blakeana* / 420
Beaucarnea recurvata / 818
Beaumontia grandiflora / 648
Berberis amurensis / 115
Berberis julianae / 115
Berberis koreana / 116
Berberis lempergiana / 116
Berberis sargentiana / 116
Berberis soulieana / 117
Berberis thunbergii / 115
Berberis tischleri / 117
Berberis virgetorum / 117
Berchemia floribunda / 563
Berchemia lineata / 563
Berchemia sinica / 563
Betula albosinensis / 188
Betula chinensis / 188
Betula dahurica / 189
Betula ermanii / 189
Betula luminifera / 189
Betula platyphylla / 190
Betula tianschanica / 190
Bischofia javanica / 548
Bischofia polycarpa / 548
Bismarckia nobilis / 770
Bixa orellana / 269
Blastus apricus / 507
Boehmeria nivea / 167
Bombax ceiba / 252
Borassodendron machadonis / 770
Borassus flabellifer / 770
Bothrocaryum controversum / 521
Bougainvillea glabra / 194
Bougainvillea spectabilis / 194
Bowenia spectabilis / 007
Brachychiton acerifolius / 243
Brachychiton rupestris / 243
Brassaiopsis hainla / 633
Bretschneidera sinensis / 582
Brexia madagascariensis / 344
Breynia disticha f. *nivosa* / 549
Breynia fruticosa / 549
Breynia vitis-idaea / 549
Bridelia tomentosa / 550
Broussonetia kaempferi var. *australis* / 153
Broussonetia kazinoki / 154
Broussonetia papyrifera / 153
Brugmansia arborea / 663
Brugmansia suaveolens / 663
Bruguiera gymnorrhiza / 515
Brunfelsia brasiliensis / 664
Brunfelsia pauciflora / 664
Buddleja albiflora / 691
Buddleja alternifolia / 692
Buddleja davidii / 692
Buddleja forrestii / 692
Buddleja globosa / 693
Buddleja lindleyana / 691
Buddleja officinalis / 693
Bunchosia armeniaca / 577
Butea monosperma / 440
Butia capitata / 771
Buxus bodinieri / 541
Buxus sempervirens / 542
Buxus sinica / 541

C

Caesalpinia decapetala / 424
Caesalpinia millettii / 424
Caesalpinia minax / 424
Caesalpinia pulcherrima / 424
Caesalpinia sappan / 425
Caesalpinia vernalis / 425
Cajanus cajan / 441
Callerya championii / 442
Callerya dielsiana / 441
Callerya nitida / 442
Callerya pachyloba / 443
Callerya speciosa / 443
Calliandra emarginata / 414
Calliandra haematocephala / 413
Calliandra riparia / 414
Calliandra surinamensis / 414
Callicarpa dichotoma / 674
Callicarpa formosana / 675
Callicarpa giraldii / 675
Callicarpa kochiana / 675
Callicarpa rubella / 675
Calligonum calliphysa / 199
Calligonum leucocladum / 199
Calligonum mongolicum / 199
Calligonum rubicundum / 199
Callistemon citrinus / 489
Callistemon comboynensis / 490
Callistemon linearis / 489
Callistemon pearsonii 'Rocky Rambler' / 490
Callistemon salignus / 491
Callistemon viminalis / 491
Callistemon 'King's Park Special' / 490
Calocedrus macrolepis / 039
Calophyllum inophyllum / 229
Calycanthus chinensis / 082
Calycanthus floridus / 082
Camellia amplexicaulis / 210
Camellia anlungensis / 210
Camellia azalea / 210
Camellia chekiangoleosa / 211
Camellia costei / 211
Camellia crapnelliana / 211
Camellia drupifera / 212
Camellia euphlebia / 212
Camellia euryoides / 212
Camellia flavida / 212
Camellia fraterna / 213
Camellia grijsii / 213
Camellia impressinervis / 213
Camellia japonica / 210
Camellia oleifera / 213
Camellia petelotii / 214
Camellia pitardii / 214
Camellia polyodonta / 214
Camellia pyxidiacea var. *rubituberculata* / 215
Camellia reticulata / 215
Camellia sasanqua / 215
Camellia semiserrata / 216
Camellia sinensis / 216
Campsis grandiflora / 724
Campsis radicans / 724
Camptotheca acuminata / 519
Campylotropis macrocarpa / 443
Canarium album / 604
Capparis bodinieri / 287
Capparis himalayensis / 287
Capparis micracantha / 288
Caragana arborescens / 444
Caragana korshinskii / 445
Caragana leveillei / 445
Caragana microphylla / 445
Caragana rosea / 446
Caragana sinica / 444
Carallia brachiata / 515
Carallia diplopetala / 516
Carica papaya / 274
Carmona microphylla / 671
Carpinus betulus / 191
Carpinus cordata / 191
Carpinus turczaninowii / 190
Carya cathayensis / 170
Carya illinoensis / 170
Caryopteris incana / 676
Caryopteris tangutica / 676
Caryopteris×*clandonensis* 'Worcester Gold' / 676
Caryota maxima / 771
Caryota mitis / 772
Caryota monostachya / 772
Caryota obtusa / 772
Cassia bakeriana / 426
Cassia fistula / 426
Cassia javanica / 426
Cassiope selaginoides / 293
Castanea henryi / 175
Castanea mollissima / 175
Castanea seguinii / 175
Castanopsis eyrei / 176
Castanopsis fargesii / 176
Castanopsis fissa / 177
Castanopsis orthacantha / 177
Castanopsis sclerophylla / 176
Castanopsis tibetana / 177
Castanospermum australe / 446
Casuarina equisetifolia / 193
Casuarina nana / 193
Catalpa bungei / 725
Catalpa fargesii / 725
Catalpa ovata / 725
Catalpa speciosa / 726
Catharanthus roseus / 648
Cathaya argyrophylla / 017
Catunaregam spinosa / 735
Cecropia peltata / 166
Cedrus atlantica / 018
Cedrus deodara / 017
Ceiba pentandra / 253
Ceiba speciosa / 253
Celastrus angulatus / 529
Celastrus gemmatus / 529
Celastrus hypoleucus / 530
Celastrus orbiculatus / 529
Celtis biondii / 143
Celtis bungeana / 143
Celtis julianae / 143
Celtis koraiensis / 143
Celtis sinensis / 142
Cephalotaxus fortunei / 051
Cephalotaxus mannii / 051
Cephalotaxus sinensis / 051
Cerasus avium / 353
Cerasus campanulata / 354
Cerasus cerasoides var. *rubea* / 354
Cerasus discoidea / 354
Cerasus glandulosa / 355
Cerasus humilis / 355
Cerasus japonica / 356
Cerasus pseudocerasus / 356
Cerasus serrulata / 356
Cerasus serrulata var. *lannesiana* / 357
Cerasus subhirtella / 357
Cerasus tomentosa / 358
Cerasus yedoensis / 358
Cerbera manghas / 649
Cercidiphyllum japonicum / 129
Cercis canadensis / 427
Cercis chinensis / 427
Cercis chingii / 427
Cercis gigantean / 428
Cestrum aurantiacum / 665
Cestrum elegans / 665
Cestrum nocturnum / 665
Chaenomeles cathayensis / 359
Chaenomeles japonica / 360
Chaenomeles sinensis / 358
Chaenomeles speciosa / 360
Chamaecyparis formosensis / 039
Chamaecyparis lawsoniana / 039
Chamaecyparis obtusa / 040
Chamaecyparis pisifera / 040
Chamaedorea elegans / 773
Chamaedorea seifrizii / 774
Chamaerops humilis / 773
Chambeyronia macrocarpa / 774
Chimonanthus gramatus / 083
Chimonanthus praecox / 082

Chimonanthus zhejiangensis / 083
Chimonobambusa purpurea / 804
Chimonobambusa quadrangularis / 803
Chimonobambusa tumidissinoda / 804
Chionanthus retusus / 694
Chloranthus spicatus / 103
Choerospondias axillaris / 605
Chosenia arbutifolia / 276
Chrysophyllum cainito / 312
Chukrasia tabularis / 614
Chuniophoenix hainanensis / 774
Chuniophoenix humilis / 775
Cinchona calisaya / 736
Cinnamomum bejolghota / 087
Cinnamomum bodinieri / 085
Cinnamomum burmanii / 085
Cinnamomum camphora / 085
Cinnamomum chekiangense / 086
Cinnamomum japonicum / 086
Cinnamomum kotoense / 086
Cinnamomum parthenoxylon / 087
Cinnamomum pauciflorum / 087
Cinnamomum septentrionale / 087
Cinnamomum subavenium / 088
Cipadessa baccifera / 614
Citrus × aurantium var. *amara* / 620
Citrus limon / 621
Citrus maxima / 621
Citrus medica / 621
Citrus reticulata / 620
Clausena dunniana / 622
Clausena lansium / 622
Cleidiocarpon cavaleriei / 550
Clematis chinensis / 111
Clematis crassifolia / 111
Clematis finetiana / 112
Clematis florida / 111
Clematis heracleifolia / 112
Clematis kirilowii / 112
Clematis macropetala / 113
Clematis montana / 113
Clematis patens / 114
Clematis serratifolia / 114
Clematis tenuifolia / 114
Clerodendrum bungei / 677
Clerodendrum chinense / 677
Clerodendrum colebrookianum / 678
Clerodendrum fortunatum / 678
Clerodendrum hainanense / 678
Clerodendrum inerme / 678
Clerodendrum japonicum / 679
Clerodendrum quadriloculare / 679
Clerodendrum serratum var. *amplexifolium* / 680
Clerodendrum speciosissimum / 680
Clerodendrum speciosum / 680
Clerodendrum splendens / 680
Clerodendrum thomsoniae / 681
Clerodendrum trichotomum / 681
Clerodendrum ugandense / 682
Clerodendrum wallichii / 682
Clethra barbinervis / 291
Cleyera japonica / 217
Cleyera pachyphylla / 217
Clytostoma callistegioides / 726
Coccoloba uvifera / 200
Cocculus orbiculatus / 123
Cochlospermum vitifolium / 269
Cocos nucifera / 775
Codariocalyx motorius / 447
Codiaeum variegatum / 550
Coffea arabica / 736
Coffea canephora / 736
Coffea liberica / 737
Colebrookea oppositifolia / 689
Colquhounia coccinea / 689
Colutea × media / 447
Colutea arborescens / 447
Combretum alfredii / 511

Congea tomentosa / 683
Connarus yunnanensis / 332
Cordia dichotoma / 671
Cordia myxa / 672
Cordyline fruticosa / 818
Coriaria nepalensis / 124
Cornus officinalis / 522
Corylopsis multiflora / 133
Corylopsis sinensis / 133
Corylus chinensis / 192
Corylus heterophylla / 191
Corylus mandshurica / 192
Corypha umbraculifera / 776
Cotinus coggygria / 606
Cotinus szechuanensis / 606
Cotoneaster adpressus / 360
Cotoneaster conspicuus / 361
Cotoneaster dammeri / 361
Cotoneaster franchetii / 361
Cotoneaster horizontalis / 362
Cotoneaster microphyllus / 362
Cotoneaster multiflorus / 363
Cotoneaster salicifolius / 363
Cotoneaster schantungensis / 364
Cotoneaster zabelii / 364
Crataegus kansuensis / 364
Crataegus maximowiczii / 365
Crataegus pinnatifida / 364
Crataegus sanguinea / 365
Crateva formosensis / 288
Crateva religiosa / 288
Crateva unilocularis / 289
Cratoxylum cochinchinense / 229
Cratoxylum formosum / 230
Crescentia alata / 726
Crescentia cujete / 727
Crossandra infundibuliformis / 718
Crossostephium chinense / 764
Cryosophila albida / 776
Cryosophila warscewiczii / 777
Cryptocarya concinna / 088
Cryptomeria japonica / 034
Cryptomeria japonica var. *sinensis* / 034
Cryptostegia grandiflora / 660
Cunninghamia lanceolata / 034
Cuphea hyssopifolia / 480
Cuphea platycentra / 480
Cupressus arizonica / 041
Cupressus funebris / 040
Cupressus torulosa / 041
Cupressus torulosa var. *gigantea* / 042
Cycas circinalis / 002
Cycas debaoensis / 002
Cycas elongata / 003
Cycas hainanensis / 003
Cycas micholitzii / 004
Cycas miquelii / 004
Cycas panzhihuaensis / 004
Cycas pectinata / 005
Cycas revoluta / 002
Cycas rumphii / 005
Cycas segmentifida / 005
Cycas szechuanensis / 006
Cycas taiwaniana / 006
Cyclobalanopsis fleuryi / 178
Cyclobalanopsis glauca / 178
Cyclobalanopsis glaucoides / 178
Cyclobalanopsis stewardiana / 179
Cyclocarya paliurus / 170
Cydonia oblonga / 366
Cyphomandra betacea / 666
Cytisus scoparius / 448
Cytisus striatus / 448

D

Dacrycarpus imbricatus var. *patulus* / 048
Dacrydium pectinatum / 048
Dalbergia assamica / 449

Dalbergia hancei / 449
Dalbergia hupeana / 448
Dalbergia odorifera / 449
Dalbergia sissoo / 450
Damnacanthus indicus / 737
Daphne aurantiaca / 485
Daphne cneorum / 486
Daphne genkwa / 486
Daphne odora / 485
Daphne tangutica / 486
Daphniphyllum calycinum / 140
Daphniphyllum macropodum / 140
Daphniphyllum oldhamii / 140
Davidia involucrata / 519
Debregeasia orientalis / 167
Decaisnea insignis / 121
Delonix regia / 428
Dendrobenthamia capitata / 523
Dendrobenthamia hongkongensis subsp. *elegans* / 523
Dendrobenthamia japonica / 522
Dendrocalamus barbatus / 805
Dendrocalamus latiflorus / 805
Dendrocalamus minor / 805
Dendrocalamus semiscandens / 806
Dendrocalamus sinicus / 806
Dendrocnide meyeniana / 168
Dendropanax dentiger / 634
Desmodium heterocarpon / 450
Desmos chinensis / 079
Deutzia baroniana / 335
Deutzia calycosa / 336
Deutzia crenata / 335
Deutzia discolor / 336
Deutzia glabrata / 336
Deutzia glauca / 336
Deutzia glomeruliflora / 337
Deutzia grandiflora / 337
Deutzia longifolia / 338
Deutzia parviflora / 338
Deutzia purpurascens / 338
Diabelia spathulata / 748
Dichotomanthes tristaniicarpa / 366
Dichroa febrifuga / 339
Dictyosperma album / 777
Dillenia indica / 202
Dillenia turbinata / 202
Dimocarpus longan / 583
Dioon spinulosum / 008
Diospyros armata / 315
Diospyros cathayensis / 316
Diospyros japonica / 316
Diospyros kaki / 315
Diospyros lotus / 316
Diospyros morrisiana / 317
Diospyros oleifera / 317
Diospyros philippensis / 318
Diospyros rhombifolia / 318
Dipelta yunnanensis / 749
Diplodiscus trichospermus / 238
Dipterocarpus turbinatus / 207
Dipteronia sinensis / 603
Disanthus cercidifolius var. *longipes* / 133
Distylium buxifolium / 134
Distylium chinense / 134
Distylium myricoides / 135
Distylium racemosum / 134
Docynia delavayi / 367
Dodonaea viscosa / 584
Dombeya wallichii / 244
Dracaena cambodiana / 819
Dracaena cochinchinensis / 819
Dracaena elliptica / 819
Dracaena marginata / 819
Dracaena reflexa 'Variegata' / 820
Dracontomelon duperreanum / 607
Dryas octopetala var. *asiatica* / 367
Duabanga grandiflora / 478
Duranta erecta / 683

Durio zibethinus / 254
Dypsis decaryi / 777
Dypsis lutescens / 778
Dypsis madagascariensis / 779
Dysoxylum cauliflorum / 614

E
Edgeworthia chrysantha / 487
Ehretia acuminata / 672
Ehretia dicksonii / 673
Elaeagnus angustifolia / 471
Elaeagnus argyi / 471
Elaeagnus bockii / 471
Elaeagnus conferta / 472
Elaeagnus glabra / 472
Elaeagnus macrophylla / 472
Elaeagnus magna / 473
Elaeagnus pungens / 473
Elaeagnus tutcheri / 474
Elaeagnus umbellata / 474
Elaeagnus viridis / 474
Elaeis guineensis / 779
Elaeocarpus chinensis / 234
Elaeocarpus decipiens / 234
Elaeocarpus duclouxii / 234
Elaeocarpus glabripetalus / 235
Elaeocarpus hainanensis / 235
Elaeocarpus rugosus / 235
Elaeocarpus serratus / 236
Eleutherococcus nodiflorus / 634
Eleutherococcus senticosus / 634
Eleutherococcus sessiliflorus / 635
Eleutherococcus wilsonii / 635
Elsholtzia stauntoni / 689
Emmenopterys henryi / 737
Encephalartos ferox / 008
Encephalartos hildebrandtii / 008
Encephalartos manikensis / 009
Engelhardia roxburghiana / 171
Enkianthus chinensis / 294
Enkianthus deflexus / 294
Enkianthus quinqueflorus / 294
Enterolobium cyclocarpum / 415
Ephedra equisetina / 056
Ephedra intermedia / 056
Ephedra sinica / 056
Epipremnum aureum / 798
Epipremnum pinnatum / 798
Eranthemum pulchellum / 718
Eriobotrya japonica / 367
Erycibe expansa / 669
Erycibe obtusifolia / 670
Erycibe schmidtii / 670
Erythrina caffra / 451
Erythrina corallodendron / 451
Erythrina crista-galli / 452
Erythrina humeana / 452
Erythrina strica / 453
Erythrina variegata / 451
Erythrophleum fordii / 428
Erythrophleum guineese / 429
Erythroxylum novogranatense / 575
Erythroxylum sinensis / 575
Eucalyptus citriodora / 492
Eucalyptus exserta / 492
Eucalyptus globulus / 493
Eucalyptus torelliana / 493
Eucommia ulmoides / 141
Eugenia uniflora / 493
Euonymus acanthocarpus / 531
Euonymus alatus / 530
Euonymus fortunei / 531
Euonymus grandiflorus / 531
Euonymus japonicus / 532
Euonymus maackii / 532
Euonymus nitidus / 533
Euonymus oxyphylla / 533
Euonymus schensiana / 533

Euphorbia cotinifolia subsp. *cotinoides* / 551
Euphorbia milii / 552
Euphorbia pulcherrima / 552
Euphorbia tirucalli / 552
Euptelea pleiosperma / 130
Eurya alata / 217
Eurya chinensis / 218
Eurya emarginata / 218
Eurya muricata / 218
Eurya stenophylla / 218
Eurycorymbus cavaleriei / 584
Euscaphis japonica / 580
Exbucklandia populnea / 135
Exbucklandia tonkinensis / 135
Excentrodendron tonkinense / 238
Excoecaria cochinchinensis / 553
Exochorda giraldii / 368
Exochorda racemosa / 368
Exochorda serratifolia / 368

F
Fagraea ceilanica / 644
Fagus longipetiolata / 179
Fagus sylvatica / 179
Falcataria moluccana / 415
Fallopia aubertii / 200
Fargesia nitida / 806
Fatshedera lizei / 635
Fatsia japonica / 636
Feijoa sellowiana / 494
Ficus microcarpa / 154
Ficus altissima / 155
Ficus annulata / 155
Ficus auriculata / 155
Ficus benjamina / 156
Ficus binnendijkii 'Alii' / 156
Ficus carica / 156
Ficus concinna / 157
Ficus curtipes / 157
Ficus elastica / 157
Ficus erecta / 158
Ficus esquiroliana / 158
Ficus fistulosa / 158
Ficus glaberrima / 158
Ficus hederacea / 159
Ficus hispida / 159
Ficus lyrata / 159
Ficus oligodon / 160
Ficus pandurata / 160
Ficus pumila / 160
Ficus religiosa / 161
Ficus sarmentosa var. *henryi* / 161
Ficus septica / 161
Ficus stenophylla / 162
Ficus subpisocarpa / 162
Ficus tikoua / 162
Ficus triangularis / 163
Ficus virens / 163
Firmiana major / 244
Firmiana simplex / 244
Fissistigma oldhamii / 079
Flueggea suffruticosa / 553
Fokienia hodginsii / 042
Fontanesia philliraeoides subsp. *fortunei* / 694
Forsythia suspensa / 694
Forsythia viridissima / 695
Fortunearia sinensis / 135
Fortunella hindsii / 623
Fortunella japonica / 622
Fraxinus americana / 696
Fraxinus chinensis / 695
Fraxinus chinensis subsp. *rhynchophylla* / 696
Fraxinus excelsior / 696
Fraxinus hupehensis / 697
Fraxinus mandshurica / 697
Fraxinus ornus / 698
Fraxinus pennsylvanica / 698
Fraxinus sogdiana / 698

Fraxinus velutina / 699
Fuchsia × hybrida / 506
Fuchsia magellanica / 506

G
Gamblea ciliata var. *evodiifolia* / 636
Garcinia mangostana / 230
Garcinia multiflora / 230
Garcinia paucinervis / 231
Garcinia subelliptica / 231
Garcinia xanthochymus / 231
Garcinia xishuanbannaensis / 232
Gardenia jasminoides / 738
Gardenia scabrella / 738
Gardenia stenophylla / 738
Gaultheria hookeri / 294
Gaultheria leucocarpa var. *crenulata* / 295
Gelsemium elegans / 645
Genista hispanica / 453
Genista pilosa / 454
Genista tinctoria / 453
Gigantochloa nigrociliata / 807
Gigantochloa verticillata / 807
Ginkgo biloba / 010
Gleditsia japonica / 429
Gleditsia microphylla / 430
Gleditsia sinensis / 429
Gleditsia triacanthos / 430
Glochidion puberum / 554
Glycosmis parviflora / 623
Glyptostrobus pensilis / 035
Gmelina arborea / 684
Gmelina asiatica / 683
Gmelina hainanensis / 684
Gmelina philippensis / 684
Gnetum lofuense / 057
Gnetum parvifolium / 057
Gnetummontanum / 057
Gomphocarpus physocarpus / 660
Graptophyllum pictum / 719
Grevillea banksii / 476
Grevillea baueri 'Dwarf' / 477
Grevillea robusta / 476
Grewia biloba / 238
Grewia occidentalis / 239
Gymnocladus chinensis / 430
Gymnocladus dioicus / 431
Gymnosporia variabilis / 534

H
Halesia macgregorii / 319
Halesia tetraptera / 319
Halimodendron halodendron / 454
Haloxylon ammodendron / 198
Hamamelis mollis / 136
Hamelia patens / 738
Handeliodendron bodinieri / 585
Handroanthus chrysanthus / 727
Handroanthus impetiginosus / 728
Harpullia cupanioides / 585
Hedera helix / 637
Hedera nepalensis var. *sinensis* / 637
Hedera rhombea / 638
Heimia myrtifolia / 480
Helicteres hirsuta / 245
Helicteres isora / 245
Helwingia chinensis / 524
Helwingia himalaica / 524
Helwingia japonica / 524
Hemiptelea davidii / 144
Heptacodium miconioides / 749
Heritiera angustata / 246
Heritiera littoralis / 246
Heteropanax fragrans / 638
Heteropterys glabra / 577
Hevea brasiliensis / 554
Heynea trijuga / 615
Hibbertia scandens / 203
Hibiscus acetosella / 257

Hibiscus elatus / 258
Hibiscus hamabo / 258
Hibiscus mutabilis / 258
Hibiscus rosa-sinensis / 259
Hibiscus schizopetalus / 259
Hibiscus syriacus / 257
Hibiscus tiliaceus / 260
Hippophae rhamnoides subsp. *sinensis* / 475
Hiptage benghalensis / 577
Holarrhena pubescens / 649
Holboellia angustifolia / 122
Holboellia coriacea / 122
Holboellia grandiflora / 122
Holmskioldia sanguinea / 685
Homalium ceylanicum / 264
Homalium cochinchinense / 264
Homalocladium platycladum / 200
Hopea chinensis / 208
Hopea hainanensis / 207
Houpoëa obovata / 058
Houpoëa officinalis / 058
Hovenia acerba / 564
Hovenia dulcis / 564
Howea forsteriana / 779
Hoya carnosa / 661
Hoya lanceolata subsp. *bella* / 661
Hoya multiflora / 661
Hydnocarpus hainanensis / 265
Hydrangea chinensis / 339
Hydrangea macrophylla / 339
Hydrangea paniculata / 340
Hydrangea robusta / 340
Hydrangea strigosa / 340
Hymenodictyon orixense / 739
Hyophorbe lagenicaulis / 780
Hyophorbe verschaffeltii / 780
Hypericum monogynum / 232
Hypericum patulum / 232

I

Idesia polycarpa / 265
Ilex asprella / 536
Ilex centrochinensis / 536
Ilex championii / 537
Ilex chinensis / 536
Ilex cornuta / 537
Ilex crenata / 538
Ilex dasyphylla / 538
Ilex elmerrilliana / 538
Ilex hylonoma var. *glabra* / 539
Ilex latifolia / 539
Ilex macrocarpa / 539
Ilex pernyi / 540
Ilex rotunda / 540
Ilex wilsonii / 540
Illicium dunnianum / 107
Illicium henryi / 107
Illicium lanceolatum / 108
Illicium verum / 108
Indigofera amblyantha / 455
Indigofera balfouriana / 455
Indigofera bungeana / 455
Indigofera cassoides / 456
Indigofera decora var. *ichangensis* / 456
Indigofera kirilowii / 454
Indigofera tinctoria / 456
Indocalamus hirtivaginatus / 808
Indocalamus latifolius / 808
Indocalamus tessellatus / 809
Itea chinensis / 344
Itea omeiensis / 344
Itea virginica / 345
Itea yangchunensis / 345
Itoa orientalis / 266
Ixora amplexicaulis / 740
Ixora casei 'Super King' / 740
Ixora chinensis / 739

J

Jacaranda mimosifolia / 728
Jasminum cinnamomifolium / 700
Jasminum elongatum / 700
Jasminum floridum / 700
Jasminum humile / 701
Jasminum mesnyi / 701
Jasminum multiflorum / 701
Jasminum nudiflorum / 699
Jasminum officinale / 702
Jasminum pentaneurum / 702
Jasminum polyanthum / 702
Jasminum sambac / 703
Jasminum subhumile / 703
Jatropha curcas / 555
Jatropha gossypiifolia / 555
Jatropha integerrima / 556
Jatropha multifida / 556
Jatropha podagrica / 556
Johannesteijsmannia altifrons / 781
Johannesteijsmannia magnifica / 781
Juglans cathayensis / 172
Juglans mandshurica / 172
Juglans nigra / 172
Juglans regia / 171
Juniperus chinensis / 042
Juniperus formosana / 043
Juniperus gaussenii / 043
Juniperus procumbens / 044
Juniperus recurva var. *coxii* / 044
Juniperus rigida / 044
Juniperus sabina / 044
Juniperus squamata / 045
Juniperus virginiana / 045
Justicia brandegeana / 719
Justicia carnea / 719
Justicia gendarussa / 720

K

Kadsura coccinea / 109
Kadsura longipedunculata / 109
Kalopanax septemlobus / 638
Kandelia obovata / 516
Kerria japonica / 369
Keteleeria davidiana / 018
Keteleeria davidiana var. *calcarea* / 019
Keteleeria evelyniana / 019
Keteleeria fortunei / 018
Keteleeria fortunei var. *cyclolepis* / 019
Keteleeria hainanensis / 020
Keteleeria pubescens / 020
Khaya senegalensis / 615
Kigelia africana / 728
Kleinhovia hospita / 246
Koelreuteria bipinnata / 586
Koelreuteria elegans subsp. *formosana* / 587
Koelreuteria paniculata / 586
Kolkwitzia amabilis / 750
Kopsia arborea / 650

L

Laburnum anagyroides / 457
Lagerstroemia fauriei / 482
Lagerstroemia indica / 481
Lagerstroemia limii / 482
Lagerstroemia siamica / 482
Lagerstroemia speciosa / 483
Lagerstroemia subcostata / 483
Lantana camara / 685
Lantana montevidensis / 686
Larix decidua / 021
Larix gmelinii / 020
Larix kaempferi / 021
Latania loddigesii / 782
Latania lontaroides / 781
Latania verschaffeltii / 782
Laurocerasus hypotricha / 370
Laurocerasus undulata / 370
Laurocerasus zippeliana / 369
Laurus nobilis / 088
Lawsonia inermis / 484
Leptodermis oblonga / 740
Leptopus chinensis / 557
Lespedeza bicolor / 457
Lespedeza caraganae / 458
Lespedeza cuneata / 458
Lespedeza floribunda / 458
Lespedeza thunbergii subsp. *formosa* / 459
Lespedeza tomentosa / 459
Leucaena leucocephala / 415
Leucophyllum frutescens / 713
Leycesteria formosa / 750
Licuala dasyantha / 782
Licuala hainanensis / 783
Licuala peltata var. *sumawongii* / 782
Ligustrum × *vicary* / 706
Ligustrum japonicum / 704
Ligustrum lucidum / 703
Ligustrum obtusifolium subsp. *suave* / 704
Ligustrum ovalifolium 'Lemon and Line' / 704
Ligustrum quihoui / 705
Ligustrum sinense / 705
Lindera aggregata / 089
Lindera angustifolia / 090
Lindera chienii / 090
Lindera communis / 090
Lindera erythrocarpa / 090
Lindera fragrans / 091
Lindera glauca / 089
Lindera megaphylla / 091
Lindera nacusua / 091
Lindera neesiana / 091
Lindera obtusiloba / 092
Lindera pulcherrima var. *hemsleyana* / 092
Lindera rubronervia / 092
Liquidambar formosana / 136
Liquidambar styraciflua / 137
Lirianthe albosericea / 059
Lirianthe championii / 060
Lirianthe coco / 060
Lirianthe delavayi / 059
Liriodendron chinense / 060
Liriodendron sinoamericanum / 061
Liriodendron tulipifera / 061
Litchi chinensis / 587
Lithocarpus glaber / 180
Lithocarpus harlandii / 180
Lithocarpus henryi / 180
Litsea auriculata / 092
Litsea coreana var. *sinensis* / 093
Litsea cubeba / 093
Litsea elongata / 093
Litsea glutinosa / 093
Litsea populifolia / 094
Livistona chinensis / 783
Livistona decora / 784
Livistona jenkinsiana / 784
Livistona saribus / 784
Lonicera brownii 'Dropmore Scarlet' / 751
Lonicera caerulea var. *edulis* / 751
Lonicera ferdinandi / 751
Lonicera fragrantissima / 752
Lonicera heckrottii 'Gold Flame' / 752
Lonicera japonica / 750
Lonicera korolkowii / 752
Lonicera ligustrina var. *yunnanensis* / 753
Lonicera maackii / 753
Lonicera maximowiczii / 753
Lonicera tatarica var. *morrowii* / 754
Lonicera tragophylla / 754
Lophostemon confertus / 494
Loropetalum chinense / 137
Loropetalum chinense var. *rubrum* / 137
Luculia pinceana / 740
Lycium barbarum / 667
Lycium chinense / 666
Lyonia ovalifolia / 295

Lysidice rhodostegia / 431

M

Maackia amurensis / 460
Macadamia ternifolia / 477
Macaranga denticulata / 557
Macaranga tanarius var. *tomentosa* / 557
Macfadyena unguis-cati / 728
Machilus breviflora / 094
Machilus chekiangensis / 094
Machilus chinensis / 095
Machilus chrysotricha / 095
Machilus grijsii / 095
Machilus ichangensis / 095
Machilus leptophylla / 096
Machilus pauhoi / 096
Machilus pomifera / 096
Machilus salicina / 097
Machilus thunbergii / 097
Machilus velutina / 097
Machilus yunnanensis / 097
Maclura cochinchinensis / 164
Maclura tricuspidata / 163
Maesa indica / 330
Maesa japonica / 330
Maesa montana / 331
Maesa perlarius / 331
Maesa salicifolia / 331
Magnolia grandiflora / 061
Mahonia bealei / 118
Mahonia bodinieri / 118
Mahonia eurybracteata / 118
Mahonia fortunei / 117
Mahonia oiwakensis / 119
Malania oleifera / 527
Mallotus apelta / 558
Malpighia glabra 'Fairchild' / 578
Malus asiatica / 371
Malus baccata / 371
Malus halliana / 372
Malus hupehensis / 372
Malus kansuensis / 373
Malus mandshurica / 373
Malus micromalus / 374
Malus prunifolia / 374
Malus pumila / 370
Malus sieboldii / 374
Malus spectabilis / 375
Malus toringoides / 375
Malvaviscus arboreus / 261
Malvaviscus penduliflorus / 261
Mandevilla × *amabilis* / 650
Mangifera indica / 607
Mangifera persiciforma / 608
Manglietia aromatica / 062
Manglietia conifera / 063
Manglietia decidua / 063
Manglietia fordiana / 062
Manglietia glauca / 063
Manglietia insignis / 064
Manglietia kwangtungensis / 064
Manglietia lucida / 064
Manglietia pachyphylla / 065
Manihot esculenta 'Variegata' / 558
Manilkara zapota / 312
Mansoa alliacea / 729
Markhamia stipulata var. *kerrii* / 729
Mayodendron igneum / 730
Maytenus austroyunnanensis / 534
Maytenus confertiflorus / 535
Maytenus hookeri / 534
Medinilla formosana / 507
Medinilla magnifica / 507
Melaleuca bracteata 'Revolution Gold' / 495
Melaleuca cajuputi subsp. *cumingiana* / 494
Melaleuca parviflora / 495
Melastoma dodecandrum / 508
Melastoma intermedium / 508
Melastoma malabathricum / 508
Melastoma sanguineum / 509
Melia azedarach / 616
Melicope pteleifolia / 624
Meliosma fordii / 125
Meliosma myriantha / 126
Meliosma oldhamii / 126
Meliosma parviflora / 125
Meliosma veitchiorum / 126
Melliodendron xylocarpum / 320
Melocanna baccifera / 809
Melodinus fusiformis / 651
Melodinus suaveolens / 651
Menispermum dauricum / 123
Merremia boisiana / 670
Mespilus germanica / 375
Mesua ferrea / 233
Metapanax delavayi / 639
Metasequoia glyptostroboides / 035
Michelia baillonii / 066
Michelia cavaleriei / 066
Michelia cavaleriei var. *platypetala* / 067
Michelia champaca / 067
Michelia chapensis / 068
Michelia crassipes / 068
Michelia figo / 065
Michelia foveolata / 069
Michelia lacei / 069
Michelia martini / 069
Michelia maudiae / 070
Michelia odora / 070
Michelia shiluensis / 070
Michelia yunnanensis / 071
Michelia × *alba* / 066
Microcos paniculata / 239
Millettia pachycarpa / 460
Millettia pulchra / 460
Mimosa bimucronata / 417
Mimosa diplotricha / 416
Mimosa pudica / 416
Mitrephora tomentosa / 079
Momordica cochinchinensis / 275
Monstera deliciosa / 799
Morinda citrifolia / 741
Morinda officinalis / 741
Morinda parvifolia / 741
Moringa drouhardii / 290
Moringa oleifera / 290
Morus alba / 164
Morus australia / 164
Morus mongolica / 165
Mucuna birdwoodiana / 461
Mucuna lamellata / 461
Mucuna macrocarpa / 462
Mucuna sempervirens / 462
Muntingia calabura / 236
Murraya koenigii / 624
Murraya paniculata / 624
Mussaenda erosa / 743
Mussaenda erythrophylla / 743
Mussaenda philippica / 743
Mussaenda pubescens / 742
Mussaenda 'Alicia' / 742
Myrica adenophora / 174
Myrica rubra / 174
Myripnois dioica / 764
Mytilaria laosesis / 138

N

Nageia fleuryi / 049
Nageia nagi / 049
Nandina domestica / 119
Neocinnamomum delavayi / 098
Neolamarckia cadamba / 744
Neolitsea aurata var. *chekiangensis* / 098
Neolitsea chuii / 099
Neolitsea confertifolia / 099
Neolitsea sericea / 098
Neolitsea zeylanica / 099
Neoshirakia japonica / 559
Nephelium chryseum / 588
Nephelium lappaceum / 588
Nerium oleander / 651
Nitraria sibirica / 631
Normanbya normanbyi / 784
Nyssa ogeche / 520
Nyssa sinensis / 520

O

Ochna integerrima / 206
Ochroma pyramidale / 254
Ochrosia elliptica / 652
Odontonema tubaeforme / 720
Olea europaea / 706
Olea europaea subsp. *cuspidata* / 706
Opuntia dillenii / 196
Opuntia ficus-indica / 196
Opuntia monacantha / 197
Orixa japonica / 625
Ormosia henryi / 463
Ormosia hosiei / 463
Ormosia pinnata / 464
Ormosia xylocarpa / 464
Osmanthus armatus / 707
Osmanthus cooperi / 708
Osmanthus decorus / 708
Osmanthus delavayi / 708
Osmanthus fortunei / 708
Osmanthus fragrans / 707
Osmanthus heterophyllus / 709
Osmanthus matsumuranus / 709
Osmanthus serrulatus / 709
Osmanthus yunnanensis / 710
Osmoxylon lineare / 640
Osteomeles schwerinae / 376
Ostryopsis davidiana / 192
Oyama sieboldii / 071
Oyama wilsonii / 071
Ozothamnus diosmifolius / 765

P

Pachira aquatica / 254
Pachira glabra / 255
Pachylarnax sinica / 072
Pachypodium lamerei / 652
Pachysandra axillaris / 542
Pachysandra terminalis / 542
Pachystachys lutea / 720
Padus avium / 376
Padus brachypoda / 377
Padus virginiana 'Canada Red' / 377
Padus wilsonii / 377
Paeonia delavayi / 204
Paeonia ludlowii / 205
Paeonia ostii / 205
Paeonia rockii / 205
Paeonia suffruticosa / 204
Palaquium formosanum / 313
Paliurus hemsleyanus / 565
Paliurus ramosissimus / 564
Pandanus tectorius / 797
Pandanus urophyllus / 797
Pandanus utilis / 797
Pandorea jasminoides / 730
Parakmeria lotungensis / 072
Parakmeria omeiensis / 072
Parakmeria yunnanensis / 073
Parashorea chinensis / 208
Parkia biglandulosa / 417
Parkinsonia aculeata / 432
Parrotia subaequalis / 138
Parthenocissus dalzielii / 571
Parthenocissus quinquefolia / 571
Parthenocissus tricuspidata / 570
Paulownia catalpifolia / 714
Paulownia elongata / 714
Paulownia fortunei / 715

Paulownia tomentosa / 713
Pavetta hongkongensis / 744
Pavonia × *intermedia* / 261
Pellacalyx yunnanensis / 516
Pellionia scabra / 168
Pentalinon luteum / 653
Pentaphylax euryoides / 228
Pentas lanceolata / 744
Pereskia aculeata / 197
Periploca sepium / 661
Persea americana / 100
Petrea volubilis / 686
Phellodendron amurense / 625
Phellodendron chinense / 626
Philadelphus coronarius / 341
Philadelphus incanus / 341
Philadelphus pekinensis / 342
Philadelphus purpurascens / 342
Philadelphus schrenkii / 342
Phoebe bournei / 100
Phoebe chekiangensis / 100
Phoebe faberi / 101
Phoebe hungmaoensis / 101
Phoebe neurantha / 101
Phoebe sheareri / 102
Phoebe zhenna / 102
Phoenix canariensis / 785
Phoenix dactylifera / 786
Phoenix loureiroi / 786
Phoenix reclinata / 786
Phoenix roebelenii / 786
Phoenix sylvestris / 787
Photinia beauverdiana / 378
Photinia bodinieri / 379
Photinia glabra / 380
Photinia prunifolia / 380
Photinia serratifolia / 378
Photinia villosa / 380
Photinia × *fraseri* / 379
Phyllanthus acidus / 559
Phyllanthus emblica / 559
Phyllanthus glaucus / 560
Phyllanthus myrtifolius / 560
Phyllostachys aurea / 810
Phyllostachys aureosulcata / 810
Phyllostachys edulis / 810
Phyllostachys glauca / 811
Phyllostachys iridescens / 811
Phyllostachys nigra / 812
Phyllostachys nuda / 812
Phyllostachys prominens / 813
Phyllostachys propinqua / 813
Phyllostachys reticulata / 813
Phyllostachys sulphurea var. *viridis* / 809
Phyllostachys vivax / 814
Physocarpus amurensis / 380
Physocarpus opulifolius / 381
Picea abies / 022
Picea asperata / 021
Picea brachytyla / 022
Picea crassifolia / 022
Picea koraiensis / 022
Picea likiangensis / 023
Picea meyeri / 023
Picea schrenkiana / 024
Picea smithiana / 024
Picea torano / 024
Picea wilsonii / 024
Picrasma quassioides / 612
Pieris formosa / 296
Pieris japonica / 295
Pieris swinhoei / 296
Pileostegia tomentella / 343
Pimenta racemosa / 496
Pinus armandii / 025
Pinus banksiana / 025
Pinus bungeana / 026
Pinus densiflora / 026

Pinus elliottii / 027
Pinus koraiensis / 027
Pinus massoniana / 027
Pinus palustris / 028
Pinus parviflora / 028
Pinus pumila / 028
Pinus sylvestris var. *mongolica* / 029
Pinus sylvestris var. *sylvestriformis* / 029
Pinus tabuliformis / 029
Pinus taeda / 030
Pinus taiwanensis / 030
Pinus thunbergii / 031
Pinus wallichiana / 031
Pinus yunnanensis / 032
Piper aduncum / 104
Piper hancei / 104
Piper nigrum / 104
Piptanthus nepalensis / 464
Pisonia umbellifera / 194
Pistacia chinensis / 608
Pistacia weinmanniifolia / 608
Pithecellobium dulce / 417
Pittosporum glabratum / 333
Pittosporum illicioides / 334
Pittosporum paniculiferum / 334
Pittosporum tobira / 333
Platanus acerifolia / 131
Platanus occidentalis / 131
Platanus orientalis / 131
Platycarya strobilacea / 173
Platycladus orientalis / 046
Pleioblastus amarus / 814
Pleioblastus fortunei / 814
Pleioblastus gramineus / 815
Plumbago auriculata / 201
Plumbago zeylanica / 201
Plumeria obtusa / 654
Plumeria rubra / 654
Plumeria rubra 'Acutifolia' / 653
Podocarpus costalis / 050
Podocarpus forrestii / 050
Podocarpus macrophyllus / 049
Podocarpus neriifolius / 050
Podranea ricasoliana / 731
Poliothyrsis sinensis / 266
Polyalthia longifolia / 080
Polyalthia nemoralis / 080
Polyalthia suberosa / 081
Polygala arillata / 579
Polygala fallax / 579
Polyscias fruticosa / 640
Polyscias scutellaria / 640
Polyspora axillaris / 219
Pometia pinnata / 588
Poncirus trifoliata / 626
Pongamia pinnata / 465
Populus × *canadensis* / 277
Populus × *hopeiensis* / 279
Populus × *xiaozhuanica* / 281
Populus alba / 276
Populus alba var. *pyramidalis* / 277
Populus davidiana / 278
Populus euphratica / 279
Populus nigra var. *thevestina* / 279
Populus simonii / 280
Populus tomentosa / 276
Potentilla fruticosa / 381
Potentilla glabra / 382
Pothos chinensis / 799
Pouteria campechiana / 313
Premna microphylla / 687
Premna serratifolia / 686
Prinsepia sinensis / 382
Prinsepia uniflora / 382
Prunus × *cistena* / 384
Prunus cerasifera f. *atropurpurea* / 383
Prunus domestica / 384
Prunus salicina / 383

Pseuderanthemum laxiflorum / 721
Pseudolarix amabilis / 032
Pseudosasa amabilis / 815
Pseudotaxus chienii / 052
Pseudotsuga sinensis / 032
Psidium guajava / 496
Psidium littorale / 497
Psychotria serpens / 745
Ptelea trifoliata / 626
Pterocarpus indicus / 465
Pterocarya hupehensis / 173
Pterocarya stenoptera / 173
Pteroceltis tatarinowii / 144
Pterolobium punctatum / 432
Pterospermum acerifolium / 247
Pterospermum heterophyllum / 247
Pterostyrax corymbosus / 320
Pterostyrax psilophyllus / 321
Ptychosperma burretianum / 787
Pueraria montana var. *lobata* / 466
Punica granatum / 505
Pyracantha angustifolia / 385
Pyracantha coccinea 'Harlequin' / 385
Pyracantha crenulata / 385
Pyracantha fortuneana / 384
Pyrenaria microcarpa / 219
Pyrenaria spectabilis / 219
Pyrostegia venusta / 731
Pyrularia edulis / 528
Pyrus betulaefolia / 386
Pyrus bretschneideri / 386
Pyrus calleryana / 387
Pyrus communis var. *sativa* / 387
Pyrus hopeiensis / 387
Pyrus phaeocarpa / 388
Pyrus pyrifolia / 388
Pyrus trilocularis / 388
Pyrus ussuriensis / 389

Q

Quercus acutissima / 181
Quercus aliena / 181
Quercus dentata / 182
Quercus fabri / 182
Quercus franchetii / 182
Quercus mongolica / 183
Quercus palustris / 183
Quercus phellos / 184
Quercus phillyreoides / 183
Quercus robur / 184
Quercus semecarpifolia / 184
Quercus senescens / 185
Quercus serrata / 185
Quercus spinosa / 185
Quercus variabilis / 186
Quercus wutaishanica / 186
Quisqualis indica / 511

R

Radermachera hainanensis / 732
Radermachera sinica / 732
Raphia vinifera / 788
Rauvolfia serpentina / 654
Rauvolfia verticillata / 654
Ravenea rivularis / 788
Reevesia pubescens / 248
Reevesia thyrsoidea / 249
Reinwardtia indica / 576
Rhamnella franguloides / 565
Rhamnus arguta / 566
Rhamnus globosa / 566
Rhamnus koraiensis / 566
Rhamnus utilis / 567
Rhaphiolepis indica / 389
Rhaphiolepis umbellata / 390
Rhapis excelsa / 789
Rhapis gracilis / 789
Rhapis humilis / 789
Rhapis multifida / 790

Rhizophora stylosa / 517
Rhododendron augustinii subsp. *chasmanthum* / 297
Rhododendron × *duclouxii* / 301
Rhododendron × *pulchrum* / 307
Rhododendron araiophyllum / 297
Rhododendron argyrophyllum / 297
Rhododendron aureum / 298
Rhododendron bachii / 298
Rhododendron bureavii / 299
Rhododendron campylogynum / 299
Rhododendron championiae / 299
Rhododendron decorum / 300
Rhododendron delavayi / 300
Rhododendron fastigiatum / 301
Rhododendron fortunei / 301
Rhododendron henryi / 302
Rhododendron indicum / 302
Rhododendron irroratum / 302
Rhododendron keleticum / 303
Rhododendron latoucheae / 303
Rhododendron mariesii / 303
Rhododendron micranthum / 304
Rhododendron microphyton / 304
Rhododendron molle / 304
Rhododendron moulmainense / 305
Rhododendron mucronatum / 305
Rhododendron mucronulatum / 306
Rhododendron obtusum / 306
Rhododendron orbiculare / 306
Rhododendron ovatum / 306
Rhododendron pubescens / 307
Rhododendron redowskianum / 307
Rhododendron schlippenbachii / 308
Rhododendron siderophyllum / 308
Rhododendron simiarum / 308
Rhododendron simsii / 296
Rhododendron spinuliferum / 309
Rhododendron telmateium / 309
Rhododendron trichostomum / 310
Rhododendron venator / 310
Rhodoleia championii / 138
Rhodomyrtus tomentosa / 497
Rhodotypos scandens / 390
Rhoiptelea chiliantha / 169
Rhus chinensis / 609
Rhus typhina / 609
Ribes alpestre / 346
Ribes burejense / 346
Ribes fasciculatum var. *chinense* / 347
Ribes himalense / 347
Ribes komarovii / 347
Ribes mandshuricum / 348
Ribes odoratum / 346
Rinorea bengalensis / 271
Robinia hispida / 467
Robinia pseudoacacia / 466
Rondeletia odorata / 745
Rosa banksiae / 391
Rosa bracteata / 391
Rosa davurica / 392
Rosa hybrida / 392
Rosa koreana / 393
Rosa laevigata / 393
Rosa multiflora / 390
Rosa roxburghii / 394
Rosa rugosa / 394
Rosa sericea / 394
Rosa xanthina / 395
Rosmarinus officinalis / 690
Roystonea oleracea / 790
Roystonea regia / 790
Rubus bambusarum / 395
Rubus corchorifolius / 396
Rubus crataegifolius / 396
Rubus idaeus / 397
Rubus lineatus / 397
Rubus parvifolius / 397
Rubus phoenicolasius / 397

Rubus rosifolius / 395
Rubus simplex / 398
Ruscus aculeata / 817
Russelia equisetiformis / 715

S

Sabal maritima / 791
Sabal minor / 791
Sabal palmetto / 792
Sabia discolor / 127
Sabia japonica / 127
Sageretia hamosa / 567
Sageretia thea / 567
Salacca griffithii / 792
Salacca zalacca / 792
Salix × *leucopithecia* / 283
Salix alba / 282
Salix babylonica / 281
Salix chaenomeloides / 282
Salix gracilistyla / 283
Salix integra / 283
Salix linearistipularis / 284
Salix matsudana / 284
Salix nummularia / 285
Salix taishanensis / 285
Salix 'Tristis' / 286
Samanea saman / 418
Sambucus nigra / 754
Sambucus williamsii / 754
Sanchezia oblonga / 721
Sapindus saponaria / 589
Saraca dives / 432
Saraca indica / 433
Sarcandra glabra / 103
Sarcococca hookeriana var. *digyna* / 543
Sarcococca longipetiolata / 543
Sarcococca ruscifolia / 543
Sarcotoechia serrata / 589
Sargentodoxa cuneata / 120
Saritaea magnifica / 732
Sassafras tzumu / 102
Saurauia napaulensis / 227
Saurauia tristyla / 227
Sauropus androgynus / 560
Sauropus spatulifolius / 561
Schefflera acutinophylla / 641
Schefflera arboricola / 641
Schefflera bodinieri / 642
Schefflera delavayi / 642
Schefflera elegantissima / 642
Schefflera heptaphylla / 643
Schima argentea / 219
Schima superba / 220
Schisandra chinensis / 110
Schisandra sphenanthera / 110
Schizolobium parahyba / 433
Schizophragma integrifolium / 343
Schoepfia jasminodora / 527
Sciadopitys verticillata / 036
Scolopia buxifolia / 267
Semiliquidambar cathayensis / 139
Senna alata / 434
Senna bicapsularis / 434
Senna corymbosa / 434
Senna didymobotrya / 435
Senna siamea / 435
Senna spectabilis / 436
Senna surattensis / 436
Sequoia sempervirens / 036
Sequoiadendron giganteum / 036
Serissa japonica / 745
Serissa serissoides / 746
Sesbania grandiflora / 467
Shibataea chinensis / 815
Shibataea nanpingensis / 816
Sindora glabra / 436
Sindora tonkinensis / 437
Sinoadina racemosa / 746

Sinobambusa tootsik / 816
Sinojackia dolichocarpa / 322
Sinojackia rehderiana / 322
Sinojackia xylocarpa / 321
Sinowilsonia henryi / 139
Skimmia japonica / 627
Sloanea sinensis / 237
Smilax china / 823
Solandra maxima / 667
Solanum erianthum / 668
Solanum pseudocapsicum var. *diflorum* / 667
Solanum seaforthianum / 668
Solanum spirale / 668
Solanum wrightii / 668
Sonneratia apetala / 479
Sonneratia caseolaris / 478
Sophora davidii / 467
Sophora flavescens / 468
Sophora japonica / 468
Sophora japonica f. *pendula* / 469
Sorbaria kirilowii / 398
Sorbaria sorbifolia / 398
Sorbus alnifolia / 399
Sorbus discolor / 400
Sorbus folgneri / 400
Sorbus hupehensis / 401
Sorbus insignis / 401
Sorbus koehneana / 401
Sorbus ochracea / 402
Sorbus pohuashanensis / 399
Sorbus randaiensis / 402
Spartium junceum / 469
Spathodea campanulata / 733
Sphaeropteris lepifera / 001
Spiraea × *bumalda* 'Gold Mound' / 403
Spiraea blumei / 403
Spiraea cantoniensis / 402
Spiraea fritschiana / 404
Spiraea japonica / 404
Spiraea media / 404
Spiraea prunifolia / 405
Spiraea pubescens / 405
Spiraea salicifolia / 405
Spiraea thunbergii / 406
Spiraea trilobata / 406
Spondias pinnata / 610
Stachyurus chinensis / 270
Staphylea bumalda / 580
Stephanandra chinensis / 407
Stephanandra incisa / 407
Sterculia foetida / 250
Sterculia hainanensis / 250
Sterculia lanceolata / 250
Sterculia monosperma / 249
Stewartia crassifolia / 221
Stewartia sinensis / 220
Stranvaesia davidiana / 407
Streblus indicus / 165
Strobilanthes hamiltoniana / 721
Strophanthus divaricatus / 655
Strophanthus gratus / 655
Strychnos nux-vomica / 645
Styrax chinensis / 322
Styrax faberi / 323
Styrax japonicus / 322
Styrax obassis / 323
Styrax suberifolius / 323
Swainsona formosa / 470
Swida alba / 524
Swida bretschneideri / 525
Swida sanguinea / 525
Swida walteri / 525
Swida wilsoniana / 526
Swietenia macrophylla / 617
Swietenia mahagoni / 617
Syagrus romanzoffiana / 793
Syagrus sancona / 793
Sycopsis sinensis / 139

Symplocos chinensis / 325
Symplocos lucida / 324
Symplocos paniculata / 325
Symplocos stellaris / 325
Symplocos sumuntia / 324
Synsepalum dulcificum / 314
Syringa × *persica* / 710
Syringa meyeri / 710
Syringa oblata / 710
Syringa pubescens / 711
Syringa reticulata subsp. *amurensis* / 711
Syringa reticulata subsp. *pekinensis* / 711
Syringa tomentella / 712
Syringa villosa / 712
Syringa vulgaris / 712
Syzygium acuminatissimum / 498
Syzygium bullockii / 498
Syzygium buxifolium / 498
Syzygium cumini / 499
Syzygium fluviatile / 499
Syzygium globiflorum / 500
Syzygium grijsii / 500
Syzygium hancei / 500
Syzygium jambos / 501
Syzygium malaccense / 501
Syzygium megacarpum / 501
Syzygium myrtifolium / 502
Syzygium nervosum / 502
Syzygium samarangense / 503

T

Tabebuia aurea / 733
Tabernaemontana divaricata / 656
Taiwania cryptomerioides / 037
Tamarindus indica / 437
Tamarix chinensis / 272
Tamarix hohenackeri / 272
Tamarix ramosissima / 273
Tapiscia sinensis / 581
Taxodium distichum / 037
Taxodium distichum var. *imbricatum* / 038
Taxodium mucronatum / 038
Taxus baccata / 052
Taxus cuspidata / 053
Taxus wallichiana var. *chinensis* / 053
Taxus wallichiana var. *mairei* / 054
Taxus × *media* / 053
Tecoma stans / 733
Tecomaria capensis / 734
Tectona grandis / 687
Telosma cordata / 662
Terminalia arjuna / 512
Terminalia catappa / 512
Terminalia chebula / 513
Terminalia muelleri / 513
Terminalia myriocarpa / 514
Terminalia neotaliala / 514
Ternstroemia gymnanthera / 221
Ternstroemia japonica / 222
Ternstroemia kwangtungensis / 222
Tetracentron sinense / 128
Tetracera sarmentosa / 203
Tetradium daniellii / 627
Tetradium ruticarpum / 627
Tetrapanax papyriferus / 643
Tetrastigma cauliflorum / 572
Tetrastigma planicaule / 572
Teucrium fruitcans / 690
Theobroma cacao / 251
Thevetia peruviana / 656
Thryallis gracilis / 578
Thuja koraiensis / 047
Thuja occidentalis / 046
Thujopsis dolabrata / 047
Thunbergia erecta / 722
Thunbergia grandiflora / 722
Thunbergia laurifolia / 723
Thunbergia mysorensis / 723

Thymus marschallianus / 690
Thyrsostachys siamensis / 816
Tibouchina aspera var. *asperrima* / 510
Tibouchina granulosa / 510
Tibouchina semidecandra / 509
Tilia amurensis / 240
Tilia henryana var. *subglabra* / 240
Tilia japonica / 240
Tilia mandshurica / 241
Tilia miqueliana / 241
Tilia mongolica / 241
Tilia platyphyllos / 242
Tilia taishanensis / 242
Tirpitzia sinensis / 576
Toddalia asiatica / 628
Toona ciliata / 618
Toona sinensis / 618
Toricellia angulata var. *intermedia* / 526
Torreya grandis / 054
Torreya jackii / 055
Torreya nucifera / 055
Tournefortia argentea / 673
Tournefortia montana / 673
Toxicodendron succedaneum / 611
Toxicodendron vernicifluum / 610
Trachelospermum asiaticum / 657
Trachelospermum bodinieri / 658
Trachelospermum jasminoides / 656
Trachycarpus fortunei / 793
Trema angustifolia / 144
Trema cannabina var. *dielsiana* / 145
Trema tomentosa / 145
Trevesia palmata / 643
Triadica sebifera / 561
Trigonobalanus doichangensis / 186
Tripterygium wilfordii / 535
Tristellateia australasiae / 578
Trithrinax campestris / 794
Tsuga chinensis / 033
Tsuga longibracteata / 033

U

Ulmus americana / 146
Ulmus chenmoui / 146
Ulmus davidiana / 146
Ulmus densa / 147
Ulmus gaussenii / 147
Ulmus glaucescens / 148
Ulmus laciniata / 148
Ulmus laevis / 148
Ulmus macrocarpa / 149
Ulmus parvifolia / 149
Ulmus pumila / 145
Ulmus szechuanica / 149
Uncaria macrophylla / 747
Uncaria rhynchophylla / 747
Urceola rosea / 658
Uvaria grandiflora / 081
Uvaria macrophylla / 081

V

Vaccinium oldhamii / 311
Vaccinium uliginosum / 311
Vaccinium vitis-idaea / 310
Vatica mangachapoi / 208
Vernicia fordii / 562
Vernicia montana / 562
Vernonia volkameriaefolia / 765
Viburnum betulifolium / 755
Viburnum burejaeticum / 755
Viburnum carlesii / 756
Viburnum cylindricum / 756
Viburnum davidii / 756
Viburnum dilatatum / 755
Viburnum erosum / 757
Viburnum farreri / 757
Viburnum fordiae / 757
Viburnum luzonicum / 758
Viburnum macrocephalum / 758

Viburnum odoratissimum var. *awabuki* / 759
Viburnum opulus / 759
Viburnum opulus subsp. *calvescens* / 759
Viburnum plicatum / 760
Viburnum rhytidophyllum / 760
Viburnum schensianum / 761
Viburnum sympodiale / 761
Viburnum tinus / 761
Viburnum utile / 762
Vitex negundo / 687
Vitex quinata / 688
Vitex rotundifolia / 688
Vitis amurensis / 573
Vitis bryoniifolia / 574
Vitis flexuosa / 574
Vitis heyneana / 574
Vitis vinifera / 572
Voacanga africana / 658

W

Wallichia caryotoides / 794
Wallichia densiflora / 795
Wallichia disticha / 795
Wallichia gracilis / 795
Washingtonia filifera / 796
Washingtonia robusta / 796
Weigela coraeensis / 762
Weigela florida / 762
Wikstroemia chamaedaphne / 488
Wikstroemia indica / 487
Wikstroemia monnula / 488
Wisteria floribunda / 470
Wisteria sinensis / 470
Wodyetia bifurcata / 796
Woodfordia fruticosa / 484
Woonyoungia septentrionalis / 073
Wrightia laevis / 659
Wrightia pubescens / 658
Wrightia religiosa / 659

X

Xanthoceras sorbifolium / 590
Xanthorrhoea australis / 822
Xanthostemon chrysanthus / 503
Xanthostemon verticillatus 'Cream Dancer' / 503
Xanthostemon youngii / 504
Xantolis stenosepala / 314
Xylosma congesta / 267
Xylosma controversum / 268
Xylosma longifolium / 268

Y

Yucca elephantipes / 821
Yucca gloriosa / 820
Yucca smalliana / 821
Yulania × *soulangeana* / 075
Yulania acuminata / 074
Yulania amoena / 074
Yulania biondii / 074
Yulania denudata / 073
Yulania liliiflora / 075
Yulania stellata / 076
Yulania zenii / 076

Z

Zabelia biflora / 763
Zabelia dielsii / 763
Zamia furfuracea / 009
Zanthoxylum ailanthoides / 628
Zanthoxylum armatum / 629
Zanthoxylum bungeanum / 628
Zanthoxylum piperitum / 629
Zanthoxylum schinifolium / 630
Zanthoxylum simulans / 630
Zelkova schneideriana / 150
Zelkova serrata / 150
Zelkova sinica / 150
Zenia insignis / 438
Ziziphus jujuba / 568
Ziziphus mauritiana / 568
Zygophyllum xanthoxylon / 631

中文名索引

A
阿根廷长刺棕 / 794
阿江榄仁 / 512
阿里山十大功劳 / 119
矮琼棕 / 775
矮生构子 / 361
矮探春 / 701
矮紫金牛 / 328
矮棕竹 / 789
安龙瘤果茶 / 210
鞍叶羊蹄甲 / 420
暗罗 / 081
凹脉金花茶 / 213
凹叶冬青 / 537
澳洲火焰木 / 243
澳洲坚果 / 477
澳洲米花 / 765

B
八宝树 / 478
八角 / 108
八角枫 / 518
八角金盘 / 636
巴东醉鱼草 / 691
巴戟天 / 741
巴山冷杉 / 014
巴提青棕 / 787
巴西含羞草 / 416
巴西曼陀罗 / 663
巴西野牡丹 / 509
菠萝 / 823
霸王 / 631
霸王桐 / 770
白背叶野桐 / 558
白刺花 / 467
白豆杉 / 052
白鹤藤 / 669
白花丹 / 201
白花龙 / 323
白花泡桐 / 715
白花羊蹄甲 / 420
白花油麻藤 / 461
白桦 / 190
白鹃梅 / 363
白蜡 / 695
白兰花 / 063
白梨 / 386
白栎 / 182
白柳 / 282
白马骨 / 743
白木乌桕 / 559
白楠 / 101
白皮松 / 025
白千层 / 494
白杆 / 023
白檀 / 325
白棠子树 / 674
白辛树 / 321
白榆 / 145
白玉兰 / 073
百两金 / 327
百眼藤 / 741
柏木 / 040
斑叶朱砂根 / 329
板凳果 / 542
板栗 / 175
版纳藤黄 / 232
半枫荷 / 139
包疮叶 / 330
宝华玉兰 / 076
宝莲灯 / 507
抱茎龙船花 / 740
豹皮樟 / 093
暴马丁香 / 711
爆仗杜鹃 / 309
北非雪松 / 018
北江荛花 / 488
北京丁香 / 711
北京花楸 / 400
北京油松 / 025
北美肥皂荚 / 431
北美枫香 / 137
北美红杉 / 036
北美鼠刺 / 345
北美香柏 / 046
北美银钟花 / 319
北枳椇 / 564
贝壳杉 / 011
贝拉球兰 / 661
贝叶棕 / 776
笔管榕 / 162
笔筒树 / 001
篦齿苏铁 / 005
薜荔 / 160
蝙蝠葛 / 123
扁担杆 / 238
扁担藤 / 572
扁桃 / 350
扁轴木 / 432
变叶海棠 / 375
变叶木 / 550
滨枪 / 218
滨木患 / 583
滨玉蕊 / 262
槟榔 / 767
槟榔青 / 610
波罗蜜 / 151
波温苏铁 / 007
伯乐树 / 582
伯力木 / 344
薄壳山核桃 / 170
薄皮木 / 740
薄叶润楠 / 096
布迪椰子 / 771

C
彩叶木 / 719
菜豆树 / 732
菜王棕 / 790
苍山冷杉 / 014
糙叶树 / 142
草麻黄 / 056
草莓番石榴 / 497
草珊瑚 / 103
草原杜鹃 / 309
侧柏 / 046
叉孢苏铁 / 005
叉花草 / 721
叉叶苏铁 / 004
茶 / 216
茶秆竹 / 815
茶梨 / 209
茶梅 / 215
茶条槭 / 601
檫木 / 102
潺槁木姜子 / 093
长白茶藨子 / 347
长白蔷薇 / 393
长瓣短柱茶 / 213
长瓣铁线莲 / 113
长苞铁杉 / 033
长柄双花木 / 133
长柄银叶树 / 246
长春花 / 648
长刺茶藨子 / 346
长刺槭木 / 633
长萼马醉木 / 296
长果秤锤树 / 322
长穗决明 / 435
长叶暗罗 / 080
长叶榧 / 055
长叶胡颓子 / 471
长叶胡枝子 / 458
长叶罗汉松 / 050
长叶松 / 028
长叶溲疏 / 338
长叶云杉 / 024
长叶竹柏 / 049
长叶柞木 / 268
长柱小檗 / 116
长籽苏铁 / 009
常春油麻藤 / 462
常山 / 339
朝鲜槐 / 460
朝鲜冷杉 / 016
朝鲜鼠李 / 566
朝鲜崖柏 / 047
车桑子 / 584
柽柳 / 272
赪桐 / 679
橙花瑞香 / 485
秤锤树 / 321
池杉 / 038
齿叶冬青梅 / 368
齿叶黄皮 / 622
齿叶木犀 / 708
齿叶铁线莲 / 114
赤楠 / 498
赤松 / 026
赤杨叶 / 319
翅荚决明 / 434
翅枪 / 217
翅子树 / 247
稠李 / 376
臭常山 / 625
臭椿 / 612
臭冷杉 / 016
臭牡丹 / 677
臭娘子 / 686
臭檀 / 627
川钓樟 / 092
川黄檗 / 626
川西荚蒾 / 756
川西小檗 / 117
垂红忍冬 / 751
垂花悬铃花 / 261
垂列棕 / 770
垂柳 / 281
垂茉莉 / 682
垂丝海棠 / 372
垂丝卫矛 / 533
垂叶榕 / 156
垂枝红千层 / 491
春云实 / 425
椿叶花椒 / 628
慈竹 / 801
刺柏 / 043
刺茶裸实 / 534
刺果茶藨子 / 346
刺果番荔枝 / 077
刺果卫矛 / 531
刺黑珠 / 116
刺黑竹 / 804
刺槐 / 466
刺葵 / 786
刺毛杜鹃 / 299
刺玫蔷薇 / 392
刺楸 / 638
刺通草 / 643
刺桐 / 451
刺五加 / 634
刺叶非洲铁 / 008
刺叶栎 / 185
刺叶双子铁 / 008
刺榆 / 144
葱皮忍冬 / 751
粗榧 / 051
粗糠树 / 673
粗栀子 / 738
簇叶新木姜子 / 099
翠柏 / 039

D
大白花杜鹃 / 300
大萼溲疏 / 336
大果茶梅椰 / 774
大果冬青 / 539
大果榉 / 150
大果马蹄荷 / 135
大果枸子 / 361
大果油麻藤 / 462
大果榆 / 149
大果直叶棕 / 769
大花黄牡丹 / 205
大花六道木 / 748
大花牛姆瓜 / 122
大花茄 / 668
大花溲疏 / 337
大花田菁 / 467
大花卫矛 / 531
大花五桠果 / 202
大花鸳鸯茉莉 / 664
大花紫薇 / 483
大花紫玉盘 / 081
大理罗汉松 / 050
大粒咖啡 / 737
大明竹 / 815
大蒲葵 / 784
大琴叶榕 / 159
大丝葵 / 796
大头茶 / 219
大王千斤花 / 740
大王椰子 / 790
大血藤 / 120
大芽南蛇藤 / 529
大叶冬青 / 539
大叶钩藤 / 747
大叶桂樱 / 369
大叶胡颓子 / 472
大叶黄杨 / 532
大叶榉 / 150
大叶南洋杉 / 012
大叶朴 / 143
大叶蛇葡萄 / 570
大叶水榕 / 158
大叶桃花心木 / 617
大叶藤黄 / 231
大叶铁线莲 / 112
大叶相思 / 408
大叶早樱 / 357
大叶樟 / 087
大叶醉鱼草 / 692
大字杜鹃 / 308
代代花 / 620
单刺仙人掌 / 197
单茎悬子 / 398
单穗鱼尾葵 / 772
单叶蔓荆 / 688
淡黄金花茶 / 212
淡黄新疆忍冬 / 754
淡枝沙拐枣 / 199
淡竹 / 811
蛋黄果 / 313
倒吊笔 / 658
倒挂金钟 / 506
德保苏铁 / 002
灯笼花 / 294
灯台树 / 521
地棯 / 508
地石榴 / 162
地中海荚蒾 / 761
棣棠 / 369
滇刺榄 / 314
滇刺枣 / 568
滇丁香 / 740
滇牡丹 / 204
滇南斑鸠菊 / 765
滇南美登木 / 534
滇青冈 / 178
滇润楠 / 097
滇素馨 / 703
滇西蛇皮果 / 792
吊灯花 / 259
吊瓜树 / 728
吊丝单竹 / 802
吊丝竹 / 805
吊钟花 / 294
调料九里香 / 624
丁公藤 / 670
东北扁核木 / 382
东北茶藨子 / 348
东北山梅花 / 342
东北珍珠梅 / 398
东方古柯 / 575
东方野扇花 / 543
东方紫金牛 / 328
东京油楠 / 437
东南石栎 / 180
东亚仙女木 / 367
冬红 / 685
冬青 / 536
冬桃 / 234
董棕 / 772
冻绿 / 567
豆腐柴 / 687
豆梨 / 387
独龙杜鹃 / 303
笃斯越橘 / 311
杜虹花 / 675
杜茎山 / 330
杜鹃红山茶 / 210
杜鹃花 / 296
杜梨 / 386
杜松 / 044
杜英 / 234
杜仲 / 141
短梗稠李 / 377
短丝木犀 / 709
短穗鱼尾葵 / 772
短筒倒挂金钟 / 506
短序鹅掌柴 / 642
短序润楠 / 094
短药蒲桃 / 500
对萼猕猴桃 / 226
对节白蜡 / 697
对叶榕 / 159
钝齿冬青 / 538
钝钉头果 / 660
钝叶鸡蛋花 / 654
钝叶榕 / 157
钝叶樟 / 087
多齿红山茶 / 214
多果猕猴桃 / 225
多花柽柳 / 272
多花勾儿茶 / 563
多花胡枝子 / 458
多花孔雀葵 / 261
多花木蓝 / 455
多花泡花树 / 126
多花山竹子 / 230
多花素馨 / 702
多花紫藤 / 470
多花紫薇 / 482
多裂棕竹 / 790
多腺柳 / 285
多腺悬钩子 / 397
多枝柽柳 / 273

E
峨眉黄肉楠 / 084
峨眉拟单性木兰 / 072
鹅耳枥 / 190
鹅毛竹 / 815
鹅掌柴 / 643
鹅掌楸 / 060
鹅掌藤 / 641
鳄梨 / 100
儿茶 / 409
二列瓦理棕 / 795
二乔玉兰 / 075
二球悬铃木 / 131

F
发财树 / 255
番荔枝 / 077
番龙眼 / 588
番木瓜 / 274
番石榴 / 496
翻白叶树 / 247
饭甑青冈 / 178
方叶五月茶 / 547
方竹 / 803
飞蛾槭 / 599
飞龙掌血 / 628
非洲霸王树 / 652
非洲刺葵 / 786
非洲芙蓉 / 244
非洲楝 / 615
非洲凌霄 / 731
非洲马铃果 / 658
菲白竹 / 814
菲岛福木 / 231
菲岛玉叶金花 / 743
菲律宾石栎 / 684
肥皂荚 / 430
榧树 / 054
分叉露兜 / 797
粉背南蛇藤 / 530

索引 835

粉箪竹 / 800
粉萼花 / 742
粉红爆杖花 / 301
粉花风铃木 / 728
粉花凌霄 / 730
粉花绣线菊 / 404
粉扑花 / 414
粉叶羊蹄甲 / 422
风车子 / 511
风箱果 / 380
风筝果 / 577
枫香 / 136
枫杨 / 173
蜂出巢 / 661
凤凰木 / 428
凤尾兰 / 820
佛肚树 / 556
佛肚竹 / 803
扶芳藤 / 531
扶桑 / 259
芙蓉菊 / 764
枹栎 / 185
福建柏 / 042
福建紫薇 / 482
福氏紫薇 / 482
辐叶鹅掌柴 / 641
复叶械 / 598
复羽叶栾树 / 586
富贵草 / 542
覆盆子 / 397

G
甘肃山楂 / 364
柑橘 / 620
橄榄 / 604
刚竹 / 809
岗松 / 489
杠柳 / 661
皋月杜鹃 / 302
高红槿 / 258
高节竹 / 813
高山柏 / 045
高山栎 / 184
高山榕 / 155
格木 / 428
格药柃 / 218
葛藟葡萄 / 574
葛萝槭 / 595
葛藤 / 466
葛枣猕猴桃 / 226
根刺棕 / 776
珙桐 / 519
勾儿茶 / 563
钩齿溲疏 / 335
钩刺雀梅藤 / 567
钩栲 / 177
钩藤 / 747
钩吻 / 645
狗牙花 / 656
狗枣猕猴桃 / 224
枸骨 / 537
枸橘 / 626
枸杞 / 666
枸棘 / 164
枸树 / 153
古城玫瑰树 / 652
古柯 / 575
瓜馥木 / 079
瓜栗 / 254
观光木 / 070
光萼溲疏 / 336
光棍树 / 552
光果莸 / 676
光荚含羞草 / 417
光皮梾木 / 526
光叶丁公藤 / 670
光叶海桐 / 333
光叶石楠 / 380
光叶子花 / 194
光枝刺缘冬青 / 539
桄榔 / 769
广西马兜铃 / 106
广玉兰 / 061
龟背竹 / 799

鬼吹箫 / 750
鬼灯笼 / 678
贵州连蕊茶 / 211
贵州络石 / 658
桂花 / 707
桂木 / 152
桂南木莲 / 063
桂竹 / 813
棍棒椰子 / 780
国槐 / 468
国王椰子 / 788

H
海巴戟天 / 741
海滨木槿 / 258
海风藤 / 104
海红豆 / 411
海金子 / 334
海榄雌 / 674
海杧果 / 649
海南菜豆树 / 732
海南颠茄 / 678
海南槌果藤 / 288
海南粗榧 / 051
海南大风子 / 265
海南椴 / 238
海南红豆 / 464
海南龙血树 / 819
海南苹婆 / 250
海南石梓 / 684
海南苏铁 / 003
海南薹树 / 132
海南崖豆藤 / 443
海南油杉 / 020
海南轴桐 / 783
海葡萄 / 200
海桑 / 478
海棠果 / 374
海棠花 / 375
海桐 / 333
海仙花 / 762
海枣 / 786
海州常山 / 681
含笑 / 065
含羞草 / 416
早柳 / 284
早榆 / 148
杭子梢 / 443
豪猪刺 / 115
号角树 / 166
诃梨勒 / 513
合果木 / 066
合欢 / 412
合轴荚蒾 / 761
河北梨 / 387
河北木蓝 / 455
河北杨 / 279
河柳 / 282
河朔荛花 / 488
褐梨 / 388
褐毛花楸 / 402
褐叶青冈 / 179
黑桦 / 189
黑荆 / 411
黑壳楠 / 091
黑老虎 / 109
黑桐 / 784
黑毛巨竹 / 807
黑面神 / 549
黑松 / 031
黑榆 / 146
黑仔树 / 822
黑嘴蒲桃 / 498
红背桂 / 553
红背山麻杆 / 545
红柄白鹃梅 / 368
红柄木犀 / 707
红哺鸡竹 / 811
红椿 / 618
红刺露兜 / 797
红淡比 / 217
红丁香 / 712
红豆杉 / 053
红豆树 / 463

红萼龙吐珠 / 680
红萼苘麻 / 256
红粉白珠 / 294
红粉扑花 / 414
红果沙拐枣 / 199
红果山胡椒 / 090
红果树 / 407
红果榆 / 149
红果仔 / 493
红海榄 / 517
红厚壳 / 229
红花八角 / 107
红花高盆樱 / 354
红花荷 / 138
红花檵木 / 137
红花锦鸡儿 / 446
红花瘤果茶 / 215
红花木莲 / 064
红花七叶树 / 592
红花天料木 / 264
红花羊蹄甲 / 420
红花银桦 / 476
红花玉芙蓉 / 713
红花玉蕊 / 263
红桦 / 188
红茴香 / 107
红桧 / 039
红鸡蛋花 / 654
红胶木 / 494
红蕾荚蒾 / 756
红鳞蒲桃 / 500
红脉钓樟 / 092
红脉葵 / 781
红毛丹 / 588
红毛山楠 / 101
红木 / 269
红楠 / 097
红皮糙果茶 / 211
红皮云杉 / 022
红千层 / 489
红瑞木 / 524
红桑 / 544
红松 / 027
红穗铁苋菜 / 545
红尾铁苋 / 544
红文藤 / 650
红叶槿 / 257
红叶石楠 / 379
红纸扇 / 743
红紫珠 / 675
猴欢喜 / 237
猴面包树 / 252
猴头杜鹃 / 308
猴樟 / 085
厚果崖豆藤 / 460
厚壳树 / 672
厚皮香 / 221
厚朴 / 058
厚叶冬青 / 538
厚叶红淡比 / 217
厚叶木莲 / 065
厚叶石斑木 / 390
厚叶素馨 / 702
厚叶铁线莲 / 111
狐尾椰子 / 796
胡椒 / 104
胡椒木 / 629
胡桃 / 171
胡桃楸 / 172
胡颓子 / 473
胡杨 / 279
胡枝子 / 457
湖北枫杨 / 173
湖北海棠 / 372
湖北花楸 / 401
槲栎 / 181
槲树 / 182
蝴蝶果 / 550
虎刺 / 737
虎刺梅 / 552
虎皮楠 / 140
虎舌红 / 329

虎榛子 / 192
互叶醉鱼草 / 692
花楸 / 698
花撑篙竹 / 802
花红 / 371
花椒 / 628
花巨竹 / 807
花榈木 / 463
花木蓝 / 454
花楸 / 399
花曲柳 / 696
花叶丁香 / 710
花叶木薯 / 558
华北绣线菊 / 404
华北珍珠梅 / 398
华茶藨 / 347
华东椴 / 240
华东木犀 / 708
华东山柳 / 291
华盖木 / 072
华空木 / 407
华南厚皮香 / 222
华南苏铁 / 005
华润楠 / 095
华山矾 / 325
华山松 / 025
华西箭竹 / 806
华西小石积 / 376
华榛 / 192
华中刺叶冬青 / 536
华中五味子 / 110
化香树 / 173
桦叶荚蒾 / 755
桦叶四蕊槭 / 602
环纹榕 / 155
焕镛木 / 073
皇帝红千层 / 490
黄檗 / 625
黄槽竹 / 810
黄蝉 / 646
黄刺玫 / 395
黄丹木姜子 / 093
黄葛树 / 163
黄瓜木兰 / 074
黄果厚壳桂 / 088
黄花倒水莲 / 579
黄花风铃木 / 727
黄花夹竹桃 / 656
黄花假杜鹃 / 718
黄花老鸦嘴 / 723
黄花羊蹄甲 / 423
黄花远志 / 579
黄槐决明 / 436
黄金树 / 726
黄槿 / 260
黄荆 / 687
黄兰 / 067
黄连木 / 608
黄芦木 / 115
黄栌 / 606
黄脉葵 / 782
黄毛猕猴桃 / 224
黄毛榕 / 158
黄毛润楠 / 095
黄毛五月茶 / 547
黄牛木 / 229
黄皮 / 622
黄瓶子花 / 665
黄杞 / 171
黄绒润楠 / 095
黄山松 / 030
黄山溲疏 / 336
黄山紫荆 / 427
黄杉 / 032
黄檀 / 448
黄薇 / 480
黄心夜合 / 069
黄杨 / 541
黄杨叶冬青 / 267
黄枝油杉 / 019
黄钟花 / 733
幌伞枫 / 638

灰背栎 / 185
灰背清风藤 / 127
灰莉 / 644
灰木莲 / 063
灰楸 / 725
灰竹 / 812
火把花 / 689
火红萼距花 / 480
火棘 / 384
火炬树 / 609
火炬松 / 030
火烧花 / 730
火索麻 / 245
火焰树 / 733

J
鸡蛋花 / 653
鸡骨常山 / 647
鸡冠刺桐 / 452
鸡冠爵床 / 720
鸡麻 / 390
鸡毛松 / 048
鸡桑 / 164
鸡爪槭 / 599
鸡仔木 / 746
基及树 / 671
吉贝 / 253
几内亚格木 / 429
鲫鱼胆 / 331
檵木 / 137
加拿大杨 / 277
加拿大紫荆 / 427
加那利海枣 / 785
夹竹桃 / 651
嘉氏羊蹄甲 / 422
荚蒾 / 755
假槟榔 / 766
假地豆 / 450
假豪猪刺 / 117
假连翘 / 683
假苹婆 / 250
假鹊肾树 / 165
假玉兰 / 585
假烟叶树 / 668
假叶树 / 817
假鹰爪 / 079
尖蜜拉 / 152
尖山橙 / 651
尖叶杜英 / 235
尖叶桂樱 / 370
尖叶木犀榄 / 706
坚桦 / 188
见血封喉 / 151
建始械 / 597
剑叶龙血树 / 819
箭杆杨 / 279
江南桤木 / 188
江南油杉 / 019
江西秤锤树 / 322
江浙山胡椒 / 090
浆果楝 / 614
降香黄檀 / 449
交让木 / 140
胶果木 / 194
角茎野牡丹 / 510
接骨木 / 754
结香 / 487
截叶胡枝子 / 458
竭布罗香 / 207
金苞花 / 720
金杯藤 / 667
金边百合竹 / 820
金合欢 / 410
金花茶 / 214
金鸡纳树 / 736
金橘 / 622
金莲木 / 206
金链花 / 457
金铃花 / 256
金露梅 / 381
金缕梅 / 136
金脉爵床 / 721
金毛冬青 / 538

索引

金蒲桃 / 503
金钱械 / 603
金钱松 / 032
金雀儿 / 443
金山葵 / 793
金山绣线菊 / 403
金丝垂柳 / 286
金丝李 / 231
金丝梅 / 232
金丝桃 / 232
金粟兰 / 103
金香藤 / 653
金星果 / 312
金焰忍冬 / 752
金叶含笑 / 069
金叶女贞 / 706
金叶荻 / 675
金银花 / 750
金银木 / 753
金英 / 578
金樱子 / 393
金钟花 / 695
金钟藤 / 670
金珠柳 / 331
锦带花 / 762
锦鸡儿 / 444
锦熟黄杨 / 542
锦绣杜鹃 / 307
劲直刺桐 / 453
茎花葱臭木 / 614
茎花崖爬藤 / 572
旌节花 / 270
九里香 / 624
酒饼叶 / 619
酒瓶兰 / 813
酒瓶椰子 / 780
酒椰 / 788
矩叶鼠刺 / 344
榉树 / 150
巨柏 / 042
巨花马兜铃 / 105
巨龙竹 / 805
巨杉 / 036
巨叶楸 / 401
巨紫荆 / 423
飓风椰子 / 777
锯齿阿查拉 / 264
锯叶竹节树 / 516
绢毛稠李 / 377
绢毛木兰 / 059
绢毛蔷薇 / 394
绢毛悬钩子 / 397
蕨叶罗望子 / 589
君迁子 / 319

K

糠椴 / 241
栲树 / 176
壳菜果 / 133
可爱花 / 719
可可 / 251
克里夫红千层 / 490
空心泡 / 395
孔雀木 / 642
苦参 / 468
苦木 / 612
苦皮藤 / 529
苦槠 / 176
苦竹 / 814
宽苞十大功劳 / 118
筐柳 / 284
昆明柏 / 043
昆士兰贝壳杉 / 011
昆士兰瓶子树 / 243
阔瓣含笑 / 067
阔裂叶羊蹄甲 / 420
阔叶蒲桃 / 501
阔叶箬竹 / 808
阔叶十大功劳 / 118

L

腊肠树 / 426
腊莲绣球 / 340
蜡瓣花 / 133
蜡梅 / 082
辣木 / 290
兰考泡桐 / 714
兰香草 / 676
兰屿罗汉松 / 050
兰屿肉桂 / 086
蓝桉 / 493
蓝靛果 / 751
蓝丁香 / 710
蓝果树 / 520
蓝蝴蝶 / 682
蓝花丹 / 201
蓝花藤 / 686
蓝花楹 / 728
蓝脉葵 / 782
蓝树 / 659
蓝叶忍冬 / 752
榄仁树 / 512
郎德木 / 745
琅琊榆 / 146
榔榆 / 149
崂山梨 / 388
老虎刺 / 432
老鼠瓜 / 287
老鼠簕 / 716
老鼠矢 / 325
老鸦糊 / 675
老鸦柿 / 318
乐昌含笑 / 068
乐东拟单性木兰 / 072
乐思绣球 / 340
雷公藤 / 535
棱果榕 / 161
棱枝山矾 / 324
冷杉 / 014
梨果仙人掌 / 196
梨润楠 / 096
梨竹 / 809
藜蒴锥 / 177
李 / 383
丽江木蓝 / 455
丽江械 / 596
丽江云杉 / 023
荔枝 / 587
栗豆树 / 446
连理藤 / 726
连竹 / 805
连翘 / 694
连香树 / 129
楝树 / 616
梁王茶 / 639
两广梭罗树 / 249
亮毛杜鹃 / 304
亮叶桦 / 189
亮叶鸡血藤 / 442
亮叶木莲 / 064
亮叶忍冬 / 753
辽东楤木 / 633
辽东冷杉 / 015
辽东栎 / 186
辽东桤木 / 187
辽宁山楂 / 365
了哥王 / 487
裂叶蒲葵 / 784
裂叶榆 / 148
鳞秕泽米铁 / 009
岭南械 / 603
柃叶连蕊茶 / 212
凌霄 / 724
铃铛刺 / 454
陵水暗罗 / 080
菱叶常春藤 / 638
菱叶棕 / 781
领春木 / 130
流苏树 / 694
榴莲 / 254
柳杉 / 184
柳杉 / 034
柳叶杜茎山 / 331
柳叶红千层 / 491
柳叶黄肉楠 / 084
柳叶润楠 / 097
柳叶绣线菊 / 405
柳叶栒子 / 363
六道木 / 763

六月雪 / 745
龙船花 / 739
龙脷叶 / 561
龙头竹 / 803
龙吐珠 / 681
龙须藤 / 421
龙牙花 / 451
龙眼 / 583
龙爪槐 / 469
隆缘桉 / 492
陇东海棠 / 373
露兜树 / 797
露珠杜鹃 / 302
庐山小檗 / 117
陆均松 / 048
鹿角杜鹃 / 303
吕宋荚蒾 / 758
绿干柏 / 041
绿花鸡血藤 / 442
绿萝 / 798
绿叶甘姜 / 091
绿叶胡颓子 / 474
蔨叶蛇葡萄 / 569
李叶羊蹄甲 / 422
栾树 / 586
轮叶赤楠 / 500
罗浮枫 / 596
罗浮买麻藤 / 057
罗浮柿 / 317
罗汉柏 / 047
罗汉松 / 049
罗汉竹 / 810
萝芙木 / 654
椤木石楠 / 379
络石 / 656
骆驼刺 / 439
落叶木莲 / 063
落叶松 / 020
落羽杉 / 037

M

麻风树 / 555
麻栎 / 181
麻楝 / 614
麻叶绣球 / 402
麻竹 / 805
马达加斯加棕 / 779
马甲子 / 564
马来蒲桃 / 501
马钱 / 645
马桑 / 124
马蹄荷 / 135
马尾树 / 169
马尾松 / 027
马银花 / 306
马缨丹 / 685
马缨杜鹃 / 300
马占相思 / 410
马醉木 / 295
蚂蚱腿子 / 764
买麻藤 / 057
麦吊云杉 / 022
麦李 / 355
满山红 / 303
满山香 / 295
曼地亚红豆杉 / 053
蔓赤车 / 168
蔓胡颓子 / 472
蔓九节 / 745
蔓马缨丹 / 686
杧果 / 607
莽草 / 108
莽吉柿 / 230
猫儿刺 / 540
猫儿屎 / 121
猫乳 / 565
猫尾木 / 729
猫爪藤 / 728
毛白杜鹃 / 305
毛白杨 / 276
毛背桂樱 / 370
毛刺槐 / 467
毛丁香 / 712
毛果金雀儿 / 448

毛花连蕊茶 / 213
毛花猕猴桃 / 223
毛花树萝卜 / 292
毛花轴桐 / 782
毛黄肉楠 / 084
毛梾 / 525
毛茉莉 / 701
毛泡桐 / 713
毛葡萄 / 574
毛鞘箬竹 / 808
毛栓 / 509
毛山荆子 / 373
毛山楂 / 365
毛桃木莲 / 064
毛土连翘 / 739
毛旋花 / 655
毛叶桉 / 493
毛叶吊钟花 / 294
毛叶破布木 / 672
毛叶石楠 / 380
毛樱桃 / 358
毛掌叶锦鸡儿 / 445
毛榛 / 192
毛竹 / 810
毛柱杜鹃 / 310
毛嘴杜鹃 / 310
茅栗 / 175
茅莓 / 397
玫瑰 / 394
玫瑰瑞香 / 486
梅 / 352
梅叶冬青 / 536
梅叶猕猴桃 / 225
美登木 / 534
美国白蜡 / 696
美国扁柏 / 039
美国鹅掌楸 / 061
美国黑核桃 / 172
美国蜡梅 / 082
美国凌霄 / 724
美国榆 / 146
美国皂荚 / 430
美花红千层 / 489
美丽颠桐 / 680
美丽胡枝子 / 459
美丽鸡血藤 / 443
美丽马醉木 / 296
美丽猕猴桃 / 225
美丽木犀 / 708
美丽蒲葵 / 784
美丽山扁豆 / 436
美丽异木棉 / 253
美人梅 / 352
美人松 / 029
蒙古椴 / 241
蒙自栎 / 183
蒙桑 / 165
迷迭香 / 690
米碎花 / 218
米仔兰 / 613
密花胡颓子 / 472
密花美登木 / 535
密花瓦理棕 / 795
密鳞紫金牛 / 327
密蒙花 / 693
密枝杜鹃 / 301
绵毛马兜铃 / 105
绵石栎 / 180
棉叶珊瑚花 / 555
缅甸树萝卜 / 292
缅茄 / 419
面包树 / 152
闽楠 / 100
茉莉 / 703
莫氏榄仁 / 513
墨西哥落羽杉 / 038
牡丹 / 204
木本马兜铃 / 105
木本曼陀罗 / 663
木鳖子 / 275
木豆 / 441
木防己 / 123
木芙蓉 / 258

木瓜 / 358
木瓜海棠 / 359
木瓜榕 / 155
木荷 / 220
木荚红豆 / 464
木槿 / 257
木蓝 / 456
木榄 / 515
木莲 / 062
木麻黄 / 193
木棉 / 252
木奶果 / 547
木麒麟 / 197
木藤蓼 / 200
木通 / 121
木通马兜铃 / 106
木香花 / 391
木香薷 / 689
木绣球 / 758
木油树 / 562
木贼麻黄 / 056

N

纳塔尔刺桐 / 452
南方红豆杉 / 054
南方荚蒾 / 757
南方六道木 / 763
南非刺桐 / 451
南京椴 / 241
南岭黄檀 / 449
南岭柞木 / 268
南美狐尾棕 / 793
南美桧 / 494
南平倭竹 / 816
南青杞 / 668
南山茶 / 216
南蛇簕 / 424
南蛇藤 / 529
南酸枣 / 605
南天竹 / 119
南五味子 / 109
南亚新木姜子 / 099
南洋参 / 640
南洋杉 / 011
南洋楹 / 415
南紫薇 / 483
楠藤 / 743
尼泊尔水东哥 / 227
黏叶冬青 / 433
鸟尾花 / 718
宁夏枸杞 / 667
宁油麻藤 / 461
柠檬 / 621
柠檬桉 / 492
柠檬黄卵叶女贞 / 704
柠条锦鸡儿 / 445
牛鼻栓 / 135
牛叠肚 / 396
牛耳枫 / 140
牛筋条 / 366
牛奶子 / 474
牛皮杜鹃 / 298
牛矢果 / 709
牛蹄豆 / 417
牛心梨 / 077
扭肚藤 / 700
女贞 / 703
暖木 / 126
糯米椴 / 240
糯米条 / 748

O

欧椴 / 242
欧李 / 355
欧亚绣线菊 / 404
欧榛 / 375
欧洲白蜡 / 696
欧洲白榆 / 148
欧洲丁香 / 712
欧洲红豆杉 / 052
欧洲红瑞木 / 525
欧洲荚蒾 / 759
欧洲李 / 384
欧洲落叶松 / 021

索引 837

欧洲七叶树 / 592
欧洲山毛榉 / 179
欧洲甜樱桃 / 353
欧洲云杉 / 022
欧洲棕 / 773

P

爬山虎 / 570
攀枝花苏铁 / 004
盘叶忍冬 / 754
刨花楠 / 096
炮弹果 / 727
炮仗花 / 731
炮仗竹 / 715
泡果沙拐枣 / 199
枇杷 / 367
枇杷叶紫珠 / 675
平伐含笑 / 066
平叶棕 / 779
平枝栒子 / 362
苹果 / 370
苹果榕 / 160
苹婆 / 249
瓶兰花 / 315
坡垒 / 207
破布木 / 671
破布叶 / 239
铺地柏 / 044
铺枝银桦 / 477
葡匐金雀花 / 454
葡匐栒子 / 360
菩提树 / 161
葡萄 / 572
蒲葵 / 783
蒲桃 / 501
朴树 / 142
普罗提七叶树 / 591

Q

七叶树 / 591
七子花 / 749
桤木 / 187
漆树 / 610
麒麟叶 / 798
杞柳 / 283
千层金 / 495
千果榄仁 / 514
千金榆 / 191
千年木 / 819
千头木麻黄 / 193
铅笔柏 / 045
蔷薇 / 390
乔松 / 031
巧玲花 / 711
琴叶榕 / 160
琴叶珊瑚 / 556
琴叶瓦理棕 / 794
青冈栎 / 178
青海云杉 / 022
青灰叶下珠 / 560
青荚叶 / 524
青楷槭 / 602
青篱柴 / 576
青梅 / 208
青皮木 / 527
青皮槭 / 594
青皮竹 / 802
青杆 / 024
青钱柳 / 170
青檀 / 144
青杨梅 / 174
青榨槭 / 595
轻木 / 254
清风藤 / 127
清明花 / 648
清香木 / 608
筇竹 / 804
琼棕 / 774
秋枫 / 548
秋茄 / 516
秋子梨 / 389
楸树 / 725
楸叶泡桐 / 714
球花溲疏 / 337
球兰 / 661

拳叶苏铁 / 002
雀儿舌头 / 557
雀梅藤 / 567
雀舌黄杨 / 541

R

染料木 / 453
人面子 / 607
人心果 / 312
任豆 / 438
日本扁柏 / 040
日本榧树 / 055
日本厚皮香 / 222
日本厚朴 / 058
日本花柏 / 040
日本金松 / 036
日本冷杉 / 015
日本柳杉 / 034
日本落叶松 / 021
日本木瓜 / 360
日本女贞 / 704
日本桤木 / 187
日本晚樱 / 357
日本五针松 / 028
日本茵芋 / 627
日本樱花 / 358
日本云杉 / 024
绒苞藤 / 683
绒苞决明 / 426
绒毛白蜡 / 699
绒毛胡枝子 / 459
绒毛润楠 / 097
绒毛山胡椒 / 091
榕树 / 154
柔毛杜鹃 / 307
柔毛油杉 / 020
软叶刺葵 / 786
软枣猕猴桃 / 223
软枝黄蝉 / 647
蕤核 / 382
蕊木 / 650
锐齿鼠李 / 566
瑞丽醉鱼草 / 692
瑞木 / 133
瑞香 / 485
箬竹 / 809
箬棕 / 792

S

洒金东瀛珊瑚 / 521
三尖杉 / 051
三角车 / 271
三角枫 / 593
三角榕 / 163
三角椰子 / 777
三棱栎 / 186
三裂瓜木 / 518
三裂葡萄 / 570
三球悬铃木 / 131
三台花 / 680
三桠苦 / 624
三桠乌药 / 092
三桠绣线菊 / 406
三药槟榔 / 767
三叶海棠 / 374
三叶木通 / 121
伞房决明 / 434
伞花木 / 584
散沫花 / 484
散尾葵 / 778
桑树 / 164
缫丝花 / 394
色木槭 / 600
沙冬青 / 440
沙拐枣 / 199
沙棘 / 475
沙梾 / 525
沙梨 / 388
沙漠玫瑰 / 646
沙糖椰子 / 768
沙枣 / 471
砂地柏 / 044
山白树 / 139
山茶 / 210
山橙 / 651

山东栒子 / 364
山矾 / 324
山拐枣 / 266
山桂花 / 708
山合欢 / 413
山核桃 / 170
山红树 / 516
山胡椒 / 089
山黄麻 / 145
山鸡椒 / 093
山荆子 / 371
山橘 / 623
山棟 / 613
山麻杆 / 545
山莓 / 396
山梅花 / 341
山牡荆 / 688
山木通 / 112
山葡萄 / 573
山牵牛 / 722
山石榴 / 735
山桐子 / 265
山杨 / 278
山樱花 / 356
山油柑 / 619
山油麻 / 145
山玉兰 / 059
山皂荚 / 429
山楂 / 364
山茱萸 / 522
山棕 / 768
杉木 / 034
珊瑚豆 / 667
珊瑚花 / 719
珊瑚朴 / 143
珊瑚树 / 759
珊瑚塔 / 717
陕甘花楸 / 401
陕西荚蒾 / 761
陕西卫矛 / 533
扇叶槭 / 596
韶子 / 588
少花桂 / 087
佘山胡颓子 / 471
蛇根木 / 654
蛇皮果 / 792
深红树萝卜 / 292
深山含笑 / 070
神秘果 / 314
省沽油 / 580
湿地松 / 027
湿地棕 / 766
十大功劳 / 117
十字架树 / 726
石斑木 / 389
石笔木 / 219
石柑子 / 799
石海椒 / 576
石灰花楸 / 400
石栎 / 180
石栗 / 546
石榴 / 505
石碌含笑 / 070
石楠 / 378
石山苏铁 / 004
石岩杜鹃 / 306
使君子 / 511
柿树 / 315
守宫木 / 560
首冠藤 / 421
鼠刺 / 344
束蕊花 / 203
树参 / 634
树番茄 / 666
树黄檀 / 449
树胡椒 / 104
树锦鸡儿 / 444
树头菜 / 289
栓皮栎 / 186
栓叶安息香 / 323
双荚决明 / 434
双蕊野扇花 / 543
水东哥 / 227

水果蓝 / 690
水红木 / 756
水黄皮 / 465
水蜡树 / 704
水莲木 / 239
水麻 / 167
水青冈 / 179
水青树 / 128
水曲柳 / 697
水杉 / 035
水石榕 / 235
水丝梨 / 139
水松 / 035
水同木 / 158
水翁 / 502
水栒子 / 363
水杨梅 / 735
水榆花楸 / 399
水竹蒲桃 / 499
硕苞蔷薇 / 391
丝葵 / 796
丝兰 / 821
丝棉木 / 532
丝线吊芙蓉 / 305
四川黄栌 / 606
四川苏铁 / 006
四照花 / 522
溲疏 / 335
苏里南朱缨花 / 414
苏玛旺氏轴榈 / 782
苏木 / 425
苏铁 / 002
素方花 / 702
酸豆 / 437
酸叶胶藤 / 658
酸紫树 / 520
蒜头果 / 527
蒜香藤 / 729
算盘子 / 554
穗花杉 / 052
穗序鹅掌柴 / 642
桫椤 / 001
梭果玉蕊 / 262
梭罗 / 248
梭梭 / 198

T

台湾花楸 / 402
台湾胶木 / 313
台湾栾树 / 587
台湾杉 / 037
台湾苏铁 / 006
台湾酸脚杆 / 507
台湾相思 / 408
台湾鱼木 / 288
太白槭 / 593
太平花 / 342
太行铁线莲 / 112
泰山椴 / 242
泰山柳 / 285
泰竹 / 816
檀梨 / 528
探春花 / 700
唐棣 / 349
唐古特瑞香 / 486
唐竹 / 816
糖茶藨子 / 347
糖胶树 / 648
糖棕 / 770
桃 / 349
桃花心木 / 617
桃金娘 / 497
桃叶珊瑚 / 521
桃叶石楠 / 380
藤构 / 153
藤黄檀 / 449
藤榕 / 159
天料木 / 264
天目木姜子 / 092
天目木兰 / 074
天目琼花 / 759
天女花 / 071
天康玉兰 / 071
天山梣 / 698
天山桦 / 190

天桃木 / 608
天仙果 / 158
天竺桂 / 086
甜槠 / 176
贴梗海棠 / 360
铁包金 / 563
铁刀木 / 435
铁冬青 / 540
铁坚油杉 / 018
铁力木 / 233
铁榄 / 033
铁线莲 / 111
通脱木 / 643
桐花树 / 326
铜盆花 / 329
铜钱树 / 565
头状四照花 / 523
秃瓣杜英 / 235
突托蜡梅 / 083
土沉香 / 485
土蜜树 / 550
土庄绣线菊 / 405
团花 / 744
团叶杜鹃 / 306
陀螺果 / 320
椭圆叶木蓝 / 456

W

瓦理棕 / 795
瓦斯根刺桐 / 777
弯萌杜鹃 / 302
弯柱杜鹃 / 299
弯子木 / 269
望春玉兰 / 074
望天树 / 208
威灵仙 / 111
尾叶冬青 / 540
卫矛 / 530
猬实 / 750
温州双六道木 / 748
榅桲 / 366
文定果 / 236
文冠果 / 590
蚊母树 / 134
乌哺鸡竹 / 814
乌冈栎 / 183
乌桕 / 561
乌墨 / 499
乌桕 / 316
乌头叶蛇葡萄 / 569
乌药 / 089
无瓣海桑 / 479
无梗五加 / 635
无冠倒吊笔 / 659
无花果 / 156
无患子 / 589
无毛风箱果 / 381
无忧花 / 432
吴茱萸 / 627
吴茱萸五加 / 636
梧桐 / 244
五翅莓 / 293
五加 / 634
五列木 / 228
五味子 / 110
五星花 / 744
五桠果 / 202
五叶地锦 / 571
五月茶 / 546
五月瓜藤 / 122
五爪木 / 640
舞草 / 447
舞女蒲桃 / 503

X

西班牙染料木 / 453
西北栒子 / 364
西伯利亚杏 / 353
西藏柏木 / 041
西藏铁线莲 / 114
西非白球花 / 417
西府海棠 / 374
西康玉兰 / 071
西南山茶 / 214
西南栒子 / 361

西洋接骨木 / 754
西洋梨 / 387
西洋山梅花 / 341
西印度醋栗 / 559
西域青荚叶 / 524
希美丽 / 733
锡兰橄榄 / 236
锡兰叶下珠 / 560
锡叶藤 / 203
喜树 / 519
细柄薯树 / 132
细花泡花树 / 125
细裂麻风树 / 556
细裂槭 / 600
细叶白千层 / 495
细叶萼距花 / 480
细叶野牡丹 / 508
细圆齿火棘 / 385
细枝龙血树 / 819
细柱柳 / 283
细棕竹 / 789
虾蟆花 / 713
虾衣花 / 719
虾子花 / 484
狭叶坡垒 / 208
狭叶山胡椒 / 090
狭叶山黄麻 / 144
狭叶五加 / 635
狭叶异翅藤 / 577
狭叶栀子 / 738
夏蜡梅 / 082
夏栎 / 184
仙人掌 / 196
显脉金花茶 / 212
蚬木 / 238
线萼金花树 / 507
腺齿越橘 / 311
腺萼马银花 / 298
腺茉莉 / 673
相思子 / 439
香茶藨子 / 346
香椿 / 618
香港大沙叶 / 744
香港胡颓子 / 474
香港木兰 / 060
香港鹰爪花 / 078
香桂 / 088
香果树 / 737
香花鸡血藤 / 441
香荚蒾 / 757
香椒子 / 630
香木莲 / 062
香皮树 / 125
香叶树 / 090
香橼 / 621
象耳豆 / 415
象腿辣木 / 290
象腿丝兰 / 821
橡胶树 / 554
橡胶紫茉莉 / 660
鸮眼豆 / 470
小驳骨 / 720
小檗 / 115
小丑火棘 / 385
小构树 / 154
小果白刺 / 631
小果垂枝柏 / 044
小果十大功劳 / 118
小果石笔木 / 219
小花山小橘 / 623
小花溲疏 / 338
小蜡 / 705
小勒竹 / 801
小粒咖啡 / 736
小米空木 / 407
小箬棕 / 791
小悬铃花 / 261
小白辛树 / 320
小叶黑面神 / 549
小叶黄褥花 / 578
小叶锦鸡儿 / 445
小叶榄仁 / 514
小叶龙竹 / 805

小叶买麻藤 / 057
小叶猕猴桃 / 224
小叶女贞 / 705
小叶朴 / 143
小叶蚊母树 / 134
小叶香叶树 / 091
小叶栒子 / 362
小叶杨 / 280
小叶云实 / 424
小钻杨 / 281
孝顺竹 / 800
肖蒲桃 / 498
笑靥花 / 405
新疆杨 / 277
新樟 / 098
星果藤 / 578
星花玉兰 / 076
星毛冠盖藤 / 343
杏 / 351
杏黄林咖啡 / 577
熊掌木 / 635
休得布朗大头苏铁 / 008
修枝荚蒾 / 755
秀丽槭 / 595
秀丽四照花 / 523
绣球 / 339
绣球藤 / 113
绣球绣线菊 / 403
袖珍椰子 / 773
锈红杜鹃 / 299
锈毛丁公藤 / 669
锈叶杜鹃 / 308
许树 / 678
旋花茄 / 668
雪花木 / 549
雪岭云杉 / 024
雪柳 / 694
雪球荚蒾 / 760
雪松 / 017
血皮槭 / 596
血桐 / 557
蕈树 / 132

Y

鸭公树 / 099
牙买加箬棕 / 791
雅榕 / 157
亚里长叶榕 / 156
亚龙木 / 195
亚美鹅掌楸 / 061
亚洲络石 / 657
亚洲石梓 / 683
烟管荚蒾 / 762
烟火木 / 679
胭脂 / 153
芫花 / 486
岩生红千层 / 490
岩须 / 293
盐麸木 / 609
偃松 / 028
雁婆麻 / 245
扬格金蒲桃 / 504
羊角拗 / 655
羊蹄甲 / 419
羊蹄躅 / 304
阳春鼠刺 / 345
杨梅 / 174
杨梅叶蚊母树 / 135
杨山牡丹 / 205
杨桃 / 632
杨桐 / 209
杨叶木姜子 / 094
洋白蜡 / 698
洋常春藤 / 637
洋金凤 / 424
洋蒲桃 / 503
洋紫荆 / 423
腰果 / 605
咬人狗 / 168
椰子 / 775
野波罗蜜 / 152
野核桃 / 172
野花椒 / 630
野龙竹 / 806

野茉莉 / 322
野牡丹 / 508
野漆树 / 611
野扇花 / 543
野香橼花 / 287
野鸦椿 / 580
野皂荚 / 430
叶子花 / 194
夜来香 / 662
夜香木兰 / 060
夜香树 / 665
一品红 / 552
一球悬铃木 / 131
一叶萩 / 553
依兰 / 078
仪花 / 431
宜昌荚蒾 / 757
宜昌木蓝 / 456
宜昌润楠 / 095
异木患 / 583
异色柿 / 318
异色溲疏 / 336
异叶南洋杉 / 013
异叶爬山虎 / 571
异株百里香 / 690
阴香 / 085
银白杨 / 276
银钩花 / 079
银果牛奶子 / 473
银海枣 / 787
银合欢 / 415
银桦 / 476
银荆树 / 409
银铃木 / 733
银露梅 / 382
银缕梅 / 138
银脉单药花 / 717
银毛树 / 673
银毛野牡丹 / 510
银木 / 087
银木荷 / 219
银鹊树 / 581
银杉 / 017
银杏 / 010
银芽柳 / 283
银叶杜鹃 / 297
银叶菱叶棕 / 781
银叶树 / 246
银钟花 / 319
印度黄檀 / 450
印度无忧花 / 433
印度橡皮树 / 157
印度崖豆 / 460
樱桃 / 356
鹰爪豆 / 469
鹰爪枫 / 122
鹰爪花 / 078
蘡薁 / 574
迎春花 / 699
迎春樱 / 354
迎红杜鹃 / 306
楹树 / 412
硬骨凌霄 / 734
油茶 / 213
油橄榄 / 706
油楠 / 436
油杉 / 018
油柿 / 317
油松 / 029
油桐 / 562
油棕 / 779
柚 / 621
柚木 / 687
有齿鞘柄木 / 526
余甘子 / 559
鱼鳔槐 / 447
鱼骨葵 / 768
鱼木 / 288
鱼尾葵 / 771
榆橘 / 626
榆叶梅 / 351
羽萼木 / 689
羽扇枫 / 597

羽叶泡花树 / 126
雨树 / 418
玉铃花 / 323
玉蕊 / 262
玉叶金花 / 742
郁李 / 356
郁香忍冬 / 752
鸳鸯茉莉 / 664
元宝枫 / 602
元江栲 / 177
圆柏 / 042
圆萼折柄茶 / 221
圆冠榆 / 147
圆叶南洋参 / 640
圆叶鼠李 / 566
圆锥海桐 / 334
圆锥绣球 / 340
月桂 / 088
月季花 / 392
岳桦 / 189
越橘 / 310
越南抱茎茶 / 210
越南篦齿苏铁 / 003
越南黄牛木 / 230
越南油茶 / 212
云间杜鹃 / 307
云锦杜鹃 / 301
云南桂花 / 710
云南含笑 / 071
云南黄馨 / 701
云南拟单性木兰 / 073
云南牛栓藤 / 332
云南山茶 / 215
云南石梓 / 684
云南双盾木 / 749
云南松 / 032
云南梧桐 / 244
云南羊蹄甲 / 423
云南移㭎 / 367
云南油杉 / 019
云杉 / 021
云实 / 424

Z

杂种鱼鳔槐 / 447
早园竹 / 813
枣树 / 568
皂荚 / 429
窄叶杜鹃 / 297
窄叶火棘 / 385
窄叶枪 / 218
张口杜鹃 / 297
樟树 / 085
樟叶槭 / 594
樟叶山牵牛 / 723
樟叶素馨 / 700
樟子松 / 029
掌刺小檗 / 116
掌裂柏那参 / 633
掌叶木 / 585
掌叶苹婆 / 250
沼生栎 / 183
照山白 / 304
柘 / 163
浙江蜡梅 / 083
浙江楠 / 100
浙江润楠 / 094
浙江山茶 / 211
浙江柿 / 316
浙江新木姜子 / 098
浙江樟 / 086
鹧鸪花 / 615
鹧鸪麻 / 246
珍珠花 / 295
珍珠莲 / 161
珍珠相思 / 411
珍珠绣线菊 / 406
桢楠 / 102
榛子 / 191
栀子 / 738
栀子皮 / 266
直立山牵牛 / 722
直立亚龙木 / 195
止泻木 / 649

枳椇 / 564
智利南洋杉 / 012
智利醉鱼草 / 693
中国绣球 / 339
中华安息香 / 322
中华常春藤 / 637
中华杜英 / 234
中华猕猴桃 / 223
中华槭 / 601
中华青荚叶 / 524
中华石楠 / 378
中华卫矛 / 533
中华蚊母树 / 134
中粒咖啡 / 736
中麻黄 / 056
中平树 / 557
柊树 / 709
钟花蒲桃 / 502
钟花樱 / 354
众香 / 496
重瓣臭茉莉 / 677
重阳木 / 548
舟山新木姜子 / 098
皱叶荚蒾 / 760
朱蕉 / 818
朱砂根 / 327
朱缨花 / 413
竹柏 / 049
竹节蓼 / 200
竹节树 / 515
竹节秀兰 / 774
竹叶鸡爪茶 / 395
竹叶椒 / 629
竹叶楠 / 101
竹叶榕 / 162
苎麻 / 167
爪哇颠 / 680
爪哇决明 / 426
转子莲 / 114
壮丽含笑 / 069
锥栗 / 175
锥连栎 / 182
梓树 / 725
紫斑牡丹 / 205
紫蝉 / 647
紫丹 / 673
紫弹朴 / 143
紫丁香 / 710
紫椴 / 240
紫蕚山梅花 / 342
紫果槭 / 594
紫花含笑 / 068
紫花忍冬 / 753
紫花溲疏 / 338
紫金牛 / 326
紫锦木 / 551
紫茎 / 220
紫荆 / 427
紫矿 / 440
紫铃藤 / 732
紫楠 / 102
紫瓶子花 / 665
紫杉 / 053
紫穗槐 / 440
紫檀 / 465
紫藤 / 470
紫薇 / 481
紫叶矮樱 / 384
紫叶稠李 / 377
紫叶李 / 383
紫玉兰 / 075
紫玉盘 / 081
紫云杜鹃 / 721
紫竹 / 812
棕榈 / 793
棕竹 / 789
钻地风 / 343
钻天柳 / 276
醉翁榆 / 147
醉鱼草 / 691
柞木 / 267